国家电投
SPIC

U0563908

发电设备

风险数据样本

上册

国家电投集团电站运营技术（北京）有限公司　编

中国电力出版社
CHINA ELECTRIC POWER PRESS

图书在版编目（CIP）数据

发电设备风险数据样本/国家电投集团电站运营技术（北京）有限公司编．—北京：中国电力出版社，2024.3
ISBN 978-7-5198-8707-0

Ⅰ．①发… Ⅱ．①国… Ⅲ．①发电厂－电气设备－风险管理－数据管理 Ⅳ．①TM62

中国国家版本馆 CIP 数据核字（2024）第 037564 号

出版发行：中国电力出版社
地　　址：北京市东城区北京站西街 19 号（邮政编码 100005）
网　　址：http://www.cepp.sgcc.com.cn
责任编辑：赵鸣志（010-63412385）
责任校对：黄　蓓　朱丽芳　王海南　常燕昆　于　维
装帧设计：王红柳
责任印制：吴　迪

印　　刷：三河市航远印刷有限公司
版　　次：2024 年 3 月第一版
印　　次：2024 年 3 月北京第一次印刷
开　　本：880 毫米×1230 毫米　16 开本
印　　张：50
字　　数：1678 千字
印　　数：0001—2000 册
定　　价：400.00 元（全 2 册）

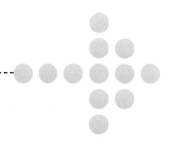

序

2014 年 8 月 31 日，中华人民共和国主席令第 13 号《全国人民代表大会常务委员会关于修改〈中华人民共和国安全生产法〉的决定》第二次修正，提出安全生产工作应当以人为本，坚持安全发展，建立完善安全生产方针和工作机制，进一步明确生产经营单位的安全生产主体责任，同时要求建立预防安全生产事故的制度，不断提高安全生产管理水平，加大对安全生产违法行为责任追究力度。

2016 年 10 月 9 日，国务院安委会办公室印发了《实施遏制重特大事故工作指南构建双重预防机制的意见》，意见要求：各地区、各有关部门要紧紧围绕遏制重特大事故，突出重点地区、重点企业、重点环节和重要岗位，抓住辨识管控重大风险、排查治理重大隐患两个关键，不断完善工作机制，深化安全专项整治，推动各项标准、制度和措施落实到位。

2019 年，国务院颁布《生产安全事故应急条例》《生产安全事故应急预案管理办法》，这是《中华人民共和国安全生产法》和《中华人民共和国突发事件应对法》的配套行政法规，旨在提高生产安全事故应急工作的科学化、规范化和法治化水平，对生产安全事故应急工作体制、应急准备、应急救援等作出的相关规定。

2019 年 8 月 12 日，中华人民共和国应急管理部批准发布 19 项安全生产行业标准，进一步推动安全生产主体责任、建立安全生产长效机制及创新安全生产监管机制全面落实。

2020 年 5 月，国家电力投资集团有限公司（以下简称“集团公司”）依据《全国安全生产专项整治三年行动计划》结合公司实际情况发布《国家电投安全生产三年行动专项实施方案》，进一步推动集团公司安全生产从严格监督向自主管理跨越，为实现杜绝事故、保障健康、追求幸福的安全管理国际一流企业目标奠定坚实基础。

2021 年 12 月，集团公司发布了《作业过程危害辨识与风险评估技术标准》《设备危害辨识与风险评估技术标准》《职业健康危害辨识与风险评估技术标准》和《环境危害辨识与风险评估技术标准》，规范了危害辨识与风险评估方法及应用要求。

2022 年 5 月，国家电投集团科学技术研究院有限公司与江苏常熟发电有限公司编写了《火电机组作业过程风险数据样本》，该样本已经在发电行业得到了良好的借鉴。为了更好地推广应用，将实践成果进行归纳整理，借鉴集团公司所属电厂及国内设备风险管理良好实践，编写了《发电设备风险数据样本》。

《发电设备风险数据样本》涵盖了火力发电设备、水力发电设备、风力发电设备和光伏发电设备，具有极强的可操作性和实用性，可作为发电企业领导、安全生产管理人员、专业技术人员、班组长以上管理人员的管理工具书，也可作为发电企业安全生产管理培训教材。

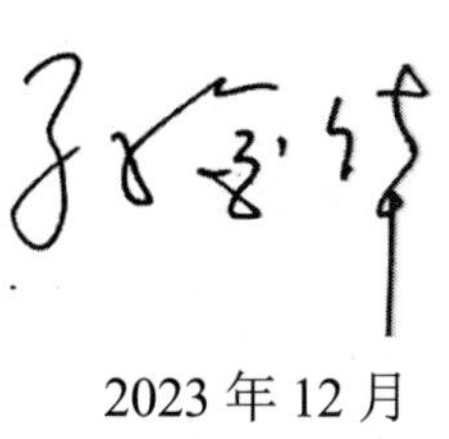

2023 年 12 月

前　　言

国家电力投资集团有限公司（以下简称“集团公司”）主要业务板块覆盖火电、水电、核电、新能源（风电、太阳能）、煤炭（露天矿、井工矿）、铝业、化工、非煤矿山（露天矿、井工矿）等。随着集团公司各业务板块的蓬勃发展，集团公司积极贯彻落实国家安全生产政策、法律、法规要求，集团公司党组多次强调要把思想和行动统一到党中央、国务院重大决策部署上来，要站在讲政治的高度，以强烈的责任心和事业心抓好安全工作。

集团公司制定了“2035 一流战略”，将“零死亡”列为奋斗目标，提出要以“零死亡”坚守“一条红线”，以“零死亡”落实“安全第一”，以“零死亡”引领其他一切工作。在此背景下，集团公司发布了《作业过程危害辨识与风险评估技术标准》《设备危害辨识与风险评估技术标准》《职业健康危害辨识与风险评估技术标准》和《环境危害辨识与风险评估技术标准》，旨在规范和指导集团、各级单位及各业务板块的安全风险管理工作，降低突发安全事件风险，促进集团公司持续、健康、稳步发展。

根据集团公司《设备危害辨识与风险评估技术标准》内容要求，国家电投集团电站运营技术（北京）有限公司组织编写了《发电设备风险数据样本》。

本书以火力发电设备、水力发电设备、风力发电设备和光伏发电设备为例，编制了电力设备危害辨识与风险评估，并制定了防护措施。本书对发电企业设备风险管理具有很强的实用性，也可为其他行业设备风险管理提供借鉴作用。由于编写人员水平有限，难免存在不当之处，敬请广大读者批评指正。

编者

2023 年 12 月

目　　录

上　　册

火 电 部 分

下 册

水 电 部 分

风 电 部 分

光 伏 部 分

火电部分

1 升压站

设备风险评估表

区域：厂区　　　　系统：输电系统　　　　设备：升压站

序号	部件	故障条件			故障影响			故障损失			风险值	风险等级
		模式	原因	现象	系统	设备	部件	经济损失	生产中断	设备损坏		
1	断路器	短路	绝缘老化、积灰、高温	起火、冒烟	设备停运	柜体起火	断路器损坏	可能造成设备或财产损失1万元以上10万元以下	没有造成生产中断及设备故障	经维修后可恢复设备性能	10	较大风险
2		烧灼	电弧	起火、冒烟	设备停运	控制回路受损	断路器受损	可能造成设备或财产损失1万元以上10万元以下	无	经维修后可恢复设备性能	8	中等风险
3		断路	控制回路脱落	拒动	保护动作	越级动作	无	无	没有造成生产中断及设备故障	经维修后可恢复设备性能	6	中等风险
4		功能失效	控制回路短路	误动	设备停运	停运	性能降低	无	没有造成生产中断及设备故障	经维修后可恢复设备性能	6	中等风险
5		击穿	断路器灭弧性能失效	气室压力降至下限	设备停运	停运	断路器损坏	可能造成设备或财产损失1万元以下	没有造成生产中断及设备故障	经维修后可恢复设备性能	8	中等风险
6		功能失效	气室压力降低	操作机构失效	设备停运	停运	性能降低	无	没有造成生产中断及设备故障	经维修后可恢复设备性能	6	中等风险
7		漏气	焊接工艺不良、焊接处开裂	气室压力持续下降	设备停运	停运	性能降低	可能造成设备或财产损失1万元以下	没有造成生产中断及设备故障	经维修后可恢复设备性能	8	中等风险
8	隔离开关	短路	绝缘老化	起火、冒烟	设备停运	柜体起火	隔离刀闸损坏	可能造成设备或财产损失1万元以上10万元以下	没有造成生产中断及设备故障	经维修后可恢复设备性能	10	较大风险

续表

序号	部件	故障条件			故障影响			故障损失			风险值	风险等级
		模式	原因	现象	系统	设备	部件	经济损失	生产中断	设备损坏		
9	隔离开关	烧灼	触头绝缘老化	电弧	设备停运	停运	性能降低	无	无	经维修后设备可以维持使用，性能影响50%及以下	6	中等风险
10		劣化	触头氧化	触头处过热	出力受限	隔刀发热	性能降低	无	没有造成生产中断及设备故障	经维修后可恢复设备性能	6	中等风险
11		变形	操作机构磨损	拒动	设备停运	性能降低	性能降低	无	没有造成生产中断及设备故障	经维修后可恢复设备性能	6	中等风险
12		脱落	操作机构连接处脱落	操作机构失效	设备停运	功能失效	功能失效	无	没有造成生产中断及设备故障	经维修后可恢复设备性能	6	中等风险
13		漏气	焊接工艺不良、焊接处开裂	气室压力持续下降	设备停运	停运	性能降低	无	没有造成生产中断及设备故障	经维修后可恢复设备性能	6	中等风险
14		短路	绝缘老化	起火、冒烟	设备停运	柜体起火	隔离刀闸损坏	可能造成设备或财产损失1万元以上10万元以下	没有造成生产中断及设备故障	经维修后可恢复设备性能	10	较大风险
15		烧灼	触头绝缘老化	电弧	设备停运	停运	性能降低	无	无	经维修后设备可以维持使用，性能影响50%及以下	6	中等风险
16		劣化	触头氧化	触头处过热	出力受限	隔刀发热	性能降低	无	没有造成生产中断及设备故障	经维修后可恢复设备性能	6	中等风险
17		变形	操作机构磨损	拒动	设备停运	性能降低	性能降低	无	没有造成生产中断及设备故障	经维修后可恢复设备性能	6	中等风险
18		脱落	操作机构连接处脱落	操作机构失效	设备停运	功能失效	功能失效	无	没有造成生产中断及设备故障	经维修后可恢复设备性能	6	中等风险
19		漏气	焊接工艺不良、焊接处开裂	气室压力持续下降	设备停运	停运	性能降低	无	没有造成生产中断及设备故障	经维修后可恢复设备性能	6	中等风险

续表

序号	部件	故障条件			故障影响			故障损失			风险值	风险等级
		模式	原因	现象	系统	设备	部件	经济损失	生产中断	设备损坏		
20	接地刀闸1	劣化	接触面氧化	电弧	无	无	性能降低	无	无	经维修后可恢复设备性能	4	较小风险
21		过热	接触面接触不良	电弧	无	无	性能降低	无	无	经维修后可恢复设备性能	4	较小风险
22		变形	操作机构磨损	拒动	无	停运	性能降低	无	没有造成生产中断及设备故障	经维修后可恢复设备性能	6	中等风险
23		脱落	操作机构连接处脱落	操作机构失效	无	停运	功能失效	无	没有造成生产中断及设备故障	经维修后可恢复设备性能	6	中等风险
24		漏气	焊接工艺不良、焊接处开裂	气室压力持续下降	无	停运	接地刀闸损坏	无	没有造成生产中断及设备故障	经维修后可恢复设备性能	6	中等风险
25	接地刀闸2	劣化	接触面氧化	电弧	无	无	性能降低	无	无	经维修后可恢复设备性能	4	较小风险
26		过热	接触面接触不良	电弧	无	无	性能降低	无	无	经维修后可恢复设备性能	4	较小风险
27		变形	操作机构磨损	拒动	无	停运	性能降低	无	没有造成生产中断及设备故障	经维修后可恢复设备性能	6	中等风险
28		脱落	操作机构连接处脱落	操作机构失效	无	停运	功能失效	无	没有造成生产中断及设备故障	经维修后可恢复设备性能	6	中等风险
29		漏气	焊接工艺不良、焊接处开裂	气室压力持续下降	无	停运	功能失效	无	没有造成生产中断及设备故障	经维修后可恢复设备性能	6	中等风险
30	接地刀闸3	劣化	接触面氧化	电弧	无	无	性能降低	无	无	经维修后可恢复设备性能	4	较小风险
31		过热	接触面接触不良	电弧	无	无	性能降低	无	无	经维修后可恢复设备性能	4	较小风险
32		变形	操作机构磨损	拒动	无	停运	性能降低	无	没有造成生产中断及设备故障	经维修后可恢复设备性能	6	中等风险
33		脱落	操作机构连接处脱落	操作机构失效	无	停运	功能失效	无	没有造成生产中断及设备故障	经维修后可恢复设备性能	6	中等风险

续表

序号	部件	故障条件			故障影响			故障损失			风险值	风险等级
		模式	原因	现象	系统	设备	部件	经济损失	生产中断	设备损坏		
34	接地刀闸3	漏气	焊接工艺不良、焊接处开裂	气室压力持续下降	无	停运	功能失效	无	没有造成生产中断及设备故障	经维修后可恢复设备性能	6	中等风险
35	套管	击穿	电压过高	断路器跳闸	功能失效	停运	绝缘损坏	可能造成设备或财产损失1万元以上10万元以下	没有造成生产中断及设备故障	经维修后可恢复设备性能	10	较大风险
36		漏气	焊接工艺不良、焊接处开裂	气室压力持续下降	功能失效	停运	套环损坏	可能造成设备或财产损失1万元以上10万元以下	无	经维修后可恢复设备性能	8	中等风险
37	电压互感器	短路	过电压、过载、二次侧短路、绝缘老化、高温	电弧、放电声、电压表指示降低或为零	机组停运	不能正常监测电压值	电压互感器损坏	可能造成设备或财产损失1万元以下	主要备用设备退出备用24h以内	经维修后可恢复设备性能	10	较大风险
38		铁芯松动	铁芯夹件未夹紧	运行时有振动或噪声	机组停运	机组提停运	电压互感器损坏	可能造成设备或财产损失1万元以下	主要备用设备退出备用24h以内	经维修后可恢复设备性能	10	较大风险
39		击穿	发热绝缘破坏、过电压	运行声音异常、温度升高	机组停运	机组停运	线圈烧毁	可能造成设备或财产损失1万元以下	主要备用设备退出备用24h以内	经维修后可恢复设备性能	10	较大风险
40		绕组断线	焊接工艺不良、引出线不合格	发热、放电声	机组停运	不能监测电压	功能失效	可能造成设备或财产损失1万元以下	主要备用设备退出备用24h以内	经维修后可恢复设备性能	10	较大风险
41		漏气	焊接工艺不良、焊接处开裂	气室压力持续下降	无	停运	电压互感器损坏	无	没有造成生产中断及设备故障	经维修后可恢复设备性能	6	中等风险
42	电流互感器	击穿	一次侧接线接触不良、二次侧接线板表面氧化严重、电流互感器内匝线间短路或一、二次侧绝缘击穿	电流互感器发生过热、冒烟、流胶等	机组停运	机组停运	电流互感器损坏	可能造成设备或财产损失1万元以下	主要备用设备退出备用24h以内	经维修后可恢复设备性能	10	较大风险

续表

序号	部件	故障条件			故障影响			故障损失			风险值	风险等级
		模式	原因	现象	系统	设备	部件	经济损失	生产中断	设备损坏		
43	电流互感器	开路	接触不良、断线	电流表突然无指示，电流互感器声音明显增大，在开路处附近可嗅到臭氧味和听到轻微的放电声	机组停运	温度升高、本体发热	功能失效	无	主要备用设备退出备用 24h 以内	设备性能无影响	6	中等风险
44		松动	铁芯紧固螺丝松动、铁芯松动，硅钢片震动增大	发出不随一次负荷变化的异常声	无	温度升高、本体发热	性能降低	无	无	经维修后可恢复设备性能	4	较小风险
45		放电	表面过脏、绝缘降低	内部或表面放电	保护动作	监测电流值不正确	性能降低	无	无	经维修后可恢复设备性能	4	较小风险
46		漏气	焊接工艺不良、焊接处开裂	气室压力持续下降	无	停运	电流互感器损坏	无	没有造成生产中断及设备故障	经维修后可恢复设备性能	6	中等风险
47	压力表	劣化	弹簧弯管失去弹性、游丝失去弹性	压力表不动作或动作值不正确	无	不能正常监测压力	压力表损坏	可能造成设备或财产损失 1 万元以下	无	经维修后可恢复设备性能	6	中等风险
48		脱落	表针振动脱落	压力表显示值不正确	无	不能正常监测压力	压力表损坏	可能造成设备或财产损失 1 万元以下	无	经维修后可恢复设备性能	6	中等风险
49		堵塞	三通旋塞的通道连管或弯管堵塞	压力表无数值显示	无	不能正常监测压力	功能失效	无	无	经维修后可恢复设备性能	4	较小风险
50		变形	指针弯曲变形	压力表显示值不正确	无	不能正常监测压力	压力表损坏	可能造成设备或财产损失 1 万元以下	无	经维修后可恢复设备性能	6	中等风险
51	避雷器	击穿	潮湿、污垢	裂纹或破裂	无	柜体不正常带电	避雷器损坏	可能造成设备或财产损失 1 万元以下	无	经维修后可恢复设备性能	6	中等风险
52		劣化	老化、潮湿、污垢	绝缘值降低	无	柜体不正常带电	性能降低	无	无	经维修后可恢复设备性能	4	较小风险

续表

序号	部件	故障条件			故障影响			故障损失			风险值	风险等级
		模式	原因	现象	系统	设备	部件	经济损失	生产中断	设备损坏		
53	避雷器	老化	氧化	金具锈蚀、磨损、变形	无	无	性能降低	无	无	设备性能无影响	2	轻微风险
54	六氟化硫微水、泄漏监测装置	短路	受潮	人员经过时不能正常语音报警	无	设备着火	监测装置损坏	无	无	经维修后可恢复设备性能	4	较小风险
55	六氟化硫微水、泄漏监测装置	堵塞	设备内部松动	监测数据无显示	无	监测功能失效	变送器损坏	无	无	经维修后可恢复设备性能	4	较小风险
56	六氟化硫微水、泄漏监测装置	断路	端子线氧化、接触不到位	监测数据无显示	无	监测功能失效	功能失效	无	无	经维修后可恢复设备性能	4	较小风险
57	六氟化硫微水、泄漏监测装置	松动	端子线紧固不到位	监测数据跳动幅度大、显示不正确	无	监测功能失效	功能失效	无	无	经维修后可恢复设备性能	4	较小风险
58	切换装置	短路	绝缘老化	接地或缺项	无	缺失双切换功能	切换开关损坏	可能造成设备或财产损失1万元以下	无	经维修后可恢复设备性能	6	中等风险
59	切换装置	断路	线路氧化、接触不到位	操作机构失效	无	缺失双切换功能	切换开关损坏	无	无	经维修后可恢复设备性能	4	较小风险

设备风险控制卡

区域：厂区　　　　系统：输电系统　　　　设备：升压站

序号	部件	故障条件			风险等级	日常控制措施			定期检修维护			临时措施
		模式	原因	现象		措施	检查方法	周期（天）	措施	检修方法	周期（月）	
1	断路器	短路	绝缘老化、积灰、高温	起火、冒烟	较大风险	检查	检查设备是否冒烟、有异味	7	检修	维修、更换断路器	12	停机处理
2	断路器	烧灼	电弧	起火、冒烟	中等风险	检查	分合闸时看有无电弧	7	清扫	清扫卫生、打磨	12	加强观察，待停机后在触头处涂抹导电膏
3	断路器	断路	控制回路脱落	拒动	中等风险	检查	检查控制回路	7	加固	清扫卫生、紧固端子	12	检查控制回路绝缘
4	断路器	功能失效	控制回路短路	误动	中等风险	检查	检查控制回路	7	紧固	清扫卫生、紧固端子	12	测量控制回路电源通断
5	断路器	击穿	断路器灭弧性能失效	气室压力降至下限	中等风险	检查	检查气室压力表压力	7	更换	维修、更换断路器	12	停机处理
6	断路器	功能失效	气室压力降低	操作机构失效	中等风险	检查	检查气室压力表压力	7	检修	添加 SF_6 气体	12	观察运行，必要时停机处理
7	断路器	漏气	焊接工艺不良、焊接处开裂	气室压力持续下降	中等风险	检查	定期开展设备巡查、同时检查压力变化	7	检修	焊接	12	加强现场通风、同时禁止操作该设备

续表

序号	部件	故障条件			风险等级	日常控制措施			定期检修维护			临时措施
		模式	原因	现象		措施	检查方法	周期（天）	措施	检修方法	周期（月）	
8	隔离开关	短路	绝缘老化	起火、冒烟	较大风险	检查	测量绝缘值	7	检修	维修、更换	12	停机处理
9		烧灼	触头绝缘老化	电弧	中等风险	检查	分合隔离开关时看有无电弧	7	检修	清扫卫生、打磨	12	加强观察运行，待停机后在触头处涂抹导电膏
10		劣化	触头氧化	触头处过热	中等风险	检查	测量温度	7	检修	维修、打磨	12	加强运行观察、降低出力运行
11		变形	操作机构磨损	拒动	中等风险	检查	检查刀闸指示位置	7	更换	维修、更换操作机构	12	做好安全措施后，解除操作机构闭锁装置
12		脱落	操作机构连接处脱落	操作机构失效	中等风险	检查	检查刀闸指示位置	7	更换	维修、更换操作机构	12	做好安全措施后，将故障设备隔离
13		漏气	焊接工艺不良、焊接处开裂	气室压力持续下降	中等风险	检查	定期开展设备巡查、同时检查压力变化	7	检修	打磨、补焊	12	加强现场通风、同时禁止操作该设备
14		短路	绝缘老化	起火、冒烟	较大风险	检查	测量绝缘值	7	检修	维修、更换	12	停机处理
15		烧灼	触头绝缘老化	电弧	中等风险	检查	分合隔离开关时看有无电弧	7	检修	清扫卫生、打磨	12	加强观察运行，待停机后在触头处涂抹导电膏
16		劣化	触头氧化	触头处过热	中等风险	检查	测量温度	7	检修	维修、打磨	12	加强运行观察、降低出力运行
17		变形	操作机构磨损	拒动	中等风险	检查	检查刀闸指示位置	7	更换	维修、更换操作机构	12	做好安全措施后，解除操作机构闭锁装置
18		脱落	操作机构连接处脱落	操作机构失效	中等风险	检查	检查刀闸指示位置	7	更换	维修、更换操作机构	12	做好安全措施后，将故障设备隔离
19		漏气	焊接工艺不良、焊接处开裂	气室压力持续下降	中等风险	检查	定期开展设备巡查、同时检查压力变化	7	检修	打磨、补焊	12	加强现场通风、同时禁止操作该设备
20	接地刀闸1	劣化	接触面氧化	电弧	较小风险	检查	查看接地刀闸金属表面是否存在氧化现象	7	检修	打磨、涂导电膏	12	手动增设一组接地线
21		过热	接触面接触不良	电弧	较小风险	检查	合闸时看有无电弧、测温	7	检修	打磨、涂导电膏	12	手动增设一组接地线

续表

序号	部件	故障条件			风险等级	日常控制措施			定期检修维护			临时措施
		模式	原因	现象		措施	检查方法	周期（天）	措施	检修方法	周期（月）	
22	接地刀闸1	变形	操作机构磨损	拒动	中等风险	检查	检查地刀指示位置	7	更换	维修、更换操作机构	12	做好安全措施后，解除操作机构闭锁装置
23	接地刀闸1	脱落	操作机构连接处脱落	操作机构失效	中等风险	检查	检查地刀指示位置	7	检修	维修、更换	12	做好安全措施后，将故障设备隔离
24	接地刀闸1	漏气	焊接工艺不良、焊接处开裂	气室压力持续下降	中等风险	检查	定期开展设备巡查、同时检查压力变化	7	检修	打磨、补焊	12	加强现场通风、同时禁止操作该设备
25	接地刀闸2	劣化	接触面氧化	电弧	较小风险	检查	查看接地刀闸金属表面是否存在氧化现象	7	检修	打磨、涂导电膏	12	手动增设一组接地线
26	接地刀闸2	过热	接触面接触不良	电弧	较小风险	检查	合闸时看有无电弧、测温	7	检修	打磨、涂导电膏	12	手动增设一组接地线
27	接地刀闸2	变形	操作机构磨损	拒动	中等风险	检查	检查地刀指示位置	7	更换	维修、更换操作机构	12	做好安全措施后，解除操作机构闭锁装置
28	接地刀闸2	脱落	操作机构连接处脱落	操作机构失效	中等风险	检查	检查地刀指示位置	7	检修	维修、更换	12	做好安全措施后，将故障设备隔离
29	接地刀闸2	漏气	焊接工艺不良、焊接处开裂	气室压力持续下降	中等风险	检查	定期开展设备巡查、同时检查压力变化	7	检修	打磨、补焊	12	加强现场通风、同时禁止操作该设备
30	接地刀闸3	劣化	接触面氧化	电弧	较小风险	检查	查看接地刀闸金属表面是否存在氧化现象	7	检修	打磨、涂导电膏	12	手动增设一组接地线
31	接地刀闸3	过热	接触面接触不良	电弧	较小风险	检查	合闸时看有无电弧、测温	7	检修	打磨、涂导电膏	12	手动增设一组接地线
32	接地刀闸3	变形	操作机构磨损	拒动	中等风险	检查	检查地刀指示位置	7	更换	维修、更换操作机构	12	做好安全措施后，解除操作机构闭锁装置
33	接地刀闸3	脱落	操作机构连接处脱落	操作机构失效	中等风险	检查	检查地刀指示位置	7	检修	维修、更换	12	做好安全措施后，将故障设备隔离
34	接地刀闸3	漏气	焊接工艺不良、焊接处开裂	气室压力持续下降	中等风险	检查	定期开展设备巡查、同时检查压力变化	7	检修	打磨、补焊	12	加强现场通风、同时禁止操作该设备
35	套管	击穿	电压过高	断路器跳闸	较大风险	检查	检查有无明显放电声，测量套管外部温度	7	更换	更换套管	12	若有明显放电声，温度异常升高，立即停机检查处理

续表

序号	部件	故障条件			风险等级	日常控制措施			定期检修维护			临时措施
		模式	原因	现象		措施	检查方法	周期（天）	措施	检修方法	周期（月）	
36	套管	漏气	焊接工艺不良、焊接处开裂	气室压力持续下降	中等风险	检查	定期开展设备巡查、同时检查压力变化	7	检修	打磨、补焊	12	加强现场通风、同时禁止操作该设备
37	电压互感器	短路	过电压、过载、二次侧短路、绝缘老化、高温	电弧、放电声、电压表指示降低或为零	较大风险	检查	看电压表指示、是否有电弧；听是否有放电声	30	更换	更换电压互感器	12	停运，更换电压互感器
38	电压互感器	铁芯松动	铁芯夹件未夹紧	运行时有振动或噪声	较大风险	检查	看电压表指示是否正确；听是否有振动声或噪声	30	更换	紧固夹件螺栓	12	检查是否影响设备运行，若影响则立即停机处理，若不影响则待停机后处理
39	电压互感器	击穿	发热绝缘破坏、过电压	运行声音异常、温度升高	较大风险	检查	看电压表指示是否正确；听是否有振动声或噪声	30	更换	修复线圈绕组或更换电压互感器	12	停运，更换电压互感器
40	电压互感器	绕组断线	焊接工艺不良、引出线不合格	发热、放电声	较大风险	检查	看电压表指示是否正确；引出线是否松动	30	更换	焊接或更换电压互感器、重新接线	12	检查是否影响设备运行，若影响则立即停机处理，若不影响则待停机后处理
41	电压互感器	漏气	焊接工艺不良、焊接处开裂	气室压力持续下降	中等风险	检查	定期开展设备巡查、同时检查压力变化	7	检修	打磨、补焊	12	加强现场通风、同时禁止操作该设备
42	电流互感器	击穿	一次侧接线接触不良、二次侧接线板表面氧化严重、电流互感器内匝线间短路或一、二次侧绝缘击穿	电流互感器发生过热、冒烟、流胶等	较大风险	检查	测量电流互感器温度、看是否冒烟	30	更换	更换电流互感器	12	转移负荷，立即进行停电处理
43	电流互感器	开路	接触不良、断线	电流表突然无指示，电流互感器声音明显增大，在开路处附近可嗅到臭氧味和听到轻微的放电声	中等风险	检查	检查电流表有无显示、听是否有放电声、闻有无臭氧味	30	更换	更换电流互感器	12	转移负荷，立即进行停电处理

续表

序号	部件	故障条件			风险等级	日常控制措施			定期检修维护			临时措施
		模式	原因	现象		措施	检查方法	周期（天）	措施	检修方法	周期（月）	
44	电流互感器	松动	铁芯紧固螺丝松动、铁芯松动，硅钢片震动增大	发出不随一次负荷变化的异常声	较小风险	检查	听声音是否存在异常	30	检修	修复电流互感器	12	转移负荷，立即进行停电处理
45	电流互感器	放电	表面过脏、绝缘降低	内部或表面放电	较小风险	检查	看电流表是否放电、测绝缘	7	清扫	清扫卫生	12	转移负荷，立即进行停电处理
46	电流互感器	漏气	焊接工艺不良、焊接处开裂	气室压力持续下降	中等风险	检查	定期开展设备巡查、同时检查压力变化	7	检修	打磨、补焊	12	加强现场通风、同时禁止操作该设备
47	压力表	劣化	弹簧弯管失去弹性、游丝失去弹性	压力表不动作或动作值不正确	中等风险	检查	看压力表显示是否正确	7	更换	更换压力表	12	检查其他压力表是否显示正常，关闭检修阀后更换
48	压力表	脱落	表针振动脱落	压力表显示值不正确	中等风险	检查	看压力表显示是否正确	7	更换	更换压力表	12	检查其他压力表是否显示正常，关闭检修阀后更换
49	压力表	堵塞	三通旋塞的通道连管或弯管堵塞	压力表无数值显示	较小风险	检查	看压力表显示是否正确	7	检修	疏通堵塞处	12	检查其他压力表是否显示正常，停机后疏通堵塞处
50	压力表	变形	指针弯曲变形	压力表显示值不正确	中等风险	检查	看压力表显示是否正确	7	更换	更换压力表	12	检查其他压力表是否显示正常，关闭检修阀后更换
51	避雷器	击穿	潮湿、污垢	裂纹或破裂	中等风险	检查	查看避雷器是否存在裂纹或破裂	7	更换	更换避雷器	12	拆除避雷器、更换备品备件
52	避雷器	劣化	老化、潮湿、污垢	绝缘值降低	较小风险	检查	测量绝缘值	7	检修	打扫卫生、烘烤	12	通电烘烤
53	避雷器	老化	氧化	金具锈蚀、磨损、变形	轻微风险	检查	检查避雷器表面有无锈蚀及脱落现象	7	检修	打磨除锈、防腐	12	待设备停电后对氧化部分进行打磨除锈
54	六氟化硫微水、泄漏监测装置	短路	受潮	人员经过时不能正常语音报警	较小风险	检查	监测装置各测点数据显示是否正常、能否语音报警	7	检修	修复或更换监测装置	12	检查传感器是否正常，信号接线与电源接线是否导通
55	六氟化硫微水、泄漏监测装置	堵塞	设备内部松动	监测数据无显示	较小风险	检查	监测装置各测点数据显示是否正常	7	更换	更换变送器	12	检查传感器是否正常，数据显示有无异常

续表

序号	部件	故障条件			风险等级	日常控制措施			定期检修维护			临时措施
		模式	原因	现象		措施	检查方法	周期（天）	措施	检修方法	周期（月）	
56	六氟化硫微水、泄漏监测装置	断路	端子线氧化、接触不到位	监测数据无显示	较小风险	检查	监测装置各测点数据显示是否正常	7	检修	打磨、打扫卫生、紧固端子	12	检查传感器是否正常，信号接线与电源接线是否导通
57		松动	端子线紧固不到位	监测数据跳动幅度大、显示不正确	较小风险	检查	监测装置各测点数据显示是否正常	7	紧固	紧固端子	12	检查传感器是否正常，信号接线与电源接线是否导通
58	切换装置	短路	绝缘老化	接地或缺项	中等风险	检查	测量切换开关绝缘	7	更换	更换切换开关	12	停机时断开控制电源，更换切换开关
59		断路	线路氧化、接触不到位	操作机构失效	较小风险	检查	测量切换开关绝缘	7	加固	紧固接线处	12	紧固接线处

2 发电机

设备风险评估表

区域：厂房　　系统：发变组　　设备：发电机

序号	部件	故障条件			故障影响			故障损失			风险值	风险等级
		模式	原因	现象	系统	设备	部件	经济损失	生产中断	设备损坏		
1	定子铁芯	温度异常	硅钢片片间绝缘损坏	发热	不可运行	停机	损坏	可能造成设备或财产损失1万元以上10万元以下	导致生产中断1～7天或生产工艺50%及以上	维修后恢复设备性能	8	中等风险
2	定子绕组	温度异常	绕组水回路内部堵塞	发热	不可运行	停机	损坏	可能造成设备或财产损失1万元以上10万元以下	导致生产中断1～7天或生产工艺50%及以上	维修后恢复设备性能	8	中等风险
3	转子	温度异常	绕组水回路内部堵塞	发热	不可运行	停机	损坏	可能造成设备或财产损失1万元以上10万元以下	导致生产中断1～7天或生产工艺50%及以上	维修后恢复设备性能	8	中等风险
4	空冷器	流量异常	管路堵塞	流量异常	不可运行	停机	损坏	可能造成设备或财产损失1万元以上10万元以下	导致生产中断1～7天或生产工艺50%及以上	维修后恢复设备性能	8	中等风险
5	集电环	温度异常	与碳刷摩擦力变大	发热	不可运行	停机	损坏	可能造成设备或财产损失10万元以上100万元以下	导致生产中断7天及以上	维修后恢复设备性能	10	较大风险
6	接地碳刷	断裂	受外力作用	产生火花	运行可靠性降低	接地电阻变大	损坏	可能造成设备或财产损失1万元以下	主要备用设备退出备用24h以内	性能无影响	4	较小风险
7	发电机检漏装置	失灵	设备配件损坏	显示异常	运行可靠性降低	失去对发电机的监视	损坏	可能造成设备或财产损失1万元以下	主要备用设备退出备用24h以内	性能无影响	4	较小风险

续表

序号	部件	故障条件			故障影响			故障损失			风险值	风险等级
		模式	原因	现象	系统	设备	部件	经济损失	生产中断	设备损坏		
8	灭磁开关	功能失效	设备配件损坏	不能正常工作	不可运行	停机	损坏	可能造成设备或财产损失 10 万元以上 100 万元以下	导致生产中断 7 天及以上	维修后恢复设备性能	10	较大风险
9	硅整流柜	性能衰退	设备配件损坏	不能正常工作	不可运行	停机	损坏	可能造成设备或财产损失 10 万元以上 100 万元以下	导致生产中断 7 天及以上	维修后恢复设备性能	10	较大风险
10	交、直流励磁共箱母线	松动	未紧固	发热	不可运行	停机	损坏	可能造成设备或财产损失 10 万元以上 100 万元以下	导致生产中断 7 天及以上	维修后恢复设备性能	10	较大风险
11	微正压装置	温度异常	加热器故障	不能加热	运行可靠性降低	无热风	损坏	可能造成设备或财产损失 1 万元以下	主要备用设备退出备用 24h 以内	性能无影响	4	较小风险
12	封闭母线外壳	变形	受外力作用	外观不平整	运行可靠性降低	减小安全距离	损坏	可能造成设备或财产损失 1 万元以下	主要备用设备退出备用 24h 以内	性能无影响	4	较小风险

设 备 风 险 控 制 卡

区域：厂房　　　　　　　　　系统：发变组　　　　　　　　　设备：发电机

序号	部件	故障条件			风险等级	日常控制措施			定期检修维护			临时措施
		模式	原因	现象		措施	检查方法	周期（天）	措施	检修方法	周期（月）	
1	定子铁芯	温度异常	硅钢片间绝缘损坏	发热	中等风险	日常点检	测温	30	检查，必要时更换	利用设备停运时间检修	72	无
2	定子绕组	温度异常	绕组水回路内部堵塞	发热	中等风险	日常点检	测温	30	检查，必要时更换	利用设备停运时间检修	72	无
3	转子	温度异常	绕组水回路内部堵塞	发热	中等风险	日常点检	测温	30	检查，必要时更换	利用设备停运时间检修	72	无
4	空冷器	流量异常	管路堵塞	流量异常	中等风险	日常点检	测温	30	检查，必要时更换	利用设备停运时间检修	72	检查更换

续表

序号	部件	故障条件			风险等级	日常控制措施			定期检修维护			临时措施
		模式	原因	现象		措施	检查方法	周期（天）	措施	检修方法	周期（月）	
5	集电环	温度异常	与碳刷摩擦力变大	发热	较大风险	日常点检	测温	30	检查，必要时更换	利用设备停运时间检修	72	检查更换
6	接地碳刷	断裂	受外力作用	产生火花	较小风险	日常点检	测温	30	检查，必要时更换	利用设备停运时间检修	72	检查更换
7	发电机检漏装置	失灵	设备配件损坏	显示异常	较小风险	日常点检	测温	30	检查，必要时更换	利用设备停运时间检修	72	检查更换
8	灭磁开关	功能失效	设备配件损坏	不能正常工作	较大风险	日常点检	看+听	30	检查，必要时更换	利用设备停运时间检修	72	检查更换
9	硅整流柜	性能衰退	设备配件损坏	不能正常工作	较大风险	日常点检	看+听	30	检查，必要时更换	利用设备停运时间检修	72	检查更换
10	交、直流励磁共箱母线	松动	未紧固	发热	较大风险	日常点检	看+听	30	检查，必要时更换	利用设备停运时间检修	72	检查更换
11	微正压装置	温度异常	加热器故障	不能加热	较小风险	日常点检	看+听	30	检查，必要时更换	利用设备停运时间检修	72	检查更换
12	封闭母线外壳	变形	受外力作用	外观不平整	较小风险	日常点检	看+听	30	检查，必要时更换	利用设备停运时间检修	72	检查更换

3 主变压器

设备风险评估表

区域：厂房　　　　系统：发变组　　　　设备：主变压器

序号	部件	故障条件			故障影响			故障损失			风险值	风险等级
		模式	原因	现象	系统	设备	部件	经济损失	生产中断	设备损坏		
1	油枕	渗油	管路阀门、密封不良	有渗漏油滴落在本体或地面上	无	油位显示异常	密封破损	无	无	经维修后可恢复设备性能	4	较小风险
2		破裂	波纹管老化、裂纹	油位指示异常	无	空气进入加快油质劣化速度	波纹管损坏	可能造成设备或财产损失1万元以上10万元以下	无	经维修后可恢复设备性能	8	中等风险
3	油箱	渗油	密封不良	有渗漏油滴落在本体或地面上	无	油位异常	密封破损	无	无	经维修后可恢复设备性能	4	较小风险
4		锈蚀	环境潮湿、氧化	油箱表面脱漆锈蚀	无	无	油箱渗漏	无	无	经维修后可恢复设备性能	4	较小风险
5	呼吸器	变质	受潮	硅胶变色	无	油质劣化速度增大	硅胶失效	无	无	经维修后可恢复设备性能	4	较小风险
6		堵塞	油封老化、油杯油位过高	呼吸器不能正常排、进气，可能造成压力释放动作	机组停运	主变压器停运	呼吸器密封受损	无	主要备用设备退出备用24h以内	经维修后可恢复设备性能	8	中等风险
7	绕组线圈	短路	缺油、发热绝缘击穿、过电压	温度升高、跳闸	机组停运	主变压器停运	线圈烧毁	可能造成设备或财产损失1万元以上10万元以下	导致生产中断7天及以上	经维修后可恢复设备性能	18	重大风险
8		击穿	发热绝缘破坏、过电压	运行声音异常、温度升高、跳闸	机组停运	主变压器停运	线圈烧毁	可能造成设备或财产损失1万元以上10万元以下	导致生产中断7天及以上	经维修后可恢复设备性能	18	重大风险
9		老化	长期过负荷、温度过高，加快绝缘性能下降	运行声音异常、温度升高	机组出力降低	出力降低	线圈损坏	可能造成设备或财产损失1万元以下	导致生产中断1～7天或生产工艺50%及以上	经维修后可恢复设备性能	14	较大风险

续表

序号	部件	故障条件			故障影响			故障损失			风险值	风险等级
		模式	原因	现象	系统	设备	部件	经济损失	生产中断	设备损坏		
10	铁芯	短路	多点接地或层间、匝间绝缘击穿	温度升高、跳闸	机组停运	主变压器停运	铁芯烧毁	可能造成设备或财产损失10万元以上100万元以下	导致生产中断7天及以上	经维修后可恢复设备性能	20	重大风险
11	铁芯	过热	发生接地、局部温度升高	温度升高、跳闸	机组停运	主变压器停运	铁芯受损	可能造成设备或财产损失1万元以上10万元以下	主要备用设备退出备用24h以内	经维修后可恢复设备性能	12	较大风险
12	铁芯	松动	铁芯夹件未夹紧	运行时有振动、温度升高、声音异常	机组停运	主变压器停运	铁芯受损	可能造成设备或财产损失1万元以上10万元以下	导致生产中断1～7天或生产工艺50%及以上	经维修后可恢复设备性能	16	重大风险
13	压力释放阀	功能失效	压力值设定不当、回路断线	不动作、误动作	机组停运	主变压器停运	压力释放阀损坏	可能造成设备或财产损失1万元以下	主要备用设备退出备用24h以内	经维修后可恢复设备性能	10	较大风险
14	压力释放阀	卡涩	弹簧疲软、阀芯变形	喷油、瓦斯继电器动作、防爆管爆裂	机组停运	主变压器停运	破损	可能造成设备或财产损失1万元以上10万元以下	主要备用设备退出备用24h以内	经维修后可恢复设备性能	12	较大风险
15	瓦斯继电器	渗油	密封不良	连接处有渗漏油滴落在设备上	无	加快油质劣化速度	密封破损	无	无	经维修后可恢复设备性能	4	较小风险
16	瓦斯继电器	功能失效	内部元器件机构老化、卡涩、触点损坏、断线	拒动造成不能正常动作	机组停运	主变压器停运	瓦斯继电器损坏	可能造成设备或财产损失1万元以下	主要备用设备退出备用24h以内	经维修后可恢复设备性能	10	较大风险
17	测温电阻	断线	接线脱落、接触不良	温度异常	无	无法采集温度数据	无	无	无	经维修后可恢复设备性能	4	较小风险
18	测温电阻	功能失效	测温探头劣化损坏	温度异常	无	无法采集温度数据	测温电阻损坏	可能造成设备或财产损失1万元以下	无	经维修后可恢复设备性能	6	中等风险
19	温度表计	功能失效	接线端子脱落、回路断线	无温度显示	无	无	表计损坏	可能造成设备或财产损失1万元以下	无	经维修后可恢复设备性能	6	中等风险

续表

序号	部件	故障条件			故障影响			故障损失			风险值	风险等级
		模式	原因	现象	系统	设备	部件	经济损失	生产中断	设备损坏		
20	温度表计	卡涩	转动机构老化、弹性元件疲软	温度显示异常或无变化	无	无法正确采集数据	转动机构卡涩损坏	可能造成设备或财产损失1万元以下	无	经维修后可恢复设备性能	6	中等风险
21	油位计	渗油	螺栓松动	有渗油现象	无	主变本体或地面有油污	密封破损	无	无	经维修后可恢复设备性能	4	较小风险
22		断线	转动机构老化、弹性元件疲软	上位机无油位数据显示	无	无	无	无	无	经维修后可恢复设备性能	4	较小风险
23	主变在线监测	功能失效	传感器损坏、松动	监测参数异常无显示	无	无法监测	装置、探头损坏	可能造成设备或财产损失1万元以上10万元以下	无	经维修后可恢复设备性能	8	中等风险
24		短路	电气元件老化、过热	监测参数异常无显示	无	无法监测	无法正确采集数据	可能造成设备或财产损失1万元以下	无	经维修后可恢复设备性能	6	中等风险
25	套管	击穿	受潮绝缘老化	主变断路器跳闸	机组停运	主变压器停运	绝缘损坏	可能造成设备或财产损失1万元以上10万元以下	导致生产中断7天及以上	经维修后可恢复设备性能	18	重大风险
26		渗油	密封不良	套管处有渗漏油滴落在设备上	无	加快油质劣化速度	密封损坏	可能造成设备或财产损失1万元以下	无	经维修后可恢复设备性能	6	中等风险
27		污闪	瓷瓶积灰积尘	发热、放电	无	无	绝缘性能下降	无	无	经维修后可恢复设备性能	4	较小风险
28	中性点接地刀闸	短路	电气元件老化、过热	电动操作失灵	无	无法自动控制操作	控制线路断线	无	无	经维修后可恢复设备性能	4	较小风险
29		变形	操作机构卡涩、行程开关故障	操作不到位、过分、过合	无	无	操作机构损坏	可能造成设备或财产损失1万元以下	无	经维修后可恢复设备性能	6	中等风险
30	事故排油阀	渗油	密封不良、螺栓松动	阀门法兰盘处有渗油	无	油面下降	密封破损	无	无	经维修后可恢复设备性能	4	较小风险
31		卡涩	阀芯锈蚀、螺纹受损	操作困难	无	无	阀门性能降低	无	无	经维修后可恢复设备性能	4	较小风险

续表

序号	部件	故障条件			故障影响			故障损失			风险值	风险等级
		模式	原因	现象	系统	设备	部件	经济损失	生产中断	设备损坏		
32	分接头开关	变形	操作机构卡涩	操作把手切换困难	无	无	性能下降	无	无	经维修后可恢复设备性能	4	较小风险
33		渗油	密封老化	分接开关出有油污	无	加快油质劣化速度	密封损坏	可能造成设备或财产损失1万元以下	无	经维修后可恢复设备性能	6	中等风险
34		过热	分接开关操作触头连接不到位或弹簧压力不足	绕组温度升高	机组停运	主变压器停运	触头过热、变形	无	无	经维修后可恢复设备性能	4	较小风险

设备风险控制卡

区域：厂房　　系统：发变组　　设备：主变压器

序号	部件	故障条件			风险等级	日常控制措施			定期检修维护			临时措施
		模式	原因	现象		措施	检查方法	周期（天）	措施	检修方法	周期（月）	
1	油枕	渗油	管路阀门、密封不良	有渗漏油滴落在本体或地面上	较小风险	检查	现场检查地面或本体上有无渗漏油的痕迹	30	检修	修复、更换密封件	12	加强监视油枕油位与温度曲线，待停机后处理
2		破裂	波纹管老化、裂纹	油位指示异常	中等风险	检查	检查变压器温度变化是否与油位曲线相符	30	检修	修复或更换波纹管	12	加强监视油枕油位与温度曲线，待停机后处理
3	油箱	渗油	密封不良	有渗漏油滴落在本体或地面上	较小风险	检查	现场检查地面或本体上有无渗漏油的痕迹	30	更换	修复、更换密封件	12	加强油箱油位与温度，待停机后处理
4		锈蚀	环境潮湿、氧化	油箱表面脱漆锈蚀	较小风险	检查	外观检查表面是否有锈蚀、脱漆现象	30	检修	除锈、打磨、防腐	12	除锈、防腐
5	呼吸器	变质	受潮	硅胶变色	较小风险	检查	检查硅胶是否变色	30	更换	更换硅胶	12	检查呼吸器内颜色变化情况，更换呼吸器吸潮物质
6		堵塞	油封老化、油杯油位过高	呼吸器不能正常排、进气，可能造成压力释放动作	中等风险	检查	加强监视油枕油位与温度曲线，是否相符	30	检修	更换油封、清洗油杯、更换硅胶	12	加强监视油枕油位与温度曲线，是否相符，停机后更换
7	绕组线圈	短路	缺油、发热绝缘击穿、过电压	温度升高、跳闸	重大风险	检查	检查主变压器绕组温度，上下层油温是否正常	30	更换	更换线圈	12	停运变压器，更换线圈

续表

序号	部件	故障条件			风险等级	日常控制措施			定期检修维护			临时措施
		模式	原因	现象		措施	检查方法	周期（天）	措施	检修方法	周期（月）	
8	绕组线圈	击穿	发热绝缘破坏、过电压	运行声音异常、温度升高、跳闸	重大风险	检查	检查主变压器绕组温度、上下层油温是否正常	30	检修	包扎修复、更换线圈	12	停运变压器，更换线圈
9		老化	长期过负荷、温度过高，加快绝缘性能下降	运行声音异常、温度升高、	较大风险	检查	检查主变压器绕组温度、上下层油温是否正常	30	检修	预防性试验定期检查绝缘情况	12	避免长时间过负荷、高温情况下运行
10	铁芯	短路	多点接地或层间、匝间绝缘击穿	温度升高、跳闸	重大风险	检查	检查主变压器绕组温度、上下层油温是否正常，运行声音是否正常	30	检修	预防性试验定期检查绝缘情况	12	停运变压器，更换受损铁芯
11		过热	发生接地、局部温度升高	温度升高、跳闸	较大风险	检查	检查主变压器绕组温度、上下层油温是否正常	30	检修	预防性试验定期检查绝缘情况	12	停运变压器，查找接地原因、消除接地故障
12		松动	铁芯夹件未夹紧	运行时有振动、温度升高、声音异常	重大风险	检查	检查电压、电流是否正常；是否有振动声或噪声	30	检修	紧固铁芯夹件	12	检查是否影响设备运行，若影响则立即停机处理，若不影响则待停机后处理
13	压力释放阀	功能失效	压力值设定不当、回路断线	不动作、误动作	较大风险	检查	定期检查外观完好	30	检修	预防性试验定期检查动作可靠性、正确性	12	停运变压器、更换压力释放阀
14		卡涩	弹簧疲软、阀芯变形	喷油、瓦斯继电器动作、防爆管爆裂	较大风险	检查	检查油温、油温是否正常、压力释放阀是否存在喷油、渗油现象	30	更换	更换压力释放阀	12	停运变压器、更换压力释放阀
15	瓦斯继电器	渗油	密封不良	连接处有渗漏油滴落在设备上	较小风险	检查	检查本体外观上有无渗漏油痕迹	30	检修	修复、更换密封件	12	临时紧固、压紧螺丝
16		功能失效	内部元器件机构老化、卡涩、触点损坏、断线	拒动造成不能正常动作	较大风险	检查	检查瓦斯信号、保护是否正常投入	30	检修	预防性试验定期检查动作可靠性、正确性	12	必要时退出重瓦斯保护、停机检查处理、更换瓦斯继电器
17	测温电阻	断线	接线脱落、接触不良	温度异常	较小风险	检查	检查温度表计有无温度显示	30	加固	紧固接线端子	12	选取多处外部温度进行测温对比
18		功能失效	测温探头劣化损坏	温度异常	中等风险	检查	检查温度表计有无温度显示	30	更换	更换测温电阻	12	选取多处外部温度进行测温对比

续表

序号	部件	故障条件			风险等级	日常控制措施			定期检修维护			临时措施
		模式	原因	现象		措施	检查方法	周期（天）	措施	检修方法	周期（月）	
19	温度表计	功能失效	接线端子脱落、回路断线	无温度显示	中等风险	检查	检查温度显示是否正常	30	检修	更换电气元器件，联动调试	12	检查控制回路、更换电气元器件
20		卡涩	转动机构老化、弹性元件疲软	温度显示异常或无变化	中等风险	检查	检查温度表计是否正常显示，有无变化	30	更换	修复或更换	12	通过测温和对比本体油温或绕组温度，停机后修复更换温度表计
21	油位计	渗油	螺栓松动	有渗油现象	较小风险	检查	看油位计是否有渗油现象	30	更换	更换密封件	12	观察渗油情况，待停机后处理
22		断线	转动机构老化、弹性元件疲软	上位机无油位数据显示	较小风险	检查	检查油位数据是否正常	30	加固	紧固接线端子	12	停运变压器后，紧固接线端子
23	主变在线监测	功能失效	传感器损坏、松动	监测参数异常无显示	中等风险	检查	检查监测数据是否正常、有无告警信号	30	检修	更换监测装置、传感器、预防性试验检查	12	加强监视主变运行参数变化、加强巡视检查
24		短路	电气元件老化、过热	监测参数异常无显示	中等风险	检查	检查上传数据无显示、数据异常	30	检修	更换电气元器件；绝缘测量	12	检查控制回路、测量绝缘、更换电气元件
25	套管	击穿	受潮绝缘老化	主变压器断路器跳闸	重大风险	检查	检查有无明显放电声，测量套管外部温度	30	检修	预防性试验定期检查绝缘情况	12	若有明显放电声，温度异常升高，立即停机检查处理
26		渗油	密封不良	套管处有渗漏油滴落在设备上	中等风险	检查	检查有无渗油现象	30	检修	更换密封圈，注油、紧固螺帽	12	变压器停运后，更换密封件、注油
27		污闪	瓷瓶积灰积尘	发热、放电	较小风险	检查	熄灯检查、测温	30	清扫	卫生清洁	12	停运后清扫
28	中性点接地刀闸	短路	电气元件老化、过热	电动操作失灵	较小风险	检查	卫生清扫、紧固接线端子	30	检修	更换电气原件、紧固接线端子	12	手动进行操作
29		变形	操作机构卡涩、行程开关故障	操作不到位、过分、过合	中等风险	检查	操作到位后检查行程开关节点是否已到位	30	检修	修复调整操作机构、调整行程节点	12	手动进行操作
30	事故排油阀	渗油	密封不良、螺栓松动	阀门法兰盘处有渗油	较小风险	检查	检查阀门法兰盘处有无渗漏油痕迹	30	更换	更换密封件	12	检查油位与温度，对排油阀法兰盘连接螺栓进行紧固
31		卡涩	阀芯锈蚀、螺纹受损	操作困难	较小风险	检查	检查阀门位置、润滑量是否足够	30	检修	润滑保养、阀芯调整	12	润滑保养、阀芯调整

续表

序号	部件	故障条件			风险等级	日常控制措施			定期检修维护			临时措施
		模式	原因	现象		措施	检查方法	周期（天）	措施	检修方法	周期（月）	
32	分接头开关	变形	操作机构卡涩	操作把手切换困难	较小风险	检查	检查挡位是否与实际相符	30	检修	调整松紧程度	12	转检修后对弹簧进行更换
33		渗油	密封老化	分接开关出有油污	中等风险	检查	外观检查是否有渗油现象	30	检修	更换密封垫、紧固螺栓	12	加强监视运行情况、漏油量变化、停运后更换密封
34		过热	分接开关操作触头连接不到位或弹簧压力不足	绕组温度升高	较小风险	检查	检查运行中温度、声音是否正常	30	检修	收紧弹簧受力、触头打磨修复	12	停运变压器、收紧弹簧受力、触头打磨修复

4 主变压器冷却装置

设备风险评估表

区域：厂房　　系统：发变组　　设备：主变压器冷却装置

序号	部件	故障条件			故障影响			故障损失			风险值	风险等级
		模式	原因	现象	系统	设备	部件	经济损失	生产中断	设备损坏		
1	电机	卡涩	电机启动力矩过大或受力不均	轴承有异常的金属撞击和卡涩声音	无	主变压器油温循环不良、升高	轴承损坏	可能造成设备或财产损失1万元以下	无	经维修后可恢复设备性能	6	中等风险
2		短路	受潮、绝缘老化、击穿	电机处有烧焦异味、电机温高	无	主变压器油温循环不良、升高	绕组烧坏	可能造成设备或财产损失1万元以下	无	经维修后可恢复设备性能	6	中等风险
3	水泵	渗水	螺栓松动、密封损坏	组合面及溢流管渗水、水泵启动频繁	无	无	密封受损	无	无	经维修后可恢复设备性能	4	较小风险
4		异常磨损	水泵端面轴承磨损或卡滞导致泵轴间隙太大	运行声音异常、温度升高	无	主变压器温度升高	性能下降	无	无	经维修后可恢复设备性能	4	较小风险
5	冷却器	堵塞	水垢、异物堵塞	温度升高	无	冷却性能下降	冷却器堵塞	无	无	经维修后可恢复设备性能	4	较小风险
6		破裂	水压力过高、材质劣化	温度升高、渗漏报警器报警	机组停运	主变压器停运	冷却器损坏	可能造成设备或财产损失1万元以上10万元以下	导致生产中断1～7天或生产工艺50%及以上	经维修后可恢复设备性能	16	重大风险
7	渗漏报警器	短路	积尘积灰、电气元件老化、过热	不能监测渗漏	无	不能监测技术供水渗漏情况	报警器损坏	可能造成设备或财产损失1万元以下	无	经维修后可恢复设备性能	6	中等风险
8		松动	接线端子连接不牢固	监视异常、告警	无	不能监测技术供水渗漏情况	无	无	无	经维修后可恢复设备性能	4	较小风险
9		功能失效	传感器失效、模件损坏	不能监测渗漏	无	不能监测技术供水渗漏情况	元件损坏	可能造成设备或财产损失1万元以下	无	经维修后可恢复设备性能	6	中等风险

续表

序号	部件	故障条件			故障影响			故障损失			风险值	风险等级
		模式	原因	现象	系统	设备	部件	经济损失	生产中断	设备损坏		
10	示流器	堵塞	钙化物	流量显示不正常	无	水量信号异常	示流器性能降低	无	无	经维修后可恢复设备性能	4	较小风险
11		短路	环境潮湿、绝缘老化受损、电源电压异常	不能监测流量	无	不能监测技术供水流量	示流器损坏	可能造成设备或财产损失1万元以下	无	经维修后可恢复设备性能	6	中等风险
12	压力变送器	短路	环境潮湿、绝缘老化受损、电源电压异常	不能监测压力	无	不能监测技术供水压力	压力变送器损坏	无	无	经维修后可恢复设备性能	4	较小风险
13		功能失效	传感器失效	不能监测压力信号	无	压力信号异常	元件损坏	无	无	经维修后可恢复设备性能	4	较小风险
14	管路	渗水	锈蚀、砂眼	油管路沙眼处存在渗油现象	无	无	管路受损	无	无	经维修后可恢复设备性能	4	较小风险
15		松动	螺栓未拧紧、运行振动	油管路连接处连接螺栓松动、渗油	无	无	无	无	无	经维修后可恢复设备性能	4	较小风险
16	PLC控制装置	功能失效	电气元件模块损坏	死机	无	无法自动动作	无采集信号、输出、输入	可能造成设备或财产损失1万元以下	无	经维修后可恢复设备性能	6	中等风险
17		断线	插件松动、接线脱落	失电	无	无法自动动作	无	无	无	经维修后可恢复设备性能	4	较小风险
18		过热	积尘积灰、高温、风扇损坏	PLC 温度升高	无	无	性能降低	无	无	经维修后可恢复设备性能	4	较小风险
19	双电源切换开关	短路	电缆绝缘老化、相间短路、接地	开关跳闸、电源消失	无	缺失双电源切换功能	双电源切换开关损坏	无	无	经维修后可恢复设备性能	4	较小风险
20		过热	接头虚接、发热	开关、电缆发热	无	无	性能降低	无	无	经维修后可恢复设备性能	4	较小风险
21		熔断器断裂	过载、过流	开关跳闸、电源消失	无	无	保险丝损坏	可能造成设备或财产损失1万元以下	无	经维修后可恢复设备性能	6	中等风险
22	阀门	渗水	密封不良、螺栓松动	阀门开关处渗水	无	无	密封破损	无	无	经维修后可恢复设备性能	4	较小风险
23		卡涩	阀芯锈蚀、螺纹受损	操作困难	无	无	性能降低	无	无	经维修后可恢复设备性能	4	较小风险

设备风险控制卡

区域：厂房　　系统：发变组　　设备：主变压器冷却装置

序号	部件	故障条件			风险等级	日常控制措施			定期检修维护			临时措施
		模式	原因	现象		措施	检查方法	周期（天）	措施	检修方法	周期（月）	
1	电机	卡涩	电机启动力矩过大或受力不均	轴承有异常的金属撞击和卡涩声音	中等风险	检查	运行中监视运行声音及温度	15	检修	研磨修复、更换轴承	12	轮换电机运行、研磨修复、更换轴承
2	电机	短路	受潮、绝缘老化、击穿	电机处有烧焦异味、电机温高	中等风险	检查	卫生清扫、绝缘测量	15	更换	更换绕组、电机	12	轮换电机运行、更换电机绕组
3	水泵	渗水	螺栓松动、密封损坏	组合面及溢流管渗水、水泵启动频繁	较小风险	检查	水泵运行中监视运行声音油温是否正常、检查是否有渗水现象	15	检修	螺栓紧固、更换密封	12	轮换水泵运行、螺栓紧固、更换密封
4	水泵	异常磨损	水泵端面轴承磨损或卡滞导致泵轴间隙太大	运行声音异常、温度升高	较小风险	检查	运行中监视运行声音及温度	15	检修	研磨修复、更换轴承	12	轮换水泵运行、研磨修复、更换轴承
5	冷却器	堵塞	水垢、异物堵塞	温度升高	较小风险	检查	检查主变温度、示流信号器	15	检修	疏通异物	12	提高水压或降低出力运行，待停机后处理
6	冷却器	破裂	水压力过高、材质劣化	温度升高、渗漏报警器报警	重大风险	检查	检查主变温度、示流信号器、渗漏报警器	15	检修	修复补漏、更换	12	申请停机处理
7	渗漏报警器	短路	积尘积灰、电气元件老化、过热	不能监测渗漏	中等风险	检查	卫生清扫、测量渗漏报警器绝缘值	15	更换	更换渗漏报警器	12	检查渗漏报警器是否有输入输出信号，若无应更换报警器
8	渗漏报警器	松动	接线端子连接不牢固	监视异常、告警	较小风险	检查	运行中检查油声音是否正常、渗漏报警器是否有异常告警信号	15	加固	紧固接线端子	12	检查渗漏报警器是否有输入输出信号，检查控制回路、紧固端子
9	渗漏报警器	功能失效	传感器失效、模件损坏	不能监测渗漏	中等风险	检查	测量渗漏报警器绝缘值	15	更换	更换渗漏报警器	12	检查渗漏报警器是否有输入输出信号，若无应更换报警器
10	示流器	堵塞	钙化物	流量显示不正常	较小风险	检查	看示流器显示值是否正常	15	检修	清洗、回装	12	清洗示流器
11	示流器	短路	环境潮湿、绝缘老化受损、电源电压异常	不能监测流量	中等风险	检查	卫生清扫、接线紧固	15	更换	更换示流器	12	停运时，更换示流器

续表

序号	部件	故障条件			风险等级	日常控制措施			定期检修维护			临时措施
		模式	原因	现象		措施	检查方法	周期（天）	措施	检修方法	周期（月）	
12	压力变送器	短路	环境潮湿、绝缘老化受损、电源电压异常	不能监测压力	较小风险	检查	控制屏上查看压力值显示是否正常，测量压力变送器绝缘值	15	更换	更换压力变送器	12	检查示流器是否有输入输出信号，若无应更换示流器器
13		功能失效	传感器失效	不能监测压力信号	较小风险	检查	控制屏上查看压力值显示是否正常，测量压力变送器绝缘值	15	更换	更换传感器	12	更换电气元器件
14	管路	渗水	锈蚀、砂眼	油管路砂眼处存在渗油现象	较小风险	检查	看油管路是否存在渗油现象	15	检修	对砂眼处进行补焊	12	检查调速器油压、油位变化及油泵打油情况，是否影响机组运行，若不影响，则选择停机后处理
15		松动	螺栓未拧紧、运行振动	油管路连接处连接螺栓松动、渗油	较小风险	检查	看油管路连接接螺栓处是否存在渗油现象	15	检修	紧固螺栓、更换密封	12	紧固连接处螺帽
16	PLC控制装置	功能失效	电气元件模块损坏	死机	中等风险	检查	查看 PLC 信号是否与时间相符	15	更换	更换模块或更换 PLC 装置	12	加强监视主变运行参数变化情况，手动操作油泵
17		断线	插件松动、接线脱落	失电	较小风险	检查	查看 PLC 信号是否与时间相符、紧固接线	15	检修	检查电源电压、测量控制回路信号是否正常、紧固接线端子	12	需要时手动进行操作
18		过热	积尘积灰、高温、风扇损坏	PLC 温度升高	较小风险	检查	卫生清扫、检查 PLC 装置温度是否正常、风扇运行时正常	15	检修	卫生清理、检查模块、风扇是否正常	12	检查过热原因、手动操作油泵
19	双电源切换开关	短路	电缆绝缘老化、相间短路、接地	开关跳闸、电源消失	较小风险	检查	测量双电源切换开关绝缘	15	检修	更换双电源切换开关	12	检查双电源切换开关是否有线路松动或脱落，用万用表测量电压
20		过热	接头虚接、发热	开关、电缆发热	较小风险	检查	检查电流、电压、温度是否正常	15	加固	紧固接线端子	12	紧固接线端子

续表

序号	部件	故障条件			风险等级	日常控制措施			定期检修维护			临时措施
		模式	原因	现象		措施	检查方法	周期（天）	措施	检修方法	周期（月）	
21	双电源切换开关	熔断器断裂	过载、过流	开关跳闸、电源消失	中等风险	检查	检查电压、电流是否正常、更换熔断器	15	更换	更换熔断器	12	检查电压、电流是否正常、更换熔断器
22	阀门	渗水	密封不良、螺栓松动	阀门开关处渗水	较小风险	检查	在阀门开关处看渗水情况	15	更换	更换密封件	12	加强巡视检查，待停机后更换密封件或阀门
23		卡涩	阀芯锈蚀、螺纹受损	操作困难	较小风险	检查	检查阀门位置、润滑量是否足够	15	检修	螺杆润滑保养、阀芯调整	12	润滑保养、阀芯调整

5 厂用高压变压器

设备风险评估表

区域：厂房　　系统：发变组　　设备：厂用高压变压器

序号	部件	故障条件			故障影响			故障损失			风险值	风险等级
		模式	原因	现象	系统	设备	部件	经济损失	生产中断	设备损坏		
1	油枕	渗油	管路阀门、密封不良	有渗漏油滴落在本体或地面上	无	油位显示异常	密封破损	无	无	经维修后可恢复设备性能	4	较小风险
2	油枕	破裂	波纹管老化、裂纹	油位指示异常	无	空气进入加快油质劣化速度	波纹管损坏	可能造成设备或财产损失1万元以上10万元以下	无	经维修后可恢复设备性能	8	中等风险
3	油箱	渗油	密封不良	有渗漏油滴落在本体或地面上	无	油位异常	密封破损	无	无	经维修后可恢复设备性能	4	较小风险
4	油箱	锈蚀	环境潮湿、氧化	油箱表面脱漆锈蚀	无	无	油箱渗漏	无	无	经维修后可恢复设备性能	4	较小风险
5	呼吸器	变质	受潮	硅胶变色	无	油质劣化速度增大	硅胶失效	无	无	经维修后可恢复设备性能	4	较小风险
6	呼吸器	堵塞	油封老化、油杯油位过高	呼吸器不能正常排、进气，可能造成压力释放动作	机组停运	主变压器停运	呼吸器密封受损	无	主要备用设备退出备用24h以内	经维修后可恢复设备性能	8	中等风险
7	绕组线圈	短路	缺油、发热绝缘击穿、过电压	温度升高、跳闸	机组停运	主变压器停运	线圈烧毁	可能造成设备或财产损失1万元以上10万元以下	导致生产中断7天及以上	经维修后可恢复设备性能	18	重大风险
8	绕组线圈	击穿	发热绝缘破坏、过电压	运行声音异常、温度升高、跳闸	机组停运	主变压器停运	线圈烧毁	可能造成设备或财产损失1万元以上10万元以下	导致生产中断7天及以上	经维修后可恢复设备性能	18	重大风险
9	绕组线圈	老化	长期过负荷、温度过高，加快绝缘性能下降	运行声音异常、温度升高	无	出力降低	线圈损坏	可能造成设备或财产损失1万元以下	导致生产中断1～7天或生产工艺50%及以上	经维修后可恢复设备性能	14	较大风险

续表

序号	部件	故障条件			故障影响			故障损失			风险值	风险等级
		模式	原因	现象	系统	设备	部件	经济损失	生产中断	设备损坏		
10	铁芯	短路	多点接地或层间、匝间绝缘击穿	温度升高、跳闸	机组停运	主变压器停运	铁芯烧毁	可能造成设备或财产损失10万元以上100万元以下	导致生产中断7天及以上	经维修后可恢复设备性能	20	重大风险
11	铁芯	过热	发生接地、局部温度升高	温度升高、跳闸	机组停运	主变压器停运	铁芯受损	可能造成设备或财产损失1万元以上10万元以下	主要备用设备退出备用24h以内	经维修后可恢复设备性能	12	较大风险
12	铁芯	松动	铁芯夹件未夹紧	运行时有振动、温度升高、声音异常	机组停运	主变压器停运	铁芯受损	可能造成设备或财产损失1万元以上10万元以下	导致生产中断1～7天或生产工艺50%及以上	经维修后可恢复设备性能	16	重大风险
13	压力释放阀	功能失效	压力值设定不当、回路断线	不动作、误动作	机组停运	主变压器停运	压力释放阀损坏	可能造成设备或财产损失1万元以下	主要备用设备退出备用24h以内	经维修后可恢复设备性能	10	较大风险
14	压力释放阀	卡涩	弹簧疲软、阀芯变形	喷油、瓦斯继电器动作、防爆管爆裂	机组停运	主变压器停运	破损	可能造成设备或财产损失1万元以上10万元以下	主要备用设备退出备用24h以内	经维修后可恢复设备性能	12	较大风险
15	瓦斯继电器	渗油	密封不良	连接处有渗漏油滴落在设备上	无	加快油质劣化速度	密封破损	无	无	经维修后可恢复设备性能	4	较小风险
16	瓦斯继电器	功能失效	内部元器件机构老化、卡涩、触点损坏、断线	拒动造成不能正常动作	机组停运	主变压器停运	瓦斯继电器损坏	可能造成设备或财产损失1万元以下	主要备用设备退出备用24h以内	经维修后可恢复设备性能	10	较大风险
17	测温电阻	断线	接线脱落、接触不良	温度异常	无	无法采集温度数据	无	无	无	经维修后可恢复设备性能	4	较小风险
18	测温电阻	功能失效	测温探头劣化损坏	温度异常	无	无法采集温度数据	测温电阻损坏	可能造成设备或财产损失1万元以下	无	经维修后可恢复设备性能	6	中等风险
19	温度表计	功能失效	接线端子脱落、回路断线	无温度显示	无	无	表计损坏	可能造成设备或财产损失1万元以下	无	经维修后可恢复设备性能	6	中等风险

续表

序号	部件	故障条件			故障影响			故障损失			风险值	风险等级
		模式	原因	现象	系统	设备	部件	经济损失	生产中断	设备损坏		
20	温度表计	卡涩	转动机构老化、弹性元件疲软	温度显示异常或无变化	无	无法正确采集数据	转动机构卡涩损坏	可能造成设备或财产损失1万元以下	无	经维修后可恢复设备性能	6	中等风险
21	油位计	渗油	螺栓松动	有渗油现象	无	主变压器本体或地面有油污	密封破损	无	无	经维修后可恢复设备性能	4	较小风险
22		断线	转动机构老化、弹性元件疲软	上位机无油位数据显示	无	无	无	无	无	经维修后可恢复设备性能	4	较小风险
23	套管	击穿	受潮绝缘老化	主变压器断路器跳闸	机组停运	主变压器停运	绝缘损坏	可能造成设备或财产损失1万元以上10万元以下	导致生产中断7天及以上	经维修后可恢复设备性能	18	重大风险
24		渗油	密封不良	套管处有渗漏油滴落在设备上	无	加快油质劣化速度	密封损坏	可能造成设备或财产损失1万元以下	无	经维修后可恢复设备性能	6	中等风险
25		污闪	瓷瓶积灰积尘	发热、放电	无	无	绝缘性能下降	无	无	经维修后可恢复设备性能	4	较小风险
26	事故排油阀	渗油	密封不良、螺栓松动	阀门法兰盘处有渗油	无	油面下降	密封破损	无	无	经维修后可恢复设备性能	4	较小风险
27		卡涩	阀芯锈蚀、螺纹受损	操作困难	无	无	阀门性能降低	无	无	经维修后可恢复设备性能	4	较小风险
28	分接头开关	变形	操作机构卡涩	操作把手切换困难	无	无	性能下降	无	无	经维修后可恢复设备性能	4	较小风险
29		渗油	密封老化	分接开关出有油污	无	加快油质劣化速度	密封损坏	可能造成设备或财产损失1万元以下	无	经维修后可恢复设备性能	6	中等风险
30		过热	分接开关操作触头连接不到位或弹簧压力不足	绕组温度升高	机组停运	主变压器停运	触头过热、变形	无	无	经维修后可恢复设备性能	4	较小风险

设备风险控制卡

区域：厂房　　　　系统：发变组　　　　设备：厂用高压变压器

序号	部件	故障条件			风险等级	日常控制措施			定期检修维护			临时措施
		模式	原因	现象		措施	检查方法	周期（天）	措施	检修方法	周期（月）	
1	油枕	渗油	管路阀门、密封不良	有渗漏油滴落在本体或地面上	较小风险	检查	现场检查地面或本体上有无渗漏油的痕迹	30	检修	修复、更换密封件	12	加强监视油枕油位与温度曲线，待停机后处理
2	油枕	破裂	波纹管老化、裂纹	油位指示异常	中等风险	检查	检查变压器温度变化是否与油位曲线相符	30	检修	修复或更换波纹管	12	加强监视油枕油位与温度曲线，待停机后处理
3	油箱	渗油	密封不良	有渗漏油滴落在本体或地面上	较小风险	检查	现场检查地面或本体上有无渗漏油的痕迹	30	更换	修复、更换密封件	12	加强油箱油位与温度，待停机后处理
4	油箱	锈蚀	环境潮湿、氧化	油箱表面脱漆锈蚀	较小风险	检查	外观检查表面是否有锈蚀、脱漆现象	30	检修	除锈、打磨、防腐	12	除锈、防腐
5	呼吸器	变质	受潮	硅胶变色	较小风险	检查	检查硅胶是否变色	30	更换	更换硅胶	12	检查呼吸器内颜色变化情况，更换呼吸器吸潮物质
6	呼吸器	堵塞	油封老化、油杯油位过高	呼吸器不能正常排、进气，可能造成压力释放动作	中等风险	检查	加强监视油枕油位与温度曲线是否相符	30	检修	更换油封、清洗油杯、更换硅胶	12	加强监视油枕油位与温度曲线，是否相符，停机后更换
7	绕组线圈	短路	缺油、发热绝缘击穿、过电压	温度升高、跳闸	重大风险	检查	检查主变压器绕组温度、上下层油温是否正常	30	更换	更换线圈	12	停运变压器，更换线圈
8	绕组线圈	击穿	发热绝缘破坏、过电压	运行声音异常、温度升高、跳闸	重大风险	检查	检查主变压器绕组温度、上下层油温是否正常	30	检修	包扎修复、更换线圈	12	停运变压器，更换线圈
9	绕组线圈	老化	长期过负荷、温度过高，加快绝缘性能下降	运行声音异常、温度升高	较大风险	检查	检查主变压器绕组温度、上下层油温是否正常	30	检修	预防性试验定期检查绝缘情况	12	避免长时间过负荷、高温情况下运行
10	铁芯	短路	多点接地或层间、匝间绝缘击穿	温度升高、跳闸	重大风险	检查	检查主变压器绕组温度、上下层油温是否正常，运行声音是否正常	30	检修	预防性试验定期检查绝缘情况	12	停运变压器，更换受损铁芯
11	铁芯	过热	发生接地、局部温度升高	温度升高、跳闸	较大风险	检查	检查主变压器绕组温度、上下层油温是否正常	30	检修	预防性试验定期检查绝缘情况	12	停运变压器，查找接地原因、消除接地故障

续表

序号	部件	故障条件			风险等级	日常控制措施			定期检修维护			临时措施
		模式	原因	现象		措施	检查方法	周期（天）	措施	检修方法	周期（月）	
12	铁芯	松动	铁芯夹件未夹紧	运行时有振动、温度升高、声音异常	重大风险	检查	检查电压、电流是否正常，是否有振动声或噪声	30	检修	紧固铁芯夹件	12	检查是否影响设备运行，若影响则立即停机处理，若不影响则待停机后处理
13	压力释放阀	功能失效	压力值设定不当、回路断线	不动作、误动作	较大风险	检查	定期检查外观完好	30	检修	预防性试验定期检查动作可靠性、正确性	12	停运变压器、更换压力释放阀
14	压力释放阀	卡涩	弹簧疲软、阀芯变形	喷油、瓦斯继电器动作、防爆管爆裂	较大风险	检查	检查油温、油温是否正常，压力释放阀是否存在喷油、渗油现象	30	更换	更换压力释放阀	12	停运变压器、更换压力释放阀
15	瓦斯继电器	渗油	密封不良	连接处有渗漏油滴落在设备上	较小风险	检查	检查本体外观上有无渗漏油痕迹	30	检修	修复、更换密封件	12	临时紧固、压紧螺丝
16	瓦斯继电器	功能失效	内部元器件机构老化、卡涩、触点损坏、断线	拒动造成不能正常动作	较大风险	检查	检查瓦斯信号、保护是否正常投入	30	检修	预防性试验定期检查动作可靠性、正确性	12	必要时退出重瓦斯保护，停机检查处理、更换瓦斯继电器
17	测温电阻	断线	接线脱落、接触不良	温度异常	较小风险	检查	检查温度表计有无温度显示	30	加固	紧固接线端子	12	选取多处外部温度进行测温对比
18	测温电阻	功能失效	测温探头劣化损坏	温度异常	中等风险	检查	检查温度表计有无温度显示	30	更换	更换测温电阻	12	选取多处外部温度进行测温对比
19	温度表计	功能失效	接线端子脱落、回路断线	无温度显示	中等风险	检查	检查温度显示是否正常	30	检修	更换电气元器件，联动调试	12	检查控制回路、更换电气元器件
20	温度表计	卡涩	转动机构老化、弹性元件疲软	温度显示异常或无变化	中等风险	检查	检查温度表计是否正常显示，有无变化	30	更换	修复或更换	12	通过测温和对比本体油温或绕组温度，停机后修复更换温度表计
21	油位计	渗油	螺栓松动	有渗油现象	较小风险	检查	看油位计是否有渗油现象	30	更换	更换密封件	12	观察渗油情况，待停机后处理
22	油位计	断线	转动机构老化、弹性元件疲软	上位机无油位数据显示	较小风险	检查	检查油位数据是否正常	30	加固	紧固接线端子	12	停运变压器后，紧固接线端子
23	套管	击穿	受潮绝缘老化	主变压器断路器跳闸	重大风险	检查	检查有无明显放电声，测量套管外部温度	30	检修	预防性试验定期检查绝缘情况	12	若有明显放电声，温度异常升高，立即停机检查处理

续表

序号	部件	故障条件			风险等级	日常控制措施			定期检修维护			临时措施
		模式	原因	现象		措施	检查方法	周期（天）	措施	检修方法	周期（月）	
24	套管	渗油	密封不良	套管处有渗漏油滴落在设备上	中等风险	检查	检查有无渗油现象	30	检修	更换密封圈，注油、紧固螺帽	12	变压器停运后，更换密封件、注油
25		污闪	瓷瓶积灰积尘	发热、放电	较小风险	检查	熄灯检查、测温	30	清扫	卫生清洁	12	停运后清扫
26	事故排油阀	渗油	密封不良、螺栓松动	阀门法兰盘处有渗油	较小风险	检查	检查阀门法兰盘处有无渗漏油痕迹	30	更换	更换密封件	12	检查油位与温度，对排油阀法兰盘连接螺栓进行紧固
27		卡涩	阀芯锈蚀、螺纹受损	操作困难	较小风险	检查	检查阀门位置、润滑量是否足够	30	检修	润滑保养、阀芯调整	12	润滑保养、阀芯调整
28	分接头开关	变形	操作机构卡涩	操作把手切换困难	较小风险	检查	检查挡位是否与实际相符	30	检修	调整松紧程度	12	转检修后对弹簧进行更换
29		渗油	密封老化	分接开关出有油污	中等风险	检查	外观检查是否有渗油现象	30	检修	更换密封垫、紧固螺栓	12	加强监视运行情况、漏油量变化、停运后更换密封
30		过热	分接开关操作触头连接不到位或弹簧压力不足	绕组温度升高	较小风险	检查	检查运行中温度、声音是否正常	30	检修	收紧弹簧受力、触头打磨修复	12	停运变压器、收紧弹簧受力、触头打磨修复

6 启动备用变压器

设备风险评估表

区域：厂房　　　　系统：发变组　　　　设备：启动备用变压器

序号	部件	故障条件			故障影响			故障损失			风险值	风险等级
		模式	原因	现象	系统	设备	部件	经济损失	生产中断	设备损坏		
1	油枕	渗油	管路阀门、密封不良	有渗漏油滴落在本体或地面上	无	油位显示异常	密封破损	无	无	经维修后可恢复设备性能	4	较小风险
2		破裂	波纹管老化、裂纹	油位指示异常	无	空气进入加快油质劣化速度	波纹管损坏	可能造成设备或财产损失1万元以上10万元以下	无	经维修后可恢复设备性能	8	中等风险
3	油箱	渗油	密封不良	有渗漏油滴落在本体或地面上	无	油位异常	密封破损	无	无	经维修后可恢复设备性能	4	较小风险
4		锈蚀	环境潮湿、氧化	油箱表面脱漆锈蚀	无	无	油箱渗漏	无	无	经维修后可恢复设备性能	4	较小风险
5	呼吸器	变质	受潮	硅胶变色	无	油质劣化速度增大	硅胶失效	无	无	经维修后可恢复设备性能	4	较小风险
6		堵塞	油封老化、油杯油位过高	呼吸器不能正常排、进气，可能造成压力释放动作	机组停运	主变压器停运	呼吸器密封受损	无	主要备用设备退出备用24h以内	经维修后可恢复设备性能	8	中等风险
7	绕组线圈	短路	缺油、发热绝缘击穿、过电压	温度升高、跳闸	机组停运	主变压器停运	绕组烧毁	可能造成设备或财产损失1万元以上10万元以下	导致生产中断7天及以上	经维修后可恢复设备性能	18	重大风险
8		击穿	发热绝缘破坏、过电压	运行声音异常、温度升高、跳闸	机组停运	主变压器停运	绕组烧毁	可能造成设备或财产损失1万元以上10万元以下	导致生产中断7天及以上	经维修后可恢复设备性能	18	重大风险
9		老化	长期过负荷、温度过高，加快绝缘性能下降	运行声音异常、温度升高	无	出力降低	绕组损坏	可能造成设备或财产损失1万元以下	导致生产中断1~7天或生产工艺50%及以上	经维修后可恢复设备性能	14	较大风险

续表

序号	部件	故障条件			故障影响			故障损失			风险值	风险等级
		模式	原因	现象	系统	设备	部件	经济损失	生产中断	设备损坏		
10	铁芯	短路	多点接地或层间、匝间绝缘击穿	温度升高、跳闸	机组停运	主变压器停运	铁芯烧毁	可能造成设备或财产损失10万元以上100万元以下	导致生产中断7天及以上	经维修后可恢复设备性能	20	重大风险
11	铁芯	过热	发生接地、局部温度升高	温度升高、跳闸	机组停运	主变压器停运	铁芯受损	可能造成设备或财产损失1万元以上10万元以下	主要备用设备退出备用24小时以内	经维修后可恢复设备性能	12	较大风险
12	铁芯	松动	铁芯夹件未夹紧	运行时有振动、温度升高、声音异常	机组停运	主变压器停运	铁芯受损	可能造成设备或财产损失1万元以上10万元以下	导致生产中断1～7天或生产工艺50%及以上	经维修后可恢复设备性能	16	重大风险
13	压力释放阀	功能失效	压力值设定不当、回路断线	不动作、误动作	机组停运	主变压器停运	压力释放阀损坏	可能造成设备或财产损失1万元以下	主要备用设备退出备用24h以内	经维修后可恢复设备性能	10	较大风险
14	压力释放阀	卡涩	弹簧疲软、阀芯变形	喷油、瓦斯继电器动作、防爆管爆裂	机组停运	主变压器停运	破损	可能造成设备或财产损失1万元以上10万元以下	主要备用设备退出备用24h以内	经维修后可恢复设备性能	12	较大风险
15	瓦斯继电器	渗油	密封不良	连接处有渗漏油滴落在设备上	无	加快油质劣化速度	密封破损	无	无	经维修后可恢复设备性能	4	较小风险
16	瓦斯继电器	功能失效	内部元器件机构老化、卡涩、触点损坏、断线	拒动造成不能正常动作	机组停运	主变压器停运	瓦斯继电器损坏	可能造成设备或财产损失1万元以下	主要备用设备退出备用24h以内	经维修后可恢复设备性能	10	较大风险
17	测温电阻	断线	接线脱落、接触不良	温度异常	无	无法采集温度数据	无	无	无	经维修后可恢复设备性能	4	较小风险
18	测温电阻	功能失效	测温探头劣化损坏	温度异常	无	无法采集温度数据	测温电阻损坏	可能造成设备或财产损失1万元以下	无	经维修后可恢复设备性能	6	中等风险
19	温度表计	功能失效	接线端子脱落、回路断线	无温度显示	无	无	表计损坏	可能造成设备或财产损失1万元以下	无	经维修后可恢复设备性能	6	中等风险

续表

序号	部件	故障条件			故障影响			故障损失			风险值	风险等级
		模式	原因	现象	系统	设备	部件	经济损失	生产中断	设备损坏		
20	温度表计	卡涩	转动机构老化、弹性元件疲软	温度显示异常或无变化	无	无法正确采集数据	转动机构卡涩损坏	可能造成设备或财产损失1万元以下	无	经维修后可恢复设备性能	6	中等风险
21	油位计	渗油	螺栓松动	有渗油现象	无	主变压器本体或地面有油污	密封破损	无	无	经维修后可恢复设备性能	4	较小风险
22		断线	转动机构老化、弹性元件疲软	上位机无油位数据显示	无	无	无	无	无	经维修后可恢复设备性能	4	较小风险
23	套管	击穿	受潮绝缘老化	主变压器断路器跳闸	机组停运	主变压器停运	绝缘损坏	可能造成设备或财产损失1万元以上10万元以下	导致生产中断7天及以上	经维修后可恢复设备性能	18	重大风险
24		渗油	密封不良	套管处有渗漏油滴落在设备上	无	加快油质劣化速度	密封损坏	可能造成设备或财产损失1万元以下	无	经维修后可恢复设备性能	6	中等风险
25		污闪	瓷瓶积灰积尘	发热、放电	无	无	绝缘性能下降	无	无	经维修后可恢复设备性能	4	较小风险
26	事故排油阀	渗油	密封不良、螺栓松动	阀门法兰盘处有渗油	无	油面下降	密封破损	无	无	经维修后可恢复设备性能	4	较小风险
27		卡涩	阀芯锈蚀、螺纹受损	操作困难	无	无	阀门性能降低	无	无	经维修后可恢复设备性能	4	较小风险
28	分接头开关	变形	操作机构卡涩	操作把手切换困难	无	无	性能下降	无	无	经维修后可恢复设备性能	4	较小风险
29		渗油	密封老化	分接开关出有油污	无	加快油质劣化速度	密封损坏	可能造成设备或财产损失1万元以下	无	经维修后可恢复设备性能	6	中等风险
30		过热	分接开关操作触头连接不到位或弹簧压力不足	绕组温度升高	机组停运	主变压器停运	触头过热、变形	无	无	经维修后可恢复设备性能	4	较小风险

设备风险控制卡

区域：厂房　　　　系统：发变组　　　　设备：启动备用变压器

序号	部件	故障条件			风险等级	日常控制措施			定期检修维护			临时措施
		模式	原因	现象		措施	检查方法	周期（天）	措施	检修方法	周期（月）	
1	油枕	渗油	管路阀门、密封不良	有渗漏油滴落在本体或地面上	较小风险	检查	现场检查地面或本体上有无渗漏油的痕迹	30	检修	修复、更换密封件	12	加强监视油枕油位与温度曲线，待停机后处理
2	油枕	破裂	波纹管老化、裂纹	油位指示异常	中等风险	检查	检查变压器温度变化是否与油位曲线相符	30	检修	修复或更换波纹管	12	加强监视油枕油位与温度曲线，待停机后处理
3	油箱	渗油	密封不良	有渗漏油滴落在本体或地面上	较小风险	检查	现场检查地面或本体上有无渗漏油的痕迹	30	更换	修复、更换密封件	12	加强油箱油位与温度，待停机后处理
4	油箱	锈蚀	环境潮湿、氧化	油箱表面脱漆锈蚀	较小风险	检查	外观检查表面是否有锈蚀、脱漆现象	30	检修	除锈、打磨、防腐	12	除锈、防腐
5	呼吸器	变质	受潮	硅胶变色	较小风险	检查	检查硅胶是否变色	30	更换	更换硅胶	12	检查呼吸器内颜色变化情况，更换呼吸器吸潮物质
6	呼吸器	堵塞	油封老化、油杯油位过高	呼吸器不能正常排、进气，可能造成压力释放动作	中等风险	检查	加强监视油枕油位与温度曲线是否相符	30	检修	更换油封、清洗油杯、更换硅胶	12	加强监视油枕油位与温度曲线是否相符，停机后更换
7	绕组线圈	短路	缺油、发热绝缘击穿、过电压	温度升高、跳闸	重大风险	检查	检查主变压器绕组温度、上下层油温是否正常	30	更换	更换线圈	12	停运变压器，更换线圈
8	绕组线圈	击穿	发热绝缘破坏、过电压	运行声音异常、温度升高、跳闸	重大风险	检查	检查主变压器绕组温度、上下层油温是否正常	30	检修	包扎修复、更换线圈	12	停运变压器，更换线圈
9	绕组线圈	老化	长期过负荷、温度过高，加快绝缘性能下降	运行声音异常、温度升高	较大风险	检查	检查主变压器绕组温度、上下层油温是否正常	30	检修	预防性试验定期检查绝缘情况	12	避免长时间过负荷、高温情况下运行
10	铁芯	短路	多点接地或层间、匝间绝缘击穿	温度升高、跳闸	重大风险	检查	检查主变压器绕组温度、上下层油温是否正常，运行声音是否正常	30	检修	预防性试验定期检查绝缘情况	12	停运变压器，更换受损铁芯
11	铁芯	过热	发生接地、局部温度升高	温度升高、跳闸	较大风险	检查	检查主变压器绕组温度、上下层油温是否正常	30	检修	预防性试验定期检查绝缘情况	12	停运变压器，查找接地原因、消除接地故障

续表

序号	部件	故障条件			风险等级	日常控制措施			定期检修维护			临时措施
		模式	原因	现象		措施	检查方法	周期（天）	措施	检修方法	周期（月）	
12	铁芯	松动	铁芯夹件未夹紧	运行时有振动、温度升高、声音异常	重大风险	检查	检查电压、电流是否正常；是否有振动声或噪声	30	检修	紧固铁芯夹件	12	检查是否影响设备运行，若影响则立即停机处理，若不影响则待停机后处理
13	压力释放阀	功能失效	压力值设定不当、回路断线	不动作、误动作	较大风险	检查	定期检查外观完好	30	检修	预防性试验定期检查动作可靠性、正确性	12	停运变压器、更换压力释放阀
14	压力释放阀	卡涩	弹簧疲软、阀芯变形	喷油、瓦斯继电器动作、防爆管爆裂	较大风险	检查	检查油温、油温是否正常，压力释放阀是否存在喷油、渗油现象	30	更换	更换压力释放阀	12	停运变压器、更换压力释放阀
15	瓦斯继电器	渗油	密封不良	连接处有渗漏油滴落在设备上	较小风险	检查	检查本体外观上有无渗漏油痕迹	30	检修	修复、更换密封件	12	临时紧固、压紧螺丝
16	瓦斯继电器	功能失效	内部元器件机构老化、卡涩、触点损坏、断线	拒动造成不能正常动作	较大风险	检查	检查瓦斯信号、保护是否正常投入	30	检修	预防性试验定期检查动作可靠性、正确性	12	必要时退出重瓦斯保护、停机检查处理、更换瓦斯继电器
17	测温电阻	断线	接线脱落、接触不良	温度异常	较小风险	检查	检查温度表计有无温度显示	30	加固	紧固接线端子	12	选取多处外部温度进行测温对比
18	测温电阻	功能失效	测温探头劣化损坏	温度异常	中等风险	检查	检查温度表计有无温度显示	30	更换	更换测温电阻	12	选取多处外部温度进行测温对比
19	温度表计	功能失效	接线端子脱落、回路断线	无温度显示	中等风险	检查	检查温度显示是否正常	30	检修	更换电气元器件，联动调试	12	检查控制回路、更换电气元器件
20	温度表计	卡涩	转动机构老化、弹性元件疲软	温度显示异常或无变化	中等风险	检查	检查温度表计是否正常显示，有无变化	30	更换	修复或更换	12	通过测温和对比本体油温或绕组温度，停机后修复更换温度表计
21	油位计	渗油	螺栓松动	有渗油现象	较小风险	检查	看油位计是否有渗油现象	30	更换	更换密封件	12	观察渗油情况，待停机后处理
22	油位计	断线	转动机构老化、弹性元件疲软	上位机无油位数据显示	较小风险	检查	检查油位数据是否正常	30	加固	紧固接线端子	12	停运变压器后，紧固接线端子
23	套管	击穿	受潮绝缘老化	主变压器断路器跳闸	重大风险	检查	检查有无明显放电声，测量套管外部温度	30	检修	预防性试验定期检查绝缘情况	12	若有明显放电声，温度异常升高，立即停机检查处理

续表

序号	部件	故障条件			风险等级	日常控制措施			定期检修维护			临时措施
		模式	原因	现象		措施	检查方法	周期（天）	措施	检修方法	周期（月）	
24	套管	渗油	密封不良	套管处有渗漏油滴落在设备上	中等风险	检查	检查有无渗油现象	30	检修	更换密封圈，注油、紧固螺帽	12	变压器停运后，更换密封件、注油
25		污闪	瓷瓶积灰积尘	发热、放电	较小风险	检查	熄灯检查、测温	30	清扫	卫生清洁	12	停运后清扫
26	事故排油阀	渗油	密封不良、螺栓松动	阀门法兰盘处有渗油	较小风险	检查	检查阀门法兰盘处有无渗漏油痕迹	30	更换	更换密封件	12	检查油位与温度，对排油阀法兰盘连接螺栓进行紧固
27		卡涩	阀芯锈蚀、螺纹受损	操作困难	较小风险	检查	检查阀门位置、润滑量是否足够	30	检修	润滑保养、阀芯调整	12	润滑保养、阀芯调整
28	分接头开关	变形	操作机构卡涩	操作把手切换困难	较小风险	检查	检查挡位是否与实际相符	30	检修	调整松紧程度	12	转检修后对弹簧进行更换
29		渗油	密封老化	分接开关出有油污	中等风险	检查	外观检查是否有渗油现象	30	检修	更换密封垫、紧固螺栓	12	加强监视运行情况、漏油量变化、停运后更换密封
30		过热	分接开关操作触头连接不到位或弹簧压力不足	绕组温度升高	较小风险	检查	检查运行中温度、声音是否正常	30	检修	收紧弹簧受力、触头打磨修复	12	停运变压器、收紧弹簧受力、触头打磨修复

7 干式变压器

设备风险评估表

区域：厂房　　　　系统：厂用电系统　　　　设备：干式变压器

序号	部件	故障条件			故障影响			故障损失			风险值	风险等级
		模式	原因	现象	系统	设备	部件	经济损失	生产中断	设备损坏		
1	风机	功能失效	积尘积灰	温度升高	无	温度升高	散热性能降低	可能造成设备或财产损失1万元以下	主要备用设备退出备用24h以内	性能无影响	4	较小风险
2		短路	线路老化、绝缘降低	温度升高	无	温度升高	短路烧坏	可能造成设备或财产损失1万元以上10万元以下	导致生产中断1～7天或生产工艺50%及以上	维修后恢复设备性能	6	中等风险
3		松动	长时间振动固定螺栓松动	声音异常、温度升高	无	温度升高	散热性能降低	可能造成设备或财产损失1万元以下	主要备用设备退出备用24h以内	性能无影响	4	较小风险
4		变形	长时间运行中高扭矩下造成风机扇叶轴心变形	风机无法运行，温度升高	无	温度升高	损坏	可能造成设备或财产损失1万元以下	主要备用设备退出备用24h以内	性能无影响	3	较小风险
5	绕组线圈	短路	时间过长，线路正常老化，绝缘降低	温度升高、跳闸	无	故障停运	短路烧坏	可能造成设备或财产损失1万元以上10万元以下	导致生产中断1～7天或生产工艺50%及以上	维修后恢复设备性能	6	中等风险
6		击穿	过负荷运行、绝缘受损	温度升高、线圈击穿跳闸	无	温度升高	绝缘击穿	可能造成设备或财产损失1万元以上10万元以下	导致生产中断1～7天或生产工艺50%及以上	维修后恢复设备性能	6	中等风险
7		过热	积尘积灰	温度升高	无	温度升高	散热性能降低	可能造成设备或财产损失1万元以下	主要备用设备退出备用24h以内	性能无影响	4	较小风险
8	铁芯	短路	时间过长，线路正常老化，绝缘降低	温度升高、跳闸	无	故障停运	短路烧坏	可能造成设备或财产损失1万元以上10万元以下	导致生产中断1～7天或生产工艺50%及以上	维修后恢复设备性能	6	中等风险

续表

序号	部件	故障条件			故障影响			故障损失			风险值	风险等级
		模式	原因	现象	系统	设备	部件	经济损失	生产中断	设备损坏		
9	铁芯	击穿	过负荷运行、绝缘受损	温度升高、铁芯击穿跳闸	无	故障停运	绝缘击穿	可能造成设备或财产损失1万元以上10万元以下	导致生产中断1～7天或生产工艺50%及以上	维修后恢复设备性能	6	中等风险
10		过热	积尘积灰	温度升高	无	温度升高	散热性能降低	可能造成设备或财产损失1万元以下	主要备用设备退出备用24h以内	性能无影响	4	较小风险
11	温控装置	松动	端子排线路松动	数据无显示	无	无法自动控制	无法采集数据	可能造成设备或财产损失1万元以下	主要备用设备退出备用24h以内	性能无影响	4	较小风险
12		短路	时间过长，线路正常老化，绝缘降低	无法控制	无	无法自动控制	短路烧坏	可能造成设备或财产损失1万元以上10万元以下	导致生产中断1～7天或生产工艺50%及以上	维修后恢复设备性能	6	中等风险
13		性能下降	时间过长，线路正常老化	采集数据显示不正确	无	显示数据异常	显示数据异常	可能造成设备或财产损失1万元以下	主要备用设备退出备用24h以内	性能无影响	4	较小风险
14	分接头	松动	紧固螺栓松动	接触不良引起温度升高	无	温度升高	接触面发热	可能造成设备或财产损失1万元以下	主要备用设备退出备用24h以内	性能无影响	4	较小风险
15		过热	分接头接触面不光滑有异物	接触不良引起温度升高	无	温度升高	接触面发热	可能造成设备或财产损失1万元以下	主要备用设备退出备用24h以内	性能无影响	4	较小风险
16	高压侧电缆	击穿	过负荷运行、绝缘受损	温度升高、电缆击穿跳闸	无	故障停运	绝缘击穿	可能造成设备或财产损失1万元以上10万元以下	导致生产中断1～7天或生产工艺50%及以上	维修后恢复设备性能	8	中等风险
17		松动	紧固螺栓松动	接触不良引起发热	无	温度升高	接触面发热	可能造成设备或财产损失1万元以下	主要备用设备退出备用24h以内	性能无影响	4	较小风险
18		老化	时间过长，正常老化	外表绝缘层剥落、绝缘降低	无	无	绝缘降低	可能造成设备或财产损失1万元以下	主要备用设备退出备用24h以内	性能无影响	3	较小风险
19	低压侧电缆	击穿	过负荷运行、绝缘受损	温度升高、电缆击穿跳闸	无	故障停运	绝缘击穿	可能造成设备或财产损失1万元以上10万元以下	导致生产中断1～7天或生产工艺50%及以上	维修后恢复设备性能	8	中等风险

续表

序号	部件	故障条件			故障影响			故障损失			风险值	风险等级
		模式	原因	现象	系统	设备	部件	经济损失	生产中断	设备损坏		
20	低压侧电缆	松动	紧固螺栓松动	接触不良引起发热	无	温度升高	接触面发热	可能造成设备或财产损失1万元以下	主要备用设备退出备用24h以内	性能无影响	4	较小风险
21		老化	时间过长，正常老化	外表绝缘层剥落、绝缘降低	无	无	绝缘降低	可能造成设备或财产损失1万元以下	主要备用设备退出备用24h以内	性能无影响	3	较小风险

设备风险控制卡

区域：厂房　　系统：厂用电系统　　设备：干式变压器

序号	部件	故障条件			风险等级	日常控制措施			定期检修维护			临时措施
		模式	原因	现象		措施	检查方法	周期（天）	措施	检修方法	周期（月）	
1	风机	功能失效	积尘积灰	温度升高	较小风险	检查	查看风机是否正常运转，叶片上是否积灰积尘	365	检修	清扫	12	增设临时风机降温或用气管临时吹扫
2		短路	线路老化、绝缘降低	温度升高	中等风险	检查	定期测量绝缘	365	更换	更换线路或风机	12	增设临时风机降温
3		松动	长时间振动固定螺栓松动	声音异常、温度升高	较小风险	检查	查看风机位置是否正确，声音有无异常	365	检修	紧固	12	临时紧固
4		变形	长时间运行中高扭矩下造成风机扇叶轴心变形	风机无法运行，温度升高	较小风险	检查	查看风机是否正常运转，测温	365	更换	更换	12	增设临时风机降温
5	绕组线圈	短路	时间过长，线路正常老化，绝缘降低	温度升高、跳闸	中等风险	检查	外观检查线路情况	15	更换	更换老化线路	12	调整厂用电运行方式
6		击穿	过负荷运行、绝缘受损	温度升高、线圈击穿跳闸	中等风险	检查	测温	15	检查	预防性试验定期检查绝缘情况	36	降低厂用电负荷运行
7		过热	积尘积灰	温度升高	较小风险	检查	测温；看设备上是否积尘积灰严重	365	检查	吹扫、清扫	12	用气管临时吹扫或调整厂用电运行方式进行清扫
8	铁芯	短路	时间过长，线路正常老化，绝缘降低	温度升高、跳闸	中等风险	检查	外观检查线路情况	15	更换	更换老化线路	12	调整厂用电运行方式
9		击穿	过负荷运行、绝缘受损	温度升高、铁芯击穿跳闸	中等风险	检查	测温	15	检查	预防性试验定期检查绝缘情况	36	降低厂用电负荷运行
10		过热	积尘积灰	温度升高	较小风险	检查	测温；看设备上是否积尘积灰严重	365	检查	吹扫、清扫	12	用气管临时吹扫或调整厂用电运行方式进行清扫

续表

序号	部件	故障条件			风险等级	日常控制措施			定期检修维护			临时措施
		模式	原因	现象		措施	检查方法	周期（天）	措施	检修方法	周期（月）	
11	温控装置	松动	端子排线路松动	数据无显示	较小风险	检查	检查温控装置上温度显示是否正常或无显示	15	检修	紧固端子排线路	12	紧固端子接线排
12	温控装置	短路	时间过长，线路正常老化，绝缘降低	无法控制	中等风险	检查	检查温控装置是否带电、可控制操作	15	更换	更换老化线路	12	加强手动测温或调整厂用电运行方式
13	温控装置	性能下降	时间过长，线路正常老化	采集数据显示不正确	较小风险	检查	检查温控装置显示数据是否正确，有无跳动、乱码	15	更换	更换老化线路	12	更换老化线路
14	分接头	松动	紧固螺栓松动	接触不良引起温度升高	较小风险	检查	测温	90	检修	紧固螺栓	12	查看是否有放电，测量温度，必要时调整厂用电运行方式
15	分接头	过热	分接头接触面不光滑有异物	接触不良引起温度升高	较小风险	检查	测温	90	检修	对接头接触面打磨光滑，清理异物	12	调整厂用电运行方式
16	高压侧电缆	击穿	过负荷运行、绝缘受损	温度升高、电缆击穿跳闸	中等风险	检查	测温、检查三相电压平稳	90	更换	修复、更换绝缘降低线路或被击穿线路	12	调整厂用电运行方式
17	高压侧电缆	松动	紧固螺栓松动	接触不良引起发热	较小风险	检查	测温	90	检修	紧固螺栓	12	查看是否有放电，测量温度，必要时调整厂用电运行方式
18	高压侧电缆	老化	时间过长，正常老化	外表绝缘层剥落、绝缘降低	较小风险	检查	对线路进行外观检查有无脱落、剥落现象	15	检修	预防性试验定期检查绝缘情况	36	检修时进行更换
19	低压侧电缆	击穿	过负荷运行、绝缘受损	温度升高、电缆击穿跳闸	中等风险	检查	测温、检查三相电压平稳	90	更换	修复、更换绝缘降低线路或被击穿线路	12	调整厂用电运行方式
20	低压侧电缆	松动	紧固螺栓松动	接触不良引起发热	较小风险	检查	测温	90	检修	紧固螺栓	12	查看是否有放电，测量温度，必要时调整厂用电运行方式
21	低压侧电缆	老化	时间过长，正常老化	外表绝缘层剥落、绝缘降低	较小风险	检查	对线路进行外观检查有无脱落、剥落现象	15	检修	预防性试验定期检查绝缘情况	36	检修时进行更换

8 高压开关柜

设备风险评估表

区域：厂房　　　　系统：配电系统　　　　设备：高压开关柜

序号	部件	故障条件			故障影响			故障损失			风险值	风险等级
		模式	原因	现象	系统	设备	部件	经济损失	生产中断	设备损坏		
1	一次触头	松脱	未紧固	发热	不可运行	致使设备不可用	损坏	可能造成设备或财产损失1万元以上10万元以下	导致生产中断1～7天或生产工艺50%及以上	维修后恢复设备性能	6	中等风险
2	二次插头	松脱	未紧固	发热	运行，可靠性降低	信号不能传送	损坏	可能造成设备或财产损失1万元以下	主要备用设备退出备用24h以内	性能无影响	4	较小风险
3	灭弧室	烧蚀	电弧灼伤	放电	不可运行	放电	损坏	可能造成设备或财产损失1万元以上10万元以下	导致生产中断1～7天或生产工艺50%及以上	维修后恢复设备性能	6	中等风险
4	接地刀闸	卡涩	传动机构变形	分、合闸操作困难、不到位	不可运行	无	传动机构损坏	可能造成设备或财产损失1万元以上10万元以下	导致生产中断1～7天或生产工艺50%及以上	维修后恢复设备性能	6	中等风险
5		松动	触头螺栓松动	分合不到位	运行可靠性降低	无	触头间隙过大	可能造成设备或财产损失1万元以下	主要备用设备退出备用24h以内	性能无影响	4	较小风险
6	避雷器	击穿	接地不良、绝缘老化	裂纹或破裂、接地短路	运行可靠性降低	防雷失效	避雷器损坏	可能造成设备或财产损失1万元以上10万元以下	导致生产中断1～7天或生产工艺50%及以上	维修后恢复设备性能	12	较大风险
7		绝缘老化	污垢、过热	污闪、绝缘性能降低	运行可靠性降低	无	避雷器绝缘损坏	可能造成设备或财产损失1万元以上10万元以下	导致生产中断1～7天或生产工艺50%及以上	维修后恢复设备性能	6	中等风险
8	电压互感器	短路	过电压、过载、二次侧短路、绝缘老化、高温	电弧、放电声、电压表指示降低或为零	运行可靠性降低	不能正常监测电压值	电压互感器损坏	可能造成设备或财产损失1万元以上10万元以下	导致生产中断1～7天或生产工艺50%及以上	维修后恢复设备性能	10	较大风险

续表

序号	部件	故障条件			故障影响			故障损失			风险值	风险等级
		模式	原因	现象	系统	设备	部件	经济损失	生产中断	设备损坏		
9	电压互感器	铁芯松动	铁芯夹件未夹紧	运行时有振动或噪声	机组停运	机组停运	电压互感器损坏	可能造成设备或财产损失1万元以上10万元以下	导致生产中断1～7天或生产工艺50%及以上	维修后恢复设备性能	6	中等风险
10		击穿	发热绝缘破坏、过电压	运行声音异常、温度升高	机组停运	机组停运	线圈烧毁	可能造成设备或财产损失1万元以上10万元以下	导致生产中断1～7天或生产工艺50%及以上	维修后恢复设备性能	10	较大风险
11		绕组断线	焊接工艺不良、引出线不合格	发热、放电声	无	不能监测电压	功能失效	可能造成设备或财产损失1万元以上10万元以下	导致生产中断1～7天或生产工艺50%及以上	维修后恢复设备性能	10	较大风险
12	电流互感器	击穿	一次侧接线接触不良，二次侧接线板表面氧化严重，电流互感器内匝线间短路或一、二次侧绝缘击穿	电流互感器发生过热、冒烟、流胶等	无	机组停运	电流互感器损坏	可能造成设备或财产损失1万元以上10万元以下	导致生产中断1～7天或生产工艺50%及以上	维修后恢复设备性能	8	中等风险
13		开路	接触不良、断线	电流表突然无指示，电流互感器声音明显增大，在开路处附近可嗅到臭氧味和听到轻微的放电声	无	温度升高、本体发热	功能失效	可能造成设备或财产损失1万元以上10万元以下	导致生产中断1～7天或生产工艺50%及以上	维修后恢复设备性能	6	中等风险
14		松动	铁芯紧固螺丝松动、铁芯松动，硅钢片震动增大	发出不随一次负荷变化的异常声	无	温度升高、本体发热	功能失效	可能造成设备或财产损失1万元以下	主要备用设备退出备用24h以内	性能无影响	4	较小风险
15	高压熔断器	熔体熔断	短路故障或过载运行、氧化、温度高	高温、熔断器开路	无	缺相或断电	损坏	可能造成设备或财产损失1万元以上10万元以下	导致生产中断1～7天或生产工艺50%及以上	维修后恢复设备性能	8	中等风险

续表

序号	部件	故障条件			故障影响			故障损失			风险值	风险等级
		模式	原因	现象	系统	设备	部件	经济损失	生产中断	设备损坏		
16	高压熔断器	过热	熔断器运行年久接触表面氧化或灰尘厚接触不良、载熔件未旋到位接触不良	温升高	无	温度升高	性能下降	可能造成设备或财产损失1万元以下	主要备用设备退出备用24h以内	性能无影响	4	较小风险
17	智能指示装置	功能失效	电气元件损坏、控制回路断线	智能仪表无显示、位置信号异常	无	不能监测状态信号	元件受损	可能造成设备或财产损失1万元以下	主要备用设备退出备用24h以内	性能无影响	4	较小风险
18		短路	积尘积灰、绝缘老化受损、电源电压异常	智能仪表无显示、位置信号异常	无	不能监测状态信号	装置损坏	可能造成设备或财产损失1万元以上10万元以下	导致生产中断1～7天或生产工艺50%及以上	维修后恢复设备性能	6	中等风险
19	闭锁装置	锈蚀	氧化	机械部分出现锈蚀现象	无	无	部件锈蚀	可能造成设备或财产损失1万元以下	主要备用设备退出备用24h以内	性能无影响	4	较小风险
20		异常磨损	长时间使用导致闭锁装置磨损	闭锁装置部件变形	无	无	传动机构变形	可能造成设备或财产损失1万元以上10万元以下	导致生产中断1～7天或生产工艺50%及以上	维修后恢复设备性能	8	中等风险
21	母排	短路	绝缘损坏	母排击穿处冒火花、断路器跳闸	无	功能失效	母排功能下降、母排损坏	可能造成设备或财产损失1万元以上10万元以下	导致生产中断1～7天或生产工艺50%及以上	维修后恢复设备性能	14	较大风险
22		过热	积灰积尘、散热不良电压过高	母排温度升高	无	影响母排工作寿命	性能下降	可能造成设备或财产损失1万元以下	主要备用设备退出备用24h以内	性能无影响	4	较小风险
23		松动	螺栓松动	母排温度升高	无	影响母排工作寿命	性能下降	可能造成设备或财产损失1万元以下	主要备用设备退出备用24h以内	性能无影响	4	较小风险
24	二次回路	短路	积尘积灰、绝缘老化受损、电源电压异常	测量数据异常、指示异常、自动控制失效	无	不能自动控制、监视	端子、元件损坏	可能造成设备或财产损失1万元以上10万元以下	导致生产中断1～7天或生产工艺50%及以上	维修后恢复设备性能	6	中等风险

续表

序号	部件	故障条件			故障影响			故障损失			风险值	风险等级
		模式	原因	现象	系统	设备	部件	经济损失	生产中断	设备损坏		
25	二次回路	松动	接线处连接不牢固	测量数据异常、指示异常、自动控制失效	无	不能自动控制、监视	功能失效	可能造成设备或财产损失1万元以下	主要备用设备退出备用24h以内	性能无影响	4	较小风险
26		断线	接线端子氧化、接线脱落	测量数据异常、指示异常、自动控制失效	无	不能自动控制、监视	功能失效	可能造成设备或财产损失1万元以下	主要备用设备退出备用24h以内	性能无影响	4	较小风险
27	储能器	短路	积尘积灰、绝缘老化受损、电源电压异常、电机损坏、控制回路故障	无法储能	无	不能正常自动储能	储能机构损坏	可能造成设备或财产损失1万元以上10万元以下	导致生产中断1～7天或生产工艺50%及以上	维修后恢复设备性能	6	中等风险
28	储能器	卡涩	异物卡阻、螺栓松动、传动机构变形	无法储能	无	不能正常自动储能	传动机构变形	可能造成设备或财产损失1万元以下	主要备用设备退出备用24h以内	性能无影响	4	较小风险
29		行程失调	行程开关损坏、弹簧性能下降	储能异常	无	不能正常自动储能	行程开关损坏	可能造成设备或财产损失1万元以下	主要备用设备退出备用24h以内	性能无影响	4	较小风险

设备风险控制卡

区域：厂房　　系统：配电系统　　设备：高压开关柜

序号	部件	故障条件			风险等级	日常控制措施			定期检修维护			临时措施
		模式	原因	现象		措施	检查方法	周期（天）	措施	检修方法	周期（月）	
1	一次触头	中等风险	日常点检	测温	30	检查，必要时更换	利用设备停运时间检修	72	检修	无	无	检查更换
2	二次插头	较小风险	日常点检	看+听	30	检查，必要时更换	利用设备停运时间检修	72	检修	无	无	检查更换
3	灭弧室	中等风险	日常点检	看+听	30	检查，必要时更换	利用设备停运时间检修	72	检修	无	无	检查更换
4	接地刀闸	卡涩	传动机构变形	分、合闸操作困难、不到位	中等风险	检查	测温检查、检查运行声音是否异常、检查紧固螺栓	30	检修	校正修复、打磨、紧固螺栓	12	加强观察运行，待停机后再校正修复、打磨、紧固螺栓
5		松动	触头螺栓松动	分合不到位	较小风险	检查	检查分合位置是否到位	30	检修	校正修复、打磨、紧固螺栓	12	校正修复、打磨、紧固螺栓，更换隔离开关

续表

序号	部件	故障条件			风险等级	日常控制措施			定期检修维护			临时措施
		模式	原因	现象		措施	检查方法	周期（天）	措施	检修方法	周期（月）	
6	避雷器	击穿	接地不良、绝缘老化	裂纹或破裂、接地短路	较大风险	检查	查看避雷器是否存在裂纹或破裂、有无放电现象	30	更换	更换避雷器	12	拆除避雷器、更换备品备件
7		绝缘老化	污垢、过热	污闪、绝缘性能降低	中等风险	检查	测温检查、测量绝缘值	30	清扫	打扫卫生、烘烤	12	运行中加强监视，停运后，通电烘烤
8	电压互感器	短路	过电压、过载、二次侧短路、绝缘老化、高温	电弧、放电声、电压表指示降低或为零	较大风险	检查	看电压表指示、是否有电弧；听是否有放电声	30	更换	更换电压互感器	12	停运，更换电压互感器
9		铁芯松动	铁芯夹件未夹紧	运行时有振动或噪声	中等风险	检查	看电压表指示是否正确；听是否有振动声或噪声	30	加固	紧固夹件螺栓	12	检查是否影响设备运行，若影响则立即停机处理，若不影响则待停机后处理
10		击穿	发热绝缘破坏、过电压	运行声音异常、温度升高	较大风险	检查	看电压表指示是否正确；听是否有振动声或噪声	30	检修	修复线圈绕组或更换电压互感器	12	停运，更换电压互感器
11		绕组断线	焊接工艺不良、引出线不合格	发热、放电声	较大风险	检查	看电压表指示是否正确；引出线是否松动	30	检修	焊接或更换电压互感器、重新接线	12	检查是否影响设备运行，若影响则立即停机处理，若不影响则待停机后处理
12	电流互感器	击穿	一次侧接线接触不良、二次侧接线板表面氧化严重、电流互感器内匝线间短路或一、二次侧绝缘击穿	电流互感器发生过热、冒烟、流胶等	中等风险	检查	测量电流互感器温度、看是否冒烟	30	更换	更换电流互感器	12	转移负荷，立即进行停电处理
13		开路	接触不良、断线	电流表突然无指示，电流互感器声音明显增大，在开路处附近可嗅到臭氧味和听到轻微的放电声	中等风险	检查	检查电流表有无显示、听是否有放电声、闻有无臭氧味	30	更换	更换电流互感器	12	转移负荷，立即进行停电处理

续表

序号	部件	故障条件			风险等级	日常控制措施			定期检修维护			临时措施
		模式	原因	现象		措施	检查方法	周期（天）	措施	检修方法	周期（月）	
14	电流互感器	松动	铁芯紧固螺丝松动、铁芯松动，硅钢片震动增大	发出不随一次负荷变化的异常声	较小风险	检查	听声音是否存在异常	30	更换	更换电流互感器	12	转移负荷，立即进行停电处理
15	高压熔断器	熔体熔断	短路故障或过载运行、氧化、温度高	高温、熔断器开路	中等风险	检查	测量熔断器通断、电阻	30	更换	更换熔断器	12	转移负荷，立即进行停电处理
16		过热	熔断器运行年久接触表面氧化或灰尘厚接触不良、载熔件未旋到位接触不良	温升高	较小风险	检查	测量熔断器及触件温度	30	检修	用砂布擦除氧化物，清扫灰尘，检查接触件接触情况是否良好，或者更换全套熔断器、载熔件必须旋到位，旋紧、牢固	12	
17	智能指示装置	功能失效	电气元件损坏、控制回路断线	智能仪表无显示、位置信号异常	较小风险	检查	卫生清理、看智能仪表显示是否与实际相符	30	更换	检查二次回路线、更换智能指示装置	12	检查智能装置电源是否正常，接线有无松动，更换智能指示装置
18		短路	积尘积灰、绝缘老化受损、电源电压异常	智能仪表无显示、位置信号异常	中等风险	检查	卫生清洁、检查控制回路	30	清扫	测量绝缘清扫积尘积灰	12	测量绝缘清扫积尘积灰
19	闭锁装置	锈蚀	氧化	机械部分出现锈蚀现象	较小风险	检查	看闭锁装置部件是否生锈	30	检修	打磨除锈	12	
20		异常磨损	长时间使用导致闭锁装置磨损	闭锁装置部件变形	中等风险	检查	查看闭锁装置部件是否变形、操作时检查闭锁装置是否失灵	30	更换	更换闭锁装置	12	用临时围栏将设备隔离、悬挂标示牌
21	母排	短路	绝缘损坏	母排击穿处冒火花、断路器跳闸	较大风险	检查	看母排有无闪络现象	30	更换	更换绝缘垫	12	停运做好安全措施后，对击穿母排进行更换
22		过热	积灰积尘、散热不良 电压过高	母排温度升高	较小风险	检查	测 温	30	清扫	卫生清扫	12	做好安全措施后，清理卫生
23		松动	螺栓松动	母排温度升高	较小风险	检查	测 温	30	加固	紧固螺栓	12	做好安全措施后，紧固螺栓

续表

序号	部件	故障条件			风险等级	日常控制措施			定期检修维护			临时措施
		模式	原因	现象		措施	检查方法	周期（天）	措施	检修方法	周期（月）	
24	二次回路	短路	积尘积灰、绝缘老化受损、电源电压异常	测量数据异常、指示异常、自动控制失效	中等风险	检查	看各测量数据是否正常、检查各接线端是否松动	30	更换	卫生清理、检查控制回路、更换元器件	12	做好安全措施后，检查控制回路、更换元器件
25		松动	接线处连接不牢固	测量数据异常、指示异常、自动控制失效	较小风险	检查	看各测量数据是否正常、检查各接线端是否松动	30	加固	紧固端子	12	紧固端子接线排
26		断线	接线端子氧化、接线脱落	测量数据异常、指示异常、自动控制失效	较小风险	检查	看各测量数据是否正常、检查各接线端是否松动	30	加固	紧固端子、接线	12	紧固端子接线排
27	储能器	短路	积尘积灰、绝缘老化受损、电源电压异常、电机损坏、控制回路故障	无法储能	中等风险	检查	检查储能器是否储能	30	更换	清扫卫生、更换电机、紧固二次回路线圈	12	检查储能装置是否正常，手动储能
28		卡涩	异物卡阻、螺栓松动、传动机构变形	无法储能	较小风险	检查	检查储能指示、位置是否正常、外表面无锈蚀及油垢；本体内部无异音	30	加固	校正修复、打磨、紧固螺栓	12	做好安全措施后，校正修复、打磨、紧固螺栓
29		行程失调	行程开关损坏、弹簧性能下降	储能异常	较小风险	检查	检查储能器位置是否正常	30	更换	更换行程开关、调整弹簧松紧度	12	检查储能装置是否正常，手动储能

9 400V 系统

设备风险评估表

区域：厂房　　系统：厂用电系统　　设备：400V 系统

序号	部件	故障条件			故障影响			故障损失			风险值	风险等级
		模式	原因	现象	系统	设备	部件	经济损失	生产中断	设备损坏		
1	抽屉开关	短路	时间过长，线路正常老化，绝缘降低	受电端失电、抽屉开关内冒烟，电流表电流显示异常	无	无	短路烧坏	可能造成设备或财产损失1万元以下	无	经维修后可恢复设备性能	6	中等风险
2		变形	滑轮使用时间过长	抽屉开关无法拉出检修位置或推进工作位置	无	无	功能失效	无	无	经维修后可恢复设备性能	4	较小风险
3		过热	触头接触面积尘积灰	接触面温度升高	无	温度升高	接触面发热	无	无	经维修后可恢复设备性能	4	较小风险
4		松动	动触头处紧固螺栓疲劳	接触面温度升高	无	温度升高	接触面发热	无	无	经维修后可恢复设备性能	4	较小风险
5	断路器	松动	端子排线路松动	不能自动操作分、合闸断路器、自动储能	无	运行可靠性降低	功能失效	无	无	经维修后可恢复设备性能	4	较小风险
6		老化	时间过长，设备正常老化	合闸电磁铁不能正常吸合	无	运行可靠性降低	功能失效	可能造成设备或财产损失1万元以下	无	经维修后可恢复设备性能	3	较小风险
7		卡涩	摇杆孔洞被异物堵塞	不能正常摇出至检修位置或摇进至连接位置	无	运行可靠性降低	功能失效	无	无	经维修后可恢复设备性能	4	较小风险
8			操作机构因时间过长疲软卡阻，异物卡涩	断路器拒动	无	拒绝动作	功能失效	无	无	经维修后可恢复设备性能	4	较小风险
9		断路	时间过长，控制回路线路正常老化	断路器误动	无	运行可靠性降低	功能失效	可能造成设备或财产损失1万元以上10万元以下	无	经维修后可恢复设备性能	8	中等风险

续表

序号	部件	故障条件			故障影响			故障损失			风险值	风险等级
		模式	原因	现象	系统	设备	部件	经济损失	生产中断	设备损坏		
10	电压互感器	短路	过电压、过载、绝缘老化、高温	电弧、放电声、电压表指示降低或为零	保护动作	不能正常监测电压值	电压互感器损坏	可能造成设备或财产损失1万元以下	主要备用设备退出备用24h以内	经维修后可恢复设备性能	10	较大风险
11	电压互感器	铁芯松动	铁芯夹件未夹紧	运行时有振动或噪声	无	监测电压值不正确	电压互感器损坏	可能造成设备或财产损失1万元以下	无	经维修后可恢复设备性能	6	中等风险
12	电压互感器	绕组断线	焊接工艺不良、引出线不合格	放电声	保护动作	不能监测电压	功能失效	无	主要备用设备退出备用24h以内	经维修后可恢复设备性能	8	中等风险
13	电流互感器	过热	一次侧接线接触不良、二次侧接线板表面氧化严重、电流互感器内匝间短路或一、二次侧绝缘击穿	电流互感器发生过热、冒烟、流胶等	保护动作	监测电流值不正确	电流互感器损坏	可能造成设备或财产损失1万元以下	无	经维修后可恢复设备性能	6	中等风险
14	电流互感器	松动	断线、二次侧开路	电流表突然无指示，电流互感器声音明显增大，在开路处附近可嗅到臭氧味和听到轻微的放电声	保护动作	不能监测电流	电流互感器损坏	可能造成设备或财产损失1万元以下	无	经维修后可恢复设备性能	6	中等风险
15	电流互感器	放电	表面过脏、绝缘降低	内部或表面放电	无	无	异常运行	无	无	经维修后可恢复设备性能	4	较小风险
16	电流互感器	异响	铁芯紧固螺丝松动、铁芯松动，硅钢片震动增大	发出不随一次负荷变化的异常声	无	监测电流值不正确	异常运行	无	无	经维修后可恢复设备性能	4	较小风险
17	电流表	功能失效	正常老化、线路短路	电流表不显示电流	无	无	功能失效	无	无	经维修后可恢复设备性能	4	较小风险
18	电流表	松动	二次回路线路松动	电流表不显示电流	无	无	功能失效	无	无	经维修后可恢复设备性能	4	较小风险

续表

序号	部件	故障条件			故障影响			故障损失			风险值	风险等级
		模式	原因	现象	系统	设备	部件	经济损失	生产中断	设备损坏		
19	电压表	功能失效	正常老化、线路短路	电压表不显示电压	无	无	功能失效	无	无	经维修后可恢复设备性能	4	较小风险
20	电压表	松动	二次回路线路松动	电流表不显示电流	无	无	功能失效	无	无	经维修后可恢复设备性能	4	较小风险
21	热继电器	功能失效	正常老化、线路短路	热元件烧毁不能正常动作	无	无	功能失效	可能造成设备或财产损失1万元以下	无	经维修后可恢复设备性能	6	中等风险
22	热继电器	松动	二次回路线路松动、内部机构部件松动	不能正常动作或动作时快时慢	无	无	功能失效	无	无	经维修后可恢复设备性能	4	较小风险
23	热继电器	卡涩	弹簧疲劳导致动作机构卡阻	不能正常动作	无	无	功能失效	无	无	经维修后可恢复设备性能	4	较小风险
24	母排	击穿	潮湿、短路	母排击穿处冒火花、断路器跳闸	运行可靠性降低	功能失效	母排损坏	可能造成设备或财产损失1万元以上10万元以下	无	经维修后可恢复设备性能	8	中等风险
25	母排	过热	电压过高、散热不良	母排温度升高	无	温度升高	绝缘降低	无	无	无	0	轻微风险
26	母排	松动	长时间振动造成接地扁铁螺栓松动	接地扁铁线路脱落	无	无	接地线松动、脱落	无	无	经维修后可恢复设备性能	4	较小风险
27	事故照明切换开关	功能失效	正常老化、短路烧毁	当主照明电源失电时，事故照明切换开关不能自动切换造成事故照明熄灭	无	无	功能失效	可能造成设备或财产损失1万元以下	无	经维修后可恢复设备性能	6	中等风险
28	事故照明切换开关	松动	二次回路线路松动	当主照明电源失电时，事故照明切换开关不能自动切换造成事故照明熄灭	无	无	功能失效	无	无	经维修后可恢复设备性能	4	较小风险

设备风险控制卡

区域：厂房　　系统：厂用电系统　　设备：400V 系统

序号	部件	故障条件			风险等级	日常控制措施			定期检修维护			临时措施
		模式	原因	现象		措施	检查方法	周期（天）	措施	检修方法	周期（月）	
1	抽屉开关	短路	时间过长，线路正常老化，绝缘降低	受电端失电、抽屉开关内冒烟，电流表电流显示异常	中等风险	检查	检查抽屉开关指示灯是否正常、抽屉开关有无烧糊味，受电设备运行是否有电	30	检修	预防性试验定期检查绝缘情况	12	断开抽屉开关上端电源，对脱落的线重新安装紧固，对绝缘老化的线路进行更换
2	抽屉开关	变形	滑轮使用时间过长	抽屉开关无法拉出检修位置或推进工作位置	较小风险	检查	检查抽屉开关是否可正常推进、退出	30	检修	定期检查滑轮，涂抹润滑油	12	更换滑轮
3	抽屉开关	过热	触头接触面积尘积灰	接触面温度升高	较小风险	检查	测温	30	检修	对接头接触面打磨光滑，清理异物	12	短时退出运行，进行打磨光滑，清理异物后投入运行
4	抽屉开关	松动	动触头处紧固螺栓疲劳	接触面温度升高	较小风险	检查	测温；定期检查是否有松动现象	30	检修	紧固螺栓	12	短时退出运行，进行紧固处理
5	断路器	松动	端子排线路松动	不能自动操作分、合闸断路器、自动储能	较小风险	检查	检查端子排线路有无松动	30	检修	定期紧固全部端子排线路	12	紧固已松动的端子排线路
6	断路器	老化	时间过长，设备正常老化	合闸电磁铁不能正常吸合	较小风险	检查	合闸时检查电气指示灯是否已亮	30	更换	更换合闸电磁铁	12	调整厂用电运行方式
7	断路器	堵塞	摇杆孔洞被异物堵塞	不能正常摇出至检修位置或摇进至连接位置	较小风险	检查	检查摇杆孔洞内是否有积尘积灰、异物	30	检修	清理、清扫异物	12	用气管进行吹扫
8	断路器	卡涩	操作机构因时间过长疲软卡阻；异物卡涩	断路器拒动	较小风险	检查	分、合闸时现场检查机械指示、电气指示是否一致	30	检修	修复操作机构、清理异物	12	动作上一级断路器
9	断路器	断路	时间过长，控制回路线路正常老化	断路器误动	中等风险	检查	外观检查线路完好	30	更换	更换	12	退出运行并调整厂用电运行方式
10	电压互感器	短路	过电压、过载、绝缘老化、高温	电弧、放电声、电压表指示降低或为零	较大风险	检查	看电压表指示、是否有电弧；听是否有放电声	30	更换	更换电压互感器	12	检查是否影响设备运行，若影响则立即停机处理，若不影响则待停机后处理
11	电压互感器	铁芯松动	铁芯夹件未夹紧	运行时有振动或噪声	中等风险	检查	看电压表指示是否正确；听是否有振动声或噪声	30	更换	更换电压互感器	12	检查是否影响设备运行，若影响则立即停机处理，若不影响则待停机后处理

续表

序号	部件	故障条件			风险等级	日常控制措施			定期检修维护			临时措施
		模式	原因	现象		措施	检查方法	周期（天）	措施	检修方法	周期（月）	
12	电压互感器	绕组断线	焊接工艺不良、引出线不合格	放电声	中等风险	检查	看电压表指示是否正确;引出线是否松动	30	更换	焊接或更换电压互感器、重新接线	12	检查是否影响设备运行，若影响则立即停机处理，若不影响则待停机后处理
13	电流互感器	过热	一次侧接线接触不良、二次侧接线板表面氧化严重、电流互感器内匝间短路或一、二次侧绝缘击穿	电流互感器发生过热、冒烟、流胶等	中等风险	检查	测量电流互感器温度、看是否冒烟	30	检修	更换电流互感器	12	转移负荷，立即进行停电处理
14		松动	断线、二次侧开路	电流表突然无指示，电流互感器声音明显增大，在开路处附近可嗅到臭氧味和听到轻微的放电声	中等风险	检查	检查电流表有无显示、听是否有放电声、闻有无臭氧味	30	检修	更换电流互感器	12	转移负荷，立即进行停电处理
15		放电	表面过脏、绝缘降低	内部或表面放电	较小风险	检查	看电流表是否放电、测绝缘	30	检修	更换电流互感器	12	转移负荷，立即进行停电处理
16		异响	铁芯紧固螺丝松动、铁芯松动，硅钢片震动增大	发出不随一次负荷变化的异常声	较小风险	检查	听声音是否存在异常	30	检修	更换电流互感器	12	转移负荷，立即进行停电处理
17	电流表	功能失效	正常老化、线路短路	电流表不显示电流	较小风险	检查	查看电流表有无电流显示	7	更换	修复或更换电流表	12	临时更换电流表
18		松动	二次回路线路松动	电流表不显示电流	较小风险	检查	查看电流表有无电流显示	7	检修	紧固二次回路线路	12	紧固二次线路
19	电压表	功能失效	正常老化、线路短路	电压表不显示电压	较小风险	检查	查看电压表有无电压显示	7	更换	修复或更换电压表	12	临时更换电压表
20		松动	二次回路线路松动	电流表不显示电流	较小风险	检查	查看电流表有无电流显示	7	检修	紧固二次回路线路	12	紧固二次线路
21	热继电器	功能失效	正常老化、线路短路	热元件烧毁不能正常动作	中等风险	检查	外观检查线路、电气元件情况	30	更换	更换热继电器	12	测量继电器电压情况，若不通电更换继电器
22		松动	二次回路线路松动、内部机构部件松动	不能正常动作或动作时快时慢	较小风险	检查	查看二次线路、内部机构是否有松动、脱落现象	30	检修	紧固二次回路线路、内部机构	12	紧固二次线路或停机后紧固内部机构

续表

序号	部件	故障条件			风险等级	日常控制措施			定期检修维护			临时措施
		模式	原因	现象		措施	检查方法	周期（天）	措施	检修方法	周期（月）	
23	热继电器	卡涩	弹簧疲劳导致动作机构卡阻	不能正常动作	较小风险	检查	看热继电器内部机构是否有无异物	30	检修	吹扫、清扫	12	临时进行吹扫
24	母排	击穿	潮湿、短路	母排击穿处冒火花、断路器跳闸	中等风险	检查	看母排有无闪络现象	365	检修	预防性试验定期检查绝缘情况	12	调整厂用电运行方式，对击穿母排进行更换
25	母排	过热	电压过高、散热不良	母排温度升高	轻微风险	检查	测温	365				投入风机，降低环境温度或降低厂用电负荷运行
26	母排	松动	长时间振动造成接地扁铁螺栓松动	接地扁铁线路脱落	较小风险	检查	查看母线接地扁铁线路有无松动、脱落	365	检修	定期进行紧固	12	采取临时安全措施进行紧固处理
27	事故照明切换开关	功能失效	正常老化、短路烧毁	当主照明电源失电时，事故照明切换开关不能自动切换造成事故照明熄灭	中等风险	检查	定期切换	30	检修	预防性试验	12	检查线路接线是否有松动和短路，对切换开关进行更换
28	事故照明切换开关	松动	二次回路线路松动	当主照明电源失电时，事故照明切换开关不能自动切换造成事故照明熄灭	较小风险	检查	查看二次线路是否有松动、脱落现象	30	检修	紧固二次回路线路	12	紧固二次线路

10 厂房直流系统

设备风险评估表

区域：厂房　　　　系统：直流系统　　　　设备：厂房直流系统

序号	部件	故障条件			故障影响			故障损失			风险值	风险等级
		模式	原因	现象	系统	设备	部件	经济损失	生产中断	设备损坏		
1	充电模块	老化	电子元件老化	充电模块故障	无	无法对直流充电	充电模块损坏无法充电	可能造成设备或财产损失1万元以下	无	经维修后可恢复设备性能	6	中等风险
2		功能失效	模块电子元件超使用年限、老化	无监测数据显示、死机、无法充电	无	无法自动充电	模块电子元件损坏	可能造成设备或财产损失1万元以下	无	经维修后可恢复设备性能	6	中等风险
3	蓄电池	性能衰退	蓄电池超使用年限、老化	蓄电池电压偏低	无	蓄电池电源供应不足	蓄电池损坏	可能造成设备或财产损失1万元以下	无	经维修后可恢复设备性能	6	中等风险
4		开裂	蓄电池过度充电、超使用年限	蓄电池外壳破裂	无	无	蓄电池损坏	可能造成设备或财产损失1万元以下	无	经维修后可恢复设备性能	6	中等风险
5		变形	蓄电池温度偏高、电压偏高	蓄电池外壳鼓包	无	无	蓄电池损坏	可能造成设备或财产损失1万元以下	无	经维修后可恢复设备性能	6	中等风险
6	绝缘监测装置	功能失效	绝缘监测模块电子元老化、接线端电松动	无绝缘监测数据显示或监测数据跳动异常	无	无法绝缘监测运行参数	电子元件及监测线路损坏	无	无	经维修后可恢复设备性能	4	较小风险
7	电池巡检仪	功能失效	巡检模块电子元老化、接线端电松动	无巡检监测数据显示或监测数据跳动异常	无	无法巡检监测运行参数	电子元件及监测线路损坏	无	无	经维修后可恢复设备性能	4	较小风险
8	空气开关	过热	过载、接触不良	开关发热、绝缘降低造成击穿、短路	无	无法投入输送电源	性能降低	无	无	经维修后可恢复设备性能	4	较小风险

续表

序号	部件	故障条件			故障影响			故障损失			风险值	风险等级
		模式	原因	现象	系统	设备	部件	经济损失	生产中断	设备损坏		
9	空气开关	短路	积尘积灰、绝缘性能下降	电气开关烧坏	无	无法投入输送电源	性能失效	无	无	经维修后可恢复设备性能	4	较小风险
10	熔断器	断裂	系统中出现短路、过流、过载后熔断器产生的热量断裂	熔断器断裂后机械指示跳出、对应线路失电	无	输出回路失电	熔断器熔断	可能造成设备或财产损失1万元以下	无	经维修后可恢复设备性能	6	中等风险
11	直流监测装置	功能失效	监测模块电子元老化、接线端电松动	无监测数据显示或监测数据跳动异常	无	无法监测直流运行参数	性能失效	无	无	经维修后可恢复设备性能	4	较小风险
12	直流馈线母线	过热	过载、接触不良	开关发热、绝缘降低造成击穿、短路	无	无法投入输送电源	母线损伤	无	主要备用设备退出备用24h以内	经维修后可恢复设备性能	8	中等风险
13		短路	绝缘降低、金属异物短接	温度升高、跳闸	无	无法投入输送电源	母线烧毁	可能造成设备或财产损失1万元以下	无	经维修后可恢复设备性能	6	中等风险
14	二次回路	松动	二次回路端子处连接不牢固	线路发热、参数上下跳跃或消失	无	无法监控直流运行	电缆损伤	无	无	经维修后可恢复设备性能	4	较小风险
15		短路	线路老化、绝缘降低	线路发热、电缆有烧焦异味	无	无法监控直流运行	电缆烧坏	可能造成设备或财产损失1万元以下	无	经维修后可恢复设备性能	6	中等风险
16	自动切换开关	过热	过载、接触不良	开关发热、绝缘降低造成击穿、短路	无	无法投入输送电源	性能降低	无	无	经维修后可恢复设备性能	4	较小风险
17		短路	积尘积灰、绝缘性能下降	电气开关烧坏	无	无法投入输送电源	性能失效	无	无	经维修后可恢复设备性能	4	较小风险
18		松动	分离机构没有复位而导致双电源自动开关不转换	机械联锁装置松动、卡滞	无	电源无法正常切换	性能降低	无	无	经维修后可恢复设备性能	4	较小风险

设备风险控制卡

区域：厂房　　　　系统：直流系统　　　　设备：厂房直流系统

序号	部件	故障条件			风险等级	日常控制措施			定期检修维护			临时措施
		模式	原因	现象		措施	检查方法	周期（天）	措施	检修方法	周期（月）	
1	充电模块	老化	电子元件老化	充电模块故障	中等风险	检查	检查充电模块	30	检修	更换电源模块	12	更换充电模块
2		功能失效	模块电子元件超使用年限、老化	无监测数据显示、死机、无法充电	中等风险	检查	检查充电模块	30	检修	检查调试、清扫更换充电模块	12	更换充电模块
3	蓄电池	性能衰退	蓄电池超使用年限、老化	蓄电池电压偏低	中等风险	检查	蓄电池充放电试验	30	更换	更蓄电池	12	更换蓄电池
4		开裂	蓄电池过度充电、超使用年限	蓄电池外壳破裂	中等风险	检查	蓄电池充放电试验、外观蓄电池有无破裂	30	更换	更蓄电池	12	更换蓄电池
5		变形	蓄电池温度偏高、电压偏高	蓄电池外壳鼓包	中等风险	检查	蓄电池充放电试验、外观蓄电池有无变形	30	更换	更蓄电池	12	更换蓄电池
6	绝缘监测装置	功能失效	绝缘监测模块电子元老化、接线端电松动	无绝缘监测数据显示或监测数据跳动异常	较小风险	检查	检查绝缘监测线连接牢固、监测量显示正常	30	检修	检查、调试、清扫、紧固	12	检查电源插头连接牢固，监测接线是否有松动或脱落
7	电池巡检仪	功能失效	巡检模块电子元老化、接线端电松动	无巡检监测数据显示或监测数据跳动异常	较小风险	检查	检查巡检线连接牢固、巡检量显示正常	30	检修	检查、调试、清扫、紧固	12	检查电源插头连接牢固，巡检接线是否有松动或脱落
8	空气开关	过热	过载、接触不良	开关发热、绝缘降低造成击穿、短路	较小风险	检查	检查空气开关温度、传输线连接牢固	30	检修	紧固接线端子、更换空气开关	12	检查线路接线是否有松动和短路
9		短路	积尘积灰、绝缘性能下降	电气开关烧坏	较小风险	检查	卫生清扫、绝缘测量	30	检修	紧固接线端子、更换空气开关	12	更换空气开关
10	熔断器	断裂	系统中出现短路、过流、过载后熔断器产生的热量断裂	熔断器断裂后机械指示跳出、对应线路失电	中等风险	检查	检查熔断器动作信号	30	检修	检测熔断器通断	12	更换熔断器
11	直流监测装置	功能失效	监测模块电子元老化、接线端电松动	无监测数据显示或监测数据跳动异常	较小风险	检查	检查监测线连接牢固、监测量显示正常	30	检修	检查调试、清扫	12	检查电源空开是否在合位，二次接线是否有松动或脱落或者短路
12	直流馈线母线	过热	过载、接触不良	开关发热、绝缘降低造成击穿、短路	中等风险	检查	检查馈线负荷开关温度、输入输出线连接牢固	30	检修	紧固接线端子、更换开关	12	避免长时间过负荷、高温情况下运行

续表

序号	部件	故障条件			风险等级	日常控制措施			定期检修维护			临时措施
		模式	原因	现象		措施	检查方法	周期（天）	措施	检修方法	周期（月）	
13	直流馈线母线	短路	绝缘降低、金属异物短接	温度升高、跳闸	中等风险	检查	检查馈线负荷开关温度、输入输出线连接牢固	30	检修	绝缘检测、清理异物	12	避免长时间过负荷运行
14	二次回路	松动	二次回路端子处连接不牢固	线路发热、参数上下跳跃或消失	较小风险	检查	检二次回路连接是否牢固	30	紧固	紧固端子及连接处	12	检查二次回路，紧固端子及连接处
15		短路	线路老化、绝缘降低	线路发热、电缆有烧焦异味	中等风险	检查	检二次回路连接是否牢固	30	检修	紧固端子、二次回路检查	12	切断电源，更换损坏电缆线
16	自动切换开关	过热	过载、接触不良	开关发热、绝缘降低造成击穿、短路	较小风险	检查	检查开关温度、输入输出线连接牢固	30	检修	紧固接线端子、更换开关	12	输入输出线连接牢固，更换电气元器件
17		短路	积尘积灰、绝缘性能下降	电气开关烧坏	较小风险	清扫	卫生清扫、绝缘测量	30	检修	紧固接线端子、更换空气开关	12	更换开关
18		松动	分离机构没有复位而导致双电源自动开关不转换	机械联锁装置松动、卡滞	较小风险	检查	定期切换检查	30	检修	检查调试、更换	12	断开电源开关，更换切换开关

11 励磁控制柜

设备风险评估表

区域：厂房　　　　系统：励磁系统　　　　设备：励磁控制柜

序号	部件	故障条件			故障影响			故障损失			风险值	风险等级
		模式	原因	现象	系统	设备	部件	经济损失	生产中断	设备损坏		
1	可控硅	击穿	电流过大	过热	机组停运	失磁	击穿	可能造成设备或财产损失1万元以上10万元以下	导致生产中断1～7天或生产工艺50%及以上	经维修后可恢复设备性能	16	重大风险
2		功能失效	不导通	不能调节励磁电压、电流	机组停运	失磁	损坏	可能造成设备或财产损失1万元以上10万元以下	导致生产中断1～7天或生产工艺50%及以上	经维修后可恢复设备性能	16	重大风险
3	灭磁开关	变形	长时操作磨损	机构功能退化，不能正常分合闸	无	不能分合闸	机构变形	可能造成设备或财产损失1万元以下	无	经维修后可恢复设备性能	6	中等风险
4		过热	触头松动、氧化	灭磁开关温度升高	无	无法操作	开关损坏	可能造成设备或财产损失1万元以下	无	经维修后可恢复设备性能	6	中等风险
5		老化	长时操作磨损绝缘性能下降	灭弧性能降低、发热	无	灭弧性能下降	发热	无	无	经维修后可恢复设备性能	4	较小风险
6	风机	功能失效	积尘积灰	温度升高	无	温度升高	散热性能降低	无	无	经维修后可恢复设备性能	4	较小风险
7		短路	线路老化、绝缘降低	温度升高	无	温度升高	短路烧坏	可能造成设备或财产损失1万元以下	无	经维修后可恢复设备性能	6	中等风险
8		松动	长时间振动固定螺栓松动	声音异常、温度升高	无	温度升高	散热性能降低	无	无	经维修后可恢复设备性能	4	较小风险
9		变形	长时间运行中高扭矩下造成风机扇叶轴心变形	风机无法运行，温度升高	无	温度升高	损坏	无	无	经维修后可恢复设备性能	2	轻微风险

续表

序号	部件	故障条件			故障影响			故障损失			风险值	风险等级
		模式	原因	现象	系统	设备	部件	经济损失	生产中断	设备损坏		
10	调节装置	功能失效	过热	死机	无法自动调节机组无功	无法自动调节机组无功	无法采集、输出、输入	可能造成设备或财产损失1万元以上10万元以下	无	经维修后可恢复设备性能	8	中等风险
11		短路	积尘积灰、高温	失电	无法自动调节机组无功	无法自动调节机组无功	损坏	可能造成设备或财产损失1万元以下	无	经维修后可恢复设备性能	6	中等风险
12	整流桥	短路	电流过大	熔断器熔断	机组停运	失磁	损坏	可能造成设备或财产损失1万元以下	主要备用设备退出备用24h以内	经维修后可恢复设备性能	10	较大风险
13		击穿	电源电压异常	不能调节励磁电压	机组停运	失磁	元件损坏	可能造成设备或财产损失1万元以下	主要备用设备退出备用24h以内	经维修后可恢复设备性能	10	较大风险
14	电源模块	开路	锈蚀、过流	设备失电	不能正常运行	不能正常运行	电源模块损坏	无	无	经维修后可恢复设备性能	4	较小风险
15		短路	粉尘、高温、老化	设备失电	不能正常运行	不能正常运行	电源模块损坏	可能造成设备或财产损失1万元以下	主要备用设备退出备用24h以内	经维修后可恢复设备性能	10	较大风险
16		漏电	静电击穿	设备失电	不能正常运行	不能正常运行	电源模块损坏	无	无	经维修后可恢复设备性能	4	较小风险
17		烧灼	老化、短路	设备失电	不能正常运行	不能正常运行	电源模块损坏	无	主要备用设备退出备用24h以内	经维修后可恢复设备性能	8	中等风险
18	输入模块	开路	锈蚀、过流	设备失电	不能正常运行	不能正常运行	输入模块损坏	无	无	经维修后可恢复设备性能	4	较小风险
19		短路	粉尘、高温、老化	设备失电	不能正常运行	不能正常运行	输入模块损坏	可能造成设备或财产损失1万元以下	主要备用设备退出备用24h以内	经维修后可恢复设备性能	10	较大风险
20	输出模块	开路	锈蚀、过流	设备失电	不能正常运行	不能正常运行	输出模块损坏	无	主要备用设备退出备用24h以内	经维修后可恢复设备性能	8	中等风险

续表

序号	部件	故障条件			故障影响			故障损失			风险值	风险等级
		模式	原因	现象	系统	设备	部件	经济损失	生产中断	设备损坏		
21	输出模块	短路	粉尘、高温、老化	设备失电	不能正常运行	不能正常运行	输出模块损坏	可能造成设备或财产损失1万元以下	主要备用设备退出备用24h以内	经维修后可恢复设备性能	10	较大风险
22	熔断器	熔断	过流	设备失电	不能正常运行	不能正常运行	损坏	可能造成设备或财产损失1万元以下	主要备用设备退出备用24h以内	经维修后可恢复设备性能	10	较大风险
23	接线端子	松动	端子紧固螺栓松动	端子线接触不良	无	无	接触不良	无	无	经维修后可恢复设备性能	4	较小风险
24	风机	功能失效	积尘积灰	温度升高	无	温度升高	散热性能降低	无	无	经维修后可恢复设备性能	4	较小风险
25		短路	线路老化、绝缘降低	温度升高	无	温度升高	短路烧坏	可能造成设备或财产损失1万元以下	无	经维修后可恢复设备性能	6	中等风险
26		松动	长时间振动固定螺栓松动	声音异常、温度升高	无	温度升高	散热性能降低	无	无	经维修后可恢复设备性能	4	较小风险
27		变形	长时间运行中高扭矩下造成风机扇叶轴心变形	风机无法运行，温度升高	无	温度升高	损坏	可能造成设备或财产损失1万元以下	无	经维修后可恢复设备性能	3	较小风险
28	绕组线圈	短路	时间过长，线路正常老化，绝缘降低	温度升高、跳闸	无	故障停运	短路烧坏	可能造成设备或财产损失1万元以下	主要备用设备退出备用24h以内	经维修后可恢复设备性能	10	较大风险
29		击穿	过负荷运行	温度升高、绝缘击穿跳闸	无	温度升高	绝缘击穿	可能造成设备或财产损失1万元以下	主要备用设备退出备用24h以内	经维修后可恢复设备性能	10	较大风险
30		过热	积尘积灰	温度升高	无	温度升高	散热性能降低	无	无	经维修后可恢复设备性能	4	较小风险
31	铁芯	短路	时间过长，线路正常老化，绝缘降低	温度升高、跳闸	无	故障停运	短路烧坏	可能造成设备或财产损失1万元以下	主要备用设备退出备用24h以内	经维修后可恢复设备性能	10	较大风险

续表

序号	部件	故障条件			故障影响			故障损失			风险值	风险等级
		模式	原因	现象	系统	设备	部件	经济损失	生产中断	设备损坏		
32	铁芯	击穿	过负荷运行	温度升高、绝缘击穿跳闸	无	故障停运	绝缘击穿	可能造成设备或财产损失1万元以下	主要备用设备退出备用24h以内	经维修后可恢复设备性能	10	较大风险
33		过热	积尘积灰	温度升高	无	温度升高	散热性能降低	无	无	经维修后可恢复设备性能	4	较小风险
34	温控装置	松动	端子排线路松动	数据无显示	无	无法自动控制	无法采集数据	无	无	设备性能无影响	2	轻微风险
35		短路	时间过长，线路正常老化，绝缘降低	无法控制	无	无法自动控制	短路烧坏	可能造成设备或财产损失1万元以下	无	经维修后可恢复设备性能	6	中等风险
36	分接头	松动	紧固螺栓松动	接触不良引起温度升高	无	温度升高	接触面发热	无	无	经维修后可恢复设备性能	4	较小风险
37		过热	分接头接触面不光滑有异物	接触不良引起温度升高	无	温度升高	接触面发热	无	无	经维修后可恢复设备性能	4	较小风险
38	高压侧电缆	击穿	过负荷运行	温度升高、绝缘击穿跳闸	无	故障停运	绝缘击穿	可能造成设备或财产损失1万元以上10万元以下	主要备用设备退出备用24h以内	经维修后可恢复设备性能	12	较大风险
39		松动	紧固螺栓松动	接触不良引起发热	无	温度升高	接触面发热	无	无	经维修后可恢复设备性能	4	较小风险
40		老化	时间过长，正常老化	外表绝缘层剥落、绝缘降低	无	无	绝缘降低	无	无	经维修后可恢复设备性能	2	轻微风险
41	低压侧电缆	击穿	过负荷运行	温度升高、绝缘击穿跳闸	无	故障停运	绝缘击穿	可能造成设备或财产损失1万元以上10万元以下	主要备用设备退出备用24h以内	经维修后可恢复设备性能	12	较大风险
42		松动	紧固螺栓松动	接触不良引起发热	无	温度升高	接触面发热	无	无	经维修后可恢复设备性能	4	较小风险
43		老化	时间过长，正常老化	外表绝缘层剥落、绝缘降低	无	无	绝缘降低	可能造成设备或财产损失1万元以下	无	经维修后可恢复设备性能	3	较小风险

设备风险控制卡

区域：厂房　　系统：励磁系统　　设备：励磁控制柜

序号	部件	故障条件			风险等级	日常控制措施			定期检修维护			临时措施
		模式	原因	现象		措施	检查方法	周期（天）	措施	检修方法	周期（月）	
1	可控硅	击穿	电流过大	过热	重大风险	检查	查看励磁系统电流是否在额定电流范围内	7	更换	更换可控硅	12	停机处理、更换
2	可控硅	功能失效	不导通	不能调节励磁电压、电流	重大风险	检查	查看励磁系统电流是否在额定电流范围内	7	更换	更换可控硅	12	停机处理、更换
3	灭磁开关	变形	长时操作磨损	机构功能退化，不能正常分合闸	中等风险	检查	测温、检查灭磁开关动作状态与现场指示状态是否一致	7	检修	修复弹簧机构，并检查动作信号及继电器	12	手动进行储能操作，检查励磁开关储能是否正常，动作信号及继电器动作情况
4	灭磁开关	过热	触头松动、氧化	灭磁开关温度升高	中等风险	检查	测温、检查灭磁开关动作状态与现场指示状态是否一致	7	检修	触头螺栓紧固、研磨	12	停机时检查发电机出口断路器已断开到位，待停机后处理
5	灭磁开关	老化	长时操作磨损绝缘性能下降	灭弧性能降低、发热	较小风险	检查	测温、检查转子电流、电压	7	检修	绝缘浇筑或更换灭磁开关	12	加强运行监视、停机后处理
6	风机	功能失效	积尘积灰	温度升高	较小风险	检查	查看风机是否正常运转，叶片上是否积灰积尘	7	检修	清扫	12	手动切换风机运行
7	风机	短路	线路老化、绝缘降低	温度升高	中等风险	检查	定期测量绝缘	7	检修	更换线路或风机	12	增设临时风机降温
8	风机	松动	长时间振动固定螺栓松动	声音异常、温度升高	较小风险	检查	查看风机位置是否正确，声音有无异常	7	检修	紧固	12	临时紧固
9	风机	变形	长时间运行中高扭矩下造成风机扇叶轴心变形	风机无法运行，温度升高	轻微风险	检查	查看风机是否正常运转，测温	7	检修	更换	12	增设临时风机降温
10	调节装置	功能失效	过热	死机	中等风险	检查	查看运行参数是否正常	7	检修	停机后修复或更换处理	12	停机后更换电气元件
11	调节装置	短路	积尘积灰、高温	失电	中等风险	检查	查看 PLC 是否失电	7	更换	更换元器件	12	需要时手动调节机组无功
12	整流桥	短路	电流过大	熔断器熔断	较大风险	检查	查看励磁系统电压、电流是否在额定电流范围内	7	更换	更换元器件	12	停机处理
13	整流桥	击穿	电源电压异常	不能调节励磁电压	较大风险	检查	查看励磁系统电压、电流是否在额定电流范围内	7	更换	更换元器件	12	停机处理

续表

序号	部件	故障条件			风险等级	日常控制措施			定期检修维护			临时措施
		模式	原因	现象		措施	检查方法	周期（天）	措施	检修方法	周期（月）	
14	电源模块	开路	锈蚀、过流	设备失电	较小风险	检查	测量电源模块是否有输出电压、电流，以及电压、电流值是否异常	7	检修	更换、维修电源模块	12	测量电源模块是否有输出电压、电流，以及电压、电流值是否异常
15	电源模块	短路	粉尘、高温、老化	设备失电	较大风险	检查	测量电源模块是否有输出电压、电流，以及电压、电流值是否异常	7	检修	更换、维修电源模块	12	停机处理
16	电源模块	漏电	静电击穿	设备失电	较小风险	检查	测量电源模块是否有输出电压、电流，以及电压、电流值是否异常	7	检修	更换、维修电源模块	12	测量电源模块是否有输出电压、电流，以及电压、电流值是否异常
17	电源模块	烧灼	老化、短路	设备失电	中等风险	检查	测量电源模块是否有输出电压、电流，以及电压、电流值是否异常	7	检修	更换、维修电源模块	12	测量电源模块是否有输出电压、电流，以及电压、电流值是否异常
18	输入模块	开路	锈蚀、过流	设备失电	较小风险	检查	测量输入模块是否有输出信号	7	检修	更换、维修模块	12	停机处理
19	输入模块	短路	粉尘、高温、老化	设备失电	较大风险	检查	测量输入模块是否有输出电压、电流，以及电压、电流值是否异常	7	检修	更换、维修模块	12	停机处理
20	输出模块	开路	锈蚀、过流	设备失电	中等风险	检查	测量输出模块是否有输出电压、电流，以及电压、电流值是否异常	7	检修	更换、维修模块	12	停机处理
21	输出模块	短路	粉尘、高温、老化	设备失电	较大风险	检查	测量输出模块是否有输出电压、电流，以及电压、电流值是否异常	7	检修	更换、维修模块	12	停机处理
22	熔断器	熔断	过流	设备失电	较大风险	检查	励磁系统是否带电	7	检修	更换熔断器	12	停机处理
23	接线端子	松动	端子紧固螺栓松动	端子线接触不良	较小风险	检查	端子排各接线是否松动	7	加固	紧固端子，二次回路检查	12	紧固端子排端子
24	风机	功能失效	积尘积灰	温度升高	较小风险	检查	查看风机是否正常运转、叶片上是否积灰积尘	7	检修	清扫	12	增设临时风机降温或用气管临时吹扫

续表

序号	部件	故障条件			风险等级	日常控制措施			定期检修维护			临时措施
		模式	原因	现象		措施	检查方法	周期（天）	措施	检修方法	周期（月）	
25	风机	短路	线路老化、绝缘降低	温度升高	中等风险	检查	定期测量绝缘	7	检修	更换线路或风机	12	增设临时风机降温
26		松动	长时间振动固定螺栓松动	声音异常、温度升高	较小风险	检查	查看风机位置是否正确，声音有无异常	7	检修	紧固	12	临时紧固
27		变形	长时间运行中高扭矩下造成风机扇叶轴心变形	风机无法运行，温度升高	较小风险	检查	查看风机是否正常运转，测温	7	检修	更换	12	增设临时风机降温
28	绕组线圈	短路	时间过长，线路正常老化，绝缘降低	温度升高、跳闸	较大风险	检查	外观检查线路情况	7	检修	更换老化线路	12	调整厂用电运行方式
29		击穿	过负荷运行	温度升高、绝缘击穿跳闸	较大风险	检查	测温	7	预试	预防性试验定期检查绝缘情况	12	降低厂用电负荷运行
30		过热	积尘积灰	温度升高	较小风险	检查	测温，查看设备上是否积尘积灰严重	7	检查	吹扫、清扫	12	用气管临时吹扫或调整厂用电运行方式进行清扫
31	铁芯	短路	时间过长，线路正常老化，绝缘降低	温度升高、跳闸	较大风险	检查	外观检查线路情况	7	检修	更换老化线路	12	调整厂用电运行方式
32		击穿	过负荷运行	温度升高、绝缘击穿跳闸	较大风险	检查	测温	7	加固	预防性试验定期检查绝缘情况	12	降低厂用电负荷运行
33		过热	积尘积灰	温度升高	较小风险	检查	测温，查看设备上是否积尘积灰严重	7	检查	吹扫、清扫	12	用气管临时吹扫或调整厂用电运行方式进行清扫
34	温控装置	松动	端子排线路松动	数据无显示	轻微风险	检查	检查温控装置上温度显示是否正常或无显示	7	加固	紧固端子排线路	12	紧固端子接线排
35		短路	时间过长，线路正常老化，绝缘降低	无法控制	中等风险	检查	检查温控装置是否带电、可控制操作	7	检修	更换老化线路	12	加强手动测温或调整厂用电运行方式
36	分接头	松动	紧固螺栓松动	接触不良引起温度升高	较小风险	检查	测温	7	加固	紧固螺栓	12	查看是否有放电，测量温度，必要时调整厂用电运行方式

续表

序号	部件	故障条件			风险等级	日常控制措施			定期检修维护			临时措施
		模式	原因	现象		措施	检查方法	周期（天）	措施	检修方法	周期（月）	
37	分接头	过热	分接头接触面不光滑有异物	接触不良引起温度升高	较小风险	检查	测温	7	检修	对接头接触面打磨光滑，清理异物	12	调整厂用电运行方式
38		击穿	过负荷运行	温度升高、绝缘击穿跳闸	较大风险	检查	测温、检查三相电压平稳	7	检修	修复、更换绝缘降低线路或被击穿线路	12	调整厂用电运行方式
39	高压侧电缆	松动	紧固螺栓松动	接触不良引起发热	较小风险	检查	测温	7	加固	紧固螺栓	12	查看是否有放电，测量温度，必要时调整厂用电运行方式
40		老化	时间过长，正常老化	外表绝缘层剥落、绝缘降低	轻微风险	检查	对线路进行外观检查，无脱落、剥落现象	7	预试	预防性试验定期检查绝缘情况	12	检修时进行更换
41	低压侧电缆	击穿	过负荷运行	温度升高、绝缘击穿跳闸	较大风险	检查	测温、检查三相电压平稳	7	预试	修复、更换绝缘降低线路或被击穿线路	12	调整厂用电运行方式
42		松动	紧固螺栓松动	接触不良引起发热	较小风险	检查	测温	7	加固	紧固螺栓	12	查看是否有放电，测量温度，必要时调整厂用电运行方式
43		老化	时间过长，正常老化	外表绝缘层剥落、绝缘降低	较小风险	检查	对线路进行外观检查有无脱落、剥落现象	7	预试	预防性试验定期检查绝缘情况	12	检修时进行更换

12 6kV 厂用电源

设备风险评估表

区域：厂房　　　　系统：厂用电　　　　设备：6kV 厂用电源

序号	部件	故障条件			故障影响			故障损失			风险值	风险等级
		模式	原因	现象	系统	设备	部件	经济损失	生产中断	设备损坏		
1	厂用电快速切换电源	功能失效	硬件故障	装置电源消失，装置停止工作	装置拒动，无法切换厂用电	功能失效	损坏	可能发生	维修后恢复设备性能	退出运行	无	中等风险
2	厂用电快速切换电压回路	功能失效	采样通道或电压二次回路故障	无法正确采集电压	装置误动或拒动	功能失效	故障	可能发生	维修后恢复设备性能	退出运行	无	中等风险
3	厂用电快速切换开入、开出卡件	功能失效	硬件故障	无法正确反应开入、开出量的变化	装置误动或拒动	功能失效	故障	可能发生	维修后恢复设备性能	退出运行	无	中等风险
4	厂用电快速切换 CPU 板	功能失效	硬件故障	装置死机	装置拒动	功能失效	故障	可能发生	维修后恢复设备性能	退出运行	无	中等风险
5	6kV 馈线综保电源	功能失效	硬件故障	装置电源消失，装置停止工作	影响系统安全运行	保护装置拒动	损坏	可能发生	损坏，更换	退出运行	无	中等风险
6	6kV 馈线综保电流、电压回路	性能衰退	采样通道或电流、电压二次回路故障	无法正确采集电流、电压	影响系统安全运行	保护装置误动或拒动	故障	可能发生	维修后恢复设备性能	退出运行	无	中等风险
7	6kV 馈线综保开入、开出卡件	功能失效	硬件故障	无法正确反应开入、开出量的变化	保护装置误动或拒动	击穿	损坏	可能发生	维修后恢复设备性能	退出运行	无	中等风险
8	6kV 馈线综保 CPU 板	功能失效	硬件故障	装置死机	保护装置拒动	功能失效	故障	可能发生	维修后恢复设备性能	退出运行	无	中等风险
9	6kV 变压器综保（含差动）电源	功能失效	硬件故障	装置电源消失，装置停止工作	影响系统安全运行	保护装置拒动	损坏	可能发生	损坏，更换	退出运行	无	中等风险

续表

序号	部件	故障条件			故障影响			故障损失			风险值	风险等级
		模式	原因	现象	系统	设备	部件	经济损失	生产中断	设备损坏		
10	6kV 变压器综保（含差动）电流、电压回路	性能衰退	采样通道或电流、电压二次回路故障	无法正确采集电流、电压	影响系统安全运行	保护装置误动或拒动	故障	可能发生	维修后恢复设备性能	退出运行	无	中等风险
11	6kV 变压器综保（含差动）开入、开出卡件	功能失效	硬件故障	无法正确反应开入、开出量的变化	保护装置误动或拒动	击穿	损坏	可能发生	维修后恢复设备性能	退出运行	无	中等风险
12	6kV 变压器综保（含差动）CPU 板	功能失效	硬件故障	装置死机	保护装置拒动	功能失效	故障	可能发生	维修后恢复设备性能	退出运行	无	中等风险
13	6kV 变压器综保（含差动）电源	功能失效	硬件故障	装置电源消失，装置停止工作	影响系统安全运行	保护装置拒动	损坏	可能发生	损坏，更换	退出运行	无	中等风险
14	电流、电压回路	性能衰退	采样通道或电流、电压二次回路故障	无法正确采集电流、电压	影响系统安全运行	保护装置误动或拒动	故障	可能发生	维修后恢复设备性能	退出运行	无	中等风险
15	6kV 变压器综保（含差动）开入、开出卡件	功能失效	硬件故障	无法正确反应开入、开出量的变化	保护装置误动或拒动	击穿	损坏	可能发生	维修后恢复设备性能	退出运行	无	中等风险
16	6kV 变压器综保（含差动）CPU 板	功能失效	硬件故障	装置死机	保护装置拒动	功能失效	故障	可能发生	维修后恢复设备性能	退出运行	无	中等风险

设备风险控制卡

区域：厂房　　系统：厂用电　　设备：6kV 厂用电源

序号	部件	故障条件			风险等级	日常控制措施			定期检修维护			临时措施
		模式	原因	现象		措施	检查方法	周期（天）	措施	检修方法	周期（月）	
1	厂用电快速切换电源	功能失效	硬件故障	装置电源消失，装置停止工作	中等风险	检查运行参数	测量输出参数	12	无	无	无	更换电源模块
2	厂用电快速切换电压回路	功能失效	采样通道或电压二次回路故障	无法正确采集电压	中等风险	采样精度测试	向装置中加入电压，测试采样精度	12	无	无	无	更换模拟量输入板

续表

序号	部件	故障条件			风险等级	日常控制措施			定期检修维护			临时措施
		模式	原因	现象		措施	检查方法	周期（天）	措施	检修方法	周期（月）	
3	厂用电快速切换开入、开出卡件	功能失效	硬件故障	无法正确反应开入、开出量的变化	中等风险	采样状态检查	改变开入、开出状态，检查采样	12	无	无	无	退出异常保护
4	厂用电快速切换CPU板	功能失效	硬件故障	装置死机	中等风险	检查运行参数	检查CPU运行状态	12	无	无	无	退出装置
5	6kV馈线综保电源	功能失效	硬件故障	装置电源消失，装置停止工作	中等风险	检查运行参数	测量输出参数	12	无	无	无	更换电源模块
6	6kV馈线综保电流、电压回路	性能衰退	采样通道或电流、电压二次回路故障	无法正确采集电流、电压	中等风险	采样精度测试	向保护装置中加入三相电流、电压，测试采样精度	12	无	无	无	退出异常保护
7	6kV馈线综保开入、开出卡件	功能失效	硬件故障	无法正确反应开入、开出量的变化	中等风险	采样状态检查	改变开入、开出状态，检查采样	12	无	无	无	退出异常保护
8	6kV馈线综保CPU板	功能失效	硬件故障	装置死机	中等风险	检查运行参数	检查CPU运行状态	12	无	无	无	退出装置
9	6kV变压器综保（含差动）电源	功能失效	硬件故障	装置电源消失，装置停止工作	中等风险	检查运行参数	测量输出参数	12	无	无	无	更换电源模块
10	6kV变压器综保（含差动）电流、电压回路	性能衰退	采样通道或电流、电压二次回路故障	无法正确采集电流、电压	中等风险	采样精度测试	向保护装置中加入三相电流、电压，测试采样精度	12	无	无	无	退出异常保护
11	6kV变压器综保（含差动）开入、开出卡件	功能失效	硬件故障	无法正确反应开入、开出量的变化	中等风险	采样状态检查	改变开入、开出状态，检查采样	12	无	无	无	退出异常保护
12	6kV变压器综保（含差动）CPU板	功能失效	硬件故障	装置死机	中等风险	检查运行参数	检查CPU运行状态	12	无	无	无	退出装置

续表

序号	部件	故障条件			风险等级	日常控制措施			定期检修维护			临时措施
		模式	原因	现象		措施	检查方法	周期（天）	措施	检修方法	周期（月）	
13	6kV 变压器综保（含差动）6kV 变压器综保（含差动）电源	功能失效	硬件故障	装置电源消失，装置停止工作	中等风险	检查运行参数	测量输出参数	12	无	无	无	更换电源模块
14	电流、电压回路	性能衰退	采样通道或电流、电压二次回路故障	无法正确采集电流、电压	中等风险	采样精度测试	向保护装置中加入三相电流、电压，测试采样精度	12	无	无	无	退出异常保护
15	6kV 变压器综保（含差动）开入、开出卡件	功能失效	硬件故障	无法正确反应开入、开出量的变化	中等风险	采样状态检查	改变开入、开出状态，检查采样	12	无	无	无	退出异常保护
16	6kV 变压器综保（含差动）CPU 板	功能失效	硬件故障	装置死机	中等风险	检查运行参数	检查 CPU 运行状态	12	无	无	无	退出装置

13 母线保护屏

设备风险评估表

区域：厂房　　　　系统：保护系统　　　　设备：母线保护屏

序号	部件	故障条件			故障影响			故障损失			风险值	风险等级
		模式	原因	现象	系统	设备	部件	经济损失	生产中断	设备损坏		
1	BP-2C保护装置	击穿	二次线路老化、绝缘降低	短路	机组停运	保护装置停运	短路烧坏	可能造成设备或财产损失1万元以下	导致生产中断1～7天或生产工艺50%及以上	经维修后可恢复设备性能	14	较大风险
2		松动	端子线路松动、脱落	保护装置拒动	无	异常运行	功能失效	无	主要备用设备退出备用24h以内	经维修后可恢复设备性能	8	中等风险
3		短路	长期运行高温，绝缘降低	线路短路，装置异常报警	无	异常运行	短路烧坏	可能造成设备或财产损失1万元以上10万元以下	主要备用设备退出备用24h以内	经维修后可恢复设备性能	12	较大风险
4		过热	积尘积灰	温度升高	无	温度升高	散热性能降低	无	无	经维修后可恢复设备性能	4	较小风险
5		功能失效	CPU故障	故障报警信号灯亮、死机	无	保护装置停运	CPU损坏	可能造成设备或财产损失1万元以下	无	经维修后可恢复设备性能	6	中等风险
6		功能失效	电源插件故障	故障报警信号灯亮	无	保护装置停运	电源消失	无	无	经维修后可恢复设备性能	4	较小风险
7		功能失效	装置运算错乱	保护装置误动	机组停运	保护装置停运	装置异常	可能造成设备或财产损失1万元以上10万元以下	主要备用设备退出备用24h以内	经维修后可恢复设备性能	12	较大风险
8		老化	时间过长，二次线路正常老化、绝缘降低	绝缘降低	机组停运	保护装置停运	短路烧坏	无	主要备用设备退出备用24h以内	经维修后可恢复设备性能	8	中等风险
9	RCS915-AB保护装置	击穿	二次线路老化、绝缘降低	短路	机组停运	保护装置停运	短路烧坏	可能造成设备或财产损失1万元以下	导致生产中断1～7天或生产工艺50%及以上	经维修后可恢复设备性能	14	较大风险

续表

序号	部件	故障条件			故障影响			故障损失			风险值	风险等级
		模式	原因	现象	系统	设备	部件	经济损失	生产中断	设备损坏		
10	RCS915-AB 保护装置	松动	端子线路松动、脱落	保护装置拒动	无	异常运行	功能失效	无	主要备用设备退出备用 24h 以内	经维修后可恢复设备性能	8	中等风险
11		短路	长期运行高温，绝缘降低	线路短路，装置异常报警	无	异常运行	短路烧坏	可能造成设备或财产损失 1 万元以上 10 万元以下	主要备用设备退出备用 24h 以内	经维修后可恢复设备性能	12	较大风险
12		过热	积尘积灰	温度升高	无	温度升高	散热性能降低	无	无	经维修后可恢复设备性能	4	较小风险
13		功能失效	CPU 故障	故障报警信号灯亮、死机	无	保护装置停运	CPU 损坏	可能造成设备或财产损失 1 万元以下	无	经维修后可恢复设备性能	6	中等风险
14		功能失效	电源插件故障	故障报警信号灯亮	无	保护装置停运	电源消失	无	无	经维修后可恢复设备性能	4	较小风险
15		功能失效	装置运算错乱	保护装置误动	机组停运	保护装置停运	装置异常	可能造成设备或财产损失 1 万元以上 10 万元以下	主要备用设备退出备用 24h 以内	经维修后可恢复设备性能	12	较大风险
16		老化	二次线路时间过长，正常老化、绝缘降低	绝缘降低造成接地短路	机组停运	保护装置停运	短路烧坏	无	主要备用设备退出备用 24h 以内	经维修后可恢复设备性能	8	中等风险
17	加热器	老化	电源线路老化	绝缘降低造成接地短路	无	无	短路烧坏	可能造成设备或财产损失 1 万元以下	无	设备性能无影响	4	较小风险
18		松动	电源线路固定件疲劳松动	电源消失，装置失效	无	无	功能失效	无	无	经维修后可恢复设备性能	4	较小风险
19	压板	松动	压紧螺丝松动	接触不良引起发热	无	接触点发热	温度升高	无	无	经维修后可恢复设备性能	4	较小风险
20		脱落	端子线松动脱落	保护装置相应功能拒动	无	异常运行	功能失效	无	无	经维修后可恢复设备性能	4	较小风险
21		老化	压板线路运行时间过长，正常老化	绝缘降低造成接地短路	无	异常运行	功能失效	可能造成设备或财产损失 1 万元以下	无	经维修后可恢复设备性能	6	中等风险

续表

序号	部件	故障条件			故障影响			故障损失			风险值	风险等级
		模式	原因	现象	系统	设备	部件	经济损失	生产中断	设备损坏		
22	压板	氧化	连接触头长时间暴露空气中，产生氧化现象	接触不良，接触电阻增大，接触面发热，出现点斑	无	异常运行	异常运行	无	无	经维修后可恢复设备性能	4	较小风险
23	电源开关	功能失效	保险管烧坏或线路老化短路	电源开关有烧焦气味，发黑	无	装置失电	保险或线路烧坏	可能造成设备或财产损失1万元以下	无	经维修后可恢复设备性能	6	中等风险
24		松动	电源线路固定件疲劳松动	线路松动、脱落	无	装置失电	线路脱落	无	无	经维修后可恢复设备性能	4	较小风险
25	温湿度控制器	老化	电源线路时间过长正常老化	绝缘降低造成接地短路	无	装置失电	短路烧坏	可能造成设备或财产损失1万元以下	无	设备性能无影响	4	较小风险
26		功能失效	控制器故障	无法感温、感湿，不能启动加热器	无	功能失效	控制器损坏	可能造成设备或财产损失1万元以下	无	设备性能无影响	4	较小风险
27	显示屏	功能失效	电源中断、显示屏损坏、通信中断	显示屏无显示	无	无法查看信息	功能失效	无	无	经维修后可恢复设备性能	4	较小风险
28		松动	电源插头松动、脱落	显示屏无显示	无	无法查看信息	功能失效	无	无	经维修后可恢复设备性能	4	较小风险

设备风险控制卡

区域：厂房　　系统：保护系统　　设备：母线保护屏

序号	部件	故障条件			风险等级	日常控制措施			定期检修维护			临时措施
		模式	原因	现象		措施	检查方法	周期（天）	措施	检修方法	周期（月）	
1	BP-2C保护装置	击穿	二次线路老化、绝缘降低	短路	较大风险	检查	在保护装置屏查看采样值，检查线路有无老化现象	7	检修	预防性试验定期检查绝缘情况	36	临时找到绝缘老化点进行绝缘包扎
2		松动	端子线路松动、脱落	保护装置拒动	中等风险	检查	检查二次线路是否有松动、脱落现象	7	紧固	紧固端子线路	36	紧固端子线路
3		短路	长期运行高温，绝缘降低	线路短路，装置异常报警	较大风险	检查	进行测温检查设备运行温度	7	检修	启动风机散热	36	启动风机散热
4		过热	积尘积灰	温度升高	较小风险	检查	检查模块是否积尘积灰	90	清扫	吹扫、清扫	36	吹扫、清扫

续表

序号	部件	故障条件			风险等级	日常控制措施			定期检修维护			临时措施
		模式	原因	现象		措施	检查方法	周期（天）	措施	检修方法	周期（月）	
5	BP-2C保护装置	功能失效	CPU 故障	故障报警信号灯亮、死机	中等风险	检查	检查保护装置是否故障灯亮，装置是否已死机	7	更换	更换 CPU	36	联系厂家更换损坏部件
6	BP-2C保护装置	功能失效	电源插件故障	故障报警信号灯亮	较小风险	检查	检查保护装置是否故障灯亮，装置是否已无电源	7	紧固	紧固线路	36	紧固线路，定期检查线路是否老化
7	BP-2C保护装置	功能失效	装置运算错乱	保护装置误动	较大风险	检查	检查定值输入是否正确	180	检修	检查定值输入是否正确，预防性试验定期检验装置精确性	36	退出该保护运行，预防性试验定期检验装置精确性
8	BP-2C保护装置	老化	时间过长，二次线路正常老化、绝缘降低	绝缘降低	中等风险	检查	外观检查	7	更换	更换老化线路	36	停机进行老化线路更换
9	RCS915-AB 保护装置	击穿	二次线路老化、绝缘降低	短路	较大风险	检查	在保护装置屏查看采样值，检查线路有无老化现象	7	检修	预防性试验定期检查绝缘情况	36	临时找到绝缘老化点进行绝缘包扎
10	RCS915-AB 保护装置	松动	端子线路松动、脱落	保护装置拒动	中等风险	检查	检查二次线路是否有松动、脱落现象	7	紧固	紧固端子线路	36	紧固端子线路
11	RCS915-AB 保护装置	短路	长期运行高温，绝缘降低	线路短路，装置异常报警	较大风险	检查	进行测温检查设备运行温度	7	检修	启动风机散热	36	启动风机散热
12	RCS915-AB 保护装置	过热	积尘积灰	温度升高	较小风险	检查	检查模块是否积尘积灰	90	清扫	吹扫、清扫	36	吹扫、清扫
13	RCS915-AB 保护装置	功能失效	CPU 故障	故障报警信号灯亮、死机	中等风险	检查	检查保护装置是否故障灯亮，装置是否已死机	7	更换	更换 CPU	36	联系厂家更换损坏部件
14	RCS915-AB 保护装置	功能失效	电源插件故障	故障报警信号灯亮	较小风险	检查	检查保护装置是否故障灯亮，装置是否已无电源	7	紧固	紧固线路	36	紧固线路，定期检查线路是否老化
15	RCS915-AB 保护装置	功能失效	装置运算错乱	保护装置误动	较大风险	检查	检查定值输入是否正确	180	检修	检查定值输入是否正确，预防性试验定期检验装置精确性	36	退出该保护运行，预防性试验定期检验装置精确性
16	RCS915-AB 保护装置	老化	二次线路时间过长，正常老化、绝缘降低	绝缘降低造成接地短路	中等风险	检查	外观检查	7	更换	更换老化线路	36	停机进行老化线路更换

续表

序号	部件	故障条件			风险等级	日常控制措施			定期检修维护			临时措施
		模式	原因	现象		措施	检查方法	周期（天）	措施	检修方法	周期（月）	
17	加热器	老化	电源线路老化	绝缘降低造成接地短路	较小风险	检查	检查加热器是否有加热温度，是否有发黑、烧焦现象	7	更换	更换线路或加热器	3	更换加热器
18		松动	电源线路固定件疲劳松动	电源消失，装置失效	较小风险	检查	巡视检查线路是否松动，若松动应进行紧固	7	紧固	定期进行线路紧固	3	进行线路紧固
19	压板	松动	压紧螺丝松动	接触不良引起发热	较小风险	检查	巡视检查压板压紧螺丝是否松动，若松动应进行紧固	30	紧固	紧固压板	3	对压紧螺丝进行紧固
20		脱落	端子线松动脱落	保护装置相应功能拒动	较小风险	检查	对二次端子排线路进行拉扯，检查有无松动	30	紧固	逐一对端子排线路进行紧固	3	按照图纸进行回装端子线路
21		老化	压板线路运行时间过长，正常老化	绝缘降低造成接地短路	中等风险	检查	外观检查线路是否有老化现象	30	更换	定期检查线路是否老化，对不合格的进行更换	3	发现压板线路老化，立即更换
22		氧化	连接触头长时间暴露空气中，产生氧化现象	接触不良，接触电阻增大，接触面发热，出现点斑	较小风险	检查	检查连接触头是否有氧化现象	30	检修	定期检查，进行防氧化措施	3	对压板进行防氧化措施
23	电源开关	功能失效	保险管烧坏或线路老化短路	电源开关有烧焦气味，发黑	中等风险	检查	检查保护屏是否带电，是否有发黑、烧焦现象	7	检修	定期测量电压是否正常，线路是否老化	3	更换保险管或老化线路
24		松动	电源线路固定件疲劳松动	线路松动、脱落	较小风险	检查	巡视检查线路是否松动，若松动应进行紧固	7	紧固	定期进行线路紧固	3	进行线路紧固
25	温湿度控制器	老化	电源线路时间过长正常老化	绝缘降低造成接地短路	较小风险	检查	检查线路是否有老化现象	7	更换	更换老化线路	3	更换老化线路
26		功能失效	控制器故障	无法感温、感湿，不能启动加热器	较小风险	检查	检查控制器是否故障，有无正常启动控制	7	检修	检查控制器是否故障，有无正常启动控制，设备绝缘是否合格	3	检查控制器是否故障，若发生故障进行更换控制器
27	显示屏	功能失效	电源中断、显示屏损坏、通信中断	显示屏无显示	较小风险	检查	检查显示屏有无显示，插头是否紧固	7	更换	修复或更换	3	紧固松动线路或更换显示屏
28		松动	电源插头松动、脱落	显示屏无显示	较小风险	检查	检查电源插头有无松动	90	紧固	紧固电源插头	3	紧固电源插头

14 行波测距保护柜

设备风险评估表

区域：厂房　　　　系统：保护系统　　　　设备：行波测距保护柜

序号	部件	故障条件			故障影响			故障损失			风险值	风险等级
		模式	原因	现象	系统	设备	部件	经济损失	生产中断	设备损坏		
1	sdl-7003行波测距保护装置	击穿	二次线路老化、绝缘降低	短路	机组停运	保护装置停运	短路烧坏	可能造成设备或财产损失1万元以下	导致生产中断1～7天或生产工艺50%及以上	经维修后可恢复设备性能	14	较大风险
2		松动	端子线路松动、脱落	保护装置拒动	无	异常运行	功能失效	无	主要备用设备退出备用24h以内	经维修后可恢复设备性能	8	中等风险
3		短路	长期运行高温，绝缘降低	线路短路，装置异常报警	无	异常运行	短路烧坏	可能造成设备或财产损失1万元以上10万元以下	主要备用设备退出备用24h以内	经维修后可恢复设备性能	12	较大风险
4		过热	积尘积灰	温度升高	无	温度升高	散热性能降低	无	无	经维修后可恢复设备性能	4	较小风险
5		功能失效	CPU故障	故障报警信号灯亮、死机	无	保护装置停运	CPU损坏	可能造成设备或财产损失1万元以下	无	经维修后可恢复设备性能	6	中等风险
6		功能失效	电源插件故障	故障报警信号灯亮	无	保护装置停运	电源消失	无	无	经维修后可恢复设备性能	4	较小风险
7		功能失效	装置运算错乱	保护装置误动	机组停运	保护装置停运	装置异常	可能造成设备或财产损失1万元以上10万元以下	主要备用设备退出备用24h以内	经维修后可恢复设备性能	12	较大风险
8		老化	二次线路时间过长，正常老化、绝缘降低	绝缘降低	机组停运	保护装置停运	短路烧坏	无	主要备用设备退出备用24h以内	经维修后可恢复设备性能	8	中等风险
9	加热器	老化	电源线路老化	绝缘降低造成接地短路	无	无	短路烧坏	可能造成设备或财产损失1万元以下	无	设备性能无影响	4	较小风险

续表

序号	部件	故障条件			故障影响			故障损失			风险值	风险等级
		模式	原因	现象	系统	设备	部件	经济损失	生产中断	设备损坏		
10	加热器	松动	电源线路固定件疲劳松动	电源消失，装置失效	无	无	功能失效	无	无	经维修后可恢复设备性能	4	较小风险
11	压板	松动	压紧螺丝松动	接触不良引起发热	无	接触点发热	温度升高	无	无	经维修后可恢复设备性能	4	较小风险
12		脱落	端子线松动脱落	保护装置相应功能拒动	无	异常运行	功能失效	无	无	经维修后可恢复设备性能	4	较小风险
13		老化	压板线路运行时间过长，正常老化	绝缘降低造成接地短路	无	异常运行	功能失效	可能造成设备或财产损失1万元以下	无	经维修后可恢复设备性能	6	中等风险
14		氧化	连接触头长时间暴露空气中，产生氧化现象	接触不良，接触电阻增大，接触面发热，出现点斑	无	异常运行	异常运行	无	无	经维修后可恢复设备性能	4	较小风险
15	电源开关	功能失效	保险管烧坏或线路老化短路	电源开关有烧焦气味，发黑	无	装置失电	保险或线路烧坏	可能造成设备或财产损失1万元以下	无	经维修后可恢复设备性能	6	中等风险
16		松动	电源线路固定件疲劳松动	线路松动、脱落	无	装置失电	线路脱落	无	无	经维修后可恢复设备性能	4	较小风险
17	温湿度控制器	老化	电源线路时间过长，正常老化	绝缘降低造成接地短路	无	装置失电	短路烧坏	可能造成设备或财产损失1万元以下	无	设备性能无影响	4	较小风险
18		功能失效	控制器故障	无法感温、感湿，不能启动加热器	无	功能失效	控制器损坏	可能造成设备或财产损失1万元以下	无	设备性能无影响	4	较小风险
19	显示屏	功能失效	电源中断、显示屏损坏、通信中断	显示屏无显示	无	无法查看信息	功能失效	无	无	经维修后可恢复设备性能	4	较小风险
20		松动	电源插头松动、脱落	显示屏无显示	无	无法查看信息	功能失效	无	无	经维修后可恢复设备性能	4	较小风险

设备风险控制卡

区域：厂房　　系统：保护系统　　设备：行波测距保护柜

序号	部件	故障条件			风险等级	日常控制措施			定期检修维护			临时措施
		模式	原因	现象		措施	检查方法	周期（天）	措施	检修方法	周期（月）	
1	sdl-7003 行波测距保护装置	击穿	二次线路老化、绝缘降低	短路	较大风险	检查	在保护装置屏查看采样值，检查线路有无老化现象	7	检修	预防性试验定期检查绝缘情况	36	
2		松动	端子线路松动、脱落	保护装置拒动	中等风险	检查	检查二次线路是否有松动、脱落现象	7	紧固	紧固端子线路	36	
3		短路	长期运行高温，绝缘降低	线路短路，装置异常报警	较大风险	检查	进行测温检查设备运行温度	7	检修	启动风机散热	36	
4		过热	积尘积灰	温度升高	较小风险	检查	检查模块是否积尘积灰	90	清扫	吹扫、清扫	36	
5		功能失效	CPU 故障	故障报警信号灯亮、死机	中等风险	检查	检查保护装置是否故障灯亮，装置是否已死机	7	更换	更换 CPU	36	
6		功能失效	电源插件故障	故障报警信号灯亮	较小风险	检查	检查保护装置是否故障灯亮，装置是否已无电源	7	紧固	紧固线路	36	
7		功能失效	装置运算错乱	保护装置误动	较大风险	检查	检查定值输入是否正确	180	检修	检查定值输入是否正确，预防性试验定期检验装置精确性	36	
8		老化	二次线路时间过长，正常老化、绝缘降低	绝缘降低	中等风险	检查	外观检查	7	更换	更换老化线路	36	
9	加热器	老化	电源线路老化	绝缘降低造成接地短路	较小风险	检查	检查加热器是否有加热温度，是否有发黑、烧焦现象	7	更换	更换线路或加热器	3	临时找到绝缘老化点进行绝缘包扎
10		松动	电源线路固定件疲劳松动	电源消失，装置失效	较小风险	检查	巡视检查线路是否松动，若是应进行紧固	7	紧固	定期进行线路紧固	3	紧固端子线路
11		松动	压紧螺丝松动	接触不良引起发热	较小风险	检查	巡视检查压板压紧螺丝是否松动，若是应进行紧固	30	紧固	紧固压板	3	启动风机散热
12		脱落	端子线松动脱落	保护装置相应功能拒动	较小风险	检查	对二次端子排线路进行拉扯检查有无松动	30	紧固	逐一对端子排线路进行紧固	3	吹扫、清扫

续表

序号	部件	故障条件			风险等级	日常控制措施			定期检修维护			临时措施
		模式	原因	现象		措施	检查方法	周期（天）	措施	检修方法	周期（月）	
13	压板	老化	压板线路运行时间过长，正常老化	绝缘降低造成接地短路	中等风险	检查	外观检查线路是否有老化现象	30	更换	定期检查线路是否老化，对不合格的进行更换	3	联系厂家更换损坏部件
14		氧化	连接触头长时间暴露空气中，产生氧化现象	接触不良，接触电阻增大，接触面发热，出现点斑	较小风险	检查	检查连接触头是否有氧化现象	30	检修	定期检查，进行防氧化措施	3	紧固线路，定期检查线路是否老化
15	电源开关	功能失效	保险管烧坏或线路老化短路	电源开关有烧焦气味，发黑	中等风险	检查	检查保护屏是否带电，是否有发黑、烧焦现象	7	检修	定期测量电压是否正常，线路是否老化	3	退出该保护运行，预防性试验定期检验装置精确性
16		松动	电源线路固定件疲劳松动	线路松动、脱落	较小风险	检查	巡视检查线路是否松动，若是应进行紧固	7	紧固	定期进行线路紧固	3	停机进行老化线路更换
17	温湿度控制器	老化	电源线路时间过长正常老化	绝缘降低造成接地短路	较小风险	检查	检查线路是否有老化现象	7	更换	更换老化线路	3	更换加热器
18		功能失效	控制器故障	无法感温、感湿，不能启动加热器	较小风险	检查	检查控制器是否故障，有无正常启动控制	7	检修	检查控制器是否故障，有无正常启动控制，设备绝缘是否合格	3	进行线路紧固
19	显示屏	功能失效	电源中断、显示屏损坏、通信中断	显示屏无显示	较小风险	检查	检查显示屏有无显示，插头是否紧固	7	更换	修复或更换	3	对压紧螺丝进行紧固
20		松动	电源插头松动、脱落	显示屏无显示	较小风险	检查	检查电源插头有无松动	90	紧固	紧固电源插头	3	按照图纸进行回装端子线路

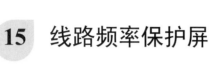

15 线路频率保护屏

设备风险评估表

区域：厂房　　　　系统：保护系统　　　　设备：线路频率保护屏

序号	部件	故障条件			故障影响			故障损失			风险值	风险等级
		模式	原因	现象	系统	设备	部件	经济损失	生产中断	设备损坏		
1	UFV-202A型频率电压紧急控制装置	击穿	二次线路老化、绝缘降低	短路	机组停运	保护装置停运	短路烧坏	可能造成设备或财产损失1万元以下	导致生产中断1～7天或生产工艺50%及以上	经维修后可恢复设备性能	14	较大风险
2		松动	端子线路松动、脱落	保护装置拒动	无	异常运行	功能失效	无	主要备用设备退出备用24h以内	经维修后可恢复设备性能	8	中等风险
3		短路	长期运行高温，绝缘降低	线路短路，装置异常报警	无	异常运行	短路烧坏	可能造成设备或财产损失1万元以上10万元以下	主要备用设备退出备用24h以内	经维修后可恢复设备性能	12	较大风险
4		过热	积尘积灰	温度升高	无	温度升高	散热性能降低	无	无	经维修后可恢复设备性能	4	较小风险
5		功能失效	CPU故障	故障报警信号灯亮、死机	无	保护装置停运	CPU损坏	可能造成设备或财产损失1万元以下	无	经维修后可恢复设备性能	6	中等风险
6			电源插件故障	故障报警信号灯亮	无	保护装置停运	电源消失	无	无	经维修后可恢复设备性能	4	较小风险
7			装置运算错乱	保护装置误动	机组停运	保护装置停运	装置异常	可能造成设备或财产损失1万元以上10万元以下	主要备用设备退出备用24h以内	经维修后可恢复设备性能	12	较大风险
8		老化	二次线路时间过长，正常老化、绝缘降低	绝缘降低	机组停运	保护装置停运	短路烧坏	无	主要备用设备退出备用24h以内	经维修后可恢复设备性能	8	中等风险
9	PSL602GC数字式保护装置	击穿	二次线路老化、绝缘降低	短路	机组停运	保护装置停运	短路烧坏	可能造成设备或财产损失1万元以下	导致生产中断1～7天或生产工艺50%及以上	经维修后可恢复设备性能	14	较大风险

续表

序号	部件	故障条件			故障影响			故障损失			风险值	风险等级
		模式	原因	现象	系统	设备	部件	经济损失	生产中断	设备损坏		
10	PSL602GC数字式保护装置	松动	端子线路松动、脱落	保护装置拒动	无	异常运行	功能失效	无	主要备用设备退出备用24h以内	经维修后可恢复设备性能	8	中等风险
11		短路	长期运行高温，绝缘降低	线路短路，装置异常报警	无	异常运行	短路烧坏	可能造成设备或财产损失1万元以上10万元以下	主要备用设备退出备用24h以内	经维修后可恢复设备性能	12	较大风险
12		过热	积尘积灰	温度升高	无	温度升高	散热性能降低	无	无	经维修后可恢复设备性能	4	较小风险
13		功能失效	CPU故障	故障报警信号灯亮、死机	无	保护装置停运	CPU损坏	可能造成设备或财产损失1万元以下	无	经维修后可恢复设备性能	6	中等风险
14		功能失效	电源插件故障	故障报警信号灯亮	无	保护装置停运	电源消失	无	无	经维修后可恢复设备性能	4	较小风险
15		功能失效	装置运算错乱	保护装置误动	机组停运	保护装置停运	装置异常	可能造成设备或财产损失1万元以上10万元以下	主要备用设备退出备用24h以内	经维修后可恢复设备性能	12	较大风险
16		老化	二次线路时间过长，正常老化、绝缘降低	绝缘降低造成接地短路	机组停运	保护装置停运	短路烧坏	无	主要备用设备退出备用24h以内	经维修后可恢复设备性能	8	中等风险
17	加热器	老化	电源线路老化	绝缘降低造成接地短路	无	无	短路烧坏	可能造成设备或财产损失1万元以下	无	设备性能无影响	4	较小风险
18		松动	电源线路固定件疲劳松动	电源消失，装置失效	无	无	功能失效	无	无	经维修后可恢复设备性能	4	较小风险
19	压板	松动	压紧螺丝松动	接触不良引起发热	无	接触点发热	温度升高	无	无	经维修后可恢复设备性能	4	较小风险
20		脱落	端子线松动脱落	保护装置相应功能拒动	无	异常运行	功能失效	无	无	经维修后可恢复设备性能	4	较小风险
21		老化	压板线路运行时间过长，正常老化	绝缘降低造成接地短路	无	异常运行	功能失效	可能造成设备或财产损失1万元以下	无	经维修后可恢复设备性能	6	中等风险

续表

序号	部件	故障条件			故障影响			故障损失			风险值	风险等级
		模式	原因	现象	系统	设备	部件	经济损失	生产中断	设备损坏		
22	压板	氧化	连接触头长时间暴露空气中，产生氧化现象	接触不良，接触电阻增大，接触面发热，出现点斑	无	异常运行	异常运行	无	无	经维修后可恢复设备性能	4	较小风险
23	电源开关	功能失效	保险管烧坏或线路老化短路	电源开关有烧焦气味，发黑	无	装置失电	保险或线路烧坏	可能造成设备或财产损失1万元以下	无	经维修后可恢复设备性能	6	中等风险
24		松动	电源线路固定件疲劳松动	线路松动、脱落	无	装置失电	线路脱落	无	无	经维修后可恢复设备性能	4	较小风险
25	温湿度控制器	老化	电源线路时间过长正常老化	绝缘降低造成接地短路	无	装置失电	短路烧坏	可能造成设备或财产损失1万元以下	无	设备性能无影响	4	较小风险
26		功能失效	控制器故障	无法感温、感湿，不能启动加热器	无	功能失效	控制器损坏	可能造成设备或财产损失1万元以下	无	设备性能无影响	4	较小风险
27	显示屏	功能失效	电源中断、显示屏损坏、通信中断	显示屏无显示	无	无法查看信息	功能失效	无	无	经维修后可恢复设备性能	4	较小风险
28		松动	电源插头松动、脱落	显示屏无显示	无	无法查看信息	功能失效	无	无	经维修后可恢复设备性能	4	较小风险

设备风险控制卡

区域：厂房　　　系统：保护系统　　　设备：线路频率保护屏

序号	部件	故障条件			风险等级	日常控制措施			定期检修维护			临时措施
		模式	原因	现象		措施	检查方法	周期（天）	措施	检修方法	周期（月）	
1	UFV-202A型频率电压紧急控制装置	击穿	二次线路老化、绝缘降低	短路	较大风险	检查	在保护装置屏查看采样值，检查线路有无老化现象	7	检修	预防性试验定期检查绝缘情况	36	临时找到绝缘老化点进行绝缘包扎
2		松动	端子线路松动、脱落	保护装置拒动	中等风险	检查	检查二次线路是否有松动、脱落现象	7	紧固	紧固端子线路	36	紧固端子线路
3		短路	长期运行高温，绝缘降低	线路短路，装置异常报警	较大风险	检查	进行测温检查设备运行温度	7	检修	启动风机散热	36	启动风机散热
4		过热	积尘积灰	温度升高	较小风险	检查	检查模块是否积尘积灰	90	清扫	吹扫、清扫	36	吹扫、清扫

续表

序号	部件	故障条件			风险等级	日常控制措施			定期检修维护			临时措施
		模式	原因	现象		措施	检查方法	周期（天）	措施	检修方法	周期（月）	
5	UFV-202A型频率电压紧急控制装置	功能失效	CPU 故障	故障报警信号灯亮、死机	中等风险	检查	检查保护装置是否故障灯亮，装置是否已死机	7	更换	更换 CPU	36	联系厂家更换损坏部件
6			电源插件故障	故障报警信号灯亮	较小风险	检查	检查保护装置是否故障灯亮，装置是否已无电源	7	紧固	紧固线路	36	紧固线路，定期检查线路是否老化
7			装置运算错乱	保护装置误动	较大风险	检查	检查定值输入是否正确	180	检修	检查定值输入是否正确，预防性试验定期检验装置精确性	36	退出该保护运行，预防性试验定期检验装置精确性
8		老化	二次线路时间过长，正常老化、绝缘降低	绝缘降低	中等风险	检查	外观检查	7	更换	更换老化线路	36	停机进行老化线路更换
9	PSL602GC数字式保护装置	击穿	二次线路老化、绝缘降低	短路	较大风险	检查	在保护装置屏查看采样值，检查线路有无老化现象	7	检修	预防性试验定期检查绝缘情况	36	临时找到绝缘老化点进行绝缘包扎
10		松动	端子线路松动、脱落	保护装置拒动	中等风险	检查	检查二次线路是否有松动、脱落现象	7	紧固	紧固端子线路	36	紧固端子线路
11		短路	长期运行高温，绝缘降低	线路短路，装置异常报警	较大风险	检查	进行测温检查设备运行温度	7	检修	启动风机散热	36	启动风机散热
12		过热	积尘积灰	温度升高	较小风险	检查	检查模块是否积尘积灰	90	清扫	吹扫、清扫	36	吹扫、清扫
13		功能失效	CPU 故障	故障报警信号灯亮、死机	中等风险	检查	检查保护装置是否故障灯亮，装置是否已死机	7	更换	更换 CPU	36	联系厂家更换损坏部件
14		功能失效	电源插件故障	故障报警信号灯亮	较小风险	检查	检查保护装置是否故障灯亮，装置是否已无电源	7	紧固	紧固线路	36	紧固线路，定期检查线路是否老化
15		功能失效	装置运算错乱	保护装置误动	较大风险	检查	检查定值输入是否正确	180	检修	检查定值输入是否正确，预防性试验定期检验装置精确性	36	退出该保护运行，预防性试验定期检验装置精确性
16		老化	二次线路时间过长，正常老化、绝缘降低	绝缘降低造成接地短路	中等风险	检查	外观检查	7	更换	更换老化线路	36	停机进行老化线路更换

续表

序号	部件	故障条件			风险等级	日常控制措施			定期检修维护			临时措施
		模式	原因	现象		措施	检查方法	周期（天）	措施	检修方法	周期（月）	
17	加热器	老化	电源线路老化	绝缘降低造成接地短路	较小风险	检查	检查加热器是否有加热温度，是否有发黑、烧焦现象	7	更换	更换线路或加热器	3	更换加热器
18		松动	电源线路固定件疲劳松动	电源消失，装置失效	较小风险	检查	巡视检查线路是否松动，若是应进行紧固	7	紧固	定期进行线路紧固	3	进行线路紧固
19	压板	松动	压紧螺丝松动	接触不良引起发热	较小风险	检查	巡视检查压板压紧螺丝是否松动，若是应进行紧固	30	紧固	紧固压板	3	对压紧螺丝进行紧固
20		脱落	端子线松动脱落	保护装置相应功能拒动	较小风险	检查	对二次端子排线路进行拉扯检查有无松动	30	紧固	逐一对端子排线路进行紧固	3	按照图纸进行回装端子线路
21		老化	压板线路运行时间过长，正常老化	绝缘降低造成接地短路	中等风险	检查	外观检查线路是否有老化现象	30	更换	定期检查线路是否老化，对不合格的进行更换	3	发现压板线路老化，立即更换
22		氧化	连接触头长时间暴露空气中，产生氧化现象	接触不良，接触电阻增大，接触面发热，出现点斑	较小风险	检查	检查连接触头是否有氧化现象	30	检修	定期检查，进行防氧化措施	3	对压板进行防氧化措施
23	电源开关	功能失效	保险管烧坏或线路老化短路	电源开关有烧焦气味，发黑	中等风险	检查	检查保护屏是否带电，是否有发黑、烧焦现象	7	检修	定期测量电压是否正常，线路是否老化	3	更换保险管或老化线路
24		松动	电源线路固定件疲劳松动	线路松动、脱落	较小风险	检查	巡视检查线路是否松动，若是应进行紧固	7	紧固	定期进行线路紧固	3	进行线路紧固
25	温湿度控制器	老化	电源线路时间过长正常老化	绝缘降低造成接地短路	较小风险	检查	检查线路是否有老化现象	7	更换	更换老化线路	3	更换老化线路
26		功能失效	控制器故障	无法感温、感湿，不能启动加热器	较小风险	检查	检查控制器是否故障，有无正常启动控制	7	检修	检查控制器是否故障，有无正常启动控制，设备绝缘是否合格	3	检查控制器是否故障，若是进行更换控制器
27	显示屏	功能失效	电源中断、显示屏损坏、通信中断	显示屏无显示	较小风险	检查	检查显示屏有无显示，插头是否紧固	7	更换	修复或更换	3	紧固松动线路或更换显示屏
28		松动	电源插头松动、脱落	显示屏无显示	较小风险	检查	检查电源插头有无松动	90	紧固	紧固电源插头	3	紧固电源插头

16 厂用变压器保护柜

设备风险评估表

区域：厂房　　系统：保护系统　　设备：厂用变压器保护柜

序号	部件	故障条件			故障影响			故障损失			风险值	风险等级
		模式	原因	现象	系统	设备	部件	经济损失	生产中断	设备损坏		
1	RCS-9621CS保护测控装置	击穿	二次线路老化、绝缘降低	接地、短路	机组停运	保护装置停运	短路烧坏	可能造成设备或财产损失1万元以下	没有造成生产中断及设备故障	经维修后可恢复设备性能	8	中等风险
2		松动	端子接触不良	保护装置拒动	无	异常运行	装置异常	无	没有造成生产中断及设备故障	经维修后可恢复设备性能	6	中等风险
3		短路	长期运行高温	装置异常报警	无	异常运行	短路烧坏	可能造成设备或财产损失1万元以上10万元以下	生产工艺限制50%及以下或主要设备退出备用24h及以上	经维修后可恢复设备性能	14	较大风险
4		过热	积尘积灰	温度升高	无	温度升高	散热性能降低	无	无	经维修后可恢复设备性能	4	较小风险
5		功能失效	CPU故障	故障报警信号灯亮	无	保护装置停运	CPU损坏	可能造成设备或财产损失1万元以下	无	经维修后可恢复设备性能	6	中等风险
6		功能失效	电源插件故障	故障报警信号灯亮	无	保护装置停运	插件受损	无	无	经维修后可恢复设备性能	4	较小风险
7		功能失效	装置运算错乱	保护装置误动	机组停运	保护装置停运	装置异常	可能造成设备或财产损失1万元以上10万元以下	主要备用设备退出备用24h以内	经维修后可恢复设备性能	12	较大风险
8		老化	二次线路老化、绝缘降低	绝缘降低造成接地短路	机组停运	保护装置停运	短路烧坏	可能造成设备或财产损失1万元以下	导致生产中断1～7天或生产工艺50%及以上	经维修后可恢复设备性能	14	较大风险
9	加热器	老化	电源线路老化	绝缘降低造成接地短路	无	无	短路烧坏	无	无	经维修后可恢复设备性能	4	较小风险

续表

序号	部件	故障条件			故障影响			故障损失			风险值	风险等级
		模式	原因	现象	系统	设备	部件	经济损失	生产中断	设备损坏		
10	加热器	松动	固定件疲软松动	无法加热	无	无	无	无	无	经维修后可恢复设备性能	4	较小风险
11	压板	松动	压紧螺丝松动	接触不良引起发热	无	接触点发热	性能降低	无	无	经维修后可恢复设备性能	4	较小风险
12	压板	脱落	端子线松动脱落	保护装置相应功能拒动	无	异常运行	无法开出数据	无	无	经维修后可恢复设备性能	4	较小风险
13	压板	老化	压板线路老化	绝缘降低造成接地短路	无	无	无	无	无	经维修后可恢复设备性能	4	较小风险
14	压板	氧化	连接触头长时间暴露空气中，产生氧化现象	接触不良，接触电阻增大，接触面发热，出现点斑	无	无	无	无	无	经维修后可恢复设备性能	4	较小风险
15	电源开关	功能失效	保险烧或炸	电源开关有烧焦气味，发黑	无	装置失电	开关或保险损坏	无	无	经维修后可恢复设备性能	4	较小风险
16	电源开关	松动	电源线疲软松动	开关松动	无	装置失电	无	无	无	经维修后可恢复设备性能	4	较小风险
17	温湿度控制器	老化	电源线路老化	绝缘降低造成接地短路	无	易受潮	短路烧坏	无	无	经维修后可恢复设备性能	4	较小风险
18	温湿度控制器	功能失效	控制器故障	无法感温、感湿，不能启动加热器	无	易受潮	控制器损坏	无	无	经维修后可恢复设备性能	4	较小风险
19	显示屏	功能失效	电源中断、显示屏损坏、通信中断	显示屏无显示	无	无	显示屏无法显示任何数据	无	无	经维修后可恢复设备性能	4	较小风险
20	显示屏	过热	积尘积灰	显示屏无显示	无	无	无	无	无	经维修后可恢复设备性能	4	较小风险

设备风险控制卡

区域：厂房　　系统：保护系统　　设备：厂用变压器保护柜

序号	部件	故障条件			风险等级	日常控制措施			定期检修维护			临时措施
		模式	原因	现象		措施	检查方法	周期（天）	措施	检修方法	周期（月）	
1	RCS-9621CS保护测控装置	击穿	二次线路老化、绝缘降低	接地、短路	中等风险	检查	在保护装置屏查看采样值	7	检修	预防性试验定期检查绝缘情况	36	临时找到绝缘老化点进行绝缘包扎

续表

序号	部件	故障条件			风险等级	日常控制措施			定期检修维护			临时措施
		模式	原因	现象		措施	检查方法	周期（天）	措施	检修方法	周期（月）	
2	RCS-9621CS保护测控装置	松动	端子接触不良	保护装置拒动	中等风险	检查	检查二次线路是否有破损、二次回路	7	检修	用万用表检查通断情况	36	临时包扎接线
3		短路	长期运行高温	装置异常报警	较大风险	检查	检查保护屏温度，启动风机散热	7	检修	检查保护屏温度，启动风机散热	36	排查线路是否短路，临时散热
4		过热	积尘积灰	温度升高	较小风险	检查	检查模块是否积尘积灰	90	检修	吹扫、清扫	36	吹扫、清扫
5		功能失效	CPU 故障	故障报警信号灯亮	中等风险	检查	检查保护装置是否故障灯亮，屏柜是否有烧焦气味	7	检修	检修期进行插件、接头检查是否紧固	36	更换备用模块
6		功能失效	电源插件故障	故障报警信号灯亮	较小风险	检查	检查保护装置是否故障灯亮，屏柜是否有烧焦气味	7	检修	检修期进行插件、接头检查是否紧固	36	更换备用电源插件
7		功能失效	装置运算错乱	保护装置误动	较大风险	检查	检查定值输入是否正确	180	检修	检查定值输入是否正确，预防性试验定期检验装置精确性	36	检查定值输入是否正确，预防性试验定期检验装置精确性
8		老化	二次线路老化、绝缘降低	绝缘降低造成接地短路	较大风险	检查	外观检查	7	更换	更换保护装置	36	更换模块或退出运行
9	加热器	老化	电源线路老化	绝缘降低造成接地短路	较小风险	检查	日常巡视观察保护屏是否有发黑、烧焦现象	7	检修	检查设备符合运行条件，否则更换	3	更换加热器
10		松动	固定件疲软松动	无法加热	较小风险	检查	巡视检查线路是否松动，若具是应进行紧固	7	检修	定期进行线路紧固	3	进行线路紧固
11	压板	松动	压紧螺丝松动	接触不良引起发热	较小风险	检查	巡视检查线路是否松动，若是应进行紧固	30	检修	紧固压板	3	对压紧螺丝进行紧固
12		脱落	端子线松动脱落	保护装置相应功能拒动	较小风险	检查	对二次端子排线路进行拉扯检查有无松动	30	检修	逐一对端子排线路进行紧固	3	按照图纸进行回装端子线路
13		老化	压板线路老化	绝缘降低造成接地短路	较小风险	检查	日常巡视观察保护屏是否有发黑、烧焦现象	30	检修	定期检查，不合格的进行更换	3	发现不合格压板，接入备用压板
14		氧化	连接触头长时间暴露空气中，产生氧化现象	接触不良，接触电阻增大，接触面发热，出现点斑	较小风险	检查	日常巡视观察保护屏是否有氧化现象	30	检修	定期检查，进行防氧化措施	3	对压板进行防氧化措施

续表

序号	部件	故障条件			风险等级	日常控制措施			定期检修维护			临时措施
		模式	原因	现象		措施	检查方法	周期（天）	措施	检修方法	周期（月）	
15	电源开关	功能失效	保险烧或炸	电源开关有烧焦气味，发黑	较小风险	检查	日常巡视观察保护屏是否有发黑、烧焦现象	7	检修	定期测量电压是否正常，开关是否完好	3	更换电源开关
16		松动	电源线疲软松动	开关松动	较小风险	检查	巡视检查线路是否松动，若是应进行紧固	7	检修	定期进行线路紧固	3	进行线路紧固
17	温湿度控制器	老化	电源线路老化	绝缘降低造成接地短路	较小风险	检查	日常巡视观察保护屏是否有发黑、烧焦现象	7	检修	检查设备符合运行条件，否则更换	3	更换温湿度控制器
18		功能失效	控制器故障	无法感温、感湿，不能启动加热器	较小风险	检查	检查控制器是否故障，有无正常启动控制	7	检修	检查控制器是否故障，有无正常启动控制，设备绝缘是否合格	3	检查控制器是否故障，若是进行更换控制器
19	显示屏	功能失效	电源中断、显示屏损坏、通信中断	显示屏无显示	较小风险	检查	检查显示屏有无显示，插头是否紧固	7	检修	修复或更换	3	检查线路有松动或二次回路，若存在松动或二次回路则修复，若无松动或二次回路情况则检查显示屏有无损坏，若存在则进行修复或更换
20		过热	积尘积灰	显示屏无显示	较小风险	检查	定期清扫	90	检修	定期进行设备清扫工作	3	定期进行设备清扫工作

17 锅炉本体及汽水系统

设备风险评估表

区域：厂房　　　　系统：锅炉　　　　设备：锅炉本体及汽水系统

序号	部件	故障条件			故障影响			故障损失			风险值	风险等级
		模式	原因	现象	系统	设备	部件	经济损失	生产中断	设备损坏		
1	水冷壁管	泄漏	磨损、吹损、拉裂、膨胀受阻	泄漏	停运	设备退备	损坏	可能造成设备或财产损失1万元以上10万元以下	导致生产中断1～7天或生产工艺50%及以上	维修后恢复设备性能	10	较大风险
2	省煤器管	泄漏	磨损、吹损、拉裂、膨胀受阻	泄漏	停运	设备退备	损坏	可能造成设备或财产损失1万元以上10万元以下	导致生产中断1～7天或生产工艺50%及以上	维修后恢复设备性能	10	较大风险
3	再热器管	泄漏	磨损、吹损、拉裂、膨胀受阻	泄漏	停运	设备退备	损坏	可能造成设备或财产损失1万元以上10万元以下	导致生产中断1～7天或生产工艺50%及以上	维修后恢复设备性能	10	较大风险
4	过热器管	泄漏	磨损、吹损、拉裂、膨胀受阻	泄漏	停运	设备退备	损坏	可能造成设备或财产损失1万元以上10万元以下	导致生产中断1～7天或生产工艺50%及以上	维修后恢复设备性能	8	较大风险
5	炉水循环泵	磨损	推力瓦、推力轴承磨损，电机运行超温超电流	超温	炉水循环泵超温	设备退备	损坏	可能造成设备或财产损失1万元以上10万元以下	导致生产中断1～7天或生产工艺50%及以上	维修后恢复设备性能	8	较大风险
6	燃烧器一次风筒	烧损	喷嘴烧损变形	变形	燃烧器火焰不稳定、局部受热面壁温超温	可靠性降低	损坏	可能造成设备或财产损失1万元以下	主要备用设备退出备用24h以内	性能无影响	4	较小风险
7		磨损	一次风筒内壁、锥型扩散器磨损	磨损	燃烧器火焰不稳定、局部受热面壁温超温	可靠性降低	损坏	可能造成设备或财产损失1万元以下	主要备用设备退出备用24h以内	性能无影响	4	较小风险

续表

序号	部件	故障条件			故障影响			故障损失			风险值	风险等级
		模式	原因	现象	系统	设备	部件	经济损失	生产中断	设备损坏		
8	燃烧器二次风筒	卡涩	调风盘、内外二次风旋流挡板卡涩	无法调节开度	燃烧器易结焦超温、燃烧器火焰不稳定、局部受热面壁温超温	可靠性降低	损坏	可能造成设备或财产损失1万元以下	主要备用设备退出备用24h以内	性能无影响	4	较小风险
9	微油点火暖风器翅片管	损坏	磨损	泄漏	等离子暖风器泄漏	设备无法投运	磨损	可能造成设备或财产损失1万元以下	主要备用设备退出备用24h以内	性能无影响	4	较小风险
10	炉膛吹灰器填料密封装置	渗漏	阀杆质量不良；填料填加不当；填料长期使用	阀杆及内外管处漏汽、水	密封失效	设备退备	损坏	可能造成设备或财产损失1万元以下	主要备用设备退出备用24h以内	性能无影响	4 无	较小风险
11	炉膛吹灰器提升阀	渗漏	提升阀长期使用结合面损坏	内漏	外管腐蚀、受热面冷热交替出现裂纹	设备退备	损坏	可能造成设备或财产损失1万元以下	主要备用设备退出备用24h以内	性能无影响	4	较小风险
12	炉膛吹灰器轴承	卡涩	轴承损坏	停运	损坏、寿命缩短	设备退备	磨损	可能造成设备或财产损失1万元以下	主要备用设备退出备用24h以内	性能无影响	4	较小风险
13	填料密封装置	渗漏	阀杆质量不良；填料填加不当；填料长期使用	阀杆及内外管处漏汽、水	密封失效	设备退备	损坏	可能造成设备或财产损失1万元以下	主要备用设备退出备用24h以内	性能无影响	4	较小风险
14	提升阀	渗漏	提升阀长期使用结合面损坏	内漏	外管腐蚀、受热面腐蚀	设备退备	损坏	可能造成设备或财产损失1万元以下	主要备用设备退出备用24h以内	性能无影响	4	较小风险
15	轴承	卡涩	轴承损坏	停运	损坏、寿命缩短	设备退备	磨损	可能造成设备或财产损失1万元以下	主要备用设备退出备用24h以内	性能无影响	4	较小风险
16	长伸缩吹灰器填料密封装置	渗漏	阀杆质量不良；填料填加不当；填料长期使用	阀杆及内外管处漏汽、水	密封失效	设备退备	损坏	可能造成设备或财产损失1万元以下	主要备用设备退出备用24h以内	性能无影响	4	较小风险
17	长伸缩吹灰器提升阀	渗漏	提升阀长期使用结合面损坏	内漏	外管腐蚀、受热面腐蚀	设备退备	损坏	可能造成设备或财产损失1万元以下	主要备用设备退出备用24h以内	性能无影响	4	较小风险
18	长伸缩吹灰器轴承	卡涩	轴承损坏	停运	损坏、寿命缩短	设备退备	磨损	可能造成设备或财产损失1万元以下	主要备用设备退出备用24h以内	性能无影响	4	较小风险

续表

序号	部件	故障条件			故障影响			故障损失			风险值	风险等级
		模式	原因	现象	系统	设备	部件	经济损失	生产中断	设备损坏		
19	长伸缩吹灰器外管	磨损	吹灰器启喷蒸汽含水，外管端部长期受含水蒸气冲击磨损减薄	外管端部减薄、爆口	停运	设备退备	损坏	可能造成设备或财产损失1万元以下	主要备用设备退出备用24h以内	性能无影响	4	较小风险
20	空气预热器吹灰器填料密封装置	渗漏	阀杆质量不良；填料填加不当；填料长期使用	阀杆及内外管处漏汽、水	密封失效	设备退备	损坏	可能造成设备或财产损失1万元以下	主要备用设备退出备用24h以内	性能无影响	4	较小风险
21	空气预热器吹灰器提升阀	渗漏	提升阀长期使用结合面损坏	内漏	外管腐蚀、受热面腐蚀	设备退备	损坏	可能造成设备或财产损失1万元以下	主要备用设备退出备用24h以内	性能无影响	4	较小风险
22	空气预热器吹灰器轴承	卡涩	轴承损坏	停运	损坏、寿命缩短	设备退备	损坏	可能造成设备或财产损失1万元以下	主要备用设备退出备用24h以内	性能无影响	4	较小风险
23	空气预热器吹灰器外管	磨损	空气预热器内部有烟气走廊处，位于烟气走廊处外管长期受烟气冲刷磨损减薄	外管减薄、爆口	停运	设备退备	损坏	可能造成设备或财产损失1万元以下	主要备用设备退出备用24h以内	性能无影响	4	较小风险
24	声波吹灰器填料密封装置	渗漏	阀杆质量不良；填料填加不当；填料长期使用	阀杆及内外管处漏汽、水	密封失效	设备退备	损坏	可能造成设备或财产损失1万元以下	主要备用设备退出备用24h以内	性能无影响	4	较小风险
25	声波吹灰器提升阀	渗漏	提升阀长期使用结合面损坏	内漏	外管腐蚀、受热面腐蚀	设备退备	损坏	可能造成设备或财产损失1万元以下	主要备用设备退出备用24h以内	性能无影响	4	较小风险
26	声波吹灰器轴承	卡涩	轴承损坏	停运	损坏、寿命缩短	设备退备	磨损	可能造成设备或财产损失1万元以下	主要备用设备退出备用24h以内	性能无影响	4	较小风险
27	声波吹灰器外管	腐蚀	吹灰器与脱硝SCR区密封盒处温度较低，此处外管因低温腐蚀减薄	外管减薄、爆口	停运	设备退备	损坏	可能造成设备或财产损失1万元以下	主要备用设备退出备用24h以内	性能无影响	4	较小风险

续表

序号	部件	故障条件			故障影响			故障损失			风险值	风险等级
		模式	原因	现象	系统	设备	部件	经济损失	生产中断	设备损坏		
28	烟温探针填料密封装置	渗漏	阀杆质量不良；填料填加不当；填料长期使用	阀杆及自密封处漏汽、水	密封失效	可靠性降低	磨损	可能造成设备或财产损失1万元以下	主要备用设备退出备用24h以内	性能无影响	4	较小风险
29	烟温探针轴承	卡涩	轴承损坏	停运	损坏、寿命缩短	可靠性降低	损坏	可能造成设备或财产损失1万元以下	主要备用设备退出备用24h以内	性能无影响	4	较小风险
30	调节阀阀杆	渗漏	锈蚀、磨损	阀杆密封处漏汽、水	加速阀杆磨损	设备退备	损坏	可能造成设备或财产损失1万元以下	主要备用设备退出备用24h以内	性能无影响	8	较大风险
31		卡涩	阀杆弯曲变形	阀门开或关不动，执行器力矩动作	阀杆失效	设备退备	损坏	可能造成设备或财产损失1万元以下	主要备用设备退出备用24h以内	性能无影响	8	较大风险
32	调节阀填料密封装置	渗漏	阀杆质量不良；填料填加不当；填料选型不当或自密封装置倾斜	阀杆及自密封处漏汽、水	密封失效	设备退备	损坏	可能造成设备或财产损失1万元以下	主要备用设备退出备用24h以内	性能无影响	4	较小风险
33	调节阀阀芯组件	内漏	阀芯或阀座密封面不良；杂质卡涩；阀门关限位不当	阀门内漏	阀芯组件密封失效	可靠性降低	损坏	可能造成设备或财产损失1万元以上10万元以下	导致生产中断1～7天或生产工艺50%及以上	维修后恢复设备性能	8	较大风险
34	调节阀阀体	冲蚀	汽水冲刷	阀体壁厚减薄或阀体外漏汽、水	阀体强度下降	设备退备	损坏	可能造成设备或财产损失1万元以下	主要备用设备退出备用24h以内	性能无影响	4	较小风险
35	调节阀轴承室组件（含阀杆螺母）	卡涩	轴承损坏或阀杆螺母磨损	阀门无法开关或力矩动作影响操作	轴承室组件失效	设备退备	磨损	可能造成设备或财产损失1万元以下	主要备用设备退出备用24h以内	性能无影响	4	较小风险
36	截止阀阀杆	渗漏	锈蚀、磨损	阀杆密封处漏汽、水	加速阀杆磨损	设备退备	损坏	可能造成设备或财产损失1万元以上10万元以下	导致生产中断1～7天或生产工艺50%及以上	维修后恢复设备性能	8	较大风险
37		卡涩	阀杆弯曲变形	阀门开或关不动，执行器力矩动作	阀杆失效	设备退备	损坏	可能造成设备或财产损失1万元以上10万元以下	导致生产中断1～7天或生产工艺50%及以上	维修后恢复设备性能	8	较大风险

续表

序号	部件	故障条件			故障影响			故障损失			风险值	风险等级
		模式	原因	现象	系统	设备	部件	经济损失	生产中断	设备损坏		
38	截止阀填料密封装置	渗漏	阀杆质量不良；填料填加不当；填料选型不当	阀杆密封处漏汽、水	密封失效	设备退备	损坏	可能造成设备或财产损失1万元以下	主要备用设备退出备用24h以内	性能无影响	4	较小风险
39	截止阀阀芯组件	内漏	阀芯或阀座密封面不良；杂质卡涩；阀门关限位不当	阀门内漏	阀芯组件密封失效	可靠性降低	损坏	可能造成设备或财产损失1万元以下	主要备用设备退出备用24h以内	性能无影响	8	较大风险
40	截止阀阀体	冲蚀	汽水冲刷	阀体壁厚减薄或阀体外漏汽、水	阀体强度下降	设备退备	损坏	可能造成设备或财产损失1万元以下	主要备用设备退出备用24h以内	性能无影响	4	较小风险
41	安全阀阀杆	卡涩	阀杆弯曲变形	阀门开或关不动	阀杆失效	设备退备	损坏	可能造成设备或财产损失1万元以上10万元以下	导致生产中断1～7天或生产工艺50%及以上	维修后恢复设备性能	8	较大风险
42	安全阀阀芯组件（含阀座）	内漏	阀芯或阀座密封面不良；杂质卡涩	阀门内漏	阀芯组件密封失效	可靠性降低	损坏	可能造成设备或财产损失1万元以上10万元以下	导致生产中断1～7天或生产工艺50%及以上	维修后恢复设备性能	8	较大风险
43	安全阀弹簧	卡涩	安装不正确	阀门开启阻力加大	弹簧变形	设备退备	损坏	可能造成设备或财产损失1万元以上10万元以下	导致生产中断1～7天或生产工艺50%及以上	维修后恢复设备性能	8	较大风险
44	安全阀导向阀塞室组件	卡涩	活塞环胀力过大或填料紧力过大	阀门开启阻力加大	磨损加速	设备退备	损坏	可能造成设备或财产损失1万元以下	主要备用设备退出备用24h以内	性能无影响	4	较小风险
45	安全阀阀门整体	不正常动作	弹簧紧力不当或阀门卡涩	阀门不正常动作	安全阀失效	安全阀失效	损坏	可能造成设备或财产损失1万元以下	主要备用设备退出备用24h以内	性能无影响	4	较小风险
46	闸阀阀杆	渗漏	锈蚀、磨损	阀杆密封处漏汽、水	加速阀杆磨损	设备退备	损坏	可能造成设备或财产损失1万元以上10万元以下	导致生产中断1～7天或生产工艺50%及以上	维修后恢复设备性能	8	较大风险
47		卡涩	阀杆弯曲变形	阀门开或关不动，执行器力矩动作	阀杆失效	设备退备	损坏	可能造成设备或财产损失1万元以上10万元以下	导致生产中断1～7天或生产工艺50%及以上	维修后恢复设备性能	8	较大风险

续表

序号	部件	故障条件			故障影响			故障损失			风险值	风险等级
		模式	原因	现象	系统	设备	部件	经济损失	生产中断	设备损坏		
48	闸阀填料密封装置	渗漏	阀杆质量不良；填料填加不当；填料选型不当或自密封装置倾斜	阀杆及自密封处漏汽、水	密封失效	设备退备	损坏	可能造成设备或财产损失1万元以下	主要备用设备退出备用24h以内	性能无影响	4	较小风险
49	闸阀阀芯组件（含阀座）	内漏	阀芯或阀座密封面不良；杂质卡涩；阀门关限位不当	阀门内漏	阀芯组件密封失效	可靠性降低	损坏	可能造成设备或财产损失1万元以下	主要备用设备退出备用24h以内	性能无影响	4	较小风险
50		断裂	阀门开、关限位不当；部件损坏	阀门开或关不动	阀芯组件失效	设备退备	损坏	可能造成设备或财产损失1万元以下	主要备用设备退出备用24h以内	性能无影响	4	较小风险
51	闸阀阀体	冲蚀	汽水冲刷	阀体壁厚减薄或阀体外漏汽、水	阀体强度下降	设备退备	损坏	可能造成设备或财产损失1万元以下	主要备用设备退出备用24h以内	性能无影响	4	较小风险
52	闸阀轴承室组件（含阀杆螺母）	卡涩	轴承损坏或阀杆螺母磨损	阀门无法开关或力矩动作影响操作	轴承室组件失效	设备退备	磨损	可能造成设备或财产损失1万元以下	主要备用设备退出备用24h以内	性能无影响	4	较小风险
53	闸阀自密封	老化	自密封盘根老化疲劳	阀门外部泄漏	自密封损坏	设备退备	损坏	可能造成设备或财产损失1万元以下	主要备用设备退出备用24h以内	性能无影响	4	较小风险
54	燃烧器油枪雾化片	堵塞	雾化片结焦、杂物堵塞	点火失败	堵塞	设备退备	损坏	可能造成设备或财产损失1万元以下	主要备用设备退出备用24h以内	性能无影响	4	较小风险
55	燃烧器油枪供油管	泄漏	管接头密封损坏	燃油泄漏	损坏	设备退备	损坏	可能造成设备或财产损失1万元以下	主要备用设备退出备用24h以内	性能无影响	4	较小风险
56	燃烧器油枪软管	破裂	焊渣或引弧伤、检修过程中外力损伤	燃油泄漏	损坏	设备退备	损坏	可能造成设备或财产损失1万元以下	主要备用设备退出备用24h以内	性能无影响	4	较小风险
57	燃油进、回油阀	拒动	阀门密封面磨损卡涩；执行器故障	阀门不动作	设备损坏	设备退备	损坏	可能造成设备或财产损失1万元以下	主要备用设备退出备用24h以内	性能无影响	4	较小风险
58	供油泵轴承	卡涩	轴承损坏	停运	损坏、寿命缩短	设备退备	磨损	可能造成设备或财产损失1万元以下	主要备用设备退出备用24h以内	性能无影响	4	较小风险

续表

序号	部件	故障条件			故障影响			故障损失			风险值	风险等级
		模式	原因	现象	系统	设备	部件	经济损失	生产中断	设备损坏		
59	卸油泵轴承	卡涩	轴承损坏	停运	损坏、寿命缩短	设备退备	磨损	可能造成设备或财产损失1万元以下	主要备用设备退出备用24h以内	性能无影响	4	较小风险
60	燃油储罐呼吸阀	堵塞	异物	呼吸阀失效	油罐内外压力不平衡	可靠性降低	损坏	可能造成设备或财产损失1万元以下	主要备用设备退出备用24h以内	性能无影响	4	较小风险

设备风险控制卡

区域：厂房　　　　系统：锅炉　　　　设备：锅炉本体及汽水系统

序号	部件	故障条件			风险等级	日常控制措施			定期检修维护			临时措施
		模式	原因	现象		措施	检查方法	周期（天）	措施	检修方法	周期（月）	
1	水冷壁管	泄漏	磨损、吹损、拉裂、膨胀受阻	泄漏	较大风险	日常点检	看+听	1	检查，必要时更换	利用设备停运时间检修	1	无
2	省煤器管	泄漏	磨损、吹损、拉裂、膨胀受阻	泄漏	较大风险	日常点检	看+听	1	检查，必要时更换	利用设备停运时间检修	1	无
3	再热器管	泄漏	磨损、吹损、拉裂、膨胀受阻	泄漏	较大风险	日常点检	看+听	1	检查，必要时更换	利用设备停运时间检修	1	无
4	过热器管	泄漏	磨损、吹损、拉裂、膨胀受阻	泄漏	较大风险	日常点检	看+听	1	检查，必要时更换	利用设备停运时间检修	1	无
5	炉水循环泵	磨损	推力瓦、推力轴承磨损，电机运行超温超电流	超温	较大风险	日常点检	看+听	1	检查，必要时更换	利用设备停运时间检修	1	无
6	燃烧器一次风筒	烧损	喷嘴烧损变形	变形	较小风险	日常点检	看+听	1	检查，必要时更换	利用设备停运时间检修	1	无
7		磨损	一次风筒内壁、锥型扩散器磨损	磨损	较小风险	日常点检	看+听	1	检查，必要时更换	利用设备停运时间检修	1	无
8	燃烧器二次风筒	卡涩	调风盘、内外二次风旋流挡板卡涩	无法调节开度	较小风险	日常点检	看+听	1	检查，必要时更换	利用设备停运时间检修	1	无
9	微油点火暖风器翅片管	损坏	磨损	泄漏	较小风险	日常点检	看+听	1	检查，必要时更换	利用设备停运时间检修	1	无
10	炉膛吹灰器填料密封装置	渗漏	阀杆质量不良；填料填加不当；填料长期使用	阀杆及内外管处漏汽、水	较小风险	日常点检	看+听	1	检查，必要时更换	利用设备停运时间检修	1	无

续表

序号	部件	故障条件			风险等级	日常控制措施			定期检修维护			临时措施
		模式	原因	现象		措施	检查方法	周期（天）	措施	检修方法	周期（月）	
11	炉膛吹灰器提升阀	渗漏	提升阀长期使用结合面损坏	内漏	较小风险	日常点检	看+听	1	检查，必要时更换	利用设备停运时间检修	1	无
12	炉膛吹灰器轴承	卡涩	轴承损坏	停运	较小风险	日常点检	看+听	1	检查，必要时更换	利用设备停运时间检修	1	无
13	填料密封装置	渗漏	阀杆质量不良；填料填加不当；填料长期使用	阀杆及内外管处漏汽、水	较小风险	日常点检	看+听	1	检查，必要时更换	利用设备停运时间检修	1	无
14	提升阀	渗漏	提升阀长期使用结合面损坏	内漏	较小风险	日常点检	看+听	1	检查，必要时更换	利用设备停运时间检修	1	无
15	轴承	卡涩	轴承损坏	停运	较小风险	日常点检	看+听	1	检查，必要时更换	利用设备停运时间检修	1	无
16	长伸缩吹灰器填料密封装置	渗漏	阀杆质量不良；填料填加不当；填料长期使用	阀杆及内外管处漏汽、水	较小风险	日常点检	看+听	1	检查，必要时更换	利用设备停运时间检修	1	无
17	长伸缩吹灰器提升阀	渗漏	提升阀长期使用结合面损坏	内漏	较小风险	日常点检	看+听	1	检查，必要时更换	利用设备停运时间检修	1	无
18	长伸缩吹灰器轴承	卡涩	轴承损坏	停运	较小风险	日常点检	看+听	1	检查，必要时更换	利用设备停运时间检修	1	无
19	长伸缩吹灰器外管	磨损	吹灰器启喷蒸汽含水，外管端部长期受含水蒸气冲击磨损减薄	外管端部减薄、爆口	较小风险	日常点检	看+听	1	检查，必要时更换	利用设备停运时间检修	1	无
20	空气预热器吹灰器填料密封装置	渗漏	阀杆质量不良；填料填加不当；填料长期使用	阀杆及内外管处漏汽、水	较小风险	日常点检	看+听	1	检查，必要时更换	利用设备停运时间检修	1	无
21	空气预热器吹灰器提升阀	渗漏	提升阀长期使用结合面损坏	内漏	较小风险	日常点检	看+听	1	检查，必要时更换	利用设备停运时间检修	1	无
22	空气预热器吹灰器轴承	卡涩	轴承损坏	停运	较小风险	日常点检	看+听	1	检查，必要时更换	利用设备停运时间检修	1	无

续表

序号	部件	故障条件			风险等级	日常控制措施			定期检修维护			临时措施
		模式	原因	现象		措施	检查方法	周期（天）	措施	检修方法	周期（月）	
23	空气预热器吹灰器外管	磨损	空气预热器内部有烟气走廊处，位于烟气走廊处外管长期受烟气冲刷磨损减薄	外管减薄、爆口	较小风险	日常点检	看+听	1	检查，必要时更换	利用设备停运时间检修	1	无
24	声波吹灰器填料密封装置	渗漏	阀杆质量不良；填料填加不当；填料长期使用	阀杆及内外管处漏汽、水	较小风险	日常点检	看+听	1	检查，必要时更换	利用设备停运时间检修	1	无
25	声波吹灰器提升阀	渗漏	提升阀长期使用结合面损坏	内漏	较小风险	日常点检	看+听	1	检查，必要时更换	利用设备停运时间检修	1	无
26	声波吹灰器轴承	卡涩	轴承损坏	停运	较小风险	日常点检	看+听	1	检查，必要时更换	利用设备停运时间检修	1	无
27	声波吹灰器外管	腐蚀	吹灰器与脱硝SCR区密封盒处温度较低，此处外管因低温腐蚀减薄	外管减薄、爆口	较小风险	日常点检	看+听	1	检查，必要时更换	利用设备停运时间检修	1	无
28	烟温探针填料密封装置	渗漏	阀杆质量不良；填料填加不当；填料长期使用	阀杆及自密封处漏汽、水	较小风险	日常点检	看+听	1	检查，必要时更换	利用设备停运时间检修	1	无
29	烟温探针轴承	卡涩	轴承损坏	停运	较小风险	日常点检	看+听	1	检查，必要时更换	利用设备停运时间检修	1	无
30	调节阀阀杆	渗漏	锈蚀、磨损	阀杆密封处漏汽、水	较大风险	日常点检	看+听	1	检查，必要时更换	利用设备停运时间检修	1	无
31		卡涩	阀杆弯曲变形	阀门开或关不动，执行器力矩动作	较大风险	日常点检	看+听	1	检查，必要时更换	利用设备停运时间检修	1	无
32	调节阀填料密封装置	渗漏	阀杆质量不良；填料填加不当；填料选型不当或自密封装置倾斜	阀杆及自密封处漏汽、水	较小风险	日常点检	看+听	1	检查，必要时更换	利用设备停运时间检修	1	无
33	调节阀阀芯组件	内漏	阀芯或阀座密封面不良；杂质卡涩；阀门关限位不当	阀门内漏	较大风险	日常点检	测温	1	检查，必要时更换	利用设备停运时间检修	1	无

续表

序号	部件	故障条件			风险等级	日常控制措施			定期检修维护			临时措施
		模式	原因	现象		措施	检查方法	周期（天）	措施	检修方法	周期（月）	
34	调节阀阀体	冲蚀	汽水冲刷	阀体壁厚减薄或阀体外漏汽、水	较小风险	日常点检	看+听	1	检查，必要时更换	利用设备停运时间检修	1	无
35	调节阀轴承室组件（含阀杆螺母）	卡涩	轴承损坏或阀杆螺母磨损	阀门无法开关或力矩动作影响操作	较小风险	日常点检	看+听	1	检查，必要时更换	利用设备停运时间检修	1	无
36	截止阀阀杆	渗漏	锈蚀、磨损	阀杆密封处漏汽、水	较大风险	日常点检	看+听	1	检查，必要时更换	利用设备停运时间检修	1	无
37	截止阀阀杆	卡涩	阀杆弯曲变形	阀门开或关不动，执行器力矩动作	较大风险	日常点检	看+听	1	检查，必要时更换	利用设备停运时间检修	1	无
38	截止阀填料密封装置	渗漏	阀杆质量不良；填料填加不当；填料选型不当	阀杆密封处漏汽、水	较小风险	日常点检	看+听	1	检查，必要时更换	利用设备停运时间检修	1	无
39	截止阀阀芯组件	内漏	阀芯或阀座密封面不良；杂质卡涩；阀门关限位不当	阀门内漏	较大风险	日常点检	测温	1	检查，必要时更换	利用设备停运时间检修	1	无
40	截止阀阀体	冲蚀	汽水冲刷	阀体壁厚减薄或阀体外漏汽、水	较小风险	日常点检	看+听	1	检查，必要时更换	利用设备停运时间检修	1	无
41	安全阀阀杆	卡涩	阀杆弯曲变形	阀门开或关不动	较大风险	日常点检	看+听	1	检查，必要时更换	利用设备停运时间检修	1	无
42	安全阀阀芯组件（含阀座）	内漏	阀芯或阀座密封面不良；杂质卡涩	阀门内漏	较大风险	日常点检	测温	1	检查，必要时更换	利用设备停运时间检修	1	无
43	安全阀弹簧	卡涩	安装不正确	阀门开启阻力加大	较大风险	日常点检	看+听	1	检查，必要时更换	利用设备停运时间检修	1	无
44	安全阀导向阀塞室组件	卡涩	活塞环胀力过大或填料紧力过大	阀门开启阻力加大	较小风险	日常点检	看+听	1	检查，必要时更换	利用设备停运时间检修	1	无
45	安全阀阀门整体	不正常动作	弹簧紧力不当或阀门卡涩	阀门不正常动作	较小风险	日常点检	看+听	1	检查，必要时更换	利用设备停运时间检修	1	无

续表

序号	部件	故障条件			风险等级	日常控制措施			定期检修维护			临时措施
		模式	原因	现象		措施	检查方法	周期（天）	措施	检修方法	周期（月）	
46	闸阀阀杆	渗漏	锈蚀、磨损	阀杆密封处漏汽、水	较大风险	日常点检	看+听	1	检查，必要时更换	利用设备停运时间检修	1	无
47		卡涩	阀杆弯曲变形	阀门开或关不动，执行器力矩动作	较大风险	日常点检	看+听	1	检查，必要时更换	利用设备停运时间检修	1	无
48	闸阀填料密封装置	渗漏	阀杆质量不良；填料填加不当；填料选型不当或自密封装置倾斜	阀杆及自密封处漏汽、水	较小风险	日常点检	看+听	1	检查，必要时更换	利用设备停运时间检修	1	无
49	闸阀阀芯组件（含阀座）	内漏	阀芯或阀座密封面不良；杂质卡涩；阀门关限位不当	阀门内漏	较小风险	日常点检	测温	1	检查，必要时更换	利用设备停运时间检修	1	无
50		断裂	阀门开、关限位不当；部件损坏	阀门开或关不动	较小风险	日常点检	测温	1	检查，必要时更换	利用设备停运时间检修	1	无
51	闸阀阀体	冲蚀	汽水冲刷	阀体壁厚减薄或阀体外漏汽、水	较小风险	日常点检	看+听	1	检查，必要时更换	利用设备停运时间检修	1	无
52	闸阀轴承室组件（含阀杆螺母）	卡涩	轴承损坏或阀杆螺母磨损	阀门无法开关或力矩动作影响操作	较小风险	日常点检	看+听	1	检查，必要时更换	利用设备停运时间检修	1	无
53	闸阀自密封	老化	自密封盘根老化疲劳	阀门外部泄漏	较小风险	日常点检	看+听	1	检查，必要时更换	利用设备停运时间检修	1	无
54	燃烧器油枪雾化片	堵塞	雾化片结焦、杂物堵塞	点火失败	较小风险	日常点检	看+听	1	检查，必要时更换	利用设备停运时间检修	1	无
55	燃烧器油枪供油管	泄漏	管接头密封损坏	燃油泄漏	较小风险	日常点检	看+听	1	检查，必要时更换	利用设备停运时间检修	1	无
56	燃烧器油枪软管	破裂	焊渣或引弧伤、检修过程中外力损伤	燃油泄漏	较小风险	日常点检	看+听	1	检查，必要时更换	利用设备停运时间检修	1	无
57	燃油进、回油阀	拒动	阀门密封面磨损卡涩；执行器故障	阀门不动作	较小风险	日常点检	看+听	1	检查，必要时更换	利用设备停运时间检修	1	无

续表

序号	部件	故障条件			风险等级	日常控制措施			定期检修维护			临时措施
		模式	原因	现象		措施	检查方法	周期（天）	措施	检修方法	周期（月）	
58	供油泵轴承	卡涩	轴承损坏	停运	较小风险	日常点检	看+听	1	检查，必要时更换	利用设备停运时间检修	1	无
59	卸油泵轴承	卡涩	轴承损坏	停运	较小风险	日常点检	看+听	1	检查，必要时更换	利用设备停运时间检修	1	无
60	燃油储罐呼吸阀	堵塞	异物	呼吸阀失效	较小风险	日常点检	看+听	1	检查，必要时更换	利用设备停运时间检修	1	无

18 锅炉辅机

设备风险评估表

区域：厂房　　系统：锅炉　　设备：锅炉辅机

序号	部件	故障条件			故障影响			故障损失			风险值	风险等级
		模式	原因	现象	系统	设备	部件	经济损失	生产中断	设备损坏		
1	火检冷却风机叶轮	磨损	长期飞灰磨损	振动大；风机出力不足	磨损	设备退备	损坏	可能造成设备或财产损失1万元以下	主要备用设备退出备用24h以内	性能无影响	4	较小风险
2	送风机滑块	磨损	滑块磨损	风机振动大	磨损、老化	设备退备	损坏	可能造成设备或财产损失1万元以下	主要备用设备退出备用24h以内	性能无影响	4	较小风险
3	送风机叶片	损坏	飞灰磨损	振动大；风机出力不足	磨损	设备退备	损坏	可能造成设备或财产损失1万元以下	主要备用设备退出备用24h以内	性能无影响	4	较小风险
4	送风机推杆	弯曲	长时间受力变形	振动大	损坏	设备退备	损坏	可能造成设备或财产损失1万元以下	主要备用设备退出备用24h以内	性能无影响	4	较小风险
5	送风机轴承箱密封件	渗油	轴承箱密封漏油	渗油	老化	设备退备	磨损	可能造成设备或财产损失1万元以下	主要备用设备退出备用24h以内	性能无影响	4	较小风险
6	送风机油泵	出力不足	油泵齿轮磨损间隙大，内漏，出口单向阀卡涩未打开	压力表无显示，油管没有油	损坏	可靠性降低	损坏	可能造成设备或财产损失1万元以上10万元以下	导致生产中断1～7天或生产工艺50%及以上	维修后恢复设备性能	14	较大风险
7	送风机油管	堵塞	回油不畅、冷却水堵塞	油温过高，引发轴承温度高	老化、寿命缩短	设备退备	损坏	可能造成设备或财产损失1万元以上10万元以下	导致生产中断1～7天或生产工艺50%及以上	维修后恢复设备性能	14	较大风险
8	送风机动叶片液压调节装置	损坏	轴承损坏	停运	设备损坏	设备退备	损坏	可能造成设备或财产损失1万元以上10万元以下	导致生产中断1～7天或生产工艺50%及以上	维修后恢复设备性能	14	较大风险
9	送风机滤网	堵塞	内部结油垢，滤网脏	泵出口与油压力差压大	损坏	设备退备	损坏	可能造成设备或财产损失1万元以下	主要备用设备退出备用24h以内	性能无影响	4	较小风险

续表

序号	部件	故障条件			故障影响			故障损失			风险值	风险等级
		模式	原因	现象	系统	设备	部件	经济损失	生产中断	设备损坏		
10	一次风机滑块	磨损	滑块磨损	风机振动大	磨损、老化	设备退备	损坏	可能造成设备或财产损失1万元以下	主要备用设备退出备用24h以内	性能无影响	4	较小风险
11	一次风机推杆	弯曲	长时间受力变形	振动大	损坏	设备退备	损坏	可能造成设备或财产损失1万元以下	主要备用设备退出备用24h以内	性能无影响	4	较小风险
12	一次风机轴承箱密封件	渗油	轴承箱密封漏油	渗油	老化	设备退备	损坏	可能造成设备或财产损失1万元以下	主要备用设备退出备用24h以内	性能无影响	4	较小风险
13	一次风机油泵	出力不足	油泵齿轮磨损间隙大，内漏，出口单向阀卡涩未打开	压力表无显示，油管没有油	损坏	可靠性降低	损坏	可能造成设备或财产损失1万元以上10万元以下	导致生产中断1～7天或生产工艺50%及以上	维修后恢复设备性能	14	较大风险
14	一次风机油管	堵塞	回油不畅、冷却水堵塞	油温过高，引发轴承温度高	老化、寿命缩短	可靠性降低	损坏	可能造成设备或财产损失1万元以上10万元以下	导致生产中断1～7天或生产工艺50%及以上	维修后恢复设备性能	14	较大风险
15	一次风机滤网	堵塞	内部结油垢，滤网脏	泵出口与油压力差压大	损坏	设备退备	损坏	可能造成设备或财产损失1万元以下	主要备用设备退出备用24h以内	性能无影响	4	较小风险
16	引风机滑块	磨损	滑块磨损	风机振动大	磨损、老化	设备退备	损坏	可能造成设备或财产损失1万元以下	主要备用设备退出备用24h以内	性能无影响	4	较小风险
17	引风机叶片	损坏	飞灰磨损	振动大；风机出力不足	磨损	设备退备	损坏	可能造成设备或财产损失1万元以下	主要备用设备退出备用24h以内	性能无影响	4	较小风险
18	引风机推杆	弯曲	长时间受力变形	振动大	损坏	设备退备	损坏	可能造成设备或财产损失1万元以下	主要备用设备退出备用24h以内	性能无影响	4	较小风险
19	引风机轴承箱密封件	渗油	轴承箱密封漏油	渗油	老化	可靠性降低	损坏	可能造成设备或财产损失1万元以下	主要备用设备退出备用24h以内	性能无影响	4	较小风险
20	引风机油泵	出力不足	油泵齿轮磨损间隙大，内漏，出口单向阀卡涩未打开	压力表无显示，油管没有油	损坏	可靠性降低	损坏	可能造成设备或财产损失1万元以上10万元以下	导致生产中断1～7天或生产工艺50%及以上	维修后恢复设备性能	14	较大风险

续表

序号	部件	故障条件			故障影响			故障损失			风险值	风险等级
		模式	原因	现象	系统	设备	部件	经济损失	生产中断	设备损坏		
21	引风机油管	堵塞	回油不畅、冷却水堵塞	油温过高，引发轴承温度高	老化、寿命缩短	可靠性降低	损坏	可能造成设备或财产损失1万元以上10万元以下	导致生产中断1～7天或生产工艺50%及以上	维修后恢复设备性能	14	较大风险
22	引风机滤网	堵塞	内部结油垢，滤网脏	泵出口与油压力差压大	损坏	设备退备	损坏	可能造成设备或财产损失1万元以下	主要备用设备退出备用24h以内	性能无影响	4	较小风险
23	风烟挡板轴承	卡涩	轴承损坏	停运	损坏、寿命缩短	可靠性降低	损坏	可能造成设备或财产损失1万元以下	主要备用设备退出备用24h以内	性能无影响	4	较小风险
24	空气预热器减速机	磨损	（1）减速机渗漏；（2）润滑不良	异响、振动大	损坏	设备退备	损坏	可能造成设备或财产损失1万元以上10万元以下	导致生产中断1～7天或生产工艺50%及以上	维修后恢复设备性能	14	较大风险
25	空气预热器密封片	磨损	（1）密封间隙调整过小；（2）空气预热器热态变形量大	异响、振动大	损坏	可靠性降低	损坏	可能造成设备或财产损失1万元以上10万元以下	导致生产中断1～7天或生产工艺50%及以上	维修后恢复设备性能	14	较大风险
26	捞渣机钢带及清扫链	变形	清扫链刮板变形、两侧链条磨损程度不一样、导致张紧轮受力不均失效	刮板倾斜	寿命缩短	设备退备	损坏	可能造成设备或财产损失1万元以下	主要备用设备退出备用24h以内	性能无影响	4	较小风险
27		脱落	链条磨损、链条过松	链条脱落	损坏	可靠性降低	损坏	可能造成设备或财产损失1万元以下	主要备用设备退出备用24h以内	性能无影响	4	较小风险
28	捞渣机导轮	磨损	长时间腐蚀磨损	内导轮停转	损坏	可靠性降低	损坏	可能造成设备或财产损失1万元以下	主要备用设备退出备用24h以内	性能无影响	4	较小风险
29	捞渣机液压系统液压泵	渗漏	泵体密封损坏	液压系统无压力	运行不稳定	可靠性降低	损坏	可能造成设备或财产损失1万元以下	主要备用设备退出备用24h以内	性能无影响	4	较小风险
30	捞渣机链条、刮板	断裂	链条、刮板受力过大受损	停运	损坏	设备退备	磨损	可能造成设备或财产损失1万元以下	主要备用设备退出备用24h以内	性能无影响	4	较小风险

续表

序号	部件	故障条件			故障影响			故障损失			风险值	风险等级
		模式	原因	现象	系统	设备	部件	经济损失	生产中断	设备损坏		
31	捞渣机驱动减速机	磨损	清扫链、钢带受力过大；减速机润滑不良	停转	损坏	可靠性降低	损坏	可能造成设备或财产损失1万元以下	主要备用设备退出备用24h以内	性能无影响	4	较小风险
32	碎渣机齿板及鄂板	磨损	碎渣机异物卡涩，过载运行	停转	磨损	设备退备	磨损	可能造成设备或财产损失1万元以下	主要备用设备退出备用24h以内	性能无影响	4	较小风险
33	碎渣机减速机及液偶	渗漏	碎渣机过载运行；密封不良	停转	渗漏	设备退备	损坏	可能造成设备或财产损失1万元以下	主要备用设备退出备用24h以内	性能无影响	4	较小风险
34	磨煤机磨辊轴承	卡涩	轴承室进入煤粉	磨煤机电流减小	损坏	可靠性降低	损坏	可能造成设备或财产损失1万元以下	主要备用设备退出备用24h以内	性能无影响	4	较小风险
35		磨损	轴承内部保持架、滚珠损坏	磨煤机电流减小	损坏	可靠性降低	损坏	可能造成设备或财产损失1万元以下	主要备用设备退出备用24h以内	性能无影响	4	较小风险
36	磨煤机磨辊辊套	磨损	长期煤粉磨损	磨煤机出力降低	损坏	可靠性降低	损坏	可能造成设备或财产损失1万元以下	主要备用设备退出备用24h以内	性能无影响	4	较小风险
37	磨碗衬板	磨损	长期煤粉磨损	磨煤机出力降低	损坏	可靠性降低	损坏	可能造成设备或财产损失1万元以下	主要备用设备退出备用24h以内	性能无影响	4	较小风险
38	磨煤机叶轮装置可调罩	磨损	长期煤粉磨损、焊点磨损脱落	石子排量大	损坏	可靠性降低	损坏	可能造成设备或财产损失1万元以下	主要备用设备退出备用24h以内	性能无影响	4	较小风险
39	磨煤机减速机	异音	轴承损坏	减速箱运行有异响	加速损坏	可靠性降低	损坏	可能造成设备或财产损失1万元以下	主要备用设备退出备用24h以内	性能无影响	4	较小风险
40	磨煤机刮板	异响	刮板下垂、刮板室平面翘起	刮板运行异响	损坏	设备退备	磨损	可能造成设备或财产损失1万元以下	主要备用设备退出备用24h以内	性能无影响	4	较小风险
41	磨煤机减速机轴承	温度高	（1）轴承间隙小；（2）回油不畅、缺油	轴承测点温度高	损坏	设备退备	磨损	可能造成设备或财产损失1万元以下	主要备用设备退出备用24h以内	性能无影响	4	较小风险
42	磨煤机煤粉管	磨损	煤粉长期磨损	煤粉管漏粉	损坏	设备退备	损坏	可能造成设备或财产损失1万元以下	主要备用设备退出备用24h以内	性能无影响	4	较小风险

续表

序号	部件	故障条件			故障影响			故障损失			风险值	风险等级
		模式	原因	现象	系统	设备	部件	经济损失	生产中断	设备损坏		
43	给煤机输送胶带	断裂	磨损、利物划破	磨煤机断煤	损坏	设备退备	损坏	可能造成设备或财产损失1万元以下	主要备用设备退出备用24h以内	性能无影响	4	较小风险
44		打滑	输送胶带未拉紧	磨煤机断煤	无	设备退备	损坏	可能造成设备或财产损失1万元以下	主要备用设备退出备用24h以内	性能无影响	4	较小风险
45	给煤机清扫链刮板	变形	清扫链过松	刮板损坏	刮板损坏	设备退备	损坏	可能造成设备或财产损失1万元以下	主要备用设备退出备用24h以内	性能无影响	4	较小风险
46	驱动滚筒、张紧滚筒轴承	卡涩	（1）轴承内进煤粉；（2）缺油	轴承损坏	损坏	设备退备	损坏	可能造成设备或财产损失1万元以下	主要备用设备退出备用24h以内	性能无影响	4	较小风险
47	给煤机托辊	异响	托辊损坏	异响	损坏	设备退备	损坏	可能造成设备或财产损失1万元以下	主要备用设备退出备用24h以内	性能无影响	4	较小风险
48	给煤机进出口煤闸门	卡涩	门内有积粉	拒动	卡涩	设备退备	损坏	可能造成设备或财产损失1万元以下	主要备用设备退出备用24h以内	性能无影响	4	较小风险
49	给煤机减速箱齿轮	磨损	缺油	异响	损坏	设备退备	损坏	可能造成设备或财产损失1万元以下	主要备用设备退出备用24h以内	性能无影响	4	较小风险
50	密封风机轴承	卡涩	轴承损坏	停运	损坏、寿命缩短	设备退备	损坏	可能造成设备或财产损失1万元以下	主要备用设备退出备用24h以内	性能无影响	4	较小风险
51	热一次风翻板式隔绝门轴承	卡涩	轴承损坏	停运	损坏、寿命缩短	设备退备	磨损	可能造成设备或财产损失1万元以下	主要备用设备退出备用24h以内	性能无影响	4	较小风险
52	热一次风挡板式调节门轴承	卡涩	轴承损坏	停运	损坏、寿命缩短	设备退备	磨损	可能造成设备或财产损失1万元以下	主要备用设备退出备用24h以内	性能无影响	4	较小风险
53	电除尘减速机轴承	断裂	工作时热应力过大引起轴承零件断裂	振动加大、温度升高、电流突变	停运	设备退备	损坏	可能造成设备或财产损失1万元以下	主要备用设备退出备用24h以内	性能无影响	4	较小风险
54	电除尘减速机轴承	异常磨损	尘埃、异物的侵入轴承滚道	振动加大，温度升高	损坏	设备退备	损坏	可能造成设备或财产损失1万元以下	主要备用设备退出备用24h以内	性能无影响	4	较小风险

续表

序号	部件	故障条件			故障影响			故障损失			风险值	风险等级
		模式	原因	现象	系统	设备	部件	经济损失	生产中断	设备损坏		
55	电除尘减速机轴承	异常磨损	润滑不良加剧磨损	振动加大，温度升高	损坏	设备退备	损坏	可能造成设备或财产损失1万元以下	主要备用设备退出备用24h以内	性能无影响	4	较小风险
56		锈蚀	水进入轴承产生表面锈蚀	振动加大，温度升高	损坏	设备退备	损坏	可能造成设备或财产损失1万元以下	主要备用设备退出备用24h以内	性能无影响	4	较小风险
57		变形	装配或使用不当引起保持架发生变形	振动加大，温度升高	停运	设备退备	损坏	可能造成设备或财产损失1万元以下	主要备用设备退出备用24h以内	性能无影响	4	较小风险
58		过热	润滑不良，高速重载下工作时，由于摩擦发热，轴承在极短时间内达到很高的温度，导致表面烧伤及胶合	振动加大、温度升高、电流突变	停运	设备退备	损坏	可能造成设备或财产损失1万元以下	主要备用设备退出备用24h以内	性能无影响	4	较小风险
59	电除尘减速机油封	漏油	运行时间较长，老化或磨损	设备缺油烧损、设备污染	损坏	设备退备	损坏	可能造成设备或财产损失1万元以下	主要备用设备退出备用24h以内	性能无影响	4	较小风险
60	电除尘内部支撑装置	变形	热胀受阻、其他硬物造成变形	影响流场	安全性降低	设备退备	损坏	可能造成设备或财产损失1万元以上10万元以下	导致生产中断1～7天或生产工艺50%及以上	维修后恢复设备性能	14	较大风险
61	脱硝内部支撑装置	变形	热胀受阻、其他硬物造成变形	影响流场	安全性降低	设备退备	损坏	可能造成设备或财产损失1万元以下	主要备用设备退出备用24h以内	性能无影响	4	较小风险
62	脱硝导流装置	变形	热胀受阻、其他硬物造成变形	影响流场	安全性降低	设备退备	损坏	可能造成设备或财产损失1万元以下	主要备用设备退出备用24h以内	性能无影响	4	较小风险
63	脱硝催化剂元件	异常磨损、失效	运行时间较长，老化或磨损	停运	损坏、寿命缩短	设备退备	损坏	可能造成设备或财产损失1万元以上10万元以下	导致生产中断1～7天或生产工艺50%及以上	维修后恢复设备性能	14	较大风险
64	脱硝测量格栅	变形	热胀受阻、其他硬物造成变形	污染物测量不准	喷氨调节不准	设备退备	损坏	可能造成设备或财产损失1万元以下	主要备用设备退出备用24h以内	性能无影响	4	较小风险

续表

序号	部件	故障条件			故障影响			故障损失			风险值	风险等级
		模式	原因	现象	系统	设备	部件	经济损失	生产中断	设备损坏		
65	脱硝声波吹灰器喇叭	变形	热胀受阻、其他硬物造成变形	影响流场	损坏、寿命缩短	设备退备	磨损	可能造成设备或财产损失1万元以下	主要备用设备退出备用24h以内	性能无影响	4	较小风险
66	氨气/空气混合器	堵塞	结晶造成堵塞	停运	损坏、寿命缩短	设备退备	损坏	可能造成设备或财产损失1万元以下	主要备用设备退出备用24h以内	性能无影响	4	较小风险
67	氨喷射格栅	堵塞	喷嘴积灰、堵塞	停运	损坏、寿命缩短	设备退备	损坏	可能造成设备或财产损失1万元以下	主要备用设备退出备用24h以内	性能无影响	4	较小风险
68	压缩空气干燥剂	泄漏	冷媒泄漏	出力降低	压缩空气带水	设备退备	损坏	可能造成设备或财产损失1万元以上10万元以下	导致生产中断1～7天或生产工艺50%及以上	维修后恢复设备性能	14	较大风险
69	压缩空气储气罐（厂用）	泄漏	破损，造成泄漏	停运	安全性降低	设备退备	损坏	可能造成设备或财产损失1万元以下	主要备用设备退出备用24h以内	性能无影响	4	较小风险
70	压缩空气储气罐（仪用）	泄漏	破损，造成泄漏	停运	安全性降低	设备退备	损坏	可能造成设备或财产损失1万元以下	主要备用设备退出备用24h以内	性能无影响	4	较小风险
71	压缩空气干燥剂	泄漏	冷媒泄漏	出力降低	压缩空气带水	设备退备	损坏	可能造成设备或财产损失1万元以上10万元以下	导致生产中断1～7天或生产工艺50%及以上	维修后恢复设备性能	14	较大风险
72	空压机机头（厂用）	损坏	轴承损坏、齿轮损坏	停运	停运	设备退备	损坏	可能造成设备或财产损失1万元以上10万元以下	导致生产中断1～7天或生产工艺50%及以上	维修后恢复设备性能	14	较大风险
73	空压机机头（仪用）	损坏	轴承损坏、齿轮损坏	停运	停运	设备退备	损坏	可能造成设备或财产损失1万元以上10万元以下	导致生产中断1～7天或生产工艺50%及以上	维修后恢复设备性能	14	较大风险

设备风险控制卡

区域：厂房　　　　　　　　　　　系统：锅炉　　　　　　　　　　　设备：锅炉辅机

序号	部件	故障条件			风险等级	日常控制措施			定期检修维护			临时措施
		模式	原因	现象		措施	检查方法	周期（天）	措施	检修方法	周期（月）	
1	火检冷却风机叶轮	磨损	长期飞灰磨损	振动大；风机出力不足	较小风险	检查，必要时更换	利用设备停运时间检修	1	无	无	无	修补，更换
2	送风机滑块	磨损	滑块磨损	风机振动大	较小风险	检查，必要时更换	利用设备停运时间检修	1	无	无	无	修补，更换
3	送风机叶片	损坏	飞灰磨损	振动大；风机出力不足	较小风险	检查，必要时更换	利用设备停运时间检修	1	无	无	无	修补，更换
4	送风机推杆	弯曲	长时间受力变形	振动大	较小风险	检查，必要时更换	利用设备停运时间检修	1	无	无	无	修补，更换
5	送风机轴承箱密封件	渗油	轴承箱密封漏油	渗油	较小风险	检查，必要时更换	利用设备停运时间检修	1	无	无	无	修补，更换
6	送风机油泵	出力不足	油泵齿轮磨损间隙大，内漏，出口单向阀卡涩未打开	压力表无显示，油管没有油	较大风险	检查，必要时更换	利用设备停运时间检修	1	无	无	无	修补，更换
7	送风机油管	堵塞	回油不畅、冷却水堵塞	油温过高，引发轴承温度高	较大风险	检查，必要时更换	利用设备停运时间检修	1	无	无	无	修补，更换
8	送风机动叶片液压调节装置	损坏	轴承损坏	停运	较大风险	检查，必要时更换	利用设备停运时间检修	1	无	无	无	修补，更换
9	送风机滤网	堵塞	内部结油垢，滤网脏	泵出口与油压力差压大	较小风险	检查，必要时更换	利用设备停运时间检修	1	无	无	无	修补，更换
10	一次风机滑块	磨损	滑块磨损	风机振动大	较小风险	检查，必要时更换	利用设备停运时间检修	1	无	无	无	修补，更换
11	一次风机推杆	弯曲	长时间受力变形	振动大	较小风险	检查，必要时更换	利用设备停运时间检修	1	无	无	无	修补，更换
12	一次风机轴承箱密封件	渗油	轴承箱密封漏油	渗油	较小风险	检查，必要时更换	利用设备停运时间检修	1	无	无	无	修补，更换
13	一次风机油泵	出力不足	油泵齿轮磨损间隙大，内漏，出口单向阀卡涩未打开	压力表无显示，油管没有油	较大风险	检查，必要时更换	利用设备停运时间检修	1	无	无	无	修补，更换
14	一次风机油管	堵塞	回油不畅、冷却水堵塞	油温过高，引发轴承温度高	较大风险	检查，必要时更换	利用设备停运时间检修	1	无	无	无	修补，更换
15	一次风机滤网	堵塞	内部结油垢，滤网脏	泵出口与油压力差压大	较小风险	检查，必要时更换	利用设备停运时间检修	1	无	无	无	修补，更换

续表

序号	部件	故障条件			风险等级	日常控制措施			定期检修维护			临时措施
		模式	原因	现象		措施	检查方法	周期（天）	措施	检修方法	周期（月）	
16	引风机滑块	磨损	滑块磨损	风机振动大	较小风险	检查，必要时更换	利用设备停运时间检修	1	无	无	无	修补，更换
17	引风机叶片	损坏	飞灰磨损	振动大；风机出力不足	较小风险	检查，必要时更换	利用设备停运时间检修	1	无	无	无	修补，更换
18	引风机推杆	弯曲	长时间受力变形	振动大	较小风险	检查，必要时更换	利用设备停运时间检修	1	无	无	无	修补，更换
19	引风机轴承箱密封件	渗油	轴承箱密封漏油	渗油	较小风险	检查，必要时更换	利用设备停运时间检修	1	无	无	无	修补，更换
20	引风机油泵	出力不足	油泵齿轮磨损间隙大，内漏，出口单向阀卡涩未打开	压力表无显示，油管没有油	较大风险	检查，必要时更换	利用设备停运时间检修	1	无	无	无	修补，更换
21	引风机油管	堵塞	回油不畅、冷却水堵塞	油温过高，引发轴承温度高	较大风险	检查，必要时更换	利用设备停运时间检修	1	无	无	无	修补，更换
22	引风机滤网	堵塞	内部结油垢，滤网脏	泵出口与油压力差压大	较小风险	检查，必要时更换	利用设备停运时间检修	1	无	无	无	修补，更换
23	风烟挡板轴承	卡涩	轴承损坏	停运	较小风险	检查，必要时更换	利用设备停运时间检修	1	无	无	无	修补，更换
24	空气预热器减速机	磨损	（1）减速机渗漏；（2）润滑不良	异响、振动大	较大风险	检查，必要时更换	利用设备停运时间检修	1	无	无	无	修补，更换
25	空气预热器密封片	磨损	（1）密封间隙调整过小；（2）空气预热器热态变形量大	异响、振动大	较大风险	检查，必要时更换	利用设备停运时间检修	1	无	无	无	修补，更换
26	捞渣机钢带及清扫链	变形	清扫链刮板变形、两侧链条磨损程度不一样，导致张紧轮受力不均失效	刮板倾斜	较小风险	检查，必要时更换	利用设备停运时间检修	1	无	无	无	修补，更换
27		脱落	链条磨损、链条过松	链条脱落	较小风险	检查，必要时更换	利用设备停运时间检修	1	无	无	无	修补，更换
28	捞渣机导轮	磨损	长时间腐蚀磨损	内导轮停转	较小风险	检查，必要时更换	利用设备停运时间检修	1	无	无	无	修补，更换
29	捞渣机液压系统液压泵	渗漏	泵体密封损坏	液压系统无压力	较小风险	检查，必要时更换	利用设备停运时间检修	1	无	无	无	修补，更换

续表

序号	部件	故障条件			风险等级	日常控制措施			定期检修维护			临时措施
		模式	原因	现象		措施	检查方法	周期（天）	措施	检修方法	周期（月）	
30	捞渣机链条、刮板	断裂	链条、刮板受力过大受损	停运	较小风险	检查，必要时更换	利用设备停运时间检修	1	无	无	无	修补，更换
31	捞渣机驱动减速机	磨损	清扫链、钢带受力过大；减速机润滑不良	停转	较小风险	检查，必要时更换	利用设备停运时间检修	1	无	无	无	修补，更换
32	碎渣机齿板及鄂板	磨损	碎渣机异物卡涩，过载运行	停转	较小风险	检查，必要时更换	利用设备停运时间检修	1	无	无	无	修补，更换
33	碎渣机减速机及液偶	渗漏	碎渣机过载运行；密封不良	停转	较小风险	检查，必要时更换	利用设备停运时间检修	1	无	无	无	修补，更换
34	磨煤机磨辊轴承	卡涩	轴承室进入煤粉	磨煤机电流减小	较小风险	检查，必要时更换	利用设备停运时间检修	1	无	无	无	修补，更换
35	磨煤机磨辊轴承	磨损	轴承内部保持架、滚珠损坏	磨煤机电流减小	较小风险	检查，必要时更换	利用设备停运时间检修	1	无	无	无	修补，更换
36	磨煤机磨辊辊套	磨损	长期煤粉磨损	磨煤机出力降低	较小风险	检查，必要时更换	利用设备停运时间检修	1	无	无	无	修补，更换
37	磨碗衬板	磨损	长期煤粉磨损	磨煤机出力降低	较小风险	检查，必要时更换	利用设备停运时间检修	1	无	无	无	修补，更换
38	磨煤机叶轮装置可调罩	磨损	长期煤粉磨损、焊点磨损脱落	石子排量大	较小风险	检查，必要时更换	利用设备停运时间检修	1	无	无	无	修补，更换
39	磨煤机减速机	异响	轴承损坏	减速箱运行有异响	较小风险	检查，必要时更换	利用设备停运时间检修	1	无	无	无	修补，更换
40	磨煤机刮板	异响	刮板下垂、刮板室平面翘起	刮板运行异响	较小风险	检查，必要时更换	利用设备停运时间检修	1	无	无	无	修补，更换
41	磨煤机减速机轴承	温度高	（1）轴承间隙小；（2）回油不畅、缺油	轴承测点温度高	较小风险	检查，必要时更换	利用设备停运时间检修	1	无	无	无	修补，更换
42	磨煤机煤粉管	磨损	煤粉长期磨损	煤粉管漏粉	较小风险	检查，必要时更换	利用设备停运时间检修	1	无	无	无	修补，更换
43	给煤机输送胶带	断裂	磨损、利物划破	磨煤机断煤	较小风险	检查，必要时更换	利用设备停运时间检修	1	无	无	无	修补，更换
44		打滑	输送胶带未拉紧	磨煤机断煤	较小风险	检查，必要时更换	利用设备停运时间检修	1	无	无	无	修补，更换
45	给煤机清扫链刮板	变形	清扫链过松	刮板损坏	较小风险	检查，必要时更换	利用设备停运时间检修	1	无	无	无	修补，更换

续表

序号	部件	故障条件			风险等级	日常控制措施			定期检修维护			临时措施
		模式	原因	现象		措施	检查方法	周期（天）	措施	检修方法	周期（月）	
46	驱动滚筒、张紧滚筒轴承	卡涩	（1）轴承内进煤粉；（2）缺油	轴承损坏	较小风险	检查，必要时更换	利用设备停运时间检修	1	无	无	无	修补，更换
47	给煤机托辊	异响	托辊损坏	异响	较小风险	检查，必要时更换	利用设备停运时间检修	1	无	无	无	修补，更换
48	给煤机进出口煤闸门	卡涩	门内有积粉	拒动	较小风险	检查，必要时更换	利用设备停运时间检修	1	无	无	无	修补，更换
49	给煤机减速箱齿轮	磨损	缺油	异响	较小风险	检查，必要时更换	利用设备停运时间检修	1	无	无	无	修补，更换
50	密封风机轴承	卡涩	轴承损坏	停运	较小风险	检查，必要时更换	利用设备停运时间检修	1	无	无	无	修补，更换
51	热一次风翻板式隔绝门轴承	卡涩	轴承损坏	停运	较小风险	检查，必要时更换	利用设备停运时间检修	1	无	无	无	修补，更换
52	热一次风挡板式调节门轴承	卡涩	轴承损坏	停运	较小风险	检查，必要时更换	利用设备停运时间检修	1	无	无	无	修补，更换
53	电除尘减速机轴承	断裂	工作时热应力过大引起轴承零件断裂	振动加大、温度升高、电流突变	较小风险	检查，必要时更换	利用设备停运时间检修	1	无	无	无	修补，更换
54		异常磨损	尘埃、异物的侵入轴承滚道	振动加大，温度升高	较小风险	检查，必要时更换	利用设备停运时间检修	1	无	无	无	修补，更换
55			润滑不良加剧磨损	振动加大，温度升高	较小风险	检查，必要时更换	利用设备停运时间检修	1	无	无	无	修补，更换
56		锈蚀	水进入轴承产生表面锈蚀	振动加大，温度升高	较小风险	检查，必要时更换	利用设备停运时间检修	1	无	无	无	修补，更换
57		变形	装配或使用不当引起保持架发生变形	振动加大，温度升高	较小风险	检查，必要时更换	利用设备停运时间检修	1	无	无	无	修补，更换
58		过热	润滑不良、高速重载下工作时，由于摩擦发热，轴承在极短时间内达到很高的温度，导致表面烧伤及胶合	振动加大、温度升高、电流突变	较小风险	检查，必要时更换	利用设备停运时间检修	1	无	无	无	修补，更换

续表

序号	部件	故障条件			风险等级	日常控制措施			定期检修维护			临时措施
		模式	原因	现象		措施	检查方法	周期（天）	措施	检修方法	周期（月）	
59	电除尘减速机油封	漏油	运行时间较长，老化或磨损	设备缺油烧损、设备污染	较小风险	检查，必要时更换	利用设备停运时间检修	1	无	无	无	修补，更换
60	电除尘内部支撑装置	变形	热胀受阻、其他硬物造成变形	影响流场	较大风险	检查，必要时更换	利用设备停运时间检修	1	无	无	无	修补，更换
61	脱硝内部支撑装置	变形	热胀受阻、其他硬物造成变形	影响流场	较小风险	检查，必要时更换	利用设备停运时间检修	1	无	无	无	修补，更换
62	脱硝导流装置	变形	热胀受阻、其他硬物造成变形	影响流场	较小风险	检查，必要时更换	利用设备停运时间检修	1	无	无	无	修补，更换
63	脱硝催化剂元件	异常磨损、失效	运行时间较长，老化或磨损	停运	较大风险	检查，必要时更换	利用设备停运时间检修	1	无	无	无	修补，更换
64	脱硝测量格栅	变形	热胀受阻、其他硬物造成变形	污染物测量不准	较小风险	检查，必要时更换	利用设备停运时间检修	1	无	无	无	修补，更换
65	脱硝声波吹灰器喇叭	变形	热胀受阻、其他硬物造成变形	影响流场	较小风险	检查，必要时更换	利用设备停运时间检修	1	无	无	无	修补，更换
66	氨气/空气混合器	堵塞	结晶造成堵塞	停运	较小风险	检查，必要时更换	利用设备停运时间检修	1	无	无	无	修补，更换
67	氨喷射格栅	堵塞	喷嘴积灰、堵塞	停运	较小风险	检查，必要时更换	利用设备停运时间检修	1	无	无	无	修补，更换
68	压缩空气干燥剂	泄漏	冷媒泄漏	出力降低	较大风险	检查，必要时更换	利用设备停运时间检修	1	无	无	无	修补，更换
69	压缩空气储气罐（厂用）	泄漏	破损，造成泄漏	停运	较小风险	检查，必要时更换	利用设备停运时间检修	1	无	无	无	修补，更换
70	压缩空气储气罐（仪用）	泄漏	破损，造成泄漏	停运	较小风险	检查，必要时更换	利用设备停运时间检修	1	无	无	无	修补，更换
71	压缩空气干燥剂	泄漏	冷媒泄漏	出力降低	较大风险	检查，必要时更换	利用设备停运时间检修	1	无	无	无	修补，更换
72	空压机机头（厂用）	损坏	轴承损坏、齿轮损坏	停运	较大风险	检查，必要时更换	利用设备停运时间检修	1	无	无	无	修补，更换
73	空压机机头（仪用）	损坏	轴承损坏、齿轮损坏	停运	较大风险	检查，必要时更换	利用设备停运时间检修	1	无	无	无	修补，更换

19 汽轮机本体

设备风险评估表

区域：厂房　　　　系统：汽轮发电机组　　　　设备：汽轮机本体

序号	部件	故障条件			故障影响			故障损失			风险值	风险等级
		模式	原因	现象	系统	设备	部件	经济损失	生产中断	设备损坏		
1	转子	弯曲	（1）制造工艺不良或材料有缺陷； （2）转子内应力释放； （3）动静碰摩； （4）运行操作不当，造成汽缸进冷水或冷气； （5）汽缸保温不良造成上、下汽缸温差大	盘车情况下转子偏心大；运行情况下转子振动大	停运	设备退备	严重时损坏	可能造成设备或财产损失1万元以上10万元以下	导致生产中断1～7天或生产工艺50%及以上	维修后恢复设备性能	14	较大风险
2	转子	断裂	（1）制造工艺不良或材料有缺陷； （2）汽轮机超速或者未严格按照规程进行超速试验； （3）汽轮机振动超标且未按要求投入振动保护； （4）转子或通流部分其他部件脱落	巨大的响声，可能伴随汽缸和轴承座损坏，断裂轴段飞出；转速表显示异常	停运	设备退备	损坏	可能造成设备或财产损失1万元以下	主要备用设备退出备用24h以内	性能无影响	4	较小风险
3	靠背轮	螺栓断裂	（1）制造工艺不良或材料有缺陷； （2）检修工艺不当； （3）电网故障或运行操作不当，造成冲击载荷	轴承座内有异声；轴系振动异常；机组负荷突降或到零	停运	设备退备	损坏	可能造成设备或财产损失1万元以下	主要备用设备退出备用24h以内	性能无影响	4	较小风险

续表

序号	部件	故障条件			故障影响			故障损失			风险值	风险等级
		模式	原因	现象	系统	设备	部件	经济损失	生产中断	设备损坏		
4	叶片	叶片断裂	（1）叶片制造、安装工艺不良或材料有缺陷；（2）汽轮机水冲击；（3）汽轮机超速；（4）通流部分有部件脱落	断裂时现场有异声；转子振动增大；低压末级叶片断裂可能造成凝汽器换热管损坏，凝结水硬度升高	停运	设备退备	损坏	可能造成设备或财产损失1万元以上10万元以下	导致生产中断1～7天或生产工艺50%及以上	维修后恢复设备性能	6	中风险
5	汽缸	裂纹	（1）制造工艺不良；（2）汽缸温度变化过快	汽缸漏汽	停运	设备退备	损坏	可能造成设备或财产损失1万元以下	主要备用设备退出备用24h以内	性能无影响	4	较小风险
6	汽缸	变形	（1）制造工艺不良；（2）内应力释放	汽缸法兰漏汽	无	可靠性降低	严重时损坏	可能造成设备或财产损失1万元以下	主要备用设备退出备用24h以内	性能无影响	4	较小风险
7	隔板	变形	内应力释放	轴向间隙超标	无	可靠性降低	严重时损坏	可能造成设备或财产损失1万元以下	主要备用设备退出备用24h以内	性能无影响	4	较小风险
8	汽封	汽封间隙过小	弹簧片断裂	汽轮机效率低	无	可靠性降低	严重时损坏	可能造成设备或财产损失1万元以下	主要备用设备退出备用24h以内	性能无影响	4	较小风险
9	汽封	碰磨	（1）转子弯曲；（2）检修时汽封间隙调整不当	转子和汽封摩擦	无	可靠性降低	严重时损坏	可能造成设备或财产损失1万元以下	主要备用设备退出备用24h以内	性能无影响	4	较小风险
10	轴承	脱胎	制造工艺不良	轴承及转子振动大	无	可靠性降低	严重时损坏	可能造成设备或财产损失1万元以上10万元以下	导致生产中断1～7天或生产工艺50%及以上	维修后恢复设备性能	6	中风险
11	轴承	超温	（1）轴承检修质量不良；（2）供油中断；（3）油温过高	轴承及转子振动大、瓦温高	无	可靠性降低	严重时损坏	可能造成设备或财产损失1万元以上10万元以下	导致生产中断1～7天或生产工艺50%及以上	维修后恢复设备性能	6	中风险
12	轴承座滑销	卡涩	（1）结构质量不良；（2）滑销损坏	轴承箱膨胀不均匀，机组振动大	无	可靠性降低	严重时损坏	可能造成设备或财产损失1万元以下	主要备用设备退出备用24h以内	性能无影响	4	较小风险

续表

序号	部件	故障条件			故障影响			故障损失			风险值	风险等级
		模式	原因	现象	系统	设备	部件	经济损失	生产中断	设备损坏		
13	盘车齿轮罩	损坏	（1）对轮罩焊接不良；（2）间隙调整不当	（1）轴承振动；（2）异音	停运	设备退备	损坏	可能造成设备或财产损失1万元以下	主要备用设备退出备用24h以内	性能无影响	4	较小风险
14	低压缸防爆门	破裂	（1）超压；（2）膜片材质不当	（1）负压降低；（2）跳机	停运	设备退备	损坏	可能造成设备或财产损失1万元以下	主要备用设备退出备用24h以内	性能无影响	4	较小风险
15	盘车	卡涩	（1）断油；（2）遗留异物	盘车无法转动	无	无	损坏	可能造成设备或财产损失1万元以下	主要备用设备退出备用24h以内	性能无影响	4	较小风险
16	发电机密封瓦	泄漏	（1）制造尺寸超差；（2）密封瓦在运行中磨损造成间隙超标	氢气压力下降过快，纯度下降过快	无	可靠性降低	严重时损坏	可能造成设备或财产损失1万元以上10万元以下	导致生产中断1～7天或生产工艺50%及以上	维修后恢复设备性能	6	中风险
17	发电机密封瓦	卡涩	（1）制造尺寸超差；（2）检修时密封瓦间隙调整不当	密封油温升高	无	可靠性降低	严重时损坏	可能造成设备或财产损失1万元以上10万元以下	导致生产中断1～7天或生产工艺50%及以上	维修后恢复设备性能	6	中风险
18	定冷水泵机械密封	泄漏	磨损	渗漏	无	可靠性降低	严重时损坏	可能造成设备或财产损失1万元以下	主要备用设备退出备用24h以内	性能无影响	4	较小风险
19	定冷水泵泵轴	弯曲	泵轴或叶轮有碰磨	振动大	无	可靠性降低	严重时损坏	可能造成设备或财产损失1万元以下	主要备用设备退出备用24h以内	性能无影响	4	较小风险
20	定冷水泵轴承	间隙超标	轴承磨损严重	振动大	无	可靠性降低	严重时损坏	可能造成设备或财产损失1万元以下	主要备用设备退出备用24h以内	性能无影响	4	较小风险
21	转冷水泵机械密封	泄漏	磨损	渗漏	无	可靠性降低	严重时损坏	可能造成设备或财产损失1万元以下	主要备用设备退出备用24h以内	性能无影响	4	较小风险
22	转冷水泵泵轴	弯曲	泵轴或叶轮有碰磨	振动大	无	可靠性降低	严重时损坏	可能造成设备或财产损失1万元以下	主要备用设备退出备用24h以内	性能无影响	4	较小风险
23	转冷水泵泵轴	间隙超标	轴承磨损严重	振动大	无	可靠性降低	严重时损坏	可能造成设备或财产损失1万元以下	主要备用设备退出备用24h以内	性能无影响	4	较小风险

设备风险控制卡

区域：厂房　　系统：汽轮发电机组　　设备：汽轮机本体

序号	部件	故障条件			风险等级	日常控制措施			定期检修维护			临时措施
		模式	原因	现象		措施	检查方法	周期（天）	措施	检修方法	周期（月）	
1	转子	弯曲	（1）制造工艺不良或材料有缺陷；（2）转子内应力释放；（3）动静碰摩；（4）运行操作不当，造成汽缸进冷水或冷气；（5）汽缸保温不良造成上、下汽缸温差大	盘车情况下转子偏心大；运行情况下转子振动大	较大风险	通过做动平衡的方法减少不平衡量，金属监督	（1）利用机组 A/B/C 级检修机会处理；（2）必要时根据实际情况决定；（3）通过做动平衡的方法减少不平衡量	72	无	无	无	做动平衡，加装平衡块
2	转子	断裂	（1）制造工艺不良或材料有缺陷；（2）汽轮机超速或者未严格按照规程进行超速试验；（3）汽轮机振动超标且未按要求投入振动保护；（4）转子或通流部分其他部件脱落	巨大的响声，可能伴随汽缸和轴承座损坏，断裂轴段飞出；转速表显示异常	较小风险	转子金属检查，转速表校正，动静配合间隙调整，按要求做好超速试验	金属缺陷修复，转速表调校合格，通流间隙调整防止碰磨，调速保护系统试验合格	72	无	无	无	停机检修
3	靠背轮	螺栓断裂	（1）制造工艺不良或材料有缺陷；（2）检修工艺不当；（3）电网故障或运行操作不当，造成冲击载荷	轴承座内有异声；轴系振动异常；机组负荷突降或到零	较小风险	测量、修整、返厂	调整、维修	72	无	无	无	停机检修
4	叶片	叶片断裂	（1）叶片制造、安装工艺不良或材料有缺陷；（2）汽轮机水冲击；（3）汽轮机超速；（4）通流部分有部件脱落	断裂时现场有异声；转子振动增大；低压末级叶片断裂可能造成凝汽器换热管损坏，凝结水硬度升高	中风险	更换叶片，做低速动平衡，金属监督	（1）利用机组 A/B/C 级检修机会处理；（2）必要时根据实际情况决定；（3）更换叶片，做低速动平衡	72	无	无	无	更换叶片，做低速动平衡
5	汽缸	裂纹	（1）制造工艺不良；（2）汽缸温度变化过快	汽缸漏汽	较小风险	检查、打磨、补焊	宏观检查、PT 检查	72	无	无	无	停机检修

续表

序号	部件	故障条件			风险等级	日常控制措施			定期检修维护			临时措施
		模式	原因	现象		措施	检查方法	周期（天）	措施	检修方法	周期（月）	
6	汽缸	变形	（1）制造工艺不良； （2）内应力释放	汽缸法兰漏汽	较小风险	打磨	修正	72	无	无	无	停机检修
7	隔板	变形	内应力释放	轴向间隙超标	较小风险	打磨、车削、	修正	72	无	无	无	停机检修
8	汽封	汽封间隙过小	弹簧片断裂	汽轮机效率低	较小风险	修磨、更换	调整	72	无	无	无	停机检修
9		碰磨	（1）转子弯曲； （2）检修时汽封间隙调整不当	转子和汽封摩擦	较小风险	修磨、更换	调整	72	无	无	无	停机检修
10	轴承	脱胎	制造工艺不良	轴承及转子振动大	中风险	补焊乌金、必要时更换轴瓦	利用机组A\B\C\级检修机会更换轴瓦	48	无	无	无	更换轴瓦
11		超温	（1）轴承检修质量不良； （2）供油中断； （3）油温过高	轴承及转子振动大、瓦温高	中风险	检查轴承乌金、轴颈配合面的光洁度，检查供油管道通畅情况，检查轴承自位情况，检查轴系中心、同心度情况	修刮轴颈、轴承配合面，疏通润滑油管道，修刮轴承定位块，消除轴系振动的缺陷（动静碰磨、转子不平衡、中心偏置、同心度超标等）	48	无	无	无	更换轴瓦、修磨轴颈
12	轴承座滑销	卡涩	（1）结构质量不良； （2）滑销损坏	轴承箱膨胀不均匀，机组振动大	较小风险	控制运行温度	润滑打油脂	48	无	无	无	停机检修
13	盘车齿轮罩	损坏	（1）对轮罩焊接不良； （2）间隙调整不当	（1）轴承振动； （2）异音	较小风险	做好防松、防碰磨	检查、测量	48	无	无	无	停机检修
14	低压缸防爆门	破裂	（1）超压； （2）膜片材质不当	（1）负压降低； （2）跳机	较小风险	定期更换、防止超压	更换	48	无	无	无	停机检修
15	盘车	卡涩	（1）断油； （2）遗留异物	盘车无法转动	较小风险	做好防止断油的措施	测量、检查	48	无	无	无	停机检修
16	发电机密封瓦	泄漏	（1）制造尺寸超差； （2）密封瓦在运行中磨损造成间隙超标	氢气压力下降过快，纯度下降过快	中风险	检查密封瓦配合间隙，检查密封乌金、轴颈光洁度，检查密封瓦自位情况，检查密封油管泄漏、堵塞情况	调整配合间隙，配合面修刮，密封轴承座与密封瓦的配合面修整、调隙，密封油管通畅无泄漏	72	无	无	无	更换密封瓦

续表

序号	部件	故障条件			风险等级	日常控制措施			定期检修维护			临时措施
		模式	原因	现象		措施	检查方法	周期（天）	措施	检修方法	周期（月）	
17	发电机密封瓦	卡涩	（1）制造尺寸超差；（2）检修时密封瓦间隙调整不当	密封油温升高	中风险	检查密封瓦配合间隙，检查密封乌金、轴颈光洁度，检查密封瓦自位情况	调整配合间隙，配合面修刮，密封轴承座与密封瓦的配合面修整、调隙	72	无	无	无	更换密封瓦，或修整配合面
18	定冷水泵机械密封	泄漏	磨损	渗漏	较小风险	控制密封水压力、洁净度	检查、更换	12	无	无	无	停泵检修
19	定冷水泵泵轴	弯曲	泵轴或叶轮有碰磨	振动大	较小风险	防止碰磨	检查、更换	12	无	无	无	停泵检修
20	定冷水泵轴承	间隙超标	轴承磨损严重	振动大	较小风险	定期换油、加油脂	检查、更换	12	无	无	无	停泵检修
21	转冷水泵机械密封	泄漏	磨损	渗漏	较小风险	控制密封水压力、洁净度	检查、更换	12	无	无	无	停泵检修
22	转冷水泵泵轴	弯曲	泵轴或叶轮有碰磨	振动大	较小风险	防止碰磨	检查、更换	12	无	无	无	停泵检修
23	转冷水泵轴承	间隙超标	轴承磨损严重	振动大	较小风险	定期换油、加油脂	检查、更换	12	无	无	无	停泵检修

20 汽动给水泵

设备风险评估

区域：厂房　　　　系统：汽轮发电机组　　　　设备：汽动给水泵

序号	部件	故障条件			故障影响			故障损失			风险值	风险等级
		模式	原因	现象	系统	设备	部件	经济损失	生产中断	设备损坏		
1	转子	弯曲	（1）制造工艺不良；（2）转子内应力释放、动静碰磨	转子振动大	停运	设备退备	严重时损坏	可能造成设备或财产损失1万元以上10万元以下	导致生产中断1～7天或生产工艺50%及以上	维修后恢复设备性能	6	中风险
2	靠背轮	间隙过大	制造加工尺寸超差	瓢偏大于0.02mm	无	可靠性降低	严重时损坏	可能造成设备或财产损失1万元以下	主要备用设备退出备用24h以内	性能无影响	4	较小风险
3	叶片	叶片断裂	（1）叶片安装工艺不良；（2）水冲击；（3）超速	转子振动大	停运	设备退备	损坏	可能造成设备或财产损失1万元以上10万元以下	导致生产中断1～7天或生产工艺50%及以上	维修后恢复设备性能	6	中风险
4	汽缸	裂纹	（1）制造工艺不良；（2）汽缸温度变化过快	汽缸漏汽	无	设备退备	损坏	可能造成设备或财产损失1万元以下	主要备用设备退出备用24h以内	性能无影响	4	较小风险
5		变形	（1）制造工艺不良；（2）内应力释放	汽缸法兰漏汽	无	可靠性降低	严重时损坏	可能造成设备或财产损失1万元以下	主要备用设备退出备用24h以内	性能无影响	4	较小风险
6	持环	变形	内应力释放	轴向间隙超标	无	可靠性降低	严重时损坏	可能造成设备或财产损失1万元以下	主要备用设备退出备用24h以内	性能无影响	4	较小风险
7	汽缸	汽封间隙过小	磨损	汽轮机效率低	无	可靠性降低	严重时损坏	可能造成设备或财产损失1万元以下	主要备用设备退出备用24h以内	性能无影响	4	较小风险
8	汽封	碰磨	（1）转子弯曲；（2）检修时汽封间隙调整不当	转子和汽封摩擦	无	可靠性降低	严重时损坏	可能造成设备或财产损失1万元以下	主要备用设备退出备用24h以内	性能无影响	4	较小风险
9	轴承	脱胎	制造工艺不良	轴承及转子振动大	停运	可靠性降低	严重时损坏	可能造成设备或财产损失1万元以上10万元以下	导致生产中断1～7天或生产工艺50%及以上	维修后恢复设备性能	6	中风险

续表

序号	部件	故障条件			故障影响			故障损失			风险值	风险等级
		模式	原因	现象	系统	设备	部件	经济损失	生产中断	设备损坏		
10	轴承	超温	（1）轴承检修质量不良；（2）供油中断；（3）油温太高	轴承及转子振动大、瓦温高	停运	可靠性降低	严重时损坏	可能造成设备或财产损失1万元以上10万元以下	导致生产中断1～7天或生产工艺50%及以上	维修后恢复设备性能	6	中风险
11	轴承座滑销	卡涩	（1）结构质量不良；（2）滑销损坏	轴承箱膨胀不均匀，机组振动大	无	可靠性降低	严重时损坏	可能造成设备或财产损失1万元以下	主要备用设备退出备用24h以内	性能无影响	4	较小风险
12	对轮螺栓	断裂	（1）疲劳；（2）紧固力矩不当	（1）轴承振动；（2）异音	无	设备退备	损坏	可能造成设备或财产损失1万元以下	主要备用设备退出备用24h以内	性能无影响	4	较小风险
13	防爆门	破裂	（1）超压；（2）膜片材质不当	（1）负压降低；（2）跳机	无	设备退备	损坏	可能造成设备或财产损失1万元以下	主要备用设备退出备用24h以内	性能无影响	4	较小风险
14	盘车	卡涩	（1）断油；（2）遗留异物	盘车无法转动	无		损坏	可能造成设备或财产损失1万元以下	主要备用设备退出备用24h以内	性能无影响	4	较小风险

设备风险控制卡

区域：厂房　　　　系统：汽轮发电机组　　　　设备：汽动给水泵

序号	部件	故障条件			风险等级	日常控制措施			定期检修维护			临时措施
		模式	原因	现象		措施	检查方法	周期（天）	措施	检修方法	周期（月）	
1	转子	弯曲	（1）制造工艺不良；（2）转子内应力释放、动静碰磨	转子振动大	中风险	通过做动平衡的方法减少不平衡量，金属监督	（1）利用机组A/B/C级检修机会处理；（2）必要时根据实际情况决定；（3）通过做动平衡的方法减少不平衡量	72	无	无	无	做动平衡，加装平衡块
2	靠背轮	间隙过大	制造加工尺寸超差	瓢偏大于0.02mm	较小风险	更换叶片，做低速动平衡，金属监督	（1）利用机组A/B/C级检修机会处理；（2）必要时根据实际情况决定；（3）更换叶片，做低速动平衡	72	无	无	无	停机检修
3	叶片	叶片断裂	（1）叶片安装工艺不良；（2）水冲击；（3）超速	转子振动大	中风险	更换叶片，做低速动平衡，金属监督	（1）利用机组A/B/C级检修机会处理；（2）必要时根据实际情况决定；（3）更换叶片，做低速动平衡	72	无	无	无	更换叶片，做低速动平衡

续表

序号	部件	故障条件			风险等级	日常控制措施			定期检修维护			临时措施
		模式	原因	现象		措施	检查方法	周期（天）	措施	检修方法	周期（月）	
4	汽缸	裂纹	（1）制造工艺不良；（2）汽缸温度变化过快	汽缸漏汽	较小风险	检查、打磨、补焊	宏观检查、PT 检查	72	无	无	无	停机检修
5		变形	（1）制造工艺不良；（2）内应力释放	汽缸法兰漏汽	较小风险	打磨	修正	72	无	无	无	停机检修
6	持环	变形	内应力释放	轴向间隙超标	较小风险	打磨、车削、	修正	72	无	无	无	停机检修
7	汽缸	汽封间隙过小	磨损	汽轮机效率低	较小风险	修磨、更换	调整	72	无	无	无	停机检修
8	汽封	碰磨	（1）转子弯曲；（2）检修时汽封间隙调整不当	转子和汽封摩擦	较小风险	修磨、更换	调整	72	无	无	无	停机检修
9	轴承	脱胎	制造工艺不良	轴承及转子振动大	中风险	专业制造厂补焊乌金、必要时更换轴瓦	利用机组A\B\C\级检修机会更换轴瓦	48	无	无	无	更换轴瓦
10		超温	（1）轴承检修质量不良；（2）供油中断；（3）油温太高	轴承及转子振动大、瓦温高	中风险	检查轴承乌金、轴颈配合面的光洁度，检查供油管道通畅情况，检查轴承自位情况，检查轴系中心、同心度情况	修刮轴颈、轴承配合面，疏通润滑油管道，修刮轴承定位块，消除轴系振动的缺陷（动静碰磨、转子不平衡、中心偏置、同心度超标等）	48	无	无	无	更换轴瓦、修磨轴颈
11	轴承座滑销	卡涩	（1）结构质量不良；（2）滑销损坏	轴承箱膨胀不均匀，机组振动大	较小风险	控制运行温度	润滑打油脂	48	无	无	无	停机检修
12	对轮螺栓	断裂	（1）疲劳；（2）紧固力矩不当	（1）轴承振动；（2）异音	较小风险	做好防松、防碰磨	检查、测量	48	无	无	无	停机检修
13	防爆门	破裂	（1）超压；（2）膜片材质不当	（1）负压降低；（2）跳机	较小风险	定期更换、防止超压	更换	48	无	无	无	停机检修
14	盘车	卡涩	（1）断油；（2）遗留异物	盘车无法转动	较小风险	做好防止断油的措施	测量、检查	48	无	无	无	停机检修

21 电动给水泵及高、低压加热器

设备风险评估表

区域：厂房　　　　系统：给水系统　　　　设备：电动给水泵及高、低压加热器

序号	部件	故障条件			故障影响			故障损失			风险值	风险等级
		模式	原因	现象	系统	设备	部件	经济损失	生产中断	设备损坏		
1	前置泵机械密封	磨损	水泵轴向窜动大	漏水	运行	可靠性降低	损坏	可能造成设备或财产损失1万元以上10万元以下	导致生产中断1～7天或生产工艺50%及以上	维修后恢复设备性能	6	中风险
2	前置泵轴承	磨损	润滑不良	振动大	运行	设备退备	损坏	可能造成设备或财产损失1万元以上10万元以下	导致生产中断1～7天或生产工艺50%及以上	维修后恢复设备性能	6	中风险
3	前置泵泵轴	弯曲	泵轴或叶轮卡涩	振动大，异响	运行	设备退备	损坏	可能造成设备或财产损失1万元以上10万元以下	导致生产中断1～7天或生产工艺50%及以上	维修后恢复设备性能	6	中风险
4	给水泵螺旋密封	磨损	水泵轴向窜动大	漏水	运行	可靠性降低	损坏	可能造成设备或财产损失1万元以下	主要备用设备退出备用24h以内	性能无影响	4	较小风险
5	给水泵轴承	乌金熔化	供油中断	轴承温度升高，振动大，异响	运行	设备退备	损坏	可能造成设备或财产损失1万元以上10万元以下	导致生产中断1～7天或生产工艺50%及以上	维修后恢复设备性能	6	中风险
6	给水泵泵轴	弯曲	泵轴或叶轮卡涩	振动大，异响	运行	设备退备	损坏	可能造成设备或财产损失1万元以上10万元以下	导致生产中断1～7天或生产工艺50%及以上	维修后恢复设备性能	6	中风险
7	高压加热器管束	泄漏	高压水长时间冲刷	高加汽侧水位异常升高	运行	设备退备	损坏	可能造成设备或财产损失1万元以上10万元以下	导致生产中断1～7天或生产工艺50%及以上	维修后恢复设备性能	6	中风险

续表

序号	部件	故障条件			故障影响			故障损失			风险值	风险等级
		模式	原因	现象	系统	设备	部件	经济损失	生产中断	设备损坏		
8	低压加热器管束	泄漏	高压水长时间冲刷	高加汽侧水位异常升高	运行	设备退备	损坏	可能造成设备或财产损失1万元以下	主要备用设备退出备用24h以内	性能无影响	4	较小风险
9	除氧器水位调节门阀芯	卡涩	阀芯与笼套间有杂物	阀门无法开关	运行	可靠性降低	损坏	可能造成设备或财产损失1万元以下	主要备用设备退出备用24h以内	性能无影响	4	较小风险
10	除氧器水位调节门阀杆	断裂	阀杆磨损或拉力过大	阀门无法开关	运行	设备退备	损坏	可能造成设备或财产损失1万元以下	主要备用设备退出备用24h以内	性能无影响	4	较小风险
11	高压加热器给水进口三通阀阀芯	卡涩	内部密封老化	无法正常开关	运行	可靠性降低	损坏	可能造成设备或财产损失1万元以上10万元以下	导致生产中断1～7天或生产工艺50%及以上	维修后恢复设备性能	6	中风险
12	高压加热器给水出口三通阀阀芯	卡涩	内部密封老化	无法正常开关	运行	可靠性降低	损坏	可能造成设备或财产损失1万元以上10万元以下	导致生产中断1～7天或生产工艺50%及以上	维修后恢复设备性能	6	中风险
13	给水泵再循环调门笼套及阀芯	磨损	频繁调节磨损	阀门无法关闭，调节性能差	运行	可靠性降低	损坏	可能造成设备或财产损失1万元以上10万元以下	导致生产中断1～7天或生产工艺50%及以上	维修后恢复设备性能	6	中风险
14	高压加热器进口阀阀芯	卡涩	内部机械磨损	无法正常开关	运行	可靠性降低	损坏	可能造成设备或财产损失1万元以上10万元以下	导致生产中断1～7天或生产工艺50%及以上	维修后恢复设备性能	6	中风险

设备风险控制卡

区域：厂房　　　　系统：给水系统　　　　设备：电动给水泵及高、低压加热器

序号	部件	故障条件			风险等级	日常控制措施			定期检修维护			临时措施
		模式	原因	现象		措施	检查方法	周期（天）	措施	检修方法	周期（月）	
1	前置泵机械密封	磨损	水泵轴向窜动大	漏水	中风险	巡检时仔细检查机械密封运行情况及水泵轴向振动情况	测振，目视	1	利用设备检修或设备消缺进行更换	更换机械密封	24	无

续表

序号	部件	故障条件			风险等级	日常控制措施			定期检修维护			临时措施
		模式	原因	现象		措施	检查方法	周期（天）	措施	检修方法	周期（月）	
2	前置泵轴承	磨损	润滑不良	振动大	中风险	巡检时仔细检查轴承供油情况及轴承温度振动	目视，测温，测振	1	利用专用设备按工艺进行	更换轴承	24	无
3	前置泵泵轴	弯曲	泵轴或叶轮卡涩	振动大，异响	中风险	巡检时仔细检查泵体及轴承的振动	目视，测温，测振	1	利用专用设备按工艺进行	更换泵轴	60	无
4	给水泵螺旋密封	磨损	水泵轴向窜动大	漏水	较小风险	定期巡检	目视	1	控制密封水压力、洁净度	检查、更换	12	无
5	给水泵轴承	乌金熔化	供油中断	轴承温度升高，振动大，异响	中风险	巡检时仔细检查轴承供油情况及轴承温度振动	目视，测温，测振	1	利用专用设备按工艺进行	更换轴承	24	无
6	给水泵泵轴	弯曲	泵轴或叶轮卡涩	振动大，异响	中风险	巡检时仔细检查泵体及轴承的振动	目视，测温，测振	1	利用专用设备按工艺进行	更换泵轴	60	无
7	高压加热器管束	泄漏	高压水长时间冲刷	高压加热器汽侧水位异常升高	中风险	点检时检查高压加热器的水位的运行情况及端差	目视	7	检查换热管泄漏情况	水压查漏，封堵泄漏换热管道	18	无
8	低压加热器管束	泄漏	高压水长时间冲刷	高压加热器汽侧水位异常升高	较小风险	定期巡检	运行参数	7	清理水室	清理	18	无
9	除氧器水位调节门阀芯	卡涩	阀芯与笼套间有杂物	阀门无法开关	较小风险	预防进入异物	目视	7	清洁度检查	清理、检查	12	无
10	除氧器水位调节门阀杆	断裂	阀杆磨损或拉力过大	阀门无法开关	较小风险		目视	7	检查配合情况	测量、调整	12	无
11	高压加热器给水进口三通阀阀芯	卡涩	内部密封老化	无法正常开关	中风险	启停机监测传动情况	目视	启停机	检查执行机构，检查阀杆配合情况	消除执行机构卡涩、液压失效等缺陷，校直阀杆，阀杆配合面修刮光滑	72	无

续表

序号	部件	故障条件			风险等级	日常控制措施			定期检修维护			临时措施
		模式	原因	现象		措施	检查方法	周期（天）	措施	检修方法	周期（月）	
12	高压加热器给水出口三通阀阀芯	卡涩	内部密封老化	无法正常开关	中风险	启停机监测传动情况	目视	启停机	检查执行机构，检查阀杆配合情况	消除执行机构卡涩、液压失效等缺陷，校直阀杆，阀杆配合面修刮光滑	72	无
13	给水泵再循环调门笼套及阀芯	磨损	频繁调节磨损	阀门无法关闭，调节性能差	中风险	对阀门进行检查	目视，测温	7	利用机组A、B、C级检修机会检修	定期检查	12	无
14	高压加热器进口阀阀芯	卡涩	内部机械磨损	无法正常开关	中风险	启停机监测传动情况	目视	启停机	检查阀杆配合情况	校直阀杆，阀杆配合面修刮光滑	72	无

22 水处理设备

设备风险评估表

区域：厂房　　　　　　　　系统：化学水系统　　　　　　　　设备：水处理设备

序号	部件	故障条件			故障影响			故障损失			风险值	风险等级
		模式	原因	现象	系统	设备	部件	经济损失	生产中断	设备损坏		
1	凝结水泵机械密封	磨损	水泵轴向窜动大	漏水	无	影响文明生产	损坏	可能造成设备或财产损失1万元以下	主要备用设备退出备用24h以内	性能无影响	4	较小风险
2	凝结水泵轴承	轴承磨损	润滑不良	轴承温度升高，振动大，异响	无	可靠性降低	损坏	可能造成设备或财产损失1万元以下	主要备用设备退出备用24h以内	性能无影响	4	较小风险
3	凝结水泵泵轴	弯曲	泵轴或叶轮卡涩	振动大，异响	无	可靠性降低	损坏	可能造成设备或财产损失1万元以下	主要备用设备退出备用24h以内	性能无影响	4	较小风险
4	高速混床阀门管路及罐体	泄漏	长期运行老化	泄漏	无	影响文明生产	损坏	可能造成设备或财产损失1万元以下	主要备用设备退出备用24h以内	性能无影响	4	较小风险
5	前置过滤器阀门管路及罐体	泄漏	长期运行老化	泄漏	无	影响文明生产	损坏	可能造成设备或财产损失1万元以下	主要备用设备退出备用24h以内	性能无影响	4	较小风险
6	再循环泵机械密封	磨损	水泵轴向窜动大	漏水	无	影响文明生产	损坏	可能造成设备或财产损失1万元以下	主要备用设备退出备用24h以内	性能无影响	4	较小风险
7	再循环泵轴承	轴承磨损	润滑不良	轴承温度升高，振动大，异响	无	可靠性降低	损坏	可能造成设备或财产损失1万元以下	主要备用设备退出备用24h以内	性能无影响	4	较小风险
8	再循环泵泵轴	弯曲	泵轴或叶轮卡涩	振动大，异响	无	可靠性降低	损坏	可能造成设备或财产损失1万元以下	主要备用设备退出备用24h以内	性能无影响	4	较小风险
9	树脂分离塔阀门管路及罐体	泄漏	长期运行老化	泄漏	无	影响文明生产	损坏	可能造成设备或财产损失1万元以下	主要备用设备退出备用24h以内	性能无影响	4	较小风险
10	阳再生塔阀门管路及罐体	泄漏	长期运行老化	泄漏	无	影响文明生产	损坏	可能造成设备或财产损失1万元以下	主要备用设备退出备用24h以内	性能无影响	4	较小风险

续表

序号	部件	故障条件			故障影响			故障损失			风险值	风险等级
		模式	原因	现象	系统	设备	部件	经济损失	生产中断	设备损坏		
11	阳再生塔阀门管路及罐体	泄漏	长期运行老化	泄漏	无	影响文明生产	损坏	可能造成设备或财产损失1万元以下	主要备用设备退出备用24h以内	性能无影响	4	较小风险
12	树脂贮存阀门管路及罐体	泄漏	长期运行老化	泄漏	无	影响文明生产	损坏	可能造成设备或财产损失1万元以下	主要备用设备退出备用24h以内	性能无影响	4	较小风险
13	电热水箱阀门管路及罐体	泄漏	长期运行老化	泄漏	无	影响文明生产	损坏	可能造成设备或财产损失1万元以下	主要备用设备退出备用24h以内	性能无影响	4	较小风险
14	酸贮存罐阀门管路及罐体	漏酸	长期运行老化	泄漏、腐蚀	停运	可靠性降低	损坏	可能造成设备或财产损失1万元以上10万元以下	导致生产中断1～7天或生产工艺50%及以上	维修后恢复设备性能	6	中风险
15	碱贮存罐阀门管路及罐体	漏碱	长期运行老化	泄漏、腐蚀	停运	可靠性降低	损坏	可能造成设备或财产损失1万元以上10万元以下	导致生产中断1～7天或生产工艺50%及以上	维修后恢复设备性能	6	中风险
16	加氨装置阀门管路	漏氨	长期运行老化	泄漏	停运	可靠性降低	损坏	可能造成设备或财产损失1万元以上10万元以下	导致生产中断1～7天或生产工艺50%及以上	维修后恢复设备性能	6	中风险
17	自动加氧装置阀门管路	泄漏	长期运行老化	泄漏、腐蚀	停运	可靠性降低	损坏	可能造成设备或财产损失1万元以下	主要备用设备退出备用24h以内	性能无影响	4	较小风险
18	液氨储罐阀门管路及罐体	漏氨	长期运行老化	泄漏	停运	可靠性降低	损坏	可能造成设备或财产损失10万元以上100万元以下	导致生产中断7天及以上	维修后恢复设备性能	14	较大风险
19	液氨蒸发器阀门管路及罐体	漏氨	长期运行老化	泄漏	停运	可靠性降低	损坏	可能造成设备或财产损失10万元以上100万元以下	导致生产中断7天及以上	维修后恢复设备性能	14	较大风险
20	气氨缓冲罐阀门管路及罐体	漏氨	长期运行老化	泄漏	停运	可靠性降低	损坏	可能造成设备或财产损失10万元以上100万元以下	导致生产中断7天及以上	维修后恢复设备性能	14	较大风险

续表

序号	部件	故障条件			故障影响			故障损失			风险值	风险等级
		模式	原因	现象	系统	设备	部件	经济损失	生产中断	设备损坏		
21	卸氨压缩机轴承	轴承磨损	供油中断	轴承温度升高，振动大，异响	无	可靠性降低	损坏	可能造成设备或财产损失1万元以下	主要备用设备退出备用24h以内	性能无影响	4	较小风险
22	卸氨压缩机阀门管路	漏氨	长期运行老化	泄漏	无	可靠性降低	损坏	可能造成设备或财产损失1万元以上10万元以下	导致生产中断1～7天或生产工艺50%及以上	维修后恢复设备性能	6	中风险
23	供氢汇流排阀门管路	漏氢	长期运行老化	泄漏	无	可靠性降低	损坏	可能造成设备或财产损失1万元以上10万元以下	导致生产中断1～7天或生产工艺50%及以上	维修后恢复设备性能	6	中风险
24	反应沉淀池加药管路	漏次氯酸钠、漏聚合铝	长期运行老化	泄漏	无	可靠性降低	损坏	可能造成设备或财产损失1万元以下	主要备用设备退出备用24h以内	性能无影响	4	较小风险
25	空气擦洗滤池阀门管路	泄漏	长期运行老化	泄漏	无	可靠性降低	损坏	可能造成设备或财产损失1万元以下	主要备用设备退出备用24h以内	性能无影响	4	较小风险
26	活性炭过滤器阀门管路	泄漏	长期运行老化	泄漏	无	可靠性降低	损坏	可能造成设备或财产损失1万元以下	主要备用设备退出备用24h以内	性能无影响	4	较小风险
27	多介质过滤器阀门管路	泄漏	长期运行老化	泄漏	无	可靠性降低	损坏	可能造成设备或财产损失1万元以下	主要备用设备退出备用24h以内	性能无影响	4	较小风险
28	超滤阀门管路	泄漏	长期运行老化	泄漏	无	可靠性降低	损坏	可能造成设备或财产损失1万元以下	主要备用设备退出备用24h以内	性能无影响	4	较小风险
29	超滤加药管路	漏酸、漏碱	长期运行老化	泄漏	无	可靠性降低	损坏	可能造成设备或财产损失1万元以下	主要备用设备退出备用24h以内	性能无影响	4	较小风险
30	一级反渗透阀门管路	泄漏	长期运行老化	泄漏	无	可靠性降低	损坏	可能造成设备或财产损失1万元以下	主要备用设备退出备用24h以内	性能无影响	4	较小风险
31	加一级反渗透药管路	漏阻垢剂	长期运行老化	泄漏	无	可靠性降低	损坏	可能造成设备或财产损失1万元以下	主要备用设备退出备用24h以内	性能无影响	4	较小风险

续表

序号	部件	故障条件			故障影响			故障损失			风险值	风险等级
		模式	原因	现象	系统	设备	部件	经济损失	生产中断	设备损坏		
32	离子交换器阀门管路	泄漏	长期运行老化	泄漏	无	可靠性降低	损坏	可能造成设备或财产损失1万元以下	主要备用设备退出备用24h以内	性能无影响	4	较小风险
33	离子交换器加药管路	漏酸、漏碱	长期运行老化	泄漏	无	可靠性降低	损坏	可能造成设备或财产损失1万元以下	主要备用设备退出备用24h以内	性能无影响	4	较小风险
34	二级反渗透阀门管路	泄漏	长期运行老化	泄漏	无	可靠性降低	损坏	可能造成设备或财产损失1万元以下	主要备用设备退出备用24h以内	性能无影响	4	较小风险
35	二级反渗透加药管路	漏碱	长期运行老化	泄漏	无	可靠性降低	损坏	可能造成设备或财产损失1万元以下	主要备用设备退出备用24h以内	性能无影响	4	较小风险
36	EDI 电除盐阀门管路	泄漏	长期运行老化	泄漏	无	可靠性降低	损坏	可能造成设备或财产损失1万元以下	主要备用设备退出备用24h以内	性能无影响	4	较小风险
37	工业废水池阀门管路及池体	泄漏	长期运行老化	泄漏	无	可靠性降低	损坏	可能造成设备或财产损失1万元以下	主要备用设备退出备用24h以内	性能无影响	4	较小风险
38	污泥脱水机轴承	轴承磨损	润滑不良	轴承温度升高，振动大，异响	无	可靠性降低	损坏	可能造成设备或财产损失1万元以下	主要备用设备退出备用24h以内	性能无影响	4	较小风险
39	污泥脱水机轴	弯曲	轴卡涩	振动大，异响	无	可靠性降低	损坏	可能造成设备或财产损失1万元以下	主要备用设备退出备用24h以内	性能无影响	4	较小风险

设备风险控制卡

区域：厂房　　　　系统：化学水系统　　　　设备：水处理设备

序号	部件	故障条件			风险等级	日常控制措施			定期检修维护			临时措施
		模式	原因	现象		措施	检查方法	周期（天）	措施	检修方法	周期（月）	
1	凝结水泵机械密封	磨损	水泵轴向窜动大	漏水	较小风险	定期巡检	目视	1	控制密封水压力、洁净度	检查、更换	12	无
2	凝结水泵轴承	轴承磨损	润滑不良	轴承温度升高，振动大，异响	较小风险	定期巡检	测振、测温	1	防止碰磨	检查、更换	12	无
3	凝结水泵泵轴	弯曲	泵轴或叶轮卡涩	振动大，异响	较小风险	定期巡检	测振、测温	1	定期换油、加油脂	检查、更换	12	无

续表

序号	部件	故障条件			风险等级	日常控制措施			定期检修维护			临时措施
		模式	原因	现象		措施	检查方法	周期（天）	措施	检修方法	周期（月）	
4	高速混床阀门管路及罐体	泄漏	长期运行老化	泄漏	较小风险	定期巡检	目视	1				无
5	前置过滤器阀门管路及罐体	泄漏	长期运行老化	泄漏	较小风险	定期巡检	目视	1				无
6	再循环泵机械密封	磨损	水泵轴向窜动大	漏水	较小风险	定期巡检	目视	1	控制密封水压力、洁净度	检查、更换	12	无
7	再循环泵轴承	轴承磨损	润滑不良	轴承温度升高，振动大，异响	较小风险	定期巡检	测振、测温	1	防止碰磨	检查、更换	12	无
8	再循环泵泵轴	弯曲	泵轴或叶轮卡涩	振动大，异响	较小风险	定期巡检	测振、测温	1	定期换油、加油脂	检查、更换	12	无
9	树脂分离塔阀门管路及罐体	泄漏	长期运行老化	泄漏	较小风险	定期巡检	目视	1	检查管件密封情况，检查罐体、管道腐蚀情况	消除缺陷	72	无
10	阳再生塔阀门管路及罐体	泄漏	长期运行老化	泄漏	较小风险	定期巡检	目视	1	检查管件密封情况，检查罐体、管道腐蚀情况	消除缺陷	72	无
11	阳再生塔阀门管路及罐体	泄漏	长期运行老化	泄漏	较小风险	定期巡检	目视	1	检查管件密封情况，检查罐体、管道腐蚀情况	消除缺陷	72	无
12	树脂贮存阀门管路及罐体	泄漏	长期运行老化	泄漏	较小风险	定期巡检	目视	1	检查管件密封情况，检查罐体、管道腐蚀情况	消除缺陷	72	无
13	电热水箱阀门管路及罐体	泄漏	长期运行老化	泄漏	较小风险	定期巡检	目视	1	检查管件密封情况，检查罐体、管道腐蚀情况	消除缺陷	72	无
14	酸贮存罐阀门管路及罐体	漏酸	长期运行老化	泄漏、腐蚀	中风险	日常巡检，检查泄漏情况	目视	1	检查管件密封情况，检查罐体、管道腐蚀情况	消除影响密封的缺陷（更换腐蚀的管道、接头、法兰），更换密封件，修补罐体，做好内部防腐措施	72	无

续表

序号	部件	故障条件			风险等级	日常控制措施			定期检修维护			临时措施
		模式	原因	现象		措施	检查方法	周期（天）	措施	检修方法	周期（月）	
15	碱贮存罐阀门管路及罐体	漏碱	长期运行老化	泄漏、腐蚀	中风险	日常巡检，检查泄漏情况	目视	1	检查管件密封情况，检查罐体、管道腐蚀情况	消除影响密封的缺陷（更换腐蚀的管道、接头、法兰），更换密封件，修补罐体，做好内部防腐措施	72	无
16	加氨装置阀门管路	漏氨	长期运行老化	泄漏	中风险	日常巡检，检查泄漏情况	目视	1	检查管件密封情况，检查管道腐蚀情况	消除影响密封的缺陷（更换腐蚀的管道、接头、法兰），更换密封件	72	无
17	自动加氧装置阀门管路	泄漏	长期运行老化	泄漏、腐蚀	较小风险	定期巡检	目视	1	检查管件密封情况，检查罐体、管道腐蚀情况	消除缺陷	72	无
18	液氨储罐阀门管路及罐体	漏氨	长期运行老化	泄漏	较大风险	定期巡检	目视	1	检查管件密封情况，检查罐体、管道腐蚀情况	消除缺陷	72	无
19	液氨蒸发器阀门管路及罐体	漏氨	长期运行老化	泄漏	较大风险	定期巡检	目视	1	检查管件密封情况，检查罐体、管道腐蚀情况	消除缺陷	72	无
20	气氨缓冲罐阀门管路及罐体	漏氨	长期运行老化	泄漏	较大风险	定期巡检	目视	1	检查管件密封情况，检查罐体、管道腐蚀情况	消除缺陷	72	无
21	卸氨压缩机轴承	轴承磨损	供油中断	轴承温度升高，振动大，异响	较小风险	定期巡检	测振、测温	1	防止碰磨	检查、更换	12	无
22	卸氨压缩机阀门管路	漏氨	长期运行老化	泄漏	中风险	日常巡检，检查泄漏情况	目视	1	检查管件密封情况，检查管道腐蚀情况	消除影响密封的缺陷（更换腐蚀的管道、接头、法兰），更换密封件	72	无
23	供氢汇流排阀门管路	漏氢	长期运行老化	泄漏	中风险	日常巡检，检查泄漏情况	便携式测氢仪	1	检查管件密封情况，检查管道腐蚀情况	消除影响密封的缺陷（更换腐蚀的管道、接头、法兰），更换密封件	72	无
24	反应沉淀池加药管路	漏次氯酸钠、漏聚合铝	长期运行老化	泄漏	较小风险	定期巡检	目视	1	检查管件密封情况，检查罐体、管道腐蚀情况	消除缺陷	72	无

续表

序号	部件	故障条件			风险等级	日常控制措施			定期检修维护			临时措施
		模式	原因	现象		措施	检查方法	周期（天）	措施	检修方法	周期（月）	
25	空气擦洗滤池阀门管路	泄漏	长期运行老化	泄漏	较小风险	定期巡检	目视	1	检查管件密封情况，检查罐体、管道腐蚀情况	消除缺陷	72	无
26	活性炭过滤器阀门管路	泄漏	长期运行老化	泄漏	较小风险	定期巡检	目视	1	检查管件密封情况，检查罐体、管道腐蚀情况	消除缺陷	72	无
27	多介质过滤器阀门管路	泄漏	长期运行老化	泄漏	较小风险	定期巡检	目视	1	检查管件密封情况，检查罐体、管道腐蚀情况	消除缺陷	72	无
28	超滤阀门管路	泄漏	长期运行老化	泄漏	较小风险	定期巡检	目视	1	检查管件密封情况，检查罐体、管道腐蚀情况	消除缺陷	72	无
29	超滤加药管路	漏酸、漏碱	长期运行老化	泄漏	较小风险	定期巡检	目视	1	检查管件密封情况，检查罐体、管道腐蚀情况	消除缺陷	72	无
30	一级反渗透阀门管路	泄漏	长期运行老化	泄漏	较小风险	定期巡检	目视	1	检查管件密封情况，检查罐体、管道腐蚀情况	消除缺陷	72	无
31	加一级反渗透药管路	漏阻垢剂	长期运行老化	泄漏	较小风险	定期巡检	目视	1	检查管件密封情况，检查罐体、管道腐蚀情况	消除缺陷	72	无
32	离子交换器阀门管路	泄漏	长期运行老化	泄漏	较小风险	定期巡检	目视	1	检查管件密封情况，检查罐体、管道腐蚀情况	消除缺陷	72	无
33	离子交换器加药管路	漏酸、漏碱	长期运行老化	泄漏	较小风险	定期巡检	目视	1	检查管件密封情况，检查罐体、管道腐蚀情况	消除缺陷	72	无
34	二级反渗透阀门管路	泄漏	长期运行老化	泄漏	较小风险	定期巡检	目视	1	检查管件密封情况，检查罐体、管道腐蚀情况	消除缺陷	72	无
35	二级反渗透加药管路	漏碱	长期运行老化	泄漏	较小风险	定期巡检	目视	1	检查管件密封情况，检查罐体、管道腐蚀情况	消除缺陷	72	无
36	EDI 电除盐阀门管路	泄漏	长期运行老化	泄漏	较小风险	定期巡检	目视	1	检查管件密封情况，检查罐体、管道腐蚀情况	消除缺陷	72	无

续表

序号	部件	故障条件			风险等级	日常控制措施			定期检修维护			临时措施
		模式	原因	现象		措施	检查方法	周期（天）	措施	检修方法	周期（月）	
37	工业废水池阀门管路及池体	泄漏	长期运行老化	泄漏	较小风险	定期巡检	目视	1	检查管件密封情况，检查罐体、管道腐蚀情况	消除缺陷	72	无
38	污泥脱水机轴承	轴承磨损	润滑不良	轴承温度升高，振动大，异响	较小风险	定期巡检	测振、测温	1	防止碰磨	检查、更换	12	无
39	污泥脱水机轴	弯曲	轴卡涩	振动大，异响	较小风险	定期巡检	测振、测温	1	定期换油、加油脂	检查、更换	12	无

23 输煤设备

设备风险评估表

区域：煤仓及输煤　　　　系统：输煤系统　　　　设备：输煤设备

序号	部件	故障条件			故障影响			故障损失			风险值	风险等级
		模式	原因	现象	系统	设备	部件	经济损失	生产中断	设备损坏		
1	皮带机胶带	断裂、划伤	异物卡塞、胶带老化磨损	龟裂、破损、脱胶	停运	设备退备	磨损或断裂	可能造成设备或财产损失10万元以上100万元以下	导致生产中断7天及以上	维修后恢复设备性能	14	较大风险
2		老化或异常磨损	异物卡塞、胶带老化磨损	龟裂、破损、脱胶	停运	设备退备	磨损或断裂	可能造成设备或财产损失10万元以上100万元以下	导致生产中断7天及以上	维修后恢复设备性能	14	较大风险
3	皮带机托辊	断裂	轴承磨损、缺油、进灰，辊壁磨断	托辊轴承有异响并发热	运行，可靠性降低	可靠性降低	损坏	可能造成设备或财产损失1万元以下	主要备用设备退出备用24h以内	性能无影响	4	较小风险
4		磨损	轴承磨损、缺油、进灰，辊壁磨断	托辊轴承有异响并发热	运行，可靠性降低	可靠性降低	损坏	可能造成设备或财产损失1万元以下	主要备用设备退出备用24h以内	性能无影响	4	较小风险
5	皮带机滚筒	磨损	轴承磨损、缺油、进灰，胶板磨损	异响、过热	停运	设备退备	损坏	可能造成设备或财产损失1万元以上10万元以下	导致生产中断1～7天或生产工艺50%及以上	维修后恢复设备性能	6	中等风险
6	皮带机轴承	碎裂	磨损、缺油、进灰，安装不当	轴承发热有异响	停运	设备退备	损坏	可能造成设备或财产损失1万元以下	主要备用设备退出备用24h以内	性能无影响	4	较小风险
7		磨损	磨损、缺油、进灰，安装不当	轴承发热有异响	停运	设备退备	损坏	可能造成设备或财产损失1万元以下	主要备用设备退出备用24h以内	性能无影响	4	较小风险
8		异响、过热	磨损、缺油、进灰，安装不当	轴承发热有异响	停运	设备退备	损坏	可能造成设备或财产损失1万元以下	主要备用设备退出备用24h以内	性能无影响	4	较小风险

续表

序号	部件	故障条件			故障影响			故障损失			风险值	风险等级
		模式	原因	现象	系统	设备	部件	经济损失	生产中断	设备损坏		
9	皮带机减速机	点蚀、变形	轴承或齿轮磨损、油封老化、润滑油变质或缺油，安装不当	过热、有异响、振动大	停运	设备退备	损坏	可能造成设备或财产损失1万元以上10万元以下	导致生产中断1～7天或生产工艺50%及以上	维修后恢复设备性能	6	中等风险
10		磨损、疲劳	轴承或齿轮磨损、油封老化、润滑油变质或缺油，安装不当	过热、有异响、振动大	停运	设备退备	损坏	可能造成设备或财产损失1万元以上10万元以下	导致生产中断1～7天或生产工艺50%及以上	维修后恢复设备性能	6	中等风险
11		渗油	轴承或齿轮磨损、油封老化、润滑油变质或缺油，安装不当	过热、有异响、振动大	停运	设备退备	损坏	可能造成设备或财产损失1万元以上10万元以下	导致生产中断1～7天或生产工艺50%及以上	维修后恢复设备性能	6	中等风险
12		异响、过热	轴承或齿轮磨损、油封老化、润滑油变质或缺油，安装不当	过热、有异响、振动大	停运	设备退备	损坏	可能造成设备或财产损失1万元以上10万元以下	导致生产中断1～7天或生产工艺50%及以上	维修后恢复设备性能	6	中等风险
13	皮带机耦合器	磨损	油封磨损、轴承磨损或损坏、油过多或过少	渗油、异响	停运	设备退备	损坏	可能造成设备或财产损失1万元以上10万元以下	导致生产中断1～7天或生产工艺50%及以上	维修后恢复设备性能	6	中等风险
14		渗漏	油封磨损、轴承磨损或损坏、油过多或过少	渗油、异响	停运	设备退备	损坏	可能造成设备或财产损失1万元以上10万元以下	导致生产中断1～7天或生产工艺50%及以上	维修后恢复设备性能	6	中等风险
15	皮带机液压拉紧	压力过高或过低	部件老化磨损	渗油、异响、压力低	停运	造成皮带打滑、跑偏、撕坏	损坏	可能造成设备或财产损失1万元以上10万元以下	导致生产中断1～7天或生产工艺50%及以上	维修后恢复设备性能	6	中等风险
16		渗油	部件老化磨损	渗油、异响、压力低	停运	造成皮带打滑、跑偏、撕坏	损坏	可能造成设备或财产损失1万元以上10万元以下	导致生产中断1～7天或生产工艺50%及以上	维修后恢复设备性能	6	中等风险

续表

序号	部件	故障条件			故障影响			故障损失			风险值	风险等级
		模式	原因	现象	系统	设备	部件	经济损失	生产中断	设备损坏		
17	皮带机制动器	磨损	闸瓦磨损、制动间隙大	制动滑行距离长	停运	故障停机时易倒煤，扩大故障面	损坏	可能造成设备或财产损失1万元以下	主要备用设备退出备用24h以内	性能无影响	4	较小风险
18		行程失调	闸瓦磨损、制动间隙大	制动滑行距离长	停运	故障停机时易倒煤，扩大故障面	损坏	可能造成设备或财产损失1万元以下	主要备用设备退出备用24h以内	性能无影响	4	较小风险
19	皮带机清扫器	磨损	磨损、变形	刮煤不净	运行	影响文明生产	损坏	可能造成设备或财产损失1万元以下	主要备用设备退出备用24h以内	性能无影响	4	较小风险
20	电动三通	磨损	衬板磨损，螺栓松动，粘煤	漏煤、堵塞、切换不到位	运行	可靠性降低	损坏	可能造成设备或财产损失1万元以下	主要备用设备退出备用24h以内	性能无影响	4	较小风险
21		堵塞	衬板磨损，螺栓松动，粘煤	漏煤、堵塞、切换不到位	运行	可靠性降低	损坏	可能造成设备或财产损失1万元以下	主要备用设备退出备用24h以内	性能无影响	4	较小风险
22	电动三通推杆	行程失调	推杆卡死	切换不到位	停运	可靠性降低	损坏	可能造成设备或财产损失1万元以下	主要备用设备退出备用24h以内	性能无影响	4	较小风险
23	刮水器	磨损	部件磨损、推杆缺油卡死	卡死、刮水不净	运行	影响文明生产	损坏	可能造成设备或财产损失1万元以下	主要备用设备退出备用24h以内	性能无影响	4	较小风险
24	落煤管	磨损	衬板磨损、螺栓松动；粘煤板结	落煤管漏煤或堵塞	运行	影响文明生产，设备退备	损坏	可能造成设备或财产损失1万元以下	主要备用设备退出备用24h以内	性能无影响	4	较小风险
25		松动	衬板磨损、螺栓松动；粘煤板结	落煤管漏煤或堵塞	运行	影响文明生产，设备退备	损坏	可能造成设备或财产损失1万元以下	主要备用设备退出备用24h以内	性能无影响	4	较小风险
26		堵塞	衬板磨损、螺栓松动；粘煤板结	落煤管漏煤或堵塞	运行	影响文明生产，设备退备	损坏	可能造成设备或财产损失1万元以下	主要备用设备退出备用24h以内	性能无影响	4	较小风险
27	碎煤机轴承	碎裂	磨损、缺油、进灰，安装不当	轴承发热有异响	停运	设备退备	损坏	可能造成设备或财产损失1万元以上10万元以下	导致生产中断1～7天或生产工艺50%及以上	维修后恢复设备性能	6	中等风险
28		磨损	磨损、缺油、进灰，安装不当	轴承发热有异响	停运	设备退备	损坏	可能造成设备或财产损失1万元以上10万元以下	导致生产中断1～7天或生产工艺50%及以上	维修后恢复设备性能	6	中等风险

续表

序号	部件	故障条件			故障影响			故障损失			风险值	风险等级
		模式	原因	现象	系统	设备	部件	经济损失	生产中断	设备损坏		
29	碎煤机轴承	异响、过热	磨损、缺油、进灰，安装不当	轴承发热有异响	停运	设备退备	损坏	可能造成设备或财产损失1万元以上10万元以下	导致生产中断1~7天或生产工艺50%及以上	维修后恢复设备性能	6	中等风险
30	碎煤机环锤	碎裂	进入异物、磨损	振动超标、破损效率下降	停运	设备退备	损坏	可能造成设备或财产损失1万元以上10万元以下	导致生产中断1~7天或生产工艺50%及以上	维修后恢复设备性能	6	中等风险
31		磨损	进入异物、磨损	振动超标、破损效率下降	停运	设备退备	损坏	可能造成设备或财产损失1万元以上10万元以下	导致生产中断1~7天或生产工艺50%及以上	维修后恢复设备性能	6	中等风险
32	碎煤机耦合器	磨损	油封磨损、轴承磨损或损坏、油过多或过少	渗油、异响	停运	设备退备	损坏	可能造成设备或财产损失1万元以上10万元以下	导致生产中断1~7天或生产工艺50%及以上	维修后恢复设备性能	6	中等风险
33		渗漏	油封磨损、轴承磨损或损坏、油过多或过少	渗油、异响	停运	设备退备	损坏	可能造成设备或财产损失1万元以上10万元以下	导致生产中断1~7天或生产工艺50%及以上	维修后恢复设备性能	6	中等风险
34	碎煤机筛板	变形	进入异物、磨损	进大煤块	停运	可靠性降低	损坏	可能造成设备或财产损失1万元以上10万元以下	导致生产中断1~7天或生产工艺50%及以上	维修后恢复设备性能	6	中等风险
35		断裂	进入异物、磨损	进大煤块	停运	可靠性降低	损坏	可能造成设备或财产损失1万元以上10万元以下	导致生产中断1~7天或生产工艺50%及以上	维修后恢复设备性能	6	中等风险
36	滚轴筛减速机	点蚀、变形	轴承或齿轮磨损、油封老化、润滑油变质或缺油，安装不当	过热、有异响、振动大	停运	设备退备	损坏	可能造成设备或财产损失1万元以上10万元以下	导致生产中断1~7天或生产工艺50%及以上	维修后恢复设备性能	6	中等风险

续表

序号	部件	故障条件			故障影响			故障损失			风险值	风险等级
		模式	原因	现象	系统	设备	部件	经济损失	生产中断	设备损坏		
37	滚轴筛减速机	磨损、疲劳	轴承或齿轮磨损、油封老化、润滑油变质或缺油，安装不当	过热、有异响、振动大	停运	设备退备	损坏	可能造成设备或财产损失1万元以上10万元以下	导致生产中断1～7天或生产工艺50%及以上	维修后恢复设备性能	6	中等风险
38	滚轴筛减速机	渗油	轴承或齿轮磨损、油封老化、润滑油变质或缺油，安装不当	过热、有异响、振动大	停运	设备退备	损坏	可能造成设备或财产损失1万元以上10万元以下	导致生产中断1～7天或生产工艺50%及以上	维修后恢复设备性能	6	中等风险
39	滚轴筛减速机	异响、过热	轴承或齿轮磨损、油封老化、润滑油变质或缺油，安装不当	过热、有异响、振动大	停运	设备退备	损坏	可能造成设备或财产损失1万元以上10万元以下	导致生产中断1～7天或生产工艺50%及以上	维修后恢复设备性能	6	中等风险
40	滚轴筛轴承	碎裂	磨损、缺油、进灰，安装不当	轴承发热有异响	停运	设备退备	损坏	可能造成设备或财产损失1万元以上10万元以下	导致生产中断1～7天或生产工艺50%及以上	维修后恢复设备性能	6	中等风险
41	滚轴筛轴承	磨损	磨损、缺油、进灰，安装不当	轴承发热有异响	停运	设备退备	损坏	可能造成设备或财产损失1万元以上10万元以下	导致生产中断1～7天或生产工艺50%及以上	维修后恢复设备性能	6	中等风险
42	滚轴筛轴承	异响、过热	磨损、缺油、进灰，安装不当	轴承发热有异响	停运	设备退备	损坏	可能造成设备或财产损失1万元以上10万元以下	导致生产中断1～7天或生产工艺50%及以上	维修后恢复设备性能	6	中等风险
43	滚轴筛筛片	磨损	磨损	筛分效率下降	运行	可靠性降低	损坏	可能造成设备或财产损失1万元以下	主要备用设备退出备用24h以内	性能无影响	4	较小风险
44	滚轴筛清扫板	断裂、变形	磨损	筛轴粘煤，筛分效率下降	运行	设备频发卡跳，可靠性降低	损坏	可能造成设备或财产损失1万元以下	主要备用设备退出备用24h以内	性能无影响	4	较小风险
45	滚轴筛清扫板	磨损	磨损	筛轴粘煤，筛分效率下降	运行	设备频发卡跳，可靠性降低	损坏	可能造成设备或财产损失1万元以下	主要备用设备退出备用24h以内	性能无影响	4	较小风险

续表

序号	部件	故障条件			故障影响			故障损失			风险值	风险等级
		模式	原因	现象	系统	设备	部件	经济损失	生产中断	设备损坏		
46	除铁器胶带	断裂、划伤	异物卡塞、胶带老化磨损	龟裂、破损、脱胶	停运	设备退备	损坏	可能造成设备或财产损失1万元以上10万元以下	导致生产中断1～7天或生产工艺50%及以上	维修后恢复设备性能	6	中等风险
47		老化、磨损	异物卡塞、胶带老化磨损	龟裂、破损、脱胶	停运	设备退备	损坏	可能造成设备或财产损失1万元以上10万元以下	导致生产中断1～7天或生产工艺50%及以上	维修后恢复设备性能	6	中等风险
48	除铁器托辊	断裂	轴承磨损、缺油、进灰，辊壁磨断	托辊轴承有异响并发热	运行	可靠性降低	损坏	可能造成设备或财产损失1万元以下	主要备用设备退出备用24h以内	性能无影响	4	较小风险
49		异常磨损	轴承磨损、缺油、进灰，辊壁磨断	托辊轴承有异响并发热	运行	可靠性降低	损坏	可能造成设备或财产损失1万元以下	主要备用设备退出备用24h以内	性能无影响	4	较小风险
50	除铁器滚筒	磨损	轴承磨损、缺油、进灰，胶板磨损	异响、过热	停运	设备退备	损坏	可能造成设备或财产损失1万元以上10万元以下	导致生产中断1～7天或生产工艺50%及以上	维修后恢复设备性能	6	中等风险
51	除铁器链轮、链条	断裂	链条、链轮磨损、断裂、过松	异响、传动失效	停运	设备退备	损坏	可能造成设备或财产损失1万元以上10万元以下	导致生产中断1～7天或生产工艺50%及以上	维修后恢复设备性能	6	中等风险
52		磨损	链条、链轮磨损、断裂、过松	异响、传动失效	停运	设备退备	损坏	可能造成设备或财产损失1万元以上10万元以下	导致生产中断1～7天或生产工艺50%及以上	维修后恢复设备性能	6	中等风险
53	除铁器轴承	碎裂	磨损、缺油进灰、安装不当	轴承发热有异响	停运	设备退备	损坏	可能造成设备或财产损失1万元以上10万元以下	导致生产中断1～7天或生产工艺50%及以上	维修后恢复设备性能	6	中等风险
54		磨损	磨损、缺油进灰、安装不当	轴承发热有异响	停运	设备退备	损坏	可能造成设备或财产损失1万元以上10万元以下	导致生产中断1～7天或生产工艺50%及以上	维修后恢复设备性能	6	中等风险

续表

序号	部件	故障条件			故障影响			故障损失			风险值	风险等级
		模式	原因	现象	系统	设备	部件	经济损失	生产中断	设备损坏		
55	除铁器轴承	异响、过热	磨损、缺油进灰、安装不当	轴承发热有异响	停运	设备退备	损坏	可能造成设备或财产损失1万元以上10万元以下	导致生产中断1～7天或生产工艺50%及以上	维修后恢复设备性能	6	中等风险
56	除铁器减速机	点蚀、变形	轴承或齿轮磨损、油封老化、润滑油变质或缺油，安装不当	过热、有异响	停运	设备退备	损坏	可能造成设备或财产损失1万元以上10万元以下	导致生产中断1～7天或生产工艺50%及以上	维修后恢复设备性能	6	中等风险
57		磨损、疲劳	轴承或齿轮磨损、油封老化、润滑油变质或缺油，安装不当	过热、有异响	停运	设备退备	损坏	可能造成设备或财产损失1万元以上10万元以下	导致生产中断1～7天或生产工艺50%及以上	维修后恢复设备性能	6	中等风险
58		渗油	轴承或齿轮磨损、油封老化、润滑油变质或缺油，安装不当	过热、有异响	停运	设备退备	损坏	可能造成设备或财产损失1万元以上10万元以下	导致生产中断1～7天或生产工艺50%及以上	维修后恢复设备性能	6	中等风险
59		异响、过热	轴承或齿轮磨损、油封老化、润滑油变质或缺油，安装不当	过热、有异响	停运	设备退备	损坏	可能造成设备或财产损失1万元以上10万元以下	导致生产中断1～7天或生产工艺50%及以上	维修后恢复设备性能	6	中等风险
60	犁煤器主犁	磨损	劣化、磨损	挂煤不净	运行	可靠性降低	损坏	可能造成设备或财产损失1万元以下	主要备用设备退出备用24h以内	性能无影响	4	较小风险
61		行程失调	劣化、磨损	挂煤不净	运行	可靠性降低	损坏	可能造成设备或财产损失1万元以下	主要备用设备退出备用24h以内	性能无影响	4	较小风险
62	犁煤器副犁	磨损	劣化、磨损	挂煤不净	运行	可靠性降低	损坏	可能造成设备或财产损失1万元以下	主要备用设备退出备用24h以内	性能无影响	4	较小风险
63		行程失调	劣化、磨损	挂煤不净	运行	可靠性降低	损坏	可能造成设备或财产损失1万元以下	主要备用设备退出备用24h以内	性能无影响	4	较小风险

续表

序号	部件	故障条件			故障影响			故障损失			风险值	风险等级
		模式	原因	现象	系统	设备	部件	经济损失	生产中断	设备损坏		
64	犁煤器托辊	断裂	轴承磨损、缺油、进灰，辊壁磨断	托辊轴承有异响并发热	运行	设备退备	损坏	可能造成设备或财产损失1万元以下	主要备用设备退出备用24h以内	性能无影响	4	较小风险
65		磨损	轴承磨损、缺油、进灰，辊壁磨断	托辊轴承有异响并发热	运行	设备退备	损坏	可能造成设备或财产损失1万元以下	主要备用设备退出备用24h以内	性能无影响	4	较小风险
66	犁煤器推杆	变形、卡塞	劣化、磨损、缺油	无法抬落犁到位	停运	可靠性降低	损坏	可能造成设备或财产损失1万元以上10万元以下	导致生产中断1～7天或生产工艺50%及以上	维修后恢复设备性能	6	中等风险
67		磨损	劣化、磨损、缺油	无法抬落犁到位	停运	可靠性降低	损坏	可能造成设备或财产损失1万元以上10万元以下	导致生产中断1～7天或生产工艺50%及以上	维修后恢复设备性能	6	中等风险
68		行程失调	劣化、磨损、缺油	无法抬落犁到位	停运	可靠性降低	损坏	可能造成设备或财产损失1万元以上10万元以下	导致生产中断1～7天或生产工艺50%及以上	维修后恢复设备性能	6	中等风险

设备风险控制卡

区域：煤仓及输煤　　系统：输煤系统　　设备：输煤设备

序号	部件	故障条件			风险等级	日常控制措施			定期检修维护			临时措施
		模式	原因	现象		措施	检查方法	周期（天）	措施	检修方法	周期（月）	
1	皮带机胶带	断裂、划伤	异物卡塞、胶带老化磨损	龟裂、破损、脱胶	较大风险	日常点检	看+听	2	检查，必要时更换	修补，更换	24	修补，更换
2		老化或异常磨损	异物卡塞、胶带老化磨损	龟裂、破损、脱胶	较大风险	检查、加油、清扫	看	2	更换	更换	24	拆除，更换
3	皮带机托辊	断裂	轴承磨损、缺油、进灰，辊壁磨断	托辊轴承有异响并发热	较小风险	检查、加油、清扫	看	7	检查、更换、加固	焊补、加油、更换	24	焊补、紧固、调整加油、更换
4		磨损	轴承磨损、缺油、进灰，辊壁磨断	托辊轴承有异响并发热	较小风险	检查、加油、	听+测温+测振	7	检查、加油更换、加固	调整加油、更换	24	修补、焊补、紧固、调整加油、更换
5	皮带机滚筒	磨损	轴承磨损、缺油、进灰，胶板磨损	异响、过热	中等风险	检查、加油、清扫	听+测温+测振	7	检查、更换、加固	紧固、调整加油、更换	24	补漏、紧固、调整加油、更换

续表

序号	部件	故障条件			风险等级	日常控制措施			定期检修维护			临时措施
		模式	原因	现象		措施	检查方法	周期（天）	措施	检修方法	周期（月）	
6	皮带机轴承	碎裂	磨损、缺油、进灰，安装不当	轴承发热有异响	较小风险	检查、加油、清扫	看+听	7	检查、更换、加固	修补、焊补、紧固、加油、更换	24	补漏、紧固、加油、更换
7	皮带机轴承	磨损	磨损、缺油、进灰，安装不当	轴承发热有异响	较小风险	检查、加油、清扫	看+听+摸+测温+测振	7	检查、更换、加固	修补、焊补、紧固、加油、更换	24	修补、焊补、紧固、加油、更换
8	皮带机轴承	异响、过热	磨损、缺油、进灰，安装不当	轴承发热有异响	较小风险	检查、加油、清扫	看+摸	7	检查、更换、加固	调整加油、更换	24	打开状态、调整、加油、更换
9	皮带机减速机	点蚀、变形	轴承或齿轮磨损、油封老化、润滑油变质或缺油，安装不当	过热、有异响、振动大	中等风险	检查、清扫	看	2	检查、更换、加固	紧固、调整、更换	24	打开状态、紧固、调整更换
10	皮带机减速机	磨损、疲劳	轴承或齿轮磨损、油封老化、润滑油变质或缺油，安装不当	过热、有异响、振动大	中等风险	检查、清扫	看	2	检查、更换、加固	焊补、更换	24	修补、焊补、清理更换
11	皮带机减速机	渗油	轴承或齿轮磨损、油封老化、润滑油变质或缺油，安装不当	过热、有异响、振动大	中等风险	检查、清扫	看+听+摸	7	检查、更换、加固	紧固、调整更换	24	紧固、调整更换
12	皮带机减速机	异响、过热	轴承或齿轮磨损、油封老化、润滑油变质或缺油，安装不当	过热、有异响、振动大	中等风险	检查、清扫	看+听	7	检查、更换、加固	修补、焊补、紧固、调整更换	24	紧固、调整更换
13	皮带机耦合器	磨损	油封磨损、轴承磨损或损坏、油过多或过少	渗油、异响	中等风险	检查、清扫	看+听	7	检查、更换、加固	焊补、更换	24	修补、焊补、清理、更换
14	皮带机耦合器	渗漏	油封磨损、轴承磨损或损坏、油过多或过少	渗油、异响	中等风险	检查、加油、清扫	看+听+摸+测温+测振	7	检查、更换、加固	调整加油、更换	24	调整、加油、更换
15	皮带机液压拉紧	压力过高或过低	部件老化磨损	渗油、异响、压力低	中等风险	检查、清扫	看+听+摸+测温+测振	7	检查、更换、加固	修补、焊补、紧固、调整、清扫更换	24	修补、焊补、紧固、调整、更换
16	皮带机液压拉紧	渗油	部件老化磨损	渗油、异响、压力低	中等风险	检查、加油、清扫	看+听	7	检查、更换、加固	修补、焊补、紧固、调整加油、更换	24	补漏、紧固、加油、更换

续表

序号	部件	故障条件			风险等级	日常控制措施			定期检修维护			临时措施
		模式	原因	现象		措施	检查方法	周期（天）	措施	检修方法	周期（月）	
17	皮带机制动器	磨损	闸瓦磨损、制动间隙大	制动滑行距离长	较小风险	检查、清扫	看+听+摸+测温+测振	7	检查、更换、加固	修补、焊补、紧固、调整、清扫更换	24	修补、焊补、紧固、调整、更换
18		行程失调	闸瓦磨损、制动间隙大	制动滑行距离长	较小风险	检查、加油、清扫	听+测温+测振	7	检查、更换、加固	紧固、调整加油、更换	24	补漏、紧固、调整加油、更换
19	皮带机清扫器	磨损	磨损、变形	刮煤不净	较小风险	检查、加油、清扫	看+听+摸+测温+测振	7	检查、更换、加固	调整加油、更换	24	调整、加油、更换
20	电动三通	磨损	衬板磨损，螺栓松动；粘煤	漏煤、堵塞、切换不到位	较小风险	检查、清扫	看+听+摸+测温+测振	7	检查、更换、加固	修补、焊补、紧固、调整、清扫更换	24	修补、焊补、紧固、调整、更换
21		堵塞	衬板磨损，螺栓松动；粘煤	漏煤、堵塞、切换不到位	较小风险	检查、清扫	看+听+摸+测温+测振	7	检查、更换、加固	修补、焊补、紧固、调整、清扫更换	24	修补、清扫、紧固、调整、更换
22	电动三通推杆	行程失调	推杆卡死	切换不到位	较小风险	检查、加油、清扫	看+听	2	检查，必要时更换	修补，更换	24	修补，更换
23	刮水器	磨损	部件磨损、推杆缺油卡死	卡死、刮水不净	较小风险	检查、清扫	看	2	更换	更换	24	拆除，更换
24	落煤管	磨损	衬板磨损，螺栓松动；粘煤板结	落煤管漏煤或堵塞	较小风险	检查、加油、清扫	看	7	检查、更换、加固	焊补、加油、更换	24	焊补、紧固、调整加油、更换
25	落煤管	松动	衬板磨损、螺栓松动；粘煤板结	落煤管漏煤或堵塞	较小风险	检查、加油、清扫	看+听+摸	2	检查、更换、加固	修补、紧固、调整加油、更换	24	修整、紧固、调整加油、更换
26		堵塞	衬板磨损、螺栓松动；粘煤板结	落煤管漏煤或堵塞	较小风险	检查、加油、清扫	看+听+摸+测温+测振	7	检查、更换、加固	调整加油、更换	24	调整、加油、更换
27	碎煤机轴承	碎裂	磨损、缺油、进灰，安装不当	轴承发热有异响	中等风险	检查、加油、清扫	听+测温+测振	7	检查、更换、加固	紧固、调整加油、更换	24	补漏、紧固、调整加油、更换
28		磨损	磨损、缺油、进灰，安装不当	轴承发热有异响	中等风险	检查、加油、清扫	看+听+摸	7	检查、更换、加固	修补、焊补、紧固、调整加油、更换	24	修补、焊补、紧固、调整加油、更换
29		异响、过热	磨损、缺油、进灰，安装不当	轴承发热有异响	中等风险	检查、加油、清扫	看+听+摸+测温+测振	7	检查、更换、加固	修补、焊补、紧固、调整、更换	24	修补、焊补、紧固、调整、更换

续表

序号	部件	故障条件			风险等级	日常控制措施			定期检修维护			临时措施
		模式	原因	现象		措施	检查方法	周期（天）	措施	检修方法	周期（月）	
30	碎煤机环锤	碎裂	进入异物、磨损	振动超标、破损效率下降	中等风险	检查、清扫	看 +听	2	更换	更换	24	拆除，更换
31		磨损	进入异物、磨损	振动超标、破损效率下降	中等风险	检查、加油、清扫	看+听+摸+测温+测振	7	检查、更换、加固	修补、焊补、紧固、调整加油、更换	24	修补、焊补、紧固、调整加油、更换
32	碎煤机耦合器	磨损	油封磨损、轴承磨损或损坏、油过多或过少	渗油、异响	中等风险	检查、加油、清扫	听+测温+测振	7	检查、更换、加固	紧固、调整加油、更换	24	补漏、紧固、调整、焊补加油、更换
33		渗漏	油封磨损、轴承磨损或损坏、油过多或过少	渗油、异响	中等风险	检查、加油、清扫	听+测温+测振	7	检查、更换、加固	紧固、调整加油、更换	24	补漏、紧固、调整、焊补加油、更换
34	碎煤机筛板	变形	进入异物、磨损	进大煤块	中等风险	检查、加油、清扫	看+听+摸	2	检查、更换、加固	修补、焊补、紧固、调整加油、更换	24	修补、焊补、紧固、调整加油、更换
35		断裂	进入异物、磨损	进大煤块	中等风险	检查、加油、清扫	看+听+摸+测温+测振	7	检查、更换、加固	修补、紧固、加油、更换	24	修补、紧固、补漏、加油、更换
36	滚轴筛减速机	点蚀、变形	轴承或齿轮磨损、油封老化、润滑油变质或缺油，安装不当	过热、有异响、振动大	中等风险	检查、加油、清扫	看+听+摸+测温+测振	7	检查、更换、加固	修补、焊补、紧固、调整加油、更换	24	修补、焊补、紧固、调整加油、更换
37		磨损、疲劳	轴承或齿轮磨损、油封老化、润滑油变质或缺油，安装不当	过热、有异响、振动大	中等风险	检查、清扫	看+听	7	检查、更换、加固	焊补、更换	24	修补、焊补、清理、更换
38		渗油	轴承或齿轮磨损、油封老化、润滑油变质或缺油，安装不当	过热、有异响、振动大	中等风险	检查、加油、清扫	看+听+摸	7	检查、更换、加固	修补、紧固、调整、加油、更换	24	修补、紧固、调整加油、更换
39		异响、过热	轴承或齿轮磨损、油封老化、润滑油变质或缺油，安装不当	过热、有异响、振动大	中等风险	检查、清扫	看+听+摸+	7	检查、更换、加固	焊补、紧固、调整、更换	24	焊补、紧固、调整、更换

续表

序号	部件	故障条件			风险等级	日常控制措施			定期检修维护			临时措施
		模式	原因	现象		措施	检查方法	周期（天）	措施	检修方法	周期（月）	
40	滚轴筛轴承	碎裂	磨损、缺油、进灰，安装不当	轴承发热有异响	中等风险	检查、加油、清扫	看+听+摸+测温	7	检查、更换、加固	修补、紧固、调整、加油、更换	24	修补、紧固、调整加油、更换
41	滚轴筛轴承	磨损	磨损、缺油、进灰，安装不当	轴承发热有异响	中等风险	检查、清扫	看+听+摸+测温+测振	2	检查、更换、加固	修补、焊补、紧固、调整、更换	24	修补、焊补、紧固、调整、更换
42	滚轴筛轴承	异响、过热	磨损、缺油、进灰，安装不当	轴承发热有异响	中等风险	检查、加油	看+摸	2	检查、更换、加固	紧固、调整加油、更换	24	紧固、调整加油、更换
43	滚轴筛筛片	磨损	磨损	筛分效率下降	较小风险	检查、清扫	看+听+摸	7	检查、更换、加固	紧固、更换	24	紧固、调整、更换
44	滚轴筛清扫板	断裂、变形	磨损	筛轴粘煤，筛分效率下降	较小风险	检查、加油、清扫	看+听+摸+测温+测振	7	检查、更换、加固	修补、焊补、紧固、调整加油、更换	24	修补、焊补、紧固、调整加油、更换
45	滚轴筛清扫板	磨损	磨损	筛轴粘煤，筛分效率下降	较小风险	检查、加油、清扫	看+听+摸+测温+测振	7	检查、更换、加固	修补、焊补、紧固、调整加油、更换	24	修补、焊补、紧固、调整加油、更换
46	除铁器胶带	断裂、划伤	异物卡塞、胶带老化磨损	龟裂、破损、脱胶	中等风险	检查、加油、清扫	看+听+摸	7	检查、更换、加固	紧固、调整加油、更换	24	紧固、调整加油、更换
47	除铁器胶带	老化、磨损	异物卡塞、胶带老化磨损	龟裂、破损、脱胶	中等风险	检查	看+摸	7	检查、加固	焊补	24	修补、焊补
48	除铁器托辊	断裂	轴承磨损、缺油、进灰，辊壁磨断	托辊轴承有异响并发热	较小风险	检查	看+听+摸	2	检查，必要时更换	修补，更换	24	修补，更换
49	除铁器托辊	异常磨损	轴承磨损、缺油、进灰，辊壁磨断	托辊轴承有异响并发热	较小风险	检查、加油、清扫	看	2	更换	更换	24	拆除，更换
50	除铁器滚筒	磨损	轴承磨损、缺油、进灰，胶板磨损	异响、过热	中等风险	检查、加油、清扫	看	7	检查、更换、加固	焊补、加油、更换	24	焊补、紧固、调整加油、更换
51	除铁器链轮、链条	断裂	链条、链轮磨损、断裂、过松	异响、传动失效	中等风险	检查、加油、清扫	看+听+摸+测温+测振	7	检查、更换、加固	调整加油、更换	24	调整、加油、更换
52	除铁器链轮、链条	磨损	链条、链轮磨损、断裂、过松	异响、传动失效	中等风险	检查、加油、清扫	听+测温+测振	7	检查、更换、加固	紧固、调整加油、更换	24	补漏、紧固、调整加油、更换
53	除铁器轴承	碎裂	磨损、缺油进灰、安装不当	轴承发热有异响	中等风险	检查、加油、清扫	看+听	7	检查、更换、加固	修补、焊补、紧固、调整加油、更换	24	补漏、紧固、加油、更换

续表

序号	部件	故障条件			风险等级	日常控制措施			定期检修维护			临时措施
		模式	原因	现象		措施	检查方法	周期（天）	措施	检修方法	周期（月）	
54	除铁器轴承	磨损	磨损、缺油进灰、安装不当	轴承发热有异响	中等风险	检查、加油、清扫	看+摸	7	检查、更换、加固	调整加油、更换	24	打开状态、调整、加油、更换
55		异响、过热	磨损、缺油进灰、安装不当	轴承发热有异响	中等风险	检查、清扫	看	2	检查、更换、加固	紧固、调整、更换	24	打开状态、紧固、调整更换
56	除铁器减速机	点蚀、变形	轴承或齿轮磨损、油封老化、润滑油变质或缺油，安装不当	过热、有异响	中等风险	检查	看+听+摸	2	检查，必要时更换	修补，更换	24	修补，更换
57		磨损、疲劳	轴承或齿轮磨损、油封老化、润滑油变质或缺油，安装不当	过热、有异响	中等风险	检查、加油、清扫	看	2	更换	更换	24	拆除，更换
58		渗油	轴承或齿轮磨损、油封老化、润滑油变质或缺油，安装不当	过热、有异响	中等风险	检查、加油、清扫	看	7	检查、更换、加固	焊补、加油、更换	24	紧固、调整加油、更换
59		异响、过热	轴承或齿轮磨损、油封老化、润滑油变质或缺油，安装不当	过热、有异响	中等风险	检查、加油、	听+测温+测振	7	检查、加油更换、加固	调整加油、更换	24	修补、焊补、紧固、调整加油、更换
60	犁煤器主犁	磨损	劣化、磨损	挂煤不净	较小风险	检查、加油、清扫	听+测温+测振	7	检查、更换、加固	紧固、调整加油、更换	24	补漏、紧固、调整加油、更换
61		行程失调	劣化、磨损	挂煤不净	较小风险	检查、加油、清扫	看+听	7	检查、更换、加固	修补、焊补、紧固、调整加油、更换	24	补漏、紧固、加油、更换
62	犁煤器副犁	磨损	劣化、磨损	挂煤不净	较小风险	检查、加油、清扫	看+摸	7	检查、更换、加固	调整加油、更换	24	打开状态、调整、加油、更换
63		行程失调	劣化、磨损	挂煤不净	较小风险	检查、清扫	看	2	检查、更换、加固	紧固、调整、更换	24	打开状态、紧固、调整更换
64	犁煤器托辊	断裂	轴承磨损、缺油、进灰，辊壁磨断	托辊轴承有异响并发热	较小风险	检查、清扫	看+听	7	检查、更换、加固	焊补、更换	24	修补、焊补、清理、更换
65		磨损	轴承磨损、缺油、进灰，辊壁磨断	托辊轴承有异响并发热	较小风险	检查、加油、清扫	看+摸	7	检查、更换、加固	调整加油、更换	24	锁紧或打开状态、调整、加油、更换

续表

序号	部件	故障条件			风险等级	日常控制措施			定期检修维护			临时措施
		模式	原因	现象		措施	检查方法	周期（天）	措施	检修方法	周期（月）	
66	犁煤器推杆	变形、卡塞	劣化、磨损、缺油	无法抬落犁到位	中等风险	检查、加油、清扫	看+听+摸	7	检查、更换、加固	紧固、调整加油、更换	24	紧固、调整、加油、更换
67		磨损	劣化、磨损、缺油	无法抬落犁到位	中等风险	检查、加油、清扫	看+听	7	检查、更换、加固	紧固、调整加油、更换	24	紧固、调整、加油、更换
68		行程失调	劣化、磨损、缺油	无法抬落犁到位	中等风险	检查、加油、清扫	看+听+摸+测温+测振	7	检查、更换、加固	修补、焊补、紧固、调整加油、更换	24	焊补、紧固、调整加油、更换

24 斗轮机

设备风险评估表

区域：煤仓及输煤　　　　系统：输煤系统　　　　设备：斗轮机

序号	部件	故障条件			故障影响			故障损失			风险值	风险等级
		模式	原因	现象	系统	设备	部件	经济损失	生产中断	设备损坏		
1	斗轮机悬臂皮带机胶带	断裂、划伤	异物卡塞、胶带老化磨损	龟裂、破损、脱胶	停运	设备退备	损坏	可能造成设备或财产损失1万元以上10万元以下	导致生产中断1～7天或生产工艺50%及以上	维修后恢复设备性能	6	中等风险
2		老化或异常磨损						可能造成设备或财产损失1万元以上10万元以下	导致生产中断1～7天或生产工艺50%及以上	维修后恢复设备性能	6	中等风险
3	斗轮机悬臂皮带机托辊	断裂	轴承磨损、缺油、进灰，辊壁磨断	托辊轴承有异响并发热	运行	可靠性降低	损坏	可能造成设备或财产损失1万元以下	主要备用设备退出备用24h以内	性能无影响	4	较小风险
4		磨损						可能造成设备或财产损失1万元以下	主要备用设备退出备用24h以内	性能无影响	4	较小风险
5	斗轮机悬臂皮带机滚筒	磨损	轴承磨损、缺油、进灰，胶板磨损	异响、过热	停运	设备退备	损坏	可能造成设备或财产损失1万元以上10万元以下	导致生产中断1～7天或生产工艺50%及以上	维修后恢复设备性能	6	中等风险
6	斗轮机悬臂皮带机轴承	碎裂	磨损、缺油、进灰，安装不当	轴承发热有异响	停运	设备退备	损坏	可能造成设备或财产损失1万元以上10万元以下	导致生产中断1～7天或生产工艺50%及以上	维修后恢复设备性能	6	中等风险
7		磨损	磨损、缺油、进灰，安装不当	轴承发热有异响	停运	设备退备	损坏	可能造成设备或财产损失1万元以上10万元以下	导致生产中断1～7天或生产工艺50%及以上	维修后恢复设备性能	6	中等风险
8		异响、过热	磨损、缺油、进灰，安装不当	轴承发热有异响	停运	设备退备	损坏	可能造成设备或财产损失1万元以上10万元以下	导致生产中断1～7天或生产工艺50%及以上	维修后恢复设备性能	6	中等风险

续表

序号	部件	故障条件			故障影响			故障损失			风险值	风险等级
		模式	原因	现象	系统	设备	部件	经济损失	生产中断	设备损坏		
9	斗轮机悬臂皮带机减速机	点蚀、变形	轴承或齿轮磨损、油封老化、润滑油变质或缺油，安装不当	过热、有异响、振动大	停运	设备退备	损坏	可能造成设备或财产损失1万元以上10万元以下	导致生产中断1～7天或生产工艺50%及以上	维修后恢复设备性能	6	中等风险
10	斗轮机悬臂皮带机减速机	磨损、疲劳	轴承或齿轮磨损、油封老化、润滑油变质或缺油，安装不当	过热、有异响、振动大	停运	设备退备	损坏	可能造成设备或财产损失1万元以上10万元以下	导致生产中断1～7天或生产工艺50%及以上	维修后恢复设备性能	6	中等风险
11	斗轮机悬臂皮带机减速机	渗油	轴承或齿轮磨损、油封老化、润滑油变质或缺油，安装不当	过热、有异响、振动大	停运	设备退备	损坏	可能造成设备或财产损失1万元以上10万元以下	导致生产中断1～7天或生产工艺50%及以上	维修后恢复设备性能	6	中等风险
12	斗轮机悬臂皮带机减速机	异响、过热	轴承或齿轮磨损、油封老化、润滑油变质或缺油，安装不当	过热、有异响、振动大	停运	设备退备	损坏	可能造成设备或财产损失1万元以上10万元以下	导致生产中断1～7天或生产工艺50%及以上	维修后恢复设备性能	6	中等风险
13	斗轮机悬臂皮带机耦合器	磨损	油封磨损、轴承磨损或损坏、油过多或过少	渗油、异响	停运	设备退备	损坏	可能造成设备或财产损失1万元以上10万元以下	导致生产中断1～7天或生产工艺50%及以上	维修后恢复设备性能	6	中等风险
14	斗轮机悬臂皮带机耦合器	渗漏	油封磨损、轴承磨损或损坏、油过多或过少	渗油、异响	停运	设备退备	损坏	可能造成设备或财产损失1万元以上10万元以下	导致生产中断1～7天或生产工艺50%及以上	维修后恢复设备性能	6	中等风险
15	斗轮机悬臂皮带机制动器	磨损	闸瓦磨损、制动间隙大	制动滑行距离长	运行	故障停机时易倒煤，扩大故障面	损坏	可能造成设备或财产损失1万元以下	主要备用设备退出备用24h以内	性能无影响	4	较小风险
16	斗轮机悬臂皮带机制动器	行程失调	闸瓦磨损、制动间隙大	制动滑行距离长	运行	故障停机时易倒煤，扩大故障面	损坏	可能造成设备或财产损失1万元以下	主要备用设备退出备用24h以内	性能无影响	4	较小风险
17	斗轮机悬臂皮带机清扫器	磨损	磨损、变形	刮煤不净	运行	影响文明生产	损坏	可能造成设备或财产损失1万元以下	主要备用设备退出备用24h以内	性能无影响	4	较小风险

续表

序号	部件	故障条件			故障影响			故障损失			风险值	风险等级
		模式	原因	现象	系统	设备	部件	经济损失	生产中断	设备损坏		
18	斗轮机落煤管	磨损	衬板磨损、螺栓松动；粘煤板结	落煤管漏煤或堵塞	运行	影响文明生产，设备退备	损坏	可能造成设备或财产损失1万元以下	主要备用设备退出备用24h以内	性能无影响	4	较小风险
19		松动	衬板磨损、螺栓松动；粘煤板结	落煤管漏煤或堵塞	运行	影响文明生产，设备退备	损坏	可能造成设备或财产损失1万元以下	主要备用设备退出备用24h以内	性能无影响	4	较小风险
20		堵塞	衬板磨损、螺栓松动；粘煤板结	落煤管漏煤或堵塞	运行	影响文明生产，设备退备	损坏	可能造成设备或财产损失1万元以下	主要备用设备退出备用24h以内	性能无影响	4	较小风险
21	斗轮机俯仰油缸	渗漏	磨损	渗油、动作缓慢或不升降	运行	可靠性降低	损坏	可能造成设备或财产损失1万元以下	主要备用设备退出备用24h以内	性能无影响	4	较小风险
22	斗轮机俯仰油泵	劣化、磨损	部件劣化、磨损	渗油、供油不足	停运	设备退备	损坏	可能造成设备或财产损失1万元以下	主要备用设备退出备用24h以内	性能无影响	4	较小风险
23		渗漏	部件劣化、磨损	渗油、供油不足	停运	设备退备	损坏	可能造成设备或财产损失1万元以下	主要备用设备退出备用24h以内	性能无影响	4	较小风险
24		异响、过热	部件劣化、磨损	渗油、供油不足	停运	设备退备	损坏	可能造成设备或财产损失1万元以下	主要备用设备退出备用24h以内	性能无影响	4	较小风险
25	斗轮机俯仰关节轴承	碎裂	磨损、进灰、缺油	轴承发热有异响	停运	设备退备	损坏	可能造成设备或财产损失1万元以上10万元以下	导致生产中断1～7天或生产工艺50%及以上	维修后恢复设备性能	6	中等风险
26		磨损	磨损、进灰、缺油	轴承发热有异响	停运	设备退备	损坏	可能造成设备或财产损失1万元以上10万元以下	导致生产中断1～7天或生产工艺50%及以上	维修后恢复设备性能	6	中等风险
27		异响	磨损、进灰、缺油	轴承发热有异响	停运	设备退备	损坏	可能造成设备或财产损失1万元以上10万元以下	导致生产中断1～7天或生产工艺50%及以上	维修后恢复设备性能	6	中等风险
28	斗轮机行走台车	开裂、变形	磨损、轴承缺油	轴承温度高并有异响	停运	设备退备	损坏	可能造成设备或财产损失1万元以下	主要备用设备退出备用24h以内	性能无影响	4	较小风险

续表

序号	部件	故障条件			故障影响			故障损失			风险值	风险等级
		模式	原因	现象	系统	设备	部件	经济损失	生产中断	设备损坏		
29	斗轮机行走台车	磨损	磨损、轴承缺油	轴承温度高并有异响	停运	设备退备	损坏	可能造成设备或财产损失1万元以下	主要备用设备退出备用24h以内	性能无影响	4	较小风险
30	斗轮机行走减速机	点蚀、变形	轴承或齿轮磨损、油封老化、润滑油变质或缺油，安装不当	过热、有异响	停运	设备退备	损坏	可能造成设备或财产损失1万元以上10万元以下	导致生产中断1～7天或生产工艺50%及以上	维修后恢复设备性能	6	中等风险
31	斗轮机行走减速机	磨损、疲劳	轴承或齿轮磨损、油封老化、润滑油变质或缺油，安装不当	过热、有异响	停运	设备退备	损坏	可能造成设备或财产损失1万元以上10万元以下	导致生产中断1～7天或生产工艺50%及以上	维修后恢复设备性能	6	中等风险
32	斗轮机行走减速机	渗油	轴承或齿轮磨损、油封老化、润滑油变质或缺油，安装不当	过热、有异响	停运	设备退备	损坏	可能造成设备或财产损失1万元以上10万元以下	导致生产中断1～7天或生产工艺50%及以上	维修后恢复设备性能	6	中等风险
33	斗轮机行走减速机	异响、过热	轴承或齿轮磨损、油封老化、润滑油变质或缺油，安装不当	过热、有异响	停运	设备退备	损坏	可能造成设备或财产损失1万元以上10万元以下	导致生产中断1～7天或生产工艺50%及以上	维修后恢复设备性能	6	中等风险
34	斗轮机行走轮防爬器	磨损	部件磨损、推杆缺油卡死	渗油、异响、不动作	运行	安全性降低	损坏	可能造成设备或财产损失1万元以下	主要备用设备退出备用24h以内	性能无影响	4	较小风险
35	斗轮机行走轮防爬器	渗油	部件磨损、推杆缺油卡死	渗油、异响、不动作	运行	安全性降低	损坏	可能造成设备或财产损失1万元以下	主要备用设备退出备用24h以内	性能无影响	4	较小风险
36	斗轮机行走机构齿轮	断裂	撞击、异物卡塞、磨损、缺油	齿面点蚀、剥落	停运	设备退备	损坏	可能造成设备或财产损失1万元以上10万元以下	导致生产中断1～7天或生产工艺50%及以上	维修后恢复设备性能	6	中等风险
37	斗轮机行走机构齿轮	剥落、疲劳、磨损	撞击、异物卡塞、磨损、缺油	齿面点蚀、剥落	停运	设备退备	损坏	可能造成设备或财产损失1万元以上10万元以下	导致生产中断1～7天或生产工艺50%及以上	维修后恢复设备性能	6	中等风险

续表

序号	部件	故障条件			故障影响			故障损失			风险值	风险等级
		模式	原因	现象	系统	设备	部件	经济损失	生产中断	设备损坏		
38	斗轮机斗轮	变形	操作不当、磨损	撒煤	停运	取煤效率降低	损坏	可能造成设备或财产损失1万元以下	主要备用设备退出备用24h以内	性能无影响	4	较小风险
39		磨损	操作不当、磨损	撒煤	停运	取煤效率降低	损坏	可能造成设备或财产损失1万元以下	主要备用设备退出备用24h以内	性能无影响	4	较小风险
40	斗轮机斗轮减速机	点蚀、变形	轴承或齿轮磨损、油封老化、润滑油变质或缺油，安装不当	过热、有异响	停运	设备退备	损坏	可能造成设备或财产损失1万元以上10万元以下	导致生产中断1～7天或生产工艺50%及以上	维修后恢复设备性能	6	中等风险
41		磨损、疲劳	轴承或齿轮磨损、油封老化、润滑油变质或缺油，安装不当	过热、有异响	停运	设备退备	损坏	可能造成设备或财产损失1万元以上10万元以下	导致生产中断1～7天或生产工艺50%及以上	维修后恢复设备性能	6	中等风险
42		渗油	轴承或齿轮磨损、油封老化、润滑油变质或缺油，安装不当	过热、有异响	停运	设备退备	损坏	可能造成设备或财产损失1万元以上10万元以下	导致生产中断1～7天或生产工艺50%及以上	维修后恢复设备性能	6	中等风险
43		异响、过热	轴承或齿轮磨损、油封老化、润滑油变质或缺油，安装不当	过热、有异响	停运	设备退备	损坏	可能造成设备或财产损失1万元以上10万元以下	导致生产中断1～7天或生产工艺50%及以上	维修后恢复设备性能	6	中等风险
44	斗轮机斗轮轴承	碎裂	磨损、缺油、进灰，维护不当	轴承发热有异响	停运	设备退备	损坏	可能造成设备或财产损失10万元以上100万元以下	导致生产中断7天及以上	维修后恢复设备性能	14	较大风险
45		磨损	磨损、缺油、进灰，维护不当	轴承发热有异响	停运	设备退备	损坏	可能造成设备或财产损失10万元以上100万元以下	导致生产中断7天及以上	维修后恢复设备性能	14	较大风险
46		异响、过热	磨损、缺油、进灰，维护不当	轴承发热有异响	停运	设备退备	损坏	可能造成设备或财产损失10万元以上100万元以下	导致生产中断7天及以上	维修后恢复设备性能	14	较大风险

续表

序号	部件	故障条件			故障影响			故障损失			风险值	风险等级
		模式	原因	现象	系统	设备	部件	经济损失	生产中断	设备损坏		
47	斗轮机回转齿轮	断裂	撞击、异物卡塞、磨损、缺油	齿面点蚀、剥落	停运	设备退备	损坏	可能造成设备或财产损失10万元以上100万元以下	导致生产中断7天及以上	维修后恢复设备性能	14	较大风险
48	斗轮机回转齿轮	剥落、疲劳、磨损	撞击、异物卡塞、磨损、缺油	齿面点蚀、剥落	停运	设备退备	损坏	可能造成设备或财产损失10万元以上100万元以下	导致生产中断7天及以上	维修后恢复设备性能	14	较大风险
49	斗轮机回转减速机	点蚀、变形	轴承或齿轮磨损、油封老化、润滑油变质或缺油，安装不当	过热、有异响	停运	设备退备	损坏	可能造成设备或财产损失1万元以上10万元以下	导致生产中断1～7天或生产工艺50%及以上	维修后恢复设备性能	6	中等风险
50	斗轮机回转减速机	磨损、疲劳	轴承或齿轮磨损、油封老化、润滑油变质或缺油，安装不当	过热、有异响	停运	设备退备	损坏	可能造成设备或财产损失1万元以上10万元以下	导致生产中断1～7天或生产工艺50%及以上	维修后恢复设备性能	6	中等风险
51	斗轮机回转减速机	渗油	轴承或齿轮磨损、油封老化、润滑油变质或缺油，安装不当	过热、有异响	停运	设备退备	损坏	可能造成设备或财产损失1万元以上10万元以下	导致生产中断1～7天或生产工艺50%及以上	维修后恢复设备性能	6	中等风险
52	斗轮机回转减速机	异响、过热	轴承或齿轮磨损、油封老化、润滑油变质或缺油，安装不当	过热、有异响	停运	设备退备	损坏	可能造成设备或财产损失1万元以上10万元以下	导致生产中断1～7天或生产工艺50%及以上	维修后恢复设备性能	6	中等风险
53	斗轮机回转轴承	碎裂	磨损、缺油、进灰，维护不当	轴承发热有异响	停运	设备退备	损坏	可能造成设备或财产损失10万元以上100万元以下	导致生产中断7天及以上	维修后恢复设备性能	14	较大风险
54	斗轮机回转轴承	磨损	磨损、缺油、进灰，维护不当	轴承发热有异响	停运	设备退备	损坏	可能造成设备或财产损失10万元以上100万元以下	导致生产中断7天及以上	维修后恢复设备性能	14	较大风险

续表

序号	部件	故障条件			故障影响			故障损失			风险值	风险等级
		模式	原因	现象	系统	设备	部件	经济损失	生产中断	设备损坏		
55	斗轮机回转轴承	异响、过热	磨损、缺油、进灰，维护不当	轴承发热有异响	停运	设备退备	损坏	可能造成设备或财产损失10万元以上100万元以下	导致生产中断7天及以上	维修后恢复设备性能	14	较大风险
56	斗轮机尾车油缸	渗漏	磨损	渗油、动作缓慢或不升降	停运	可靠性降低	损坏	可能造成设备或财产损失1万元以下	主要备用设备退出备用24h以内	性能无影响	4	较小风险
57	斗轮机尾车油泵	劣化、磨损	部件劣化、磨损	渗油、供油不足	停运	设备退备	损坏	可能造成设备或财产损失1万元以下	主要备用设备退出备用24h以内	性能无影响	4	较小风险
58		渗漏	部件劣化、磨损	渗油、供油不足	停运	设备退备	损坏	可能造成设备或财产损失1万元以下	主要备用设备退出备用24h以内	性能无影响	4	较小风险
59		异响、过热	部件劣化、磨损	渗油、供油不足	停运	设备退备	损坏	可能造成设备或财产损失1万元以下	主要备用设备退出备用24h以内	性能无影响	4	较小风险
60	斗轮机尾车关节轴承	碎裂	磨损、进灰、缺油	轴承发热有异响	停运	设备退备	损坏	可能造成设备或财产损失1万元以上10万元以下	导致生产中断1～7天或生产工艺50%及以上	维修后恢复设备性能	6	中等风险
61		磨损	磨损、进灰、缺油	轴承发热有异响	停运	设备退备	损坏	可能造成设备或财产损失1万元以上10万元以下	导致生产中断1～7天或生产工艺50%及以上	维修后恢复设备性能	6	中等风险
62		异响	磨损、进灰、缺油	轴承发热有异响	停运	设备退备	损坏	可能造成设备或财产损失1万元以上10万元以下	导致生产中断1～7天或生产工艺50%及以上	维修后恢复设备性能	6	中等风险
63	斗轮机尾车卷缆减速机	点蚀、变形	轴承或齿轮磨损、油封老化、润滑油变质或缺油，安装不当	过热、有异响	停运	设备退备	损坏	可能造成设备或财产损失1万元以上10万元以下	导致生产中断1～7天或生产工艺50%及以上	维修后恢复设备性能	6	中等风险
64		磨损、疲劳	轴承或齿轮磨损、油封老化、润滑油变质或缺油，安装不当	过热、有异响	停运	设备退备	损坏	可能造成设备或财产损失1万元以上10万元以下	导致生产中断1～7天或生产工艺50%及以上	维修后恢复设备性能	6	中等风险

续表

序号	部件	故障条件			故障影响			故障损失			风险值	风险等级
		模式	原因	现象	系统	设备	部件	经济损失	生产中断	设备损坏		
65	斗轮机尾车卷缆减速机	渗油	轴承或齿轮磨损、油封老化、润滑油变质或缺油，安装不当	过热、有异响	停运	设备退备	损坏	可能造成设备或财产损失1万元以上10万元以下	导致生产中断1～7天或生产工艺50%及以上	维修后恢复设备性能	6	中等风险
66		异响、过热	轴承或齿轮磨损、油封老化、润滑油变质或缺油，安装不当	过热、有异响	停运	设备退备	损坏	可能造成设备或财产损失1万元以上10万元以下	导致生产中断1～7天或生产工艺50%及以上	维修后恢复设备性能	6	中等风险
67	斗轮机尾车行走轮	开裂、变形	磨损、轴承缺油	轴承温度高并有异响	停运	设备退备	损坏	可能造成设备或财产损失1万元以上10万元以下	导致生产中断1～7天或生产工艺50%及以上	维修后恢复设备性能	6	中等风险
68		磨损	磨损、轴承缺油	轴承温度高并有异响	停运	设备退备	损坏	可能造成设备或财产损失1万元以上10万元以下	导致生产中断1～7天或生产工艺50%及以上	维修后恢复设备性能	6	中等风险
69	斗轮机轨道	松动	疲劳；热胀冷缩	啃轨、行走不平稳	运行	可靠性降低	损坏	可能造成设备或财产损失1万元以下	主要备用设备退出备用24h以内	性能无影响	4	较小风险
70		间隙过大或过小	疲劳；热胀冷缩	啃轨、行走不平稳	运行	可靠性降低	损坏	可能造成设备或财产损失1万元以下	主要备用设备退出备用24h以内	性能无影响	4	较小风险
71	斗轮机门架等钢结构	变形、开焊	应力疲劳	变形、开焊	运行	可靠性降低	损坏	可能造成设备或财产损失1万元以下	主要备用设备退出备用24h以内	性能无影响	4	较小风险

设备风险控制卡

区域：煤仓及输煤　　系统：输煤系统　　设备：斗轮机

序号	部件	故障条件			风险等级	日常控制措施			定期检修维护			临时措施
		模式	原因	现象		措施	检查方法	周期（天）	措施	检修方法	周期（月）	
1	斗轮机悬臂皮带机胶带	断裂、划伤	异物卡塞、胶带老化磨损	龟裂、破损、脱胶	中等风险	检查	看+听+摸	2	检查，必要时更换	修补，更换	24	修补，更换
2		老化或异常磨损	异物卡塞、胶带老化磨损	龟裂、破损、脱胶	中等风险	检查、加油、清扫	看	2	更换	更换	24	拆除，更换

续表

序号	部件	故障条件			风险等级	日常控制措施			定期检修维护			临时措施
		模式	原因	现象		措施	检查方法	周期（天）	措施	检修方法	周期（月）	
3	斗轮机悬臂皮带机托辊	断裂	轴承磨损、缺油、进灰，辊壁磨断	托辊轴承有异响并发热	较小风险	检查、加油、清扫	看	7	检查、更换、加固	焊补、加油、更换	24	紧固、调整加油、更换
4		磨损	轴承磨损、缺油、进灰，辊壁磨断	托辊轴承有异响并发热	较小风险	检查、加油	听+测温+测振	7	检查、加油更换、加固	调整加油、更换	24	修补、焊补、紧固、调整加油、更换
5	斗轮机悬臂皮带机滚筒	磨损	轴承磨损、缺油、进灰，胶板磨损	异响、过热	中等风险	检查、加油、清扫	听+测温+测振	7	检查、更换、加固	紧固、调整加油、更换	24	补漏、紧固、调整加油、更换
6	斗轮机悬臂皮带机轴承	碎裂	磨损、缺油、进灰，安装不当	轴承发热有异响	中等风险	检查、加油、清扫	看+听	7	检查、更换、加固	修补、焊补、紧固、调整加油、更换	24	补漏、紧固、加油、更换
7		磨损	磨损、缺油、进灰，安装不当	轴承发热有异响	中等风险	检查、加油、清扫	看+摸	7	检查、更换、加固	调整加油、更换	24	打开状态、调整、加油、更换
8		异响、过热	磨损、缺油、进灰，安装不当	轴承发热有异响	中等风险	检查、清扫	看	2	检查、更换、加固	紧固、调整、更换	24	打开状态、紧固、调整更换
9	斗轮机悬臂皮带机减速机	点蚀、变形	轴承或齿轮磨损、油封老化、润滑油变质或缺油，安装不当	过热、有异响、振动大	中等风险	检查、清扫	看+听	7	检查、更换、加固	焊补、更换	24	修补、焊补、清理、更换
10		磨损、疲劳	轴承或齿轮磨损、油封老化、润滑油变质或缺油，安装不当	过热、有异响、振动大	中等风险	检查、加油、清扫	看+摸	7	检查、更换、加固	调整加油、更换	24	锁紧或打开状态、调整、加油、更换
11		渗油	轴承或齿轮磨损、油封老化、润滑油变质或缺油，安装不当	过热、有异响、振动大	中等风险	检查、加油、清扫	看+听+摸	7	检查、更换、加固	紧固、调整加油、更换	24	紧固、调整、加油、更换
12		异响、过热	轴承或齿轮磨损、油封老化、润滑油变质或缺油，安装不当	过热、有异响、振动大	中等风险	检查、加油、清扫	看+听	7	检查、更换、加固	紧固、调整加油、更换	24	紧固、调整、加油、更换

续表

序号	部件	故障条件			风险等级	日常控制措施			定期检修维护			临时措施
		模式	原因	现象		措施	检查方法	周期（天）	措施	检修方法	周期（月）	
13	斗轮机悬臂皮带机耦合器	磨损	油封磨损、轴承磨损或损坏、油过多或过少	渗油、异响	中等风险	检查、加油、清扫	看+听+摸+测温+测振	7	检查、更换、加固	修补、焊补、紧固、调整加油、更换	24	焊补、紧固、调整加油、更换
14		渗漏	油封磨损、轴承磨损或损坏、油过多或过少	渗油、异响	中等风险	检查、加油、清扫	看+听+摸+测温+测振	7	检查、更换、加固	焊补、紧固、调整加油、更换	24	焊补、补漏紧固、调整、加油、更换
15	斗轮机悬臂皮带机制动器	磨损	闸瓦磨损、制动间隙大	制动滑行距离长	较小风险	检查、加油、清扫	看+听+摸	7	检查、更换、加固	紧固、调整、加油、更换	24	补漏紧固、调整加油、更换
16		行程失调	闸瓦磨损、制动间隙大	制动滑行距离长	较小风险	检查、加油、清扫	看+听+摸+测振	7	检查、更换、加固	焊补、紧固、调整加油、更换	24	修补调整、焊补、紧固、加油、更换
17	斗轮机悬臂皮带机清扫器	磨损	磨损、变形	刮煤不净	较小风险	检查、清扫	看+听+摸+测振	2	检查、更换、加固	焊补、紧固、调整加油、更换	24	焊补、紧固、调整、更换
18	斗轮机落煤管	磨损	衬板磨损、螺栓松动；粘煤板结	落煤管漏煤或堵塞	较小风险	检查、加油、清扫	看+听+摸+测温+测振	7	检查、更换、加固	焊补、紧固、调整加油、更换	24	焊补、补漏紧固、调整、加油、更换
19		松动	衬板磨损、螺栓松动；粘煤板结	落煤管漏煤或堵塞	较小风险	检查、加油、	听+测温+测振	7	检查、加油更换、加固	调整加油、更换	24	修整、紧固调整、加油、更换
20		堵塞	衬板磨损、螺栓松动；粘煤板结	落煤管漏煤或堵塞	较小风险	检查、加油、清扫	看+听+摸+测振	7	检查、更换、加固	焊补、紧固、调整加油、更换	24	修补调整、焊补、紧固、加油、更换
21	斗轮机俯仰油缸	渗漏	磨损	渗油、动作缓慢或不升降	较小风险	检查、加油、清扫	看+听+摸+测温+测振	7	检查、更换、加固	焊补、紧固、调整加油、更换	24	焊补、补漏紧固、调整、加油、更换
22	斗轮机俯仰油泵	劣化、磨损	部件劣化、磨损	渗油、供油不足	较小风险	检查、加油、	听+测温+测振	7	检查、加油更换、加固	调整加油、更换	24	修整、紧固调整、加油、更换
23		渗漏	部件劣化、磨损	渗油、供油不足	较小风险	检查、加油、清扫	看+摸	7	检查、更换、加固	调整加油、更换	24	锁紧或打开状态、调整、加油、更换
24		异响、过热	部件劣化、磨损	渗油、供油不足	较小风险	检查、加油、清扫	看+听+摸	7	检查、更换、加固	紧固、调整加油、更换	24	紧固、调整、加油、更换

续表

序号	部件	故障条件			风险等级	日常控制措施			定期检修维护			临时措施
		模式	原因	现象		措施	检查方法	周期（天）	措施	检修方法	周期（月）	
25	斗轮机俯仰关节轴承	碎裂	磨损、进灰、缺油	轴承发热有异响	中等风险	检查、加油、	听+测温+测振	7	检查、加油更换、加固	调整加油、更换	24	修整、紧固调整、加油、更换
26		磨损	磨损、进灰、缺油	轴承发热有异响	中等风险	检查、加油、清扫	看+听+摸+测温+测振	7	检查、更换、加固	紧固、调整加油、更换	24	补漏紧固、调整、加油、更换
27		异响	磨损、进灰、缺油	轴承发热有异响	中等风险	检查、加油、清扫	看+听+摸+测温+测振	7	检查、更换、加固	焊补、紧固、调整加油、更换	24	焊补、紧固、调整加油、更换
28	斗轮机行走台车	开裂、变形	磨损、轴承缺油	轴承温度高并有异响	较小风险	检查、清扫	看+听+摸	7	检查、更换、加固	焊补、紧固、调整、更换	24	焊补、紧固、调整、更换
29		磨损	磨损、轴承缺油	轴承温度高并有异响	较小风险	检查	看+摸	7	检查、加固	焊补	24	修补、焊补
30	斗轮机行走减速机	点蚀、变形	轴承或齿轮磨损、油封老化、润滑油变质或缺油，安装不当	过热、有异响	中等风险	检查	看+听+摸	2	检查，必要时更换	修补，更换	24	修补，更换
31		磨损、疲劳	轴承或齿轮磨损、油封老化、润滑油变质或缺油，安装不当	过热、有异响	中等风险	检查、加油、清扫	看	2	更换	更换	24	拆除，更换
32		渗油	轴承或齿轮磨损、油封老化、润滑油变质或缺油，安装不当	过热、有异响	中等风险	检查、加油、清扫	看	7	检查、更换、加固	焊补、加油、更换	24	紧固、调整加油、更换
33		异响、过热	轴承或齿轮磨损、油封老化、润滑油变质或缺油，安装不当	过热、有异响	中等风险	检查、加油、	听+测温+测振	7	检查、加油更换、加固	调整加油、更换	24	修补、焊补、紧固、调整加油、更换
34	斗轮机行走轮防爬器	磨损	部件磨损、推杆缺油卡死	渗油、异响、不动作	较小风险	检查、加油、清扫	听+测温+测振	7	检查、更换、加固	紧固、调整加油、更换	24	补漏、紧固、调整加油、更换
35		渗油	部件磨损、推杆缺油卡死	渗油、异响、不动作	较小风险	检查、加油、清扫	看+听	7	检查、更换、加固	修补、焊补、紧固、调整加油、更换	24	补漏、紧固、加油、更换

续表

序号	部件	故障条件			风险等级	日常控制措施			定期检修维护			临时措施
		模式	原因	现象		措施	检查方法	周期（天）	措施	检修方法	周期（月）	
36	斗轮机行走机构齿轮	断裂	撞击、异物卡塞、磨损、缺油	齿面点蚀、剥落	中等风险	检查、加油、清扫	看+摸	7	检查、更换、加固	调整加油、更换	24	打开状态、调整、加油、更换
37		剥落、疲劳、磨损	撞击、异物卡塞、磨损、缺油	齿面点蚀、剥落	中等风险	检查、清扫	看	2	检查、更换、加固	紧固、调整、更换	24	打开状态、紧固、调整更换
38	斗轮机斗轮	变形	操作不当、磨损	撒煤	较小风险	检查、清扫	看+听	7	检查、更换、加固	焊补、更换	24	修补、焊补、清理、更换
39		磨损	操作不当、磨损	撒煤	较小风险	检查、加油、清扫	看+摸	7	检查、更换、加固	调整加油、更换	24	锁紧或打开状态、调整、加油、更换
40	斗轮机斗轮减速机	点蚀、变形	轴承或齿轮磨损、油封老化、润滑油变质或缺油，安装不当	过热、有异响	中等风险	检查、加油、清扫	看+听+摸	7	检查、更换、加固	紧固、调整加油、更换	24	紧固、调整、加油、更换
41		磨损、疲劳	轴承或齿轮磨损、油封老化、润滑油变质或缺油，安装不当	过热、有异响	中等风险	检查、加油、清扫	看+听	7	检查、更换、加固	紧固、调整加油、更换	24	紧固、调整、加油、更换
42		渗油	轴承或齿轮磨损、油封老化、润滑油变质或缺油，安装不当	过热、有异响	中等风险	检查、加油、清扫	看+听+摸+测温+测振	7	检查、更换、加固	修补、焊补、紧固、调整加油、更换	24	焊补、紧固、调整加油、更换
43		异响、过热	轴承或齿轮磨损、油封老化、润滑油变质或缺油，安装不当	过热、有异响	中等风险	检查、加油、清扫	看+听+摸+测温+测振	7	检查、更换、加固	焊补、紧固、调整加油、更换	24	焊补、补漏紧固、调整、加油、更换
44	斗轮机斗轮轴承	碎裂	磨损、缺油、进灰，维护不当	轴承发热有异响	较大风险	检查、加油、清扫	看+听+摸	7	检查、更换、加固	紧固、调整、加油、更换	24	补漏紧固、调整加油、更换
45		磨损	磨损、缺油、进灰，维护不当	轴承发热有异响	较大风险	检查、加油、清扫	看+听+摸+测振	7	检查、更换、加固	焊补、紧固、调整加油、更换	24	修补调整、焊补、紧固、加油、更换
46		异响、过热	磨损、缺油、进灰，维护不当	轴承发热有异响	较大风险	检查、清扫	看+听+摸+测振	2	检查、更换、加固	焊补、紧固、调整加油、更换	24	焊补、紧固、调整、更换

续表

序号	部件	故障条件			风险等级	日常控制措施			定期检修维护			临时措施
		模式	原因	现象		措施	检查方法	周期（天）	措施	检修方法	周期（月）	
47	斗轮机回转齿轮	断裂	撞击、异物卡塞、磨损、缺油	齿面点蚀、剥落	较大风险	检查、加油、清扫	看+听+摸+测温+测振	7	检查、更换、加固	焊补、紧固、调整加油、更换	24	焊补、补漏紧固、调整、加油、更换
48		剥落、疲劳、磨损	撞击、异物卡塞、磨损、缺油	齿面点蚀、剥落	较大风险	检查、加油、	听+测温+测振	7	检查、加油更换、加固	调整加油、更换	24	修整、紧固调整、加油、更换
49	斗轮机回转减速机	点蚀、变形	轴承或齿轮磨损、油封老化、润滑油变质或缺油，安装不当	过热、有异响	中等风险	检查、加油、清扫	看+听+摸+测振	7	检查、更换、加固	焊补、紧固、调整加油、更换	24	修补调整、焊补、紧固、加油、更换
50		磨损、疲劳	轴承或齿轮磨损、油封老化、润滑油变质或缺油，安装不当	过热、有异响	中等风险	检查、加油、清扫	看+听+摸+测温+测振	7	检查、更换、加固	焊补、紧固、调整加油、更换	24	焊补、补漏紧固、调整、加油、更换
51		渗油	轴承或齿轮磨损、油封老化、润滑油变质或缺油，安装不当	过热、有异响	中等风险	检查、加油	听+测温+测振	7	检查、加油更换、加固	调整加油、更换	24	修整、紧固调整、加油、更换
52		异响、过热	轴承或齿轮磨损、油封老化、润滑油变质或缺油，安装不当	过热、有异响	中等风险	检查、加油、清扫	看+摸	7	检查、更换、加固	调整加油、更换	24	锁紧或打开状态、调整、加油、更换
53	斗轮机回转轴承	碎裂	磨损、缺油、进灰，维护不当	轴承发热有异响	较大风险	检查、加油、清扫	看+听+摸	7	检查、更换、加固	紧固、调整加油、更换	24	紧固、调整、加油、更换
54		磨损	磨损、缺油、进灰，维护不当	轴承发热有异响	较大风险	检查、加油、	听+测温+测振	7	检查、加油更换、加固	调整加油、更换	24	修整、紧固调整、加油、更换
55		异响、过热	磨损、缺油、进灰，维护不当	轴承发热有异响	较大风险	检查、加油、清扫	看+听+摸+测温+测振	7	检查、更换、加固	紧固、调整加油、更换	24	补漏紧固、调整、加油、更换
56	斗轮机尾车油缸	渗漏	磨损	渗油、动作缓慢或不升降	较小风险	检查、加油、清扫	看+听+摸+测温+测振	7	检查、更换、加固	焊补、紧固、调整加油、更换	24	焊补、紧固、调整加油、更换
57	斗轮机尾车油泵	劣化、磨损	部件劣化、磨损	渗油、供油不足	较小风险	检查、清扫	看+听+摸	7	检查、更换、加固	焊补、紧固、调整、更换	24	焊补、紧固、调整、更换

续表

序号	部件	故障条件			风险等级	日常控制措施			定期检修维护			临时措施
		模式	原因	现象		措施	检查方法	周期（天）	措施	检修方法	周期（月）	
58	斗轮机尾车油泵	渗漏	部件劣化、磨损	渗油、供油不足	较小风险	检查	看+摸	7	检查、加固	焊补	24	修补、焊补
59		异响、过热	部件劣化、磨损	渗油、供油不足	较小风险	检查	看+听+摸	2	检查，必要时更换	修补，更换	24	修补，更换
60	斗轮机尾车关节轴承	碎裂	磨损、进灰、缺油	轴承发热有异响	中等风险	检查、加油、清扫	看	2	更换	更换	24	拆除，更换
61		磨损	磨损、进灰、缺油	轴承发热有异响	中等风险	检查、加油、清扫	看	7	检查、更换、加固	焊补、加油、更换	24	紧固、调整加油、更换
62		异响	磨损、进灰、缺油	轴承发热有异响	中等风险	检查、加油、	听+测温+测振	7	检查、加油更换、加固	调整加油、更换	24	修补、焊补、紧固、调整加油、更换
63	斗轮机尾车卷缆减速机	点蚀、变形	轴承或齿轮磨损、油封老化、润滑油变质或缺油，安装不当	过热、有异响	中等风险	检查、加油、清扫	听+测温+测振	7	检查、更换、加固	紧固、调整加油、更换	24	补漏、紧固、调整加油、更换
64		磨损、疲劳	轴承或齿轮磨损、油封老化、润滑油变质或缺油，安装不当	过热、有异响	中等风险	检查、加油、清扫	看+听	7	检查、更换、加固	修补、焊补、紧固、调整加油、更换	24	补漏、紧固、加油、更换
65		渗油	轴承或齿轮磨损、油封老化、润滑油变质或缺油，安装不当	过热、有异响	中等风险	检查、加油、清扫	看+摸	7	检查、更换、加固	调整加油、更换	24	打开状态、调整、加油、更换
66		异响、过热	轴承或齿轮磨损、油封老化、润滑油变质或缺油，安装不当	过热、有异响	中等风险	检查、清扫	看	2	检查、更换、加固	紧固、调整、更换	24	打开状态、紧固、调整更换
67	斗轮机尾车行走轮	开裂、变形	磨损、轴承缺油	轴承温度高并有异响	中等风险	检查、清扫	看+听	7	检查、更换、加固	焊补、更换	24	修补、焊补、清理、更换
68		磨损	磨损、轴承缺油	轴承温度高并有异响	中等风险	检查、加油、清扫	看+摸	7	检查、更换、加固	调整加油、更换	24	锁紧或打开状态、调整、加油、更换
69	斗轮机轨道	松动	疲劳；热胀冷缩	啃轨、行走不平稳	较小风险	检查、加油、清扫	看+听+摸	7	检查、更换、加固	紧固、调整加油、更换	24	紧固、调整、加油、更换

续表

序号	部件	故障条件			风险等级	日常控制措施			定期检修维护			临时措施
		模式	原因	现象		措施	检查方法	周期（天）	措施	检修方法	周期（月）	
70	斗轮机轨道	间隙过大或过小	疲劳；热胀冷缩	啃轨、行走不平稳	较小风险	检查、加油、清扫	看+听	7	检查、更换、加固	紧固、调整加油、更换	24	紧固、调整、加油、更换
71	斗轮机门架等钢结构	变形、开焊	应力疲劳	变形、开焊	较小风险	检查、加油、清扫	看+听+摸+测温+测振	7	检查、更换、加固	修补、焊补、紧固、调整加油、更换	24	焊补、紧固、调整加油、更换

25 采样设备

设备风险评估表

区域：煤仓及输煤　　　　系统：采样系统　　　　设备：采样设备

序号	部件	故障条件			故障影响			故障损失			风险值	风险等级
		模式	原因	现象	系统	设备	部件	经济损失	生产中断	设备损坏		
1	破碎机环锤	碎裂	进入异物、磨损	振动超标	停运	设备退备	损坏	可能造成设备或财产损失1万元以上10万元以下	导致生产中断1～7天或生产工艺50%及以上	维修后恢复设备性能	6	中等风险
2		磨损	进入异物、磨损	振动超标	停运	设备退备	损坏	可能造成设备或财产损失1万元以上10万元以下	导致生产中断1～7天或生产工艺50%及以上	维修后恢复设备性能	6	中等风险
3	破碎机轴承	碎裂	磨损、缺油、进灰，维护不当	轴承发热有异响	停运	设备退备	损坏	可能造成设备或财产损失1万元以上10万元以下	导致生产中断1～7天或生产工艺50%及以上	维修后恢复设备性能	6	中等风险
4		磨损	磨损、缺油、进灰，维护不当	轴承发热有异响	停运	设备退备	损坏	可能造成设备或财产损失1万元以上10万元以下	导致生产中断1～7天或生产工艺50%及以上	维修后恢复设备性能	6	中等风险
5		异响、过热	磨损、缺油、进灰，维护不当	轴承发热有异响	停运	设备退备	损坏	可能造成设备或财产损失1万元以上10万元以下	导致生产中断1～7天或生产工艺50%及以上	维修后恢复设备性能	6	中等风险
6	破碎机传动带	断裂	老化、磨损	破碎机停止工作	停运	设备退备	损坏	可能造成设备或财产损失1万元以下	主要备用设备退出备用24h以内	性能无影响	4	较小风险
7		磨损	老化、磨损	破碎机停止工作	停运	设备退备	损坏	可能造成设备或财产损失1万元以下	主要备用设备退出备用24h以内	性能无影响	4	较小风险

续表

序号	部件	故障条件			故障影响			故障损失			风险值	风险等级
		模式	原因	现象	系统	设备	部件	经济损失	生产中断	设备损坏		
8	初级采样头	变形	劣化、磨损	采样效率低	停运	采样不具代表性	损坏	可能造成设备或财产损失1万元以上10万元以下	导致生产中断1～7天或生产工艺50%及以上	维修后恢复设备性能	6	中等风险
9	初级采样头	磨损	劣化、磨损	采样效率低	停运	采样不具代表性	损坏	可能造成设备或财产损失1万元以上10万元以下	导致生产中断1～7天或生产工艺50%及以上	维修后恢复设备性能	6	中等风险
10	初级采样头减速机	损坏、退化	轴承或齿轮磨损、油封老化、润滑油变质或缺油，安装不当	过热、有异响	停运	设备退备	损坏	可能造成设备或财产损失1万元以上10万元以下	导致生产中断1～7天或生产工艺50%及以上	维修后恢复设备性能	6	中等风险
11	初级采样头减速机	性能衰退	轴承或齿轮磨损、油封老化、润滑油变质或缺油，安装不当	过热、有异响	停运	设备退备	损坏	可能造成设备或财产损失1万元以上10万元以下	导致生产中断1～7天或生产工艺50%及以上	维修后恢复设备性能	6	中等风险
12	给料机减速机	点蚀、变形	轴承或齿轮磨损、油封老化、润滑油变质或缺油，安装不当	过热、有异响	停运	设备退备	损坏	可能造成设备或财产损失1万元以上10万元以下	导致生产中断1～7天或生产工艺50%及以上	维修后恢复设备性能	6	中等风险
13	给料机减速机	磨损、疲劳	轴承或齿轮磨损、油封老化、润滑油变质或缺油，安装不当	过热、有异响	停运	设备退备	损坏	可能造成设备或财产损失1万元以上10万元以下	导致生产中断1～7天或生产工艺50%及以上	维修后恢复设备性能	6	中等风险
14	给料机减速机	渗油	轴承或齿轮磨损、油封老化、润滑油变质或缺油，安装不当	过热、有异响	停运	设备退备	损坏	可能造成设备或财产损失1万元以上10万元以下	导致生产中断1～7天或生产工艺50%及以上	维修后恢复设备性能	6	中等风险
15	给料机减速机	异响、过热	轴承或齿轮磨损、油封老化、润滑油变质或缺油，安装不当	过热、有异响	停运	设备退备	损坏	可能造成设备或财产损失1万元以上10万元以下	导致生产中断1～7天或生产工艺50%及以上	维修后恢复设备性能	6	中等风险

续表

序号	部件	故障条件			故障影响			故障损失			风险值	风险等级
		模式	原因	现象	系统	设备	部件	经济损失	生产中断	设备损坏		
16	给料机托辊	断裂	轴承磨损、缺油、进灰，辊壁磨断	托辊轴承有异响并发热	运行	可靠性降低	损坏	可能造成设备或财产损失1万元以下	主要备用设备退出备用24h以内	性能无影响	4	较小风险
17		磨损	轴承磨损、缺油、进灰，辊壁磨断	托辊轴承有异响并发热	运行	可靠性降低	损坏	可能造成设备或财产损失1万元以下	主要备用设备退出备用24h以内	性能无影响	4	较小风险
18	给料机滚筒	磨损	轴承磨损、缺油、进灰，筒壁磨损	异响、过热	停运	设备退备	损坏	可能造成设备或财产损失1万元以上10万元以下	导致生产中断1～7天或生产工艺50%及以上	维修后恢复设备性能	6	中等风险
19	给料机轴承	碎裂	磨损、缺油、进灰，维护不当	轴承发热有异响	停运	设备退备	损坏	可能造成设备或财产损失1万元以上10万元以下	导致生产中断1～7天或生产工艺50%及以上	维修后恢复设备性能	6	中等风险
20		磨损	磨损、缺油、进灰，维护不当	轴承发热有异响	停运	设备退备	损坏	可能造成设备或财产损失1万元以上10万元以下	导致生产中断1～7天或生产工艺50%及以上	维修后恢复设备性能	6	中等风险
21		异响、过热	磨损、缺油、进灰，维护不当	轴承发热有异响	停运	设备退备	损坏	可能造成设备或财产损失1万元以上10万元以下	导致生产中断1～7天或生产工艺50%及以上	维修后恢复设备性能	6	中等风险
22	给料机链轮、链条	断裂	链条、链轮磨损、断裂、过松	异响、传动失效	停运	设备退备	损坏	可能造成设备或财产损失1万元以上10万元以下	导致生产中断1～7天或生产工艺50%及以上	维修后恢复设备性能	6	中等风险
23		磨损	链条、链轮磨损、断裂、过松	异响、传动失效	停运	设备退备	损坏	可能造成设备或财产损失1万元以上10万元以下	导致生产中断1～7天或生产工艺50%及以上	维修后恢复设备性能	6	中等风险
24	给料机皮带	断裂	胶带劣化、磨损	起皮、破损、脱胶	停运	设备退备	损坏	可能造成设备或财产损失1万元以上10万元以下	导致生产中断1～7天或生产工艺50%及以上	维修后恢复设备性能	6	中等风险

续表

序号	部件	故障条件			故障影响			故障损失			风险值	风险等级
		模式	原因	现象	系统	设备	部件	经济损失	生产中断	设备损坏		
25	给料机皮带	磨损	胶带劣化、磨损	起皮、破损、脱胶	停运	设备退备	损坏	可能造成设备或财产损失1万元以上10万元以下	导致生产中断1～7天或生产工艺50%及以上	维修后恢复设备性能	6	中等风险
26	链斗斗提机	断裂	链条、链轮磨损、断裂、过松	异响、传动失效、余煤回收堵塞	停运	设备退备	损坏	可能造成设备或财产损失1万元以上10万元以下	导致生产中断1～7天或生产工艺50%及以上	维修后恢复设备性能	6	中等风险
27		磨损	链条、链轮磨损、断裂、过松	异响、传动失效、余煤回收堵塞	停运	设备退备	损坏	可能造成设备或财产损失1万元以上10万元以下	导致生产中断1～7天或生产工艺50%及以上	维修后恢复设备性能	6	中等风险
28	减速机	点蚀、变形	轴承或齿轮磨损、油封老化、润滑油变质或缺油，安装不当	过热、有异响	停运	设备退备	损坏	可能造成设备或财产损失1万元以上10万元以下	导致生产中断1～7天或生产工艺50%及以上	维修后恢复设备性能	6	中等风险
29		磨损、疲劳	轴承或齿轮磨损、油封老化、润滑油变质或缺油，安装不当	过热、有异响	停运	设备退备	损坏	可能造成设备或财产损失1万元以上10万元以下	导致生产中断1～7天或生产工艺50%及以上	维修后恢复设备性能	6	中等风险
30		渗油	轴承或齿轮磨损、油封老化、润滑油变质或缺油，安装不当	过热、有异响	停运	设备退备	损坏	可能造成设备或财产损失1万元以上10万元以下	导致生产中断1～7天或生产工艺50%及以上	维修后恢复设备性能	6	中等风险
31		异响、过热	轴承或齿轮磨损、油封老化、润滑油变质或缺油，安装不当	过热、有异响	停运	设备退备	损坏	可能造成设备或财产损失1万元以上10万元以下	导致生产中断1～7天或生产工艺50%及以上	维修后恢复设备性能	6	中等风险
32	料斗	变形	磨损、松动、变形	余煤回收效率低	运行	可靠性降低	损坏	可能造成设备或财产损失1万元以上10万元以下	导致生产中断1～7天或生产工艺50%及以上	维修后恢复设备性能	6	中等风险

续表

序号	部件	故障条件			故障影响			故障损失			风险值	风险等级
		模式	原因	现象	系统	设备	部件	经济损失	生产中断	设备损坏		
33	料斗	磨损	磨损、松动、变形	余煤回收效率低	运行	可靠性降低	损坏	可能造成设备或财产损失1万元以上10万元以下	导致生产中断1～7天或生产工艺50%及以上	维修后恢复设备性能	6	中等风险
34	料斗	脱落	磨损、松动、变形	余煤回收效率低	运行	可靠性降低	损坏	可能造成设备或财产损失1万元以上10万元以下	导致生产中断1～7天或生产工艺50%及以上	维修后恢复设备性能	6	中等风险
35	减速机	点蚀、变形	轴承或齿轮磨损故障、油封老化、润滑油变质	过热、有异响	停运	设备退备	损坏	可能造成设备或财产损失1万元以上10万元以下	导致生产中断1～7天或生产工艺50%及以上	维修后恢复设备性能	6	中等风险
36	减速机	磨损、疲劳	轴承或齿轮磨损故障、油封老化、润滑油变质	过热、有异响	停运	设备退备	损坏	可能造成设备或财产损失1万元以上10万元以下	导致生产中断1～7天或生产工艺50%及以上	维修后恢复设备性能	6	中等风险
37	减速机	渗油	轴承或齿轮磨损故障、油封老化、润滑油变质	过热、有异响	停运	设备退备	损坏	可能造成设备或财产损失1万元以上10万元以下	导致生产中断1～7天或生产工艺50%及以上	维修后恢复设备性能	6	中等风险
38	减速机	异响、过热	轴承或齿轮磨损故障、油封老化、润滑油变质	过热、有异响	停运	设备退备	损坏	可能造成设备或财产损失1万元以上10万元以下	导致生产中断1～7天或生产工艺50%及以上	维修后恢复设备性能	6	中等风险
39	回转盘	变形	维护不到位，清理不及时	集样桶溢出	停运	设备退备	损坏	可能造成设备或财产损失1万元以上10万元以下	导致生产中断1～7天或生产工艺50%及以上	维修后恢复设备性能	6	中等风险
40	回转盘	堵塞	维护不到位，清理不及时	集样桶溢出	停运	设备退备	损坏	可能造成设备或财产损失1万元以上10万元以下	导致生产中断1～7天或生产工艺50%及以上	维修后恢复设备性能	6	中等风险
41	入炉煤取样装置破碎机环锤	碎裂	进入异物、磨损	振动超标	停运	设备退备	损坏	可能造成设备或财产损失1万元以上10万元以下	导致生产中断1～7天或生产工艺50%及以上	维修后恢复设备性能	6	中等风险

续表

序号	部件	故障条件			故障影响			故障损失			风险值	风险等级
		模式	原因	现象	系统	设备	部件	经济损失	生产中断	设备损坏		
42	入炉煤取样装置破碎机环锤	磨损	进入异物、磨损	振动超标	停运	设备退备	损坏	可能造成设备或财产损失1万元以上10万元以下	导致生产中断1～7天或生产工艺50%及以上	维修后恢复设备性能	6	中等风险
43	入炉煤取样装置破碎机轴承	碎裂	磨损、缺油、进灰，维护不当	轴承发热有异响	停运	设备退备	损坏	可能造成设备或财产损失1万元以上10万元以下	导致生产中断1～7天或生产工艺50%及以上	维修后恢复设备性能	6	中等风险
44		磨损	磨损、缺油、进灰，维护不当	轴承发热有异响	停运	设备退备	损坏	可能造成设备或财产损失1万元以上10万元以下	导致生产中断1～7天或生产工艺50%及以上	维修后恢复设备性能	6	中等风险
45		异响、过热	磨损、缺油、进灰，维护不当	轴承发热有异响	停运	设备退备	损坏	可能造成设备或财产损失1万元以上10万元以下	导致生产中断1～7天或生产工艺50%及以上	维修后恢复设备性能	6	中等风险
46	入炉煤取样装置破碎机传动带	断裂	老化、磨损	破碎机停止工作	停运	设备退备	损坏	可能造成设备或财产损失1万元以下	主要备用设备退出备用24h以内	性能无影响	4	较小风险
47		磨损	老化、磨损	破碎机停止工作	停运	设备退备	损坏	可能造成设备或财产损失1万元以下	主要备用设备退出备用24h以内	性能无影响	4	较小风险
48	初级采样头	变形	劣化、磨损	采样效率低	停运	采样不具代表性	损坏	可能造成设备或财产损失1万元以上10万元以下	导致生产中断1～7天或生产工艺50%及以上	维修后恢复设备性能	6	中等风险
49		磨损	劣化、磨损	采样效率低	停运	采样不具代表性	损坏	可能造成设备或财产损失1万元以上10万元以下	导致生产中断1～7天或生产工艺50%及以上	维修后恢复设备性能	6	中等风险
50	初级采样头减速机	损坏、退化	轴承或齿轮磨损、油封老化、润滑油变质或缺油，安装不当	过热、有异响	停运	设备退备	损坏	可能造成设备或财产损失1万元以上10万元以下	导致生产中断1～7天或生产工艺50%及以上	维修后恢复设备性能	6	中等风险

续表

序号	部件	故障条件			故障影响			故障损失			风险值	风险等级
		模式	原因	现象	系统	设备	部件	经济损失	生产中断	设备损坏		
51	初级采样头减速机	性能衰退	轴承或齿轮磨损、油封老化、润滑油变质或缺油，安装不当	过热、有异响	停运	设备退备	损坏	可能造成设备或财产损失1万元以上10万元以下	导致生产中断1～7天或生产工艺50%及以上	维修后恢复设备性能	6	中等风险
52	给料机减速机	点蚀、变形	轴承或齿轮磨损、油封老化、润滑油变质或缺油，安装不当	过热、有异响	停运	设备退备	损坏	可能造成设备或财产损失1万元以上10万元以下	导致生产中断1～7天或生产工艺50%及以上	维修后恢复设备性能	6	中等风险
53		磨损、疲劳	轴承或齿轮磨损、油封老化、润滑油变质或缺油，安装不当	过热、有异响	停运	设备退备	损坏	可能造成设备或财产损失1万元以上10万元以下	导致生产中断1～7天或生产工艺50%及以上	维修后恢复设备性能	6	中等风险
54		渗油	轴承或齿轮磨损、油封老化、润滑油变质或缺油，安装不当	过热、有异响	停运	设备退备	损坏	可能造成设备或财产损失1万元以上10万元以下	导致生产中断1～7天或生产工艺50%及以上	维修后恢复设备性能	6	中等风险
55		异响、过热	轴承或齿轮磨损、油封老化、润滑油变质或缺油，安装不当	过热、有异响	停运	设备退备	损坏	可能造成设备或财产损失1万元以上10万元以下	导致生产中断1～7天或生产工艺50%及以上	维修后恢复设备性能	6	中等风险
56	给料机托辊	断裂	轴承磨损、缺油、进灰，辊壁磨断	托辊轴承有异响并发热	运行	可靠性降低	损坏	可能造成设备或财产损失1万元以下	主要备用设备退出备用24h以内	性能无影响	4	较小风险
57		磨损						可能造成设备或财产损失1万元以下	主要备用设备退出备用24h以内	性能无影响	4	较小风险
58	给料机滚筒	磨损	轴承磨损、缺油、进灰，筒壁磨损	异响、过热	停运	设备退备	损坏	可能造成设备或财产损失1万元以上10万元以下	导致生产中断1～7天或生产工艺50%及以上	维修后恢复设备性能	6	中等风险
59	给料机轴承	碎裂	磨损、缺油、进灰，维护不当	轴承发热有异响	停运	设备退备	损坏	可能造成设备或财产损失1万元以上10万元以下	导致生产中断1～7天或生产工艺50%及以上	维修后恢复设备性能	6	中等风险

续表

序号	部件	故障条件			故障影响			故障损失			风险值	风险等级
		模式	原因	现象	系统	设备	部件	经济损失	生产中断	设备损坏		
60	给料机轴承	磨损	磨损、缺油、进灰，维护不当	轴承发热有异响	停运	设备退备	损坏	可能造成设备或财产损失1万元以上10万元以下	导致生产中断1～7天或生产工艺50%及以上	维修后恢复设备性能	6	中等风险
61		异响、过热	磨损、缺油、进灰，维护不当	轴承发热有异响	停运	设备退备	损坏	可能造成设备或财产损失1万元以上10万元以下	导致生产中断1～7天或生产工艺50%及以上	维修后恢复设备性能	6	中等风险
62	给料机链轮、链条	断裂	链条、链轮磨损、断裂、过松	异响、传动失效	停运	设备退备	损坏	可能造成设备或财产损失1万元以上10万元以下	导致生产中断1～7天或生产工艺50%及以上	维修后恢复设备性能	6	中等风险
63		磨损	链条、链轮磨损、断裂、过松	异响、传动失效	停运	设备退备	损坏	可能造成设备或财产损失1万元以上10万元以下	导致生产中断1～7天或生产工艺50%及以上	维修后恢复设备性能	6	中等风险
64	给料机皮带	断裂	胶带劣化、磨损	起皮、破损、脱胶	停运	设备退备	损坏	可能造成设备或财产损失1万元以上10万元以下	导致生产中断1～7天或生产工艺50%及以上	维修后恢复设备性能	6	中等风险
65		磨损	胶带劣化、磨损	起皮、破损、脱胶	停运	设备退备	损坏	可能造成设备或财产损失1万元以上10万元以下	导致生产中断1～7天或生产工艺50%及以上	维修后恢复设备性能	6	中等风险
66	链斗斗提机	断裂	链条、链轮磨损、断裂、过松	异响、传动失效、余煤回收堵塞	停运	设备退备	损坏	可能造成设备或财产损失1万元以上10万元以下	导致生产中断1～7天或生产工艺50%及以上	维修后恢复设备性能	6	中等风险
67		磨损	链条、链轮磨损、断裂、过松	异响、传动失效、余煤回收堵塞	停运	设备退备	损坏	可能造成设备或财产损失1万元以上10万元以下	导致生产中断1～7天或生产工艺50%及以上	维修后恢复设备性能	6	中等风险

续表

序号	部件	故障条件			故障影响			故障损失			风险值	风险等级
		模式	原因	现象	系统	设备	部件	经济损失	生产中断	设备损坏		
68	减速机	点蚀、变形	轴承或齿轮磨损、油封老化、润滑油变质或缺油，安装不当	过热、有异响	停运	设备退备	损坏	可能造成设备或财产损失1万元以上10万元以下	导致生产中断1～7天或生产工艺50%及以上	维修后恢复设备性能	6	中等风险
69	减速机	磨损、疲劳	轴承或齿轮磨损、油封老化、润滑油变质或缺油，安装不当	过热、有异响	停运	设备退备	损坏	可能造成设备或财产损失1万元以上10万元以下	导致生产中断1～7天或生产工艺50%及以上	维修后恢复设备性能	6	中等风险
70	减速机	渗油	轴承或齿轮磨损、油封老化、润滑油变质或缺油，安装不当	过热、有异响	停运	设备退备	损坏	可能造成设备或财产损失1万元以上10万元以下	导致生产中断1～7天或生产工艺50%及以上	维修后恢复设备性能	6	中等风险
71	减速机	异响、过热	轴承或齿轮磨损、油封老化、润滑油变质或缺油，安装不当	过热、有异响	停运	设备退备	损坏	可能造成设备或财产损失1万元以上10万元以下	导致生产中断1～7天或生产工艺50%及以上	维修后恢复设备性能	6	中等风险
72	料斗	变形	磨损、松动、变形	余煤回收效率低	停运	可靠性降低	损坏	可能造成设备或财产损失1万元以上10万元以下	导致生产中断1～7天或生产工艺50%及以上	维修后恢复设备性能	6	中等风险
73	料斗	磨损	磨损、松动、变形	余煤回收效率低	停运	可靠性降低	损坏	可能造成设备或财产损失1万元以上10万元以下	导致生产中断1～7天或生产工艺50%及以上	维修后恢复设备性能	6	中等风险
74	料斗	脱落	磨损、松动、变形	余煤回收效率低	停运	可靠性降低	损坏	可能造成设备或财产损失1万元以上10万元以下	导致生产中断1～7天或生产工艺50%及以上	维修后恢复设备性能	6	中等风险
75	减速机	点蚀、变形	轴承或齿轮磨损故障、油封老化、润滑油变质	过热、有异响	停运	设备退备	损坏	可能造成设备或财产损失1万元以上10万元以下	导致生产中断1～7天或生产工艺50%及以上	维修后恢复设备性能	6	中等风险

续表

序号	部件	故障条件			故障影响			故障损失			风险值	风险等级
		模式	原因	现象	系统	设备	部件	经济损失	生产中断	设备损坏		
76	减速机	磨损、疲劳	轴承或齿轮磨损故障、油封老化、润滑油变质	过热、有异响	停运	设备退备	损坏	可能造成设备或财产损失1万元以上10万元以下	导致生产中断1～7天或生产工艺50%及以上	维修后恢复设备性能	6	中等风险
77	减速机	渗油	轴承或齿轮磨损故障、油封老化、润滑油变质	过热、有异响	停运	设备退备	损坏	可能造成设备或财产损失1万元以上10万元以下	导致生产中断1～7天或生产工艺50%及以上	维修后恢复设备性能	6	中等风险
78	减速机	异响、过热	轴承或齿轮磨损故障、油封老化、润滑油变质	过热、有异响	停运	设备退备	损坏	可能造成设备或财产损失1万元以上10万元以下	导致生产中断1～7天或生产工艺50%及以上	维修后恢复设备性能	6	中等风险
79	回转盘	变形	维护不到位，清理不及时	集样桶溢出	停运	设备退备	损坏	可能造成设备或财产损失1万元以上10万元以下	导致生产中断1～7天或生产工艺50%及以上	维修后恢复设备性能	6	中等风险
80	回转盘	堵塞	维护不到位，清理不及时	集样桶溢出	停运	设备退备	损坏	可能造成设备或财产损失1万元以上10万元以下	导致生产中断1～7天或生产工艺50%及以上	维修后恢复设备性能	6	中等风险
81	入厂煤电子皮带秤秤架	变形	腐蚀、松动	锈蚀、晃动	运行	准确性降低	损坏	可能造成设备或财产损失1万元以下	主要备用设备退出备用24h以内	性能无影响	4	较小风险
82	入厂煤电子皮带秤秤架	磨损	腐蚀、松动	锈蚀、晃动	运行	准确性降低	损坏	可能造成设备或财产损失1万元以下	主要备用设备退出备用24h以内	性能无影响	4	较小风险
83	入厂煤电子皮带秤秤架	松动	腐蚀、松动	锈蚀、晃动	运行	准确性降低	损坏	可能造成设备或财产损失1万元以下	主要备用设备退出备用24h以内	性能无影响	4	较小风险
84	入厂煤电子皮带秤托辊	断裂	轴承损坏、辊壁磨断	托辊轴承有异响并发热	运行	准确性降低	损坏	可能造成设备或财产损失1万元以下	主要备用设备退出备用24h以内	性能无影响	4	较小风险
85	入厂煤电子皮带秤托辊	磨损	轴承损坏、辊壁磨断	托辊轴承有异响并发热	运行	准确性降低	损坏	可能造成设备或财产损失1万元以下	主要备用设备退出备用24h以内	性能无影响	4	较小风险

续表

序号	部件	故障条件			故障影响			故障损失			风险值	风险等级
		模式	原因	现象	系统	设备	部件	经济损失	生产中断	设备损坏		
86	实物标定料斗	磨损	磨损、松动	脱落	运行	设备退备	损坏	可能造成设备或财产损失1万元以下	主要备用设备退出备用24h以内	性能无影响	4	较小风险
87		脱落	磨损、松动	脱落	运行	设备退备	损坏	可能造成设备或财产损失1万元以下	主要备用设备退出备用24h以内	性能无影响	4	较小风险
88	实物标定砝码提升机	变形、卡塞	劣化、磨损、缺油	链码无法抬落	运行	设备退备	损坏	可能造成设备或财产损失1万元以下	主要备用设备退出备用24h以内	性能无影响	4	较小风险
89		磨损	劣化、磨损、缺油	链码无法抬落	运行	设备退备	损坏	可能造成设备或财产损失1万元以下	主要备用设备退出备用24h以内	性能无影响	4	较小风险
90		行程失调	劣化、磨损、缺油	链码无法抬落	运行	设备退备	损坏	可能造成设备或财产损失1万元以下	主要备用设备退出备用24h以内	性能无影响	4	较小风险
91	实物标定推杆	变形、卡塞	劣化、磨损、缺油	链码无法抬落	运行	设备退备	损坏	可能造成设备或财产损失1万元以下	主要备用设备退出备用24h以内	性能无影响	4	较小风险
92		磨损	劣化、磨损、缺油	链码无法抬落	运行	设备退备	损坏	可能造成设备或财产损失1万元以下	主要备用设备退出备用24h以内	性能无影响	4	较小风险
93		行程失调	劣化、磨损、缺油	链码无法抬落	运行	设备退备	损坏	可能造成设备或财产损失1万元以下	主要备用设备退出备用24h以内	性能无影响	4	较小风险
94	入炉煤电子皮带秤秤架	变形	腐蚀、松动	锈蚀、晃动	运行	准确性降低	损坏	可能造成设备或财产损失1万元以下	主要备用设备退出备用24h以内	性能无影响	4	较小风险
95		磨损	腐蚀、松动	锈蚀、晃动	运行	准确性降低	损坏	可能造成设备或财产损失1万元以下	主要备用设备退出备用24h以内	性能无影响	4	较小风险
96		松动	腐蚀、松动	锈蚀、晃动	运行	准确性降低	损坏	可能造成设备或财产损失1万元以下	主要备用设备退出备用24h以内	性能无影响	4	较小风险

续表

序号	部件	故障条件			故障影响			故障损失			风险值	风险等级
		模式	原因	现象	系统	设备	部件	经济损失	生产中断	设备损坏		
97	入炉煤电子皮带秤托辊	断裂	轴承损坏、辊壁磨断	托辊轴承有异响并发热	运行	准确性降低	损坏	可能造成设备或财产损失1万元以下	主要备用设备退出备用24h以内	性能无影响	4	较小风险
98		磨损	轴承损坏、辊壁磨断	托辊轴承有异响并发热	运行	准确性降低	损坏	可能造成设备或财产损失1万元以下	主要备用设备退出备用24h以内	性能无影响	4	较小风险

设备风险控制卡

区域：煤仓及输煤　　系统：采样系统　　设备：采样设备

序号	部件	故障条件			风险等级	日常控制措施			定期检修维护			临时措施
		模式	原因	现象		措施	检查方法	周期（天）	措施	检修方法	周期（月）	
1	破碎机环锤	碎裂	进入异物、磨损	振动超标	中等风险	检查、清扫	看+听+摸+测温+测振	7	检查、更换、加固	修补、焊补、紧固、调整、清扫更换	24	修补、焊补、紧固、调整、清扫更换
2		磨损	进入异物、磨损	振动超标	中等风险	检查、加油、清扫	看+听+摸+测温+测振	7	检查、更换、加固	紧固、调整加油、更换	24	紧固、调整、加油、更换
3	破碎机轴承	碎裂	磨损、缺油、进灰，维护不当	轴承发热有异响	中等风险	检查、清扫	看+摸	7	检查、更换	紧固、调整更换	24	紧固、调整、更换
4		磨损	磨损、缺油、进灰，维护不当	轴承发热有异响	中等风险	检查、清扫	看+听+摸+测温+测振	2	检查、更换、加固	修补、焊补、紧固、调整加油、更换	24	修补、焊补、紧固、调整加油、更换
5		异响、过热	磨损、缺油、进灰，维护不当	轴承发热有异响	中等风险	检查、加油、清扫	看+听+摸+测温+测振	7	检查、更换、加固	焊补、紧固、调整加油、更换	24	焊补、补漏紧固、调整、加油、更换
6	破碎机传动带	断裂	老化、磨损	破碎机停止工作	较小风险	检查、加油、清扫	看+听+摸+测温+测振	2	检查、更换、加固	焊补、紧固、调整加油、更换	24	焊补、补漏紧固、调整、加油、更换
7		磨损	老化、磨损	破碎机停止工作	较小风险	检查、清扫	看+听	7	检查、更换、加固	调整更换	24	拆除、调整、更换
8	初级采样头	变形	劣化、磨损	采样效率低	中等风险	检查、加油、清扫	看+听+摸+测温+测振	7	检查、更换、加固	修补、焊补、紧固、调整加油、更换	24	修补、焊补、紧固、调整加油、更换
9		磨损	劣化、磨损	采样效率低	中等风险	检查、加油、清扫	看+听+摸+测温+测振	7	检查、更换、加固	修补、焊补、紧固、调整加油、更换	24	修补、焊补、紧固、调整加油、更换

续表

序号	部件	故障条件			风险等级	日常控制措施			定期检修维护			临时措施
		模式	原因	现象		措施	检查方法	周期（天）	措施	检修方法	周期（月）	
10	初级采样头减速机	损坏、退化	轴承或齿轮磨损、油封老化、润滑油变质或缺油，安装不当	过热、有异响	中等风险	检查、加油、清扫	看+听+摸+测温+测振	7	检查、更换、加固	修补、焊补、紧固、调整加油、更换	24	修补、焊补、紧固、调整加油、更换
11		性能衰退	轴承或齿轮磨损、油封老化、润滑油变质或缺油，安装不当	过热、有异响	中等风险	检查、加油、清扫	看+听+摸+测温+测振	7	检查、更换、加固	修补、焊补、紧固、调整加油、更换	24	修补、焊补、紧固、调整加油、更换
12	给料机减速机	点蚀、变形	轴承或齿轮磨损、油封老化、润滑油变质或缺油，安装不当	过热、有异响	中等风险	检查、加油、清扫	看+听+摸+测温+测振	2	检查、更换、加固	修补、焊补、紧固、调整加油、更换	24	修补、焊补、紧固、调整加油、更换
13		磨损、疲劳	轴承或齿轮磨损、油封老化、润滑油变质或缺油，安装不当	过热、有异响	中等风险	检查、加油、清扫	看+听+摸+测温+测振	2	检查、更换、加固	修补、焊补、紧固、调整加油、更换	24	修补、焊补、紧固、调整加油、更换
14		渗油	轴承或齿轮磨损、油封老化、润滑油变质或缺油，安装不当	过热、有异响	中等风险	检查、清扫	看+听	7	检查、更换、加固	焊补、更换	24	修补、焊补、清理、更换
15		异响、过热	轴承或齿轮磨损、油封老化、润滑油变质或缺油，安装不当	过热、有异响	中等风险	检查、加油、清扫	看+听+摸+测温+测振	2	检查、更换、加固	焊补、紧固、调整加油、更换	24	焊补、补漏紧固、调整、加油、更换
16	给料机托辊	断裂	轴承磨损、缺油、进灰，辊壁磨断	托辊轴承有异响并发热	较小风险	检查、清扫	看+听	7	检查、更换、加固	焊补、更换	24	修补、焊补、清理、更换
17		磨损	轴承磨损、缺油、进灰，辊壁磨断	托辊轴承有异响并发热	较小风险	检查、清扫	看+听+摸+测温+测振	7	检查、更换、加固	修补、焊补、紧固、调整、清扫更换	24	修补、焊补、紧固、调整、更换
18	给料机滚筒	磨损	轴承磨损、缺油、进灰，筒壁磨损	异响、过热	中等风险	检查、加油、清扫	看+听+摸+测温+测振	7	检查、更换、加固	紧固、调整加油、更换	24	紧固、调整、加油、更换
19	给料机轴承	碎裂	磨损、缺油、进灰，维护不当	轴承发热有异响	中等风险	检查、清扫	看+摸	7	检查、更换	紧固、调整更换	24	紧固、调整、更换

续表

序号	部件	故障条件			风险等级	日常控制措施			定期检修维护			临时措施
		模式	原因	现象		措施	检查方法	周期（天）	措施	检修方法	周期（月）	
20	给料机轴承	磨损	磨损、缺油、进灰，维护不当	轴承发热有异响	中等风险	检查、清扫	看+听+摸+测温+测振	2	检查、更换、加固	修补、焊补、紧固、调整加油、更换	24	修补、焊补、紧固、调整加油、更换
21		异响、过热	磨损、缺油、进灰，维护不当	轴承发热有异响	中等风险	检查、加油、清扫	看+听+摸+测温+测振	7	检查、更换、加固	焊补、紧固、调整加油、更换	24	焊补、补漏紧固、调整、加油、更换
22	给料机链轮、链条	断裂	链条、链轮磨损、断裂、过松	异响、传动失效	中等风险	检查、加油、清扫	看+听+摸+测温+测振	2	检查、更换、加固	焊补、紧固、调整加油、更换	24	焊补、补漏紧固、调整、加油、更换
23		磨损	链条、链轮磨损、断裂、过松	异响、传动失效	中等风险	检查、清扫	看+听	7	检查、更换、加固	调整更换	24	拆除、调整、更换
24	给料机皮带	断裂	胶带劣化、磨损	起皮、破损、脱胶	中等风险	检查、加油、清扫	看+听+摸+测温+测振	7	检查、更换、加固	修补、焊补、紧固、调整加油、更换	24	修补、焊补、紧固、调整加油、更换
25		磨损	胶带劣化、磨损	起皮、破损、脱胶	中等风险	检查、加油、清扫	看+听+摸+测温+测振	7	检查、更换、加固	修补、焊补、紧固、调整加油、更换	24	修补、紧固、调整加油、更换
26	链斗斗提机	断裂	链条、链轮磨损、断裂、过松	异响、传动失效、余煤回收堵塞	中等风险	检查、加油、清扫	看+听+摸+测温+测振	7	检查、更换、加固	修补、焊补、紧固、调整加油、更换	24	修补、焊补、紧固、调整加油、更换
27		磨损	链条、链轮磨损、断裂、过松	异响、传动失效、余煤回收堵塞	中等风险	检查、加油、清扫	看+听+摸+测温+测振	7	检查、更换、加固	修补、焊补、紧固、调整加油、更换	24	修补、焊补、紧固、调整加油、更换
28	减速机	点蚀、变形	轴承或齿轮磨损、油封老化、润滑油变质或缺油，安装不当	过热、有异响	中等风险	检查、加油、清扫	看+听+摸+测温+测振	2	检查、更换、加固	修补、焊补、紧固、调整加油、更换	24	修补、焊补、紧固、调整加油、更换
29		磨损、疲劳	轴承或齿轮磨损、油封老化、润滑油变质或缺油，安装不当	过热、有异响	中等风险	检查、加油、清扫	看+听+摸+测温+测振	2	检查、更换、加固	修补、焊补、紧固、调整加油、更换	24	修补、焊补、紧固、调整加油、更换
30		渗油	轴承或齿轮磨损、油封老化、润滑油变质或缺油，安装不当	过热、有异响	中等风险	检查、清扫	看+听	7	检查、更换、加固	焊补、更换	24	修补、焊补、清理、更换

续表

序号	部件	故障条件			风险等级	日常控制措施			定期检修维护			临时措施
		模式	原因	现象		措施	检查方法	周期（天）	措施	检修方法	周期（月）	
31	减速机	异响、过热	轴承或齿轮磨损、油封老化、润滑油变质或缺油，安装不当	过热、有异响	中等风险	检查、加油、清扫	看+听+摸+测温+测振	2	检查、更换、加固	焊补、紧固、调整加油、更换	24	焊补、补漏紧固、调整、加油、更换
32	料斗	变形	磨损、松动、变形	余煤回收效率低	中等风险	检查、清扫	看+听	7	检查、更换、加固	焊补、更换	24	修补、焊补、清理、更换
33		磨损	磨损、松动、变形	余煤回收效率低	中等风险	检查	看+听+测试计量	7	检查、更换、	调整、更换	24	调整、更换
34		脱落	磨损、松动、变形	余煤回收效率低	中等风险	检查、清扫	看+听	7	检查、更换、加固	调整更换	24	拆除、调整、更换
35	减速机	点蚀、变形	轴承或齿轮磨损故障、油封老化、润滑油变质	过热、有异响	中等风险	检查、清扫	看+听	7	检查、更换、加固	焊补、更换	24	修补、焊补、清理、更换
36		磨损、疲劳	轴承或齿轮磨损故障、油封老化、润滑油变质	过热、有异响	中等风险	检查、清扫	看+听+测试计量	2	检查、更换、加固	修补、焊补、紧固、调整加油、更换	24	修补、焊补、紧固、调整加油、更换
37		渗油	轴承或齿轮磨损故障、油封老化、润滑油变质	过热、有异响	中等风险	检查	看+听+摸	2	检查、更换、加固	修补、焊补、紧固、调整更换	24	修补、焊补、紧固、调整更换
38		异响、过热	轴承或齿轮磨损故障、油封老化、润滑油变质	过热、有异响	中等风险	检查	看+听+测试计量	7	检查、更换	调整、更换	24	调整、更换
39	回转盘	变形	维护不到位，清理不及时	集样桶溢出	中等风险	检查、清扫	看+听	7	检查、更换、加固	调整更换	24	拆除、调整、更换
40		堵塞	维护不到位，清理不及时	集样桶溢出	中等风险	检查、清扫	看+听+摸+测温+测振	7	检查、更换、加固	修补、焊补、紧固、调整、清扫更换	24	修补、焊补、紧固、调整、更换
41	入炉煤取样装置破碎机环锤	碎裂	进入异物、磨损	振动超标	中等风险	检查、加油、清扫	看+听+摸+测温+测振	7	检查、更换、加固	紧固、调整加油、更换	24	紧固、调整、加油、更换
42		磨损	进入异物、磨损	振动超标	中等风险	检查、清扫	看+摸	7	检查、更换	紧固、调整更换	24	紧固、调整、更换
43	入炉煤取样装置破碎机轴承	碎裂	磨损、缺油、进灰，维护不当	轴承发热有异响	中等风险	检查、清扫	看+听+摸+测温+测振	2	检查、更换、加固	修补、焊补、紧固、调整加油、更换	24	修补、焊补、紧固、调整加油、更换
44		磨损	磨损、缺油、进灰，维护不当	轴承发热有异响	中等风险	检查、加油、清扫	看+听+摸+测温+测振	7	检查、更换、加固	焊补、紧固、调整加油、更换	24	焊补、补漏紧固、调整、加油、更换

续表

序号	部件	故障条件			风险等级	日常控制措施			定期检修维护			临时措施
		模式	原因	现象		措施	检查方法	周期（天）	措施	检修方法	周期（月）	
45	入炉煤取样装置破碎机轴承	异响、过热	磨损、缺油、进灰，维护不当	轴承发热有异响	中等风险	检查、加油、清扫	看+听+摸+测温+测振	2	检查、更换、加固	焊补、紧固、调整加油、更换	24	焊补、补漏紧固、调整、加油、更换
46	入炉煤取样装置破碎机传动带	断裂	老化、磨损	破碎机停止工作	较小风险	检查、清扫	看+听	7	检查、更换、加固	调整更换	24	拆除、调整、更换
47		磨损	老化、磨损	破碎机停止工作	较小风险	检查、加油、清扫	看+听+摸+测温+测振	7	检查、更换、加固	修补、焊补、紧固、调整加油、更换	24	修补、焊补、紧固、调整加油、更换
48	初级采样头	变形	劣化、磨损	采样效率低	中等风险	检查、加油、清扫	看+听+摸+测温+测振	7	检查、更换、加固	修补、焊补、紧固、调整加油、更换	24	修补、焊补、紧固、调整加油、更换
49		磨损	劣化、磨损	采样效率低	中等风险	检查、加油、清扫	看+听+摸+测温+测振	7	检查、更换、加固	修补、焊补、紧固、调整加油、更换	24	修补、焊补、紧固、调整加油、更换
50	初级采样头减速机	损坏、退化	轴承或齿轮磨损、油封老化、润滑油变质或缺油，安装不当	过热、有异响	中等风险	检查、加油、清扫	看+听+摸+测温+测振	7	检查、更换、加固	修补、焊补、紧固、调整加油、更换	24	修补、焊补、紧固、调整加油、更换
51		性能衰退	轴承或齿轮磨损、油封老化、润滑油变质或缺油，安装不当	过热、有异响	中等风险	检查、加油、清扫	看+听+摸+测温+测振	2	检查、更换、加固	修补、焊补、紧固、调整加油、更换	24	修补、焊补、紧固、调整加油、更换
52	给料机减速机	点蚀、变形	轴承或齿轮磨损、油封老化、润滑油变质或缺油，安装不当	过热、有异响	中等风险	检查、加油、清扫	看+听+摸+测温+测振	2	检查、更换、加固	修补、焊补、紧固、调整加油、更换	24	修补、焊补、紧固、调整加油、更换
53		磨损、疲劳	轴承或齿轮磨损、油封老化、润滑油变质或缺油，安装不当	过热、有异响	中等风险	检查、清扫	看+听	7	检查、更换、加固	焊补、更换	24	修补、焊补、清理、更换
54		渗油	轴承或齿轮磨损、油封老化、润滑油变质或缺油，安装不当	过热、有异响	中等风险	检查、加油、清扫	看+听+摸+测温+测振	2	检查、更换、加固	焊补、紧固、调整加油、更换	24	焊补、补漏紧固、调整、加油、更换
55		异响、过热	轴承或齿轮磨损、油封老化、润滑油变质或缺油，安装不当	过热、有异响	中等风险	检查、清扫	看+听	7	检查、更换、加固	焊补、更换	24	修补、焊补、清理、更换

续表

序号	部件	故障条件			风险等级	日常控制措施			定期检修维护			临时措施
		模式	原因	现象		措施	检查方法	周期（天）	措施	检修方法	周期（月）	
56	给料机托辊	断裂	轴承磨损、缺油、进灰，辊壁磨断	托辊轴承有异响并发热	较小风险	检查、清扫	看+听+摸+测温+测振	7	检查、更换、加固	修补、焊补、紧固、调整、清扫更换	24	修补、焊补、紧固、调整、更换
57		磨损			较小风险	检查、加油、清扫	看+听+摸+测温+测振	7	检查、更换、加固	紧固、调整加油、更换	24	紧固、调整、加油、更换
58	给料机滚筒	磨损	轴承磨损、缺油、进灰，筒壁磨损	异响、过热	中等风险	检查、清扫	看+摸	7	检查、更换	紧固、调整更换	24	紧固、调整、更换
59	给料机轴承	碎裂	磨损、缺油、进灰，维护不当	轴承发热有异响	中等风险	检查、清扫	看+听+摸+测温+测振	2	检查、更换、加固	修补、焊补、紧固、调整加油、更换	24	修补、焊补、紧固、调整加油、更换
60		磨损	磨损、缺油、进灰，维护不当	轴承发热有异响	中等风险	检查、加油、清扫	看+听+摸+测温+测振	7	检查、更换、加固	焊补、紧固、调整加油、更换	24	焊补、补漏紧固、调整、加油、更换
61		异响、过热	磨损、缺油、进灰，维护不当	轴承发热有异响	中等风险	检查、加油、清扫	看+听+摸+测温+测振	2	检查、更换、加固	焊补、紧固、调整加油、更换	24	焊补、补漏紧固、调整、加油、更换
62	给料机链轮、链条	断裂	链条、链轮磨损、断裂、过松	异响、传动失效	中等风险	检查、清扫	看+听	7	检查、更换、加固	调整更换	24	拆除、调整、更换
63		磨损	链条、链轮磨损、断裂、过松	异响、传动失效	中等风险	检查、加油、清扫	看+听+摸+测温+测振	7	检查、更换、加固	修补、焊补、紧固、调整加油、更换	24	修补、焊补、紧固、调整加油、更换
64	给料机皮带	断裂	胶带劣化、磨损	起皮、破损、脱胶	中等风险	检查、加油、清扫	看+听+摸+测温+测振	7	检查、更换、加固	修补、焊补、紧固、调整加油、更换	24	修补、紧固、调整加油、更换
65		磨损	胶带劣化、磨损	起皮、破损、脱胶	中等风险	检查、加油、清扫	看+听+摸+测温+测振	7	检查、更换、加固	修补、焊补、紧固、调整加油、更换	24	修补、焊补、紧固、调整加油、更换
66	链斗斗提机	断裂	链条、链轮磨损、断裂、过松	异响、传动失效、余煤回收堵塞	中等风险	检查、加油、清扫	看+听+摸+测温+测振	7	检查、更换、加固	修补、焊补、紧固、调整加油、更换	24	修补、焊补、紧固、调整加油、更换
67		磨损	链条、链轮磨损、断裂、过松	异响、传动失效、余煤回收堵塞	中等风险	检查、加油、清扫	看+听+摸+测温+测振	2	检查、更换、加固	修补、焊补、紧固、调整加油、更换	24	修补、焊补、紧固、调整加油、更换

续表

序号	部件	故障条件			风险等级	日常控制措施			定期检修维护			临时措施
		模式	原因	现象		措施	检查方法	周期（天）	措施	检修方法	周期（月）	
68	减速机	点蚀、变形	轴承或齿轮磨损、油封老化、润滑油变质或缺油，安装不当	过热、有异响	中等风险	检查、加油、清扫	看+听+摸+测温+测振	2	检查、更换、加固	修补、焊补、紧固、调整加油、更换	24	修补、焊补、紧固、调整加油、更换
69		磨损、疲劳	轴承或齿轮磨损、油封老化、润滑油变质或缺油，安装不当	过热、有异响	中等风险	检查、清扫	看+听	7	检查、更换、加固	焊补、更换	24	修补、焊补、清理、更换
70		渗油	轴承或齿轮磨损、油封老化、润滑油变质或缺油，安装不当	过热、有异响	中等风险	检查、加油、清扫	看+听+摸+测温+测振	2	检查、更换、加固	焊补、紧固、调整加油、更换	24	焊补、补漏紧固、调整、加油、更换
71		异响、过热	轴承或齿轮磨损、油封老化、润滑油变质或缺油，安装不当	过热、有异响	中等风险	检查、清扫	看+听	7	检查、更换、加固	焊补、更换	24	修补、焊补、清理、更换
72	料斗	变形	磨损、松动、变形	余煤回收效率低	中等风险	检查	看+听+测试计量	7	检查、更换、	调整、更换	24	调整、更换
73		磨损	磨损、松动、变形	余煤回收效率低	中等风险	检查、清扫	看+听	7	检查、更换、加固	调整更换	24	拆除、调整、更换
74		脱落	磨损、松动、变形	余煤回收效率低	中等风险	检查、清扫	看+听	7	检查、更换、加固	焊补、更换	24	修补、焊补、清理、更换
75	减速机	点蚀、变形	轴承或齿轮磨损故障、油封老化、润滑油变质	过热、有异响	中等风险	检查、清扫	看+听+测试计量	2	检查、更换、加固	修补、焊补、紧固、调整加油、更换	24	修补、焊补、紧固、调整加油、更换
76		磨损、疲劳	轴承或齿轮磨损故障、油封老化、润滑油变质	过热、有异响	中等风险	检查	看+听+摸	2	检查、更换、加固	修补、焊补、紧固、调整更换	24	修补、焊补、紧固、调整更换
77		渗油	轴承或齿轮磨损故障、油封老化、润滑油变质	过热、有异响	中等风险	检查	看+听+测试计量	7	检查、更换	调整、更换	24	调整、更换
78		异响、过热	轴承或齿轮磨损故障、油封老化、润滑油变质	过热、有异响	中等风险	检查、清扫	看+听	7	检查、更换、加固	调整更换	24	拆除、调整、更换
79	回转盘	变形	维护不到位，清理不及时	集样桶溢出	中等风险	检查、清扫	看+听+摸+测温+测振	7	检查、更换、加固	修补、焊补、紧固、调整、清扫更换	24	修补、焊补、紧固、调整、更换

续表

序号	部件	故障条件			风险等级	日常控制措施			定期检修维护			临时措施
		模式	原因	现象		措施	检查方法	周期（天）	措施	检修方法	周期（月）	
80	回转盘	堵塞	维护不到位，清理不及时	集样桶溢出	中等风险	检查、加油、清扫	看+听+摸+测温+测振	7	检查、更换、加固	紧固、调整加油、更换	24	紧固、调整、加油、更换
81	入厂煤电子皮带秤秤架	变形	腐蚀、松动	锈蚀、晃动	较小风险	检查、清扫	看+摸	7	检查、更换	紧固、调整更换	24	紧固、调整、更换
82		磨损	腐蚀、松动	锈蚀、晃动	较小风险	检查、清扫	看+听+摸+测温+测振	2	检查、更换、加固	修补、焊补、紧固、调整加油、更换	24	修补、焊补、紧固、调整加油、更换
83		松动	腐蚀、松动	锈蚀、晃动	较小风险	检查、加油、清扫	看+听+摸+测温+测振	7	检查、更换、加固	焊补、紧固、调整加油、更换	24	焊补、补漏紧固、调整、加油、更换
84	入厂煤电子皮带秤托辊	断裂	轴承损坏、辊壁磨断	托辊轴承有异响并发热	较小风险	检查、加油、清扫	看+听+摸+测温+测振	2	检查、更换、加固	焊补、紧固、调整加油、更换	24	焊补、补漏紧固、调整、加油、更换
85		磨损	轴承损坏、辊壁磨断	托辊轴承有异响并发热	较小风险	检查、清扫	看+听	7	检查、更换、加固	调整更换	24	拆除、调整、更换
86	实物标定料斗	磨损	磨损、松动	脱落	较小风险	检查、加油、清扫	看+听+摸+测温+测振	7	检查、更换、加固	修补、焊补、紧固、调整加油、更换	24	修补、焊补、紧固、调整加油、更换
87		脱落	磨损、松动	脱落	较小风险	检查、加油、清扫	看+听+摸+测温+测振	7	检查、更换、加固	修补、焊补、紧固、调整加油、更换	24	修补、焊补、紧固、调整加油、更换
88	实物标定砝码提升机	变形、卡塞	劣化、磨损、缺油	链码无法抬落	较小风险	检查、加油、清扫	看+听+摸+测温+测振	7	检查、更换、加固	修补、焊补、紧固、调整加油、更换	24	修补、焊补、紧固、调整加油、更换
89		磨损	劣化、磨损、缺油	链码无法抬落	较小风险	检查、加油、清扫	看+听+摸+测温+测振	7	检查、更换、加固	修补、焊补、紧固、调整加油、更换	24	修补、焊补、紧固、调整加油、更换
90		行程失调	劣化、磨损、缺油	链码无法抬落	较小风险	检查、加油、清扫	看+听+摸+测温+测振	2	检查、更换、加固	修补、焊补、紧固、调整加油、更换	24	修补、焊补、紧固、调整加油、更换
91	实物标定推杆	变形、卡塞	劣化、磨损、缺油	链码无法抬落	较小风险	检查、加油、清扫	看+听+摸+测温+测振	2	检查、更换、加固	修补、焊补、紧固、调整加油、更换	24	修补、焊补、紧固、调整加油、更换
92		磨损	劣化、磨损、缺油	链码无法抬落	较小风险	检查、清扫	看+听	7	检查、更换、加固	焊补、更换	24	修补、焊补、清理、更换
93		行程失调	劣化、磨损、缺油	链码无法抬落	较小风险	检查、加油、清扫	看+听+摸+测温+测振	2	检查、更换、加固	焊补、紧固、调整加油、更换	24	焊补、补漏紧固、调整、加油、更换

续表

序号	部件	故障条件			风险等级	日常控制措施			定期检修维护			临时措施
		模式	原因	现象		措施	检查方法	周期（天）	措施	检修方法	周期（月）	
94	入炉煤电子皮带秤秤架	变形	腐蚀、松动	锈蚀、晃动	较小风险	检查、清扫	看+听	7	检查、更换、加固	焊补、更换	24	修补、焊补、清理、更换
95	入炉煤电子皮带秤秤架	磨损	腐蚀、松动	锈蚀、晃动	较小风险	检查、清扫	看+听+摸+测温+测振	7	检查、更换、加固	修补、焊补、紧固、调整、清扫更换	24	修补、焊补、紧固、调整、更换
96	入炉煤电子皮带秤秤架	松动	腐蚀、松动	锈蚀、晃动	较小风险	检查、加油、清扫	看+听+摸+测温+测振	7	检查、更换、加固	紧固、调整加油、更换	24	紧固、调整、加油、更换
97	入炉煤电子皮带秤托辊	断裂	轴承损坏、辊壁磨断	托辊轴承有异响并发热	较小风险	检查、清扫	看+摸	7	检查、更换	紧固、调整更换	24	紧固、调整、更换
98	入炉煤电子皮带秤托辊	磨损	轴承损坏、辊壁磨断	托辊轴承有异响并发热	较小风险	检查、清扫	看+听+摸+测温+测振	2	检查、更换、加固	修补、焊补、紧固、调整加油、更换	24	修补、焊补、紧固、调整加油、更换

26 除尘设备

设备风险评估表

区域：煤仓及输煤　　　　系统：输煤系统　　　　设备：除尘设备

序号	部件	故障条件			故障影响			故障损失			风险值	风险等级
		模式	原因	现象	系统	设备	部件	经济损失	生产中断	设备损坏		
1	喷淋泵叶轮	变形	部件劣化、磨损	异响，不出水	停运	设备退备	损坏	可能造成设备或财产损失1万元以下	主要备用设备退出备用24h以内	性能无影响	4	较小风险
2		磨损	部件劣化、磨损	异响，不出水	停运	设备退备	损坏	可能造成设备或财产损失1万元以下	主要备用设备退出备用24h以内	性能无影响	4	较小风险
3	喷淋泵轴承	碎裂	磨损、缺油，维护不当	轴承发热有异响	停运	设备退备	损坏	可能造成设备或财产损失1万元以下	主要备用设备退出备用24h以内	性能无影响	4	较小风险
4		磨损	磨损、缺油，维护不当	轴承发热有异响	停运	设备退备	损坏	可能造成设备或财产损失1万元以下	主要备用设备退出备用24h以内	性能无影响	4	较小风险
5		异响、过热	磨损、缺油，维护不当	轴承发热有异响	停运	设备退备	损坏	可能造成设备或财产损失1万元以下	主要备用设备退出备用24h以内	性能无影响	4	较小风险
6	喷淋泵轴	变形	弯曲、疲劳	振动大	停运	设备退备	损坏	可能造成设备或财产损失1万元以下	主要备用设备退出备用24h以内	性能无影响	4	较小风险
7		磨损	弯曲、疲劳	振动大	停运	设备退备	损坏	可能造成设备或财产损失1万元以下	主要备用设备退出备用24h以内	性能无影响	4	较小风险
8	喷淋泵阀门、管道	磨损	磨损或使用不当，未及时反冲洗	不出水或漏水	停运	设备无法投运	损坏	可能造成设备或财产损失1万元以下	主要备用设备退出备用24h以内	性能无影响	4	较小风险
9		堵塞	磨损或使用不当，未及时反冲洗	不出水或漏水	停运	设备无法投运	损坏	可能造成设备或财产损失1万元以下	主要备用设备退出备用24h以内	性能无影响	4	较小风险
10	喷淋泵喷嘴模组	堵塞	水有杂质、异物	不喷雾	停运	抑尘效果差	损坏	可能造成设备或财产损失1万元以下	主要备用设备退出备用24h以内	性能无影响	4	较小风险

续表

序号	部件	故障条件			故障影响			故障损失			风险值	风险等级
		模式	原因	现象	系统	设备	部件	经济损失	生产中断	设备损坏		
11	除尘器风机	损坏	进入杂物；轴承、叶片磨损；轴承缺油	异响、振动大	停运	设备无法投运	损坏	可能造成设备或财产损失1万元以上10万元以下	导致生产中断1～7天或生产工艺50%及以上	维修后恢复设备性能	6	中等风险
12	除尘器轴承	碎裂	磨损、缺油、进灰，维护不当	轴承发热有异响	停运	设备退备	损坏	可能造成设备或财产损失1万元以下	主要备用设备退出备用24h以内	性能无影响	4	较小风险
13		磨损	磨损、缺油、进灰，维护不当	轴承发热有异响	停运	设备退备	损坏	可能造成设备或财产损失1万元以下	主要备用设备退出备用24h以内	性能无影响	4	较小风险
14		异响、过热	磨损、缺油、进灰，维护不当	轴承发热有异响	停运	设备退备	损坏	可能造成设备或财产损失1万元以下	主要备用设备退出备用24h以内	性能无影响	4	较小风险
15	除尘器箱体	漏水	磨损、腐蚀，进杂物	风力小、漏风	停运	排风口喷灰或风力小	损坏	可能造成设备或财产损失1万元以下	主要备用设备退出备用24h以内	性能无影响	4	较小风险
16		漏风	磨损、腐蚀，进杂物	风力小、漏风	停运	排风口喷灰或风力小	损坏	可能造成设备或财产损失1万元以下	主要备用设备退出备用24h以内	性能无影响	4	较小风险
17	除尘器风管	漏水	积粉、磨损、进杂物	风力小、漏风	停运	除尘效果差	损坏	可能造成设备或财产损失1万元以下	主要备用设备退出备用24h以内	性能无影响	4	较小风险
18		漏风	积粉、磨损、进杂物	风力小、漏风	停运	除尘效果差	损坏	可能造成设备或财产损失1万元以下	主要备用设备退出备用24h以内	性能无影响	4	较小风险
19	水雾抑尘装置电磁阀	漏气	腐蚀	漏气	停运	设备无法投运	损坏	可能造成设备或财产损失1万元以下	主要备用设备退出备用24h以内	性能无影响	4	较小风险
20	水雾抑尘装置喷嘴模组	堵塞	水有杂质、异物	不喷雾	停运	抑尘效果差	损坏	可能造成设备或财产损失1万元以下	主要备用设备退出备用24h以内	性能无影响	4	较小风险
21	水雾抑尘装置微雾主机	磨损	磨损、水有杂质	不喷雾	停运	抑尘效果差	损坏	可能造成设备或财产损失1万元以下	主要备用设备退出备用24h以内	性能无影响	4	较小风险
22		漏水、压力过低	磨损、水有杂质	不喷雾	停运	抑尘效果差	损坏	可能造成设备或财产损失1万元以下	主要备用设备退出备用24h以内	性能无影响	4	较小风险

续表

序号	部件	故障条件			故障影响			故障损失			风险值	风险等级
		模式	原因	现象	系统	设备	部件	经济损失	生产中断	设备损坏		
23	水雾抑尘装置微雾主机	性能衰退、异响、过热	磨损、水有杂质	不喷雾	停运	抑尘效果差	损坏	可能造成设备或财产损失1万元以下	主要备用设备退出备用24h以内	性能无影响	4	较小风险
24	射雾器系统泵叶轮、阀门阀芯、阀杆	磨损	磨损或使用不当	不出水或漏水	运行	设备无法投运	损坏	可能造成设备或财产损失1万元以上10万元以下	导致生产中断1～7天或生产工艺50%及以上	维修后恢复设备性能	6	中等风险
25		堵塞	磨损或使用不当	不出水或漏水	运行	设备无法投运	损坏	可能造成设备或财产损失1万元以上10万元以下	导致生产中断1～7天或生产工艺50%及以上	维修后恢复设备性能	6	中等风险
26	喷枪系统阀门阀芯、阀杆	磨损	磨损或使用不当	不出水或漏水	运行	设备无法投运	损坏	可能造成设备或财产损失1万元以下	主要备用设备退出备用24h以内	性能无影响	4	较小风险
27		堵塞	磨损或使用不当	不出水或漏水	运行	设备无法投运	损坏	可能造成设备或财产损失1万元以下	主要备用设备退出备用24h以内	性能无影响	4	较小风险
28	消防炮系统阀门阀芯、阀杆	磨损	磨损或使用不当	不出水或漏水	运行	设备无法投运	损坏	可能造成设备或财产损失1万元以下	主要备用设备退出备用24h以内	性能无影响	4	较小风险
29		堵塞	磨损或使用不当	不出水或漏水	运行	设备无法投运	损坏	可能造成设备或财产损失1万元以下	主要备用设备退出备用24h以内	性能无影响	4	较小风险

设备风险控制卡

区域：煤仓及输煤　　　　系统：输煤系统　　　　设备：除尘设备

序号	部件	故障条件			风险等级	日常控制措施			定期检修维护			临时措施
		模式	原因	现象		措施	检查方法	周期（天）	措施	检修方法	周期（月）	
1	喷淋泵叶轮	变形	部件劣化、磨损	异响，不出水	较小风险	看+听+摸	检修	2	检查、更换、加固	修补、焊补、紧固、调整更换	24	看+听+摸
2		磨损	部件劣化、磨损	异响，不出水	较小风险	看+听+摸+测温+测振	检修	7	检查、更换、加固	修补、焊补、紧固、调整加油、更换	24	看+听+摸+测温+测振
3	喷淋泵轴承	碎裂	磨损、缺油，维护不当	轴承发热有异响	较小风险	看+听+摸+测温+测振	检修	7	检查、更换、加固	修补、焊补、紧固、调整、清扫更换	24	看+听+摸+测温+测振

续表

序号	部件	故障条件			风险等级	日常控制措施			定期检修维护			临时措施
		模式	原因	现象		措施	检查方法	周期（天）	措施	检修方法	周期（月）	
4	喷淋泵轴承	磨损	磨损、缺油，维护不当	轴承发热有异响	较小风险	看+听+摸	检修	7	检查、更换、加固	修补、焊补、紧固、调整更换	24	看+听+摸
5		异响、过热	磨损、缺油，维护不当	轴承发热有异响	较小风险	看+摸	检修	2	检查、更换、加固	紧固、调整、疏通、更换	24	看+摸
6	喷淋泵轴	变形	弯曲、疲劳	振动大	较小风险	看+听+摸+测温+测振	检修	2	检查、更换、加固	修补、焊补、紧固、调整加油、更换	24	看+听+摸+测温+测振
7		磨损	弯曲、疲劳	振动大	较小风险	看+听+摸+测温+测振	检修	7	检查、更换、加固	修补、焊补、紧固、调整加油、更换	24	看+听+摸+测温+测振
8	喷淋泵阀门、管道	磨损	磨损或使用不当，未及时反冲洗	不出水或漏水	较小风险	看	检修	7	检查、更换、加固	修补、焊补、紧固、调整更换	24	看
9		堵塞	磨损或使用不当，未及时反冲洗	不出水或漏水	较小风险	看	检修	7	检查、更换、加固	修补、焊补、紧固、调整更换	24	看
10	喷淋泵喷嘴模组	堵塞	水有杂质、异物	不喷雾	较小风险	看+听+摸+测温+测振	检修	7	检查、更换、加固	修补、焊补、紧固、调整加油、更换	24	看+听+摸+测温+测振
11	除尘器风机	损坏	进入杂物；轴承、叶片磨损；轴承缺油	异响、振动大	中等风险	看+摸	检查	2	检查、更换、加固	紧固、调整、疏通、更换	24	看+摸
12	除尘器轴承	碎裂	磨损、缺油、进灰，维护不当	轴承发热有异响	较小风险	看	检修	7	检查、更换、加固	紧固、调整更换	24	看
13		磨损	磨损、缺油、进灰，维护不当	轴承发热有异响	较小风险	看	检修	7	检查、更换、加固	紧固、调整更换	24	看
14		异响、过热	磨损、缺油、进灰，维护不当	轴承发热有异响	较小风险	看	检修	7	检查、更换、加固	紧固、调整更换	24	看
15	除尘器箱体	漏水	磨损、腐蚀，进杂物	风力小、漏风	较小风险	看+听+摸	检修	7	检查、更换、加固	修补、焊补、紧固、调整加油、更换	24	看+听+摸
16		漏风	磨损、腐蚀，进杂物	风力小、漏风	较小风险	看+听+摸	检修	2	检查、更换、加固	修补、焊补、紧固、调整更换	24	看+听+摸

续表

序号	部件	故障条件			风险等级	日常控制措施			定期检修维护			临时措施
		模式	原因	现象		措施	检查方法	周期（天）	措施	检修方法	周期（月）	
17	除尘器风管	漏水	积粉、磨损、进杂物	风力小、漏风	较小风险	看+听+摸+测温+测振	检修	7	检查、更换、加固	修补、焊补、紧固、调整加油、更换	24	看+听+摸+测温+测振
18		漏风	积粉、磨损、进杂物	风力小、漏风	较小风险	看+听+摸+测温+测振	检修	7	检查、更换、加固	修补、焊补、紧固、调整、清扫更换	24	看+听+摸+测温+测振
19	水雾抑尘装置电磁阀	漏气	腐蚀	漏气	较小风险	看+听+摸	检修	7	检查、更换、加固	修补、焊补、紧固、调整更换	24	看+听+摸
20	水雾抑尘装置喷嘴模组	堵塞	水有杂质、异物	不喷雾	较小风险	看+摸	检修	2	检查、更换、加固	紧固、调整、疏通、更换	24	看+摸
21	水雾抑尘装置微雾主机	磨损	磨损、水有杂质	不喷雾	较小风险	看+听+摸+测温+测振	检修	2	检查、更换、加固	修补、焊补、紧固、调整加油、更换	24	看+听+摸+测温+测振
22		漏水、压力过低	磨损、水有杂质	不喷雾	较小风险	看+听+摸+测温+测振	检修	7	检查、更换、加固	修补、焊补、紧固、调整加油、更换	24	看+听+摸+测温+测振
23		性能衰退、异响、过热	磨损、水有杂质	不喷雾	较小风险	看	检修	7	检查、更换、加固	修补、焊补、紧固、调整更换	24	看
24	射雾器系统泵叶轮、阀门阀芯、阀杆	磨损	磨损或使用不当	不出水或漏水	中等风险	看	检修	7	检查、更换、加固	修补、焊补、紧固、调整更换	24	看
25		堵塞	磨损或使用不当	不出水或漏水	中等风险	看+听+摸+测温+测振	检修	7	检查、更换、加固	修补、焊补、紧固、调整加油、更换	24	看+听+摸+测温+测振
26	喷枪系统阀门阀芯、阀杆	磨损	磨损或使用不当	不出水或漏水	较小风险	看+摸	检修	2	检查、更换、加固	紧固、调整、疏通、更换	24	看+摸
27		堵塞	磨损或使用不当	不出水或漏水	较小风险	看	检修	7	检查、更换、加固	紧固、调整更换	24	看
28	消防炮系统阀门阀芯、阀杆	磨损	磨损或使用不当	不出水或漏水	较小风险	看	检修	7	检查、更换、加固	紧固、调整更换	24	看
29		堵塞	磨损或使用不当	不出水或漏水	较小风险	看	检修	7	检查、更换、加固	紧固、调整更换	24	看

27 含煤废水处理设备

设备风险评估表

区域：煤仓及输煤　　系统：含煤废水处理系统　　设备：含煤废水处理设备

序号	部件	故障条件			故障影响			故障损失			风险值	风险等级
		模式	原因	现象	系统	设备	部件	经济损失	生产中断	设备损坏		
1	煤泥池液下泵叶轮	变形	部件劣化、磨损	异响，不出水	运行	设备无法投运	损坏	可能造成设备或财产损失1万元以下	主要备用设备退出备用24h以内	维修后恢复设备性能	4	较小风险
2		磨损	部件劣化、磨损	异响，不出水	运行	设备无法投运	损坏	可能造成设备或财产损失1万元以下	主要备用设备退出备用24h以内	维修后恢复设备性能	4	较小风险
3	煤泥池液下泵阀门阀芯、阀杆	磨损	磨损或使用不当，未及时反冲洗	不出水或漏水	运行	设备无法投运	损坏	可能造成设备或财产损失1万元以下	主要备用设备退出备用24h以内	维修后恢复设备性能	4	较小风险
4		堵塞	磨损或使用不当，未及时反冲洗	不出水或漏水	运行	设备无法投运	损坏	可能造成设备或财产损失1万元以下	主要备用设备退出备用24h以内	维修后恢复设备性能	4	较小风险
5	含煤废水处理装置高介质过滤器	腐蚀	内部滤料流失、底板锈蚀、反冲洗管堵塞	水质处理效果差	停运	效率降低	堵塞	可能造成设备或财产损失1万元以下	主要备用设备退出备用24h以内	维修后恢复设备性能	4	较小风险
6		堵塞	内部滤料流失、底板锈蚀、反冲洗管堵塞	水质处理效果差	停运	效率降低	堵塞	可能造成设备或财产损失1万元以下	主要备用设备退出备用24h以内	维修后恢复设备性能	4	较小风险
7		功能失效	内部滤料流失、底板锈蚀、反冲洗管堵塞	水质处理效果差	停运	效率降低	堵塞	可能造成设备或财产损失1万元以下	主要备用设备退出备用24h以内	维修后恢复设备性能	4	较小风险
8		腐蚀	极板腐蚀、磨损、部分堵塞	功能效果降低	停运	处理效果差	堵塞	可能造成设备或财产损失1万元以下	主要备用设备退出备用24h以内	维修后恢复设备性能	4	较小风险
9		堵塞	极板腐蚀、磨损、部分堵塞	功能效果降低	停运	处理效果差	堵塞	可能造成设备或财产损失1万元以下	主要备用设备退出备用24h以内	维修后恢复设备性能	4	较小风险

续表

序号	部件	故障条件			故障影响			故障损失			风险值	风险等级
		模式	原因	现象	系统	设备	部件	经济损失	生产中断	设备损坏		
10	含煤废水处理装置高介质过滤器	功能失效	极板腐蚀、磨损、部分堵塞	功能效果降低	停运	处理效果差	堵塞	可能造成设备或财产损失1万元以下	主要备用设备退出备用24h以内	维修后恢复设备性能	4	较小风险
11	含煤废水处理装置离心澄清反应器	腐蚀	腐蚀、排污管堵塞	渗漏、不排污	停运	处理效果差	堵塞	可能造成设备或财产损失1万元以下	主要备用设备退出备用24h以内	维修后恢复设备性能	4	较小风险
12		堵塞	腐蚀、排污管堵塞	渗漏、不排污	停运	处理效果差	堵塞	可能造成设备或财产损失1万元以下	主要备用设备退出备用24h以内	维修后恢复设备性能	4	较小风险
13	含煤废水处理装置原水泵叶轮	短路	电机进水、部件磨损	绝缘低；异响	停运	设备退备	损坏	可能造成设备或财产损失1万元以下	主要备用设备退出备用24h以内	维修后恢复设备性能	4	较小风险
14		磨损	电机进水、部件磨损	绝缘低；异响	停运	设备退备	损坏	可能造成设备或财产损失1万元以下	主要备用设备退出备用24h以内	维修后恢复设备性能	4	较小风险
15		短路	电机进水、部件磨损	绝缘低；异响	停运	设备退备	损坏	可能造成设备或财产损失1万元以下	主要备用设备退出备用24h以内	维修后恢复设备性能	4	较小风险
16		磨损	电机进水、部件磨损	绝缘低；异响	停运	设备退备	损坏	可能造成设备或财产损失1万元以下	主要备用设备退出备用24h以内	维修后恢复设备性能	4	较小风险
17	集水池潜水泵叶轮	变形	部件劣化、磨损	异响，不出水	运行	设备退备	损坏	可能造成设备或财产损失1万元以下	主要备用设备退出备用24h以内	维修后恢复设备性能	4	较小风险
18		磨损	部件劣化、磨损	异响，不出水	运行	设备退备	损坏	可能造成设备或财产损失1万元以下	主要备用设备退出备用24h以内	维修后恢复设备性能	4	较小风险
19	集水池潜水泵阀门阀芯、阀杆	磨损	磨损或使用不当，未及时反冲洗	不出水或漏水	运行	设备无法投运	损坏	可能造成设备或财产损失1万元以下	主要备用设备退出备用24h以内	维修后恢复设备性能	4	较小风险
20		堵塞	磨损或使用不当，未及时反冲洗	不出水或漏水	运行	设备无法投运	损坏	可能造成设备或财产损失1万元以下	主要备用设备退出备用24h以内	维修后恢复设备性能	4	较小风险
21	喷淋泵叶轮	变形	部件劣化、磨损	异响，不出水	运行	设备退备	损坏	可能造成设备或财产损失1万元以下	主要备用设备退出备用24h以内	维修后恢复设备性能	4	较小风险

续表

序号	部件	故障条件			故障影响			故障损失			风险值	风险等级
		模式	原因	现象	系统	设备	部件	经济损失	生产中断	设备损坏		
22	喷淋泵叶轮	磨损	部件劣化、磨损	异响，不出水	运行	设备退备	损坏	可能造成设备或财产损失1万元以下	主要备用设备退出备用24h以内	维修后恢复设备性能	4	较小风险
23	喷淋泵阀门阀芯、阀杆	堵塞	磨损或使用不当，未及时反冲洗	不出水或漏水	运行	设备无法投运	损坏	可能造成设备或财产损失1万元以下	主要备用设备退出备用24h以内	维修后恢复设备性能	4	较小风险
24		堵塞	磨损或使用不当，未及时反冲洗	不出水或漏水	运行	设备无法投运	损坏	可能造成设备或财产损失1万元以下	主要备用设备退出备用24h以内	维修后恢复设备性能	4	较小风险
25	沉煤池抓斗机抱闸	磨损	使用时间过长	闸皮厚度减小	运行	制动效果差	损坏	可能造成设备或财产损失1万元以下	主要备用设备退出备用24h以内	维修后恢复设备性能	4	较小风险
26	沉煤池抓斗机抓斗	变形	抓斗超载	抓斗滑轮坏、抓斗有裂纹	运行	桥式起重机停用	损坏	可能造成设备或财产损失1万元以下	主要备用设备退出备用24h以内	维修后恢复设备性能	4	较小风险
27		破裂	抓斗超载	抓斗滑轮坏、抓斗有裂纹	运行	桥式起重机停用	损坏	可能造成设备或财产损失1万元以下	主要备用设备退出备用24h以内	维修后恢复设备性能	4	较小风险
28	沉煤池抓斗机桥架	紧固螺栓开焊	应力疲劳	桥架紧固螺丝脱落	运行	桥式起重机停用	损坏	可能造成设备或财产损失1万元以下	主要备用设备退出备用24h以内	维修后恢复设备性能	4	较小风险
29	沉煤池抓斗机轨道	紧固螺栓松动	轨道振动	大车溜车	运行	桥式起重机停用	损坏	可能造成设备或财产损失1万元以下	主要备用设备退出备用24h以内	维修后恢复设备性能	4	较小风险
30	沉煤池抓斗机行走轮轴承	断裂	轴变截面过度圆角过小，应力集中过大	起重机行走时有异音	运行	桥式起重机停用	损坏	可能造成设备或财产损失1万元以下	主要备用设备退出备用24h以内	维修后恢复设备性能	4	较小风险
31	沉煤池抓斗机卷筒	破裂	卷筒和钢丝绳接触摩擦，使筒壁变薄	卷筒筒壁有裂纹	运行	桥式起重机停用	损坏	可能造成设备或财产损失1万元以下	主要备用设备退出备用24h以内	维修后恢复设备性能	4	较小风险
32	沉煤池抓斗机联轴器	破裂	安装精度低、地脚螺栓松动；材质不良或过载	联轴器传动发生振动或传动噪声增大；联轴器出现裂纹	运行	桥式起重机停用	损坏	可能造成设备或财产损失1万元以下	主要备用设备退出备用24h以内	维修后恢复设备性能	4	较小风险

续表

序号	部件	故障条件			故障影响			故障损失			风险值	风险等级
		模式	原因	现象	系统	设备	部件	经济损失	生产中断	设备损坏		
33	沉煤池抓斗机联轴器	磨损	安装精度低、地脚螺栓松动；材质不良或过载	联轴器传动发生振动或传动噪声增大；联轴器出现裂纹	运行	桥式起重机停用	损坏	可能造成设备或财产损失1万元以下	主要备用设备退出备用24h以内	维修后恢复设备性能	4	较小风险
34	沉煤池抓斗机联轴器	破裂	安装精度低、地脚螺栓松动；材质不良或过载	联轴器传动发生振动或传动噪声增大；联轴器出现裂纹	运行	桥式起重机停用	损坏	可能造成设备或财产损失1万元以下	主要备用设备退出备用24h以内	维修后恢复设备性能	4	较小风险
35	沉煤池抓斗机联轴器	磨损	安装精度低、地脚螺栓松动；材质不良或过载	联轴器传动发生振动或传动噪声增大；联轴器出现裂纹	运行	桥式起重机停用	损坏	可能造成设备或财产损失1万元以下	主要备用设备退出备用24h以内	维修后恢复设备性能	4	较小风险
36	沉煤池抓斗机减速器	点蚀、变形	轴承或齿轮磨损故障、油封老化、润滑油变质	过热、有异响	运行	桥式起重机停用	损坏	可能造成设备或财产损失1万元以下	主要备用设备退出备用24h以内	维修后恢复设备性能	4	较小风险
37	沉煤池抓斗机减速器	磨损、疲劳	轴承或齿轮磨损故障、油封老化、润滑油变质	过热、有异响	运行	桥式起重机停用	损坏	可能造成设备或财产损失1万元以下	主要备用设备退出备用24h以内	维修后恢复设备性能	4	较小风险
38	沉煤池抓斗机减速器	渗油	轴承或齿轮磨损故障、油封老化、润滑油变质	过热、有异响	运行	桥式起重机停用	损坏	可能造成设备或财产损失1万元以下	主要备用设备退出备用24h以内	维修后恢复设备性能	4	较小风险
39	沉煤池抓斗机减速器	异响、过热	轴承或齿轮磨损故障、油封老化、润滑油变质	过热、有异响	运行	桥式起重机停用	损坏	可能造成设备或财产损失1万元以下	主要备用设备退出备用24h以内	维修后恢复设备性能	4	较小风险
40	沉煤池抓斗机钢丝绳	断股	摩擦磨损、长时间使用未进行更换	钢丝绳断股	运行	桥式起重机停用	损坏	可能造成设备或财产损失1万元以下	主要备用设备退出备用24h以内	维修后恢复设备性能	4	较小风险
41	沉煤池抓斗机钢丝绳	磨损	摩擦磨损、长时间使用未进行更换	钢丝绳断股	运行	桥式起重机停用	损坏	可能造成设备或财产损失1万元以下	主要备用设备退出备用24h以内	维修后恢复设备性能	4	较小风险

设备风险控制卡

区域：煤仓及输煤　　系统：含煤废水处理系统　　设备：含煤废水处理设备

序号	部件	故障条件			风险等级	日常控制措施			定期检修维护			临时措施
		模式	原因	现象		措施	检查方法	周期（天）	措施	检修方法	周期（月）	
1	煤泥池液下泵叶轮	变形	部件劣化、磨损	异响，不出水	较小风险	检查、加油、清扫	看+听+摸+测温+测振	7	检查、更换、加固	修补、焊补、紧固、调整加油、更换	24	修补、焊补、紧固、调整加油、更换
2		磨损	部件劣化、磨损	异响，不出水	较小风险	检查、加油、清扫	看+听+摸+测温+测振	7	检查、更换、加固	修补、焊补、紧固、调整加油、更换	24	修补、焊补、紧固、调整加油、更换
3	煤泥池液下泵阀门阀芯、阀杆	磨损	磨损或使用不当，未及时反冲洗	不出水或漏水	较小风险	检查清扫	看+摸	7	检查、更换、加固	冲洗、调整更换	24	冲洗、调整更换
4		堵塞	磨损或使用不当，未及时反冲洗	不出水或漏水	较小风险	检查清扫	看+摸	7	检查、更换、加固	冲洗、调整更换	24	冲洗、调整更换
5	含煤废水处理装置高介质过滤器	腐蚀	内部滤料流失、底板锈蚀、反冲洗管堵塞	水质处理效果差	较小风险	检查清扫	看+摸	7	检查、更换、加固	冲洗、调整更换	24	冲洗、调整更换
6		堵塞	内部滤料流失、底板锈蚀、反冲洗管堵塞	水质处理效果差	较小风险	检查、清扫	看+听	2	检查、更换、加固	修补、焊补、紧固、调整、更换	24	修补、焊补、紧固、调整、更换
7		功能失效	内部滤料流失、底板锈蚀、反冲洗管堵塞	水质处理效果差	较小风险	检查、清扫	看+听	2	检查、更换、加固	修补、焊补、紧固、调整加油、更换	24	修补、焊补、紧固、调整、更换
8		腐蚀	极板腐蚀、磨损、部分堵塞	功能效果降低	较小风险	检查、清扫	看+听+摸+测振	7	检查、更换、加固	修补、焊补、紧固、调整、更换	24	修补、焊补、紧固、调整、更换
9		堵塞	极板腐蚀、磨损、部分堵塞	功能效果降低	较小风险	检查、清扫	看+听+摸+测振	7	检查、更换、加固	修补、焊补、紧固、调整、更换	24	修补、焊补、紧固、调整、更换
10		功能失效	极板腐蚀、磨损、部分堵塞	功能效果降低	较小风险	检查、清扫	看+听+摸+测振	7	检查、更换、加固	修补、焊补、紧固、调整、更换	24	修补、焊补、紧固、调整、更换
11	含煤废水处理装置离心澄清反应器	腐蚀	腐蚀、排污管堵塞	渗漏、不排污	较小风险	检查、清扫	看+听+摸+测振	7	检查、更换、加固	修补、焊补、紧固、调整、更换	24	修补、焊补、紧固、调整、更换
12		堵塞	腐蚀、排污管堵塞	渗漏、不排污	较小风险	检查	看+听+摸+测温+测振	7	检查、更换、加固	紧固、调整、更换	24	紧固、调整、更换

续表

序号	部件	故障条件			风险等级	日常控制措施			定期检修维护			临时措施
		模式	原因	现象		措施	检查方法	周期（天）	措施	检修方法	周期（月）	
13	含煤废水处理装置原水泵叶轮	短路	电机进水、部件磨损	绝缘低；异响	较小风险	检查、加油、清扫	看+听+摸	7	检查、更换、加固	修补、焊补、紧固、调整加油、更换	24	修补、焊补、紧固、调整加油、更换
14		磨损	电机进水、部件磨损	绝缘低；异响	较小风险	检查、	看+听+摸	2	检查、更换、加固	修补、焊补、紧固、调整加油、更换	24	焊补、紧固、更换
15		短路	电机进水、部件磨损	绝缘低；异响	较小风险	检查、清扫	看+听+摸	7	检查、更换、加固	焊补、紧固、调整、更换	24	焊补、紧固、调整、更换
16		磨损	电机进水、部件磨损	绝缘低；异响	较小风险	检查、加油、清扫	看+听+摸+测温+测振	7	检查、更换、加固	修补、焊补、紧固、调整加油、更换	24	修补、紧固、调整加油、更换
17	集水池潜水泵叶轮	变形	部件劣化、磨损	异响，不出水	较小风险	检查、加油、清扫	听+测温+测振	7	检查、更换、加固	紧固、调整加油、更换	24	补漏、紧固、调整、焊补加油、更换
18		磨损	部件劣化、磨损	异响，不出水	较小风险	检查、清扫	看+听+摸	7	检查、更换、加固	紧固、更换	24	紧固、调整、更换
19	集水池潜水泵阀门阀芯、阀杆	磨损	磨损或使用不当，未及时反冲洗	不出水或漏水	较小风险	检查、加油、清扫	看+听+摸+测温+测振	2	检查、更换、加固	修补、焊补、紧固、调整加油、更换	24	修补、焊补、紧固、调整加油、更换
20		堵塞	磨损或使用不当，未及时反冲洗	不出水或漏水	较小风险	检查、加油、	看+摸	2	检查、更换、加固	紧固、调整加油、更换	24	紧固、调整加油、更换
21	喷淋泵叶轮	变形	部件劣化、磨损	异响，不出水	较小风险	检查、加油、清扫	看+听+摸+测温+测振	7	检查、更换、加固	修补、焊补、紧固、调整加油、更换	24	修补、焊补、紧固、调整加油、更换
22		磨损	部件劣化、磨损	异响，不出水	较小风险	检查、加油、清扫	看+听+摸+测温+测振	7	检查、更换、加固	修补、焊补、紧固、调整加油、更换	24	修补、焊补、紧固、调整加油、更换
23	喷淋泵阀门阀芯、阀杆	堵塞	磨损或使用不当，未及时反冲洗	不出水或漏水	较小风险	检查清扫	看+摸	7	检查、更换、加固	冲洗、调整更换	24	冲洗、调整更换
24		堵塞	磨损或使用不当，未及时反冲洗	不出水或漏水	较小风险	检查清扫	看+摸	7	检查、更换、加固	冲洗、调整更换	24	冲洗、调整更换

续表

序号	部件	故障条件			风险等级	日常控制措施			定期检修维护			临时措施
		模式	原因	现象		措施	检查方法	周期（天）	措施	检修方法	周期（月）	
25	沉煤池抓斗机抱闸	磨损	使用时间过长	闸皮厚度减小	较小风险	检查清扫	看+摸	7	检查、更换、加固	冲洗、调整更换	24	冲洗、调整更换
26	沉煤池抓斗机抓斗	变形	抓斗超载	抓斗滑轮坏、抓斗有裂纹	较小风险	检查、清扫	看+听	2	检查、更换、加固	修补、焊补、紧固、调整、更换	24	修补、焊补、紧固、调整、更换
27		破裂	抓斗超载	抓斗滑轮坏、抓斗有裂纹	较小风险	检查、清扫	看+听	2	检查、更换、加固	修补、焊补、紧固、调整加油、更换	24	修补、焊补、紧固、调整、更换
28	沉煤池抓斗机桥架	紧固螺栓开焊	应力疲劳	桥架紧固螺丝脱落	较小风险	检查、清扫	看+听+摸+测振	7	检查、更换、加固	修补、焊补、紧固、调整、更换	24	修补、焊补、紧固、调整、更换
29	沉煤池抓斗机轨道	紧固螺栓松动	轨道振动	大车溜车	较小风险	检查、清扫	看+听+摸+测振	7	检查、更换、加固	修补、焊补、紧固、调整、更换	24	修补、焊补、紧固、调整、更换
30	沉煤池抓斗机行走轮轴承	断裂	轴变截面过度圆角过小，应力集中过大	起重机行走时有异音	较小风险	检查、清扫	看+听+摸+测振	7	检查、更换、加固	修补、焊补、紧固、调整、更换	24	修补、焊补、紧固、调整、更换
31	沉煤池抓斗机卷筒	破裂	卷筒和钢丝绳接触摩擦，使筒壁变薄	卷筒筒壁有裂纹	较小风险	检查、清扫	看+听+摸+测振	7	检查、更换、加固	修补、焊补、紧固、调整、更换	24	修补、焊补、紧固、调整、更换
32	沉煤池抓斗机联轴器	破裂	安装精度低、地脚螺栓松动；材质不良或过载	联轴器传动发生振动或传动噪声增大；联轴器出现裂纹	较小风险	检查	看+听+摸+测温+测振	7	检查、更换、加固	紧固、调整、更换	24	紧固、调整、更换
33		磨损	安装精度低、地脚螺栓松动；材质不良或过载	联轴器传动发生振动或传动噪声增大；联轴器出现裂纹	较小风险	检查、加油、清扫	看+听+摸	7	检查、更换、加固	修补、焊补、紧固、调整加油、更换	24	修补、焊补、紧固、调整加油、更换
34		破裂	安装精度低、地脚螺栓松动；材质不良或过载	联轴器传动发生振动或传动噪声增大；联轴器出现裂纹	较小风险	检查、	看+听+摸	2	检查、更换、加固	修补、焊补、紧固、调整加油、更换	24	焊补、紧固、更换
35		磨损	安装精度低、地脚螺栓松动；材质不良或过载	联轴器传动发生振动或传动噪声增大；联轴器出现裂纹	较小风险	检查、清扫	看+听+摸	7	检查、更换、加固	焊补、紧固、调整、更换	24	焊补、紧固、调整、更换

续表

序号	部件	故障条件			风险等级	日常控制措施			定期检修维护			临时措施
		模式	原因	现象		措施	检查方法	周期（天）	措施	检修方法	周期（月）	
36	沉煤池抓斗机减速器	点蚀、变形	轴承或齿轮磨损故障、油封老化、润滑油变质	过热、有异响	较小风险	检查、加油、清扫	看+听+摸+测温+测振	7	检查、更换、加固	修补、焊补、紧固、调整加油、更换	24	修补、紧固、调整加油、更换
37		磨损、疲劳	轴承或齿轮磨损故障、油封老化、润滑油变质	过热、有异响	较小风险	检查、加油、清扫	听+测温+测振	7	检查、更换、加固	紧固、调整加油、更换	24	补漏、紧固、调整、焊补加油、更换
38		渗油	轴承或齿轮磨损故障、油封老化、润滑油变质	过热、有异响	较小风险	检查、清扫	看+听+摸	7	检查、更换、加固	紧固、更换	24	紧固、调整、更换
39		异响、过热	轴承或齿轮磨损故障、油封老化、润滑油变质	过热、有异响	较小风险	检查、加油、清扫	看+听+摸+测温+测振	2	检查、更换、加固	修补、焊补、紧固、调整加油、更换	24	修补、焊补、紧固、调整加油、更换
40	沉煤池抓斗机钢丝绳	断股	摩擦磨损、长时间使用未进行更换	钢丝绳断股	较小风险	检查、加油、	看+摸	2	检查、更换、加固	紧固、调整加油、更换	24	紧固、调整加油、更换
41		磨损	摩擦磨损、长时间使用未进行更换	钢丝绳断股	较小风险	检查、加油、清扫	看+听+摸+测温+测振	7	检查、更换、加固	修补、焊补、紧固、调整加油、更换	24	修补、焊补、紧固、调整加油、更换

28 除灰除渣设备

设备风险评估表

区域：厂区　　　　系统：除灰除渣系统　　　　设备：除灰除渣设备

序号	部件	故障条件			故障影响			故障损失			风险值	风险等级
		模式	原因	现象	系统	设备	部件	经济损失	生产中断	设备损坏		
1	渣泵轴承	卡涩	轴承损坏	轴承发热有异响	停运	设备退备	损坏	可能造成设备或财产损失1万元以下	主要备用设备退出备用24h以内	维修后恢复设备性能	4	较小风险
2	渣管管道	泄漏	破损，造成泄漏	泄漏	停运	影响文明生产	磨损	可能造成设备或财产损失1万元以下	主要备用设备退出备用24h以内	维修后恢复设备性能	4	较小风险
3	渣管弯头	泄漏	破损，造成泄漏	泄漏	停运	影响文明生产	磨损	可能造成设备或财产损失1万元以下	主要备用设备退出备用24h以内	维修后恢复设备性能	4	较小风险
4	脱水仓仓壁	磨损	破损，造成泄漏	泄漏	运行，可靠性降低	影响文明生产	磨损	可能造成设备或财产损失1万元以下	主要备用设备退出备用24h以内	性能无影响	4	较小风险
5		腐蚀	破损，造成泄漏	泄漏	运行，可靠性降低	影响文明生产	磨损	可能造成设备或财产损失1万元以下	主要备用设备退出备用24h以内	性能无影响	4	较小风险
6	脱水仓析水板	磨损	析水板网格破损、结垢、堵塞	无法析水，放出烂渣	停运	设备退备	损坏	可能造成设备或财产损失1万元以下	主要备用设备退出备用24h以内	维修后恢复设备性能	4	较小风险
7		堵塞	析水板网格破损、结垢、堵塞	无法析水，放出烂渣	停运	设备退备	损坏	可能造成设备或财产损失1万元以下	主要备用设备退出备用24h以内	维修后恢复设备性能	4	较小风险
8	脱水仓析水管	磨损	破损，造成泄漏	泄漏	运行，可靠性降低	影响文明生产	磨损	可能造成设备或财产损失1万元以下	主要备用设备退出备用24h以内	性能无影响	4	较小风险
9		堵塞	破损，造成泄漏	泄漏	运行，可靠性降低	影响文明生产	磨损	可能造成设备或财产损失1万元以下	主要备用设备退出备用24h以内	性能无影响	4	较小风险

续表

序号	部件	故障条件			故障影响			故障损失			风险值	风险等级
		模式	原因	现象	系统	设备	部件	经济损失	生产中断	设备损坏		
10	脱水仓排渣门	泄漏	杂质卡涩密封面或排渣门与闸门座的间隙不到位；气缸漏气造成阀门开关限位不到位或滚轮卡涩	泄漏、开关困难	停运	设备退备	损坏	可能造成设备或财产损失1万元以下	主要备用设备退出备用24h以内	维修后恢复设备性能	4	较小风险
11		堵塞	杂质卡涩密封面或排渣门与闸门座的间隙不到位；气缸漏气造成阀门开关限位不到位或滚轮卡涩	泄漏、开关困难	停运	设备退备	损坏	可能造成设备或财产损失1万元以下	主要备用设备退出备用24h以内	维修后恢复设备性能	4	较小风险
12	脱水仓轴承	卡涩	轴承损坏	轴承发热有异响	停运	设备退备	损坏	可能造成设备或财产损失1万元以下	主要备用设备退出备用24h以内	维修后恢复设备性能	4	较小风险
13	回水泵轴承	卡涩	轴承损坏	轴承发热有异响	停运	设备退备	损坏	可能造成设备或财产损失1万元以下	主要备用设备退出备用24h以内	维修后恢复设备性能	4	较小风险
14	灰浆泵轴承	卡涩	轴承损坏	轴承发热有异响	停运	设备退备	损坏	可能造成设备或财产损失1万元以下	主要备用设备退出备用24h以内	维修后恢复设备性能	4	较小风险
15	柱塞泵轴承	卡涩	轴承损坏	轴承发热有异响	停运	设备退备	损坏	可能造成设备或财产损失1万元以下	主要备用设备退出备用24h以内	维修后恢复设备性能	4	较小风险
16	高清泵轴承	卡涩	轴承损坏	轴承发热有异响	停运	设备退备	损坏	可能造成设备或财产损失1万元以下	主要备用设备退出备用24h以内	维修后恢复设备性能	4	较小风险
17	冲灰泵轴承	卡涩	轴承损坏	轴承发热有异响	停运	设备退备	损坏	可能造成设备或财产损失1万元以下	主要备用设备退出备用24h以内	维修后恢复设备性能	4	较小风险
18	冲管泵轴承	卡涩	轴承损坏	轴承发热有异响	停运	设备退备	损坏	可能造成设备或财产损失1万元以下	主要备用设备退出备用24h以内	维修后恢复设备性能	4	较小风险

续表

序号	部件	故障条件			故障影响			故障损失			风险值	风险等级
		模式	原因	现象	系统	设备	部件	经济损失	生产中断	设备损坏		
19	传动装置	磨损	轴承损坏	轴承发热有异响	停运	设备退备	损坏	可能造成设备或财产损失1万元以下	主要备用设备退出备用24h以内	维修后恢复设备性能	4	较小风险
20		卡涩	轴承损坏	轴承发热有异响	停运	设备退备	损坏	可能造成设备或财产损失1万元以下	主要备用设备退出备用24h以内	维修后恢复设备性能	4	较小风险
21	减速机装置	磨损	轴承损坏	轴承发热有异响	停运	设备退备	损坏	可能造成设备或财产损失1万元以下	主要备用设备退出备用24h以内	维修后恢复设备性能	4	较小风险
22		卡涩	轴承损坏	轴承发热有异响	停运	设备退备	损坏	可能造成设备或财产损失1万元以下	主要备用设备退出备用24h以内	维修后恢复设备性能	4	较小风险
23	中心筒、耙架总成	磨损变形	钢球、轴承环损坏、耙架变形	转盘异响、耙架与池体碰擦	停运	设备退备	磨损或变形	可能造成设备或财产损失1万元以下	主要备用设备退出备用24h以内	维修后恢复设备性能	4	较小风险
24		卡涩	钢球、轴承环损坏、耙架变形	转盘异响、耙架与池体碰擦	停运	设备退备	磨损或变形	可能造成设备或财产损失1万元以下	主要备用设备退出备用24h以内	维修后恢复设备性能	4	较小风险
25	下浆管、反冲洗管道	磨损	破损	泄漏、堵塞	停运	设备退备	磨损或堵塞	可能造成设备或财产损失1万元以下	主要备用设备退出备用24h以内	维修后恢复设备性能	4	较小风险
26		堵塞	破损	泄漏、堵塞	停运	设备退备	磨损或堵塞	可能造成设备或财产损失1万元以下	主要备用设备退出备用24h以内	维修后恢复设备性能	4	较小风险
27	搅拌机蜗轮减速机	卡涩	轴承损坏	轴承发热有异响	停运	设备退备	损坏	可能造成设备或财产损失1万元以下	主要备用设备退出备用24h以内	维修后恢复设备性能	4	较小风险
28	刮泥机减速机	磨损变形卡涩	轴承、齿轮、针齿盘损坏	轴承发热有异响、	停运	设备退备	损坏	可能造成设备或财产损失1万元以下	主要备用设备退出备用24h以内	维修后恢复设备性能	4	较小风险
29	排污管、反冲洗管道	磨损堵塞	破损，造成泄漏、堵塞	泄漏、堵塞	停运	设备退备	磨损或堵塞	可能造成设备或财产损失1万元以下	主要备用设备退出备用24h以内	维修后恢复设备性能	4	较小风险
30	雨水泵轴承	卡涩	轴承损坏	轴承发热有异响	停运	设备退备	损坏	可能造成设备或财产损失1万元以下	主要备用设备退出备用24h以内	维修后恢复设备性能	4	较小风险

续表

序号	部件	故障条件			故障影响			故障损失			风险值	风险等级
		模式	原因	现象	系统	设备	部件	经济损失	生产中断	设备损坏		
31	工业废水泵轴承	卡涩	轴承损坏	轴承发热有异响	停运	设备退备	损坏	可能造成设备或财产损失1万元以下	主要备用设备退出备用24h以内	维修后恢复设备性能	4	较小风险
32	灰管隧道排污泵轴承	卡涩	轴承损坏	轴承发热有异响	停运	设备退备	损坏	可能造成设备或财产损失1万元以下	主要备用设备退出备用24h以内	维修后恢复设备性能	4	较小风险
33	浓缩池排污泵轴承	卡涩	轴承损坏	轴承发热有异响	停运	设备退备	损坏	可能造成设备或财产损失1万元以下	主要备用设备退出备用24h以内	维修后恢复设备性能	4	较小风险
34	灰浆泵房排污泵轴承	卡涩	轴承损坏	轴承发热有异响	停运	设备退备	损坏	可能造成设备或财产损失1万元以下	主要备用设备退出备用24h以内	维修后恢复设备性能	4	较小风险
35	厂外灰管	泄漏	破损，造成泄漏	泄漏	运行，可靠性降低	影响文明生产	损坏	可能造成设备或财产损失1万元以下	主要备用设备退出备用24h以内	性能无影响	4	较小风险
36	厂外灰管弯头	泄漏	破损，造成泄漏	泄漏	运行，可靠性降低	影响文明生产	损坏	可能造成设备或财产损失1万元以下	主要备用设备退出备用24h以内	性能无影响	4	较小风险
37	泥浆泵轴承	卡涩	轴承损坏	轴承发热有异响	停运	设备退备	损坏	可能造成设备或财产损失1万元以下	主要备用设备退出备用24h以内	维修后恢复设备性能	4	较小风险
38	卸药泵轴承	卡涩	轴承损坏	轴承发热有异响	停运	设备退备	损坏	可能造成设备或财产损失1万元以下	主要备用设备退出备用24h以内	维修后恢复设备性能	4	较小风险
39	增压泵轴承	卡涩	轴承损坏	轴承发热有异响	停运	设备退备	损坏	可能造成设备或财产损失1万元以下	主要备用设备退出备用24h以内	维修后恢复设备性能	4	较小风险
40	干灰空气压缩机轴承	卡涩	轴承损坏	轴承发热有异响	停运	损坏、寿命缩短	损坏	可能造成设备或财产损失1万元以下	主要备用设备退出备用24h以内	维修后恢复设备性能	4	中等风险
41	干灰干燥器干燥剂	老化	干燥剂失效	干燥效果降低	运行，可靠性降低	压缩空气带水	失效	可能造成设备或财产损失1万元以下	主要备用设备退出备用24h以内	维修后恢复设备性能	4	较小风险
42	灰斗气化风机轴承	卡涩	轴承损坏	轴承发热有异响	停运	设备退备	损坏	可能造成设备或财产损失1万元以下	主要备用设备退出备用24h以内	维修后恢复设备性能	4	较小风险

续表

序号	部件	故障条件			故障影响			故障损失			风险值	风险等级
		模式	原因	现象	系统	设备	部件	经济损失	生产中断	设备损坏		
43	干灰缓冲罐安全阀	不正常动作	弹簧紧力不当或阀门卡涩	阀门不正常动作	停运	安全阀失效	损坏	可能造成设备或财产损失1万元以下	主要备用设备退出备用24h以内	维修后恢复设备性能	4	较小风险
44	干灰储气罐安全阀	不正常动作	弹簧紧力不当或阀门卡涩	阀门不正常动作	停运	安全阀失效	损坏	可能造成设备或财产损失1万元以下	主要备用设备退出备用24h以内	维修后恢复设备性能	4	较小风险
45	干灰热控储气罐安全阀	不正常动作	弹簧紧力不当或阀门卡涩	阀门不正常动作	停运	安全阀失效	损坏	可能造成设备或财产损失1万元以下	主要备用设备退出备用24h以内	维修后恢复设备性能	4	较小风险
46	仓泵进料气动耐磨陶瓷旋转阀气缸	漏气	气缸运行频率较高，运行周期较长，密封件老化或磨损	出现漏气异声	运行，可靠性降低	安全性降低	磨损或老化	可能造成设备或财产损失1万元以下	主要备用设备退出备用24h以内	维修后恢复设备性能	4	较小风险
47	泵体本体	变形	运行期间下灰不畅，敲击变形	影响输灰流畅	运行，可靠性降低	损坏	变形	可能造成设备或财产损失1万元以下	主要备用设备退出备用24h以内	性能无影响	4	较小风险
48	仓泵下部三通	磨损	长周期运行，灰气磨损	影响输灰流畅	停运	损坏	磨损	可能造成设备或财产损失1万元以下	主要备用设备退出备用24h以内	维修后恢复设备性能	4	较小风险
49	管道、伸缩节、弯头、三通	泄漏	破损，造成泄漏	泄漏	停运	影响文明生产	磨损	可能造成设备或财产损失1万元以下	主要备用设备退出备用24h以内	维修后恢复设备性能	4	较小风险

设备风险控制卡

区域：厂区　　系统：除灰除渣系统　　设备：除灰除渣设备

序号	部件	故障条件			风险等级	日常控制措施			定期检修维护			临时措施
		模式	原因	现象		措施	检查方法	周期（天）	措施	检修方法	周期（月）	
1	渣泵轴承	卡涩	轴承损坏	轴承发热有异响	较小风险	检查、加油	看+听+摸+测温+测振	1	检查，必要时更换	加油或更换	12	加油或更换
2	渣管管道	泄漏	破损，造成泄漏	泄漏	较小风险	检查	测厚	90	检查、更换	加固、翻身或更换	24	覆钢板加固或更换
3	渣管弯头	泄漏	破损，造成泄漏	泄漏	较小风险	检查	看	7	检查、更换	更换	24	更换
4	脱水仓仓壁	磨损	破损，造成泄漏	泄漏	较小风险	检查	看	7	加固	覆钢板	24	覆钢板加固或更换
5		腐蚀	破损，造成泄漏	泄漏	较小风险	检查	看	7	调整排渣门间隙	调整偏心轮位置	24	调整

续表

序号	部件	故障条件			风险等级	日常控制措施			定期检修维护			临时措施
		模式	原因	现象		措施	检查方法	周期（天）	措施	检修方法	周期（月）	
6	脱水仓析水板	磨损	析水板网格破损、结垢、堵塞	无法析水，放出烂渣	较小风险	检查、加油	看+听+摸+测温+测振	1	检查，必要时更换	加油或更换	12	加油或更换
7		堵塞	析水板网格破损、结垢、堵塞	无法析水，放出烂渣	较小风险	检查、加油	看+听+摸+测温+测振	1	检查，必要时更换	加油或更换	12	加油或更换
8	脱水仓析水管	磨损	破损，造成泄漏	泄漏	较小风险	检查、加油	看+听+摸+测温+测振	1	检查，必要时更换	加油或更换	12	加油或更换
9		堵塞	破损，造成泄漏	泄漏	较小风险	检查、加油	看+听+摸+测温+测振	1	检查，必要时更换	加油或更换	12	加油或更换
10	脱水仓排渣门	泄漏	杂质卡涩密封面或排渣门与闸门座的间隙不到位；气缸漏气造成阀门开关限位不到位或滚轮卡涩	泄漏、开关困难	较小风险	检查、加油	看+听+摸+测温+测振	1	检查，必要时更换	加油或更换	12	加油或更换
11		堵塞	杂质卡涩密封面或排渣门与闸门座的间隙不到位；气缸漏气造成阀门开关限位不到位或滚轮卡涩	泄漏、开关困难	较小风险	检查、加油	看+听+摸+测温+测振	1	检查，必要时更换	加油或更换	12	加油或更换
12	脱水仓轴承	卡涩	轴承损坏	轴承发热有异响	较小风险	检查、加油	看+听+摸+测温+测振	1	检查，必要时更换	加油或更换	12	加油或更换
13	回水泵轴承	卡涩	轴承损坏	轴承发热有异响	较小风险	检查、加油	看+听+摸+测温+测振	7	检查，必要时更换	补油	24	补油
14	灰浆泵轴承	卡涩	轴承损坏	轴承发热有异响	较小风险	检查	看+听	7	检查，清理	清灰或焊接加固	24	清灰或焊接加固
15	柱塞泵轴承	卡涩	轴承损坏	轴承发热有异响	较小风险	检查	看	7	加固	覆钢板	24	覆钢板加固或更换
16	高清泵轴承	卡涩	轴承损坏	轴承发热有异响	较小风险	检查、加油	看+听+摸+测温+测振	7	检查，必要时更换	补油	24	补油
17	冲灰泵轴承	卡涩	轴承损坏	轴承发热有异响	较小风险	检查、加油	看+听+摸+测温+测振	7	检查，必要时更换	补油	24	补油

续表

序号	部件	故障条件			风险等级	日常控制措施			定期检修维护			临时措施
		模式	原因	现象		措施	检查方法	周期（天）	措施	检修方法	周期（月）	
18	冲管泵轴承	卡涩	轴承损坏	轴承发热有异响	较小风险	检查	看	7	加固	覆钢板	24	覆钢板加固或更换
19	传动装置	磨损	轴承损坏	轴承发热有异响	较小风险	检查、加油	看+听+摸+测温+测振	1	检查，必要时更换	加油或更换	12	加油或更换
20		卡涩	轴承损坏	轴承发热有异响	较小风险	检查、加油	看+听+摸+测温+测振	1	检查，必要时更换	加油或更换	12	加油或更换
21	减速机装置	磨损	轴承损坏	轴承发热有异响	较小风险	检查、加油	看+听+摸+测温+测振	1	检查，必要时更换	加油或更换	12	加油或更换
22		卡涩	轴承损坏	轴承发热有异响	较小风险	检查、加油	看+听+摸+测温+测振	1	检查，必要时更换	加油或更换	12	加油或更换
23	中心筒、耙架总成	磨损变形	钢球、轴承环损坏、耙架变形	转盘异响、耙架与池体碰擦	较小风险	检查、加油	看+听+摸+测温+测振	1	检查，必要时更换	加油或更换	12	加油或更换
24		卡涩	钢球、轴承环损坏、耙架变形	转盘异响、耙架与池体碰擦	较小风险	检查	看	7	加固或更换密封	覆钢板、更换密封胶圈	24	覆钢板加固或更换
25	下浆管、反冲洗管道	磨损	破损	泄漏、堵塞	较小风险	检查、加油	看+听+摸+测温+测振	1	检查，必要时更换	加油或更换	12	加油或更换
26		堵塞	破损	泄漏、堵塞	较小风险	检查、加油	看+听+摸+测温+测振	1	检查，必要时更换	加油或更换	12	加油更换
27	搅拌机蜗轮减速机	卡涩	轴承损坏	轴承发热有异响	较小风险	检查、加油	看+听+摸+测温+测振	1	检查，必要时更换	加油或更换	12	加油或更换
28	刮泥机减速机	磨损变形卡涩	轴承、齿轮、针齿盘损坏	轴承发热有异响、	较小风险	检查、加油	看+听+摸+测温+测振	1	检查，必要时更换	加油或更换	12	加油或更换
29	排污管、反冲洗管道	磨损堵塞	破损，造成泄漏、堵塞	泄漏、堵塞	较小风险	检查	看	30	检查，必要时更换	更换干燥剂	24	更换
30	雨水泵轴承	卡涩	轴承损坏	轴承发热有异响	较小风险	检查、加油	看+听+摸+测温+测振	1	检查，必要时更换	加油或更换	12	加油或更换
31	工业废水泵轴承	卡涩	轴承损坏	轴承发热有异响	较小风险	检查	看+听	7	检查，必要时更换	更换气缸或气缸密封圈	12	更换
32	灰管隧道排污泵轴承	卡涩	轴承损坏	轴承发热有异响	较小风险	检查	看	1	检查，必要时更换	覆钢板加固	12	覆钢板加固
33	浓缩池排污泵轴承	卡涩	轴承损坏	轴承发热有异响	较小风险	检查	看	1	检查，必要时更换	覆钢板加固或更换管件	12	覆钢板加固或更换

续表

序号	部件	故障条件			风险等级	日常控制措施			定期检修维护			临时措施
		模式	原因	现象		措施	检查方法	周期（天）	措施	检修方法	周期（月）	
34	灰浆泵房排污泵轴承	卡涩	轴承损坏	轴承发热有异响	较小风险	检查、加油	看+听+摸+测温+测振	1	检查，必要时更换	加油或更换	12	加油或更换
35	厂外灰管	泄漏	破损，造成泄漏	泄漏	较小风险	检查	测厚	7	检查、更换	加固、翻身或更换	24	覆钢板加固或更换
36	厂外灰管弯头	泄漏	破损，造成泄漏	泄漏	较小风险	检查	看	7	检查、更换	更换	24	更换
37	泥浆泵轴承	卡涩	轴承损坏	轴承发热有异响	较小风险	检查	看	7	加固	覆钢板	24	覆钢板加固或更换
38	卸药泵轴承	卡涩	轴承损坏	轴承发热有异响	较小风险	检查	看	7	调整排渣门间隙	调整偏心轮位置	24	调整
39	增压泵轴承	卡涩	轴承损坏	轴承发热有异响	较小风险	检查、加油	看+听+摸+测温+测振	1	检查，必要时更换	加油或更换	12	加油或更换
40	干灰空气压缩机轴承	卡涩	轴承损坏	轴承发热有异响	中等风险	检查、加油	看+听+摸+测温+测振	1	检查，必要时更换	加油或更换	12	加油或更换
41	干灰干燥器干燥剂	老化	干燥剂失效	干燥效果降低	较小风险	检查、加油	看+听+摸+测温+测振	1	检查，必要时更换	加油或更换	12	加油或更换
42	灰斗气化风机轴承	卡涩	轴承损坏	轴承发热有异响	较小风险	检查、加油	看+听+摸+测温+测振	1	检查，必要时更换	加油或更换	12	加油或更换
43	干灰缓冲罐安全阀	不正常动作	弹簧紧力不当或阀门卡涩	阀门不正常动作	较小风险	检查、加油	看+听+摸+测温+测振	1	检查，必要时更换	加油或更换	12	加油或更换
44	干灰储气罐安全阀	不正常动作	弹簧紧力不当或阀门卡涩	阀门不正常动作	较小风险	检查、加油	看+听+摸+测温+测振	1	检查，必要时更换	加油或更换	12	加油或更换
45	干灰热控储气罐安全阀	不正常动作	弹簧紧力不当或阀门卡涩	阀门不正常动作	较小风险	检查、加油	看+听+摸+测温+测振	1	检查，必要时更换	加油或更换	12	加油或更换
46	仓泵进料气动耐磨陶瓷旋转阀气缸	漏气	气缸运行频率较高，运行周期较长，密封件老化或磨损	出现漏气异声	较小风险	检查、加油	看+听+摸+测温+测振	7	检查，必要时更换	补油	24	补油
47	泵体本体	变形	运行期间下灰不畅，敲击变形	影响输灰流畅	较小风险	检查	看+听	7	检查，清理	清灰或焊接加固	24	清灰或焊接加固

续表

序号	部件	故障条件			风险等级	日常控制措施			定期检修维护			临时措施
		模式	原因	现象		措施	检查方法	周期（天）	措施	检修方法	周期（月）	
48	仓泵下部三通	磨损	长周期运行，灰气磨损	影响输灰流畅	较小风险	检查	看	7	加固	覆钢板	24	覆钢板加固或更换
49	管道、伸缩节、弯头、三通	泄漏	破损，造成泄漏	泄漏	较小风险	检查、加油	看+听+摸+测温+测振	7	检查，必要时更换	补油	24	补油

29 脱硫设备

设备风险评估表

区域：厂区　　系统：脱硫系统　　设备：脱硫设备

序号	部件	故障条件			故障影响			故障损失			风险值	风险等级
		模式	原因	现象	系统	设备	部件	经济损失	生产中断	设备损坏		
1	制浆系统斗提机主动轮	异常磨损	过载运行、缺油	振动大或过载跳	不需要停用	损坏	损坏	无	无	维修后可恢复性能	4	较小风险
2		疲劳	过载运行、缺油	振动大或过载跳	不需要停用	损坏	损坏	无	无	维修后可恢复性能	4	较小风险
3	制浆系统斗提机从动轮	异常磨损	过载运行、缺油	振动大	不需要停用	损坏	损坏	无	无	维修后可恢复性能	4	较小风险
4		疲劳	过载运行、缺油	振动大	不需要停用	损坏	损坏	无	无	维修后可恢复性能	4	较小风险
5	制浆系统斗提机减速机	异常磨损	缺油	振动大或过载跳、漏油	不需要停用	损坏	损坏	无	无	维修后可恢复性能	4	较小风险
6		疲劳	缺油	振动大或过载跳、漏油	不需要停用	损坏	损坏	无	无	维修后可恢复性能	4	较小风险
7		老化	缺油	振动大或过载跳、漏油	不需要停用	损坏	损坏	无	无	维修后可恢复性能	4	较小风险
8		渗油	缺油	振动大或过载跳、漏油	不需要停用	损坏	损坏	无	无	维修后可恢复性能	4	较小风险
9	制浆系统斗提机链条	异常磨损	异物卡涩，过载运行	振动大或过载跳	不需要停用	损坏	损坏	无	无	维修后可恢复性能	4	较小风险
10		疲劳	异物卡涩，过载运行	振动大或过载跳	不需要停用	损坏	损坏	无	无	维修后可恢复性能	4	较小风险
11	制浆系统斗提机链斗	异常磨损	异物卡涩，过载运行	振动大或过载跳	不需要停用	损坏	损坏	无	无	维修后可恢复性能	4	较小风险
12		疲劳	异物卡涩，过载运行	振动大或过载跳	不需要停用	损坏	损坏	无	无	维修后可恢复性能	4	较小风险
13		松动	异物卡涩，过载运行	振动大或过载跳	不需要停用	损坏	损坏	无	无	维修后可恢复性能	4	较小风险
14		脱落	异物卡涩，过载运行	振动大或过载跳	不需要停用	损坏	损坏	无	无	维修后可恢复性能	4	较小风险

续表

序号	部件	故障条件			故障影响			故障损失			风险值	风险等级
		模式	原因	现象	系统	设备	部件	经济损失	生产中断	设备损坏		
15	制浆系统湿磨机减速机	异常磨损	轴承间隙大；回油不畅、缺油	振动大或过载跳、漏油	不需要停用	损坏	损坏	无	无	维修后可恢复性能	4	较小风险
16		疲劳	轴承间隙大；回油不畅、缺油	振动大或过载跳、漏油	不需要停用	损坏	损坏	无	无	维修后可恢复性能	4	较小风险
17		老化	轴承间隙大；回油不畅、缺油	振动大或过载跳、漏油	不需要停用	损坏	损坏	无	无	维修后可恢复性能	4	较小风险
18		渗油	轴承间隙大；回油不畅、缺油	振动大或过载跳、漏油	不需要停用	损坏	损坏	无	无	维修后可恢复性能	4	较小风险
19	制浆系统湿磨机小齿轮	异常磨损	过载运行、断油	振动大或过载跳、漏油	不需要停用	损坏	损坏	无	无	维修后可恢复性能	4	较小风险
20		疲劳	磨损、过载运行	泄漏、异声	不需要停用	损坏	损坏	无	无	维修后可恢复性能	4	较小风险
21	制浆系统湿磨机大齿轮	异常磨损	断油	或过载跳、漏油	不需要停用	损坏	损坏	无	无	维修后可恢复性能	4	较小风险
22		疲劳	磨损、过载运行	泄漏、异声	不需要停用	损坏	损坏	无	无	维修后可恢复性能	4	较小风险
23	制浆系统湿磨机筒体	异常磨损	磨损、过载运行	泄漏、异声	不需要停用	损坏	损坏	无	无	维修后可恢复性能	4	较小风险
24		疲劳	磨损、过载运行	泄漏、异声	不需要停用	损坏	损坏	无	无	维修后可恢复性能	4	较小风险
25	制浆系统湿磨机湿磨轴承箱	异常磨损	过载运行、断油	泄漏、振动大	不需要停用	损坏	损坏	无	无	维修后可恢复性能	4	较小风险
26		疲劳	过载运行、断油	泄漏、振动大	不需要停用	损坏	损坏	无	无	维修后可恢复性能	4	较小风险
27		老化	过载运行、断油	泄漏、振动大	不需要停用	损坏	损坏	无	无	维修后可恢复性能	4	较小风险
28		渗油	过载运行、断油	泄漏、振动大	不需要停用	损坏	损坏	无	无	维修后可恢复性能	4	较小风险
29	制浆系统挡边皮带机主动轮	异常磨损	缺油、过载运行	振动大或过载跳	不需要停用	损坏	损坏	无	无	维修后可恢复性能	4	较小风险
30		疲劳	缺油、过载运行	振动大或过载跳	不需要停用	损坏	损坏	无	无	维修后可恢复性能	4	较小风险
31		老化	缺油、过载运行	振动大或过载跳	不需要停用	损坏	损坏	无	无	维修后可恢复性能	4	较小风险
32		渗油	缺油、过载运行	振动大或过载跳	不需要停用	损坏	损坏	无	无	维修后可恢复性能	4	较小风险

续表

序号	部件	故障条件			故障影响			故障损失			风险值	风险等级
		模式	原因	现象	系统	设备	部件	经济损失	生产中断	设备损坏		
33	制浆系统挡边皮带机从动轮	异常磨损	缺油、过载运行	振动大	不需要停用	损坏	损坏	无	无	维修后可恢复性能	4	较小风险
34		疲劳	缺油、过载运行	振动大	不需要停用	损坏	损坏	无	无	维修后可恢复性能	4	较小风险
35		老化	缺油、过载运行	振动大	不需要停用	损坏	损坏	无	无	维修后可恢复性能	4	较小风险
36		渗油	缺油、过载运行	振动大	不需要停用	损坏	损坏	无	无	维修后可恢复性能	4	较小风险
37	制浆系统挡边皮带机减速机	异常磨损	轴承间隙大;回油不畅、缺油	振动大或过载跳、漏油	不需要停用	损坏	损坏	无	无	维修后可恢复性能	4	较小风险
38		疲劳	轴承间隙大;回油不畅、缺油	振动大或过载跳、漏油	不需要停用	损坏	损坏	无	无	维修后可恢复性能	4	较小风险
39		老化	轴承间隙大;回油不畅、缺油	振动大或过载跳、漏油	不需要停用	损坏	损坏	无	无	维修后可恢复性能	4	较小风险
40		渗油	轴承间隙大;回油不畅、缺油	振动大或过载跳、漏油	不需要停用	损坏	损坏	无	无	维修后可恢复性能	4	较小风险
41	制浆系统挡边皮带机皮带	异常磨损	跑偏、松弛	电流晃动大、跳停	不需要停用	损坏	损坏	无	无	维修后可恢复性能	4	较小风险
42		老化	跑偏、松弛	电流晃动大、跳停	不需要停用	损坏	损坏	无	无	维修后可恢复性能	4	较小风险
43	制浆系统挡边皮带机托辊	异常磨损	缺油	电流晃动大、跳停	不需要停用	损坏	损坏	无	无	维修后可恢复性能	4	较小风险
44		卡涩	缺油	电流晃动大、跳停	不需要停用	损坏	损坏	无	无	维修后可恢复性能	4	较小风险
45	制浆系统称重皮带机主动轮	异常磨损	缺油、过载运行	振动大或过载跳	不需要停用	损坏	损坏	无	无	维修后可恢复性能	4	较小风险
46		疲劳	缺油、过载运行	振动大或过载跳	不需要停用	损坏	损坏	无	无	维修后可恢复性能	4	较小风险
47		老化	缺油、过载运行	振动大或过载跳	不需要停用	损坏	损坏	无	无	维修后可恢复性能	4	较小风险
48	制浆系统称重皮带机从动轮	异常磨损	缺油、过载运行	振动大	不需要停用	损坏	损坏	无	无	维修后可恢复性能	4	较小风险
49		疲劳	缺油、过载运行	振动大	不需要停用	损坏	损坏	无	无	维修后可恢复性能	4	较小风险
50		老化	缺油、过载运行	振动大	不需要停用	损坏	损坏	无	无	维修后可恢复性能	4	较小风险

续表

序号	部件	故障条件			故障影响			故障损失			风险值	风险等级
		模式	原因	现象	系统	设备	部件	经济损失	生产中断	设备损坏		
51	制浆系统称重皮带机减速机	异常磨损	轴承间隙大;回油不畅、缺油	振动大或过载跳、漏油	不需要停用	损坏	损坏	无	无	维修后可恢复性能	4	较小风险
52		疲劳	轴承间隙大;回油不畅、缺油	振动大或过载跳、漏油	不需要停用	损坏	损坏	无	无	维修后可恢复性能	4	较小风险
53		老化	轴承间隙大;回油不畅、缺油	振动大或过载跳、漏油	不需要停用	损坏	损坏	无	无	维修后可恢复性能	4	较小风险
54		渗油	轴承间隙大;回油不畅、缺油	振动大或过载跳、漏油	不需要停用	损坏	损坏	无	无	维修后可恢复性能	4	较小风险
55	制浆系统称重皮带机皮带	异常磨损	跑偏、松弛	电流晃动大、跳停	不需要停用	损坏	损坏	无	无	维修后可恢复性能	4	较小风险
56		老化	跑偏、松弛	电流晃动大、跳停	不需要停用	损坏	损坏	无	无	维修后可恢复性能	4	较小风险
57	制浆系统称重皮带机托辊	异常磨损	缺油	电流晃动大、跳停	不需要停用	损坏	损坏	无	无	维修后可恢复性能	4	较小风险
58		老化	缺油	电流晃动大、跳停	不需要停用	损坏	损坏	无	无	维修后可恢复性能	4	较小风险
59	氧化风机叶轮	异常磨损	部件劣化	出力降低、振动大	不需要停用	损坏	损坏	无	无	维修后可恢复性能	4	较小风险
60		老化	部件劣化	出力降低、振动大	不需要停用	损坏	损坏	无	无	维修后可恢复性能	4	较小风险
61	氧化风机阀门、管道	异常磨损	磨损或使用不当,未及时反冲洗	内漏、泄漏	不需要停用	损坏	损坏	无	无	维修后可恢复性能	4	较小风险
62		疲劳	磨损或使用不当,未及时反冲洗	内漏、泄漏	不需要停用	损坏	损坏	无	无	维修后可恢复性能	4	较小风险
63		老化	磨损或使用不当,未及时反冲洗	内漏、泄漏	不需要停用	损坏	损坏	无	无	维修后可恢复性能	4	较小风险
64		渗油	磨损或使用不当,未及时反冲洗	内漏、泄漏	不需要停用	损坏	损坏	无	无	维修后可恢复性能	4	较小风险

续表

序号	部件	故障条件			故障影响			故障损失			风险值	风险等级
		模式	原因	现象	系统	设备	部件	经济损失	生产中断	设备损坏		
65	升压风机推杆	异常磨损	长时间受力变形	动作不到位	不需要停用	损坏	损坏	无	无	维修后可恢复性能	4	较小风险
66		卡涩	长时间受力变形	动作不到位	不需要停用	损坏	损坏	无	无	维修后可恢复性能	4	较小风险
67	升压风机轴承箱密封件	异常磨损	轴承箱密封漏油	轴承温度高	停用	损坏	损坏	可能造成设备或财产损失1万元以上10万元以下	生产工艺限制50%及以下或主要设备退出备用24h及以上	维修后可恢复性能	6	中等风险
68		老化	轴承箱密封漏油	轴承温度高	停用	损坏	损坏	可能造成设备或财产损失1万元以上10万元以下	生产工艺限制50%及以下或主要设备退出备用24h及以上	维修后可恢复性能	6	中等风险
69	升压风机油泵	磨损	油泵齿轮磨损间隙大，内漏，出口单向阀卡涩未打开	出力底	不需要停用	损坏	损坏	无	无	维修后可恢复性能	4	较小风险
70	升压风机油管	异常磨损	长时间运行，未及时更换	漏油	停用	损坏	损坏	可能造成设备或财产损失1万元以上10万元以下	生产工艺限制50%及以下或主要设备退出备用24h及以上	维修后可恢复性能	6	中等风险
71		疲劳	长时间运行，未及时更换	漏油	停用	损坏	损坏	可能造成设备或财产损失10万元以上100万元以下	生产工艺限制50%及以下或主要设备退出备用24h及以上	维修后可恢复性能	6	中等风险
72		老化	长时间运行，未及时更换	漏油	停用	损坏	损坏	可能造成设备或财产损失10万元以上100万元以下	生产工艺限制50%及以下或主要设备退出备用24h及以上	维修后可恢复性能	6	中等风险
73		渗油	长时间运行，未及时更换	漏油	停用	损坏	损坏	可能造成设备或财产损失10万元以上100万元以下	生产工艺限制50%及以下或主要设备退出备用24h及以上	维修后可恢复性能	6	中等风险
74	升压风机滤网	堵塞	内部结油垢，滤网脏	压差大	不需要停用	损坏	损坏	无	无	维修后可恢复性能	4	较小风险

续表

序号	部件	故障条件			故障影响			故障损失			风险值	风险等级
		模式	原因	现象	系统	设备	部件	经济损失	生产中断	设备损坏		
75	升压风机叶片	异常磨损	飞灰	出力低、振动大	停用	损坏	损坏	可能造成设备或财产损失10万元以上100万元以下	生产工艺限制50%及以下或主要设备退出备用24h及以上	维修后可恢复性能	6	中等风险
76		疲劳	飞灰	出力低、振动大	停用	损坏	损坏	可能造成设备或财产损失10万元以上100万元以下	生产工艺限制50%及以下或主要设备退出备用24h及以上	维修后可恢复性能	6	中等风险
77	吸收塔除雾器	老化	长时间运行	压差大	停用	损坏	损坏	可能造成设备或财产损失10万元以上100万元以下	导致生产中断7天及以上	维修后可恢复性能	14	较大风险
78	吸收塔浆液喷淋管道（内部）	异常磨损	长时间运行	效率降低	停用	损坏	损坏	可能造成设备或财产损失10万元以上100万元以下	导致生产中断7天及以上	维修后可恢复性能	14	较大风险
79		老化	长时间运行	效率降低	停用	损坏	损坏	可能造成设备或财产损失10万元以上100万元以下	导致生产中断7天及以上	维修后可恢复性能	14	较大风险
80	吸收塔浆液喷嘴	异常磨损	内部结垢、长时间运行	效率降低	停用	损坏	损坏	可能造成设备或财产损失10万元以上100万元以下	导致生产中断7天及以上	维修后可恢复性能	14	较大风险
81		老化	内部结垢、长时间运行	效率降低	停用	损坏	损坏	可能造成设备或财产损失10万元以上100万元以下	导致生产中断7天及以上	维修后可恢复性能	14	较大风险
82	吸收塔除雾器、浆液喷淋、氧化风支撑梁	磨损	冲刷、防腐层损坏	泄漏	停用	损坏	损坏	可能造成设备或财产损失10万元以上100万元以下	导致生产中断7天及以上	维修后可恢复性能	14	较大风险

续表

序号	部件	故障条件			故障影响			故障损失			风险值	风险等级
		模式	原因	现象	系统	设备	部件	经济损失	生产中断	设备损坏		
83	吸收塔除雾器、浆液喷淋、氧化风支撑梁	腐蚀	冲刷、防腐层损坏	泄漏	停用	损坏	损坏	可能造成设备或财产损失10万元以上100万元以下	导致生产中断7天及以上	维修后可恢复性能	14	较大风险
84	吸收塔塔壁	磨损	冲刷、防腐层损坏	泄漏	停用	损坏	损坏	可能造成设备或财产损失10万元以上100万元以下	导致生产中断7天及以上	维修后可恢复性能	14	较大风险
85	吸收塔塔壁	腐蚀	冲刷、防腐层损坏	泄漏	停用	损坏	损坏	可能造成设备或财产损失10万元以上100万元以下	导致生产中断7天及以上	维修后可恢复性能	14	较大风险
86	吸收塔浆液循环泵叶轮	磨损	冲刷、紊流	出力低、振动	不需要停用	损坏	损坏	无	无	维修后可恢复性能	4	较小风险
87	吸收塔浆液循环泵叶轮	腐蚀	冲刷、紊流	出力低、振动	不需要停用	损坏	损坏	无	无	维修后可恢复性能	4	较小风险
88	吸收塔浆液循环泵阀门、管道	异常磨损	磨损或使用不当，未及时反冲洗	内漏、泄漏	不需要停用	损坏	损坏	无	无	维修后可恢复性能	4	较小风险
89	吸收塔浆液循环泵阀门、管道	老化	磨损或使用不当，未及时反冲洗	内漏、泄漏	不需要停用	损坏	损坏	无	无	维修后可恢复性能	4	较小风险
90	吸收塔浆液循环泵机封	泄漏	补偿不足、窜动	泄漏	不需要停用	损坏	损坏	无	无	维修后可恢复性能	4	较小风险
91	吸收塔浆液循环泵减速机	异常磨损	轴承间隙大;回油不畅、缺油	振动大	不需要停用	损坏	损坏	无	无	维修后可恢复性能	4	较小风险
92	吸收塔浆液循环泵减速机	疲劳	轴承间隙大;回油不畅、缺油	振动大	不需要停用	损坏	损坏	无	无	维修后可恢复性能	4	较小风险
93	吸收塔浆液循环泵减速机	老化	轴承间隙大;回油不畅、缺油	振动大	不需要停用	损坏	损坏	无	无	维修后可恢复性能	4	较小风险
94	吸收塔浆液循环泵减速机	渗油	轴承间隙大;回油不畅、缺油	振动大	不需要停用	损坏	损坏	无	无	维修后可恢复性能	4	较小风险

续表

序号	部件	故障条件			故障影响			故障损失			风险值	风险等级
		模式	原因	现象	系统	设备	部件	经济损失	生产中断	设备损坏		
95	吸收塔搅拌器轴承	劣化	缺油	温度高、振动大	不需要停用	损坏	损坏	无	无	维修后可恢复性能	4	较小风险
96		变质	缺油	温度高、振动大	不需要停用	损坏	损坏	无	无	维修后可恢复性能	4	较小风险
97		剥落	缺油	温度高、振动大	不需要停用	损坏	损坏	无	无	维修后可恢复性能	4	较小风险
98		异常磨损	缺油	温度高、振动大	不需要停用	损坏	损坏	无	无	维修后可恢复性能	4	较小风险
99	吸收塔搅拌器桨叶	磨损	冲刷	振动大	不需要停用	损坏	损坏	无	无	维修后可恢复性能	4	较小风险
100		腐蚀	冲刷	振动大	不需要停用	损坏	损坏	无	无	维修后可恢复性能	4	较小风险
101	吸收塔搅拌器轴	磨损	冲刷、材质	振动大	不需要停用	损坏	损坏	无	无	维修后可恢复性能	4	较小风险
102		腐蚀	冲刷、材质	振动大	不需要停用	损坏	损坏	无	无	维修后可恢复性能	4	较小风险
103	吸收塔搅拌器机封	泄漏	补偿不够、窜动	效率	不需要停用	损坏	损坏	无	无	维修后可恢复性能	4	较小风险
104		腐蚀	补偿不够、窜动	效率	不需要停用	损坏	损坏	无	无	维修后可恢复性能	4	较小风险
105	石膏旋流器旋流子本体	磨损	冲刷、未冲洗	泄漏、分离效果差	不需要停用	损坏	损坏	无	无	维修后可恢复性能	4	较小风险
106		腐蚀	冲刷、未冲洗	泄漏、分离效果差	不需要停用	损坏	损坏	无	无	维修后可恢复性能	4	较小风险
107	石膏旋流器隔绝门	泄漏	冲刷、未冲洗	泄漏	不需要停用	损坏	损坏	无	无	维修后可恢复性能	4	较小风险
108	石膏旋流器沉沙嘴	磨损	材质或长时间运行	分离效果差	不需要停用	损坏	损坏	无	无	维修后可恢复性能	4	较小风险
109		腐蚀	材质或长时间运行	分离效果差	不需要停用	损坏	损坏	无	无	维修后可恢复性能	4	较小风险
110	真空皮带脱水机主动轮	异常磨损	缺油、过载运行	振动大或过载跳	不需要停用	损坏	损坏	无	无	维修后可恢复性能	4	较小风险
111		疲劳	缺油、过载运行	振动大或过载跳	不需要停用	损坏	损坏	无	无	维修后可恢复性能	4	较小风险
112		老化	缺油、过载运行	振动大或过载跳	不需要停用	损坏	损坏	无	无	维修后可恢复性能	4	较小风险
113		渗油	缺油、过载运行	振动大或过载跳	不需要停用	损坏	损坏	无	无	维修后可恢复性能	4	较小风险

续表

序号	部件	故障条件			故障影响			故障损失			风险值	风险等级
		模式	原因	现象	系统	设备	部件	经济损失	生产中断	设备损坏		
114	真空皮带脱水机从动轮	异常磨损	缺油、过载运行	振动大	不需要停用	损坏	损坏	无	无	维修后可恢复性能	4	较小风险
115		疲劳	缺油、过载运行	振动大	不需要停用	损坏	损坏	无	无	维修后可恢复性能	4	较小风险
116		老化	缺油、过载运行	振动大	不需要停用	损坏	损坏	无	无	维修后可恢复性能	4	较小风险
117		渗油	缺油、过载运行	振动大	不需要停用	损坏	损坏	无	无	维修后可恢复性能	4	较小风险
118	真空皮带脱水机减速机	异常磨损	轴承间隙大;回油不畅、缺油	振动大或过载跳、漏油	不需要停用	损坏	损坏	无	无	维修后可恢复性能	4	较小风险
119		疲劳	轴承间隙大;回油不畅、缺油	振动大或过载跳、漏油	不需要停用	损坏	损坏	无	无	维修后可恢复性能	4	较小风险
120		老化	轴承间隙大;回油不畅、缺油	振动大或过载跳、漏油	不需要停用	损坏	损坏	无	无	维修后可恢复性能	4	较小风险
121		渗油	轴承间隙大;回油不畅、缺油	振动大或过载跳、漏油	不需要停用	损坏	损坏	无	无	维修后可恢复性能	4	较小风险
122	真空皮带脱水机皮带	异常磨损	跑偏、松弛	电流晃动大、跳停	不需要停用	损坏	损坏	无	无	维修后可恢复性能	4	较小风险
123		老化	跑偏、松弛	电流晃动大、跳停	不需要停用	损坏	损坏	无	无	维修后可恢复性能	4	较小风险
124	真空皮带脱水机托辊	磨损	缺油	电流晃动大、跳停	不需要停用	损坏	损坏	无	无	维修后可恢复性能	4	较小风险
125	真空皮带脱水机滤布、滤饼喷嘴	腐蚀	材质、水质不满足要求	滤布堵塞、石膏氯离子含量高	不需要停用	损坏	损坏	无	无	维修后可恢复性能	4	较小风险
126		堵塞	材质、水质不满足要求	滤布堵塞、石膏氯离子含量高	不需要停用	损坏	损坏	无	无	维修后可恢复性能	4	较小风险
127	真空泵皮带轮	异常磨损	松弛	电流晃动、发热	不需要停用	损坏	损坏	无	无	维修后可恢复性能	4	较小风险
128		老化	松弛	电流晃动、发热	不需要停用	损坏	损坏	无	无	维修后可恢复性能	4	较小风险
129	真空泵转子	异常磨损	结垢、腐蚀	电流晃动	不需要停用	损坏	损坏	无	无	维修后可恢复性能	4	较小风险
130		剥落	结垢、腐蚀	电流晃动	不需要停用	损坏	损坏	无	无	维修后可恢复性能	4	较小风险

续表

序号	部件	故障条件			故障影响			故障损失			风险值	风险等级
		模式	原因	现象	系统	设备	部件	经济损失	生产中断	设备损坏		
131	真空泵轴承	劣化	游隙过大，缺油	振动大、温度高	不需要停用	损坏	损坏	无	无	维修后可恢复性能	4	较小风险
132		变质	游隙过大，缺油	振动大、温度高	不需要停用	损坏	损坏	无	无	维修后可恢复性能	4	较小风险
133		剥落	游隙过大，缺油	振动大、温度高	不需要停用	损坏	损坏	无	无	维修后可恢复性能	4	较小风险
134		异常磨损	游隙过大，缺油	振动大、温度高	不需要停用	损坏	损坏	无	无	维修后可恢复性能	4	较小风险
135	石膏皮带机主动轮	异常磨损	缺油、过载运行	振动大或过载跳	不需要停用	损坏	损坏	无	无	维修后可恢复性能	4	较小风险
136		疲劳	缺油、过载运行	振动大或过载跳	不需要停用	损坏	损坏	无	无	维修后可恢复性能	4	较小风险
137	石膏皮带机从动轮	异常磨损	缺油、过载运行	振动大	不需要停用	损坏	损坏	无	无	维修后可恢复性能	4	较小风险
138		疲劳	缺油、过载运行	振动大	不需要停用	损坏	损坏	无	无	维修后可恢复性能	4	较小风险
139	石膏皮带机减速机	劣化	轴承间隙大；回油不畅、缺油	振动大或过载跳、漏油	不需要停用	损坏	损坏	无	无	维修后可恢复性能	4	较小风险
140		变质	轴承间隙大；回油不畅、缺油	振动大或过载跳、漏油	不需要停用	损坏	损坏	无	无	维修后可恢复性能	4	较小风险
141		剥落	轴承间隙大；回油不畅、缺油	振动大或过载跳、漏油	不需要停用	损坏	损坏	无	无	维修后可恢复性能	4	较小风险
142		异常磨损	轴承间隙大；回油不畅、缺油	振动大或过载跳、漏油	不需要停用	损坏	损坏	无	无	维修后可恢复性能	4	较小风险
143	石膏皮带机皮带	异常磨损	跑偏、松弛	电流晃动大、跳停	不需要停用	损坏	损坏	无	无	维修后可恢复性能	4	较小风险
144		老化	跑偏、松弛	电流晃动大、跳停	不需要停用	损坏	损坏	无	无	维修后可恢复性能	4	较小风险
145	石膏皮带机托辊	异常磨损	缺油	电流晃动大、跳停	不需要停用	损坏	损坏	无	无	维修后可恢复性能	4	较小风险
146		疲劳	缺油	电流晃动大、跳停	不需要停用	损坏	损坏	无	无	维修后可恢复性能	4	较小风险
147	石膏浆液缓冲箱箱体	腐蚀	防腐层脱落	泄漏	不需要停用	损坏	损坏	无	无	维修后可恢复性能	4	较小风险

续表

序号	部件	故障条件			故障影响			故障损失			风险值	风险等级
		模式	原因	现象	系统	设备	部件	经济损失	生产中断	设备损坏		
148	石膏浆液缓冲箱减速机	劣化	轴承间隙大;回油不畅、缺油	振动大、温度高	不需要停用	损坏	损坏	无	无	维修后可恢复性能	4	较小风险
149		变质	轴承间隙大;回油不畅、缺油	振动大、温度高	不需要停用	损坏	损坏	无	无	维修后可恢复性能	4	较小风险
150		剥落	轴承间隙大;回油不畅、缺油	振动大、温度高	不需要停用	损坏	损坏	无	无	维修后可恢复性能	4	较小风险
151		异常磨损	轴承间隙大;回油不畅、缺油	振动大、温度高	不需要停用	损坏	损坏	无	无	维修后可恢复性能	4	较小风险
152	石膏浆液缓冲箱搅拌器	异常磨损	冲刷、阻力大	振动大	不需要停用	损坏	损坏	无	无	维修后可恢复性能	4	较小风险
153		疲劳	冲刷、阻力大	振动大	不需要停用	损坏	损坏	无	无	维修后可恢复性能	4	较小风险
154	石膏浆液缓冲箱传动轴承	劣化	游隙大、缺油	振动大、温度高	不需要停用	损坏	损坏	无	无	维修后可恢复性能	4	较小风险
155		变质	游隙大、缺油	振动大、温度高	不需要停用	损坏	损坏	无	无	维修后可恢复性能	4	较小风险
156		剥落	游隙大、缺油	振动大、温度高	不需要停用	损坏	损坏	无	无	维修后可恢复性能	4	较小风险
157		异常磨损	游隙大、缺油	振动大、温度高	不需要停用	损坏	损坏	无	无	维修后可恢复性能	4	较小风险
158	石膏给料泵泵壳	磨损	冲刷、腐蚀	出力低	停用	损坏	损坏	无	无	维修后可恢复性能	4	较小风险
159		腐蚀	冲刷、腐蚀	出力低	停用	损坏	损坏	无	无	维修后可恢复性能	4	较小风险
160	石膏给料泵叶轮	磨损	冲刷、腐蚀	振动大、出力低	停用	损坏	损坏	无	无	维修后可恢复性能	4	较小风险
161		腐蚀	冲刷、腐蚀	振动大、出力低	停用	损坏	损坏	无	无	维修后可恢复性能	4	较小风险
162	石膏给料泵泵轴	磨损	冲刷、腐蚀	振动大	停用	损坏	损坏	无	无	维修后可恢复性能	4	较小风险
163		腐蚀	冲刷、腐蚀	振动大	停用	损坏	损坏	无	无	维修后可恢复性能	4	较小风险
164	石膏给料泵机封	泄漏	游隙大、缺油	振动大、温度高	停用	损坏	损坏	无	无	维修后可恢复性能	4	较小风险

续表

序号	部件	故障条件			故障影响			故障损失			风险值	风险等级
		模式	原因	现象	系统	设备	部件	经济损失	生产中断	设备损坏		
165	石膏给料泵轴承	劣化	游隙大、缺油	振动大、温度高	停用	损坏	损坏	无	无	维修后可恢复性能	4	较小风险
166		变质	游隙大、缺油	振动大、温度高	停用	损坏	损坏	无	无	维修后可恢复性能	4	较小风险
167		剥落	游隙大、缺油	振动大、温度高	停用	损坏	损坏	无	无	维修后可恢复性能	4	较小风险
168		异常磨损	游隙大、缺油	振动大、温度高	停用	损坏	损坏	无	无	维修后可恢复性能	4	较小风险
169	废水旋流器旋流子本体	异常磨损	冲刷、堵塞	泄漏、分离效果差	停用	损坏	损坏	无	无	维修后可恢复性能	4	较小风险
170		老化	冲刷、堵塞	泄漏、分离效果差	停用	损坏	损坏	无	无	维修后可恢复性能	4	较小风险
171	废水旋流器隔绝门	老化	冲刷、未冲洗	泄漏	停用	损坏	损坏	无	无	维修后可恢复性能	4	较小风险
172		泄漏	冲刷、未冲洗	泄漏	停用	损坏	损坏	无	无	维修后可恢复性能	4	较小风险
173	废水旋流器沉沙嘴	异常磨损	冲刷	分离效果差	停用	损坏	损坏	无	无	维修后可恢复性能	4	较小风险
174	脱硫废水给料箱箱体	磨损	防腐层脱落	泄漏	停用	损坏	损坏	无	无	维修后可恢复性能	4	较小风险
175		腐蚀	防腐层脱落	泄漏	停用	损坏	损坏	无	无	维修后可恢复性能	4	较小风险
176	脱硫废水给料箱减速机	磨损	轴承间隙大;回油不畅、缺油	振动大、温度高	不需要停用	损坏	损坏	无	无	维修后可恢复性能	4	较小风险
177		泄漏	轴承间隙大;回油不畅、缺油	振动大、温度高	不需要停用	损坏	损坏	无	无	维修后可恢复性能	4	较小风险
178	脱硫废水给料箱搅拌器	磨损	冲刷、阻力大	振动大	不需要停用	损坏	损坏	无	无	维修后可恢复性能	4	较小风险
179		腐蚀	冲刷、阻力大	振动大	不需要停用	损坏	损坏	无	无	维修后可恢复性能	4	较小风险
180	脱硫废水给料箱传动轴承	劣化	游隙大、缺油	振动大、温度高	不需要停用	损坏	损坏	无	无	维修后可恢复性能	4	较小风险
181		变质	游隙大、缺油	振动大、温度高	不需要停用	损坏	损坏	无	无	维修后可恢复性能	4	较小风险
182		剥落	游隙大、缺油	振动大、温度高	不需要停用	损坏	损坏	无	无	维修后可恢复性能	4	较小风险
183		异常磨损	游隙大、缺油	振动大、温度高	不需要停用	损坏	损坏	无	无	维修后可恢复性能	4	较小风险

续表

序号	部件	故障条件			故障影响			故障损失			风险值	风险等级
		模式	原因	现象	系统	设备	部件	经济损失	生产中断	设备损坏		
184	废水给料泵泵壳	磨损	冲刷、腐蚀	出力低	不需要停用	损坏	损坏	无	无	维修后可恢复性能	4	较小风险
185		腐蚀	冲刷、腐蚀	出力低	不需要停用	损坏	损坏	无	无	维修后可恢复性能	4	较小风险
186	废水给料泵叶轮	磨损	冲刷、腐蚀	振动大、出力低	不需要停用	损坏	损坏	无	无	维修后可恢复性能	4	较小风险
187		腐蚀	冲刷、腐蚀	振动大、出力低	不需要停用	损坏	损坏	无	无	维修后可恢复性能	4	较小风险
188	废水给料泵泵轴	磨损	冲刷、腐蚀	振动大	不需要停用	损坏	损坏	无	无	维修后可恢复性能	4	较小风险
189		腐蚀	冲刷、腐蚀	振动大	不需要停用	损坏	损坏	无	无	维修后可恢复性能	4	较小风险
190	废水给料泵机封	泄漏	窜动、补偿不足	振动大、温度高	不需要停用	损坏	损坏	无	无	维修后可恢复性能	4	较小风险
191	废水给料泵轴承	劣化	游隙大、缺油	振动大、温度高	不需要停用	损坏	损坏	无	无	维修后可恢复性能	4	较小风险
192		变质	游隙大、缺油	振动大、温度高	不需要停用	损坏	损坏	无	无	维修后可恢复性能	4	较小风险
193		剥落	游隙大、缺油	振动大、温度高	不需要停用	损坏	损坏	无	无	维修后可恢复性能	4	较小风险
194		异常磨损	游隙大、缺油	振动大、温度高	不需要停用	损坏	损坏	无	无	维修后可恢复性能	4	较小风险
195	废水给料泵池体	磨损	变形	泄漏	停用	损坏	损坏	无	无	维修后可恢复性能	4	较小风险
196		漏油	变形	泄漏	停用	损坏	损坏	无	无	维修后可恢复性能	4	较小风险
197	废水给料泵曝气管道	磨损	冲刷	堵塞、断裂	停用	损坏	损坏	无	无	维修后可恢复性能	4	较小风险
198		腐蚀	冲刷	堵塞、断裂	停用	损坏	损坏	无	无	维修后可恢复性能	4	较小风险
199	废水提升泵泵壳	磨损	冲刷、腐蚀	出力低	不需要停用	损坏	损坏	无	无	维修后可恢复性能	4	较小风险
200		腐蚀	冲刷、腐蚀	出力低	不需要停用	损坏	损坏	无	无	维修后可恢复性能	4	较小风险
201	废水提升泵叶轮	磨损	冲刷、腐蚀	振动大、出力低	不需要停用	损坏	损坏	无	无	维修后可恢复性能	4	较小风险
202		腐蚀	冲刷、腐蚀	振动大、出力低	不需要停用	损坏	损坏	无	无	维修后可恢复性能	4	较小风险
203	废水提升泵泵轴	磨损	冲刷、腐蚀	振动大	不需要停用	损坏	损坏	无	无	维修后可恢复性能	4	较小风险
204		腐蚀	冲刷、腐蚀	振动大	不需要停用	损坏	损坏	无	无	维修后可恢复性能	4	较小风险

续表

序号	部件	故障条件			故障影响			故障损失			风险值	风险等级
		模式	原因	现象	系统	设备	部件	经济损失	生产中断	设备损坏		
205	废水提升泵机封	泄漏	窜动、补偿不足	振动大、温度高	不需要停用	损坏	损坏	无	无	维修后可恢复性能	4	较小风险
206	废水提升泵轴承	劣化	游隙大、缺油	振动大、温度高	不需要停用	损坏	损坏	无	无	维修后可恢复性能	4	较小风险
207		变质	游隙大、缺油	振动大、温度高	不需要停用	损坏	损坏	无	无	维修后可恢复性能	4	较小风险
208		剥落	游隙大、缺油	振动大、温度高	不需要停用	损坏	损坏	无	无	维修后可恢复性能	4	较小风险
209		异常磨损	游隙大、缺油	振动大、温度高	不需要停用	损坏	损坏	无	无	维修后可恢复性能	4	较小风险
210	中和箱箱体	磨损	防腐层脱落	泄漏	不需要停用	损坏	损坏	无	无	维修后可恢复性能	4	较小风险
211		腐蚀	防腐层脱落	泄漏	不需要停用	损坏	损坏	无	无	维修后可恢复性能	4	较小风险
212	中和箱搅拌器	磨损	冲刷、阻力大	振动大	不需要停用	损坏	损坏	无	无	维修后可恢复性能	4	较小风险
213		腐蚀	冲刷、阻力大	振动大	不需要停用	损坏	损坏	无	无	维修后可恢复性能	4	较小风险
214	中和箱减速箱	磨损	轴承间隙大;回油不畅、缺油	振动大、温度高、泄漏	不需要停用	损坏	损坏	无	无	维修后可恢复性能	4	较小风险
215		漏油	轴承间隙大;回油不畅、缺油	振动大、温度高、泄漏	不需要停用	损坏	损坏	无	无	维修后可恢复性能	4	较小风险
216	沉降箱箱体	磨损	防腐层脱落	泄漏	不需要停用	损坏	损坏	无	无	维修后可恢复性能	4	较小风险
217	沉降箱搅拌器	磨损	冲刷、阻力大	振动大	不需要停用	损坏	损坏	无	无	维修后可恢复性能	4	较小风险
218		腐蚀	冲刷、阻力大	振动大	不需要停用	损坏	损坏	无	无	维修后可恢复性能	4	较小风险
219	沉降箱减速箱	磨损	轴承间隙大;回油不畅、缺油	振动大、温度高、泄漏	不需要停用	损坏	损坏	无	无	维修后可恢复性能	4	较小风险
220		漏油	轴承间隙大;回油不畅、缺油	振动大、温度高、泄漏	不需要停用	损坏	损坏	无	无	维修后可恢复性能	4	较小风险
221	絮凝箱箱体	磨损	防腐层脱落	泄漏	不需要停用	损坏	损坏	无	无	维修后可恢复性能	4	较小风险
222	絮凝箱搅拌器	磨损	冲刷、阻力大	振动大	不需要停用	损坏	损坏	无	无	维修后可恢复性能	4	较小风险
223		腐蚀	冲刷、阻力大	振动大	不需要停用	损坏	损坏	无	无	维修后可恢复性能	4	较小风险

续表

序号	部件	故障条件			故障影响			故障损失			风险值	风险等级
		模式	原因	现象	系统	设备	部件	经济损失	生产中断	设备损坏		
224	絮凝箱减速箱	磨损	轴承间隙大;回油不畅、缺油	振动大、温度高、泄漏	不需要停用	损坏	损坏	无	无	维修后可恢复性能	4	较小风险
225		漏油	轴承间隙大;回油不畅、缺油	振动大、温度高、泄漏	不需要停用	损坏	损坏	无	无	维修后可恢复性能	4	较小风险
226	澄清浓缩池箱体	磨损	防腐层脱落	泄漏	不需要停用	损坏	损坏	无	无	维修后可恢复性能	4	较小风险
227		腐蚀	防腐层脱落	泄漏	不需要停用	损坏	损坏	无	无	维修后可恢复性能	4	较小风险
228	澄清浓缩池搅拌器	磨损	冲刷、阻力大	振动大	不需要停用	损坏	损坏	无	无	维修后可恢复性能	4	较小风险
229		腐蚀	冲刷、阻力大	振动大	不需要停用	损坏	损坏	无	无	维修后可恢复性能	4	较小风险
230	澄清浓缩池减速箱	磨损	轴承间隙大;回油不畅、缺油	振动大、温度高、泄漏	不需要停用	损坏	损坏	无	无	维修后可恢复性能	4	较小风险
231		漏油	轴承间隙大;回油不畅、缺油	振动大、温度高、泄漏	不需要停用	损坏	损坏	无	无	维修后可恢复性能	4	较小风险
232	出水箱箱体	磨损	防腐层脱落	泄漏	不需要停用	损坏	损坏	无	无	维修后可恢复性能	4	较小风险
233		腐蚀	防腐层脱落	泄漏	不需要停用	损坏	损坏	无	无	维修后可恢复性能	4	较小风险
234	出水箱搅拌器	磨损	冲刷、阻力大	振动大	不需要停用	损坏	损坏	无	无	维修后可恢复性能	4	较小风险
235		腐蚀	冲刷、阻力大	振动大	不需要停用	损坏	损坏	无	无	维修后可恢复性能	4	较小风险
236	出水箱减速箱	磨损	轴承间隙大;回油不畅、缺油	振动大、温度高、泄漏	不需要停用	损坏	损坏	无	无	维修后可恢复性能	4	较小风险
237		漏油	轴承间隙大;回油不畅、缺油	振动大、温度高、泄漏	不需要停用	损坏	损坏	无	无	维修后可恢复性能	4	较小风险
238	出水泵泵壳	磨损	冲刷、腐蚀	出力低	不需要停用	损坏	损坏	无	无	维修后可恢复性能	4	较小风险
239		腐蚀	冲刷、腐蚀	出力低	不需要停用	损坏	损坏	无	无	维修后可恢复性能	4	较小风险
240	出水泵叶轮	磨损	冲刷、腐蚀	振动大、出力低	不需要停用	损坏	损坏	无	无	维修后可恢复性能	4	较小风险
241		腐蚀	冲刷、腐蚀	振动大、出力低	不需要停用	损坏	损坏	无	无	维修后可恢复性能	4	较小风险
242	出水泵泵轴	磨损	冲刷、腐蚀	振动大	不需要停用	损坏	损坏	无	无	维修后可恢复性能	4	较小风险
243		腐蚀	冲刷、腐蚀	振动大	不需要停用	损坏	损坏	无	无	维修后可恢复性能	4	较小风险

续表

序号	部件	故障条件			故障影响			故障损失			风险值	风险等级
		模式	原因	现象	系统	设备	部件	经济损失	生产中断	设备损坏		
244	出水泵机封	泄漏	窜动、补偿不足		不需要停用	损坏	损坏	无	无	维修后可恢复性能	4	较小风险
245	出水泵轴承	劣化	游隙大、缺油	振动大、温度高	不需要停用	损坏	损坏	无	无	维修后可恢复性能	4	较小风险
246		变质	游隙大、缺油	振动大、温度高	不需要停用	损坏	损坏	无	无	维修后可恢复性能	4	较小风险
247		剥落	游隙大、缺油	振动大、温度高	不需要停用	损坏	损坏	无	无	维修后可恢复性能	4	较小风险
248		异常磨损	游隙大、缺油	振动大、温度高	不需要停用	损坏	损坏	无	无	维修后可恢复性能	4	较小风险
249	脱硫污泥缓冲箱箱体	磨损	防腐层脱落	泄漏	不需要停用	损坏	损坏	无	无	维修后可恢复性能	4	较小风险
250		腐蚀	防腐层脱落	泄漏	不需要停用	损坏	损坏	无	无	维修后可恢复性能	4	较小风险
251	脱硫污泥缓冲箱搅拌器	磨损	冲刷、阻力大	振动大	不需要停用	损坏	损坏	无	无	维修后可恢复性能	4	较小风险
252		腐蚀	冲刷、阻力大	振动大	不需要停用	损坏	损坏	无	无	维修后可恢复性能	4	较小风险
253	脱硫污泥缓冲箱减速箱	磨损	轴承间隙大;回油不畅、缺油	振动大、温度高、泄漏	不需要停用	损坏	损坏	无	无	维修后可恢复性能	4	较小风险
254		漏油	轴承间隙大;回油不畅、缺油	振动大、温度高、泄漏	不需要停用	损坏	损坏	无	无	维修后可恢复性能	4	较小风险
255	石灰乳制备箱箱体	磨损	防腐层脱落	泄漏	不需要停用	损坏	损坏	无	无	维修后可恢复性能	4	较小风险
256		腐蚀	防腐层脱落	泄漏	不需要停用	损坏	损坏	无	无	维修后可恢复性能	4	较小风险
257	石灰乳制备箱搅拌器	磨损	冲刷、阻力大	振动大	不需要停用	损坏	损坏	无	无	维修后可恢复性能	4	较小风险
258		腐蚀	冲刷、阻力大	振动大	不需要停用	损坏	损坏	无	无	维修后可恢复性能	4	较小风险
259	石灰乳制备箱减速箱	磨损	轴承间隙大;回油不畅、缺油	振动大、温度高、泄漏	不需要停用	损坏	损坏	无	无	维修后可恢复性能	4	较小风险
260		腐蚀	轴承间隙大;回油不畅、缺油	振动大、温度高、泄漏	不需要停用	损坏	损坏	无	无	维修后可恢复性能	4	较小风险
261	石灰乳循环泵泵壳	磨损	冲刷、腐蚀	出力低	不需要停用	损坏	损坏	无	无	维修后可恢复性能	4	较小风险
262		腐蚀	冲刷、腐蚀	出力低	不需要停用	损坏	损坏	无	无	维修后可恢复性能	4	较小风险

续表

序号	部件	故障条件			故障影响			故障损失			风险值	风险等级
		模式	原因	现象	系统	设备	部件	经济损失	生产中断	设备损坏		
263	石灰乳循环泵叶轮	磨损	冲刷、腐蚀	振动大、出力低	不需要停用	损坏	损坏	无	无	维修后可恢复性能	4	较小风险
264		腐蚀	冲刷、腐蚀	振动大、出力低	不需要停用	损坏	损坏	无	无	维修后可恢复性能	4	较小风险
265	石灰乳循环泵转轴	磨损	冲刷、腐蚀	振动大	不需要停用	损坏	损坏	无	无	维修后可恢复性能	4	较小风险
266		腐蚀	冲刷、腐蚀	振动大	不需要停用	损坏	损坏	无	无	维修后可恢复性能	4	较小风险
267	石灰乳循环泵机封	泄漏	窜动、补偿不足	振动大、温度高	不需要停用	损坏	损坏	无	无	维修后可恢复性能	4	较小风险
268	石灰乳循环泵轴承	劣化	游隙大、缺油	振动大、温度高	不需要停用	损坏	损坏	无	无	维修后可恢复性能	4	较小风险
269		变质	游隙大、缺油	振动大、温度高	不需要停用	损坏	损坏	无	无	维修后可恢复性能	4	较小风险
270		剥落	游隙大、缺油	振动大、温度高	不需要停用	损坏	损坏	无	无	维修后可恢复性能	4	较小风险
271		异常磨损	游隙大、缺油	振动大、温度高	不需要停用	损坏	损坏	无	无	维修后可恢复性能	4	较小风险
272	石灰乳计量箱箱体	磨损	防腐层脱落	泄漏	不需要停用	损坏	损坏	无	无	维修后可恢复性能	4	较小风险
273		腐蚀	防腐层脱落	泄漏	不需要停用	损坏	损坏	无	无	维修后可恢复性能	4	较小风险
274	石灰乳计量箱搅拌器	磨损	冲刷、阻力大	振动大	不需要停用	损坏	损坏	无	无	维修后可恢复性能	4	较小风险
275		腐蚀	冲刷、阻力大	振动大	不需要停用	损坏	损坏	无	无	维修后可恢复性能	4	较小风险
276	石灰乳计量箱减速箱	磨损	轴承间隙大；回油不畅、缺油	振动大、温度高、泄漏	不需要停用	损坏	损坏	无	无	维修后可恢复性能	4	较小风险
277		腐蚀	轴承间隙大；回油不畅、缺油	振动大、温度高、泄漏	不需要停用	损坏	损坏	无	无	维修后可恢复性能	4	较小风险
278	石灰乳计量泵泵壳	磨损	冲刷、腐蚀	出力低	不需要停用	损坏	损坏	无	无	维修后可恢复性能	4	较小风险
279		腐蚀	冲刷、腐蚀	出力低	不需要停用	损坏	损坏	无	无	维修后可恢复性能	4	较小风险
280	石灰乳计量泵叶轮	磨损	冲刷、腐蚀	振动大、出力低	不需要停用	损坏	损坏	无	无	维修后可恢复性能	4	较小风险
281		腐蚀	冲刷、腐蚀	振动大、出力低	不需要停用	损坏	损坏	无	无	维修后可恢复性能	4	较小风险
282	石灰乳计量泵泵轴	磨损	冲刷、腐蚀	振动大	不需要停用	损坏	损坏	无	无	维修后可恢复性能	4	较小风险
283		腐蚀	冲刷、腐蚀	振动大	不需要停用	损坏	损坏	无	无	维修后可恢复性能	4	较小风险

续表

序号	部件	故障条件			故障影响			故障损失			风险值	风险等级
		模式	原因	现象	系统	设备	部件	经济损失	生产中断	设备损坏		
284	石灰乳计量泵机封	泄漏	窜动、补偿不足	泄漏	不需要停用	损坏	损坏	无	无	维修后可恢复性能	4	较小风险
285	石灰乳计量泵轴承	劣化	游隙大、缺油	振动大、温度高	不需要停用	损坏	损坏	无	无	维修后可恢复性能	4	较小风险
286		变质	游隙大、缺油	振动大、温度高	不需要停用	损坏	损坏	无	无	维修后可恢复性能	4	较小风险
287		剥落	游隙大、缺油	振动大、温度高	不需要停用	损坏	损坏	无	无	维修后可恢复性能	4	较小风险
288		异常磨损	游隙大、缺油	振动大、温度高	不需要停用	损坏	损坏	无	无	维修后可恢复性能	4	较小风险
289	石灰乳计量泵单向阀	卡涩	结垢	无出力	不需要停用	损坏	损坏	无	无	维修后可恢复性能	4	较小风险
290	碱液计量箱箱体	磨损	防腐层脱落	泄漏	不需要停用	损坏	损坏	无	无	维修后可恢复性能	4	较小风险
291		腐蚀	防腐层脱落	泄漏	不需要停用	损坏	损坏	无	无	维修后可恢复性能	4	较小风险
292	碱液计量箱搅拌器	磨损	冲刷、阻力大	振动大	不需要停用	损坏	损坏	无	无	维修后可恢复性能	4	较小风险
293		漏油	冲刷、阻力大	振动大	不需要停用	损坏	损坏	无	无	维修后可恢复性能	4	较小风险
294	碱液计量箱减速箱	磨损	轴承间隙大;回油不畅、缺油	振动大、温度高、泄漏	不需要停用	损坏	损坏	无	无	维修后可恢复性能	4	较小风险
295		腐蚀	轴承间隙大;回油不畅、缺油	振动大、温度高、泄漏	不需要停用	损坏	损坏	无	无	维修后可恢复性能	4	较小风险
296	碱液计量泵泵壳	磨损	冲刷、腐蚀	出力低	不需要停用	损坏	损坏	无	无	维修后可恢复性能	4	较小风险
297		腐蚀	冲刷、腐蚀	出力低	不需要停用	损坏	损坏	无	无	维修后可恢复性能	4	较小风险
298	碱液计量泵叶轮	磨损	冲刷、腐蚀	振动大、出力低	不需要停用	损坏	损坏	无	无	维修后可恢复性能	4	较小风险
299		腐蚀	冲刷、腐蚀	振动大、出力低	不需要停用	损坏	损坏	无	无	维修后可恢复性能	4	较小风险
300	碱液计量泵泵轴	磨损	冲刷、腐蚀	振动大	不需要停用	损坏	损坏	无	无	维修后可恢复性能	4	较小风险
301		腐蚀	冲刷、腐蚀	振动大	不需要停用	损坏	损坏	无	无	维修后可恢复性能	4	较小风险

续表

序号	部件	故障条件			故障影响			故障损失			风险值	风险等级
		模式	原因	现象	系统	设备	部件	经济损失	生产中断	设备损坏		
302	碱液计量泵机封	泄漏	窜动、补偿不足	泄漏	不需要停用	损坏	损坏	无	无	维修后可恢复性能	4	较小风险
303	碱液计量泵轴承	劣化	游隙大、缺油	振动大、温度高	不需要停用	损坏	损坏	无	无	维修后可恢复性能	4	较小风险
304		变质	游隙大、缺油	振动大、温度高	不需要停用	损坏	损坏	无	无	维修后可恢复性能	4	较小风险
305		剥落	游隙大、缺油	振动大、温度高	不需要停用	损坏	损坏	无	无	维修后可恢复性能	4	较小风险
306		异常磨损	游隙大、缺油	振动大、温度高	不需要停用	损坏	损坏	无	无	维修后可恢复性能	4	较小风险
307	有机硫计量箱箱体	磨损	防腐层脱落	泄漏	不需要停用	损坏	损坏	无	无	维修后可恢复性能	4	较小风险
308		腐蚀	防腐层脱落	泄漏	不需要停用	损坏	损坏	无	无	维修后可恢复性能	4	较小风险
309	有机硫计量箱搅拌器	磨损	冲刷、阻力大	振动大	不需要停用	损坏	损坏	无	无	维修后可恢复性能	4	较小风险
310		漏油	冲刷、阻力大	振动大	不需要停用	损坏	损坏	无	无	维修后可恢复性能	4	较小风险
311	有机硫计量箱减速箱	磨损	轴承间隙大；回油不畅、缺油	振动大、温度高、泄漏	不需要停用	损坏	损坏	无	无	维修后可恢复性能	4	较小风险
312		腐蚀	轴承间隙大；回油不畅、缺油	振动大、温度高、泄漏	不需要停用	损坏	损坏	无	无	维修后可恢复性能	4	较小风险
313	有机硫计量泵泵壳	磨损	冲刷、堵塞	出力低	不需要停用	损坏	损坏	无	无	维修后可恢复性能	4	较小风险
314		腐蚀	冲刷、堵塞	出力低	不需要停用	损坏	损坏	无	无	维修后可恢复性能	4	较小风险
315	有机硫计量泵活塞	磨损	冲刷	振动	不需要停用	损坏	损坏	无	无	维修后可恢复性能	4	较小风险
316		腐蚀	冲刷	振动	不需要停用	损坏	损坏	无	无	维修后可恢复性能	4	较小风险
317	有机硫计量泵泵轴	磨损	冲刷	整改	不需要停用	损坏	损坏	无	无	维修后可恢复性能	4	较小风险
318		腐蚀	冲刷	整改	不需要停用	损坏	损坏	无	无	维修后可恢复性能	4	较小风险
319	有机硫计量泵机封	泄漏	窜动、补偿不足	泄漏	不需要停用	损坏	损坏	无	无	维修后可恢复性能	4	较小风险
320	絮凝剂制备箱箱体	磨损	防腐层脱落	泄漏	不需要停用	损坏	损坏	无	无	维修后可恢复性能	4	较小风险

续表

序号	部件	故障条件			故障影响			故障损失			风险值	风险等级
		模式	原因	现象	系统	设备	部件	经济损失	生产中断	设备损坏		
321	絮凝剂制备箱箱体	腐蚀	防腐层脱落	泄漏	不需要停用	损坏	损坏	无	无	维修后可恢复性能	4	较小风险
322	絮凝剂制备箱搅拌器	磨损	冲刷、阻力大	振动大	不需要停用	损坏	损坏	无	无	维修后可恢复性能	4	较小风险
323		泄漏	冲刷、阻力大	振动大	不需要停用	损坏	损坏	无	无	维修后可恢复性能	4	较小风险
324	絮凝剂制备箱减速箱	磨损	轴承间隙大；回油不畅、缺油	振动大、温度高、泄漏	不需要停用	损坏	损坏	无	无	维修后可恢复性能	4	较小风险
325		腐蚀	轴承间隙大；回油不畅、缺油	振动大、温度高、泄漏	不需要停用	损坏	损坏	无	无	维修后可恢复性能	4	较小风险
326	絮凝剂计量箱箱体	磨损	防腐层脱落	泄漏	不需要停用	损坏	损坏	无	无	维修后可恢复性能	4	较小风险
327		腐蚀	防腐层脱落	泄漏	不需要停用	损坏	损坏	无	无	维修后可恢复性能	4	较小风险
328	絮凝剂计量箱搅拌器	磨损	冲刷、阻力大	振动大	不需要停用	损坏	损坏	无	无	维修后可恢复性能	4	较小风险
329		泄漏	冲刷、阻力大	振动大	不需要停用	损坏	损坏	无	无	维修后可恢复性能	4	较小风险
330	絮凝剂计量箱减速箱	磨损	轴承间隙大；回油不畅、缺油	振动大、温度高、泄漏	不需要停用	损坏	损坏	无	无	维修后可恢复性能	4	较小风险
331		腐蚀	轴承间隙大；回油不畅、缺油	振动大、温度高、泄漏	不需要停用	损坏	损坏	无	无	维修后可恢复性能	4	较小风险
332	絮凝剂计量泵泵壳	磨损	冲刷、腐蚀	出力低	不需要停用	损坏	损坏	无	无	维修后可恢复性能	4	较小风险
333		腐蚀	冲刷、腐蚀	出力低	不需要停用	损坏	损坏	无	无	维修后可恢复性能	4	较小风险
334	絮凝剂计量泵活塞	磨损	杂质、卡涩	振动	不需要停用	损坏	损坏	无	无	维修后可恢复性能	4	较小风险
335		腐蚀	杂质、卡涩	振动	不需要停用	损坏	损坏	无	无	维修后可恢复性能	4	较小风险
336	絮凝剂计量泵泵轴	磨损	冲刷	振动	不需要停用	损坏	损坏	无	无	维修后可恢复性能	4	较小风险
337		腐蚀	冲刷	振动	不需要停用	损坏	损坏	无	无	维修后可恢复性能	4	较小风险
338	絮凝剂计量泵机封	泄漏	窜动、补偿不足	泄漏	不需要停用	损坏	损坏	无	无	维修后可恢复性能	4	较小风险

续表

序号	部件	故障条件			故障影响			故障损失			风险值	风险等级
		模式	原因	现象	系统	设备	部件	经济损失	生产中断	设备损坏		
339	助凝剂计量箱箱体	磨损	防腐层脱落	泄漏	不需要停用	损坏	损坏	无	无	维修后可恢复性能	4	较小风险
340		腐蚀	防腐层脱落	泄漏	不需要停用	损坏	损坏	无	无	维修后可恢复性能	4	较小风险
341	助凝剂计量箱搅拌器	磨损	冲刷、阻力大	振动大	不需要停用	损坏	损坏	无	无	维修后可恢复性能	4	较小风险
342		泄漏	冲刷、阻力大	振动大	不需要停用	损坏	损坏	无	无	维修后可恢复性能	4	较小风险
343	助凝剂计量箱减速箱	磨损	轴承间隙大；回油不畅、缺油	振动大、温度高、泄漏	不需要停用	损坏	损坏	无	无	维修后可恢复性能	4	较小风险
344		腐蚀	轴承间隙大；回油不畅、缺油	振动大、温度高、泄漏	不需要停用	损坏	损坏	无	无	维修后可恢复性能	4	较小风险
345	助凝剂计量泵泵壳	磨损	冲刷、腐蚀	出力低	不需要停用	损坏	损坏	无	无	维修后可恢复性能	4	较小风险
346		腐蚀	冲刷、腐蚀	出力低	不需要停用	损坏	损坏	无	无	维修后可恢复性能	4	较小风险
347	助凝剂计量泵叶轮	磨损	杂质、卡涩	振动	不需要停用	损坏	损坏	无	无	维修后可恢复性能	4	较小风险
348		腐蚀	杂质、卡涩	振动	不需要停用	损坏	损坏	无	无	维修后可恢复性能	4	较小风险
349	助凝剂计量泵泵轴	磨损	冲刷	振动	不需要停用	损坏	损坏	无	无	维修后可恢复性能	4	较小风险
350		腐蚀	冲刷	振动	不需要停用	损坏	损坏	无	无	维修后可恢复性能	4	较小风险
351	助凝剂计量泵机封	泄漏	窜动、补偿不足	泄漏	不需要停用	损坏	损坏	无	无	维修后可恢复性能	4	较小风险
352	盐酸计量箱箱体	磨损	防腐层脱落	振动大	不需要停用	损坏	损坏	无	无	维修后可恢复性能	4	较小风险
353		腐蚀	防腐层脱落	振动大	不需要停用	损坏	损坏	无	无	维修后可恢复性能	4	较小风险
354	盐酸计量箱搅拌器	磨损	冲刷、阻力大	振动大、温度高、泄漏	不需要停用	损坏	损坏	无	无	维修后可恢复性能	4	较小风险
355		泄漏	冲刷、阻力大	振动大、温度高、泄漏	不需要停用	损坏	损坏	无	无	维修后可恢复性能	4	较小风险
356	盐酸计量箱减速箱	磨损	轴承间隙大；回油不畅、缺油	泄漏	不需要停用	损坏	损坏	无	无	维修后可恢复性能	4	较小风险
357		腐蚀	轴承间隙大；回油不畅、缺油	泄漏	不需要停用	损坏	损坏	无	无	维修后可恢复性能	4	较小风险

续表

序号	部件	故障条件			故障影响			故障损失			风险值	风险等级
		模式	原因	现象	系统	设备	部件	经济损失	生产中断	设备损坏		
358	盐酸计量泵泵壳	磨损	冲刷、腐蚀	出力低	不需要停用	损坏	损坏	无	无	维修后可恢复性能	4	较小风险
359		腐蚀	冲刷、腐蚀	出力低	不需要停用	损坏	损坏	无	无	维修后可恢复性能	4	较小风险
360	盐酸计量泵活塞	磨损	杂质、卡涩	振动	不需要停用	损坏	损坏	无	无	维修后可恢复性能	4	较小风险
361		腐蚀	杂质、卡涩	振动	不需要停用	损坏	损坏	无	无	维修后可恢复性能	4	较小风险
362	盐酸计量泵泵轴	磨损	冲刷	振动	不需要停用	损坏	损坏	无	无	维修后可恢复性能	4	较小风险
363		腐蚀	冲刷	振动	不需要停用	损坏	损坏	无	无	维修后可恢复性能	4	较小风险
364	盐酸计量泵机封	泄漏	窜动、补偿不足	泄漏	不需要停用	损坏	损坏	无	无	维修后可恢复性能	4	较小风险
365	污泥输送泵泵壳	磨损	冲刷、腐蚀	出力低	不需要停用	损坏	损坏	无	无	维修后可恢复性能	4	较小风险
366		腐蚀	冲刷、腐蚀	出力低	不需要停用	损坏	损坏	无	无	维修后可恢复性能	4	较小风险
367	污泥输送泵叶轮	磨损	杂质、卡涩	振动大、出力低	不需要停用	损坏	损坏	无	无	维修后可恢复性能	4	较小风险
368		腐蚀	杂质、卡涩	振动大、出力低	不需要停用	损坏	损坏	无	无	维修后可恢复性能	4	较小风险
369	污泥输送泵泵轴	磨损	冲刷	振动大	不需要停用	损坏	损坏	无	无	维修后可恢复性能	4	较小风险
370		腐蚀	冲刷	振动大	不需要停用	损坏	损坏	无	无	维修后可恢复性能	4	较小风险
371	污泥输送泵机封	泄漏	窜动、补偿不足	泄漏	不需要停用	损坏	损坏	无	无	维修后可恢复性能	4	较小风险
372	污泥输送泵轴承	劣化	游隙大、缺油	振动大、温度高	不需要停用	损坏	损坏	无	无	维修后可恢复性能	4	较小风险
373		变质	游隙大、缺油	振动大、温度高	不需要停用	损坏	损坏	无	无	维修后可恢复性能	4	较小风险
374		剥落	游隙大、缺油	振动大、温度高	不需要停用	损坏	损坏	无	无	维修后可恢复性能	4	较小风险
375		异常磨损	游隙大、缺油	振动大、温度高	不需要停用	损坏	损坏	无	无	维修后可恢复性能	4	较小风险
376	脱硫废水罗茨风机机壳	磨损	冲刷、腐蚀	出力低	不需要停用	损坏	损坏	无	无	维修后可恢复性能	4	较小风险

续表

序号	部件	故障条件			故障影响			故障损失			风险值	风险等级
		模式	原因	现象	系统	设备	部件	经济损失	生产中断	设备损坏		
377	脱硫废水罗茨风机齿轮箱	磨损	缺油、松脱	出力低	不需要停用	损坏	损坏	无	无	维修后可恢复性能	4	较小风险
378		断裂	缺油、松脱	出力低	不需要停用	损坏	损坏	无	无	维修后可恢复性能	4	较小风险
379	脱硫废水罗茨风机转子	磨损	间隙不均匀	出力低	不需要停用	损坏	损坏	无	无	维修后可恢复性能	4	较小风险
380	废水区集水坑泵泵壳	磨损	冲刷、腐蚀	出力低	不需要停用	损坏	损坏	无	无	维修后可恢复性能	4	较小风险
381		腐蚀	冲刷、腐蚀	出力低	不需要停用	损坏	损坏	无	无	维修后可恢复性能	4	较小风险
382	废水区集水坑泵叶轮	磨损	杂质、卡涩	振动大、出力低	不需要停用	损坏	损坏	无	无	维修后可恢复性能	4	较小风险
383		腐蚀	杂质、卡涩	振动大、出力低	不需要停用	损坏	损坏	无	无	维修后可恢复性能	4	较小风险
384	废水区集水坑泵泵轴	磨损	冲刷	振动大	不需要停用	损坏	损坏	无	无	维修后可恢复性能	4	较小风险
385		腐蚀	冲刷	振动大	不需要停用	损坏	损坏	无	无	维修后可恢复性能	4	较小风险
386	废水区集水坑泵机封	泄漏	窜动、补偿不足	泄漏	不需要停用	损坏	损坏	无	无	维修后可恢复性能	4	较小风险
387	废水区集水坑泵轴承	劣化	游隙大、缺油	振动大、温度高	不需要停用	损坏	损坏	无	无	维修后可恢复性能	4	较小风险
388		变质	游隙大、缺油	振动大、温度高	不需要停用	损坏	损坏	无	无	维修后可恢复性能	4	较小风险
389		剥落	游隙大、缺油	振动大、温度高	不需要停用	损坏	损坏	无	无	维修后可恢复性能	4	较小风险
390		异常磨损	游隙大、缺油	振动大、温度高	不需要停用	损坏	损坏	无	无	维修后可恢复性能	4	较小风险
391	石膏浆液溢流箱箱体	磨损	防腐层脱落	振动大	不需要停用	损坏	损坏	无	无	维修后可恢复性能	4	较小风险
392		腐蚀	防腐层脱落	振动大	不需要停用	损坏	损坏	无	无	维修后可恢复性能	4	较小风险
393	石膏浆液溢流箱搅拌器	磨损	冲刷、阻力大	振动大、温度高、泄漏	不需要停用	损坏	损坏	无	无	维修后可恢复性能	4	较小风险
394		腐蚀	冲刷、阻力大	振动大、温度高、泄漏	不需要停用	损坏	损坏	无	无	维修后可恢复性能	4	较小风险

续表

序号	部件	故障条件			故障影响			故障损失			风险值	风险等级
		模式	原因	现象	系统	设备	部件	经济损失	生产中断	设备损坏		
395	石膏浆液溢流箱减速箱	磨损	轴承间隙大；回油不畅、缺油	泄漏	不需要停用	损坏	损坏	无	无	维修后可恢复性能	4	较小风险
396		泄漏	轴承间隙大；回油不畅、缺油	泄漏	不需要停用	损坏	损坏	无	无	维修后可恢复性能	4	较小风险
397	溢流水泵泵壳	磨损	冲刷、腐蚀	出力低	不需要停用	损坏	损坏	无	无	维修后可恢复性能	4	较小风险
398		磨损	冲刷、腐蚀	出力低	不需要停用	损坏	损坏	无	无	维修后可恢复性能	4	较小风险
399	溢流水泵叶轮	磨损	杂质、卡涩	振动大、出力低	不需要停用	损坏	损坏	无	无	维修后可恢复性能	4	较小风险
400		腐蚀	杂质、卡涩	振动大、出力低	不需要停用	损坏	损坏	无	无	维修后可恢复性能	4	较小风险
401	溢流水泵泵轴	磨损	冲刷	振动大	不需要停用	损坏	损坏	无	无	维修后可恢复性能	4	较小风险
402		腐蚀	冲刷	振动大	不需要停用	损坏	损坏	无	无	维修后可恢复性能	4	较小风险
403	溢流水泵机封	泄漏	窜动、补偿不足	泄漏	不需要停用	损坏	损坏	无	无	维修后可恢复性能	4	较小风险
404	溢流水泵轴承	劣化	游隙大、缺油	振动大、温度高	不需要停用	损坏	损坏	无	无	维修后可恢复性能	4	较小风险
405		变质	游隙大、缺油	振动大、温度高	不需要停用	损坏	损坏	无	无	维修后可恢复性能	4	较小风险
406		剥落	游隙大、缺油	振动大、温度高	不需要停用	损坏	损坏	无	无	维修后可恢复性能	4	较小风险
407		异常磨损	游隙大、缺油	振动大、温度高	不需要停用	损坏	损坏	无	无	维修后可恢复性能	4	较小风险
408	中和箱箱体	磨损	防腐层脱落	振动大	不需要停用	损坏	损坏	无	无	维修后可恢复性能	4	较小风险
409		腐蚀	防腐层脱落	振动大	不需要停用	损坏	损坏	无	无	维修后可恢复性能	4	较小风险
410	中和箱搅拌器	磨损	冲刷、阻力大	振动大、温度高、泄漏	不需要停用	损坏	损坏	无	无	维修后可恢复性能	4	较小风险
411		腐蚀	冲刷、阻力大	振动大、温度高、泄漏	不需要停用	损坏	损坏	无	无	维修后可恢复性能	4	较小风险
412	中和箱减速箱	磨损	轴承间隙大；回油不畅、缺油	泄漏	不需要停用	损坏	损坏	无	无	维修后可恢复性能	4	较小风险
413		泄漏	轴承间隙大；回油不畅、缺油	泄漏	不需要停用	损坏	损坏	无	无	维修后可恢复性能	4	较小风险

续表

序号	部件	故障条件			故障影响			故障损失			风险值	风险等级
		模式	原因	现象	系统	设备	部件	经济损失	生产中断	设备损坏		
414	反应箱箱体	磨损	防腐层脱落	振动大	不需要停用	损坏	损坏	无	无	维修后可恢复性能	4	较小风险
415		腐蚀	防腐层脱落	振动大	不需要停用	损坏	损坏	无	无	维修后可恢复性能	4	较小风险
416	反应箱搅拌器	磨损	冲刷、阻力大	振动大、温度高、泄漏	不需要停用	损坏	损坏	无	无	维修后可恢复性能	4	较小风险
417		腐蚀	冲刷、阻力大	振动大、温度高、泄漏	不需要停用	损坏	损坏	无	无	维修后可恢复性能	4	较小风险
418	反应箱减速箱	磨损	轴承间隙大；回油不畅、缺油	泄漏	不需要停用	损坏	损坏	无	无	维修后可恢复性能	4	较小风险
419		泄漏	轴承间隙大；回油不畅、缺油	泄漏	不需要停用	损坏	损坏	无	无	维修后可恢复性能	4	较小风险
420	絮凝箱箱体	磨损	防腐层脱落	振动大	不需要停用	损坏	损坏	无	无	维修后可恢复性能	4	较小风险
421		腐蚀	防腐层脱落	振动大	不需要停用	损坏	损坏	无	无	维修后可恢复性能	4	较小风险
422	絮凝箱搅拌器	磨损	冲刷、阻力大	振动大、温度高、泄漏	不需要停用	损坏	损坏	无	无	维修后可恢复性能	4	较小风险
423		腐蚀	冲刷、阻力大	振动大、温度高、泄漏	不需要停用	损坏	损坏	无	无	维修后可恢复性能	4	较小风险
424	絮凝箱减速箱	磨损	轴承间隙大；回油不畅、缺油	泄漏	不需要停用	损坏	损坏	无	无	维修后可恢复性能	4	较小风险
425		泄漏	轴承间隙大；回油不畅、缺油	泄漏	不需要停用	损坏	损坏	无	无	维修后可恢复性能	4	较小风险
426	箱体	磨损	防腐层脱落	振动大	不需要停用	损坏	损坏	无	无	维修后可恢复性能	4	较小风险
427		腐蚀	防腐层脱落	振动大	不需要停用	损坏	损坏	无	无	维修后可恢复性能	4	较小风险
428	搅拌器	磨损	冲刷、阻力大	振动大、温度高、泄漏	不需要停用	损坏	损坏	无	无	维修后可恢复性能	4	较小风险
429		腐蚀	冲刷、阻力大	振动大、温度高、泄漏	不需要停用	损坏	损坏	无	无	维修后可恢复性能	4	较小风险
430	减速箱	磨损	轴承间隙大；回油不畅、缺油	泄漏	不需要停用	损坏	损坏	无	无	维修后可恢复性能	4	较小风险
431		泄漏	轴承间隙大；回油不畅、缺油	泄漏	不需要停用	损坏	损坏	无	无	维修后可恢复性能	4	较小风险

续表

序号	部件	故障条件			故障影响			故障损失			风险值	风险等级
		模式	原因	现象	系统	设备	部件	经济损失	生产中断	设备损坏		
432	剩余污泥泵泵壳	磨损	冲刷、腐蚀	出力低	不需要停用	损坏	损坏	无	无	维修后可恢复性能	4	较小风险
433		腐蚀	冲刷、腐蚀	出力低	不需要停用	损坏	损坏	无	无	维修后可恢复性能	4	较小风险
434	剩余污泥泵叶轮	磨损	杂质、卡涩	振动大、出力低	不需要停用	损坏	损坏	无	无	维修后可恢复性能	4	较小风险
435		腐蚀	杂质、卡涩	振动大、出力低	不需要停用	损坏	损坏	无	无	维修后可恢复性能	4	较小风险
436	剩余污泥泵泵轴	磨损	冲刷	振动大	不需要停用	损坏	损坏	无	无	维修后可恢复性能	4	较小风险
437		腐蚀	冲刷	振动大	不需要停用	损坏	损坏	无	无	维修后可恢复性能	4	较小风险
438	剩余污泥泵机封	泄漏	窜动、补偿不足	泄漏	不需要停用	损坏	损坏	无	无	维修后可恢复性能	4	较小风险
439	污泥回流泵泵壳	磨损	冲刷、腐蚀	出力低	不需要停用	损坏	损坏	无	无	维修后可恢复性能	4	较小风险
440		腐蚀	冲刷、腐蚀	出力低	不需要停用	损坏	损坏	无	无	维修后可恢复性能	4	较小风险
441	污泥回流泵叶轮	磨损	杂质、卡涩	振动大、出力低	不需要停用	损坏	损坏	无	无	维修后可恢复性能	4	较小风险
442		腐蚀	杂质、卡涩	振动大、出力低	不需要停用	损坏	损坏	无	无	维修后可恢复性能	4	较小风险
443	污泥回流泵泵轴	磨损	冲刷	振动大	不需要停用	损坏	损坏	无	无	维修后可恢复性能	4	较小风险
444		腐蚀	冲刷	振动大	不需要停用	损坏	损坏	无	无	维修后可恢复性能	4	较小风险
445	污泥回流泵机封	泄漏	窜动、补偿不足	泄漏	不需要停用	损坏	损坏	无	无	维修后可恢复性能	4	较小风险
446	污泥回流泵轴承	劣化	游隙大、缺油	振动大、温度高	不需要停用	损坏	损坏	无	无	维修后可恢复性能	4	较小风险
447		变质	游隙大、缺油	振动大、温度高	不需要停用	损坏	损坏	无	无	维修后可恢复性能	4	较小风险
448		剥落	游隙大、缺油	振动大、温度高	不需要停用	损坏	损坏	无	无	维修后可恢复性能	4	较小风险
449		异常磨损	游隙大、缺油	振动大、温度高	不需要停用	损坏	损坏	无	无	维修后可恢复性能	4	较小风险
450	脱硫污泥缓冲罐箱体	磨损	防腐层脱落	振动大	不需要停用	损坏	损坏	无	无	维修后可恢复性能	4	较小风险
451		腐蚀	防腐层脱落	振动大	不需要停用	损坏	损坏	无	无	维修后可恢复性能	4	较小风险

续表

序号	部件	故障条件			故障影响			故障损失			风险值	风险等级
		模式	原因	现象	系统	设备	部件	经济损失	生产中断	设备损坏		
452	脱硫污泥缓冲罐搅拌器	磨损	冲刷、阻力大	振动大、温度高、泄漏	不需要停用	损坏	损坏	无	无	维修后可恢复性能	4	较小风险
453		腐蚀	冲刷、阻力大	振动大、温度高、泄漏	不需要停用	损坏	损坏	无	无	维修后可恢复性能	4	较小风险
454	脱硫污泥缓冲罐减速箱	磨损	轴承间隙大;回油不畅、缺油	泄漏	不需要停用	损坏	损坏	无	无	维修后可恢复性能	4	较小风险
455		泄漏	轴承间隙大;回油不畅、缺油	泄漏	不需要停用	损坏	损坏	无	无	维修后可恢复性能	4	较小风险
456	污泥给料泵轴承	劣化	轴承间隙大;回油不畅、缺油	泄漏	不需要停用	损坏	损坏	无	无	维修后可恢复性能	4	较小风险
457		变质	轴承间隙大;回油不畅、缺油	泄漏	不需要停用	损坏	损坏	无	无	维修后可恢复性能	4	较小风险
458		剥落	轴承间隙大;回油不畅、缺油	泄漏	不需要停用	损坏	损坏	无	无	维修后可恢复性能	4	较小风险
459		异常磨损	轴承间隙大;回油不畅、缺油	泄漏	不需要停用	损坏	损坏	无	无	维修后可恢复性能	4	较小风险
460	污泥给料泵泵壳	磨损	冲刷、腐蚀	出力低	不需要停用	损坏	损坏	无	无	维修后可恢复性能	4	较小风险
461		腐蚀	冲刷、腐蚀	出力低	不需要停用	损坏	损坏	无	无	维修后可恢复性能	4	较小风险
462	污泥给料泵叶轮	磨损	杂质、卡涩	振动大、出力低	不需要停用	损坏	损坏	无	无	维修后可恢复性能	4	较小风险
463		腐蚀	杂质、卡涩	振动大、出力低	不需要停用	损坏	损坏	无	无	维修后可恢复性能	4	较小风险
464	污泥给料泵泵轴	磨损	冲刷	振动大	不需要停用	损坏	损坏	无	无	维修后可恢复性能	4	较小风险
465		腐蚀	冲刷	振动大	不需要停用	损坏	损坏	无	无	维修后可恢复性能	4	较小风险
466	污泥给料泵机封	泄漏	窜动、补偿不足	泄漏	不需要停用	损坏	损坏	无	无	维修后可恢复性能	4	较小风险
467	中间水箱箱体	磨损	防腐层脱落	振动大	不需要停用	损坏	损坏	无	无	维修后可恢复性能	4	较小风险
468		腐蚀	防腐层脱落	振动大	不需要停用	损坏	损坏	无	无	维修后可恢复性能	4	较小风险
469	中间水箱搅拌器	磨损	冲刷、阻力大	振动大、温度高、泄漏	不需要停用	损坏	损坏	无	无	维修后可恢复性能	4	较小风险

续表

序号	部件	故障条件			故障影响			故障损失			风险值	风险等级
		模式	原因	现象	系统	设备	部件	经济损失	生产中断	设备损坏		
470	中间水箱搅拌器	腐蚀	冲刷、阻力大	振动大、温度高、泄漏	不需要停用	损坏	损坏	无	无	维修后可恢复性能	4	较小风险
471	中间水箱减速箱	磨损	轴承间隙大;回油不畅、缺油	泄漏	不需要停用	损坏	损坏	无	无	维修后可恢复性能	4	较小风险
472		泄漏	轴承间隙大;回油不畅、缺油	泄漏	不需要停用	损坏	损坏	无	无	维修后可恢复性能	4	较小风险
473	过滤器给水泵轴承	磨损	缺油	振动大、温度高	不需要停用	损坏	损坏	无	无	维修后可恢复性能	4	较小风险
474		腐蚀	缺油	振动大、温度高	不需要停用	损坏	损坏	无	无	维修后可恢复性能	4	较小风险
475	过滤器给水泵泵壳	磨损	杂质、卡涩	出力低	不需要停用	损坏	损坏	无	无	维修后可恢复性能	4	较小风险
476		腐蚀	杂质、卡涩	出力低	不需要停用	损坏	损坏	无	无	维修后可恢复性能	4	较小风险
477	过滤器给水泵叶轮	磨损	冲刷	振动大、出力低	不需要停用	损坏	损坏	无	无	维修后可恢复性能	4	较小风险
478		腐蚀	冲刷	振动大、出力低	不需要停用	损坏	损坏	无	无	维修后可恢复性能	4	较小风险
479	过滤器给水泵泵轴	泄漏	窜动、补偿不足	振动大	不需要停用	损坏	损坏	无	无	维修后可恢复性能	4	较小风险
480	过滤器给水泵机封	磨损	冲刷、腐蚀	泄漏	不需要停用	损坏	损坏	无	无	维修后可恢复性能	4	较小风险
481		腐蚀	冲刷、腐蚀	泄漏	不需要停用	损坏	损坏	无	无	维修后可恢复性能	4	较小风险
482	多介质过滤器安全阀	泄漏	杂质	泄漏	不需要停用	损坏	损坏	无	无	维修后可恢复性能	4	较小风险
483	多介质过滤器壳体	磨损	冲刷、腐蚀	泄漏	不需要停用	损坏	损坏	无	无	维修后可恢复性能	4	较小风险
484		腐蚀	冲刷、腐蚀	泄漏	不需要停用	损坏	损坏	无	无	维修后可恢复性能	4	较小风险
485	多介质过滤器管道	磨损	冲刷、冲洗不到位	泄漏	不需要停用	损坏	损坏	无	无	维修后可恢复性能	4	较小风险
486		腐蚀	冲刷、冲洗不到位	泄漏	不需要停用	损坏	损坏	无	无	维修后可恢复性能	4	较小风险
487	出水箱箱体	磨损	防腐层脱落	振动大	不需要停用	损坏	损坏	无	无	维修后可恢复性能	4	较小风险
488		腐蚀	防腐层脱落	振动大	不需要停用	损坏	损坏	无	无	维修后可恢复性能	4	较小风险

续表

序号	部件	故障条件			故障影响			故障损失			风险值	风险等级
		模式	原因	现象	系统	设备	部件	经济损失	生产中断	设备损坏		
489	出水箱搅拌器	磨损	冲刷、阻力大	振动大、温度高、泄漏	不需要停用	损坏	损坏	无	无	维修后可恢复性能	4	较小风险
490		腐蚀	冲刷、阻力大	振动大、温度高、泄漏	不需要停用	损坏	损坏	无	无	维修后可恢复性能	4	较小风险
491	出水箱减速箱	磨损	轴承间隙大;回油不畅、缺油	泄漏	不需要停用	损坏	损坏	无	无	维修后可恢复性能	4	较小风险
492		泄漏	轴承间隙大;回油不畅、缺油	泄漏	不需要停用	损坏	损坏	无	无	维修后可恢复性能	4	较小风险
493	出水泵轴承	劣化	缺油、游隙大	振动大、温度高	不需要停用	损坏	损坏	无	无	维修后可恢复性能	4	较小风险
494		变质	缺油、游隙大	振动大、温度高	不需要停用	损坏	损坏	无	无	维修后可恢复性能	4	较小风险
495		剥落	缺油、游隙大	振动大、温度高	不需要停用	损坏	损坏	无	无	维修后可恢复性能	4	较小风险
496		异常磨损	缺油、游隙大	振动大、温度高	不需要停用	损坏	损坏	无	无	维修后可恢复性能	4	较小风险
497	出水泵泵壳	磨损	冲刷、腐蚀	出力低	不需要停用	损坏	损坏	无	无	维修后可恢复性能	4	较小风险
498		腐蚀	冲刷、腐蚀	出力低	不需要停用	损坏	损坏	无	无	维修后可恢复性能	4	较小风险
499	出水泵叶轮	磨损	冲刷、腐蚀	振动大、出力低	不需要停用	损坏	损坏	无	无	维修后可恢复性能	4	较小风险
500		腐蚀	冲刷、腐蚀	振动大、出力低	不需要停用	损坏	损坏	无	无	维修后可恢复性能	4	较小风险
501	出水泵泵轴	磨损	冲刷、腐蚀	振动大	不需要停用	损坏	损坏	无	无	维修后可恢复性能	4	较小风险
502		腐蚀	冲刷、腐蚀	振动大	不需要停用	损坏	损坏	无	无	维修后可恢复性能	4	较小风险
503	脱硫盐酸贮罐箱壁	磨损	防腐层脱落	泄漏	不需要停用	损坏	损坏	无	无	维修后可恢复性能	4	较小风险
504		腐蚀	防腐层脱落	泄漏	不需要停用	损坏	损坏	无	无	维修后可恢复性能	4	较小风险
505	脱硫盐酸计量箱箱壁	磨损	防腐层脱落	泄漏	不需要停用	损坏	损坏	无	无	维修后可恢复性能	4	较小风险
506		腐蚀	防腐层脱落	泄漏	不需要停用	损坏	损坏	无	无	维修后可恢复性能	4	较小风险
507	脱硫盐酸计量泵泵壳	磨损	冲刷	出力低	不需要停用	损坏	损坏	无	无	维修后可恢复性能	4	较小风险
508		腐蚀	冲刷	出力低	不需要停用	损坏	损坏	无	无	维修后可恢复性能	4	较小风险

续表

序号	部件	故障条件			故障影响			故障损失			风险值	风险等级
		模式	原因	现象	系统	设备	部件	经济损失	生产中断	设备损坏		
509	脱硫盐酸计量泵泵轴	磨损	冲刷腐蚀	振动大	不需要停用	损坏	损坏	无	无	维修后可恢复性能	4	较小风险
510		腐蚀	冲刷腐蚀	振动大	不需要停用	损坏	损坏	无	无	维修后可恢复性能	4	较小风险
511	脱硫氢氧化钠贮罐箱壁	磨损	防腐脱落	泄漏	不需要停用	损坏	损坏	无	无	维修后可恢复性能	4	较小风险
512		腐蚀	防腐脱落	泄漏	不需要停用	损坏	损坏	无	无	维修后可恢复性能	4	较小风险
513	脱硫氢氧化钠计量箱箱壁	磨损	防腐脱落	泄漏	不需要停用	损坏	损坏	无	无	维修后可恢复性能	4	较小风险
514		腐蚀	防腐脱落	泄漏	不需要停用	损坏	损坏	无	无	维修后可恢复性能	4	较小风险
515	脱硫氢氧化钠计量泵活塞	磨损	杂质	振动大	不需要停用	损坏	损坏	无	无	维修后可恢复性能	4	较小风险
516		腐蚀	杂质	振动大	不需要停用	损坏	损坏	无	无	维修后可恢复性能	4	较小风险
517	脱硫三氯化铝贮罐箱体	磨损	防腐层脱落	泄漏	不需要停用	损坏	损坏	无	无	维修后可恢复性能	4	较小风险
518		腐蚀	防腐层脱落	泄漏	不需要停用	损坏	损坏	无	无	维修后可恢复性能	4	较小风险
519	脱硫三氯化铝贮罐搅拌器	磨损	冲刷、阻力大	振动大	不需要停用	损坏	损坏	无	无	维修后可恢复性能	4	较小风险
520		腐蚀	冲刷、阻力大	振动大	不需要停用	损坏	损坏	无	无	维修后可恢复性能	4	较小风险
521	脱硫三氯化铝贮罐减速箱	磨损	轴承间隙大;回油不畅、缺油	振动大、温度高	不需要停用	损坏	损坏	无	无	维修后可恢复性能	4	较小风险
522		泄漏	轴承间隙大;回油不畅、缺油	振动大、温度高	不需要停用	损坏	损坏	无	无	维修后可恢复性能	4	较小风险
523	脱硫三氯化铝计量箱箱体	磨损	防腐层脱落	泄漏	不需要停用	损坏	损坏	无	无	维修后可恢复性能	4	较小风险
524		腐蚀	防腐层脱落	泄漏	不需要停用	损坏	损坏	无	无	维修后可恢复性能	4	较小风险
525	脱硫三氯化铝计量箱搅拌器	磨损	冲刷、阻力大	振动大	不需要停用	损坏	损坏	无	无	维修后可恢复性能	4	较小风险
526		腐蚀	冲刷、阻力大	振动大	不需要停用	损坏	损坏	无	无	维修后可恢复性能	4	较小风险

续表

序号	部件	故障条件			故障影响			故障损失			风险值	风险等级
		模式	原因	现象	系统	设备	部件	经济损失	生产中断	设备损坏		
527	脱硫三氯化铝计量箱减速箱	磨损	轴承间隙大;回油不畅、缺油	振动大、温度高	不需要停用	损坏	损坏	无	无	维修后可恢复性能	4	较小风险
528		泄漏	轴承间隙大;回油不畅、缺油	振动大、温度高	不需要停用	损坏	损坏	无	无	维修后可恢复性能	4	较小风险
529	脱硫三氯化铝计量泵活塞	磨损	杂质	振动大	不需要停用	损坏	损坏	无	无	维修后可恢复性能	4	较小风险
530		腐蚀	杂质	振动大	不需要停用	损坏	损坏	无	无	维修后可恢复性能	4	较小风险
531	脱硫有机硫计量箱箱体	磨损	防腐层脱落	泄漏	不需要停用	损坏	损坏	无	无	维修后可恢复性能	4	较小风险
532		腐蚀	防腐层脱落	泄漏	不需要停用	损坏	损坏	无	无	维修后可恢复性能	4	较小风险
533	脱硫有机硫计量箱搅拌器	磨损	冲刷、阻力大	振动大	不需要停用	损坏	损坏	无	无	维修后可恢复性能	4	较小风险
534		腐蚀	冲刷、阻力大	振动大	不需要停用	损坏	损坏	无	无	维修后可恢复性能	4	较小风险
535	脱硫有机硫计量箱减速箱	磨损	轴承间隙大;回油不畅、缺油	振动大、温度高	不需要停用	损坏	损坏	无	无	维修后可恢复性能	4	较小风险
536		泄漏	轴承间隙大;回油不畅、缺油	振动大、温度高	不需要停用	损坏	损坏	无	无	维修后可恢复性能	4	较小风险
537	脱硫有机硫计量泵活塞	磨损	杂质、漏油	振动大	不需要停用	损坏	损坏	无	无	维修后可恢复性能	4	较小风险
538		腐蚀	杂质、漏油	振动大	不需要停用	损坏	损坏	无	无	维修后可恢复性能	4	较小风险
539	脱硫助凝剂计量箱箱体	磨损	防腐层脱落	泄漏	不需要停用	损坏	损坏	无	无	维修后可恢复性能	4	较小风险
540		腐蚀	防腐层脱落	泄漏	不需要停用	损坏	损坏	无	无	维修后可恢复性能	4	较小风险
541	脱硫助凝剂计量箱搅拌器	磨损	冲刷、阻力大	振动大	不需要停用	损坏	损坏	无	无	维修后可恢复性能	4	较小风险
542		腐蚀	冲刷、阻力大	振动大	不需要停用	损坏	损坏	无	无	维修后可恢复性能	4	较小风险
543	脱硫助凝剂计量箱减速箱	磨损	轴承间隙大;回油不畅、缺油	振动大、温度高	不需要停用	损坏	损坏	无	无	维修后可恢复性能	4	较小风险
544		泄漏	轴承间隙大;回油不畅、缺油	振动大、温度高	不需要停用	损坏	损坏	无	无	维修后可恢复性能	4	较小风险

续表

序号	部件	故障条件			故障影响			故障损失			风险值	风险等级
		模式	原因	现象	系统	设备	部件	经济损失	生产中断	设备损坏		
545	助凝剂计量泵活塞	磨损	杂质、漏油	振动大	不需要停用	损坏	损坏	无	无	维修后可恢复性能	4	较小风险
546		腐蚀	杂质、漏油	振动大	不需要停用	损坏	损坏	无	无	维修后可恢复性能	4	较小风险
547	助凝剂计量泵泵体	磨损	冲刷	泄漏、出力低	不需要停用	损坏	损坏	无	无	维修后可恢复性能	4	较小风险
548		腐蚀	冲刷	泄漏、出力低	不需要停用	损坏	损坏	无	无	维修后可恢复性能	4	较小风险
549	助凝剂计量泵活塞	磨损	杂质、漏油	振动大	不需要停用	损坏	损坏	无	无	维修后可恢复性能	4	较小风险
550		腐蚀	杂质、漏油	振动大	不需要停用	损坏	损坏	无	无	维修后可恢复性能	4	较小风险
551	湿电除尘器阴极线	断裂	结垢、异常放电	短路	停用	损坏	损坏	无	导致生产中断 7 天及以上	维修后可恢复性能	14	较大风险
552		腐蚀	结垢、异常放电	短路	停用	损坏	损坏	无	导致生产中断 7 天及以上	维修后可恢复性能	14	较大风险
553	湿电除尘器阳极管	磨损	结垢、冲刷	泄漏	停用	损坏	损坏	无	无	维修后可恢复性能	4	较小风险
554	湿电除尘器壳体	磨损	冲刷、密封老化	泄漏	不需要停用	损坏	损坏	无	无	维修后可恢复性能	4	较小风险
555		泄漏	冲刷、密封老化	泄漏	不需要停用	损坏	损坏	无	无	维修后可恢复性能	4	较小风险
556	湿电除尘器干燥风机	磨损	冲刷	出力低	不需要停用	损坏	损坏	无	无	维修后可恢复性能	4	较小风险
557	湿电除尘器湿除浆液泵	磨损	冲刷、结垢	出力低	不需要停用	损坏	损坏	无	无	维修后可恢复性能	4	较小风险
558		腐蚀	冲刷、结垢	出力低	不需要停用	损坏	损坏	无	无	维修后可恢复性能	4	较小风险

设备风险控制卡

区域：厂区　　　　系统：脱硫系统　　　　设备：脱硫设备

序号	部件	故障条件			风险等级	日常控制措施			定期检修维护			临时措施
		模式	原因	现象		措施	检查方法	周期（天）	措施	检修方法	周期（月）	
1	制浆系统斗提机主动轮	异常磨损	过载运行、缺油	振动大或过载跳	较小风险	检查	测温、测振	5	检查、修理	标准检查	12	无
2		疲劳	过载运行、缺油	振动大或过载跳	较小风险	检查	测温、测振	5	检查、修理	标准检查	12	无

续表

序号	部件	故障条件			风险等级	日常控制措施			定期检修维护			临时措施
		模式	原因	现象		措施	检查方法	周期（天）	措施	检修方法	周期（月）	
3	制浆系统斗提机从动轮	异常磨损	过载运行、缺油	振动大	较小风险	检查	测温、测振	5	检查、修理	标准检查	12	无
4		疲劳	过载运行、缺油	振动大	较小风险	检查	目测	5	检查、修理	标准检查	12	无
5	制浆系统斗提机减速机	异常磨损	缺油	振动大或过载跳、漏油	较小风险	检查	目测	5	检查、修理	标准检查	12	无
6		疲劳	缺油	振动大或过载跳、漏油	较小风险	检查	测温、测振	5	检查、修理	标准检查	12	无
7		老化	缺油	振动大或过载跳、漏油	较小风险	检查	测温、测振	5	检查、修理	标准检查	12	无
8		渗油	缺油	振动大或过载跳、漏油	较小风险	检查	测振	5	检查、修理	标准检查	12	无
9	制浆系统斗提机链条	异常磨损	异物卡涩，过载运行	振动大或过载跳	较小风险	检查	听	5	检查、修理	标准检查	12	无
10		疲劳	异物卡涩，过载运行	振动大或过载跳	较小风险	检查	测温、测振	5	检查、修理	标准检查	12	无
11	制浆系统斗提机链斗	异常磨损	异物卡涩，过载运行	振动大或过载跳	较小风险	检查	测温、测振	5	检查、修理	标准检查	12	无
12		疲劳	异物卡涩，过载运行	振动大或过载跳	较小风险	检查	测温、测振	5	检查、修理	标准检查	12	无
13		松动	异物卡涩，过载运行	振动大或过载跳	较小风险	检查	测温、测振	5	检查、修理	标准检查	12	无
14		脱落	异物卡涩，过载运行	振动大或过载跳	较小风险	检查	测温、测振	5	检查、修理	标准检查	12	无
15	制浆系统湿磨机减速机	异常磨损	轴承间隙大；回油不畅、缺油	振动大或过载跳、漏油	较小风险	检查	测温、测振	5	检查、修理	标准检查	12	无
16		疲劳	轴承间隙大；回油不畅、缺油	振动大或过载跳、漏油	较小风险	检查	测温、测振	5	检查、修理	标准检查	12	无
17		老化	轴承间隙大；回油不畅、缺油	振动大或过载跳、漏油	较小风险	检查	测温、测振	5	检查、修理	标准检查	12	无
18		渗油	轴承间隙大；回油不畅、缺油	振动大或过载跳、漏油	较小风险	检查	测温、测振	5	检查、修理	标准检查	12	无
19	制浆系统湿磨机小齿轮	异常磨损	过载运行、断油	振动大或过载跳、漏油	较小风险	检查	测温、测振	5	检查、修理	标准检查	12	无
20		疲劳				检查	测温、测振	5	检查、修理	标准检查	12	无
21	制浆系统湿磨机大齿轮	异常磨损	断油	或过载跳、漏油	较小风险	检查	测温、测振	5	检查、修理	标准检查	12	无
22		疲劳				检查	测温、测振	5	检查、修理	标准检查	12	无

续表

序号	部件	故障条件			风险等级	日常控制措施			定期检修维护			临时措施
		模式	原因	现象		措施	检查方法	周期（天）	措施	检修方法	周期（月）	
23	制浆系统湿磨机筒体	异常磨损	磨损、过载运行	泄漏、异声	较小风险	检查	测温、测振	5	检查、修理	标准检查	12	无
24		疲劳	磨损、过载运行	泄漏、异声	较小风险	检查	测温、测振	5	检查、修理	标准检查	12	无
25	制浆系统湿磨机湿磨轴承箱	异常磨损	过载运行、断油	泄漏、振动大	较小风险	检查	测温、测振	5	检查、修理	标准检查	12	无
26		疲劳	过载运行、断油	泄漏、振动大	较小风险	检查	测温、测振	5	检查、修理	标准检查	12	临时堵漏
27		老化	过载运行、断油	泄漏、振动大	较小风险	检查	测温、测振	5	检查、修理	标准检查	12	无
28		渗油	过载运行、断油	泄漏、振动大	较小风险	检查	测温、测振	5	检查、修理	标准检查	12	无
29	制浆系统挡边皮带机主动轮	异常磨损	缺油、过载运行	振动大或过载跳	较小风险	检查	测温、测振	5	检查、修理	标准检查	12	无
30		疲劳	缺油、过载运行	振动大或过载跳	较小风险	检查	测温、测振	5	检查、修理	标准检查	12	无
31		老化	缺油、过载运行	振动大或过载跳	较小风险	检查	测温、测振	5	检查、修理	标准检查	12	无
32		渗油	缺油、过载运行	振动大或过载跳	较小风险	检查	测温、测振	5	检查、修理	标准检查	12	临时堵漏
33	制浆系统挡边皮带机从动轮	异常磨损	缺油、过载运行	振动大	较小风险	检查	测温、测振	5	检查、修理	标准检查	12	临时堵漏
34		疲劳	缺油、过载运行	振动大	较小风险	检查	测温、测振	5	检查、修理	标准检查	12	无
35		老化	缺油、过载运行	振动大	较小风险	检查	测温、测振	5	检查、修理	标准检查	12	无
36		渗油	缺油、过载运行	振动大	较小风险	检查	测温、测振	5	检查、修理	标准检查	12	无
37	制浆系统挡边皮带机减速机	异常磨损	轴承间隙大；回油不畅、缺油	振动大或过载跳、漏油	较小风险	检查	测温、测振	5	检查、修理	标准检查	12	无
38		疲劳	轴承间隙大；回油不畅、缺油	振动大或过载跳、漏油	较小风险	检查	测温、测振	5	检查、修理	标准检查	12	无
39		老化	轴承间隙大；回油不畅、缺油	振动大或过载跳、漏油	较小风险	检查	测温、测振	5	检查、修理	标准检查	12	无
40		渗油	轴承间隙大；回油不畅、缺油	振动大或过载跳、漏油	较小风险	检查	测温、测振	5	检查、修理	标准检查	12	无
41	制浆系统挡边皮带机皮带	异常磨损	跑偏、松弛	电流晃动大、跳停	较小风险	检查	测温、测振	5	检查、修理	标准检查	12	无
42		老化	跑偏、松弛	电流晃动大、跳停	较小风险	检查	测温、测振	5	检查、修理	标准检查	12	无

续表

序号	部件	故障条件			风险等级	日常控制措施			定期检修维护			临时措施
		模式	原因	现象		措施	检查方法	周期（天）	措施	检修方法	周期（月）	
43	制浆系统挡边皮带机托辊	异常磨损	缺油	电流晃动大、跳停	较小风险	检查	测温、测振	5	检查、修理	标准检查	12	无
44		卡涩	缺油	电流晃动大、跳停	较小风险	检查	测温、测振	5	检查、修理	标准检查	12	无
45	制浆系统称重皮带机主动轮	异常磨损	缺油、过载运行	振动大或过载跳	较小风险	检查	测温、测振	5	检查、修理	标准检查	12	无
46		疲劳	缺油、过载运行	振动大或过载跳	较小风险	检查	测温、测振	5	检查、修理	标准检查	12	无
47		老化	缺油、过载运行	振动大或过载跳	较小风险	检查	测温、测振	5	检查、修理	标准检查	12	无
48	制浆系统称重皮带机从动轮	异常磨损	缺油、过载运行	振动大	较小风险	检查	测温、测振	5	检查、修理	标准检查	12	无
49		疲劳	缺油、过载运行	振动大	较小风险	检查	测温、测振	5	检查、修理	标准检查	12	无
50		老化	缺油、过载运行	振动大	较小风险	检查	测温、测振	5	检查、修理	标准检查	12	无
51	制浆系统称重皮带机减速机	异常磨损	轴承间隙大；回油不畅、缺油	振动大或过载跳、漏油	较小风险	检查	测温、测振	5	检查、修理	标准检查	12	无
52		疲劳	轴承间隙大；回油不畅、缺油	振动大或过载跳、漏油	较小风险	检查	测温、测振	5	检查、修理	标准检查	12	无
53		老化	轴承间隙大；回油不畅、缺油	振动大或过载跳、漏油	较小风险	检查	测温、测振	5	检查、修理	标准检查	12	无
54		渗油	轴承间隙大；回油不畅、缺油	振动大或过载跳、漏油	较小风险	检查	测温、测振	5	检查、修理	标准检查	12	无
55	制浆系统称重皮带机皮带	异常磨损	跑偏、松弛	电流晃动大、跳停	较小风险	检查	测温、测振	5	检查、修理	标准检查	12	无
56		老化	跑偏、松弛	电流晃动大、跳停	较小风险	检查	测温、测振	5	检查、修理	标准检查	12	无
57	制浆系统称重皮带机托辊	异常磨损	缺油	电流晃动大、跳停	较小风险	检查	测温、测振	5	检查、修理	标准检查	12	无
58		老化	缺油	电流晃动大、跳停	较小风险	检查	测温、测振	5	检查、修理	标准检查	12	无
59	氧化风机叶轮	异常磨损	部件劣化	出力降低、振动大	较小风险	检查	测温、测振	5	检查、修理	标准检查	12	无
60		老化	部件劣化	出力降低、振动大	较小风险	检查	测温、测振	5	检查、修理	标准检查	12	无
61	氧化风机阀门、管道	异常磨损	磨损或使用不当，未及时反冲洗	内漏、泄漏	较小风险	检查	测温、测振	5	检查、修理	标准检查	12	无

续表

序号	部件	故障条件			风险等级	日常控制措施			定期检修维护			临时措施
		模式	原因	现象		措施	检查方法	周期（天）	措施	检修方法	周期（月）	
62	氧化风机阀门、管道	疲劳	磨损或使用不当，未及时反冲洗	内漏、泄漏	较小风险	检查	测温、测振	5	检查、修理	标准检查	12	无
63		老化	磨损或使用不当，未及时反冲洗	内漏、泄漏	较小风险	检查	测温、测振	5	检查、修理	标准检查	12	无
64		渗油	磨损或使用不当，未及时反冲洗	内漏、泄漏	较小风险	检查	测温、测振	5	检查、修理	标准检查	12	无
65	升压风机推杆	异常磨损	长时间受力变形	动作不到位	较小风险	检查	测温、测振	5	检查、修理	标准检查	12	无
66		卡涩	长时间受力变形	动作不到位	较小风险	检查	测温、测振	5	检查、修理	标准检查	12	无
67	升压风机轴承箱密封件	异常磨损	轴承箱密封漏油	轴承温度高	中等风险	检查	测温、测振	5	检查、修理	标准检查	12	无
68		老化	轴承箱密封漏油	轴承温度高	中等风险	检查	测温、测振	5	检查、修理	标准检查	12	无
69	升压风机油泵	磨损	油泵齿轮磨损间隙大，内漏，出口单向阀卡涩未打开	出力底	较小风险	检查	测温、测振	5	检查、修理	标准检查	12	无
70	升压风机油管	异常磨损	长时间运行，未及时更换	漏油	中等风险	检查	测温、测振	5	检查、修理	标准检查	12	无
71		疲劳	长时间运行，未及时更换	漏油	中等风险	检查	测温、测振	5	检查、修理	标准检查	12	无
72		老化	长时间运行，未及时更换	漏油	中等风险	检查	测温、测振	5	检查、修理	标准检查	12	无
73		渗油	长时间运行，未及时更换	漏油	中等风险	检查	测温、测振	5	检查、修理	标准检查	12	无
74	升压风机滤网	堵塞	内部结油垢，滤网脏	压差大	较小风险	检查	测温、测振	5	检查、修理	标准检查	12	无
75	升压风机叶片	异常磨损	飞灰	出力低、振动大	中等风险	检查	测温、测振	5	检查、修理	标准检查	12	无
76		疲劳	飞灰	出力低、振动大	中等风险	检查	测温、测振	5	检查、修理	标准检查	12	无
77	吸收塔除雾器	老化	长时间运行	压差大	较大风险	检查	测温、测振	5	检查、修理	标准检查	12	无
78	吸收塔浆液喷淋管道（内部）	异常磨损	长时间运行	效率降低	较大风险	检查	测温、测振	5	检查、修理	标准检查	12	无
79		老化	长时间运行	效率降低	较大风险	检查	测温、测振	5	检查、修理	标准检查	12	无

续表

序号	部件	故障条件			风险等级	日常控制措施			定期检修维护			临时措施
		模式	原因	现象		措施	检查方法	周期（天）	措施	检修方法	周期（月）	
80	吸收塔浆液喷嘴	异常磨损	内部结垢、长时间运行	效率降低	较大风险	检查	测温、测振	5	检查、修理	标准检查	12	无
81		老化	内部结垢、长时间运行	效率降低	较大风险	检查	测温、测振	5	检查、修理	标准检查	12	无
82	吸收塔除雾器、浆液喷淋、氧化风支撑梁	磨损	冲刷、防腐层损坏	泄漏	较大风险	检查	测温、测振	5	检查、修理	标准检查	12	无
83		腐蚀	冲刷、防腐层损坏	泄漏	较大风险	检查	测温、测振	5	检查、修理	标准检查	12	无
84	吸收塔塔壁	磨损	冲刷、防腐层损坏	泄漏	较大风险	检查	测温、测振	5	检查、修理	标准检查	12	无
85		腐蚀	冲刷、防腐层损坏	泄漏	较大风险	检查	测温、测振	5	检查、修理	标准检查	12	无
86	吸收塔浆液循环泵叶轮	磨损	冲刷、紊流	出力低、振动	较小风险	检查	测温、测振	5	检查、修理	标准检查	12	无
87		腐蚀	冲刷、紊流	出力低、振动	较小风险	检查	测温、测振	5	检查、修理	标准检查	12	无
88	吸收塔浆液循环泵阀门、管道	异常磨损	磨损或使用不当，未及时反冲洗	内漏、泄漏	较小风险	检查	测温、测振	5	检查、修理	标准检查	12	无
89		老化	磨损或使用不当，未及时反冲洗	内漏、泄漏	较小风险	检查	测温、测振	5	检查、修理	标准检查	12	无
90	吸收塔浆液循环泵机封	泄漏	补偿不足、窜动	泄漏	较小风险	检查	测温、测振	5	检查、修理	标准检查	12	无
91	吸收塔浆液循环泵减速机	异常磨损	轴承间隙大；回油不畅、缺油	振动大	较小风险	检查	测温、测振	5	检查、修理	标准检查	12	无
92		疲劳	轴承间隙大；回油不畅、缺油	振动大	较小风险	检查	测温、测振	5	检查、修理	标准检查	12	无
93		老化	轴承间隙大；回油不畅、缺油	振动大	较小风险	检查	测温、测振	5	检查、修理	标准检查	12	无
94		渗油	轴承间隙大；回油不畅、缺油	振动大	较小风险	检查	测温、测振	5	检查、修理	标准检查	12	无
95	吸收塔搅拌器轴承	劣化	缺油	温度高、振动大	较小风险	检查	测温、测振	5	检查、修理	标准检查	12	无
96		变质	缺油	温度高、振动大	较小风险	检查	测温、测振	5	检查、修理	标准检查	12	无
97		剥落	缺油	温度高、振动大	较小风险	检查	测温、测振	5	检查、修理	标准检查	12	无
98		异常磨损	缺油	温度高、振动大	较小风险	检查	测温、测振	5	检查、修理	标准检查	12	无

续表

序号	部件	故障条件			风险等级	日常控制措施			定期检修维护			临时措施
		模式	原因	现象		措施	检查方法	周期（天）	措施	检修方法	周期（月）	
99	吸收塔搅拌器桨叶	磨损	冲刷	振动大	较小风险	检查	测温、测振	5	检查、修理	标准检查	12	无
100		腐蚀	冲刷	振动大	较小风险	检查	测温、测振	5	检查、修理	标准检查	12	无
101	吸收塔搅拌器轴	磨损	冲刷、材质	振动大	较小风险	检查	测温、测振	5	检查、修理	标准检查	12	无
102		腐蚀	冲刷、材质	振动大	较小风险	检查	测温、测振	5	检查、修理	标准检查	12	无
103	吸收塔搅拌器机封	泄漏	补偿不够、窜动	效率	较小风险	检查	测温、测振	5	检查、修理	标准检查	12	无
104		腐蚀	补偿不够、窜动	效率	较小风险	检查	测温、测振	5	检查、修理	标准检查	12	无
105	石膏旋流器旋流子本体	磨损	冲刷、未冲洗	泄漏、分离效果差	较小风险	检查	测温、测振	5	检查、修理	标准检查	12	无
106		腐蚀	冲刷、未冲洗	泄漏、分离效果差	较小风险	检查	测温、测振	5	检查、修理	标准检查	12	无
107	石膏旋流器隔绝门	泄漏	冲刷、未冲洗	泄漏	较小风险	检查	测温、测振	5	检查、修理	标准检查	12	无
108	石膏旋流器沉沙嘴	磨损	材质或长时间运行	分离效果差	较小风险	检查	测温、测振	5	检查、修理	标准检查	12	无
109		腐蚀	材质或长时间运行	分离效果差	较小风险	检查	测温、测振	5	检查、修理	标准检查	12	无
110	真空皮带脱水机主动轮	异常磨损	缺油、过载运行	振动大或过载跳	较小风险	检查	测温、测振	5	检查、修理	标准检查	12	无
111		疲劳	缺油、过载运行	振动大或过载跳	较小风险	检查	测温、测振	5	检查、修理	标准检查	12	无
112		老化	缺油、过载运行	振动大或过载跳	较小风险	检查	测温、测振	5	检查、修理	标准检查	12	无
113		渗油	缺油、过载运行	振动大或过载跳	较小风险	检查	测温、测振	5	检查、修理	标准检查	12	无
114	真空皮带脱水机从动轮	异常磨损	缺油、过载运行	振动大	较小风险	检查	测温、测振	5	检查、修理	标准检查	12	无
115		疲劳	缺油、过载运行	振动大	较小风险	检查	测温、测振	5	检查、修理	标准检查	12	无
116		老化	缺油、过载运行	振动大	较小风险	检查	测温、测振	5	检查、修理	标准检查	12	无
117		渗油	缺油、过载运行	振动大	较小风险	检查	测温、测振	5	检查、修理	标准检查	12	无
118	真空皮带脱水机减速机	异常磨损	轴承间隙大；回油不畅、缺油	振动大或过载跳、漏油	较小风险	检查	测温、测振	5	检查、修理	标准检查	12	无
119		疲劳	轴承间隙大；回油不畅、缺油	振动大或过载跳、漏油	较小风险	检查	测温、测振	5	检查、修理	标准检查	12	无
120		老化	轴承间隙大；回油不畅、缺油	振动大或过载跳、漏油	较小风险	检查	测温、测振	5	检查、修理	标准检查	12	无

续表

序号	部件	故障条件			风险等级	日常控制措施			定期检修维护			临时措施
		模式	原因	现象		措施	检查方法	周期（天）	措施	检修方法	周期（月）	
121	真空皮带脱水机减速机	渗油	轴承间隙大；回油不畅、缺油	振动大或过载跳、漏油	较小风险	检查	测温、测振	5	检查、修理	标准检查	12	无
122	真空皮带脱水机皮带	异常磨损	跑偏、松弛	电流晃动大、跳停	较小风险	检查	测温、测振	5	检查、修理	标准检查	12	无
123	真空皮带脱水机皮带	老化	跑偏、松弛	电流晃动大、跳停	较小风险	检查	测温、测振	5	检查、修理	标准检查	12	无
124	真空皮带脱水机托辊	磨损	缺油	电流晃动大、跳停	较小风险	检查	测温、测振	5	检查、修理	标准检查	12	无
125	真空皮带脱水机滤布、滤饼喷嘴	腐蚀	材质、水质不满足要求	滤布堵塞、石膏氯离子含量高	较小风险	检查	测温、测振	5	检查、修理	标准检查	12	无
126	真空皮带脱水机滤布、滤饼喷嘴	堵塞	材质、水质不满足要求	滤布堵塞、石膏氯离子含量高	较小风险	检查	测温、测振	5	检查、修理	标准检查	12	无
127	真空泵皮带轮	异常磨损	松弛	电流晃动、发热	较小风险	检查	测温、测振	5	检查、修理	标准检查	12	无
128	真空泵皮带轮	老化	松弛	电流晃动、发热	较小风险	检查	测温、测振	5	检查、修理	标准检查	12	无
129	真空泵转子	异常磨损	结垢、腐蚀	电流晃动、	较小风险	检查	测温、测振	5	检查、修理	标准检查	12	无
130	真空泵转子	剥落	结垢、腐蚀	电流晃动、	较小风险	检查	测温、测振	5	检查、修理	标准检查	12	无
131	真空泵轴承	劣化	游隙过大，缺油	振动大、温度高	较小风险	检查	测温、测振	5	检查、修理	标准检查	12	无
132	真空泵轴承	变质	游隙过大，缺油	振动大、温度高	较小风险	检查	测温、测振	5	检查、修理	标准检查	12	无
133	真空泵轴承	剥落	游隙过大，缺油	振动大、温度高	较小风险	检查	测温、测振	5	检查、修理	标准检查	12	无
134	真空泵轴承	异常磨损	游隙过大，缺油	振动大、温度高	较小风险	检查	测温、测振	5	检查、修理	标准检查	12	无
135	石膏皮带机主动轮	异常磨损	缺油、过载运行	振动大或过载跳	较小风险	检查	测温、测振	5	检查、修理	标准检查	12	无
136	石膏皮带机主动轮	疲劳	缺油、过载运行	振动大或过载跳	较小风险	检查	测温、测振	5	检查、修理	标准检查	12	无
137	石膏皮带机从动轮	异常磨损	缺油、过载运行	振动大	较小风险	检查	测温、测振	5	检查、修理	标准检查	12	无
138	石膏皮带机从动轮	疲劳	缺油、过载运行	振动大	较小风险	检查	测温、测振	5	检查、修理	标准检查	12	无
139	石膏皮带机减速机	劣化	轴承间隙大；回油不畅、缺油	振动大或过载跳、漏油	较小风险	检查	测温、测振	5	检查、修理	标准检查	12	无
140	石膏皮带机减速机	变质	轴承间隙大；回油不畅、缺油	振动大或过载跳、漏油	较小风险	检查	测温、测振	5	检查、修理	标准检查	12	无
141	石膏皮带机减速机	剥落	轴承间隙大；回油不畅、缺油	振动大或过载跳、漏油	较小风险	检查	测温、测振	5	检查、修理	标准检查	12	无

续表

序号	部件	故障条件			风险等级	日常控制措施			定期检修维护			临时措施
		模式	原因	现象		措施	检查方法	周期（天）	措施	检修方法	周期（月）	
142	石膏皮带机减速机	异常磨损	轴承间隙大；回油不畅、缺油	振动大或过载跳、漏油	较小风险	检查	测温、测振	5	检查、修理	标准检查	12	无
143	石膏皮带机皮带	异常磨损	跑偏、松弛	电流晃动大、跳停	较小风险	检查	测温、测振	5	检查、修理	标准检查	12	无
144		老化	跑偏、松弛	电流晃动大、跳停	较小风险	检查	测温、测振	5	检查、修理	标准检查	12	无
145	石膏皮带机托辊	异常磨损	缺油	电流晃动大、跳停	较小风险	检查	测温、测振	5	检查、修理	标准检查	12	无
146		疲劳	缺油	电流晃动大、跳停	较小风险	检查	测温、测振	5	检查、修理	标准检查	12	无
147	石膏浆液缓冲箱箱体	腐蚀	防腐层脱落	泄漏	较小风险	检查	测温、测振	5	检查、修理	标准检查	12	无
148	石膏浆液缓冲箱减速机	劣化	轴承间隙大；回油不畅、缺油	振动大、温度高	较小风险	检查	测温、测振	5	检查、修理	标准检查	12	无
149		变质	轴承间隙大；回油不畅、缺油	振动大、温度高	较小风险	检查	测温、测振	5	检查、修理	标准检查	12	无
150		剥落	轴承间隙大；回油不畅、缺油	振动大、温度高	较小风险	检查	测温、测振	5	检查、修理	标准检查	12	无
151		异常磨损	轴承间隙大；回油不畅、缺油	振动大、温度高	较小风险	检查	测温、测振	5	检查、修理	标准检查	12	无
152	石膏浆液缓冲箱搅拌器	异常磨损	冲刷、阻力大	振动大	较小风险	检查	测温、测振	5	检查、修理	标准检查	12	无
153		疲劳	冲刷、阻力大	振动大	较小风险	检查	测温、测振	5	检查、修理	标准检查	12	无
154	石膏浆液缓冲箱传动轴承	劣化	游隙大、缺油	振动大、温度高	较小风险	检查	测温、测振	5	检查、修理	标准检查	12	无
155		变质	游隙大、缺油	振动大、温度高	较小风险	检查	测温、测振	5	检查、修理	标准检查	12	无
156		剥落	游隙大、缺油	振动大、温度高	较小风险	检查	测温、测振	5	检查、修理	标准检查	12	无
157		异常磨损	游隙大、缺油	振动大、温度高	较小风险	检查	测温、测振	5	检查、修理	标准检查	12	无
158	石膏给料泵泵壳	磨损	冲刷、腐蚀	出力低	较小风险	检查	测温、测振	5	检查、修理	标准检查	12	无
159		腐蚀	冲刷、腐蚀	出力低	较小风险	检查	测温、测振	5	检查、修理	标准检查	12	无
160	石膏给料泵叶轮	磨损	冲刷、腐蚀	振动大、出力低	较小风险	检查	测温、测振	5	检查、修理	标准检查	12	无
161		腐蚀	冲刷、腐蚀	振动大、出力低	较小风险	检查	测温、测振	5	检查、修理	标准检查	12	无

续表

序号	部件	故障条件			风险等级	日常控制措施			定期检修维护			临时措施
		模式	原因	现象		措施	检查方法	周期（天）	措施	检修方法	周期（月）	
162	石膏给料泵泵轴	磨损	冲刷、腐蚀	振动大	较小风险	检查	测温、测振	5	检查、修理	标准检查	12	无
163		腐蚀	冲刷、腐蚀	振动大	较小风险	检查	测温、测振	5	检查、修理	标准检查	12	无
164	石膏给料泵机封	泄漏	游隙大、缺油	振动大、温度高	较小风险	检查	测温、测振	5	检查、修理	标准检查	12	无
165	石膏给料泵轴承	劣化	游隙大、缺油	振动大、温度高	较小风险	检查	测温、测振	5	检查、修理	标准检查	12	无
166		变质	游隙大、缺油	振动大、温度高	较小风险	检查	测温、测振	5	检查、修理	标准检查	12	无
167		剥落	游隙大、缺油	振动大、温度高	较小风险	检查	测温、测振	5	检查、修理	标准检查	12	无
168		异常磨损	游隙大、缺油	振动大、温度高	较小风险	检查	测温、测振	5	检查、修理	标准检查	12	无
169	废水旋流器旋流子本体	异常磨损	冲刷、堵塞	泄漏、分离效果差	较小风险	检查	测温、测振	5	检查、修理	标准检查	12	无
170		老化	冲刷、堵塞	泄漏、分离效果差	较小风险	检查	测温、测振	5	检查、修理	标准检查	12	无
171	废水旋流器隔绝门	老化	冲刷、未冲洗	泄漏	较小风险	检查	测温、测振	5	检查、修理	标准检查	12	无
172		泄漏	冲刷、未冲洗	泄漏	较小风险	检查	测温、测振	5	检查、修理	标准检查	12	无
173	废水旋流器沉沙嘴	异常磨损	冲刷	分离效果差	较小风险	检查	测温、测振	5	检查、修理	标准检查	12	无
174	脱硫废水给料箱箱体	磨损	防腐层脱落	泄漏	较小风险	检查	测温、测振	5	检查、修理	标准检查	12	无
175		腐蚀	防腐层脱落	泄漏	较小风险	检查	测温、测振	5	检查、修理	标准检查	12	无
176	脱硫废水给料箱减速机	磨损	轴承间隙大；回油不畅、缺油	振动大、温度高	较小风险	检查	测温、测振	5	检查、修理	标准检查	12	无
177		泄漏	轴承间隙大；回油不畅、缺油	振动大、温度高	较小风险	检查	测温、测振	5	检查、修理	标准检查	12	无
178	脱硫废水给料箱搅拌器	磨损	冲刷、阻力大	振动大	较小风险	检查	测温、测振	5	检查、修理	标准检查	12	无
179		腐蚀	冲刷、阻力大	振动大	较小风险	检查	测温、测振	5	检查、修理	标准检查	12	无
180	脱硫废水给料箱传动轴承	劣化	游隙大、缺油	振动大、温度高	较小风险	检查	测温、测振	5	检查、修理	标准检查	12	无
181		变质	游隙大、缺油	振动大、温度高	较小风险	检查	测温、测振	5	检查、修理	标准检查	12	无

续表

序号	部件	故障条件			风险等级	日常控制措施			定期检修维护			临时措施
		模式	原因	现象		措施	检查方法	周期（天）	措施	检修方法	周期（月）	
182	脱硫废水给料箱传动轴承	剥落	游隙大、缺油	振动大、温度高	较小风险	检查	测温、测振	5	检查、修理	标准检查	12	无
183		异常磨损	游隙大、缺油	振动大、温度高	较小风险	检查	测温、测振	5	检查、修理	标准检查	12	无
184	废水给料泵泵壳	磨损	冲刷、腐蚀	出力低	较小风险	检查	测温、测振	5	检查、修理	标准检查	12	无
185		腐蚀	冲刷、腐蚀	出力低	较小风险	检查	测温、测振	5	检查、修理	标准检查	12	无
186	废水给料泵叶轮	磨损	冲刷、腐蚀	振动大、出力低	较小风险	检查	测温、测振	5	检查、修理	标准检查	12	无
187		腐蚀	冲刷、腐蚀	振动大、出力低	较小风险	检查	测温、测振	5	检查、修理	标准检查	12	无
188	废水给料泵泵轴	磨损	冲刷、腐蚀	振动大	较小风险	检查	测温、测振	5	检查、修理	标准检查	12	无
189		腐蚀	冲刷、腐蚀	振动大	较小风险	检查	测温、测振	5	检查、修理	标准检查	12	无
190	废水给料泵机封	泄漏	窜动、补偿不足	振动大、温度高	较小风险	检查	测温、测振	5	检查、修理	标准检查	12	无
191	废水给料泵轴承	劣化	游隙大、缺油	振动大、温度高	较小风险	检查	测温、测振	5	检查、修理	标准检查	12	无
192		变质	游隙大、缺油	振动大、温度高	较小风险	检查	测温、测振	5	检查、修理	标准检查	12	无
193		剥落	游隙大、缺油	振动大、温度高	较小风险	检查	测温、测振	5	检查、修理	标准检查	12	无
194		异常磨损	游隙大、缺油	振动大、温度高	较小风险	检查	测温、测振	5	检查、修理	标准检查	12	无
195	废水给料泵池体	磨损	变形	泄漏	较小风险	检查	测温、测振	5	检查、修理	标准检查	12	无
196		漏油	变形	泄漏	较小风险	检查	测温、测振	5	检查、修理	标准检查	12	无
197	废水给料泵曝气管道	磨损	冲刷	堵塞、断裂	较小风险	检查	测温、测振	5	检查、修理	标准检查	12	无
198		腐蚀	冲刷	堵塞、断裂	较小风险	检查	测温、测振	5	检查、修理	标准检查	12	无
199	废水提升泵泵壳	磨损	冲刷、腐蚀	出力低	较小风险	检查	测温、测振	5	检查、修理	标准检查	12	无
200		腐蚀	冲刷、腐蚀	出力低	较小风险	检查	测温、测振	5	检查、修理	标准检查	12	无
201	废水提升泵叶轮	磨损	冲刷、腐蚀	振动大、出力低	较小风险	检查	测温、测振	5	检查、修理	标准检查	12	无
202		腐蚀	冲刷、腐蚀	振动大、出力低	较小风险	检查	测温、测振	5	检查、修理	标准检查	12	无
203	废水提升泵泵轴	磨损	冲刷、腐蚀	振动大	较小风险	检查	测温、测振	5	检查、修理	标准检查	12	无

续表

序号	部件	故障条件			风险等级	日常控制措施			定期检修维护			临时措施
		模式	原因	现象		措施	检查方法	周期（天）	措施	检修方法	周期（月）	
204	废水提升泵泵轴	腐蚀	冲刷、腐蚀	振动大	较小风险	检查	测温、测振	5	检查、修理	标准检查	12	无
205	废水提升泵机封	泄漏	窜动、补偿不足	振动大、温度高	较小风险	检查	测温、测振	5	检查、修理	标准检查	12	无
206	废水提升泵轴承	劣化	游隙大、缺油	振动大、温度高	较小风险	检查	测温、测振	5	检查、修理	标准检查	12	无
207		变质	游隙大、缺油	振动大、温度高	较小风险	检查	测温、测振	5	检查、修理	标准检查	12	无
208		剥落	游隙大、缺油	振动大、温度高	较小风险	检查	测温、测振	5	检查、修理	标准检查	12	无
209		异常磨损	游隙大、缺油	振动大、温度高	较小风险	检查	测温、测振	5	检查、修理	标准检查	12	无
210	中和箱箱体	磨损	防腐层脱落	泄漏	较小风险	检查	测温、测振	5	检查、修理	标准检查	12	无
211		腐蚀	防腐层脱落	泄漏	较小风险	检查	测温、测振	5	检查、修理	标准检查	12	无
212	中和箱搅拌器	磨损	冲刷、阻力大	振动大	较小风险	检查	测温、测振	5	检查、修理	标准检查	12	无
213		腐蚀	冲刷、阻力大	振动大	较小风险	检查	测温、测振	5	检查、修理	标准检查	12	无
214	中和箱减速箱	磨损	轴承间隙大；回油不畅、缺油	振动大、温度高、泄漏	较小风险	检查	测温、测振	5	检查、修理	标准检查	12	无
215		漏油	轴承间隙大；回油不畅、缺油	振动大、温度高、泄漏	较小风险	检查	测温、测振	5	检查、修理	标准检查	12	无
216	沉降箱箱体	磨损	防腐层脱落	泄漏	较小风险	检查	测温、测振	5	检查、修理	标准检查	12	无
217	沉降箱搅拌器	磨损	冲刷、阻力大	振动大	较小风险	检查	测温、测振	5	检查、修理	标准检查	12	无
218		腐蚀	冲刷、阻力大	振动大	较小风险	检查	测温、测振	5	检查、修理	标准检查	12	无
219	沉降箱减速箱	磨损	轴承间隙大；回油不畅、缺油	振动大、温度高、泄漏	较小风险	检查	测温、测振	5	检查、修理	标准检查	12	无
220		漏油	轴承间隙大；回油不畅、缺油	振动大、温度高、泄漏	较小风险	检查	测温、测振	5	检查、修理	标准检查	12	无
221	絮凝箱箱体	磨损	防腐层脱落	泄漏	较小风险	检查	测温、测振	5	检查、修理	标准检查	12	无
222	絮凝箱搅拌器	磨损	冲刷、阻力大	振动大	较小风险	检查	测温、测振	5	检查、修理	标准检查	12	无
223		腐蚀	冲刷、阻力大	振动大	较小风险	检查	测温、测振	5	检查、修理	标准检查	12	无

续表

序号	部件	故障条件			风险等级	日常控制措施			定期检修维护			临时措施
		模式	原因	现象		措施	检查方法	周期（天）	措施	检修方法	周期（月）	
224	絮凝箱减速箱	磨损	轴承间隙大；回油不畅、缺油	振动大、温度高、泄漏	较小风险	检查	测温、测振	5	检查、修理	标准检查	12	无
225		漏油	轴承间隙大；回油不畅、缺油	振动大、温度高、泄漏	较小风险	检查	测温、测振	5	检查、修理	标准检查	12	无
226	澄清浓缩池箱体	磨损	防腐层脱落	泄漏	较小风险	检查	测温、测振	5	检查、修理	标准检查	12	无
227		腐蚀	防腐层脱落	泄漏	较小风险	检查	测温、测振	5	检查、修理	标准检查	12	无
228	澄清浓缩池搅拌器	磨损	冲刷、阻力大	振动大	较小风险	检查	测温、测振	5	检查、修理	标准检查	12	无
229		腐蚀	冲刷、阻力大	振动大	较小风险	检查	测温、测振	5	检查、修理	标准检查	12	无
230	澄清浓缩池减速箱	磨损	轴承间隙大；回油不畅、缺油	振动大、温度高、泄漏	较小风险	检查	测温、测振	5	检查、修理	标准检查	12	无
231		漏油	轴承间隙大；回油不畅、缺油	振动大、温度高、泄漏	较小风险	检查	测温、测振	5	检查、修理	标准检查	12	无
232	出水箱箱体	磨损	防腐层脱落	泄漏	较小风险	检查	测温、测振	5	检查、修理	标准检查	12	无
233		腐蚀	防腐层脱落	泄漏	较小风险	检查	测温、测振	5	检查、修理	标准检查	12	无
234	出水箱搅拌器	磨损	冲刷、阻力大	振动大	较小风险	检查	测温、测振	5	检查、修理	标准检查	12	无
235		腐蚀	冲刷、阻力大	振动大	较小风险	检查	测温、测振	5	检查、修理	标准检查	12	无
236	出水箱减速箱	磨损	轴承间隙大；回油不畅、缺油	振动大、温度高、泄漏	较小风险	检查	测温、测振	5	检查、修理	标准检查	12	无
237		漏油	轴承间隙大；回油不畅、缺油	振动大、温度高、泄漏	较小风险	检查	测温、测振	5	检查、修理	标准检查	12	无
238	出水泵泵壳	磨损	冲刷、腐蚀	出力低	较小风险	检查	测温、测振	5	检查、修理	标准检查	12	无
239		腐蚀	冲刷、腐蚀	出力低	较小风险	检查	测温、测振	5	检查、修理	标准检查	12	无
240	出水泵叶轮	磨损	冲刷、腐蚀	振动大、出力低	较小风险	检查	测温、测振	5	检查、修理	标准检查	12	无
241		腐蚀	冲刷、腐蚀	振动大、出力低	较小风险	检查	测温、测振	5	检查、修理	标准检查	12	无
242	出水泵泵轴	磨损	冲刷、腐蚀	振动大	较小风险	检查	测温、测振	5	检查、修理	标准检查	12	无
243		腐蚀	冲刷、腐蚀	振动大	较小风险	检查	测温、测振	5	检查、修理	标准检查	12	无

续表

序号	部件	故障条件			风险等级	日常控制措施			定期检修维护			临时措施
		模式	原因	现象		措施	检查方法	周期（天）	措施	检修方法	周期（月）	
244	出水泵机封	泄漏	窜动、补偿不足		较小风险	检查	测温、测振	5	检查、修理	标准检查	12	无
245	出水泵轴承	劣化	游隙大、缺油	振动大、温度高	较小风险	检查	测温、测振	5	检查、修理	标准检查	12	无
246	出水泵轴承	变质	游隙大、缺油	振动大、温度高	较小风险	检查	测温、测振	5	检查、修理	标准检查	12	无
247	出水泵轴承	剥落	游隙大、缺油	振动大、温度高	较小风险	检查	测温、测振	5	检查、修理	标准检查	12	无
248	出水泵轴承	异常磨损	游隙大、缺油	振动大、温度高	较小风险	检查	测温、测振	5	检查、修理	标准检查	12	无
249	脱硫污泥缓冲箱箱体	磨损	防腐层脱落	泄漏	较小风险	检查	测温、测振	5	检查、修理	标准检查	12	无
250	脱硫污泥缓冲箱箱体	腐蚀	防腐层脱落	泄漏	较小风险	检查	测温、测振	5	检查、修理	标准检查	12	无
251	脱硫污泥缓冲箱搅拌器	磨损	冲刷、阻力大	振动大	较小风险	检查	测温、测振	5	检查、修理	标准检查	12	无
252	脱硫污泥缓冲箱搅拌器	腐蚀	冲刷、阻力大	振动大	较小风险	检查	测温、测振	5	检查、修理	标准检查	12	无
253	脱硫污泥缓冲箱减速箱	磨损	轴承间隙大；回油不畅、缺油	振动大、温度高、泄漏	较小风险	检查	测温、测振	5	检查、修理	标准检查	12	无
254	脱硫污泥缓冲箱减速箱	漏油	轴承间隙大；回油不畅、缺油	振动大、温度高、泄漏	较小风险	检查	测温、测振	5	检查、修理	标准检查	12	无
255	石灰乳制备箱箱体	磨损	防腐层脱落	泄漏	较小风险	检查	测温、测振	5	检查、修理	标准检查	12	无
256	石灰乳制备箱箱体	腐蚀	防腐层脱落	泄漏	较小风险	检查	测温、测振	5	检查、修理	标准检查	12	无
257	石灰乳制备箱搅拌器	磨损	冲刷、阻力大	振动大	较小风险	检查	测温、测振	5	检查、修理	标准检查	12	无
258	石灰乳制备箱搅拌器	腐蚀	冲刷、阻力大	振动大	较小风险	检查	测温、测振	5	检查、修理	标准检查	12	无
259	石灰乳制备箱减速箱	磨损	轴承间隙大；回油不畅、缺油	振动大、温度高、泄漏	较小风险	检查	测温、测振	5	检查、修理	标准检查	12	无
260	石灰乳制备箱减速箱	腐蚀	轴承间隙大；回油不畅、缺油	振动大、温度高、泄漏	较小风险	检查	测温、测振	5	检查、修理	标准检查	12	无
261	石灰乳循环泵泵壳	磨损	冲刷、腐蚀	出力低	较小风险	检查	测温、测振	5	检查、修理	标准检查	12	无
262	石灰乳循环泵泵壳	腐蚀	冲刷、腐蚀	出力低	较小风险	检查	测温、测振	5	检查、修理	标准检查	12	无
263	石灰乳循环泵叶轮	磨损	冲刷、腐蚀	振动大、出力低	较小风险	检查	测温、测振	5	检查、修理	标准检查	12	无
264	石灰乳循环泵叶轮	腐蚀	冲刷、腐蚀	振动大、出力低	较小风险	检查	测温、测振	5	检查、修理	标准检查	12	无

续表

序号	部件	故障条件			风险等级	日常控制措施			定期检修维护			临时措施
		模式	原因	现象		措施	检查方法	周期（天）	措施	检修方法	周期（月）	
265	石灰乳循环泵转轴	磨损	冲刷、腐蚀	振动大	较小风险	检查	测温、测振	5	检查、修理	标准检查	12	无
266		腐蚀	冲刷、腐蚀	振动大	较小风险	检查	测温、测振	5	检查、修理	标准检查	12	无
267	石灰乳循环泵机封	泄漏	窜动、补偿不足	振动大、温度高	较小风险	检查	测温、测振	5	检查、修理	标准检查	12	无
268	石灰乳循环泵轴承	劣化	游隙大、缺油	振动大、温度高	较小风险	检查	测温、测振	5	检查、修理	标准检查	12	无
269		变质	游隙大、缺油	振动大、温度高	较小风险	检查	测温、测振	5	检查、修理	标准检查	12	无
270		剥落	游隙大、缺油	振动大、温度高	较小风险	检查	目测	5	检查、修理	标准检查	12	无
271		异常磨损	游隙大、缺油	振动大、温度高	较小风险	检查	目测	5	检查、修理	标准检查	12	无
272	石灰乳计量箱箱体	磨损	防腐层脱落	泄漏	较小风险	检查	测温、测振	5	检查、修理	标准检查	12	无
273		腐蚀	防腐层脱落	泄漏	较小风险	检查	测温、测振	5	检查、修理	标准检查	12	无
274	石灰乳计量箱搅拌器	磨损	冲刷、阻力大	振动大	较小风险	检查	测振	5	检查、修理	标准检查	12	无
275		腐蚀	冲刷、阻力大	振动大	较小风险	检查	听	5	检查、修理	标准检查	12	无
276	石灰乳计量箱减速箱	磨损	轴承间隙大；回油不畅、缺油	振动大、温度高、泄漏	较小风险	检查	测温、测振	5	检查、修理	标准检查	12	无
277		腐蚀	轴承间隙大；回油不畅、缺油	振动大、温度高、泄漏	较小风险	检查	测温、测振	5	检查、修理	标准检查	12	无
278	石灰乳计量泵泵壳	磨损	冲刷、腐蚀	出力低	较小风险	检查	测温、测振	5	检查、修理	标准检查	12	无
279		腐蚀	冲刷、腐蚀	出力低	较小风险	检查	测温、测振	5	检查、修理	标准检查	12	无
280	石灰乳计量泵叶轮	磨损	冲刷、腐蚀	振动大、出力低	较小风险	检查	测温、测振	5	检查、修理	标准检查	12	无
281		腐蚀	冲刷、腐蚀	振动大、出力低	较小风险	检查	测温、测振	5	检查、修理	标准检查	12	无
282	石灰乳计量泵泵轴	磨损	冲刷、腐蚀	振动大	较小风险	检查	测温、测振	5	检查、修理	标准检查	12	无
283		腐蚀	冲刷、腐蚀	振动大	较小风险	检查	测温、测振	5	检查、修理	标准检查	12	无
284	石灰乳计量泵机封	泄漏	窜动、补偿不足	泄漏	较小风险	检查	测温、测振	5	检查、修理	标准检查	12	无

续表

序号	部件	故障条件			风险等级	日常控制措施			定期检修维护			临时措施
		模式	原因	现象		措施	检查方法	周期（天）	措施	检修方法	周期（月）	
285	石灰乳计量泵轴承	劣化	游隙大、缺油	振动大、温度高	较小风险	检查	测温、测振	5	检查、修理	标准检查	12	无
286		变质	游隙大、缺油	振动大、温度高	较小风险	检查	测温、测振	5	检查、修理	标准检查	12	无
287		剥落	游隙大、缺油	振动大、温度高	较小风险	检查	测温、测振	5	检查、修理	标准检查	12	无
288		异常磨损	游隙大、缺油	振动大、温度高	较小风险	检查	测温、测振	5	检查、修理	标准检查	12	无
289	石灰乳计量泵单向阀	卡涩	结垢	无出力	较小风险	检查	测温、测振	5	检查、修理	标准检查	12	无
290	碱液计量箱箱体	磨损	防腐层脱落	泄漏	较小风险	检查	测温、测振	5	检查、修理	标准检查	12	无
291		腐蚀	防腐层脱落	泄漏	较小风险	检查	测温、测振	5	检查、修理	标准检查	12	无
292	碱液计量箱搅拌器	磨损	冲刷、阻力大	振动大	较小风险	检查	测温、测振	5	检查、修理	标准检查	12	临时堵漏
293		漏油	冲刷、阻力大	振动大	较小风险	检查	测温、测振	5	检查、修理	标准检查	12	无
294	碱液计量箱减速箱	磨损	轴承间隙大；回油不畅、缺油	振动大、温度高、泄漏	较小风险	检查	测温、测振	5	检查、修理	标准检查	12	无
295		腐蚀	轴承间隙大；回油不畅、缺油	振动大、温度高、泄漏	较小风险	检查	测温、测振	5	检查、修理	标准检查	12	无
296	碱液计量泵泵壳	磨损	冲刷、腐蚀	出力低	较小风险	检查	测温、测振	5	检查、修理	标准检查	12	无
297		腐蚀	冲刷、腐蚀	出力低	较小风险	检查	测温、测振	5	检查、修理	标准检查	12	无
298	碱液计量泵叶轮	磨损	冲刷、腐蚀	振动大、出力低	较小风险	检查	测温、测振	5	检查、修理	标准检查	12	临时堵漏
299		腐蚀	冲刷、腐蚀	振动大、出力低	较小风险	检查	测温、测振	5	检查、修理	标准检查	12	临时堵漏
300	碱液计量泵泵轴	磨损	冲刷、腐蚀	振动大	较小风险	检查	测温、测振	5	检查、修理	标准检查	12	无
301		腐蚀	冲刷、腐蚀	振动大	较小风险	检查	测温、测振	5	检查、修理	标准检查	12	无
302	碱液计量泵机封	泄漏	窜动、补偿不足	泄漏	较小风险	检查	测温、测振	5	检查、修理	标准检查	12	无
303	碱液计量泵轴承	劣化	游隙大、缺油	振动大、温度高	较小风险	检查	测温、测振	5	检查、修理	标准检查	12	无
304		变质	游隙大、缺油	振动大、温度高	较小风险	检查	测温、测振	5	检查、修理	标准检查	12	无
305		剥落	游隙大、缺油	振动大、温度高	较小风险	检查	测温、测振	5	检查、修理	标准检查	12	无

续表

序号	部件	故障条件			风险等级	日常控制措施			定期检修维护			临时措施
		模式	原因	现象		措施	检查方法	周期（天）	措施	检修方法	周期（月）	
306	碱液计量泵轴承	异常磨损	游隙大、缺油	振动大、温度高	较小风险	检查	测温、测振	5	检查、修理	标准检查	12	无
307	有机硫计量箱箱体	磨损	防腐层脱落	泄漏	较小风险	检查	测温、测振	5	检查、修理	标准检查	12	无
308		腐蚀	防腐层脱落	泄漏	较小风险	检查	测温、测振	5	检查、修理	标准检查	12	无
309	有机硫计量箱搅拌器	磨损	冲刷、阻力大	振动大	较小风险	检查	测温、测振	5	检查、修理	标准检查	12	无
310		漏油	冲刷、阻力大	振动大	较小风险	检查	测温、测振	5	检查、修理	标准检查	12	无
311	有机硫计量箱减速箱	磨损	轴承间隙大；回油不畅、缺油	振动大、温度高、泄漏	较小风险	检查	测温、测振	5	检查、修理	标准检查	12	无
312		腐蚀	轴承间隙大；回油不畅、缺油	振动大、温度高、泄漏	较小风险	检查	测温、测振	5	检查、修理	标准检查	12	无
313	有机硫计量泵泵壳	磨损	冲刷、堵塞	出力低	较小风险	检查	测温、测振	5	检查、修理	标准检查	12	无
314		腐蚀	冲刷、堵塞	出力低	较小风险	检查	测温、测振	5	检查、修理	标准检查	12	无
315	有机硫计量泵活塞	磨损	冲刷	振动	较小风险	检查	测温、测振	5	检查、修理	标准检查	12	无
316		腐蚀	冲刷	振动	较小风险	检查	测温、测振	5	检查、修理	标准检查	12	无
317	有机硫计量泵泵轴	磨损	冲刷	整改	较小风险	检查	测温、测振	5	检查、修理	标准检查	12	无
318		腐蚀	冲刷	整改	较小风险	检查	测温、测振	5	检查、修理	标准检查	12	无
319	有机硫计量泵机封	泄漏	窜动、补偿不足	泄漏	较小风险	检查	测温、测振	5	检查、修理	标准检查	12	无
320	絮凝剂制备箱箱体	磨损	防腐层脱落	泄漏	较小风险	检查	测温、测振	5	检查、修理	标准检查	12	无
321		腐蚀	防腐层脱落	泄漏	较小风险	检查	测温、测振	5	检查、修理	标准检查	12	无
322	絮凝剂制备箱搅拌器	磨损	冲刷、阻力大	振动大	较小风险	检查	测温、测振	5	检查、修理	标准检查	12	无
323		泄漏	冲刷、阻力大	振动大	较小风险	检查	测温、测振	5	检查、修理	标准检查	12	无
324	絮凝剂制备箱减速箱	磨损	轴承间隙大；回油不畅、缺油	振动大、温度高、泄漏	较小风险	检查	测温、测振	5	检查、修理	标准检查	12	无
325		腐蚀	轴承间隙大；回油不畅、缺油	振动大、温度高、泄漏	较小风险	检查	测温、测振	5	检查、修理	标准检查	12	无

续表

序号	部件	故障条件			风险等级	日常控制措施			定期检修维护			临时措施
		模式	原因	现象		措施	检查方法	周期（天）	措施	检修方法	周期（月）	
326	絮凝剂计量箱箱体	磨损	防腐层脱落	泄漏	较小风险	检查	测温、测振	5	检查、修理	标准检查	12	无
327		腐蚀	防腐层脱落	泄漏	较小风险	检查	测温、测振	5	检查、修理	标准检查	12	无
328	絮凝剂计量箱搅拌器	磨损	冲刷、阻力大	振动大	较小风险	检查	测温、测振	5	检查、修理	标准检查	12	无
329		泄漏	冲刷、阻力大	振动大	较小风险	检查	测温、测振	5	检查、修理	标准检查	12	无
330	絮凝剂计量箱减速箱	磨损	轴承间隙大；回油不畅、缺油	振动大、温度高、泄漏	较小风险	检查	测温、测振	5	检查、修理	标准检查	12	无
331		腐蚀	轴承间隙大；回油不畅、缺油	振动大、温度高、泄漏	较小风险	检查	测温、测振	5	检查、修理	标准检查	12	无
332	絮凝剂计量泵泵壳	磨损	冲刷、腐蚀	出力低	较小风险	检查	测温、测振	5	检查、修理	标准检查	12	无
333		腐蚀	冲刷、腐蚀	出力低	较小风险	检查	测温、测振	5	检查、修理	标准检查	12	无
334	絮凝剂计量泵活塞	磨损	杂质、卡涩	振动	较小风险	检查	测温、测振	5	检查、修理	标准检查	12	无
335		腐蚀	杂质、卡涩	振动	较小风险	检查	测温、测振	5	检查、修理	标准检查	12	无
336	絮凝剂计量泵泵轴	磨损	冲刷	振动	较小风险	检查	测温、测振	5	检查、修理	标准检查	12	无
337		腐蚀	冲刷	振动	较小风险	检查	测温、测振	5	检查、修理	标准检查	12	无
338	絮凝剂计量泵机封	泄漏	窜动、补偿不足	泄漏	较小风险	检查	测温、测振	5	检查、修理	标准检查	12	无
339	助凝剂计量箱箱体	磨损	防腐层脱落	泄漏	较小风险	检查	测温、测振	5	检查、修理	标准检查	12	无
340		腐蚀	防腐层脱落	泄漏	较小风险	检查	测温、测振	5	检查、修理	标准检查	12	无
341	助凝剂计量箱搅拌器	磨损	冲刷、阻力大	振动大	较小风险	检查	测温、测振	5	检查、修理	标准检查	12	无
342		泄漏	冲刷、阻力大	振动大	较小风险	检查	测温、测振	5	检查、修理	标准检查	12	无
343	助凝剂计量箱减速箱	磨损	轴承间隙大；回油不畅、缺油	振动大、温度高、泄漏	较小风险	检查	测温、测振	5	检查、修理	标准检查	12	无
344		腐蚀	轴承间隙大；回油不畅、缺油	振动大、温度高、泄漏	较小风险	检查	测温、测振	5	检查、修理	标准检查	12	无
345	助凝剂计量泵泵壳	磨损	冲刷、腐蚀	出力低	较小风险	检查	测温、测振	5	检查、修理	标准检查	12	无
346		腐蚀	冲刷、腐蚀	出力低	较小风险	检查	测温、测振	5	检查、修理	标准检查	12	无

续表

序号	部件	故障条件			风险等级	日常控制措施			定期检修维护			临时措施
		模式	原因	现象		措施	检查方法	周期（天）	措施	检修方法	周期（月）	
347	助凝剂计量泵叶轮	磨损	杂质、卡涩	振动	较小风险	检查	测温、测振	5	检查、修理	标准检查	12	无
348		腐蚀	杂质、卡涩	振动	较小风险	检查	测温、测振	5	检查、修理	标准检查	12	无
349	助凝剂计量泵泵轴	磨损	冲刷	振动	较小风险	检查	测温、测振	5	检查、修理	标准检查	12	无
350		腐蚀	冲刷	振动	较小风险	检查	测温、测振	5	检查、修理	标准检查	12	无
351	助凝剂计量泵机封	泄漏	窜动、补偿不足	泄漏	较小风险	检查	测温、测振	5	检查、修理	标准检查	12	无
352	盐酸计量箱箱体	磨损	防腐层脱落	振动大	较小风险	检查	测温、测振	5	检查、修理	标准检查	12	无
353	盐酸计量箱搅拌器	腐蚀	防腐层脱落	振动大	较小风险	检查	测温、测振	5	检查、修理	标准检查	12	无
354		磨损	冲刷、阻力大	振动大、温度高、泄漏	较小风险	检查	测温、测振	5	检查、修理	标准检查	12	无
355		泄漏	冲刷、阻力大	振动大、温度高、泄漏	较小风险	检查	测温、测振	5	检查、修理	标准检查	12	无
356	盐酸计量箱减速箱	磨损	轴承间隙大；回油不畅、缺油	泄漏	较小风险	检查	测温、测振	5	检查、修理	标准检查	12	无
357		腐蚀	轴承间隙大；回油不畅、缺油	泄漏	较小风险	检查	测温、测振	5	检查、修理	标准检查	12	无
358	盐酸计量泵泵壳	磨损	冲刷、腐蚀	出力低	较小风险	检查	测温、测振	5	检查、修理	标准检查	12	无
359		腐蚀	冲刷、腐蚀	出力低	较小风险	检查	测温、测振	5	检查、修理	标准检查	12	无
360	盐酸计量泵活塞	磨损	杂质、卡涩	振动	较小风险	检查	测温、测振	5	检查、修理	标准检查	12	无
361		腐蚀	杂质、卡涩	振动	较小风险	检查	测温、测振	5	检查、修理	标准检查	12	无
362	盐酸计量泵泵轴	磨损	冲刷	振动	较小风险	检查	测温、测振	5	检查、修理	标准检查	12	无
363		腐蚀	冲刷	振动	较小风险	检查	测温、测振	5	检查、修理	标准检查	12	无
364	盐酸计量泵机封	泄漏	窜动、补偿不足	泄漏	较小风险	检查	测温、测振	5	检查、修理	标准检查	12	无
365	污泥输送泵泵壳	磨损	冲刷、腐蚀	出力低	较小风险	检查	测温、测振	5	检查、修理	标准检查	12	无
366		腐蚀	冲刷、腐蚀	出力低	较小风险	检查	测温、测振	5	检查、修理	标准检查	12	无

续表

序号	部件	故障条件			风险等级	日常控制措施			定期检修维护			临时措施
		模式	原因	现象		措施	检查方法	周期（天）	措施	检修方法	周期（月）	
367	污泥输送泵叶轮	磨损	杂质、卡涩	振动大、出力低	较小风险	检查	测温、测振	5	检查、修理	标准检查	12	无
368		腐蚀	杂质、卡涩	振动大、出力低	较小风险	检查	测温、测振	5	检查、修理	标准检查	12	无
369	污泥输送泵泵轴	磨损	冲刷	振动大	较小风险	检查	测温、测振	5	检查、修理	标准检查	12	无
370		腐蚀	冲刷	振动大	较小风险	检查	测温、测振	5	检查、修理	标准检查	12	无
371	污泥输送泵机封	泄漏	窜动、补偿不足	泄漏	较小风险	检查	测温、测振	5	检查、修理	标准检查	12	无
372	污泥输送泵轴承	劣化	游隙大、缺油	振动大、温度高	较小风险	检查	测温、测振	5	检查、修理	标准检查	12	无
373		变质	游隙大、缺油	振动大、温度高	较小风险	检查	测温、测振	5	检查、修理	标准检查	12	无
374		剥落	游隙大、缺油	振动大、温度高	较小风险	检查	测温、测振	5	检查、修理	标准检查	12	无
375		异常磨损	游隙大、缺油	振动大、温度高	较小风险	检查	测温、测振	5	检查、修理	标准检查	12	无
376	脱硫废水罗茨风机机壳	磨损	冲刷、腐蚀	出力低	较小风险	检查	测温、测振	5	检查、修理	标准检查	12	无
377	脱硫废水罗茨风机齿轮箱	磨损	缺油、松脱	出力低	较小风险	检查	测温、测振	5	检查、修理	标准检查	12	无
378		断裂	缺油、松脱	出力低	较小风险	检查	测温、测振	5	检查、修理	标准检查	12	无
379	脱硫废水罗茨风机转子	磨损	间隙不均匀	出力低	较小风险	检查	测温、测振	5	检查、修理	标准检查	12	无
380	废水区集水坑泵泵壳	磨损	冲刷、腐蚀	出力低	较小风险	检查	测温、测振	5	检查、修理	标准检查	12	无
381		腐蚀	冲刷、腐蚀	出力低	较小风险	检查	测温、测振	5	检查、修理	标准检查	12	无
382	废水区集水坑泵叶轮	磨损	杂质、卡涩	振动大、出力低	较小风险	检查	测温、测振	5	检查、修理	标准检查	12	无
383		腐蚀	杂质、卡涩	振动大、出力低	较小风险	检查	测温、测振	5	检查、修理	标准检查	12	无
384	废水区集水坑泵泵轴	磨损	冲刷	振动大	较小风险	检查	测温、测振	5	检查、修理	标准检查	12	无
385		腐蚀	冲刷	振动大	较小风险	检查	测温、测振	5	检查、修理	标准检查	12	无
386	废水区集水坑泵机封	泄漏	窜动、补偿不足	泄漏	较小风险	检查	测温、测振	5	检查、修理	标准检查	12	无

续表

序号	部件	故障条件			风险等级	日常控制措施			定期检修维护			临时措施
		模式	原因	现象		措施	检查方法	周期（天）	措施	检修方法	周期（月）	
387	废水区集水坑泵轴承	劣化	游隙大、缺油	振动大、温度高	较小风险	检查	测温、测振	5	检查、修理	标准检查	12	无
388		变质	游隙大、缺油	振动大、温度高	较小风险	检查	测温、测振	5	检查、修理	标准检查	12	无
389		剥落	游隙大、缺油	振动大、温度高	较小风险	检查	测温、测振	5	检查、修理	标准检查	12	无
390		异常磨损	游隙大、缺油	振动大、温度高	较小风险	检查	测温、测振	5	检查、修理	标准检查	12	无
391	石膏浆液溢流箱箱体	磨损	防腐层脱落	振动大	较小风险	检查	测温、测振	5	检查、修理	标准检查	12	无
392		腐蚀	防腐层脱落	振动大	较小风险	检查	测温、测振	5	检查、修理	标准检查	12	无
393	石膏浆液溢流箱搅拌器	磨损	冲刷、阻力大	振动大、温度高、泄漏	较小风险	检查	测温、测振	5	检查、修理	标准检查	12	无
394		腐蚀	冲刷、阻力大	振动大、温度高、泄漏	较小风险	检查	测温、测振	5	检查、修理	标准检查	12	无
395	石膏浆液溢流箱减速箱	磨损	轴承间隙大；回油不畅、缺油	泄漏	较小风险	检查	测温、测振	5	检查、修理	标准检查	12	无
396		泄漏	轴承间隙大；回油不畅、缺油	泄漏	较小风险	检查	测温、测振	5	检查、修理	标准检查	12	无
397	溢流水泵泵壳	磨损	冲刷、腐蚀	出力低	较小风险	检查	测温、测振	5	检查、修理	标准检查	12	无
398		磨损	冲刷、腐蚀	出力低	较小风险	检查	测温、测振	5	检查、修理	标准检查	12	无
399	溢流水泵叶轮	磨损	杂质、卡涩	振动大、出力低	较小风险	检查	测温、测振	5	检查、修理	标准检查	12	无
400		腐蚀	杂质、卡涩	振动大、出力低	较小风险	检查	测温、测振	5	检查、修理	标准检查	12	无
401	溢流水泵泵轴	磨损	冲刷	振动大	较小风险	检查	测温、测振	5	检查、修理	标准检查	12	无
402		腐蚀	冲刷	振动大	较小风险	检查	测温、测振	5	检查、修理	标准检查	12	无
403	溢流水泵机封	泄漏	窜动、补偿不足	泄漏	较小风险	检查	测温、测振	5	检查、修理	标准检查	12	无
404	溢流水泵轴承	劣化	游隙大、缺油	振动大、温度高	较小风险	检查	测温、测振	5	检查、修理	标准检查	12	无
405		变质	游隙大、缺油	振动大、温度高	较小风险	检查	测温、测振	5	检查、修理	标准检查	12	无
406		剥落	游隙大、缺油	振动大、温度高	较小风险	检查	测温、测振	5	检查、修理	标准检查	12	无
407		异常磨损	游隙大、缺油	振动大、温度高	较小风险	检查	测温、测振	5	检查、修理	标准检查	12	无

续表

序号	部件	故障条件			风险等级	日常控制措施			定期检修维护			临时措施
		模式	原因	现象		措施	检查方法	周期（天）	措施	检修方法	周期（月）	
408	中和箱箱体	磨损	防腐层脱落	振动大	较小风险	检查	测温、测振	5	检查、修理	标准检查	12	无
409		腐蚀	防腐层脱落	振动大	较小风险	检查	测温、测振	5	检查、修理	标准检查	12	无
410	中和箱搅拌器	磨损	冲刷、阻力大	振动大、温度高、泄漏	较小风险	检查	测温、测振	5	检查、修理	标准检查	12	无
411		腐蚀	冲刷、阻力大	振动大、温度高、泄漏	较小风险	检查	测温、测振	5	检查、修理	标准检查	12	无
412	中和箱减速箱	磨损	轴承间隙大；回油不畅、缺油	泄漏	较小风险	检查	测温、测振	5	检查、修理	标准检查	12	无
413		泄漏	轴承间隙大；回油不畅、缺油	泄漏	较小风险	检查	测温、测振	5	检查、修理	标准检查	12	无
414	反应箱箱体	磨损	防腐层脱落	振动大	较小风险	检查	测温、测振	5	检查、修理	标准检查	12	无
415		腐蚀	防腐层脱落	振动大	较小风险	检查	测温、测振	5	检查、修理	标准检查	12	无
416	反应箱搅拌器	磨损	冲刷、阻力大	振动大、温度高、泄漏	较小风险	检查	测温、测振	5	检查、修理	标准检查	12	无
417		腐蚀	冲刷、阻力大	振动大、温度高、泄漏	较小风险	检查	测温、测振	5	检查、修理	标准检查	12	无
418	反应箱减速箱	磨损	轴承间隙大；回油不畅、缺油	泄漏	较小风险	检查	测温、测振	5	检查、修理	标准检查	12	无
419		泄漏	轴承间隙大；回油不畅、缺油	泄漏	较小风险	检查	测温、测振	5	检查、修理	标准检查	12	无
420	絮凝箱箱体	磨损	防腐层脱落	振动大	较小风险	检查	测温、测振	5	检查、修理	标准检查	12	无
421		腐蚀	防腐层脱落	振动大	较小风险	检查	测温、测振	5	检查、修理	标准检查	12	无
422	絮凝箱搅拌器	磨损	冲刷、阻力大	振动大、温度高、泄漏	较小风险	检查	测温、测振	5	检查、修理	标准检查	12	无
423		腐蚀	冲刷、阻力大	振动大、温度高、泄漏	较小风险	检查	测温、测振	5	检查、修理	标准检查	12	无
424	絮凝箱减速箱	磨损	轴承间隙大；回油不畅、缺油	泄漏	较小风险	检查	测温、测振	5	检查、修理	标准检查	12	无
425		泄漏	轴承间隙大；回油不畅、缺油	泄漏	较小风险	检查	测温、测振	5	检查、修理	标准检查	12	无
426	箱体	磨损	防腐层脱落	振动大	较小风险	检查	测温、测振	5	检查、修理	标准检查	12	无
427		腐蚀	防腐层脱落	振动大	较小风险	检查	测温、测振	5	检查、修理	标准检查	12	无

续表

序号	部件	故障条件			风险等级	日常控制措施			定期检修维护			临时措施
		模式	原因	现象		措施	检查方法	周期（天）	措施	检修方法	周期（月）	
428	搅拌器	磨损	冲刷、阻力大	振动大、温度高、泄漏	较小风险	检查	测温、测振	5	检查、修理	标准检查	12	无
429		腐蚀	冲刷、阻力大	振动大、温度高、泄漏	较小风险	检查	测温、测振	5	检查、修理	标准检查	12	无
430	减速箱	磨损	轴承间隙大；回油不畅、缺油	泄漏	较小风险	检查	测温、测振	5	检查、修理	标准检查	12	无
431		泄漏	轴承间隙大；回油不畅、缺油	泄漏	较小风险	检查	测温、测振	5	检查、修理	标准检查	12	无
432	剩余污泥泵泵壳	磨损	冲刷、腐蚀	出力低	较小风险	检查	测温、测振	5	检查、修理	标准检查	12	无
433		腐蚀	冲刷、腐蚀	出力低	较小风险	检查	测温、测振	5	检查、修理	标准检查	12	无
434	剩余污泥泵叶轮	磨损	杂质、卡涩	振动大、出力低	较小风险	检查	测温、测振	5	检查、修理	标准检查	12	无
435		腐蚀	杂质、卡涩	振动大、出力低	较小风险	检查	测温、测振	5	检查、修理	标准检查	12	无
436	剩余污泥泵泵轴	磨损	冲刷	振动大	较小风险	检查	测温、测振	5	检查、修理	标准检查	12	无
437		腐蚀	冲刷	振动大	较小风险	检查	测温、测振	5	检查、修理	标准检查	12	无
438	剩余污泥泵机封	泄漏	窜动、补偿不足	泄漏	较小风险	检查	测温、测振	5	检查、修理	标准检查	12	无
439	污泥回流泵泵壳	磨损	冲刷、腐蚀	出力低	较小风险	检查	测温、测振	5	检查、修理	标准检查	12	无
440		腐蚀	冲刷、腐蚀	出力低	较小风险	检查	测温、测振	5	检查、修理	标准检查	12	无
441	污泥回流泵叶轮	磨损	杂质、卡涩	振动大、出力低	较小风险	检查	测温、测振	5	检查、修理	标准检查	12	无
442		腐蚀	杂质、卡涩	振动大、出力低	较小风险	检查	测温、测振	5	检查、修理	标准检查	12	无
443	污泥回流泵泵轴	磨损	冲刷	振动大	较小风险	检查	测温、测振	5	检查、修理	标准检查	12	无
444		腐蚀	冲刷	振动大	较小风险	检查	测温、测振	5	检查、修理	标准检查	12	无
445	污泥回流泵机封	泄漏	窜动、补偿不足	泄漏	较小风险	检查	测温、测振	5	检查、修理	标准检查	12	无
446	污泥回流泵轴承	劣化	游隙大、缺油	振动大、温度高	较小风险	检查	测温、测振	5	检查、修理	标准检查	12	无
447		变质	游隙大、缺油	振动大、温度高	较小风险	检查	测温、测振	5	检查、修理	标准检查	12	无

续表

序号	部件	故障条件			风险等级	日常控制措施			定期检修维护			临时措施
		模式	原因	现象		措施	检查方法	周期（天）	措施	检修方法	周期（月）	
448	污泥回流泵轴承	剥落	游隙大、缺油	振动大、温度高	较小风险	检查	测温、测振	5	检查、修理	标准检查	12	无
449		异常磨损	游隙大、缺油	振动大、温度高	较小风险	检查	测温、测振	5	检查、修理	标准检查	12	无
450	脱硫污泥缓冲罐箱体	磨损	防腐层脱落	振动大	较小风险	检查	测温、测振	5	检查、修理	标准检查	12	无
451		腐蚀	防腐层脱落	振动大	较小风险	检查	测温、测振	5	检查、修理	标准检查	12	无
452	脱硫污泥缓冲罐搅拌器	磨损	冲刷、阻力大	振动大、温度高、泄漏	较小风险	检查	测温、测振	5	检查、修理	标准检查	12	无
453		腐蚀	冲刷、阻力大	振动大、温度高、泄漏	较小风险	检查	测温、测振	5	检查、修理	标准检查	12	无
454	脱硫污泥缓冲罐减速箱	磨损	轴承间隙大；回油不畅、缺油	泄漏	较小风险	检查	测温、测振	5	检查、修理	标准检查	12	无
455		泄漏	轴承间隙大；回油不畅、缺油	泄漏	较小风险	检查	测温、测振	5	检查、修理	标准检查	12	无
456	污泥给料泵轴承	劣化	轴承间隙大；回油不畅、缺油	泄漏	较小风险	检查	测温、测振	5	检查、修理	标准检查	12	无
457		变质	轴承间隙大；回油不畅、缺油	泄漏	较小风险	检查	测温、测振	5	检查、修理	标准检查	12	无
458		剥落	轴承间隙大；回油不畅、缺油	泄漏	较小风险	检查	测温、测振	5	检查、修理	标准检查	12	无
459		异常磨损	轴承间隙大；回油不畅、缺油	泄漏	较小风险	检查	测温、测振	5	检查、修理	标准检查	12	无
460	污泥给料泵泵壳	磨损	冲刷、腐蚀	出力低	较小风险	检查	测温、测振	5	检查、修理	标准检查	12	无
461		腐蚀	冲刷、腐蚀	出力低	较小风险	检查	测温、测振	5	检查、修理	标准检查	12	无
462	污泥给料泵叶轮	磨损	杂质、卡涩	振动大、出力低	较小风险	检查	测温、测振	5	检查、修理	标准检查	12	无
463		腐蚀	杂质、卡涩	振动大、出力低	较小风险	检查	测温、测振	5	检查、修理	标准检查	12	无
464	污泥给料泵泵轴	磨损	冲刷	振动大	较小风险	检查	测温、测振	5	检查、修理	标准检查	12	无
465		腐蚀	冲刷	振动大	较小风险	检查	测温、测振	5	检查、修理	标准检查	12	无
466	污泥给料泵机封	泄漏	窜动、补偿不足	泄漏	较小风险	检查	测温、测振	5	检查、修理	标准检查	12	无

续表

序号	部件	故障条件			风险等级	日常控制措施			定期检修维护			临时措施
		模式	原因	现象		措施	检查方法	周期（天）	措施	检修方法	周期（月）	
467	中间水箱箱体	磨损	防腐层脱落	振动大	较小风险	检查	测温、测振	5	检查、修理	标准检查	12	无
468		腐蚀	防腐层脱落	振动大	较小风险	检查	测温、测振	5	检查、修理	标准检查	12	无
469	中间水箱搅拌器	磨损	冲刷、阻力大	振动大、温度高、泄漏	较小风险	检查	测温、测振	5	检查、修理	标准检查	12	无
470		腐蚀	冲刷、阻力大	振动大、温度高、泄漏	较小风险	检查	测温、测振	5	检查、修理	标准检查	12	无
471	中间水箱减速箱	磨损	轴承间隙大；回油不畅、缺油	泄漏	较小风险	检查	测温、测振	5	检查、修理	标准检查	12	无
472		泄漏	轴承间隙大；回油不畅、缺油	泄漏	较小风险	检查	测温、测振	5	检查、修理	标准检查	12	无
473	过滤器给水泵轴承	磨损	缺油	振动大、温度高	较小风险	检查	测温、测振	5	检查、修理	标准检查	12	无
474		腐蚀	缺油	振动大、温度高	较小风险	检查	测温、测振	5	检查、修理	标准检查	12	无
475	过滤器给水泵泵壳	磨损	杂质、卡涩	出力低	较小风险	检查	测温、测振	5	检查、修理	标准检查	12	无
476		腐蚀	杂质、卡涩	出力低	较小风险	检查	测温、测振	5	检查、修理	标准检查	12	无
477	过滤器给水泵叶轮	磨损	冲刷	振动大、出力低	较小风险	检查	测温、测振	5	检查、修理	标准检查	12	无
478		腐蚀	冲刷	振动大、出力低	较小风险	检查	测温、测振	5	检查、修理	标准检查	12	无
479	过滤器给水泵泵轴	泄漏	窜动、补偿不足	振动大	较小风险	检查	测温、测振	5	检查、修理	标准检查	12	无
480	过滤器给水泵机封	磨损	冲刷、腐蚀	泄漏	较小风险	检查	测温、测振	5	检查、修理	标准检查	12	无
481		腐蚀	冲刷、腐蚀	泄漏	较小风险	检查	测温、测振	5	检查、修理	标准检查	12	无
482	多介质过滤器安全阀	泄漏	杂质	泄漏	较小风险	检查	测温、测振	5	检查、修理	标准检查	12	无
483	多介质过滤器壳体	磨损	冲刷、腐蚀	泄漏	较小风险	检查	测温、测振	5	检查、修理	标准检查	12	无
484		腐蚀	冲刷、腐蚀	泄漏	较小风险	检查	测温、测振	5	检查、修理	标准检查	12	无
485	多介质过滤器管道	磨损	冲刷、冲洗不到位	泄漏	较小风险	检查	测温、测振	5	检查、修理	标准检查	12	无
486		腐蚀	冲刷、冲洗不到位	泄漏	较小风险	检查	测温、测振	5	检查、修理	标准检查	12	无

续表

序号	部件	故障条件			风险等级	日常控制措施			定期检修维护			临时措施
		模式	原因	现象		措施	检查方法	周期（天）	措施	检修方法	周期（月）	
487	出水箱箱体	磨损	防腐层脱落	振动大	较小风险	检查	测温、测振	5	检查、修理	标准检查	12	无
488		腐蚀	防腐层脱落	振动大	较小风险	检查	测温、测振	5	检查、修理	标准检查	12	无
489	出水箱搅拌器	磨损	冲刷、阻力大	振动大、温度高、泄漏	较小风险	检查	测温、测振	5	检查、修理	标准检查	12	无
490		腐蚀	冲刷、阻力大	振动大、温度高、泄漏	较小风险	检查	测温、测振	5	检查、修理	标准检查	12	无
491	出水箱减速箱	磨损	轴承间隙大；回油不畅、缺油	泄漏	较小风险	检查	测温、测振	5	检查、修理	标准检查	12	无
492		泄漏	轴承间隙大；回油不畅、缺油	泄漏	较小风险	检查	测温、测振	5	检查、修理	标准检查	12	无
493	出水泵轴承	劣化	缺油、游隙大	振动大、温度高	较小风险	检查	测温、测振	5	检查、修理	标准检查	12	无
494		变质	缺油、游隙大	振动大、温度高	较小风险	检查	测温、测振	5	检查、修理	标准检查	12	无
495		剥落	缺油、游隙大	振动大、温度高	较小风险	检查	测温、测振	5	检查、修理	标准检查	12	无
496		异常磨损	缺油、游隙大	振动大、温度高	较小风险	检查	测温、测振	5	检查、修理	标准检查	12	无
497	出水泵泵壳	磨损	冲刷、腐蚀	出力低	较小风险	检查	测温、测振	5	检查、修理	标准检查	12	无
498		腐蚀	冲刷、腐蚀	出力低	较小风险	检查	测温、测振	5	检查、修理	标准检查	12	无
499	出水泵叶轮	磨损	冲刷、腐蚀	振动大、出力低	较小风险	检查	测温、测振	5	检查、修理	标准检查	12	无
500		腐蚀	冲刷、腐蚀	振动大、出力低	较小风险	检查	测温、测振	5	检查、修理	标准检查	12	无
501	出水泵泵轴	磨损	冲刷、腐蚀	振动大	较小风险	检查	测温、测振	5	检查、修理	标准检查	12	无
502		腐蚀	冲刷、腐蚀	振动大	较小风险	检查	测温、测振	5	检查、修理	标准检查	12	无
503	脱硫盐酸贮罐箱壁	磨损	防腐层脱落	泄漏	较小风险	检查	测温、测振	5	检查、修理	标准检查	12	无
504		腐蚀	防腐层脱落	泄漏	较小风险	检查	测温、测振	5	检查、修理	标准检查	12	无
505	脱硫盐酸计量箱箱壁	磨损	防腐层脱落	泄漏	较小风险	检查	测温、测振	5	检查、修理	标准检查	12	无
506		腐蚀	防腐层脱落	泄漏	较小风险	检查	测温、测振	5	检查、修理	标准检查	12	无

续表

序号	部件	故障条件			风险等级	日常控制措施			定期检修维护			临时措施
		模式	原因	现象		措施	检查方法	周期（天）	措施	检修方法	周期（月）	
507	脱硫盐酸计量泵泵壳	磨损	冲刷	出力低	较小风险	检查	测温、测振	5	检查、修理	标准检查	12	无
508		腐蚀	冲刷	出力低	较小风险	检查	测温、测振	5	检查、修理	标准检查	12	无
509	脱硫盐酸计量泵泵轴	磨损	冲刷腐蚀	振动大	较小风险	检查	测温、测振	5	检查、修理	标准检查	12	无
510		腐蚀	冲刷腐蚀	振动大	较小风险	检查	测温、测振	5	检查、修理	标准检查	12	无
511	脱硫氢氧化钠贮罐箱壁	磨损	防腐脱落	泄漏	较小风险	检查	测温、测振	5	检查、修理	标准检查	12	无
512		腐蚀	防腐脱落	泄漏	较小风险	检查	测温、测振	5	检查、修理	标准检查	12	无
513	脱硫氢氧化钠计量箱箱壁	磨损	防腐脱落	泄漏	较小风险	检查	测温、测振	5	检查、修理	标准检查	12	无
514		腐蚀	防腐脱落	泄漏	较小风险	检查	测温、测振	5	检查、修理	标准检查	12	无
515	脱硫氢氧化钠计量泵活塞	磨损	杂质	振动大	较小风险	检查	测温、测振	5	检查、修理	标准检查	12	无
516		腐蚀	杂质	振动大	较小风险	检查	测温、测振	5	检查、修理	标准检查	12	无
517	脱硫三氯化铝贮罐箱体	磨损	防腐层脱落	泄漏	较小风险	检查	测温、测振	5	检查、修理	标准检查	12	无
518		腐蚀	防腐层脱落	泄漏	较小风险	检查	测温、测振	5	检查、修理	标准检查	12	无
519	脱硫三氯化铝贮罐搅拌器	磨损	冲刷、阻力大	振动大	较小风险	检查	测温、测振	5	检查、修理	标准检查	12	无
520		腐蚀	冲刷、阻力大	振动大	较小风险	检查	测温、测振	5	检查、修理	标准检查	12	无
521	脱硫三氯化铝贮罐减速箱	磨损	轴承间隙大；回油不畅、缺油	振动大、温度高	较小风险	检查	测温、测振	5	检查、修理	标准检查	12	无
522		泄漏	轴承间隙大；回油不畅、缺油	振动大、温度高	较小风险	检查	测温、测振	5	检查、修理	标准检查	12	无
523	脱硫三氯化铝计量箱箱体	磨损	防腐层脱落	泄漏	较小风险	检查	测温、测振	5	检查、修理	标准检查	12	无
524		腐蚀	防腐层脱落	泄漏	较小风险	检查	测温、测振	5	检查、修理	标准检查	12	无
525	脱硫三氯化铝计量箱搅拌器	磨损	冲刷、阻力大	振动大	较小风险	检查	测温、测振	5	检查、修理	标准检查	12	无
526		腐蚀	冲刷、阻力大	振动大	较小风险	检查	测温、测振	5	检查、修理	标准检查	12	无

续表

序号	部件	故障条件			风险等级	日常控制措施			定期检修维护			临时措施
		模式	原因	现象		措施	检查方法	周期（天）	措施	检修方法	周期（月）	
527	脱硫三氯化铝计量箱减速箱	磨损	轴承间隙大；回油不畅、缺油	振动大、温度高	较小风险	检查	测温、测振	5	检查、修理	标准检查	12	无
528		泄漏	轴承间隙大；回油不畅、缺油	振动大、温度高	较小风险	检查	测温、测振	5	检查、修理	标准检查	12	无
529	脱硫三氯化铝计量泵活塞	磨损	杂质	振动大	较小风险	检查	测温、测振	5	检查、修理	标准检查	12	无
530		腐蚀	杂质	振动大	较小风险	检查	测温、测振	5	检查、修理	标准检查	12	无
531	脱硫有机硫计量箱箱体	磨损	防腐层脱落	泄漏	较小风险	检查	测温、测振	5	检查、修理	标准检查	12	无
532		腐蚀	防腐层脱落	泄漏	较小风险	检查	测温、测振	5	检查、修理	标准检查	12	无
533	脱硫有机硫计量箱搅拌器	磨损	冲刷、阻力大	振动大	较小风险	检查	测温、测振	5	检查、修理	标准检查	12	无
534		腐蚀	冲刷、阻力大	振动大	较小风险	检查	测温、测振	5	检查、修理	标准检查	12	无
535	脱硫有机硫计量箱减速箱	磨损	轴承间隙大；回油不畅、缺油	振动大、温度高	较小风险	检查	测温、测振	5	检查、修理	标准检查	12	无
536		泄漏	轴承间隙大；回油不畅、缺油	振动大、温度高	较小风险	检查	目测	5	检查、修理	标准检查	12	无
537	脱硫有机硫计量泵活塞	磨损	杂质、漏油	振动大	较小风险	检查	目测	5	检查、修理	标准检查	12	无
538		腐蚀	杂质、漏油	振动大	较小风险	检查	测温、测振	5	检查、修理	标准检查	12	无
539	脱硫助凝剂计量箱箱体	磨损	防腐层脱落	泄漏	较小风险	检查	测温、测振	5	检查、修理	标准检查	12	无
540		腐蚀	防腐层脱落	泄漏	较小风险	检查	测振	5	检查、修理	标准检查	12	无
541	脱硫助凝剂计量箱搅拌器	磨损	冲刷、阻力大	振动大	较小风险	检查	听	5	检查、修理	标准检查	12	无
542		腐蚀	冲刷、阻力大	振动大	较小风险	检查	测温、测振	5	检查、修理	标准检查	12	无
543	脱硫助凝剂计量箱减速箱	磨损	轴承间隙大；回油不畅、缺油	振动大、温度高	较小风险	检查	测温、测振	5	检查、修理	标准检查	12	无
544		泄漏	轴承间隙大；回油不畅、缺油	振动大、温度高	较小风险	检查	测温、测振	5	检查、修理	标准检查	12	无
545	助凝剂计量泵活塞	磨损	杂质、漏油	振动大	较小风险	检查	测温、测振	5	检查、修理	标准检查	12	无
546		腐蚀	杂质、漏油	振动大	较小风险	检查	测温、测振	5	检查、修理	标准检查	12	无

续表

序号	部件	故障条件			风险等级	日常控制措施			定期检修维护			临时措施
		模式	原因	现象		措施	检查方法	周期（天）	措施	检修方法	周期（月）	
547	助凝剂计量泵泵体	磨损	冲刷	泄漏、出力低	较小风险	检查	测温、测振	5	检查、修理	标准检查	12	无
548		腐蚀	冲刷	泄漏、出力低	较小风险	检查	测温、测振	5	检查、修理	标准检查	12	无
549	助凝剂计量泵活塞	磨损	杂质、漏油	振动大	较小风险	检查	测温、测振	5	检查、修理	标准检查	12	无
550		腐蚀	杂质、漏油	振动大	较小风险	检查	测温、测振	5	检查、修理	标准检查	12	无
551	湿电除尘器阴极线	断裂	结垢、异常放电	短路	较大风险	检查	测温、测振	5	检查、修理	标准检查	12	无
552		腐蚀	结垢、异常放电	短路	较大风险	检查	测温、测振	5	检查、修理	标准检查	12	无
553	湿电除尘器阳极管	磨损	结垢、冲刷	泄漏	较小风险	检查	测温、测振	5	检查、修理	标准检查	12	无
554	湿电除尘器壳体	磨损	冲刷、密封老化	泄漏	较小风险	检查	测温、测振	5	检查、修理	标准检查	12	无
555		泄漏	冲刷、密封老化	泄漏	较小风险	检查	测温、测振	5	检查、修理	标准检查	12	无
556	湿电除尘器干燥风机	磨损	冲刷	出力低	较小风险	检查	测温、测振	5	检查、修理	标准检查	12	无
557	湿电除尘器湿除浆液泵	磨损	冲刷、结垢	出力低	较小风险	检查	测温、测振	5	检查、修理	标准检查	12	无
558		腐蚀	冲刷、结垢	出力低	较小风险	检查	测温、测振	5	检查、修理	标准检查	12	临时堵漏
559	制浆系统斗提机主动轮	异常磨损	过载运行、缺油	振动大或过载跳	较大风险	检查	测温、测振	5	检查、修理	标准检查	12	无
560		疲劳	过载运行、缺油	振动大或过载跳	较大风险	检查	测温、测振	5	检查、修理	标准检查	12	无

30 热工设备

设备风险评估表

区域：厂房　　系统：热工　　设备：热工设备

序号	部件	故障条件			故障影响			故障损失			风险值	风险等级
		模式	原因	现象	系统	设备	部件	经济损失	生产中断	设备损坏		
1	DCS控制器	性能衰退	长期运行老化导致钝化，CPU死机	逻辑不运算，数据不更新	参数泛蓝	设备退备	无法继续运行需更换	可能造成设备或财产损失10万元以上100万元以下	导致生产中断7天及以上	需更换控制器，后恢复设备性能	14	较大风险
2		功能失效	长期运行老化导致钝化，CPU死机	逻辑不运算，数据不更新	参数泛蓝	设备退备	无法继续运行需更换	可能造成设备或财产损失10万元以上100万元以下	导致生产中断7天及以上	需更换控制器，后恢复设备性能	14	较大风险
3	DCS根交换机/副根交换机	性能衰退	长期运行，内部电子元件老化	影响数据交换	运行将失去监视	设备退备	无法继续运行需更换	可能造成设备或财产损失10万元以上100万元以下	导致生产中断7天及以上	交换机损坏	14	较大风险
4		功能失效	长期运行，内部电子元件老化	影响数据交换	运行将失去监视	设备退备	无法继续运行需更换	可能造成设备或财产损失10万元以上100万元以下	导致生产中断7天及以上	交换机损坏	14	较大风险
5	DCS工程师站/操作员站	性能衰退	电脑型号较老，使用已达寿命上限，元器件老化	电脑无反应或黑屏	相关工作站无法操作	设备退备	无法继续运行需更换	可能造成设备或财产损失1万元以上10万元以下	导致生产中断1～7天或生产工艺50%及以上	工作站损坏	6	中等风险
6		功能失效	电脑型号较老，使用已达寿命上限，元器件老化	电脑无反应或黑屏	相关工作站无法操作	设备退备	无法继续运行需更换	可能造成设备或财产损失1万元以上10万元以下	导致生产中断1～7天或生产工艺50%及以上	工作站损坏	6	中等风险
7	DCS卡件	性能衰退	卡件内部芯片死机	数据不更新	相关系统参数失去监视	设备退备	无法继续运行需更换	可能造成设备或财产损失1万元以上10万元以下	导致生产中断1～7天或生产工艺50%及以上	卡件损坏	6	中等风险

续表

序号	部件	故障条件			故障影响			故障损失			风险值	风险等级
		模式	原因	现象	系统	设备	部件	经济损失	生产中断	设备损坏		
8	DCS卡件	功能失效	卡件内部芯片死机	数据不更新	相关系统参数失去监视	设备退备	无法继续运行需更换	可能造成设备或财产损失1万元以上10万元以下	导致生产中断1～7天或生产工艺50%及以上	卡件损坏	6	中等风险
9	DEH伺服卡	性能衰退	卡件内部芯片死机	数据不更新	无法操作调门	设备退备	无法继续运行需更换卡件	可能造成设备或财产损失1万元以上10万元以下	导致生产中断1～7天或生产工艺50%及以上	卡件损坏	6	中等风险
10	DEH伺服卡	功能失效	卡件内部芯片死机	数据不更新	无法操作调门	设备退备	无法继续运行需更换卡件	可能造成设备或财产损失1万元以上10万元以下	导致生产中断1～7天或生产工艺50%及以上	卡件损坏	6	中等风险
11	DEH测速卡	性能衰退	卡件内部芯片死机或继电器损坏	转速数据不更新	转速测量故障,导致某个转速失去监视	设备退备	无法继续运行需更换卡件	可能造成设备或财产损失1万元以上10万元以下	导致生产中断1～7天或生产工艺50%及以上	卡件损坏	6	中等风险
12	DEH测速卡	功能失效	卡件内部芯片死机或继电器损坏	转速数据不更新	转速测量故障,导致某个转速失去监视	设备退备	无法继续运行需更换卡件	可能造成设备或财产损失1万元以上10万元以下	导致生产中断1～7天或生产工艺50%及以上	卡件损坏	6	中等风险
13	DEH电磁阀	松脱	线圈插头松脱或线圈烧毁	无法正确动作	无法打闸或复位油系统	设备退备	无法继续运行需更换电磁阀	可能造成设备或财产损失1万元以上10万元以下	导致生产中断1～7天或生产工艺50%及以上	电磁阀损坏	6	中等风险
14	DEH电磁阀	性能衰退	线圈插头松脱或线圈烧毁	无法正确动作	无法打闸或复位油系统	设备退备	无法继续运行需更换电磁阀	可能造成设备或财产损失1万元以上10万元以下	导致生产中断1～7天或生产工艺50%及以上	电磁阀损坏	6	中等风险
15	DEH电磁阀	功能失效	线圈插头松脱或线圈烧毁	无法正确动作	无法打闸或复位油系统	设备退备	无法继续运行需更换电磁阀	可能造成设备或财产损失1万元以上10万元以下	导致生产中断1～7天或生产工艺50%及以上	电磁阀损坏	6	中等风险
16	MEH伺服卡	性能衰退	卡件内部芯片死机	数据不更新	无法操作调门	设备退备	无法继续运行需更换卡件	可能造成设备或财产损失1万元以上10万元以下	导致生产中断1～7天或生产工艺50%及以上	卡件损坏	6	中等风险

续表

序号	部件	故障条件			故障影响			故障损失			风险值	风险等级
		模式	原因	现象	系统	设备	部件	经济损失	生产中断	设备损坏		
17	MEH伺服卡	功能失效	卡件内部芯片死机	数据不更新	无法操作调门	设备退备	无法继续运行需更换卡件	可能造成设备或财产损失1万元以上10万元以下	导致生产中断1～7天或生产工艺50%及以上	卡件损坏	6	中等风险
18	MEH测速卡	性能衰退	卡件内部芯片死机或继电器损坏	转速数据不更新	转速测量故障，导致某个转速失去监视	设备退备	无法继续运行需更换卡件	可能造成设备或财产损失1万元以上10万元以下	导致生产中断1～7天或生产工艺50%及以上	卡件损坏	6	中等风险
19		功能失效	卡件内部芯片死机或继电器损坏	转速数据不更新	转速测量故障，导致某个转速失去监视	设备退备	无法继续运行需更换卡件	可能造成设备或财产损失1万元以上10万元以下	导致生产中断1～7天或生产工艺50%及以上	卡件损坏	6	中等风险
20	MEH电磁阀	松脱	线圈插头松脱或线圈烧毁	无法正确动作	无法打闸或复位油系统	设备退备	无法继续运行需更换电磁阀	可能造成设备或财产损失1万元以上10万元以下	导致生产中断1～7天或生产工艺50%及以上	电磁阀损坏	6	中等风险
21		性能衰退	线圈插头松脱或线圈烧毁	无法正确动作	无法打闸或复位油系统	设备退备	无法继续运行需更换电磁阀	可能造成设备或财产损失1万元以上10万元以下	导致生产中断1～7天或生产工艺50%及以上	电磁阀损坏	6	中等风险
22		功能失效	线圈插头松脱或线圈烧毁	无法正确动作	无法打闸或复位油系统	设备退备	无法继续运行需更换电磁阀	可能造成设备或财产损失1万元以上10万元以下	导致生产中断1～7天或生产工艺50%及以上	电磁阀损坏	6	中等风险
23	PLC交换机	性能衰退	长期运行，内部电子元件老化	影响数据交换	运行将失去监视	设备退备	无法继续运行需更换	可能造成设备或财产损失1万元以下	主要备用设备退出备用24h以内	交换机损坏	4	较小风险
24		功能失效	长期运行，内部电子元件老化	影响数据交换	运行将失去监视	设备退备	无法继续运行需更换	可能造成设备或财产损失1万元以下	主要备用设备退出备用24h以内	交换机损坏	4	较小风险
25	PLC控制器	性能衰退	长期运行老化导致钝化，CPU死机	逻辑不运算，数据不更新	参数变坏值	设备退备	无法继续运行需更换	可能造成设备或财产损失1万元以下	主要备用设备退出备用24h以内	损坏	4	较小风险
26		功能失效	长期运行老化导致钝化，CPU死机	逻辑不运算，数据不更新	参数变坏值	设备退备	无法继续运行需更换	可能造成设备或财产损失1万元以下	主要备用设备退出备用24h以内	损坏	4	较小风险

续表

序号	部件	故障条件			故障影响			故障损失			风险值	风险等级
		模式	原因	现象	系统	设备	部件	经济损失	生产中断	设备损坏		
27	PLC通信模块	性能衰退	长期运行导致CAN模块失效；电子元件失效	影响数据交换和通信处理	通信报警	设备退备	无法继续运行需更换	可能造成设备或财产损失1万元以下	主要备用设备退出备用24h以内	损坏	4	较小风险
28		功能失效	长期运行导致CAN模块失效；电子元件失效	影响数据交换和通信处理	通信报警	设备退备	无法继续运行需更换	可能造成设备或财产损失1万元以下	主要备用设备退出备用24h以内	损坏	4	较小风险
29	CEMS气体分析仪表	堵塞与渗漏	传感器故障或取样管路有泄漏	影响环保数据指示	导致环保考核	设备退备	部分需更换	可能造成设备或财产损失1万元以上10万元以下	导致生产中断1～7天或生产工艺50%及以上	损坏	6	中等风险
30		性能衰退	传感器故障或取样管路有泄漏	影响环保数据指示	导致环保考核	设备退备	部分需更换	可能造成设备或财产损失1万元以上10万元以下	导致生产中断1～7天或生产工艺50%及以上	损坏	6	中等风险
31		功能失效	传感器故障或取样管路有泄漏	影响环保数据指示	导致环保考核	设备退备	部分需更换	可能造成设备或财产损失1万元以上10万元以下	导致生产中断1～7天或生产工艺50%及以上	损坏	6	中等风险
32	FSSS取样及信号传输系统	堵塞与渗漏	压力开关传感器故障或保护取样回路堵塞或泄漏	可能导致保护拒动或误动	可能导致保护跳机	设备退备	部分需更换	可能造成设备或财产损失1万元以上10万元以下	导致生产中断1～7天或生产工艺50%及以上	损坏	6	中等风险
33		性能衰退	压力开关传感器故障或保护取样回路堵塞或泄漏	可能导致保护拒动或误动	可能导致保护跳机	设备退备	部分需更换	可能造成设备或财产损失1万元以上10万元以下	导致生产中断1～7天或生产工艺50%及以上	损坏	6	中等风险
34		功能失效	压力开关传感器故障或保护取样回路堵塞或泄漏	可能导致保护拒动或误动	可能导致保护跳机	设备退备	部分需更换	可能造成设备或财产损失1万元以上10万元以下	导致生产中断1～7天或生产工艺50%及以上	损坏	6	中等风险
35	送风机保护取样及信号传输系统	堵塞与渗漏	压力开关传感器故障或保护取样回路堵塞或泄漏	可能导致保护拒动或误动	可能导致保护跳机	设备退备	部分需更换	可能造成设备或财产损失1万元以上10万元以下	导致生产中断1～7天或生产工艺50%及以上	损坏	6	中等风险

续表

序号	部件	故障条件			故障影响			故障损失			风险值	风险等级
		模式	原因	现象	系统	设备	部件	经济损失	生产中断	设备损坏		
36	送风机保护取样及信号传输系统	性能衰退	压力开关传感器故障或保护取样回路堵塞或泄漏	可能导致保护拒动或误动	可能导致保护跳机	设备退备	部分需更换	可能造成设备或财产损失1万元以上10万元以下	导致生产中断1～7天或生产工艺50%及以上	损坏	6	中等风险
37		功能失效	压力开关传感器故障或保护取样回路堵塞或泄漏	可能导致保护拒动或误动	可能导致保护跳机	设备退备	部分需更换	可能造成设备或财产损失1万元以上10万元以下	导致生产中断1～7天或生产工艺50%及以上	损坏	6	中等风险
38	吸风机保护取样及信号传输系统	堵塞与渗漏	压力开关传感器故障或保护取样回路堵塞或泄漏	可能导致保护拒动或误动	可能导致保护跳机	设备退备	部分需更换	可能造成设备或财产损失1万元以上10万元以下	导致生产中断1～7天或生产工艺50%及以上	损坏	6	中等风险
39		性能衰退	压力开关传感器故障或保护取样回路堵塞或泄漏	可能导致保护拒动或误动	可能导致保护跳机	设备退备	部分需更换	可能造成设备或财产损失1万元以上10万元以下	导致生产中断1～7天或生产工艺50%及以上	损坏	6	中等风险
40		功能失效	压力开关传感器故障或保护取样回路堵塞或泄漏	可能导致保护拒动或误动	可能导致保护跳机	设备退备	部分需更换	可能造成设备或财产损失1万元以上10万元以下	导致生产中断1～7天或生产工艺50%及以上	损坏	6	中等风险
41	一次风机保护取样及信号传输系统	堵塞与渗漏	压力开关传感器故障或保护取样回路堵塞或泄漏	可能导致保护拒动或误动	可能导致保护跳机	设备退备	部分需更换	可能造成设备或财产损失1万元以上10万元以下	导致生产中断1～7天或生产工艺50%及以上	损坏	6	中等风险
42		性能衰退	压力开关传感器故障或保护取样回路堵塞或泄漏	可能导致保护拒动或误动	可能导致保护跳机	设备退备	部分需更换	可能造成设备或财产损失1万元以上10万元以下	导致生产中断1～7天或生产工艺50%及以上	损坏	6	中等风险
43		功能失效	压力开关传感器故障或保护取样回路堵塞或泄漏	可能导致保护拒动或误动	可能导致保护跳机	设备退备	部分需更换	可能造成设备或财产损失1万元以上10万元以下	导致生产中断1～7天或生产工艺50%及以上	损坏	6	中等风险
44	ETS就地取样探头	松脱	探头传感器故障；线圈老化导致性能下降	无法正确测量各种位移、转速等量	无法正确监视参数	设备退备	无法继续运行需更换电磁阀	可能造成设备或财产损失1万元以上10万元以下	导致生产中断1～7天或生产工艺50%及以上	探头损坏	6	中等风险

续表

序号	部件	故障条件			故障影响			故障损失			风险值	风险等级
		模式	原因	现象	系统	设备	部件	经济损失	生产中断	设备损坏		
45	ETS 就地取样探头	性能衰退	探头传感器故障;线圈老化导致性能下降	无法正确测量各种位移、转速等量	无法正确监视参数	设备退备	无法继续运行需更换电磁阀	可能造成设备或财产损失1万元以上10万元以下	导致生产中断1～7天或生产工艺50%及以上	探头损坏	6	中等风险
46	ETS 就地取样探头	功能失效	探头传感器故障;线圈老化导致性能下降	无法正确测量各种位移、转速等量	无法正确监视参数	设备退备	无法继续运行需更换电磁阀	可能造成设备或财产损失1万元以上10万元以下	导致生产中断1～7天或生产工艺50%及以上	探头损坏	6	中等风险
47	ETS 保护回路电磁铁	松脱	线圈插头松脱、损坏或线圈烧毁	无法正确动作	保护丧失	设备退备	无法继续运行需更换电磁铁本体	可能造成设备或财产损失1万元以上10万元以下	导致生产中断1～7天或生产工艺50%及以上	电磁铁损坏	6	中等风险
48	ETS 保护回路电磁铁	性能衰退	线圈插头松脱、损坏或线圈烧毁	无法正确动作	保护丧失	设备退备	无法继续运行需更换电磁铁本体	可能造成设备或财产损失1万元以上10万元以下	导致生产中断1～7天或生产工艺50%及以上	电磁铁损坏	6	中等风险
49	ETS 保护回路电磁铁	功能失效	线圈插头松脱、损坏或线圈烧毁	无法正确动作	保护丧失	设备退备	无法继续运行需更换电磁铁本体	可能造成设备或财产损失1万元以上10万元以下	导致生产中断1～7天或生产工艺50%及以上	电磁铁损坏	6	中等风险
50	磨煤机取样及信号传输系统	堵塞与渗漏	压力开关传感器故障或保护取样回路堵塞或泄漏	可能导致保护拒动或误动	可能导致保护跳机	设备退备	部分需更换	可能造成设备或财产损失1万元以下	主要备用设备退出备用24h以内	压力开关损坏	4	较小风险
51	磨煤机取样及信号传输系统	性能衰退	压力开关传感器故障或保护取样回路堵塞或泄漏	可能导致保护拒动或误动	可能导致保护跳机	设备退备	部分需更换	可能造成设备或财产损失1万元以下	主要备用设备退出备用24h以内	压力开关损坏	4	较小风险
52	磨煤机取样及信号传输系统	功能失效	压力开关传感器故障或保护取样回路堵塞或泄漏	可能导致保护拒动或误动	可能导致保护跳机	设备退备	部分需更换	可能造成设备或财产损失1万元以下	主要备用设备退出备用24h以内	压力开关损坏	4	较小风险

续表

序号	部件	故障条件			故障影响			故障损失			风险值	风险等级
		模式	原因	现象	系统	设备	部件	经济损失	生产中断	设备损坏		
53	炉水泵取样及信号传输系统	堵塞与渗漏	压力开关传感器故障或保护取样回路堵塞或泄漏	可能导致保护拒动或误动	可能导致保护跳机	设备退备	部分需更换	可能造成设备或财产损失1万元以下	主要备用设备退出备用24h以内	压力开关损坏	4	较小风险
54		性能衰退	压力开关传感器故障或保护取样回路堵塞或泄漏	可能导致保护拒动或误动	可能导致保护跳机	设备退备	部分需更换	可能造成设备或财产损失1万元以下	主要备用设备退出备用24h以内	压力开关损坏	4	较小风险
55		功能失效	压力开关传感器故障或保护取样回路堵塞或泄漏	可能导致保护拒动或误动	可能导致保护跳机	设备退备	部分需更换	可能造成设备或财产损失1万元以下	主要备用设备退出备用24h以内	压力开关损坏	4	较小风险
56	油系统取样及信号传输系统	堵塞与渗漏	压力开关传感器故障或保护取样回路堵塞或泄漏	可能导致设备误动	油系统热工保护失去	设备退备	部分需更换	可能造成设备或财产损失1万元以下	主要备用设备退出备用24h以内	压力开关损坏	4	较小风险
57		性能衰退	压力开关传感器故障或保护取样回路堵塞或泄漏	可能导致设备误动	油系统热工保护失去	设备退备	部分需更换	可能造成设备或财产损失1万元以下	主要备用设备退出备用24h以内	压力开关损坏	4	较小风险
58		功能失效	压力开关传感器故障或保护取样回路堵塞或泄漏	可能导致设备误动	油系统热工保护失去	设备退备	部分需更换	可能造成设备或财产损失1万元以下	主要备用设备退出备用24h以内	压力开关损坏	4	较小风险

设备风险控制卡

区域：厂房　　　　系统：热工　　　　设备：热工设备

序号	部件	故障条件			风险等级	日常控制措施			定期检修维护			临时措施
		模式	原因	现象		措施	检查方法	周期（天）	措施	检修方法	周期（月）	
1	DCS控制器	性能衰退	长期运行老化导致钝化，CPU死机	逻辑不运算，数据不更新	较大风险	检查	目视	1	测试	切换试验	12	更换
2		功能失效	长期运行老化导致钝化，CPU死机	逻辑不运算，数据不更新	较大风险	检查	目视	1	测试	切换试验	12	更换

续表

序号	部件	故障条件			风险等级	日常控制措施			定期检修维护			临时措施
		模式	原因	现象		措施	检查方法	周期（天）	措施	检修方法	周期（月）	
3	DCS 根交换机/副根交换机	性能衰退	长期运行，内部电子元件老化	影响数据交换	较大风险	检查	目视	1	测试	硬盘分析	12	更换
4		功能失效	长期运行，内部电子元件老化	影响数据交换	较大风险	检查	目视	1	测试	行程调试	12	更换
5	DCS 工程师站/操作员站	性能衰退	电脑型号较老，使用已达寿命上限，元器件老化	电脑无反应或黑屏	中等风险	检查	试验动作验证	1	测试	试验动作验证	12	更换
6		功能失效	电脑型号较老，使用已达寿命上限，元器件老化	电脑无反应或黑屏	中等风险	检查	试验动作验证	1	测试	试验动作验证	12	更换
7	DCS 卡件	性能衰退	卡件内部芯片死机	数据不更新	中等风险	检查	目视	1	测试	行程调试	12	更换
8		功能失效	卡件内部芯片死机	数据不更新	中等风险	检查	试验动作验证	1	测试	试验动作验证	12	更换
9	DEH 伺服卡	性能衰退	卡件内部芯片死机	数据不更新	中等风险	检查	试验动作验证	1	测试	试验动作验证	12	更换
10		功能失效	卡件内部芯片死机	数据不更新	中等风险	检查	目视	1	测试	切换试验	12	更换
11	DEH 测速卡	性能衰退	卡件内部芯片死机或继电器损坏	转速数据不更新	中等风险	检查	目视	1	测试	切换试验	12	更换
12		功能失效	卡件内部芯片死机或继电器损坏	转速数据不更新	中等风险	检查	目视	1	测试	切换试验	12	更换
13	DEH 电磁阀	松脱	线圈插头松脱或线圈烧毁	无法正确动作	中等风险	检查	目视	1	校验	试验、测试	12	更换
14		性能衰退	线圈插头松脱或线圈烧毁	无法正确动作	中等风险	检查	目视	1	校验	试验、测试	12	更换
15		功能失效	线圈插头松脱或线圈烧毁	无法正确动作	中等风险	检查	目视	1	测试	硬盘分析	12	更换
16	MEH 伺服卡	性能衰退	卡件内部芯片死机	数据不更新	中等风险	检查	目视	1	测试	切换试验	12	更换
17		功能失效	卡件内部芯片死机	数据不更新	中等风险	检查	试验动作验证	1	测试	试验动作验证	12	更换
18	MEH 测速卡	性能衰退	卡件内部芯片死机或继电器损坏	转速数据不更新	中等风险	检查	试验动作验证	1	测试	试验动作验证	12	更换
19		功能失效	卡件内部芯片死机或继电器损坏	转速数据不更新	中等风险	检查	试验动作验证	1	测试	试验动作验证	12	更换

续表

序号	部件	故障条件			风险等级	日常控制措施			定期检修维护			临时措施
		模式	原因	现象		措施	检查方法	周期（天）	措施	检修方法	周期（月）	
20	MEH电磁阀	松脱	线圈插头松脱或线圈烧毁	无法正确动作	中等风险	检查	测温、测磁性、查是否松动	1	测试	检查绝缘，测量阻值	12	更换
21	MEH电磁阀	性能衰退	线圈插头松脱或线圈烧毁	无法正确动作	中等风险	检查	试验动作验证	1	测试	试验动作验证	12	更换
22	MEH电磁阀	功能失效	线圈插头松脱或线圈烧毁	无法正确动作	中等风险	检查	试验动作验证	1	测试	试验动作验证	12	更换
23	PLC交换机	性能衰退	长期运行，内部电子元件老化	影响数据交换	较小风险	检查	试验动作验证	1	测试	试验动作验证	12	更换
24	PLC交换机	功能失效	长期运行，内部电子元件老化	影响数据交换	较小风险	检查	试验动作验证	1	测试	试验动作验证	12	更换
25	PLC控制器	性能衰退	长期运行老化导致钝化，CPU死机	逻辑不运算，数据不更新	较小风险	检查	试验动作验证	1	测试	试验动作验证	12	更换
26	PLC控制器	功能失效	长期运行老化导致钝化，CPU死机	逻辑不运算，数据不更新	较小风险	检查	试验动作验证	1	测试	试验动作验证	12	更换
27	PLC通信模块	性能衰退	长期运行导致CAN模块失效；电子元件失效	影响数据交换和通信处理	较小风险	检查	目视	1	测试	切换试验	12	更换
28	PLC通信模块	功能失效	长期运行导致CAN模块失效；电子元件失效	影响数据交换和通信处理	较小风险	检查	目视	1	测试	切换试验	12	更换
29	CEMS气体分析仪表	堵塞与渗漏	传感器故障或取样管路有泄漏	影响环保数据指示	中等风险	检查	目视	1	测试	硬盘分析	12	更换
30	CEMS气体分析仪表	性能衰退	传感器故障或取样管路有泄漏	影响环保数据指示	中等风险	检查	目视	1	测试	行程调试	12	更换
31	CEMS气体分析仪表	功能失效	传感器故障或取样管路有泄漏	影响环保数据指示	中等风险	检查	试验动作验证	1	测试	试验动作验证	12	更换
32	FSSS取样及信号传输系统	堵塞与渗漏	压力开关传感器故障或保护取样回路堵塞或泄漏	可能导致保护拒动或误动	中等风险	检查	试验动作验证	1	测试	试验动作验证	12	更换
33	FSSS取样及信号传输系统	性能衰退	压力开关传感器故障或保护取样回路堵塞或泄漏	可能导致保护拒动或误动	中等风险	检查	目视	1	测试	行程调试	12	更换

续表

序号	部件	故障条件			风险等级	日常控制措施			定期检修维护			临时措施
		模式	原因	现象		措施	检查方法	周期（天）	措施	检修方法	周期（月）	
34	FSSS取样及信号传输系统	功能失效	压力开关传感器故障或保护取样回路堵塞或泄漏	可能导致保护拒动或误动	中等风险	检查	试验动作验证	1	测试	试验动作验证	12	更换
35	送风机保护取样及信号传输系统	堵塞与渗漏	压力开关传感器故障或保护取样回路堵塞或泄漏	可能导致保护拒动或误动	中等风险	检查	试验动作验证	1	测试	试验动作验证	12	更换
36		性能衰退	压力开关传感器故障或保护取样回路堵塞或泄漏	可能导致保护拒动或误动	中等风险	检查	目视	1	测试	切换试验	12	更换
37		功能失效	压力开关传感器故障或保护取样回路堵塞或泄漏	可能导致保护拒动或误动	中等风险	检查	目视	1	测试	切换试验	12	更换
38	吸风机保护取样及信号传输系统	堵塞与渗漏	压力开关传感器故障或保护取样回路堵塞或泄漏	可能导致保护拒动或误动	中等风险	检查	目视	1	测试	切换试验	12	更换
39		性能衰退	压力开关传感器故障或保护取样回路堵塞或泄漏	可能导致保护拒动或误动	中等风险	检查	目视	1	校验	试验、测试	12	更换
40		功能失效	压力开关传感器故障或保护取样回路堵塞或泄漏	可能导致保护拒动或误动	中等风险	检查	目视	1	校验	试验、测试	12	更换
41	一次风机保护取样及信号传输系统	堵塞与渗漏	压力开关传感器故障或保护取样回路堵塞或泄漏	可能导致保护拒动或误动	中等风险	检查	目视	1	测试	硬盘分析	12	更换
42		性能衰退	压力开关传感器故障或保护取样回路堵塞或泄漏	可能导致保护拒动或误动	中等风险	检查	目视	1	测试	切换试验	12	更换
43		功能失效	压力开关传感器故障或保护取样回路堵塞或泄漏	可能导致保护拒动或误动	中等风险	检查	试验动作验证	1	测试	试验动作验证	12	更换

续表

序号	部件	故障条件			风险等级	日常控制措施			定期检修维护			临时措施
		模式	原因	现象		措施	检查方法	周期（天）	措施	检修方法	周期（月）	
44	ETS就地取样探头	松脱	探头传感器故障；线圈老化导致性能下降	无法正确测量各种位移、转速等量	中等风险	检查	试验动作验证	1	测试	试验动作验证	12	更换
45		性能衰退	探头传感器故障；线圈老化导致性能下降	无法正确测量各种位移、转速等量	中等风险	检查	试验动作验证	1	测试	试验动作验证	12	更换
46		功能失效	探头传感器故障；线圈老化导致性能下降	无法正确测量各种位移、转速等量	中等风险	检查	测温、测磁性、查是否松动	1	测试	检查绝缘，测量阻值	12	更换
47	ETS保护回路电磁铁	松脱	线圈插头松脱、损坏或线圈烧毁	无法正确动作	中等风险	检查	试验动作验证	1	测试	试验动作验证	12	更换
48		性能衰退	线圈插头松脱、损坏或线圈烧毁	无法正确动作	中等风险	检查	试验动作验证	1	测试	试验动作验证	12	更换
49		功能失效	线圈插头松脱、损坏或线圈烧毁	无法正确动作	中等风险	检查	试验动作验证	1	测试	试验动作验证	12	更换
50	磨煤机取样及信号传输系统	堵塞与渗漏	压力开关传感器故障或保护取样回路堵塞或泄漏	可能导致保护拒动或误动	较小风险	检查	试验动作验证	1	测试	试验动作验证	12	更换
51		性能衰退	压力开关传感器故障或保护取样回路堵塞或泄漏	可能导致保护拒动或误动	较小风险	检查	试验动作验证	1	测试	试验动作验证	12	更换
52		功能失效	压力开关传感器故障或保护取样回路堵塞或泄漏	可能导致保护拒动或误动	较小风险	检查	试验动作验证	1	测试	试验动作验证	12	更换
53	炉水泵取样及信号传输系统	堵塞与渗漏	压力开关传感器故障或保护取样回路堵塞或泄漏	可能导致保护拒动或误动	较小风险	检查	目视	1	测试	切换试验	12	更换
54		性能衰退	压力开关传感器故障或保护取样回路堵塞或泄漏	可能导致保护拒动或误动	较小风险	检查	目视	1	测试	切换试验	12	更换
55		功能失效	压力开关传感器故障或保护取样回路堵塞或泄漏	可能导致保护拒动或误动	较小风险	检查	目视	1	测试	硬盘分析	12	更换

续表

序号	部件	故障条件			风险等级	日常控制措施			定期检修维护			临时措施
		模式	原因	现象		措施	检查方法	周期（天）	措施	检修方法	周期（月）	
56	油系统取样及信号传输系统	堵塞与渗漏	压力开关传感器故障或保护取样回路堵塞或泄漏	可能导致设备误动	较小风险	检查	目视	1	测试	行程调试	12	更换
57		性能衰退	压力开关传感器故障或保护取样回路堵塞或泄漏	可能导致设备误动	较小风险	检查	试验动作验证	1	测试	试验动作验证	12	更换
58		功能失效	压力开关传感器故障或保护取样回路堵塞或泄漏	可能导致设备误动	较小风险	检查	试验动作验证	1	测试	试验动作验证	12	更换

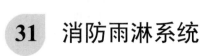

31 消防雨淋系统

设备风险评估表

区域：厂房　　系统：消防系统　　设备：消防雨淋系统

序号	部件	故障条件			故障影响			故障损失			风险值	风险等级
		模式	原因	现象	系统	设备	部件	经济损失	生产中断	设备损坏		
1	雨淋阀	漏水	隔膜片材质老化	雨淋阀不能正常开启	无	影响消防给水	功能失效	无	无	经维修后可恢复设备性能	4	较小风险
2		变形	顶杆弹簧年久疲软、变形	雨淋阀不能正常开启	无	影响消防给水	功能失效	无	无	经维修后可恢复设备性能	4	较小风险
3	喷头	堵塞	水质较差异物卡涩	喷头不出水或出水量少	无	影响消防给水	喷头不畅通	无	无	经维修后可恢复设备性能	4	较小风险
4	管路	点蚀	管路锈蚀	锈斑、麻坑、起层的片状分离现象	无	影响消防给水	性能下降	无	无	经维修后可恢复设备性能	4	较小风险
5		堵塞	异物卡阻	水压不足	无	影响消防给水	管路不畅通	无	无	经维修后可恢复设备性能	4	较小风险
6	电控装置	老化	潮湿情况下长时间运行，电气元器件正常老化	电气元器件损坏、电缆绝缘下降、控制失效	无	无法自动运行	无法控制	无	无	经维修后可恢复设备性能	4	较小风险
7		短路	绝缘破损、电气元器件损坏	元器件损坏、控制失效	无	无法自动运行	装置元件及空气开关损坏	可能造成设备或财产损失1万元以下	无	经维修后可恢复设备性能	6	中等风险
8		松动	时间过长线路固定螺栓松动	控制失效	无	无法自动运行	线路脱落	无	无	经维修后可恢复设备性能	4	较小风险
9	警铃	堵塞	进水口异物卡阻	水压不足、警铃不响	无	功能失效	无法报警	无	无	经维修后可恢复设备性能	4	较小风险
10		松动	长时间振动下电源线路、控制线路松动	警铃不响	无	功能失效	无法报警	无	无	经维修后可恢复设备性能	4	较小风险

设备风险控制卡

区域：厂房　　系统：消防系统　　设备：消防雨淋系统

序号	部件	故障条件			风险等级	日常控制措施			定期检修维护			临时措施
		模式	原因	现象		措施	检查方法	周期（天）	措施	检修方法	周期（月）	
1	雨淋阀	漏水	隔膜片材质老化	雨淋阀不能正常开启	较小风险	检查	检查消防水压是否正常	7	更换	更换隔膜	12	紧急情况下，立即开启雨淋手动阀使管道充水
2		变形	顶杆弹簧年久疲软、变形	雨淋阀不能正常开启	较小风险	检查	检查消防水压是否正常	7	更换	更换弹簧	12	紧急情况下，立即开启雨淋手动阀
3	喷头	堵塞	水质较差异物卡涩	喷头不出水或出水量少	较小风险	检查	外观检查	7	清扫	清洗滤网	12	更换喷头、检查过滤网
4	管路	点蚀	管路锈蚀	锈斑、麻坑、起层的片状分离现象	较小风险	检查	外观检查	7	检修	除锈、防腐	12	堵漏、补焊
5		堵塞	异物卡阻	水压不足	较小风险	检查	检查消防管水压	7	清理	疏通清理异物	12	清理疏通管道
6	电控装置	老化	潮湿情况下长时间运行，电气元器件正常老化	电气元器件损坏、电缆绝缘下降、控制失效	较小风险	检查	检查电气元器件是否有老化，定期绝缘测量	7	更换	更换老化的电气元器件	12	更换老化的电气元器件
7		短路	绝缘破损、电气元器件损坏	元器件损坏、控制失效	中等风险	检查	检查装置元件、电缆、空气开关有无短路	7	更换	更换装置元件、电缆、空气开关	12	立即断开故障电源空气开关
8		松动	时间过长线路固定螺栓松动	控制失效	较小风险	检查	外观检查线路有无松动、脱落	7	紧固	紧固线路	12	紧固线路
9	警铃	堵塞	进水口异物卡阻	水压不足、警铃不响	较小风险	检查	检查消防管水压	90	清扫	疏通清理异物	12	清理疏通管道
10		松动	长时间振动下电源线路、控制线路松动	警铃不响	较小风险	检查	外观检查线路有无松动、脱落	90	紧固	紧固线路	12	紧固线路

32 消防报警系统

设备风险评估表

区域：厂房　　系统：消防系统　　设备：消防报警系统

序号	部件	故障条件			故障影响			故障损失			风险值	风险等级
		模式	原因	现象	系统	设备	部件	经济损失	生产中断	设备损坏		
1	消防报警主机	短路	环境潮湿、过流、接线脱落、电气元器件受损	元器件损坏、起火、联动控制失效	无	影响消防报警	消防主机损坏	可能造成设备或财产损失1万元以下	无	经维修后可恢复设备性能	6	中等风险
2		功能失效	模块损坏、电源异常	联动控制失效	无	影响消防报警	消防主机损坏	可能造成设备或财产损失1万元以上10万元以下	无	经维修后可恢复设备性能	8	中等风险
3	自动报警器	功能失效	电源异常、元件损坏、外物撞击	报警器不响	无	消防报警异常、失效	报警器损坏	无	无	经维修后可恢复设备性能	4	较小风险
4		老化	时间过长，设备及线路正常老化	报警器不响、声音小或接触不良	无	消防报警异常、失效	性能下降	无	无	经维修后可恢复设备性能	4	较小风险
5	感烟器	功能失效	探头损坏、电池损坏、电量不足	异常情况下，感烟器无告警蜂鸣	无	消防报警异常、失效	感烟器损坏	可能造成设备或财产损失1万元以下	无	经维修后可恢复设备性能	6	中等风险
6		老化	时间过长，设备及线路正常老化	无报警声、声音小或接触不良	无	消防报警异常、失效	性能下降	无	无	经维修后可恢复设备性能	4	较小风险
7	感温器	功能失效	探头损坏、电池损坏、电量不足	异常情况下，感温器无告警蜂鸣	无	消防报警异常、失效	感温器损坏	可能造成设备或财产损失1万元以下	无	经维修后可恢复设备性能	6	中等风险
8		老化	时间过长，设备及线路正常老化	无报警声、声音小或接触不良	无	消防报警异常、失效	性能下降	无	无	经维修后可恢复设备性能	4	较小风险
9	感温电缆	功能失效	探头损坏、电源异常	异常情况下，感温器无告警蜂鸣	无	消防报警异常、失效	感温器损坏	可能造成设备或财产损失1万元以下	无	经维修后可恢复设备性能	6	中等风险

续表

序号	部件	故障条件			故障影响			故障损失			风险值	风险等级
		模式	原因	现象	系统	设备	部件	经济损失	生产中断	设备损坏		
10	感温电缆	老化	时间过长，设备及线路正常老化	无报警声、声音小或接触不良	无	消防报警异常、失效	性能下降	无	无	经维修后可恢复设备性能	4	较小风险
11	手动报警器	功能失效	电源异常、元件损坏、外物撞击	报警器不响	无	消防报警异常、失效	报警器损坏	可能造成设备或财产损失1万元以下	无	经维修后可恢复设备性能	6	中等风险
12		老化	时间过长，设备及线路正常老化	报警器不响、声音小或接触不良	无	消防报警异常、失效	性能下降	无	无	经维修后可恢复设备性能	4	较小风险
13	警铃	松动	长时间振动下电源线路、控制线路松动	警铃不响	无	功能失效	无法报警	无	无	经维修后可恢复设备性能	4	较小风险

设备风险控制卡

区域：厂房　　系统：消防系统　　设备：消防报警系统

序号	部件	故障条件			风险等级	日常控制措施			定期检修维护			临时措施
		模式	原因	现象		措施	检查方法	周期（天）	措施	检修方法	周期（月）	
1	消防报警主机	短路	环境潮湿、过流、接线脱落、电气元器件受损	元器件损坏、起火、联动控制失效	中等风险	检查	外观检查、卫生清扫；接线端子紧固；联动试验	90	更换	更换电气元器件，联动调试	12	检查现场实际情况，如存在火灾隐患，立即手动启动控制器；检查控制回路、更换电气元器件
2		功能失效	模块损坏、电源异常	联动控制失效	中等风险	检查	外观检查、启闭试验；门槽检查清理，铰链黄油维护	90	检修	门体校正、润滑保养	12	检查现场实际情况，如存在火灾隐患，立即手动启动控制器；检查控制回路、更换电气元器件
3	自动报警器	功能失效	电源异常、元件损坏、外物撞击	报警器不响	较小风险	检查	外观检查，试验	90	更换	更换元器件	12	检查现场实际情况，如存在火灾隐患，立即采取其他形式通知现场人员；检查控制回路、更换电气元器件

续表

序号	部件	故障条件			风险等级	日常控制措施			定期检修维护			临时措施
		模式	原因	现象		措施	检查方法	周期（天）	措施	检修方法	周期（月）	
4	自动报警器	老化	时间过长，设备及线路正常老化	报警器不响、声音小或接触不良	较小风险	检查	外观检查设备及下路有无老化	90	更换	更换老化部件及线路	12	更换老化部件及线路
5	感烟器	功能失效	探头损坏、电池损坏、电量不足	异常情况下，感烟器无告警蜂鸣	中等风险	检查	外观检查，试验	365	更换	更换元器件	12	检查现场实际情况，如存在火灾隐患，立即采取其他形式通知现场人员；检查控制回路、更换电气元器件
6		老化	时间过长，设备及线路正常老化	无报警声、声音小或接触不良	较小风险	检查	外观检查设备及下路有无老化	365	更换	更换老化部件及线路	12	更换老化部件及线路
7	感温器	功能失效	探头损坏、电池损坏、电量不足	异常情况下，感温器无告警蜂鸣	中等风险	检查	外观检查，试验	365	更换	更换元器件	12	检查现场实际情况，如存在火灾隐患，立即采取其他形式通知现场人员；检查控制回路、更换电气元器件
8		老化	时间过长，设备及线路正常老化	无报警声、声音小或接触不良	较小风险	检查	外观检查设备及下路有无老化	365	更换	更换老化部件及线路	12	更换老化部件及线路
9	感温电缆	功能失效	探头损坏、电源异常	异常情况下，感温器无告警蜂鸣	中等风险	检查	外观检查，试验	365	更换	更换元器件	12	检查现场实际情况，如存在火灾隐患，立即采取其他形式通知现场人员；检查控制回路、更换电气元器件
10		老化	时间过长，设备及线路正常老化	无报警声、声音小或接触不良	较小风险	检查	外观检查设备及下路有无老化	365	更换	更换老化部件及线路	12	更换老化部件及线路
11	手动报警器	功能失效	电源异常、元件损坏、外物撞击	报警器不响	中等风险	检查	外观检查，试验	90	更换	更换元器件	12	检查现场实际情况，如存在火灾隐患，立即采取其他形式通知现场人员；检查控制回路、更换电气元器件

续表

序号	部件	故障条件			风险等级	日常控制措施			定期检修维护			临时措施
		模式	原因	现象		措施	检查方法	周期（天）	措施	检修方法	周期（月）	
12	手动报警器	老化	时间过长，设备及线路正常老化	报警器不响、声音小或接触不良	较小风险	检查	外观检查设备及下路有无老化	90	更换	更换老化部件及线路	12	更换老化部件及线路
13	警铃	松动	长时间振动下电源线路、控制线路松动	警铃不响	较小风险	检查	外观检查线路有无松动、脱落	90	紧固	紧固线路	12	紧固线路

33 消防给水系统

设备风险评估表

区域：厂房　　　　系统：消防系统　　　　设备：消防给水系统

序号	部件	故障条件			故障影响			故障损失			风险值	风险等级
		模式	原因	现象	系统	设备	部件	经济损失	生产中断	设备损坏		
1	消防水池	漏水	日晒、风霜雨雪侵蚀；外物撞击	消防水池漏水、水泵长时间运行、消防管道水压不足	影响消防系统运行	影响消防给水	消防水池损坏	可能造成设备或财产损失1万元以下	无	经维修后可恢复设备性能	6	中等风险
2	消防管路	点蚀	管路锈蚀	锈斑、麻坑、起层的片状分离现象	影响消防系统运行	影响消防给水	消防管道损坏	无	无	经维修后可恢复设备性能	4	较小风险
3		堵塞	异物卡阻	水压不足	影响消防系统运行	影响消防给水	消防管道损坏	无	无	经维修后可恢复设备性能	4	较小风险
4	阀门	漏水	阀门材质、密封件老化、撞击破坏、操作不当	消防管道漏水、水泵长时间运行、消防管道水压不足	影响消防系统运行	影响消防给水	消防给水阀门损坏	无	无	经维修后可恢复设备性能	4	较小风险
5	补水泵	断裂	轴承变形、叶片损坏	抽不上水、水压不足	无	影响消防给水	水泵损坏	无	无	经维修后可恢复设备性能	4	较小风险
6		发热	轴承装配不正确、润滑量不足	抽不上水、水压不足	无	影响消防给水	水泵损坏	无	无	经维修后可恢复设备性能	4	较小风险
7	压力开关	功能失效	接线端子松动、弹簧、阀杆变形	压力信号异常	无	影响消防给水	压力开关损坏	无	无	经维修后可恢复设备性能	4	较小风险
8	水泵控制装置	功能失效	水泵控制装置本体故障、回路故障	水泵不能正常启动	无	影响消防给水	水泵控制装置损坏	无	无	经维修后可恢复设备性能	4	较小风险
9	消防水泵	断裂	轴承变形、叶片损坏	抽不上水、水压不足	无	影响消防给水	水泵损坏	无	无	经维修后可恢复设备性能	4	较小风险
10		发热	轴承装配不正确、润滑量不足	抽不上水、水压不足	无	影响消防给水	水泵损坏	无	无	经维修后可恢复设备性能	4	较小风险

设备风险控制卡

区域：厂房　　系统：消防系统　　设备：消防给水系统

序号	部件	故障条件			风险等级	日常控制措施			定期检修维护			临时措施
		模式	原因	现象		措施	检查方法	周期（天）	措施	检修方法	周期（月）	
1	消防水池	漏水	日晒、风霜雨雪侵蚀；外物撞击	消防水池漏水、水泵长时间运行、消防管道水压不足	中等风险	检查	外观检查	7	检修	浇筑混凝土修复	12	渗漏点封堵；浇筑混凝土修复
2	消防管路	点蚀	管路锈蚀	锈斑、麻坑、起层的片状分离现象	较小风险	检查	水压检查、外观检查	30	检修	探伤、焊接修复	12	关闭渗漏点消防水管道阀门；焊接修复
3		堵塞	异物卡阻	水压不足	较小风险	检查	水压检查、外观检查、疏通管道、清理异物	30	清扫	疏通管道、清理异物	12	关闭渗漏点消防水管道阀门；疏通管道、清理异物
4	阀门	漏水	阀门材质、密封件老化、撞击破坏、操作不当	消防管道漏水、水泵长时间运行、消防管道水压不足	较小风险	检查	外观检查、阀杆黄油维护、螺栓紧固检查	7	更换	更换密封件、阀门	12	关闭渗漏点消防水管道阀门；更换阀门
5	补水泵	断裂	轴承变形、叶片损坏	抽不上水、水压不足	较小风险	检查	振动测量、检查运行声音是否正常	7	更换	更换密封件、转轮叶片修复	12	检查消防水压；投入备用水泵
6		发热	轴承装配不正确、润滑量不足	抽不上水、水压不足	较小风险	检查	振动测量、检查运行声音是否正常	7	检修	轴承检查修复	12	检查消防水压；投入备用水泵
7	压力开关	功能失效	接线端子松动、弹簧、阀杆变形	压力信号异常	较小风险	检查	检查压力信号、紧固接线端子	90	紧固	紧固端子、调整阀杆、弹簧行程	12	检查实际水压、短接压力信号
8	水泵控制装置	功能失效	水泵控制装置本体故障、回路故障	水泵不能正常启动	较小风险	检查	检查运行情况，本体有无故障信号、紧固端子	7	紧固	紧固端子、二次回路检查，装置本体检查	12	检查二次接线、电气元器件检查
9	消防水泵	断裂	轴承变形、叶片损坏	抽不上水、水压不足	较小风险	检查	振动测量、检查运行声音是否正常	7	更换	更换密封件、转轮叶片修复	12	检查消防水压；投入备用水泵
10		发热	轴承装配不正确、润滑量不足	抽不上水、水压不足	较小风险	检查	振动测量、检查运行声音是否正常	7	检修	轴承检查修复	12	检查消防水压；投入备用水泵

34 电梯

设备风险评估表

区域：厂房　　　　系统：起重机械　　　　设备：电梯

序号	部件	故障条件			故障影响			故障损失			风险值	风险等级
		模式	原因	现象	系统	设备	部件	经济损失	生产中断	设备损坏		
1	滑轮	卡涩	异物卡涩、润滑不足	电梯升降缓慢、抖动	无	电梯无法正常启闭	滑轮损伤	无	无	经维修后可恢复设备性能	4	较小风险
2	滑轮	变形	受力不均	电梯升降缓慢、抖动	无	电梯无法正常启闭	滑轮损伤	无	无	经维修后可恢复设备性能	4	较小风险
3	钢丝绳	断股	钢丝绳运行超载	钢丝绳断裂	无	电梯无法正常启闭	钢丝绳损坏	可能造成设备或财产损失1万元以下	无	设备报废，需要更换新设备或经维修后设备可以维持使用，性能影响50%及以上	10	较大风险
4	钢丝绳	变形	从滑轮中拉出的位置和滚筒中的缠绕方式不正确	扭曲变形、折弯	无	电梯无法正常启闭	钢丝绳损伤	无	无	设备报废，需要更换新设备或经维修后设备可以维持使用，性能影响50%及以上	8	中等风险
5	钢丝绳	断丝	磨损、受力不均	钢丝绳断丝	无	电梯无法正常启闭	钢丝绳损伤	无	无	经维修后可恢复设备性能	4	较小风险
6	钢丝绳	扭结	钢丝绳放量过长，过启闭或收放过快	钢丝绳打结、折弯，闸门不平衡	无	电梯无法正常启闭	钢丝绳损伤	无	无	经维修后可恢复设备性能	4	较小风险
7	钢丝绳	挤压	钢丝绳放量过长，收放绳时归位不到位	受闸门、滑轮、卷筒挤压出现扁平现象	无	电梯无法正常启闭	钢丝绳损伤	无	无	经维修后可恢复设备性能	4	较小风险
8	钢丝绳	锈蚀	日晒、风霜雨雪侵蚀	出现锈斑现象	无	无	钢丝绳锈蚀损伤	无	无	经维修后可恢复设备性能	4	较小风险
9	缓冲器	锈蚀	潮湿的环境	表面氧化物	无	无	导轨损伤	无	无	经维修后可恢复设备性能	4	较小风险

续表

序号	部件	故障条件			故障影响			故障损失			风险值	风险等级
		模式	原因	现象	系统	设备	部件	经济损失	生产中断	设备损坏		
10	限速器	龟裂	启闭受力不均或冲击力过大	行程升降不到位	无	无	损伤	无	无	经维修后可恢复设备性能	4	较小风险
11		变形	启闭受力不均或冲击力过大	行程升降不到位	无	无	损伤	无	无	经维修后可恢复设备性能	4	较小风险
12		磨损	启闭受力不均，钢丝绳收放过程磨损沟槽	行程升降不到位	无	无	损伤	无	无	设备性能无影响	2	轻微风险
13	制动器	龟裂	制动力矩过大或受力不均	制动轮表出现裂纹，制动块受损	无	无	制动轮损坏、制动块损坏、制动间隙变大	可能造成设备或财产损失1万元以下	无	经维修后可恢复设备性能	6	中等风险
14		损坏	制动间隔过小或受力不均	制动块磨损、制动间隙变大、制动失灵	无	无法制动	制动块损伤	无	无	经维修后可恢复设备性能	4	较小风险
15		疲软	弹簧年久疲软	制动块磨损、制动间隙变大、制动失灵	无	闸门有下滑现象	制动异常	无	无	经维修后可恢复设备性能	4	较小风险
16	电机	过热	启动力矩过大或受力不均	有异常的金属撞击和卡涩声音	无	闸门无法启闭	轴承损伤	无	无	经维修后可恢复设备性能	4	较小风险
17		短路	受潮或绝缘老化、短路	电机处有烧焦异味、电机温高	无	闸门无法启闭	绕组烧坏	可能造成设备或财产损失1万元以下	无	经维修后可恢复设备性能	6	中等风险
18		断裂	启动力矩过大或受力不均	轴弯曲、断裂	无	闸门无法启闭	制动异常	可能造成设备或财产损失1万元以下	无	经维修后可恢复设备性能	6	中等风险
19	电源模块	开路	锈蚀、过流	设备失电	无	不能正常运行	性能失效	无	无	经维修后可恢复设备性能	4	较小风险
20	电源模块	短路	粉尘、高温、老化	设备失电	无	不能正常运行	电源模块损坏	可能造成设备或财产损失1万元以下	无	经维修后可恢复设备性能	6	中等风险
21		漏电	静电击穿	设备失电	无	不能正常运行	性能失效	无	无	经维修后可恢复设备性能	4	较小风险

续表

序号	部件	故障条件			故障影响			故障损失			风险值	风险等级
		模式	原因	现象	系统	设备	部件	经济损失	生产中断	设备损坏		
22	电源模块	烧灼	老化、短路	设备失电	无	不能正常运行	性能失效	无	无	经维修后可恢复设备性能	4	较小风险
23	输入模块	开路	锈蚀、过流	设备失电	无	不能正常运行	性能失效	无	无	经维修后可恢复设备性能	4	较小风险
24		短路	粉尘、高温、老化	设备失电	无	不能正常运行	输入模块损坏	可能造成设备或财产损失1万元以下	无	经维修后可恢复设备性能	6	中等风险
25	输出模块	开路	锈蚀、过流	设备失电	无	不能正常运行	性能失效	无	无	经维修后可恢复设备性能	4	较小风险
26		短路	粉尘、高温、老化	设备失电	无	不能正常运行	输出模块损坏	可能造成设备或财产损失1万元以下	无	经维修后可恢复设备性能	6	中等风险
27	接线端子	松动	端子紧固螺栓松动	装置无显示	无	无	无	无	无	经维修后可恢复设备性能	4	较小风险
28	变频装置	过压	输入缺相、电压电路板老化受潮	过电压报警	无	运行异常	性能失效	无	无	经维修后可恢复设备性能	4	较小风险
29		欠压	输入缺相、电压电路板老化受潮	欠压报警	无	不能运行	性能失效	无	无	设备性能无影响	2	轻微风险
30		过流	加速时间设置太短、电流上限设置太小、转矩增大	上电就跳闸	无	运行异常	性能失效	无	无	经维修后可恢复设备性能	4	较小风险
31		短路	粉尘、高温	设备失电	无	不能正常运行	变频装置损坏	可能造成设备或财产损失1万元以下	无	经维修后可恢复设备性能	6	中等风险
32	行程开关	行程失调	行程开关机械卡涩、线路松动	不动作、误动作、超限无法停止	无	闸门无法启闭	性能失效	无	无	经维修后可恢复设备性能	4	较小风险
33		短路	潮湿、老化	设备失电	无	不能正常运行	损坏	可能造成设备或财产损失1万元以下	无	经维修后可恢复设备性能	6	中等风险

续表

序号	部件	故障条件			故障影响			故障损失			风险值	风险等级
		模式	原因	现象	系统	设备	部件	经济损失	生产中断	设备损坏		
34	导轨	卡涩	异物卡涩、润滑不足、传动机构损坏	桥箱升降缓慢、抖动	无	电梯无法正常运行	导轨损伤	无	无	经维修后可恢复设备性能	4	较小风险
35		变形	受力不均、长时间满载	桥箱抖动	无	电梯无法正常运行	导轨损伤	可能造成设备或财产损失1万元以下	无	经维修后可恢复设备性能	6	中等风险
36		锈蚀	潮湿的环境	表面氧化物	无	无	导轨损伤	无	无	经维修后可恢复设备性能	4	较小风险
37	对重	松动	对重受力平衡	上电就跳闸	无	无	无	无	无	经维修后可恢复设备性能	4	较小风险
38		变形	关闭时下降速度太快、钢丝绳受力不均	闸门启闭和钢丝绳收放速度太快	无	无	吊点弯曲	无	无	经维修后可恢复设备性能	4	较小风险

设备风险控制卡

区域：厂房　　　　系统：起重机械　　　　设备：电梯

序号	部件	故障条件			风险等级	日常控制措施			定期检修维护			临时措施
		模式	原因	现象		措施	检查方法	周期（天）	措施	检修方法	周期（月）	
1	滑轮	卡涩	异物卡涩、润滑不足	电梯升降缓慢、抖动、	较小风险	检查	检查有无异物和滑轮保养情况	15	检修	清理异物、除锈、润滑保养	12	清理异物、除锈、润滑保养
2		变形	受力不均	电梯升降缓慢、抖动、	较小风险	检查	外观检查有无变形	15	更换	校正、更换	12	加强监视，操作至检修平台固定，校正滑轮
3	钢丝绳	断股	钢丝绳运行超载	钢丝绳断裂	较大风险	检查	外观检查有无断股	15	更换	更换	12	加强监视，操作至检修平台固定，更换钢丝绳
4		变形	从滑轮中拉出的位置和滚筒中的缠绕方式不正确	扭曲变形、折弯	中等风险	检查	外观检查有无变形	5	更换	更换	12	加强监视，操作至检修平台处理
5		断丝	磨损、受力不均	钢丝绳断丝	较小风险	检查	外观检查有无断丝	15	更换	清理异物、校正轨道	12	加强监视，操作至检修平台固定，更换钢丝绳
6		扭结	钢丝绳放量过长，过启闭或收放过快	钢丝绳打结、折弯，闸门不平衡	较小风险	检查	外观检查有无扭结	15	检修	校正、更换	12	加强监视，操作至检修平台处理

续表

序号	部件	故障条件			风险等级	日常控制措施			定期检修维护			临时措施
		模式	原因	现象		措施	检查方法	周期（天）	措施	检修方法	周期（月）	
7	钢丝绳	挤压	钢丝绳放量过长，收放绳时归位不到位	受闸门、滑轮、卷筒挤压出现扁平现象	较小风险	检查	外观检查有无挤压	15	检修	校正、更换	12	加强监视，操作至检修平台处理
8		锈蚀	日晒、风霜雨雪侵蚀	出现锈斑现象	较小风险	检查	检查锈蚀范围变化	15	检修	除锈、润滑保养	12	加强监视，操作至检修平台处理
9	缓冲器	锈蚀	潮湿的环境	表面氧化物	较小风险	检查	定期防腐	365	检修	打磨、除锈、防腐	12	
10	限速器	龟裂	启闭受力不均或冲击力过大	行程升降不到位	较小风险	检查	外观检查有无裂纹	5	检修	补焊、打磨、更换	12	断电停止操作，补焊、打磨、更换
11		变形	启闭受力不均或冲击力过大	行程升降不到位	较小风险	检查	外观检查有无变形	15	检修	变形校正、更换	12	变形校正、更换
12		磨损	启闭受力不均，钢丝绳收放过程磨损沟槽	行程升降不到位	轻微风险	检查	外观检查沟槽磨损	15	检修	补焊修复	12	焊接修复
13	制动器	龟裂	制动力矩过大或受力不均	制动轮表出现裂纹，制动块受损	中等风险	检查	外观检查有无裂纹	15	检修	对制动轮补焊、打磨、更换，对制动块更换	12	对制动片补焊、打磨、更换，对制动块更换
14		损坏	制动间隔过小或受力不均	制动块磨损、制动间隙变大、制动失灵	较小风险	检查	外观检查有无磨损细微粉末	5	检修	更换制动块	12	停车更换制动块
15		疲软	弹簧年久疲软	制动块磨损、制动间隙变大、制动失灵	较小风险	检查	检查制动器位置无异常	15	检修	调整制动螺杆、收紧弹簧受力、更换弹簧	12	调整制动螺杆、收紧弹簧受力、停车后更换弹簧
16	电机	过热	启动力矩过大或受力不均	有异常的金属撞击和卡涩声音	较小风险	检查	检查轴承有无有异常的金属撞击和卡涩	15	更换	更换轴承	12	停止电机运行，更换轴承
17		短路	受潮或绝缘老化、短路	电机处有烧焦异味、电机温高	中等风险	检查	检查电机绕组绝缘	15	更换	更换绕组	12	停止电机运行，更换绕组
18		断裂	启动力矩过大或受力不均	轴弯曲、断裂	中等风险	检查	检查电机轴有无弯曲断裂	15	检修	校正、更换电机轴	12	停止电机运行，校正、更换电机轴
19	电源模块	开路	锈蚀、过流	设备失电	较小风险	检查	测量电源模块是否有输出电压、电流，以及电压、电流值是否异常	15	检修	更换、维修电源模块	12	停运处理

续表

序号	部件	故障条件			风险等级	日常控制措施			定期检修维护			临时措施
		模式	原因	现象		措施	检查方法	周期（天）	措施	检修方法	周期（月）	
20	电源模块	短路	粉尘、高温、老化	设备失电	中等风险	检查	测量电源模块是否有输出电压、电流，以及电压、电流值是否异常	15	检修	更换、维修电源模块	12	停运处理
21		漏电	静电击穿	设备失电	较小风险	检查	测量电源模块是否有输出电压、电流，以及电压、电流值是否异常	15	检修	更换、维修电源模块	12	停运处理
22		烧灼	老化、短路	设备失电	较小风险	检查	测量电源模块是否有输出电压、电流，以及电压、电流值是否异常	15	检修	更换、维修电源模块	12	停运处理
23	输入模块	开路	锈蚀、过流	设备失电	较小风险	检查	测量输入模块是否有输出电压、电流，以及电压、电流值是否异常	15	检修	更换、维修模块	12	停运处理
24		短路	粉尘、高温、老化	设备失电	中等风险	检查	测量输入模块是否有输出电压、电流，以及电压、电流值是否异常	15	检修	更换、维修模块	12	停运处理
25	输出模块	开路	锈蚀、过流	设备失电	较小风险	检查	测量输出模块是否有输出电压、电流，以及电压、电流值是否异常	15	检修	更换、维修模块	12	停运处理
26		短路	粉尘、高温、老化	设备失电	中等风险	检查	测量输出模块是否有输出电压、电流，以及电压、电流值是否异常	15	检修	更换、维修模块	12	停运处理
27	接线端子	松动	端子紧固螺栓松动	装置无显示	较小风险	检查	端子排各接线是否松动	15	加固	紧固端子、二次回路检查	12	紧固端子排端子
28	变频装置	过压	输入缺相、电压电路板老化受潮	过电压报警	较小风险	检查	检测输入三相电压正常	15	检修	测量三相电压	12	停止操作，处理过压故障
29		欠压	输入缺相、电压电路板老化受潮	欠压报警	轻微风险	检查	检测输入三相电压正常	15	检修	测量三相电压	12	停止操作，处理过压故障
30		过流	加速时间设置太短、电流上限设置太小、转矩增大	上电就跳闸	较小风险	检查	核对电流参数设置	15	检修	校正电流参数设置	12	停止操作，处理过流故障
31		短路	粉尘、高温	设备失电	中等风险	检查	清扫卫生	15	加固	清扫卫生、紧固端子	12	停运处理

续表

序号	部件	故障条件			风险等级	日常控制措施			定期检修维护			临时措施
		模式	原因	现象		措施	检查方法	周期（天）	措施	检修方法	周期（月）	
32	行程开关	行程失调	行程开关机械卡涩、线路松动	不动作、误动作、超限无法停止	较小风险	检查	检查机械行程有无卡阻、线路有无松动脱落	180	检修	检查机械行程、紧固线路	12	停止闸门启闭，检查行程开关
33		短路	潮湿、老化	设备失电	中等风险	检查	定期试转	15	检修	更换	12	停运处理
34	导轨	卡涩	异物卡涩、润滑不足、传动机构损坏	桥箱升降缓慢、抖动	较小风险	检查	手动定期运行	15	检修	清理异物、润滑保养	12	清理异物、除锈、润滑保养
35		变形	受力不均、长时间满载	桥箱抖动	中等风险	检查	手动定期运行	15	检修	校正、更换	12	加强监视，校正导轨
36		锈蚀	潮湿的环境	表面氧化物	较小风险	检查	定期防腐	15	检修	打磨、除锈、防腐	12	打磨、除锈
37	对重	松动	对重受力平衡	上电就跳闸	较小风险	检查	紧固螺栓	15	检修	紧固螺栓	12	调整锁定梁平衡、锁紧固定螺栓
38		变形	关闭时下降速度太快、钢丝绳受力不均	闸门启闭和钢丝绳收放速度太快	较小风险	检查	外观检查有无弯曲变形	15	检修	定期效验	12	检查是否超过荷载，停止闸门启闭

35 门式起重机

设备风险评估表

区域：厂房　　　　系统：起重机械　　　　设备：门式起重机

序号	部件	故障条件			故障影响			故障损失			风险值	风险等级
		模式	原因	现象	系统	设备	部件	经济损失	生产中断	设备损坏		
1	夹轨器	松动	夹轨器紧固部分松脱	夹轨器松动，行程不到位	无	无法正常停车	夹轨器松动	无	无	经维修后可恢复设备性能	4	较小风险
2		变形	夹轨器受力不均或冲击力过大	夹轨器变形，行程不到位	无	无法正常停车	夹轨器变形	无	无	经维修后可恢复设备性能	4	较小风险
3	锁锭	变形	锁锭受外力或冲击力	外形变形，行程启闭不到位	无	无法正常锁锭	锁锭变形	无	无	经维修后可恢复设备性能	4	较小风险
4	PLC控制装置	控制失效	控制单元老化、自动监测失灵	装置故障灯亮	无	影响深井泵抽排水	控制单元损坏	可能造成设备或财产损失1万元以下	无	经维修后可恢复设备性能	6	中等风险
5	变频装置	过压	输入缺相、电压电路板老化受潮	过电压报警	无	闸门启闭异常	性能降低	无	无	经维修后可恢复设备性能	4	较小风险
6		欠压	输入缺相、电压电路板老化受潮	欠压报警	无	闸门启闭异常	性能降低	无	无	经维修后可恢复设备性能	4	较小风险
7		过流	加速时间设置太短、电流上限设置太小、转矩增大	上电就跳闸	无	闸门无法启闭	性能降低	无	无	经维修后可恢复设备性能	4	较小风险
8	卷筒	龟裂	启闭受力不均或冲击力过大	充水阀外形变形，行程启闭不到位	无	闸门无法正常启闭	充水阀变形损坏	可能造成设备或财产损失1万元以下	无	经维修后可恢复设备性能	6	中等风险
9		变形	启闭受力不均或冲击力过大	充水阀外形变形，行程启闭不到位	无	闸门无法正常启闭	筒体变形	无	无	经维修后可恢复设备性能	4	较小风险

续表

序号	部件	故障条件			故障影响			故障损失			风险值	风险等级
		模式	原因	现象	系统	设备	部件	经济损失	生产中断	设备损坏		
10	卷筒	磨损	启闭受力不均，钢丝绳收放过程磨损沟槽	沟槽深度减小，有明显磨损痕迹	无	无	沟槽磨损	无	无	设备性能无影响	2	轻微风险
11	钢丝绳	断股	猛烈的冲击，使钢丝绳运行超载	钢丝绳断裂	无	闸门无法正常启闭	钢丝绳损坏	可能造成设备或财产损失1万元以下	无	设备报废，需要更换新设备或经维修后设备可以维持使用，性能影响50%及以上	10	较大风险
12		变形	从滑轮中拉出的位置和滚筒中的缠绕方式不正确	扭曲变形、折弯	无	闸门无法正常启闭	钢丝绳损伤	无	无	设备报废，需要更换新设备或经维修后设备可以维持使用，性能影响50%及以上	8	中等风险
13		断丝	磨损、受力不均	钢丝绳断丝	无	无	钢丝绳损伤	无	无	经维修后可恢复设备性能	4	较小风险
14		扭结	钢丝绳放量过长，过启闭或收放过快	钢丝绳打结、折弯，闸门不平衡	无	闸门无法正常启闭	钢丝绳损伤	无	无	经维修后可恢复设备性能	4	较小风险
15		挤压	钢丝绳放量过长，收放绳时归位不到位	受闸门、滑轮、卷筒挤压出现扁平现象	无	闸门无法正常启闭	钢丝绳损伤	无	无	经维修后可恢复设备性能	4	较小风险
16		锈蚀	日晒、风霜雨雪侵蚀	出现锈斑现象	无	无	钢丝绳锈蚀损伤	无	无	经维修后可恢复设备性能	4	较小风险
17	制动器	龟裂	制动轮表面制动力矩过大或受力不均	制动轮表出现裂纹，制动块受损	无	无	制动轮损坏、制动块损坏、制动间隙变大	无	无	经维修后可恢复设备性能	4	较小风险
18		磨损	制动块制动间隔过小或受力不均	制动块磨损细微粉末、制动间隙变大、制动失灵	无	无法制动	制动块损坏、制动间隙变大	可能造成设备或财产损失1万元以下	无	经维修后可恢复设备性能	6	中等风险
19		渗油	密封损坏渗油	液压油渗出	无	闸门启闭异常	液压制动器损坏	无	无	经维修后可恢复设备性能	4	较小风险

续表

序号	部件	故障条件			故障影响			故障损失			风险值	风险等级
		模式	原因	现象	系统	设备	部件	经济损失	生产中断	设备损坏		
20	制动器	疲软	制动器弹簧年久疲软	制动块磨损、制动间隙变大、制动失灵	无	闸门有下滑现象	制动异常	无	无	经维修后可恢复设备性能	4	较小风险
21	电机	卡涩	电机启动力矩过大或受力不均	轴承有异常的金属撞击和卡涩声音	无	无法启闭	轴承损伤	无	无	经维修后可恢复设备性能	4	较小风险
22	电机	老化	受潮、绝缘老化、短路	电机处有烧焦异味、电机温高	无	起重机无法吊装	绝缘性能下降	无	无	经维修后可恢复设备性能	4	较小风险
23	电机	短路	受潮或绝缘老化、短路	电机处有烧焦异味、电机温高	无	无法启闭	绕组烧坏	可能造成设备或财产损失1万元以下	无	经维修后可恢复设备性能	6	中等风险
24	限位器	行程失调	行程开关机械卡涩、线路松动	不动作、误动作、超限无法停止	无	起重机无法起吊	性能失效	无	无	经维修后可恢复设备性能	4	较小风险
25	轨道	锈蚀	环境气温变化侵蚀	出现锈斑、麻坑	无	无	锈蚀损伤	无	无	设备性能无影响	2	轻微风险
26	轨道	变形	固定轨道螺栓松动	轨道平行度破坏	无	不能正常运行	磨损变形	无	无	经维修后可恢复设备性能	4	较小风险
27	测风仪	功能失效	元件老化、电缆破损	数据无规则跳动、无显示	无	影响起重吊装	风速检测传感失效	无	无	经维修后可恢复设备性能	4	较小风险
28	旋转拐臂	卡涩	起吊动力矩过大或受力不均、异物进入	拐臂有异常的金属撞击和卡涩声音	无	影响起重吊装	轴承磨损	无	无	经维修后可恢复设备性能	4	较小风险
29	行程开关	行程失调	行程开关机械卡涩、线路松动	不动作、误动作、超限无法停止	无	超重机无法移动	性能失效	无	无	经维修后可恢复设备性能	4	较小风险
30	电机	磨损	启动力矩过大或受力不均	有异常的金属撞击和卡涩声音	无	闸门无法启闭	轴承损坏	可能造成设备或财产损失1万元以下	无	经维修后可恢复设备性能	6	中等风险
31	电机	短路	受潮或绝缘老化、短路	电机处有烧焦异味、电机温高	无	闸门无法启闭	绕组烧坏	可能造成设备或财产损失1万元以下	无	经维修后可恢复设备性能	6	中等风险
32	电机	断裂	启动力矩过大或受力不均	轴弯曲、断裂	无	闸门无法启闭	制动异常	可能造成设备或财产损失1万元以下	无	经维修后可恢复设备性能	6	中等风险

续表

序号	部件	故障条件			故障影响			故障损失			风险值	风险等级
		模式	原因	现象	系统	设备	部件	经济损失	生产中断	设备损坏		
33	电源模块	短路	粉尘、高温、老化	设备失电	无	闸门无法启闭	电源模块损坏	无	主要备用设备退出备用24h以内	经维修后可恢复设备性能	6	中等风险
34	电源模块	漏电	静电击穿	设备失电	无	闸门无法启闭	电源模块损坏	无	主要备用设备退出备用24h以内	经维修后可恢复设备性能	6	中等风险
35	CPU模块	开路	CPU针脚接触不良	无法正常启动	无	闸门无法启闭	CPU模块损坏	无	主要备用设备退出备用24h以内	经维修后可恢复设备性能	6	中等风险
36	CPU模块	CPU供电故障	CPU电压设置不正常	无法正常启动	无	闸门无法启闭	CPU模块损坏	无	主要备用设备退出备用24h以内	经维修后可恢复设备性能	6	中等风险
37	采集模块	功能失效	硬件故障	数据无法传输、采集液晶显示不正常	无	闸门无法启闭	采集模块损坏	无	主要备用设备退出备用24h以内	经维修后可恢复设备性能	6	中等风险
38	采集模块	松动	接口松动	无法收发数据	无	闸门无法启闭	松动脱落	无	无	经维修后可恢复设备性能	4	较小风险
39	开出模块	功能失效	输入电压过高	系统无法正常工作、烧毁电路	无	闸门无法启闭	模块损坏	无	主要备用设备退出备用24h以内	经维修后可恢复设备性能	6	中等风险
40	开出模块	松动	接口松动	无法收发数据	无	闸门无法启闭	松动脱落	无	无	经维修后可恢复设备性能	4	较小风险
41	继电器	功能失效	电源异常、线圈损坏	不能动作		影响自动控制功能	继电器损坏	无	无	经维修后可恢复设备性能	4	较小风险
42	继电器	松动	接口松动	无法收发数据	无	无法监控	松动脱落	无	无	经维修后可恢复设备性能	4	较小风险
43	接线端子	松动	端子紧固螺栓松动	端子线接触不良	无	无	接触不良	无	无	经维修后可恢复设备性能	4	较小风险
44	警报器	短路	连接电缆不牢、破损	起重机起动后无报警声光现象	无	警报器损坏	无法监视起吊现场	可能造成设备或财产损失1万元以下	无	经维修后可恢复设备性能	6	中等风险
45	视频监控	功能失效	连接电缆不牢、屏蔽接地线松动脱落、枪机损坏、视频转换传输故障	视频画面显示异常	无	无	无法监视起吊现场	无	无	经维修后可恢复设备性能	4	较小风险

续表

序号	部件	故障条件			故障影响			故障损失			风险值	风险等级
		模式	原因	现象	系统	设备	部件	经济损失	生产中断	设备损坏		
46	减速箱	松动	地脚螺栓松动	减速箱在底座上振动	无	超重机异常运行	减速箱松动	无	无	经维修后可恢复设备性能	4	较小风险
47		断裂	节距误差过大，齿侧间隙超差	有周期性齿轮颤振现象，从动轮特别明显	无	超重机异常起吊	齿轮损坏	可能造成设备或财产损失1万元以下	无	经维修后可恢复设备性能	6	中等风险
48		渗油	密封失效、箱体变形、连接螺栓松动	齿轮油位偏低、箱体外壳有油垢	无	设备缺齿轮油、减速器损坏	齿轮损坏	无	无	经维修后可恢复设备性能	4	较小风险

设备风险控制卡

区域：厂房　　　　系统：起重机械　　　　设备：门式起重机

序号	部件	故障条件			风险等级	日常控制措施			定期检修维护			临时措施
		模式	原因	现象		措施	检查方法	周期（天）	措施	检修方法	周期（月）	
1	夹轨器	松动	夹轨器紧固部分松脱	夹轨器松动，行程不到位	较小风险	检查	外观检查有无紧固件松动	30	加固	紧固连接螺母	24	停止运行，变形校正、紧固连接螺母
2		变形	夹轨器受力不均或冲击力过大	夹轨器变形，行程不到位	较小风险	检查	外观检查夹轨器有无变形	30	检修	变形校正、更换	24	停止运行，变形校正、更换
3	锁锭	变形	锁锭受外力或冲击力	外形变形，行程启闭不到位	较小风险	检查	外观检查有无变形	30	检修	变形校正、更换	24	停止运行，变形校正、更换
4	PLC控制装置	控制失效	控制单元老化、自动监测失灵	装置故障灯亮	中等风险	检查	检查控制单元有无输入、输出信号	30	检修	功能检查	24	停止运行，排查故障
5	变频装置	过压	输入缺相、电压电路板老化受潮	过电压报警	较小风险	检查	检测输入三相电压正常，检查加热器正常投入	30	检修	检查相电压、加热除湿更换电压测量电路板	24	停止运行，处理过压故障
6		欠压	输入缺相、电压电路板老化受潮	欠压报警	较小风险	检查	检测输入三相电压正常，检查加热器正常投入	30	检修	检查相电压、加热除湿更换电压测量电路板	24	停止运行，处理欠压故障
7		过流	加速时间设置太短、电流上限设置太小、转矩增大	上电就跳闸	较小风险	检查	核对电流参数设置、检查闸门启闭有无卡阻	30	检修	校正电流参数设置、检查闸门启闭有无卡阻	24	停止运行，处理过流故障
8		龟裂	启闭受力不均或冲击力过大	充水阀外形变形，行程启闭不到位	中等风险	检查	外观检查有无裂纹	30	检修	补焊、打磨、更换	24	停止运行，补焊、打磨、更换

续表

序号	部件	故障条件			风险等级	日常控制措施			定期检修维护			临时措施
		模式	原因	现象		措施	检查方法	周期（天）	措施	检修方法	周期（月）	
9	卷筒	变形	启闭受力不均或冲击力过大	充水阀外形变形，行程启闭不到位	较小风险	检查	外观检查有无变形	30	检修	变形校正、更换	24	停止运行，变形校正、更换
10		磨损	启闭受力不均，钢丝绳收放过程磨损沟槽	沟槽深度减小，有明显磨损痕迹	轻微风险	检查	外观检查沟槽磨损	30	检修	补焊修复	24	停止运行，焊接修复
11	钢丝绳	断股	猛烈的冲击，使钢丝绳运行超载	钢丝绳断裂	较大风险	检查	外观检查有无断股	30	更换	更换	24	加强监视，至检修位锁锭，更换钢丝绳
12		变形	从滑轮中拉出的位置和滚筒中的缠绕方式不正确	扭曲变形、折弯	中等风险	检查	外观检查有无变形	30	更换	更换	24	加强监视，至检修位锁锭，更换钢丝绳
13		断丝	磨损、受力不均	钢丝绳断丝	较小风险	检查	外观检查有无断丝	30	更换	更换	24	加强监视，至检修位锁锭，更换钢丝绳
14		扭结	钢丝绳放量过长，过启闭或收放过快	钢丝绳打结、折弯，闸门不平衡	较小风险	检查	外观检查有无扭结	30	检修	校正、更换	24	加强监视，至检修位锁锭，校正、更换钢丝绳
15		挤压	钢丝绳放量过长，收放绳时归位不到位	受闸门、滑轮、卷筒挤压出现扁平现象	较小风险	检查	外观检查有无挤压	30	检修	校正、更换	24	加强监视，闸门启闭至检修平台固定，校正、更换钢丝绳
16		锈蚀	日晒、风霜雨雪侵蚀	出现锈斑现象	较小风险	检查	检查锈蚀范围变化	30	检修	除锈、润滑保养	24	加强监视，至检修位锁锭，松解钢丝绳，除锈、润滑保养
17	制动器	龟裂	制动轮表面制动力矩过大或受力不均	制动轮表出现裂纹，制动块受损	较小风险	检查	外观检查有无裂纹	30	检修	对制动轮补焊、打磨、更换，对制动块更换	24	加强监视，至检修位锁锭，对制动轮补焊、打磨、更换，对制动块更换
18		磨损	制动块制动间隔过小或受力不均	制动块磨损细微粉末、制动间隙变大、制动失灵	中等风险	检查	外观检查有无磨损细微粉末	30	更换	更换制动块	24	加强监视，至检修位锁锭，更换制动块
19		渗油	密封损坏渗油	液压油渗出	较小风险	检查	检查制液压动器油位	30	检修	更换密封、补充液压油	24	停车更换密封、注液压油

续表

序号	部件	故障条件			风险等级	日常控制措施			定期检修维护			临时措施
		模式	原因	现象		措施	检查方法	周期（天）	措施	检修方法	周期（月）	
20	制动器	疲软	制动器弹簧年久疲软	制动块磨损、制动间隙变大、制动失灵	较小风险	检查	检查制动器位置无异常	30	检修	调整制动螺杆、收紧弹簧受力、更换弹簧	24	调整制动螺杆、收紧弹簧受力、停车后更换弹簧
21	电机	卡涩	电机启动力矩过大或受力不均	轴承有异常的金属撞击和卡涩声音	较小风险	检查	检查轴承有无有异常的金属撞击和卡涩	30	更换	更换轴承	24	停止起重机运行，排除故障
22		老化	受潮、绝缘老化、短路	电机处有烧焦异味、电机温高	较小风险	测量	测量电机绕组绝缘	30	更换	更换绕组	24	停止起重机吊装，排除故障
23		短路	受潮或绝缘老化、短路	电机处有烧焦异味、电机温高	中等风险	测量	测量电机绕组绝缘	30	更换	更换绕组	24	停止电机运行，更换绕组
24	限位器	行程失调	行程开关机械卡涩、线路松动	不动作、误动作、超限无法停止	较小风险	检查	检查限位器有无卡阻、线路有无松动脱落	30	检修	检查限位器紧固线路	24	停止起重机吊装，排除限位器故障
25	轨道	锈蚀	环境气温变化侵蚀	出现锈斑、麻坑	轻微风险	检查	检查锈蚀范围扩大、加深	30	检修	打磨、除锈、防腐	24	除锈、打磨处理
26		变形	固定轨道螺栓松动	轨道平行度破坏	较小风险	检查	固定轨道螺栓是否松动	30	检修	紧固固定轨道螺栓或更换螺帽	24	紧固固定螺栓
27	测风仪	功能失效	元件老化、电缆破损	数据无规则跳动、无显示	较小风险	检查	检查测风速及电缆传输信号正常	30	检修	更换测速装置、修复电缆	24	停止起重机吊装，排除故障
28	旋转拐臂	卡涩	起吊动力矩过大或受力不均、异物进入	拐臂有异常的金属撞击和卡涩声音	较小风险	检查	检查轴承有无有异常的金属撞击和卡涩	30	更换	更换轴承	24	停止起重机运行，排除故障
29	行程开关	行程失调	行程开关机械卡涩、线路松动	不动作、误动作、超限无法停止	较小风险	检查	检查机械行程有无卡阻、线路有无松动脱落	30	检修	检查机械行程、紧固线路	24	停止起重机运行，检查行程开关
30	电机	磨损	启动力矩过大或受力不均	有异常的金属撞击和卡涩声音	中等风险	检查	检查轴承有无有异常的金属撞击和卡涩	30	更换	更换轴承	24	停止电机运行，更换轴承
31		短路	受潮或绝缘老化、短路	电机处有烧焦异味、电机温高	中等风险	测量	测量电机绕组绝缘	30	更换	更换绕组	24	停止电机运行，更换绕组
32		断裂	启动力矩过大或受力不均	轴弯曲、断裂	中等风险	检查	检查电机轴有无弯曲断裂	30	检修	校正、更换电机轴	24	停止电机运行，校正、更换电机轴
33	电源模块	短路	粉尘、高温、老化	设备失电	中等风险	清扫	测量电源模块是否有输出电压、电流，以及电压、电流值是否异常	30	检修	更换、维修电源模块	12	停止运行后处理

续表

序号	部件	故障条件			风险等级	日常控制措施			定期检修维护			临时措施
		模式	原因	现象		措施	检查方法	周期（天）	措施	检修方法	周期（月）	
34	电源模块	漏电	静电击穿	设备失电	中等风险	检查	测量电源模块是否有输出电压、电流，以及电压、电流值是否异常	30	检修	更换、维修电源模块	12	停止运行后处理
35	CPU模块	开路	CPU针脚接触不良	无法正常启动	中等风险	检查	看设备是否能正常运行	30	检修	拆下CPU用一个干净的小牙刷清洁CPU，轻轻地擦拭CPU的针脚，将氧化物及锈迹去掉	12	停止运行后处理
36		CPU供电故障	CPU电压设置不正常	无法正常启动	中等风险	检查	检查CPU是否正常供电	30	检修	将cmos放电，将Bios设置恢复到出厂时的初始设置	12	停止运行后处理
37	采集模块	功能失效	硬件故障	数据无法传输、采集液晶显示不正常	中等风险	检查	检查采集液晶显示是否正常	30	检修	更换采集终端	12	停止运行后处理
38		松动	接口松动	无法收发数据	较小风险	检查	检查接口是否有松动现象	30	检修	逐一进行紧固	12	停止运行后处理
39	开出模块	功能失效	输入电压过高	系统无法正常工作、烧毁电路	中等风险	检查	测量输入电压	30	检修	更换输出模块	12	停止运行后处理
40		松动	接口松动	无法收发数据	较小风险	检查	检查接口是否有松动现象	30	检修	逐一进行紧固	12	插入紧固
41	继电器	功能失效	电源异常、线圈损坏	不能动作	较小风险	检查	检查电源指示灯是否正常、触电有无粘连	30	检修	更换继电器	12	检查电源指示灯是否正常、触电有无粘连
42		松动	接口松动	无法收发数据	较小风险	检查	检查接口是否有松动现象	30	检修	逐一进行紧固	12	紧固插件
43	接线端子	松动	端子紧固螺栓松动	端子线接触不良	较小风险	检查	端子排各接线是否松动	30	加固	紧固端子、二次回路	24	紧固端子排端子
44	警报器	短路	连接电缆不牢、破损	起重机起动后无报警声光现象	中等风险	检查	检查警报器电缆连接是否完好	30	加固	紧固电缆及接地线连接处	24	停止起重机运行，排除警报器故障
45	视频监控	功能失效	连接电缆不牢、屏蔽接地线松动脱落、枪机损坏、视频转换传输故障	视频画面显示异常	较小风险	检查	检查电缆连接、屏蔽接地线松、枪机视频转换传输正常	30	检修	紧固电缆及接地线连接处、更换枪机	24	停止起重机运行，排除视频故障

续表

序号	部件	故障条件			风险等级	日常控制措施			定期检修维护			临时措施
		模式	原因	现象		措施	检查方法	周期（天）	措施	检修方法	周期（月）	
46	减速箱	松动	地脚螺栓松动	减速箱在底座上振动	较小风险	检查	检查减速箱地脚螺栓是否松动、运行是否振动	30	加固	紧固地脚螺栓	24	停止起重机运行，紧固地脚螺栓
47		断裂	节距误差过大，齿侧间隙超差	有周期性齿轮颤振现象，从动轮特别明显	中等风险	检查	检查齿轮间隙	30	检修	修理、重新安装减速箱	24	停止起重机运行，修理减速箱
48		渗油	密封失效、箱体变形、连接螺栓松动	齿轮油位偏低、箱体外壳有油垢	较小风险	检查	检查油位、有无渗油	30	检修	更换密封件；检修箱体剖分面，变形严重则更换；紧固螺栓	24	停止起重机运行，更换减速箱密封、箱体变形处理、连接螺栓紧固

36 电动葫芦

设备风险评估表

区域：厂房　　　　系统：起重机械　　　　设备：电动葫芦

序号	部件	故障条件			故障影响			故障损失			风险值	风险等级
		模式	原因	现象	系统	设备	部件	经济损失	生产中断	设备损坏		
1	吊钩	松动	荷载过重、零件脱落	吊物晃动、声音异常	无	影响起重性能	吊钩晃动	无	无	经维修后可恢复设备性能	4	较小风险
2		性能下降	与钢丝绳磨损	外形变形，行程启闭不到位	无	影响起重性能	充水阀变形损坏	可能造成设备或财产损失1万元以下	无	经维修后可恢复设备性能	6	中等风险
3	钢丝绳	断股	猛烈的冲击，使钢丝绳运行超载	钢丝绳断裂	无	闸门无法正常启闭	钢丝绳损坏	可能造成设备或财产损失1万元以下	无	设备报废，需要更换新设备或经维修后设备可以维持使用，性能影响50%及以上	10	较大风险
4		变形	从滑轮中拉出的位置和滚筒中的缠绕方式不正确	扭曲变形、折弯	无	闸门无法正常启闭	钢丝绳损伤	无	无	设备报废，需要更换新设备或经维修后设备可以维持使用，性能影响50%及以上	8	中等风险
5		断丝	磨损、受力不均	钢丝绳断丝	无	无	钢丝绳损伤	无	无	经维修后可恢复设备性能	4	较小风险
6		扭结	钢丝绳放量过长，过启闭或收放过快	钢丝绳打结、折弯，闸门不平衡	无	闸门无法正常启闭	钢丝绳损伤	无	无	经维修后可恢复设备性能	4	较小风险
7		挤压	钢丝绳放量过长，收放绳时归位不到位	受闸门、滑轮、卷筒挤压出现扁平现象	无	闸门无法正常启闭	钢丝绳损伤	无	无	经维修后可恢复设备性能	4	较小风险
8		锈蚀	日晒、风霜雨雪侵蚀	出现锈斑现象	无	无	钢丝绳锈蚀损伤	无	无	经维修后可恢复设备性能	4	较小风险

续表

序号	部件	故障条件			故障影响			故障损失			风险值	风险等级
		模式	原因	现象	系统	设备	部件	经济损失	生产中断	设备损坏		
9	卷筒	裂纹	启闭受力不均或冲击力过大	外形变形，行程启闭不到位	无	影响起重性能	充水阀变形损坏	可能造成设备或财产损失1万元以下	无	经维修后可恢复设备性能	6	中等风险
10	卷筒	变形	启闭受力不均或冲击力过大	外形变形，行程启闭不到位	无	影响起重性能	变形损伤	可能造成设备或财产损失1万元以下	无	经维修后可恢复设备性能	6	中等风险
11	卷筒	沟槽磨损	启闭受力不均，钢丝绳收放过程磨损沟槽	沟槽深度减小，有明显磨损痕迹	无	影响起重性能	沟槽磨损	无	无	经维修后可恢复设备性能	4	较小风险
12	受电器	松动	接触不良	碳刷打火、发热	无	电动葫芦性能下降	性能失效	无	无	经维修后可恢复设备性能	4	较小风险
13	减速箱	齿轮断裂	润滑油量不足、齿轮间隙过大、加工精度低	卡涩、振动、声音异常	无	不能正常工作	减速机损坏	可能造成设备或财产损失1万元以下	无	经维修后可恢复设备性能	6	中等风险
14	减速箱	渗漏	密封垫老化、螺栓松动	箱体渗油	无	减速箱油位下降	性能降低	无	无	经维修后可恢复设备性能	4	较小风险
15	制动装置	松动	螺栓松动、间隙调整不当	制动块受损、厚度减小，制动盘温度升高、制动失灵	无	影响刹车性能	制动块磨损	无	无	经维修后可恢复设备性能	4	较小风险
16	制动装置	制动块异常磨损	制动力矩过大或受力不均	制动块受损、厚度减小，制动盘温度升高、制动失灵	无	影响刹车性能	制动块磨损	无	无	经维修后可恢复设备性能	4	较小风险
17	操作手柄	断线	接触不良、电源异常、触点损坏	操作手柄失灵	无	影响操作性能	操作失灵	无	无	经维修后可恢复设备性能	4	较小风险
18	接线端子	松动	端子紧固螺栓松动	端子线接触不良	无	无	接触不良	无	无	经维修后可恢复设备性能	4	较小风险
19	电机	过热	启动力矩过大或受力不均	有异常的金属撞击和卡涩声音	无	闸门无法启闭	轴承损伤	无	无	经维修后可恢复设备性能	4	较小风险

续表

序号	部件	故障条件			故障影响			故障损失			风险值	风险等级
		模式	原因	现象	系统	设备	部件	经济损失	生产中断	设备损坏		
20	电机	短路	受潮或绝缘老化、短路	电机处有烧焦异味、电机温高	无	闸门无法启闭	绕组烧坏	可能造成设备或财产损失1万元以下	无	经维修后可恢复设备性能	6	中等风险
21	电机	断裂	启动力矩过大或受力不均	轴弯曲、断裂	无	闸门无法启闭	制动异常	可能造成设备或财产损失1万元以下	无	经维修后可恢复设备性能	6	中等风险
22	导轨	卡涩	异物卡涩、变形	不能移动或运行抖动	无	影响设备工作性能	导轨损坏	无	无	经维修后可恢复设备性能	4	较小风险
23	导轨	变形	固定轨道螺栓松动	轨道平行度破坏	无	不能正常运行	磨损变形	无	无	经维修后可恢复设备性能	4	较小风险

设备风险控制卡

区域：厂房　　系统：起重机械　　设备：电动葫芦

序号	部件	故障条件			风险等级	日常控制措施			定期检修维护			临时措施
		模式	原因	现象		措施	检查方法	周期（天）	措施	检修方法	周期（月）	
1	吊钩	松动	荷载过重、零件脱落	吊物晃动、声音异常	较小风险	检查	检查吊钩是否晃动、零部件是否齐全	30	加固、更换	紧固、调整松紧程度、更换零部件	24	对吊钩进行紧固
2	吊钩	性能下降	与钢丝绳磨损	外形变形，行程启闭不到位	中等风险	检查	外观检查有无裂纹	30	检修	补焊、打磨、更换	24	补焊、打磨、更换
3	钢丝绳	断股	猛烈的冲击，使钢丝绳运行超载	钢丝绳断裂	较大风险	检查	外观检查有无断股	30	更换	更换	24	加强监视，至检修位锁锭，更换钢丝绳
4	钢丝绳	变形	从滑轮中拉出的位置和滚筒中的缠绕方式不正确	扭曲变形、折弯	中等风险	检查	外观检查有无变形	30	更换	更换	24	加强监视，至检修位锁锭，更换钢丝绳
5	钢丝绳	断丝	磨损、受力不均	钢丝绳断丝	较小风险	检查	外观检查有无断丝	30	更换	更换	24	加强监视，至检修位锁锭，更换钢丝绳
6	钢丝绳	扭结	钢丝绳放量过长，过启闭或收放过快	钢丝绳打结、折弯，闸门不平衡	较小风险	检查	外观检查有无扭结	30	检修	校正、更换	24	加强监视，至检修位锁锭，校正、更换钢丝绳
7	钢丝绳	挤压	钢丝绳放量过长，收放绳时归位不到位	受闸门、滑轮、卷筒挤压出现扁平现象	较小风险	检查	外观检查有无挤压	30	检修	校正、更换	24	加强监视，闸门启闭至检修平台固定，校正、更换钢丝绳

续表

序号	部件	故障条件			风险等级	日常控制措施			定期检修维护			临时措施
		模式	原因	现象		措施	检查方法	周期（天）	措施	检修方法	周期（月）	
8	钢丝绳	锈蚀	日晒、风霜雨雪侵蚀	出现锈斑现象	较小风险	检查	检查锈蚀范围变化	30	检修	除锈、润滑保养	24	加强监视，至检修位锁锭，松解钢丝绳，除锈、润滑保养
9	卷筒	裂纹	启闭受力不均或冲击力过大	外形变形，行程启闭不到位	中等风险	检查	外观检查有无裂纹	30	检修	补焊、打磨、更换	24	补焊、打磨、更换
10		变形	启闭受力不均或冲击力过大	外形变形，行程启闭不到位	中等风险	检查	外观检查有无变形	30	检修	变形校正、更换	24	变形校正、更换
11		沟槽磨损	启闭受力不均，钢丝绳收放过程磨损沟槽	沟槽深度减少，有明显磨损痕迹	较小风险	检查	外观检查沟槽是否有磨损	30	检修	补焊修复	24	焊接修复
12	受电器	松动	接触不良	碳刷打火、发热	较小风险	检查	检查碳刷磨损量、松紧程度	30	更换	更换碳刷、调整间隙	24	更换碳刷、调整间隙
13	减速箱	齿轮断裂	润滑油量不足、齿轮间隙过大、加工精度低	卡涩、振动、声音异常	中等风险	检查	检查油位、油质是否合格、运行声音有无异常	30	更换	更换齿轮	24	停止操作、做好安全措施后进行更换、调整
14		渗漏	密封垫老化、螺栓松动	箱体渗油	较小风险	检查	外观检查是否有渗漏、紧固螺栓	30	加固、更换	更换密封垫、紧固螺栓	24	更换密封垫、紧固螺栓
15	制动装置	松动	螺栓松动、间隙调整不当	制动块受损、厚度减小，制动盘温度升高、制动失灵	较小风险	检查	外观检查有无裂纹、厚度、紧固螺栓	30	加固、更换	调整螺杆松紧程度、对制动块更换	24	调整螺杆松紧程度、对制动块更换
16		制动块异常磨损	制动力矩过大或受力不均	制动块受损、厚度减小，制动盘温度升高、制动失灵	较小风险	检查	外观检查有无裂纹	30	加固、更换	调整螺杆松紧程度、对制动块更换	24	调整螺杆松紧程度、对制动块更换
17	操作手柄	断线	接触不良、电源异常、触点损坏	操作手柄失灵	较小风险	检查	检查电源电压、测量控制回路信号是否正常、紧固接线端子	30	检修	检查电源电压、测量控制回路信号是否正常、紧固接线端子、更换操作手柄	24	检查电源电压、测量控制回路信号是否正常、紧固接线端子
18	接线端子	松动	端子紧固螺栓松动	端子线接触不良	较小风险	检查	端子排各接线是否松动	30	检修	紧固端子、二次回路	24	紧固端子排端子
19	电机	过热	启动力矩过大或受力不均	有异常的金属撞击和卡涩声音	较小风险	检查	检查轴承有无有异常的金属撞击和卡涩	30	检修	更换轴承、螺栓紧固	24	停止电机运行，更换轴承

续表

序号	部件	故障条件			风险等级	日常控制措施			定期检修维护			临时措施
		模式	原因	现象		措施	检查方法	周期（天）	措施	检修方法	周期（月）	
20	电机	短路	受潮或绝缘老化、短路	电机处有烧焦异味、电机温高	中等风险	检查	检查电机绕组绝缘	30	更换	更换绕组	24	停止电机运行，更换绕组
21		断裂	启动力矩过大或受力不均	轴弯曲、断裂	中等风险	检查	检查电机轴有无弯曲断裂	30	更换	校正、更换电机轴	24	停止电机运行，校正、更换电机轴
22	导轨	卡涩	异物卡涩、变形	不能移动或运行抖动	较小风险	检查	卫生清扫、检查有无异物卡涩	30	检修	清理异物、校正轨道	24	清理异物、校正轨道
23		变形	固定轨道螺栓松动	轨道平行度破坏	较小风险	检查	固定轨道螺栓是否松动	30	加固、更换	紧固固定轨道螺栓或更换螺帽	24	紧固固定螺栓

37 桥式起重机

设备风险评估表

区域：厂房　　系统：起重机械　　设备：桥式起重机

序号	部件	故障条件			故障影响			故障损失			风险值	风险等级
		模式	原因	现象	系统	设备	部件	经济损失	生产中断	设备损坏		
1	主钩	磨损	吊带、钢丝绳受力摆动	吊钩组的钩口磨损、限位器损坏	无	无	吊钩组的钩口磨损、防脱位器损坏	无	无	经维修后可恢复设备性能	4	较小风险
2	主钩	卡涩	吊钩组启动力矩过大或受力不均	吊钩组滑轮有异常的金属撞击和卡涩声音	无	主钩吊钩组起、降卡涩	滑轮损坏	可能造成设备或财产损失1万元以下	无	经维修后可恢复设备性能	6	中等风险
3	副钩	磨损	吊带、钢丝绳受力摆动	吊钩组的钩口磨损	无		吊钩组的钩口磨损、防脱器损坏	无	无	经维修后可恢复设备性能	4	较小风险
4	副钩	卡涩	吊钩组启动力矩过大或受力不均	吊钩组滑轮有异常的金属撞击和卡涩声音	无	副钩吊钩组起、降卡涩	滑轮损坏	可能造成设备或财产损失1万元以下	无	经维修后可恢复设备性能	6	中等风险
5	钢丝绳	断股	猛烈的冲击，使钢丝绳运行超载	钢丝绳断裂	无	闸门无法正常启闭	钢丝绳损坏	可能造成设备或财产损失1万元以下	无	设备报废，需要更换新设备或经维修后设备可以维持使用，性能影响50%及以上	14	较大风险
6	钢丝绳	变形	从滑轮中拉出的位置和滚筒中的缠绕方式不正确	扭曲变形、折弯	无	闸门无法正常启闭	钢丝绳损伤	无	无	设备报废，需要更换新设备或经维修后设备可以维持使用，性能影响50%及以上	6	中等风险
7	钢丝绳	断丝	磨损、受力不均	钢丝绳断丝	无		断丝	无	无	经维修后可恢复设备性能	4	较小风险

续表

序号	部件	故障条件			故障影响			故障损失			风险值	风险等级
		模式	原因	现象	系统	设备	部件	经济损失	生产中断	设备损坏		
8	钢丝绳	扭结	钢丝绳放量过长，过启闭或收放过快	钢丝绳打结、折弯，闸门不平衡	无	闸门无法正常启闭	钢丝绳损伤	无	无	经维修后可恢复设备性能	4	较小风险
9	钢丝绳	挤压	钢丝绳放量过长，收放绳时归位不到位	受闸门、滑轮、卷筒挤压出现扁平现象	无	闸门无法正常启闭	钢丝绳损伤	无	无	经维修后可恢复设备性能	4	较小风险
10	钢丝绳	锈蚀	日晒、风霜雨雪侵蚀	出现锈斑现象	无		钢丝绳锈蚀损伤	无	无	经维修后可恢复设备性能	4	较小风险
11	滑轮	卡涩	异物卡涩、润滑不足	起重机移动缓慢、抖动	无	无法正常移动	滑轮损坏	无	无	经维修后可恢复设备性能	4	较小风险
12	滑轮	变形	受力不均	起重机移动缓慢、抖动	无	无法正常移动	滑轮损坏	可能造成设备或财产损失1万元以下	无	经维修后可恢复设备性能	6	中等风险
13	卷筒	龟裂	启闭受力不均或冲击力过大	外形变形，行程不到位	无	闸门无法正常启闭	充水阀变形损坏	可能造成设备或财产损失1万元以下	无	经维修后可恢复设备性能	6	中等风险
14	卷筒	变形	启闭受力不均或冲击力过大	外形变形，行程不到位	无	闸门无法正常启闭	筒体变形	可能造成设备或财产损失1万元以下	无	经维修后可恢复设备性能	6	中等风险
15	卷筒	磨损	启闭受力不均，钢丝绳收放过程磨损沟槽	沟槽深度减小，有明显磨损痕迹	无	无	沟槽磨损	无	无	设备性能无影响	2	轻微风险
16	电动葫芦	异响	轴承损坏、联轴器轴心不正	轴承附近，发出伴随着“咯噔-咯噔”的“嗡嗡”声	无	电动葫芦损坏	轴承、电机损坏	可能造成设备或财产损失1万元以下	无	经维修后可恢复设备性能	6	中等风险
17	变频装置	过压	输入缺相、电压电路板老化受潮	过电压报警	无	闸门启闭异常	变频装置损坏	无	无	经维修后可恢复设备性能	4	较小风险
18	变频装置	欠压	输入缺相、电压电路板老化受潮	欠压报警	无	闸门启闭异常	变频装置损坏	无	无	经维修后可恢复设备性能	4	较小风险

续表

序号	部件	故障条件			故障影响			故障损失			风险值	风险等级
		模式	原因	现象	系统	设备	部件	经济损失	生产中断	设备损坏		
19	变频装置	过流	加速时间设置太短、电流上限设置太小、转矩增大	上电就跳闸	无	闸门无法启闭	变频装置损坏	可能造成设备或财产损失1万元以下	无	经维修后可恢复设备性能	6	中等风险
20	制动器	龟裂	制动轮表面制动力矩过大或受力不均	制动轮表出现裂纹，制动块受损	无	无	制动轮损坏、制动块损坏、制动间隙变大	无	无	经维修后可恢复设备性能	4	较小风险
21	制动器	损坏	制动块制动间隔过小或受力不均	制动块磨损细微粉末、制动间隙变大、制动失灵	无	无法制动	制动块损坏、制动间隙变大	可能造成设备或财产损失1万元以下	无	经维修后可恢复设备性能	6	中等风险
22	制动器	渗油	密封损坏渗油	液压油渗出	无	闸门启闭异常	液压制动器损坏	无	无	经维修后可恢复设备性能	4	较小风险
23	制动器	疲软	制动器弹簧年久疲软	制动块磨损、制动间隙变大、制动失灵	无	闸门有下滑现象	制动异常	无	无	经维修后可恢复设备性能	4	较小风险
24	电机	卡涩	电机启动力矩过大或受力不均	轴承有异常的金属撞击和卡涩声音	无	不能正常运行	轴承损坏	无	无	经维修后可恢复设备性能	4	较小风险
25	电机	老化	受潮、绝缘老化、短路	电机处有烧焦异味、电机温高	无	起重机无法吊装	电机绕组烧坏	无	无	经维修后可恢复设备性能	4	较小风险
26	电机	短路	受潮或绝缘老化、短路	电机处有烧焦异味、电机温高	无	闸门无法启闭	绕组烧坏	可能造成设备或财产损失1万元以下	无	经维修后可恢复设备性能	6	中等风险
27	电源模块	短路	粉尘、高温、老化	设备失电	无	闸门无法启闭	电源模块损坏	无	主要备用设备退出备用24h以内	经维修后可恢复设备性能	6	中等风险
28	电源模块	漏电	静电击穿	设备失电	无	闸门无法启闭	电源模块损坏	无	主要备用设备退出备用24h以内	经维修后可恢复设备性能	6	中等风险
29	CPU模块	开路	CPU针脚接触不良	无法正常启动	无	闸门无法启闭	CPU模块损坏	无	主要备用设备退出备用24h以内	经维修后可恢复设备性能	6	中等风险

续表

序号	部件	故障条件			故障影响			故障损失			风险值	风险等级
		模式	原因	现象	系统	设备	部件	经济损失	生产中断	设备损坏		
30	CPU模块	CPU供电故障	CPU电压设置不正常	无法正常启动	无	闸门无法启闭	CPU模块损坏	无	主要备用设备退出备用24h以内	经维修后可恢复设备性能	8	中等风险
31	采集模块	功能失效	硬件故障	数据无法传输、采集液晶显示不正常	无	闸门无法启闭	采集模块损坏	无	主要备用设备退出备用24h以内	经维修后可恢复设备性能	8	中等风险
32	采集模块	松动	接口松动	无法收发数据	无	闸门无法启闭	松动脱落	无	无	经维修后可恢复设备性能	4	较小风险
33	开出模块	功能失效	输入电压过高	系统无法正常工作、烧毁电路	无	闸门无法启闭	模块损坏	无	主要备用设备退出备用24h以内	经维修后可恢复设备性能	8	中等风险
34	开出模块	松动	接口松动	无法收发数据	无	闸门无法启闭	松动脱落	无	无	经维修后可恢复设备性能	4	较小风险
35	继电器	功能失效	电源异常、线圈损坏	不能动作		影响自动控制功能	继电器损坏	无	无	经维修后可恢复设备性能	4	较小风险
36	继电器	松动	接口松动	无法收发数据	无	无法监控	松动脱落	无	无	经维修后可恢复设备性能	4	较小风险
37	接线端子	松动	端子紧固螺栓松动	端子线接触不良	无	无	接触不良	无	无	经维修后可恢复设备性能	4	较小风险
38	限位器	行程失调	行程开关机械卡涩、线路松动	不动作、误动作、超限无法停止	无	起重机无法起吊	限位器损坏	无	无	经维修后可恢复设备性能	4	较小风险
39	轨道	锈蚀	环境气温变化侵蚀	出现锈斑、麻坑	无	无	锈蚀损伤	无	无	设备性能无影响	2	轻微风险
40	轨道	变形	固定轨道螺栓松动	轨道平行度破坏	无	不能正常运行	磨损变形	无	无	经维修后可恢复设备性能	4	较小风险
41	受电器	松动	受电器紧固部分松脱	受电器松动、程不到位、接触不好、有电火花	无	设备电源间断性失电	受电器连接片异常	无	无	经维修后可恢复设备性能	4	较小风险
42	PLC控制装置	控制失效	控制单元老化、自动监测失灵	装置故障灯亮	无	影响吊装	控制单元损坏	可能造成设备或财产损失1万元以下	无	经维修后可恢复设备性能	6	中等风险

续表

序号	部件	故障条件			故障影响			故障损失			风险值	风险等级
		模式	原因	现象	系统	设备	部件	经济损失	生产中断	设备损坏		
43	核重仪	控制失效	老化、自动监测失灵	装置故障灯亮	无	影响吊装	核重仪异常	无	无	经维修后可恢复设备性能	4	较小风险
44	齿轮油箱	渗油	密封失效、箱体变形、连接螺松动	齿轮油位偏低、箱体外壳有油垢	无	设备缺齿轮油、减速器损坏	齿轮损坏	可能造成设备或财产损失1万元以下	无	经维修后可恢复设备性能	6	中等风险
45	减速器	松动	地脚螺栓松动	减速箱在底座振动	无	超重机异常运行	减速松动	无	无	经维修后可恢复设备性能	4	较小风险
46		断裂	节距误差过大，齿侧间超差	有周期性齿轮颤振现象，从动轮特别明显	无	超重机异常起吊	齿轮损坏	可能造成设备或财产损失1万元以下	无	经维修后可恢复设备性能	6	中等风险
47		渗油	密封失效、箱体变形、连接螺松动	齿轮油位偏低、箱体外壳有油垢	无	设备缺齿轮油、减速器损坏	齿轮异常	无	无	经维修后可恢复设备性能	4	较小风险

设备风险控制卡

区域：厂房　　系统：起重机械　　设备：桥式起重机

序号	部件	故障条件			风险等级	日常控制措施			定期检修维护			临时措施
		模式	原因	现象		措施	检查方法	周期（天）	措施	检修方法	周期（月）	
1	主钩	磨损	吊带、钢丝绳受力摆动	吊钩组的钩口磨损、限位器损坏	较小风险	检查	吊钩组的钩口磨损、防脱器完好	30	加固	紧固防脱器	24	停止起重机运行，排除故障
2		卡涩	吊钩组启动力矩过大或受力不均	吊钩组滑轮有异常的金属撞击和卡涩声音	中等风险	检查	检查滑轮有无有异常的金属撞击和卡涩	30	更换	更换轴承	24	停止起重机运行，排除故障
3	副钩	磨损	吊带、钢丝绳受力摆动	吊钩组的钩口磨损	较小风险	检查	吊钩组的钩口磨损、防脱器完好	30	加固	紧固防脱器	24	停止起重机运行，排除故障
4		卡涩	吊钩组启动力矩过大或受力不均	吊钩组滑轮有异常的金属撞击和卡涩声音	中等风险	检查	检查滑轮有无有异常的金属撞击和卡涩	30	更换	更换轴承	24	停止起重机运行，排除故障
5	钢丝绳	断股	猛烈的冲击，使钢丝绳运行超载	钢丝绳断裂	较大风险	检查	外观检查有无断股	30	更换	更换	24	加强监视，至检修位锁锭，更换钢丝绳
6		变形	从滑轮中拉出的位置和滚筒中的缠绕方式不正确	扭曲变形、折弯	中等风险	检查	外观检查有无变形	30	更换	更换	24	加强监视，至检修位锁锭，更换钢丝绳

续表

序号	部件	故障条件			风险等级	日常控制措施			定期检修维护			临时措施
		模式	原因	现象		措施	检查方法	周期（天）	措施	检修方法	周期（月）	
7	钢丝绳	断丝	磨损、受力不均	钢丝绳断丝	较小风险	检查	外观检查有无断丝	30	更换	更换	24	加强监视，至检修位锁锭，更换钢丝绳
8	钢丝绳	扭结	钢丝绳放量过长，过启闭或收放过快	钢丝绳打结、折弯，闸门不平衡	较小风险	检查	外观检查有无扭结	30	检修	校正、更换	24	加强监视，至检修位锁锭，校正、更换钢丝绳
9	钢丝绳	挤压	钢丝绳放量过长，收放绳时归位不到位	受闸门、滑轮、卷筒挤压出现扁平现象	较小风险	检查	外观检查有无挤压	30	检修	校正、更换	24	加强监视，闸门启闭至检修平台固定，校正、更换钢丝绳
10	钢丝绳	锈蚀	日晒、风霜雨雪侵蚀	出现锈斑现象	较小风险	检查	检查锈蚀范围变化	30	检修	除锈、润滑保养	24	加强监视，至检修位锁锭，松解钢丝绳，除锈、润滑保养
11	滑轮	卡涩	异物卡涩、润滑不足	起重机移动缓慢、抖动	较小风险	检查	检查有无异物和滑轮保养情况	30	检修	清理异物、除锈、润滑保养	24	清理异物、除锈、润滑保养
12	滑轮	变形	受力不均	起重机移动缓慢、抖动	中等风险	检查	外观检查有无变形	30	检修	校正、更换	24	校正滑轮
13	卷筒	龟裂	启闭受力不均或冲击力过大	外形变形，行程不到位	中等风险	检查	外观检查有无裂纹	30	检修	补焊、打磨、更换	24	停止运行，补焊、打磨、更换
14	卷筒	变形	启闭受力不均或冲击力过大	外形变形，行程不到位	中等风险	检查	外观检查有无变形	30	检修	变形校正、更换	24	停止运行，变形校正、更换
15	卷筒	磨损	启闭受力不均，钢丝绳收放过程磨损沟槽	沟槽深度减小，有明显磨损痕迹	轻微风险	检查	外观检查沟槽磨损	30	检修	补焊修复	24	停止运行，焊接修复
16	电动葫芦	异响	轴承损坏、联轴器轴心不正	轴承附近，发出伴随着“咯噔-咯噔”的“嗡嗡”声	中等风险	检查	检查运行时有无异常响声	30	检修	修复电机、更换轴承	24	停止起重机运行，排除故障
17	变频装置	过压	输入缺相、电压电路板老化受潮	过电压报警	较小风险	检查	检测输入三相电压正常，检查加热器正常投入	30	检修	检查相电压、加热除湿更换电压测量电路板	24	停止运行，处理过压故障
18	变频装置	欠压	输入缺相、电压电路板老化受潮	欠压报警	较小风险	检查	检测输入三相电压正常，检查加热器正常投入	30	检修	检查相电压、加热除湿更换电压测量电路板	24	停止运行，处理欠压故障

续表

序号	部件	故障条件			风险等级	日常控制措施			定期检修维护			临时措施
		模式	原因	现象		措施	检查方法	周期（天）	措施	检修方法	周期（月）	
19	变频装置	过流	加速时间设置太短、电流上限设置太小、转矩增大	上电就跳闸	中等风险	检查	核对电流参数设置、检查闸门启闭有无卡阻	30	检修	校正电流参数设置、检查闸门启闭有无卡阻	24	停止运行，处理过流故障
20	制动器	龟裂	制动轮表面制动力矩过大或受力不均	制动轮表出现裂纹，制动块受损	较小风险	检查	外观检查有无裂纹	30	检修	对制动轮补焊、打磨、更换，对制动块更换	24	加强监视，至检修位锁锭，对制动轮补焊、打磨、更换，对制动块更换
21	制动器	损坏	制动块制动间隔过小或受力不均	制动块磨损细微粉末、制动间隙变大、制动失灵	中等风险	检查	外观检查有无磨损细微粉末	30	更换	更换制动块	24	加强监视，至检修位锁锭，更换制动块
22	制动器	渗油	密封损坏渗油	液压油渗出	较小风险	检查	检查制液压动器油位	30	更换	更换密封、补充液压油	24	停车更换密封、注液压油
23	制动器	疲软	制动器弹簧年久疲软	制动块磨损、制动间隙变大、制动失灵	较小风险	检查	检查制动器位置无异常	30	检修	调整制动螺杆、收紧弹簧受力、更换弹簧	24	调整制动螺杆、收紧弹簧受力、停车后更换弹簧
24	电机	卡涩	电机启动力矩过大或受力不均	轴承有异常的金属撞击和卡涩声音	较小风险	检查	检查轴承有无有异常的金属撞击和卡涩	30	更换	更换轴承	24	停止起重机运行，排除故障
25	电机	老化	受潮、绝缘老化、短路	电机处有烧焦异味、电机温高	较小风险	检查	检测电机绕组绝缘	30	更换	更换绕组	24	停止起重机吊装，排除故障
26	电机	短路	受潮或绝缘老化、短路	电机处有烧焦异味、电机温高	中等风险	检查	检查电机绕组绝缘	30	更换	更换绕组	24	停止电机运行，更换绕组
27	电源模块	短路	粉尘、高温、老化	设备失电	中等风险	清扫	测量电源模块是否有输出电压、电流，以及电压、电流值是否异常	30	检修	更换、维修电源模块	12	起重机停止运行处理
28	电源模块	漏电	静电击穿	设备失电	中等风险	检查	测量电源模块是否有输出电压、电流，以及电压、电流值是否异常	30	检修	更换、维修电源模块	12	起重机停止运行处理
29	CPU 模块	开路	CPU 针脚接触不良	无法正常启动	中等风险	检查	看设备是否能正常运行	30	检修	拆下 CPU 用一个干净的小牙刷清洁 CPU，轻轻地擦拭 CPU 的针脚，将氧化物及锈迹去掉	12	起重机停止运行处理

续表

序号	部件	故障条件			风险等级	日常控制措施			定期检修维护			临时措施
		模式	原因	现象		措施	检查方法	周期（天）	措施	检修方法	周期（月）	
30	CPU模块	CPU供电故障	CPU电压设置不正常	无法正常启动	中等风险	检查	检查CPU是否正常供电	30	检修	将cmos放电，将Bios设置恢复到出厂时的初始设置	12	起重机停止运行处理
31	采集模块	功能失效	硬件故障	数据无法传输、采集液晶显示不正常	中等风险	检查	检查采集液晶显示是否正常	30	检修	更换采集终端	12	起重机停止运行处理
32		松动	接口松动	无法收发数据	较小风险	检查	检查接口是否有松动现象	30	检修	逐一进行紧固	12	起重机停止运行处理
33	开出模块	功能失效	输入电压过高	系统无法正常工作、烧毁电路	中等风险	检查	测量输入电压	30	检修	更换输出模块	12	起重机停止运行处理
34		松动	接口松动	无法收发数据	较小风险	检查	检查接口是否有松动现象	30	检修	逐一进行紧固	12	插入紧固
35	继电器	功能失效	电源异常、线圈损坏	不能动作	较小风险	检查	检查电源指示灯是否正常、触电有无粘连	30	检修	更换继电器	12	检查电源指示灯是否正常、触电有无粘连
36		松动	接口松动	无法收发数据	较小风险	检查	检查接口是否有松动现象	30	检修	逐一进行紧固	12	紧固插件
37	接线端子	松动	端子紧固螺栓松动	端子线接触不良	较小风险	检查	端子排各接线是否松动	30	检修	紧固端子、二次回路检查	24	紧固端子排端子
38	限位器	行程失调	行程开关机械卡涩、线路松动	不动作、误动作、超限无法停止	较小风险	检查	检查限位器有无卡阻、线路有无松动脱落	30	检修	检查限位器紧固线路	24	停止起重机吊装，排除限位器故障
39	轨道	锈蚀	环境气温变化侵蚀	出现锈斑、麻坑	轻微风险	检查	检查锈蚀范围扩大、加深	30	检修	打磨、除锈、防腐	24	打磨、除锈
40		变形	固定轨道螺栓松动	轨道平行度破坏	较小风险	检查	固定轨道螺栓是否松动	30	加固、更换	紧固固定轨道螺栓或更换螺帽	24	紧固固定螺栓
41	受电器	松动	受电器紧固部分松脱	受电器松动、程不到位、接触不好、有电火花	较小风险	检查	外观检查受电器有无松动、有无电点蚀痕迹	30	检修	打磨点蚀、紧固连接螺母	24	停电，紧固连接螺母、打磨修复连接片
42	PLC控制装置	控制失效	控制单元老化、自动监测失灵	装置故障灯亮	中等风险	检查	检查控制单元有无输入、输出信号	30	检修	功能检查	24	停止起吊，排查故障
43	核重仪	控制失效	老化、自动监测失灵	装置故障灯亮	较小风险	检查	检查控制单元有无输入、输出信号	30	检修	功能检查	24	停止起吊，排查故障

续表

序号	部件	故障条件			风险等级	日常控制措施			定期检修维护			临时措施
		模式	原因	现象		措施	检查方法	周期（天）	措施	检修方法	周期（月）	
44	齿轮油箱	渗油	密封失效、箱体变形、连接螺栓松动	齿轮油位偏低、箱体外壳有油垢	中等风险	检查	检查油位、有无渗油	30	检修	更换密封件；检修箱体剖分面，变形严重则更换；紧固螺栓	24	停止起重机运行，更换减速箱密封、箱体变形处理、连接螺栓紧固
45	减速器	松动	地脚螺栓松动	减速箱在底座上振动	较小风险	检查	检查减速箱地脚螺栓是否松动、运行是否振动	30	检修	紧固地脚螺栓	24	停止起重机运行，紧固地脚螺栓
46		断裂	节距误差过大，齿侧间隙超差	有周期性齿轮颤振现象，从动轮特别明显	中等风险	检查	检查齿轮间隙	30	检修	修理、重新安装减速箱	24	停止起重机运行，修理减速箱
47		渗油	密封失效、箱体变形、连接螺栓松动	齿轮油位偏低、箱体外壳有油垢	较小风险	检查	检查油位、有无渗油	30	检修	更换密封件；检修箱体剖分面，变形严重则更换；紧固螺栓	24	停止起重机运行，更换减速箱密封、箱体变形处理、连接螺栓紧固

38 滤油机

设备风险评估表

区域：厂房　　系统：油系统　　设备：滤油机

序号	部件	故障条件			故障影响			故障损失			风险值	风险等级
		模式	原因	现象	系统	设备	部件	经济损失	生产中断	设备损坏		
1	油泵电机	短路	受潮或绝缘老化、短路	电机处有烧焦异味、电机温高	无	滤油机不能供排油	电机损坏	可能造成设备或财产损失1万元以下	无	经维修后可恢复设备性能	6	中等风险
2		松动	启动、运行产生的振动	紧固螺栓松动	无	无	油泵电机损坏	无	无	经维修后可恢复设备性能	4	较小风险
3		卡涩	油泵电机轴承异物堵塞、锈蚀卡涩	油泵电机有金属撞击和卡涩声音	无	无	轴承损坏	无	无	经维修后可恢复设备性能	4	较小风险
4		异常磨损	油泵端面轴承磨损或卡滞导致油泵叶轮磨损	油泵抽排油异常	无	滤油机不能供排油	叶轮损坏	无	无	经维修后可恢复设备性能	4	较小风险
5	加热器	老化	发热元件超使用年限	加热器温升	无	滤油机不能加热	加热器损坏	无	无	经维修后可恢复设备性能	4	较小风险
6		短路	加热元件受潮或绝缘能力降低	加热器处有烧焦异味	无	滤油机不能加热	加热器损坏	可能造成设备或财产损失1万元以下	无	经维修后可恢复设备性能	6	中等风险
7	真空泵	卡涩	真空泵轴承异物堵塞、锈蚀卡涩	真空泵有金属撞击和卡涩声音	无	无	轴承损坏	无	无	经维修后可恢复设备性能	4	较小风险
8		异常磨损	真空泵内气室异物堵塞	滑片与气室磨损，间隙变大，真空压力不达标	无	真空压力偏低	滑片损坏	无	无	经维修后可恢复设备性能	4	较小风险
9	真空分离器	卡涩	搅拌器轴承异物堵塞、锈蚀卡涩	真空分离器内有金属撞击和卡涩声音	无	无	轴承损坏	无	无	经维修后可恢复设备性能	4	较小风险
10		松动	启动、运行产生的振动	紧固螺栓松动	无	无	扩散筒、分离塔损坏	无	无	经维修后可恢复设备性能	4	较小风险

续表

序号	部件	故障条件			故障影响			故障损失			风险值	风险等级
		模式	原因	现象	系统	设备	部件	经济损失	生产中断	设备损坏		
11	过滤器	堵塞	油垢、微粒杂质、异物堵塞	出油量减少	无	无	滤芯堵塞	无	无	经维修后可恢复设备性能	4	较小风险
12	冷凝器	堵塞	油垢、微粒杂质、异物堵塞	冷凝气体量减少	无	无	冷凝器堵塞	无	无	经维修后可恢复设备性能	4	较小风险
13	温度控制仪	老化	电子元件超使用年限，绝缘老化	无监测温度，温度无法控制	无	加热器温度失控	温度控制仪器损坏	可能造成设备或财产损失 1 万元以下	无	经维修后可恢复设备性能	6	中等风险
14	压力控制器	老化	电子元件超使用年限，绝缘老化	无监测压力，压力无法控制	无	滤油机压力失控	压力控制器损坏	可能造成设备或财产损失 1 万元以下	无	经维修后可恢复设备性能	6	中等风险
15	真空表	功能失效	弹簧弯管失去弹性，游丝失去弹性和脱落，三通旋塞的通道、压力表连管或弯管堵塞，指针弯曲或卡住	压力表不动作或动作值不正确	无	不能正常监测压力	压力表损坏	无	无	经维修后可恢复设备性能	4	较小风险
16	电控装置	短路	积尘积灰、高温、绝缘性能下降	电气开关烧坏	无	滤油机不能运行	电气元器件损坏、控制失效	无	无	经维修后可恢复设备性能	4	较小风险
17		老化	电气元器件老化、潮湿	电气元器发热	无	滤油机不能运行	电气元器件损坏、控制失效	无	无	经维修后可恢复设备性能	4	较小风险
18	油管	渗油	密封垫老化、螺栓松动	渗漏	无	滤油机管道渗油	油管渗漏	无	无	经维修后可恢复设备性能	4	较小风险
19		锈蚀	管路脱漆	锈斑、麻坑、起层的片状分离现象、渗漏	无	无	管道损伤	无	无	经维修后可恢复设备性能	4	较小风险
20		堵塞	异物卡阻	进出油量减少	无	无	管道损伤	无	无	经维修后可恢复设备性能	4	较小风险
21	阀门	堵塞	管道及阀门锈蚀破损、油垢集壳封堵	阀门不能全行程开关、有异物堵塞阀门口	无	阀门无法启闭	阀门卡涩、堵塞	无	无	经维修后可恢复设备性能	4	较小风险
22		渗油	阀芯变形、填料老化、螺栓松动	内漏关闭不严、外漏	无	阀门渗油	阀体损伤	无	无	经维修后可恢复设备性能	4	较小风险

设备风险控制卡

区域：厂房　　　　　　　　　　　　　系统：油系统　　　　　　　　　　　　　设备：滤油机

序号	部件	故障条件			风险等级	日常控制措施			定期检修维护			临时措施
		模式	原因	现象		措施	检查方法	周期（天）	措施	检修方法	周期（月）	
1	油泵电机	短路	受潮或绝缘老化、短路	电机处有烧焦异味、电机温高	中等风险	检查	检查电机绕组绝缘	7	更换	更换绕组	12	停止油泵电机运行，更换绕组
2	油泵电机	松动	启动、运行产生的振动	紧固螺栓松动	较小风险	检查	检查电机紧固螺栓是否松动	7	紧固	紧固螺栓	12	停止油泵电机紧固螺栓
3	油泵电机	卡涩	油泵电机轴承异物堵塞、锈蚀卡涩	油泵电机有金属撞击和卡涩声音	较小风险	检查	检查油泵电机有无有异常的金属撞击和卡涩	7	更换	更换轴承	12	停止油泵，更换轴承
4	油泵电机	异常磨损	油泵端面轴承磨损或卡滞导致油泵叶轮磨损	油泵抽排油异常	较小风险	检查	检查油泵排油是否正常	7	更换	更换叶轮	12	停止油泵，更换叶轮
5	加热器	老化	发热元件超使用年限	加热器温升	较小风险	检查	检查加热元件是否正常加热	7	更换	更换加热元件	12	停止滤油机，更换加热元件
6	加热器	短路	加热元件受潮或绝缘能力降低	加热器处有烧焦异味	中等风险	检查	检查加热器绝缘	7	更换	更换加热元件	12	停止滤油机，更换加热元件
7	真空泵	卡涩	真空泵轴承异物堵塞、锈蚀卡涩	真空泵有金属撞击和卡涩声音	较小风险	检查	检查真空泵有无有异常的金属撞击和卡涩	7	更换	更换轴承	12	停止真空泵，更换轴承
8	真空泵	异常磨损	真空泵内气室异物堵塞	滑片与气室磨损，间隙变大，真空压力不达标	较小风险	检查	检查真空泵抽排真空压力是否正常	7	更换	更换滑片	12	停止真空泵，更换滑片
9	真空分离器	卡涩	搅拌器轴承异物堵塞、锈蚀卡涩	真空分离器内有金属撞击和卡涩声音	较小风险	检查	检查搅拌器有无有异常的卡涩	7	更换	更换轴承	12	停止滤油机，更换搅拌器轴承
10	真空分离器	松动	启动、运行产生的振动	紧固螺栓松动	较小风险	检查	检查扩散筒、分离塔损紧固螺栓是否松动	7	紧固	紧固螺栓	12	停止滤油机，紧固螺栓
11	过滤器	堵塞	油垢、微粒杂质、异物堵塞	出油量减少	较小风险	检查	检查是否有无异物堵塞、清洗	7	检修	清洗滤芯、到达使用寿命后更换	12	清洗滤芯、更换滤芯
12	冷凝器	堵塞	油垢、微粒杂质、异物堵塞	冷凝气体量减少	较小风险	检查	检查是否有无异物堵塞、清洗	7	检修	清洗冷凝器、到达使用寿命后更换	12	清洗冷凝、更换冷凝
13	温度控制仪	老化	电子元件超、使用年限绝缘老化	无监测温度，温度无法控制	中等风险	检查	控制屏上查看加热温度值显示是否正常，测量温度控制仪绝缘值	7	更换	更换温度控制仪	12	停止滤油机，检查温度控制仪

续表

序号	部件	故障条件			风险等级	日常控制措施			定期检修维护			临时措施
		模式	原因	现象		措施	检查方法	周期（天）	措施	检修方法	周期（月）	
14	压力控制器	老化	电子元件超、使用年限绝缘老化	无监测压力，压力无法控制	中等风险	检查	控制屏上查看压力值显示是否正常，测量压力控制器绝缘值	7	更换	更换压力控制器	12	停止滤油机，检查压力控制器
15	真空表	功能失效	弹簧弯管失去弹性，游丝失去弹性和脱落，三通旋塞的通道、压力表连管或弯管堵塞，指针弯曲或卡住	压力表不动作或动作值不正确	较小风险	检查	看压力表显示是否正确	7	更换	更换压力表	12	检查其他压力表是否显示正常，关闭检修阀后更换
16	电控装置	短路	积尘积灰、高温、绝缘性能下降	电气开关烧坏	较小风险	检查	卫生清扫、绝缘测量	7	更换	更换电气元器件	12	更换电气元器件
17		老化	电气元器件老化、潮湿	电气元器发热	较小风险	检查	卫生清扫、绝缘测量	7	更换	更换电气元器件	12	检查控制回路、更换电气元器件
18	油管	渗油	密封垫老化、螺栓松动	渗漏	较小风险	检查	外观检查、紧固螺栓	30	检修	更换密封件、紧固螺栓	12	对油管前后法兰盘紧固
19		锈蚀	管路脱漆	锈斑、麻坑、起层的片状分离现象、渗漏	较小风险	检查	外观检查	7	检修	除锈、防腐	12	停止滤油机，关闭阀门后进行堵漏
20		堵塞	异物卡阻	进出油量减少	较小风险	检查	检查消防管水压	7	检修	疏通清理异物	12	清理疏通管道
21	阀门	堵塞	管道及阀门锈蚀破损、油垢集壳封堵	阀门不能全行程开关、有异物堵塞阀门口	较小风险	检查	检查阀门有无锈蚀	7	检修	打磨、除锈、防腐	12	临时防护、打磨、除锈、防腐
22		渗油	阀芯变形、填料老化、螺栓松动	内漏关闭不严、外漏	较小风险	检查	外观检查、紧固螺栓	7	更换	更换填料、研磨阀芯、润滑防护	12	紧固阀门连接法兰盘螺栓

附录

设备危害辨识与风险评估技术标准

前　言

本文件按照 GB/T 1.1—2020《标准化工作导则　第 1 部分：标准化文件的结构和起草规则》的规定起草。

本文件由国家电力投资集团有限公司安全质量环保部归口。

本文件起草单位：国家电投集团科学技术研究院有限公司、中国电力国际发展有限公司、国家电投集团铝电投资有限公司、国家电投集团上海电力股份有限公司。

本文件审核人：陶新建、岳乔、陈晓宇、卫东、陶建国、谢雷、陈宏、李群波、晋宏师、李宁、赵宏娟、李明泽、罗水云、李彬、陈宵、李璟涛、于伟、高建林、王晓峰、刘君、李耀奇、段红波、李光明、刘西鹏、马金海。

本文件主要起草人：王晨瑜、赵永权、刘志钢、修长开、俞兴桐、杨全卫、陈智、裴建军。

设备危害辨识与风险评估技术标准

1 范围

本文件规定了工作场所设备类危害识别、风险评估及风险控制的方法。

本文件适用于国家电力投资集团有限公司（以下简称国家电投）所属用人单位的设备单位危害辨识与风险评估工作。

2 规范性引用文件

下列文件中的内容通过文中的规范性引用而构成本文件必不可少的条款。其中注日期的引用文件，仅该日期对应的版本适用于本文件；不注日期的引用文件，其最新版本（包括所有的修改单）适用于本文件。

GB/T 7826—2012 系统可靠性分析技术 失效模式和影响分析（FMEA）程序

GB/T 22696.1—2008 电气设备的安全风险评估和风险降低 第 1 部分：总则

GB/T 22696.1—2008 电气设备的安全风险评估和风险降低 第 2 部分：风险分析和风险评价

GB/T 22696.3—2008 电气设备的安全风险评估和风险降低 第 3 部分：危险、危险处境和危险事件的示例

GB/T 22696.4—2011 电气设备的安全风险评估和风险降低 第 4 部分：风险降低

GB/T 22696.5—2011 电气设备的安全风险评估和风险降低 第 5 部分：风险评估和降低风险的方法示例

GB/T 23694—2013 风险管理 术语

GB/T 27921—2011 风险管理 风险评估技术

GB/T 34924—2017 低压电气设备安全风险评估和风险降低指南

GB/T 37079—2018 设备可靠性 可靠性评估方法

T/CSPSTC 17—2018 企业安全生产双重预防机制建设规范

3 术语和定义

下列术语和定义适用于本文件。

3.1

危害 harm

可能导致伤害或疾病、财产损失、工作环境破坏或这些情况组合的条件或行为。

3.2

伤害 hurt

对人、财产的物理损伤或损害。

3.3

危险 danger

潜在伤害的来源。

3.4

危险事件 dangerous event

危险情况造成了伤害的结果。

3.5

事故 accident

过去的危险事件。

3.6

设备 device

独立的物理实体。具有在特定环境中执行一个和多个规定功能的能力，并由其接口分隔开

［GB/T 19769.1—2015，定义 3.30］

3.7

设备风险　facilities risk

设备故障所产生伤害的一种综合衡量，包括设备故障发生的可能性和设备故障可能造成后果的严重程度。

3.8

故障　fault

由于各种原因，设备不能发挥预期功能。

3.9

故障模式　failure mode

故障的表现形式。

3.10

可靠性　reliability

在特定条件下和一段时间内应有的设计功能。

3.11

控制措施　control measure

降低风险的方法或手段。

3.12

残余风险　residual risk

指采取现有的风险措施后，主体所存在的风险。

3.13

风险　risk

不确定性对目标的影响。

注 1： 影响是指对预期的偏离——正面的或负面的。

注 2： 不确定性是指对事件及其后果或可能性缺乏甚至部分缺乏相关信息、理解或知识的状态。

注 3： 通常，风险以潜在“事件”（见 GB/T 23694—2013，3.5.1.3）和“后果”（见 GB/T 23694—2013，3.6.1.3），或两者的组合来描述其特征。

注 4： 通常，风险以某事件（包括情况的变化）的后果及其发生的“可能性”（见 GB/T 23694—2013，3.6.1.1）的组合来表述。

3.14

风险评估　risk assessment

包括风险识别、风险分析和风险评价的全过程。

3.15

风险矩阵　risk matrix

通过确定后果和可能性的范围来排列显示风险的工具。

4　设备风险评估

4.1　前期准备

4.1.1　设备清单梳理，统计本单位所有设备信息并形成设备清册，统计信息包括设备名称、型号、数量、生产厂家，建立系统、设备以及部件清单。

4.1.2　收集与设备故障风险评估相关的信息资料，包括：国家标准、行业标准、设计规范、档案、台账、技术资料、厂家说明书以及相关事故案例、统计分析资料等。

4.2　故障模式及影响辨识分析

对每个部件存在的故障模式及其产生的原因、现象、故障后果影响等进行辨识与分析。

4.3 故障模式风险等级的确定

4.3.1 采用定性或定量评估的方法确定故障模式的风险等级。故障模式风险等级分为“重大”、“较大”、“中等”、“较小”、“轻微”。“重大”对应颜色为“红色”、“较大”对应颜色为“橙色”、“中等”对应颜色为“黄色”、“较小”对应颜色为“蓝色”。故障模式风险等级宜采用风险矩阵法（*LS*）、故障类型及影响分析法（FMEA）两种方法进行评估分级。

4.3.2 设备故障风险值计算方法

a）设备故障风险值计算从两个因素考虑：即设备故障发生的可能性、设备故障可能造成后果的严重程度。

b）设备故障风险值按公式（1）进行计算。

$$风险值（R）=可能性（L）\times 后果（S） \tag{1}$$

式中：

R ——风险值；

L ——设备故障发生的可能性；

S ——设备故障可能造成后果的严重程度。

4.3.3 风险矩阵法

a）可能性（*L*）取值：设备故障发生的可能性分值，从本厂经常发生（5 分）到行业内从未听说（1 分）排序，分值越高，故障发生的可能性越高。设备故障发生的可能性分值见表 1。

表 1　设备故障发生的“可能性”（*L*）判定表

等级	频　　率	分值
5	在本厂经常发生	5
4	在分公司发生过	4
3	在集团公司发生过	3
2	在行业内发生过	2
1	行业内从未听说	1

b）后果（*S*）取值：由于设备故障可能造成后果的严重程度分值，严重程度越高，分值越高。设备故障的严重程度，从经济损失、生产中断、设备损坏三个维度进行判定，每个等级取其最高确定分值。设备故障后果的严重程度分值见表 2。

表 2　设备故障后果严重程度（*S*）判定表

等级	直接经济损失	生产中断	设备损坏	分值
5	可能造成设备或财产损失 1000 万元以上	导致生产中断 7 天及以上	设备报废，无替代备用设备	5
4	可能造成设备或财产损失 100 万元以上 1000 万元以下	导致生产中断 1 天～7 天或生产工艺 50%及以上	设备报废，需要更换新设备或经维修后设备可以维持使用，性能影响 50%及以上	4
3	可能造成设备或财产损失 10 万元以上 100 万元以下	生产工艺限制 50%及以下或主要设备退出备用 24h 及以上	经维修后设备可以维持使用，性能影响 50%及以下	3
2	可能造成设备或财产损失 1 万元以上 10 万元以下	主要备用设备退出备用 24h 以内	经维修后可恢复设备性能	2
1	可能造成设备或财产损失 1 万元以下	没有造成生产中断及设备故障	设备性能无影响	1

注：本表中“以上”包括本数、“以下”不包括本数。

c）编制设备风险矩阵表，表格横向第一行为故障发生的后果，纵向第一列为故障发生的可能性，表格数值中则为风险值（$L \times S$）。故障模式风险等级分为“重大”、“较大”、“中等”、“较小”、“轻微”，“重大”对应颜色为“红色”、“较大”对应颜色为“橙色”、“中等”对应颜色为“黄色”、“较小”对应颜色为“蓝色”，轻微风险不做颜色标记。设备风险矩阵见表3。

表3　设备风险矩阵表

L \ S	1	2	3	4	5
1	1	2	3	4	5
2	2	4	6	8	10
3	3	6	9	12	15
4	4	8	12	16	20
5	5	10	15	20	25

d）确定风险等级，根据计算得出的风险值 R，确认其风险等级和采取措施。风险等级划分见表4。

表4　风险等级划分表

序号	分　值	风险等级	采取的主要控制措施
1	风险值≥15	重大风险	不可接受风险，检修、技改
2	9≤风险值＜15	较大风险	日常维护+定期检修
3	5≤风险值＜9	中等风险	日常维护+定期检修
4	3≤风险值＜5	较小风险	日常维护为主、定期检修为辅
5	风险值＜3	轻微风险	可接受风险，日常维护

4.3.4　故障类型及影响分析法（FMEA）：采用故障模式发生的概率（L）和故障模式可能造成的后果严重程度等级（S）矩阵组合（$L \times S$），确定故障模式的风险等级，故障模式风险等级分为重大、较大、中等、较小、轻微五个等级。

a）可能性（L）取值：设备故障发生的可能性分值，从经常发生（10分）到罕见的（0.1分）排序，分值越高，故障发生的可能性越高。设备故障发生的可能性分值见表5。

表5　设备故障发生的可能性分值

序号	设备故障导致后果的可能性	分值
1	经常发生：平均每6个月发生一次	10
2	持续的：平均每1年发生一次	6
3	可能的：平均每1年～2年发生一次	3
4	偶然的：3年～9年发生一次	1
5	很难的：10年～20年发生一次	0.5
6	罕见的：几乎从未发生过	0.1

b）后果（S）取值：由于设备故障可能造成后果的严重程度分值，严重程度越高，分值越高。设备故障可能造成后果的严重程度分值见表6。

表6　设备故障可能造成后果的严重程度分值

等级	严重程度水平	失效模式对系统、人员或环境的影响	分值
Ⅳ	灾难性的	可能潜在地导致系统基本功能丧失，致使系统和环境严重毁坏或人员伤害	10
Ⅲ	严重的	可能潜在地导致系统基本功能丧失，致使系统和环境有相当大的损坏，但不严重威胁生命安全或人身伤害	5

表 6（续）

等级	严重程度水平	失效模式对系统、人员或环境的影响	分值
II	临界的	可能潜在地导致系统基本功能退化，但对系统没有明显的损伤、对人身没有明显的威胁或伤害	3
I	轻微的	可能潜在地导致系统基本功能退化，但对系统不会有损伤，不构成人身威胁或伤害	1

c）编制设备风险矩阵表：表格横向为故障发生的后果，纵向为故障发生的可能性，表格数值中则为风险值（$L \times S$）。故障模式风险等级分为“重大”、“较大”、“中等”、“较小”、“轻微”，“重大”对应颜色为“红色”、“较大”对应颜色为“橙色”、“中等”对应颜色为“黄色”、“较小”对应颜色为“蓝色”，轻微风险不做颜色标记。FMEA 设备风险矩阵表见表 7。

表 7　FMEA 设备风险矩阵表

设备故障发生的可能性（*L*）	设备故障发生的后果严重程度等级（*S*）			
	I	II	III	IV
	轻微的（1 分）	临界的（3 分）	严重的（5 分）	灾难性的（10 分）
经常发生（10 分）	10	30	50	100
持续发生（6 分）	6	18	30	60
可能的（3 分）	3	9	15	30
偶然的（1 分）	1	3	5	10
很难的（0.5 分）	0.5	1.5	2.5	5
罕见的（0.1 分）	0.1	0.3	0.5	1

d）确定风险等级，根据计算得出的风险值，可以按下面关系式确认其风险等级和采取措施。FMEA 风险等级划分表见表 8。

表 8　FMEA 风险等级划分表

序号	分　值	风险等级	采取的主要控制措施
1	风险值≥30	重大风险	不可接受风险，检修、技改
2	10≤风险值<30	较大风险	日常维护+定期检修
3	5≤风险值<10	中等风险	日常维护+定期检修
4	2.5≤风险值<5	较小风险	日常维护为主、定期检修为辅
5	风险值<2.5	轻微风险	可接受风险，日常维护

4.4　设备风险评估表填写说明

4.4.1　系统：将主机与辅机及其相连的管道、线路等划分为若干系统。

4.4.2　设备：系统中包含的具体设备名称、编号，多台相同设备应分别填写。

4.4.3　部件：最小的功能性部件。如阀门类分解到阀杆、阀芯、阀体、弹簧组件、填料密封装置等对阀门正常运行起到关键作用的部件。

4.4.4　故障模式：部件所发生的、能被观察或测量到的故障形式。常见故障模式分为以下六类：

a）损坏型故障模式，如断裂、碎裂、开裂、点蚀、烧蚀、短路、击穿、变形、弯曲、拉伤、龟裂、压痕等；

b）退化型故障模式，如老化、劣化、变质、剥落、异常磨损、疲劳等；

c）松脱型故障模式，如松动、脱落等；

d）失调型故障模式，如压力过高或过低、温度过高或过低、行程失调、间隙过大或过小等；

e）堵塞与渗漏型故障模式，如堵塞、气阻、漏水、漏气、渗油、漏电等；

f）性能衰退或功能失效型故障模式，如功能失效、性能衰退、异响、过热等。

4.4.5　故障原因：分析故障产生的原因。

4.4.6　故障现象：部件发生故障引起的设备不正常现象：

a）功能的完全丧失；

b）功能退化，不能达到规定的性能；

c）需求时无法完成其功能；

d）不需求其功能时出现无意的作业情况。

4.4.7　故障后果影响，包括：

a）对设备的损害，如对部件本身影响，对设备影响、对系统影响；

b）对人员的伤害，如对人员的健康损害、人身伤害；

c）导致违反法律/法规；

d）事故事件，如火灾、泄漏、爆炸；

e）影响环境，水体影响、大气污染、土壤污染等。

4.5　制定风险控制措施计划

4.5.1　根据分析结果判定低、轻微风险可接受，纳入日常维护措施。

4.5.2　重大、较大、中等、较小风险根据故障原因及后果，制定针对性风险控制措施。

4.5.3　风险控制措施分为日常维护措施和定期检修措施，并在措施中规定相应的方法和周期。由于设计、制造、运行等原因产生的故障模式，通过维护和检修等手段无法有效控制的，根据风险等级，制定相应的技术改造计划。对于每一种故障模式，制定发生故障后的临时处置措施和故障处理方法，高风险等级的故障模式要制定应急预案。

4.6　故障模式风险评估结果的应用

故障模式风险评估后，针对重大、较大、中等、较小风险设备制定和完善控制措施，明确日常维护、定期检修以及故障处理的方法，并应用在以下几个方面。

4.6.1　日常维护：

a）措施：如检查、清扫、加油等；

b）检查方法：如看、听、摸、测温、测振等；

c）周期：执行日常维护措施的周期，如×h、×天等。

4.6.2　定期检修：

a）措施：如检修、更换、加固等；

b）方法：简述修理方法；

c）周期：执行定期检修措施的周期，如×天、×月等。

4.6.3　改造计划：设备技术改造计划。

4.6.4　临时措施及故障处理方法：临时的控制措施以及发生故障的处置方法或应急预案。

4.6.5　新设备的设计选型阶段，对该设备故障风险进行评估，合理进行设计选型，降低设备故障风险。

4.6.6　设备采购阶段，根据该设备故障风险评估，从价格、性能参数、质量等综合考虑，降低设备故障风险。

4.7　形成风险分级管控机制

4.7.1　各单位应明确分级管控责任（应根据行业特征及地方政府要求制定管控级别）。

4.7.2　通过风险分级管控体系建设，各单位应在以下方面得到改进：

a）每一轮的风险辨识和评价后，应使原有的控制措施得到改进，或者通过增加新的控制措施提高安全可靠性；

b）完善重大风险场所、部位的警示标志；

c） 涉及重大风险设备应建立应急处置方案；

d） 保证风险控制措施持续有效地得到改进和完善，风险管控能力得到加强；

e） 根据改进的风险控制措施，完善隐患排查工作。

4.8 设备风险评估周期及更新

4.8.1 不定期、设备变化时的更新

当发生如下情况时，设备风险评估小组应按照上述条款及时辨识和评价并更新《设备风险评估表》、《设备重大、较大、中等、较小风险控制措施清单》（附表1～附表3）：

a） 工艺、系统、设备发生变化；

b） 法律、法规、标准及相关要求发生变化；

c） 事故、事件、不符合项出现后的评价结果；

d） 主要原辅材料发生较大变化；

e） 相关方抱怨或要求；

f） 对残余风险进行评价；

g） 新增项目时其他情况需要时。

4.8.2 定期评价

每年至少组织一次设备风险评估工作，重新识别和评价所有设备风险，重新评价重大、较大、中等、较小风险，及时进行调整《设备重大、较大、中等、较小风险控制措施清单》。

5 附表及流程图

5.1 附图1 风险降低原则示意图。

5.2 附表1 设备风险评估表（采用风险矩阵法确定故障模式风险等级）。

5.3 附表2 设备风险评估表（采用故障类型及影响分析法确定故障模式风险等级）。

5.4 附表3 设备重大、较大、中等、较小风险控制措施清单。

5.5 附图2 设备风险评估流程图。

附图 1　风险降低原则示意图

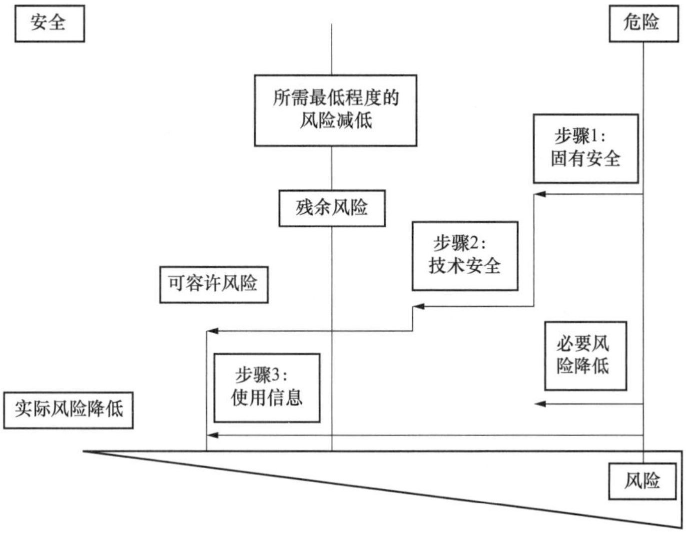

附表 1　设备风险评估表（采用风险矩阵法确定故障模式风险等级）

序号	区域	系统	设备	部件	故障			故障影响			故障可能性	故障损失			风险等级
					模式	原因	现象	系统	设备	部件		设备损坏	生产中断	环境污染	

附表 2　设备风险评估表（采用故障类型及影响分析法确定故障模式风险等级）

序号	区域	系统	设备	部件	故障			故障影响			风险等级
					模式	原因	现象	系统	设备	部件	

附表 3　设备重大、较大、中等、较小风险控制措施清单

序号	机组	系统	设备	部件	风险等级	控制措施									临时措施及故障处理方法
						日常维护			定期检修			改造计划			
						措施	检查方法	周期（天）	措施	检修方法	周期（月）	措施	改造方式	完成时间	

附图 2　设备风险评估流程图

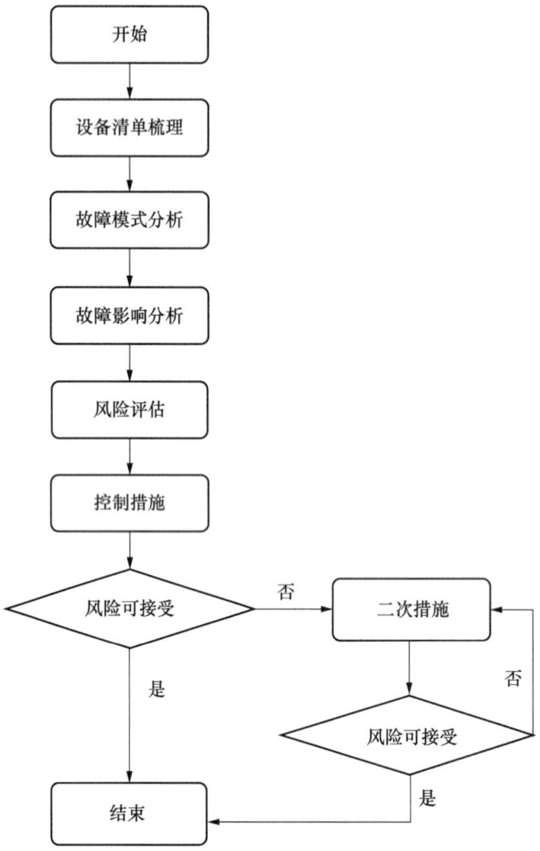

参 考 文 献

[1]《中央企业全面风险管理指引》（国资发改革〔2006〕108 号）

[2]《关于实施遏制重特大事故工作指南构建安全风险分级管控和隐患排查治理双重预防机制的意见》（国务院安委办 2016 年 10 月 9 日印发）

[3]《国家电力投资集团有限公司生产安全事故报告和调查规程》

[4]《国家电力投资集团有限公司安全风险管理指南》（2021 年）

[5]《国家电力投资集团有限公司安全生产工作规定》

[6]《国家电力投资集团有限公司安全生产监督规定》

[7]《HSE 管理工具实用手册》（国家电力投资集团有限公司 2019 年）

国家电投
SPIC

发电设备
风险数据样本

下册

国家电投集团电站运营技术（北京）有限公司　编

中国电力出版社
CHINA ELECTRIC POWER PRESS

图书在版编目（CIP）数据

发电设备风险数据样本/国家电投集团电站运营技术（北京）有限公司编. —北京：中国电力出版社，2024.3
ISBN 978-7-5198-8707-0

Ⅰ. ①发… Ⅱ. ①国… Ⅲ. ①发电厂－电气设备－风险管理－数据管理 Ⅳ. ①TM62

中国国家版本馆 CIP 数据核字（2024）第 037564 号

出版发行：中国电力出版社
地　　址：北京市东城区北京站西街 19 号（邮政编码 100005）
网　　址：http://www.cepp.sgcc.com.cn
责任编辑：赵鸣志（010-63412385）
责任校对：黄　蓓　朱丽芳　王海南　常燕昆　于　维
装帧设计：王红柳
责任印制：吴　迪

印　　刷：三河市航远印刷有限公司
版　　次：2024 年 3 月第一版
印　　次：2024 年 3 月北京第一次印刷
开　　本：880 毫米×1230 毫米　16 开本
印　　张：50
字　　数：1678 千字
印　　数：0001—2000 册
定　　价：400.00 元（全 2 册）

编 委 会

序

2014 年 8 月 31 日，中华人民共和国主席令第 13 号《全国人民代表大会常务委员会关于修改〈中华人民共和国安全生产法〉的决定》第二次修正，提出安全生产工作应当以人为本，坚持安全发展，建立完善安全生产方针和工作机制，进一步明确生产经营单位的安全生产主体责任，同时要求建立预防安全生产事故的制度，不断提高安全生产管理水平，加大对安全生产违法行为责任追究力度。

2016 年 10 月 9 日，国务院安委会办公室印发了《实施遏制重特大事故工作指南构建双重预防机制的意见》，意见要求：各地区、各有关部门要紧紧围绕遏制重特大事故，突出重点地区、重点企业、重点环节和重要岗位，抓住辨识管控重大风险、排查治理重大隐患两个关键，不断完善工作机制，深化安全专项整治，推动各项标准、制度和措施落实到位。

2019 年，国务院颁布《生产安全事故应急条例》《生产安全事故应急预案管理办法》，这是《中华人民共和国安全生产法》和《中华人民共和国突发事件应对法》的配套行政法规，旨在提高生产安全事故应急工作的科学化、规范化和法治化水平，对生产安全事故应急工作体制、应急准备、应急救援等作出的相关规定。

2019 年 8 月 12 日，中华人民共和国应急管理部批准发布 19 项安全生产行业标准，进一步推动安全生产主体责任、建立安全生产长效机制及创新安全生产监管机制全面落实。

2020 年 5 月，国家电力投资集团有限公司（以下简称“集团公司”）依据《全国安全生产专项整治三年行动计划》结合公司实际情况发布《国家电投安全生产三年行动专项实施方案》，进一步推动集团公司安全生产从严格监督向自主管理跨越，为实现杜绝事故、保障健康、追求幸福的安全管理国际一流企业目标奠定坚实基础。

2021 年 12 月，集团公司发布了《作业过程危害辨识与风险评估技术标准》《设备危害辨识与风险评估技术标准》《职业健康危害辨识与风险评估技术标准》和《环境危害辨识与风险评估技术标准》，规范了危害辨识与风险评估方法及应用要求。

2022 年 5 月，国家电投集团科学技术研究院有限公司与江苏常熟发电有限公司编写了《火电机组作业过程风险数据样本》，该样本已经在发电行业得到了良好的借鉴。为了更好地推广应用，将实践成果进行归纳整理，借鉴集团公司所属电厂及国内设备风险管理良好实践，编写了《发电设备风险数据样本》。

《发电设备风险数据样本》涵盖了火力发电设备、水力发电设备、风力发电设备和光伏发电设备，具有极强的可操作性和实用性，可作为发电企业领导、安全生产管理人员、专业技术人员、班组长以上管理人员的管理工具书，也可作为发电企业安全生产管理培训教材。

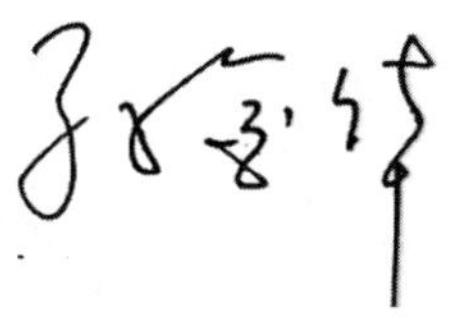

2023 年 12 月

前　言

国家电力投资集团有限公司（以下简称"集团公司"）主要业务板块覆盖火电、水电、核电、新能源（风电、太阳能）、煤炭（露天矿、井工矿）、铝业、化工、非煤矿山（露天矿、井工矿）等。随着集团公司各业务板块的蓬勃发展，集团公司积极贯彻落实国家安全生产政策、法律、法规要求，集团公司党组多次强调要把思想和行动统一到党中央、国务院重大决策部署上来，要站在讲政治的高度，以强烈的责任心和事业心抓好安全工作。

集团公司制定了"2035 一流战略"，将"零死亡"列为奋斗目标，提出要以"零死亡"坚守"一条红线"，以"零死亡"落实"安全第一"，以"零死亡"引领其他一切工作。在此背景下，集团公司发布了《作业过程危害辨识与风险评估技术标准》《设备危害辨识与风险评估技术标准》《职业健康危害辨识与风险评估技术标准》和《环境危害辨识与风险评估技术标准》，旨在规范和指导集团、各级单位及各业务板块的安全风险管理工作，降低突发安全事件风险，促进集团公司持续、健康、稳步发展。

根据集团公司《设备危害辨识与风险评估技术标准》内容要求，国家电投集团电站运营技术（北京）有限公司组织编写了《发电设备风险数据样本》。

本书以火力发电设备、水力发电设备、风力发电设备和光伏发电设备为例，编制了电力设备危害辨识与风险评估，并制定了防护措施。本书对发电企业设备风险管理具有很强的实用性，也可为其他行业设备风险管理提供借鉴作用。由于编写人员水平有限，难免存在不当之处，敬请广大读者批评指正。

编者

2023 年 12 月

目　　录

上　　册

火　电　部　分

下 册

水 电 部 分

风电部分

光伏部分

水电部分

1 水轮机

设备风险评估表

区域：厂房　　　　系统：水轮发电机组　　　　设备：水轮机

序号	部件	故障条件			故障影响			故障损失			风险值	风险等级
		模式	原因	现象	系统	设备	部件	经济损失	生产中断	设备损坏		
1	肘管	锈蚀	长时间氧化	锈斑、锈壳	无	无	受损	无	无	经维修后可恢复设备性能	4	较小风险
2		开裂	振动、汽蚀	墙体异常渗水	无	无	损坏	无	无	经维修后可恢复设备性能	4	较小风险
3	尾水锥管	锈蚀	长时间氧化	锈斑、锈壳	无	无	受损	无	无	经维修后可恢复设备性能	4	较小风险
4		开裂	振动、汽蚀	墙体异常渗水	无	无	受损	无	无	经维修后可恢复设备性能	4	较小风险
5	泄水锥	汽蚀	低水头运行、低负荷运行、补气阀动作异常	振动大、声音异常	出力降低	性能下降	泄水锥损伤	无	无	经维修后可恢复设备性能	6	中等风险
6		松动	振动	固定螺栓松动、脱落	出力降低	性能下降	泄水锥脱落	无	无	经维修后可恢复设备性能	4	较小风险
7	转轮	汽蚀	低水头运行、低负荷运行	振动大、声音异常	出力降低	性能下降	转轮叶片损伤	无	无	经维修后可恢复设备性能	6	中等风险
8		变形	异物等碰撞、转轮中心位移较大	振动大、声音异常	出力降低	性能下降	转轮叶片变形	可能造成设备或财产损失1万元以上10万元以下	主要备用设备退出备用24h以内	经维修后可恢复设备性能	6	中等风险
9		开裂	长时间汽蚀、异物撞击	振动大、声音异常	出力降低	性能下降	转轮叶片开裂	可能造成设备或财产损失1万元以上10万元以下	无	经维修后可恢复设备性能	8	中等风险
10	底环	磨损	导叶端盖螺栓松动	端面间隙变化	无	导叶漏水增大	磨损	无	无	经维修后可恢复设备性能	4	较小风险
11		汽蚀	低水头运行、低负荷运行	停机时漏水声音增大	无	无	底环受损	无	无	经维修后可恢复设备性能	4	较小风险

续表

序号	部件	故障条件			故障影响			故障损失			风险值	风险等级
		模式	原因	现象	系统	设备	部件	经济损失	生产中断	设备损坏		
12	座环	松动	长时间振动下螺栓松动	声音异常	无	无	磨损	无	无	经维修后可恢复设备性能	4	较小风险
13		汽蚀	低水头运行、低负荷运行	运行时振动大、声音异常	无	无	座环受损	无	无	经维修后可恢复设备性能	6	中等风险
14	蜗壳	锈蚀	长时间氧化	锈斑、锈壳	无	无	受损	无	无	经维修后可恢复设备性能	4	较小风险
15		开裂	振动、汽蚀	墙体异常渗水	无	无	受损	无	无	经维修后可恢复设备性能	4	较小风险
16	活动导叶	磨损	水含沙量较大	导叶漏水声音大	无	性能下降	活动导叶叶片损伤	无	无	经维修后可恢复设备性能	4	较小风险
17		变形	树枝、石头等碰撞	运行时振动大、声音异常	无	性能下降	活动导叶叶片变形	无	无	经维修后可恢复设备性能	4	较小风险
18		卡涩	异物堵塞、轴套与导叶抱死	剪断销剪断、漏水声音大	负荷调整困难	性能下降	无法正常开关	无	无	经维修后可恢复设备性能	4	较小风险
19		汽蚀	低水头运行、低负荷运行	运行时振动大、声音异常	出力降低	性能下降	活动导叶叶片损伤	无	无	经维修后可恢复设备性能	6	中等风险
20	固定导叶	开裂	树枝、石头等碰撞	运行时振动大、声音异常	无	性能下降	导叶叶片变形	无	无	经维修后可恢复设备性能	4	较小风险
21		汽蚀	低水头运行、低负荷运行	运行时振动大、声音异常	出力降低	性能下降	导叶叶片损伤	无	无	经维修后可恢复设备性能	6	中等风险
22	顶盖	松动	长时间振动	振动大、声音异常	机组停运	淹没	紧固螺栓断裂	可能造成设备或财产损失10万元以上100万元以下	导致生产中断7天及以上	经维修后可恢复设备性能	20	重大风险
23		渗水	密封不良	顶盖漏水量增大	无	无	密封损坏	可能造成设备或财产损失1万元以下	无	经维修后可恢复设备性能	6	中等风险
24		汽蚀	低水头运行、低负荷运行	运行时振动大、声音异常	无	无	顶盖受损	无	无	经维修后可恢复设备性能	4	较小风险
25	水导油盆	松动	长时间振动	水导轴承油位降低、温度升高、漏油	机组停运	水导轴承轴瓦烧坏	冷却性能降低	无	主要备用设备退出备用24h以内	经维修后可恢复设备性能	8	中等风险

续表

序号	部件	故障条件			故障影响			故障损失			风险值	风险等级
		模式	原因	现象	系统	设备	部件	经济损失	生产中断	设备损坏		
26	水导油盆	点蚀	砂眼	水导轴承油位降低、温度升高、漏油	机组停运	水导轴承轴瓦烧坏	冷却性能降低	无	无	经维修后可恢复设备性能	4	较小风险
27	水导油盆	渗油	组合部件密封不良	水导轴承油位降低、温度升高、漏油	机组停运	水导轴承轴瓦烧坏	冷却性能降低	无	无	经维修后可恢复设备性能	6	中等风险
28	导轴承	磨损	摆度增大、油膜未建立、油中有杂质	摆度值大、温度升高	出力降低	轴瓦磨损、烧坏	导轴承变形	无	主要备用设备退出备用 24h 以内	经维修后可恢复设备性能	8	中等风险
29	导轴承	松动	固定螺栓、楔子块限位螺栓松动	摆度值大、温度异常	摆度值大	摆度值大	磨损	无	无	经维修后可恢复设备性能	4	较小风险
30	冷却器	堵塞	异物堵塞	水导瓦温升高	无	水导瓦温异常	冷却性能降低	无	无	经维修后可恢复设备性能	4	较小风险
31	冷却器	破裂	异物磨损、水力过高	水导瓦温升高、油混水装置报警	无	水导瓦温异常	冷却性能降低	无	无	经维修后可恢复设备性能	4	较小风险
32	控制环	磨损	连接部件水平不一致	跳动、振动	无	无	损伤	无	无	经维修后可恢复设备性能	4	较小风险
33	控制环	松动	抗磨环螺栓松动	跳动、振动	无	无	磨损	无	无	经维修后可恢复设备性能	4	较小风险
34	控制环	卡涩	缺润滑脂、异物卡涩	磨损、跳动、异常声响	调整负荷滞后	无	磨损	无	无	经维修后可恢复设备性能	4	较小风险
35	连板	异常磨损	轴套缺油造成铜套异常磨损	连板松动、卡涩	行程失调	剪断销剪断	铜套破损	无	无	经维修后可恢复设备性能	4	较小风险
36	拐臂	松动	分半键松动、锁紧螺栓松动	导叶动作不一致	行程失调	无	无	无	无	经维修后可恢复设备性能	4	较小风险
37	剪断销	剪断	不均衡受力	剪断销报警	无	无	损坏	可能造成设备或财产损失 1 万元以下	无	经维修后可恢复设备性能	6	中等风险
38	剪断销	断线	拐臂挤压	剪断销报警	无	无	线路断路	无	无	设备性能无影响	3	较小风险

续表

序号	部件	故障条件			故障影响			故障损失			风险值	风险等级
		模式	原因	现象	系统	设备	部件	经济损失	生产中断	设备损坏		
39	套筒	异常磨损	中心、水平不一致	渗水	无	无	磨损	可能造成设备或财产损失1万元以下	无	经维修后可恢复设备性能	6	中等风险
40		漏水	密封不良	顶盖漏水量增大	无	无	密封损坏	可能造成设备或财产损失1万元以下	无	经维修后可恢复设备性能	6	中等风险
41		卡涩	导叶套筒与轴领抱死	剪断销剪断	调整负荷困难	振动增大	损坏	可能造成设备或财产损失1万元以下	无	经维修后可恢复设备性能	6	中等风险
42	主轴密封检修密封	异常磨损	受力不均	漏水量增大	无	无	磨损	无	无	经维修后可恢复设备性能	4	较小风险
43		漏水	密封不良	漏水量增大	无	增加顶盖排水泵启停频率	密封受损	无	无	设备性能无影响	2	轻微风险
44		卡涩	导向杆松动、变形、异物卡阻	漏水量增大	无	增加顶盖排水泵启停频率	性能失效	无	无	经维修后可恢复设备性能	4	较小风险
45		异常磨损	组合阀串气	气压异常变化	无	增加顶盖排水泵启停频率	密封破损	无	无	经维修后可恢复设备性能	4	较小风险
46		漏气	异常磨损	无法正常投入	无	增加顶盖排水泵启停频率	密封破损	可能造成设备或财产损失1万元以下	无	经维修后可恢复设备性能	6	中等风险
47		老化	恶劣环境、超过使用寿命	漏水量增大	无	无	密封受损	可能造成设备或财产损失1万元以下	无	经维修后可恢复设备性能	6	中等风险
48	水轮机大轴	异常磨损	不均衡受力	摆度增大、轴承温度升高、冒烟	出力降低	瓦隙增大	磨损	可能造成设备或财产损失1万元以下	无	经维修后可恢复设备性能	6	中等风险
49		变形	扭矩过大、撞击	摆度增大、轴承温度升高	机组停运	摆度增大	大轴受损	可能造成设备或财产损失10万元以上100万元以下	导致生产中断7天及以上	经维修后可恢复设备性能	20	重大风险
50	机械过速装置	松动	固定飞摆装置螺帽松动	装置下落、机组紧停	紧急停机	无	无	无	主要备用设备退出备用24h以内	经维修后可恢复设备性能	8	中等风险

续表

序号	部件	故障条件			故障影响			故障损失			风险值	风险等级
		模式	原因	现象	系统	设备	部件	经济损失	生产中断	设备损坏		
51	机械过速装置	渗油	密封不良	连接处螺栓松动、渗油	无	无		无	无	经维修后可恢复设备性能	4	较小风险
52	机械过速装置	断线	接线老化、松动	无法传输信号	无	无	功能失效	无	无	经维修后可恢复设备性能	4	较小风险

设备风险控制卡

区域：厂房　　系统：水轮发电机组　　设备：水轮机

序号	部件	故障条件			风险等级	日常控制措施			定期检修维护			临时措施
		模式	原因	现象		措施	检查方法	周期（天）	措施	检修方法	周期（月）	
1	肘管	锈蚀	长时间氧化	锈斑、锈壳	较小风险	检查	测量振动、听是否有异常声音	30	检修	打磨、补焊、探伤	12	停机后检修处理
2	肘管	开裂	振动、汽蚀	墙体异常渗水	较小风险	检查	测量振动、听是否有异常声音	30	检修	打磨、补焊、探伤	12	停机后检修处理
3	尾水锥管	锈蚀	长时间氧化	锈斑、锈壳	较小风险	检查	测量振动、听是否有异常声音	30	检修	打磨、补焊、探伤	12	停机后检修处理
4	尾水锥管	开裂	振动、汽蚀	墙体异常渗水	较小风险	检查	测量振动、听是否有异常声音	30	检修	打磨、补焊、探伤	12	停机后检修处理
5	泄水锥	汽蚀	低水头运行、低负荷运行、补气阀动作异常	振动大、声音异常	中等风险	检查	在尾水进入门测量振动、听是否有异常声音	30	检修	打磨、补焊、探伤	12	调整负荷，避开振动区运行
6	泄水锥	松动	振动	固定螺栓松动、脱落	较小风险	检查	在尾水进入门测量振动、听是否有异常声音	30	加固	紧固螺栓	12	待停机后检修处理
7	转轮	汽蚀	低水头运行、低负荷运行	振动大、声音异常	中等风险	检查	在尾水进入门测量振动、听是否有异常声音	30	检修	打磨、补焊、探伤	12	调整负荷，避开振动区运行
8	转轮	变形	异物等碰撞、转轮中心位移较大	振动大、声音异常	中等风险	检查	在尾水进入门测量振动、听是否有异常声音	30	检修	打磨、补焊、探伤、返厂	12	停机检查处理
9	转轮	开裂	长时间汽蚀、异物撞击	振动大、声音异常	中等风险	检查	在尾水进入门测量振动、听是否有异常声音	30	检修	补焊、返厂	12	调整负荷，避开振动区运行
10	底环	磨损	导叶端盖螺栓松动	端面间隙变化	较小风险	检查	在尾水进入门处听漏水声音	30	检修	研磨、调整端面间隙	12	观察运行
11	底环	汽蚀	低水头运行、低负荷运行	停机时漏水声音增大	较小风险	检查	在水车室听异常声响	30	检修	打磨、补焊	12	调整负荷，避免长时间在振动区及低水头运行
12	座环	松动	长时间振动下螺栓松动	声音异常	较小风险	检查	在水车室听异常声响，看振摆装置水导振摆值	30	加固	紧固螺栓	12	加强监视水导振摆值

续表

序号	部件	故障条件			风险等级	日常控制措施			定期检修维护			临时措施
		模式	原因	现象		措施	检查方法	周期（天）	措施	检修方法	周期（月）	
13	座环	汽蚀	低水头运行、低负荷运行	运行时振动大、声音异常	中等风险	检查	在水车室听异常声响	30	检修	打磨、补焊	12	调整负荷,避免长时间在振动区及低水头运行
14	蜗壳	锈蚀	长时间氧化	锈斑、锈壳	较小风险	检查	在蜗壳进入门处听有无异常声音	30	检修	打磨、补焊、探伤	12	观察运行,停机后检修处理
15		开裂	振动、汽蚀	墙体异常渗水	较小风险	检查	在墙体有无异常渗水	30	检修	打磨、补焊、探伤	12	停机后检修处理
16	活动导叶	磨损	水含沙量较重	导叶漏水声音大	较小风险	检查	在水车室听漏水声响	7	检修	打磨、补焊、探伤	12	停机时关闭蝶阀
17		变形	树枝、石头等碰撞	运行时振动大、声音异常	较小风险	检查	在水车室听漏水声响	7	检修	打磨、补焊、探伤	12	停机检查处理
18		卡涩	异物堵塞、轴套与导叶抱死	剪断销剪断、漏水声音大	较小风险	检查	在水车室听漏水声响	7	检修	清理异物、更换轴套	12	停机时关闭蝶阀
19		汽蚀	低水头运行、低负荷运行	运行时振动大、声音异常	中等风险	检查	查看振摆装置水导振摆值,在水车室听异常声响	7	检修	打磨、补焊、探伤	12	调整负荷,避免长时间在振动区及低水头运行
20	固定导叶	开裂	树枝、石头等碰撞	运行时振动大、声音异常	较小风险	检查	在水车室听漏水声响	30	检修	打磨、补焊、探伤	12	停机检查处理
21		汽蚀	低水头运行、低负荷运行	运行时振动大、声音异常	中等风险	检查	查看振摆装置水导振摆值,在水车室听异常声响	30	检修	打磨、补焊、探伤	12	调整负荷,避免长时间在振动区及低水头运行
22	顶盖	松动	长时间振动	振动大、声音异常	重大风险	检查	看振摆装置顶盖振摆值,在水车室听异常声响,查看漏水量	30	检修	探伤、打磨、补焊	12	紧急停机,立即关闭尾水闸门
23		渗水	密封不良	顶盖漏水量增大	中等风险	检查	检查顶盖水位是否增高	30	更换	更换密封	12	增加临时排水泵进行排水，并密切监视漏水情况是否增大
24	顶盖	汽蚀	低水头运行、低负荷运行	运行时振动大、声音异常	较小风险	检查	在水车室听异常声响	30	检修	打磨、补焊	12	调整负荷，避免长时间在振动区及低水头运行
25	水导油盆	松动	长时间振动	水导轴承油位降低、温度升高、漏油	中等风险	检查	查看测温屏水导瓦温度值，查看水导油位计油位	90	检修	刮瓦、研磨瓦面，紧固水导油盆螺栓	12	注油至正常油位运行,待停机后处理
26		点蚀	砂眼	水导轴承油位降低、温度升高、漏油	较小风险	检查	查看测温屏水导瓦温度值，查看水导油位计油位	7	检修	刮瓦、研磨瓦面，紧固水导油盆螺栓	12	注油至正常油位运行,待停机后处理

续表

序号	部件	故障条件			风险等级	日常控制措施			定期检修维护			临时措施
		模式	原因	现象		措施	检查方法	周期（天）	措施	检修方法	周期（月）	
27	水导油盆	渗油	组合部件密封不良	水导轴承油位降低、温度升高、漏油	中等风险	检查	查看测温屏水导瓦温度值，查看水导油位计油位	7	检修	刮瓦、研磨瓦面，紧固水导油盆螺栓	12	注油至正常油位运行，待停机后处理
28	导轴承	磨损	摆度增大、油膜未建立、油中有杂质	摆度值大、温度升高	中等风险	检查	在测温屏和振摆装置上检查水导温度值，水导振摆值	7	检修	刮瓦、调整瓦面间隙	12	降低出力运行或停机处理
29	导轴承	松动	固定螺栓、楔子块限位螺栓松动	摆度值大、温度异常	较小风险	检查	在测温屏和振摆装置上检查水导温度值，水导振摆值	90	检修	调整轴瓦间隙、紧固螺栓	12	检查是否影响设备运行，若影响则立即停机处理，若不影响则待停机后处理
30	冷却器	堵塞	异物堵塞	水导瓦温高	较小风险	检查	检查水导瓦温、示流信号器	7	检修	反冲洗	12	提高水压或降低出力运行，待停机后处理
31	冷却器	破裂	异物磨损、水力过高	水导瓦温升高、油混水装置报警	较小风险	检查	检查水导油混水、水导瓦温、示流信号器、水导技术供水压力在正常范围	7	检修	修补或更换	12	申请停机处理
32	控制环	磨损	连接部件水平不一致	跳动、振动	较小风险	检查	看控制环是否有跳动现象	7	检修	调整水平位置	12	紧固压板螺栓，注润滑油
33	控制环	松动	抗磨环螺栓松动	跳动、振动	较小风险	检查	检查抗磨环螺丝是否有松动，运行时控制环是否有跳动现象	7	检修	紧固抗磨环螺丝	12	紧固抗磨环螺丝
34	控制环	卡涩	缺润滑脂、异物卡涩	磨损、跳动、异常声响	较小风险	检查	听有无异常声音、看是否有润滑脂	7	检修	清理异物、涂抹润滑脂	12	清理异物、涂抹润滑脂
35	连板	异常磨损	轴套缺油造成铜套异常磨损	连板松动、卡涩	较小风险	检查	在水车室检查拐臂动作位置是否一致	7	检修	更换铜套	12	调整负荷减少机组振动
36	拐臂	松动	分半键松动、锁紧螺栓松动	导叶动作不一致	较小风险	检查	在水车室检查拐臂动作位置是否一致	7	检修	紧固螺栓	12	调整负荷、紧固螺栓
37	剪断销	剪断	不均衡受力	剪断销报警	中等风险	检查	查看有无剪断销剪断报警信息，检查剪断销信号装置	7	检修	更换剪断销信号装置	12	更换备件

续表

序号	部件	故障条件			风险等级	日常控制措施			定期检修维护			临时措施
		模式	原因	现象		措施	检查方法	周期（天）	措施	检修方法	周期（月）	
38	剪断销	断线	拐臂挤压	剪断销报警	较小风险	检查	查看有无剪断销剪断报警信息，看剪断销连接线有无断裂	7	检修	接线或换线	12	接线或换线
39	套筒	异常磨损	中心、水平不一致	渗水	中等风险	检查	查看套筒渗水，顶盖水位	7	检修	更换轴套、密封	12	加强顶盖水位巡视
40		漏水	密封不良	顶盖漏水量增大	中等风险	检查	查看套筒渗水，顶盖水位	7	检修	更换密封	12	增加临时排水泵进行排水，并密切监视漏水情况是否增大
41		卡涩	导叶套筒与轴领抱死	剪断销剪断	中等风险	检查	检查有无剪断销剪断信号报警	7	检修	更换轴套	12	停机处理
42	主轴密封	异常磨损	受力不均	漏水量增大	较小风险	检查	查看主轴密封漏水量、顶盖水位	7	检修	更换主轴密封	12	加强顶盖水位巡视，必要时增加临时排水泵进行抽排水
43		漏水	密封不良	漏水量增大	轻微风险	检查	查看主轴密封漏水量、顶盖水位	7	检修	更换主轴密封	12	加强顶盖水位巡视，必要时增加临时排水泵进行抽排水
44		卡涩	导向杆松动、变形、异物卡阻	漏水量增大	较小风险	检查	查看主轴密封漏水量、顶盖水位	7	检修	更换导向杆、清理异物	12	加强顶盖水位巡视，必要时增加临时排水泵进行抽排水
45	检修密封	异常磨损	组合阀串气	气压异常变化	较小风险	检查	检查检修密封气压	120	检修	更换检修密封、维修检修密封组合阀	12	加强顶盖水位巡视
46		漏气	异常磨损	无法正常投入	中等风险	检查	检查检修密封气压、在水车室听漏气声	120	检修	更换检修密封	12	加强顶盖水位巡视
47		老化	恶劣环境、超过使用寿命	漏水量增大	中等风险	检查	在水车顶顶盖检查漏水量	120	检修	更换检修密封	12	加强顶盖水位巡视
48	水轮机大轴	异常磨损	不均衡受力	摆度增大、轴承温度升高、冒烟	中等风险	检查	看振摆装置振摆值、测温制动柜各轴瓦温度，闻异味	30	检修	打磨、补焊	12	降低出力或停机处理
49		变形	扭矩过大、撞击	摆度增大、轴承温度升高	重大风险	检查	看振摆装置振摆值、测温制动柜各轴瓦温度	30	检修	返厂维修	12	紧急停机处理

续表

序号	部件	故障条件			风险等级	日常控制措施			定期检修维护			临时措施
		模式	原因	现象		措施	检查方法	周期（天）	措施	检修方法	周期（月）	
50	机械过速装置	松动	固定飞摆装置螺帽松动	装置下落、机组紧停	中等风险	检查	停机后检查螺栓	90	检修	调整装置位置、紧固装置螺栓	12	紧停机处理
51		渗油	密封不良	连接处螺栓松动、渗油	较小风险	检查	查看测有无渗漏	7	检修	紧固螺栓、更换密封垫	12	观察运行,待停机后处理
52		断线	接线老化、松动	无法传输信号	较小风险	检查	手动实验	90	更换	更换信号线	12	停机处理,更换信号线

2 发电机

设备风险评估表

区域：厂房　　　　系统：水轮发电机组　　　　设备：发电机

序号	部件	故障条件			故障影响			故障损失			风险值	风险等级
		模式	原因	现象	系统	设备	部件	经济损失	生产中断	设备损坏		
1	定子	击穿	电压过高、受潮	三相电流不平衡、振动增大	机组停运	绕组电流增大	绝缘损坏	可能造成设备或财产损失1万元以上10万元以下	导致生产中断7天及以上	经维修后可恢复设备性能	18	重大风险
2		扫膛	定、转子紧固件脱落，异物	大量烟雾及异常声响	机组停运	转子铁芯和线圈损坏	定子线圈和铁芯损坏	可能造成设备或财产损失10万元以上100万元以下	导致生产中断7天及以上	经维修后可恢复设备性能	20	重大风险
3		短路	绝缘降低	大量烟雾，事故和紧急停机	机组停运	功能失效	线圈损坏	可能造成设备或财产损失1万元以上10万元以下	导致生产中断1～7天或生产工艺50%及以上	经维修后可恢复设备性能	16	重大风险
4		老化	高温、超过使用寿命	绝缘降低	无	无	绝缘降低	无	无	经维修后可恢复设备性能	4	较小风险
5		固定螺栓松动	振动、焊接不牢	点焊处有裂纹、振动增大	无	振动增大	磨损	无	无	经维修后可恢复设备性能	4	较小风险
6	转子	击穿	电压过高、受潮	无法建压、起励	机组停运	绝缘损坏	绝缘损坏	可能造成设备或财产损失1万元以上10万元以下	导致生产中断7天及以上	经维修后可恢复设备性能	18	重大风险
7		绝缘降低	积尘积灰	绝缘降低			绝缘性能下降	无	无	经维修后可恢复设备性能	4	较小风险
8		短路	绝缘降低	大量烟雾，事故和紧急停机	机组停运	功能失效	线圈损坏	可能造成设备或财产损失1万元以上10万元以下	导致生产中断1～7天或生产工艺50%及以上	经维修后可恢复设备性能	16	重大风险
9		老化	高温、超过使用寿命	绝缘降低	无	无	绝缘降低	无	无	经维修后可恢复设备性能	4	较小风险

续表

序号	部件	故障条件			故障影响			故障损失			风险值	风险等级
		模式	原因	现象	系统	设备	部件	经济损失	生产中断	设备损坏		
10	转子	松动	振动、磁极键焊接不牢	点焊处有裂纹、振动增大	无	振动增大	磨损	无	无	经维修后可恢复设备性能	4	较小风险
11	转子	碰撞	轴瓦间隙变大，异物掉入	有异常声音、摆度增大	机组停运	短路、绝缘降低、定子扫膛	设备损坏	可能造成设备或财产损失1万元以上10万元以下	导致生产中断1～7天或生产工艺50%及以上	经维修后设备可以维持使用，性能影响50%及以下	18	重大风险
12	空气冷却器	堵塞	异物堵塞	定子、转子绕组温度升高	无	绕组温度升高	冷却性能降低	无	无	经维修后可恢复设备性能	6	中等风险
13	空气冷却器	破裂	异物磨损	渗水	无	设备受潮	性能降低	无	无	经维修后可恢复设备性能	4	较小风险
14	空气冷却器	渗水	链接螺栓松动、密封损坏	链接端面渗水	无	温度升高	性能降低	无	无	经维修后可恢复设备性能	4	较小风险
15	上机架	松动	振动、锁片断裂、点焊脱落	振动增大	机组停运	无	磨损	无	无	经维修后可恢复设备性能	4	较小风险
16	下机架	松动	振动、锁片断裂、点焊脱落	振动增大	机组停运	无	磨损	无	无	经维修后可恢复设备性能	4	较小风险
17	挡风板	破裂	老化	温度升高	无	定子、转子绕组温度升高	性能降低	无	无	经维修后可恢复设备性能	4	较小风险
18	挡风板	松动	振动	紧固螺丝脱落	机组停运	扫膛	损坏	可能造成设备或财产损失10万元以上100万元以下	导致生产中断7天及以上	经维修后可恢复设备性能	20	重大风险
19	推力轴承	异常磨损	振动、缺油	振动、摆度增值大、温度升高	机组停运	轴瓦磨损、烧坏	性能降低	可能造成设备或财产损失1万元以下	导致生产中断1～7天或生产工艺50%及以上	经维修后可恢复设备性能	14	较大风险
20	推力轴承	变形	受热、受力不均	瓦温不均匀升高、振动增大	无	油温升高	磨损	无	无	经维修后可恢复设备性能	4	较小风险
21	推力轴承	破裂	瓦钢垫受力不均	瓦温变化、振动增大	无	振动增大	损坏	可能造成设备或财产损失1万元以下	无	经维修后可恢复设备性能	6	中等风险
22	推力轴承	变质	冷却器渗水	温度升高、油混水报警	机组停运	温度升高	磨损	无	无	经维修后可恢复设备性能	4	较小风险

续表

序号	部件	故障条件			故障影响			故障损失			风险值	风险等级
		模式	原因	现象	系统	设备	部件	经济损失	生产中断	设备损坏		
23	上导轴承	异常磨损	摆度大、缺油	摆度增大、温度升高	机组停运	轴瓦磨损、烧坏	性能降低	可能造成设备或财产损失1万元以下	导致生产中断1～7天或生产工艺50%及以上	经维修后可恢复设备性能	14	较大风险
24	上导轴承	变质	冷却器渗水	温度升高、油混水报警	机组停运	温度升高	磨损	无	无	经维修后可恢复设备性能	4	较小风险
25	上导轴承	松动	振动	顶瓦螺栓松动	无	摆渡增大	性能降低	无	无	经维修后可恢复设备性能	4	较小风险
26	上导冷却器	堵塞	异物堵塞	上导瓦温升高	无	上导瓦温异常	冷却性能降低	无	无	经维修后可恢复设备性能	4	较小风险
27	上导冷却器	破裂	异物磨损	上导瓦温升高、油混水装置报警	机组停运	上导瓦温异常	冷却性能降低	无	无	经维修后可恢复设备性能	4	较小风险
28	上导冷却器	漏水	冷却器本体连接螺栓松动、密封损坏	油位上升、油混水报警	机组停运	上导瓦温异常	性能失效	无	主要备用设备退出备用24h以内	经维修后可恢复设备性能	8	中等风险
29	上导油盆	松动	油盆盖紧固螺栓松动	上导轴承油位降低、温度升高、漏油	机组停运	上导轴承轴瓦烧坏	冷却性能降低	无	无	经维修后可恢复设备性能	4	较小风险
30	上导油盆	渗油	油盆存在砂眼	空冷器出风侧存在油泥	无	上导瓦温升高	性能下降	无	无	经维修后可恢复设备性能	4	较小风险
31	下导轴承	异常磨损	摆度大、缺油	摆度增大、温度升高	机组停运	轴瓦磨损、烧坏	性能降低	可能造成设备或财产损失1万元以下	导致生产中断1～7天或生产工艺50%及以上	经维修后可恢复设备性能	14	较大风险
32	下导轴承	变质	冷却器渗水	温度升高、油混水报警	机组停运	温度升高	磨损	无	无	经维修后可恢复设备性能	4	较小风险
33	下导轴承	松动	振动	顶瓦螺栓松动	无	摆渡增大	性能降低	无	无	经维修后可恢复设备性能	4	较小风险
34	下导冷却器	堵塞	异物堵塞	上导瓦温升高	无	上导瓦温异常	冷却性能降低	无	无	经维修后可恢复设备性能	4	较小风险
35	下导冷却器	破裂	异物磨损	上导瓦温升高、油混水装置报警	机组停运	上导瓦温异常	冷却性能降低	无	无	经维修后可恢复设备性能	4	较小风险

续表

序号	部件	故障条件			故障影响			故障损失			风险值	风险等级
		模式	原因	现象	系统	设备	部件	经济损失	生产中断	设备损坏		
36	下导冷却器	漏水	冷却器本体连接螺栓松动、密封损坏	油位上升、油混水报警	机组停运	上导瓦温异常	性能失效	无	主要备用设备退出备用24h以内	经维修后可恢复设备性能	8	中等风险
37	下导油盆	松动	油盆盖紧固螺栓松动	上导轴承油位降低、温度升高、漏油	机组停运	上导轴承轴瓦烧坏	冷却性能降低	无	无	经维修后可恢复设备性能	4	较小风险
38		渗油	油盆存在砂眼	空冷器出风侧存在油泥	无	上导瓦温升高	性能下降	无	无	经维修后可恢复设备性能	4	较小风险
39	制动器	磨损	密封圈老化	串油、串气、胶臭味	无	刹车板异常磨损	密封破损	无	无	经维修后可恢复设备性能	4	较小风险
40		松动	振动	油、气管路连接螺帽处漏油、漏气	无	功能失效	性能降低	无	无	经维修后可恢复设备性能	4	较小风险
41		卡涩	密封圈破损、异物进入	制动器无法正常投入或复归	无	功能失效	性能降低	无	无	经维修后可恢复设备性能	4	较小风险
42	集电环	过热	变形摩擦	温度升高	无	碳粉累积造成绝缘降低	变形	无	无	经维修后可恢复设备性能	4	较小风险
43		磨损	碳刷硬度高、电腐蚀	产生电火花	无	无	磨损变形	无	无	经维修后可恢复设备性能	4	较小风险
44	刷架	磨损	转动磨损	积尘积灰	无	碳粉累积造成绝缘降低	卡簧损坏	无	无	经维修后可恢复设备性能	4	较小风险
45		松动	固定刷架螺帽松动	刷架摆度增大	无	无	功能降低	无	没有造成生产中断及设备故障	经维修后可恢复设备性能	6	中等风险
46	发电机大轴	异常磨损	不均衡受力	摆度增大、轴承温度升高、冒烟	出力降低	瓦隙增大	磨损	可能造成设备或财产损失1万元以下	无	经维修后可恢复设备性能	6	中等风险
47		变形	扭矩过大、撞击	摆度增大、轴承温度升高	机组停运	摆度增大	大轴受损	可能造成设备或财产损失10万元以上100万元以下	导致生产中断7天及以上	经维修后可恢复设备性能	20	重大风险
48	连轴螺栓	松动	振动	连轴螺栓松动	中心轴线不一致	瓦温升高	连轴间隙增大	可能造成设备或财产损失1万元以下	主要备用设备退出备用24h以内	经维修后可恢复设备性能	10	较大风险

续表

序号	部件	故障条件			故障影响			故障损失			风险值	风险等级
		模式	原因	现象	系统	设备	部件	经济损失	生产中断	设备损坏		
49	大轴补气阀	卡涩	接触面锈蚀、异物堵塞、弹簧性能衰退	汽蚀爆裂声	产生汽蚀		对部件本身影响	无	无	经维修后可恢复设备性能	4	较小风险
50	接地碳刷	磨损	转动磨损	积尘积灰	无	碳粉累积造成绝缘降低	卡簧损坏	无	无	经维修后可恢复设备性能	4	较小风险
51		松动	固定螺帽松动、卡簧疲劳或损坏	轴电流值跳跃	无	无	无	无	无	经维修后可恢复设备性能	4	较小风险
52	轴电流测量装置	松动	固定装置螺帽松动	轴电流值跳跃	无	无	无	无	无	经维修后可恢复设备性能	4	较小风险
53		断线	接线老化	轴电流无显示	无	无	功能失效	无	无	经维修后可恢复设备性能	4	较小风险

设备风险控制卡

区域：厂房　　　　系统：水轮发电机组　　　　设备：发电机

序号	部件	故障条件			风险等级	日常控制措施			定期检修维护			临时措施
		模式	原因	现象		措施	检查方法	周期（天）	措施	检修方法	周期（月）	
1	定子	击穿	电压过高、受潮	三相电流不平衡、振动增大	重大风险	检查	查看发电机三相电流增大、闻烧焦味	365	检修	修复绝缘盒或更换定子绕组	12	紧急停机处理
2		扫膛	定、转子紧固件脱落，异物	大量烟雾及异常声响	重大风险	检查	运行时听有无异响声	365	检修	现场修复绝缘及更换线圈和铁芯	12	紧急停机处理
3		短路	绝缘降低	大量烟雾，事故和紧急停机	重大风险	检查	查看三相电流和电压是否平衡	365	检修	现场修复绝缘及更换线圈和铁芯	12	紧急停机处理
4		老化	高温、超过使用寿命	绝缘降低	较小风险	检查	查看三相电流和电压是否平衡	365	检修	现场修复绝缘及更换线圈和铁芯	12	停机后定期测量绝缘值
5		固定螺栓松动	振动、焊接不牢	点焊处有裂纹、振动增大	较小风险	检查	查看螺栓电焊处是否有裂纹	365	检修	现场修复绝缘及更换线圈和铁芯	12	紧急停机处理
6	转子	击穿	电压过高、受潮	无法建压、起励	重大风险	检查	查看保护装置接地电阻、测绝缘、闻烧焦味	365	检修	修复绝缘盒或更换磁极线圈	12	紧急停机处理
7		绝缘降低	积尘积灰	绝缘降低	较小风险	检查	查看保护装置接地电阻，测量转子测绝缘	365	检修	清扫集电环	12	加强发电机保护装置接地电阻值监视
8		短路	绝缘降低	大量烟雾，事故和紧急停机	重大风险	检查	查看三相电流和电压是否平衡	365	检修	修复、更换转子磁极线圈绕组	12	紧急停机处理

续表

序号	部件	故障条件			风险等级	日常控制措施			定期检修维护			临时措施
		模式	原因	现象		措施	检查方法	周期（天）	措施	检修方法	周期（月）	
9	转子	老化	高温、超过使用寿命	绝缘降低	较小风险	检查	查看三相电流和电压是否平衡	365	检修	修复、更换转子磁极线圈绕组	12	停机处理
10	转子	松动	振动、磁极键焊接不牢	点焊处有裂纹、振动增大	较小风险	检查	查看机组振动和摆度值	365	检修	修复、更换转子磁极线圈绕组	12	紧急停机处理
11	转子	碰撞	轴瓦间隙变大，异物掉入	有异常声音、摆度增大	重大风险	检查	查看机组振动和摆度值	365	检修	修复、更换转子磁极线圈绕组	12	紧急停机处理
12	空气冷却器	堵塞	异物堵塞	定子、转子绕组温度升高	中等风险	检查	检查测温柜上空冷温度，空冷示流信号器	90	检修	反冲洗	12	检查空气冷却器的冷风与热风温度，提高供水压力或降低出力，待停机后处理
13	空气冷却器	破裂	异物磨损	渗水	较小风险	检查	在定子室检查有无明显渗水	90	检修	修补	12	引导至排水沟
14	空气冷却器	渗水	链接螺栓松动、密封损坏	链接端面渗水	较小风险	检查	在定子室检查有无明显渗水	90	检修	修复、更换空冷器铜管	12	停机处理
15	上机架	松动	振动、锁片断裂、点焊脱落	振动增大	较小风险	检查	查看振摆装置上机架摆度值、千斤顶剪断销、测温柜各轴瓦温度	90	检修	紧固、重新点焊	12	加强观察运行，待停机后紧固螺栓并点焊
16	下机架	松动	振动、锁片断裂、点焊脱落	振动增大	较小风险	检查	查看振摆装置上机架摆度值、千斤顶剪断销、测温柜各轴瓦温度	90	检修	紧固、更换锁片	12	加强观察运行，待停机后紧固螺栓并点焊
17	挡风板	破裂	老化	温度升高	较小风险	检查	查看转子、定子绕组温度	90	检修	修复、更换	12	加强监视;打开发电机盖板观察口降温，设置安全围栏
18	挡风板	松动	振动	紧固螺丝脱落	重大风险	检查	听挡风板上有无碰撞声音	90	加固	紧固螺栓	12	紧急停机处理
19	推力轴承	异常磨损	振动、缺油	振动、摆度增值大、温度升高	较大风险	检查	查看上导油盆油位，检查推力瓦温度及油温	7	检修	研磨镜板、修复推力瓦	12	注油至正常油位，加强监视机组推力瓦温度
20	推力轴承	变形	受热、受力不均	瓦温不均匀升高、振动增大	较小风险	检查	在温度巡检表检查推力瓦温度，检查机组振动值	7	检修	修复或更换推力瓦	12	加强监视机组推力瓦温度及机组振动值

续表

序号	部件	故障条件			风险等级	日常控制措施			定期检修维护			临时措施
		模式	原因	现象		措施	检查方法	周期（天）	措施	检修方法	周期（月）	
21	推力轴承	破裂	瓦钢垫受力不均	瓦温变化、振动增大	中等风险	检查	查看机组振动和瓦温情况	7	更换	更换瓦钢垫	12	加强监视机组推力瓦温度及机组振动值
22		变质	冷却器渗水	温度升高、油混水报警	较小风险	检查	查看油混水是否报警、检查推力瓦温度	7	检修	修复冷却器、滤油	12	申请停机处理
23	上导轴承	异常磨损	摆度大、缺油	摆度增大、温度升高	较大风险	检查	查看上导油盆油位，检查上导瓦温度及油温	7	检修	修复上导瓦	12	注油至正常油位，加强监视机组上导瓦温度
24		变质	冷却器渗水	温度升高、油混水报警	较小风险	检查	查看油混水是否报警、检查推力瓦温度	7	检修	修复冷却器、滤油	12	申请停机处理
25		松动	振动	顶瓦螺栓松动	较小风险	检查	查看上导温度、振摆值	7	检修	调整瓦隙、紧固顶瓦螺栓	12	降低出力，避开振动区运行，加强振摆及瓦温监视
26	上导冷却器	堵塞	异物堵塞	上导瓦温升高	较小风险	检查	检查上导瓦温、示流信号器	7	检修	反冲洗	12	提高水压或降低出力运行，待停机后处理
27		破裂	异物磨损	上导瓦温升高、油混水装置报警	较小风险	检查	检查上导油混水、水导瓦温、示流信号器	7	检修	修补	12	申请停机处理
28		漏水	冷却器本体连接螺栓松动、密封损坏	油位上升、油混水报警	中等风险	检查	检查上导油位上升、油混水报警	7	检修	紧固螺栓、更换密封垫	12	调整冷却器进水侧水压
29	上导油盆	松动	油盆盖紧固螺栓松动	上导轴承油位降低、温度升高、漏油	较小风险	检查	查看测温屏上导瓦温度值，查看上导油位计油位	7	检修	刮瓦、研磨瓦面，紧固上导油盆螺栓	12	注油至正常油位运行，待停机后处理
30		渗油	油盆存在砂眼	空冷器出风侧存在油泥	较小风险	检查	检查上导油位	7	检查	补焊、打磨、防护	12	采用环氧树脂临时封堵
31	下导轴承	异常磨损	摆度大、缺油	摆度增大、温度升高	较大风险	检查	查看上导油盆油位，检查上导瓦温度及油温	7	检修	修复上导瓦	12	注油至正常油位，加强监视机组上导瓦温度
32		变质	冷却器渗水	温度升高、油混水报警	较小风险	检查	查看油混水是否报警、检查推力瓦温度	7	检修	修复冷却器、滤油	12	申请停机处理
33		松动	振动	顶瓦螺栓松动	较小风险	检查	查看上导温度、振摆值	7	检修	调整瓦隙、紧固顶瓦螺栓	12	降低出力，避开振动区运行，加强振摆及瓦温监视

续表

序号	部件	故障条件			风险等级	日常控制措施			定期检修维护			临时措施
		模式	原因	现象		措施	检查方法	周期（天）	措施	检修方法	周期（月）	
34	下导冷却器	堵塞	异物堵塞	上导瓦温升高	较小风险	检查	检查上导瓦温、示流信号器	7	检修	反冲洗	12	提高水压或降低出力运行，待停机后处理
35		破裂	异物磨损	上导瓦温升高、油混水装置报警	较小风险	检查	检查上导油混水、水导瓦温、示流信号器	7	检修	修补	12	申请停机处理
36		漏水	冷却器本体连接螺栓松动、密封损坏	油位上升、油混水报警	中等风险	检查	检查上导油位上升、油混水报警	7	加固、更换	紧固螺栓、更换密封垫	12	调整冷却器进水侧水压
37	下导油盆	松动	油盆盖紧固螺栓松动	上导轴承油位降低、温度升高、漏油	较小风险	检查	查看测温屏上导瓦温度值，查看上导油位计油位	7	检修	刮瓦、研磨瓦面，紧固上导油盆螺栓	12	注油至正常油位运行，待停机后处理
38		渗油	油盆存在砂眼	空冷器出风侧存在油泥	较小风险	检查	检查上导油位	7	检查	补焊、打磨、防护	12	采用环氧树脂临时封堵
39	制动器	磨损	密封圈老化	串油、串气、胶臭味	较小风险	检查	查看刹车制动信号灯状态，检查制动腔、复归腔压力值，闻有无焦臭味	7	检修	修复组合阀及制动器	12	手动退出刹车装置
40		松动	振动	油、气管路连接螺帽处漏油、漏气	较小风险	检查	检查制动器连接管路是否漏油或听有无漏气声音	7	更换	更换密封圈，紧固螺帽	12	加强监视漏油、漏气情况；停机时关闭蝶阀
41		卡涩	密封圈破损、异物进入	制动器无法正常投入或复归	较小风险	检查	停机后投、退制动是否正常	7	检查	更换密封圈，清理活塞	12	加强观察运行，待停机后更换密封圈
42	集电环	过热	变形摩擦	温度升高	较小风险	检查	测温，查看碳粉累积量、保护装置绝缘电阻值	7	检修	吹扫、补焊、打磨	12	检查上下滑环碳刷磨损情况，测量上下刷环温度，转子引线接头温度变化，待停机后进清扫
43		磨损	碳刷硬度高、电腐蚀	产生电火花	较小风险	检查	用测温枪测量温度、观察是否有电火花	7	检修	清洗、吹扫、更换碳刷	12	加强集电环温度监视和电火花

续表

序号	部件	故障条件			风险等级	日常控制措施			定期检修维护			临时措施
		模式	原因	现象		措施	检查方法	周期（天）	措施	检修方法	周期（月）	
44	刷架	磨损	转动磨损	积尘积灰	较小风险	检查	查看碳粉累积量、保护装置绝缘电阻值，听有无金属摩擦声	7	检修	吹扫、更换	12	检查上下滑环碳刷磨损情况，若只有极少数碳刷磨损严重，在保证安全情况下更换碳刷；不影响安全运行时，待停机后进行清扫及更换卡簧
45		松动	固定刷架螺帽松动	刷架摆度增大	中等风险	检查	观察刷架摆度	7	检修	紧固刷架固定螺帽	12	停机处理
46	发电机大轴	异常磨损	不均衡受力	摆度增大、轴承温度升高、冒烟	中等风险	检查	查看振摆装置振摆值、测温制动柜各轴瓦温度，闻异味	7	检修	打磨、补焊	12	降低出力或停机处理
47		变形	扭矩过大、撞击	摆度增大、轴承温度升高	重大风险	检查	查看振摆装置振摆值、测温制动柜各轴瓦温度	7	检修	返厂维修	12	紧急停机处理
48	连轴螺栓	松动	振动	连轴螺栓松动	较大风险	检查	查看振摆装置下导振摆值，查看焊点是否开裂，连轴法获兰间隙有无漏水	7	检修	紧固、调整中心轴线、补焊	12	停机处理
49	大轴补气阀	卡涩	接触面锈蚀、异物堵塞、弹簧性能衰退	汽蚀爆裂声	较小风险	检查	在水车室听汽蚀爆裂声、查看上位机大轴水位过高报警	7	检修	清理、除锈、更换弹簧	12	停机处理
50	接地碳刷	磨损	转动磨损	积尘积灰	较小风险	检查	查看碳粉累积量、保护装置绝缘电阻值，听有无金属摩擦声	7	检修	吹扫、更换	12	停机处理
51		松动	固定螺帽松动、卡簧疲劳或损坏	轴电流值跳跃	较小风险	检查	监视轴电流值	90	检修	紧固螺栓、更换卡簧	12	停机处理
52	轴电流测量装置	松动	固定装置螺帽松动	轴电流值跳跃	较小风险	检查	监视轴电流值	90	检修	调整装置中心、紧固装置螺栓	12	停机处理
53		断线	接线老化	轴电流无显示	较小风险	检查	检查有无轴电流值	90	更换	更换信号线	12	停机处理，更换信号线

3 主变压器

设备风险评估表

区域：厂房　　　　系统：变电系统　　　　设备：主变压器

序号	部件	故障条件			故障影响			故障损失			风险值	风险等级
		模式	原因	现象	系统	设备	部件	经济损失	生产中断	设备损坏		
1	油枕	渗油	管路阀门、密封不良	有渗漏油滴落在本体或地面上	油位显示异常	密封破损	在行业内发生过	无	无	经维修后可恢复设备性能	4	较小风险
2		破裂	波纹管老化、裂纹	油位指示异常	空气进入加快油质劣化速度	波纹管损坏	在行业内发生过	可能造成设备或财产损失1万元以上10万元以下	无	经维修后可恢复设备性能	8	中等风险
3	油箱	渗油	密封不良	有渗漏油滴落在本体或地面上	油位异常	密封破损	在行业内发生过	无	无	经维修后可恢复设备性能	4	较小风险
4		锈蚀	环境潮湿、氧化	油箱表面脱漆锈蚀	无	油箱渗漏	在行业内发生过	无	无	经维修后可恢复设备性能	4	较小风险
5	呼吸器	变质	受潮	硅胶变色	油质劣化速度增大	硅胶失效	在行业内发生过	无	无	经维修后可恢复设备性能	4	较小风险
6		堵塞	油封老化、油杯油位过高	呼吸器不能正常排、进气，可能造成压力释放动作	主变压器停运	呼吸器密封受损	在行业内发生过	无	主要备用设备退出备用24h以内	经维修后可恢复设备性能	8	中等风险
7	绕组线圈	短路	缺油、发热绝缘击穿、过电压	温度升高、跳闸	主变压器停运	线圈烧毁	在行业内发生过	可能造成设备或财产损失1万元以上10万元以下	导致生产中断7天及以上	经维修后可恢复设备性能	18	重大风险
8		击穿	发热绝缘破坏、过电压	运行声音异常、温度升高、跳闸	主变压器停运	线圈烧毁	在行业内发生过	可能造成设备或财产损失1万元以上10万元以下	导致生产中断7天及以上	经维修后可恢复设备性能	18	重大风险
9		老化	长期过负荷、温度过高，加快绝缘性能下降	运行声音异常、温度升高	出力降低	线圈损坏	在行业内发生过	可能造成设备或财产损失1万元以下	导致生产中断1～7天或生产工艺50%及以上	经维修后可恢复设备性能	14	较大风险

续表

序号	部件	故障条件			故障影响			故障损失			风险值	风险等级
		模式	原因	现象	系统	设备	部件	经济损失	生产中断	设备损坏		
10	铁芯	短路	多点接地或层间、匝间绝缘击穿	温度升高、跳闸	主变压器停运	铁芯烧毁	在行业内发生过	可能造成设备或财产损失10万元以上100万元以下	导致生产中断7天及以上	经维修后可恢复设备性能	20	重大风险
11		过热	发生接地、局部温度升高	温度升高、跳闸	主变压器停运	铁芯受损	在行业内发生过	可能造成设备或财产损失1万元以上10万元以下	主要备用设备退出备用24h以内	经维修后可恢复设备性能	12	较大风险
12		松动	铁芯夹件未夹紧	运行时有振动、温度升高、声音异常	主变压器停运	铁芯受损	在行业内发生过	可能造成设备或财产损失1万元以上10万元以下	导致生产中断1～7天或生产工艺50%及以上	经维修后可恢复设备性能	16	重大风险
13	压力释放阀	功能失效	压力值设定不当、回路断线	不动作、误动作	主变压器停运	压力释放阀损坏	在行业内发生过	可能造成设备或财产损失1万元以下	主要备用设备退出备用24h以内	经维修后可恢复设备性能	10	较大风险
14		卡涩	弹簧疲软、阀芯变形	喷油、瓦斯继电器动作、防爆管爆裂	主变压器停运	破损	在行业内发生过	可能造成设备或财产损失1万元以上10万元以下	主要备用设备退出备用24h以内	经维修后可恢复设备性能	12	较大风险
15	瓦斯继电器	渗油	密封不良	连接处有渗漏油滴落在设备上	加快油质劣化速度	密封破损	在行业内发生过	无	无	经维修后可恢复设备性能	4	较小风险
16		功能失效	内部元器件机构老化、卡涩、触点损坏、断线	拒动造成不能正常动作	主变压器停运	瓦斯继电器损坏	在行业内发生过	可能造成设备或财产损失1万元以下	主要备用设备退出备用24h以内	经维修后可恢复设备性能	10	较大风险
17	测温电阻	断线	接线脱落、接触不良	温度异常	无法采集温度数据	无	在行业内发生过	无	无	经维修后可恢复设备性能	4	较小风险
18		功能失效	测温探头劣化损坏	温度异常	无法采集温度数据	测温电阻损坏	在行业内发生过	可能造成设备或财产损失1万元以下	无	经维修后可恢复设备性能	6	中等风险
19	温度表计	功能失效	接线端子脱落、回路断线	无温度显示	无	表记损坏	在行业内发生过	可能造成设备或财产损失1万元以下	无	经维修后可恢复设备性能	6	中等风险

续表

序号	部件	故障条件			故障影响			故障损失			风险值	风险等级
		模式	原因	现象	系统	设备	部件	经济损失	生产中断	设备损坏		
20	温度表计	卡涩	转动机构老化、弹性元件疲软	温度显示异常或无变化	无法正确采集数据	转动机构卡涩损坏	在行业内发生过	可能造成设备或财产损失1万元以下	无	经维修后可恢复设备性能	6	中等风险
21	油位计	渗油	螺栓松动	有渗油现象	主变压器本体或地面有油污	密封破损	在行业内发生过	无	无	经维修后可恢复设备性能	4	较小风险
22		断线	转动机构老化、弹性元件疲软	上位机无油位数据显示	无	无	在行业内发生过	无	无	经维修后可恢复设备性能	4	较小风险
23	主变压器在线监测	功能失效	传感器损坏、松动	监测参数异常无显示	无法监测	装置、探头损坏	在行业内发生过	可能造成设备或财产损失1万元以上10万元以下	无	经维修后可恢复设备性能	8	中等风险
24		短路	电气元件老化、过热	监测参数异常无显示	无法监测	无法正确采集数据	在行业内发生过	可能造成设备或财产损失1万元以下	无	经维修后可恢复设备性能	6	中等风险
25	套管	击穿	受潮绝缘老化	主变压器断路器跳闸	主变压器停运	绝缘损坏	在行业内发生过	可能造成设备或财产损失1万元以上10万元以下	导致生产中断7天及以上	经维修后可恢复设备性能	18	重大风险
26		渗油	密封不良	套管处有渗漏油滴落在设备上	加快油质劣化速度	密封损坏	在行业内发生过	可能造成设备或财产损失1万元以下	无	经维修后可恢复设备性能	6	中等风险
27		污闪	瓷瓶积灰积尘	发热、放电	无	绝缘性能下降	在行业内发生过	无	无	经维修后可恢复设备性能	4	较小风险
28	中性点接地刀闸	短路	电气元件老化、过热	电动操作失灵	无法自动控制操作	控制线路断线	在行业内发生过	无	无	经维修后可恢复设备性能	4	较小风险
29		变形	操作机构卡涩、行程开关故障	操作不到位、过分、过合	无	操作机构损坏	在行业内发生过	可能造成设备或财产损失1万元以下	无	经维修后可恢复设备性能	6	中等风险
30	事故排油阀	渗油	密封不良、螺栓松动	阀门法兰盘处有渗油	油面下降	密封破损	在行业内发生过	无	无	经维修后可恢复设备性能	4	较小风险
31		卡涩	阀芯锈蚀、螺纹受损	操作困难	无	阀门性能降低	在行业内发生过	无	无	经维修后可恢复设备性能	4	较小风险

续表

序号	部件	故障条件			故障影响			故障损失			风险值	风险等级
		模式	原因	现象	系统	设备	部件	经济损失	生产中断	设备损坏		
32	分接头开关	变形	操作机构卡涩	操作把手切换困难	无	性能下降	在行业内发生过	无	无	经维修后可恢复设备性能	4	较小风险
33		渗油	密封老化	分接开关出有油污	加快油质劣化速度	密封损坏	在行业内发生过	可能造成设备或财产损失1万元以下	无	经维修后可恢复设备性能	6	中等风险
34		过热	分接开关操作触头连接不到位或弹簧压力不足	绕组温度升高	主变压器停运	触头过热、变形	在行业内发生过	无	无	经维修后可恢复设备性能	4	较小风险

设备风险控制卡

区域：厂房　　　　系统：变电系统　　　　设备：主变压器

序号	部件	故障条件			风险等级	日常控制措施			定期检修维护			临时措施
		模式	原因	现象		措施	检查方法	周期（天）	措施	检修方法	周期（月）	
1	油枕	渗油	管路阀门、密封不良	有渗漏油滴落在本体或地面上	较小风险	检查	现场检查地面或本体上有无渗漏油的痕迹	30	检修	修复、更换密封件	12	加强监视油枕油位与温度曲线，待停机后处理
2		破裂	波纹管老化、裂纹	油位指示异常	中等风险	检查	检查变压器温度变化是否与油位曲线相符	30	检修	修复或更换波纹管	12	加强监视油枕油位与温度曲线，待停机后处理
3	油箱	渗油	密封不良	有渗漏油滴落在本体或地面上	较小风险	检查	现场检查地面或本体上有无渗漏油的痕迹	30	更换	修复、更换密封件	12	加强油箱油位与温度，待停机后处理
4		锈蚀	环境潮湿、氧化	油箱表面脱漆锈蚀	较小风险	检查	外观检查表面是否有锈蚀、脱漆现象	30	检修	除锈、打磨、防腐	12	除锈、防腐
5	呼吸器	变质	受潮	硅胶变色	较小风险	检查	检查硅胶是否变色	30	更换	更换硅胶	12	检查呼吸器内颜色变化情况，更换呼吸器吸潮物质
6		堵塞	油封老化、油杯油位过高	呼吸器不能正常排、进气，可能造成压力释放动作	中等风险	检查	加强监视油枕油位与温度曲线，是否相符	30	检修	更换油封、清洗油杯、更换硅胶	12	加强监视油枕油位与温度曲线，是否相符，停机后更换

续表

序号	部件	故障条件			风险等级	日常控制措施			定期检修维护			临时措施
		模式	原因	现象		措施	检查方法	周期（天）	措施	检修方法	周期（月）	
7	绕组线圈	短路	缺油、发热绝缘击穿、过电压	温度升高、跳闸	重大风险	检查	检查主变压器绕组温度，上下层油温是否正常	30	更换	更换线圈	12	停运变压器，更换线圈
8		击穿	发热绝缘破坏、过电压	运行声音异常、温度升高、跳闸	重大风险	检查	检查主变压器绕组温度，上下层油温是否正常	30	检修	包扎修复、更换线圈	12	停运变压器，更换线圈
9		老化	长期过负荷、温度过高，加快绝缘性能下降	运行声音异常、温度升高	较大风险	检查	检查主变压器绕组温度，上下层油温是否正常	30	检修	预防性试验定期检查绝缘情况	12	避免长时间过负荷、高温情况下运行
10	铁芯	短路	多点接地或层间、匝间绝缘击穿	温度升高、跳闸	重大风险	检查	检查主变压器绕组温度，上下层油温是否正常、运行声音是否正常	30	检修	预防性试验定期检查绝缘情况	12	停运变压器，更换受损铁芯
11		过热	发生接地、局部温度升高	温度升高、跳闸	较大风险	检查	检查主变压器绕组温度，上下层油温是否正常	30	检修	预防性试验定期检查绝缘情况	12	停运变压器，查找接地原因、消除接地故障
12		松动	铁芯夹件未夹紧	运行时有振动、温度升高、声音异常	重大风险	检查	检查电压、电流是否正常；是否有振动声或噪声	30	检修	紧固铁芯夹件	12	检查是否影响设备运行，若影响则立即停机处理，若不影响则待停机后处理
13	压力释放阀	功能失效	压力值设定不当、回路断线	不动作、误动作	较大风险	检查	定期检查外观完好	30	检修	预防性试验定期检查动作可靠性、正确性	12	停运变压器、更换压力释放阀
14		卡涩	弹簧疲软、阀芯变形	喷油、瓦斯继电器动作、防爆管爆裂	较大风险	检查	检查油温、油温是否正常，压力释放阀是否存在喷油、渗油现象	30	更换	更换压力释放阀	12	停运变压器、更换压力释放阀
15	瓦斯继电器	渗油	密封不良	连接处有渗漏油滴落在设备上	较小风险	检查	检查本体外观上有无渗漏油痕迹	30	检修	修复、更换密封件	12	临时紧固压紧螺丝
16		功能失效	内部元器件机构老化、卡涩、触点损坏、断线	拒动造成不能正常动作	较大风险	检查	检查瓦斯信号、保护是否正常投入	30	检修	预防性试验定期检查动作可靠性、正确性	12	必要时退出重瓦斯保护、停机检查处理、更换瓦斯继电器
17	测温电阻	断线	接线脱落、接触不良	温度异常	较小风险	检查	检查温度表计有无温度显示	30	加固	紧固接线端子	12	选取多处外部温度进行测温对比

续表

序号	部件	故障条件			风险等级	日常控制措施			定期检修维护			临时措施
		模式	原因	现象		措施	检查方法	周期（天）	措施	检修方法	周期（月）	
18	测温电阻	功能失效	测温探头劣化损坏	温度异常	中等风险	检查	检查温度表计有无温度显示	30	更换	更换测温电阻	12	选取多处外部温度进行测温对比
19	温度表计	功能失效	接线端子脱落、回路断线	无温度显示	中等风险	检查	检查温度显示是否正常	30	检修	更换电气元器件，联动调试	12	检查控制回路、更换电气元器件
20	温度表计	卡涩	转动机构老化、弹性元件疲软	温度显示异常或无变化	中等风险	检查	检查温度表计是否正常显示，有无变化	30	更换	修复或更换	12	通过测温和对比本体油温或绕组温度，停机后修复更换温度表计
21	油位计	渗油	螺栓松动	有渗油现象	较小风险	检查	看油位计是否有渗油现象	30	更换	更换密封件	12	观察渗油情况，待停机后处理
22	油位计	断线	转动机构老化、弹性元件疲软	上位机无油位数据显示	较小风险	检查	检查油位数据是否正常	30	加固	紧固接线端子	12	停运变压器后，紧固接线端子
23	主变压器在线监测	功能失效	传感器损坏、松动	监测参数异常无显示	中等风险	检查	检查监测数据是否正常、有无告警信号	30	检修	更换监测装置、传感器、预防性试验检查	12	加强监视主变压器运行参数变化、加强巡视检查
24	主变压器在线监测	短路	电气元件老化、过热	监测参数异常无显示	中等风险	检查	检查上传数据无显示、数据异常	30	检修	更换电气元器件；绝缘测量	12	检查控制回路、测量绝缘、更换电气元件
25	套管	击穿	受潮绝缘老化	主变压器断路器跳闸	重大风险	检查	检查有无明显放电声，测量套管外部温度	30	检修	预防性试验定期检查绝缘情况	12	若有明显放电声，温度异常升高，立即停机检查处理
26	套管	渗油	密封不良	套管处有渗漏油滴落在设备上	中等风险	检查	检查有无渗油现象	30	检修	更换密封圈，注油、紧固螺帽	12	变压器停运后，更换密封件、注油
27	套管	污闪	瓷瓶积灰积尘	发热、放电	较小风险	检查	熄灯检查、测温	30	清扫	卫生清洁	12	停运后清扫
28	中性点接地刀闸	短路	电气元件老化、过热	电动操作失灵	较小风险	检查	卫生清扫、紧固接线端子	30	检修	更换电气元件、紧固接线端子	12	手动进行操作
29	中性点接地刀闸	变形	操作机构卡涩、行程开关故障	操作不到位、过分、过合	中等风险	检查	操作到位后检查行程开关节点是否已到位	30	检修	修复调整操作机构、调整行程节点	12	手动进行操作
30	事故排油阀	渗油	密封不良、螺栓松动	阀门法兰盘处有渗油	较小风险	检查	检查阀门法兰盘处有无渗漏油痕迹	30	更换	更换密封件	12	检查油位与温度，对排油阀法兰盘连接螺栓进行紧固

续表

序号	部件	故障条件			风险等级	日常控制措施			定期检修维护			临时措施
		模式	原因	现象		措施	检查方法	周期（天）	措施	检修方法	周期（月）	
31	事故排油阀	卡涩	阀芯锈蚀、螺纹受损	操作困难	较小风险	检查	检查阀门位置、润滑量是否足够	30	检修	润滑保养、阀芯调整	12	润滑保养、阀芯调整
32	分接头开关	变形	操作机构卡涩	操作把手切换困难	较小风险	检查	检查挡位是否与实际相符	30	检修	调整松紧程度	12	转检修后对弹簧进行更换
33		渗油	密封老化	分接开关出有油污	中等风险	检查	外观检查是否有渗油现象	30	检修	更换密封垫、紧固螺栓	12	加强监视运行情况、漏油量变化、停运后更换密封
34		过热	分接开关操作触头连接不到位或弹簧压力不足	绕组温度升高	较小风险	检查	检查运行中温度、声音是否正常	30	检修	收紧弹簧受力、触头打磨修复	12	停运变压器、收紧弹簧受力、触头打磨修复

4 主变压器冷却装置

设备风险评估表

区域：厂房　　　　系统：变电系统　　　　设备：主变压器冷却装置

序号	部件	故障条件			故障影响			故障损失			风险值	风险等级
		模式	原因	现象	系统	设备	部件	经济损失	生产中断	设备损坏		
1	电机	卡涩	电机启动力矩过大或受力不均	轴承有异常的金属撞击和卡涩声音	主变压器油温循环不良、升高	轴承损坏	在行业内发生过	可能造成设备或财产损失1万元以下	无	经维修后可恢复设备性能	6	中等风险
2		短路	受潮、绝缘老化、击穿	电机处有烧焦异味、电机温高	主变压器油温循环不良、升高	绕组烧坏	在行业内发生过	可能造成设备或财产损失1万元以下	无	经维修后可恢复设备性能	6	中等风险
3	水泵	渗水	螺栓松动、密封损坏	组合面及溢流管渗水、水泵启动频繁	无	密封受损	在行业内发生过	无	无	经维修后可恢复设备性能	4	较小风险
4		异常磨损	水泵端面轴承磨损或卡滞导致泵轴间隙太大	运行声音异常、温度升高	主变压器温度升高	性能下降	在行业内发生过	无	无	经维修后可恢复设备性能	4	较小风险
5	冷却器	堵塞	水垢、异物堵塞	温度升高	冷却性能下降	冷却器堵塞	在行业内发生过	无	无	经维修后可恢复设备性能	4	较小风险
6		破裂	水压力过高、材质劣化	温度升高、渗漏报警器报警	主变压器停运	冷却器损坏	在行业内发生过	可能造成设备或财产损失1万元以上10万元以下	导致生产中断1～7天或生产工艺50%及以上	经维修后可恢复设备性能	16	重大风险
7	渗漏报警器	短路	积尘积灰、电气元件老化、过热	不能监测渗漏	不能监测技术供水渗漏情况	报警器损坏	在行业内发生过	可能造成设备或财产损失1万元以下	无	经维修后可恢复设备性能	6	中等风险
8		松动	接线端子连接不牢固	监视异常、告警	不能监测技术供水渗漏情况	无	在行业内发生过	无	无	经维修后可恢复设备性能	4	较小风险
9		功能失效	传感器失效、模件损坏	不能监测渗漏	不能监测技术供水渗漏情况	元件损坏	在行业内发生过	可能造成设备或财产损失1万元以下	无	经维修后可恢复设备性能	6	中等风险
10	示流器	堵塞	钙化物	流量显示不正常	水量信号异常	示流器性能降低	在行业内发生过	无	无	经维修后可恢复设备性能	4	较小风险

续表

序号	部件	故障条件			故障影响			故障损失			风险值	风险等级
		模式	原因	现象	系统	设备	部件	经济损失	生产中断	设备损坏		
11	示流器	短路	环境潮湿、绝缘老化受损、电源电压异常	不能监测流量	不能监测技术供水流量	示流器损坏	在行业内发生过	可能造成设备或财产损失1万元以下	无	经维修后可恢复设备性能	6	中等风险
12	压力变送器	短路	环境潮湿、绝缘老化受损、电源电压异常	不能监测压力	不能监测技术供水压力	压力变送器损坏	在行业内发生过	无	无	经维修后可恢复设备性能	4	较小风险
13		功能失效	传感器失效	不能监测压力信号	压力信号异常	元件损坏	在行业内发生过	无	无	经维修后可恢复设备性能	4	较小风险
14	管路	渗水	锈蚀、砂眼	油管路砂眼处存在渗油现象	无	管路受损	在行业内发生过	无	无	经维修后可恢复设备性能	4	较小风险
15		松动	螺栓未拧紧、运行振动	油管路连接处连接螺栓松动、渗油	无	无	在行业内发生过	无	无	经维修后可恢复设备性能	4	较小风险
16	PLC控制装置	功能失效	电气元件模块损坏	死机	无法自动动作	无采集信号、输出、输入	在行业内发生过	可能造成设备或财产损失1万元以下	无	经维修后可恢复设备性能	6	中等风险
17		断线	插件松动、接线脱落	失电	无法自动动作	无	在行业内发生过	无	无	经维修后可恢复设备性能	4	较小风险
18		过热	积尘积灰、高温、风扇损坏	PLC温度升高	无	性能降低	在行业内发生过	无	无	经维修后可恢复设备性能	4	较小风险
19	双电源切换开关	短路	电缆绝缘老化、相间短路、接地	开关跳闸、电源消失	缺失双电源切换功能	双电源切换开关损坏	在行业内发生过	无	无	经维修后可恢复设备性能	4	较小风险
20		过热	接头虚接、发热	开关、电缆发热	无	性能降低	在行业内发生过	无	无	经维修后可恢复设备性能	4	较小风险
21		熔断器断裂	过载、过流	开关跳闸、电源消失	无	保险丝损坏	在行业内发生过	可能造成设备或财产损失1万元以下	无	经维修后可恢复设备性能	6	中等风险
22	阀门	渗水	密封不良、螺栓松动	阀门开关处渗水	无	密封破损	在行业内发生过	无	无	经维修后可恢复设备性能	4	较小风险
23		卡涩	阀芯锈蚀、螺纹受损	操作困难	无	性能降低	在行业内发生过	无	无	经维修后可恢复设备性能	4	较小风险

设备风险控制卡

区域：厂房　　　　　　　　　　　　　系统：变电系统　　　　　　　　　　　　　设备：主变压器冷却装置

序号	部件	故障条件			风险等级	日常控制措施			定期检修维护			临时措施
		模式	原因	现象		措施	检查方法	周期（天）	措施	检修方法	周期（月）	
1	电机	卡涩	电机启动力矩过大或受力不均	轴承有异常的金属撞击和卡涩声音	中等风险	检查	运行中监视运行声音及温度	15	检修	研磨修复、更换轴承	12	轮换电机运行、研磨修复、更换轴承
2	电机	短路	受潮、绝缘老化、击穿	电机处有烧焦异味、电机温高	中等风险	检查	卫生清扫、绝缘测量	15	更换	更换绕组、电机	12	轮换电机运行、更换电机绕组
3	水泵	渗水	螺栓松动、密封损坏	组合面及溢流管渗水、水泵启动频繁	较小风险	检查	水泵运行中监视运行声音油温是否正常、检查是否有渗水现象	15	检修	螺栓紧固、更换密封	12	轮换水泵运行、螺栓紧固、更换密封
4	水泵	异常磨损	水泵端面轴承磨损或卡滞导致泵轴间隙太大	运行声音异常、温度升高	较小风险	检查	运行中监视运行声音及温度	15	检修	研磨修复、更换轴承	12	轮换水泵运行、研磨修复、更换轴承
5	冷却器	堵塞	水垢、异物堵塞	温度升高	较小风险	检查	检查主变压器温度、示流信号器	15	检修	疏通异物	12	提高水压或降低出力运行，待停机后处理
6	冷却器	破裂	水压力过高、材质劣化	温度升高、渗漏报警器报警	重大风险	检查	检查主变压器温度、示流信号器、渗漏报警器	15	检修	修复补漏、更换	12	申请停机处理
7	渗漏报警器	短路	积尘积灰、电气元件老化、过热	不能监测渗漏	中等风险	检查	卫生清扫、测量渗漏报警器绝缘值	15	更换	更换渗漏报警器	12	检查渗漏报警器是否有输入输出信号，若无应更换报警器
8	渗漏报警器	松动	接线端子连接不牢固	监视异常、告警	较小风险	检查	运行中检查油声音是否正常、渗漏报警器是否有异常告警信号	15	加固	紧固接线端子	12	检查渗漏报警器是否有输入输出信号，检查控制回路、紧固端子
9	渗漏报警器	功能失效	传感器失效、模件损坏	不能监测渗漏	中等风险	检查	测量渗漏报警器绝缘值	15	更换	更换渗漏报警器	12	检查渗漏报警器是否有输入输出信号，若无应更换报警器
10	示流器	堵塞	钙化物	流量显示不正常	较小风险	检查	看示流器显示值是否正常	15	检修	清洗、回装	12	清洗示流器
11	示流器	短路	环境潮湿、绝缘老化受损、电源电压异常	不能监测流量	中等风险	检查	卫生清扫、接线紧固	15	更换	更换示流器	12	停运时，更换示流器

续表

序号	部件	故障条件			风险等级	日常控制措施			定期检修维护			临时措施
		模式	原因	现象		措施	检查方法	周期（天）	措施	检修方法	周期（月）	
12	压力变送器	短路	环境潮湿、绝缘老化受损、电源电压异常	不能监测压力	较小风险	检查	控制屏上查看压力值显示是否正常，测量压力变送器绝缘值	15	更换	更换压力变送器	12	检查示流器是否有输入输出信号，若无应更换示流器器
13		功能失效	传感器失效	不能监测压力信号	较小风险	检查	控制屏上查看压力值显示是否正常，测量压力变送器绝缘值	15	更换	更换传感器	12	更换电气元器件
14	管路	渗水	锈蚀、砂眼	油管路砂眼处存在渗油现象	较小风险	检查	看油管路是否存在渗油现象	15	检修	对砂眼处进行补焊	12	检查调速器油压、油位变化及油泵打油情况，是否影响机组运行，若不影响，则选择停机后处理
15		松动	螺栓未拧紧、运行振动	油管路连接处连接螺栓松动、渗油	较小风险	检查	看油管路连接接螺栓处是否存在渗油现象	15	检修	紧固螺栓、更换密封	12	紧固连接处螺帽
16	PLC控制装置	功能失效	电气元件模块损坏	死机	中等风险	检查	查看 PLC 信号是否与时间相符	15	更换	更换模块或更换 PLC 装置	12	加强监视主变压器运行参数变化情况，手动操作油泵
17		断线	插件松动、接线脱落	失电	较小风险	检查	查看 PLC 信号是否与时间相符、紧固接线	15	检修	检查电源电压、测量控制回路信号是否正常、紧固接线端子	12	需要时手动进行操作
18		过热	积尘积灰、高温、风扇损坏	PLC 温度升高	较小风险	检查	卫生清扫、检查 PLC 装置温度是否正常、风扇运行时正常	15	检修	卫生清理、检查模块、风扇是否正常	12	检查过热原因、手动操作油泵
19	双电源切换开关	短路	电缆绝缘老化、相间短路、接地	开关跳闸、电源消失	较小风险	检查	测量双电源切换开关绝缘	15	检修	更换双电源切换开关	12	检查双电源切换开关是否有线路松动或脱落，用万用表测量电压

续表

序号	部件	故障条件			风险等级	日常控制措施			定期检修维护			临时措施
		模式	原因	现象		措施	检查方法	周期（天）	措施	检修方法	周期（月）	
20	双电源切换开关	过热	接头虚接、发热	开关、电缆发热	较小风险	检查	检查电流、电压、温度是否正常	15	加固	紧固接线端子	12	紧固接线端子
21		熔断器断裂	过载、过流	开关跳闸、电源消失	中等风险	检查	检查电压、电流是否正常、更换熔断器	15	更换	更换熔断器	12	检查电压、电流是否正常、更换熔断器
22	阀门	渗水	密封不良、螺栓松动	阀门开关处渗水	较小风险	检查	在阀门开关处看渗水情况	15	更换	更换密封件	12	加强巡视检查，待停机后更换密封件或阀门
23		卡涩	阀芯锈蚀、螺纹受损	操作困难	较小风险	检查	检查阀门位置、润滑量是否足够	15	检修	螺杆润滑保养、阀芯调整	12	润滑保养、阀芯调整

5 机组封闭母线

设备风险评估表

区域：厂房　　　　系统：配电系统　　　　设备：机组封闭母线

序号	部件	故障条件			故障影响			故障损失			风险值	风险等级
		模式	原因	现象	系统	设备	部件	经济损失	生产中断	设备损坏		
1	管母线	过热	散热不良连接螺栓松动、电压过高	管母线温度升高	无	发热	性能下降	无	无	经维修后可恢复设备性能	4	较小风险
2		击穿	绝缘老化电压过高	击穿处有明显烧糊现象	机组停机	造成三相电压不平衡	管母线损坏	可能造成设备或财产损失1万元以下	导致生产中断1～7天或生产工艺50%及以上	经维修后可恢复设备性能	14	较大风险
3	固定架	松动	振动、螺丝固定不牢靠	固定架歪倒	无	无	性能下降	无	无	经维修后可恢复设备性能	4	较小风险
4		锈蚀	环境潮湿、脱漆氧化	出现锈斑、麻坑	无	无	固定架锈蚀	无	无	设备性能无影响	2	轻微风险
5	屏蔽接地线	脱落	震动螺丝疲劳	屏蔽线悬挂于空中	无	可能会形成环流	性能消失	无	无	经维修后可恢复设备性能	4	较小风险
6		断裂	电缆老化	屏蔽线悬挂于空中	无	可能会形成环流	屏蔽接地线损坏	无	无	经维修后可恢复设备性能	4	较小风险
7		锈蚀	环境潮湿、脱漆氧化	出现锈斑、麻坑	无	可能会形成环流	屏蔽接地线锈蚀损坏	无	无	经维修后可恢复设备性能	4	较小风险
8	软连接	过热	震动、螺栓松动、连接不牢固	温度升高、放电声	无	发热	软连接受损	无	无	经维修后可恢复设备性能	4	较小风险
9		断股	松动、电流增大、铜丝老化	温度升高、放电声	无	发热	软连接受损	无	主要备用设备退出备用24h以内	经维修后可恢复设备性能	8	中等风险
10		劣化	氧化导致接触面接触不良	温度升高	无	发热	接触面氧化	无	无	经维修后可恢复设备性能	4	较小风险
11		松动	锁紧片断裂后振动导致紧固螺栓松动	温度升高	无	发热	接触面氧化	无	无	经维修后可恢复设备性能	4	较小风险

续表

序号	部件	故障条件			故障影响			故障损失			风险值	风险等级
		模式	原因	现象	系统	设备	部件	经济损失	生产中断	设备损坏		
12	连接片	松动	震动 螺丝松动	温度升高	无	发热	性能下降	无	无	经维修后可恢复设备性能	4	较小风险
13		劣化	氧化导致接触面接触不良	温度升高	无	发热	接触面氧化	无	无	经维修后可恢复设备性能	4	较小风险

设备风险控制卡

区域：厂房　　　　系统：配电系统　　　　设备：机组封闭母线

序号	部件	故障条件			风险等级	日常控制措施			定期检修维护			临时措施
		模式	原因	现象		措施	检查方法	周期（天）	措施	检修方法	周期（月）	
1	管母线	过热	散热不良连接螺栓松动、电压过高	管母线温度升高	较小风险	检查	测 温	30	检修	卫生清扫、紧固螺栓	12	投入散热装置，若温度不再升高则保持现有运行方式；温度升高，停运后紧固螺栓
2		击穿	绝缘老化电压过高	击穿处有明显烧糊现象	较大风险	检查	看管母线表面绝缘有无龟裂现象	30	检修	预防性试验	12	停运机组，待处理完成后，经试验合格再运行
3	固定架	松动	振动、螺丝固定不牢靠	固定架歪倒	较小风险	检查	检查螺丝有无松动、振动	30	加固	紧固螺栓	12	紧固螺栓
4		锈蚀	环境潮湿、脱漆氧化	出现锈斑、麻坑	轻微风险	检查	外观检查是否有锈斑、起壳现象	30	检修	除锈、打磨、防腐	12	除锈、打磨、防腐
5	屏蔽接地线	脱落	震动螺丝疲劳	屏蔽线悬挂于空中	较小风险	检查	看螺丝有无松动	30	加固	紧固螺栓	12	紧固螺栓
6		断裂	电缆老化	屏蔽线悬挂于空中	较小风险	检查	检查是否有老化、脆裂现象	30	更换	更换接地线	12	更换接地线
7		锈蚀	环境潮湿、脱漆氧化	出现锈斑、麻坑	较小风险	检查	检查是否有锈蚀现象	30	检修	对屏蔽接地线进行防腐	12	对屏蔽接地线进行防腐
8	软连接	过热	震动、螺栓松动、连接不牢固	温度升高、放电声	较小风险	检查	测温、熄灯检查	30	加固	检查紧固螺栓	12	停运后，做好安全措施，紧固螺栓
9		断股	松动、电流增大、铜丝老化	温度升高、放电声	中等风险	检查	测温、熄灯检查，运行中声音是否异常	30	更换	更换软连接	12	停运后，做好安全措施，更换软连接
10		劣化	氧化导致接触面接触不良	温度升高	较小风险	检查	测温	30	检修	打磨、涂抹导电膏	12	停机后打磨并涂抹导电膏

续表

序号	部件	故障条件			风险等级	日常控制措施			定期检修维护			临时措施
		模式	原因	现象		措施	检查方法	周期（天）	措施	检修方法	周期（月）	
11	软连接	松动	锁紧片断裂后振动导致紧固螺栓松动	温度升高	较小风险	检查	测温、查看锁紧片	30	更换	更换锁紧片、紧固	12	停机后更换锁紧片、紧固螺栓
12	连接片	松动	震动螺丝松动	温度升高	较小风险	检查	看螺丝有无松动，测温	30	加固	检查紧固螺栓	12	紧固螺栓
13		劣化	氧化导致接触面接触不良	温度升高	较小风险	检查	测温	30	检修	打磨、涂抹导电膏	12	停机后打磨并涂抹导电膏

6 高压开关柜

设 备 风 险 评 估 表

区域：厂房　　　　　　　　　　系统：配电系统　　　　　　　　　　设备：高压开关柜

序号	部件	故障条件			故障影响			故障损失			风险值	风险等级
		模式	原因	现象	系统	设备	部件	经济损失	生产中断	设备损坏		
1	断路器	短路	绝缘老化击穿	跳闸、起火、冒烟	柜体着火	断路器损坏	在行业内发生过	可能造成设备或财产损失 1 万元以上 10 万元以下	主要备用设备退出备用 24h 以内	经维修后可恢复设备性能	12	较大风险
2		变形	异物卡阻、弹簧疲软、螺栓松动、传动机构变形	分合闸不到位	发热	断路器传动机构变形	在行业内发生过	无	主要备用设备退出备用 24h 以内	经维修后可恢复设备性能	8	中等风险
3		烧灼	真空度降低、电弧增大	跳闸、发热、冒烟	发热	断路器损坏	在行业内发生过	可能造成设备或财产损失 1 万元以上 10 万元以下	主要备用设备退出备用 24h 以内	经维修后可恢复设备性能	12	较大风险
4	隔离刀闸	卡涩	触头螺栓松动、电弧增大、过热变形	分、合闸操作困难、不到位	无	传动机构损坏	在行业内发生过	可能造成设备或财产损失 1 万元以下	无	经维修后可恢复设备性能	6	中等风险
5		点蚀	分合闸、电弧灼伤	发热、放电声	发热	隔离刀闸损坏	在行业内发生过	可能造成设备或财产损失 1 万元以下	无	经维修后可恢复设备性能	6	中等风险
6	接地刀闸	卡涩	传动机构变形	分、合闸操作困难，不到位	无	传动机构损坏	在行业内发生过	可能造成设备或财产损失 1 万元以下	无	经维修后可恢复设备性能	6	中等风险
7		松动	触头螺栓松动	分合不到位	无	触头间隙过大	在行业内发生过	无	无	经维修后可恢复设备性能	4	较小风险
8	避雷器	击穿	接地不良、绝缘老化	裂纹或破裂、接地短路	防雷失效	避雷器损坏	在行业内发生过	可能造成设备或财产损失 1 万元以上 10 万元以下	主要备用设备退出备用 24h 以内	经维修后可恢复设备性能	12	较大风险

续表

序号	部件	故障条件			故障影响			故障损失			风险值	风险等级
		模式	原因	现象	系统	设备	部件	经济损失	生产中断	设备损坏		
9	避雷器	绝缘老化	污垢、过热	污闪、绝缘性能降低	无	避雷器绝缘损坏	在行业内发生过	可能造成设备或财产损失1万元以下	无	经维修后可恢复设备性能	6	中等风险
10	电压互感器	短路	过电压、过载、二次侧短路、绝缘老化、高温	电弧、放电声、电压表指示降低或为零	不能正常监测电压值	电压互感器损坏	在行业内发生过	可能造成设备或财产损失1万元以下	主要备用设备退出备用24h以内	经维修后可恢复设备性能	10	较大风险
11		铁芯松动	铁芯夹件未夹紧	运行时有振动或噪声	机组停运	电压互感器损坏	在行业内发生过	可能造成设备或财产损失1万元以下	无	经维修后可恢复设备性能	6	中等风险
12		击穿	发热绝缘破坏、过电压	运行声音异常、温度升高	机组停运	线圈烧毁	在行业内发生过	可能造成设备或财产损失1万元以下	主要备用设备退出备用24h以内	经维修后可恢复设备性能	10	较大风险
13		绕组断线	焊接工艺不良、引出线不合格	发热、放电声	不能监测电压	功能失效	在行业内发生过	可能造成设备或财产损失1万元以下	主要备用设备退出备用24h以内	经维修后可恢复设备性能	10	较大风险
14	电流互感器	击穿	一次侧接线接触不良，二次侧接线板表面氧化严重，电流互感器内匝线间短路或一、二次侧绝缘击穿	电流互感器发生过热、冒烟、流胶等	机组停运	电流互感器损坏	在行业内发生过	无	主要备用设备退出备用24h以内	经维修后可恢复设备性能	8	中等风险
15		开路	接触不良、断线	电流表突然无指示，电流互感器声音明显增大，在开路处附近可嗅到臭氧味和听到轻微的放电声	温度升高、本体发热	功能失效	在行业内发生过	无	主要备用设备退出备用24h以内	设备性能无影响	6	中等风险
16		松动	铁芯紧固螺丝松动、铁芯松动，硅钢片震动增大	发出不随一次负荷变化的异常声	温度升高、本体发热	功能失效	在行业内发生过	无	无	经维修后可恢复设备性能	4	较小风险

续表

序号	部件	故障条件			故障影响			故障损失			风险值	风险等级
		模式	原因	现象	系统	设备	部件	经济损失	生产中断	设备损坏		
17	高压熔断器	熔体熔断	短路故障或过载运行、氧化、温度高	高温、熔断器开路	缺相或断电	损坏	在行业内发生过	无	主要备用设备退出备用 24h 以内	经维修后可恢复设备性能	8	中等风险
18		过热	熔断器运行年久接触表面氧化或灰尘厚接触不良、载熔件未旋到位接触不良	温升高	温度升高	性能下降	在行业内发生过	无	无	设备性能无影响	2	轻微风险
19	智能指示装置	功能失效	电气元件损坏、控制回路断线	智能仪表无显示、位置信号异常	不能监测状态信号	元件受损	在行业内发生过	无	无	经维修后可恢复设备性能	4	较小风险
20		短路	积尘积灰、绝缘老化受损、电源电压异常	智能仪表无显示、位置信号异常	不能监测状态信号	装置损坏	在行业内发生过	可能造成设备或财产损失 1 万元以下	无	经维修后可恢复设备性能	6	中等风险
21	闭锁装置	锈蚀	氧化	机械部分出现锈蚀现象	无	部件锈蚀	在行业内发生过	无	无	设备性能无影响	2	轻微风险
22		异常磨损	长时间使用导致闭锁装置磨损	闭锁装置部件变形	无	传动机构变形	在行业内发生过	无	主要备用设备退出备用 24h 以内	经维修后可恢复设备性能	8	中等风险
23	母排	短路	绝缘损坏	母排击穿处冒火花、断路器跳闸	功能失效	母排功能下降、母排损坏	在行业内发生过	可能造成设备或财产损失 1 万元以上 10 万元以下	生产工艺限制 50% 及以下或主要设备退出备用 24h 及以上	经维修后可恢复设备性能	14	较大风险
24		过热	积灰积尘、散热不良 电压过高	母排温度升高	影响母排工作寿命	性能下降	在行业内发生过	无	无	经维修后可恢复设备性能	4	较小风险
25		松动	螺栓松动	母排温度升高	影响母排工作寿命	性能下降	在行业内发生过	无	无	经维修后可恢复设备性能	4	较小风险
26	二次回路	短路	积尘积灰、绝缘老化受损、电源电压异常	测量数据异常、指示异常、自动控制失效	不能自动控制、监视	端子、元件损坏	在行业内发生过	可能造成设备或财产损失 1 万元以下	无	经维修后可恢复设备性能	6	中等风险

续表

序号	部件	故障条件			故障影响			故障损失			风险值	风险等级
		模式	原因	现象	系统	设备	部件	经济损失	生产中断	设备损坏		
27	二次回路	松动	接线处连接不牢固	测量数据异常、指示异常、自动控制失效	不能自动控制、监视	功能失效	在行业内发生过	无	无	经维修后可恢复设备性能	4	较小风险
28		断线	接线端子氧化、接线脱落	测量数据异常、指示异常、自动控制失效	不能自动控制、监视	功能失效	在行业内发生过	无	无	经维修后可恢复设备性能	4	较小风险
29	储能器	短路	积尘积灰、绝缘老化受损、电源电压异常、电机损坏、控制回路故障	无法储能	不能正常自动储能	储能机构损坏	在行业内发生过	可能造成设备或财产损失1万元以下	无	经维修后可恢复设备性能	6	中等风险
30		卡涩	异物卡阻、螺栓松动、传动机构变形	无法储能	不能正常自动储能	传动机构变形	在行业内发生过	无	无	经维修后可恢复设备性能	4	较小风险
31		行程失调	行程开关损坏、弹簧性能下降	储能异常	不能正常自动储能	行程开关损坏	在行业内发生过	无	无	经维修后可恢复设备性能	4	较小风险

设备风险控制卡

区域：厂房　　系统：配电系统　　设备：高压开关柜

序号	部件	故障条件			风险等级	日常控制措施			定期检修维护			临时措施
		模式	原因	现象		措施	检查方法	周期（天）	措施	检修方法	周期（月）	
1	断路器	短路	绝缘老化击穿	跳闸、起火、冒烟	较大风险	检查	测温，检查负荷、电压、电流是否在规定范围，运行声音是否有放电声	7	更换	更换断路器	12	停运后、检查维护、更换断路器
2		变形	异物卡阻、弹簧疲软、螺栓松动、传动机构变形	分合闸不到位	中等风险	检查	外表面无锈蚀及油垢；设备本体无悬挂物；一次设备引线连接良好，安装端正、牢固；断路器本体内部无异音	7	检修	校正修复、打磨、紧固螺栓	12	做好安全措施后，校正修复、打磨、紧固螺栓
3		烧灼	真空度降低、电弧增大	跳闸、发热、冒烟	较大风险	检查	测温检查、检查运行声音是否异常、分合隔离开关时看有无电弧	7	检修	校正修复、打磨、紧固螺栓	12	加强观察运行，待停机后再校正修复、打磨、紧固螺栓

续表

序号	部件	故障条件			风险等级	日常控制措施			定期检修维护			临时措施
		模式	原因	现象		措施	检查方法	周期（天）	措施	检修方法	周期（月）	
4	隔离刀闸	卡涩	触头螺栓松动、电弧增大、过热变形	分、合闸操作困难、不到位	中等风险	检查	测温检查、检查运行声音是否异常、检查紧固螺栓	30	检修	校正修复、打磨、紧固螺栓	12	加强观察运行，待停机后再校正修复、打磨、紧固螺栓
5		点蚀	分合闸、电弧灼伤	发热、放电声	中等风险	检查	测温检查、检查运行声音是否异常、分合隔离开关时看有无电弧	30	检修	校正修复、打磨、紧固螺栓	12	停运后校正修复、打磨、紧固螺栓，更换隔离开关
6	接地刀闸	卡涩	传动机构变形	分、合闸操作困难、不到位	中等风险	检查	测温检查、检查运行声音是否异常、检查紧固螺栓	30	检修	校正修复、打磨、紧固螺栓	12	加强观察运行，待停机后再校正修复、打磨、紧固螺栓
7		松动	触头螺栓松动	分合不到位	较小风险	检查	检查分合位置是否到位	30	检修	校正修复、打磨、紧固螺栓	12	校正修复、打磨、紧固螺栓，更换隔离开关
8	避雷器	击穿	接地不良、绝缘老化	裂纹或破裂、接地短路	较大风险	检查	查看避雷器是否存在裂纹或破裂、有无放电现象	30	更换	更换避雷器	12	拆除避雷器、更换备品备件
9		绝缘老化	污垢、过热	污闪、绝缘性能降低	中等风险	检查	测温检查、测量绝缘值	30	清扫	打扫卫生、烘烤	12	运行中加强监视，停运后，通电烘烤
10	电压互感器	短路	过电压、过载、二次侧短路、绝缘老化、高温	电弧、放电声、电压表指示降低或为零	较大风险	检查	看电压表指示是否正确，是否有电弧；听是否有放电声	30	更换	更换电压互感器	12	停运，更换电压互感器
11		铁芯松动	铁芯夹件未夹紧	运行时有振动或噪声	中等风险	检查	看电压表指示是否正确，听是否有振动声或噪声	30	加固	紧固夹件螺栓	12	检查是否影响设备运行，若影响则立即停机处理，若不影响则待停机后处理
12		击穿	发热绝缘破坏、过电压	运行声音异常、温度升高	较大风险	检查	看电压表指示是否正确，听是否有振动声或噪声	30	检修	修复线圈绕组或更换电压互感器	12	停运，更换电压互感器

续表

序号	部件	故障条件			风险等级	日常控制措施			定期检修维护			临时措施
		模式	原因	现象		措施	检查方法	周期（天）	措施	检修方法	周期（月）	
13	电压互感器	绕组断线	焊接工艺不良、引出线不合格	发热、放电声	较大风险	检查	看电压表指示是否正确，引出线是否松动	30	检修	焊接或更换电压互感器、重新接线	12	检查是否影响设备运行，若影响则立即停机处理，若不影响则待停机后处理
14	电流互感器	击穿	一次侧接线接触不良，二次侧接线板表面氧化严重，电流互感器内匝线间短路或一、二次侧绝缘击穿	电流互感器发生过热、冒烟、流胶等	中等风险	检查	测量电流互感器温度，看是否冒烟	30	更换	更换电流互感器	12	转移负荷，立即进行停电处理
15		开路	接触不良、断线	电流表突然无指示，电流互感器声音明显增大，在开路处附近可嗅到臭氧味和听到轻微的放电声	中等风险	检查	检查电流表有无显示、听是否有放电声、闻有无臭氧味	30	更换	更换电流互感器	12	转移负荷，立即进行停电处理
16		松动	铁芯紧固螺丝松动、铁芯松动，硅钢片震动增大	发出不随一次负荷变化的异常声	较小风险	检查	听声音是否存在异常	30	更换	更换电流互感器	12	转移负荷，立即进行停电处理
17	高压熔断器	熔体熔断	短路故障或过载运行、氧化、温度高	高温、熔断器开路	中等风险	检查	测量熔断器通断、电阻	30	更换	更换熔断器	12	转移负荷，立即进行停电处理
18		过热	熔断器运行年久接触表面氧化或灰尘厚接触不良、载熔件未旋到位接触不良	温升高	轻微风险	检查	测量熔断器及触件温度	30	检修	用纱布擦除氧化物，清扫灰尘，检查接触件接触情况是否良好，或者更换全套熔断器、载熔件必须旋到位，旋紧、牢固	12	
19	智能提示装置	功能失效	电气元件损坏、控制回路断线	智能仪表无显示、位置信号异常	较小风险	检查	卫生清理、看智能仪表显示是否与实际相符	30	更换	检查二次回路接线、更换智能指示装置	12	检查智能装置电源是否正常，接线有无松动，更换智能指示装置

续表

序号	部件	故障条件			风险等级	日常控制措施			定期检修维护			临时措施
		模式	原因	现象		措施	检查方法	周期（天）	措施	检修方法	周期（月）	
20	智能指示装置	短路	积尘积灰、绝缘老化受损、电源电压异常	智能仪表无显示、位置信号异常	中等风险	检查	卫生清洁、检查控制回路	30	清扫	测量绝缘清扫积尘积灰	12	测量绝缘清扫积尘积灰
21	闭锁装置	锈蚀	氧化	机械部分出现锈蚀现象	轻微风险	检查	看闭锁装置部件是否生锈	30	检修	打磨除锈	12	
22	闭锁装置	异常磨损	长时间使用导致闭锁装置磨损	闭锁装置部件变形	中等风险	检查	查看闭锁装置部件是否变形、操作时检查闭锁装置是否失灵	30	更换	更换闭锁装置	12	用临时围栏将设备隔离、悬挂标示牌
23	母排	短路	绝缘损坏	母排击穿处冒火花、断路器跳闸	较大风险	检查	看母排有无闪络现象	30	更换	更换绝缘垫	12	停运做好安全措施后，对击穿母排进行更换
24	母排	过热	积灰积尘、散热不良电压过高	母排温度升高	较小风险	检查	测 温	30	清扫	卫生清扫	12	做好安全措施后，清理卫生
25	母排	松动	螺栓松动	母排温度升高	较小风险	检查	测 温	30	加固	紧固螺栓	12	做好安全措施后，紧固螺栓
26	二次回路	短路	积尘积灰、绝缘老化受损、电源电压异常	测量数据异常、指示异常、自动控制失效	中等风险	检查	看各测量数据是否正常、检查各接线端是否松动	30	更换	卫生清理、检查控制回路、更换元器件	12	做好安全措施后，检查控制回路、更换元器件
27	二次回路	松动	接线处连接不牢固	测量数据异常、指示异常、自动控制失效	较小风险	检查	看各测量数据是否正常、检查各接线端是否松动	30	加固	紧固端子	12	紧固端子接线排
28	二次回路	断线	接线端子氧化、接线脱落	测量数据异常、指示异常、自动控制失效	较小风险	检查	看各测量数据是否正常、检查各接线端是否松动	30	加固	紧固端子、接线	12	紧固端子接线排
29	储能器	短路	积尘积灰、绝缘老化受损、电源电压异常、电机损坏、控制回路故障	无法储能	中等风险	检查	检查看储能器是否储能	30	更换	清扫卫生、更换电机、紧固二次回路线圈	12	检查储能装置是否正常，手动储能
30	储能器	卡涩	异物卡阻、螺栓松动、传动机构变形	无法储能	较小风险	检查	检查储能指示、位置是否正常，外表面无锈蚀及油垢，本体内部无异音	30	加固	校正修复、打磨、紧固螺栓	12	做好安全措施后，校正修复、打磨、紧固螺栓
31	储能器	行程失调	行程开关损坏、弹簧性能下降	储能异常	较小风险	检查	检查看储能器位置是否正常	30	更换	更换行程开关、调整弹簧松紧度	12	检查储能装置是否正常，手动储能

7 主变压器间隔

设备风险评估表

区域：厂房　　系统：配电系统　　设备：主变压器间隔

序号	部件	故障条件			故障影响			故障损失			风险值	风险等级
		模式	原因	现象	系统	设备	部件	经济损失	生产中断	设备损坏		
1	211断路器	短路	绝缘老化、积灰、高温	起火、冒烟	设备停运	柜体起火	断路器损坏	可能造成设备或财产损失1万元以上10万元以下	没有造成生产中断及设备故障	经维修后可恢复设备性能	10	较大风险
2		烧灼	电弧	起火、冒烟	设备停运	控制回路受损	断路器受损	可能造成设备或财产损失1万元以上10万元以下	无	经维修后可恢复设备性能	8	中等风险
3		断路	控制回路脱落	拒动	保护动作	越级动作	无	无	没有造成生产中断及设备故障	经维修后可恢复设备性能	6	中等风险
4		功能失效	控制回路短路	误动	设备停运	停运	性能降低	无	没有造成生产中断及设备故障	经维修后可恢复设备性能	6	中等风险
5		击穿	断路器灭弧性能失效	气室压力降至下限	设备停运	停运	断路器损坏	可能造成设备或财产损失1万元以下	没有造成生产中断及设备故障	经维修后可恢复设备性能	8	中等风险
6		功能失效	气室压力降低	操作机构失效	设备停运	停运	性能降低	无	没有造成生产中断及设备故障	经维修后可恢复设备性能	6	中等风险
7		漏气	焊接工艺不良、焊接处开裂	气室压力持续下降	设备停运	停运	性能降低	可能造成设备或财产损失1万元以下	没有造成生产中断及设备故障	经维修后可恢复设备性能	8	中等风险
8	2113隔离开关	短路	绝缘老化	起火、冒烟	设备停运	柜体起火	隔离刀闸损坏	可能造成设备或财产损失1万元以上10万元以下	没有造成生产中断及设备故障	经维修后可恢复设备性能	10	较大风险

续表

序号	部件	故障条件			故障影响			故障损失			风险值	风险等级
		模式	原因	现象	系统	设备	部件	经济损失	生产中断	设备损坏		
9	2113隔离开关	烧灼	触头绝缘老化	电弧	设备停运	停运	性能降低	无	无	经维修后设备可以维持使用，性能影响50%及以下	6	中等风险
10		劣化	触头氧化	触头处过热	出力受限	隔刀发热	性能降低	无	没有造成生产中断及设备故障	经维修后可恢复设备性能	6	中等风险
11		变形	操作机构磨损	拒动	设备停运	性能降低	性能降低	无	没有造成生产中断及设备故障	经维修后可恢复设备性能	6	中等风险
12		脱落	操作机构连接处脱落	操作机构失效	设备停运	功能失效	功能失效	无	没有造成生产中断及设备故障	经维修后可恢复设备性能	6	中等风险
13		漏气	焊接工艺不良、焊接处开裂	气室压力持续下降	设备停运	停运	性能降低	无	没有造成生产中断及设备故障	经维修后可恢复设备性能	6	中等风险
14	2111隔离开关	短路	绝缘老化	起火、冒烟	设备停运	柜体起火	隔离刀闸损坏	可能造成设备或财产损失1万元以上10万元以下	没有造成生产中断及设备故障	经维修后可恢复设备性能	10	较大风险
15		烧灼	触头绝缘老化	电弧	设备停运	停运	性能降低	无	无	经维修后设备可以维持使用，性能影响50%及以下	6	中等风险
16		劣化	触头氧化	触头处过热	出力受限	隔刀发热	性能降低	无	没有造成生产中断及设备故障	经维修后可恢复设备性能	6	中等风险
17		变形	操作机构磨损	拒动	设备停运	性能降低	性能降低	无	没有造成生产中断及设备故障	经维修后可恢复设备性能	6	中等风险
18		脱落	操作机构连接处脱落	操作机构失效	设备停运	功能失效	功能失效	无	没有造成生产中断及设备故障	经维修后可恢复设备性能	6	中等风险
19		漏气	焊接工艺不良、焊接处开裂	气室压力持续下降	设备停运	停运	性能降低	无	没有造成生产中断及设备故障	经维修后可恢复设备性能	6	中等风险

续表

序号	部件	故障条件			故障影响			故障损失			风险值	风险等级
		模式	原因	现象	系统	设备	部件	经济损失	生产中断	设备损坏		
20	21139接地刀闸	劣化	接触面氧化	电弧	无	无	性能降低	无	无	经维修后可恢复设备性能	4	较小风险
21		过热	接触面接触不良	电弧	无	无	性能降低	无	无	经维修后可恢复设备性能	4	较小风险
22		变形	操作机构磨损	拒动	无	停运	性能降低	无	没有造成生产中断及设备故障	经维修后可恢复设备性能	6	中等风险
23		脱落	操作机构连接处脱落	操作机构失效	无	停运	功能失效	无	没有造成生产中断及设备故障	经维修后可恢复设备性能	6	中等风险
24		漏气	焊接工艺不良、焊接处开裂	气室压力持续下降	无	停运	接地刀闸损坏	无	没有造成生产中断及设备故障	经维修后可恢复设备性能	6	中等风险
25	21119接地刀闸	劣化	接触面氧化	电弧	无	无	性能降低	无	无	经维修后可恢复设备性能	4	较小风险
26		过热	接触面接触不良	电弧	无	无	性能降低	无	无	经维修后可恢复设备性能	4	较小风险
27		变形	操作机构磨损	拒动	无	停运	性能降低	无	没有造成生产中断及设备故障	经维修后可恢复设备性能	6	中等风险
28		脱落	操作机构连接处脱落	操作机构失效	无	停运	功能失效	无	没有造成生产中断及设备故障	经维修后可恢复设备性能	6	中等风险
29		漏气	焊接工艺不良、焊接处开裂	气室压力持续下降	无	停运	功能失效	无	没有造成生产中断及设备故障	经维修后可恢复设备性能	6	中等风险
30		劣化	接触面氧化	电弧	无	无	性能降低	无	无	经维修后可恢复设备性能	4	较小风险
31		过热	接触面接触不良	电弧	无	无	性能降低	无	无	经维修后可恢复设备性能	4	较小风险
32		变形	操作机构磨损	拒动	无	停运	性能降低	无	没有造成生产中断及设备故障	经维修后可恢复设备性能	6	中等风险
33		脱落	操作机构连接处脱落	操作机构失效	无	停运	功能失效	无	没有造成生产中断及设备故障	经维修后可恢复设备性能	6	中等风险

续表

序号	部件	故障条件			故障影响			故障损失			风险值	风险等级
		模式	原因	现象	系统	设备	部件	经济损失	生产中断	设备损坏		
34	2119 接地刀闸	漏气	焊接工艺不良、焊接处开裂	气室压力持续下降	无	停运	功能失效	无	没有造成生产中断及设备故障	经维修后可恢复设备性能	6	中等风险
35	套管	击穿	电压过高	断路器跳闸	功能失效	停运	绝缘损坏	可能造成设备或财产损失 1 万元以上 10 万元以下	没有造成生产中断及设备故障	经维修后可恢复设备性能	10	较大风险
36	套管	漏气	焊接工艺不良、焊接处开裂	气室压力持续下降	功能失效	停运	套环损坏	可能造成设备或财产损失 1 万元以上 10 万元以下	无	经维修后可恢复设备性能	8	中等风险
37	电压互感器	短路	过电压、过载、二次侧短路、绝缘老化、高温	电弧、放电声、电压表指示降低或为零	机组停运	不能正常监测电压值	电压互感器损坏	可能造成设备或财产损失 1 万元以下	主要备用设备退出备用 24h 以内	经维修后可恢复设备性能	10	较大风险
38	电压互感器	铁芯松动	铁芯夹件未夹紧	运行时有振动或噪声	机组停运	机组停运	电压互感器损坏	可能造成设备或财产损失 1 万元以下	主要备用设备退出备用 24h 以内	经维修后可恢复设备性能	10	较大风险
39	电压互感器	击穿	发热绝缘破坏、过电压	运行声音异常、温度升高	机组停运	机组停运	线圈烧毁	可能造成设备或财产损失 1 万元以下	主要备用设备退出备用 24h 以内	经维修后可恢复设备性能	10	较大风险
40	电压互感器	绕组断线	焊接工艺不良、引出线不合格	发热、放电声	机组停运	不能监测电压	功能失效	可能造成设备或财产损失 1 万元以下	主要备用设备退出备用 24h 以内	经维修后可恢复设备性能	10	较大风险
41	电压互感器	漏气	焊接工艺不良、焊接处开裂	气室压力持续下降	无	停运	电压互感器损坏	无	没有造成生产中断及设备故障	经维修后可恢复设备性能	6	中等风险
42	电压互感器	击穿	一次侧接线接触不良，二次侧接线板表面氧化严重，电流互感器内匝线间短路或一、二次侧绝缘击穿	电流互感器发生过热、冒烟、流胶等	机组停运	机组停运	电流互感器损坏	可能造成设备或财产损失 1 万元以下	主要备用设备退出备用 24h 以内	经维修后可恢复设备性能	10	较大风险

续表

序号	部件	故障条件			故障影响			故障损失			风险值	风险等级
		模式	原因	现象	系统	设备	部件	经济损失	生产中断	设备损坏		
43	电流互感器	开路	接触不良、断线	电流表突然无指示，电流互感器声音明显增大，在开路处附近可嗅到臭氧味和听到轻微的放电声	机组停运	温度升高、本体发热	功能失效	无	主要备用设备退出备用 24h 以内	设备性能无影响	6	中等风险
44	电流互感器	松动	铁芯紧固螺丝松动、铁芯松动，硅钢片震动增大	发出不随一次负荷变化的异常声	无	温度升高、本体发热	性能降低	无	无	经维修后可恢复设备性能	4	较小风险
45	电流互感器	放电	表面过脏、绝缘降低	内部或表面放电	保护动作	监测电流值不正确	性能降低	无	无	经维修后可恢复设备性能	4	较小风险
46	电流互感器	漏气	焊接工艺不良、焊接处开裂	气室压力持续下降	无	停运	电流互感器损坏	无	没有造成生产中断及设备故障	经维修后可恢复设备性能	6	中等风险
47	压力表	劣化	弹簧弯管失去弹性、游丝失去弹性	压力表不动作或动作值不正确	无	不能正常监测压力	压力表损坏	可能造成设备或财产损失 1 万元以下	无	经维修后可恢复设备性能	6	中等风险
48	压力表	脱落	表针振动脱落	压力表显示值不正确	无	不能正常监测压力	压力表损坏	可能造成设备或财产损失 1 万元以下	无	经维修后可恢复设备性能	6	中等风险
49	压力表	堵塞	三通旋塞的通道连管或弯管堵塞	压力表无数值显示	无	不能正常监测压力	功能失效	无	无	经维修后可恢复设备性能	4	较小风险
50	压力表	变形	指针弯曲变形	压力表显示值不正确	无	不能正常监测压力	压力表损坏	可能造成设备或财产损失 1 万元以下	无	经维修后可恢复设备性能	6	中等风险
51	避雷器	击穿	潮湿、污垢	裂纹或破裂	无	柜体不正常带电	避雷器损坏	可能造成设备或财产损失 1 万元以下	无	经维修后可恢复设备性能	6	中等风险
52	避雷器	劣化	老化、潮湿、污垢	绝缘值降低	无	柜体不正常带电	性能降低	无	无	经维修后可恢复设备性能	4	较小风险

续表

序号	部件	故障条件			故障影响			故障损失			风险值	风险等级
		模式	原因	现象	系统	设备	部件	经济损失	生产中断	设备损坏		
53	避雷器	老化	氧化	金具锈蚀、磨损、变形	无	无	性能降低	无	无	设备性能无影响	2	轻微风险
54	六氟化硫微水、泄漏监测装置	短路	受潮	人员经过时不能正常语音报警	无	设备着火	监测装置损坏	无	无	经维修后可恢复设备性能	4	较小风险
55		堵塞	设备内部松动	监测数据无显示	无	监测功能失效	变送器损坏	无	无	经维修后可恢复设备性能	4	较小风险
56		断路	端子线氧化、接触不到位	监测数据无显示	无	监测功能失效	功能失效	无	无	经维修后可恢复设备性能	4	较小风险
57		松动	端子线紧固不到位	监测数据跳动幅度大、显示不正确	无	监测功能失效	功能失效	无	无	经维修后可恢复设备性能	4	较小风险
58	切换开关	短路	绝缘老化	接地或缺项	无	缺失双切换功能	切换开关损坏	可能造成设备或财产损失1万元以下	无	经维修后可恢复设备性能	6	中等风险
59		断路	线路氧化、接触不到位	操作机构失效	无	缺失双切换功能	切换开关损坏	无	无	经维修后可恢复设备性能	4	较小风险

设备风险控制卡

区域：厂房　　　　系统：配电系统　　　　设备：主变压器间隔

序号	部件	故障条件			风险等级	日常控制措施			定期检修维护			临时措施
		模式	原因	现象		措施	检查方法	周期（天）	措施	检修方法	周期（月）	
1	211断路器	短路	绝缘老化、积灰、高温	起火、冒烟	较大风险	检查	检查设备是否冒烟、有异味	7	检修	维修、更换断路器	12	停机处理
2		烧灼	电弧	起火、冒烟	中等风险	检查	分合闸时看有无电弧	7	清扫	清扫卫生、打磨	12	加强观察运行，待停机后在触头处涂抹导电膏
3		断路	控制回路脱落	拒动	中等风险	检查	检查控制回路	7	加固	清扫卫生、紧固端子	12	检查控制回路绝缘
4		功能失效	控制回路短路	误动	中等风险	检查	检查控制回路	7	紧固	清扫卫生、紧固端子	12	测量控制回路电源通断
5		击穿	断路器灭弧性能失效	气室压力降至下限	中等风险	检查	检查气室压力表压力	7	更换	维修、更换断路器	12	停机处理

续表

序号	部件	故障条件			风险等级	日常控制措施			定期检修维护			临时措施
		模式	原因	现象		措施	检查方法	周期（天）	措施	检修方法	周期（月）	
6	211断路器	功能失效	气室压力降低	操作机构失效	中等风险	检查	检查气室压力表压力	7	检修	添加 SF_6 气体	12	观察运行，必要时停机处理
7	211断路器	漏气	焊接工艺不良、焊接处开裂	气室压力持续下降	中等风险	检查	定期开展设备巡查、同时检查压力变化	7	检修	焊接	12	加强现场通风、同时禁止操作该设备
8	2113隔离开关	短路	绝缘老化	起火、冒烟	较大风险	检查	测量绝缘值	7	检修	维修、更换	12	停机处理
9	2113隔离开关	烧灼	触头绝缘老化	电弧	中等风险	检查	分合隔离开关时看有无电弧	7	检修	清扫卫生、打磨	12	加强观察运行，待停机后在触头处涂抹导电膏
10	2113隔离开关	劣化	触头氧化	触头处过热	中等风险	检查	测量温度	7	检修	维修、打磨	12	加强运行观察、降低出力运行
11	2113隔离开关	变形	操作机构磨损	拒动	中等风险	检查	检查刀闸指示位置	7	更换	维修、更换操作机构	12	做好安全措施后，解除操作机构闭锁装置
12	2113隔离开关	脱落	操作机构连接处脱落	操作机构失效	中等风险	检查	检查刀闸指示位置	7	更换	维修、更换操作机构	12	做好安全措施后，将故障设备隔离
13	2113隔离开关	漏气	焊接工艺不良、焊接处开裂	气室压力持续下降	中等风险	检查	定期开展设备巡查、同时检查压力变化	7	检修	打磨、补焊	12	加强现场通风、同时禁止操作该设备
14	2111隔离开关	短路	绝缘老化	起火、冒烟	较大风险	检查	测量绝缘值	7	检修	维修、更换	12	停机处理
15	2111隔离开关	烧灼	触头绝缘老化	电弧	中等风险	检查	分合隔离开关时看有无电弧	7	检修	清扫卫生、打磨	12	加强观察运行，待停机后在触头处涂抹导电膏
16	2111隔离开关	劣化	触头氧化	触头处过热	中等风险	检查	测量温度	7	检修	维修、打磨	12	加强运行观察、降低出力运行
17	2111隔离开关	变形	操作机构磨损	拒动	中等风险	检查	检查刀闸指示位置	7	更换	维修、更换操作机构	12	做好安全措施后，解除操作机构闭锁装置
18	2111隔离开关	脱落	操作机构连接处脱落	操作机构失效	中等风险	检查	检查刀闸指示位置	7	更换	维修、更换操作机构	12	做好安全措施后，将故障设备隔离

续表

序号	部件	故障条件			风险等级	日常控制措施			定期检修维护			临时措施
		模式	原因	现象		措施	检查方法	周期（天）	措施	检修方法	周期（月）	
19	2111隔离开关	漏气	焊接工艺不良、焊接处开裂	气室压力持续下降	中等风险	检查	定期开展设备巡查、同时检查压力变化	7	检修	打磨、补焊	12	加强现场通风、同时禁止操作该设备
20	21139接地刀闸	劣化	接触面氧化	电弧	较小风险	检查	查看接地刀闸金属表面是否存在氧化现象	7	检修	打磨、图导电膏	12	手动增设一组接地线
21		过热	接触面接触不良	电弧	较小风险	检查	合闸时看有无电弧、测温	7	检修	打磨、图导电膏	12	手动增设一组接地线
22		变形	操作机构磨损	拒动	中等风险	检查	检查地刀指示位置	7	更换	维修、更换操作机构	12	做好安全措施后，解除操作机构闭锁装置
23		脱落	操作机构连接处脱落	操作机构失效	中等风险	检查	检查地刀指示位置	7	检修	维修、更换	12	做好安全措施后，将故障设备隔离
24		漏气	焊接工艺不良、焊接处开裂	气室压力持续下降	中等风险	检查	定期开展设备巡查、同时检查压力变化	7	检修	打磨、补焊	12	加强现场通风、同时禁止操作该设备
25	21119接地刀闸	劣化	接触面氧化	电弧	较小风险	检查	查看接地刀闸金属表面是否存在氧化现象	7	检修	打磨、图导电膏	12	手动增设一组接地线
26		过热	接触面接触不良	电弧	较小风险	检查	合闸时看有无电弧、测温	7	检修	打磨、图导电膏	12	手动增设一组接地线
27		变形	操作机构磨损	拒动	中等风险	检查	检查地刀指示位置	7	更换	维修、更换操作机构	12	做好安全措施后，解除操作机构闭锁装置
28		脱落	操作机构连接处脱落	操作机构失效	中等风险	检查	检查地刀指示位置	7	检修	维修、更换	12	做好安全措施后，将故障设备隔离
29		漏气	焊接工艺不良、焊接处开裂	气室压力持续下降	中等风险	检查	定期开展设备巡查、同时检查压力变化	7	检修	打磨、补焊	12	加强现场通风、同时禁止操作该设备
30		劣化	接触面氧化	电弧	较小风险	检查	查看接地刀闸金属表面是否存在氧化现象	7	检修	打磨、图导电膏	12	手动增设一组接地线
31		过热	接触面接触不良	电弧	较小风险	检查	合闸时看有无电弧、测温	7	检修	打磨、图导电膏	12	手动增设一组接地线
32		变形	操作机构磨损	拒动	中等风险	检查	检查地刀指示位置	7	更换	维修、更换操作机构	12	做好安全措施后，解除操作机构闭锁装置

续表

序号	部件	故障条件			风险等级	日常控制措施			定期检修维护			临时措施
		模式	原因	现象		措施	检查方法	周期（天）	措施	检修方法	周期（月）	
33	2119接地刀闸	脱落	操作机构连接处脱落	操作机构失效	中等风险	检查	检查地刀指示位置	7	检修	维修、更换	12	做好安全措施后，将故障设备隔离
34		漏气	焊接工艺不良、焊接处开裂	气室压力持续下降	中等风险	检查	定期开展设备巡查、同时检查压力变化	7	检修	打磨、补焊	12	加强现场通风、同时禁止操作该设备
35	套管	击穿	电压过高	断路器跳闸	较大风险	检查	检查有无明显放电声，测量套管外部温度	7	更换	更换套管	12	若有明显放电声，温度异常升高，立即停机检查处理
36		漏气	焊接工艺不良、焊接处开裂	气室压力持续下降	中等风险	检查	定期开展设备巡查、同时检查压力变化	7	检修	打磨、补焊	12	加强现场通风、同时禁止操作该设备
37	电压互感器	短路	过电压、过载、二次侧短路、绝缘老化、高温	电弧、放电声、电压表指示降低或为零	较大风险	检查	看电压表指示是否正确，是否有电弧，听是否有放电声	30	更换	更换电压互感器	12	停运，更换电压互感器
38		铁芯松动	铁芯夹件未夹紧	运行时有振动或噪声	较大风险	检查	看电压表指示是否正确，听是否有振动声或噪声	30	更换	紧固夹件螺栓	12	检查是否影响设备运行，若影响则立即停机处理，若不影响则待停机后处理
39		击穿	发热绝缘破坏、过电压	运行声音异常、温度升高	较大风险	检查	看电压表指示是否正确，听是否有振动声或噪声	30	更换	修复线圈绕组或更换电压互感器	12	停运，更换电压互感器
40		绕组断线	焊接工艺不良、引出线不合格	发热、放电声	较大风险	检查	看电压表指示是否正确，引出线是否松动	30	更换	焊接或更换电压互感器、重新接线	12	检查是否影响设备运行，若影响则立即停机处理，若不影响则待停机后处理
41		漏气	焊接工艺不良、焊接处开裂	气室压力持续下降	中等风险	检查	定期开展设备巡查、同时检查压力变化	7	检修	打磨、补焊	12	加强现场通风、同时禁止操作该设备
42	电流互感器	击穿	一次侧接线接触不良，二次侧接线板表面氧化严重，电流互感器内匝线间短路或一、二次侧绝缘击穿	电流互感器发生过热、冒烟、流胶等	较大风险	检查	测量电流互感器温度，看是否冒烟	30	更换	更换电流互感器	12	转移负荷，立即进行停电处理

续表

序号	部件	故障条件			风险等级	日常控制措施			定期检修维护			临时措施
		模式	原因	现象		措施	检查方法	周期（天）	措施	检修方法	周期（月）	
43	电流互感器	开路	接触不良、断线	电流表突然无指示，电流互感器声音明显增大，在开路处附近可嗅到臭氧味和听到轻微的放电声	中等风险	检查	检查电流表有无显示、听是否有放电声、闻有无臭氧味	30	更换	更换电流互感器	12	转移负荷，立即进行停电处理
44		松动	铁芯紧固螺丝松动、铁芯松动，硅钢片震动增大	发出不随一次负荷变化的异常声	较小风险	检查	听声音是否存在异常	30	检修	修复电流互感器	12	转移负荷，立即进行停电处理
45		放电	表面过脏、绝缘降低	内部或表面放电	较小风险	检查	看电流表是否放电、测绝缘	7	清扫	清扫卫生	12	转移负荷，立即进行停电处理
46		漏气	焊接工艺不良、焊接处开裂	气室压力持续下降	中等风险	检查	定期开展设备巡查、同时检查压力变化	7	检修	打磨、补焊	12	加强现场通风、同时禁止操作该设备
47	压力表	劣化	弹簧弯管失去弹性、游丝失去弹性	压力表不动作或动作值不正确	中等风险	检查	看压力表显示是否正确	7	更换	更换压力表	12	检查其他压力表是否显示正常，关闭检修阀后更换
48		脱落	表针振动脱落	压力表显示值不正确	中等风险	检查	看压力表显示是否正确	7	更换	更换压力表	12	检查其他压力表是否显示正常，关闭检修阀后更换
49		堵塞	三通旋塞的通道连管或弯管堵塞	压力表无数值显示	较小风险	检查	看压力表显示是否正确	7	检修	疏通堵塞处	12	检查其他压力表是否显示正常，停机后疏通堵塞处
50		变形	指针弯曲变形	压力表显示值不正确	中等风险	检查	看压力表显示是否正确	7	更换	更换压力表	12	检查其他压力表是否显示正常，关闭检修阀后更换
51	避雷器	击穿	潮湿、污垢	裂纹或破裂	中等风险	检查	查看避雷器是否存在裂纹或破裂	7	更换	更换避雷器	12	拆除避雷器、更换备品备件
52		劣化	老化、潮湿、污垢	绝缘值降低	较小风险	检查	测量绝缘值	7	检修	打扫卫生、烘烤	12	通电烘烤
53		老化	氧化	金具锈蚀、磨损、变形	轻微风险	检查	检查避雷器表面有无锈蚀及脱落现象	7	检修	打磨除锈、防腐	12	待设备停电后对氧化部分进行打磨除锈

续表

序号	部件	故障条件			风险等级	日常控制措施			定期检修维护			临时措施
		模式	原因	现象		措施	检查方法	周期（天）	措施	检修方法	周期（月）	
54	六氟化硫微水、泄漏监测装置	短路	受潮	人员经过时不能正常语音报警	较小风险	检查	监测装置各测点数据显示是否正常、能否语音报警	7	检修	修复或更换监测装置	12	检查传感器是否正常，信号接线与电源接线是否导通
55		堵塞	设备内部松动	监测数据无显示	较小风险	检查	监测装置各测点数据显示是否正常	7	更换	更换变送器	12	检查传感器是否正常，数据显示有无异常
56		断路	端子线氧化、接触不到位	监测数据无显示	较小风险	检查	监测装置各测点数据显示是否正常	7	检修	打磨、打扫卫生、紧固端子	12	检查传感器是否正常，信号接线与电源接线是否导通
57		松动	端子线紧固不到位	监测数据跳动幅度大、显示不正确	较小风险	检查	监测装置各测点数据显示是否正常	7	紧固	紧固端子	12	检查传感器是否正常，信号接线与电源接线是否导通
58	切换开关	短路	绝缘老化	接地或缺项	中等风险	检查	测量切换开关绝缘	7	更换	更换切换开关	12	停机时断开控制电源，更换切换开关
59		断路	线路氧化、接触不到位	操作机构失效	较小风险	检查	测量切换开关绝缘	7	加固	紧固接线处	12	紧固接线处

8 母线间隔

设备风险评估表

区域：厂房　　　　系统：配电系统　　　　设备：母线间隔

序号	部件	故障条件			故障影响			故障损失			风险值	风险等级
		模式	原因	现象	系统	设备	部件	经济损失	生产中断	设备损坏		
1	电压互感器	短路	过电压、过载、二次侧短路、绝缘老化、高温	电弧、放电声、电压表指示降低或为零	机组停运	不能正常监测电压值	电压互感器损坏	可能造成设备或财产损失1万元以下	主要备用设备退出备用24h以内	经维修后可恢复设备性能	10	较大风险
2		铁芯松动	铁芯夹件未夹紧	运行时有振动或噪声	机组停运	机组停运	电压互感器损坏	可能造成设备或财产损失1万元以下	主要备用设备退出备用24h以内	经维修后可恢复设备性能	10	较大风险
3		击穿	发热绝缘破坏、过电压	运行声音异常、温度升高、	机组停运	机组停运	线圈烧毁	可能造成设备或财产损失1万元以下	主要备用设备退出备用24h以内	经维修后可恢复设备性能	10	较大风险
4		绕组断线	焊接工艺不良、引出线不合格	发热、放电声	机组停运	不能监测电压	功能失效	可能造成设备或财产损失1万元以下	主要备用设备退出备用24h以内	经维修后可恢复设备性能	10	较大风险
5		漏气	焊接工艺不良、焊接处开裂	气室压力持续下降	无	停运	电压互感器损坏	无	没有造成生产中断及设备故障	经维修后可恢复设备性能	6	中等风险
6	2514隔离开关	短路	绝缘老化	起火、冒烟	设备停运	柜体起火	隔离刀闸损坏	可能造成设备或财产损失1万元以上10万元以下	没有造成生产中断及设备故障	经维修后可恢复设备性能	10	较大风险
7		烧灼	触头绝缘老化	电弧	设备停运	停运	性能降低	无	无	经维修后设备可以维持使用，性能影响50%及以下	6	中等风险
8		劣化	触头氧化	触头处过热	出力受限	隔刀发热	性能降低	无	没有造成生产中断及设备故障	经维修后可恢复设备性能	6	中等风险
9		变形	操作机构磨损	拒动	设备停运	性能降低	性能降低	无	没有造成生产中断及设备故障	经维修后可恢复设备性能	6	中等风险

续表

序号	部件	故障条件			故障影响			故障损失			风险值	风险等级
		模式	原因	现象	系统	设备	部件	经济损失	生产中断	设备损坏		
10	2514隔离开关	脱落	操作机构连接处脱落	操作机构失效	设备停运	功能失效	功能失效	无	没有造成生产中断及设备故障	经维修后可恢复设备性能	6	中等风险
11		漏气	焊接工艺不良、焊接处开裂	气室压力持续下降	设备停运	停运	性能降低	无	没有造成生产中断及设备故障	经维修后可恢复设备性能	6	中等风险
12	25149接地刀闸	劣化	接触面氧化	电弧	无	无	性能降低	无	无	经维修后可恢复设备性能	4	较小风险
13		过热	接触面接触不良	电弧	无	无	性能降低	无	无	经维修后可恢复设备性能	4	较小风险
14		变形	操作机构磨损	拒动	无	停运	性能降低	无	没有造成生产中断及设备故障	经维修后可恢复设备性能	6	中等风险
15		脱落	操作机构连接处脱落	操作机构失效	无	停运	功能失效	无	没有造成生产中断及设备故障	经维修后可恢复设备性能	6	中等风险
16		漏气	焊接工艺不良、焊接处开裂	气室压力持续下降	无	停运	功能失效	无	没有造成生产中断及设备故障	经维修后可恢复设备性能	6	中等风险
17	2519接地刀闸	劣化	接触面氧化	电弧	无	无	性能降低	无	无	经维修后可恢复设备性能	4	较小风险
18		过热	接触面接触不良	电弧	无	无	性能降低	无	无	经维修后可恢复设备性能	4	较小风险
19		变形	操作机构磨损	拒动	无	停运	性能降低	无	没有造成生产中断及设备故障	经维修后可恢复设备性能	6	中等风险
20		脱落	操作机构连接处脱落	操作机构失效	无	停运	功能失效	无	没有造成生产中断及设备故障	经维修后可恢复设备性能	6	中等风险
21		漏气	焊接工艺不良、焊接处开裂	气室压力持续下降	无	停运	功能失效	无	没有造成生产中断及设备故障	经维修后可恢复设备性能	6	中等风险
22	熔断器	熔断	短路故障或过载运行、氧化、温度高	高温、熔断器熔断开路	保护动作	缺相或断电	损坏	可能造成设备或财产损失1万元以下	无	经维修后可恢复设备性能	6	中等风险

续表

序号	部件	故障条件			故障影响			故障损失			风险值	风险等级
		模式	原因	现象	系统	设备	部件	经济损失	生产中断	设备损坏		
23	熔断器	劣化	熔断器运行年久接触表面氧化或灰尘厚接触不良、载熔件未旋到位接触不良	温升高	无	接触面发热	性能下降	无	无	设备性能无影响	2	轻微风险
24	压力表	劣化	弹簧弯管失去弹性、游丝失去弹性	压力表不动作或动作值不正确	无	不能正常监测压力	压力表损坏	可能造成设备或财产损失1万元以下	无	经维修后可恢复设备性能	6	中等风险
25		脱落	表针振动脱落	压力表显示值不正确	无	不能正常监测压力	压力表损坏	可能造成设备或财产损失1万元以下	无	经维修后可恢复设备性能	6	中等风险
26		堵塞	三通旋塞的通道连管或弯管堵塞	压力表无数值显示	无	不能正常监测压力	功能失效	无	无	经维修后可恢复设备性能	4	较小风险
27		变形	指针弯曲变形	压力表显示值不正确	无	不能正常监测压力	压力表损坏	可能造成设备或财产损失1万元以下	无	经维修后可恢复设备性能	6	中等风险
28	避雷器	击穿	潮湿、污垢	裂纹或破裂	无	柜体不正常带电	避雷器损坏	可能造成设备或财产损失1万元以下	无	经维修后可恢复设备性能	6	中等风险
29		劣化	老化、潮湿、污垢	绝缘值降低	无	柜体不正常带电	性能降低	无	无	经维修后可恢复设备性能	4	较小风险
30		老化	氧化	金具锈蚀、磨损、变形	无	无	性能降低	无	无	设备性能无影响	2	轻微风险
31	六氟化硫微水、泄漏监测装置	短路	受潮	人员经过时不能正常语音报警	无	设备着火	监测装置损坏	无	无	经维修后可恢复设备性能	4	较小风险
32		堵塞	设备内部松动	监测数据无显示	无	监测功能失效	变送器损坏	无	无	经维修后可恢复设备性能	4	较小风险
33		断路	端子线氧化、接触不到位	监测数据无显示	无	监测功能失效	功能失效	无	无	经维修后可恢复设备性能	4	较小风险
34		松动	端子线紧固不到位	监测数据跳动幅度大、显示不正确	无	监测功能失效	功能失效	无	无	经维修后可恢复设备性能	4	较小风险

续表

序号	部件	故障条件			故障影响			故障损失			风险值	风险等级
		模式	原因	现象	系统	设备	部件	经济损失	生产中断	设备损坏		
35	切换开关	短路	绝缘老化	接地或缺项	无	缺失双切换功能	切换开关损坏	可能造成设备或财产损失1万元以下	无	经维修后可恢复设备性能	6	中等风险
36	切换开关	断路	线路氧化、接触不到位	操作机构失效	无	缺失双切换功能	切换开关损坏	无	无	经维修后可恢复设备性能	4	较小风险

设备风险控制卡

区域：厂房　　系统：配电系统　　设备：母线间隔

序号	部件	故障条件			风险等级	日常控制措施			定期检修维护			临时措施
		模式	原因	现象		措施	检查方法	周期（天）	措施	检修方法	周期（月）	
1	电压互感器	短路	过电压、过载、二次侧短路、绝缘老化、高温	电弧、放电声、电压表指示降低或为零	较大风险	检查	看电压表指示是否正确、是否有电弧；听是否有放电声	30	更换	更换电压互感器	12	停运，更换电压互感器
2	电压互感器	铁芯松动	铁芯夹件未夹紧	运行时有振动或噪声	较大风险	检查	看电压表指示是否正确；听是否有振动声或噪声	30	更换	紧固夹件螺栓	12	检查是否影响设备运行，若影响则立即停机处理，若不影响则待停机后处理
3	电压互感器	击穿	发热绝缘破坏、过电压	运行声音异常、温度升高	较大风险	检查	看电压表指示是否正确；听是否有振动声或噪声	30	更换	修复线圈绕组或更换电压互感器	12	停运，更换电压互感器
4	电压互感器	绕组断线	焊接工艺不良、引出线不合格	发热、放电声	较大风险	检查	看电压表指示是否正确；引出线是否松动	30	更换	焊接或更换电压互感器、重新接线	12	检查是否影响设备运行，若影响则立即停机处理，若不影响则待停机后处理
5	电压互感器	漏气	焊接工艺不良、焊接处开裂	气室压力持续下降	中等风险	检查	定期开展设备巡查、同时检查压力变化	7	检修	打磨、补焊	12	加强现场通风、同时禁止操作该设备
6	2514隔离开关	短路	绝缘老化	起火、冒烟	较大风险	检查	测量绝缘值	7	检修	维修、更换	12	停机处理
7	2514隔离开关	烧灼	触头绝缘老化	电弧	中等风险	检查	分合隔离开关时看有无电弧	7	检修	清扫卫生、打磨	12	加强观察运行，待停机后在触头处涂抹导电膏

续表

序号	部件	故障条件			风险等级	日常控制措施			定期检修维护			临时措施
		模式	原因	现象		措施	检查方法	周期（天）	措施	检修方法	周期（月）	
8	2514隔离开关	劣化	触头氧化	触头处过热	中等风险	检查	测量温度	7	检修	维修、打磨	12	加强运行观察、降低出力运行
9		变形	操作机构磨损	拒动	中等风险	检查	检查刀闸指示位置	7	更换	维修、更换操作机构	12	做好安全措施后，解除操作机构闭锁装置
10		脱落	操作机构连接处脱落	操作机构失效	中等风险	检查	检查刀闸指示位置	7	更换	维修、更换操作机构	12	做好安全措施后，将故障设备隔离
11		漏气	焊接工艺不良、焊接处开裂	气室压力持续下降	中等风险	检查	定期开展设备巡查、同时检查压力变化	7	检修	打磨、补焊	12	加强现场通风、同时禁止操作该设备
12	25149接地刀闸	劣化	接触面氧化	电弧	较小风险	检查	查看接地刀闸金属表面是否存在氧化现象	7	检修	打磨、图导电膏	12	手动增设一组接地线
13		过热	接触面接触不良	电弧	较小风险	检查	合闸时看有无电弧、测温	7	检修	打磨、图导电膏	12	手动增设一组接地线
14		变形	操作机构磨损	拒动	中等风险	检查	检查地刀指示位置	7	更换	维修、更换操作机构	12	做好安全措施后，解除操作机构闭锁装置
15		脱落	操作机构连接处脱落	操作机构失效	中等风险	检查	检查地刀指示位置	7	检修	维修、更换	12	做好安全措施后，将故障设备隔离
16		漏气	焊接工艺不良、焊接处开裂	气室压力持续下降	中等风险	检查	定期开展设备巡查、同时检查压力变化	7	检修	打磨、补焊	12	加强现场通风、同时禁止操作该设备
17	2519接地刀闸	劣化	接触面氧化	电弧	较小风险	检查	查看接地刀闸金属表面是否存在氧化现象	7	检修	打磨、图导电膏	12	手动增设一组接地线
18		过热	接触面接触不良	电弧	较小风险	检查	合闸时看有无电弧、测温	7	检修	打磨、图导电膏	12	手动增设一组接地线
19		变形	操作机构磨损	拒动	中等风险	检查	检查地刀指示位置	7	更换	维修、更换操作机构	12	做好安全措施后，解除操作机构闭锁装置
20		脱落	操作机构连接处脱落	操作机构失效	中等风险	检查	检查地刀指示位置	7	检修	维修、更换	12	做好安全措施后，将故障设备隔离
21		漏气	焊接工艺不良、焊接处开裂	气室压力持续下降	中等风险	检查	定期开展设备巡查、同时检查压力变化	7	检修	打磨、补焊	12	加强现场通风、同时禁止操作该设备

续表

序号	部件	故障条件			风险等级	日常控制措施			定期检修维护			临时措施
		模式	原因	现象		措施	检查方法	周期（天）	措施	检修方法	周期（月）	
22	熔断器	熔断	短路故障或过载运行、氧化、温度高	高温、熔断器熔断开路	中等风险	检查	测量熔断器通断、电阻	7	更换	更换熔断器	12	转移负荷，立即进行停电处理
23	熔断器	劣化	熔断器运行年久接触表面氧化或灰尘厚接触不良、载熔件未旋到位接触不良	温度升高	轻微风险	检查	测量熔断器及触件温度	7	检修	用砂布擦除氧化物，清扫灰尘，检查接触件接触情况是否良好，或者更换全套熔断器、载熔件必须旋到位，旋紧、牢固	12	做好安全措施后，将故障设备隔离
24	压力表	劣化	弹簧弯管失去弹性、游丝失去弹性	压力表不动作或动作值不正确	中等风险	检查	看压力表显示是否正确	7	更换	更换压力表	12	检查其他压力表是否显示正常，关闭检修阀后更换
25	压力表	脱落	表针振动脱落	压力表显示值不正确	中等风险	检查	看压力表显示是否正确	7	更换	更换压力表	12	检查其他压力表是否显示正常，关闭检修阀后更换
26	压力表	堵塞	三通旋塞的通道连管或弯管堵塞	压力表无数值显示	较小风险	检查	看压力表显示是否正确	7	检修	疏通堵塞处	12	检查其他压力表是否显示正常，停机后疏通堵塞处
27	压力表	变形	指针弯曲变形	压力表显示值不正确	中等风险	检查	看压力表显示是否正确	7	更换	更换压力表	12	检查其他压力表是否显示正常，关闭检修阀后更换
28	避雷器	击穿	潮湿、污垢	裂纹或破裂	中等风险	检查	查看避雷器是否存在裂纹或破裂	7	更换	更换避雷器	12	拆除避雷器、更换备品备件
29	避雷器	劣化	老化、潮湿、污垢	绝缘值降低	较小风险	检查	测量绝缘值	7	检修	打扫卫生、烘烤	12	通电烘烤
30	避雷器	老化	氧化	金具锈蚀、磨损、变形	轻微风险	检查	检查避雷器表面有无锈蚀及脱落现象	7	检修	打磨除锈、防腐	12	待设备停电后对氧化部分进行打磨除锈
31	六氟化硫微水、泄漏监测装置	短路	受潮	人员经过时不能正常语音报警	较小风险	检查	监测装置各测点数据显示是否正常、能否语音报警	7	检修	修复或更换监测装置	12	检查传感器是否正常，信号接线与电源接线是否导通

续表

序号	部件	故障条件			风险等级	日常控制措施			定期检修维护			临时措施
		模式	原因	现象		措施	检查方法	周期（天）	措施	检修方法	周期（月）	
32	六氟化硫微水、泄漏监测装置	堵塞	设备内部松动	监测数据无显示	较小风险	检查	监测装置各测点数据显示是否正常	7	更换	更换变送器	12	检查传感器是否正常，数据显示有无异常
33		断路	端子线氧化、接触不到位	监测数据无显示	较小风险	检查	监测装置各测点数据显示是否正常	7	检修	打磨、打扫卫生、紧固端子	12	检查传感器是否正常，信号接线与电源接线是否导通
34		松动	端子线紧固不到位	监测数据跳动幅度大、显示不正确	较小风险	检查	监测装置各测点数据显示是否正常	7	紧固	紧固端子	12	检查传感器是否正常，信号接线与电源接线是否导通
35	切换开关	短路	绝缘老化	接地或缺相	中等风险	检查	测量切换开关绝缘	7	更换	更换切换开关	12	停机时断开控制电源，更换切换开关
36		断路	线路氧化、接触不到位	操作机构失效	较小风险	检查	测量切换开关绝缘	7	加固	紧固接线处	12	紧固接线处

9 主阀

设备风险评估表

区域：厂房　　　　系统：主机系统　　　　设备：主阀

序号	部件	故障条件			故障影响			故障损失			风险值	风险等级
		模式	原因	现象	系统	设备	部件	经济损失	生产中断	设备损坏		
1	旁通阀	漏水	螺丝松动	螺丝连接处有明显漏水现象	无	对设备表面着色腐蚀	螺丝锈蚀断裂	无	无	经维修后可恢复设备性能	4	较小风险
2		卡涩	阀芯锈蚀严重、异物进入	旁通阀门不能动作	不能正常开机	无法自动运行	阀门受损	无	无	经维修后可恢复设备性能	4	较小风险
3	平压装置	功能失效	测压管道堵塞	平压表计数据显示异常	无	无法采集数据	测压异常	可能造成设备或财产损失1万元以下	无	经维修后可恢复设备性能	6	中等风险
4		功能失效	水压过高	平压表计损坏无显示	无	无法采集数据	损坏	可能造成设备或财产损失1万元以下	无	经维修后可恢复设备性能	6	中等风险
5	氮气罐	漏油	开关把手连接管道处松动	连接处能听到轻微漏气声	系统油压下降	电机启动频繁	功能下降	无	无	经维修后可恢复设备性能	4	较小风险
6		漏气	气囊损坏	油泵启动频繁	系统油压下降	电机启动频繁	氮气罐损坏	可能造成设备或财产损失1万元以下	无	设备报废，需要更换新设备或经维修后设备可以维持使用，性能影响50%及以上	10	较大风险
7	油箱	渗油	管道各连接处渗漏油	油位下降	无	无	密封破损	无	无	经维修后可恢复设备性能	4	较小风险
8	阀体	漏水	密封不良	压力钢管内有漏水声	增大漏水损失	无	密封破损	可能造成设备或财产损失1万元以下	无	经维修后可恢复设备性能	6	中等风险
9		松动	振动	阀门连接处螺栓松动、渗油	无	无	功能衰退	无	无	经维修后可恢复设备性能	4	较小风险
10	伸缩节	漏水	密封不良	压力钢管与伸缩节处有漏水现场	无	无	密封破损	无	无	经维修后可恢复设备性能	4	较小风险

续表

序号	部件	故障条件			故障影响			故障损失			风险值	风险等级
		模式	原因	现象	系统	设备	部件	经济损失	生产中断	设备损坏		
11	伸缩节	松动	振动	连接处螺栓松动、渗水	无	无	功能衰退	无	无	经维修后可恢复设备性能	4	较小风险
12	油泵	松动	震动导致链接螺栓松动	泵脱落	无	不能正常泵油	油泵长时间运行	无	无	经维修后可恢复设备性能	4	较小风险
13		卡阻	高温、油污、异物	不能启动	无	电机烧毁	功能失效	无	无	经维修后可恢复设备性能	4	较小风险
14	电动机	短路	绝缘降低	大量烟雾，有焦臭味	电机停运	功能失效	线圈损坏	可能造成设备或财产损失1万元以下	主要备用设备退出备用24h以内	经维修后可恢复设备性能	10	较大风险
15		老化	高温、超过使用寿命	绝缘降低	无	无	绝缘降低	无	无	经维修后可恢复设备性能	4	较小风险
16		击穿	电压过高、受潮	三相电流不平衡、振动增大	电机停运	绕组电流增大	绝缘损坏	可能造成设备或财产损失1万元以上10万元以下	主要备用设备退出备用24h以内	经维修后可恢复设备性能	12	较大风险
17	电磁阀	老化	时间过长线圈正常老化	绝缘降低造成线圈短路	无	无	线圈短路	无	无	经维修后可恢复设备性能	4	较小风险
18		堵塞	阀芯异物堵塞	不能正常可靠动作	降低运行可靠性	降低运行可靠性	性能下降	可能造成设备或财产损失1万元以下	主要备用设备退出备用24h以内	经维修后可恢复设备性能	10	较大风险
19	压力油管	渗油	砂眼	油管路砂眼处存在渗油现象	无	无	功能衰退	无	主要备用设备退出备用24h以内	无	4	较小风险
20		松动	振动	油管路连接处螺栓松动、渗油	无	无	功能衰退	无	无	经维修后可恢复设备性能	4	较小风险
21		老化	密封垫及密封圈超过使用年限	渗油	无	无	无	无	无	经维修后可恢复设备性能	4	较小风险
22	泄压阀	渗油	密封不良	阀门处有渗漏油	无	压力降低	密封破损	无	无	经维修后可恢复设备性能	4	较小风险
23	机械锁锭	变形	挤压	锁芯变形弯曲	无	无法投入机械锁锭	损坏	可能造成设备或财产损失1万元以下	无	经维修后可恢复设备性能	6	中等风险

续表

序号	部件	故障条件			故障影响			故障损失			风险值	风险等级
		模式	原因	现象	系统	设备	部件	经济损失	生产中断	设备损坏		
24	液压锁锭	渗油	密封不良	油管连接处渗漏油	无	无	密封破损	无	无	经维修后可恢复设备性能	4	较小风险
25		短路	线圈受潮	不能投退	无	降低运行可靠性	线圈短路	可能造成设备或财产损失 1 万元以下	无	经维修后可恢复设备性能	6	中等风险
26		变形	电磁阀不能可靠正确动作，退出造成挤压	锁芯变形弯曲	降低运行可靠性	降低运行可靠性	损坏	可能造成设备或财产损失 1 万元以下	无	经维修后可恢复设备性能	6	中等风险
27	PLC 控制装置	功能失效	过热	死机	无	无法自动动作	无法采集、输出、输入	可能造成设备或财产损失 1 万元以下	主要备用设备退出备用 24h 以内	设备性能无影响	8	中等风险
28		短路	积尘积灰、高温	失电	无	无法自动动作	模块损坏	可能造成设备或财产损失 1 万元以下	主要备用设备退出备用 24h 以内	经维修后可恢复设备性能	10	较大风险
29	行程开关	行程失调	线路老化，绝缘降低	线路短路烧坏	无	无法检测全开、全关信号	线路烧坏	无	无	设备性能无影响	2	轻微风险
30	油缸活塞	渗油	密封不良	各腔串油，压力显示不正确	无	开关过程中抖动	密封破损	可能造成设备或财产损失 1 万元以下	主要备用设备退出备用 24h 以内	经维修后可恢复设备性能	10	较大风险
31	压力变送器	松动	端子排线路松动	数据无规则跳动	无	无法自动控制	无法采集数据	无	无	经维修后可恢复设备性能	4	较小风险
32		老化	电子元件老化	无数据显示	无	无法自动控制	损坏	可能造成设备或财产损失 1 万元以下	无	经维修后可恢复设备性能	6	中等风险
33	空气阀	渗水	密封不良	阀门上端渗水	无	无	密封破损	无	无	经维修后可恢复设备性能	4	较小风险
34	空气阀	卡涩	锈蚀	无法正常打开进行补、排气	无	无	渗漏水	无	无	经维修后可恢复设备性能	4	较小风险

设备风险控制卡

区域：厂房　　系统：主机系统　　设备：主阀

序号	部件	故障条件			风险等级	日常控制措施			定期检修维护			临时措施
		模式	原因	现象		措施	检查方法	周期（天）	措施	检修方法	周期（月）	
1	旁通阀	漏水	螺丝松动	螺丝连接处有明显漏水现象	较小风险	检查	查看旁通阀处有无明显渗漏水	7	加固、更换	紧固或更换已锈蚀螺丝	12	临时紧固压紧

续表

序号	部件	故障条件			风险等级	日常控制措施			定期检修维护			临时措施
		模式	原因	现象		措施	检查方法	周期（天）	措施	检修方法	周期（月）	
2	旁通阀	卡涩	阀芯锈蚀严重、异物进入	旁通阀阀门不能动作	较小风险	检查	自动开关旁通阀时查看是否动作、前后压力是否变化	7	检修	清理异物、更换阀芯	12	手动开启旁通阀阀门
3	平压装置	功能失效	测压管道堵塞	平压表计数据显示异常	中等风险	检查	检查平压表计显示数据是否异常	7	检修	拆除测压管道进行反冲洗	12	开启旁通阀进行平压时，安排专人在钢管前后端听平压前后水流声
4		功能失效	水压过高	平压表计损坏无显示	中等风险	检查	检查平压表计是否无显示	7	更换	更换平压表计	12	开启旁通阀进行平压时，安排专人在钢管前后端听平压前后水流声
5	氮气罐	漏油	开关把手连接管道处松动	连接处能听到轻微漏气声	较小风险	检查	听有无漏气声	7	加固	紧固	12	关闭检修阀后进行紧固处理
6		漏气	气囊损坏	油泵启动频繁	较大风险	检查	电机启动频率是否正常	7	更换	更换氮气罐	12	观察运行，停机处理
7	油箱	渗油	管道各连接处渗漏油	油位下降	较小风险	检查	油箱本体上下有无渗漏油	7	更换	紧固、更换密封件	12	紧固各连接处，若渗漏油点较大则申请停机后泄压，将油抽出
8	阀体	漏水	密封不良	压力钢管内有漏水声	中等风险	检查	在压力钢管处听漏水声音	7	更换	修复或更换密封件	12	关闭进水口闸门
9		松动	振动	阀门连接处链接螺栓松动、渗油	较小风险	检查	看阀门连接螺栓处是否存在渗油现象	7	加固、更换	紧固螺栓、更换密封	12	紧固连接处螺帽
10	伸缩节	漏水	密封不良	压力钢管与伸缩节处有漏水现场	较小风险	检查	在压力钢管伸缩节处查看漏水	7	更换	修复或更换密封件	12	关闭阀门
11		松动	振动	连接处链接螺栓松动、渗水	较小风险	检查	看阀门连接螺栓处是否存在渗水现象	7	加固、更换	紧固螺栓、更换密封	12	紧固连接处螺帽
12	油泵	松动	震动导致链接螺栓松动	泵脱落	较小风险	检查	检查油泵与电机之间的链接螺栓是否松动	7	加固	紧固	12	断开电机控制电源，对螺栓进行紧固
13		卡阻	高温、油污、异物	不能启动	较小风险	检查	查看电机是否能正常转动、闻焦臭味	7	检修	拆除清洗、打磨，或更换油泵	12	退出异常油泵、投入备用油泵运行

续表

序号	部件	故障条件			风险等级	日常控制措施			定期检修维护			临时措施
		模式	原因	现象		措施	检查方法	周期（天）	措施	检修方法	周期（月）	
14	电动机	短路	绝缘降低	大量烟雾，有焦臭味	较大风险	检查	定期测量电机绝缘	7	检修	修复、更换电机绕组	12	退出异常电动机
15		老化	高温、超过使用寿命	绝缘降低	较小风险	检查	定期测量电机绝缘	7	检修	修复、更换电机绕组	12	退出异常电动机
16		击穿	电压过高、受潮	三相电流不平衡、振动增大	较大风险	其他	查看电机三相电流增大、闻烧焦味	7	检修	修复、更换定子线圈绕组	12	紧急停机处理
17	电磁阀	老化	时间过长线圈正常老化	绝缘降低造成线圈短路	较小风险	检查	用万用表测量电磁阀是否有电阻	7	更换	更换电磁阀	12	用万用表测量检查电磁阀带电情况，若不带电，则更换电磁阀
18		堵塞	阀芯异物堵塞	不能正常可靠动作	较大风险	检查	动作时现场查看是否正确动作	7	检修	清洗	12	手动操作电磁阀
19	压力油管	渗油	砂眼	油管路砂眼处存在渗油现象	较小风险	检查	看油管路是否存在渗油现象	7	检修	对砂眼处进行补焊	12	检查蝶阀油压、油位变化及油泵打油情况，是否影响机组运行，若不影响，则选择停机后处理
20		松动	振动	油管路连接处螺栓松动、渗油	较小风险	检查	看油管路连接螺栓处是否存在渗油现象	7	检修	紧固螺栓、更换密封	12	紧固连接处螺帽
21		老化	密封垫及密封圈超过使用年限	渗油	较小风险	检查	看管路连接处是否渗油	7	更换	更换密封垫或密封圈	12	观察运行，停机处理
22	泄压阀	渗油	密封不良	阀门处有渗漏油	较小风险	检查	检查压力表计压力值是否降低、油泵是否启动频繁	7	更换	更换密封件	12	压紧阀门及螺丝，观察渗漏油是否增大；若需停机处理则申请停机
23	机械锁锭	变形	挤压	锁芯变形弯曲	中等风险	检查	蝶阀开启前，设专人对机械锁锭投退情况进行检查确认	7	更换	更换	12	必须修复后方可使用
24	液压锁锭	渗油	密封不良	油管连接处渗漏油	较小风险	检查	在蝶阀平台处查看液压锁锭油管路连接处是否有渗漏油	7	更换	更换密封件	12	临时紧固、压紧螺栓
25		短路	线圈受潮	不能投退	中等风险	检查	用万用表测量电磁阀是否有电阻	7	更换	更换电磁阀	12	手动操作液压锁锭投退

续表

序号	部件	故障条件			风险等级	日常控制措施			定期检修维护			临时措施
		模式	原因	现象		措施	检查方法	周期（天）	措施	检修方法	周期（月）	
26	液压锁锭	变形	电磁阀不能可靠正确动作，退出造成挤压	锁芯变形弯曲	中等风险	检查	操作蝶阀时，设专人对液压锁锭投退情况进行检查确认	7	更换	更换	12	必须修复后方可使用
27	PLC控制装置	功能失效	过热	死机	中等风险	检查	查看PLC控制屏是否可点亮	7	检查	重新启动	12	
28		短路	积尘积灰、高温	失电	较大风险	检查	查看PLC是否失电	7	更换	更换模块	12	需要时手动开关蝶阀
29	行程开关	行程失调	线路老化，绝缘降低	线路短路烧坏	轻微风险	检查	检查状态指示灯是否和设备现场状态一致	7	更换	更换老化线路	12	手动操作蝶阀开关流程
30	油缸活塞	渗油	密封不良	各腔串油，压力显示不正确	较大风险	检查	检查有杆腔、无杆腔压力表计显示压力正常	7	更换	更换密封件	12	减少蝶阀开关操作频次
31	压力变送器	松动	端子排线路松动	数据无规则跳动	较小风险	检查	检查压力变送器显示数据是否错乱、跳动	7	加固	紧固端子线	12	紧固端子排、设备两侧线路
32		老化	电子元件老化	无数据显示	中等风险	检查	检查压力变送器是否正确显示数据	7	更换	更换变送器	12	手动操作
33	空气阀	渗水	密封不良	阀门上端渗水	较小风险	检查	检查空气阀上端盖有无渗水	7	检修	修复、更换密封件	12	紧固、压紧螺栓
34		卡涩	锈蚀	无法正常打开进行补、排气	较小风险	检查	检查空气阀上端盖有无渗水	7	检修	除锈防腐	12	对蜗壳和尾水管冲水时，观察空气阀动作情况

10 调速器

设备风险评估表

区域：厂房　　　　系统：水轮机调速系统　　　　设备：调速器

序号	部件	故障条件			故障影响			故障损失			风险值	风险等级
		模式	原因	现象	系统	设备	部件	经济损失	生产中断	设备损坏		
1	PLC控制装置	功能失效	高温	死机	不能采集数据；不能自动调频	功能失调	PLC 模块损坏	可能造成设备或财产损失 1 万元以下	主要备用设备退出备用 24h 以内	经维修后可恢复设备性能	10	较大风险
2	主配压阀	密封破损	密封圈老化、杂质磨损	串油、调速器油泵频繁启动	溜负荷	实际动作量与调节量不一致	组合阀密封损坏	可能造成设备或财产损失 1 万元以下	主要备用设备退出备用 24h 以内	经维修后可恢复设备性能	10	较大风险
3		卡涩	杂质卡阻电磁阀	操作调速器后接力器无反应	不能正常开停机及调整负荷	功能失效	性能降低	可能造成设备或财产损失 1 万元以下	主要备用设备退出备用 24h 以内	经维修后可恢复设备性能	10	较大风险
4	泄压阀	渗油	密封、垫片损坏	有串气、漏气声	空气压缩机启动频繁	不能保压	泄压阀损坏	无	无	经维修后可恢复设备性能	4	较小风险
5		松动	螺帽	有漏气声	空气压缩机启动频繁	不能保压	无	无	无	设备性能无影响	2	轻微风险
6	电磁阀	短路	线路老化	阀芯不能正常动作	不能正常开停机及调整负荷	功能失效	电磁阀损坏	可能造成设备或财产损失 1 万元以下	主要备用设备退出备用 24h 以内	经维修后可恢复设备性能	10	较大风险
7		卡涩	杂质卡阻	阀芯不能正常动作	不能正常开停机及调整负荷	功能失效	阀芯损卡涩	可能造成设备或财产损失 1 万元以下	主要备用设备退出备用 24h 以内	经维修后可恢复设备性能	10	较大风险
8		异常磨损	杂质	油压下降	不能正常开停机	功能失效	电磁阀损坏	无	主要备用设备退出备用 24h 以内	经维修后可恢复设备性能	8	中等风险
9		老化	超过使用年限	串油	不能正常开停机	功能失效	电磁阀损坏	无	无	经维修后可恢复设备性能	4	较小风险

续表

序号	部件	故障条件			故障影响			故障损失			风险值	风险等级
		模式	原因	现象	系统	设备	部件	经济损失	生产中断	设备损坏		
10	压油罐	开裂	高压	漏油、漏气	不能正常开停机及调整负荷	不能保压	油罐损坏	无	主要备用设备退出备用24h以内	设备报废，需要更换新设备；或经维修后设备可以维持使用，性能影响50%及以上	12	较大风险
11		漏油、漏气	焊接处存在砂眼、连接处密封不严	漏油、漏气	空压器、油泵启动频繁	性能降低	不能保压	无	主要备用设备退出备用24h以内	经维修后可恢复设备性能	8	中等风险
12	油泵	松动	震动导致链接螺栓松动	泵脱落	无	不能正常泵油	油泵长时间运行	无	无	经维修后可恢复设备性能	4	较小风险
13		卡阻	高温、油污、异物	不能启动	无	电机烧毁	功能失效	无	无	经维修后可恢复设备性能	4	较小风险
14	电动机	短路	绝缘降低	大量烟雾，有焦臭味	电机停运	功能失效	线圈损坏	可能造成设备或财产损失1万元以下	主要备用设备退出备用24h以内	经维修后可恢复设备性能	10	较大风险
15		老化	高温、超过使用寿命	绝缘降低	无	无	绝缘降低	无	无	经维修后可恢复设备性能	4	较小风险
16		击穿	电压过高、受潮	三相电流不平衡、振动增大	电机停运	绕组电流增大	绝缘损坏	可能造成设备或财产损失1万元以上10万元以下	没有造成生产中断及设备故障	经维修后可恢复设备性能	10	较大风险
17	安全阀	功能失效	整定值过高	压力罐达到整定值后安全阀未启动	油压过高	无	安全阀功能失效	可能造成设备或财产损失1万元以下	主要备用设备退出备用24h以内	经维修后可恢复设备性能	10	较大风险
18		功能失效	整定值过低	压力罐未达到整定值安全阀启动	无	油泵一直运行	安全阀功能失效	无	无	经维修后可恢复设备性能	4	较小风险
19		漏气	密封、垫片损坏	有漏气声	空气压缩机启动频繁	不能保压	性能衰退	无	主要备用设备退出备用24h以内	经维修后可恢复设备性能	8	中等风险
20		松动	螺栓松动	有漏气声	空气压缩机启动频繁	不能保压	性能衰退	无	无	设备性能无影响	2	轻微风险

续表

序号	部件	故障条件			故障影响			故障损失			风险值	风险等级
		模式	原因	现象	系统	设备	部件	经济损失	生产中断	设备损坏		
21	补气阀	漏气	密封损坏	有漏气声	空气压缩机启动频繁	不能保压	性能衰退	无	主要备用设备退出备用 24h 以内	设备性能无影响	6	中等风险
22		松动	螺栓松动	有漏气声	空气压缩机启动频繁	不能保压	性能衰退	无	无	设备性能无影响	2	轻微风险
23	油位计	渗油	螺栓松动	有渗油现象	无	调速器有油污	密封破损	可能造成设备或财产损失 1 万元以下	无	经维修后可恢复设备性能	6	中等风险
24	电接点压力表	功能失效	短路	指针不能动作	保护失效	不能用电接点压力表控制油泵启停	压力表损坏	可能造成设备或财产损失 1 万元以下	主要备用设备退出备用 24h 以内	经维修后可恢复设备性能	10	较大风险
25	压力变送器	功能失效	短路	压力变送器无显示	保护失效	不能用压力变送器表控制油泵启停	压力变送器损坏	可能造成设备或财产损失 1 万元以下	无	经维修后可恢复设备性能	6	中等风险
26	机械锁锭	变形	挤压	锁芯变形弯曲	无	无法投入机械锁锭	损坏	无	无	经维修后可恢复设备性能	4	较小风险
27	液压锁锭	渗油	密封不良	油管连接处渗漏油	无	无	密封破损	可能造成设备或财产损失 1 万元以下	无	经维修后可恢复设备性能	6	中等风险
28		短路	线圈受潮	不能投退	无	降低运行可靠性	线圈短路	可能造成设备或财产损失 1 万元以下	主要备用设备退出备用 24h 以内	经维修后可恢复设备性能	10	较大风险
29		变形	电磁阀不能可靠正确动作，退出造成挤压	锁芯变形弯曲	降低运行可靠性	降低运行可靠性	损坏	可能造成设备或财产损失 1 万元以下	无	经维修后可恢复设备性能	6	中等风险
30	接力器	密封破损	密封圈老化	渗油、串油、调速器油泵频繁启动	溜负荷	实际动作量与调节量不一致	接力器油杆密封损坏	可能造成设备或财产损失 1 万元以下	主要备用设备退出备用 24h 以内	经维修后可恢复设备性能	10	较大风险
31		异常磨损	杂质磨损	渗油、串油、调速器油泵频繁启动	溜负荷	实际动作量与调节量不一致	接力器油杆密封损坏	可能造成设备或财产损失 1 万元以下	无	经维修后可恢复设备性能	6	中等风险
32	接力器	松动	振动	接力器有杆腔、无杆腔与油管链接处渗油	无	性能下降	功能衰退	无	无	经维修后可恢复设备性能	4	较小风险

续表

序号	部件	故障条件			故障影响			故障损失			风险值	风险等级
		模式	原因	现象	系统	设备	部件	经济损失	生产中断	设备损坏		
33	压力油管	渗油	砂眼	油管路砂眼处存在渗油现象	无	无	功能衰退	无	没有造成生产中断及设备故障	经维修后可恢复设备性能	6	中等风险
34		松动	振动	油管路连接处螺栓松动、渗油	无	无	功能衰退	无	无	经维修后可恢复设备性能	4	较小风险
35		老化	密封垫及密封圈超过使用年限	渗油	无	无	无	无	无	经维修后可恢复设备性能	4	较小风险
36	阀 门	松动	振动	阀门连接处螺栓松动、渗油	无	无	功能衰退	无	无	经维修后可恢复设备性能	4	较小风险
37		老化	密封垫及密封圈超过使用年限	渗油	无	无	无	无	无	经维修后可恢复设备性能	4	较小风险
38	漏油箱	锈蚀	氧化	设备表面存在锈蚀现象	无	无	功能衰退	无	无	经维修后可恢复设备性能	4	较小风险
39		渗油	密封垫及密封圈超过使用年限	渗油	无	无	无	无	无	经维修后可恢复设备性能	4	较小风险
40	回油箱	锈蚀	氧化	设备表面存在锈蚀现象	无	无	功能衰退	无	无	经维修后可恢复设备性能	4	较小风险
41		渗油	密封垫及密封圈超过使用年限	渗油	无	无	无	无	无	经维修后可恢复设备性能	4	较小风险

设备风险控制卡

区域：厂房　　系统：水轮机调速系统　　设备：调速器

序号	部件	故障条件			风险等级	日常控制措施			定期检修维护			临时措施
		模式	原因	现象		措施	检查方法	周期（天）	措施	检修方法	周期（月）	
1	PLC控制装置	功能失效	高温	死机	较大风险	检查	输入或输出信号灯是否正常亮、死机、是否有焦臭味	7	检修	修复、更换装置绕组	12	
2	主配压阀	密封破损	密封圈老化、杂质磨损	串油、调速器油泵频繁启动	较大风险	检查	检查油泵启动频率	7	检修	清洗组合阀、更换密封	12	
3		卡涩	杂质卡阻电磁阀	操作调速器后接力器无反应	较大风险	检查	导叶及水轮机叶片开度反馈装置工作是否正常	7	检修	清洗、回装	12	

续表

序号	部件	故障条件			风险等级	日常控制措施			定期检修维护			临时措施
		模式	原因	现象		措施	检查方法	周期（天）	措施	检修方法	周期（月）	
4	泄压阀	渗油	密封、垫片损坏	有串气、漏气声	较小风险	检查	机械部分无锈蚀、卡涩，阀门位置正确；听漏气声	7	更换	更换垫片、密封	12	检查调速器油压变化及油泵打油情况，用扳手对法兰盘螺栓紧固后观察是否影响机组运行，若不影响，则选择停机后处理
5		松动	螺帽	有漏气声	轻微风险	检查	紧固件无松动或脱落，调速器各阀门、管路无渗漏；听漏气声	7	加固	紧固	12	
6	电磁阀	短路	线路老化	阀芯不能正常动作	较大风险	检查	检查电磁阀阀芯动作是否正常，各表计信号指示、开关位置正确	7	更换	更换	12	用万用表测量检查电磁阀带电情况，若不带电，则更换电磁阀
7		卡涩	杂质卡阻	阀芯不能正常动作	较大风险	检查	检查电磁阀阀芯动作是否正常，各表计信号指示、开关位置正确	7	检修	清洗、更换	12	手动按压阀芯
8		异常磨损	杂质	油压下降	中等风险	检查	停机后在电磁阀处听是否有串油声	7	检修	清洗、更换	12	停机处理
9		老化	超过使用年限	串油	较小风险	检查	停机后在电磁阀处听是否有串油声	7	检修	清洗、更换	12	停机处理
10	压油罐	开裂	高压	漏油、漏气	较大风险	检查	看储油罐是否存在开裂或漏气现象	7	检修	打磨、补焊、探伤	12	检查压油罐外观产生的龟裂情况，若严重则立即停机泄压后处理
11		漏油、漏气	焊接处存在砂眼、连接处密封不严	漏油、漏气	中等风险	检查	检查漏油漏气情况，查看压力表压力值	7	检修	补焊、更换密封	12	加强巡检，手动补压
12	油泵	松动	震动导致链接螺栓松动	泵脱落	较小风险	检查	检查油泵与电机之间的链接螺栓是否松动	7	加固	紧固	12	断开电机控制电源，对螺栓进行紧固
13		卡阻	高温、油污、异物	不能启动	较小风险	检查	查看电机是否能正常转动、闻焦臭味	7	检修	拆除清洗、打磨，或更换油泵	12	退出异常油泵、投入备用油泵运行

续表

序号	部件	故障条件			风险等级	日常控制措施			定期检修维护			临时措施
		模式	原因	现象		措施	检查方法	周期（天）	措施	检修方法	周期（月）	
14	电动机	短路	绝缘降低	大量烟雾，有焦臭味	较大风险	检查	定期测量电机绝缘	7	检修	修复、更换电机绕组	12	退出异常电动机
15	电动机	老化	高温、超过使用寿命	绝缘降低	较小风险	检查	定期测量电机绝缘	7	检修	修复、更换电机绕组	12	退出异常电动机
16	电动机	击穿	电压过高、受潮	三相电流不平衡、振动增大	较大风险	其他	查看电机三相电流增大、闻烧焦味	7	检修	修复、更换定子线圈绕组	12	紧急停机处理
17	安全阀	功能失效	整定值过高	压力罐达到整定值后安全阀未启动	较大风险	检查	到整定值后查看安全阀是否动作	7	检修	重新校验安全阀压力值	12	手动控制油罐油压
18	安全阀	功能失效	整定值过低	压力罐未达到整定值安全阀启动	较小风险	检查	到整定值后查看安全阀是否动作	7	检修	重新校验安全阀压力值	12	加强巡视检查，保证储油罐油压在较高油压状态下运行
19	安全阀	漏气	密封、垫片损坏	有漏气声	中等风险	检查	查看压油罐压力值变化情况，听漏气声	7	更换	更换垫片、密封	12	停机后对安全阀本体进行检查并对安全阀连接法兰盘密封垫进行检查和更换
20	安全阀	松动	螺栓松动	有漏气声	轻微风险	检查	紧固件无松动或脱落，听漏气声	7	加固	紧固	12	紧固螺帽
21	补气阀	漏气	密封损坏	有漏气声	中等风险	检查	听漏气声	7	更换	更换密封圈	12	轮换机组，更换密封圈
22	补气阀	松动	螺栓松动	有漏气声	轻微风险	检查	紧固件无松动或脱落，听漏气声	7	加固	紧固	12	紧固螺帽
23	油位计	渗油	螺栓松动	有渗油现象	中等风险	检查	看油位计是否有渗油现象	7	更换	更换密封垫	12	观察渗油情况，待停机后处理
24	电接点压力表	功能失效	短路	指针不能动作	较大风险	检查	查看电接点压力表指针有无变化	7	更换	更换电接点压力表	12	投入将油泵控制方式切换为压力变送器控制
25	压力变送器	功能失效	短路	压力变送器无显示	中等风险	检查	看压力变送器有无压力值显示	7	更换	更换压力变送器	12	将油泵控制方式切换为电接点压力表控制
26	机械锁锭	变形	挤压	锁芯变形弯曲	较小风险	检查	设专人对机械锁锭投退情况进行检查确认	7	更换	更换	12	必须修复后方可使用

续表

序号	部件	故障条件			风险等级	日常控制措施			定期检修维护			临时措施
		模式	原因	现象		措施	检查方法	周期（天）	措施	检修方法	周期（月）	
27	液压锁锭	渗油	密封不良	油管连接处渗漏油	中等风险	检查	查看液压锁锭油管路连接处是否有渗漏油	7	更换	更换密封件	12	临时紧固、压紧螺栓
28		短路	线圈受潮	不能投退	较大风险	检查	用万用表测量电磁阀是否有电阻	7	更换	更换电磁阀	12	手动操作液压锁锭投退
29		变形	电磁阀不能可靠正确动作，退出造成挤压	锁芯变形弯曲	中等风险	检查	设专人对液压锁锭投退情况进行检查确认	7	更换	更换	12	必须修复后方可使用
30	接力器	密封破损	密封圈老化	渗油、串油、调速器油泵频繁启动	较大风险	检查	检查油泵启动频率，看接力器是否存在来回抽动现象	7	更换	更换油杆密封	12	加强监视，待停机后更换油杆密封处理
31		异常磨损	杂质磨损	渗油、串油、调速器油泵频繁启动	中等风险	检查	检查油泵启动频率，看接力器是否存在来回抽动现象	7	更换	更换油杆密封、滤油	12	加强监视，待停机后更换油杆密封处理
32		松动	振动	接力器有杆腔、无杆腔与油管链接处渗油	较小风险	检查	检查油管与接力器连接处是否渗油	7	加固	紧固连接处螺帽	12	紧固连接处螺帽
33	压力油管	渗油	砂眼	油管路砂眼处存在渗油现象	中等风险	检查	看油管路是否存在渗油现象	7	检修	对砂眼处进行补焊	12	检查调速器油压、油位变化及油泵打油情况是否影响机组运行，若不影响，则选择停机后处理
34		松动	振动	油管路连接处链接螺栓松动、渗油	较小风险	检查	看油管路连接螺栓处是否存在渗油现象	7	更换	紧固螺栓、更换密封	12	紧固连接处螺帽
35		老化	密封垫及密封圈超过使用年限	渗油	较小风险	检查	看管路连接处是否渗油	7	更换	更换密封垫或密封圈	12	观察运行，停机处理
36	阀门	松动	振动	阀门连接处链接螺栓松动、渗油	较小风险	检查	看阀门连接螺栓处是否存在渗油现象	7	检修	紧固螺栓、更换密封	12	紧固连接处螺帽
37		老化	密封垫及密封圈超过使用年限	渗油	较小风险	检查	看管路连接处是否渗油	7	更换	更换密封垫或密封圈	12	观察运行，停机处理
38	漏油箱	锈蚀	氧化	设备表面存在锈蚀现象	较小风险	检查	巡查	7	检修	补焊	12	及时将漏油箱内油抽回集油槽

续表

序号	部件	故障条件			风险等级	日常控制措施			定期检修维护			临时措施
		模式	原因	现象		措施	检查方法	周期（天）	措施	检修方法	周期（月）	
39	漏油箱	渗油	密封垫及密封圈超过使用年限	渗油	较小风险	检查	看油位计处是否渗油	7	更换	更换密封垫或密封圈	12	观察运行，停机处理
40	回油箱	锈蚀	氧化	设备表面存在锈蚀现象	较小风险	检查	巡查	7	检修	补焊	12	观察渗漏情况，若影响机组影响，应立即停机后将回油箱内油抽出
41		渗油	密封垫及密封圈超过使用年限	渗油	较小风险	检查	看油位计处是否渗油	7	更换	更换密封垫或密封圈	12	观察运行，停机处理

11 励磁控制柜

设备风险评估表

区域：厂房　　系统：励磁系统　　设备：励磁控制柜

序号	部件	故障条件			故障影响			故障损失			风险值	风险等级
		模式	原因	现象	系统	设备	部件	经济损失	生产中断	设备损坏		
1	可控硅	击穿	电流过大	过热	机组停运	失磁	击穿	可能造成设备或财产损失1万元以上10万元以下	导致生产中断1～7天或生产工艺50%及以上	经维修后可恢复设备性能	16	重大风险
2		功能失效	不导通	不能调节励磁电压、电流	机组停运	失磁	损坏	可能造成设备或财产损失1万元以上10万元以下	导致生产中断1～7天或生产工艺50%及以上	经维修后可恢复设备性能	16	重大风险
3	灭磁开关	变形	长时操作磨损	机构功能退化，不能正常分合闸	无	不能分合闸	机构变形	可能造成设备或财产损失1万元以下	无	经维修后可恢复设备性能	6	中等风险
4		过热	触头松动、氧化	灭磁开关温度升高	无	无法操作	开关损坏	可能造成设备或财产损失1万元以下	无	经维修后可恢复设备性能	6	中等风险
5		老化	长时操作磨损绝缘性能下降	灭弧性能降低、发热	无	灭弧性能下降	发热	无	无	经维修后可恢复设备性能	4	较小风险
6	风机	功能失效	积尘积灰	温度升高	无	温度升高	散热性能降低	无	无	经维修后可恢复设备性能	4	较小风险
7		短路	线路老化、绝缘降低	温度升高	无	温度升高	短路烧坏	可能造成设备或财产损失1万元以下	无	经维修后可恢复设备性能	6	中等风险
8		松动	长时间振动固定螺栓松动	声音异常、温度升高	无	温度升高	散热性能降低	无	无	经维修后可恢复设备性能	4	较小风险
9		变形	长时间运行中高扭矩下造成风机扇叶轴心变形	风机无法运行，温度升高	无	温度升高	损坏	无	无	经维修后可恢复设备性能	2	轻微风险

续表

序号	部件	故障条件			故障影响			故障损失			风险值	风险等级
		模式	原因	现象	系统	设备	部件	经济损失	生产中断	设备损坏		
10	调节装置	功能失效	过热	死机	无法自动调节机组无功	无法自动调节机组无功	无法采集、输出、输入	可能造成设备或财产损失1万元以上10万元以下	无	经维修后可恢复设备性能	8	中等风险
11		短路	积尘积灰、高温	失电	无法自动调节机组无功	无法自动调节机组无功	损坏	可能造成设备或财产损失1万元以下	无	经维修后可恢复设备性能	6	中等风险
12	整流桥	短路	电流过大	熔断器熔断	机组停运	失磁	损坏	可能造成设备或财产损失1万元以下	主要备用设备退出备用24h以内	经维修后可恢复设备性能	10	较大风险
13		击穿	电源电压异常	不能调节励磁电压	机组停运	失磁	元件损坏	可能造成设备或财产损失1万元以下	主要备用设备退出备用24h以内	经维修后可恢复设备性能	10	较大风险
14	电源模块	开路	锈蚀、过流	设备失电	不能正常运行	不能正常运行	电源模块损坏	无	无	经维修后可恢复设备性能	4	较小风险
15		短路	粉尘、高温、老化	设备失电	不能正常运行	不能正常运行	电源模块损坏	可能造成设备或财产损失1万元以下	主要备用设备退出备用24h以内	经维修后可恢复设备性能	10	较大风险
16		漏电	静电击穿	设备失电	不能正常运行	不能正常运行	电源模块损坏	无	无	经维修后可恢复设备性能	4	较小风险
17		烧灼	老化、短路	设备失电	不能正常运行	不能正常运行	电源模块损坏	无	主要备用设备退出备用24h以内	经维修后可恢复设备性能	8	中等风险
18	输入模块	开路	锈蚀、过流	设备失电	不能正常运行	不能正常运行	输入模块损坏	无	无	经维修后可恢复设备性能	4	较小风险
19		短路	粉尘、高温、老化	设备失电	不能正常运行	不能正常运行	输入模块损坏	可能造成设备或财产损失1万元以下	主要备用设备退出备用24h以内	经维修后可恢复设备性能	10	较大风险
20	输出模块	开路	锈蚀、过流	设备失电	不能正常运行	不能正常运行	输出模块损坏	无	主要备用设备退出备用24h以内	经维修后可恢复设备性能	8	中等风险
21		短路	粉尘、高温、老化	设备失电	不能正常运行	不能正常运行	输出模块损坏	可能造成设备或财产损失1万元以下	主要备用设备退出备用24h以内	经维修后可恢复设备性能	10	较大风险

续表

序号	部件	故障条件			故障影响			故障损失			风险值	风险等级
		模式	原因	现象	系统	设备	部件	经济损失	生产中断	设备损坏		
22	熔断器	熔断	过流	设备失电	不能正常运行	不能正常运行	损坏	可能造成设备或财产损失1万元以下	主要备用设备退出备用24h以内	经维修后可恢复设备性能	10	较大风险
23	接线端子	松动	端子紧固螺栓松动	端子线接触不良	无	无	接触不良	无	无	经维修后可恢复设备性能	4	较小风险
24	风机	功能失效	积尘积灰	温度升高	无	温度升高	散热性能降低	无	无	经维修后可恢复设备性能	4	较小风险
25		短路	线路老化、绝缘降低	温度升高	无	温度升高	短路烧坏	可能造成设备或财产损失1万元以下	无	经维修后可恢复设备性能	6	中等风险
26		松动	长时间振动固定螺栓松动	声音异常、温度升高	无	温度升高	散热性能降低	无	无	经维修后可恢复设备性能	4	较小风险
27		变形	长时间运行中高扭矩下造成风机扇叶轴心变形	风机无法运行，温度升高	无	温度升高	损坏	可能造成设备或财产损失1万元以下	无	经维修后可恢复设备性能	3	较小风险
28	绕组线圈	短路	时间过长，线路正常老化，绝缘降低	温度升高、跳闸	无	故障停运	短路烧坏	可能造成设备或财产损失1万元以下	主要备用设备退出备用24h以内	经维修后可恢复设备性能	10	较大风险
29		击穿	过负荷运行	温度升高、绝缘击穿跳闸	无	温度升高	绝缘击穿	可能造成设备或财产损失1万元以下	主要备用设备退出备用24h以内	经维修后可恢复设备性能	10	较大风险
30		过热	积尘积灰	温度升高	无	温度升高	散热性能降低	无	无	经维修后可恢复设备性能	4	较小风险
31	铁芯	短路	时间过长，线路正常老化，绝缘降低	温度升高、跳闸	无	故障停运	短路烧坏	可能造成设备或财产损失1万元以下	主要备用设备退出备用24h以内	经维修后可恢复设备性能	10	较大风险
32		击穿	过负荷运行	温度升高、绝缘击穿跳闸	无	故障停运	绝缘击穿	可能造成设备或财产损失1万元以下	主要备用设备退出备用24h以内	经维修后可恢复设备性能	10	较大风险
33		过热	积尘积灰	温度升高	无	温度升高	散热性能降低	无	无	经维修后可恢复设备性能	4	较小风险
34	温控装置	松动	端子排线路松动	数据无显示	无	无法自动控制	无法采集数据	无	无	设备性能无影响	2	轻微风险

续表

序号	部件	故障条件			故障影响			故障损失			风险值	风险等级
		模式	原因	现象	系统	设备	部件	经济损失	生产中断	设备损坏		
35	温控装置	短路	时间过长，线路正常老化，绝缘降低	无法控制	无	无法自动控制	短路烧坏	可能造成设备或财产损失1万元以下	无	经维修后可恢复设备性能	6	中等风险
36	分接头	松动	紧固螺栓松动	接触不良引起温度升高	无	温度升高	接触面发热	无	无	经维修后可恢复设备性能	4	较小风险
37		过热	分接头接触面不光滑有异物	接触不良引起温度升高	无	温度升高	接触面发热	无	无	经维修后可恢复设备性能	4	较小风险
38	高压侧电缆	击穿	过负荷运行	温度升高、绝缘击穿跳闸	无	故障停运	绝缘击穿	可能造成设备或财产损失1万元以上10万元以下	主要备用设备退出备用24h以内	经维修后可恢复设备性能	12	较大风险
39		松动	紧固螺栓松动	接触不良引起发热	无	温度升高	接触面发热	无	无	经维修后可恢复设备性能	4	较小风险
40		老化	时间过长，正常老化	外表绝缘层剥落、绝缘降低	无	无	绝缘降低	无	无	经维修后可恢复设备性能	2	轻微风险
41	低压侧电缆	击穿	过负荷运行	温度升高、绝缘击穿跳闸	无	故障停运	绝缘击穿	可能造成设备或财产损失1万元以上10万元以下	主要备用设备退出备用24h以内	经维修后可恢复设备性能	12	较大风险
42		松动	紧固螺栓松动	接触不良引起发热	无	温度升高	接触面发热	无	无	经维修后可恢复设备性能	4	较小风险
43		老化	时间过长，正常老化	外表绝缘层剥落、绝缘降低	无	无	绝缘降低	可能造成设备或财产损失1万元以下	无	经维修后可恢复设备性能	3	较小风险

设备风险控制卡

区域：厂房　　系统：励磁系统　　设备：励磁控制柜

序号	部件	故障条件			风险等级	日常控制措施			定期检修维护			临时措施
		模式	原因	现象		措施	检查方法	周期（天）	措施	检修方法	周期（月）	
1	可控硅	击穿	电流过大	过热	重大风险	检查	查看励磁系统电流是否在额定电流范围内	7	更换	更换可控硅	12	停机处理、更换
2		功能失效	不导通	不能调节励磁电压、电流	重大风险	检查	查看励磁系统电流是否在额定电流范围内	7	更换	更换可控硅	12	停机处理、更换

续表

序号	部件	故障条件			风险等级	日常控制措施			定期检修维护			临时措施
		模式	原因	现象		措施	检查方法	周期（天）	措施	检修方法	周期（月）	
3	灭磁开关	变形	长时操作磨损	机构功能退化，不能正常分合闸	中等风险	检查	测温、检查灭磁开关动作状态与现场指示状态是否一致	7	检修	修复弹簧机构，并检查动作信号及继电器	12	手动进行储能操作，检查励磁开关储能是否正常，动作信号及继电器动作情况
4	灭磁开关	过热	触头松动、氧化	灭磁开关温度升高	中等风险	检查	测温、检查灭磁开关动作状态与现场指示状态是否一致	7	检修	触头螺栓紧固、研磨	12	停机时检查发电机出口断路器已断开到位，待停机后处理
5	灭磁开关	老化	长时操作磨损绝缘性能下降	灭弧性能降低、发热	较小风险	检查	测温、检查转子电流、电压	7	检修	绝缘浇筑或更换灭磁开关	12	加强运行监视、停机后处理
6	风机	功能失效	积尘积灰	温度升高	较小风险	检查	查看风机是否正常运转，叶片上是否积灰积尘	7	检修	清扫	12	手动切换风机运行
7	风机	短路	线路老化、绝缘降低	温度升高	中等风险	检查	定期测量绝缘	7	检修	更换线路或风机	12	增设临时风机降温
8	风机	松动	长时间振动固定螺栓松动	声音异常、温度升高	较小风险	检查	查看风机位置是否正确，声音有无异常	7	检修	紧固	12	临时紧固
9	风机	变形	长时间运行中高扭矩下造成风机扇叶轴心变形	风机无法运行，温度升高	轻微风险	检查	查看风机是否正常运转，测温	7	检修	更换	12	增设临时风机降温
10	调节装置	功能失效	过热	死机	中等风险	检查	查看运行参数是否正常	7	检修	停机后修复或更换处理	12	停机后更换电气元件
11	调节装置	短路	积尘积灰、高温	失电	中等风险	检查	查看 PLC 是否失电	7	更换	更换元器件	12	需要时手动调节机组无功
12	整流桥	短路	电流过大	熔断器熔断	较大风险	检查	查看励磁系统电压、电流是否在额定电流范围内	7	更换	更换元器件	12	停机处理
13	整流桥	击穿	电源电压异常	不能调节励磁电压	较大风险	检查	查看励磁系统电压、电流是否在额定电流范围内	7	更换	更换元器件	12	停机处理
14	电源模块	开路	锈蚀、过流	设备失电	较小风险	检查	测量电源模块是否有输出电压、电流，以及电压、电流值是否异常	7	检修	更换、维修电源模块	12	测量电源模块是否有输出电压、电流，以及电压、电流值是否异常

续表

序号	部件	故障条件			风险等级	日常控制措施			定期检修维护			临时措施
		模式	原因	现象		措施	检查方法	周期（天）	措施	检修方法	周期（月）	
15	电源模块	短路	粉尘、高温、老化	设备失电	较大风险	检查	测量电源模块是否有输出电压、电流，以及电压、电流值是否异常	7	检修	更换、维修电源模块	12	停机处理
16		漏电	静电击穿	设备失电	较小风险	检查	测量电源模块是否有输出电压、电流，以及电压、电流值是否异常	7	检修	更换、维修电源模块	12	测量电源模块是否有输出电压、电流，以及电压、电流值是否异常
17		烧灼	老化、短路	设备失电	中等风险	检查	测量电源模块是否有输出电压、电流，以及电压、电流值是否异常	7	检修	更换、维修电源模块	12	测量电源模块是否有输出电压、电流，以及电压、电流值是否异常
18	输入模块	开路	锈蚀、过流	设备失电	较小风险	检查	测量输入模块是否有输出信号	7	检修	更换、维修模块	12	停机处理
19		短路	粉尘、高温、老化	设备失电	较大风险	检查	测量输入模块是否有输出电压、电流，以及电压、电流值是否异常	7	检修	更换、维修模块	12	停机处理
20	输出模块	开路	锈蚀、过流	设备失电	中等风险	检查	测量输出模块是否有输出电压、电流，以及电压、电流值是否异常	7	检修	更换、维修模块	12	停机处理
21		短路	粉尘、高温、老化	设备失电	较大风险	检查	测量输出模块是否有输出电压、电流，以及电压、电流值是否异常	7	检修	更换、维修模块	12	停机处理
22	熔断器	熔断	过流	设备失电	较大风险	检查	励磁系统是否带电	7	检修	更换熔断器	12	停机处理
23	接线端子	松动	端子紧固螺栓松动	端子线接触不良	较小风险	检查	端子排各接线是否松动	7	加固	紧固端子、二次回路检查	12	紧固端子排端子
24	风机	功能失效	积尘积灰	温度升高	较小风险	检查	查看风机是否正常运转，叶片上是否积灰积尘	7	检修	清扫	12	增设临时风机降温或用气管临时吹扫
25		短路	线路老化、绝缘降低	温度升高	中等风险	检查	定期测量绝缘	7	检修	更换线路或风机	12	增设临时风机降温
26		松动	长时间振动固定螺栓松动	声音异常、温度升高	较小风险	检查	查看风机位置是否正确，声音有无异常	7	检修	紧固	12	临时紧固

续表

序号	部件	故障条件			风险等级	日常控制措施			定期检修维护			临时措施
		模式	原因	现象		措施	检查方法	周期（天）	措施	检修方法	周期（月）	
27	风机	变形	长时间运行中高扭矩下造成风机扇叶轴心变形	风机无法运行，温度升高	较小风险	检查	查看风机是否正常运转，测温	7	检修	更换	12	增设临时风机降温
28	绕组线圈	短路	时间过长，线路正常老化，绝缘降低	温度升高、跳闸	较大风险	检查	外观检查线路情况	7	检修	更换老化线路	12	调整厂用电运行方式
29	绕组线圈	击穿	过负荷运行	温度升高、绝缘击穿跳闸	较大风险	检查	测温	7	预试	预防性试验定期检查绝缘情况	12	降低厂用电负荷运行
30	绕组线圈	过热	积尘积灰	温度升高	较小风险	检查	测温；看设备上是否积尘积灰严重	7	检查	吹扫、清扫	12	用气管临时吹扫或调整厂用电运行方式进行清扫
31	铁芯	短路	时间过长，线路正常老化，绝缘降低	温度升高、跳闸	较大风险	检查	外观检查线路情况	7	检修	更换老化线路	12	调整厂用电运行方式
32	铁芯	击穿	过负荷运行	温度升高、绝缘击穿跳闸	较大风险	检查	测温	7	加固	预防性试验定期检查绝缘情况	12	降低厂用电负荷运行
33	铁芯	过热	积尘积灰	温度升高	较小风险	检查	测温；看设备上是否积尘积灰严重	7	检查	吹扫、清扫	12	用气管临时吹扫或调整厂用电运行方式进行清扫
34	温控装置	松动	端子排线路松动	数据无显示	轻微风险	检查	检查温控装置上温度显示是否正常或无显示	7	加固	紧固端子排线路	12	紧固端子接线排
35	温控装置	短路	时间过长，线路正常老化，绝缘降低	无法控制	中等风险	检查	检查温控装置是否带电、可控制操作	7	检修	更换老化线路	12	加强手动测温或调整厂用电运行方式
36	分接头	松动	紧固螺栓松动	接触不良引起温度升高	较小风险	检查	测温	7	加固	紧固螺栓	12	查看是否有放电，测量温度，必要时调整厂用电运行方式
37	分接头	过热	分接头接触面不光滑有异物	接触不良引起温度升高	较小风险	检查	测温	7	检修	对接头接触面打磨光滑，清理异物	12	调整厂用电运行方式
38	分接头	击穿	过负荷运行	温度升高、绝缘击穿跳闸	较大风险	检查	测温、检查三相电压平稳	7	检修	修复、更换绝缘降低线路或被击穿线路	12	调整厂用电运行方式

续表

序号	部件	故障条件			风险等级	日常控制措施			定期检修维护			临时措施
		模式	原因	现象		措施	检查方法	周期（天）	措施	检修方法	周期（月）	
39	高压侧电缆	松动	紧固螺栓松动	接触不良引起发热	较小风险	检查	测温	7	加固	紧固螺栓	12	查看是否有放电，测量温度，必要时调整厂用电运行方式
40		老化	时间过长，正常老化	外表绝缘层剥落、绝缘降低	轻微风险	检查	对线路进行外观检查有无脱落、剥落现象	7	预试	预防性试验定期检查绝缘情况	12	检修时进行更换
41	低压侧电缆	击穿	过负荷运行	温度升高、绝缘击穿跳闸	较大风险	检查	测温、检查三相电压平稳	7	预试	修复、更换绝缘降低线路或被击穿线路	12	调整厂用电运行方式
42		松动	紧固螺栓松动	接触不良引起发热	较小风险	检查	测温	7	加固	紧固螺栓	12	查看是否有放电，测量温度，必要时调整厂用电运行方式
43		老化	时间过长，正常老化	外表绝缘层剥落、绝缘降低	较小风险	检查	对线路进行外观检查有无脱落、剥落现象	7	预试	预防性试验定期检查绝缘情况	12	检修时进行更换

12 励磁变压器

设备风险评估表

区域：厂房　　　　系统：2 号励磁系统　　　　设备： 励磁变压器

序号	部件	故障条件			故障影响			故障损失			风险值	风险等级
		模式	原因	现象	系统	设备	部件	经济损失	生产中断	设备损坏		
1	风机	功能失效	积尘积灰	温度升高	无	温度升高	散热性能降低	无	无	经维修后可恢复设备性能	4	较小风险
2		短路	线路老化、绝缘降低	温度升高	无	温度升高	短路烧坏	可能造成设备或财产损失 1 万元以下	无	经维修后可恢复设备性能	6	中等风险
3		松动	长时间振动固定螺栓松动	声音异常、温度升高	无	温度升高	散热性能降低	无	无	经维修后可恢复设备性能	4	较小风险
4		变形	长时间运行高扭矩下造成风机扇叶轴心变形	风机无法运行，温度升高	无	温度升高	损坏	可能造成设备或财产损失 1 万元以下	无	经维修后可恢复设备性能	3	较小风险
5	绕组线圈	短路	时间过长，线路正常老化，绝缘降低	温度升高、跳闸	无	故障停运	短路烧坏	可能造成设备或财产损失 1 万元以下	主要备用设备退出备用 24h 以内	经维修后可恢复设备性能	10	较大风险
6		击穿	过负荷运行	温度升高、绝缘击穿跳闸	无	温度升高	绝缘击穿	可能造成设备或财产损失 1 万元以下	主要备用设备退出备用 24h 以内	经维修后可恢复设备性能	10	较大风险
7		过热	积尘积灰	温度升高	无	温度升高	散热性能降低	无	无	经维修后可恢复设备性能	4	较小风险
8	铁芯	短路	时间过长，线路正常老化，绝缘降低	温度升高、跳闸	无	故障停运	短路烧坏	可能造成设备或财产损失 1 万元以下	主要备用设备退出备用 24h 以内	经维修后可恢复设备性能	10	较大风险
9		击穿	过负荷运行	温度升高、绝缘击穿跳闸	无	故障停运	绝缘击穿	可能造成设备或财产损失 1 万元以下	主要备用设备退出备用 24h 以内	经维修后可恢复设备性能	10	较大风险

续表

序号	部件	故障条件			故障影响			故障损失			风险值	风险等级
		模式	原因	现象	系统	设备	部件	经济损失	生产中断	设备损坏		
10	铁芯	过热	积尘积灰	温度升高	无	温度升高	散热性能降低	无	无	经维修后可恢复设备性能	4	较小风险
11	温控装置	松动	端子排线路松动	数据无显示	无	无法自动控制	无法采集数据	无	无	设备性能无影响	2	轻微风险
12		短路	时间过长，线路正常老化，绝缘降低	无法控制	无	无法自动控制	短路烧坏	可能造成设备或财产损失1万元以下	无	经维修后可恢复设备性能	6	中等风险
13	分接头	松动	紧固螺栓松动	接触不良引起温度升高	无	温度升高	接触面发热	无	无	经维修后可恢复设备性能	4	较小风险
14		过热	分接头接触面不光滑有异物	接触不良引起温度升高	无	温度升高	接触面发热	无	无	经维修后可恢复设备性能	4	较小风险
15	高压侧电缆	击穿	过负荷运行	温度升高、绝缘击穿跳闸	无	故障停运	绝缘击穿	可能造成设备或财产损失1万元以上10万元以下	主要备用设备退出备用24h以内	经维修后可恢复设备性能	12	较大风险
16		松动	紧固螺栓松动	接触不良引起发热	无	温度升高	接触面发热	无	无	经维修后可恢复设备性能	4	较小风险
17		老化	时间过长，正常老化	外表绝缘层剥落、绝缘降低	无	无	绝缘降低	无	无	经维修后可恢复设备性能	2	轻微风险
18	低压侧电缆	击穿	过负荷运行	温度升高、绝缘击穿跳闸	无	故障停运	绝缘击穿	可能造成设备或财产损失1万元以上10万元以下	主要备用设备退出备用24h以内	经维修后可恢复设备性能	12	较大风险
19		松动	紧固螺栓松动	接触不良引起发热	无	温度升高	接触面发热	无	无	经维修后可恢复设备性能	4	较小风险
20		老化	时间过长，正常老化	外表绝缘层剥落、绝缘降低	无	无	绝缘降低	无	无	经维修后可恢复设备性能	2	轻微风险

设备风险控制卡

区域：厂房　　　　系统：2 号励磁系统　　　　设备：励磁变

序号	部件	故障条件			风险等级	日常控制措施			定期检修维护			临时措施
		模式	原因	现象		措施	检查方法	周期（天）	措施	检修方法	周期（月）	
1	风机	功能失效	积尘积灰	温度升高	较小风险	检查	查看风机是否正常运转，叶片上是否积灰积尘	7	检修	清扫	12	增设临时风机降温或用气管临时吹扫
2	风机	短路	线路老化、绝缘降低	温度升高	中等风险	检查	定期测量绝缘	7	检修	更换线路或风机	12	增设临时风机降温
3	风机	松动	长时间振动固定螺栓松动	声音异常、温度升高	较小风险	检查	查看风机位置是否正确，声音有无异常	7	检修	紧固	12	临时紧固
4	风机	变形	长时间运行中高扭矩下造成风机扇叶轴心变形	风机无法运行，温度升高	较小风险	检查	查看风机是否正常运转，测温	7	检修	更换	12	增设临时风机降温
5	绕组线圈	短路	时间过长，线路正常老化，绝缘降低	温度升高、跳闸	较大风险	检查	外观检查线路情况	7	检修	更换老化线路	12	调整厂用电运行方式
6	绕组线圈	击穿	过负荷运行	温度升高、绝缘击穿跳闸	较大风险	检查	测温	7	预试	预防性试验定期检查绝缘情况	12	降低厂用电负荷运行
7	绕组线圈	过热	积尘积灰	温度升高	较小风险	检查	测温；看设备上是否积尘积灰严重	7	检修	吹扫、清扫	12	用气管临时吹扫或调整厂用电运行方式进行清扫
8	铁芯	短路	时间过长，线路正常老化，绝缘降低	温度升高、跳闸	较大风险	检查	外观检查线路情况	7	更换	更换老化线路	12	调整厂用电运行方式
9	铁芯	击穿	过负荷运行	温度升高、绝缘击穿跳闸	较大风险	检查	测温	7	加固	预防性试验定期检查绝缘情况	12	降低厂用电负荷运行
10	铁芯	过热	积尘积灰	温度升高	较小风险	检查	测温；看设备上是否积尘积灰严重	7	检修	吹扫、清扫	12	用气管临时吹扫或调整厂用电运行方式进行清扫
11	温控装置	松动	端子排线路松动	数据无显示	轻微风险	检查	检查温控装置上温度显示是否正常或无显示	7	加固	紧固端子排线路	12	紧固端子接线排
12	温控装置	短路	时间过长，线路正常老化，绝缘降低	无法控制	中等风险	检查	检查温控装置是否带电、可控制操作	7	更换	更换老化线路	12	加强手动测温或调整厂用电运行方式

续表

序号	部件	故障条件			风险等级	日常控制措施			定期检修维护			临时措施
		模式	原因	现象		措施	检查方法	周期（天）	措施	检修方法	周期（月）	
13	分接头	松动	紧固螺栓松动	接触不良引起温度升高	较小风险	检查	测温	7	加固	紧固螺栓	12	查看是否有放电，测量温度，必要时调整厂用电运行方式
14		过热	分接头接触面不光滑有异物	接触不良引起温度升高	较小风险	检查	测温	7	检修	对接头接触面打磨光滑，清理异物	12	调整厂用电运行方式
15	高压侧电缆	击穿	过负荷运行	温度升高、绝缘击穿跳闸	较大风险	检查	测温、检查三相电压平稳	7	检修	修复、更换绝缘降低线路或被击穿线路	12	调整厂用电运行方式
16		松动	紧固螺栓松动	接触不良引起发热	较小风险	检查	测温	7	加固	紧固螺栓	12	查看是否有放电，测量温度，必要时调整厂用电运行方式
17		老化	时间过长，正常老化	外表绝缘层剥落、绝缘降低	轻微风险	检查	对线路进行外观检查有无脱落、剥落现象	7	预试	预防性试验定期检查绝缘情况	12	检修时进行更换
18	低压侧电缆	击穿	过负荷运行	温度升高、绝缘击穿跳闸	较大风险	检查	测温、检查三相电压平稳	7	预试	修复、更换绝缘降低线路或被击穿线路	12	调整厂用电运行方式
19		松动	紧固螺栓松动	接触不良引起发热	较小风险	检查	测温	7	加固	紧固螺栓	12	查看是否有放电，测量温度，必要时调整厂用电运行方式
20		老化	时间过长，正常老化	外表绝缘层剥落、绝缘降低	轻微风险	检查	对线路进行外观检查有无脱落、剥落现象	7	预试	预防性试验定期检查绝缘情况	12	检修时进行更换

13 机组技术供水系统

设备风险评估表

区域：厂房　　　　系统：技术供水系统　　　　设备：机组技术供水系统

序号	部件	故障条件			故障影响			故障损失			风险值	风险等级
		模式	原因	现象	系统	设备	部件	经济损失	生产中断	设备损坏		
1	压力表	堵塞	导压孔被异物堵塞、锈蚀物卡阻	压力指示异常		影响进、排水压力	压力异常	无	无	经维修后可恢复设备性能	4	较小风险
2	压力表	变形	长期受不平衡水压和水压冲击变形，机械部分疲软变形	压力指示异常		压力数据异常	压力表损坏	可能造成设备或财产损失1万元以下	无	经维修后可恢复设备性能	6	中等风险
3	滤水器	滤网堵塞	水质较差、漂浮物、颗粒物卡涩	出水压力降低		过滤性能降低	滤网堵塞、损坏	可能造成设备或财产损失1万元以下	无	经维修后可恢复设备性能	6	中等风险
4	滤水器	电机短路	电机长时间运行、过载、绝缘降低	电机发热、运行声音增大、振动		过滤性能降低	电机损坏	可能造成设备或财产损失1万元以下	无	经维修后可恢复设备性能	6	中等风险
5	减压阀	堵塞	水质较差、漂浮物、颗粒物卡涩	进出口压力相等		影响进水压力	减压阀损坏	无	无	经维修后可恢复设备性能	4	较小风险
6	电动阀	渗漏	阀芯变形、填料老化、螺栓松动	关闭不严、外漏		影响供、排水	阀体损坏	可能造成设备或财产损失1万元以下	无	经维修后可恢复设备性能	6	中等风险
7	电动阀	电机短路	环境潮湿、过载、绝缘降低	电机发热、运行声音增大、振动		影响供、排水	电机损坏	可能造成设备或财产损失1万元以下	无	经维修后可恢复设备性能	6	中等风险
8	闸阀	行程失调	阀芯卡涩	不能正常启闭		影响供、排水	阀芯损坏	可能造成设备或财产损失1万元以下	无	经维修后可恢复设备性能	6	中等风险
9	闸阀	渗漏	阀芯变形、填料老化、螺栓松动	内漏关闭不严、外漏		影响供、排水	阀体受损	无	无	经维修后可恢复设备性能	4	较小风险

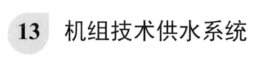

续表

序号	部件	故障条件			故障影响			故障损失			风险值	风险等级
		模式	原因	现象	系统	设备	部件	经济损失	生产中断	设备损坏		
10	示流器	堵塞	水质较差、异物堵塞、探头不灵敏	信号数据异常		技术供水信号异常	探头不灵敏	无	无	经维修后可恢复设备性能	4	较小风险
11		短路	长时间运行、元件老化	水量信号无显示		技术供水信号异常	示流器损坏	可能造成设备或财产损失1万元以下	无	经维修后可恢复设备性能	6	中等风险
12	压力变送器	堵塞	导压孔被异物堵塞、锈蚀物卡阻	压力指示异常		技术供水压力信号异常	压力异常	无	无	经维修后可恢复设备性能	4	较小风险
13		断路	长时间运行元件老化或断线、脱落	水量信号无显示		技术供水压力信号异常	压力变送器损坏	可能造成设备或财产损失1万元以下	无	经维修后可恢复设备性能	6	中等风险
14	排污装置	功能失效	长时间运行、环境潮湿元件老化、断路	不能正常排污		影响设备使用寿命	排污装置损坏	可能造成设备或财产损失1万元以下	无	经维修后可恢复设备性能	6	中等风险
15	管路	点蚀	管路锈蚀	锈斑、麻坑、起层的片状分离现象、渗漏		影响供、排水	性能降低	无	无	经维修后可恢复设备性能	4	较小风险
16		堵塞	异物卡阻	水压不足		影响供、排水	性能降低	无	无	经维修后可恢复设备性能	4	较小风险
17	压力开关	堵塞	导压孔被异物堵塞、锈蚀物卡阻	压力指示异常		技术供水压力信号异常	压力异常	无	无	经维修后可恢复设备性能	4	较小风险
18		断路	长时间运行、元件老化	压力开关信号异常		技术供水压力信号异常	压力开关损坏	无	无	经维修后可恢复设备性能	4	较小风险

设备风险控制卡

区域：厂房　　系统：技术供水系统　　设备：机组技术供水系统

序号	部件	故障条件			风险等级	日常控制措施			定期检修维护			临时措施
		模式	原因	现象		措施	检查方法	周期（天）	措施	检修方法	周期（月）	
1	压力表	堵塞	导压孔被异物堵塞、锈蚀物卡阻	压力指示异常	较小风险	检查	检查有无异物堵塞	7	检修	清理异物	12	清理异物
2		变形	长期受不平衡水压和水压冲击变形，机械部分疲软变形	压力指示异常	中等风险	检查	检测压力表动作偏差值	7	检修	更换压力表	12	更换压力表

续表

序号	部件	故障条件			风险等级	日常控制措施			定期检修维护			临时措施
		模式	原因	现象		措施	检查方法	周期（天）	措施	检修方法	周期（月）	
3	滤水器	滤网堵塞	水质较差、漂浮物、颗粒物卡涩	出水压力降低	中等风险	检查	检查滤水器前后压差、反冲洗	7	检修	清洗滤网	12	滤水器反冲洗、适当调整水压
4		电机短路	电机长时间运行、过载、绝缘降低	电机发热、运行声音增大、振动	中等风险	检查	检查电源、电机绝缘测量	7	检修	电机绝缘测量、更换电机	12	停止电机运行，测量绝缘、检查电压
5	减压阀	堵塞	水质较差、漂浮物、颗粒物卡涩	进出口压力相等	较小风险	检查	检查前后压差	7	检修	疏通、清理异物；阀芯、弹簧行程调整	12	适当调整水压
6	电动阀	渗漏	阀芯变形、填料老化、螺栓松动	关闭不严、外漏	中等风险	检查	外观检查、紧固螺栓	7	检修	更换填料、研磨阀芯	12	紧固螺栓、手动调整行程
7		电机短路	环境潮湿、过载、绝缘降低	电机发热、运行声音增大、振动	中等风险	检查	检查电源、电机绝缘测量	7	检修	电机绝缘测量、更换电机	12	调整电动阀手动开关
8	闸阀	行程失调	阀芯卡涩	不能正常启闭	中等风险	检查	外观检查、润滑保养	7	检修	润滑保养、阀芯调整	12	更换闸阀
9		渗漏	阀芯变形、填料老化、螺栓松动	内漏关闭不严、外漏	较小风险	检查	外观检查、紧固螺栓	7	检修	更换填料、研磨阀芯	12	紧固螺栓、手动调整行程
10	示流器	堵塞	水质较差、异物堵塞、探头不灵敏	信号数据异常	较小风险	检查	检查示流信号	7	检修	清洗探头	12	手动操作调节螺杆，调整水压信号
11		短路	长时间运行、元件老化	水量信号无显示	中等风险	检查	检查示流信号	7	检修	更换示流器	12	检查水压是否正常、短接压力信号，停机更换
12	压力变送器	堵塞	导压孔被异物堵塞、锈蚀物卡阻	压力指示异常	较小风险	检查	检查有无异物堵塞	7	检修	清理异物	12	清理异物
13		断路	长时间运行元件老化或断线、脱落	水量信号数据无显示	中等风险	检查	检查水量数据是否正常、管道检查	7	检修	更换压力变送器、管道疏通	12	更换压力变送器
14	排污装置	功能失效	长时间运行、环境潮湿元件老化、断路	不能正常排污	中等风险	检查	检查运行情况是否正常	7	检修	更换示流器	12	对储气罐自动排污装置带电情况进行检查，检查手动排污阀处于打开位置

续表

序号	部件	故障条件			风险等级	日常控制措施			定期检修维护			临时措施
		模式	原因	现象		措施	检查方法	周期（天）	措施	检修方法	周期（月）	
15	管路	点蚀	管路锈蚀	锈斑、麻坑、起层的片状分离现象、渗漏	较小风险	检查	外观检查	7	检修	除锈、防腐;	12	关闭阀门后进行堵漏、补焊
16		堵塞	异物卡阻	水压不足	较小风险	检查	检查消防管水压	7	检修	疏通清理异物	12	清理疏通管道
17	压力开关	堵塞	导压孔被异物堵塞、锈蚀物卡阻	压力指示异常	较小风险	检查	检查有无异物堵塞	7	检修	清理异物	12	清理异物
18		断路	长时间运行、元件老化	压力开关信号异常	较小风险	检查	外观检查、紧固端子接线	7	检修	测量弹簧、触点位置是否正确	12	检查实际水压力是否满足运行要求，临时短接开关信号

14 厂用变压器

设备风险评估表

区域：厂房　　　　系统：厂用电系统　　　　设备：厂用变压器

序号	部件	故障条件			故障影响			故障损失			风险值	风险等级
		模式	原因	现象	系统	设备	部件	经济损失	生产中断	设备损坏		
1	风机	功能失效	积尘积灰	温度升高	无	温度升高	散热性能降低	无	无	经维修后可恢复设备性能	4	较小风险
2		短路	线路老化、绝缘降低	温度升高	无	温度升高	短路烧坏	可能造成设备或财产损失1万元以下	无	经维修后可恢复设备性能	6	中等风险
3		松动	长时间振动固定螺栓松动	声音异常、温度升高	无	温度升高	散热性能降低	无	无	经维修后可恢复设备性能	4	较小风险
4		变形	长时间运行中高扭矩下造成风机扇叶轴心变形	风机无法运行，温度升高	无	温度升高	损坏	可能造成设备或财产损失1万元以下	无	经维修后可恢复设备性能	3	较小风险
5	绕组线圈	短路	时间过长，线路正常老化，绝缘降低	温度升高、跳闸	无	故障停运	短路烧坏	可能造成设备或财产损失1万元以下	无	经维修后可恢复设备性能	6	中等风险
6		击穿	过负荷运行、绝缘受损	温度升高、线圈击穿跳闸	无	温度升高	绝缘击穿	可能造成设备或财产损失1万元以下	无	经维修后可恢复设备性能	6	中等风险
7		过热	积尘积灰	温度升高	无	温度升高	散热性能降低	无	无	经维修后可恢复设备性能	4	较小风险
8	铁芯	短路	时间过长，线路正常老化，绝缘降低	温度升高、跳闸	无	故障停运	短路烧坏	可能造成设备或财产损失1万元以下	无	经维修后可恢复设备性能	6	中等风险
9		击穿	过负荷运行、绝缘受损	温度升高、铁芯击穿跳闸	无	故障停运	绝缘击穿	可能造成设备或财产损失1万元以下	无	经维修后可恢复设备性能	6	中等风险

续表

序号	部件	故障条件			故障影响			故障损失			风险值	风险等级
		模式	原因	现象	系统	设备	部件	经济损失	生产中断	设备损坏		
10	铁芯	过热	积尘积灰	温度升高	无	温度升高	散热性能降低	无	无	经维修后可恢复设备性能	4	较小风险
11	温控装置	松动	端子排线路松动	数据无显示	无	无法自动控制	无法采集数据	无	无	设备性能无影响	2	轻微风险
12		短路	时间过长，线路正常老化，绝缘降低	无法控制	无	无法自动控制	短路烧坏	可能造成设备或财产损失1万元以下	无	经维修后可恢复设备性能	6	中等风险
13		性能下降	时间过长，线路正常老化	采集数据显示不正确	无	显示数据异常	显示数据异常	无	无	经维修后可恢复设备性能	4	较小风险
14	分接头	松动	紧固螺栓松动	接触不良引起温度升高	无	温度升高	接触面发热	无	无	经维修后可恢复设备性能	4	较小风险
15		过热	分接头接触面不光滑有异物	接触不良引起温度升高	无	温度升高	接触面发热	无	无	经维修后可恢复设备性能	4	较小风险
16	高压侧电缆	击穿	过负荷运行、绝缘受损	温度升高、电缆击穿跳闸	无	故障停运	绝缘击穿	可能造成设备或财产损失1万元以上10万元以下	无	经维修后可恢复设备性能	8	中等风险
17		松动	紧固螺栓松动	接触不良引起发热	无	温度升高	接触面发热	无	无	经维修后可恢复设备性能	4	较小风险
18		老化	时间过长，正常老化	外表绝缘层剥落、绝缘降低	无	无	绝缘降低	可能造成设备或财产损失1万元以下	无	经维修后可恢复设备性能	3	较小风险
19	低压侧电缆	击穿	过负荷运行、绝缘受损	温度升高、电缆击穿跳闸	无	故障停运	绝缘击穿	可能造成设备或财产损失1万元以上10万元以下	无	经维修后可恢复设备性能	8	中等风险
20		松动	紧固螺栓松动	接触不良引起发热	无	温度升高	接触面发热	无	无	经维修后可恢复设备性能	4	较小风险
21		老化	时间过长，正常老化	外表绝缘层剥落、绝缘降低	无	无	绝缘降低	可能造成设备或财产损失1万元以下	无	经维修后可恢复设备性能	3	较小风险

设备风险控制卡

区域：厂房　　系统：厂用电系统　　设备：厂用变压器

序号	部件	故障条件			风险等级	日常控制措施			定期检修维护			临时措施
		模式	原因	现象		措施	检查方法	周期（天）	措施	检修方法	周期（月）	
1	风机	功能失效	积尘积灰	温度升高	较小风险	检查	查看风机是否正常运转，叶片上是否积灰积尘	365	检修	清扫	12	增设临时风机降温或用气管临时吹扫
2		短路	线路老化、绝缘降低	温度升高	中等风险	检查	定期测量绝缘	365	更换	更换线路或风机	12	增设临时风机降温
3		松动	长时间振动固定螺栓松动	声音异常、温度升高	较小风险	检查	查看风机位置是否正确，声音有无异常	365	检修	紧固	12	临时紧固
4		变形	长时间运行中高扭矩下造成风机扇叶轴心变形	风机无法运行，温度升高	较小风险	检查	查看风机是否正常运转，测温	365	更换	更换	12	增设临时风机降温
5	绕组线圈	短路	时间过长，线路正常老化，绝缘降低	温度升高、跳闸	中等风险	检查	外观检查线路情况	15	更换	更换老化线路	12	调整厂用电运行方式
6		击穿	过负荷运行、绝缘受损	温度升高、线圈击穿跳闸	中等风险	检查	测温	15	检查	预防性试验定期检查绝缘情况	36	降低厂用电负荷运行
7		过热	积尘积灰	温度升高	较小风险	检查	测温；看设备上是否积尘积灰严重	365	检查	吹扫、清扫	12	用气管临时吹扫或调整厂用电运行方式进行清扫
8	铁芯	短路	时间过长，线路正常老化，绝缘降低	温度升高、跳闸	中等风险	检查	外观检查线路情况	15	更换	更换老化线路	12	调整厂用电运行方式
9		击穿	过负荷运行、绝缘受损	温度升高、铁芯击穿跳闸	中等风险	检查	测温	15	检查	预防性试验定期检查绝缘情况	36	降低厂用电负荷运行
10		过热	积尘积灰	温度升高	较小风险	检查	测温；看设备上是否积尘积灰严重	365	检查	吹扫、清扫	12	用气管临时吹扫或调整厂用电运行方式进行清扫
11	温控装置	松动	端子排线路松动	数据无显示	轻微风险	检查	检查温控装置上温度显示是否正常或无显示	15	检修	紧固端子排线路	12	紧固端子接线排
12		短路	时间过长，线路正常老化，绝缘降低	无法控制	中等风险	检查	检查温控装置是否带电、可控制操作	15	更换	更换老化线路	12	加强手动测温或调整厂用电运行方式

续表

序号	部件	故障条件			风险等级	日常控制措施			定期检修维护			临时措施
		模式	原因	现象		措施	检查方法	周期（天）	措施	检修方法	周期（月）	
13	温控装置	性能下降	时间过长，线路正常老化	采集数据显示不正确	较小风险	检查	检查温控装置显示数据是否正确，有无跳动、乱码	15	更换	更换老化线路	12	更换老化线路
14	分接头	松动	紧固螺栓松动	接触不良引起温度升高	较小风险	检查	测温	90	检修	紧固螺栓	12	查看是否有放电，测量温度，必要时调整厂用电运行方式
15		过热	分接头接触面不光滑有异物	接触不良引起温度升高	较小风险	检查	测温	90	检修	对接头接触面打磨光滑，清理异物	12	调整厂用电运行方式
16	高压侧电缆	击穿	过负荷运行、绝缘受损	温度升高、电缆击穿跳闸	中等风险	检查	测温、检查三相电压平稳	90	更换	修复、更换绝缘降低线路或被击穿线路	12	调整厂用电运行方式
17		松动	紧固螺栓松动	接触不良引起发热	较小风险	检查	测温	90	检修	紧固螺栓	12	查看是否有放电，测量温度，必要时调整厂用电运行方式
18		老化	时间过长，正常老化	外表绝缘层剥落、绝缘降低	较小风险	检查	对线路进行外观检查有无脱落、剥落现象	15	检修	预防性试验定期检查绝缘情况	36	检修时进行更换
19	低压侧电缆	击穿	过负荷运行、绝缘受损	温度升高、电缆击穿跳闸	中等风险	检查	测温、检查三相电压平稳	90	更换	修复、更换绝缘降低线路或被击穿线路	12	调整厂用电运行方式
20		松动	紧固螺栓松动	接触不良引起发热	较小风险	检查	测温	90	检修	紧固螺栓	12	查看是否有放电，测量温度，必要时调整厂用电运行方式
21		老化	时间过长，正常老化	外表绝缘层剥落、绝缘降低	较小风险	检查	对线路进行外观检查有无脱落、剥落现象	15	检修	预防性试验定期检查绝缘情况	36	检修时进行更换

15 隔离逆变器

设备风险评估表

区域：厂房　　系统：厂用电系统　　设备：隔离逆变器

序号	部件	故障条件			故障影响			故障损失			风险值	风险等级
		模式	原因	现象	系统	设备	部件	经济损失	生产中断	设备损坏		
1	风机	功能失效	积尘积灰	温度升高	无	温度升高	散热性能降低	无	无	经维修后可恢复设备性能	4	较小风险
2		短路	线路老化、绝缘降低	温度升高	无	温度升高	短路烧坏	可能造成设备或财产损失1万元以下	无	经维修后可恢复设备性能	6	中等风险
3		松动	长时间振动固定螺栓松动	声音异常、温度升高	无	温度升高	散热性能降低	无	无	经维修后可恢复设备性能	4	较小风险
4		变形	长时间运行中高扭矩下造成风机扇叶轴心变形	风机无法运行，温度升高	无	温度升高	损坏	可能造成设备或财产损失1万元以下	无	经维修后可恢复设备性能	3	较小风险
5	绕组线圈	短路	时间过长，线路正常老化，绝缘降低	温度升高、跳闸	无	故障停运	短路烧坏	可能造成设备或财产损失1万元以下	无	经维修后可恢复设备性能	6	中等风险
6		击穿	过负荷运行、绝缘受损	温度升高、线圈击穿跳闸	无	温度升高	绝缘击穿	可能造成设备或财产损失1万元以下	无	经维修后可恢复设备性能	6	中等风险
7		过热	积尘积灰	温度升高	无	温度升高	散热性能降低	无	无	经维修后可恢复设备性能	4	较小风险
8	铁芯	短路	时间过长，线路正常老化，绝缘降低	温度升高、跳闸	无	故障停运	短路烧坏	可能造成设备或财产损失1万元以下	无	经维修后可恢复设备性能	6	中等风险
9		击穿	过负荷运行、绝缘受损	温度升高、铁芯击穿跳闸	无	故障停运	绝缘击穿	可能造成设备或财产损失1万元以下	无	经维修后可恢复设备性能	6	中等风险

续表

序号	部件	故障条件			故障影响			故障损失			风险值	风险等级
		模式	原因	现象	系统	设备	部件	经济损失	生产中断	设备损坏		
10	铁芯	过热	积尘积灰	温度升高	无	温度升高	散热性能降低	无	无	经维修后可恢复设备性能	4	较小风险
11	温控装置	松动	端子排线路松动	数据无显示	无	无法自动控制	无法采集数据	无	无	设备性能无影响	2	轻微风险
12		短路	时间过长，线路正常老化，绝缘降低	无法控制	无	无法自动控制	短路烧坏	可能造成设备或财产损失1万元以下	无	经维修后可恢复设备性能	6	中等风险
13		性能下降	时间过长，线路正常老化	采集数据显示不正确	无	显示数据异常	显示数据异常	无	无	经维修后可恢复设备性能	4	较小风险
14	分接头	松动	紧固螺栓松动	接触不良引起温度升高	无	温度升高	接触面发热	无	无	经维修后可恢复设备性能	4	较小风险
15		过热	分接头接触面不光滑有异物	接触不良引起温度升高	无	温度升高	接触面发热	无	无	经维修后可恢复设备性能	4	较小风险
16	高压侧电缆	击穿	过负荷运行、绝缘受损	温度升高、电缆击穿跳闸	无	故障停运	绝缘击穿	可能造成设备或财产损失1万元以上10万元以下	无	经维修后可恢复设备性能	8	中等风险
17		松动	紧固螺栓松动	接触不良引起发热	无	温度升高	接触面发热	无	无	经维修后可恢复设备性能	4	较小风险
18		老化	时间过长，正常老化	外表绝缘层剥落、绝缘降低	无	无	绝缘降低	可能造成设备或财产损失1万元以下	无	经维修后可恢复设备性能	3	较小风险
19	低压侧电缆	击穿	过负荷运行、绝缘受损	温度升高、电缆击穿跳闸	无	故障停运	绝缘击穿	可能造成设备或财产损失1万元以上10万元以下	无	经维修后可恢复设备性能	8	中等风险
20		松动	紧固螺栓松动	接触不良引起发热	无	温度升高	接触面发热	无	无	经维修后可恢复设备性能	4	较小风险
21		老化	时间过长，正常老化	外表绝缘层剥落、绝缘降低	无	无	绝缘降低	可能造成设备或财产损失1万元以下	无	经维修后可恢复设备性能	3	较小风险

设备风险控制卡

区域：厂房　　系统：厂用电系统　　设备：隔离逆变器

序号	部件	故障条件			风险等级	日常控制措施			定期检修维护			临时措施
		模式	原因	现象		措施	检查方法	周期（天）	措施	检修方法	周期（月）	
1	风机	功能失效	积尘积灰	温度升高	较小风险	检查	查看风机是否正常运转，叶片上是否积灰积尘	365	检修	清扫	12	增设临时风机降温或用气管临时吹扫
2	风机	短路	线路老化、绝缘降低	温度升高	中等风险	检查	定期测量绝缘	365	更换	更换线路或风机	12	增设临时风机降温
3	风机	松动	长时间振动固定螺栓松动	声音异常、温度升高	较小风险	检查	查看风机位置是否正确，声音有无异常	365	检修	紧固	12	临时紧固
4	风机	变形	长时间运行中高扭矩下造成风机扇叶轴心变形	风机无法运行，温度升高	较小风险	检查	查看风机是否正常运转，测温	365	更换	更换	12	增设临时风机降温
5	绕组线圈	短路	时间过长，线路正常老化，绝缘降低	温度升高、跳闸	中等风险	检查	外观检查线路情况	15	更换	更换老化线路	12	调整厂用电运行方式
6	绕组线圈	击穿	过负荷运行、绝缘受损	温度升高、线圈击穿跳闸	中等风险	检查	测温	15	检查	预防性试验定期检查绝缘情况	36	降低厂用电负荷运行
7	绕组线圈	过热	积尘积灰	温度升高	较小风险	检查	测温；看设备上是否积尘积灰严重	365	检查	吹扫、清扫	12	用气管临时吹扫或调整厂用电运行方式进行清扫
8	铁芯	短路	时间过长，线路正常老化，绝缘降低	温度升高、跳闸	中等风险	检查	外观检查线路情况	15	更换	更换老化线路	12	调整厂用电运行方式
9	铁芯	击穿	过负荷运行、绝缘受损	温度升高、铁芯击穿跳闸	中等风险	检查	测温	15	检查	预防性试验定期检查绝缘情况	36	降低厂用电负荷运行
10	铁芯	过热	积尘积灰	温度升高	较小风险	检查	测温；看设备上是否积尘积灰严重	365	检查	吹扫、清扫	12	用气管临时吹扫或调整厂用电运行方式进行清扫
11	温控装置	松动	端子排线路松动	数据无显示	轻微风险	检查	检查温控装置上温度显示是否正常或无显示	15	检修	紧固端子排线路	12	紧固端子接线排
12	温控装置	短路	时间过长，线路正常老化，绝缘降低	无法控制	中等风险	检查	检查温控装置是否带电、可控制操作	15	更换	更换老化线路	12	加强手动测温或调整厂用电运行方式

续表

序号	部件	故障条件			风险等级	日常控制措施			定期检修维护			临时措施
		模式	原因	现象		措施	检查方法	周期（天）	措施	检修方法	周期（月）	
13	温控装置	性能下降	时间过长，线路正常老化	采集数据显示不正确	较小风险	检查	检查温控装置显示数据是否正确，有无跳动、乱码	15	更换	更换老化线路	12	更换老化线路
14	分接头	松动	紧固螺栓松动	接触不良引起温度升高	较小风险	检查	测温	90	检修	紧固螺栓	12	查看是否有放电，测量温度，必要时调整厂用电运行方式
15		过热	分接头接触面不光滑有异物	接触不良引起温度升高	较小风险	检查	测温	90	检修	对接头接触面打磨光滑，清理异物	12	调整厂用电运行方式
16	高压侧电缆	击穿	过负荷运行、绝缘受损	温度升高、电缆击穿跳闸	中等风险	检查	测温、检查三相电压平稳	90	更换	修复、更换绝缘降低线路或被击穿线路	12	调整厂用电运行方式
17		松动	紧固螺栓松动	接触不良引起发热	较小风险	检查	测温	90	检修	紧固螺栓	12	查看是否有放电，测量温度，必要时调整厂用电运行方式
18		老化	时间过长，正常老化	外表绝缘层剥落、绝缘降低	较小风险	检查	对线路进行外观检查有无脱落、剥落现象	15	检修	预防性试验定期检查绝缘情况	36	检修时进行更换
19	低压侧电缆	击穿	过负荷运行、绝缘受损	温度升高、电缆击穿跳闸	中等风险	检查	测温、检查三相电压平稳	90	更换	修复、更换绝缘降低线路或被击穿线路	12	调整厂用电运行方式
20		松动	紧固螺栓松动	接触不良引起发热	较小风险	检查	测温	90	检修	紧固螺栓	12	查看是否有放电，测量温度，必要时调整厂用电运行方式
21		老化	时间过长，正常老化	外表绝缘层剥落、绝缘降低	较小风险	检查	对线路进行外观检查有无脱落、剥落现象	15	检修	预防性试验定期检查绝缘情况	36	检修时进行更换

16 400V 系统

设备风险评估表

区域：厂房　　　　系统：厂用电系统　　　　设备：400V 系统

序号	部件	故障条件			故障影响			故障损失			风险值	风险等级
		模式	原因	现象	系统	设备	部件	经济损失	生产中断	设备损坏		
1	抽屉开关	短路	时间过长，线路正常老化，绝缘降低	受电端失电、抽屉开关内冒烟，电流表电流显示异常	无	无	短路烧坏	可能造成设备或财产损失1万元以下	无	经维修后可恢复设备性能	6	中等风险
2		变形	滑轮使用时间过长	抽屉开关无法拉出检修位置或推进工作位置	无	无	功能失效	无	无	经维修后可恢复设备性能	4	较小风险
3		过热	触头接触面积尘积灰	接触面温度升高	无	温度升高	接触面发热	无	无	经维修后可恢复设备性能	4	较小风险
4		松动	动触头处紧固螺栓疲劳	接触面温度升高	无	温度升高	接触面发热	无	无	经维修后可恢复设备性能	4	较小风险
5	断路器	松动	端子排线路松动	不能自动操作分、合闸断路器、自动储能	无	运行可靠性降低	功能失效	无	无	经维修后可恢复设备性能	4	较小风险
6		老化	时间过长，设备正常老化	合闸电磁铁不能正常吸合	无	运行可靠性降低	功能失效	可能造成设备或财产损失1万元以下	无	经维修后可恢复设备性能	3	较小风险
7		卡涩	摇杆孔洞被异物堵塞	不能正常摇出至检修位置或摇进至连接位置	无	运行可靠性降低	功能失效	无	无	经维修后可恢复设备性能	4	较小风险
8			操作机构因时间过长疲软卡阻，异物卡涩	断路器拒动	无	拒绝动作	功能失效	无	无	经维修后可恢复设备性能	4	较小风险
9		断路	时间过长，控制回路线路正常老化	断路器误动	无	运行可靠性降低	功能失效	可能造成设备或财产损失1万元以上10万元以下	无	经维修后可恢复设备性能	8	中等风险

续表

序号	部件	故障条件			故障影响			故障损失			风险值	风险等级
		模式	原因	现象	系统	设备	部件	经济损失	生产中断	设备损坏		
10	电压互感器	短路	过电压、过载、绝缘老化、高温	电弧、放电声、电压表指示降低或为零	保护动作	不能正常监测电压值	电压互感器损坏	可能造成设备或财产损失1万元以下	主要备用设备退出备用24h以内	经维修后可恢复设备性能	10	较大风险
11	电压互感器	铁芯松动	铁芯夹件未夹紧	运行时有振动或噪声	无	监测电压值不正确	电压互感器损坏	可能造成设备或财产损失1万元以下	无	经维修后可恢复设备性能	6	中等风险
12	电压互感器	绕组断线	焊接工艺不良、引出线不合格	放电声	保护动作	不能监测电压	功能失效	无	主要备用设备退出备用24h以内	经维修后可恢复设备性能	8	中等风险
13	电流互感器	过热	一次侧接线接触不良，二次侧接线板表面氧化严重，电流互感器内匝间短路或一、二次侧绝缘击穿	电流互感器发生过热、冒烟、流胶等	保护动作	监测电流值不正确	电流互感器损坏	可能造成设备或财产损失1万元以下	无	经维修后可恢复设备性能	6	中等风险
14	电流互感器	松动	断线、二次侧开路	电流表突然无指示，电流互感器声音明显增大，在开路处附近可嗅到臭氧味和听到轻微的放电声	保护动作	不能监测电流	电流互感器损坏	可能造成设备或财产损失1万元以下	无	经维修后可恢复设备性能	6	中等风险
15	电流互感器	放电	表面过脏、绝缘降低	内部或表面放电	无	无	异常运行	无	无	经维修后可恢复设备性能	4	较小风险
16	电流互感器	异响	铁芯紧固螺丝松动、铁芯松动，硅钢片震动增大	发出不随一次负荷变化的异常声	无	监测电流值不正确	异常运行	无	无	经维修后可恢复设备性能	4	较小风险
17	电流表	功能失效	正常老化、线路短路	电流表不显示电流	无	无	功能失效	无	无	经维修后可恢复设备性能	4	较小风险
18	电流表	松动	二次回路线路松动	电流表不显示电流	无	无	功能失效	无	无	经维修后可恢复设备性能	4	较小风险

续表

序号	部件	故障条件			故障影响			故障损失			风险值	风险等级
		模式	原因	现象	系统	设备	部件	经济损失	生产中断	设备损坏		
19	电压表	功能失效	正常老化、线路短路	电压表不显示电压	无	无	功能失效	无	无	经维修后可恢复设备性能	4	较小风险
20		松动	二次回路线路松动	电流表不显示电流	无	无	功能失效	无	无	经维修后可恢复设备性能	4	较小风险
21	热继电器	功能失效	正常老化、线路短路	热元件烧毁不能正常动作	无	无	功能失效	可能造成设备或财产损失1万元以下	无	经维修后可恢复设备性能	6	中等风险
22		松动	二次回路线路松动、内部机构部件松动	不能正常动作或动作时快时慢	无	无	功能失效	无	无	经维修后可恢复设备性能	4	较小风险
23		卡涩	弹簧疲劳导致动作机构卡阻	不能正常动作	无	无	功能失效	无	无	经维修后可恢复设备性能	4	较小风险
24	母排	击穿	潮湿、短路	母排击穿处冒火花、断路器跳闸	运行可靠性降低	功能失效	母排损坏	可能造成设备或财产损失1万元以上10万元以下	无	经维修后可恢复设备性能	8	中等风险
25		过热	电压过高、散热不良	母排温度升高	无	温度升高	绝缘降低	无	无	无	0	轻微风险
26		松动	长时间振动造成接地扁铁螺栓松动	接地扁铁线路脱落	无	无	接地线松动、脱落	无	无	经维修后可恢复设备性能	4	较小风险
27	事故照明切换开关	功能失效	正常老化、短路烧毁	当主照明电源失电时，事故照明切换开关不能自动切换造成事故照明熄灭	无	无	功能失效	可能造成设备或财产损失1万元以下	无	经维修后可恢复设备性能	6	中等风险
28		松动	二次回路线路松动	当主照明电源失电时，事故照明切换开关不能自动切换造成事故照明熄灭	无	无	功能失效	无	无	经维修后可恢复设备性能	4	较小风险

设备风险控制卡

区域：厂房　　　　系统：厂用电系统　　　　设备：400V 系统

序号	部件	故障条件			风险等级	日常控制措施			定期检修维护			临时措施
		模式	原因	现象		措施	检查方法	周期（天）	措施	检修方法	周期（月）	
1	抽屉开关	短路	时间过长，线路正常老化，绝缘降低	受电端失电、抽屉开关内冒烟，电流表电流显示异常	中等风险	检查	检查抽屉开关指示灯是否正常、抽屉开关有无烧糊味，受电设备运行是否有电	30	检修	预防性试验定期检查绝缘情况	12	断开抽屉开关上端电源，对脱落的线重新安装紧固，对绝缘老化的线路进行更换
2		变形	滑轮使用时间过长	抽屉开关无法拉出检修位置或推进工作位置	较小风险	检查	检查抽屉开关是否可正常推进、退出	30	检修	定期检查滑轮，涂抹润滑油	12	更换滑轮
3		过热	触头接触面积尘积灰	接触面温度升高	较小风险	检查	测温	30	检修	对接头接触面打磨光滑，清理异物	12	短时退出运行，进行打磨光滑，清理异物后投入运行
4		松动	动触头处紧固螺栓疲劳	接触面温度升高	较小风险	检查	测温，定期检查是否有松动现象	30	检修	紧固螺栓	12	短时退出运行，进行紧固处理
5	断路器	松动	端子排线路松动	不能自动操作分、合闸断路器、自动储能	较小风险	检查	检查端子排线路有无松动	30	检修	定期紧固全部端子排线路	12	紧固已松动的端子排线路
6		老化	时间过长，设备正常老化	合闸电磁铁不能正常吸合	较小风险	检查	合闸时检查电气指示灯是否已亮	30	更换	更换合闸电磁铁	12	调整厂用电运行方式
7		卡涩	摇杆孔洞被异物堵塞	不能正常摇出至检修位置或摇进至连接位置	较小风险	检查	检查摇杆孔洞内是否有积尘积灰、异物	30	检修	清理、清扫异物	12	用气管进行吹扫
8			操作机构因时间过长疲软卡阻，异物卡涩	断路器拒动	较小风险	检查	分、合闸时现场检查机械指示、电气指示是否一致	30	检修	修复操作机构、清理异物	12	动作上一级断路器
9		断路	时间过长，控制回路线路正常老化	断路器误动	中等风险	检查	外观检查线路完好	30	更换	更换	12	退出运行并调整厂用电运行方式
10	电压互感器	短路	过电压、过载、绝缘老化、高温	电弧、放电声、电压表指示降低或为零	较大风险	检查	看电压表指示、是否有电弧；听是否有放电声	30	更换	更换电压互感器	12	检查是否影响设备运行，若影响则立即停机处理，若不影响则待停机后处理

续表

序号	部件	故障条件			风险等级	日常控制措施			定期检修维护			临时措施
		模式	原因	现象		措施	检查方法	周期（天）	措施	检修方法	周期（月）	
11	电压互感器	铁芯松动	铁芯夹件未夹紧	运行时有振动或噪声	中等风险	检查	看电压表指示是否正确；听是否有振动声或噪声	30	更换	更换电压互感器	12	检查是否影响设备运行，若影响则立即停机处理，若不影响则待停机后处理
12	电压互感器	绕组断线	焊接工艺不良、引出线不合格	放电声	中等风险	检查	看电压表指示是否正确；引出线是否松动	30	更换	焊接或更换电压互感器、重新接线	12	检查是否影响设备运行，若影响则立即停机处理，若不影响则待停机后处理
13	电流互感器	过热	一次侧接线接触不良，二次侧接线板表面氧化严重，电流互感器内匝间短路或一、二次侧绝缘击穿	电流互感器发生过热、冒烟、流胶等	中等风险	检查	测量电流互感器温度、看是否冒烟	30	检修	更换电流互感器	12	转移负荷，立即进行停电处理
14	电流互感器	松动	断线、二次侧开路	电流表突然无指示，电流互感器声音明显增大，在开路处附近可嗅到臭氧味和听到轻微的放电声	中等风险	检查	检查电流表有无显示、听是否有放电声、闻有无臭氧味	30	检修	更换电流互感器	12	转移负荷，立即进行停电处理
15	电流互感器	放电	表面过脏、绝缘降低	内部或表面放电	较小风险	检查	看电流表是否放电、测绝缘	30	检修	更换电流互感器	12	转移负荷，立即进行停电处理
16	电流互感器	异响	铁芯紧固螺丝松动、铁芯松动，硅钢片震动增大	发出不随一次负荷变化的异常声	较小风险	检查	听声音是否存在异常	30	检修	更换电流互感器	12	转移负荷，立即进行停电处理
17	电流表	功能失效	正常老化、线路短路	电流表不显示电流	较小风险	检查	查看电流表有无电流显示	7	更换	修复或更换电流表	12	临时更换电流表
18	电流表	松动	二次回路线路松动	电流表不显示电流	较小风险	检查	查看电流表有无电流显示	7	检修	紧固二次回路线路	12	紧固二次线路
19	电压表	功能失效	正常老化、线路短路	电压表不显示电压	较小风险	检查	查看电压表有无电压显示	7	更换	修复或更换电压表	12	临时更换电压表

续表

序号	部件	故障条件			风险等级	日常控制措施			定期检修维护			临时措施
		模式	原因	现象		措施	检查方法	周期（天）	措施	检修方法	周期（月）	
20	电压表	松动	二次回路线路松动	电流表不显示电流	较小风险	检查	查看电流表有无电流显示	7	检修	紧固二次回路线路	12	紧固二次线路
21	热继电器	功能失效	正常老化、线路短路	热元件烧毁不能正常动作	中等风险	检查	外观检查线路、电气元件情况	30	更换	更换热继电器	12	测量继电器电压情况，若不通电更换继电器
22		松动	二次回路线路松动、内部机构部件松动	不能正常动作或动作时快时慢	较小风险	检查	查看二次线路、内部机构是否有松动、脱落现象	30	检修	紧固二次回路线路、内部机构	12	紧固二次线路或停机后紧固内部机构
23		卡涩	弹簧疲劳导致动作机构卡阻	不能正常动作	较小风险	检查	看热继电器内部机构是否有无异物	30	检修	吹扫、清扫	12	临时进行吹扫
24	母排	击穿	潮湿、短路	母排击穿处冒火花、断路器跳闸	中等风险	检查	看母排有无闪络现象	365	检修	预防性试验定期检查绝缘情况	12	调整厂用电运行方式，对击穿母排进行更换
25		过热	电压过高、散热不良	母排温度升高	轻微风险	检查	测 温	365				投入风机，降低环境温度或降低厂用电负荷运行
26		松动	长时间振动造成接地扁铁螺栓松动	接地扁铁线路脱落	较小风险	检查	查看母线接地扁铁线路有无松动、脱落	365	检修	定期进行紧固	12	采取临时安全措施进行紧固处理
27	事故照明切换开关	功能失效	正常老化、短路烧毁	当主照明电源失电时，事故照明切换开关不能自动切换造成事故照明熄灭	中等风险	检查	定期切换	30	检修	预防性试验	12	检查线路接线是否有松动和短路，对切换开关进行更换
28		松动	二次回路线路松动	当主照明电源失电时，事故照明切换开关不能自动切换造成事故照明熄灭	较小风险	检查	查看二次线路是否有松动、脱落现象	30	检修	紧固二次回路线路	12	紧固二次线路

17 渗漏集水井深井泵

设备风险评估表

区域：厂房　　系统：抽排水系统　　设备：渗漏集水井深井泵

序号	部件	故障条件			故障影响			故障损失			风险值	风险等级
		模式	原因	现象	系统	设备	部件	经济损失	生产中断	设备损坏		
1	电机	卡涩	电机启动力矩过大或受力不均、轴承缺油	电机有金属撞击和卡涩声音	无	影响深井泵抽排水	电机轴承受损	无	无	经维修后可恢复设备性能	4	较小风险
2		短路	受潮、绝缘老化、短路	电机处有烧焦异味、电机温高	无	影响深井泵抽排水	电机绕组烧坏	可能造成设备或财产损失1万元以下	无	经维修后可恢复设备性能	6	中等风险
3		松动	启动、运行产生的振动	紧固螺栓松动	无	无	电机摆动	无	无	经维修后可恢复设备性能	4	较小风险
4	电机轴	变形	电机启动时力矩过大	电机有异常的金属撞击和卡涩声音	无	影响深井泵抽排水	轴弯曲	无	无	经维修后可恢复设备性能	4	较小风险
5		断裂	电机启动时力矩过大	电机有异常的金属撞击和卡涩声音	无	影响深井泵抽排水	轴弯曲、断裂	可能造成设备或财产损失1万元以下	无	经维修后可恢复设备性能	6	中等风险
6	泵座	松动	启动、运行的振动	泵座抖动、螺栓松脱	无	电机与水泵轴线偏移，振动损坏深井泵	泵座损坏渗水	无	无	经维修后可恢复设备性能	4	较小风险
7		锈蚀	内部汽蚀、外部脱漆、受潮、氧化	出现锈斑、麻坑	无	无	锈蚀损伤	无	无	经维修后可恢复设备性能	4	较小风险
8		开裂	泵座振动、异物碰撞	出现裂纹，渗水	无	影响深井泵抽排水	泵座损坏渗水	可能造成设备或财产损失1万元以下	无	经维修后可恢复设备性能	6	中等风险
9	联轴器	松动	启动、运行的水力振动	联轴器螺纹磨损间隙偏大，有异常的金属撞击	无	无	性能降低	无	无	经维修后可恢复设备性能	4	较小风险

续表

序号	部件	故障条件			故障影响			故障损失			风险值	风险等级
		模式	原因	现象	系统	设备	部件	经济损失	生产中断	设备损坏		
10	联轴器	脱落	启动、运行的水力振动	水泵无法抽排上水	无	深井泵无法上水	性能降低	无	无	经维修后可恢复设备性能	4	较小风险
11	支架	松动	启动、运行的水力振动	传动轴摆度增大，有异常的金属撞击	无	无	支架损伤	无	无	经维修后可恢复设备性能	4	较小风险
12		脱落	启动、运行的水力振动	传动轴摆度增大，有异常的金属撞击	无	深井泵无法上水	支架损伤	无	无	经维修后可恢复设备性能	4	较小风险
13	传动轴	脱落	联轴器损坏脱落	水泵无法抽排上水	无	深井泵无法上水	传动轴脱落	无	无	经维修后可恢复设备性能	4	较小风险
14		断裂	水泵启动时力矩过大	水泵扬水管有异常的金属撞击和卡涩声音	无	深井泵无法上水	轴弯曲、断裂	可能造成设备或财产损失1万元以下	无	经维修后可恢复设备性能	6	中等风险
15	扬水管	松动	深井泵运行抽水振动	抽水时扬水管有摆动现象	无	深井泵损坏	扬水管损伤	无	无	经维修后可恢复设备性能	4	较小风险
16		锈蚀	潮湿、脱漆、氧化	出现锈斑、麻坑	无	无	锈蚀损伤	无	无	经维修后可恢复设备性能	4	较小风险
17	叶轮轴	脱落	联轴器损坏脱落	水泵无法抽排上水	无	水无法上水	叶轮轴脱落	无	无	经维修后可恢复设备性能	4	较小风险
18		断裂	水泵启动时力矩过大	水泵扬水管有异常的金属撞击和卡涩声音	无	水泵无法上水	叶轮轴损坏	可能造成设备或财产损失1万元以下	无	经维修后可恢复设备性能	6	中等风险
19	叶轮	异常磨损	水泵轴心偏移、水质含砂含泥量大	水泵抽排水异常	无	水泵无法上水	叶轮损伤	无	无	经维修后可恢复设备性能	4	较小风险
20	导流壳	异常磨损	水质含砂含泥量大	导流壳磨损大	无	水泵无法上水	导流壳损伤	无	无	经维修后可恢复设备性能	4	较小风险
21	滤水管	堵塞	异物堵塞吸水孔	水泵抽排水异常	无	水泵无法上水	滤水管堵塞	无	无	经维修后可恢复设备性能	4	较小风险
22		脱落	启动、运行的水力振动	水泵扬水管有异常的撞击和卡涩声音	无	水泵上水异常	滤水管损伤	无	无	经维修后可恢复设备性能	4	较小风险

续表

序号	部件	故障条件			故障影响			故障损失			风险值	风险等级
		模式	原因	现象	系统	设备	部件	经济损失	生产中断	设备损坏		
23	逆止阀	碎裂	阀瓣老化、压力过大或撞击	介质回流	无	水介质回流	逆止阀损伤	无	无	经维修后可恢复设备性能	4	较小风险
24		漏水	阀门密封老化、螺栓松动	内漏关闭不严、外漏	无	阀门漏水	性能降低	无	无	经维修后可恢复设备性能	4	较小风险
25	阀门	行程失调	阀芯卡涩	不能正常启闭	无	影响排水	阀芯损伤	无	无	经维修后可恢复设备性能	4	较小风险
26		漏水	阀门杆密封填料老化、螺栓松动	内漏关闭不严、外漏	无	影响排水	性能降低	无	无	经维修后可恢复设备性能	4	较小风险
27	软启动装置	老化	电气元件老化、绝缘降低	软启动装置外壳温度过高	无	深井泵无法正常启闭	性能降低	无	无	经维修后可恢复设备性能	4	较小风险
28		控制失效	控制元件老化	不能自动启动	无	深井泵无法正常启闭	控制单元损坏	可能造成设备或财产损失 1 万元以下	无	经维修后可恢复设备性能	6	中等风险
29	管路	锈蚀	管路脱漆	锈斑、麻坑、起层的片状分离现象、渗漏	无	无	管道损伤	无	无	经维修后可恢复设备性能	4	较小风险
30		堵塞	异物卡阻	排水水压不足	无	影响排水	管道损伤	无	无	经维修后可恢复设备性能	4	较小风险

设备风险控制卡

区域：厂房　　　　系统：抽排水系统　　　　设备：渗漏集水井深井泵

序号	部件	故障条件			风险等级	日常控制措施			定期检修维护			临时措施
		模式	原因	现象		措施	检查方法	周期（天）	措施	检修方法	周期（月）	
1	电机	卡涩	电机启动力矩过大或受力不均、轴承缺油	电机有金属撞击和卡涩声音	较小风险	检查	检查轴承有无有异常的金属撞击和卡涩，	7	检修	修复研磨轴承	12	停止故障水泵，投入备用水泵抽排水
2		短路	受潮、绝缘老化、短路	电机处有烧焦异味、电机温高	中等风险	检查	检测电机绕组绝缘	7	更换	更换绕组	12	停止故障水泵，投入备用水泵抽排水
3		松动	启动、运行产生的振动	紧固螺栓松动	较小风险	检查	检查电机紧固螺栓是否松动	7	紧固	紧固螺栓	12	停泵紧固螺栓，更换备用泵抽水

续表

序号	部件	故障条件			风险等级	日常控制措施			定期检修维护			临时措施
		模式	原因	现象		措施	检查方法	周期（天）	措施	检修方法	周期（月）	
4	电机轴	变形	电机启动时力矩过大	电机有异常的金属撞击和卡涩声音	较小风险	检查	检查试转设备有无异常的金属撞击和卡涩声音	7	检修	校正、更换电机轴	12	停止故障水泵，投入备用水泵抽排水
5		断裂	电机启动时力矩过大	电机有异常的金属撞击和卡涩声音	中等风险	检查	检查试转设备有无异常的金属撞击和卡涩声音	7	更换	更换电机轴	12	停止故障水泵，投入备用水泵抽排水
6	泵座	松动	启动、运行的振动	泵座抖动、螺栓松脱	较小风险	检查	检查试转深井泵，检查泵座是否松动	7	紧固	检查紧固连接螺母	12	停止故障水泵，紧固连接螺母，投入备用水泵抽排水
7		锈蚀	内部汽蚀，外部脱漆、受潮、氧化	出现锈斑、麻坑	较小风险	检查	检查锈蚀范围扩大、加深	7	检修	除锈、防腐	12	防腐保养
8		开裂	泵座振动、异物碰撞	出现裂纹，渗水	中等风险	检查	检查本体外观上有无裂纹、渗水	7	更换	更换泵座	12	停止故障水泵，投入备用水泵抽排水
9	联轴器	松动	启动、运行的水力振动	联轴器螺纹磨损间隙偏大，有异常的金属撞击	较小风险	检查	检查联轴器是否松动	7	紧固	紧固螺栓、调整	12	停止故障水泵，投入备用水泵抽排水
10		脱落	启动、运行的水力振动	水泵无法抽排上水	较小风险	检查	检查联轴器是否脱落	7	紧固	紧固螺栓、调整	12	停止故障水泵，投入备用水泵抽排水
11	支架	松动	启动、运行的水力振动	传动轴摆度增大，有异常的金属撞击	较小风险	检查	检查支架是否松动	7	紧固	紧固螺栓、调整	12	停止故障水泵，投入备用水泵抽排水
12		脱落	启动、运行的水力振动	传动轴摆度增大，有异常的金属撞击	较小风险	检查	检查支架是否脱落	7	紧固	紧固螺栓、调整	12	停止故障水泵，投入备用水泵抽排水
13	传动轴	脱落	联轴器损坏脱落	水泵无法抽排上水	较小风险	检查	检查联轴器是否脱落	7	检修	更换联轴器，紧固传动轴	12	停止故障水泵，投入备用水泵抽排水
14		断裂	水泵启动时力矩过大	水泵扬水管有异常的金属撞击和卡涩声音	中等风险	检查	检查试转设备有无异常的金属撞击和卡涩声音	7	更换	更换传动轴	12	停止故障水泵，投入备用水泵抽排水
15	扬水管	松动	深井泵运行抽水振动	抽水时扬水管有摆动现象	较小风险	检查	检查运行声音是否正常、扬水管摆动是否正常	7	检修	处理扬水管边接口，紧固扬水管	12	停止故障水泵，投入备用水泵抽排水

续表

序号	部件	故障条件			风险等级	日常控制措施			定期检修维护			临时措施
		模式	原因	现象		措施	检查方法	周期（天）	措施	检修方法	周期（月）	
16	扬水管	锈蚀	潮湿、脱漆、氧化	出现锈斑、麻坑	较小风险	检查	检查锈蚀范围扩大、加深	7	检修	除锈、防腐	12	防腐保养
17	叶轮轴	脱落	联轴器损坏脱落	水泵无法抽排上水	较小风险	检查	检查联轴器是否脱落	7	检修	更换联轴器，紧固叶轮轴	12	停止故障水泵，投入备用水泵抽排水
18		断裂	水泵启动时力矩过大	水泵扬水管有异常的金属撞击和卡涩声音	中等风险	检查	检查试转设备有无异常的金属撞击和卡涩声音	7	更换	更换叶轮轴	12	停止故障水泵，投入备用水泵抽排水
19	叶轮	异常磨损	水泵轴心偏移、水质含砂含泥量大	水泵抽排水异常	较小风险	检查	检查水泵上水是否正常	7	更换	更换叶轮	12	停止故障水泵，投入备用水泵抽排水
20	导流壳	异常磨损	水质含砂含泥量大	导流壳磨损大	较小风险	检查	检查水泵上水是否正常	7	更换	更换导流壳	12	停止故障水泵，投入备用水泵抽排水
21	滤水管	堵塞	异物堵塞吸水孔	水泵抽排水异常	较小风险	检查	检查滤水管是否堵塞	7	检修	清理、清除吸水孔异物	12	停止故障水泵，投入备用水泵抽排水清除异物
22		脱落	启动、运行的水力振动	水泵扬水管有异常的撞击和卡涩声音	较小风险	检查	检查滤水管是否脱落	7	检修	回装、紧固滤水管	12	停止故障水泵，回装、紧固滤水管
23	逆止阀	碎裂	阀瓣老化、压力过大或撞击	介质回流	较小风险	检查	检查排水压力是否在设定范围、检查压力变化情况	7	更换	更换逆止阀	12	检查压力变化情况，关闭前后检修阀进行清理
24		漏水	阀门密封老化、螺栓松动	内漏关闭不严、外漏	较小风险	检查	外观检查、紧固螺栓	7	检修	更换填料、收紧紧固螺栓	12	紧固螺栓、更换逆止阀
25	阀门	行程失调	阀芯卡涩	不能正常启闭	较小风险	检查	外观检查、润滑保养	7	检修	润滑保养、阀芯调整、异物清理	12	更换逆止阀
26		漏水	阀门杆密封填料老化、螺栓松动	内漏关闭不严、外漏	较小风险	检查	外观检查、紧固螺栓	7	检修	更换填料、收紧紧固螺栓	12	紧固螺栓、手动调整行程
27	软启动装置	老化	电气元件老化、绝缘降低	软启动装置外壳温度过高	较小风险	检查	检查软启动装置装置有无过热、灼伤痕迹	7	更换	更换软启动装置	12	停止故障水泵紧固连接螺母，投入备用水泵抽排水

续表

序号	部件	故障条件			风险等级	日常控制措施			定期检修维护			临时措施
		模式	原因	现象		措施	检查方法	周期（天）	措施	检修方法	周期（月）	
28	软启动装置	控制失效	控制元件老化	不能自动启动	中等风险	检查	检查控制单元有无输入、输出信号	7	检修	检测软启动装置控制回路	12	手动停止闸门启闭，调换弧形闸门泄洪
29	管路	锈蚀	管路脱漆	锈斑、麻坑、起层的片状分离现象、渗漏	较小风险	检查	外观检查	7	检修	除锈、防腐	12	关闭阀门后进行堵漏、补焊
30		堵塞	异物卡阻	排水水压不足	较小风险	检查	检查消防管水压	7	检修	疏通清理异物	12	清理疏通管道

18 抽排水控制装置

设备风险评估表

区域：厂房　　　　系统：抽排水系统　　　　设备：抽排水控制装置

序号	部件	故障条件			故障影响			故障损失			风险值	风险等级
		模式	原因	现象	系统	设备	部件	经济损失	生产中断	设备损坏		
1	电源模块	短路	粉尘、高温、老化	设备失电	不能正常运行	集水井不能启动	电源模块损坏	无	主要备用设备退出备用24h以内	经维修后可恢复设备性能	8	中等风险
2		漏电	静电击穿	设备失电	不能正常运行	集水井不能启动	电源模块损坏	无	主要备用设备退出备用24h以内	经维修后可恢复设备性能	8	中等风险
3	CPU模块	开路	CPU针脚接触不良	无法正常启动	功能失灵	集水井不能启动	CPU模块损坏	无	主要备用设备退出备用24h以内	经维修后可恢复设备性能	8	中等风险
4		CPU供电故障	CPU电压设置不正常	无法正常启动	功能失灵	集水井不能启动	CPU模块损坏	无	主要备用设备退出备用24h以内	经维修后可恢复设备性能	8	中等风险
5	采集模块	功能失效	硬件故障	数据无法传输、采集液晶显示不正常	不能采集数据	集水井不能启动	采集模块损坏	无	主要备用设备退出备用24h以内	经维修后可恢复设备性能	8	中等风险
6		松动	接口松动	无法收发数据	无	无法监控	松动脱落	无	无	经维修后可恢复设备性能	4	较小风险
7	开出模块	功能失效	输入电压过高	系统无法正常工作、烧毁电路	不能正常操作	对设备影响	模块损坏	无	主要备用设备退出备用24h以内	经维修后可恢复设备性能	8	中等风险
8		松动	接口松动	无法收发数据	无	集水井不能启动	松动脱落	无	无	经维修后可恢复设备性能	4	较小风险
9	继电器	功能失效	电源异常、线圈损坏	不能动作		影响自动控制功能	继电器损坏	无	无	经维修后可恢复设备性能	4	较小风险
10		松动	接口松动	无法收发数据	无	无法监控	松动脱落	无	无	经维修后可恢复设备性能	4	较小风险
11	水位计	功能失效	浮子式和压力式元件老化、电缆破损	数据无规则跳动、无显示	无	影响深井泵启停	水位传感失效	无	无	经维修后可恢复设备性能	4	较小风险

续表

序号	部件	故障条件			故障影响			故障损失			风险值	风险等级
		模式	原因	现象	系统	设备	部件	经济损失	生产中断	设备损坏		
12	二次回路	松动	二次回路端子处连接不牢固	线路发热、脱落	无	深井泵不能自动控制	二次电缆损坏	无	无	经维修后可恢复设备性能	4	较小风险
13	二次回路	短路	线路老化、绝缘降低	线路发热、电缆有烧焦异味	无	影响深井泵自动控制	电缆损坏	可能造成设备或财产损失1万元以下	无	经维修后可恢复设备性能	6	中等风险

设备风险控制卡

区域：厂房　　系统：抽排水系统　　设备：抽排水控制装置

序号	部件	故障条件			风险等级	日常控制措施			定期检修维护			临时措施
		模式	原因	现象		措施	检查方法	周期（天）	措施	检修方法	周期（月）	
1	电源模块	短路	粉尘、高温、老化	设备失电	中等风险	清扫	测量电源模块是否有输出电压、电流，以及电压、电流值是否异常	7	检修	更换、维修电源模块	12	安排值班人员到现场监视运行，并立即组织消缺
2	电源模块	漏电	静电击穿	设备失电	中等风险	检查	测量电源模块是否有输出电压、电流，以及电压、电流值是否异常	7	检修	更换、维修电源模块	12	安排值班人员到现场监视运行，并立即组织消缺
3	CPU模块	开路	CPU针脚接触不良	无法正常启动	中等风险	检查	看设备是否能正常运行	7	检修	拆下CPU，用一个干净的小牙刷清洁CPU，轻轻地擦拭CPU的针脚，将氧化物及锈迹去掉	12	安排值班人员到现场监视运行，并立即组织消缺
4	CPU模块	CPU供电故障	CPU电压设置不正常	无法正常启动	中等风险	检查	检查CPU是否正常供电	7	检修	将cmos放电，将Bios设置恢复到出厂时的初始设置	12	重新启动
5	采集模块	功能失效	硬件故障	数据无法传输、采集液晶显示不正常	中等风险	检查	检查采集液晶显示是否正常	7	检修	更换采集终端	12	安排值班人员到现场监视运行，并立即组织消缺
6	采集模块	松动	接口松动	无法收发数据	较小风险	检查	检查接口是否有松动现象	30	检修	逐一进行紧固	12	插入紧固
7	开出模块	功能失效	输入电压过高	系统无法正常工作、烧毁电路	中等风险	检查	测量输入电压	7	检修	更换输出模块	12	选择备用装置运行
8	开出模块	松动	接口松动	无法收发数据	较小风险	检查	检查接口是否有松动现象	30	检修	逐一进行紧固	12	插入紧固

续表

序号	部件	故障条件			风险等级	日常控制措施			定期检修维护			临时措施
		模式	原因	现象		措施	检查方法	周期（天）	措施	检修方法	周期（月）	
9	继电器	功能失效	电源异常、线圈损坏	不能动作	较小风险	检查	检查电源指示灯是否正常、触电有无粘连	7	检修	更换继电器	12	检查电源指示灯是否正常、触电有无粘连
10		松动	接口松动	无法收发数据	较小风险	检查	检查接口是否有松动现象	30	检修	逐一进行紧固	12	紧固插件
11	水位计	功能失效	浮子式和压力式元件老化、电缆破损	数据无规则跳动、无显示	较小风险	检查	检测位置传感器及电缆传输信号正常	7	检修	更换浮子式和压力式传感器、修复电缆	12	浮子式和压力式传感器互为备用
12	二次回路	松动	二次回路端子处连接不牢固	线路发热、脱落	较小风险	检查	检二次回路连接是否牢固	7	紧固	紧固端子及连接处	12	检查二次回路，紧固端子及连接处
13		短路	线路老化、绝缘降低	线路发热、电缆有烧焦异味	中等风险	检查	检二次回路连接是否牢固	7	检修	紧固端子、二次回路检查	12	切断电源，更换损坏电缆线

19 低压空气压缩机

设备风险评估表

区域：厂房　　　　系统：空气系统　　　　设备：低压空气压缩机

序号	部件	故障条件			故障影响			故障损失			风险值	风险等级
		模式	原因	现象	系统	设备	部件	经济损失	生产中断	设备损坏		
1	空气滤芯	堵塞	进气管道过脏、异物卡涩、积尘	进气量减少	无	效率降低	滤芯失效	无	无	经维修后可恢复设备性能	4	较小风险
2	电机	轴承变形	启动力矩过大或受力不均	有异常的金属撞击和卡涩声音	无	低压空气压缩机无法启动	电机停运	无	无	经维修后可恢复设备性能	4	较小风险
3		绕组短路	受潮或绝缘老化、短路	电机处有烧焦异味、电机温高	无	低压空气压缩机无法启动	电机停运	无	无	经维修后可恢复设备性能	4	较小风险
4	安全阀	功能失效	弹簧年久疲软、阀芯受损	安全阀不能自动开启	无	储气罐气压过高时无法排气	性能下降	无	无	经维修后可恢复设备性能	4	较小风险
5		漏气	安全阀拧紧螺杆未拧紧	安全阀喷油、喷气	无	低压空气压缩机启动频繁	性能下降	无	无	经维修后可恢复设备性能	4	较小风险
6	压缩机	异常磨损	启动力矩过大或受力不均	有异常的金属撞击和卡涩声音	无	低压空气压缩机无法启动	压缩机螺杆损伤	无	无	经维修后可恢复设备性能	4	较小风险
7		变形	螺杆间间隙过大、过小配合不当、磨损	压缩机运行时间增长	无	低压空气压缩机无法启动	压缩机螺杆损伤	无	无	经维修后可恢复设备性能	4	较小风险
8	油气分离器	堵塞	油氧化物或油压过大	气体油分增大	无	油气分离性能下降	性能降低	无	无	经维修后可恢复设备性能	4	较小风险
9	油水分离器	堵塞	管路污物或空气滤芯失效	气体水分增大	无	油水分离性能下降	性能降低	无	无	经维修后可恢复设备性能	4	较小风险
10	电控装置	短路	积尘积灰、高温、绝缘性能下降	电气开关烧坏	无	空气压缩机不能启动	电气元器件损坏	可能造成设备或财产损失1万元以下	无	经维修后可恢复设备性能	6	中等风险
11		老化	电气元器件老化、潮湿	电气元器发热	无	空气压缩机不能启动	电气元器件损伤	无	无	经维修后可恢复设备性能	4	较小风险

续表

序号	部件	故障条件			故障影响			故障损失			风险值	风险等级
		模式	原因	现象	系统	设备	部件	经济损失	生产中断	设备损坏		
12	电磁阀	卡涩	杂质卡阻	阀芯不能正常动作	无	空气压缩机不能自动启动	电磁阀损伤	无	无	经维修后可恢复设备性能	4	较小风险
13		短路	线路老化	阀芯不能正常动作	无	功能失效	电磁阀损坏	无	无	经维修后可恢复设备性能	4	较小风险
14	联轴器	松动	启动、运行的振动	联轴器螺纹磨损间隙偏大，有异常的金属撞击	无	无	联轴器损伤	无	无	经维修后可恢复设备性能	4	较小风险
15		脱落	启动、运行的振动	无法传动压缩机	无	压缩机停止	联轴器损伤	无	无	经维修后可恢复设备性能	4	较小风险
16	逆止阀	碎裂	阀瓣受气压过大或撞击	介质回流	无	介质回流、空气压缩机启动频繁	逆止阀损伤	无	无	经维修后可恢复设备性能	4	较小风险
17		漏气	阀门密封老化、螺栓松动	内漏关闭不严、外漏	无	阀门漏气	性能降低	无	无	经维修后可恢复设备性能	4	较小风险
18	皮带	断裂	异物卡涩	空气压缩机晃动、声音异常	无	影响空气压缩机运行	皮带损坏	可能造成设备或财产损失1万元以下	无	经维修后可恢复设备性能	6	中等风险
19		老化	超使用年限、皮带硬化	无张力弹性收缩性	无	影响空气压缩机运行	皮带损伤	无	无	经维修后可恢复设备性能	4	较小风险
20		脱落	正常磨损、松脱	振动、声音异常	无	影响空气压缩机运行	皮带损伤	无	无	经维修后可恢复设备性能	4	较小风险
21	风机	脱落	风叶老化、脱落	空气压缩机温度升高		温度升高	散热性能降低	无	无	经维修后可恢复设备性能	4	较小风险
22	冷却器	堵塞	机油滤芯过脏、机油油位不足、异物封堵	空气压缩机温度升高	无	影响空气压缩机使用寿命	冷却器损伤	无	无	经维修后可恢复设备性能	4	较小风险
23		漏气	压力过高、受外力撞击、点蚀	连接处能听到轻微漏气声	无	空气压缩机启动频繁	冷却器损伤	无	无	经维修后可恢复设备性能	4	较小风险
24	防护罩	松动	运行振动、受力	运行过程中防护罩振动、声音增大	无	无	防护罩变形	无	无	经维修后可恢复设备性能	4	较小风险

设备风险控制卡

区域：厂房　　　　系统：空气系统　　　　设备：低压空气压缩机

序号	部件	故障条件			风险等级	日常控制措施			定期检修维护			临时措施
		模式	原因	现象		措施	检查方法	周期（天）	措施	检修方法	周期（月）	
1	空气滤芯	堵塞	进气管道过脏、异物卡涩、积尘	进气量减少	较小风险	检查	检查是否有无异物堵塞、清洗	7	检修	清洗滤芯、到达使用寿命后更换	12	清洗滤芯、更换滤芯
2	电机	轴承变形	启动力矩过大或受力不均	有异常的金属撞击和卡涩声音	较小风险	检查	检查轴承有无有异常的金属撞击和卡涩	7	更换	更换轴承	12	停止电机运行，更换轴承
3		绕组短路	受潮或绝缘老化、短路	电机处有烧焦异味、电机温高	较小风险	检查	检查电机绕组绝缘	7	更换	更换绕组	12	停止电机运行，更换绕组
4	安全阀	功能失效	弹簧年久疲软、阀芯受损	安全阀不能自动开启	较小风险	检查	监视空气压缩机运行情况	7	检修	校准、更换	12	停运空压机、更换安全阀
5		漏气	安全阀拧紧螺杆未拧紧	安全阀喷油、喷气	较小风险	检查	检查有无漏气、喷油现象	7	更换	更换绕组	12	对安全阀进行紧固
6	压缩机	异常磨损	启动力矩过大或受力不均	有异常的金属撞击和卡涩声音	较小风险	检查	检查压缩机有无有异常的金属撞击和卡涩	7	更换	更换螺杆	12	停运空压机、更换螺杆
7		变形	螺杆间间隙过大、过小配合不当、磨损	压缩机运行时间增长	较小风险	检查	检查空气压缩机运行时间、运行声音是否异常	7	更换	更换润滑油、更换螺杆	12	更换润滑油、更换螺杆
8	油气分离器	堵塞	油氧化物或油压过大	气体油分增大	较小风险	检查	外观检查、定期排污	7	检修	清洗滤芯、到达使用寿命后更换	12	关闭油分离器前后阀门，对其进行清理，定期排污
9	油水分离器	堵塞	管路污物或空气滤芯失效	气体水分增大	较小风险	检查	外观检查、定期排污	7	检修	清洗滤芯、到达使用寿命后更换	12	关闭油水分离器前后阀门，对其进行清理，定期排污
10	电控装置	短路	积尘积灰、高温、绝缘性能下降	电气开关烧坏	中等风险	检查	卫生清扫、绝缘测量	7	更换	更换电气元器件	12	更换电气元器件
11		老化	电气元器件老化、潮湿	电气元器发热	较小风险	检查	卫生清扫、绝缘测量	7	更换	更换电气元器件	12	检查控制回路、更换电气元器件
12	电磁阀	卡涩	杂质卡阻	阀芯不能正常动作	较小风险	检查	检查电磁阀阀芯动作是否正常，各表计信号指示、开关位置正确	7	检修	清洗、更换	12	手动按压阀芯使电磁阀动作

续表

序号	部件	故障条件			风险等级	日常控制措施			定期检修维护			临时措施
		模式	原因	现象		措施	检查方法	周期（天）	措施	检修方法	周期（月）	
13	电磁阀	短路	线路老化	阀芯不能正常动作	较小风险	检查	检查电磁阀阀芯动作是否正常，各表计信号指示、开关位置正确	7	更换	更换	12	用万用表测量检查电磁阀绝缘及电阻，则更换电磁阀
14	联轴器	松动	启动、运行的振动	联轴器螺纹磨损间隙偏大，有异常的金属撞击	较小风险	检查	检查联轴器是否松动	7	紧固	紧固联轴器	12	停止故障空气压缩机，紧固联轴器
15		脱落	启动、运行的振动	无法传动压缩机	较小风险	检查	检查联轴器是否脱落	7	更换	更换联轴器	12	停止故障空气压缩机，投入备用空气压缩机运行
16	逆止阀	碎裂	阀瓣受气压过大或撞击	介质回流	较小风险	检查	检查储气罐气罐压力是否在设定范围，检查压力变化情况		更换	更换逆止阀	12	检查压力变化情况，关闭前后检修阀进行清理
17		漏气	阀门密封老化、螺栓松动	内漏关闭不严、外漏	较小风险	检查	外观检查、紧固螺栓	7	检修	更换填料、收紧紧固螺栓	12	停机紧固螺栓，更换阀门
18	皮带	断裂	异物卡涩	空气压缩机晃动、声音异常	中等风险	检查	检查皮带松紧程度、温度；检查皮带是否有裂纹	7	更换	更换皮带	12	将空气压缩机切除，对皮带更换
19		老化	超使用年限、皮带硬化	无张力弹性收缩性	较小风险	检查	检查皮带松紧程度、温度；检查皮带是否有裂纹、硬化	7	更换	更换皮带	12	将空气压缩机切除，对皮带更换
20		脱落	正常磨损、松脱	振动、声音异常	较小风险	检查	检查皮带松紧程度、温度；检查皮带是否有裂纹	7	更换	更换皮带	12	将空气压缩机切除，对皮带更换
21	风机	脱落	风叶老化、脱落	空气压缩机温度升高	较小风险	检查	查看风机是否正常运转，叶片上是否有裂纹、积灰积尘		检修	清扫、更换风叶	12	将空气压缩机切除，对风叶更换
22	冷却器	堵塞	机油滤芯过脏、机油油位不足、异物封堵	空气压缩机温度升高	较小风险	检查	检查空气压缩机油位、油滤芯有无异物堵塞	7	检修	更换润滑油、更换机油滤芯、冷却器清扫	12	更换润滑油、更换机油滤芯、冷却器清扫
23		漏气	压力过高、受外力撞击、点蚀	连接处能听到轻微漏气声	较小风险	检查	外观检查、紧固螺栓	7	检修	更换密封件、紧固螺栓、焊接漏点	12	更换密封件、紧固螺栓、焊接冷却漏点
24	防护罩	松动	运行振动、受力	运行过程中防护罩振动、声音增大	较小风险	检查	防护罩螺栓紧固	7	检修	防护罩螺栓紧固	12	防护罩螺栓紧固

20 PLC 控制装置

设备风险评估表

区域：厂房　　　　系统：气系统　　　　设备：PLC 控制装置

序号	部件	故障条件			故障影响			故障损失			风险值	风险等级
		模式	原因	现象	系统	设备	部件	经济损失	生产中断	设备损坏		
1	电源模块	短路	粉尘、高温、老化	设备失电	不能正常运行	空气压缩机不能自动启动	电源模块损坏	无	主要备用设备退出备用 24h 以内	经维修后可恢复设备性能	8	中等风险
2		漏电	静电击穿	设备失电	不能正常运行	空气压缩机不能自动启动	电源模块损坏	无	主要备用设备退出备用 24h 以内	经维修后可恢复设备性能	8	中等风险
3	CPU 模块	开路	CPU 针脚接触不良	无法正常启动	功能失灵	空气压缩机不能自动启动	CPU 模块损坏	无	主要备用设备退出备用 24h 以内	经维修后可恢复设备性能	8	中等风险
4		CPU 供电故障	CPU 电压设置不正常	无法正常启动	功能失灵	空气压缩机不能自动启动	CPU 模块损坏	无	主要备用设备退出备用 24h 以内	经维修后可恢复设备性能	8	中等风险
5	采集模块	功能失效	硬件故障	数据无法传输、采集液晶显示不正常	不能采集数据	空气压缩机不能自动启动	采集模块损坏	无	主要备用设备退出备用 24h 以内	经维修后可恢复设备性能	8	中等风险
6		松动	接口松动	无法收发数据	无	无法监控	松动脱落	无	无	经维修后可恢复设备性能	4	较小风险
7	开出模块	功能失效	输入电压过高	系统无法正常工作、烧毁电路	不能正常操作	空气压缩机不能自动启动	模块损坏	无	主要备用设备退出备用 24h 以内	经维修后可恢复设备性能	8	中等风险
8		松动	接口松动	无法收发数据	无	空气压缩机不能自动启动	松动脱落	无	无	经维修后可恢复设备性能	4	较小风险
9	继电器	功能失效	电源异常、线圈损坏	不能动作		影响自动控制功能	继电器损坏	无	无	经维修后可恢复设备性能	4	较小风险
10		松动	接口松动	无法收发数据	无	无法监控	松动脱落	无	无	经维修后可恢复设备性能	4	较小风险
11	压力变送器	堵塞	导压孔被异物堵塞、锈蚀物卡阻	压力指示异常	无	无	压力异常	无	无	经维修后可恢复设备性能	4	较小风险

续表

序号	部件	故障条件			故障影响			故障损失			风险值	风险等级
		模式	原因	现象	系统	设备	部件	经济损失	生产中断	设备损坏		
12	压力变送器	断路	长时间运行、元件老化	压力数据无显示	无	无	性能失效	无	无	经维修后可恢复设备性能	4	较小风险
13	电接点压力表	堵塞	导压孔被异物堵塞、锈蚀物卡阻	压力指示异常	无	无	压力异常	无	无	经维修后可恢复设备性能	4	较小风险
14		功能失效	金属杆松动、触点锈蚀、内部受潮	压力指示不正确、信号不正确	无	空气压缩机不能自动启动	性能失效	无	无	经维修后可恢复设备性能	4	较小风险

设备风险控制卡

区域：厂房　　系统：气系统　　设备：PLC 控制装置

序号	部件	故障条件			风险等级	日常控制措施			定期检修维护			临时措施
		模式	原因	现象		措施	检查方法	周期（天）	措施	检修方法	周期（月）	
1	电源模块	短路	粉尘、高温、老化	设备失电	中等风险	清扫	测量电源模块是否有输出电压、电流，以及电压、电流值是否异常	7	检修	更换、维修电源模块	12	安排值班人员到现场监视运行，并立即组织消缺
2		漏电	静电击穿	设备失电	中等风险	检查	测量电源模块是否有输出电压、电流，以及电压、电流值是否异常	7	检修	更换、维修电源模块	12	安排值班人员到现场监视运行，并立即组织消缺
3	CPU 模块	开路	CPU 针脚接触不良	无法正常启动	中等风险	检查	看设备是否能正常运行	7	检修	拆下 CPU，用一个干净的小牙刷清洁 CPU，轻轻地擦拭 CPU 的针脚，将氧化物及锈迹去掉	12	安排值班人员到现场监视运行，并立即组织消缺
4		CPU 供电故障	CPU 电压设置不正常	无法正常启动	中等风险	检查	检查 CPU 是否正常供电	7	检修	将 cmos 放电，将 Bios 设置恢复到出厂时的初始设置	12	重新启动
5	采集模块	功能失效	硬件故障	数据无法传输、采集液晶显示不正常	中等风险	检查	检查采集液晶显示是否正常	7	检修	更换采集终端	12	安排值班人员到现场监视运行，并立即组织消缺
6		松动	接口松动	无法收发数据	较小风险	检查	检查接口是否有松动现象	30	检修	逐一进行紧固	12	插入紧固
7	开出模块	功能失效	输入电压过高	系统无法正常工作、烧毁电路	中等风险	检查	测量输入电压	7	检修	更换输出模块	12	选择备用装置运行

续表

序号	部件	故障条件			风险等级	日常控制措施			定期检修维护			临时措施
		模式	原因	现象		措施	检查方法	周期（天）	措施	检修方法	周期（月）	
8	开出模块	松动	接口松动	无法收发数据	较小风险	检查	检查接口是否有松动现象	30	检修	逐一进行紧固	12	插入紧固
9	继电器	功能失效	电源异常、线圈损坏	不能动作	较小风险	检查	检查电源指示灯是否正常、触电有无粘连	7	检修	更换继电器	12	检查电源指示灯是否正常、触电有无粘连
10		松动	接口松动	无法收发数据	较小风险	检查	检查接口是否有松动现象	30	检修	逐一进行紧固	12	紧固插件
11	压力变送器	堵塞	导压孔被异物堵塞、锈蚀物卡阻	压力指示异常	较小风险	检查	检查压力信号、紧固接线端子	7	检修	清理异物	12	清理异物
12		断路	长时间运行、元件老化	压力数据无显示	较小风险	检查	检查数据是否正常、管道检查	7	检修	更换压力变送器、管道疏通	12	更换压力变送器
13	电接点压力表	堵塞	导压孔被异物堵塞、锈蚀物卡阻	压力指示异常	较小风险	检查	检查压力信号、紧固接线端子	7	检修	清理异物	12	清理异物
14		功能失效	金属杆松动、触点锈蚀、内部受潮	压力指示不正确、信号不正确	较小风险	检查	检查压力、信号指示是否与实际相符	7	检修	打磨触点、紧固端子接线	12	指示、信号异常导致空气压缩机不能正常启动、停止时，应手动操作空气压缩机

21 储气罐、管路

设备风险评估表

区域：厂房　　系统：空气系统　　设备：储气罐、管路

序号	部件	故障条件			故障影响			故障损失			风险值	风险等级
		模式	原因	现象	系统	设备	部件	经济损失	生产中断	设备损坏		
1	储气罐	漏气	气压偏高、焊接点脱焊	漏气	无	空气压缩机启动频繁	储气罐泄漏	可能造成设备或财产损失1万元以上10万元以下	无	经维修后可恢复设备性能	8	中等风险
2		锈蚀	内部气体水分较多、外部环境潮湿、脱漆	锈斑、麻坑、起层的片状分离现象	无	无	储气罐泄漏	无	无	经维修后可恢复设备性能	4	较小风险
3	储气罐安全阀	行程失调	整定值过高、过低	安全阀误动或不动作	无	储气罐气压过高时无法排气	性能降低	无	无	经维修后可恢复设备性能	4	较小风险
4		卡涩	杂质卡阻	阀芯不能正常动作	无	储气罐气压过高时无法排气	性能失效	无	无	经维修后可恢复设备性能	4	较小风险
5	管路	锈蚀	潮湿、脱漆、氧化	锈斑、麻坑、起层的片状分离现象、渗漏	无	空气压缩机启动频繁	管路损伤	无	无	经维修后可恢复设备性能	4	较小风险
6		漏气	气压偏高、焊接点脱焊、连接处密封老化	漏气	无	空气压缩机启动频繁	管路漏气	可能造成设备或财产损失1万元以上10万元以下	无	经维修后可恢复设备性能	8	中等风险
7		堵塞	异物堵塞	气压不足	无	无	管路堵塞	无	无	经维修后可恢复设备性能	4	较小风险
8	阀门	行程失调	阀芯卡涩	不能正常启闭	无	影响进水压力	性能失效	无	无	经维修后可恢复设备性能	4	较小风险
9		漏气	阀芯变形、填料老化、螺栓松动	内漏关闭不严、外漏	无	影响进水压力	性能降低	无	无	经维修后可恢复设备性能	4	较小风险

续表

序号	部件	故障条件			故障影响			故障损失			风险值	风险等级
		模式	原因	现象	系统	设备	部件	经济损失	生产中断	设备损坏		
10	排污装置	功能失效	长时间运行、环境潮湿元件老化、断路	不能正常排污	无	影响设备使用寿命	性能失效	无	无	经维修后可恢复设备性能	4	较小风险
11		漏气	密封垫老化、阀门磨损	连接处能听到轻微漏气声	无	空气压缩机启动频繁	性能降低	无	无	经维修后可恢复设备性能	4	较小风险

设备风险控制卡

区域：厂房　　系统：气系统　　设备：储气罐、管路

序号	部件	故障条件			风险等级	日常控制措施			定期检修维护			临时措施
		模式	原因	现象		措施	检查方法	周期（天）	措施	检修方法	周期（月）	
1	储气罐	漏气	气压偏高、焊接点脱焊	漏气	中等风险	检查	检查储气罐压力是否在设定范围，罐体是否有脱焊、凹陷、裂纹	7	检修	打磨、清理焊缝、焊接、金属探伤、补漆	12	打磨、清理焊缝、焊接、金属探伤、补漆
2		锈蚀	内部气体水分较多、外部环境潮湿、脱漆	锈斑、麻坑、起层的片状分离现象	较小风险	检查	罐体卫生清扫、定期排污	7	检修	打磨、除锈、探伤、补漆	12	清理卫生、打磨除锈、补漆
3	储气罐安全阀	行程失调	整定值过高、过低	安全阀误动或不动作	较小风险	检查	检查储气罐气罐压力是否在设定范围	7	检修	定值校核、试验	12	储气罐气压过高，安全阀不动作时，应立即停运空气压缩机、开启排气
4		卡涩	杂质卡阻	阀芯不能正常动作	较小风险	检查	检查储气罐气罐压力是否在设定范围	7	检修	校核、试验	12	储气罐气压过高，安全阀不动作时，应立即停运空气压缩机、开启排气
5	管路	锈蚀	潮湿、脱漆、氧化	锈斑、麻坑、起层的片状分离现象、渗漏	较小风险	检查	外观检查	7	检修	除锈、防腐	12	关闭前后阀门后进行补焊加固
6		漏气	气压偏高、焊接点脱焊、连接处密封老化	漏气	中等风险	检查	检查储气罐压力是否在设定范围，罐体是否有脱焊、凹陷、裂纹	7	检修	打磨、清理焊缝、焊接、金属探伤、补漆	12	打磨、清理焊缝、焊接、金属探伤、补漆
7		堵塞	异物堵塞	气压不足	较小风险	检查	检查压力变化情况	7	检修	疏通清理异物	12	关闭前后阀门后疏通管道

续表

序号	部件	故障条件			风险等级	日常控制措施			定期检修维护			临时措施
		模式	原因	现象		措施	检查方法	周期（天）	措施	检修方法	周期（月）	
8	阀门	行程失调	阀芯卡涩	不能正常启闭	较小风险	检查	外观检查、润滑保养	7	检修	润滑保养、阀芯调整	12	更换闸阀
9		漏气	阀芯变形、填料老化、螺栓松动	内漏关闭不严、外漏	较小风险	检查	外观检查、紧固螺栓	7	检修	更换填料、研磨阀芯	12	紧固螺栓、手动调整行程
10	排污装置	功能失效	长时间运行、环境潮湿元件老化、断路	不能正常排污	较小风险	检查	检查运行情况是否正常	7	更换	更换示流器	12	对储气罐自动排污装置带电情况进行检查，检查手动排污阀处于打开位置
11		漏气	密封垫老化、阀门磨损	连接处能听到轻微漏气声	较小风险	检查	外观检查、紧固螺栓	7	检修	更换密封件、紧固螺栓	12	对排污装置紧固、更换密封

22 中压空气压缩机

设备风险评估表

区域：厂房　　　　系统：气系统　　　　设备：中压空气压缩机

序号	部件	故障条件			故障影响			故障损失			风险值	风险等级
		模式	原因	现象	系统	设备	部件	经济损失	生产中断	设备损坏		
1	空气滤芯	堵塞	进气管道过脏、异物卡涩、积尘	进气量减少	无	效率降低	滤芯失效	无	无	经维修后可恢复设备性能	4	较小风险
2	电机	轴承变形	启动力矩过大或受力不均	有异常的金属撞击和卡涩声音	无	低压空气压缩机无法启动	电机停运	无	无	经维修后可恢复设备性能	4	较小风险
3		绕组短路	受潮或绝缘老化、短路	电机处有烧焦异味、电机温高	无	低压空气压缩机无法启动	电机停运	无	无	经维修后可恢复设备性能	4	较小风险
4	空气压缩机安全阀	功能失效	弹簧年久疲软、阀芯受损	安全阀不能自动开启	无	储气罐气压过高时无法排气	性能失效	无	无	经维修后可恢复设备性能	4	较小风险
5		漏气	安全阀拧紧螺杆未拧紧	安全阀喷油、喷气	无	低压空气压缩机启动频繁	性能降低	无	无	经维修后可恢复设备性能	4	较小风险
6	气缸	异常磨损	启动力矩过大或受力不均	有异常的金属撞击和卡涩声音	无	低压空气压缩机无法启动	性能降低	无	无	经维修后可恢复设备性能	4	较小风险
7		变形	活塞间隙过大、过小配合不当，磨损	空气压缩机运行时间增长	无	低压空气压缩机无法启动	活塞损坏	可能造成设备或财产损失1万元以下	无	经维修后可恢复设备性能	6	中等风险
8	油气分离器	堵塞	油氧化物或油压过大	气体油分增大	无	油气分离性能下降	性能降低	无	无	经维修后可恢复设备性能	4	较小风险
9	油水分离器	堵塞	管路污物或空气滤芯失效	气体水分增大	无	油水分离性能下降	性能降低	无	无	经维修后可恢复设备性能	4	较小风险
10	电控装置	短路	积尘积灰、高温、绝缘性能下降	电气开关烧坏	无	空气压缩机不能启动	电气元器件损坏	可能造成设备或财产损失1万元以下	无	经维修后可恢复设备性能	6	中等风险

续表

序号	部件	故障条件			故障影响			故障损失			风险值	风险等级
		模式	原因	现象	系统	设备	部件	经济损失	生产中断	设备损坏		
11	电控装置	老化	电气元器件老化、潮湿	电气元器发热	无	空气压缩机不能启动	性能降低	无	无	经维修后可恢复设备性能	4	较小风险
12	电磁阀	卡涩	杂质卡阻	阀芯不能正常动作	无	空气压缩机不能自动启动	性能降低	无	无	经维修后可恢复设备性能	4	较小风险
13		短路	线路老化	阀芯不能正常动作	无	功能失效	电磁阀损坏	可能造成设备或财产损失1万元以下	无	经维修后可恢复设备性能	6	中等风险
14	联轴器	松动	启动、运行的振动	联轴器螺纹磨损间隙偏大，有异常的金属撞击	无	无	性能降低	无	无	经维修后可恢复设备性能	4	较小风险
15		脱落	启动、运行的振动	无法传动压缩机	无	压缩机停止	性能降低	无	无	经维修后可恢复设备性能	4	较小风险
16	逆止阀	碎裂	阀瓣受气压过大或撞击	介质回流	无	介质回流、空气压缩机启动频繁	性能失效	无	无	经维修后可恢复设备性能	4	较小风险
17		漏气	阀门密封老化、螺栓松动	内漏关闭不严、外漏	无	阀门漏气	性能降低	无	无	经维修后可恢复设备性能	4	较小风险
18	排污装置	功能失效	长时间运行、环境潮湿元件老化、断路	不能正常排污	无	影响设备使用寿命	性能失效	无	无	经维修后可恢复设备性能	4	较小风险
19		漏气	密封垫老化、阀门磨损	连接处能听到轻微漏气声	无	空气压缩机启动频繁	性能降低	无	无	经维修后可恢复设备性能	4	较小风险
20	皮带	断裂	异物卡涩	空气压缩机晃动、声音异常	无	影响空气压缩机运行	皮带损坏	可能造成设备或财产损失1万元以下	无	经维修后可恢复设备性能	6	中等风险
21		老化	超使用年限、皮带硬化	无张力弹性收缩性	无	影响空气压缩机运行	皮带损伤	无	无	经维修后可恢复设备性能	4	较小风险
22		脱落	正常磨损、松脱	振动、声音异常	无	影响空气压缩机运行	皮带损伤	无	无	经维修后可恢复设备性能	4	较小风险
23	风机	脱落	风叶老化、脱落	空气压缩机温度升高		温度升高	性能降低	无	无	经维修后可恢复设备性能	4	较小风险
24	防护罩	松动	运行振动、受力	运行过程中防护罩振动、声音增大	无	无	防护罩变形	无	无	经维修后可恢复设备性能	4	较小风险

设备风险控制卡

区域：厂房　　　　系统：气系统　　　　设备：中压空气压缩机

序号	部件	故障条件			风险等级	日常控制措施			定期检修维护			临时措施
		模式	原因	现象		措施	检查方法	周期（天）	措施	检修方法	周期（月）	
1	空气滤芯	堵塞	进气管道过脏、异物卡涩、积尘	进气量减少	较小风险	检查	检查是否有无异物堵塞、清洗	7	检修	清洗滤芯、到达使用寿命后更换	12	清洗滤芯、更换滤芯
2	电机	轴承变形	启动力矩过大或受力不均	有异常的金属撞击和卡涩声音	较小风险	检查	检查轴承有无有异常的金属撞击和卡涩	7	更换	更换轴承	12	停止电机运行，更换轴承
3		绕组短路	受潮或绝缘老化、短路	电机处有烧焦异味、电机温高	较小风险	检查	检查电机绕组绝缘	7	更换	更换绕组	12	停止电机运行，更换绕组
4	空气压缩机安全阀	功能失效	弹簧年久疲软、阀芯受损	安全阀不能自动开启	较小风险	检查	监视空气压缩机运行情况	7	检修	校准、更换	12	停运空气压缩机、更换安全阀
5		漏气	安全阀拧紧螺杆未拧紧	安全阀喷油、喷气	较小风险	检查	检查有无漏气、喷油现象	7	更换	更换绕组	12	对安全阀进行紧固
6	气缸	异常磨损	启动力矩过大或受力不均	有异常的金属撞击和卡涩声音	较小风险	检查	检查空气压缩机运行时间、运行声音是否异常	7	检修	更换活塞及活塞环	12	停运空气压缩机、更换活塞及活塞环
7		变形	活塞间隙过大、过小配合不当、磨损	空气压缩机运行时间增长	中等风险	检查	检查空气压缩机运行时间、运行声音是否异常	7	检修	更换润滑油、更换活塞及活塞环	12	停运空气压缩机、更换活塞及活塞环
8	油气分离器	堵塞	油氧化物或油压过大	气体油分增大	较小风险	检查	外观检查、定期排污	7	检修	清洗滤芯、到达使用寿命后更换	12	关闭油分离器前后阀门，对其进行清理，定期排污
9	油水分离器	堵塞	管路污物或空气滤芯失效	气体水分增大	较小风险	检查	外观检查、定期排污	7	检修	清洗滤芯、到达使用寿命后更换	12	关闭油水分离器前后阀门，对其进行清理，定期排污
10	电控装置	短路	积尘积灰、高温、绝缘性能下降	电气开关烧坏	中等风险	检查	卫生清扫、绝缘测量	7	更换	更换电气元器件	12	更换电气元器件
11		老化	电气元器件老化、潮湿	电气元器发热	较小风险	检查	卫生清扫、绝缘测量	7	更换	更换电气元器件	12	检查控制回路、更换电气元器件
12	电磁阀	卡涩	杂质卡阻	阀芯不能正常动作	较小风险	检查	检查电磁阀阀芯动作是否正常，各表计信号指示、开关位置正确	7	检修	清洗、更换	12	手动按压阀芯使电磁阀动作
13		短路	线路老化	阀芯不能正常动作	中等风险	检查	检查电磁阀阀芯动作是否正常，各表计信号指示、开关位置正确	7	更换	更换	12	用万用表测量检查电磁阀绝缘及电阻，则更换电磁阀

续表

序号	部件	故障条件			风险等级	日常控制措施			定期检修维护			临时措施
		模式	原因	现象		措施	检查方法	周期（天）	措施	检修方法	周期（月）	
14	联轴器	松动	启动、运行的振动	联轴器螺纹磨损间隙偏大，有异常的金属撞击	较小风险	检查	检查联轴器是否松动	7	紧固	紧固联轴器	12	停止故障空气压缩机，紧固联轴器
15		脱落	启动、运行的振动	无法传动压缩机	较小风险	检查	检查联轴器是否脱落	7	更换	更换联轴器	12	停止故障空气压缩机，投入备用空气压缩机运行
16	逆止阀	碎裂	阀瓣受气压过大或撞击	介质回流	较小风险	检查	检查储气罐压力是否在设定范围、检查压力变化情况	7	更换	更换逆止阀	12	检查压力变化情况，关闭前后检修阀进行清理
17		漏气	阀门密封老化、螺栓松动	内漏关闭不严、外漏	较小风险	检查	外观检查、紧固螺栓	7	检修	更换填料、收紧紧固螺栓	12	停机紧固螺栓，更换阀门
18	排污装置	功能失效	长时间运行、环境潮湿元件老化、断路	不能正常排污	较小风险	检查	检查运行情况是否正常	7	更换	更换示流器	12	对储气罐自动排污装置带电情况进行检查，检查手动排污阀处于打开位置
19		漏气	密封垫老化、阀门磨损	连接处能听到轻微漏气声	较小风险	检查	外观检查、紧固螺栓	7	检修	更换密封件、紧固螺栓	12	对排污装置紧固、更换密封
20	皮带	断裂	异物卡涩	空气压缩机晃动、声音异常	中等风险	检查	检查皮带松紧程度、温度；检查皮带是否有裂纹	7	更换	更换皮带	12	将空气压缩机切除，对皮带更换
21		老化	超使用年限、皮带硬化	无张力弹性收缩性	较小风险	检查	检查皮带松紧程度、温度；检查皮带是否有裂纹、硬化	7	更换	更换皮带	12	将空气压缩机切除，对皮带更换
22		脱落	正常磨损、松脱	振动、声音异常	较小风险	检查	检查皮带松紧程度、温度；检查皮带是否有裂纹	7	更换	更换皮带	12	将空气压缩机切除，对皮带更换
23	风机	脱落	风叶老化、脱落	空气压缩机温度升高	较小风险	检查	查看风机是否正常运转，叶片上是否有裂纹、积灰积尘	7	检修	清扫、更换风叶	12	将空气压缩机切除，对风叶更换
24	防护罩	松动	运行振动、受力	运行过程中防护罩振动、声音增大	较小风险	检查	防护罩螺栓紧固	7	检修	防护罩螺栓紧固	12	防护罩螺栓紧固

23 空气系统 PLC 控制装置

设备风险评估表

区域：厂房　　系统：空气系统　　设备：空气系统 PLC 控制装置

序号	部件	故障条件			故障影响			故障损失			风险值	风险等级
		模式	原因	现象	系统	设备	部件	经济损失	生产中断	设备损坏		
1	电源模块	短路	粉尘、高温、老化	设备失电	不能正常运行	空气压缩机不能启动	电源模块损坏	无	主要备用设备退出备用 24h 以内	经维修后可恢复设备性能	8	中等风险
2		漏电	静电击穿	设备失电	不能正常运行	空气压缩机不能启动	电源模块损坏	无	主要备用设备退出备用 24h 以内	经维修后可恢复设备性能	8	中等风险
3	CPU 模块	开路	CPU 针脚接触不良	无法正常启动	功能失灵	空气压缩机不能启动	CPU 模块损坏	无	主要备用设备退出备用 24h 以内	经维修后可恢复设备性能	8	中等风险
4		CPU 供电故障	CPU 电压设置不正常	无法正常启动	功能失灵	空气压缩机不能启动	CPU 模块损坏	无	主要备用设备退出备用 24h 以内	经维修后可恢复设备性能	8	中等风险
5	采集模块	功能失效	硬件故障	数据无法传输、采集液晶显示不正常	不能采集数据	空气压缩机不能启动	采集模块损坏	无	主要备用设备退出备用 24h 以内	经维修后可恢复设备性能	8	中等风险
6		松动	接口松动	无法收发数据	无	无法监控	松动脱落	无	无	经维修后可恢复设备性能	4	较小风险
7	开出模块	功能失效	输入电压过高	系统无法正常工作、烧毁电路	不能正常操作	对设备影响	模块损坏	无	主要备用设备退出备用 24h 以内	经维修后可恢复设备性能	8	中等风险
8		松动	接口松动	无法收发数据	无	空气压缩机不能启动	松动脱落	无	无	经维修后可恢复设备性能	4	较小风险
9	继电器	功能失效	电源异常、线圈损坏	不能动作		影响自动控制功能	继电器损坏	无	无	经维修后可恢复设备性能	4	较小风险
10		松动	接口松动	无法收发数据	无	无法监控	松动脱落	无	无	经维修后可恢复设备性能	4	较小风险
11	压力变送器	堵塞	导压孔被异物堵塞、锈蚀物卡阻	压力指示异常	无	无	性能降低	无	无	经维修后可恢复设备性能	4	较小风险

续表

序号	部件	故障条件			故障影响			故障损失			风险值	风险等级
		模式	原因	现象	系统	设备	部件	经济损失	生产中断	设备损坏		
12	压力变送器	断路	长时间运行、元件老化	压力数据无显示	无	无	性能失效	无	无	经维修后可恢复设备性能	4	较小风险
13	电接点压力表	堵塞	导压孔被异物堵塞、锈蚀物卡阻	压力指示异常	无	无	性能降低	无	无	经维修后可恢复设备性能	4	较小风险
14		功能失效	金属杆松动、触点锈蚀、内部受潮	压力指示不正确、信号不正确	无	空气压缩机不能自动启动	性能失效	无	无	经维修后可恢复设备性能	4	较小风险

设备风险控制卡

区域：厂房　　系统：空气系统　　设备：空气系统 PLC 控制装置

序号	部件	故障条件			风险等级	日常控制措施			定期检修维护			临时措施
		模式	原因	现象		措施	检查方法	周期（天）	措施	检修方法	周期（月）	
1	电源模块	短路	粉尘、高温、老化	设备失电	中等风险	清扫	测量电源模块是否有输出电压、电流，以及电压、电流值是否异常	7	检修	更换、维修电源模块	12	安排值班人员到现场监视运行，并立即组织消缺
2		漏电	静电击穿	设备失电	中等风险	检查	测量电源模块是否有输出电压、电流，以及电压、电流值是否异常	7	检修	更换、维修电源模块	12	安排值班人员到现场监视运行，并立即组织消缺
3	CPU 模块	开路	CPU 针脚接触不良	无法正常启动	中等风险	检查	看设备是否能正常运行	7	检修	拆下 CPU，用一个干净的小牙刷清洁 CPU，轻轻地擦拭 CPU 的针脚，将氧化物及锈迹去掉	12	安排值班人员到现场监视运行，并立即组织消缺
4		CPU 供电故障	CPU 电压设置不正常	无法正常启动	中等风险	检查	检查 CPU 是否正常供电	7	检修	将 cmos 放电，将 Bios 设置恢复到出厂时的初始设置	12	重新启动
5	采集模块	功能失效	硬件故障	数据无法传输、采集液晶显示不正常	中等风险	检查	检查采集液晶显示是否正常	7	检修	更换采集终端	12	安排值班人员到现场监视运行，并立即组织消缺
6		松动	接口松动	无法收发数据	较小风险	检查	检查接口是否有松动现象	30	检修	逐一进行紧固	12	插入紧固

续表

序号	部件	故障条件			风险等级	日常控制措施			定期检修维护			临时措施
		模式	原因	现象		措施	检查方法	周期（天）	措施	检修方法	周期（月）	
7	开出模块	功能失效	输入电压过高	系统无法正常工作、烧毁电路	中等风险	检查	测量输入电压	7	检修	更换输出模块	12	选择备用装置运行
8		松动	接口松动	无法收发数据	较小风险	检查	检查接口是否有松动现象	30	检修	逐一进行紧固	12	插入紧固
9	继电器	功能失效	电源异常、线圈损坏	不能动作	较小风险	检查	检查电源指示灯是否正常、触电有无粘连	7	检修	更换继电器	12	检查电源指示灯是否正常、触电有无粘连
10		松动	接口松动	无法收发数据	较小风险	检查	检查接口是否有松动现象	30	检修	逐一进行紧固	12	紧固插件
11	压力变送器	堵塞	导压孔被异物堵塞、锈蚀物卡阻	压力指示异常	较小风险	检查	检查压力信号、紧固接线端子	7	检修	清理异物	12	清理异物
12		断路	长时间运行、元件老化	压力数据无显示	较小风险	检查	检查数据是否正常、管道检查	7	检修	更换压力变送器、管道疏通	12	更换压力变送器
13	电接点压力表	堵塞	导压孔被异物堵塞、锈蚀物卡阻	压力指示异常	较小风险	检查	检查压力信号、紧固接线端子	7	检修	清理异物	12	清理异物
14		功能失效	金属杆松动、触点锈蚀、内部受潮	压力指示不正确、信号不正确	较小风险	检查	检查压力、信号指示是否与实际相符	7	检修	打磨触点、紧固端子接线	12	指示、信号异常导致空气压缩机不能正常启动，停止时，应手动操作空气压缩机

24 厂房直流系统

设备风险评估表

区域：厂房　　　　系统：直流系统　　　　设备：厂房直流系统

序号	部件	故障条件			故障影响			故障损失			风险值	风险等级
		模式	原因	现象	系统	设备	部件	经济损失	生产中断	设备损坏		
1	充电模块	老化	电子元件老化	充电模块故障	无	无法对直流充电	充电模块损坏无法充电	可能造成设备或财产损失1万元以下	无	经维修后可恢复设备性能	6	中等风险
2		功能失效	模块电子元件超使用年限、老化	无监测数据显示、死机、无法充电	无	无法自动充电	模块电子元件损坏	可能造成设备或财产损失1万元以下	无	经维修后可恢复设备性能	6	中等风险
3	蓄电池	性能衰退	蓄电池超使用年限、老化	蓄电池电压偏低	无	蓄电池电源供应不足	蓄电池损坏	可能造成设备或财产损失1万元以下	无	经维修后可恢复设备性能	6	中等风险
4		开裂	蓄电池过度充电、超使用年限	蓄电池外壳破裂	无	无	蓄电池损坏	可能造成设备或财产损失1万元以下	无	经维修后可恢复设备性能	6	中等风险
5		变形	蓄电池温度偏高、电压偏高	蓄电池外壳鼓包	无	无	蓄电池损坏	可能造成设备或财产损失1万元以下	无	经维修后可恢复设备性能	6	中等风险
6	绝缘监测装置	功能失效	绝缘监测模块电子元老化、接线端电松动	无绝缘监测数据显示或监测数据跳动异常	无	无法绝缘监测运行参数	电子元件及监测线路损坏	无	无	经维修后可恢复设备性能	4	较小风险
7	电池巡检仪	功能失效	巡检模块电子元老化、接线端电松动	无巡检监测数据显示或监测数据跳动异常	无	无法巡检监测运行参数	电子元件及监测线路损坏	无	无	经维修后可恢复设备性能	4	较小风险
8	空气开关	过热	过载、接触不良	开关发热、绝缘降低造成击小穿、短路	无	无法投入输送电源	性能降低	无	无	经维修后可恢复设备性能	4	较小风险
9		短路	积尘积灰、绝缘性能下降	电气开关烧坏	无	无法投入输送电源	性能失效	无	无	经维修后可恢复设备性能	4	较小风险

续表

序号	部件	故障条件			故障影响			故障损失			风险值	风险等级
		模式	原因	现象	系统	设备	部件	经济损失	生产中断	设备损坏		
10	熔断器	断裂	系统中出现短路、过流、过载后熔断器产生的热量断裂	熔断器断裂后机械指示跳出、对应线路失电	无	输出回路失电	熔断器熔断	可能造成设备或财产损失1万元以下	无	经维修后可恢复设备性能	6	中等风险
11	直流监测装置	功能失效	监测模块电子元老化、接线端电松动	无监测数据显示或监测数据跳动异常	无	无法监测直流运行参数	性能失效	无	无	经维修后可恢复设备性能	4	较小风险
12	直流馈线母线	过热	过载、接触不良	开关发热、绝缘降低造成击穿、短路	无	无法投入输送电源	母线损伤	无	主要备用设备退出备用24h以内	经维修后可恢复设备性能	8	中等风险
13		短路	绝缘降低、金属异物短接	温度升高、跳闸	无	无法投入输送电源	母线烧毁	可能造成设备或财产损失1万元以下	无	经维修后可恢复设备性能	6	中等风险
14	二次回路	松动	二次回路端子处连接不牢固	线路发热、参数上下跳跃或消失	无	无法监控直流运行	电缆损伤	无	无	经维修后可恢复设备性能	4	较小风险
15		短路	线路老化、绝缘降低	线路发热、电缆有烧焦异味	无	无法监控直流运行	电缆烧坏	可能造成设备或财产损失1万元以下	无	经维修后可恢复设备性能	6	中等风险
16	自动切换开关	过热	过载、接触不良	开关发热、绝缘降低造成击穿、短路	无	无法投入输送电源	性能降低	无	无	经维修后可恢复设备性能	4	较小风险
17		短路	积尘积灰、绝缘性能下降	电气开关烧坏	无	无法投入输送电源	性能失效	无	无	经维修后可恢复设备性能	4	较小风险
18		松动	分离机构没有复位而导致双电源自动开关不转换	机械联锁装置松动、卡滞	无	电源无法正常切换	性能降低	无	无	经维修后可恢复设备性能	4	较小风险

设备风险控制卡

区域：厂房　　系统：直流系统　　设备：厂房直流系统

序号	部件	故障条件			风险等级	日常控制措施			定期检修维护			临时措施
		模式	原因	现象		措施	检查方法	周期（天）	措施	检修方法	周期（月）	
1	充电模块	老化	电子元件老化	充电模块故障	中等风险	检查	检查充电模块	30	检修	更换电源模块	12	更换充电模块

续表

序号	部件	故障条件			风险等级	日常控制措施			定期检修维护			临时措施
		模式	原因	现象		措施	检查方法	周期（天）	措施	检修方法	周期（月）	
2	充电模块	功能失效	模块电子元件超使用年限、老化	无监测数据显示、死机、无法充电	中等风险	检查	检查充电模块	30	检修	检查调试、清扫更换充电模块	12	更换充电模块
3	蓄电池	性能衰退	蓄电池超使用年限、老化	蓄电池电压偏低	中等风险	检查	蓄电池充放电试验	30	更换	更蓄电池	12	更换蓄电池
4		开裂	蓄电池过度充电、超使用年限	蓄电池外壳破裂	中等风险	检查	蓄电池充放电试验、外观蓄电池有无破裂	30	更换	更蓄电池	12	更换蓄电池
5		变形	蓄电池温度偏高、电压偏高	蓄电池外壳鼓包	中等风险	检查	蓄电池充放电试验、外观蓄电池有无变形	30	更换	更蓄电池	12	更换蓄电池
6	绝缘监测装置	功能失效	绝缘监测模块电子元老化、接线端电松动	无绝缘监测数据显示或监测数据跳动异常	较小风险	检查	检查绝缘监测线连接牢固、监测量显示正常	30	检修	检查、调试、清扫、紧固	12	检查电源插头连接牢固，监测接线是否有松动或脱落
7	电池巡检仪	功能失效	巡检模块电子元老化、接线端电松动	无巡检监测数据显示或监测数据跳动异常	较小风险	检查	检查巡检线连接牢固、巡检量显示正常	30	检修	检查、调试、清扫、紧固	12	检查电源插头连接牢固，巡检接线是否有松动或脱落
8	空气开关	过热	过载、接触不良	开关发热、绝缘降低造成击穿、短路	较小风险	检查	检查空气开关温度、传输线连接牢固	30	检修	紧固接线端子、更换空气开关	12	检查线路接线是否有松动和短路
9		短路	积尘积灰、绝缘性能下降	电气开关烧坏	较小风险	检查	卫生清扫、绝缘测量	30	检修	紧固接线端子、更换空气开关	12	更换空气开关
10	熔断器	断裂	系统中出现短路、过流、过载后熔断器产生的热量断裂	熔断器断裂后机械指示跳出、对应线路失电	中等风险	检查	检查熔断器动作信号	30	检修	检测熔断器通断	12	更换熔断器
11	直流监测装置	功能失效	监测模块电子元老化、接线端电松动	无监测数据显示或监测数据跳动异常	较小风险	检查	检查监测线连接牢固、监测量显示正常	30	检修	检查调试、清扫	12	检查电源空气开关是否在合位，二次接线是否有松动或脱落或者短路
12	直流馈线母线	过热	过载、接触不良	开关发热、绝缘降低造成击穿、短路	中等风险	检查	检查馈线负荷开关温度、输入输出线连接牢固	30	检修	紧固接线端子、更换开关	12	避免长时间过负荷、高温情况下运行

续表

序号	部件	故障条件			风险等级	日常控制措施			定期检修维护			临时措施
		模式	原因	现象		措施	检查方法	周期（天）	措施	检修方法	周期（月）	
13	直流馈线母线	短路	绝缘降低、金属异物短接	温度升高、跳闸	中等风险	检查	检查馈线负荷开关温度、输入输出线连接牢固	30	检修	绝缘检测、清理异物	12	避免长时间过负荷运行
14	二次回路	松动	二次回路端子处连接不牢固	线路发热、参数上下跳跃或消失	较小风险	检查	检二次回路连接是否牢固	30	紧固	紧固端子及连接处	12	检查二次回路，紧固端子及连接处
15		短路	线路老化、绝缘降低	线路发热、电缆有烧焦异味	中等风险	检查	检二次回路连接是否牢固	30	检修	紧固端子、二次回路检查	12	切断电源，更换损坏电缆线
16	自动切换开关	过热	过载、接触不良	开关发热、绝缘降低造成击穿、短路	较小风险	检查	检查开关温度、输入输出线连接牢固	30	检修	紧固接线端子、更换开关	12	输入输出线连接牢固，更换电气元器件
17		短路	积尘积灰、绝缘性能下降	电气开关烧坏	较小风险	清扫	卫生清扫、绝缘测量	30	检修	紧固接线端子、更换空气开关	12	更换开关
18		松动	分离机构没有复位而导致双电源自动开关不转换	机械联锁装置松动、卡滞	较小风险	检查	定期切换检查	30	检修	检查调试、更换	12	断开电源开关，更换切换开关

25 机组 LCU

设备风险评估表

区域：厂房　　　　系统：监控系统　　　　设备：机组 LCU

序号	部件	故障条件			故障影响			故障损失			风险值	风险等级
		模式	原因	现象	系统	设备	部件	经济损失	生产中断	设备损坏		
1	电源模块	开路	锈蚀	设备失电	不能正常运行	不能正常运行	电源模块故障	无	主要备用设备退出备用 24h 以内	经维修后可恢复设备性能	8	中等风险
2		短路	粉尘、高温、老化	设备失电	不能正常运行	不能正常运行	电源模块损坏	可能造成设备或财产损失 1 万元以下	主要备用设备退出备用 24h 以内	经维修后可恢复设备性能	10	较大风险
3		漏电	静电击穿	设备失电	不能正常运行	不能正常运行	电源模块故障	无	主要备用设备退出备用 24h 以内	经维修后可恢复设备性能	8	中等风险
4		烧灼	老化、短路	设备失电	不能正常运行	不能正常运行	电源模块故障	无	主要备用设备退出备用 24h 以内	经维修后可恢复设备性能	8	中等风险
5	CPU 模块	开路	CPU 针脚接触不良	无法正常启动	功能失灵	不能正常运行	CPU 模块故障	无	主要备用设备退出备用 24h 以内	经维修后可恢复设备性能	8	中等风险
6		CPU 供电故障	CPU 电压设置不正常	无法正常启动	功能失灵	不能正常运行	CPU 模块故障	无	主要备用设备退出备用 24h 以内	经维修后可恢复设备性能	8	中等风险
7		短路	测温装置失灵	风扇损坏、短路	功能失灵	不能正常运行	CPU 模块损坏	可能造成设备或财产损失 1 万元以下	主要备用设备退出备用 24h 以内	经维修后可恢复设备性能	10	较大风险
8	通讯模块	通信中断	系统不兼容、IP 地址混乱、短路	不能正常传输数据、终端上无显示	不能接收数据	不能正常运行	通信中断	无	主要备用设备退出备用 24h 以内	经维修后可恢复设备性能	8	中等风险
9		松动	接口松动	无法收发数据	无	无法监控	松动脱落	无	无	经维修后可恢复设备性能	4	较小风险
10	采集模块	功能失效	硬件故障	数据无法传输、采集液晶显示不正常	不能采集数据	不能正常运行	采集模块损坏	可能造成设备或财产损失 1 万元以下	无	经维修后可恢复设备性能	6	中等风险

续表

序号	部件	故障条件			故障影响			故障损失			风险值	风险等级
		模式	原因	现象	系统	设备	部件	经济损失	生产中断	设备损坏		
11	采集模块	松动	接口松动	无法收发数据	无	无法监控	松动脱落	无	无	经维修后可恢复设备性能	4	较小风险
12	开出模块	功能失效	输入电压过高	系统无法正常工作、烧毁电路	不能正常操作	对设备影响	模块故障	无	主要备用设备退出备用 24h 以内	经维修后可恢复设备性能	8	中等风险
13		松动	接口松动	无法收发数据	无	无法监控	松动脱落	无	无	经维修后可恢复设备性能	4	较小风险
14	继电器	功能失效	电源异常、线圈损坏	不能动作	不能正常动作	影响自动控制功能	继电器损坏	可能造成设备或财产损失 1 万元以下	无	经维修后可恢复设备性能	6	中等风险
15		松动	接口松动	无法收发数据	无	无法监控	松动脱落	无	无	经维修后可恢复设备性能	4	较小风险
16	压板	松动	压紧螺丝松动	接触不良引起发热	不能正常动作	接触点发热	短路烧坏	无	无	经维修后可恢复设备性能	4	较小风险
17		脱落	端子线松动脱落	异常报警	不能正常动作	异常运行	无法采集、监测数据	无	无	经维修后可恢复设备性能	4	较小风险
18	测速装置	功能失效	电气元器件老化、环境潮湿、断线、短路	测速不显示或转速异常、误发信号	无	影响数据采集、判断	电气元器件损坏、	可能造成设备或财产损失 1 万元以下	无	经维修后可恢复设备性能	6	中等风险
19		探头松动	振动造成螺栓松动或断线	转速信号不正确、误发信号	设备误动	影响数据采集、判断	探头不灵敏	无	无	经维修后可恢复设备性能	4	较小风险
20	同期装置	功能失效	电气元器件老化、环境潮湿、断线、短路	不能自动同期	影响自动同期	影响自动同期	同期装置损坏	可能造成设备或财产损失 1 万元以下	无	经维修后可恢复设备性能	6	中等风险
21		断线	接线端子脱落、回路断线	不能自动同期	影响自动同期	影响自动同期	接线脱落	无	无	经维修后可恢复设备性能	4	较小风险
22	同步检查继电器	功能失效	电气元器件老化、环境潮湿、断线、短路	不能自动同期	影响自动同期	影响自动同期	同期装置损坏	可能造成设备或财产损失 1 万元以下	无	经维修后可恢复设备性能	6	中等风险
23		断线	接线端子脱落、回路断线	不能自动同期	影响自动同期	影响自动同期	接线脱落	无	无	经维修后可恢复设备性能	4	较小风险

续表

序号	部件	故障条件			故障影响			故障损失			风险值	风险等级
		模式	原因	现象	系统	设备	部件	经济损失	生产中断	设备损坏		
24	整步表	功能失效	电气元器件老化、断线、短路	不能自动同期	影响自动同期	影响自动同期	同期装置损坏	可能造成设备或财产损失1万元以下	无	经维修后可恢复设备性能	6	中等风险
25		断线	接线端子脱落、回路断线	不能自动同期	影响自动同期	影响自动同期	接线脱落	无	无	经维修后可恢复设备性能	4	较小风险
26	交流采样表	断线	接线端子脱落、回路断线	数据不能采集	影响数据采集、判断	影响数据采集、判断	接线脱落	无	无	经维修后可恢复设备性能	4	较小风险
27		功能失效	电气元器件老化、模块损坏、电源异常	数据不能采集	影响数据采集、判断	影响数据采集、判断	模块损坏	无	无	经维修后可恢复设备性能	4	较小风险
28	温度巡检装置	断线	接线端子脱落、回路断线	温度数据不能采集	影响数据采集、判断	影响数据采集、判断	接线脱落	无	无	经维修后可恢复设备性能	4	较小风险
29		功能失效	电气元器件老化、模块损坏、电源异常	不能自动同期	影响数据采集、判断	影响数据采集、判断	模块损坏	可能造成设备或财产损失1万元以下	无	经维修后可恢复设备性能	6	中等风险
30	PLC触摸屏	功能失效	电源异常、元件损坏、触摸屏破裂	不能在触摸屏查看运行数据、测点	无	无	触摸屏损坏	可能造成设备或财产损失1万元以下	无	经维修后可恢复设备性能	6	中等风险
31	继电器	功能失效	电源异常、线圈损坏	不能动作	影响自动控制功能	影响自动控制功能	功能失效	无	无	经维修后可恢复设备性能	4	较小风险
32	电能量采集装置	脱落	输入输出线路松动、脱落	无电流、电压，功率数据显示	无	异常运行	数据异常	无	无	经维修后可恢复设备性能	4	较小风险
33		功能失效	积尘积灰	温度升高	无	温度升高	散热性能降低	无	无	经维修后可恢复设备性能	4	较小风险
34		老化	电子元器件时间过长，正常老化	绝缘降低造成接地短路	无	装置损坏	数据异常	无	无	经维修后可恢复设备性能	4	较小风险
35	光纤收发器	松动	光纤接口松动	无法收发数据	无法监控	无法监控	松动脱落	无	无	经维修后可恢复设备性能	4	较小风险
36		断路	异常扭曲	光纤线路断路，无法收发数据	无法监控	无法监控	数据异常	无	无	经维修后可恢复设备性能	4	较小风险

续表

序号	部件	故障条件			故障影响			故障损失			风险值	风险等级
		模式	原因	现象	系统	设备	部件	经济损失	生产中断	设备损坏		
37	光纤收发器	功能失效	电源中断、通信中断、光纤损坏	光纤收发器收发指示灯显示不正确	无法监控	各站无法传输或接收信息	光纤收发器无法传输或接收信息	无	无	经维修后可恢复设备性能	4	较小风险
38	二次回路	击穿	二次线路老化、绝缘降低	接地、短路，监控界面数据失真、掉落	无法监控	无法监控	短路烧坏	可能造成设备或财产损失1万元以下	无	经维修后可恢复设备性能	6	中等风险
39		断线	短路	监控界面数据失真、掉落	无法监控	无法监控	二次线路损坏	可能造成设备或财产损失1万元以下	无	经维修后可恢复设备性能	6	中等风险

设备风险控制卡

区域：厂房　　系统：监控系统　　设备：机组 LCU

序号	部件	故障条件			风险等级	日常控制措施			定期检修维护			临时措施
		模式	原因	现象		措施	检查方法	周期（天）	措施	检修方法	周期（月）	
1	电源模块	开路	锈蚀	设备失电	中等风险	检查	测量电源模块是否输出电压、电流，以及电压、电流值是否异常	7	检修	更换、维修电源模块	12	将权限切换到电站，安排值班人员到现场监视运行，并立即组织消缺
2		短路	粉尘、高温、老化	设备失电	较大风险	清扫	测量电源模块是否输出电压、电流，以及电压、电流值是否异常	30	检修	更换、维修电源模块	12	将权限切换到电站，安排值班人员到现场监视运行，并立即组织消缺
3		漏电	静电击穿	设备失电	中等风险	检查	测量电源模块是否输出电压、电流，以及电压、电流值是否异常	7	更换	更换、维修电源模块	12	将权限切换到电站，安排值班人员到现场监视运行，并立即组织消缺
4		烧灼	老化、短路	设备失电	中等风险	检查	测量电源模块是否输出电压、电流，以及电压、电流值是否异常	7	检修	更换、维修电源模块	12	将权限切换到电站，安排值班人员到现场监视运行，并立即组织消缺
5	CPU模块	开路	CPU 针脚接触不良	无法正常启动	中等风险	检查	看设备是否能正常运行	7	检修	拆下 CPU，用一个干净的小牙刷清洁 CPU，轻轻地擦拭 CPU 的针脚，将氧化物及锈迹去掉	12	将权限切换到电站，安排值班人员到现场监视运行，并立即组织消缺

续表

序号	部件	故障条件			风险等级	日常控制措施			定期检修维护			临时措施
		模式	原因	现象		措施	检查方法	周期（天）	措施	检修方法	周期（月）	
6	CPU模块	CPU供电故障	CPU电压设置不正常	无法正常启动	中等风险	检查	检查CPU是否正常供电	7	更换	将cmos放电，将Bios设置恢复到出厂时的初始设置	12	重新启动
7		短路	测温装置失灵	风扇损坏、短路	较大风险	检查	检查CPU运行温度、风扇是否启动	7	检修	多清理风扇表面的灰尘，多加轮滑油，保证风扇正常运行	12	打开柜门，散热，定期对散热片进行吹扫
8	通信模块	通信中断	系统不兼容、IP地址混乱、短路	不能正常传输数据、终端上无显示	中等风险	检查	检查所有传输值是否正常	7	检修	重新梳理IP、更新软件	12	将权限切换到电站，安排值班人员到现场监视运行，并立即组织消缺
9		松动	接口松动	无法收发数据	较小风险	检查	检查接口是否有松动现象	7	紧固	逐一进行紧固	12	插入紧固
10	采集模块	功能失效	硬件故障	数据无法传输、采集液晶显示不正常	中等风险	检查	检查采集液晶显示是否正常	7	更换	更换采集终端	12	将权限切换到电站，安排值班人员到现场监视运行，并立即组织消缺
11		松动	接口松动	无法收发数据	较小风险	检查	检查接口是否有松动现象	7	紧固	逐一进行紧固	12	插入紧固
12	开出模块	功能失效	输入电压过高	系统无法正常工作、烧毁电路	中等风险	检查	测量输入电压	7	检修	更换输出模块	12	选择备用装置运行
13		松动	接口松动	无法收发数据	较小风险	检查	检查接口是否有松动现象	7	紧固	逐一进行紧固	12	插入紧固
14	继电器	功能失效	电源异常、线圈损坏	不能动作	中等风险	检查	检查电源指示灯是否正常、触电有无粘连	30	更换	更换继电器	12	检查电源指示灯是否正常、触电有无粘连
15		松动	接口松动	无法收发数据	较小风险	检查	检查接口是否有松动现象	30	紧固	逐一进行紧固	12	紧固插件
16	压板	松动	压紧螺丝松动	接触不良引起发热	较小风险	检查	检查压紧螺丝有无松动现象	30	紧固	紧固	12	对压紧螺丝进行紧固
17		脱落	端子线松动脱落	异常报警	较小风险	检查	对二次端子排线路进行拉扯检查有无松动	30	紧固	逐一对端子排线路进行紧固	12	按照图纸进行回装端子线路
18	测速装置	功能失效	电气元器件老化、环境潮湿、断线、短路	测速不显示或转速异常、误发信号	中等风险	检查	卫生清扫、紧固接线端子	30	更换	更换气元器件	12	检查信号接线与电源接线是否导通

续表

序号	部件	故障条件			风险等级	日常控制措施			定期检修维护			临时措施
		模式	原因	现象		措施	检查方法	周期（天）	措施	检修方法	周期（月）	
19	测速装置	探头松动	振动造成螺栓松动或断线	转速信号不正确、误发信号	较小风险	检查	检查转速数据是否与TV转速信号相同。紧固端子、螺栓。	30	紧固	紧固端子、螺栓。更换探头	12	检查转速数据是否与TV转速信号相符。紧固端子、螺栓
20	同期装置	功能失效	电气元器件老化、环境潮湿、断线、短路	不能自动同期	中等风险	检查	卫生清扫、紧固接线端子	30	检修	更换气元器件	12	检查信号输入是否正常，必要时采取手动同期
21	同期装置	断线	接线端子脱落、回路断线	不能自动同期	较小风险	检查	卫生清扫、紧固接线端子	30	检修	检查紧固接线端子、检测回路通道是否正常	12	检查信号输入是否正常，必要时采取手动同期
22	同步检查继电器	功能失效	电气元器件老化、环境潮湿、断线、短路	不能自动同期	中等风险	检查	卫生清扫、紧固接线端子	30	更换	更换气元器件	12	检查信号输入是否正常，必要时采取手动同期
23	同步检查继电器	断线	接线端子脱落、回路断线	不能自动同期	较小风险	检查	卫生清扫、紧固接线端子	30	检修	检查紧固接线端子、检测回路通道是否正常	12	检查信号输入是否正常，必要时采取手动同期
24	整步表	功能失效	电气元器件老化、断线、短路	不能自动同期	中等风险	检查	卫生清扫、紧固接线端子	30	更换	更换气元器件	12	检查信号输入是否正常，必要时采取手动同期
25	整步表	断线	接线端子脱落、回路断线	不能自动同期	较小风险	检查	卫生清扫、紧固接线端子	30	检修	检查紧固接线端子、检测回路通道是否正常	12	检查信号输入是否正常，必要时采取手动同期
26	交流采样表	断线	接线端子脱落、回路断线	数据不能采集	较小风险	检查	卫生清扫、紧固接线端子	30	检修	检查紧固接线端子、检测回路通道是否正常	12	检查端子接线通道
27	交流采样表	功能失效	电气元器件老化、模块损坏、电源异常	数据不能采集	较小风险	检查	卫生清扫、紧固接线端子	30	检修	检查紧固接线端子、检测回路通道是否正常	12	检查端子接线通道
28	温度巡检装置	断线	接线端子脱落、回路断线	温度数据不能采集	较小风险	检查	卫生清扫、紧固接线端子	30	检修	检查紧固接线端子、检测回路通道是否正常	12	监视测温表温度变化及机组振摆，检查端子接线通道
29	温度巡检装置	功能失效	电气元器件老化、模块损坏、电源异常	不能自动同期	中等风险	检查	卫生清扫、紧固接线端子	30	检修	检查紧固接线端子、检测回路通道是否正常	12	监视测温表温度变化及机组振摆，更换温度巡检装置

续表

序号	部件	故障条件			风险等级	日常控制措施			定期检修维护			临时措施
		模式	原因	现象		措施	检查方法	周期（天）	措施	检修方法	周期（月）	
30	PLC触摸屏	功能失效	电源异常、元件损坏、触摸屏破裂	不能在触摸屏查看运行数据、测点	中等风险	检查	检查显示是否正常	30	更换	更换触摸屏	12	加强监视上位机运行数据监视
31	继电器	功能失效	电源异常、线圈损坏	不能动作	较小风险	检查	检查电源指示灯是否正常、触电有无粘连	30	更换	更换继电器	12	检查电源指示灯是否正常、触电有无粘连
32	电能量采集装置	脱落	输入输出线路松动、脱落	无电流、电压，功率数据显示	较小风险	检查	检查二次线路是否有破损、断线、松动、脱落	30	检修	用万用表检查线路通断	12	紧固接线端子、临时包扎接线
33		功能失效	积尘积灰	温度升高	较小风险	检查	检查装置是否积尘积灰	30	检修	吹扫、清扫	12	吹扫、清扫
34		老化	电子元器件时间过长，正常老化	绝缘降低造成接地短路	较小风险	检查	检查投运行时间	30	更换	更换	12	更换模块或退出运行
35	光纤收发器	松动	光纤接口松动	无法收发数据	较小风险	检查	检查接口是否有松动现象	30	紧固	逐一进行紧固	12	插入紧固
36		断路	异常扭曲	光纤线路断路，无法收发数据	较小风险	检查	检查光纤线路是否有异常扭曲、弯曲	30	更换	更换	12	检查光纤信号接线与电源接线是否导通
37		功能失效	电源中断、通信中断、光纤损坏	光纤收发器收发指示灯显示不正确	较小风险	检查	查看光纤收发器收发信号指示灯闪烁是否正常	30	检修	修复或更换	12	检查光纤收发器电源指示灯是否正确。若不正确则修复；若电源显示正确，收发信号显示不正确，则检查通信线路通断；若通信中断，则修复通信，若电源和通信正常，则检查光纤收发器是否损坏，若损坏则修复或更换
38	二次回路	击穿	二次线路老化、绝缘降低	接地、短路，监控界面数据失真、掉落	中等风险	检查	检查设备运行参数传输变化值是否正确	30	检修	预防性试验定期检查绝缘情况	12	临时找到绝缘老化点进行绝缘包扎
39		断线	短路	监控界面数据失真、掉落	中等风险	检查	检查设备运行参数传输变化值是否正确	30	检修	用万用表检查通断情况	12	临时包扎接线

26 开关站 LCU

设备风险评估表

区域：厂房　　　　系统：监控系统　　　　设备：开关站 LCU

序号	部件	故障条件			故障影响			故障损失			风险值	风险等级
		模式	原因	现象	系统	设备	部件	经济损失	生产中断	设备损坏		
1	电源模块	开路	锈蚀	设备失电	不能正常运行	不能正常运行	电源模块异常	无	主要备用设备退出备用 24h 以内	经维修后可恢复设备性能	8	中等风险
2		短路	粉尘、高温、老化	设备失电	不能正常运行	不能正常运行	电源模块异常	可能造成设备或财产损失 1 万元以下	无	经维修后可恢复设备性能	6	中等风险
3		漏电	静电击穿	设备失电	不能正常运行	不能正常运行	电源模块异常	无	主要备用设备退出备用 24h 以内	经维修后可恢复设备性能	8	中等风险
4		烧灼	老化、短路	设备失电	不能正常运行	不能正常运行	电源模块异常	无	主要备用设备退出备用 24h 以内	经维修后可恢复设备性能	8	中等风险
5	CPU 模块	开路	CPU 针脚接触不良	无法正常启动	功能失灵	不能正常运行	CPU 模块异常	无	主要备用设备退出备用 24h 以内	经维修后可恢复设备性能	8	中等风险
6		CPU 供电故障	CPU 电压设置不正常	无法正常启动	功能失灵	不能正常运行	CPU 模块异常	无	主要备用设备退出备用 24h 以内	经维修后可恢复设备性能	8	中等风险
7		短路	测温装置失灵	风扇损坏、短路	功能失灵	不能正常运行	CPU 模块异常	无	主要备用设备退出备用 24h 以内	经维修后可恢复设备性能	8	中等风险
8	通信模块	通信中断	系统不兼容、IP 地址混乱、短路	不能正常传输数据、终端上无显示	不能接收数据	不能正常运行	通信中断	无	主要备用设备退出备用 24h 以内	经维修后可恢复设备性能	8	中等风险
9		松动	接口松动	无法收发数据	无	无法监控	松动脱落	无	无	经维修后可恢复设备性能	4	较小风险
10	采集模块	功能失效	硬件故障	数据无法传输、采集液晶显示不正常	不能采集数据	不能正常运行	采集模块异常	无	主要备用设备退出备用 24h 以内	经维修后可恢复设备性能	8	中等风险

续表

序号	部件	故障条件			故障影响			故障损失			风险值	风险等级
		模式	原因	现象	系统	设备	部件	经济损失	生产中断	设备损坏		
11	采集模块	松动	接口松动	无法收发数据	无	无法监控	松动脱落	无	无	经维修后可恢复设备性能	4	较小风险
12	开出模块	功能失效	输入电压过高	系统无法正常工作、烧毁电路	不能正常操作	对设备影响	模块异常	无	主要备用设备退出备用24h以内	经维修后可恢复设备性能	8	中等风险
13		松动	接口松动	无法收发数据	无	无法监控	松动脱落	无	无	经维修后可恢复设备性能	4	较小风险
14	继电器	功能失效	电源异常、线圈损坏	不能动作	无	影响自动控制功能	继电器异常	无	无	经维修后可恢复设备性能	4	较小风险
15		松动	接口松动	无法收发数据	无	无法监控	松动脱落	无	无	经维修后可恢复设备性能	4	较小风险
16	压板	松动	压紧螺丝松动	接触不良引起发热	不能正常动作	接触点发热	短路烧坏	可能造成设备或财产损失1万元以下	无	经维修后可恢复设备性能	6	中等风险
17		脱落	端子线松动脱落	异常报警	不能正常动作	异常运行	无法采集、监测数据	无	无	经维修后可恢复设备性能	4	较小风险
18	测速装置	功能失效	电气元器件老化、环境潮湿、断线、短路	测速不显示或转速异常、误发信号	无	影响数据采集、判断	电气元器件损坏	可能造成设备或财产损失1万元以下	无	经维修后可恢复设备性能	6	中等风险
19		探头松动	振动造成螺栓松动或断线	转速信号不正确、误发信号	设备误动	影响数据采集、判断	探头不灵敏	无	无	经维修后可恢复设备性能	4	较小风险
20	同期装置	功能失效	电气元器件老化、环境潮湿、断线、短路	不能自动同期	影响自动同期	影响自动同期	同期装置损坏	可能造成设备或财产损失1万元以下	无	经维修后可恢复设备性能	6	中等风险
21		断线	接线端子脱落、回路断线	不能自动同期	影响自动同期	影响自动同期	接线脱落	无	无	经维修后可恢复设备性能	4	较小风险
22	同步检查继电器	功能失效	电气元器件老化、环境潮湿、断线、短路	不能自动同期	影响自动同期	影响自动同期	同期装置损坏	可能造成设备或财产损失1万元以下	无	经维修后可恢复设备性能	6	中等风险
23		断线	接线端子脱落、回路断线	不能自动同期	影响自动同期	影响自动同期	接线脱落	无	无	经维修后可恢复设备性能	4	较小风险

续表

序号	部件	故障条件			故障影响			故障损失			风险值	风险等级
		模式	原因	现象	系统	设备	部件	经济损失	生产中断	设备损坏		
24	整步表	功能失效	电气元器件老化、断线、短路	不能自动同期	影响自动同期	影响自动同期	同期装置损坏	可能造成设备或财产损失1万元以下	无	经维修后可恢复设备性能	6	中等风险
25		断线	接线端子脱落、回路断线	不能自动同期	影响自动同期	影响自动同期	接线脱落	无	无	经维修后可恢复设备性能	4	较小风险
26	交流采样表	断线	接线端子脱落、回路断线	数据不能采集	影响数据采集、判断	影响数据采集、判断	接线脱落	无	无	经维修后可恢复设备性能	4	较小风险
27		功能失效	电气元器件老化、模块损坏、电源异常	数据不能采集	影响数据采集、判断	影响数据采集、判断	数据异常	无	无	经维修后可恢复设备性能	4	较小风险
28	PLC触摸屏	功能失效	电源异常、元件损坏、触摸屏破裂	不能在触摸屏查看运行数据、测点	无	无	触摸屏损坏	可能造成设备或财产损失1万元以下	无	经维修后可恢复设备性能	6	中等风险
29	继电器	功能失效	电源异常、线圈损坏	不能动作	影响自动控制功能	影响自动控制功能	继电器损坏	可能造成设备或财产损失1万元以下	无	经维修后可恢复设备性能	6	中等风险
30	电能量采集装置	脱落	输入输出线路松动、脱落	无电流、电压，功率数据显示	无	异常运行	数据异常	无	无	经维修后可恢复设备性能	4	较小风险
31		功能失效	积尘积灰	温度升高	无	温度升高	散热性能降低	无	无	经维修后可恢复设备性能	4	较小风险
32		老化	电子元器件时间过长，正常老化	绝缘降低造成接地短路	无	装置损坏	数据异常	无	无	经维修后可恢复设备性能	4	较小风险
33	光纤收发器	松动	光纤接口松动	无法收发数据	无法监控	无法监控	松动脱落	无	无	经维修后可恢复设备性能	4	较小风险
34		断路	异常扭曲	光纤线路断路，无法收发数据	无法监控	无法监控	线路断路	无	无	经维修后可恢复设备性能	4	较小风险
35		功能失效	电源中断、通信中断、光纤损坏	光纤收发器收发指示灯显示不正确	无法监控	各站无法传输或接收信息	光纤收发器无法传输或接收信息	无	无	经维修后可恢复设备性能	4	较小风险

续表

序号	部件	故障条件			故障影响			故障损失			风险值	风险等级
		模式	原因	现象	系统	设备	部件	经济损失	生产中断	设备损坏		
36	二次回路	击穿	二次线路老化、绝缘降低	接地、短路，监控界面数据失真、掉落	无法监控	无法监控	短路烧坏	可能造成设备或财产损失1万元以下	无	经维修后可恢复设备性能	6	中等风险
37		断线	短路	监控界面数据失真、掉落	无法监控	无法监控	二次线路损坏	可能造成设备或财产损失1万元以下	无	经维修后可恢复设备性能	6	中等风险

设备风险控制卡

区域：厂房　　系统：监控系统　　设备：开关站LCU

序号	部件	故障条件			风险等级	日常控制措施			定期检修维护			临时措施
		模式	原因	现象		措施	检查方法	周期（天）	措施	检修方法	周期（月）	
1	电源模块	开路	锈蚀	设备失电	中等风险	检查	测量电源模块是否输出电压、电流，以及电压、电流值是否异常	7	检修	更换、维修电源模块	12	将权限切换到电站，安排值班人员到现场监视运行，并立即组织消缺
2		短路	粉尘、高温、老化	设备失电	中等风险	检查	测量电源模块是否输出电压、电流，以及电压、电流值是否异常	7	检修	更换、维修电源模块	12	将权限切换到电站，安排值班人员到现场监视运行，并立即组织消缺
3		漏电	静电击穿	设备失电	中等风险	检查	测量电源模块是否输出电压、电流，以及电压、电流值是否异常	7	检修	更换、维修电源模块	12	将权限切换到电站，安排值班人员到现场监视运行，并立即组织消缺
4		烧灼	老化、短路	设备失电	中等风险	检查	测量电源模块是否输出电压、电流，以及电压、电流值是否异常	7	检修	更换、维修电源模块	12	将权限切换到电站，安排值班人员到现场监视运行，并立即组织消缺
5	CPU模块	开路	CPU针脚接触不良	无法正常启动	中等风险	检查	看设备是否能正常运行	7	检修	拆下CPU，用一个干净的小牙刷清洁CPU，轻轻地擦拭CPU的针脚，将氧化物及锈迹去掉	12	将权限切换到电站，安排值班人员到现场监视运行，并立即组织消缺

续表

序号	部件	故障条件			风险等级	日常控制措施			定期检修维护			临时措施
		模式	原因	现象		措施	检查方法	周期（天）	措施	检修方法	周期（月）	
6	CPU模块	CPU供电故障	CPU 电压设置不正常	无法正常启动	中等风险	检查	检查 CPU 是否正常供电	7	检修	将 cmos 放电，将 Bios 设置恢复到出厂时的初始设置	12	将权限切换到电站，安排值班人员到现场监视运行，并立即组织消缺
7		短路	测温装置失灵	风扇损坏、短路	中等风险	检查	检查 CPU 运行温度、风扇是否启动	7	检修	多清理风扇表面的灰尘，多加轮滑油，保证风扇正常运行	12	打开柜门，散热，定期对散热片进行吹扫
8	通信模块	通信中断	系统不兼容、IP 地址混乱、短路	不能正常传输数据、终端上无显示	中等风险	检查	检查所有传输值是否正常	7	检修	重新梳理 IP、更新软件	12	将权限切换到电站，安排值班人员到现场监视运行，并立即组织消缺
9		松动	接口松动	无法收发数据	较小风险	检查	检查接口是否有松动现象	7	紧固	逐一进行紧固	12	将权限切换到电站，安排值班人员到现场监视运行，并立即组织消缺
10	采集模块	功能失效	硬件故障	数据无法传输、采集液晶显示不正常	中等风险	检查	检查采集液晶显示是否正常	7	更换	更换采集终端	12	将权限切换到电站，安排值班人员到现场监视运行，并立即组织消缺
11		松动	接口松动	无法收发数据	较小风险	检查	检查接口是否有松动现象	7	紧固	逐一进行紧固	12	将权限切换到电站，安排值班人员到现场监视运行，并立即组织消缺
12	开出模块	功能失效	输入电压过高	系统无法正常工作、烧毁电路	中等风险	检查	测量输入电压	7	更换	更换输出模块	12	选择备用装置运行
13		松动	接口松动	无法收发数据	较小风险	检查	检查接口是否有松动现象	30	紧固	逐一进行紧固	12	插入紧固
14	继电器	功能失效	电源异常、线圈损坏	不能动作	较小风险	检查	检查电源指示灯是否正常、触电有无粘连	30	更换	更换继电器	12	检查电源指示灯是否正常、触电有无粘连
15		松动	接口松动	无法收发数据	较小风险	检查	检查接口是否有松动现象	30	紧固	逐一进行紧固	12	紧固插件
16	压板	松动	压紧螺丝松动	接触不良引起发热	中等风险	检查	检查压紧螺丝有无松动现象	30	紧固	紧固	12	对压紧螺丝进行紧固

续表

序号	部件	故障条件			风险等级	日常控制措施			定期检修维护			临时措施
		模式	原因	现象		措施	检查方法	周期（天）	措施	检修方法	周期（月）	
17	压板	脱落	端子线松动脱落	异常报警	较小风险	检查	对二次端子排线路进行拉扯检查有无松动	30	检修	逐一对端子排线路进行紧固	12	按照图纸进行回装端子线路
18	测速装置	功能失效	电气元器件老化、环境潮湿、断线、短路	测速不显示或转速异常、误发信号	中等风险	检查	卫生清扫、紧固接线端子	30	更换	更换气元器件	12	检查信号接线与电源接线是否导通
19	测速装置	探头松动	振动造成螺栓松动或断线	转速信号不正确、误发信号	较小风险	检查	检查转速数据是否与TV转速信号相同。紧固端子、螺栓	30	检修	紧固端子、螺栓。更换探头	12	检查转速数据是否与TV转速信号相符。紧固端子、螺栓
20	同期装置	功能失效	电气元器件老化、环境潮湿、断线、短路	不能自动同期	中等风险	检查	卫生清扫、紧固接线端子	30	更换	更换气元器件	12	检查信号输入是否正常、必要时采取手动同期
21	同期装置	断线	接线端子脱落、回路断线	不能自动同期	较小风险	检查	卫生清扫、紧固接线端子	30	检修	检查紧固接线端子、检测回路通道是否正常	12	检查信号输入是否正常、必要时采取手动同期
22	同步检查继电器	功能失效	电气元器件老化、环境潮湿、断线、短路	不能自动同期	中等风险	检查	卫生清扫、紧固接线端子	30	更换	更换气元器件	12	检查信号输入是否正常、必要时采取手动同期
23	同步检查继电器	断线	接线端子脱落、回路断线	不能自动同期	较小风险	检查	卫生清扫、紧固接线端子	30	检修	检查紧固接线端子、检测回路通道是否正常	12	检查信号输入是否正常、必要时采取手动同期
24	整步表	功能失效	电气元器件老化、断线、短路	不能自动同期	中等风险	检查	卫生清扫、紧固接线端子	30	更换	更换气元器件	12	检查信号输入是否正常、必要时采取手动同期
25	整步表	断线	接线端子脱落、回路断线	不能自动同期	较小风险	检查	卫生清扫、紧固接线端子	30	检修	检查紧固接线端子、检测回路通道是否正常	12	检查信号输入是否正常、必要时采取手动同期
26	交流采样表	断线	接线端子脱落、回路断线	数据不能采集	较小风险	检查	卫生清扫、紧固接线端子	30	检修	检查紧固接线端子、检测回路通道是否正常	12	检查端子接线通道
27	交流采样表	功能失效	电气元器件老化、模块损坏、电源异常	数据不能采集	较小风险	检查	卫生清扫、紧固接线端子	30	检修	检查紧固接线端子、检测回路通道是否正常	12	检查端子接线通道

续表

序号	部件	故障条件			风险等级	日常控制措施			定期检修维护			临时措施
		模式	原因	现象		措施	检查方法	周期（天）	措施	检修方法	周期（月）	
28	PLC触摸屏	功能失效	电源异常、元件损坏、触摸屏破裂	不能在触摸屏查看运行数据、测点	中等风险	检查	检查显示是否正常	30	更换	更换触摸屏	12	加强监视上位机运行数据监视
29	继电器	功能失效	电源异常、线圈损坏	不能动作	中等风险	检查	检查电源指示灯是否正常、触电有无粘连	30	更换	更换继电器	12	检查电源指示灯是否正常、触电有无粘连
30	电能量采集装置	脱落	输入输出线路松动、脱落	无电流、电压，功率数据显示	较小风险	检查	检查二次线路是否有破损、断线、松动、脱落	30	检修	用万用表检查线路通断	12	紧固接线端子、临时包扎接线
31		功能失效	积尘积灰	温度升高	较小风险	检查	检查装置是否积尘积灰	30	检修	吹扫、清扫	12	吹扫、清扫
32		老化	电子元器件时间过长，正常老化	绝缘降低造成接地短路	较小风险	检查	检查投运行时间	30	更换	更换	12	更换模块或退出运行
33	光纤收发器	松动	光纤接口松动	无法收发数据	较小风险	检查	检查接口是否有松动现象	30	紧固	逐一进行紧固	12	插入紧固
34		断路	异常扭曲	光纤线路断路，无法收发数据	较小风险	检查	检查光纤线路是否有异常扭曲、弯曲	30	更换	更换	12	检查光纤信号接线与电源接线是否导通
35		功能失效	电源中断、通信中断、光纤损坏	光纤收发器收发指示灯显示不正确	较小风险	检查	查看光纤收发器收发信号指示灯闪烁是否正常	30	检修	修复或更换	12	将权限切换到电站，安排值班人员到现场监视运行，并立即组织消缺
36	二次回路	击穿	二次线路老化、绝缘降低	接地、短路，监控界面数据失真、掉落	中等风险	检查	检查设备运行参数传输变化值是否正确	30	检修	预防性试验定期检查绝缘情况	12	临时找到绝缘老化点进行绝缘包扎
37		断线	短路	监控界面数据失真、掉落	中等风险	检查	检查设备运行参数传输变化值是否正确	30	检修	用万用表检查通断情况	12	临时包扎接线

27 计算机监控

设备风险评估表

区域：厂房　　　　系统：监控系统　　　　设备：计算机监控

序号	部件	故障条件			故障影响			故障损失			风险值	风险等级
		模式	原因	现象	系统	设备	部件	经济损失	生产中断	设备损坏		
1	服务器兼历史数据库	功能失效	积尘积灰严重	短路	无法监控	无法启动	数据异常	可能造成设备或财产损失1万元以下	无	经维修后可恢复设备性能	3	较小风险
2		老化	电源线路正常老化、加密模块老化	对传输的数据部分无法加密	无法监控	数据处理性能下降、数据储存丢失	加密装置性能下降	可能造成设备或财产损失1万元以下	无	经维修后可恢复设备性能	6	中等风险
3		过热	温度偏高	元器件、电路板等部件温度升高	无法监控	数据处理性能下降	死机	无	无	经维修后可恢复设备性能	4	较小风险
4	光纤收发器	松动	光纤接口松动	无法收发数据	无法监控	无法监控	松动脱落	无	无	经维修后可恢复设备性能	4	较小风险
5		断路	异常扭曲	光纤线路断路，无法收发数据	无法监控	无法监控	线路断路	无	无	经维修后可恢复设备性能	4	较小风险
6		功能失效	电源中断、通信中断、光纤损坏	光纤收发器收发指示灯显示不正确	无法监控	各站无法传输或接收信息	光纤收发器无法传输或接收信息	无	无	经维修后可恢复设备性能	4	较小风险
7	加密装置	老化	电源线路正常老化、加密模块老化	对传输的数据部分无法加密	无法监控	安全性能下降	加密装置性能下降	无	无	经维修后可恢复设备性能	4	较小风险
8		过热	温度偏高	元器件、电路板等部件温度升高	无法监控	通信性能下降	死机	无	无	经维修后可恢复设备性能	4	较小风险
9		功能失效	网络接口弄脏污染、变形、松动	不能正常通信	无法监控	安全性能下降	加密装置功能失效	无	无	经维修后可恢复设备性能	4	较小风险
10	操作员站	功能失效	积尘积灰严重	关机	无法监控	无法启动	短路烧坏	可能造成设备或财产损失1万元以下	无	经维修后可恢复设备性能	3	较小风险

续表

序号	部件	故障条件			故障影响			故障损失			风险值	风险等级
		模式	原因	现象	系统	设备	部件	经济损失	生产中断	设备损坏		
11	操作员站	老化	电源线路正常老化、加密模块老化	对传输的数据部分无法加密	无法监控	安全性能下降	加密装置性能下降	可能造成设备或财产损失1万元以下	无	经维修后可恢复设备性能	6	中等风险
12		过热	温度偏高	元器件、电路板等部件温度升高	无法监控	数据处理性能下降	死机	无	无	经维修后可恢复设备性能	4	较小风险
13	工程师站	功能失效	积尘积灰严重	关机	无法监控	无法启动	短路烧坏	可能造成设备或财产损失1万元以下	无	经维修后可恢复设备性能	3	较小风险
14		老化	电源线路正常老化、加密模块老化	对传输的数据部分无法加密	无法监控	安全性能下降	加密装置性能下降	可能造成设备或财产损失1万元以下	无	经维修后可恢复设备性能	6	中等风险
15		过热	温度偏高	元器件、电路板等部件温度升高	无法监控	数据处理性能下降	死机	无	无	经维修后可恢复设备性能	4	较小风险
16	通信站	功能失效	积尘积灰严重	关机	无法监控	无法启动	短路烧坏	可能造成设备或财产损失1万元以下	无	经维修后可恢复设备性能	3	较小风险
17		老化	电源线路正常老化、加密模块老化	对传输的数据部分无法加密	无法监控	安全性能下降	加密装置性能下降	可能造成设备或财产损失1万元以下	无	经维修后可恢复设备性能	6	中等风险
18		过热	温度偏高	元器件、电路板等部件温度升高	无法监控	数据处理性能下降	死机	无	无	经维修后可恢复设备性能	4	较小风险

设备风险控制卡

区域：厂房　　　　系统：监控系统　　　　设备：计算机监控

序号	部件	故障条件			风险等级	日常控制措施			定期检修维护			临时措施
		模式	原因	现象		措施	检查方法	周期（天）	措施	检修方法	周期（月）	
1	服务器兼历史数据库	功能失效	积尘积灰严重	短路	较小风险	检查	检查设备积尘积灰	30	检修	清扫、吹扫	12	临时清扫、吹扫
2		老化	电源线路正常老化、加密模块老化	对传输的数据部分无法加密	中等风险	检查	外观检查有无老化线路、加密模块有无老化	30	检修	维修或更换	12	更换老化线路及模块
3		过热	温度偏高	元器件、电路板等部件温度升高	较小风险	检查	检查散热效果，测量设备温度	30	检修	清扫风扇积尘积灰	12	增设临时风扇或空调

续表

序号	部件	故障条件			风险等级	日常控制措施			定期检修维护			临时措施
		模式	原因	现象		措施	检查方法	周期（天）	措施	检修方法	周期（月）	
4	光纤收发器	松动	光纤接口松动	无法收发数据	较小风险	检查	检查接口是否有松动现象	30	紧固	逐一进行紧固	12	插入紧固
5		断路	异常扭曲	光纤线路断路，无法收发数据	较小风险	检查	检查光纤线路是否有异常扭曲、弯曲	30	更换	更换	12	检查光纤信号接线与电源接线是否导通
6		功能失效	电源中断、通信中断、光纤损坏	光纤收发器收发指示灯显示不正确	较小风险	检查	查看光纤收发器收发信号指示灯闪烁是否正常	30	检修	修复或更换	12	检查光纤收发器电源指示灯是否正确，若不正确则修复；若电源显示正确，收发信号显示不正确，则检查通信线路通断；若通信中断，则修复通信；若电源和通信正常，则检查光纤收发器是否损坏，若损坏则修复或更换
7	加密装置	老化	电源线路正常老化、加密模块老化	对传输的数据部分无法加密	较小风险	检查	外观检查有无老化线路、加密模块有无老化	30	检修	维修或更换	12	更换老化线路及模块
8		过热	温度偏高	元器件、电路板等部件温度升高	较小风险	检查	检查散热效果，测量设备温度	30	清扫	清扫风扇积尘积灰	12	增设临时风扇或空调
9		功能失效	网络接口弄脏污染、变形、松动	不能正常通信	较小风险	检查	检查光纤端口指示灯闪烁是否正常，有无积尘积灰，是否松动	30	检修	清洗液进行清洗或逐一进行紧固	12	酒精擦拭、紧固，对变形端口矫正
10	操作员站	功能失效	积尘积灰严重	关机	较小风险	检查	检查设备积尘积灰	30	检修	清扫、吹扫	12	临时清扫、吹扫
11		老化	电源线路正常老化、加密模块老化	对传输的数据部分无法加密	中等风险	检查	外观检查有无老化线路、加密模块有无老化	30	检修	维修或更换	12	更换老化线路及模块
12		过热	温度偏高	元器件、电路板等部件温度升高	较小风险	检查	检查散热效果，测量设备温度	30	清扫	清扫风扇积尘积灰	12	增设临时风扇或空调
13	工程师站	功能失效	积尘积灰严重	关机	较小风险	检查	检查设备积尘积灰	30	检修	清扫、吹扫	12	临时清扫、吹扫

续表

序号	部件	故障条件			风险等级	日常控制措施			定期检修维护			临时措施
		模式	原因	现象		措施	检查方法	周期（天）	措施	检修方法	周期（月）	
14	工程师站	老化	电源线路正常老化、加密模块老化	对传输的数据部分无法加密	中等风险	检查	外观检查有无老化线路、加密模块有无老化	30	检修	维修或更换	12	更换老化线路及模块
15		过热	温度偏高	元器件、电路板等部件温度升高	较小风险	检查	检查散热效果，测量设备温度	30	检修	清扫风扇积尘积灰	12	增设临时风扇或空调
16	通信站	功能失效	积尘积灰严重	关机	较小风险	检查	检查设备积尘积灰	30	检修	清扫、吹扫	12	临时清扫、吹扫
17		老化	电源线路正常老化、加密模块老化	对传输的数据部分无法加密	中等风险	检查	外观检查有无老化线路、加密模块有无老化	30	检修	维修或更换	12	更换老化线路及模块
18		过热	温度偏高	元器件、电路板等部件温度升高	较小风险	检查	检查散热效果，测量设备温度	30	清扫	清扫风扇积尘积灰	12	增设临时风扇或空调

28 机组保护屏

设备风险评估表

区域：厂房　　　　系统：保护系统　　　　设备：机组保护屏

序号	部件	故障条件			故障影响			故障损失			风险值	风险等级
		模式	原因	现象	系统	设备	部件	经济损失	生产中断	设备损坏		
1	RCS-985RS机组保护装置	击穿	二次线路老化、绝缘降低	短路	机组停运	保护装置停运	短路烧坏	可能造成设备或财产损失1万元以下	主要备用设备退出备用24h以内	经维修后可恢复设备性能	10	较大风险
2		松动	端子线路松动、脱落	保护装置拒动	无	异常运行	功能失效	无	主要备用设备退出备用24h以内	经维修后可恢复设备性能	8	中等风险
3		短路	长期运行高温，绝缘降低	线路短路，装置异常报警	无	异常运行	短路烧坏	可能造成设备或财产损失1万元以上10万元以下	主要备用设备退出备用24h以内	经维修后可恢复设备性能	12	较大风险
4		过热	积尘积灰	温度升高	无	温度升高	散热性能降低	无	无	经维修后可恢复设备性能	4	较小风险
5		功能失效	CPU 故障	故障报警信号灯亮、死机	无	保护装置停运	CPU 损坏	可能造成设备或财产损失1万元以下	无	经维修后可恢复设备性能	6	中等风险
6			电源插件故障	故障报警信号灯亮	无	保护装置停运	电源消失	无	无	经维修后可恢复设备性能	4	较小风险
7			装置运算错乱	保护装置误动	机组停运	保护装置停运	装置异常	可能造成设备或财产损失1万元以上10万元以下	主要备用设备退出备用24h以内	经维修后可恢复设备性能	12	较大风险
8		老化	二次线路时间过长，正常老化、绝缘降低	绝缘降低	机组停运	保护装置停运	短路烧坏	无	主要备用设备退出备用24h以内	经维修后可恢复设备性能	8	中等风险
9	RCS-985SS机组保护装置	击穿	二次线路老化、绝缘降低	短路	机组停运	保护装置停运	短路烧坏	可能造成设备或财产损失1万元以下	导致生产中断1～7天或生产工艺50%及以上	经维修后可恢复设备性能	14	较大风险

续表

序号	部件	故障条件			故障影响			故障损失			风险值	风险等级
		模式	原因	现象	系统	设备	部件	经济损失	生产中断	设备损坏		
10	RCS-985SS机组保护装置	松动	端子线路松动、脱落	保护装置拒动	无	异常运行	功能失效	无	主要备用设备退出备用24h以内	经维修后可恢复设备性能	8	中等风险
11		短路	长期运行高温，绝缘降低	线路短路，装置异常报警	无	异常运行	短路烧坏	可能造成设备或财产损失1万元以上10万元以下	主要备用设备退出备用24h以内	经维修后可恢复设备性能	12	较大风险
12		过热	积尘积灰	温度升高	无	温度升高	散热性能降低	无	无	经维修后可恢复设备性能	4	较小风险
13		功能失效	CPU故障	故障报警信号灯亮、死机	无	保护装置停运	CPU损坏	可能造成设备或财产损失1万元以下	无	经维修后可恢复设备性能	6	中等风险
14			电源插件故障	故障报警信号灯亮	无	保护装置停运	电源消失	无	无	经维修后可恢复设备性能	4	较小风险
15			装置运算错乱	保护装置误动	机组停运	保护装置停运	装置异常	可能造成设备或财产损失1万元以上10万元以下	主要备用设备退出备用24h以内	经维修后可恢复设备性能	12	较大风险
16		老化	二次线路时间过长，正常老化、绝缘降低	绝缘降低	机组停运	保护装置停运	短路烧坏	无	主要备用设备退出备用24h以内	经维修后可恢复设备性能	8	中等风险
17	RCS-9661CS-2TP非电量保护装置	击穿	二次线路老化、绝缘降低	短路	机组停运	保护装置停运	短路烧坏	可能造成设备或财产损失1万元以下	导致生产中断1～7天或生产工艺50%及以上	经维修后可恢复设备性能	14	较大风险
18		松动	端子线路松动、脱落	保护装置拒动	无	异常运行	功能失效	无	主要备用设备退出备用24h以内	经维修后可恢复设备性能	8	中等风险
19		短路	长期运行高温，绝缘降低	线路短路，装置异常报警	无	异常运行	短路烧坏	可能造成设备或财产损失1万元以上10万元以下	主要备用设备退出备用24h以内	经维修后可恢复设备性能	12	较大风险
20		过热	积尘积灰	温度升高	无	温度升高	散热性能降低	无	无	经维修后可恢复设备性能	4	较小风险

续表

序号	部件	故障条件			故障影响			故障损失			风险值	风险等级
		模式	原因	现象	系统	设备	部件	经济损失	生产中断	设备损坏		
21	RCS-9661CS-2TP非电量保护装置	功能失效	CPU 故障	故障报警信号灯亮、死机	无	保护装置停运	CPU 损坏	可能造成设备或财产损失1万元以下	无	经维修后可恢复设备性能	6	中等风险
22			电源插件故障	故障报警信号灯亮	无	保护装置停运	电源消失	无	无	经维修后可恢复设备性能	4	较小风险
23			装置运算错乱	保护装置误动	机组停运	保护装置停运	装置异常	可能造成设备或财产损失1万元以上10万元以下	主要备用设备退出备用24h以内	经维修后可恢复设备性能	12	较大风险
24		老化	二次线路时间过长，正常老化、绝缘降低	绝缘降低	机组停运	保护装置停运	短路烧坏	无	主要备用设备退出备用24h以内	经维修后可恢复设备性能	8	中等风险
25	加热器	老化	电源线路老化	绝缘降低造成接地短路	无	无	短路烧坏	可能造成设备或财产损失1万元以下	无	设备性能无影响	4	较小风险
26		松动	电源线路固定件疲劳松动	电源消失，装置失效	无	无	功能失效	无	无	经维修后可恢复设备性能	4	较小风险
27	压板	松动	压紧螺丝松动	接触不良引起发热	无	接触点发热	温度升高	无	无	经维修后可恢复设备性能	4	较小风险
28		脱落	端子线松动脱落	保护装置相应功能拒动	无	异常运行	功能失效	无	无	经维修后可恢复设备性能	4	较小风险
29		老化	压板线路运行时间过长，正常老化	绝缘降低造成接地短路	无	异常运行	功能失效	可能造成设备或财产损失1万元以下	无	经维修后可恢复设备性能	6	中等风险
30		氧化	连接触头长时间暴露空气中，产生氧化现象	接触不良，接触电阻增大，接触面发热，出现点斑	无	异常运行	异常运行	无	无	经维修后可恢复设备性能	4	较小风险
31	电源开关	功能失效	保险管烧坏或线路老化短路	电源开关有烧焦气味，发黑	无	装置失电	保险或线路烧坏	可能造成设备或财产损失1万元以下	无	经维修后可恢复设备性能	6	中等风险
32		松动	电源线路固定件疲劳松动	线路松动、脱落	无	装置失电	线路脱落	无	无	经维修后可恢复设备性能	4	较小风险

续表

序号	部件	故障条件			故障影响			故障损失			风险值	风险等级
		模式	原因	现象	系统	设备	部件	经济损失	生产中断	设备损坏		
33	温湿度控制器	老化	电源线路时间过长正常老化	绝缘降低造成接地短路	无	装置失电	短路烧坏	可能造成设备或财产损失1万元以下	无	设备性能无影响	4	较小风险
34		功能失效	控制器故障	无法感温、感湿，不能启动加热器	无	功能失效	控制器损坏	可能造成设备或财产损失1万元以下	无	设备性能无影响	4	较小风险
35	显示屏	功能失效	电源中断、显示屏损坏、通信中断	显示屏无显示	无	无法查看信息	功能失效	无	无	经维修后可恢复设备性能	4	较小风险
36		松动	电源插头松动、脱落	显示屏无显示	无	无法查看信息	功能失效	无	无	经维修后可恢复设备性能	4	较小风险

设备风险控制卡

区域：厂房　　　　系统：保护系统　　　　设备：机组保护屏

序号	部件	故障条件			风险等级	日常控制措施			定期检修维护			临时措施
		模式	原因	现象		措施	检查方法	周期（天）	措施	检修方法	周期（月）	
1	RCS-985RS机组保护装置	击穿	二次线路老化、绝缘降低	短路	较大风险	检查	在保护装置屏查看采样值，检查线路有无老化现象	7	检修	预防性试验定期检查绝缘情况	36	临时找到绝缘老化点进行绝缘包扎
2		松动	端子线路松动、脱落	保护装置拒动	中等风险	检查	检查二次线路是否有松动、脱落现象	7	紧固	紧固端子线路	36	紧固端子线路
3		短路	长期运行高温，绝缘降低	线路短路，装置异常报警	较大风险	检查	进行测温检查设备运行温度	7	检修	启动风机散热	36	启动风机散热
4		过热	积尘积灰	温度升高	较小风险	检查	检查模块是否积尘积灰	90	清扫	吹扫、清扫	36	吹扫、清扫
5		功能失效	CPU故障	故障报警信号灯亮、死机	中等风险	检查	检查保护装置是否故障灯亮，装置是否已死机	7	更换	更换CPU	36	联系厂家更换损坏部件
6			电源插件故障	故障报警信号灯亮	较小风险	检查	检查保护装置是否故障灯亮，装置是否已无电源	7	紧固	紧固线路	36	紧固线路，定期检查线路是否老化
7			装置运算错乱	保护装置误动	较大风险	检查	检查定值输入是否正确	180	检修	检查定值输入是否正确，预防性试验定期检验装置精确性	36	退出该保护运行，预防性试验定期检验装置精确性
8		老化	二次线路时间过长，正常老化、绝缘降低	绝缘降低	中等风险	检查	外观检查	7	更换	更换老化线路	36	停机进行老化线路更换

续表

序号	部件	故障条件			风险等级	日常控制措施			定期检修维护			临时措施
		模式	原因	现象		措施	检查方法	周期（天）	措施	检修方法	周期（月）	
9	RCS-985SS机组保护装置	击穿	二次线路老化、绝缘降低	短路	较大风险	检查	在保护装置屏查看采样值，检查线路有无老化现象	7	检修	预防性试验定期检查绝缘情况	36	临时找到绝缘老化点进行绝缘包扎
10		松动	端子线路松动、脱落	保护装置拒动	中等风险	检查	检查二次线路是否有松动、脱落现象	7	紧固	紧固端子线路	36	紧固端子线路
11		短路	长期运行高温，绝缘降低	线路短路，装置异常报警	较大风险	检查	进行测温检查设备运行温度	7	检修	启动风机散热	36	启动风机散热
12		过热	积尘积灰	温度升高	较小风险	检查	检查模块是否积尘积灰	90	清扫	吹扫、清扫	36	吹扫、清扫
13		功能失效	CPU 故障	故障报警信号灯亮、死机	中等风险	检查	检查保护装置是否故障灯亮，装置是否已死机	7	更换	更换 CPU	36	联系厂家更换损坏部件
14			电源插件故障	故障报警信号灯亮	较小风险	检查	检查保护装置是否故障灯亮，装置是否已无电源	7	紧固	紧固线路	36	紧固线路，定期检查线路是否老化
15			装置运算错乱	保护装置误动	较大风险	检查	检查定值输入是否正确	180	检修	检查定值输入是否正确，预防性试验定期检验装置精确性	36	退出该保护运行，预防性试验定期检验装置精确性
16		老化	二次线路时间过长，正常老化、绝缘降低	绝缘降低	中等风险	检查	外观检查	7	更换	更换老化线路	36	停机进行老化线路更换
17	RCS-9661CS-2TP非电量保护装置	击穿	二次线路老化、绝缘降低	短路	较大风险	检查	在保护装置屏查看采样值，检查线路有无老化现象	7	检修	预防性试验定期检查绝缘情况	36	临时找到绝缘老化点进行绝缘包扎
18		松动	端子线路松动、脱落	保护装置拒动	中等风险	检查	检查二次线路是否有松动、脱落现象	7	紧固	紧固端子线路	36	紧固端子线路
19		短路	长期运行高温，绝缘降低	线路短路，装置异常报警	较大风险	检查	进行测温检查设备运行温度	7	检修	启动风机散热	36	启动风机散热
20		过热	积尘积灰	温度升高	较小风险	检查	检查模块是否积尘积灰	90	清扫	吹扫、清扫	36	吹扫、清扫
21		功能失效	CPU 故障	故障报警信号灯亮、死机	中等风险	检查	检查保护装置是否故障灯亮，装置是否已死机	7	更换	更换 CPU	36	联系厂家更换损坏部件
22			电源插件故障	故障报警信号灯亮	较小风险	检查	检查保护装置是否故障灯亮，装置是否已无电源	7	紧固	紧固线路	36	紧固线路，定期检查线路是否老化

续表

序号	部件	故障条件			风险等级	日常控制措施			定期检修维护			临时措施
		模式	原因	现象		措施	检查方法	周期（天）	措施	检修方法	周期（月）	
23	RCS-9661CS-2TP非电量保护装置		装置运算错乱	保护装置误动	较大风险	检查	检查定值输入是否正确	180	检修	检查定值输入是否正确，预防性试验定期检验装置精确性	36	退出该保护运行，预防性试验定期检验装置精确性
24		老化	二次线路时间过长，正常老化、绝缘降低	绝缘降低	中等风险	检查	外观检查	7	更换	更换老化线路	36	停机进行老化线路更换
25	加热器	老化	电源线路老化	绝缘降低造成接地短路	较小风险	检查	检查加热器是否有加热温度，是否有发黑、烧焦现象	7	更换	更换线路或加热器	3	更换加热器
26		松动	电源线路固定件疲劳松动	电源消失，装置失效	较小风险	检查	巡视检查线路是否松动，若是应进行紧固	7	紧固	定期进行线路紧固	3	进行线路紧固
27	压板	松动	压紧螺丝松动	接触不良引起发热	较小风险	检查	巡视检查压板压紧螺丝是否松动，若是应进行紧固	30	紧固	紧固压板	3	对压紧螺丝进行紧固
28		脱落	端子线松动脱落	保护装置相应功能拒动	较小风险	检查	对二次端子排线路进行拉扯检查有无松动	30	紧固	逐一对端子排线路进行紧固	3	按照图纸进行回装端子线路
29		老化	压板线路运行时间过长，正常老化	绝缘降低造成接地短路	中等风险	检查	外观检查线路是否有老化现象	30	更换	定期检查线路是否老化，对不合格的进行更换	3	发现压板线路老化，立即更换
30		氧化	连接触头长时间暴露空气中，产生氧化现象	接触不良，接触电阻增大，接触面发热，出现点斑	较小风险	检查	检查连接触头是否有氧化现象	30	检修	定期检查，进行防氧化措施	3	对压板进行防氧化措施
31	电源开关	功能失效	保险管烧坏或线路老化短路	电源开关有烧焦气味，发黑	中等风险	检查	检查保护屏是否带电，是否有发黑、烧焦现象	7	检修	定期测量电压是否正常，线路是否老化	3	更换保险管或老化线路
32		松动	电源线路固定件疲劳松动	线路松动、脱落	较小风险	检查	巡视检查线路是否松动，若是应进行紧固	7	紧固	定期进行线路紧固	3	进行线路紧固
33	温湿度控制器	老化	电源线路时间过长正常老化	绝缘降低造成接地短路	较小风险	检查	检查线路是否有老化现象	7	更换	更换老化线路	3	更换老化线路
34		功能失效	控制器故障	无法感温、感湿，不能启动加热器	较小风险	检查	检查控制器是否故障，有无正常启动控制	7	检修	检查控制器是否故障，有无正常启动控制，设备绝缘是否合格	3	检查控制器是否故障，若是进行更换控制器

续表

序号	部件	故障条件			风险等级	日常控制措施			定期检修维护			临时措施
		模式	原因	现象		措施	检查方法	周期（天）	措施	检修方法	周期（月）	
35	显示屏	功能失效	电源中断、显示屏损坏、通信中断	显示屏无显示	较小风险	检查	检查显示屏有无显示，插头是否紧固	7	更换	修复或更换	3	紧固松动线路或更换显示屏
36		松动	电源插头松动、脱落	显示屏无显示	较小风险	检查	检查电源插头有无松动	90	紧固	紧固电源插头	3	紧固电源插头

29 母线保护屏

设备风险评估表

区域：厂房　　　　系统：保护系统　　　　设备：220kV 母线保护屏

序号	部件	故障条件			故障影响			故障损失			风险值	风险等级
		模式	原因	现象	系统	设备	部件	经济损失	生产中断	设备损坏		
1	BP-2C 保护装置	击穿	二次线路老化、绝缘降低	短路	机组停运	保护装置停运	短路烧坏	可能造成设备或财产损失 1 万元以下	导致生产中断 1～7 天或生产工艺 50% 及以上	经维修后可恢复设备性能	14	较大风险
2		松动	端子线路松动、脱落	保护装置拒动	无	异常运行	功能失效	无	主要备用设备退出备用 24h 以内	经维修后可恢复设备性能	8	中等风险
3		短路	长期运行高温，绝缘降低	线路短路，装置异常报警	无	异常运行	短路烧坏	可能造成设备或财产损失 1 万元以上 10 万元以下	主要备用设备退出备用 24h 以内	经维修后可恢复设备性能	12	较大风险
4		过热	积尘积灰	温度升高	无	温度升高	散热性能降低	无	无	经维修后可恢复设备性能	4	较小风险
5		功能失效	CPU 故障	故障报警信号灯亮、死机	无	保护装置停运	CPU 损坏	可能造成设备或财产损失 1 万元以下	无	经维修后可恢复设备性能	6	中等风险
6		功能失效	电源插件故障	故障报警信号灯亮	无	保护装置停运	电源消失	无	无	经维修后可恢复设备性能	4	较小风险
7		功能失效	装置运算错乱	保护装置误动	机组停运	保护装置停运	装置异常	可能造成设备或财产损失 1 万元以上 10 万元以下	主要备用设备退出备用 24h 以内	经维修后可恢复设备性能	12	较大风险
8		老化	二次线路时间过长，正常老化、绝缘降低	绝缘降低	机组停运	保护装置停运	短路烧坏	无	主要备用设备退出备用 24h 以内	经维修后可恢复设备性能	8	中等风险
9	RCS915-AB 保护装置	击穿	二次线路老化、绝缘降低	短路	机组停运	保护装置停运	短路烧坏	可能造成设备或财产损失 1 万元以下	导致生产中断 1～7 天或生产工艺 50% 及以上	经维修后可恢复设备性能	14	较大风险

续表

序号	部件	故障条件			故障影响			故障损失			风险值	风险等级
		模式	原因	现象	系统	设备	部件	经济损失	生产中断	设备损坏		
10	RCS915-AB保护装置	松动	端子线路松动、脱落	保护装置拒动	无	异常运行	功能失效	无	主要备用设备退出备用24h以内	经维修后可恢复设备性能	8	中等风险
11		短路	长期运行高温，绝缘降低	线路短路，装置异常报警	无	异常运行	短路烧坏	可能造成设备或财产损失1万元以上10万元以下	主要备用设备退出备用24h以内	经维修后可恢复设备性能	12	较大风险
12		过热	积尘积灰	温度升高	无	温度升高	散热性能降低	无	无	经维修后可恢复设备性能	4	较小风险
13		功能失效	CPU 故障	故障报警信号灯亮、死机	无	保护装置停运	CPU 损坏	可能造成设备或财产损失1万元以下	无	经维修后可恢复设备性能	6	中等风险
14		功能失效	电源插件故障	故障报警信号灯亮	无	保护装置停运	电源消失	无	无	经维修后可恢复设备性能	4	较小风险
15		功能失效	装置运算错乱	保护装置误动	机组停运	保护装置停运	装置异常	可能造成设备或财产损失1万元以上10万元以下	主要备用设备退出备用24h以内	经维修后可恢复设备性能	12	较大风险
16		老化	二次线路时间过长，正常老化、绝缘降低	绝缘降低造成接地短路	机组停运	保护装置停运	短路烧坏	无	主要备用设备退出备用24h以内	经维修后可恢复设备性能	8	中等风险
17	加热器	老化	电源线路老化	绝缘降低造成接地短路	无	无	短路烧坏	可能造成设备或财产损失1万元以下	无	设备性能无影响	4	较小风险
18		松动	电源线路固定件疲劳松动	电源消失，装置失效	无	无	功能失效	无	无	经维修后可恢复设备性能	4	较小风险
19	压板	松动	压紧螺丝松动	接触不良引起发热	无	接触点发热	温度升高	无	无	经维修后可恢复设备性能	4	较小风险
20		脱落	端子线松动脱落	保护装置相应功能拒动	无	异常运行	功能失效	无	无	经维修后可恢复设备性能	4	较小风险
21		老化	压板线路运行时间过长，正常老化	绝缘降低造成接地短路	无	异常运行	功能失效	可能造成设备或财产损失1万元以下	无	经维修后可恢复设备性能	6	中等风险
22		氧化	连接触头长时间暴露空气中，产生氧化现象	接触不良，接触电阻增大，接触面发热，出现点斑	无	异常运行	异常运行	无	无	经维修后可恢复设备性能	4	较小风险

续表

序号	部件	故障条件			故障影响			故障损失			风险值	风险等级
		模式	原因	现象	系统	设备	部件	经济损失	生产中断	设备损坏		
23	电源开关	功能失效	保险管烧坏或线路老化短路	电源开关有烧焦气味，发黑	无	装置失电	保险或线路烧坏	可能造成设备或财产损失1万元以下	无	经维修后可恢复设备性能	6	中等风险
24		松动	电源线路固定件疲劳松动	线路松动、脱落	无	装置失电	线路脱落	无	无	经维修后可恢复设备性能	4	较小风险
25	温湿度控制器	老化	电源线路时间过长正常老化	绝缘降低造成接地短路	无	装置失电	短路烧坏	可能造成设备或财产损失1万元以下	无	设备性能无影响	4	较小风险
26		功能失效	控制器故障	无法感温、感湿，不能启动加热器	无	功能失效	控制器损坏	可能造成设备或财产损失1万元以下	无	设备性能无影响	4	较小风险
27	显示屏	功能失效	电源中断、显示屏损坏、通信中断	显示屏无显示	无	无法查看信息	功能失效	无	无	经维修后可恢复设备性能	4	较小风险
28		松动	电源插头松动、脱落	显示屏无显示	无	无法查看信息	功能失效	无	无	经维修后可恢复设备性能	4	较小风险

设备风险控制卡

区域：厂房　　　　系统：保护系统　　　　设备：220kV 母线保护屏

序号	部件	故障条件			风险等级	日常控制措施			定期检修维护			临时措施
		模式	原因	现象		措施	检查方法	周期（天）	措施	检修方法	周期（月）	
1	BP-2C保护装置	击穿	二次线路老化、绝缘降低	短路	较大风险	检查	在保护装置屏查看采样值，检查线路有无老化现象	7	检修	预防性试验定期检查绝缘情况	36	临时找到绝缘老化点进行绝缘包扎
2		松动	端子线路松动、脱落	保护装置拒动	中等风险	检查	检查二次线路是否有松动、脱落现象	7	紧固	紧固端子线路	36	紧固端子线路
3		短路	长期运行高温，绝缘降低	线路短路，装置异常报警	较大风险	检查	进行测温检查设备运行温度	7	检修	启动风机散热	36	启动风机散热
4		过热	积尘积灰	温度升高	较小风险	检查	检查模块是否积尘积灰	90	清扫	吹扫、清扫	36	吹扫、清扫
5		功能失效	CPU 故障	故障报警信号灯亮、死机	中等风险	检查	检查保护装置是否故障灯亮，装置是否已死机	7	更换	更换 CPU	36	联系厂家更换损坏部件
6		功能失效	电源插件故障	故障报警信号灯亮	较小风险	检查	检查保护装置是否故障灯亮，装置是否已无电源	7	紧固	紧固线路	36	紧固线路，定期检查线路是否老化

续表

序号	部件	故障条件			风险等级	日常控制措施			定期检修维护			临时措施
		模式	原因	现象		措施	检查方法	周期（天）	措施	检修方法	周期（月）	
7	BP-2C 保护装置	功能失效	装置运算错乱	保护装置误动	较大风险	检查	检查定值输入是否正确	180	检修	检查定值输入是否正确，预防性试验定期检验装置精确性	36	退出该保护运行，预防性试验定期检验装置精确性
8		老化	二次线路时间过长，正常老化、绝缘降低	绝缘降低	中等风险	检查	外观检查	7	更换	更换老化线路	36	停机进行老化线路更换
9	RCS915-AB 保护装置	击穿	二次线路老化、绝缘降低	短路	较大风险	检查	在保护装置屏查看采样值，检查线路有无老化现象	7	检修	预防性试验定期检查绝缘情况	36	临时找到绝缘老化点进行绝缘包扎
10		松动	端子线路松动、脱落	保护装置拒动	中等风险	检查	检查二次线路是否有松动、脱落现象	7	紧固	紧固端子线路	36	紧固端子线路
11		短路	长期运行高温，绝缘降低	线路短路，装置异常报警	较大风险	检查	进行测温检查设备运行温度	7	检修	启动风机散热	36	启动风机散热
12		过热	积尘积灰	温度升高	较小风险	检查	检查模块是否积尘积灰	90	清扫	吹扫、清扫	36	吹扫、清扫
13		功能失效	CPU 故障	故障报警信号灯亮、死机	中等风险	检查	检查保护装置是否故障灯亮，装置是否已死机	7	更换	更换 CPU	36	联系厂家更换损坏部件
14		功能失效	电源插件故障	故障报警信号灯亮	较小风险	检查	检查保护装置是否故障灯亮，装置是否已无电源	7	紧固	紧固线路	36	紧固线路，定期检查线路是否老化
15		功能失效	装置运算错乱	保护装置误动	较大风险	检查	检查定值输入是否正确	180	检修	检查定值输入是否正确，预防性试验定期检验装置精确性	36	退出该保护运行，预防性试验定期检验装置精确性
16		老化	二次线路时间过长，正常老化、绝缘降低	绝缘降低造成接地短路	中等风险	检查	外观检查	7	更换	更换老化线路	36	停机进行老化线路更换
17	加热器	老化	电源线路老化	绝缘降低造成接地短路	较小风险	检查	检查加热器是否有加热温度，是否有发黑、烧焦现象	7	更换	更换线路或加热器	3	更换加热器
18		松动	电源线路固定件疲劳松动	电源消失，装置失效	较小风险	检查	巡视检查线路是否松动，若是应进行紧固	7	紧固	定期进行线路紧固	3	进行线路紧固

续表

序号	部件	故障条件			风险等级	日常控制措施			定期检修维护			临时措施
		模式	原因	现象		措施	检查方法	周期（天）	措施	检修方法	周期（月）	
19	压板	松动	压紧螺丝松动	接触不良引起发热	较小风险	检查	巡视检查压板压紧螺丝是否松动，若是应进行紧固	30	紧固	紧固压板	3	对压紧螺丝进行紧固
20		脱落	端子线松动脱落	保护装置相应功能拒动	较小风险	检查	对二次端子排线路进行拉扯检查有无松动	30	紧固	逐一对端子排线路进行紧固	3	按照图纸进行回装端子线路
21		老化	压板线路运行时间过长，正常老化	绝缘降低造成接地短路	中等风险	检查	外观检查线路是否有老化现象	30	更换	定期检查线路是否老化，对不合格的进行更换	3	发现压板线路老化，立即更换
22		氧化	连接触头长时间暴露空气中，产生氧化现象	接触不良，接触电阻增大，接触面发热，出现点斑	较小风险	检查	检查连接触头是否有氧化现象	30	检修	定期检查，进行防氧化措施	3	对压板进行防氧化措施
23	电源开关	功能失效	保险管烧坏或线路老化短路	电源开关有烧焦气味，发黑	中等风险	检查	检查保护屏是否带电，是否有发黑、烧焦现象	7	检修	定期测量电压是否正常，线路是否老化	3	更换保险管或老化线路
24		松动	电源线路固定件疲劳松动	线路松动、脱落	较小风险	检查	巡视检查线路是否松动，若是应进行紧固	7	紧固	定期进行线路紧固	3	进行线路紧固
25	温湿度控制器	老化	电源线路时间过长正常老化	绝缘降低造成接地短路	较小风险	检查	检查线路是否有老化现象	7	更换	更换老化线路	3	更换老化线路
26		功能失效	控制器故障	无法感温、感湿，不能启动加热器	较小风险	检查	检查控制器是否故障，有无正常启动控制	7	检修	检查控制器是否故障，有无正常启动控制，设备绝缘是否合格	3	检查控制器是否故障，若是进行更换控制器
27	显示屏	功能失效	电源中断、显示屏损坏、通信中断	显示屏无显示	较小风险	检查	检查显示屏有无显示，插头是否紧固	7	更换	修复或更换	3	紧固松动线路或更换显示屏
28		松动	电源插头松动、脱落	显示屏无显示	较小风险	检查	检查电源插头有无松动	90	紧固	紧固电源插头	3	紧固电源插头

30 行波测距保护柜

设备风险评估表

区域：厂房　　系统：保护系统　　设备：行波测距保护柜

序号	部件	故障条件			故障影响			故障损失			风险值	风险等级
		模式	原因	现象	系统	设备	部件	经济损失	生产中断	设备损坏		
1	sdl-7003行波测距保护装置	击穿	二次线路老化、绝缘降低	短路	机组停运	保护装置停运	短路烧坏	可能造成设备或财产损失1万元以下	导致生产中断1～7天或生产工艺50%及以上	经维修后可恢复设备性能	14	较大风险
2		松动	端子线路松动、脱落	保护装置拒动	无	异常运行	功能失效	无	主要备用设备退出备用24h以内	经维修后可恢复设备性能	8	中等风险
3		短路	长期运行高温，绝缘降低	线路短路，装置异常报警	无	异常运行	短路烧坏	可能造成设备或财产损失1万元以上10万元以下	主要备用设备退出备用24h以内	经维修后可恢复设备性能	12	较大风险
4		过热	积尘积灰	温度升高	无	温度升高	散热性能降低	无	无	经维修后可恢复设备性能	4	较小风险
5		功能失效	CPU故障	故障报警信号灯亮、死机	无	保护装置停运	CPU损坏	可能造成设备或财产损失1万元以下	无	经维修后可恢复设备性能	6	中等风险
6		功能失效	电源插件故障	故障报警信号灯亮	无	保护装置停运	电源消失	无	无	经维修后可恢复设备性能	4	较小风险
7		功能失效	装置运算错乱	保护装置误动	机组停运	保护装置停运	装置异常	可能造成设备或财产损失1万元以上10万元以下	主要备用设备退出备用24h以内	经维修后可恢复设备性能	12	较大风险
8		老化	二次线路时间过久，正常老化、绝缘降低	绝缘降低	机组停运	保护装置停运	短路烧坏	无	主要备用设备退出备用24h以内	经维修后可恢复设备性能	8	中等风险
9	加热器	老化	电源线路老化	绝缘降低造成接地短路	无	无	短路烧坏	可能造成设备或财产损失1万元以下	无	设备性能无影响	4	较小风险
10		松动	电源线路固定件疲劳松动	电源消失，装置失效	无	无	功能失效	无	无	经维修后可恢复设备性能	4	较小风险

续表

序号	部件	故障条件			故障影响			故障损失			风险值	风险等级
		模式	原因	现象	系统	设备	部件	经济损失	生产中断	设备损坏		
11	压板	松动	压紧螺丝松动	接触不良引起发热	无	接触点发热	温度升高	无	无	经维修后可恢复设备性能	4	较小风险
12		脱落	端子线松动脱落	保护装置相应功能拒动	无	异常运行	功能失效	无	无	经维修后可恢复设备性能	4	较小风险
13		老化	压板线路运行时间过长，正常老化	绝缘降低造成接地短路	无	异常运行	功能失效	可能造成设备或财产损失1万元以下	无	经维修后可恢复设备性能	6	中等风险
14		氧化	连接触头长时间暴露空气中，产生氧化现象	接触不良，接触电阻增大，接触面发热，出现点斑	无	异常运行	异常运行	无	无	经维修后可恢复设备性能	4	较小风险
15	电源开关	功能失效	保险管烧坏或线路老化短路	电源开关有烧焦气味，发黑	无	装置失电	保险或线路烧坏	可能造成设备或财产损失1万元以下	无	经维修后可恢复设备性能	6	中等风险
16		松动	电源线路固定件疲劳松动	线路松动、脱落	无	装置失电	线路脱落	无	无	经维修后可恢复设备性能	4	较小风险
17	温湿度控制器	老化	电源线路时间过长正常老化	绝缘降低造成接地短路	无	装置失电	短路烧坏	可能造成设备或财产损失1万元以下	无	设备性能无影响	4	较小风险
18		功能失效	控制器故障	无法感温、感湿，不能启动加热器	无	功能失效	控制器损坏	可能造成设备或财产损失1万元以下	无	设备性能无影响	4	较小风险
19	显示屏	功能失效	电源中断、显示屏损坏、通信中断	显示屏无显示	无	无法查看信息	功能失效	无	无	经维修后可恢复设备性能	4	较小风险
20		松动	电源插头松动、脱落	显示屏无显示	无	无法查看信息	功能失效	无	无	经维修后可恢复设备性能	4	较小风险

设备风险控制卡

区域：厂房　　　　系统：保护系统　　　　设备：行波测距保护柜

序号	部件	故障条件			风险等级	日常控制措施			定期检修维护			临时措施
		模式	原因	现象		措施	检查方法	周期（天）	措施	检修方法	周期（月）	
1	sdl-7003行波测距保护装置	击穿	二次线路老化、绝缘降低	短路	较大风险	检查	在保护装置屏查看采样值，检查线路有无老化现象	7	检修	预防性试验定期检查绝缘情况	36	
2		松动	端子线路松动、脱落	保护装置拒动	中等风险	检查	检查二次线路是否有松动、脱落现象	7	紧固	紧固端子线路	36	

续表

序号	部件	故障条件			风险等级	日常控制措施			定期检修维护			临时措施
		模式	原因	现象		措施	检查方法	周期（天）	措施	检修方法	周期（月）	
3	sdl-7003行波测距保护装置	短路	长期运行高温，绝缘降低	线路短路，装置异常报警	较大风险	检查	进行测温检查设备运行温度	7	检修	启动风机散热	36	
4		过热	积尘积灰	温度升高	较小风险	检查	检查模块是否积尘积灰	90	清扫	吹扫、清扫	36	
5		功能失效	CPU 故障	故障报警信号灯亮、死机	中等风险	检查	检查保护装置是否故障灯亮，装置是否已死机	7	更换	更换 CPU	36	
6		功能失效	电源插件故障	故障报警信号灯亮	较小风险	检查	检查保护装置是否故障灯亮，装置是否已无电源	7	紧固	紧固线路	36	
7		功能失效	装置运算错乱	保护装置误动	较大风险	检查	检查定值输入是否正确	180	检修	检查定值输入是否正确，预防性试验定期检验装置精确性	36	
8		老化	二次线路时间过久，正常老化、绝缘降低	绝缘降低	中等风险	检查	外观检查	7	更换	更换老化线路	36	
9	加热器	老化	电源线路老化	绝缘降低造成接地短路	较小风险	检查	检查加热器是否有加热温度，是否有发黑、烧焦现象	7	更换	更换线路或加热器	3	临时找到绝缘老化点进行绝缘包扎
10		松动	电源线路固定件疲劳松动	电源消失，装置失效	较小风险	检查	巡视检查线路是否松动，若是应进行紧固	7	紧固	定期进行线路紧固	3	紧固端子线路
11	压板	松动	压紧螺丝松动	接触不良引起发热	较小风险	检查	巡视检查压板压紧螺丝是否松动，若是应进行紧固	30	紧固	紧固压板	3	启动风机散热
12		脱落	端子线松动脱落	保护装置相应功能拒动	较小风险	检查	对二次端子排线路进行拉扯检查有无松动	30	紧固	逐一对端子排线路进行紧固	3	吹扫、清扫
13		老化	压板线路运行时间过长，正常老化	绝缘降低造成接地短路	中等风险	检查	外观检查线路是否有老化现象	30	更换	定期检查线路是否老化，对不合格的进行更换	3	联系厂家更换损坏部件
14		氧化	连接触头长时间暴露空气中，产生氧化现象	接触不良，接触电阻增大，接触面发热，出现点斑	较小风险	检查	检查连接触头是否有氧化现象	30	检修	定期检查，进行防氧化措施	3	紧固线路，定期检查线路是否老化

续表

序号	部件	故障条件			风险等级	日常控制措施			定期检修维护			临时措施
		模式	原因	现象		措施	检查方法	周期（天）	措施	检修方法	周期（月）	
15	电源开关	功能失效	保险管烧坏或线路老化短路	电源开关有烧焦气味，发黑	中等风险	检查	检查保护屏是否带电，是否有发黑、烧焦现象	7	检修	定期测量电压是否正常，线路是否老化	3	退出该保护运行，预防性试验定期检验装置精确性
16		松动	电源线路固定件疲劳松动	线路松动、脱落	较小风险	检查	巡视检查线路是否松动，若是应进行紧固	7	紧固	定期进行线路紧固	3	停机进行老化线路更换
17	温湿度控制器	老化	电源线路时间过长正常老化	绝缘降低造成接地短路	较小风险	检查	检查线路是否有老化现象	7	更换	更换老化线路	3	更换加热器
18		功能失效	控制器故障	无法感温、感湿，不能启动加热器	较小风险	检查	检查控制器是否故障，有无正常启动控制	7	检修	检查控制器是否故障，有无正常启动控制，设备绝缘是否合格	3	进行线路紧固
19	显示屏	功能失效	电源中断、显示屏损坏、通信中断	显示屏无显示	较小风险	检查	检查显示屏有无显示，插头是否紧固	7	更换	修复或更换	3	对压紧螺丝进行紧固
20		松动	电源插头松动、脱落	显示屏无显示	较小风险	检查	检查电源插头有无松动	90	紧固	紧固电源插头	3	按照图纸进行回装端子线路

31 线路频率保护屏

设备风险评估表

区域：厂房　　　　系统：保护系统　　　　设备：220kV 线路频率保护屏

序号	部件	故障条件			故障影响			故障损失			风险值	风险等级
		模式	原因	现象	系统	设备	部件	经济损失	生产中断	设备损坏		
1	UFV-202A型频率电压紧急控制装置	击穿	二次线路老化、绝缘降低	短路	机组停运	保护装置停运	短路烧坏	可能造成设备或财产损失1万元以下	导致生产中断1～7天或生产工艺50%及以上	经维修后可恢复设备性能	14	较大风险
2		松动	端子线路松动、脱落	保护装置拒动	无	异常运行	功能失效	无	主要备用设备退出备用24h以内	经维修后可恢复设备性能	8	中等风险
3		短路	长期运行高温，绝缘降低	线路短路，装置异常报警	无	异常运行	短路烧坏	可能造成设备或财产损失1万元以上10万元以下	主要备用设备退出备用24h以内	经维修后可恢复设备性能	12	较大风险
4		过热	积尘积灰	温度升高	无	温度升高	散热性能降低	无	无	经维修后可恢复设备性能	4	较小风险
5		功能失效	CPU 故障	故障报警信号灯亮、死机	无	保护装置停运	CPU 损坏	可能造成设备或财产损失1万元以下	无	经维修后可恢复设备性能	6	中等风险
6			电源插件故障	故障报警信号灯亮	无	保护装置停运	电源消失	无	无	经维修后可恢复设备性能	4	较小风险
7			装置运算错乱	保护装置误动	机组停运	保护装置停运	装置异常	可能造成设备或财产损失1万元以上10万元以下	主要备用设备退出备用24h以内	经维修后可恢复设备性能	12	较大风险
8		老化	二次线路时间过长，正常老化、绝缘降低	绝缘降低	机组停运	保护装置停运	短路烧坏	无	主要备用设备退出备用24h以内	经维修后可恢复设备性能	8	中等风险

续表

序号	部件	故障条件			故障影响			故障损失			风险值	风险等级
		模式	原因	现象	系统	设备	部件	经济损失	生产中断	设备损坏		
9	PSL602GC数字式保护装置	击穿	二次线路老化、绝缘降低	短路	机组停运	保护装置停运	短路烧坏	可能造成设备或财产损失1万元以下	导致生产中断1～7天或生产工艺50%及以上	经维修后可恢复设备性能	14	较大风险
10		松动	端子线路松动、脱落	保护装置拒动	无	异常运行	功能失效	无	主要备用设备退出备用24h以内	经维修后可恢复设备性能	8	中等风险
11		短路	长期运行高温，绝缘降低	线路短路，装置异常报警	无	异常运行	短路烧坏	可能造成设备或财产损失1万元以上10万元以下	主要备用设备退出备用24h以内	经维修后可恢复设备性能	12	较大风险
12		过热	积尘积灰	温度升高	无	温度升高	散热性能降低	无	无	经维修后可恢复设备性能	4	较小风险
13		功能失效	CPU 故障	故障报警信号灯亮、死机	无	保护装置停运	CPU 损坏	可能造成设备或财产损失1万元以下	无	经维修后可恢复设备性能	6	中等风险
14		功能失效	电源插件故障	故障报警信号灯亮	无	保护装置停运	电源消失	无	无	经维修后可恢复设备性能	4	较小风险
15		功能失效	装置运算错乱	保护装置误动	机组停运	保护装置停运	装置异常	可能造成设备或财产损失1万元以上10万元以下	主要备用设备退出备用24h以内	经维修后可恢复设备性能	12	较大风险
16		老化	二次线路时间过长，正常老化、绝缘降低	绝缘降低造成接地短路	机组停运	保护装置停运	短路烧坏	无	主要备用设备退出备用24h以内	经维修后可恢复设备性能	8	中等风险
17	加热器	老化	电源线路老化	绝缘降低造成接地短路	无	无	短路烧坏	可能造成设备或财产损失1万元以下	无	设备性能无影响	4	较小风险
18		松动	电源线路固定件疲劳松动	电源消失，装置失效	无	无	功能失效	无	无	经维修后可恢复设备性能	4	较小风险
19	压板	松动	压紧螺丝松动	接触不良引起发热	无	接触点发热	温度升高	无	无	经维修后可恢复设备性能	4	较小风险
20		脱落	端子线松动脱落	保护装置相应功能拒动	无	异常运行	功能失效	无	无	经维修后可恢复设备性能	4	较小风险

续表

序号	部件	故障条件			故障影响			故障损失			风险值	风险等级
		模式	原因	现象	系统	设备	部件	经济损失	生产中断	设备损坏		
21	压板	老化	压板线路运行时间过长，正常老化	绝缘降低造成接地短路	无	异常运行	功能失效	可能造成设备或财产损失1万元以下	无	经维修后可恢复设备性能	6	中等风险
22	压板	氧化	连接触头长时间暴露空气中，产生氧化现象	接触不良，接触电阻增大，接触面发热，出现点斑	无	异常运行	异常运行	无	无	经维修后可恢复设备性能	4	较小风险
23	电源开关	功能失效	保险管烧坏或线路老化短路	电源开关有烧焦气味，发黑	无	装置失电	保险或线路烧坏	可能造成设备或财产损失1万元以下	无	经维修后可恢复设备性能	6	中等风险
24	电源开关	松动	电源线路固定件疲劳松动	线路松动、脱落	无	装置失电	线路脱落	无	无	经维修后可恢复设备性能	4	较小风险
25	温湿度控制器	老化	电源线路时间过长正常老化	绝缘降低造成接地短路	无	装置失电	短路烧坏	可能造成设备或财产损失1万元以下	无	设备性能无影响	4	较小风险
26	温湿度控制器	功能失效	控制器故障	无法感温、感湿，不能启动加热器	无	功能失效	控制器损坏	可能造成设备或财产损失1万元以下	无	设备性能无影响	4	较小风险
27	显示屏	功能失效	电源中断、显示屏损坏、通信中断	显示屏无显示	无	无法查看信息	功能失效	无	无	经维修后可恢复设备性能	4	较小风险
28	显示屏	松动	电源插头松动、脱落	显示屏无显示	无	无法查看信息	功能失效	无	无	经维修后可恢复设备性能	4	较小风险

设备风险控制卡

区域：厂房　　系统：保护系统　　设备：220kV 线路频率保护屏

序号	部件	故障条件			风险等级	日常控制措施			定期检修维护			临时措施
		模式	原因	现象		措施	检查方法	周期（天）	措施	检修方法	周期（月）	
1	UFV-202A型频率电压紧急控制装置	击穿	二次线路老化、绝缘降低	短路	较大风险	检查	在保护装置屏查看采样值，检查线路有无老化现象	7	检修	预防性试验定期检查绝缘情况	36	临时找到绝缘老化点进行绝缘包扎
2	UFV-202A型频率电压紧急控制装置	松动	端子线路松动、脱落	保护装置拒动	中等风险	检查	检查二次线路是否有松动、脱落现象	7	紧固	紧固端子线路	36	紧固端子线路
3	UFV-202A型频率电压紧急控制装置	短路	长期运行高温，绝缘降低	线路短路，装置异常报警	较大风险	检查	进行测温检查设备运行温度	7	检修	启动风机散热	36	启动风机散热

续表

序号	部件	故障条件			风险等级	日常控制措施			定期检修维护			临时措施
		模式	原因	现象		措施	检查方法	周期（天）	措施	检修方法	周期（月）	
4	UFV-202A型频率电压紧急控制装置	过热	积尘积灰	温度升高	较小风险	检查	检查模块是否积尘积灰	90	清扫	吹扫、清扫	36	吹扫、清扫
5		功能失效	CPU 故障	故障报警信号灯亮、死机	中等风险	检查	检查保护装置是否故障灯亮，装置是否已死机	7	更换	更换 CPU	36	联系厂家更换损坏部件
6			电源插件故障	故障报警信号灯亮	较小风险	检查	检查保护装置是否故障灯亮，装置是否已无电源	7	紧固	紧固线路	36	紧固线路，定期检查线路是否老化
7			装置运算错乱	保护装置误动	较大风险	检查	检查定值输入是否正确	180	检修	检查定值输入是否正确，预防性试验定期检验装置精确性	36	退出该保护运行，预防性试验定期检验装置精确性
8		老化	二次线路时间过长，正常老化、绝缘降低	绝缘降低	中等风险	检查	外观检查	7	更换	更换老化线路	36	停机进行老化线路更换
9	PSL602GC数字式保护装置	击穿	二次线路老化、绝缘降低	短路	较大风险	检查	在保护装置屏查看采样值，检查线路有无老化现象	7	检修	预防性试验定期检查绝缘情况	36	临时找到绝缘老化点进行绝缘包扎
10		松动	端子线路松动、脱落	保护装置拒动	中等风险	检查	检查二次线路是否有松动、脱落现象	7	紧固	紧固端子线路	36	紧固端子线路
11		短路	长期运行高温，绝缘降低	线路短路，装置异常报警	较大风险	检查	进行测温检查设备运行温度	7	检修	启动风机散热	36	启动风机散热
12		过热	积尘积灰	温度升高	较小风险	检查	检查模块是否积尘积灰	90	清扫	吹扫、清扫	36	吹扫、清扫
13		功能失效	CPU 故障	故障报警信号灯亮、死机	中等风险	检查	检查保护装置是否故障灯亮，装置是否已死机	7	更换	更换 CPU	36	联系厂家更换损坏部件
14		功能失效	电源插件故障	故障报警信号灯亮	较小风险	检查	检查保护装置是否故障灯亮，装置是否已无电源	7	紧固	紧固线路	36	紧固线路，定期检查线路是否老化
15		功能失效	装置运算错乱	保护装置误动	较大风险	检查	检查定值输入是否正确	180	检修	检查定值输入是否正确，预防性试验定期检验装置精确性	36	退出该保护运行，预防性试验定期检验装置精确性
16		老化	二次线路时间过长，正常老化、绝缘降低	绝缘降低造成接地短路	中等风险	检查	外观检查	7	更换	更换老化线路	36	停机进行老化线路更换

续表

序号	部件	故障条件			风险等级	日常控制措施			定期检修维护			临时措施
		模式	原因	现象		措施	检查方法	周期（天）	措施	检修方法	周期（月）	
17	加热器	老化	电源线路老化	绝缘降低造成接地短路	较小风险	检查	检查加热器是否有加热温度，是否有发黑、烧焦现象	7	更换	更换线路或加热器	3	更换加热器
18		松动	电源线路固定件疲劳松动	电源消失，装置失效	较小风险	检查	巡视检查线路是否松动，若是应进行紧固	7	紧固	定期进行线路紧固	3	进行线路紧固
19	压板	松动	压紧螺丝松动	接触不良引起发热	较小风险	检查	巡视检查压板压紧螺丝是否松动，若是应进行紧固	30	紧固	紧固压板	3	对压紧螺丝进行紧固
20		脱落	端子线松动脱落	保护装置相应功能拒动	较小风险	检查	对二次端子排线路进行拉扯检查有无松动	30	紧固	逐一对端子排线路进行紧固	3	按照图纸进行回装端子线路
21		老化	压板线路运行时间过长，正常老化	绝缘降低造成接地短路	中等风险	检查	外观检查线路是否有老化现象	30	更换	定期检查线路是否老化，对不合格的进行更换	3	发现压板线路老化，立即更换
22		氧化	连接触头长时间暴露空气中，产生氧化现象	接触不良，接触电阻增大，接触面发热，出现点斑	较小风险	检查	检查连接触头是否有氧化现象	30	检修	定期检查，进行防氧化措施	3	对压板进行防氧化措施
23	电源开关	功能失效	保险管烧坏或线路老化短路	电源开关有烧焦气味，发黑	中等风险	检查	检查保护屏是否带电，是否有发黑、烧焦现象	7	检修	定期测量电压是否正常，线路是否老化	3	更换保险管或老化线路
24		松动	电源线路固定件疲劳松动	线路松动、脱落	较小风险	检查	巡视检查线路是否松动，若是应进行紧固	7	紧固	定期进行线路紧固	3	进行线路紧固
25	温湿度控制器	老化	电源线路时间过长正常老化	绝缘降低造成接地短路	较小风险	检查	检查线路是否有老化现象	7	更换	更换老化线路	3	更换老化线路
26		功能失效	控制器故障	无法感温、感湿，不能启动加热器	较小风险	检查	检查控制器是否故障，有无正常启动控制	7	检修	检查控制器是否故障，有无正常启动控制，设备绝缘是否合格	3	检查控制器是否故障，若是进行更换控制器
27	显示屏	功能失效	电源中断、显示屏损坏、通信中断	显示屏无显示	较小风险	检查	检查显示屏有无显示，插头是否紧固	7	更换	修复或更换	3	紧固松动线路或更换显示屏
28		松动	电源插头松动、脱落	显示屏无显示	较小风险	检查	检查电源插头有无松动	90	紧固	紧固电源插头	3	紧固电源插头

32 厂用变压器保护柜

设备风险评估表

区域：厂房　　　　系统：保护系统　　　　设备：厂用变压器保护柜

序号	部件	故障条件			故障影响			故障损失			风险值	风险等级
		模式	原因	现象	系统	设备	部件	经济损失	生产中断	设备损坏		
1	RCS-9621CS保护测控装置	击穿	二次线路老化、绝缘降低	接地、短路	机组停运	保护装置停运	短路烧坏	可能造成设备或财产损失1万元以下	没有造成生产中断及设备故障	经维修后可恢复设备性能	8	中等风险
2		松动	端子接触不良	保护装置拒动	无	异常运行	装置异常	无	没有造成生产中断及设备故障	经维修后可恢复设备性能	6	中等风险
3		短路	长期运行高温	装置异常报警	无	异常运行	短路烧坏	可能造成设备或财产损失1万元以上10万元以下	生产工艺限制50%及以下或主要设备退出备用24h及以上	经维修后可恢复设备性能	14	较大风险
4		过热	积尘积灰	温度升高	无	温度升高	散热性能降低	无	无	经维修后可恢复设备性能	4	较小风险
5		功能失效	CPU故障	故障报警信号灯亮	无	保护装置停运	CPU损坏	可能造成设备或财产损失1万元以下	无	经维修后可恢复设备性能	6	中等风险
6		功能失效	电源插件故障	故障报警信号灯亮	无	保护装置停运	插件受损	无	无	经维修后可恢复设备性能	4	较小风险
7		功能失效	装置运算错乱	保护装置误动	机组停运	保护装置停运	装置异常	可能造成设备或财产损失1万元以上10万元以下	主要备用设备退出备用24h以内	经维修后可恢复设备性能	12	较大风险
8		老化	二次线路老化、绝缘降低	绝缘降低造成接地短路	机组停运	保护装置停运	短路烧坏	可能造成设备或财产损失1万元以下	导致生产中断1～7天或生产工艺50%及以上	经维修后可恢复设备性能	14	较大风险
9	加热器	老化	电源线路老化	绝缘降低造成接地短路	无	无	短路烧坏	无	无	经维修后可恢复设备性能	4	较小风险

续表

序号	部件	故障条件			故障影响			故障损失			风险值	风险等级
		模式	原因	现象	系统	设备	部件	经济损失	生产中断	设备损坏		
10	加热器	松动	固定件疲软松动	无法加热	无	无	无	无	无	经维修后可恢复设备性能	4	较小风险
11	压板	松动	压紧螺丝松动	接触不良引起发热	无	接触点发热	性能降低	无	无	经维修后可恢复设备性能	4	较小风险
12	压板	脱落	端子线松动脱落	保护装置相应功能拒动	无	异常运行	无法开出数据	无	无	经维修后可恢复设备性能	4	较小风险
13	压板	老化	压板线路老化	绝缘降低造成接地短路	无	无	无	无	无	经维修后可恢复设备性能	4	较小风险
14	压板	氧化	连接触头长时间暴露空气中，产生氧化现象	接触不良，接触电阻增大，接触面发热，出现点斑	无	无	无	无	无	经维修后可恢复设备性能	4	较小风险
15	电源开关	功能失效	保险烧或炸	电源开关有烧焦气味，发黑	无	装置失电	开关或保险损坏	无	无	经维修后可恢复设备性能	4	较小风险
16	电源开关	松动	电源线疲软松动	开关松动	无	装置失电	无	无	无	经维修后可恢复设备性能	4	较小风险
17	温湿度控制器	老化	电源线路老化	绝缘降低造成接地短路	无	易受潮	短路烧坏	无	无	经维修后可恢复设备性能	4	较小风险
18	温湿度控制器	功能失效	控制器故障	无法感温、感湿，不能启动加热器	无	易受潮	控制器损坏	无	无	经维修后可恢复设备性能	4	较小风险
19	显示屏	功能失效	电源中断、显示屏损坏、通信中断	显示屏无显示	无	无	显示屏无法显示任何数据	无	无	经维修后可恢复设备性能	4	较小风险
20	显示屏	过热	积尘积灰	显示屏无显示	无	无	无	无	无	经维修后可恢复设备性能	4	较小风险

设备风险控制卡

区域：厂房　　系统：保护系统　　设备：厂用变压器保护柜

序号	部件	故障条件			风险等级	日常控制措施			定期检修维护			临时措施
		模式	原因	现象		措施	检查方法	周期（天）	措施	检修方法	周期（月）	
1	RCS-9621CS保护测控装置	击穿	二次线路老化、绝缘降低	接地、短路	中等风险	检查	在保护装置屏查看采样值	7	检修	预防性试验定期检查绝缘情况	36	临时找到绝缘老化点进行绝缘包扎

续表

序号	部件	故障条件			风险等级	日常控制措施			定期检修维护			临时措施
		模式	原因	现象		措施	检查方法	周期（天）	措施	检修方法	周期（月）	
2	RCS-9621CS保护测控装置	松动	端子接触不良	保护装置拒动	中等风险	检查	检查二次线路是否有破损、二次回路	7	检修	用万用表检查通断情况	36	临时包扎接线
3		短路	长期运行高温	装置异常报警	较大风险	检查	检查保护屏温度，启动风机散热	7	检修	检查保护屏温度，启动风机散热	36	排查线路是否短路，临时散热
4		过热	积尘积灰	温度升高	较小风险	检查	检查模块是否积尘积灰	90	检修	吹扫、清扫	36	吹扫、清扫
5		功能失效	CPU 故障	故障报警信号灯亮	中等风险	检查	检查保护装置是否故障灯亮，屏柜是否有烧焦气味	7	检修	检修期进行插件、接头检查是否紧固	36	更换备用模块
6		功能失效	电源插件故障	故障报警信号灯亮	较小风险	检查	检查保护装置是否故障灯亮，屏柜是否有烧焦气味	7	检修	检修期进行插件、接头检查是否紧固	36	更换备用电源插件
7		功能失效	装置运算错乱	保护装置误动	较大风险	检查	检查定值输入是否正确	180	检修	检查定值输入是否正确，预防性试验定期检验装置精确性	36	检查定值输入是否正确，预防性试验定期检验装置精确性
8		老化	二次线路老化、绝缘降低	绝缘降低造成接地短路	较大风险	检查	外观检查	7	更换	更换保护装置	36	更换模块或退出运行
9	加热器	老化	电源线路老化	绝缘降低造成接地短路	较小风险	检查	日常巡视观察保护屏是否有发黑、烧焦现象	7	检修	检查设备符合运行条件，否则更换	3	更换加热器
10		松动	固定件疲软松动	无法加热	较小风险	检查	巡视检查线路是否松动，若是应进行紧固	7	检修	定期进行线路紧固	3	进行线路紧固
11	压板	松动	压紧螺丝松动	接触不良引起发热	较小风险	检查	巡视检查线路是否松动，若是应进行紧固	30	检修	紧固压板	3	对压紧螺丝进行紧固
12		脱落	端子线松动脱落	保护装置相应功能拒动	较小风险	检查	对二次端子排线路进行拉扯检查有无松动	30	检修	逐一对端子排线路进行紧固	3	按照图纸进行回装端子线路
13		老化	压板线路老化	绝缘降低造成接地短路	较小风险	检查	日常巡视观察保护屏是否有发黑、烧焦现象	30	检修	定期检查，不合格的进行更换	3	发现不合格压板，接入备用压板
14		氧化	连接触头长时间暴露空气中，产生氧化现象	接触不良，接触电阻增大，接触面发热，出现点斑	较小风险	检查	日常巡视观察保护屏是否有氧化现象	30	检修	定期检查，进行防氧化措施	3	对压板进行防氧化措施

续表

序号	部件	故障条件			风险等级	日常控制措施			定期检修维护			临时措施
		模式	原因	现象		措施	检查方法	周期（天）	措施	检修方法	周期（月）	
15	电源开关	功能失效	保险烧或炸	电源开关有烧焦气味，发黑	较小风险	检查	日常巡视观察保护屏是否有发黑、烧焦现象	7	检修	定期测量电压是否正常，开关是否完好	3	更换电源开关
16		松动	电源线疲软松动	开关松动	较小风险	检查	巡视检查线路是否松动，若是应进行紧固	7	检修	定期进行线路紧固	3	进行线路紧固
17	温湿度控制器	老化	电源线路老化	绝缘降低造成接地短路	较小风险	检查	日常巡视观察保护屏是否有发黑、烧焦现象	7	检修	检查设备符合运行条件，否则更换	3	更换温湿度控制器
18		功能失效	控制器故障	无法感温、感湿，不能启动加热器	较小风险	检查	检查控制器是否故障，有无正常启动控制	7	检修	检查控制器是否故障，有无正常启动控制，设备绝缘是否合格	3	检查控制器是否故障，若是进行更换控制器
19	显示屏	功能失效	电源中断、显示屏损坏、通信中断	显示屏无显示	较小风险	检查	检查显示屏有无显示，插头是否紧固	7	检修	修复或更换	3	检查线路有无松动，若存在松动则修复，若无松动则检查显示屏有无损坏，若损坏则进行修复或更换
20		过热	积尘积灰	显示屏无显示	较小风险	检查	定期清扫	90	检修	定期进行设备清扫工作	3	定期进行设备清扫工作

33 消防雨淋系统

设备风险评估表

区域：厂房　　　　系统：消防系统　　　　设备：消防雨淋系统

序号	部件	故障条件			故障影响			故障损失			风险值	风险等级
		模式	原因	现象	系统	设备	部件	经济损失	生产中断	设备损坏		
1	雨淋阀	漏水	隔膜片材质老化	雨淋阀不能正常开启	无	影响消防给水	功能失效	无	无	经维修后可恢复设备性能	4	较小风险
2		变形	顶杆弹簧年久疲软、变形	雨淋阀不能正常开启	无	影响消防给水	功能失效	无	无	经维修后可恢复设备性能	4	较小风险
3	喷头	堵塞	水质较差异物卡涩	喷头不出水或出水量少	无	影响消防给水	喷头不畅通	无	无	经维修后可恢复设备性能	4	较小风险
4	管路	点蚀	管路锈蚀	锈斑、麻坑、起层的片状分离现象	无	影响消防给水	性能下降	无	无	经维修后可恢复设备性能	4	较小风险
5		堵塞	异物卡阻	水压不足	无	影响消防给水	管路不畅通	无	无	经维修后可恢复设备性能	4	较小风险
6	电控装置	老化	潮湿情况下长时间运行，电气元器件正常老化	电气元器件损坏、电缆绝缘下降、控制失效	无	无法自动运行	无法控制	无	无	经维修后可恢复设备性能	4	较小风险
7		短路	绝缘破损、电气元器件损坏	元器件损坏、控制失效	无	无法自动运行	装置元件及空气开关损坏	可能造成设备或财产损失1万元以下	无	经维修后可恢复设备性能	6	中等风险
8		松动	时间过长线路固定螺栓松动	控制失效	无	无法自动运行	线路脱落	无	无	经维修后可恢复设备性能	4	较小风险
9	警铃	堵塞	进水口异物卡阻	水压不足、警铃不响	无	功能失效	无法报警	无	无	经维修后可恢复设备性能	4	较小风险
10		松动	长时间振动下电源线路、控制线路松动	警铃不响	无	功能失效	无法报警	无	无	经维修后可恢复设备性能	4	较小风险

设备风险控制卡

区域：厂房　　系统：消防系统　　设备：消防雨淋系统

序号	部件	故障条件			风险等级	日常控制措施			定期检修维护			临时措施
		模式	原因	现象		措施	检查方法	周期（天）	措施	检修方法	周期（月）	
1	雨淋阀	漏水	隔膜片材质老化	雨淋阀不能正常开启	较小风险	检查	检查消防水压是否正常	7	更换	更换隔膜	12	紧急情况下，立即开启雨淋手动阀使管道充水
2		变形	顶杆弹簧年久疲软、变形	雨淋阀不能正常开启	较小风险	检查	检查消防水压是否正常	7	更换	更换弹簧	12	紧急情况下，立即开启雨淋手动阀
3	喷头	堵塞	水质较差异物卡涩	喷头不出水或出水量少	较小风险	检查	外观检查	7	清扫	清洗滤网	12	更换喷头、检查过滤网
4	管路	点蚀	管路锈蚀	锈斑、麻坑、起层的片状分离现象	较小风险	检查	外观检查	7	检修	除锈、防腐;	12	堵漏、补焊
5		堵塞	异物卡阻	水压不足	较小风险	检查	检查消防管水压	7	清理	疏通清理异物	12	清理疏通管道
6	电控装置	老化	潮湿情况下长时间运行，电气元器件正常老化	电气元器件损坏、电缆绝缘下降、控制失效	较小风险	检查	检查电气元器件是否有老化，定期绝缘测量	7	更换	更换老化的电气元器件	12	更换老化的电气元器件
7		短路	绝缘破损、电气元器件损坏	元器件损坏、控制失效	中等风险	检查	检查装置元件、电缆、空气开关有无短路	7	更换	更换装置元件、电缆、空气开关	12	立即断开故障电源空气开关
8		松动	时间过长线路固定螺栓松动	控制失效	较小风险	检查	外观检查线路有无松动、脱落	7	紧固	紧固线路	12	紧固线路
9	警铃	堵塞	进水口异物卡阻	水压不足、警铃不响	较小风险	检查	检查消防管水压	90	清扫	疏通清理异物	12	清理疏通管道
10		松动	长时间振动下电源线路、控制线路松动	警铃不响	较小风险	检查	外观检查线路有无松动、脱落	90	紧固	紧固线路	12	紧固线路

34 消防报警系统

设备风险评估表

区域：厂房　　　　　　　　　　　　　系统：消防系统　　　　　　　　　　　　　设备：消防报警系统

序号	部件	故障条件			故障影响			故障损失			风险值	风险等级
		模式	原因	现象	系统	设备	部件	经济损失	生产中断	设备损坏		
1	消防报警主机	短路	环境潮湿、过流、接线脱落、电气元器件受损	元器件损坏、起火、联动控制失效	无	影响消防报警	消防主机损坏	可能造成设备或财产损失1万元以下	无	经维修后可恢复设备性能	6	中等风险
2		功能失效	模块损坏、电源异常	联动控制失效	无	影响消防报警	消防主机损坏	可能造成设备或财产损失1万元以上10万元以下	无	经维修后可恢复设备性能	8	中等风险
3	自动报警器	功能失效	电源异常、元件损坏、外物撞击	报警器不响	无	消防报警异常、失效	报警器损坏	无	无	经维修后可恢复设备性能	4	较小风险
4		老化	时间过长，设备及线路正常老化	报警器不响、声音小或接触不良	无	消防报警异常、失效	性能下降	无	无	经维修后可恢复设备性能	4	较小风险
5	感烟器	功能失效	探头损坏、电池损坏、电量不足	异常情况下，感烟器无告警蜂鸣	无	消防报警异常、失效	感烟器损坏	可能造成设备或财产损失1万元以下	无	经维修后可恢复设备性能	6	中等风险
6		老化	时间过长，设备及线路正常老化	无报警声、声音小或接触不良	无	消防报警异常、失效	性能下降	无	无	经维修后可恢复设备性能	4	较小风险
7	感温器	功能失效	探头损坏、电池损坏、电量不足	异常情况下，感温器无告警蜂鸣	无	消防报警异常、失效	感温器损坏	可能造成设备或财产损失1万元以下	无	经维修后可恢复设备性能	6	中等风险
8		老化	时间过长，设备及线路正常老化	无报警声、声音小或接触不良	无	消防报警异常、失效	性能下降	无	无	经维修后可恢复设备性能	4	较小风险
9	感温电缆	功能失效	探头损坏、电源异常	异常情况下，感温器无告警蜂鸣	无	消防报警异常、失效	感温器损坏	可能造成设备或财产损失1万元以下	无	经维修后可恢复设备性能	6	中等风险

续表

序号	部件	故障条件			故障影响			故障损失			风险值	风险等级
		模式	原因	现象	系统	设备	部件	经济损失	生产中断	设备损坏		
10	感温电缆	老化	时间过长，设备及线路正常老化	无报警声、声音小或接触不良	无	消防报警异常、失效	性能下降	无	无	经维修后可恢复设备性能	4	较小风险
11	手动报警器	功能失效	电源异常、元件损坏、外物撞击	报警器不响	无	消防报警异常、失效	报警器损坏	可能造成设备或财产损失1万元以下	无	经维修后可恢复设备性能	6	中等风险
12	手动报警器	老化	时间过长，设备及线路正常老化	报警器不响、声音小或接触不良	无	消防报警异常、失效	性能下降	无	无	经维修后可恢复设备性能	4	较小风险
13	警铃	松动	长时间振动下电源线路、控制线路松动	警铃不响	无	功能失效	无法报警	无	无	经维修后可恢复设备性能	4	较小风险

设备风险控制卡

区域：厂房　　系统：消防系统　　设备：消防报警系统

序号	部件	故障条件			风险等级	日常控制措施			定期检修维护			临时措施
		模式	原因	现象		措施	检查方法	周期（天）	措施	检修方法	周期（月）	
1	消防报警主机	短路	环境潮湿、过流、接线脱落、电气元器件受损	元器件损坏、起火、联动控制失效	中等风险	检查	外观检查、卫生清扫，接线端子紧固，联动试验	90	更换	更换电气元器件，联动调试	12	检查现场实际情况，如存在火灾隐患，立即手动启动控制器；检查控制回路、更换电气元器件
2	消防报警主机	功能失效	模块损坏、电源异常	联动控制失效	中等风险	检查	外观检查、启闭试验；门槽检查清理，铰链黄油维护	90	检修	门体校正、润滑保养	12	检查现场实际情况，如存在火灾隐患，立即手动启动控制器；检查控制回路、更换电气元器件
3	自动报警器	功能失效	电源异常、元件损坏、外物撞击	报警器不响	较小风险	检查	外观检查、试验	90	更换	更换元器件	12	检查现场实际情况，如存在火灾隐患，立即采取其他形式通知现场人员；检查控制回路、更换电气元器件

续表

序号	部件	故障条件			风险等级	日常控制措施			定期检修维护			临时措施
		模式	原因	现象		措施	检查方法	周期（天）	措施	检修方法	周期（月）	
4	自动报警器	老化	时间过长，设备及线路正常老化	报警器不响、声音小或接触不良	较小风险	检查	外观检查设备及线路有无老化	90	更换	更换老化部件及线路	12	更换老化部件及线路
5	感烟器	功能失效	探头损坏、电池损坏、电量不足	异常情况下，感烟器无告警蜂鸣	中等风险	检查	外观检查、试验	365	更换	更换元器件	12	检查现场实际情况，如存在火灾隐患，立即采取其他形式通知现场人员；检查控制回路、更换电气元器件
6		老化	时间过长，设备及线路正常老化	无报警声、声音小或接触不良	较小风险	检查	外观检查设备及线路有无老化	365	更换	更换老化部件及线路	12	更换老化部件及线路
7	感温器	功能失效	探头损坏、电池损坏、电量不足	异常情况下，感温器无告警蜂鸣	中等风险	检查	外观检查、试验	365	更换	更换元器件	12	检查现场实际情况，如存在火灾隐患，立即采取其他形式通知现场人员；检查控制回路、更换电气元器件
8		老化	时间过长，设备及线路正常老化	无报警声、声音小或接触不良	较小风险	检查	外观检查设备及线路有无老化	365	更换	更换老化部件及线路	12	更换老化部件及线路
9	感温电缆	功能失效	探头损坏、电源异常	异常情况下，感温器无告警蜂鸣	中等风险	检查	外观检查、试验	365	更换	更换元器件	12	检查现场实际情况，如存在火灾隐患，立即采取其他形式通知现场人员；检查控制回路、更换电气元器件
10		老化	时间过长，设备及线路正常老化	无报警声、声音小或接触不良	较小风险	检查	外观检查设备及线路有无老化	365	更换	更换老化部件及线路	12	更换老化部件及线路

续表

序号	部件	故障条件			风险等级	日常控制措施			定期检修维护			临时措施
		模式	原因	现象		措施	检查方法	周期（天）	措施	检修方法	周期（月）	
11	手动报警器	功能失效	电源异常、元件损坏、外物撞击	报警器不响	中等风险	检查	外观检查、试验	90	更换	更换元器件	12	检查现场实际情况，如存在火灾隐患，立即采取其他形式通知现场人员；检查控制回路、更换电气元器件
12		老化	时间过长，设备及线路正常老化	报警器不响、声音小或接触不良	较小风险	检查	外观检查设备及下路有无老化	90	更换	更换老化部件及线路	12	更换老化部件及线路
13	警铃	松动	长时间振动下电源线路、控制线路松动	警铃不响	较小风险	检查	外观检查线路有无松动、脱落	90	紧固	紧固线路	12	紧固线路

35 消防给水系统

设备风险评估表

区域：厂房　　　　系统：消防系统　　　　设备：消防给水系统

序号	部件	故障条件			故障影响			故障损失			风险值	风险等级
		模式	原因	现象	系统	设备	部件	经济损失	生产中断	设备损坏		
1	消防水池	漏水	日晒、风霜雨雪侵蚀；外物撞击	消防水池漏水、水泵长时间运行、消防管道水压不足	影响消防系统运行	影响消防给水	消防水池损坏	可能造成设备或财产损失1万元以下	无	经维修后可恢复设备性能	6	中等风险
2	消防管路	点蚀	管路锈蚀	锈斑、麻坑、起层的片状分离现象	影响消防系统运行	影响消防给水	消防管道损坏	无	无	经维修后可恢复设备性能	4	较小风险
3		堵塞	异物卡阻	水压不足	影响消防系统运行	影响消防给水	消防管道损坏	无	无	经维修后可恢复设备性能	4	较小风险
4	阀门	漏水	阀门材质、密封件老化、撞击破坏、操作不当	消防管道漏水、水泵长时间运行、消防管道水压不足	影响消防系统运行	影响消防给水	消防给水阀门损坏	无	无	经维修后可恢复设备性能	4	较小风险
5	补水泵	断裂	轴承变形、叶片损坏	抽不上水、水压不足	无	影响消防给水	水泵损坏	无	无	经维修后可恢复设备性能	4	较小风险
6		发热	轴承装配不正确、润滑量不足	抽不上水、水压不足	无	影响消防给水	水泵损坏	无	无	经维修后可恢复设备性能	4	较小风险
7	压力开关	功能失效	接线端子松动、弹簧、阀杆变形	压力信号异常	无	影响消防给水	压力开关损坏	无	无	经维修后可恢复设备性能	4	较小风险
8	水泵控制装置	功能失效	水泵控制装置本体故障、回路故障	水泵不能正常启动	无	影响消防给水	水泵控制装置损坏	无	无	经维修后可恢复设备性能	4	较小风险
9	消防水泵	断裂	轴承变形、叶片损坏	抽不上水、水压不足	无	影响消防给水	水泵损坏	无	无	经维修后可恢复设备性能	4	较小风险
10		发热	轴承装配不正确、润滑量不足	抽不上水、水压不足	无	影响消防给水	水泵损坏	无	无	经维修后可恢复设备性能	4	较小风险

设备风险控制卡

区域：厂房　　　　系统：消防系统　　　　设备：消防给水系统

序号	部件	故障条件			风险等级	日常控制措施			定期检修维护			临时措施
		模式	原因	现象		措施	检查方法	周期（天）	措施	检修方法	周期（月）	
1	消防水池	漏水	日晒，风霜雨雪侵蚀，外物撞击	消防水池漏水、水泵长时间运行、消防管道水压不足	中等风险	检查	外观检查	7	检修	浇筑混凝土修复	12	渗漏点封堵，浇筑混凝土修复
2	消防管路	点蚀	管路锈蚀	锈斑、麻坑、起层的片状分离现象	较小风险	检查	水压检查、外观检查	30	检修	探伤、焊接修复	12	关闭渗漏点消防水管道阀门，焊接修复
3		堵塞	异物卡阻	水压不足	较小风险	检查	水压检查、外观检查、疏通管道、清理异物	30	清扫	疏通管道、清理异物	12	关闭渗漏点消防水管道阀门，疏通管道、清理异物
4	阀门	漏水	阀门材质、密封件老化、撞击破坏、操作不当	消防管道漏水、水泵长时间运行、消防管道水压不足	较小风险	检查	外观检查、阀杆黄油维护、螺栓紧固检查	7	更换	更换密封件、阀门	12	关闭渗漏点消防水管道阀门，更换阀门
5	补水泵	断裂	轴承变形、叶片损坏	抽不上水、水压不足	较小风险	检查	振动测量、检查运行声音是否正常	7	更换	更换密封件、转轮叶片修复	12	检查消防水压，投入备用水泵
6		发热	轴承装配不正确、润滑量不足	抽不上水、水压不足	较小风险	检查	振动测量、检查运行声音是否正常	7	检修	轴承检查修复	12	检查消防水压，投入备用水泵
7	压力开关	功能失效	接线端子松动、弹簧、阀杆变形	压力信号异常	较小风险	检查	检查压力信号、紧固接线端子	90	紧固	紧固端子、调整阀杆、弹簧行程	12	检查实际水压、短接压力信号
8	水泵控制装置	功能失效	水泵控制装置本体故障、回路故障	水泵不能正常启动	较小风险	检查	检查运行情况，本体有无故障信号、紧固端子	7	紧固	紧固端子、二次回路检查，装置本体检查	12	检查二次接线、电气元器件检查
9	消防水泵	断裂	轴承变形、叶片损坏	抽不上水、水压不足	较小风险	检查	振动测量、检查运行声音是否正常	7	更换	更换密封件、转轮叶片修复	12	检查消防水压，投入备用水泵
10		发热	轴承装配不正确、润滑量不足	抽不上水、水压不足	较小风险	检查	振动测量、检查运行声音是否正常	7	检修	轴承检查修复	12	检查消防水压，投入备用水泵

36 滤油机

设备风险评估表

区域：厂房　　　　系统：油系统　　　　设备：滤油机

序号	部件	故障条件			故障影响			故障损失			风险值	风险等级
		模式	原因	现象	系统	设备	部件	经济损失	生产中断	设备损坏		
1	油泵电机	短路	受潮或绝缘老化、短路	电机处有烧焦异味、电机温高	无	滤油机不能供排油	电机损坏	可能造成设备或财产损失1万元以下	无	经维修后可恢复设备性能	6	中等风险
2	油泵电机	松动	启动、运行产生的振动	紧固螺栓松动	无	无	油泵电机损坏	无	无	经维修后可恢复设备性能	4	较小风险
3	油泵电机	卡涩	油泵电机轴承异物堵塞、锈蚀卡涩	油泵电机有金属撞击和卡涩声音	无	无	轴承损坏	无	无	经维修后可恢复设备性能	4	较小风险
4	油泵电机	异常磨损	油泵端面轴承磨损或卡滞导致油泵叶轮磨损	油泵抽排油异常	无	滤油机不能供排油	叶轮损坏	无	无	经维修后可恢复设备性能	4	较小风险
5	加热器	老化	发热元件超使用年限	加热器温升	无	滤油机不能加热	加热器损坏	无	无	经维修后可恢复设备性能	4	较小风险
6	加热器	短路	加热元件受潮或绝缘降低	加热器处有烧焦异味	无	滤油机不能加热	加热器损坏	可能造成设备或财产损失1万元以下	无	经维修后可恢复设备性能	6	中等风险
7	真空泵	卡涩	真空泵轴承异物堵塞、锈蚀卡涩	真空泵有金属撞击和卡涩声音	无	无	轴承损坏	无	无	经维修后可恢复设备性能	4	较小风险
8	真空泵	异常磨损	真空泵内气室异物堵塞	滑片与气室磨损，间隙变大，真空压力不达标	无	真空压力偏低	滑片损坏	无	无	经维修后可恢复设备性能	4	较小风险
9	真空分离器	卡涩	搅拌器轴承异物堵塞、锈蚀卡涩	真空分离器内有金属撞击和卡涩声音	无	无	轴承损坏	无	无	经维修后可恢复设备性能	4	较小风险

续表

序号	部件	故障条件			故障影响			故障损失			风险值	风险等级
		模式	原因	现象	系统	设备	部件	经济损失	生产中断	设备损坏		
10	真空分离器	松动	启动、运行产生的振动	紧固螺栓松动	无	无	扩散筒、分离塔损坏	无	无	经维修后可恢复设备性能	4	较小风险
11	过滤器	堵塞	油垢、微粒杂质、异物堵塞	出油量减少	无	无	滤芯堵塞	无	无	经维修后可恢复设备性能	4	较小风险
12	冷凝器	堵塞	油垢、微粒杂质、异物堵塞	冷凝气体量减少	无	无	冷凝器堵塞	无	无	经维修后可恢复设备性能	4	较小风险
13	温度控制仪	老化	电子元件超使用年限，绝缘老化	无监测温度，温度无法控制	无	加热器温度失控	温度控制仪器损坏	可能造成设备或财产损失1万元以下	无	经维修后可恢复设备性能	6	中等风险
14	压力控制器	老化	电子元件超使用年限，绝缘老化	无监测压力，压力无法控制	无	滤油机压力失控	压力控制器损坏	可能造成设备或财产损失1万元以下	无	经维修后可恢复设备性能	6	中等风险
15	真空表	功能失效	弹簧弯管失去弹性，游丝失去弹性和脱落，三通旋塞的通道、压力表连管或弯管堵塞，指针弯曲或卡住	压力表不动作或动作值不正确	无	不能正常监测压力	压力表损坏	无	无	经维修后可恢复设备性能	4	较小风险
16	电控装置	短路	积尘积灰、高温、绝缘性能下降	电气开关烧坏	无	滤油机不能运行	电气元器件损坏、控制失效	无	无	经维修后可恢复设备性能	4	较小风险
17		老化	电气元器件老化、潮湿	电气元器发热	无	滤油机不能运行	电气元器件损坏、控制失效	无	无	经维修后可恢复设备性能	4	较小风险
18	油管	渗油	密封垫老化、螺栓松动	渗漏	无	滤油机管道渗油	油管渗漏	无	无	经维修后可恢复设备性能	4	较小风险
19		锈蚀	管路脱漆	锈斑、麻坑、起层的片状分离现象、渗漏	无	无	管道损伤	无	无	经维修后可恢复设备性能	4	较小风险
20		堵塞	异物卡阻	进出油量减少	无	无	管道损伤	无	无	经维修后可恢复设备性能	4	较小风险

续表

序号	部件	故障条件			故障影响			故障损失			风险值	风险等级
		模式	原因	现象	系统	设备	部件	经济损失	生产中断	设备损坏		
21	阀门	堵塞	管道及阀门锈蚀破损、油垢集壳封堵	阀门不能全行程开关、有异物堵塞阀门口	无	阀门无法启闭	阀门卡涩、堵塞	无	无	经维修后可恢复设备性能	4	较小风险
22	阀门	渗油	阀芯变形、填料老化、螺栓松动	内漏关闭不严、外漏	无	阀门渗油	阀体损伤	无	无	经维修后可恢复设备性能	4	较小风险

设备风险控制卡

区域：厂房　　系统：油系统　　设备：滤油机

序号	部件	故障条件			风险等级	日常控制措施			定期检修维护			临时措施
		模式	原因	现象		措施	检查方法	周期（天）	措施	检修方法	周期（月）	
1	油泵电机	短路	受潮或绝缘老化、短路	电机处有烧焦异味、电机温高	中等风险	检查	检查电机绕组绝缘	7	更换	更换绕组	12	停止油泵电机运行，更换绕组
2	油泵电机	松动	启动、运行产生的振动	紧固螺栓松动	较小风险	检查	检查电机紧固螺栓是否松动	7	紧固	紧固螺栓	12	停止油泵电机紧固螺栓
3	油泵电机	卡涩	油泵电机轴承异物堵塞、锈蚀卡涩	油泵电机有金属撞击和卡涩声音	较小风险	检查	检查油泵电机有无有异常的金属撞击和卡涩	7	更换	更换轴承	12	停止油泵，更换轴承
4	油泵电机	异常磨损	油泵端面轴承磨损或卡滞导致油泵叶轮磨损	油泵抽排油异常	较小风险	检查	检查油泵排油是否正常	7	更换	更换叶轮	12	停止油泵，更换叶轮
5	加热器	老化	发热元件超使用年限	加热器温升	较小风险	检查	检查加热元件是否正常加热	7	更换	更换加热元件	12	停止滤油机，更换加热元件
6	加热器	短路	加热元件受潮或绝缘降低	加热器处有烧焦异味	中等风险	检查	检查加热器绝缘	7	更换	更换加热元件	12	停止滤油机，更换加热元件
7	真空泵	卡涩	真空泵轴承异物堵塞、锈蚀卡涩	真空泵有金属撞击和卡涩声音	较小风险	检查	检查真空泵有无有异常的金属撞击和卡涩	7	更换	更换轴承	12	停止真空泵，更换轴承
8	真空泵	异常磨损	真空泵内气室异物堵塞	滑片与气室磨损，间隙变大，真空压力不达标	较小风险	检查	检查真空泵抽排真空压力是否正常	7	更换	更换滑片	12	停止真空泵，更换滑片
9	真空分离器	卡涩	搅拌器轴承异物堵塞、锈蚀卡涩	真空分离器内有金属撞击和卡涩声音	较小风险	检查	检查搅拌器有无有异常的卡涩	7	更换	更换轴承	12	停止滤油机，更换搅拌器轴承

续表

序号	部件	故障条件			风险等级	日常控制措施			定期检修维护			临时措施
		模式	原因	现象		措施	检查方法	周期（天）	措施	检修方法	周期（月）	
10	真空分离器	松动	启动、运行产生的振动	紧固螺栓松动	较小风险	检查	检查扩散筒、分离搭损紧固螺栓是否松动	7	紧固	紧固螺栓	12	停止滤油机，紧固螺栓
11	过滤器	堵塞	油垢、微粒杂质、异物堵塞	出油量减少	较小风险	检查	检查是否有异物堵塞、清洗	7	检修	清洗滤芯，到达使用寿命后更换	12	清洗滤芯、更换滤芯
12	冷凝器	堵塞	油垢、微粒杂质、异物堵塞	冷凝气体量减少	较小风险	检查	检查是否有异物堵塞、清洗	7	检修	清洗冷凝器，到达使用寿命后更换	12	清洗冷凝、更换冷凝
13	温度控制仪	老化	电子元件超使用年限，绝缘老化	无监测温度，温度无法控制	中等风险	检查	控制屏上查看加热温度值显示是否正常，测量温度控制仪绝缘值	7	更换	更换温度控制仪	12	停止滤油机，检查温度控制仪
14	压力控制器	老化	电子元件超使用年限，绝缘老化	无监测压力，压力无法控制	中等风险	检查	控制屏上查看压力值显示是否正常，测量压力控制器绝缘值	7	更换	更换压力控制器	12	停止滤油机，检查压力控制器
15	真空表	功能失效	弹簧弯管失去弹性，游丝失去弹性和脱落，三通旋塞的通道、压力表连管或弯管堵塞，指针弯曲或卡住	压力表不动作或动作值不正确	较小风险	检查	看压力表显示是否正确	7	更换	更换压力表	12	检查其他压力表是否显示正常，关闭检修阀后更换
16	电控装置	短路	积尘积灰、高温、绝缘性能下降	电气开关烧坏	较小风险	检查	卫生清扫、绝缘测量	7	更换	更换电气元器件	12	更换电气元器件
17		老化	电气元器件老化、潮湿	电气元器发热	较小风险	检查	卫生清扫、绝缘测量	7	更换	更换电气元器件	12	检查控制回路、更换电气元器件
18	油管	渗油	密封垫老化、螺栓松动	渗漏	较小风险	检查	外观检查、紧固螺栓	30	检修	更换密封件、紧固螺栓	12	对油管前后法兰盘紧固
19		锈蚀	管路脱漆	锈斑、麻坑、起层的片状分离现象、渗漏	较小风险	检查	外观检查	7	检修	除锈、防腐	12	停止滤油机，关闭阀门后进行堵漏
20		堵塞	异物卡阻	进出油量减少	较小风险	检查	检查消防管水压	7	检修	疏通清理异物	12	清理疏通管道

续表

序号	部件	故障条件			风险等级	日常控制措施			定期检修维护			临时措施
		模式	原因	现象		措施	检查方法	周期（天）	措施	检修方法	周期（月）	
21	阀门	堵塞	管道及阀门锈蚀破损、油垢集壳封堵	阀门不能全行程开关、有异物堵塞阀门口	较小风险	检查	检查阀门有无锈蚀	7	检修	打磨、除锈、防腐	12	临时防护、打磨、除锈、防腐
22		渗油	阀芯变形、填料老化、螺栓松动	内漏关闭不严、外漏	较小风险	检查	外观检查、紧固螺栓	7	更换	更换填料、研磨阀芯、润滑防护	12	紧固阀门连接法兰盘螺栓

37 进水口闸门

设备风险评估表

区域：大坝　　系统：水工金属结构系统　　设备：进水口闸门

序号	部件	故障条件			故障影响			故障损失			风险值	风险等级
		模式	原因	现象	系统	设备	部件	经济损失	生产中断	设备损坏		
1	闸叶	锈蚀	日晒、风霜雨雪侵蚀	出现锈斑、麻坑、起层的片状分离现象	无	无	门板锈蚀损伤	无	无	设备性能无影响	2	轻微风险
2	滑轮	卡涩	异物卡涩、润滑不足	闸门升降缓慢、抖动	无	闸门无法正常启闭	滑轮变形	无	无	经维修后可恢复设备性能	4	较小风险
3		变形	受力不均	闸门升降缓慢、抖动	无	闸门无法正常启闭	性能降低	无	无	经维修后可恢复设备性能	4	较小风险
4	密封	变形	磨损、受力不均	扭曲变形、褶皱	无	闸门无法正常启闭、密封不良进水口渗水量大	扭曲变形、褶皱损伤	无	无	经维修后可恢复设备性能	4	较小风险
5		断裂	异物磨损、受力不均	密封断裂破损	无	闸门无法正常启闭、密封不良进水口渗水量大	密封损坏	可能造成设备或财产损失1万元以下	无	经维修后可恢复设备性能	6	中等风险
6	平压阀（充水阀）	卡涩	异物堵塞、锈蚀卡涩	充水阀行程不到位，有渗水	无	无	阀门卡涩、堵塞无法开启关闭	无	无	经维修后可恢复设备性能	4	较小风险
7		变形	启闭受力不均	充水阀变形，行程启闭不到位	无	无	充水阀变形	无	无	经维修后可恢复设备性能	4	较小风险

设备风险控制卡

区域：大坝　　系统：水工金属结构系统　　设备：进水口闸门

序号	部件	故障条件			风险等级	日常控制措施			定期检修维护			临时措施
		模式	原因	现象		措施	检查方法	周期（天）	措施	检修方法	周期（月）	
1	闸叶	锈蚀	日晒、风霜雨雪侵蚀	出现锈斑、麻坑、起层的片状分离现象	轻微风险	检查	检查锈蚀范围扩大、加深	90	检修	探伤、打磨、防腐	12	闸门启闭至检修平台固定除锈、防腐

续表

序号	部件	故障条件			风险等级	日常控制措施			定期检修维护			临时措施
		模式	原因	现象		措施	检查方法	周期（天）	措施	检修方法	周期（月）	
2	滑轮	卡涩	异物卡涩、润滑不足	闸门升降缓慢、抖动	较小风险	检查	检查有无异物和滑轮保养情况	90	检修	清理异物、除锈、润滑保养	12	清理异物、除锈、润滑保养
3		变形	受力不均	闸门升降缓慢、抖动	较小风险	检查	外观检查有无变形	90	检修	校正、更换	12	加强监视，闸门启闭至检修平台固定，校正滑轮
4	密封	变形	磨损、受力不均	扭曲变形、褶皱	较小风险	检查	外观检查有无变形、褶皱	90	检修	校正、更换	12	闸门启闭至检修平台固定，校正、更换密封
5		断裂	异物磨损、受力不均	密封断裂破损	中等风险	检查	外观检查有无损坏	90	更换	更换密封	12	停止闸门启闭，更换密封
6	平压阀（充水阀）	卡涩	异物堵塞、锈蚀卡涩	充水阀行程不到位，有渗水	较小风险	检查	检查闸门充水阀与闸门结合部位有无异物和保养情况	90	检修	清理异物、除锈、润滑保养	12	加强监视，闸门启闭至检修平台固定，清理异物、除锈、润滑保养
7		变形	启闭受力不均	充水阀变形，行程启闭不到位	较小风险	检查	外观检查有无变形	90	检修	校正、更换	12	加强监视，闸门启闭至检修平台固定，校正、更换

38 进水口卷扬式启闭机

设备风险评估表

区域：大坝　　　　系统：水工金属结构系统　　　　设备：进水口卷扬式启闭机

序号	部件	故障条件			故障影响			故障损失			风险值	风险等级
		模式	原因	现象	系统	设备	部件	经济损失	生产中断	设备损坏		
1	钢线绳	断裂	猛烈的冲击，使钢丝绳运行超载	钢丝绳断股	无	闸门无法正常启闭	钢丝绳损坏	可能造成设备或财产损失1万元以下	无	经维修后可恢复设备性能	6	中等风险
2		变形	从滑轮中拉出的位置和滚筒中的缠绕方式不正确	扭曲变形、折弯	无	闸门无法正常启闭	钢丝绳损伤	无	无	设备报废，需要更换新设备；或经维修后设备可以维持使用，性能影响50%及以上	8	中等风险
3		断丝	磨损、受力不均	钢丝绳断丝	无	无	钢丝绳损伤	无	无	经维修后可恢复设备性能	4	较小风险
4		弯曲	钢丝绳放量过长，过启闭或收放过快	钢丝绳打结、折弯，闸门不平衡	无	闸门无法正常启闭	钢丝绳损伤	无	无	经维修后可恢复设备性能	4	较小风险
5		压痕	钢丝绳放量过长，收放绳时归位不到位	受闸门、滑轮、卷筒挤压出现扁平和压痕	无	闸门无法正常启闭	钢丝绳损伤	无	无	经维修后可恢复设备性能	4	较小风险
6		锈蚀	日晒、风霜雨雪侵蚀	出现锈斑现象	无	无	钢丝绳锈蚀损伤	无	无	经维修后可恢复设备性能	4	较小风险
7	密封	变形	磨损、受力不均	扭曲变形、褶皱	无	闸门无法正常启闭、密封不良进水口渗水量大	扭曲变形、褶皱损伤	无	无	经维修后可恢复设备性能	4	较小风险
8		断裂	异物磨损、受力不均	密封断裂破损	无	闸门无法正常启闭、密封不良进水口渗水量大	密封损坏	可能造成设备或财产损失1万元以下	无	经维修后可恢复设备性能	6	中等风险

续表

序号	部件	故障条件			故障影响			故障损失			风险值	风险等级
		模式	原因	现象	系统	设备	部件	经济损失	生产中断	设备损坏		
9	卷筒	裂纹	启闭受力不均或冲击力过大	充水阀外形变形，行程启闭不到位	无	闸门无法正常启闭	充水阀变形损伤	无	无	经维修后可恢复设备性能	4	较小风险
10	卷筒	变形	启闭受力不均或冲击力过大	充水阀外形变形，行程启闭不到位	无	闸门无法正常启闭	筒体变形	无	无	经维修后可恢复设备性能	4	较小风险
11	卷筒	异常磨损	启闭受力不均，钢丝绳收放过程磨损沟槽	沟槽深度减小，有明显磨损痕迹	无	无	沟槽磨损	无	无	经维修后可恢复设备性能	4	较小风险
12	制动器	开裂	制动力矩过大或受力不均	制动轮表出现裂纹，制动块受损	无	无	制动轮损坏、制动块损坏、制动间隙变大	无	无	经维修后可恢复设备性能	4	较小风险
13	制动器	异常磨损	制动间隔过小或受力不均	制动块磨损、制动间隙变大、制动失灵	无	无	制动块损坏、制动间隙变大	无	无	经维修后可恢复设备性能	4	较小风险
14	制动器	渗油	密封损坏渗油	液压油渗出	无	闸门启闭异常	性能降低	无	无	经维修后可恢复设备性能	4	较小风险
15	制动器	功能失效	弹簧年久疲软	制动块磨损、制动间隙变大、制动失灵	无	闸门有下滑现象	制动异常	无	无	经维修后可恢复设备性能	4	较小风险
16	电机	卡涩	电机启动力矩过大或受力不均	轴承有异常的金属撞击和卡涩声音	无	闸门无法启闭	轴承损伤	无	无	经维修后可恢复设备性能	4	较小风险
17	电机	老化	受潮、绝缘老化、短路	电机处有烧焦异味、电机温高	无	闸门无法启闭	绝缘性能下降	无	无	经维修后可恢复设备性能	4	较小风险
18	电机	断裂	启动力矩过大或受力不均	轴弯曲、断裂	无	闸门无法启闭	制动异常	可能造成设备或财产损失1万元以下	无	经维修后可恢复设备性能	6	中等风险
19	变频装置	过压	输入缺相、电压电路板老化受潮	过电压报警	无	闸门启闭异常	性能降低	无	无	经维修后可恢复设备性能	4	较小风险
20	变频装置	欠压	输入缺相、电压电路板老化受潮	欠压报警	无	闸门启闭异常	性能降低	无	无	经维修后可恢复设备性能	4	较小风险

续表

序号	部件	故障条件			故障影响			故障损失			风险值	风险等级
		模式	原因	现象	系统	设备	部件	经济损失	生产中断	设备损坏		
21	变频装置	过流	加速时间设置太短、电流上限设置太小、转矩增大	上电就跳闸	无	闸门无法启闭	性能降低	无	无	经维修后可恢复设备性能	4	较小风险
22	行程开关	行程失调	行程开关机械卡涩、线路松动	不动作、误动作、超限无法停止	无	闸门无法启闭	性能失效	无	无	经维修后可恢复设备性能	4	较小风险
23	锁定梁	松动	闸门受力不均、螺栓固定不牢	闸门晃动	无	无	无	无	无	经维修后可恢复设备性能	4	较小风险
24		变形	关闭时下降速度太快、钢丝绳受力不均	闸门启闭和钢丝绳收放速度太快	无	无	损伤	无	无	经维修后可恢复设备性能	4	较小风险

设备风险控制卡

区域：大坝　　系统：水工金属结构系统　　设备：进水口卷扬式启闭机

序号	部件	故障条件			风险等级	日常控制措施			定期检修维护			临时措施
		模式	原因	现象		措施	检查方法	周期（天）	措施	检修方法	周期（月）	
1	钢丝绳	断裂	猛烈的冲击，使钢丝绳运行超载	钢丝绳断股	中等风险	检查	外观检查有无断股	90	更换	更换	12	加强监视，闸门启闭至检修平台固定，更换钢丝绳
2		变形	从滑轮中拉出的位置和滚筒中的缠绕方式不正确	扭曲变形、折弯	中等风险	检查	外观检查有无变形	90	更换	更换	12	加强监视，闸门启闭至检修平台固定，更换钢丝绳
3		断丝	磨损、受力不均	钢丝绳断丝	较小风险	检查	外观检查有无断丝	90	更换	更换	12	加强监视，闸门启闭至检修平台固定，更换钢丝绳
4		弯曲	钢丝绳放量过长，过启闭或收放过快	钢丝绳打结、折弯，闸门不平衡	较小风险	检查	外观检查有无扭结	90	检修	校正、更换	12	加强监视，闸门启闭至检修平台固定，校正、更换钢丝绳
5		压痕	钢丝绳放量过长，收放绳时归位不到位	受闸门、滑轮、卷筒挤压出现扁平和压痕	较小风险	检查	外观检查有无挤压	90	检修	校正、更换	12	加强监视，闸门启闭至检修平台固定，校正、更换钢丝绳

续表

序号	部件	故障条件			风险等级	日常控制措施			定期检修维护			临时措施
		模式	原因	现象		措施	检查方法	周期（天）	措施	检修方法	周期（月）	
6	钢丝绳	锈蚀	日晒、风霜雨雪侵蚀	出现锈斑现象	较小风险	检查	检查锈蚀范围变化	90	检修	除锈、润滑保养	12	加强监视，闸门启闭至检修平台固定，松解钢丝绳，除锈、润滑保养
7	密封	变形	磨损、受力不均	扭曲变形、褶皱	较小风险	检查	外观检查有无变形、褶皱	90	检修	校正、更换	12	闸门启闭至检修平台固定，校正、更换密封
8		断裂	异物磨损、受力不均	密封断裂破损	中等风险	检查	外观检查有无损坏	90	更换	更换	12	停止闸门启闭，更换密封
9	卷筒	裂纹	启闭受力不均或冲击力过大	充水阀变形，行程启闭不到位	较小风险	检查	外观检查有无裂纹	90	检修	补焊、打磨、更换	12	停止闸门启闭，补焊、打磨、更换
10		变形	启闭受力不均或冲击力过大	充水阀变形，行程启闭不到位	较小风险	检查	外观检查有无变形	90	检修	变形校正、更换	12	停止闸门启闭，变形校正、更换
11		异常磨损	启闭受力不均，钢丝绳收放过程磨损沟槽	沟槽深度减小，有明显磨损痕迹	较小风险	检查	外观检查沟槽磨损	90	检修	补焊修复	12	停止闸门启闭，焊接修复
12	制动器	开裂	制动力矩过大或受力不均	制动轮表出现裂纹，制动块受损	较小风险	检查	外观检查有无裂纹	90	检修	对制动轮补焊、打磨、更换，对制动块更换	12	停止闸门启闭，对制动轮补焊、打磨、更换，对制动块更换
13		异常磨损	制动间隔过小或受力不均	制动块磨损、制动间隙变大、制动失灵	较小风险	检查	外观检查有无磨损细微粉末	90	更换	更换制动块	12	停车更换制动块
14		渗油	密封损坏渗油	液压油渗出	较小风险	检查	检查制液压动器油位	90	检修	更换密封、补充液压油	12	停车更换密封、注液压油
15		功能失效	弹簧年久疲软	制动块磨损、制动间隙变大、制动失灵	较小风险	检查	检查制动器位置无异常	90	检修	调整制动螺杆、收紧弹簧受力、更换弹簧	12	调整制动螺杆、收紧弹簧受力、停车后更换弹簧
16	电机	卡涩	电机启动力矩过大或受力不均	轴承有异常的金属撞击和卡涩声音	较小风险	检查	检查轴承有无有异常的金属撞击和卡涩	90	更换	更换轴承	12	停止电机运行，更换轴承
17		老化	受潮、绝缘老化、短路	电机处有烧焦异味、电机温高	较小风险	检查	检查电机绕组绝缘	90	检修	更换绕组	12	停止电机运行，更换绕组

续表

序号	部件	故障条件			风险等级	日常控制措施			定期检修维护			临时措施
		模式	原因	现象		措施	检查方法	周期（天）	措施	检修方法	周期（月）	
18	电机	断裂	启动力矩过大或受力不均	轴弯曲、断裂	中等风险	检查	检查电机轴有无弯曲断裂	90	检修	校正、更换电机轴	12	停止电机运行，校正、更换电机轴
19	变频装置	过压	输入缺相、电压电路板老化受潮	过电压报警	较小风险	检查	检测输入三相电压正常，检查加热器正常投入	90	检修	检查相电压、加热除湿更换电压测量电路板	12	停止闸门启闭，处理过压故障
20		欠压	输入缺相、电压电路板老化受潮	欠压报警	较小风险	检查	检测输入三相电压正常，检查加热器正常投入	90	检修	检查相电压、加热除湿更换电压测量电路板	12	停止闸门启闭，处理欠压故障
21		过流	加速时间设置太短、电流上限设置太小、转矩增大	上电就跳闸	较小风险	检查	核对电流参数设置、检查闸门启闭有无卡阻	90	检修	校正电流参数设置、检查闸门启闭有无卡阻	12	停止闸门启闭，处理过流故障
22	行程开关	行程失调	行程开关机械卡涩、线路松动	不动作、误动作、超限无法停止	较小风险	检查	检查机械行程有无卡阻、线路有无松动脱落	90	检修	检查机械行程、紧固线路	12	停止闸门启闭，检查行程开关
23	锁定梁	松动	闸门受力不均、螺栓固定不牢	闸门晃动	较小风险	检查	核对电流参数设置、检查闸门启闭有无卡阻	90	检修	校正电流参数设置、检查闸门启闭有无卡阻	12	调整锁定梁平衡、锁紧固定螺栓
24		变形	关闭时下降速度太快、钢丝绳受力不均	闸门启闭和钢丝绳收放速度太快	较小风险	检查	外观检查有无弯曲变形	90	检修	锁定梁校正、更换	12	检查是否超过荷载，停止闸门启闭

39 大坝集水井深井泵

设备风险评估表

区域：大坝　　系统：抽排水系统　　设备：大坝集水井深井泵

序号	部件	故障条件			故障影响			故障损失			风险值	风险等级
		模式	原因	现象	系统	设备	部件	经济损失	生产中断	设备损坏		
1	电机	卡涩	电机启动力矩过大或受力不均、轴承缺油	电机有金属撞击和卡涩声音	无	影响深井泵抽排水	电机轴承损伤	无	无	经维修后可恢复设备性能	4	较小风险
2		短路	受潮、绝缘老化、短路	电机处有烧焦异味、电机温高	无	影响深井泵抽排水	电机绕组烧坏	可能造成设备或财产损失1万元以下	无	经维修后可恢复设备性能	6	中等风险
3		松动	启动、运行产生的振动	紧固螺栓松动	无	无	电机摆动	无	无	经维修后可恢复设备性能	4	较小风险
4	电机轴	变形	电机启动时力矩过大	电机有异常的金属撞击和卡涩声音	无	影响深井泵抽排水	轴弯曲	无	无	经维修后可恢复设备性能	4	较小风险
5		断裂	电机启动时力矩过大	电机有异常的金属撞击和卡涩声音	无	影响深井泵抽排水	轴弯曲、断裂	可能造成设备或财产损失1万元以下	无	经维修后可恢复设备性能	6	中等风险
6	泵座	松动	启动、运行的振动	泵座抖动、螺栓松脱	无	电机与水泵轴线偏移，振动损坏深井泵	泵座渗水	无	无	经维修后可恢复设备性能	4	较小风险
7		锈蚀	内部汽蚀、外部脱漆、受潮、氧化	出现锈斑、麻坑	无	无	锈蚀损伤	无	无	经维修后可恢复设备性能	4	较小风险
8		开裂	泵座振动、异物碰撞	出现裂纹，渗水	无	影响深井泵抽排水	泵座损坏渗水	可能造成设备或财产损失1万元以下	无	经维修后可恢复设备性能	6	中等风险
9	联轴器	松动	启动、运行的水力振动	联轴器螺纹磨损间隙偏大，有异常的金属撞击	无	无	联轴器损伤	无	无	经维修后可恢复设备性能	4	较小风险

续表

序号	部件	故障条件			故障影响			故障损失			风险值	风险等级
		模式	原因	现象	系统	设备	部件	经济损失	生产中断	设备损坏		
10	联轴器	脱落	启动、运行的水力振动	水泵无法抽排上水	无	深井泵无法上水	联轴器损伤	无	无	经维修后可恢复设备性能	4	较小风险
11	支架	松动	启动、运行的水力振动	传动轴摆度增大，有异常的金属撞击	无	无	支架损伤	无	无	经维修后可恢复设备性能	4	较小风险
12		脱落	启动、运行的水力振动	传动轴摆度增大，有异常的金属撞击	无	深井泵无法上水	支架损伤	无	无	经维修后可恢复设备性能	4	较小风险
13	传动轴	脱落	联轴器损坏脱落	水泵无法抽排上水	无	深井泵无法上水	传动轴脱落	无	无	经维修后可恢复设备性能	4	较小风险
14		断裂	水泵启动时力矩过大	水泵扬水管有异常的金属撞击和卡涩声音	无	深井泵无法上水	轴弯曲、断裂	可能造成设备或财产损失1万元以下	无	经维修后可恢复设备性能	6	中等风险
15	扬水管	松动	深井泵运行抽水振动	抽水时扬水管有摆动现象	无	深井泵损坏	扬水管损伤	无	无	经维修后可恢复设备性能	4	较小风险
16		锈蚀	潮湿、脱漆、氧化	出现锈斑、麻坑	无	无	锈蚀损伤	无	无	经维修后可恢复设备性能	4	较小风险
17	叶轮轴	脱落	联轴器损坏脱落	水泵无法抽排上水	无	水无法上水	叶轮轴脱落	无	无	经维修后可恢复设备性能	4	较小风险
18		断裂	水泵启动时力矩过大	水泵扬水管有异常的金属撞击和卡涩声音	无	水泵无法上水	叶轮轴损坏	可能造成设备或财产损失1万元以下	无	经维修后可恢复设备性能	6	中等风险
19	叶轮	异常磨损	水泵轴心偏移、水质含砂含泥量大	水泵抽排水异常	无	水泵无法上水	叶轮损伤	无	无	经维修后可恢复设备性能	4	较小风险
20	导流壳	异常磨损	水质含砂含泥量大	导流壳磨损大	无	水泵无法上水	导流壳损伤	无	无	经维修后可恢复设备性能	4	较小风险
21	滤水管	堵塞	异物堵塞吸水孔	水泵抽排水异常	无	水泵无法上水	滤水管堵塞	无	无	经维修后可恢复设备性能	4	较小风险
22		脱落	启动、运行的水力振动	水泵扬水管有异常的撞击和卡涩声音	无	水泵上水异常	滤水管损伤	无	无	经维修后可恢复设备性能	4	较小风险

续表

序号	部件	故障条件			故障影响			故障损失			风险值	风险等级
		模式	原因	现象	系统	设备	部件	经济损失	生产中断	设备损坏		
23	逆止阀	碎裂	阀瓣老化、压力过大或撞击	介质回流	无	水介质回流	逆止阀损伤	无	无	经维修后可恢复设备性能	4	较小风险
24		漏水	阀门密封老化、螺栓松动	内漏关闭不严、外漏	无	阀门漏水	性能下降	无	无	经维修后可恢复设备性能	4	较小风险
25	阀门	行程失调	阀芯卡涩	不能正常启闭	无	影响排水	阀芯损坏	无	无	经维修后可恢复设备性能	4	较小风险
26		漏水	阀门杆密封填料老化、螺栓松动	内漏关闭不严、外漏	无	影响排水	阀体损坏	无	无	经维修后可恢复设备性能	4	较小风险
27	软启动装置	老化	电气元件老化、绝缘降低	软启动装置外壳温度过高	无	深井泵无法正常启闭	性能下降	无	无	经维修后可恢复设备性能	4	较小风险
28		控制失效	控制元件老化	不能自动启动	无	深井泵无法正常启闭	性能失效	无	无	经维修后可恢复设备性能	4	较小风险
29	二次回路	松动	二次回路端子处连接不牢固	线路发热、脱落	无	深井泵不能自动控制	二次电缆损伤	无	无	经维修后可恢复设备性能	4	较小风险
30		短路	线路老化、绝缘降低	线路发热、电缆有烧焦异味	无	影响深井泵自动控制	电缆损坏	可能造成设备或财产损失1万元以下	无	经维修后可恢复设备性能	6	中等风险
31	管路	锈蚀	管路脱漆	锈斑、麻坑、起层的片状分离现象、渗漏	无	无	管道损伤	无	无	经维修后可恢复设备性能	4	较小风险
32		堵塞	异物卡阻	排水水压不足	无	影响排水	管道损伤	无	无	经维修后可恢复设备性能	4	较小风险
33	电源模块	短路	粉尘、高温、老化	设备失电	不能正常运行	不能正常运行	电源模块损坏	无	主要备用设备退出备用24h以内	经维修后可恢复设备性能	8	中等风险
34		漏电	静电击穿	设备失电	不能正常运行	不能正常运行	电源模块损坏	无	主要备用设备退出备用24h以内	经维修后可恢复设备性能	8	中等风险
35	CPU模块	开路	CPU针脚接触不良	无法正常启动	功能失灵	不能正常运行	CPU模块损坏	无	主要备用设备退出备用24h以内	经维修后可恢复设备性能	8	中等风险

续表

序号	部件	故障条件			故障影响			故障损失			风险值	风险等级
		模式	原因	现象	系统	设备	部件	经济损失	生产中断	设备损坏		
36	CPU模块	CPU供电故障	CPU电压设置不正常	无法正常启动	功能失灵	不能正常运行	CPU模块损坏	无	主要备用设备退出备用24h以内	经维修后可恢复设备性能	8	中等风险
37	通信模块	通信中断	系统不兼容、IP地址混乱、短路	不能正常传输数据、终端上无显示	不能接收数据	不能正常运行	无	无	主要备用设备退出备用24h以内	经维修后可恢复设备性能	8	中等风险
38		松动	接口松动	无法收发数据	无	无法监控	松动脱落	无	无	经维修后可恢复设备性能	4	较小风险
39	采集模块	功能失效	硬件故障	数据无法传输、采集液晶显示不正常	不能采集数据	不能正常运行	采集模块损坏	无	主要备用设备退出备用24h以内	经维修后可恢复设备性能	8	中等风险
40		松动	接口松动	无法收发数据	无	无法监控	松动脱落	无	无	经维修后可恢复设备性能	4	较小风险
41	开出模块	功能失效	输入电压过高	系统无法正常工作、烧毁电路	不能正常操作	对设备影响	模块损坏	无	主要备用设备退出备用24h以内	经维修后可恢复设备性能	8	中等风险
42		松动	接口松动	无法收发数据	无	无法监控	松动脱落	无	无	经维修后可恢复设备性能	4	较小风险
43	继电器	功能失效	电源异常、线圈损坏	不能动作	无	影响自动控制功能	继电器损坏	无	无	经维修后可恢复设备性能	4	较小风险
44		松动	接口松动	无法收发数据	无	无法监控	松动脱落	无	无	经维修后可恢复设备性能	4	较小风险
45	水位计	功能失效	浮子式和压力式元件老化、电缆破损	数据无规则跳动、无显示	无	影响深井泵启停	水位传感失效	无	无	经维修后可恢复设备性能	4	较小风险

设备风险控制卡

区域：大坝　　系统：抽排水系统　　设备：大坝集水井深井泵

序号	部件	故障条件			风险等级	日常控制措施			定期检修维护			临时措施
		模式	原因	现象		措施	检查方法	周期（天）	措施	检修方法	周期（月）	
1	电机	卡涩	电机启动力矩过大或受力不均、轴承缺油	电机有金属撞击和卡涩声音	较小风险	检查	检查轴承有无有异常的金属撞击和卡涩	7	更换	更换轴承	12	停止故障水泵，投入备用水泵抽排水

续表

序号	部件	故障条件			风险等级	日常控制措施			定期检修维护			临时措施
		模式	原因	现象		措施	检查方法	周期（天）	措施	检修方法	周期（月）	
2	电机	短路	受潮、绝缘老化、短路	电机处有烧焦异味、电机温高	中等风险	检查	检测电机绕组绝缘	7	更换	更换绕组	12	停止故障水泵，投入备用水泵抽排水
3		松动	启动、运行产生的振动	紧固螺栓松动	较小风险	检查	检查电机紧固螺栓是否松动	7	紧固	紧固螺栓	12	停泵紧固螺栓，更换备用泵抽水
4	电机轴	变形	电机启动时力矩过大	电机有异常的金属撞击和卡涩声音	较小风险	检查	检查试转设备有无异常的金属撞击和卡涩声音	7	检修	校正、更换电机轴	12	停止故障水泵，投入备用水泵抽排水
5		断裂	电机启动时力矩过大	电机有异常的金属撞击和卡涩声音	中等风险	检查	检查试转设备有无异常的金属撞击和卡涩声音	7	更换	更换电机轴	12	停止故障水泵，投入备用水泵抽排水
6	泵座	松动	启动、运行的振动	泵座抖动、螺栓松脱	较小风险	检查	检查试转深井泵，检查泵座是否松动	7	紧固	检查紧固连接螺母	12	停止故障水泵，紧固连接螺母，投入备用水泵抽排水
7		锈蚀	内部汽蚀、外部脱漆、受潮、氧化	出现锈斑、麻坑	较小风险	检查	检查锈蚀范围扩大、加深	7	检修	除锈、防腐	12	防腐保养
8		开裂	泵座振动、异物碰撞	出现裂纹，渗水	中等风险	检查	检查本体外观上有无裂纹、渗水	7	更换	更换泵座	12	停止故障水泵，投入备用水泵抽排水
9	联轴器	松动	启动、运行的水力振动	联轴器螺纹磨损间隙偏大，有异常的金属撞击	较小风险	检查	检查联轴器是否松动	7	更换	更换联轴器	12	停止故障水泵，投入备用水泵抽排水
10		脱落	启动、运行的水力振动	水泵无法抽排上水	较小风险	检查	检查联轴器是否脱落	7	更换	更换联轴器	12	停止故障水泵，投入备用水泵抽排水
11	支架	松动	启动、运行的水力振动	传动轴摆度增大，有异常的金属撞击	较小风险	检查	检查支架是否松动	7	紧固	紧固支架	12	停止故障水泵，投入备用水泵抽排水
12		脱落	启动、运行的水力振动	传动轴摆度增大，有异常的金属撞击	较小风险	检查	检查支架是否脱落	7	更换	更换支架	12	停止故障水泵，投入备用水泵抽排水
13	传动轴	脱落	联轴器损坏脱落	水泵无法抽排上水	较小风险	检查	检查联轴器是否脱落	7	检修	更换联轴器，紧固传动轴	12	停止故障水泵，投入备用水泵抽排水

续表

序号	部件	故障条件			风险等级	日常控制措施			定期检修维护			临时措施
		模式	原因	现象		措施	检查方法	周期（天）	措施	检修方法	周期（月）	
14	传动轴	断裂	水泵启动时力矩过大	水泵扬水管有异常的金属撞击和卡涩声音	中等风险	检查	检查试转设备有无异常的金属撞击和卡涩声音	7	更换	更换传动轴	12	停止故障水泵，投入备用水泵抽排水
15	扬水管	松动	深井泵运行抽水振动	抽水时扬水管有摆动现象	较小风险	检查	检查运行声音是否正常、扬水管摆动是否正常	7	检修	处理扬水管边接口，紧固扬水管	12	停止故障水泵，投入备用水泵抽排水
16		锈蚀	潮湿、脱漆、氧化	出现锈斑、麻坑	较小风险	检查	检查锈蚀范围扩大、加深	7	检修	除锈、防腐	12	防腐保养
17	叶轮轴	脱落	联轴器损坏脱落	水泵无法抽排上水	较小风险	检查	检查联轴器是否脱落	7	检修	更换联轴器，紧固叶轮轴	12	停止故障水泵，投入备用水泵抽排水
18		断裂	水泵启动时力矩过大	水泵扬水管有异常的金属撞击和卡涩声音	中等风险	检查	检查试转设备有无异常的金属撞击和卡涩声音	7	更换	更换叶轮轴	12	停止故障水泵，投入备用水泵抽排水
19	叶轮	异常磨损	水泵轴心偏移、水质含砂含泥量大	水泵抽排水异常	较小风险	检查	检查水泵上水是否正常	7	更换	更换叶轮	12	停止故障水泵，投入备用水泵抽排水
20	导流壳	异常磨损	水质含砂含泥量大	导流壳磨损大	较小风险	检查	检查水泵上水是否正常	7	更换	更换导流壳	12	停止故障水泵，投入备用水泵抽排水
21	滤水管	堵塞	异物堵塞吸水孔	水泵抽排水异常	较小风险	检查	检查滤水管是否堵塞	7	检修	清理、清除吸水孔异物	12	停止故障水泵，投入备用水泵抽排水清除异物
22		脱落	启动、运行的水力振动	水泵扬水管有异常的撞击和卡涩声音	较小风险	检查	检查滤水管是否脱落	7	检修	回装、紧固滤水管	12	停止故障水泵，回装、紧固滤水管
23	逆止阀	碎裂	阀瓣老化、压力过大或撞击	介质回流	较小风险	检查	检查排水压力是否在设定范围、检查压力变化情况	7	更换	更换逆止阀	12	检查压力变化情况，关闭前后检修阀进行清理
24		漏水	阀门密封老化、螺栓松动	内漏关闭不严、外漏	较小风险	检查	外观检查、紧固螺栓	7	检修	更换填料、收紧紧固螺栓	12	紧固螺栓、更换逆止阀
25	阀门	行程失调	阀芯卡涩	不能正常启闭	较小风险	检查	外观检查、润滑保养	7	检修	润滑保养、阀芯调整、异物清理	12	更换逆止阀
26		漏水	阀门杆密封填料老化、螺栓松动	内漏关闭不严、外漏	较小风险	检查	外观检查、紧固螺栓	7	检修	更换填料、收紧紧固螺栓	12	紧固螺栓、手动调整行程

续表

序号	部件	故障条件			风险等级	日常控制措施			定期检修维护			临时措施
		模式	原因	现象		措施	检查方法	周期（天）	措施	检修方法	周期（月）	
27	软启动装置	老化	电气元件老化、绝缘降低	软启动装置外壳温度过高	较小风险	检查	检查软启动装置装置有无过热、灼伤痕迹	7	更换	更换软启动装置	12	停止故障水泵紧固连接螺母，投入备用水泵抽排水
28		控制失效	控制元件老化	不能自动启动	较小风险	检查	检查控制单元有无输入、输出信号	7	检修	检测软启动装置控制回路	12	手动停止闸门启闭，调换弧形闸门泄洪
29	二次回路	松动	二次回路端子处连接不牢固	线路发热、脱落	较小风险	检查	检二次回路连接是否牢固	7	紧固	紧固端子及连接处	12	检查二次回路，紧固端子及连接处
30		短路	线路老化、绝缘降低	线路发热、电缆有烧焦异味	中等风险	检查	检二次回路连接是否牢固	7	检修	紧固端子、二次回路检查	12	切断电源，更换损坏电缆线
31	管路	锈蚀	管路脱漆	锈斑、麻坑、起层的片状分离现象、渗漏	较小风险	检查	外观检查	7	检修	除锈、防腐	12	关闭阀门后进行堵漏、补焊
32		堵塞	异物卡阻	排水水压不足	较小风险	检查	检查消防管水压	7	检修	疏通清理异物	12	清理疏通管道
33	电源模块	短路	粉尘、高温、老化	设备失电	中等风险	清扫	测量电源模块是否有输出电压、电流，以及电压、电流值是否异常	7	检修	更换、维修电源模块	12	安排值班人员到现场监视运行，并立即组织消缺
34		漏电	静电击穿	设备失电	中等风险	检查	测量电源模块是否有输出电压、电流，以及电压、电流值是否异常	7	检修	更换、维修电源模块	12	安排值班人员到现场监视运行，并立即组织消缺
35	CPU模块	开路	CPU 针脚接触不良	无法正常启动	中等风险	检查	看设备是否能正常运行	7	检修	拆下 CPU，用一个干净的小牙刷清洁 CPU，轻轻地擦拭 CPU 的针脚，将氧化物及锈迹去掉	12	安排值班人员到现场监视运行，并立即组织消缺
36		CPU供电故障	CPU 电压设置不正常	无法正常启动	中等风险	检查	检查 CPU 是否正常供电	7	检修	将 cmos 放电，将 Bios 设置恢复到出厂时的初始设置	12	重新启动
37	通信模块	通信中断	系统不兼容、IP 地址混乱、短路	不能正常传输数据、终端上无显示	中等风险	检查	检查所有传输值是否正常	7	检修	重新梳理 IP、更新软件	12	安排值班人员到现场监视运行，并立即组织消缺

续表

序号	部件	故障条件			风险等级	日常控制措施			定期检修维护			临时措施
		模式	原因	现象		措施	检查方法	周期（天）	措施	检修方法	周期（月）	
38	通信模块	松动	接口松动	无法收发数据	较小风险	检查	检查接口是否有松动现象	30	检修	逐一进行紧固	12	插入紧固
39	采集模块	功能失效	硬件故障	数据无法传输、采集液晶显示不正常	中等风险	检查	检查采集液晶显示是否正常	7	检修	更换采集终端	12	安排值班人员到现场监视运行，并立即组织消缺
40		松动	接口松动	无法收发数据	较小风险	检查	检查接口是否有松动现象	30	检修	逐一进行紧固	12	插入紧固
41	开出模块	功能失效	输入电压过高	系统无法正常工作、烧毁电路	中等风险	检查	测量输入电压	7	检修	更换输出模块	12	选择备用装置运行
42		松动	接口松动	无法收发数据	较小风险	检查	检查接口是否有松动现象	30	检修	逐一进行紧固	12	插入紧固
43	继电器	功能失效	电源异常、线圈损坏	不能动作	较小风险	检查	检查电源指示灯是否正常、触电有无粘连	7	检修	更换继电器	12	检查电源指示灯是否正常、触电有无粘连
44		松动	接口松动	无法收发数据	较小风险	检查	检查接口是否有松动现象	30	检修	逐一进行紧固	12	紧固插件
45	水位计	功能失效	浮子式和压力式元件老化、电缆破损	数据无规则跳动、无显示	较小风险	检查	检测位置传感器及电缆传输信号正常	7	检修	更换浮子式和压力式传感器、修复电缆	12	浮子式和压力式传感器互为备用

40 电梯

设备风险评估表

区域：大坝　　系统：起重机械　　设备：电梯

序号	部件	故障条件			故障影响			故障损失			风险值	风险等级
		模式	原因	现象	系统	设备	部件	经济损失	生产中断	设备损坏		
1	滑轮	卡涩	异物卡涩、润滑不足	电梯升降缓慢、抖动	无	电梯无法正常启闭	滑轮损伤	无	无	经维修后可恢复设备性能	4	较小风险
2	滑轮	变形	受力不均	电梯升降缓慢、抖动	无	电梯无法正常启闭	滑轮损伤	无	无	经维修后可恢复设备性能	4	较小风险
3	钢丝绳	断股	钢丝绳运行超载	钢丝绳断裂	无	电梯无法正常启闭	钢丝绳损坏	可能造成设备或财产损失1万元以下	无	设备报废，需要更换新设备或经维修后设备可以维持使用，性能影响50%及以上	10	较大风险
4	钢丝绳	变形	从滑轮中拉出的位置和滚筒中的缠绕方式不正确	扭曲变形、折弯	无	电梯无法正常启闭	钢丝绳损伤	无	无	设备报废，需要更换新设备或经维修后设备可以维持使用，性能影响50%及以上	8	中等风险
5	钢丝绳	断丝	磨损、受力不均	钢丝绳断丝	无	电梯无法正常启闭	钢丝绳损伤	无	无	经维修后可恢复设备性能	4	较小风险
6	钢丝绳	扭结	钢丝绳放量过长，过启闭或收放过快	钢丝绳打结、折弯，闸门不平衡	无	电梯无法正常启闭	钢丝绳损伤	无	无	经维修后可恢复设备性能	4	较小风险
7	钢丝绳	挤压	钢丝绳放量过长，收放绳时归位不到位	受闸门、滑轮、卷筒挤压出现扁平现象	无	电梯无法正常启闭	钢丝绳损伤	无	无	经维修后可恢复设备性能	4	较小风险
8	钢丝绳	锈蚀	日晒、风霜雨雪侵蚀	出现锈斑现象	无	无	钢丝绳锈蚀损伤	无	无	经维修后可恢复设备性能	4	较小风险

续表

序号	部件	故障条件			故障影响			故障损失			风险值	风险等级
		模式	原因	现象	系统	设备	部件	经济损失	生产中断	设备损坏		
9	缓冲器	锈蚀	潮湿的环境	表面氧化物	无	无	导轨损伤	无	无	经维修后可恢复设备性能	4	较小风险
10	限速器	龟裂	启闭受力不均或冲击力过大	行程升降不到位	无	无	损伤	无	无	经维修后可恢复设备性能	4	较小风险
11	限速器	变形	启闭受力不均或冲击力过大	行程升降不到位	无	无	损伤	无	无	经维修后可恢复设备性能	4	较小风险
12	限速器	磨损	启闭受力不均，钢丝绳收放过程磨损沟槽	行程升降不到位	无	无	损伤	无	无	设备性能无影响	2	轻微风险
13	制动器	龟裂	制动力矩过大或受力不均	制动轮表出现裂纹，制动块受损	无	无	制动轮损坏、制动块损坏、制动间隙变大	可能造成设备或财产损失1万元以下	无	经维修后可恢复设备性能	6	中等风险
14	制动器	损坏	制动间隔过小或受力不均	制动块磨损、制动间隙变大、制动失灵	无	无法制动	制动块损伤	无	无	经维修后可恢复设备性能	4	较小风险
15	制动器	疲软	弹簧年久疲软	制动块磨损、制动间隙变大、制动失灵	无	闸门有下滑现象	制动异常	无	无	经维修后可恢复设备性能	4	较小风险
16	电机	过热	启动力矩过大或受力不均	有异常的金属撞击和卡涩声音	无	闸门无法启闭	轴承损伤	无	无	经维修后可恢复设备性能	4	较小风险
17	电机	短路	受潮或绝缘老化、短路	电机处有烧焦异味、电机温高	无	闸门无法启闭	绕组烧坏	可能造成设备或财产损失1万元以下	无	经维修后可恢复设备性能	6	中等风险
18	电机	断裂	启动力矩过大或受力不均	轴弯曲、断裂	无	闸门无法启闭	制动异常	可能造成设备或财产损失1万元以下	无	经维修后可恢复设备性能	6	中等风险
19	电源模块	开路	锈蚀、过流	设备失电	无	不能正常运行	性能失效	无	无	经维修后可恢复设备性能	4	较小风险
20	电源模块	短路	粉尘、高温、老化	设备失电	无	不能正常运行	电源模块损坏	可能造成设备或财产损失1万元以下	无	经维修后可恢复设备性能	6	中等风险

续表

序号	部件	故障条件			故障影响			故障损失			风险值	风险等级
		模式	原因	现象	系统	设备	部件	经济损失	生产中断	设备损坏		
21	电源模块	漏电	静电击穿	设备失电	无	不能正常运行	性能失效	无	无	经维修后可恢复设备性能	4	较小风险
22		烧灼	老化、短路	设备失电	无	不能正常运行	性能失效	无	无	经维修后可恢复设备性能	4	较小风险
23	输入模块	开路	锈蚀、过流	设备失电	无	不能正常运行	性能失效	无	无	经维修后可恢复设备性能	4	较小风险
24		短路	粉尘、高温、老化	设备失电	无	不能正常运行	输入模块损坏	可能造成设备或财产损失1万元以下	无	经维修后可恢复设备性能	6	中等风险
25	输出模块	开路	锈蚀、过流	设备失电	无	不能正常运行	性能失效	无	无	经维修后可恢复设备性能	4	较小风险
26		短路	粉尘、高温、老化	设备失电	无	不能正常运行	输出模块损坏	可能造成设备或财产损失1万元以下	无	经维修后可恢复设备性能	6	中等风险
27	接线端子	松动	端子紧固螺栓松动	装置无显示	无	无	无	无	无	经维修后可恢复设备性能	4	较小风险
28	变频装置	过压	输入缺相、电压电路板老化受潮	过电压报警	无	运行异常	性能失效	无	无	经维修后可恢复设备性能	4	较小风险
29		欠压	输入缺相、电压电路板老化受潮	欠压报警	无	不能运行	性能失效	无	无	设备性能无影响	2	轻微风险
30		过流	加速时间设置太短、电流上限设置太小、转矩增大	上电就跳闸	无	运行异常	性能失效	无	无	经维修后可恢复设备性能	4	较小风险
31		短路	粉尘、高温	设备失电	无	不能正常运行	变频装置损坏	可能造成设备或财产损失1万元以下	无	经维修后可恢复设备性能	6	中等风险
32	行程开关	行程失调	行程开关机械卡涩、线路松动	不动作、误动作、超限无法停止	无	闸门无法启闭	性能失效	无	无	经维修后可恢复设备性能	4	较小风险
33		短路	潮湿、老化	设备失电	无	不能正常运行	损坏	可能造成设备或财产损失1万元以下	无	经维修后可恢复设备性能	6	中等风险

续表

序号	部件	故障条件			故障影响			故障损失			风险值	风险等级
		模式	原因	现象	系统	设备	部件	经济损失	生产中断	设备损坏		
34	导轨	卡涩	异物卡涩、润滑不足、传动机构损坏	桥箱升降缓慢、抖动	无	电梯无法正常运行	导轨损伤	无	无	经维修后可恢复设备性能	4	较小风险
35	导轨	变形	受力不均、长时间满载	桥箱抖动	无	电梯无法正常运行	导轨损伤	可能造成设备或财产损失1万元以下	无	经维修后可恢复设备性能	6	中等风险
36	导轨	锈蚀	潮湿的环境	表面氧化物	无	无	导轨损伤	无	无	经维修后可恢复设备性能	4	较小风险
37	对重	松动	对重受力平衡	上电就跳闸	无	无	无	无	无	经维修后可恢复设备性能	4	较小风险
38	对重	变形	关闭时下降速度太快、钢丝绳受力不均	闸门启闭和钢丝绳收放速度太快	无	无	吊点弯曲	无	无	经维修后可恢复设备性能	4	较小风险

设备风险控制卡

区域：大坝　　系统：起重机械　　设备：电梯

序号	部件	故障条件			风险等级	日常控制措施			定期检修维护			临时措施
		模式	原因	现象		措施	检查方法	周期（天）	措施	检修方法	周期（月）	
1	滑轮	卡涩	异物卡涩、润滑不足	电梯升降缓慢、抖动	较小风险	检查	检查有无异物和滑轮保养情况	15	检修	清理异物、除锈、润滑保养	12	清理异物、除锈、润滑保养
2	滑轮	变形	受力不均	电梯升降缓慢、抖动	较小风险	检查	外观检查有无变形	15	更换	校正、更换	12	加强监视，操作至检修平台固定，校正滑轮
3	钢丝绳	断股	钢丝绳运行超载	钢丝绳断裂	较大风险	检查	外观检查有无断股	15	更换	更换	12	加强监视，操作至检修平台固定，更换钢丝绳
4	钢丝绳	变形	从滑轮中拉出的位置和滚筒中的缠绕方式不正确	扭曲变形、折弯	中等风险	检查	外观检查有无变形	5	更换	更换	12	加强监视，操作至检修平台处理
5	钢丝绳	断丝	磨损、受力不均	钢丝绳断丝	较小风险	检查	外观检查有无断丝	15	更换	清理异物、校正轨道	12	加强监视，操作至检修平台固定，更换钢丝绳
6	钢丝绳	扭结	钢丝绳放量过长，过启闭或收放过快	钢丝绳打结、折弯，闸门不平衡	较小风险	检查	外观检查有无扭结	15	检修	校正、更换	12	加强监视，操作至检修平台处理

续表

序号	部件	故障条件			风险等级	日常控制措施			定期检修维护			临时措施
		模式	原因	现象		措施	检查方法	周期（天）	措施	检修方法	周期（月）	
7	钢丝绳	挤压	钢丝绳放量过长，收放绳时归位不到位	受闸门、滑轮、卷筒挤压出现扁平现象	较小风险	检查	外观检查有无挤压	15	检修	校正、更换	12	加强监视，操作至检修平台处理
8		锈蚀	日晒、风霜雨雪侵蚀	出现锈斑现象	较小风险	检查	检查锈蚀范围变化	15	检修	除锈、润滑保养	12	加强监视，操作至检修平台处理
9	缓冲器	锈蚀	潮湿的环境	表面氧化物	较小风险	检查	定期防腐	365	检修	打磨、除锈、防腐	12	
10	限速器	龟裂	启闭受力不均或冲击力过大	行程升降不到位	较小风险	检查	外观检查有无裂纹	5	检修	补焊、打磨、更换	12	断电停止操作，补焊、打磨、更换
11		变形	启闭受力不均或冲击力过大	行程升降不到位	较小风险	检查	外观检查有无变形	15	检修	变形校正、更换	12	变形校正、更换
12		磨损	启闭受力不均，钢丝绳收放过程磨损沟槽	行程升降不到位	轻微风险	检查	外观检查沟槽磨损	15	检修	补焊修复	12	焊接修复
13	制动器	龟裂	制动力矩过大或受力不均	制动轮表出现裂纹，制动块受损	中等风险	检查	外观检查有无裂纹	15	检修	对制动轮补焊、打磨、更换，对制动块更换	12	对制动片补焊、打磨、更换，对制动块更换
14		损坏	制动间隔过小或受力不均	制动块磨损细微粉末、制动间隙变大、制动失灵	较小风险	检查	外观检查有无磨损细微粉末	5	检修	更换制动块	12	停车更换制动块
15		疲软	弹簧年久疲软	制动块磨损、制动间隙变大、制动失灵	较小风险	检查	检查制动器位置无异常	15	检修	调整制动螺杆、收紧弹簧受力、更换弹簧	12	调整制动螺杆、收紧弹簧受力、停车后更换弹簧
16	电机	过热	启动力矩过大或受力不均	有异常的金属撞击和卡涩声音	较小风险	检查	检查轴承有无有异常的金属撞击和卡涩	15	更换	更换轴承	12	停止电机运行，更换轴承
17		短路	受潮或绝缘老化、短路	电机处有烧焦异味、电机温高	中等风险	检查	检查电机绕组绝缘	15	更换	更换绕组	12	停止电机运行，更换绕组
18		断裂	启动力矩过大或受力不均	轴弯曲、断裂	中等风险	检查	检查电机轴有无弯曲断裂	15	检修	校正、更换电机轴	12	停止电机运行，校正、更换电机轴
19	电源模块	开路	锈蚀、过流	设备失电	较小风险	检查	测量电源模块是否有输出电压、电流，以及电压、电流值是否异常	15	检修	更换、维修电源模块	12	停运处理

续表

序号	部件	故障条件			风险等级	日常控制措施			定期检修维护			临时措施
		模式	原因	现象		措施	检查方法	周期（天）	措施	检修方法	周期（月）	
20	电源模块	短路	粉尘、高温、老化	设备失电	中等风险	检查	测量电源模块是否有输出电压、电流，以及电压、电流值是否异常	15	检修	更换、维修电源模块	12	停运处理
21		漏电	静电击穿	设备失电	较小风险	检查	测量电源模块是否有输出电压、电流，以及电压、电流值是否异常	15	检修	更换、维修电源模块	12	停运处理
22		烧灼	老化、短路	设备失电	较小风险	检查	测量电源模块是否有输出电压、电流，以及电压、电流值是否异常	15	检修	更换、维修电源模块	12	停运处理
23	输入模块	开路	锈蚀、过流	设备失电	较小风险	检查	测量输入模块是否有输出电压、电流，以及电压、电流值是否异常	15	检修	更换、维修模块	12	停运处理
24		短路	粉尘、高温、老化	设备失电	中等风险	检查	测量输入模块是否有输出电压、电流，以及电压、电流值是否异常	15	检修	更换、维修模块	12	停运处理
25	输出模块	开路	锈蚀、过流	设备失电	较小风险	检查	测量输出模块是否有输出电压、电流，以及电压、电流值是否异常	15	检修	更换、维修模块	12	停运处理
26		短路	粉尘、高温、老化	设备失电	中等风险	检查	测量输出模块是否有输出电压、电流，以及电压、电流值是否异常	15	检修	更换、维修模块	12	停运处理
27	接线端子	松动	端子紧固螺栓松动	装置无显示	较小风险	检查	端子排各接线是否松动	15	加固	紧固端子、二次回路检查	12	紧固端子排端子
28	变频装置	过压	输入缺相、电压电路板老化受潮	过电压报警	较小风险	检查	检测输入三相电压正常	15	检修	测量三相电压	12	停止操作，处理过压故障
29		欠压	输入缺相、电压电路板老化受潮	欠压报警	轻微风险	检查	检测输入三相电压正常	15	检修	测量三相电压	12	停止操作，处理过压故障
30		过流	加速时间设置太短、电流上限设置太小、转矩增大	上电就跳闸	较小风险	检查	核对电流参数设置	15	检修	校正电流参数设置	12	停止操作，处理过流故障

续表

序号	部件	故障条件			风险等级	日常控制措施			定期检修维护			临时措施
		模式	原因	现象		措施	检查方法	周期（天）	措施	检修方法	周期（月）	
31	变频装置	短路	粉尘、高温	设备失电	中等风险	检查	清扫卫生	15	加固	清扫卫生、紧固端子	12	停运处理
32	行程开关	行程失调	行程开关机械卡涩、线路松动	不动作、误动作、超限无法停止	较小风险	检查	检查机械行程有无卡阻、线路有无松动脱落	180	检修	检查机械行程、紧固线路	12	停止闸门启闭，检查行程开关
33		短路	潮湿、老化	设备失电	中等风险	检查	定期试转	15	检修	更换	12	停运处理
34	导轨	卡涩	异物卡涩、润滑不足、传动机构损坏	桥箱升降缓慢、抖动	较小风险	检查	手动定期运行	15	检修	清理异物、润滑保养	12	清理异物、除锈、润滑保养
35		变形	受力不均、长时间满载	桥箱抖动	中等风险	检查	手动定期运行	15	检修	校正、更换	12	加强监视，校正导轨
36		锈蚀	潮湿的环境	表面氧化物	较小风险	检查	定期防腐	15	检修	打磨、除锈、防腐	12	打磨、除锈
37	对重	松动	对重受力平衡	上电就跳闸	较小风险	检查	紧固螺栓	15	检修	紧固螺栓	12	调整锁定梁平衡、锁紧固定螺栓
38		变形	关闭时下降速度太快、钢丝绳受力不均	闸门启闭和钢丝绳收放速度太快	较小风险	检查	外观检查有无弯曲变形	15	检修	定期效验	12	检查是否超过荷载，停止闸门启闭

41 弧形闸门液压控制系统

设备风险评估表

区域：大坝　　系统：水工金属结构系统　　设备：弧形闸门液压控制系统

序号	部件	故障条件			故障影响			故障损失			风险值	风险等级
		模式	原因	现象	系统	设备	部件	经济损失	生产中断	设备损坏		
1	油缸	渗油	密封圈老化、磨损	渗油	无	闸门无法正常启闭	密封件损伤	无	无	经维修后可恢复设备性能	4	较小风险
2	油缸	拉伤	异物卡涩、撞击	缸体有划痕、拉伤变形	无	闸门无法正常启闭	油缸损伤	无	无	经维修后可恢复设备性能	4	较小风险
3	油缸	松动	运行振动、受力	固定部位螺栓松动	无	闸门无法正常启闭	固定部件损伤	无	无	经维修后可恢复设备性能	4	较小风险
4	电机	卡涩	电机启动力矩过大或受力不均	轴承有异常的金属撞击和卡涩声音	无	闸门无法启闭	轴承损伤	无	无	经维修后可恢复设备性能	4	较小风险
5	电机	老化	受潮、绝缘老化、短路	电机处有烧焦异味、电机温高	无	闸门无法启闭	绕组烧坏	可能造成设备或财产损失1万元以下	无	经维修后可恢复设备性能	6	中等风险
6	电机	断裂	启动力矩过大或受力不均	轴弯曲、断裂	无	闸门无法启闭	制动异常	无	无	经维修后可恢复设备性能	4	较小风险
7	油泵	渗油	泵油振动使组合面密封损坏	组合面及溢流管渗油、油泵启动频繁	无	闸门无法正常启闭	液压装置密封损伤	无	无	经维修后可恢复设备性能	4	较小风险
8	油泵	异常磨损	油泵端面轴承磨损或卡滞导致油泵轴间隙太大	闸门启闭和钢丝绳收放速度太快、油泵启动频繁	无	闸门无法启闭	液压装置供油不足、油压偏低	无	无	经维修后可恢复设备性能	4	较小风险
9	油箱	渗油	密封圈老化、磨损	油箱有污垢	无	无	密封件损伤	无	无	经维修后可恢复设备性能	4	较小风险
10	油箱	锈蚀	环境气温变化侵蚀	外壳出现锈斑、麻坑、起层的片状分离现象	无	无	油箱外壳受损	无	无	设备性能无影响	2	轻微风险

续表

序号	部件	故障条件			故障影响			故障损失			风险值	风险等级
		模式	原因	现象	系统	设备	部件	经济损失	生产中断	设备损坏		
11	密封	变形	磨损、受力不均	扭曲变形、褶皱	无	闸门无法正常启闭、密封不良进水口渗水量大	扭曲变形、褶皱损伤	无	无	经维修后可恢复设备性能	4	较小风险
12		破损	异物卡阻、闸门受力不均、挤压	密封断裂破损	无	闸门无法正常启闭、密封不良进水口渗水量大	密封损伤	无	无	经维修后设备可以维持使用，性能影响50%及以下	6	中等风险
13	油管	破裂	油压力过高、受外力撞击	油管起鼓包、变形、渗油	无	闸门无法正常启闭、密封不良进水口渗水量大	油管损坏	可能造成设备或财产损失1万元以下	无	经维修后可恢复设备性能	6	中等风险
14		锈蚀	日晒、风霜雨雪侵蚀	出现锈斑、麻坑、起层的片状分离现象	无	无	锈蚀损伤	无	无	设备性能无影响	2	轻微风险
15	液压电控箱	老化	控制开关长期带电，加速老化	开关发热、绝缘降低造成击穿、短路	无	闸门无法启闭	绝缘性能下降	无	无	经维修后可恢复设备性能	4	较小风险
16	电源模块	短路	粉尘、高温、老化	设备失电	无	闸门无法启闭	电源模块损坏	无	主要备用设备退出备用24h以内	经维修后可恢复设备性能	8	中等风险
17		漏电	静电击穿	设备失电	无	闸门无法启闭	电源模块损坏	无	主要备用设备退出备用24h以内	经维修后可恢复设备性能	8	中等风险
18	CPU模块	开路	CPU针脚接触不良	无法正常启动	无	闸门无法启闭	CPU模块损坏	无	主要备用设备退出备用24h以内	经维修后可恢复设备性能	8	中等风险
19		CPU供电故障	CPU电压设置不正常	无法正常启动	无	闸门无法启闭	CPU模块损坏	无	主要备用设备退出备用24h以内	经维修后可恢复设备性能	8	中等风险
20	采集模块	功能失效	硬件故障	数据无法传输、采集液晶显示不正常	无	闸门无法启闭	采集模块损坏	无	主要备用设备退出备用24h以内	经维修后可恢复设备性能	8	中等风险
21		松动	接口松动	无法收发数据	无	闸门无法启闭	松动脱落	无	无	经维修后可恢复设备性能	4	较小风险

续表

序号	部件	故障条件			故障影响			故障损失			风险值	风险等级
		模式	原因	现象	系统	设备	部件	经济损失	生产中断	设备损坏		
22	开出模块	功能失效	输入电压过高	系统无法正常工作、烧毁电路	无	闸门无法启闭	模块损坏	无	主要备用设备退出备用24h以内	经维修后可恢复设备性能	8	中等风险
23		松动	接口松动	无法收发数据	无	闸门无法启闭	松动脱落	无	无	经维修后可恢复设备性能	4	较小风险
24	继电器	功能失效	电源异常、线圈损坏	不能动作		影响自动控制功能	继电器损坏	无	无	经维修后可恢复设备性能	4	较小风险
25		松动	接口松动	无法收发数据	无	无法监控	松动脱落	无	无	经维修后可恢复设备性能	4	较小风险
26	软启动	老化	绝缘老化	软启动外壳温度过高	无	闸门无法正常启闭	绝缘性能下降	无	无	经维修后可恢复设备性能	4	较小风险
27		控制失效	控制元件老化	不能自动启动	无	闸门无法启闭	控制单元失效	无	无	经维修后可恢复设备性能	4	较小风险
28	编码器	老化	元件老化	不能产生和输出正确信息	无	闸门无法正常启闭	绝缘性能下降	无	无	经维修后可恢复设备性能	4	较小风险
29		松动	连接电缆不牢、屏蔽接地线松动脱落	信号不稳定或中断	无	闸门无法正常启闭	性能降低	无	无	经维修后可恢复设备性能	4	较小风险
30		短路	粉尘、高温、老化	不能产生和输出正确信息	无	闸门无法正常启闭	编码器损坏	可能造成设备或财产损失1万元以下	无	经维修后可恢复设备性能	6	中等风险

设备风险控制卡

区域：大坝　　　　系统：水工金属结构系统　　　　设备：弧形闸门液压控制系统

序号	部件	故障条件			风险等级	日常控制措施			定期检修维护			临时措施
		模式	原因	现象		措施	检查方法	周期（天）	措施	检修方法	周期（月）	
1	油缸	渗油	密封圈老化、磨损	渗油	较小风险	检查	外观检查有无油污	180	检修	更换密封圈	12	停止闸门启闭，调换闸门泄洪
2		拉伤	异物卡涩、撞击	缸体有划痕、拉伤变形	较小风险	检查	外观检查有无损伤、渗油	180	检修	研磨活塞缸、更换密封圈、更换缸体	12	清理油缸异物
3		松动	运行振动、受力	固定部位螺栓松动	较小风险	检查	外观检查固定部位有无松动	180	检修	紧固固定部位	12	紧固固定部位及螺栓

续表

序号	部件	故障条件			风险等级	日常控制措施			定期检修维护			临时措施
		模式	原因	现象		措施	检查方法	周期（天）	措施	检修方法	周期（月）	
4	电机	卡涩	电机启动力矩过大或受力不均	轴承有异常的金属撞击和卡涩声音	较小风险	检查	检查轴承有无有异常的金属撞击和卡涩	90	检修	更换轴承	12	停止电机运行，更换轴承
5	电机	老化	受潮、绝缘老化、短路	电机处有烧焦异味、电机温高	中等风险	检查	检查电机绕组绝缘	90	检修	更换绕组	12	停止电机运行，更换绕组
6	电机	断裂	启动力矩过大或受力不均	轴弯曲、断裂	较小风险	检查	检查电机轴有无弯曲断裂	90	检修	校正、更换电机轴	12	停止电机运行，校正、更换电机轴
7	油泵	渗油	泵油振动使组合面密封损坏	组合面及溢流管渗油、油泵启动频繁	较小风险	检查	检查组合面及溢流管有无渗油、油泵泵油时间有无增大	180	更换	更换密封	12	紧固固定螺栓，择机更换密封
8	油泵	异常磨损	油泵端面轴承磨损或卡滞导致油泵轴间隙太大	闸门启闭和钢丝绳收放速度太快、油泵启动频繁	较小风险	检查	检查轴承间隙和磨损	180	更换	更换轴承	12	切换油泵运行，更换故障油泵轴承
9	油箱	渗油	密封圈老化、磨损	油箱有污垢	较小风险	检查	外观检查有无油污	180	检修	更换密封	12	紧固密封固定螺母
10	油箱	锈蚀	环境气温变化侵蚀	外壳出现锈斑、麻坑、起层的片状分离现象	轻微风险	检查	检查锈蚀范围扩大、加深	180	检修	打磨、防腐	12	对支臂打磨、防腐
11	密封	变形	磨损、受力不均	扭曲变形、褶皱	较小风险	检查	检查密封有无变形、褶皱	180	检修	校正、更换	12	停止闸门启闭，检修闸门就位，更换密封
12	密封	破损	异物卡阻、闸门受力不均、挤压	密封断裂破损	中等风险	检查	检查密封有无断裂破损	180	更换	更换密封	12	停止闸门启闭，检修闸门就位，更换密封
13	油管	破裂	油压力过高、受外力撞击	油管起鼓包、变形、渗油	中等风险	检查	检查管路有无鼓包变形，重物碰撞痕迹	180	检修	卸压、切割、更换管路、焊接、打磨、防腐	12	停止电机泵油，更换管路
14	油管	锈蚀	日晒、风霜雨雪侵蚀	出现锈斑、麻坑、起层的片状分离现象	轻微风险	检查	检查锈蚀范围扩大、加深	180	检修	探伤、打磨、防腐	12	检修闸门就位，对弧形闸门除锈、防腐
15	液压电控箱	老化	控制开关长期带电，加速老化	开关发热、绝缘降低造成击穿、短路	较小风险	检查	检查开关、电缆绝缘	180	检修	清扫电控柜、清洁电缆头、更换开关	12	断开故障点开关电源
16	电源模块	短路	粉尘、高温、老化	设备失电	中等风险	清扫	测量电源模块是否有输出电压、电流，以及电压、电流值是否异常	7	检修	更换、维修电源模块	12	安排值班人员到现场监视运行

续表

序号	部件	故障条件			风险等级	日常控制措施			定期检修维护			临时措施
		模式	原因	现象		措施	检查方法	周期（天）	措施	检修方法	周期（月）	
17	电源模块	漏电	静电击穿	设备失电	中等风险	检查	测量电源模块是否有输出电压、电流，以及电压、电流值是否异常	7	检修	更换、维修电源模块	12	安排值班人员到现场监视运行
18	CPU模块	开路	CPU针脚接触不良	无法正常启动	中等风险	检查	看设备是否能正常运行	7	检修	拆下CPU，用一个干净的小牙刷清洁CPU，轻轻地擦拭CPU的针脚，将氧化物及锈迹去掉	12	安排值班人员到现场监视运行
19		CPU供电故障	CPU电压设置不正常	无法正常启动	中等风险	检查	检查CPU是否正常供电	7	检修	将cmos放电，将Bios设置恢复到出厂时的初始设置	12	安排值班人员到现场监视运行
20	采集模块	功能失效	硬件故障	数据无法传输、采集液晶显示不正常	中等风险	检查	检查采集液晶显示是否正常	7	检修	更换采集终端	12	安排值班人员到现场监视运行
21		松动	接口松动	无法收发数据	较小风险	检查	检查接口是否有松动现象	30	检修	逐一进行紧固	12	安排值班人员到现场监视运行
22	开出模块	功能失效	输入电压过高	系统无法正常工作、烧毁电路	中等风险	检查	测量输入电压	7	检修	更换输出模块	12	安排值班人员到现场监视运行
23		松动	接口松动	无法收发数据	较小风险	检查	检查接口是否有松动现象	30	检修	逐一进行紧固	12	插入紧固
24	继电器	功能失效	电源异常、线圈损坏	不能动作	较小风险	检查	检查电源指示灯是否正常、触电有无粘连	7	检修	更换继电器	12	检查电源指示灯是否正常、触电有无粘连
25		松动	接口松动	无法收发数据	较小风险	检查	检查接口是否有松动现象	30	检修	逐一进行紧固	12	紧固插件
26	软启动	老化	绝缘老化	软启动外壳温度过高	较小风险	检查	检查软启动装置有无过热、灼伤痕迹	180	更换	更换软启	12	调换弧形闸门泄洪，更换软启动装置
27		控制失效	控制元件老化	不能自动启动	较小风险	检查	检查控制单元有无输入、输出信号	180	检修	检测软启动控制回路	12	手动停止闸门启闭，调换弧形闸门泄洪
28	编码器	老化	元件老化	不能产生和输出正确信息	较小风险	检查	检查编码器有无输出信号	180	检修	更换编码器	12	停止闸门启闭，调换弧形闸门溢洪，更换编码器

续表

序号	部件	故障条件			风险等级	日常控制措施			定期检修维护			临时措施
		模式	原因	现象		措施	检查方法	周期（天）	措施	检修方法	周期（月）	
29	编码器	松动	连接电缆不牢、屏蔽接地线松动脱落	信号不稳定或中断	较小风险	检查	检查电缆及屏蔽接地线连接牢固	180	检修	紧固连接部位	12	停止闸门启闭，检查紧固连接部位电缆及屏蔽接地线处
30		短路	粉尘、高温、老化	不能产生和输出正确信息	中等风险	检查	检查编码器有无输出信号	180	检修	更换编码器	12	停机处理

42 门式起重机

设备风险评估表

区域：大坝　　系统：起重机械　　设备：门式起重机

序号	部件	故障条件			故障影响			故障损失			风险值	风险等级
		模式	原因	现象	系统	设备	部件	经济损失	生产中断	设备损坏		
1	夹轨器	松动	夹轨器紧固部分松脱	夹轨器松动，行程不到位	无	无法正常停车	夹轨器松动	无	无	经维修后可恢复设备性能	4	较小风险
2		变形	夹轨器受力不均或冲击力过大	夹轨器变形，行程不到位	无	无法正常停车	夹轨器变形	无	无	经维修后可恢复设备性能	4	较小风险
3	锁锭	变形	锁锭受外力或冲击力	外形变形，行程启闭不到位	无	无法正常锁锭	锁锭变形	无	无	经维修后可恢复设备性能	4	较小风险
4	PLC控制装置	控制失效	控制单元元件老化、自动监测失灵	装置故障灯亮	无	影响深井泵抽排水	控制单元损坏	可能造成设备或财产损失1万元以下	无	经维修后可恢复设备性能	6	中等风险
5	变频装置	过压	输入缺相、电压电路板老化受潮	过电压报警	无	闸门启闭异常	性能降低	无	无	经维修后可恢复设备性能	4	较小风险
6		欠压	输入缺相、电压电路板老化受潮	欠压报警	无	闸门启闭异常	性能降低	无	无	经维修后可恢复设备性能	4	较小风险
7		过流	加速时间设置太短、电流上限设置太小、转矩增大	上电就跳闸	无	闸门无法启闭	性能降低	无	无	经维修后可恢复设备性能	4	较小风险
8	卷筒	龟裂	启闭受力不均或冲击力过大	充水阀外形变形，行程启闭不到位	无	闸门无法正常启闭	充水阀变形损坏	可能造成设备或财产损失1万元以下	无	经维修后可恢复设备性能	6	中等风险
9		变形	启闭受力不均或冲击力过大	充水阀外形变形，行程启闭不到位	无	闸门无法正常启闭	筒体变形	无	无	经维修后可恢复设备性能	4	较小风险
10	卷筒	磨损	启闭受力不均，钢丝绳收放过程磨损沟槽	沟槽深度减小，有明显磨损痕迹	无	无	沟槽磨损	无	无	设备性能无影响	2	轻微风险

续表

序号	部件	故障条件			故障影响			故障损失			风险值	风险等级
		模式	原因	现象	系统	设备	部件	经济损失	生产中断	设备损坏		
11	钢丝绳	断股	猛烈的冲击，使钢丝绳运行超载	钢丝绳断裂	无	闸门无法正常启闭	钢丝绳损坏	可能造成设备或财产损失1万元以下	无	设备报废，需要更换新设备或经维修后设备可以维持使用，性能影响50%及以上	10	较大风险
12	钢丝绳	变形	从滑轮中拉出的位置和滚筒中的缠绕方式不正确	扭曲变形、折弯	无	闸门无法正常启闭	钢丝绳损伤	无	无	设备报废，需要更换新设备或经维修后设备可以维持使用，性能影响50%及以上	8	中等风险
13	钢丝绳	断丝	磨损、受力不均	钢丝绳断丝	无	无	钢丝绳损伤	无	无	经维修后可恢复设备性能	4	较小风险
14	钢丝绳	扭结	钢丝绳放量过长，过启闭或收放过快	钢丝绳打结、折弯，闸门不平衡	无	闸门无法正常启闭	钢丝绳损伤	无	无	经维修后可恢复设备性能	4	较小风险
15	钢丝绳	挤压	钢丝绳放量过长，收放绳时归位不到位	受闸门、滑轮、卷筒挤压出现扁平现象	无	闸门无法正常启闭	钢丝绳损伤	无	无	经维修后可恢复设备性能	4	较小风险
16	钢丝绳	锈蚀	日晒、风霜雨雪侵蚀	出现锈斑现象	无	无	钢丝绳锈蚀损伤	无	无	经维修后可恢复设备性能	4	较小风险
17	制动器	龟裂	制动轮表面制动力矩过大或受力不均	制动轮表出现裂纹，制动块受损	无	无	制动轮损坏、制动块损坏、制动间隙变大	无	无	经维修后可恢复设备性能	4	较小风险
18	制动器	磨损	制动块制动间隔过小或受力不均	制动块磨损、制动间隙变大、制动失灵	无	无法制动	制动块损坏、制动间隙变大	可能造成设备或财产损失1万元以下	无	经维修后可恢复设备性能	6	中等风险
19	制动器	渗油	密封损坏渗油	液压油渗出	无	闸门启闭异常	液压制动器损坏	无	无	经维修后可恢复设备性能	4	较小风险

续表

序号	部件	故障条件			故障影响			故障损失			风险值	风险等级
		模式	原因	现象	系统	设备	部件	经济损失	生产中断	设备损坏		
20	制动器	疲软	制动器弹簧年久疲软	制动块磨损、制动间隙变大、制动失灵	无	闸门有下滑现象	制动异常	无	无	经维修后可恢复设备性能	4	较小风险
21	电机	卡涩	电机启动力矩过大或受力不均	轴承有异常的金属撞击和卡涩声音	无	无法启闭	轴承损伤	无	无	经维修后可恢复设备性能	4	较小风险
22		老化	受潮、绝缘老化、短路	电机处有烧焦异味、电机温高	无	起重机无法吊装	绝缘性能下降	无	无	经维修后可恢复设备性能	4	较小风险
23		短路	受潮或绝缘老化、短路	电机处有烧焦异味、电机温高	无	无法启闭	绕组烧坏	可能造成设备或财产损失1万元以下	无	经维修后可恢复设备性能	6	中等风险
24	限位器	行程失调	行程开关机械卡涩、线路松动	不动作、误动作、超限无法停止	无	起重机无法起吊	性能失效	无	无	经维修后可恢复设备性能	4	较小风险
25	轨道	锈蚀	环境气温变化侵蚀	出现锈斑、麻坑	无	无	锈蚀损伤	无	无	设备性能无影响	2	轻微风险
26		变形	固定轨道螺栓松动	轨道平行度破坏	无	不能正常运行	磨损变形	无	无	经维修后可恢复设备性能	4	较小风险
27	测风仪	功能失效	元件老化、电缆破损	数据无规则跳动、无显示	无	影响起重吊装	风速检测传感失效	无	无	经维修后可恢复设备性能	4	较小风险
28	旋转拐臂	卡涩	起吊动力矩过大或受力不均、异物进入	拐臂有异常的金属撞击和卡涩声音	无	影响起重吊装	轴承磨损	无	无	经维修后可恢复设备性能	4	较小风险
29	行程开关	行程失调	行程开关机械卡涩、线路松动	不动作、误动作、超限无法停止	无	超重机无法移动	性能失效	无	无	经维修后可恢复设备性能	4	较小风险
30	电机	磨损	启动力矩过大或受力不均	有异常的金属撞击和卡涩声音	无	闸门无法启闭	轴承损坏	可能造成设备或财产损失1万元以下	无	经维修后可恢复设备性能	6	中等风险
31		短路	受潮或绝缘老化、短路	电机处有烧焦异味、电机温高	无	闸门无法启闭	绕组烧坏	可能造成设备或财产损失1万元以下	无	经维修后可恢复设备性能	6	中等风险

续表

序号	部件	故障条件			故障影响			故障损失			风险值	风险等级
		模式	原因	现象	系统	设备	部件	经济损失	生产中断	设备损坏		
32	电机	断裂	启动力矩过大或受力不均	轴弯曲、断裂	无	闸门无法启闭	制动异常	可能造成设备或财产损失1万元以下	无	经维修后可恢复设备性能	6	中等风险
33	电源模块	短路	粉尘、高温、老化	设备失电	无	闸门无法启闭	电源模块损坏	无	主要备用设备退出备用24h以内	经维修后可恢复设备性能	8	中等风险
34		漏电	静电击穿	设备失电	无	闸门无法启闭	电源模块损坏	无	主要备用设备退出备用24h以内	经维修后可恢复设备性能	8	中等风险
35	CPU模块	开路	CPU针脚接触不良	无法正常启动	无	闸门无法启闭	CPU模块损坏	无	主要备用设备退出备用24h以内	经维修后可恢复设备性能	8	中等风险
36		CPU供电故障	CPU电压设置不正常	无法正常启动	无	闸门无法启闭	CPU模块损坏	无	主要备用设备退出备用24h以内	经维修后可恢复设备性能	8	中等风险
37	采集模块	功能失效	硬件故障	数据无法传输、采集液晶显示不正常	无	闸门无法启闭	采集模块损坏	无	主要备用设备退出备用24h以内	经维修后可恢复设备性能	8	中等风险
38		松动	接口松动	无法收发数据	无	闸门无法启闭	松动脱落	无	无	经维修后可恢复设备性能	4	较小风险
39	开出模块	功能失效	输入电压过高	系统无法正常工作、烧毁电路	无	闸门无法启闭	模块损坏	无	主要备用设备退出备用24h以内	经维修后可恢复设备性能	8	中等风险
40		松动	接口松动	无法收发数据	无	闸门无法启闭	松动脱落	无	无	经维修后可恢复设备性能	4	较小风险
41	继电器	功能失效	电源异常、线圈损坏	不能动作		影响自动控制功能	继电器损坏	无	无	经维修后可恢复设备性能	4	较小风险
42		松动	接口松动	无法收发数据	无	无法监控	松动脱落	无	无	经维修后可恢复设备性能	4	较小风险
43	接线端子	松动	端子紧固螺栓松动	端子线接触不良	无	无	接触不良	无	无	经维修后可恢复设备性能	4	较小风险
44	警报器	短路	连接电缆不牢、破损	起重机起动后无报警声光现象	无	警报器损坏	无法监视起吊现场	可能造成设备或财产损失1万元以下	无	经维修后可恢复设备性能	6	中等风险

续表

序号	部件	故障条件			故障影响			故障损失			风险值	风险等级
		模式	原因	现象	系统	设备	部件	经济损失	生产中断	设备损坏		
45	视频监控	功能失效	连接电缆不牢、屏蔽接地线松动脱落、枪机损坏、视频转换传输故障	视频画面显示异常	无	无	无法监视起吊现场	无	无	经维修后可恢复设备性能	4	较小风险
46	减速箱	松动	地脚螺栓松动	减速箱在底座上振动	无	超重机异常运行	减速箱松动	无	无	经维修后可恢复设备性能	4	较小风险
47	减速箱	断裂	节距误差过大，齿侧间隙超差	有周期性齿轮颤振现象，从动轮特别明显	无	超重机异常起吊	齿轮损坏	可能造成设备或财产损失1万元以下	无	经维修后可恢复设备性能	6	中等风险
48	减速箱	渗油	密封失效、箱体变形、连接螺栓松动	齿轮油位偏低、箱体外壳有油垢	无	设备缺齿轮油、减速器损坏	齿轮损坏	无	无	经维修后可恢复设备性能	4	较小风险

设备风险控制卡

区域：大坝　　　　系统：起重机械　　　　设备：门式起重机

序号	部件	故障条件			风险等级	日常控制措施			定期检修维护			临时措施
		模式	原因	现象		措施	检查方法	周期（天）	措施	检修方法	周期（月）	
1	夹轨器	松动	夹轨器紧固部分松脱	夹轨器松动，行程不到位	较小风险	检查	外观检查有无紧固件松动	30	加固	紧固连接螺母	24	停止运行，变形校正、紧固连接螺母
2	夹轨器	变形	夹轨器受力不均或冲击力过大	夹轨器变形，行程不到位	较小风险	检查	外观检查夹轨器有无变形	30	检修	变形校正、更换	24	停止运行，变形校正、更换
3	锁锭	变形	锁锭受外力或冲击力	外形变形，行程启闭不到位	较小风险	检查	外观检查有无变形	30	检修	变形校正、更换	24	停止运行，变形校正、更换
4	PLC控制装置	控制失效	控制单元元件老化、自动监测失灵	装置故障灯亮	中等风险	检查	检查控制单元有无输入、输出信号	30	检修	功能检查	24	停止运行，排查故障
5	变频装置	过压	输入缺相、电压电路板老化受潮	过电压报警	较小风险	检查	检测输入三相电压正常，检查加热器正常投入	30	检修	检查相电压、加热除湿、更换电压测量电路板	24	停止运行，处理过压故障
6	变频装置	欠压	输入缺相、电压电路板老化受潮	欠压报警	较小风险	检查	检测输入三相电压正常，检查加热器正常投入	30	检修	检查相电压、加热除湿、更换电压测量电路板	24	停止运行，处理欠压故障

续表

序号	部件	故障条件			风险等级	日常控制措施			定期检修维护			临时措施
		模式	原因	现象		措施	检查方法	周期（天）	措施	检修方法	周期（月）	
7	变频装置	过流	加速时间设置太短、电流上限设置太小、转矩增大	上电就跳闸	较小风险	检查	核对电流参数设置、检查闸门启闭有无卡阻	30	检修	校正电流参数设置、检查闸门启闭有无卡阻	24	停止运行，处理过流故障
8		龟裂	启闭受力不均或冲击力过大	充水阀外形变形，行程启闭不到位	中等风险	检查	外观检查有无裂纹	30	检修	补焊、打磨、更换	24	停止运行，补焊、打磨、更换
9	卷筒	变形	启闭受力不均或冲击力过大	充水阀外形变形，行程启闭不到位	较小风险	检查	外观检查有无变形	30	检修	变形校正、更换	24	停止运行，变形校正、更换
10		磨损	启闭受力不均，钢丝绳收放过程磨损沟槽	沟槽深度减小，有明显磨损痕迹	轻微风险	检查	外观检查沟槽磨损	30	检修	补焊修复	24	停止运行，焊接修复
11	钢丝绳	断股	猛烈的冲击，使钢丝绳运行超载	钢丝绳断裂	较大风险	检查	外观检查有无断股	30	更换	更换	24	加强监视，至检修位锁锭，更换钢丝绳
12		变形	从滑轮中拉出的位置和滚筒中的缠绕方式不正确	扭曲变形、折弯	中等风险	检查	外观检查有无变形	30	更换	更换	24	加强监视，至检修位锁锭，更换钢丝绳
13		断丝	磨损、受力不均	钢丝绳断丝	较小风险	检查	外观检查有无断丝	30	更换	更换	24	加强监视，至检修位锁锭，更换钢丝绳
14		扭结	钢丝绳放量过长，过启闭或收放过快	钢丝绳打结、折弯，闸门不平衡	较小风险	检查	外观检查有无扭结	30	检修	校正、更换	24	加强监视，至检修位锁锭，校正、更换钢丝绳
15		挤压	钢丝绳放量过长，收放绳时归位不到位	受闸门、滑轮、卷筒挤压出现扁平现象	较小风险	检查	外观检查有无挤压	30	检修	校正、更换	24	加强监视，闸门启闭至检修平台固定，校正、更换钢丝绳
16		锈蚀	日晒、风霜雨雪侵蚀	出现锈斑现象	较小风险	检查	检查锈蚀范围变化	30	检修	除锈、润滑保养	24	加强监视，至检修位锁锭，松解钢丝绳，除锈、润滑保养
17	制动器	龟裂	制动轮表面制动力矩过大或受力不均	制动轮表面出现裂纹，制动块受损	较小风险	检查	外观检查有无裂纹	30	检修	对制动轮补焊、打磨、更换，对制动块更换	24	加强监视，至检修位锁锭，对制动轮补焊、打磨、更换，对制动块更换

续表

序号	部件	故障条件			风险等级	日常控制措施			定期检修维护			临时措施
		模式	原因	现象		措施	检查方法	周期（天）	措施	检修方法	周期（月）	
18	制动器	磨损	制动块制动间隔过小或受力不均	制动块磨损、制动间隙变大、制动失灵	中等风险	检查	外观检查有无磨损细微粉末	30	更换	更换制动块	24	加强监视，至检修位锁锭，更换制动块
19		渗油	密封损坏渗油	液压油渗出	较小风险	检查	检查制液压动器油位	30	检修	更换密封、补充液压油	24	停车更换密封、注液压油
20		疲软	制动器弹簧年久疲软	制动块磨损、制动间隙变大、制动失灵	较小风险	检查	检查制动器位置无异常	30	检修	调整制动螺杆、收紧弹簧受力、更换弹簧	24	调整制动螺杆、收紧弹簧受力、停车后更换弹簧
21	电机	卡涩	电机启动力矩过大或受力不均	轴承有异常的金属撞击和卡涩声音	较小风险	检查	检查轴承有无有异常的金属撞击和卡涩	30	更换	更换轴承	24	停止起重机运行，排除故障
22		老化	受潮、绝缘老化、短路	电机处有烧焦异味、电机温高	较小风险	测量	测量电机绕组绝缘	30	更换	更换绕组	24	停止起重机吊装，排除故障
23		短路	受潮或绝缘老化、短路	电机处有烧焦异味、电机温高	中等风险	测量	测量电机绕组绝缘	30	更换	更换绕组	24	停止电机运行，更换绕组
24	限位器	行程失调	行程开关机械卡涩、线路松动	不动作、误动作、超限无法停止	较小风险	检查	检查限位器有无卡阻、线路有无松动脱落	30	检修	检查限位器紧固线路	24	停止起重机吊装，排除限位器故障
25	轨道	锈蚀	环境气温变化侵蚀	出现锈斑、麻坑	轻微风险	检查	检查锈蚀范围扩大、加深	30	检修	打磨、除锈、防腐	24	除锈、打磨处理
26		变形	固定轨道螺栓松动	轨道平行度破坏	较小风险	检查	固定轨道螺栓是否松动	30	检修	紧固固定轨道螺栓或更换螺帽	24	紧固固定螺栓
27	测风仪	功能失效	元件老化、电缆破损	数据无规则跳动、无显示	较小风险	检查	检查测风速及电缆传输信号正常	30	检修	更换测速装置、修复电缆	24	停止起重机吊装，排除故障
28	旋转拐臂	卡涩	起吊动力矩过大或受力不均、异物进入	拐臂有异常的金属撞击和卡涩声音	较小风险	检查	检查轴承有无有异常的金属撞击和卡涩	30	更换	更换轴承	24	停止起重机运行，排除故障
29	行程开关	行程失调	行程开关机械卡涩、线路松动	不动作、误动作、超限无法停止	较小风险	检查	检查机械行程有无卡阻、线路有无松动脱落	30	检修	检查机械行程、紧固线路	24	停止起重机运行，检查行程开关
30	电机	磨损	启动力矩过大或受力不均	有异常的金属撞击和卡涩声音	中等风险	检查	检查轴承有无有异常的金属撞击和卡涩	30	更换	更换轴承	24	停止电机运行，更换轴承
31		短路	受潮或绝缘老化、短路	电机处有烧焦异味、电机温高	中等风险	测量	测量电机绕组绝缘	30	更换	更换绕组	24	停止电机运行，更换绕组

续表

序号	部件	故障条件			风险等级	日常控制措施			定期检修维护			临时措施
		模式	原因	现象		措施	检查方法	周期（天）	措施	检修方法	周期（月）	
32	电机	断裂	启动力矩过大或受力不均	轴弯曲、断裂	中等风险	检查	检查电机轴有无弯曲断裂	30	检修	校正、更换电机轴	24	停止电机运行，校正、更换电机轴
33	电源模块	短路	粉尘、高温、老化	设备失电	中等风险	清扫	测量电源模块是否有输出电压、电流，以及电压、电流值是否异常	30	检修	更换、维修电源模块	12	停止运行后处理
34		漏电	静电击穿	设备失电	中等风险	检查	测量电源模块是否有输出电压、电流，以及电压、电流值是否异常	30	检修	更换、维修电源模块	12	停止运行后处理
35	CPU模块	开路	CPU 针脚接触不良	无法正常启动	中等风险	检查	看设备是否能正常运行	30	检修	拆下 CPU，用一个干净的小牙刷清洁 CPU，轻轻地擦拭 CPU 的针脚，将氧化物及锈迹去掉	12	停止运行后处理
36		CPU供电故障	CPU 电压设置不正常	无法正常启动	中等风险	检查	检查 CPU 是否正常供电	30	检修	将 cmos 放电，将 Bios 设置恢复到出厂时的初始设置	12	停止运行后处理
37	采集模块	功能失效	硬件故障	数据无法传输、采集液晶显示不正常	中等风险	检查	检查采集液晶显示是否正常	30	检修	更换采集终端	12	停止运行后处理
38		松动	接口松动	无法收发数据	较小风险	检查	检查接口是否有松动现象	30	检修	逐一进行紧固	12	停止运行后处理
39	开出模块	功能失效	输入电压过高	系统无法正常工作、烧毁电路	中等风险	检查	测量输入电压	30	检修	更换输出模块	12	停止运行后处理
40		松动	接口松动	无法收发数据	较小风险	检查	检查接口是否有松动现象	30	检修	逐一进行紧固	12	插入紧固
41	继电器	功能失效	电源异常、线圈损坏	不能动作	较小风险	检查	检查电源指示灯是否正常、触电有无粘连	30	检修	更换继电器	12	检查电源指示灯是否正常、触电有无粘连
42		松动	接口松动	无法收发数据	较小风险	检查	检查接口是否有松动现象	30	检修	逐一进行紧固	12	紧固插件
43	接线端子	松动	端子紧固螺栓松动	端子线接触不良	较小风险	检查	端子排各接线是否松动	30	加固	紧固端子、二次回路	24	紧固端子排端子

续表

序号	部件	故障条件			风险等级	日常控制措施			定期检修维护			临时措施
		模式	原因	现象		措施	检查方法	周期（天）	措施	检修方法	周期（月）	
44	警报器	短路	连接电缆不牢、破损	起重机起动后无报警声光现象	中等风险	检查	检查警报器电缆连接是否完好	30	加固	紧固电缆及接地线连接处	24	停止起重机运行，排除警报器故障
45	视频监控	功能失效	连接电缆不牢、屏蔽接地线松动脱落、枪机损坏、视频转换传输故障	视频画面显示异常	较小风险	检查	检查电缆连接、屏蔽接地线松、枪机视频转换传输正常	30	检修	紧固电缆及接地线连接处、更换枪机	24	停止起重机运行，排除视频故障
46	减速箱	松动	地脚螺栓松动	减速箱在底座上振动	较小风险	检查	检查减速箱地脚螺栓是否松动、运行是否振动	30	加固	紧固地脚螺栓	24	停止起重机运行，紧固地脚螺栓
47		断裂	节距误差过大，齿侧间隙超差	有周期性齿轮颤振现象，从动轮特别明显	中等风险	检查	检查齿轮间隙	30	检修	修理、重新安装减速箱	24	停止起重机运行，修理减速箱
48		渗油	密封失效、箱体变形、连接螺栓松动	齿轮油位偏低、箱体外壳有油垢	较小风险	检查	检查油位、有无渗油	30	检修	更换密封件；检修箱体剖分面，变形严重则更换；紧固螺栓	24	停止起重机运行，更换减速箱密封、箱体变形处理、连接螺栓紧固

43 电动葫芦

设备风险评估表

区域：厂房　　系统：起重机械　　设备：电动葫芦

序号	部件	故障条件			故障影响			故障损失			风险值	风险等级
		模式	原因	现象	系统	设备	部件	经济损失	生产中断	设备损坏		
1	吊钩	松动	荷载过重、零件脱落	吊物晃动、声音异常	无	影响起重性能	吊钩晃动	无	无	经维修后可恢复设备性能	4	较小风险
2		性能下降	与钢丝绳磨损	外形变形，行程启闭不到位	无	影响起重性能	充水阀变形损坏	可能造成设备或财产损失1万元以下	无	经维修后可恢复设备性能	6	中等风险
3	钢丝绳	断股	猛烈的冲击，使钢丝绳运行超载	钢丝绳断裂	无	闸门无法正常启闭	钢丝绳损坏	可能造成设备或财产损失1万元以下	无	设备报废，需要更换新设备或经维修后设备可以维持使用，性能影响50%及以上	10	较大风险
4		变形	从滑轮中拉出的位置和滚筒中的缠绕方式不正确	扭曲变形、折弯	无	闸门无法正常启闭	钢丝绳损伤	无	无	设备报废，需要更换新设备或经维修后设备可以维持使用，性能影响50%及以上	8	中等风险
5		断丝	磨损、受力不均	钢丝绳断丝	无	无	钢丝绳损伤	无	无	经维修后可恢复设备性能	4	较小风险
6		扭结	钢丝绳放量过长，过启闭或收放过快	钢丝绳打结、折弯，闸门不平衡	无	闸门无法正常启闭	钢丝绳损伤	无	无	经维修后可恢复设备性能	4	较小风险
7		挤压	钢丝绳放量过长，收放绳时归位不到位	受闸门、滑轮、卷筒挤压出现扁平现象	无	闸门无法正常启闭	钢丝绳损伤	无	无	经维修后可恢复设备性能	4	较小风险
8		锈蚀	日晒、风霜雨雪侵蚀	出现锈斑现象	无	无	钢丝绳锈蚀损伤	无	无	经维修后可恢复设备性能	4	较小风险

续表

序号	部件	故障条件			故障影响			故障损失			风险值	风险等级
		模式	原因	现象	系统	设备	部件	经济损失	生产中断	设备损坏		
9	卷筒	裂纹	启闭受力不均或冲击力过大	外形变形，行程启闭不到位	无	影响起重性能	充水阀变形损坏	可能造成设备或财产损失1万元以下	无	经维修后可恢复设备性能	6	中等风险
10	卷筒	变形	启闭受力不均或冲击力过大	外形变形，行程启闭不到位	无	影响起重性能	变形损伤	可能造成设备或财产损失1万元以下	无	经维修后可恢复设备性能	6	中等风险
11	卷筒	沟槽磨损	启闭受力不均，钢丝绳收放过程磨损沟槽	沟槽深度减小，有明显磨损痕迹	无	影响起重性能	沟槽磨损	无	无	经维修后可恢复设备性能	4	较小风险
12	受电器	松动	接触不良	碳刷打火、发热	无	电动葫芦性能下降	性能失效	无	无	经维修后可恢复设备性能	4	较小风险
13	减速箱	齿轮断裂	润滑油量不足、齿轮间隙过大、加工精度低	卡涩、振动、声音异常	无	不能正常工作	减速机损坏	可能造成设备或财产损失1万元以下	无	经维修后可恢复设备性能	6	中等风险
14	减速箱	渗漏	密封垫老化、螺栓松动	箱体渗油	无	减速箱油位下降	性能降低	无	无	经维修后可恢复设备性能	4	较小风险
15	制动装置	松动	螺栓松动、间隙调整不当	制动块受损、厚度减小，制动盘温度升高、制动失灵	无	影响刹车性能	制动块磨损	无	无	经维修后可恢复设备性能	4	较小风险
16	制动装置	制动块异常磨损	制动力矩过大或受力不均	制动块受损、厚度减小，制动盘温度升高、制动失灵	无	影响刹车性能	制动块磨损	无	无	经维修后可恢复设备性能	4	较小风险
17	操作手柄	断线	接触不良、电源异常、触点损坏	操作手柄失灵	无	影响操作性能	操作失灵	无	无	经维修后可恢复设备性能	4	较小风险
18	接线端子	松动	端子紧固螺栓松动	端子线接触不良	无	无	接触不良	无	无	经维修后可恢复设备性能	4	较小风险
19	电机	过热	启动力矩过大或受力不均	有异常的金属撞击和卡涩声音	无	闸门无法启闭	轴承损伤	无	无	经维修后可恢复设备性能	4	较小风险

续表

序号	部件	故障条件			故障影响			故障损失			风险值	风险等级
		模式	原因	现象	系统	设备	部件	经济损失	生产中断	设备损坏		
20	电机	短路	受潮或绝缘老化、短路	电机处有烧焦异味、电机温高	无	闸门无法启闭	绕组烧坏	可能造成设备或财产损失1万元以下	无	经维修后可恢复设备性能	6	中等风险
21	电机	断裂	启动力矩过大或受力不均	轴弯曲、断裂	无	闸门无法启闭	制动异常	可能造成设备或财产损失1万元以下	无	经维修后可恢复设备性能	6	中等风险
22	导轨	卡涩	异物卡涩、变形	不能移动或运行抖动	无	影响设备工作性能	导轨损坏	无	无	经维修后可恢复设备性能	4	较小风险
23	导轨	变形	固定轨道螺栓松动	轨道平行度破坏	无	不能正常运行	磨损变形	无	无	经维修后可恢复设备性能	4	较小风险

设备风险控制卡

区域：厂房　　系统：起重机械　　设备：电动葫芦

序号	部件	故障条件			风险等级	日常控制措施			定期检修维护			临时措施
		模式	原因	现象		措施	检查方法	周期（天）	措施	检修方法	周期（月）	
1	吊钩	松动	荷载过重、零件脱落	吊物晃动、声音异常	较小风险	检查	检查吊钩是否晃动、零部件是否齐全	30	加固、更换	紧固、调整松紧程度、更换零部件	24	对吊钩进行紧固
2	吊钩	性能下降	与钢丝绳磨损	外形变形，行程启闭不到位	中等风险	检查	外观检查有无裂纹	30	检修	补焊、打磨、更换	24	补焊、打磨、更换
3	钢丝绳	断股	猛烈的冲击，使钢丝绳运行超载	钢丝绳断裂	较大风险	检查	外观检查有无断股	30	更换	更换	24	加强监视，至检修位锁锭，更换钢丝绳
4	钢丝绳	变形	从滑轮中拉出的位置和滚筒中的缠绕方式不正确	扭曲变形、折弯	中等风险	检查	外观检查有无变形	30	更换	更换	24	加强监视，至检修位锁锭，更换钢丝绳
5	钢丝绳	断丝	磨损、受力不均	钢丝绳断丝	较小风险	检查	外观检查有无断丝	30	更换	更换	24	加强监视，至检修位锁锭，更换钢丝绳
6	钢丝绳	扭结	钢丝绳放量过长，过启闭或收放过快	钢丝绳打结、折弯，闸门不平衡	较小风险	检查	外观检查有无扭结	30	检修	校正、更换	24	加强监视，至检修位锁锭，校正、更换钢丝绳
7	钢丝绳	挤压	钢丝绳放量过长，收放绳时归位不到位	受闸门、滑轮、卷筒挤压出现扁平现象	较小风险	检查	外观检查有无挤压	30	检修	校正、更换	24	加强监视，闸门启闭至检修平台固定，校正、更换钢丝绳

续表

序号	部件	故障条件			风险等级	日常控制措施			定期检修维护			临时措施
		模式	原因	现象		措施	检查方法	周期（天）	措施	检修方法	周期（月）	
8	钢丝绳	锈蚀	日晒、风霜雨雪侵蚀	出现锈斑现象	较小风险	检查	检查锈蚀范围变化	30	检修	除锈、润滑保养	24	加强监视，至检修位锁锭，松解钢丝绳，除锈、润滑保养
9	卷筒	裂纹	启闭受力不均或冲击力过大	外形变形，行程启闭不到位	中等风险	检查	外观检查有无裂纹	30	检修	补焊、打磨、更换	24	补焊、打磨、更换
10		变形	启闭受力不均或冲击力过大	外形变形，行程启闭不到位	中等风险	检查	外观检查有无变形	30	检修	变形校正、更换	24	变形校正、更换
11		沟槽磨损	启闭受力不均，钢丝绳收放过程磨损沟槽	沟槽深度减小，有明显磨损痕迹	较小风险	检查	外观检查沟槽是否有磨损	30	检修	补焊修复	24	焊接修复
12	受电器	松动	接触不良	碳刷打火、发热	较小风险	检查	检查碳刷磨损量、松紧程度	30	更换	更换碳刷、调整间隙	24	更换碳刷、调整间隙
13	减速箱	齿轮断裂	润滑油量不足、齿轮间隙过大、加工精度低	卡涩、振动、声音异常	中等风险	检查	检查油位、油质是否合格，运行声音有无异常	30	更换	更换齿轮	24	停止操作、做好安全措施后进行更换、调整
14		渗漏	密封垫老化、螺栓松动	箱体渗油	较小风险	检查	外观检查是否有渗漏、紧固螺栓	30	加固、更换	更换密封垫、紧固螺栓	24	更换密封垫、紧固螺栓
15	制动装置	松动	螺栓松动、间隙调整不当	制动块受损、厚度减小，制动盘温度升高、制动失灵	较小风险	检查	外观检查有无裂纹、厚度，紧固螺栓	30	加固、更换	调整螺杆松紧程度、对制动块更换	24	调整螺杆松紧程度、对制动块更换
16		制动块异常磨损	制动力矩过大或受力不均	制动块受损、厚度减小，制动盘温度升高、制动失灵	较小风险	检查	外观检查有无裂纹	30	加固、更换	调整螺杆松紧程度、对制动块更换	24	调整螺杆松紧程度、对制动块更换
17	操作手柄	断线	接触不良、电源异常、触点损坏	操作手柄失灵	较小风险	检查	检查电源电压、测量控制回路信号是否正常、紧固接线端子	30	检修	检查电源电压、测量控制回路信号是否正常、紧固接线端子、更换操作手柄	24	检查电源电压、测量控制回路信号是否正常、紧固接线端子
18	接线端子	松动	端子紧固螺栓松动	端子线接触不良	较小风险	检查	端子排各接线是否松动	30	检修	紧固端子、二次回路	24	紧固端子排端子
19	电机	过热	启动力矩过大或受力不均	有异常的金属撞击和卡涩声音	较小风险	检查	检查轴承有无有异常的金属撞击和卡涩	30	检修	更换轴承、螺栓紧固	24	停止电机运行，更换轴承

续表

序号	部件	故障条件			风险等级	日常控制措施			定期检修维护			临时措施
		模式	原因	现象		措施	检查方法	周期（天）	措施	检修方法	周期（月）	
20	电机	短路	受潮或绝缘老化、短路	电机处有烧焦异味、电机温高	中等风险	检查	检查电机绕组绝缘	30	更换	更换绕组	24	停止电机运行，更换绕组
21		断裂	启动力矩过大或受力不均	轴弯曲、断裂	中等风险	检查	检查电机轴有无弯曲断裂	30	更换	校正、更换电机轴	24	停止电机运行，校正、更换电机轴
22	导轨	卡涩	异物卡涩、变形	不能移动或运行抖动	较小风险	检查	卫生清扫、检查有无异物卡涩	30	检修	清理异物、校正轨道	24	清理异物、校正轨道
23		变形	固定轨道螺栓松动	轨道平行度破坏	较小风险	检查	固定轨道螺栓是否松动	30	加固、更换	紧固固定轨道螺栓或更换螺帽	24	紧固固定螺栓

44 桥式起重机

设备风险评估表

区域：厂房　　系统：起重机械　　设备：桥式起重机

序号	部件	故障条件			故障影响			故障损失			风险值	风险等级
		模式	原因	现象	系统	设备	部件	经济损失	生产中断	设备损坏		
1	主钩	磨损	吊带、钢丝绳受力摆动	吊钩组的钩口磨损、限位器损坏	无	无	吊钩组的钩口磨损、防脱位器损坏	无	无	经维修后可恢复设备性能	4	较小风险
2	主钩	卡涩	吊钩组启动力矩过大或受力不均	吊钩组滑轮有异常的金属撞击和卡涩声音	无	主钩吊钩组起、降卡涩	滑轮损坏	可能造成设备或财产损失1万元以下	无	经维修后可恢复设备性能	6	中等风险
3	副钩	磨损	吊带、钢丝绳受力摆动	吊钩组的钩口磨损	无	无	吊钩组的钩口磨损、防脱器损坏	无	无	经维修后可恢复设备性能	4	较小风险
4	副钩	卡涩	吊钩组启动力矩过大或受力不均	吊钩组滑轮有异常的金属撞击和卡涩声音	无	副钩吊钩组起、降卡涩	滑轮损坏	可能造成设备或财产损失1万元以下	无	经维修后可恢复设备性能	6	中等风险
5	钢丝绳	断股	猛烈的冲击，使钢丝绳运行超载	钢丝绳断裂	无	闸门无法正常启闭	钢丝绳损坏	可能造成设备或财产损失1万元以下	无	设备报废，需要更换新设备或经维修后设备可以维持使用，性能影响50%及以上	10	较大风险
6	钢丝绳	变形	从滑轮中拉出的位置和滚筒中的缠绕方式不正确	扭曲变形、折弯	无	闸门无法正常启闭	钢丝绳损伤	无	无	设备报废，需要更换新设备或经维修后设备可以维持使用，性能影响50%及以上	8	中等风险
7	钢丝绳	断丝	磨损、受力不均	钢丝绳断丝	无		断丝	无	无	经维修后可恢复设备性能	4	较小风险

续表

序号	部件	故障条件			故障影响			故障损失			风险值	风险等级
		模式	原因	现象	系统	设备	部件	经济损失	生产中断	设备损坏		
8	钢丝绳	扭结	钢丝绳放量过长，过启闭或收放过快	钢丝绳打结、折弯，闸门不平衡	无	闸门无法正常启闭	钢丝绳损伤	无	无	经维修后可恢复设备性能	4	较小风险
9	钢丝绳	挤压	钢丝绳放量过长，收放绳时归位不到位	受闸门、滑轮、卷筒挤压出现扁平现象	无	闸门无法正常启闭	钢丝绳损伤	无	无	经维修后可恢复设备性能	4	较小风险
10	钢丝绳	锈蚀	日晒、风霜雨雪侵蚀	出现锈斑现象	无	无	钢丝绳锈蚀损伤	无	无	经维修后可恢复设备性能	4	较小风险
11	滑轮	卡涩	异物卡涩、润滑不足	起重机移动缓慢、抖动	无	无法正常移动	滑轮损坏	无	无	经维修后可恢复设备性能	4	较小风险
12	滑轮	变形	受力不均	起重机移动缓慢、抖动	无	无法正常移动	滑轮损坏	可能造成设备或财产损失1万元以下	无	经维修后可恢复设备性能	6	中等风险
13	卷筒	龟裂	启闭受力不均或冲击力过大	外形变形，行程不到位	无	闸门无法正常启闭	充水阀变形损坏	可能造成设备或财产损失1万元以下	无	经维修后可恢复设备性能	6	中等风险
14	卷筒	变形	启闭受力不均或冲击力过大	外形变形，行程不到位	无	闸门无法正常启闭	筒体变形	可能造成设备或财产损失1万元以下	无	经维修后可恢复设备性能	6	中等风险
15	卷筒	磨损	启闭受力不均，钢丝绳收放过程磨损沟槽	沟槽深度减小，有明显磨损痕迹	无	无	沟槽磨损	无	无	设备性能无影响	2	轻微风险
16	电动葫芦	异响	轴承损坏、联轴器轴心不正	轴承附近，发出伴随着“咯噔咯噔”的嗡嗡声	无	电动葫芦损坏	轴承、电机损坏	可能造成设备或财产损失1万元以下	无	经维修后可恢复设备性能	6	中等风险
17	变频装置	过压	输入缺相、电压电路板老化受潮	过电压报警	无	闸门启闭异常	变频装置损坏	无	无	经维修后可恢复设备性能	4	较小风险
18	变频装置	欠压	输入缺相、电压电路板老化受潮	欠压报警	无	闸门启闭异常	变频装置损坏	无	无	经维修后可恢复设备性能	4	较小风险

续表

序号	部件	故障条件			故障影响			故障损失			风险值	风险等级
		模式	原因	现象	系统	设备	部件	经济损失	生产中断	设备损坏		
19	变频装置	过流	加速时间设置太短、电流上限设置太小、转矩增大	上电就跳闸	无	闸门无法启闭	变频装置损坏	可能造成设备或财产损失1万元以下	无	经维修后可恢复设备性能	6	中等风险
20	制动器	龟裂	制动轮表面制动力矩过大或受力不均	制动轮表出现裂纹，制动块受损	无	无	制动轮损坏、制动块损坏、制动间隙变大	无	无	经维修后可恢复设备性能	4	较小风险
21	制动器	损坏	制动块制动间隔过小或受力不均	制动块磨损、制动间隙变大、制动失灵	无	无法制动	制动块损坏、制动间隙变大	可能造成设备或财产损失1万元以下	无	经维修后可恢复设备性能	6	中等风险
22	制动器	渗油	密封损坏渗油	液压油渗出	无	闸门启闭异常	液压制动器损坏	无	无	经维修后可恢复设备性能	4	较小风险
23	制动器	疲软	制动器弹簧年久疲软	制动块磨损、制动间隙变大、制动失灵	无	闸门有下滑现象	制动异常	无	无	经维修后可恢复设备性能	4	较小风险
24	电机	卡涩	电机启动力矩过大或受力不均	轴承有异常的金属撞击和卡涩声音	无	不能正常运行	轴承损坏	无	无	经维修后可恢复设备性能	4	较小风险
25	电机	老化	受潮、绝缘老化、短路	电机处有烧焦异味、电机温高	无	起重机无法吊装	电机绕组烧坏	无	无	经维修后可恢复设备性能	4	较小风险
26	电机	短路	受潮或绝缘老化、短路	电机处有烧焦异味、电机温高	无	闸门无法启闭	绕组烧坏	可能造成设备或财产损失1万元以下	无	经维修后可恢复设备性能	6	中等风险
27	电源模块	短路	粉尘、高温、老化	设备失电	无	闸门无法启闭	电源模块损坏	无	主要备用设备退出备用24h以内	经维修后可恢复设备性能	8	中等风险
28	电源模块	漏电	静电击穿	设备失电	无	闸门无法启闭	电源模块损坏	无	主要备用设备退出备用24h以内	经维修后可恢复设备性能	8	中等风险
29	CPU模块	开路	CPU针脚接触不良	无法正常启动	无	闸门无法启闭	CPU模块损坏	无	主要备用设备退出备用24h以内	经维修后可恢复设备性能	8	中等风险

续表

序号	部件	故障条件			故障影响			故障损失			风险值	风险等级
		模式	原因	现象	系统	设备	部件	经济损失	生产中断	设备损坏		
30	CPU模块	CPU供电故障	CPU电压设置不正常	无法正常启动	无	闸门无法启闭	CPU模块损坏	无	主要备用设备退出备用24h以内	经维修后可恢复设备性能	8	中等风险
31	采集模块	功能失效	硬件故障	数据无法传输、采集液晶显示不正常	无	闸门无法启闭	采集模块损坏	无	主要备用设备退出备用24h以内	经维修后可恢复设备性能	8	中等风险
32		松动	接口松动	无法收发数据	无	闸门无法启闭	松动脱落	无	无	经维修后可恢复设备性能	4	较小风险
33	开出模块	功能失效	输入电压过高	系统无法正常工作、烧毁电路	无	闸门无法启闭	模块损坏	无	主要备用设备退出备用24h以内	经维修后可恢复设备性能	8	中等风险
34		松动	接口松动	无法收发数据	无	闸门无法启闭	松动脱落	无	无	经维修后可恢复设备性能	4	较小风险
35	继电器	功能失效	电源异常、线圈损坏	不能动作	无	影响自动控制功能	继电器损坏	无	无	经维修后可恢复设备性能	4	较小风险
36		松动	接口松动	无法收发数据	无	无法监控	松动脱落	无	无	经维修后可恢复设备性能	4	较小风险
37	接线端子	松动	端子紧固螺栓松动	端子线接触不良	无	无	接触不良	无	无	经维修后可恢复设备性能	4	较小风险
38	限位器	行程失调	行程开关机械卡涩、线路松动	不动作、误动作、超限无法停止	无	起重机无法起吊	限位器损坏	无	无	经维修后可恢复设备性能	4	较小风险
39	轨道	锈蚀	环境气温变化侵蚀	出现锈斑、麻坑	无	无	锈蚀损伤	无	无	设备性能无影响	2	轻微风险
40		变形	固定轨道螺栓松动	轨道平行度破坏	无	不能正常运行	磨损变形	无	无	经维修后可恢复设备性能	4	较小风险
41	受电器	松动	受电器紧固部分松脱	受电器松动、行程不到位、接触不好、有电火花	无	设备电源间断性失电	受电器连接片异常	无	无	经维修后可恢复设备性能	4	较小风险
42	PLC控制装置	控制失效	控制单元元件老化、自动监测失灵	装置故障灯亮	无	影响吊装	控制单元损坏	可能造成设备或财产损失1万元以下	无	经维修后可恢复设备性能	6	中等风险
43	核重仪	控制失效	元件老化、自动监测失灵	装置故障灯亮	无	影响吊装	核重仪异常	无	无	经维修后可恢复设备性能	4	较小风险

续表

序号	部件	故障条件			故障影响			故障损失			风险值	风险等级
		模式	原因	现象	系统	设备	部件	经济损失	生产中断	设备损坏		
44	齿轮油箱	渗油	密封失效、箱体变形、连接螺栓松动	齿轮油位偏低、箱体外壳有油垢	无	设备缺齿轮油、减速器损坏	齿轮损坏	可能造成设备或财产损失1万元以下	无	经维修后可恢复设备性能	6	中等风险
45	减速器	松动	地脚螺栓松动	减速箱在底座上振动	无	超重机异常运行	减速箱松动	无	无	经维修后可恢复设备性能	4	较小风险
46	减速器	断裂	节距误差过大，齿侧间隙超差	有周期性齿轮颤振现象，从动轮特别明显	无	超重机异常起吊	齿轮损坏	可能造成设备或财产损失1万元以下	无	经维修后可恢复设备性能	6	中等风险
47	减速器	渗油	密封失效、箱体变形、连接螺栓松动	齿轮油位偏低、箱体外壳有油垢	无	设备缺齿轮油、减速器损坏	齿轮异常	无	无	经维修后可恢复设备性能	4	较小风险

设备风险控制卡

区域：厂房　　　　系统：起重机械　　　　设备：桥式起重机

序号	部件	故障条件			风险等级	日常控制措施			定期检修维护			临时措施
		模式	原因	现象		措施	检查方法	周期（天）	措施	检修方法	周期（月）	
1	主钩	磨损	吊带、钢丝绳受力摆动	吊钩组的钩口磨损、限位器损坏	较小风险	检查	吊钩组的钩口磨损、防脱器完好	30	加固	紧固防脱器	24	停止起重机运行，排除故障
2	主钩	卡涩	吊钩组启动力矩过大或受力不均	吊钩组滑轮有异常的金属撞击和卡涩声音	中等风险	检查	检查滑轮有无有异常的金属撞击和卡涩	30	更换	更换轴承	24	停止起重机运行，排除故障
3	副钩	磨损	吊带、钢丝绳受力摆动	吊钩组的钩口磨损	较小风险	检查	吊钩组的钩口磨损、防脱器完好	30	加固	紧固防脱器	24	停止起重机运行，排除故障
4	副钩	卡涩	吊钩组启动力矩过大或受力不均	吊钩组滑轮有异常的金属撞击和卡涩声音	中等风险	检查	检查滑轮有无有异常的金属撞击和卡涩	30	更换	更换轴承	24	停止起重机运行，排除故障
5	钢丝绳	断股	猛烈的冲击，使钢丝绳运行超载	钢丝绳断裂	较大风险	检查	外观检查有无断股	30	更换	更换	24	加强监视，至检修位锁锭，更换钢丝绳
6	钢丝绳	变形	从滑轮中拉出的位置和滚筒中的缠绕方式不正确	扭曲变形、折弯	中等风险	检查	外观检查有无变形	30	更换	更换	24	加强监视，至检修位锁锭，更换钢丝绳
7	钢丝绳	断丝	磨损、受力不均	钢丝绳断丝	较小风险	检查	外观检查有无断丝	30	更换	更换	24	加强监视，至检修位锁锭，更换钢丝绳

续表

序号	部件	故障条件			风险等级	日常控制措施			定期检修维护			临时措施
		模式	原因	现象		措施	检查方法	周期（天）	措施	检修方法	周期（月）	
8	钢丝绳	扭结	钢丝绳放量过长，过启闭或收放过快	钢丝绳打结、折弯，闸门不平衡	较小风险	检查	外观检查有无扭结	30	检修	校正、更换	24	加强监视，至检修位锁锭，校正、更换钢丝绳
9	钢丝绳	挤压	钢丝绳放量过长，收放绳时归位不到位	受闸门、滑轮、卷筒挤压出现扁平现象	较小风险	检查	外观检查有无挤压	30	检修	校正、更换	24	加强监视，闸门启闭至检修平台固定，校正、更换钢丝绳
10	钢丝绳	锈蚀	日晒、风霜雨雪侵蚀	出现锈斑现象	较小风险	检查	检查锈蚀范围变化	30	检修	除锈、润滑保养	24	加强监视，至检修位锁锭，松解钢丝绳，除锈、润滑保养
11	滑轮	卡涩	异物卡涩、润滑不足	起重机移动缓慢、抖动	较小风险	检查	检查有无异物和滑轮保养情况	30	检修	清理异物、除锈、润滑保养	24	清理异物、除锈、润滑保养
12	滑轮	变形	受力不均	起重机移动缓慢、抖动	中等风险	检查	外观检查有无变形	30	检修	校正、更换	24	校正滑轮
13	卷筒	龟裂	启闭受力不均或冲击力过大	外形变形，行程不到位	中等风险	检查	外观检查有无裂纹	30	检修	补焊、打磨、更换	24	停止运行，补焊、打磨、更换
14	卷筒	变形	启闭受力不均或冲击力过大	外形变形，行程不到位	中等风险	检查	外观检查有无变形	30	检修	变形校正、更换	24	停止运行，变形校正、更换
15	卷筒	磨损	启闭受力不均，钢丝绳收放过程磨损沟槽	沟槽深度减小，有明显磨损痕迹	轻微风险	检查	外观检查沟槽磨损	30	检修	补焊修复	24	停止运行，焊接修复
16	电动葫芦	异响	轴承损坏、联轴器轴心不正	轴承附近，发出伴随着“咯噔咯噔”的嗡嗡声	中等风险	检查	检查运行时有无异常响声	30	检修	修复电机、更换轴承	24	停止起重机运行，排除故障
17	变频装置	过压	输入缺相、电压电路板老化受潮	过电压报警	较小风险	检查	检测输入三相电压正常，检查加热器正常投入	30	检修	检查相电压、加热除湿更换电压测量电路板	24	停止运行，处理过压故障
18	变频装置	欠压	输入缺相、电压电路板老化受潮	欠压报警	较小风险	检查	检测输入三相电压正常，检查加热器正常投入	30	检修	检查相电压、加热除湿更换电压测量电路板	24	停止运行，处理欠压故障
19	变频装置	过流	加速时间设置太短、电流上限设置太小、转矩增大	上电就跳闸	中等风险	检查	核对电流参数设置、检查闸门启闭有无卡阻	30	检修	校正电流参数设置、检查闸门启闭有无卡阻	24	停止运行，处理过流故障

续表

序号	部件	故障条件			风险等级	日常控制措施			定期检修维护			临时措施
		模式	原因	现象		措施	检查方法	周期（天）	措施	检修方法	周期（月）	
20	制动器	龟裂	制动轮表面制动力矩过大或受力不均	制动轮表出现裂纹，制动块受损	较小风险	检查	外观检查有无裂纹	30	检修	对制动轮补焊、打磨、更换，对制动块更换	24	加强监视，至检修位锁锭，对制动轮补焊、打磨、更换，对制动块更换
21	制动器	损坏	制动块制动间隔过小或受力不均	制动块磨损、制动间隙变大、制动失灵	中等风险	检查	外观检查有无细微粉末	30	更换	更换制动块	24	加强监视，至检修位锁锭，更换制动块
22	制动器	渗油	密封损坏渗油	液压油渗出	较小风险	检查	检查制液压动器油位	30	更换	更换密封、补充液压油	24	停车更换密封、注液压油
23	制动器	疲软	制动器弹簧年久疲软	制动块磨损、制动间隙变大、制动失灵	较小风险	检查	检查制动器位置无异常	30	检修	调整制动螺杆、收紧弹簧受力、更换弹簧	24	调整制动螺杆、收紧弹簧受力、停车后更换弹簧
24	电机	卡涩	电机启动力矩过大或受力不均	轴承有异常的金属撞击和卡涩声音	较小风险	检查	检查轴承有无有异常的金属撞击和卡涩	30	更换	更换轴承	24	停止起重机运行，排除故障
25	电机	老化	受潮、绝缘老化、短路	电机处有烧焦异味、电机温高	较小风险	检查	检测电机绕组绝缘	30	更换	更换绕组	24	停止起重机吊装，排除故障
26	电机	短路	受潮或绝缘老化、短路	电机处有烧焦异味、电机温高	中等风险	检查	检查电机绕组绝缘	30	更换	更换绕组	24	停止电机运行，更换绕组
27	电源模块	短路	粉尘、高温、老化	设备失电	中等风险	清扫	测量电源模块是否有输出电压、电流，以及电压、电流值是否异常	30	检修	更换、维修电源模块	12	起重机停止运行处理
28	电源模块	漏电	静电击穿	设备失电	中等风险	检查	测量电源模块是否有输出电压、电流，以及电压、电流值是否异常	30	检修	更换、维修电源模块	12	起重机停止运行处理
29	CPU模块	开路	CPU针脚接触不良	无法正常启动	中等风险	检查	看设备是否能正常运行	30	检修	拆下CPU，用一个干净的小牙刷清洁CPU，轻轻地擦拭CPU的针脚，将氧化物及锈迹去掉	12	起重机停止运行处理

续表

序号	部件	故障条件			风险等级	日常控制措施			定期检修维护			临时措施
		模式	原因	现象		措施	检查方法	周期（天）	措施	检修方法	周期（月）	
30	CPU模块	CPU供电故障	CPU 电压设置不正常	无法正常启动	中等风险	检查	检查 CPU 是否正常供电	30	检修	将 cmos 放电，将 Bios 设置恢复到出厂时的初始设置	12	起重机停止运行处理
31	采集模块	功能失效	硬件故障	数据无法传输、采集液晶显示不正常	中等风险	检查	检查采集液晶显示是否正常	30	检修	更换采集终端	12	起重机停止运行处理
32		松动	接口松动	无法收发数据	较小风险	检查	检查接口是否有松动现象	30	检修	逐一进行紧固	12	起重机停止运行处理
33	开出模块	功能失效	输入电压过高	系统无法正常工作、烧毁电路	中等风险	检查	测量输入电压	30	检修	更换输出模块	12	起重机停止运行处理
34		松动	接口松动	无法收发数据	较小风险	检查	检查接口是否有松动现象	30	检修	逐一进行紧固	12	插入紧固
35	继电器	功能失效	电源异常、线圈损坏	不能动作	较小风险	检查	检查电源指示灯是否正常、触电有无粘连	30	检修	更换继电器	12	检查电源指示灯是否正常、触电有无粘连
36		松动	接口松动	无法收发数据	较小风险	检查	检查接口是否有松动现象	30	检修	逐一进行紧固	12	紧固插件
37	接线端子	松动	端子紧固螺栓松动	端子线接触不良	较小风险	检查	端子排各接线是否松动	30	检修	紧固端子、二次回路检查	24	紧固端子排端子
38	限位器	行程失调	行程开关机械卡涩、线路松动	不动作、误动作、超限无法停止	较小风险	检查	检查限位器有无卡阻、线路有无松动脱落	30	检修	检查限位器紧固线路	24	停止起重机吊装，排除限位器故障
39	轨道	锈蚀	环境气温变化侵蚀	出现锈斑、麻坑	轻微风险	检查	检查锈蚀范围扩大、加深	30	检修	打磨、除锈、防腐	24	打磨、除锈
40		变形	固定轨道螺栓松动	轨道平行度破坏	较小风险	检查	固定轨道螺栓是否松动	30	加固、更换	紧固固定轨道螺栓或更换螺帽	24	紧固固定螺栓
41	受电器	松动	受电器紧固部分松脱	受电器松动、行程不到位、接触不好、有电火花	较小风险	检查	外观检查受电器有无松动、有无电点蚀痕迹	30	检修	打磨点蚀、紧固连接螺母	24	停电，紧固连接螺母、打磨修复连接片
42	PLC控制装置	控制失效	控制单元元件老化、自动监测失灵	装置故障灯亮	中等风险	检查	检查控制单元有无输入、输出信号	30	检修	功能检查	24	停止起吊，排查故障
43	核重仪	控制失效	元件老化、自动监测失灵	装置故障灯亮	较小风险	检查	检查控制单元有无输入、输出信号	30	检修	功能检查	24	停止起吊，排查故障

续表

序号	部件	故障条件			风险等级	日常控制措施			定期检修维护			临时措施
		模式	原因	现象		措施	检查方法	周期（天）	措施	检修方法	周期（月）	
44	齿轮油箱	渗油	密封失效、箱体变形、连接螺栓松动	齿轮油位偏低、箱体外壳有油垢	中等风险	检查	检查油位、有无渗油	30	检修	更换密封件；检修箱体剖分面，变形严重则更换；紧固螺栓	24	停止起重机运行，更换减速箱密封、箱体变形处理、连接螺栓紧固
45	减速器	松动	地脚螺栓松动	减速箱在底座上振动	较小风险	检查	检查减速箱地脚螺栓是否松动、运行是否有振动	30	检修	紧固地脚螺栓	24	停止起重机运行，紧固地脚螺栓
46		断裂	节距误差过大，齿侧间隙超差	有周期性齿轮颤振现象，从动轮特别明显	中等风险	检查	检查齿轮间隙	30	检修	修理、重新安装减速箱	24	停止起重机运行，修理减速箱
47		渗油	密封失效、箱体变形、连接螺栓松动	齿轮油位偏低、箱体外壳有油垢	较小风险	检查	检查油位、有无渗油	30	检修	更换密封件；检修箱体剖分面，变形严重则更换；紧固螺栓	24	停止起重机运行，更换减速箱密封、箱体变形处理、连接螺栓紧固

45 启闭系统

设备风险评估表

区域：厂房　　　　系统：水工金属结构系统　　　　设备：启闭系统

序号	部件	故障条件			故障影响			故障损失			风险值	风险等级
		模式	原因	现象	系统	设备	部件	经济损失	生产中断	设备损坏		
1	滑轮	卡涩	异物卡涩、润滑不足	闸门升降缓慢、抖动	无	闸门无法正常启闭	滑轮损坏	无	无	经维修后可恢复设备性能	4	较小风险
2		变形	受力不均	闸门升降缓慢、抖动	无	闸门无法正常启闭	滑轮损坏	无	无	经维修后可恢复设备性能	4	较小风险
3	钢丝绳	断股	猛烈的冲击，使钢丝绳运行超载	钢丝绳断裂	无	闸门无法正常启闭	钢丝绳损坏	可能造成设备或财产损失1万元以下	无	设备报废，需要更换新设备或经维修后设备可以维持使用，性能影响50%及以上	10	较大风险
4		变形	从滑轮中拉出的位置和滚筒中的缠绕方式不正确	扭曲变形、折弯	无	闸门无法正常启闭	钢丝绳损伤	无	无	设备报废，需要更换新设备或经维修后设备可以维持使用，性能影响50%及以上	8	中等风险
5		断丝	磨损、受力不均	钢丝绳断丝	无	闸门无法正常启闭	断丝	无	无	经维修后可恢复设备性能	4	较小风险
6		扭结	钢丝绳放量过长，过启闭或收放过快	钢丝绳打结、折弯，闸门不平衡	无	闸门无法正常启闭	钢丝绳损伤	无	无	经维修后可恢复设备性能	4	较小风险
7		挤压	钢丝绳放量过长，收放绳时归位不到位	受闸门、滑轮、卷筒挤压出现扁平现象	无	闸门无法正常启闭	钢丝绳损伤	无	无	经维修后可恢复设备性能	4	较小风险
8		锈蚀	日晒、风霜雨雪侵蚀	出现锈斑现象	无	无	钢丝绳锈蚀损伤	无	无	经维修后可恢复设备性能	4	较小风险

续表

序号	部件	故障条件			故障影响			故障损失			风险值	风险等级
		模式	原因	现象	系统	设备	部件	经济损失	生产中断	设备损坏		
9	平压阀	卡涩	异物堵塞、锈蚀卡涩	充水阀行程不到位，有渗水	无	无	阀门卡涩、堵塞无法开启关闭	无	无	经维修后可恢复设备性能	4	较小风险
10		变形	启闭受力不均	充水阀变形，行程启闭不到位	无	无	充水阀变形损坏	无	无	经维修后可恢复设备性能	4	较小风险
11	卷筒	龟裂	启闭受力不均或冲击力过大	充水阀变形，行程启闭不到位	无	闸门无法正常启闭	充水阀变形损坏	无	无	经维修后可恢复设备性能	4	较小风险
12		变形	启闭受力不均或冲击力过大	充水阀变形，行程启闭不到位	无	闸门无法正常启闭	筒体变形	无	无	经维修后可恢复设备性能	4	较小风险
13		磨损	启闭受力不均，钢丝绳收放过程磨损沟槽	沟槽深度减小，有明显磨损痕迹	无	无	沟槽磨损	无	无	设备性能无影响	2	轻微风险
14	制动器	龟裂	制动力矩过大或受力不均	制动轮表出现裂纹，制动块受损	无	无	制动轮损坏、制动块损坏、制动间隙变大	无	无	经维修后可恢复设备性能	4	较小风险
15		磨损	制动间隔过小或受力不均	制动块磨损、制动间隙变大、制动失灵	无	无法制动	制动块损坏、制动间隙变大	可能造成设备或财产损失1万元以下	无	经维修后可恢复设备性能	6	中等风险
16		渗油	密封损坏渗油	液压油渗出	无	闸门启闭异常	液压制动器损坏	无	无	经维修后可恢复设备性能	4	较小风险
17		疲软	弹簧年久疲软	制动块磨损、制动间隙变大、制动失灵	无	闸门有下滑现象	制动异常	无	无	经维修后可恢复设备性能	4	较小风险
18	电机	损坏	启动力矩过大或受力不均	有异常的金属撞击和卡涩声音	无	闸门无法启闭	轴承损坏	可能造成设备或财产损失1万元以下	无	经维修后可恢复设备性能	6	中等风险
19		短路	受潮或绝缘老化、短路	电机处有烧焦异味、电机温高	无	闸门无法启闭	绕组烧坏	可能造成设备或财产损失1万元以下	无	经维修后可恢复设备性能	6	中等风险
20		断裂	启动力矩过大或受力不均	轴弯曲、断裂	无	闸门无法启闭	制动异常	可能造成设备或财产损失1万元以下	无	经维修后可恢复设备性能	6	中等风险

续表

序号	部件	故障条件			故障影响			故障损失			风险值	风险等级
		模式	原因	现象	系统	设备	部件	经济损失	生产中断	设备损坏		
21	电源模块	短路	粉尘、高温、老化	设备失电	无	闸门无法启闭	电源模块损坏	无	主要备用设备退出备用24h以内	经维修后可恢复设备性能	8	中等风险
22		漏电	静电击穿	设备失电	无	闸门无法启闭	电源模块损坏	无	主要备用设备退出备用24h以内	经维修后可恢复设备性能	8	中等风险
23	CPU模块	开路	CPU针脚接触不良	无法正常启动	无	闸门无法启闭	CPU模块损坏	无	主要备用设备退出备用24h以内	经维修后可恢复设备性能	8	中等风险
24		CPU供电故障	CPU电压设置不正常	无法正常启动	无	闸门无法启闭	CPU模块损坏	无	主要备用设备退出备用24h以内	经维修后可恢复设备性能	8	中等风险
25	采集模块	功能失效	硬件故障	数据无法传输、采集液晶显示不正常	无	闸门无法启闭	采集模块损坏	无	主要备用设备退出备用24h以内	经维修后可恢复设备性能	8	中等风险
26		松动	接口松动	无法收发数据	无	闸门无法启闭	松动脱落	无	无	经维修后可恢复设备性能	4	较小风险
27	开出模块	功能失效	输入电压过高	系统无法正常工作、烧毁电路	无	闸门无法启闭	模块损坏	无	主要备用设备退出备用24h以内	经维修后可恢复设备性能	8	中等风险
28		松动	接口松动	无法收发数据	无	闸门无法启闭	松动脱落	无	无	经维修后可恢复设备性能	4	较小风险
29	继电器	功能失效	电源异常、线圈损坏	不能动作	无	影响自动控制功能	继电器损坏	无	无	经维修后可恢复设备性能	4	较小风险
30		松动	接口松动	无法收发数据	无	无法监控	松动脱落	无	无	经维修后可恢复设备性能	4	较小风险
31	接线端子	松动	端子紧固螺栓松动	端子线接触不良	无	无	接触不良	无	无	经维修后可恢复设备性能	4	较小风险
32	变频装置	过压	输入缺相、电压电路板老化受潮	过电压报警	无	闸门启闭异常	性能降低	无	无	经维修后可恢复设备性能	4	较小风险
33		欠压	输入缺相、电压电路板老化受潮	欠压报警	无	闸门启闭异常	性能降低	无	无	经维修后可恢复设备性能	4	较小风险

续表

序号	部件	故障条件			故障影响			故障损失			风险值	风险等级
		模式	原因	现象	系统	设备	部件	经济损失	生产中断	设备损坏		
34	变频装置	过流	加速时间设置太短、电流上限设置太小、转矩增大	上电就跳闸	无	闸门无法启闭	变频装置损坏	可能造成设备或财产损失1万元以下	无	经维修后可恢复设备性能	6	中等风险
35	行程开关	行程失调	行程开关机械卡涩、线路松动	不动作、误动作、超限无法停止	无	闸门无法启闭	性能降低	无	无	经维修后可恢复设备性能	4	较小风险
36	齿轮油箱	渗油	密封老化、磨损	密封处渗油	无	齿轮磨损	油箱密封损坏、缺油	无	无	经维修后可恢复设备性能	4	较小风险
37	锁定梁	松动	闸门受力不均、螺栓固定不牢	上电就跳闸	无	无	性能降低	无	无	经维修后可恢复设备性能	4	较小风险
38		变形	关闭时下降速度太快、钢丝绳受力不均	闸门启闭和钢丝绳收放速度太快	无	无	弯锁定梁曲变形	无	无	经维修后可恢复设备性能	4	较小风险

设备风险控制卡

区域：厂房　　系统：水工金属结构系统　　设备：启闭系统

序号	部件	故障条件			风险等级	日常控制措施			定期检修维护			临时措施
		模式	原因	现象		措施	检查方法	周期（天）	措施	检修方法	周期（月）	
1	滑轮	卡涩	异物卡涩、润滑不足	闸门升降缓慢、抖动	较小风险	检查	检查有无异物和滑轮保养情况	180	检修	清理异物、除锈、润滑保养	12	清理异物、除锈、润滑保养
2		变形	受力不均	闸门升降缓慢、抖动	较小风险	检查	外观检查有无变形	180	更换	校正、更换	12	加强监视，闸门启闭至检修平台固定，校正滑轮
3	钢丝绳	断股	猛烈的冲击，使钢丝绳运行超载	钢丝绳断裂	较大风险	检查	外观检查有无断股	180	更换	更换钢丝绳	12	加强监视，闸门启闭至检修平台固定，更换钢丝绳
4		变形	从滑轮中拉出的位置和滚筒中的缠绕方式不正确	扭曲变形、折弯	中等风险	检查	外观检查有无变形	180	更换	更换钢丝绳	12	加强监视，闸门启闭至检修平台固定，更换钢丝绳
5		断丝	磨损、受力不均	钢丝绳断丝	较小风险	检查	外观检查有无断丝	180	更换	更换钢丝绳	12	加强监视，闸门启闭至检修平台固定，更换钢丝绳

续表

序号	部件	故障条件			风险等级	日常控制措施			定期检修维护			临时措施
		模式	原因	现象		措施	检查方法	周期（天）	措施	检修方法	周期（月）	
6	钢丝绳	扭结	钢丝绳放量过长，过启闭或收放过快	钢丝绳打结、折弯，闸门不平衡	较小风险	检查	外观检查有无扭结	180	检修	校正、更换	12	加强监视，闸门启闭至检修平台固定，校正、更换钢丝绳
7		挤压	钢丝绳放量过长，收放绳时归位不到位	受闸门、滑轮、卷筒挤压出现扁平现象	较小风险	检查	外观检查有无挤压	180	检修	校正、更换	12	加强监视，闸门启闭至检修平台固定，校正、更换钢丝绳
8		锈蚀	日晒、风霜雨雪侵蚀	出现锈斑现象	较小风险	检查	检查锈蚀范围变化	180	检修	除锈、润滑保养	12	加强监视，闸门启闭至检修平台固定，松解钢丝绳，除锈、润滑保养
9	平压阀	卡涩	异物堵塞、锈蚀卡涩	充水阀行程不到位，有渗水	较小风险	检查	检查闸门充水阀与闸门结合部位有无异物和保养情况	180	检修	清理异物、除锈、润滑保养	12	加强监视，闸门启闭至检修平台固定，清理异物、除锈、润滑保养
10		变形	启闭受力不均	充水阀外形变形，行程启闭不到位	较小风险	检查	外观检查有无变形	180	检修	校正、更换	12	加强监视，闸门启闭至检修平台固定，校正、更换
11	卷筒	龟裂	启闭受力不均或冲击力过大	充水阀外形变形，行程启闭不到位	较小风险	检查	外观检查有无裂纹	180	检修	补焊、打磨、更换	12	停止闸门启闭，补焊、打磨、更换
12		变形	启闭受力不均或冲击力过大	充水阀外形变形，行程启闭不到位	较小风险	检查	外观检查有无变形	180	检修	变形校正、更换	12	停止闸门启闭，变形校正、更换
13		磨损	启闭受力不均，钢丝绳收放过程磨损沟槽	沟槽深度减小，有明显磨损痕迹	轻微风险	检查	外观检查沟槽磨损	180	检修	补焊修复	12	停止闸门启闭，焊接修复
14	制动器	龟裂	制动力矩过大或受力不均	制动轮表出现裂纹，制动块受损	较小风险	检查	外观检查有无裂纹	180	检修	对制动轮补焊、打磨、更换，对制动块更换	12	停止闸门启闭，对制动轮补焊、打磨、更换，对制动块更换

续表

序号	部件	故障条件			风险等级	日常控制措施			定期检修维护			临时措施
		模式	原因	现象		措施	检查方法	周期（天）	措施	检修方法	周期（月）	
15	制动器	磨损	制动间隔过小或受力不均	制动块磨损、制动间隙变大、制动失灵	中等风险	检查	外观检查有无细微粉末	180	检修	更换制动块	12	停车更换制动块
16		渗油	密封损坏渗油	液压油渗出	较小风险	检查	检查制液压动器油位	180	检修	更换密封、补充液压油	12	停车更换密封、注液压油
17		疲软	弹簧年久疲软	制动块磨损、制动间隙变大、制动失灵	较小风险	检查	检查制动器位置无异常	180	检修	调整制动螺杆、收紧弹簧受力、更换弹簧	12	调整制动螺杆、收紧弹簧受力、停车后更换弹簧
18	电机	损坏	启动力矩过大或受力不均	有异常的金属撞击和卡涩声音	中等风险	检查	检查轴承有无有异常的金属撞击和卡涩	180	更换	更换轴承	12	停止电机运行，更换轴承
19		短路	受潮或绝缘老化、短路	电机处有烧焦异味、电机温高	中等风险	检查	检查电机绕组绝缘	180	更换	更换绕组	12	停止电机运行，更换绕组
20		断裂	启动力矩过大或受力不均	轴弯曲、断裂	中等风险	检查	检查电机轴有无弯曲断裂	180	检修	校正、更换电机轴	12	停止电机运行，校正、更换电机轴
21	电源模块	短路	粉尘、高温、老化	设备失电	中等风险	清扫	测量电源模块是否有输出电压、电流，以及电压、电流值是否异常	30	检修	更换、维修电源模块	12	停止运行处理
22		漏电	静电击穿	设备失电	中等风险	检查	测量电源模块是否有输出电压、电流，以及电压、电流值是否异常	30	检修	更换、维修电源模块	12	停止运行处理
23	CPU模块	开路	CPU 针脚接触不良	无法正常启动	中等风险	检查	看设备是否能正常运行	30	检修	拆下 CPU，用一个干净的小牙刷清洁 CPU，轻轻地擦拭 CPU 的针脚，将氧化物及锈迹去掉	12	停止运行处理
24		CPU供电故障	CPU 电压设置不正常	无法正常启动	中等风险	检查	检查 CPU 是否正常供电	30	检修	将 cmos 放电，将 Bios 设置恢复到出厂时的初始设置	12	停止运行处理
25	采集模块	功能失效	硬件故障	数据无法传输、采集液晶显示不正常	中等风险	检查	检查采集液晶显示是否正常	30	检修	更换采集终端	12	停止运行处理

续表

序号	部件	故障条件			风险等级	日常控制措施			定期检修维护			临时措施
		模式	原因	现象		措施	检查方法	周期（天）	措施	检修方法	周期（月）	
26	采集模块	松动	接口松动	无法收发数据	较小风险	检查	检查接口是否有松动现象	30	检修	逐一进行紧固	12	停止运行处理
27	开出模块	功能失效	输入电压过高	系统无法正常工作、烧毁电路	中等风险	检查	测量输入电压	30	检修	更换输出模块	12	停止运行处理
28		松动	接口松动	无法收发数据	较小风险	检查	检查接口是否有松动现象	30	检修	逐一进行紧固	12	插入紧固
29	继电器	功能失效	电源异常、线圈损坏	不能动作	较小风险	检查	检查电源指示灯是否正常、触电有无粘连	30	检修	更换继电器	12	检查电源指示灯是否正常、触电有无粘连
30		松动	接口松动	无法收发数据	较小风险	检查	检查接口是否有松动现象	30	检修	逐一进行紧固	12	紧固插件
31	接线端子	松动	端子紧固螺栓松动	端子线接触不良	较小风险	检查	端子排各接线是否松动	180	加固	紧固端子、二次回路检查	12	紧固端子排端子
32	变频装置	过压	输入缺相、电压电路板老化受潮	过电压报警	较小风险	检查	检测输入三相电压正常，检查加热器正常投入	180	检修	检查相电压、加热除湿更换电压测量电路板	12	停止闸门启闭，处理过压故障
33		欠压	输入缺相、电压电路板老化受潮	欠压报警	较小风险	检查	检测输入三相电压正常，检查加热器正常投入	180	检修	检查相电压、加热除湿更换电压测量电路板	12	停止闸门启闭，处理欠压故障
34		过流	加速时间设置太短、电流上限设置太小、转矩增大	上电就跳闸	中等风险	检查	核对电流参数设置、检查闸门启闭有无卡阻	180	检修	校正电流参数设置、检查闸门启闭有无卡阻	12	停止闸门启闭，处理过流故障
35	行程开关	行程失调	行程开关机械卡涩、线路松动	不动作、误动作、超限无法停止	较小风险	检查	检查机械行程有无卡阻、线路有无松动脱落	180	检修	检查机械行程、紧固线路	12	停止闸门启闭，检查行程开关
36	齿轮油箱	渗油	密封老化、磨损	密封处渗油	较小风险	检查	检查齿轮油箱密封处有无渗油和油位	180	更换	更换齿轮密封	12	停止闸门启闭，注齿轮油
37	锁定梁	松动	闸门受力不均、螺栓固定不牢	上电就跳闸	较小风险	检查	核对电流参数设置、检查闸门启闭有无卡阻	180	检修	校正电流参数设置、检查闸门启闭有无卡阻	12	调整锁定梁平衡、锁紧固定螺栓
38		变形	关闭时下降速度太快、钢丝绳受力不均	闸门启闭和钢丝绳收放速度太快	较小风险	检查	外观检查有无弯曲变形	180	检修	锁定梁校正、更换	12	检查是否超过荷载，停止闸门启闭

风 电 部 分

1 风力发电机

设备风险评估表

区域：输变电　　　　系统：风力发电机　　　　设备：风力发电机

序号	部件	故障条件			故障影响			故障损失			风险值	风险等级
		模式	原因	现象	系统	设备	部件	经济损失	生产中断	设备损坏		
1	偏航系统	性能衰退或功能失效型	偏航驱动系统腐蚀	偏航驱动及电机表面出现掉漆、锈蚀等情况	无	无	损坏	未造成经济损失	没有造成生产中断及设备故障	设备性能无影响	4	较小风险
2			制动片、制动盘被油或油脂污染	刹车片、刹车盘表面有灰尘、油污、磨屑	无	停运	损坏	可能造成财产损失300元以下损失	设备停运1h	设备性能无影响	2	轻微风险
3			集中润滑系统故障	供油管路泄漏，偏航轴承润滑泵缺少润滑脂，偏航齿圈润滑泵缺少润滑脂	无	停运	损坏	可能造成财产损失300元以下损失	设备停运1h	设备性能无影响	2	轻微风险
4	发电机轴承	性能衰退或功能失效型	发电机轴承密封损坏	发电机轴承密封存在磨损、裂缝	无	停运	损坏	可能造成财产损失2000元以下损失	设备停运6h	经维修后可恢复设备性能	6	中等风险
5	液压系统	性能衰退或功能失效型	液压油油位低故障	通过置于油箱侧面的玻璃液位指示器来检查油位，油位应在油箱液位计1/2处	无	停运	损坏	可能造成财产损失300元以下损失	设备停运1h	设备性能无影响	3	较小风险
6			紧固件、管接头损坏	管件接头、法兰盘、螺栓等的松动	无	停运	损坏	可能造成财产损失300元以下损失	设备停运1h	设备性能无影响	3	较小风险
7			蓄能器中的气压低	蓄能器中的气压过低，更换蓄能罐	无	停运	损坏	可能造成财产损失300元以下损失	设备停运1h	设备性能无影响	3	较小风险

续表

序号	部件	故障条件			故障影响			故障损失			风险值	风险等级
		模式	原因	现象	系统	设备	部件	经济损失	生产中断	设备损坏		
8	前机架和平台板	性能衰退或功能失效型	前机架、平台板、连接梁腐蚀和螺栓连接松动	前机架、平台板、连接梁腐蚀，螺栓存在腐蚀及连接松动	无	无	损坏	未造成经济损失	没有造成生产中断及设备故障	设备性能无影响	4	较小风险
9	电动葫芦	性能衰退或功能失效型	电动葫芦故障	吊车的限位开关、电缆和链盒、吊钩和吊钩保险装置故障，行车支撑腐蚀、螺栓松动	无	无	损坏	未造成经济损失	没有造成生产中断及设备故障	设备性能无影响	3	较小风险
10	通风装置	性能衰退或功能失效型	通风装置故障	风管附属装置及管夹松动；风管存在裂痕；运行不平稳，异常噪声；电气连接松动	无	无	损坏	未造成经济损失	没有造成生产中断及设备故障	设备性能无影响	3	较小风险
11	防雷接地系统	性能衰退或功能失效型	防雷接地系统故障	电缆连接松动，电缆损坏；螺栓磨损；防雷接地电阻值异常；雷电保护部件功能异常	无	无	损坏	未造成经济损失	没有造成生产中断及设备故障	设备性能无影响	3	较小风险
12	机舱罩和导流罩	性能衰退或功能失效型	机舱罩和导流罩异常	连接螺栓松动，玻璃纤维增强复合材料出现裂纹和断裂，弹性支撑的橡胶材料老化，机舱和导流罩内出现烧伤（雷击、超压放电），机舱天窗边缘漏水，天窗松动或损坏	无	无	损坏	未造成经济损失	没有造成生产中断及设备故障	设备性能无影响	3	较小风险

续表

序号	部件	故障条件			故障影响			故障损失			风险值	风险等级
		模式	原因	现象	系统	设备	部件	经济损失	生产中断	设备损坏		
13	轮毂和变桨系统	性能衰退或功能失效型	轮毂和变桨系统故障	轮毂内部有渗漏情况；轮毂内部存在积水；电缆连接不牢靠，包括等电位装置和防雷保护装置有损坏和过热现象；轮毂内部螺栓有松脱、断裂、腐蚀情况；叶片轴承密封存在磨损、裂缝；叶片变桨过程中，轴承有异响卡滞及其他故障；变桨齿圈齿面存在变色、锈蚀、磨损、点蚀、咬合等现象	无	停运	损坏	可能造成财产损失300元以下损失	机组停机1h	设备性能无影响	3	较小风险
14	变桨驱动系统	性能衰退或功能失效型	变桨驱动系统故障	变桨电机表面腐蚀，齿轮箱箱体、放油螺塞等处泄漏，变桨驱动小齿存在变色、锈蚀、磨损、点蚀、咬合等现象，变桨电机运行时异常噪声，变桨驱动系统运行时有异常噪声	无	停运	损坏	可能造成财产损失300元以下损失	机组停机1h	设备性能无影响	3	较小风险
15	变桨润滑	性能衰退或功能失效型	变桨润滑故障	供油分配油路供油异常，管路、接头、分配器存在泄漏或磨损，变桨轴承润滑泵润滑脂缺少	无	停运	损坏	可能造成财产损失600元以下损失	机组停机2h	设备性能无影响	3	较小风险

续表

序号	部件	故障条件			故障影响			故障损失			风险值	风险等级
		模式	原因	现象	系统	设备	部件	经济损失	生产中断	设备损坏		
16	变桨控制系统	性能衰退或功能失效型	变桨控制系统故障	柜体的螺栓连接松动，电缆连接失效；蓄电池功能异常；电池存在鼓胀、龟裂、变形、漏液、连接端子腐蚀或生锈等情况；电池单元之间的连接异常，蓄电池固定支架松动；防雷保护装置激活	无	停运	损坏	可能造成财产损失1000元以下损失	机组停机3h	设备性能无影响	3	较小风险
17	叶片	性能衰退或功能失效型	叶片异常	叶片存在开裂、掉漆等情况；叶尖、叶身接闪器发黑、腐蚀，有雷击现象；叶片避雷引线安装不牢靠，橡胶套有腐蚀或断裂	无	停运	损坏	可能造成财产损失2000元以下损失	机组停机6h	设备性能无影响	3	较小风险
18	塔架	性能衰退或功能失效型	塔架异常	塔架门上的空气滤网积尘或堵塞，照明系统异常，塔架门的橡胶密封损坏，塔架掉漆等，塔架连接法兰间存在间隙，塔架内外支撑件的焊缝存在裂纹，平台腐蚀；电缆上存在油污、磨损，爬梯腐蚀、变形，爬梯固定螺栓松动	无	停运	损坏	可能造成财产损失300元以下损失	机组停机1h	设备性能无影响	3	较小风险

续表

序号	部件	故障条件			故障影响			故障损失			风险值	风险等级
		模式	原因	现象	系统	设备	部件	经济损失	生产中断	设备损坏		
19	主控系统	性能衰退或功能失效型	主控系统故障	塔底、机舱主控柜固定不牢；主控柜接地不可靠；低压电源分配连接不可靠，电气元件的功能和使用环境异常；除湿器开关设定值不正确；UPS供电时间设置值不准；控制柜出入口的空气过滤器堵塞	无	停运	损坏	可能造成财产损失300元以下损失	机组停机1h	设备性能无影响	3	较小风险
20	变流器	性能衰退或功能失效型	变流器故障	柜体内部端子、电缆等存在松动；冷却风扇异常噪声，风扇旋转方向错误；温湿度传感器的测量精度失效；断路器、熔断器等故障	无	停运	损坏	可能造成财产损失300元以下损失	机组停机1h	设备性能无影响	3	较小风险
21	风轮锁定装置	性能衰退或功能失效型	风轮锁定装置故障	风轮锁定装置不能轻松地插入和拔出；承受压力后，风轮锁定销偏移；风轮锁定销和风轮锁定盘中的销孔变形	无	停运	损坏	可能造成财产损失2000元以下损失	机组停机6h	设备性能无影响	3	较小风险
22	电气滑环	性能衰退或功能失效型	电气滑环故障	电气滑环滑道无润滑油；滑环内的碳粉和脏污较多	无	停运	损坏	可能造成财产损失300元以下损失	机组停机1h	设备性能无影响	3	较小风险

续表

序号	部件	故障条件			故障影响			故障损失			风险值	风险等级
		模式	原因	现象	系统	设备	部件	经济损失	生产中断	设备损坏		
23	发电机	性能衰退或功能失效型	发电机故障	接线盒内沉积灰尘，端子松动；发电机底座下的接地电缆松动；防雷保护装置的端子接线松动	无	停运	损坏	可能造成财产损失300元以下损失	机组停机1h	设备性能无影响	3	较小风险
24	水冷系统	性能衰退或功能失效型	水冷系统故障	水冷系统压力异常，冷却液存在泄漏，附件、法兰、管子、水泵和水冷器的连接螺母等松动，压力开关、PT100热电阻工作异常，水冷系统阀件工作异常，电气连接失效，热交换器的紧固件松动，橡胶装置有脆化或裂痕，散热翅片表面脏物堆积，氮气罐压力异常	无	停运	损坏	可能造成财产损失300元以下损失	机组停机1h	设备性能无影响	3	较小风险
25	测风系统	性能衰退或功能失效型	测风系统故障	测风支架的螺栓松动，航空标志灯功能失效，风速风向仪、电缆的固定、连接失效，风速风向仪的存在腐蚀、灰尘积聚，测风仪内腔污染情况，风速风向仪存在雷击情况	无	停运	损坏	可能造成财产损失300元以下损失	机组停机1h	设备性能无影响	3	较小风险

设备风险控制卡

区域：输变电　　系统：风力发电机　　设备：风力发电机

序号	部件	故障条件			风险等级	日常控制措施			定期检修维护			临时措施
		模式	原因	现象		措施	检查方法	周期（天）	措施	检修方法	周期（月）	
1	偏航系统	性能衰退或功能失效型	偏航驱动系统腐蚀	偏航驱动及电机表面出现掉漆、锈蚀等情况	较小风险	观察风机偏航时是否有异音；偏航润滑脂情况；偏航测试，维护手柄偏航测试，偏航反馈正常，偏航电机是否异响；检查自动解缆装置是否正常，电缆有无交缠情况	人员手动偏航、目视	30天	对偏航系统进行润滑脂加注；清理油污；螺栓紧固；偏航功率调节	年度定期检修	6	对损坏设备进行维修，未完成维修前，风机停机
2			制动片、制动盘被油或油脂污染	刹车片、刹车盘表面有灰尘、油污、磨屑	轻微风险	检查发电机碳刷磨损情况，发电机运行时是否有异音及振动，润滑脂情况，运行数据	人员通过目测、听、数据查询方式	30天	对发电机进行油脂加注，直阻、绝缘检查	绝缘测试、直阻测试	6	对损坏发电机进行塔上维修；无法维修时，将风机远程停机，安排发电机更换
3			集中润滑系统故障	供油管路泄漏，偏航轴承润滑泵缺少润滑脂，偏航齿圈润滑泵缺少润滑脂	轻微风险	液压站及各有关接头是否漏油，油位是否大于1/2；液压油管状态是否良好	人员目测	30天	对液压系统进行油样化验，螺栓紧固，清理油污等	年度定期检修	6	对损坏设备进行维修，未完成维修前，风机停机
4	发电机轴承	性能衰退或功能失效型	发电机轴承密封损坏	发电机轴承密封存在磨损、裂缝	中等风险	检查各螺栓是否有松动、掉落，平台是否有油污等，电缆护圈有无损坏、磨损	人员目测	30天	螺栓紧固，清理油污	年度定期检修	6	对损坏设备进行维修
5	液压系统	性能衰退或功能失效型	液压油油位低故障	通过置于油箱侧面的玻璃液位指示器来检查油位，油位应在油箱液位计1/2处	较小风险	检查电机运行是否正常，电源线是否完好，限位装置是否完好，链条箱固定是否牢固	人员目测、手动测试	30天	对小吊车进行载荷试验	年度定期检修	6	对损坏设备进行维修
6			紧固件、管接头损坏	管件接头、法兰盘、螺栓等的松动	较小风险	检查通风是否通畅等	人员目测	30天	对通风装置进行检查	年度定期检修	6	对通风设备滤网灰尘进行清除

续表

序号	部件	故障条件			风险等级	日常控制措施			定期检修维护			临时措施
		模式	原因	现象		措施	检查方法	周期（天）	措施	检修方法	周期（月）	
7	液压系统	性能衰退或功能失效型	蓄能器中的气压低	蓄能器中的气压过低，更换蓄能罐	较小风险	检查是否有雷击，二次接线是否松动	人员目测	30天	对防雷系统进行测试	年度定期检修	6	对损坏设备进行维修，未完成维修前，风机停机
8	前机架和平台板	性能衰退或功能失效型	前机架、平台板、连接梁腐蚀和螺栓连接情况	前机架、平台板、连接梁腐蚀和螺栓存在腐蚀及连接松动	较小风险	检查导流罩是否有裂纹等	人员目测	30天	检查疲劳程度	通过特定仪器进行试验	6	对损坏设备进行维修，未完成维修前，风机停机
9	电动葫芦	性能衰退或功能失效型	电动葫芦故障	吊车的限位开关、电缆和链盒、吊钩和吊钩保险装置故障，行车支撑腐蚀、螺栓松动	较小风险	检查轮毂是否有凹陷、裂纹等	人员目测	30天	检查疲劳程度	通过特定仪器进行试验	6	对损坏设备进行维修，未完成维修前，风机停机
10	通风装置	性能衰退或功能失效型	通风装置故障	风管附属装置及管夹松动；风管存在裂痕；运行不平稳，异常噪声；电气连接松动	较小风险	检查二次接线是否松动	人员目测	30天	检查疲劳程度	年度定期检修	6	对损坏设备进行维修，未完成维修前，风机停机
11	防雷接地系统	性能衰退或功能失效型	防雷接地系统故障	电缆连接松动，电缆损坏，螺栓磨损，防雷接地电阻阻值异常，雷电保护部件功能异常	较小风险	检查二次接线是否松动	人员目测	30天	检查疲劳程度	年度定期检修	6	对损坏设备进行维修，未完成维修前，风机停机
12	机舱罩和导流罩	性能衰退或功能失效型	机舱罩和导流罩异常	连接螺栓松动，玻璃纤维增强复合材料出现裂纹和断裂，弹性支撑的橡胶材料老化，机舱和导流罩内出现烧伤（雷击、超压放电），机舱天窗边缘漏水，天窗松动或损坏	较小风险	检查二次接线是否松动	人员目测	30天	检查疲劳程度	年度定期检修	6	对损坏设备进行维修，未完成维修前，风机停机
13	轮毂和变桨系统	性能衰退或功能失效型	轮毂和变桨系统故障	轮毂内部有渗漏情况；轮毂内部存在积水；电缆连接不牢靠，包括等电位装置和防雷保护装置有损坏和过热现象；轮毂内	较小风险	检查叶片是否有起皮、裂纹、掉漆等	人员目测	30天	检查疲劳程度	通过特定仪器进行试验	6	对损坏设备进行维修，未完成维修前，风机停机

续表

序号	部件	故障条件			风险等级	日常控制措施			定期检修维护			临时措施
		模式	原因	现象		措施	检查方法	周期（天）	措施	检修方法	周期（月）	
13	轮毂和变桨系统	性能衰退或功能失效型	轮毂和变桨系统故障	部螺栓有松脱、断裂、腐蚀情况；叶片轴承密封存在磨损、裂缝；叶片变桨过程中，轴承有异响卡滞及其他故障；变桨齿圈齿面存在变色、锈蚀、磨损、点蚀、咬合等现象	较小风险	检查叶片是否有起皮、裂纹、掉漆等	人员目测	30天	检查疲劳程度	通过特定仪器进行试验	6	对损坏设备进行维修，未完成维修前，风机停机
14	变桨驱动系统	性能衰退或功能失效型	变桨驱动系统故障	变桨电机表面防腐，齿轮箱箱体、放油螺塞等处泄漏，变桨驱动小齿存在变色、锈蚀、磨损、点蚀、咬合等现象，变桨电机运行时异常噪声，变桨驱动系统运行时有异常噪声	较小风险	检查塔架是否有塌陷等	人员目测	30天	检查疲劳程度	通过特定仪器进行试验	6	对损坏设备进行维修，未完成维修前，风机停机
15	变桨润滑	性能衰退或功能失效型	变桨润滑故障	供油分配油路供油异常，管路、接头、分配器存在泄漏或磨损，变桨轴承润滑泵润滑脂缺少	较小风险	检查系统二次端子是否松动，电源线有无破损	人员目测	30天	检查主控程序控制功能、紧急停机、偏航功能	在风机面板进行测试	6	对损坏设备进行维修，未完成维修前，风机停机
16	变桨控制系统	性能衰退或功能失效型	变桨控制系统故障	柜体的螺栓连接松动，电缆连接失效；蓄电池功能异常；电池存在鼓胀、龟裂、变形、漏液、连接端子腐蚀或生锈等情况；电池单元之间的连接异常，蓄电池固定支架松动；防雷保护装置激活	较小风险	检查系统二次端子是否松动，电源线有无破损	人员目测	30天	检查变流器系统各元件有无过温、损坏情况	人员目测、测试	6	对损坏设备进行维修，未完成维修前，风机停机

续表

序号	部件	故障条件			风险等级	日常控制措施			定期检修维护			临时措施
		模式	原因	现象		措施	检查方法	周期（天）	措施	检修方法	周期（月）	
17	叶片	性能衰退或功能失效型	叶片异常	叶片存在开裂、掉漆等情况；叶尖、叶身接闪器发黑、腐蚀，有雷击现象；叶片避雷引线安装不牢靠，橡胶套有腐蚀或断裂	较小风险	检查锁定销是否能正常操作	手动测试	30天	检查锁定装置有无变形、卡涩、掉落	人员目测、测试	6	对损坏设备进行维修
18	塔架	性能衰退或功能失效型	塔架异常	塔架门上的空气滤网积尘或堵塞，照明系统异常，塔架门的橡胶密封损坏，塔架掉漆等，塔架连接法兰间存在间隙，塔架内外支撑件的焊缝存在裂纹，平台腐蚀，电缆上存在油污，磨损，爬梯腐蚀、变形，爬梯固定螺栓松动	较小风险	检查系统二次端子是否松动；电源线有无破损；	人员目测	30天	检查滑环有无损坏；对损坏设备进行维修更换	人员目测、测试	6	对损坏设备进行维修，未完成维修前，风机停机
19	主控系统	性能衰退或功能失效型	主控系统故障	塔底、机舱主控柜固定不牢；主控柜接地不可靠；低压电源分配连接不可靠，电气元件的功能和使用环境异常；除湿器开关设定值不正确；UPS供电时间设置值不准；控制柜出入口的空气过滤器堵塞	较小风险	检查发电机碳刷磨损情况、发电机运行时是否有异音及振动、润滑脂情况、运行数据	人员通过目测、听、数据查询方式	30天	对发电机进行油脂加注，直阻、绝缘检查	绝缘测试、直阻测试	6	对损坏发电机进行塔上维修；无法维修时，将风机远程停机，安排发电机更换
20	变流器	性能衰退或功能失效型	变流器故障	柜体内部端子、电缆等存在松动；冷却风扇异常噪声，风扇旋转方向错误；温湿度传感器的测量精度失效；断路器、熔断器等故障	较小风险	检查水压是否标准，是否漏水	人员目测	30天	检查水冷系统水压是否在规定范围，管道是否完好，进行冷却液加注	人员目测、测试	6	对损坏设备进行维修，未完成维修前，风机停机

续表

序号	部件	故障条件			风险等级	日常控制措施			定期检修维护			临时措施
		模式	原因	现象		措施	检查方法	周期（天）	措施	检修方法	周期（月）	
21	风轮锁定装置	性能衰退或功能失效型	风轮锁定装置故障	风轮锁定装置不能轻松地插入和拔出；承受压力后，风轮锁定销偏移；风轮锁定销和风轮锁定盘中的销孔变形	较小风险	检查测风系统是否能正常对风，风速仪、风向标是否完好	人员目测	30天	调整测风系统对风准确度	人员目测、测试	6	对损坏设备进行维修，未完成维修前，风机停机
22	电气滑环	性能衰退或功能失效型	电气滑环故障	电气滑环滑道无润滑油，滑环内的碳粉和脏污较多	较小风险	观察风机偏航时是否有异音；偏航润滑脂情况；偏航测试，维护手柄偏航测试，偏航反馈正常，偏航电机是否异响；检查自动解缆装置是否正常，电缆有无交缠情况	人员手动偏航、目视	30天	对偏航系统进行润滑脂加注，清理油污，螺栓紧固，偏航功率调节	年度定期检修	6	对损坏设备进行维修，未完成维修前，风机停机
23	发电机	性能衰退或功能失效型	发电机故障	接线盒内沉积灰尘，端子松动；发电机底座下的接地电缆松动；防雷保护装置的端子接线松动	较小风险	检查发电机碳刷磨损情况，发电机运行时是否有异音及振动，润滑脂情况，运行数据	人员通过目测、听、数据查询方式	30天	对发电机进行油脂加注，直阻、绝缘检查	绝缘测试、直阻测试	6	对损坏发电机进行塔上维修；无法维修时，将风机远程停机，安排发电机更换
24	水冷系统	性能衰退或功能失效型	水冷系统故障	水冷系统压力异常，冷却液存在泄漏，附件、法兰、管子、水泵和水冷器的连接螺母等松动，压力开关、PT100热电阻工作异常，水冷系统阀件工作异常，电气连接失效，热交换器的紧固件松动，橡胶装置有脆化或裂痕，散热翅片表面脏物堆积，氮气罐压力异常	较小风险	液压站及各有关接头是否漏油，油位是否大于1/2；液压油管状态是否良好	人员目测	30天	对液压系统进行油样化验，螺栓紧固，清理油污等	年度定期检修	6	对损坏设备进行维修，未完成维修前，风机停机

续表

序号	部件	故障条件			风险等级	日常控制措施			定期检修维护			临时措施
		模式	原因	现象		措施	检查方法	周期（天）	措施	检修方法	周期（月）	
25	测风系统	性能衰退或功能失效型	测风系统故障	测风支架的螺栓松动，航空标志灯功能失效，风速风向仪、电缆的固定、连接失效，风速风向仪的存在腐蚀、灰尘积聚，测风仪内腔污染情况，风速风向仪存在雷击情况	较小风险	检查各螺栓是否有松动、掉落，平台是否有油污等，电缆护圈有无损坏、磨损	人员目测	30天	螺栓紧固，清理油污	年度定期检修	6	对损坏设备进行维修

2 主变压器

设备风险评估表

区域：输变电　　系统：升压站　　设备：主变压器

序号	部件	故障条件			故障影响			故障损失			风险值	风险等级
		模式	原因	现象	系统	设备	部件	经济损失	生产中断	设备损坏		
1	油枕	渗油	管路阀门、密封不良	有渗漏油滴落在本体或地面上	油位显示异常	密封破损	在行业内发生过	无	无	经维修后可恢复设备性能	4	较小风险
2	油枕	破裂	波纹管老化、裂纹	油位指示异常	空气进入加快油质劣化速度	波纹管损坏	在行业内发生过	可能造成设备或财产损失1万元以上10万元以下	无	经维修后可恢复设备性能	8	中等风险
3	油箱	渗油	密封不良	有渗漏油滴落在本体或地面上	油位异常	密封破损	在行业内发生过	无	无	经维修后可恢复设备性能	4	较小风险
4	油箱	锈蚀	环境潮湿、氧化	油箱表面脱漆锈蚀	无	油箱渗漏	在行业内发生过	无	无	经维修后可恢复设备性能	4	较小风险
5	呼吸器	变质	受潮	硅胶变色	油质劣化速度增大	硅胶失效	在行业内发生过	无	无	经维修后可恢复设备性能	4	较小风险
6	呼吸器	堵塞	油封老化、油杯油位过高	呼吸器不能正常排、进气，可能造成压力释放动作	主变压器停运	呼吸器密封受损	在行业内发生过	无	主要备用设备退出备用24h以内	经维修后可恢复设备性能	8	中等风险
7	绕组线圈	短路	缺油、发热绝缘击穿、过电压	温度升高、跳闸	主变压器停运	线圈烧毁	在行业内发生过	可能造成设备或财产损失1万元以上10万元以下	导致生产中断7天及以上	经维修后可恢复设备性能	18	重大风险
8	绕组线圈	击穿	发热绝缘破坏、过电压	运行声音异常、温度升高、跳闸	主变压器停运	线圈烧毁	在行业内发生过	可能造成设备或财产损失1万元以上10万元以下	导致生产中断7天及以上	经维修后可恢复设备性能	18	重大风险
9	绕组线圈	老化	长期过负荷、温度过高，加快绝缘性能下降	运行声音异常、温度升高	出力降低	线圈损坏	在行业内发生过	可能造成设备或财产损失1万元以下	导致生产中断1～7天或生产工艺50%及以上	经维修后可恢复设备性能	14	较大风险

续表

序号	部件	故障条件			故障影响			故障损失			风险值	风险等级
		模式	原因	现象	系统	设备	部件	经济损失	生产中断	设备损坏		
10	铁芯	短路	多点接地或层间、匝间绝缘击穿	温度升高、跳闸	主变停运	铁芯烧毁	在行业内发生过	可能造成设备或财产损失10万元以上100万元以下	导致生产中断7天及以上	经维修后可恢复设备性能	20	重大风险
11		过热	发生接地、局部温度升高	温度升高、跳闸	主变停运	铁芯受损	在行业内发生过	可能造成设备或财产损失1万元以上10万元以下	主要备用设备退出备用24h以内	经维修后可恢复设备性能	12	较大风险
12		松动	铁芯夹件未夹紧	运行时有振动、温度升高、声音异常	主变停运	铁芯受损	在行业内发生过	可能造成设备或财产损失1万元以上10万元以下	导致生产中断1～7天或生产工艺50%及以上	经维修后可恢复设备性能	16	重大风险
13	压力释放阀	功能失效	压力值设定不当、回路断线	不动作、误动作	主变停运	压力释放阀损坏	在行业内发生过	可能造成设备或财产损失1万元以下	主要备用设备退出备用24h以内	经维修后可恢复设备性能	10	较大风险
14		卡涩	弹簧疲软、阀芯变形	喷油、瓦斯继电器动作、防爆管爆裂	主变停运	破损	在行业内发生过	可能造成设备或财产损失1万元以上10万元以下	主要备用设备退出备用24h以内	经维修后可恢复设备性能	12	较大风险
15	瓦斯继电器	渗油	密封不良	连接处有渗漏油滴落在设备上	加快油质劣化速度	密封破损	在行业内发生过	无	无	经维修后可恢复设备性能	4	较小风险
16		功能失效	内部元器件机构老化、卡涩、触点损坏、断线	拒动造成不能正常动作	主变停运	瓦斯继电器损坏	在行业内发生过	可能造成设备或财产损失1万元以下	主要备用设备退出备用24h以内	经维修后可恢复设备性能	10	较大风险
17	测温电阻	断线	接线脱落、接触不良	温度异常	无法采集温度数据	无	在行业内发生过	无	无	经维修后可恢复设备性能	4	较小风险
18		功能失效	测温探头劣化损坏	温度异常	无法采集温度数据	测温电阻损坏	在行业内发生过	可能造成设备或财产损失1万元以下	无	经维修后可恢复设备性能	6	中等风险
19	温度表计	功能失效	接线端子脱落、回路断线	无温度显示	无	表计损坏	在行业内发生过	可能造成设备或财产损失1万元以下	无	经维修后可恢复设备性能	6	中等风险

续表

序号	部件	故障条件			故障影响			故障损失			风险值	风险等级
		模式	原因	现象	系统	设备	部件	经济损失	生产中断	设备损坏		
20	温度表计	卡涩	转动机构老化、弹性元件疲软	温度显示异常或无变化	无法正确采集数据	转动机构卡涩损坏	在行业内发生过	可能造成设备或财产损失1万元以下	无	经维修后可恢复设备性能	6	中等风险
21	油位计	渗油	螺栓松动	有渗油现象	主变压器本体或地面有油污	密封破损	在行业内发生过	无	无	经维修后可恢复设备性能	4	较小风险
22		断线	转动机构老化、弹性元件疲软	上位机无油位数据显示	无	无	在行业内发生过	无	无	经维修后可恢复设备性能	4	较小风险
23	主变压器在线监测	功能失效	传感器损坏、松动	监测参数异常无显示	无法监测	装置、探头损坏	在行业内发生过	可能造成设备或财产损失1万元以上10万元以下	无	经维修后可恢复设备性能	8	中等风险
24		短路	电气元件老化、过热	监测参数异常无显示	无法监测	无法正确采集数据	在行业内发生过	可能造成设备或财产损失1万元以下	无	经维修后可恢复设备性能	6	中等风险
25	套管	击穿	受潮绝缘老化	主变压器断路器跳闸	主变压器停运	绝缘损坏	在行业内发生过	可能造成设备或财产损失1万元以上10万元以下	导致生产中断7天及以上	经维修后可恢复设备性能	18	重大风险
26		渗油	密封不良	套管处有渗漏油滴落在设备上	加快油质劣化速度	密封损坏	在行业内发生过	可能造成设备或财产损失1万元以下	无	经维修后可恢复设备性能	6	中等风险
27		污闪	瓷瓶积灰积尘	发热、放电	无	绝缘性能下降	在行业内发生过	无	无	经维修后可恢复设备性能	4	较小风险
28	中性点接地刀闸	短路	电气元件老化、过热	电动操作失灵	无法自动控制操作	控制线路断线	在行业内发生过	无	无	经维修后可恢复设备性能	4	较小风险
29		变形	操作机构卡涩、行程开关故障	操作不到位、过分、过合	无	操作机构损坏	在行业内发生过	可能造成设备或财产损失1万元以下	无	经维修后可恢复设备性能	6	中等风险
30	事故排油阀	渗油	密封不良、螺栓松动	阀门法兰盘处有渗油	油面下降	密封破损	在行业内发生过	无	无	经维修后可恢复设备性能	4	较小风险
31		卡涩	阀芯锈蚀、螺纹受损	操作困难	无	阀门性能降低	在行业内发生过	无	无	经维修后可恢复设备性能	4	较小风险

续表

序号	部件	故障条件			故障影响			故障损失			风险值	风险等级
		模式	原因	现象	系统	设备	部件	经济损失	生产中断	设备损坏		
32	分接头开关	变形	操作机构卡涩	操作把手切换困难	无	性能下降	在行业内发生过	无	无	经维修后可恢复设备性能	4	较小风险
33		渗油	密封老化	分接开关出有油污	加快油质劣化速度	密封损坏	在行业内发生过	可能造成设备或财产损失1万元以下	无	经维修后可恢复设备性能	6	中等风险
34		过热	分接开关操作触头连接不到位或弹簧压力不足	绕组温度升高	主变压器停运	触头过热、变形	在行业内发生过	无	无	经维修后可恢复设备性能	4	较小风险

设备风险控制卡

区域：输变电　　　　系统：升压站　　　　设备：主变压器

序号	部件	故障条件			风险等级	日常控制措施			定期检修维护			临时措施
		模式	原因	现象		措施	检查方法	周期（天）	措施	检修方法	周期（月）	
1	油枕	渗油	管路阀门、密封不良	有渗漏油滴落在本体或地面上	较小风险	检查	现场检查地面或本体上有无渗漏油的痕迹	30	检修	修复、更换密封件	12	加强监视油枕油位与温度曲线，待停机后处理
2		破裂	波纹管老化、裂纹	油位指示异常	中等风险	检查	检查变压器温度变化是否与油位曲线相符	30	检修	修复或更换波纹管	12	加强监视油枕油位与温度曲线，待停机后处理
3	油箱	渗油	密封不良	有渗漏油滴落在本体或地面上	较小风险	检查	现场检查地面或本体上有无渗漏油的痕迹	30	更换	修复、更换密封件	12	加强监视油箱油位与温度，待停机后处理
4		锈蚀	环境潮湿、氧化	油箱表面脱漆锈蚀	较小风险	检查	外观检查表面是否有锈蚀、脱漆现象	30	检修	除锈、打磨、防腐	12	除锈、防腐
5	呼吸器	变质	受潮	硅胶变色	较小风险	检查	检查硅胶是否变色	30	更换	更换硅胶	12	检查呼吸器内颜色变化情况，更换呼吸器吸潮物质
6		堵塞	油封老化、油杯油位过高	呼吸器不能正常排、进气，可能造成压力释放动作	中等风险	检查	加强监视油枕油位与温度曲线是否相符	30	检修	更换油封、清洗油杯、更换硅胶	12	加强监视油枕油位与温度曲线是否相符，停机后更换
7	绕组线圈	短路	缺油、发热绝缘击穿、过电压	温度升高、跳闸	重大风险	检查	检查主变压器绕组温度、上下层油温是否正常	30	更换	更换线圈	12	停运变压器，更换线圈

续表

序号	部件	故障条件			风险等级	日常控制措施			定期检修维护			临时措施
		模式	原因	现象		措施	检查方法	周期（天）	措施	检修方法	周期（月）	
8	绕组线圈	击穿	发热绝缘破坏、过电压	运行声音异常、温度升高、跳闸	重大风险	检查	检查主变压器绕组温度、上下层油温是否正常	30	检修	包扎修复、更换线圈	12	停运变压器，更换线圈
9		老化	长期过负荷、温度过高，加快绝缘性能下降	运行声音异常、温度升高	较大风险	检查	检查主变压器绕组温度、上下层油温是否正常	30	检修	预防性试验，定期检查绝缘情况	12	避免长时间过负荷、高温情况下运行
10	铁芯	短路	多点接地或层间、匝间绝缘击穿	温度升高、跳闸	重大风险	检查	检查主变压器绕组温度、上下层油温是否正常、运行声音是否正常	30	检修	预防性试验，定期检查绝缘情况	12	停运变压器，更换受损铁芯
11		过热	发生接地、局部温度升高	温度升高、跳闸	较大风险	检查	检查主变压器绕组温度、上下层油温是否正常	30	检修	预防性试验，定期检查绝缘情况	12	停运变压器，查找接地原因、消除接地故障
12		松动	铁芯夹件未夹紧	运行时有振动、温度升高、声音异常	重大风险	检查	检查电压、电流是否正常，是否有振动声或噪声	30	检修	紧固铁芯夹件	12	检查是否影响设备运行，若影响则立即停机处理，若不影响则待停机后处理
13	压力释放阀	功能失效	压力值设定不当、回路断线	不动作、误动作	较大风险	检查	定期检查外观完好	30	检修	预防性试验，定期检查动作可靠性、正确性	12	停运变压器、更换压力释放阀
14		卡涩	弹簧疲软、阀芯变形	喷油、瓦斯继电器动作、防爆管爆裂	较大风险	检查	检查油温、油温是否正常，压力释放阀是否存在喷油、渗油现象	30	更换	更换压力释放阀	12	停运变压器、更换压力释放阀
15	瓦斯继电器	渗油	密封不良	连接处有渗漏油滴落在设备上	较小风险	检查	检查本体外观上有无渗漏油痕迹	30	检修	修复、更换密封件	12	临时紧固、压紧螺丝
16		功能失效	内部元器件机构老化、卡涩、触点损坏、断线	拒动造成不能正常动作	较大风险	检查	检查瓦斯信号、保护是否正常投入	30	检修	预防性试验，定期检查动作可靠性、正确性	12	必要时退出重瓦斯保护、停机检查处理、更换瓦斯继电器
17	测温电阻	断线	接线脱落、接触不良	温度异常	较小风险	检查	检查温度表计有无温度显示	30	加固	紧固接线端子	12	选取多处外部温度进行测温对比
18		功能失效	测温探头劣化损坏	温度异常	中等风险	检查	检查温度表计有无温度显示	30	更换	更换测温电阻	12	选取多处外部温度进行测温对比
19	温度表计	功能失效	接线端子脱落、回路断线	无温度显示	中等风险	检查	检查温度显示是否正常	30	检修	更换电气元器件，联动调试	12	检查控制回路、更换电气元器件

续表

序号	部件	故障条件			风险等级	日常控制措施			定期检修维护			临时措施
		模式	原因	现象		措施	检查方法	周期（天）	措施	检修方法	周期（月）	
20	温度表计	卡涩	转动机构老化、弹性元件疲软	温度显示异常或无变化	中等风险	检查	检查温度表计是否正常显示、有无变化	30	更换	修复或更换	12	通过测温和对比本体油温或绕组温度，停机后修复更换温度表计
21	油位计	渗油	螺栓松动	有渗油现象	较小风险	检查	看油位计是否有渗油现象	30	更换	更换密封件	12	观察渗油情况，待停机后处理
22		断线	转动机构老化、弹性元件疲软	上位机无油位数据显示	较小风险	检查	检查油位数据是否正常	30	加固	紧固接线端子	12	停运变压器后，紧固接线端子
23	主变压器在线监测	功能失效	传感器损坏、松动	监测参数异常无显示	中等风险	检查	检查监测数据是否正常、有无告警信号	30	检修	更换监测装置、传感器、预防性试验检查	12	加强监视主变压器运行参数变压器化、加强巡视检查
24		短路	电气元件老化、过热	监测参数异常无显示	中等风险	检查	检查上传数据无显示、数据异常	30	检修	更换电气元器件；绝缘测量	12	检查控制回路、测量绝缘、更换电气元件
25	套管	击穿	受潮绝缘老化	主变压器断路器跳闸	重大风险	检查	检查有无明显放电声，测量套管外部温度	30	检修	预防性试验定期检查绝缘情况	12	若有明显放电声，温度异常升高，立即停机检查处理
26		渗油	密封不良	套管处有渗漏油滴落在设备上	中等风险	检查	检查有无渗油现象	30	检修	更换密封圈，注油、紧固螺帽	12	变压器停运后，更换密封件、注油
27		污闪	瓷瓶积灰积尘	发热、放电	较小风险	检查	熄灯检查、测温	30	清扫	卫生清洁	12	停运后清扫
28	中性点接地刀闸	短路	电气元件老化、过热	电动操作失灵	较小风险	检查	卫生清扫、紧固接线端子	30	检修	更换电气元件、紧固接线端子	12	手动进行操作
29		变形	操作机构卡涩、行程开关故障	操作不到位、过分、过合	中等风险	检查	操作到位后检查行程开关节点是否已到位	30	检修	修复调整操作机构、调整行程节点	12	手动进行操作
30	事故排油阀	渗油	密封不良、螺栓松动	阀门法兰盘处有渗油	较小风险	检查	检查阀门法兰盘处有无渗漏油痕迹	30	更换	更换密封件	12	检查油位与温度，对排油阀法兰盘连接螺栓进行紧固
31		卡涩	阀芯锈蚀、螺纹受损	操作困难	较小风险	检查	检查阀门位置、润滑量是否足够	30	检修	润滑保养、阀芯调整	12	润滑保养、阀芯调整

续表

序号	部件	故障条件			风险等级	日常控制措施			定期检修维护			临时措施
		模式	原因	现象		措施	检查方法	周期（天）	措施	检修方法	周期（月）	
32	分接头开关	变形	操作机构卡涩	操作把手切换困难	较小风险	检查	检查挡位是否与实际相符	30	检修	调整松紧程度	12	转检修后对弹簧进行更换
33		渗油	密封老化	分接开关处有油污	中等风险	检查	外观检查是否有渗油现象	30	检修	更换密封垫、紧固螺栓	12	加强监视运行情况、漏油量变化、停运后更换密封
34		过热	分接开关操作触头连接不到位或弹簧压力不足	绕组温度升高	较小风险	检查	检查运行中温度、声音是否正常	30	检修	收紧弹簧受力、触头打磨修复	12	停运变压器、收紧弹簧受力、触头打磨修复

3 主变压器冷却装置

设备风险评估表

区域：输变电　　系统：升压站　　设备：主变压器冷却装置

序号	部件	故障条件			故障影响			故障损失			风险值	风险等级
		模式	原因	现象	系统	设备	部件	经济损失	生产中断	设备损坏		
1	电机	卡涩	电机启动力矩过大或受力不均	轴承有异常的金属撞击和卡涩声音	主变压器油温循环不良、升高	轴承损坏	在行业内发生过	可能造成设备或财产损失1万元以下	无	经维修后可恢复设备性能	6	中等风险
2		短路	受潮、绝缘老化、击穿	电机处有烧焦异味、电机温高	主变压器油温循环不良、升高	绕组烧坏	在行业内发生过	可能造成设备或财产损失1万元以下	无	经维修后可恢复设备性能	6	中等风险
3	水泵	渗水	螺栓松动、密封损坏	组合面及溢流管渗水、水泵启动频繁	无	密封受损	在行业内发生过	无	无	经维修后可恢复设备性能	4	较小风险
4		异常磨损	水泵端面轴承磨损或卡滞导致泵轴间隙太大	运行声音异常、温度升高	主变压器温度升高	性能下降	在行业内发生过	无	无	经维修后可恢复设备性能	4	较小风险
5	冷却器	堵塞	水垢、异物堵塞	温度升高	冷却性能下降	冷却器堵塞	在行业内发生过	无	无	经维修后可恢复设备性能	4	较小风险
6		破裂	水压力过高、材质劣化	温度升高、渗漏报警器报警	主变压器停运	冷却器损坏	在行业内发生过	可能造成设备或财产损失1万元以上10万元以下	导致生产中断1～7天或生产工艺50%及以上	经维修后可恢复设备性能	16	重大风险
7	渗漏报警器	短路	积尘积灰、电气元件老化、过热	不能监测渗漏	不能监测技术供水渗漏情况	报警器损坏	在行业内发生过	可能造成设备或财产损失1万元以下	无	经维修后可恢复设备性能	6	中等风险
8		松动	接线端子连接不牢固	监视异常、告警	不能监测技术供水渗漏情况	无	在行业内发生过	无	无	经维修后可恢复设备性能	4	较小风险
9		功能失效	传感器失效、模件损坏	不能监测渗漏	不能监测技术供水渗漏情况	元件损坏	在行业内发生过	可能造成设备或财产损失1万元以下	无	经维修后可恢复设备性能	6	中等风险

续表

序号	部件	故障条件			故障影响			故障损失			风险值	风险等级
		模式	原因	现象	系统	设备	部件	经济损失	生产中断	设备损坏		
10	示流器	堵塞	钙化物	流量显示不正常	水量信号异常	示流器性能降低	在行业内发生过	无	无	经维修后可恢复设备性能	4	较小风险
11	示流器	短路	环境潮湿、绝缘老化受损、电源电压异常	不能监测流量	不能监测技术供水流量	示流器损坏	在行业内发生过	可能造成设备或财产损失1万元以下	无	经维修后可恢复设备性能	6	中等风险
12	压力变送器	短路	环境潮湿、绝缘老化受损、电源电压异常	不能监测压力	不能监测技术供水压力	压力变送器损坏	在行业内发生过	无	无	经维修后可恢复设备性能	4	较小风险
13	压力变送器	功能失效	传感器失效	不能监测压力信号	压力信号异常	元件损坏	在行业内发生过	无	无	经维修后可恢复设备性能	4	较小风险
14	管路	渗水	锈蚀、沙眼	油管路砂眼处存在渗油现象	无	管路受损	在行业内发生过	无	无	经维修后可恢复设备性能	4	较小风险
15	管路	松动	螺栓未拧紧、运行振动	油管路连接处连接螺栓松动、渗油	无	无	在行业内发生过	无	无	经维修后可恢复设备性能	4	较小风险
16	PLC控制装置	功能失效	电气元件模块损坏	死机	无法自动动作	无采集信号、输出、输入	在行业内发生过	可能造成设备或财产损失1万元以下	无	经维修后可恢复设备性能	6	中等风险
17	PLC控制装置	断线	插件松动、接线脱落	失电	无法自动动作	无	在行业内发生过	无	无	经维修后可恢复设备性能	4	较小风险
18	PLC控制装置	过热	积尘积灰、高温、风扇损坏	PLC温度升高	无	性能降低	在行业内发生过	无	无	经维修后可恢复设备性能	4	较小风险
19	双电源切换开关	短路	电缆绝缘老化、相间短路、接地	开关跳闸、电源消失	缺失双电源切换功能	双电源切换开关损坏	在行业内发生过	无	无	经维修后可恢复设备性能	4	较小风险
20	双电源切换开关	过热	接头虚接、发热	开关、电缆发热	无	性能降低	在行业内发生过	无	无	经维修后可恢复设备性能	4	较小风险
21	双电源切换开关	熔断器断裂	过载、过流	开关跳闸、电源消失	无	保险丝损坏	在行业内发生过	可能造成设备或财产损失1万元以下	无	经维修后可恢复设备性能	6	中等风险
22	阀门	渗水	密封不良、螺栓松动	阀门开关处渗水	无	密封破损	在行业内发生过	无	无	经维修后可恢复设备性能	4	较小风险

续表

序号	部件	故障条件			故障影响			故障损失			风险值	风险等级
		模式	原因	现象	系统	设备	部件	经济损失	生产中断	设备损坏		
23	阀门	卡涩	阀芯锈蚀、螺纹受损	操作困难	无	性能降低	在行业内发生过	无	无	经维修后可恢复设备性能	4	较小风险

设备风险控制卡

区域：输变电　　系统：升压站　　设备：主变压器冷却装置

序号	部件	故障条件			风险等级	日常控制措施			定期检修维护			临时措施
		模式	原因	现象		措施	检查方法	周期（天）	措施	检修方法	周期（月）	
1	电机	卡涩	电机启动力矩过大或受力不均	轴承有异常的金属撞击和卡涩声音	中等风险	检查	运行中监视运行声音及温度	15	检修	研磨修复、更换轴承	12	轮换电机运行、研磨修复、更换轴承
2		短路	受潮、绝缘老化、击穿	电机处有烧焦异味、电机温高	中等风险	检查	卫生清扫、绝缘测量	15	更换	更换绕组、电机	12	轮换电机运行、更换电机绕组
3	水泵	渗水	螺栓松动、密封损坏	组合面及溢流管渗水、水泵启动频繁	较小风险	检查	水泵运行中监视运行声音、油温是否正常，检查是否有渗水现象	15	检修	螺栓紧固、更换密封	12	轮换水泵运行、螺栓紧固、更换密封
4		异常磨损	水泵端面轴承磨损或卡滞导致泵轴间隙太大	运行声音异常、温度升高	较小风险	检查	运行中监视运行声音及温度	15	检修	研磨修复、更换轴承	12	轮换水泵运行、研磨修复、更换轴承
5	冷却器	堵塞	水垢、异物堵塞	温度升高	较小风险	检查	检查主变压器温度、示流信号器	15	检修	疏通异物	12	提高水压或降低出力运行，待停机后处理
6		破裂	水压力过高、材质劣化	温度升高、渗漏报警器报警	重大风险	检查	检查主变压器温度、示流信号器、渗漏报警器	15	检修	修复补漏、更换	12	申请停机处理
7	渗漏报警器	短路	积尘积灰、电气元件老化、过热	不能监测渗漏	中等风险	检查	卫生清扫、测量渗漏报警器绝缘值	15	更换	更换渗漏报警器	12	检查渗漏报警器是否有输入输出信号，若无应更换报警器
8		松动	接线端子连接不牢固	监视异常、告警	较小风险	检查	运行中检查油声音是否正常，渗漏报警器是否有异常告警信号	15	加固	紧固接线端子	12	检查渗漏报警器是否有输入输出信号，检查控制回路，紧固端子
9		功能失效	传感器失效、模件损坏	不能监测渗漏	中等风险	检查	测量渗漏报警器绝缘值	15	更换	更换渗漏报警器	12	检查渗漏报警器是否有输入输出信号，若无应更换报警器

续表

序号	部件	故障条件			风险等级	日常控制措施			定期检修维护			临时措施
		模式	原因	现象		措施	检查方法	周期（天）	措施	检修方法	周期（月）	
10	示流器	堵塞	钙化物	流量显示不正常	较小风险	检查	看示流器显示值是否正常	15	检修	清洗、回装	12	清洗示流器
11		短路	环境潮湿、绝缘老化受损、电源电压异常	不能监测流量	中等风险	检查	卫生清扫、接线紧固	15	更换	更换示流器	12	停运时，更换示流器
12	压力变送器	短路	环境潮湿、绝缘老化受损、电源电压异常	不能监测压力	较小风险	检查	控制屏上查看压力值显示是否正常，测量压力变送器绝缘值	15	更换	更换压力变送器	12	检查示流器是否有输入输出信号，若无应更换示流器器
13		功能失效	传感器失效	不能监测压力信号	较小风险	检查	控制屏上查看压力值显示是否正常，测量压力变送器绝缘值	15	更换	更换传感器	12	更换电气元器件
14	管路	渗水	锈蚀、沙眼	油管路砂眼处存在渗油现象	较小风险	检查	看油管路是否存在渗油现象	15	检修	对沙眼处进行补焊	12	检查调速器油压、油位变化及油泵打油情况，是否影响机组运行，若不影响，则选择停机后处理
15		松动	螺栓未拧紧、运行振动	油管路连接处连接螺栓松动、渗油	较小风险	检查	看油管路连接螺栓处是否存在渗油现象	15	检修	紧固螺栓、更换密封	12	紧固连接处螺帽
16	PLC控制装置	功能失效	电气元件模块损坏	死机	中等风险	检查	查看 PLC 信号是否与时间相符	15	更换	更换模块或更换 PLC 装置	12	加强监视主变运行参数变化情况，手动操作油泵
17		断线	插件松动、接线脱落	失电	较小风险	检查	查看 PLC 信号是否与时间相符，紧固接线	15	检修	检查电源电压、测量控制回路信号是否正常、紧固接线端子	12	需要时手动进行操作
18		过热	积尘积灰、高温、风扇损坏	PLC 温度升高	较小风险	检查	卫生清扫，检查 PLC 装置温度是否正常、风扇运行时正常	15	检修	卫生清理、检查模块、风扇是否正常	12	检查过热原因、手动操作油泵
19	双电源切换开关	短路	电缆绝缘老化、相间短路、接地	开关跳闸、电源消失	较小风险	检查	测量双电源切换开关绝缘	15	检修	更换双电源切换开关	12	检查双电源切换开关是否有线路松动或脱落，用万用表测量电压

续表

序号	部件	故障条件			风险等级	日常控制措施			定期检修维护			临时措施
		模式	原因	现象		措施	检查方法	周期（天）	措施	检修方法	周期（月）	
20	双电源切换开关	过热	接头虚接、发热	开关、电缆发热	较小风险	检查	检查电流、电压、温度是否正常	15	加固	紧固接线端子	12	紧固接线端子
21		熔断器断裂	过载、过流	开关跳闸、电源消失	中等风险	检查	检查电压、电流是否正常，更换熔断器	15	更换	更换熔断器	12	检查电压、电流是否正常，更换熔断器
22	阀门	渗水	密封不良、螺栓松动	阀门开关处渗水	较小风险	检查	在阀门开关处看渗水情况	15	更换	更换密封件	12	加强巡视检查，待停机后更换密封件或阀门
23		卡涩	阀芯锈蚀、螺纹受损	操作困难	较小风险	检查	检查阀门位置、润滑量是否足够	15	检修	螺杆润滑保养、阀芯调整	12	润滑保养、阀芯调整

4 主变压器间隔

设备风险评估表

区域：输变电　　系统：升压站　　设备：主变压器间隔

序号	部件	故障条件			故障影响			故障损失			风险值	风险等级
		模式	原因	现象	系统	设备	部件	经济损失	生产中断	设备损坏		
1	211断路器	短路	绝缘老化、积灰、高温	起火、冒烟	设备停运	柜体起火	断路器损坏	可能造成设备或财产损失1万元以上10万元以下	没有造成生产中断及设备故障	经维修后可恢复设备性能	10	较大风险
2		烧灼	电弧	起火、冒烟	设备停运	控制回路受损	断路器受损	可能造成设备或财产损失1万元以上10万元以下	无	经维修后可恢复设备性能	8	中等风险
3		断路	控制回路脱落	拒动	保护动作	越级动作	无	无	没有造成生产中断及设备故障	经维修后可恢复设备性能	6	中等风险
4		功能失效	控制回路短路	误动	设备停运	停运	性能降低	无	没有造成生产中断及设备故障	经维修后可恢复设备性能	6	中等风险
5		击穿	断路器灭弧性能失效	气室压力降至下限	设备停运	停运	断路器损坏	可能造成设备或财产损失1万元以下	没有造成生产中断及设备故障	经维修后可恢复设备性能	8	中等风险
6		功能失效	气室压力降低	操作机构失效	设备停运	停运	性能降低	无	没有造成生产中断及设备故障	经维修后可恢复设备性能	6	中等风险
7		漏气	焊接工艺不良、焊接处开裂	气室压力持续下降	设备停运	停运	性能降低	可能造成设备或财产损失1万元以下	没有造成生产中断及设备故障	经维修后可恢复设备性能	8	中等风险
8	2113隔离开关	短路	绝缘老化	起火、冒烟	设备停运	柜体起火	隔离刀闸损坏	可能造成设备或财产损失1万元以上10万元以下	没有造成生产中断及设备故障	经维修后可恢复设备性能	10	较大风险
9		烧灼	触头绝缘老化	电弧	设备停运	停运	性能降低	无	无	经维修后设备可以维持使用，性能影响50%及以下	6	中等风险

续表

序号	部件	故障条件			故障影响			故障损失			风险值	风险等级
		模式	原因	现象	系统	设备	部件	经济损失	生产中断	设备损坏		
10	2113隔离开关	劣化	触头氧化	触头处过热	出力受限	隔刀发热	性能降低	无	没有造成生产中断及设备故障	经维修后可恢复设备性能	6	中等风险
11		变形	操作机构磨损	拒动	设备停运	性能降低	性能降低	无	没有造成生产中断及设备故障	经维修后可恢复设备性能	6	中等风险
12		脱落	操作机构连接处脱落	操作机构失效	设备停运	功能失效	功能失效	无	没有造成生产中断及设备故障	经维修后可恢复设备性能	6	中等风险
13		漏气	焊接工艺不良、焊接处开裂	气室压力持续下降	设备停运	停运	性能降低	无	没有造成生产中断及设备故障	经维修后可恢复设备性能	6	中等风险
14	2111隔离开关	短路	绝缘老化	起火、冒烟	设备停运	柜体起火	隔离刀闸损坏	可能造成设备或财产损失1万元以上10万元以下	没有造成生产中断及设备故障	经维修后可恢复设备性能	10	较大风险
15		烧灼	触头绝缘老化	电弧	设备停运	停运	性能降低	无	无	经维修后设备可以维持使用，性能影响50%及以下	6	中等风险
16		劣化	触头氧化	触头处过热	出力受限	隔刀发热	性能降低	无	没有造成生产中断及设备故障	经维修后可恢复设备性能	6	中等风险
17		变形	操作机构磨损	拒动	设备停运	性能降低	性能降低	无	没有造成生产中断及设备故障	经维修后可恢复设备性能	6	中等风险
18		脱落	操作机构连接处脱落	操作机构失效	设备停运	功能失效	功能失效	无	没有造成生产中断及设备故障	经维修后可恢复设备性能	6	中等风险
19		漏气	焊接工艺不良、焊接处开裂	气室压力持续下降	设备停运	停运	性能降低	无	没有造成生产中断及设备故障	经维修后可恢复设备性能	6	中等风险
20	21139接地刀闸	劣化	接触面氧化	电弧	无	无	性能降低	无	无	经维修后可恢复设备性能	4	较小风险
21		过热	接触面接触不良	电弧	无	无	性能降低	无	无	经维修后可恢复设备性能	4	较小风险

续表

序号	部件	故障条件			故障影响			故障损失			风险值	风险等级
		模式	原因	现象	系统	设备	部件	经济损失	生产中断	设备损坏		
22	21139接地刀闸	变形	操作机构磨损	拒动	无	停运	性能降低	无	没有造成生产中断及设备故障	经维修后可恢复设备性能	6	中等风险
23		脱落	操作机构连接处脱落	操作机构失效	无	停运	功能失效	无	没有造成生产中断及设备故障	经维修后可恢复设备性能	6	中等风险
24		漏气	焊接工艺不良、焊接处开裂	气室压力持续下降	无	停运	接地刀闸损坏	无	没有造成生产中断及设备故障	经维修后可恢复设备性能	6	中等风险
25	21119接地刀闸	劣化	接触面氧化	电弧	无	无	性能降低	无	无	经维修后可恢复设备性能	4	较小风险
26		过热	接触面接触不良	电弧	无	无	性能降低	无	无	经维修后可恢复设备性能	4	较小风险
27		变形	操作机构磨损	拒动	无	停运	性能降低	无	没有造成生产中断及设备故障	经维修后可恢复设备性能	6	中等风险
28		脱落	操作机构连接处脱落	操作机构失效	无	停运	功能失效	无	没有造成生产中断及设备故障	经维修后可恢复设备性能	6	中等风险
29		漏气	焊接工艺不良、焊接处开裂	气室压力持续下降	无	停运	功能失效	无	没有造成生产中断及设备故障	经维修后可恢复设备性能	6	中等风险
30	2119接地刀闸	劣化	接触面氧化	电弧	无	无	性能降低	无	无	经维修后可恢复设备性能	4	较小风险
31		过热	接触面接触不良	电弧	无	无	性能降低	无	无	经维修后可恢复设备性能	4	较小风险
32		变形	操作机构磨损	拒动	无	停运	性能降低	无	没有造成生产中断及设备故障	经维修后可恢复设备性能	6	中等风险
33		脱落	操作机构连接处脱落	操作机构失效	无	停运	功能失效	无	没有造成生产中断及设备故障	经维修后可恢复设备性能	6	中等风险
34		漏气	焊接工艺不良、焊接处开裂	气室压力持续下降	无	停运	功能失效	无	没有造成生产中断及设备故障	经维修后可恢复设备性能	6	中等风险

续表

序号	部件	故障条件			故障影响			故障损失			风险值	风险等级
		模式	原因	现象	系统	设备	部件	经济损失	生产中断	设备损坏		
35	套管	击穿	电压过高	断路器跳闸	功能失效	停运	绝缘损坏	可能造成设备或财产损失1万元以上10万元以下	没有造成生产中断及设备故障	经维修后可恢复设备性能	10	较大风险
36	套管	漏气	焊接工艺不良、焊接处开裂	气室压力持续下降	功能失效	停运	套环损坏	可能造成设备或财产损失1万元以上10万元以下	无	经维修后可恢复设备性能	8	中等风险
37	电压互感器	短路	过电压、过载、二次侧短路、绝缘老化、高温	电弧、放电声、电压表指示降低或为零	机组停运	不能正常监测电压值	电压互感器损坏	可能造成设备或财产损失1万元以下	主要备用设备退出备用24h以内	经维修后可恢复设备性能	10	较大风险
38	电压互感器	铁芯松动	铁芯夹件未夹紧	运行时有振动或噪声	机组停运	机组提停运	电压互感器损坏	可能造成设备或财产损失1万元以下	主要备用设备退出备用24h以内	经维修后可恢复设备性能	10	较大风险
39	电压互感器	击穿	发热绝缘破坏、过电压	运行声音异常、温度升高	机组停运	机组停运	线圈烧毁	可能造成设备或财产损失1万元以下	主要备用设备退出备用24h以内	经维修后可恢复设备性能	10	较大风险
40	电压互感器	绕组断线	焊接工艺不良、引出线不合格	发热、放电声	机组停运	不能监测电压	功能失效	可能造成设备或财产损失1万元以下	主要备用设备退出备用24h以内	经维修后可恢复设备性能	10	较大风险
41	电压互感器	漏气	焊接工艺不良、焊接处开裂	气室压力持续下降	无	停运	电压互感器损坏	无	没有造成生产中断及设备故障	经维修后可恢复设备性能	6	中等风险
42	电流互感器	击穿	一次侧接线接触不良，二次侧接线板表面氧化严重，电流互感器内匝线间短路或一、二次侧绝缘击穿	电流互感器发生过热、冒烟、流胶等	机组停运	机组停运	电流互感器损坏	可能造成设备或财产损失1万元以下	主要备用设备退出备用24h以内	经维修后可恢复设备性能	10	较大风险
43	电流互感器	开路	接触不良、断线	电流表突然无指示，电流互感器声音明显增大，在开路处附近可嗅到臭氧味和听到轻微的放电声	机组停运	温度升高、本体发热	功能失效	无	主要备用设备退出备用24h以内	设备性能无影响	6	中等风险

续表

序号	部件	故障条件			故障影响			故障损失			风险值	风险等级
		模式	原因	现象	系统	设备	部件	经济损失	生产中断	设备损坏		
44	电流互感器	松动	铁芯紧固螺丝松动、铁芯松动、硅钢片震动增大	发出不随一次负荷变化的异常声	无	温度升高、本体发热	性能降低	无	无	经维修后可恢复设备性能	4	较小风险
45		放电	表面过脏、绝缘降低	内部或表面放电	保护动作	监测电流值不正确	性能降低	无	无	经维修后可恢复设备性能	4	较小风险
46		漏气	焊接工艺不良、焊接处开裂	气室压力持续下降	无	停运	电流互感器损坏	无	没有造成生产中断及设备故障	经维修后可恢复设备性能	6	中等风险
47	压力表	劣化	弹簧弯管失去弹性、游丝失去弹性	压力表不动作或动作值不正确	无	不能正常监测压力	压力表损坏	可能造成设备或财产损失1万元以下	无	经维修后可恢复设备性能	6	中等风险
48		脱落	表针振动脱落	压力表显示值不正确	无	不能正常监测压力	压力表损坏	可能造成设备或财产损失1万元以下	无	经维修后可恢复设备性能	6	中等风险
49		堵塞	三通旋塞的通道连管或弯管堵塞	压力表无数值显示	无	不能正常监测压力	功能失效	无	无	经维修后可恢复设备性能	4	较小风险
50		变形	指针弯曲变形	压力表显示值不正确	无	不能正常监测压力	压力表损坏	可能造成设备或财产损失1万元以下	无	经维修后可恢复设备性能	6	中等风险
51	避雷器	击穿	潮湿、污垢	裂纹或破裂	无	柜体不正常带电	避雷器损坏	可能造成设备或财产损失1万元以下	无	经维修后可恢复设备性能	6	中等风险
52		劣化	老化、潮湿、污垢	绝缘值降低	无	柜体不正常带电	性能降低	无	无	经维修后可恢复设备性能	4	较小风险
53		老化	氧化	金具锈蚀、磨损、变形	无	无	性能降低	无	无	设备性能无影响	2	轻微风险
54	六氟化硫微水、泄漏监测装置	短路	受潮	人员经过时不能正常语音报警	无	设备着火	监测装置损坏	无	无	经维修后可恢复设备性能	4	较小风险
55		堵塞	设备内部松动	监测数据无显示	无	监测功能失效	变送器损坏	无	无	经维修后可恢复设备性能	4	较小风险

续表

序号	部件	故障条件			故障影响			故障损失			风险值	风险等级
		模式	原因	现象	系统	设备	部件	经济损失	生产中断	设备损坏		
56	六氟化硫微水、泄漏监测装置	断路	端子线氧化、接触不到位	监测数据无显示	无	监测功能失效	功能失效	无	无	经维修后可恢复设备性能	4	较小风险
57		松动	端子线紧固不到位	监测数据跳动幅度大、显示不正确	无	监测功能失效	功能失效	无	无	经维修后可恢复设备性能	4	较小风险
58	切换开关	短路	绝缘老化	接地或缺相	无	缺失双切换功能	切换开关损坏	可能造成设备或财产损失1万元以下	无	经维修后可恢复设备性能	6	中等风险
59		断路	线路氧化、接触不到位	操作机构失效	无	缺失双切换功能	切换开关损坏	无	无	经维修后可恢复设备性能	4	较小风险

设备风险控制卡

区域：输变电　　　　系统：升压站　　　　设备：主变压器间隔

序号	部件	故障条件			风险等级	日常控制措施			定期检修维护			临时措施
		模式	原因	现象		措施	检查方法	周期（天）	措施	检修方法	周期（月）	
1	211断路器	短路	绝缘老化、积灰、高温	起火、冒烟	较大风险	检查	检查设备是否冒烟、有异味	7	检修	维修、更换断路器	12	停机处理
2		烧灼	电弧	起火、冒烟	中等风险	检查	分合闸时看有无电弧	7	清扫	清扫卫生、打磨	12	加强观察运行，待停机后在触头处涂抹导电膏
3		断路	控制回路脱落	拒动	中等风险	检查	检查控制回路	7	加固	清扫卫生、紧固端子	12	检查控制回路绝缘
4		功能失效	控制回路短路	误动	中等风险	检查	检查控制回路	7	紧固	清扫卫生、紧固端子	12	测量控制回路电源通断
5		击穿	断路器灭弧性能失效	气室压力降至下限	中等风险	检查	检查气室压力表压力	7	更换	维修、更换断路器	12	停机处理
6		功能失效	气室压力降低	操作机构失效	中等风险	检查	检查气室压力表压力	7	检修	添加 SF_6 气体	12	观察运行，必要时停机处理
7		漏气	焊接工艺不良、焊接处开裂	气室压力持续下降	中等风险	检查	定期开展设备巡查、同时检查压力变化	7	检修	焊接	12	加强现场通风，同时禁止操作该设备
8	2113隔离开关	短路	绝缘老化	起火、冒烟	较大风险	检查	测量绝缘值	7	检修	维修、更换	12	停机处理
9		烧灼	触头绝缘老化	电弧	中等风险	检查	分合隔离开关时看有无电弧	7	检修	清扫卫生、打磨	12	加强观察运行，待停机后在触头处涂抹导电膏

续表

序号	部件	故障条件			风险等级	日常控制措施			定期检修维护			临时措施
		模式	原因	现象		措施	检查方法	周期（天）	措施	检修方法	周期（月）	
10	2113隔离开关	劣化	触头氧化	触头处过热	中等风险	检查	测量温度	7	检修	维修、打磨	12	加强运行观察、降低出力运行
11		变形	操作机构磨损	拒动	中等风险	检查	检查刀闸指示位置	7	更换	维修、更换操作机构	12	做好安全措施后，解除操作机构闭锁装置
12		脱落	操作机构连接处脱落	操作机构失效	中等风险	检查	检查刀闸指示位置	7	更换	维修、更换操作机构	12	做好安全措施后，将故障设备隔离
13		漏气	焊接工艺不良、焊接处开裂	气室压力持续下降	中等风险	检查	定期开展设备巡查、同时检查压力变化	7	检修	打磨、补焊	12	加强现场通风，同时禁止操作该设备
14	2111隔离开关	短路	绝缘老化	起火、冒烟	较大风险	检查	测量绝缘值	7	检修	维修、更换	12	停机处理
15		烧灼	触头绝缘老化	电弧	中等风险	检查	分合隔离开关时看有无电弧	7	检修	清扫卫生、打磨	12	加强观察运行，待停机后在触头处涂抹导电膏
16		劣化	触头氧化	触头处过热	中等风险	检查	测量温度	7	检修	维修、打磨	12	加强运行观察、降低出力运行
17		变形	操作机构磨损	拒动	中等风险	检查	检查刀闸指示位置	7	更换	维修、更换操作机构	12	做好安全措施后，解除操作机构闭锁装置
18		脱落	操作机构连接处脱落	操作机构失效	中等风险	检查	检查刀闸指示位置	7	更换	维修、更换操作机构	12	做好安全措施后，将故障设备隔离
19		漏气	焊接工艺不良、焊接处开裂	气室压力持续下降	中等风险	检查	定期开展设备巡查、同时检查压力变化	7	检修	打磨、补焊	12	加强现场通风，同时禁止操作该设备
20	21139接地刀闸	劣化	接触面氧化	电弧	较小风险	检查	查看接地刀闸金属表面是否存在氧化现象	7	检修	打磨、图导电膏	12	手动增设一组接地线
21		过热	接触面接触不良	电弧	较小风险	检查	合闸时看有无电弧、测温	7	检修	打磨、图导电膏	12	手动增设一组接地线
22		变形	操作机构磨损	拒动	中等风险	检查	检查地刀指示位置	7	更换	维修、更换操作机构	12	做好安全措施后，解除操作机构闭锁装置
23		脱落	操作机构连接处脱落	操作机构失效	中等风险	检查	检查地刀指示位置	7	检修	维修、更换	12	做好安全措施后，将故障设备隔离

续表

序号	部件	故障条件			风险等级	日常控制措施			定期检修维护			临时措施
		模式	原因	现象		措施	检查方法	周期（天）	措施	检修方法	周期（月）	
24	21139接地刀闸	漏气	焊接工艺不良、焊接处开裂	气室压力持续下降	中等风险	检查	定期开展设备巡查、同时检查压力变化	7	检修	打磨、补焊	12	加强现场通风，同时禁止操作该设备
25	21119接地刀闸	劣化	接触面氧化	电弧	较小风险	检查	查看接地刀闸金属表面是否存在氧化现象	7	检修	打磨、图导电膏	12	手动增设一组接地线
26		过热	接触面接触不良	电弧	较小风险	检查	合闸时看有无电弧、测温	7	检修	打磨、图导电膏	12	手动增设一组接地线
27		变形	操作机构磨损	拒动	中等风险	检查	检查地刀指示位置	7	更换	维修、更换操作机构	12	做好安全措施后，解除操作机构闭锁装置
28		脱落	操作机构连接处脱落	操作机构失效	中等风险	检查	检查地刀指示位置	7	检修	维修、更换	12	做好安全措施后，将故障设备隔离
29		漏气	焊接工艺不良、焊接处开裂	气室压力持续下降	中等风险	检查	定期开展设备巡查、同时检查压力变化	7	检修	打磨、补焊	12	加强现场通风，同时禁止操作该设备
30	2119接地刀闸	劣化	接触面氧化	电弧	较小风险	检查	查看接地刀闸金属表面是否存在氧化现象	7	检修	打磨、图导电膏	12	手动增设一组接地线
31		过热	接触面接触不良	电弧	较小风险	检查	合闸时看有无电弧、测温	7	检修	打磨、图导电膏	12	手动增设一组接地线
32		变形	操作机构磨损	拒动	中等风险	检查	检查地刀指示位置	7	更换	维修、更换操作机构	12	做好安全措施后，解除操作机构闭锁装置
33		脱落	操作机构连接处脱落	操作机构失效	中等风险	检查	检查地刀指示位置	7	检修	维修、更换	12	做好安全措施后，将故障设备隔离
34		漏气	焊接工艺不良、焊接处开裂	气室压力持续下降	中等风险	检查	定期开展设备巡查、同时检查压力变化	7	检修	打磨、补焊	12	加强现场通风，同时禁止操作该设备
35	套管	击穿	电压过高	断路器跳闸	较大风险	检查	检查有无明显放电声，测量套管外部温度	7	更换	更换套管	12	若有明显放电声，温度异常升高，立即停机检查处理
36		漏气	焊接工艺不良、焊接处开裂	气室压力持续下降	中等风险	检查	定期开展设备巡查、同时检查压力变化	7	检修	打磨、补焊	12	加强现场通风，同时禁止操作该设备

续表

序号	部件	故障条件			风险等级	日常控制措施			定期检修维护			临时措施
		模式	原因	现象		措施	检查方法	周期（天）	措施	检修方法	周期（月）	
37	电压互感器	短路	过电压、过载、二次侧短路、绝缘老化、高温	电弧、放电声、电压表指示降低或为零	较大风险	检查	看电压表指示、是否有电弧，听是否有放电声	30	更换	更换电压互感器	12	停运，更换电压互感器
38	电压互感器	铁芯松动	铁芯夹件未夹紧	运行时有振动或噪声	较大风险	检查	看电压表指示是否正确，听是否有振动声或噪声	30	更换	紧固夹件螺栓	12	检查是否影响设备运行，若影响则立即停机处理，若不影响则待停机后处理
39	电压互感器	击穿	发热绝缘破坏、过电压	运行声音异常、温度升高	较大风险	检查	看电压表指示是否正确，听是否有振动声或噪声	30	更换	修复线圈绕组或更换电压互感器	12	停运，更换电压互感器
40	电压互感器	绕组断线	焊接工艺不良、引出线不合格	发热、放电声	较大风险	检查	检查电压表指示是否正确、引出线是否松动	30	更换	焊接或更换电压互感器、重新接线	12	检查是否影响设备运行，若影响则立即停机处理，若不影响则待停机后处理
41	电压互感器	漏气	焊接工艺不良、焊接处开裂	气室压力持续下降	中等风险	检查	定期开展设备巡查，同时检查压力变化	7	检修	打磨、补焊	12	加强现场通风，同时禁止操作该设备
42	电流互感器	击穿	一次侧接线接触不良，二次侧接线板表面氧化严重，电流互感器内匝线间短路或一、二次侧绝缘击穿	电流互感器发生过热、冒烟、流胶等	较大风险	检查	测量电流互感器温度，看是否冒烟	30	更换	更换电流互感器	12	转移负荷，立即进行停电处理
43	电流互感器	开路	接触不良、断线	电流表突然无指示，电流互感器声音明显增大，在开路处附近可嗅到臭氧味和听到轻微的放电声	中等风险	检查	检查电流表有无显示、听是否有放电声、闻有无臭氧味	30	更换	更换电流互感器	12	转移负荷，立即进行停电处理
44	电流互感器	松动	铁芯紧固螺丝松动、铁芯松动，硅钢片震动增大	发出不随一次负荷变化的异常声	较小风险	检查	听声音是否存在异常	30	检修	修复电流互感器	12	转移负荷，立即进行停电处理

续表

序号	部件	故障条件			风险等级	日常控制措施			定期检修维护			临时措施
		模式	原因	现象		措施	检查方法	周期（天）	措施	检修方法	周期（月）	
45	电流互感器	放电	表面过脏、绝缘降低	内部或表面放电	较小风险	检查	看电流表是否放电、测绝缘	7	清扫	清扫卫生	12	转移负荷，立即进行停电处理
46		漏气	焊接工艺不良、焊接处开裂	气室压力持续下降	中等风险	检查	定期开展设备巡查、同时检查压力变化	7	检修	打磨、补焊	12	加强现场通风、同时禁止操作该设备
47	压力表	劣化	弹簧弯管失去弹性，游丝失去弹性	压力表不动作或动作值不正确	中等风险	检查	看压力表显示是否正确	7	更换	更换压力表	12	检查其他压力表是否显示正常，关闭检修阀后更换
48		脱落	表针振动脱落	压力表显示值不正确	中等风险	检查	看压力表显示是否正确	7	更换	更换压力表	12	检查其他压力表是否显示正常，关闭检修阀后更换
49		堵塞	三通旋塞的通道连管或弯管堵塞	压力表无数值显示	较小风险	检查	看压力表显示是否正确	7	检修	疏通堵塞处	12	检查其他压力表是否显示正常，停机后疏通堵塞处
50		变形	指针弯曲变形	压力表显示值不正确	中等风险	检查	看压力表显示是否正确	7	更换	更换压力表	12	检查其他压力表是否显示正常，关闭检修阀后更换
51	避雷器	击穿	潮湿、污垢	裂纹或破裂	中等风险	检查	查看避雷器是否存在裂纹或破裂	7	更换	更换避雷器	12	拆除避雷器，更换备品备件
52		劣化	老化、潮湿、污垢	绝缘值降低	较小风险	检查	测量绝缘值	7	检修	打扫卫生、烘烤	12	通电烘烤
53		老化	氧化	金具锈蚀、磨损、变形	轻微风险	检查	检查避雷器表面有无锈蚀及脱落现象	7	检修	打磨除锈、防腐	12	待设备停电后对氧化部分进行打磨除锈
54	六氟化硫微水、泄漏监测装置	短路	受潮	人员经过时不能正常语音报警	较小风险	检查	监测装置各测点数据显示是否正常、能否语音报警	7	检修	修复或更换监测装置	12	检查传感器是否正常，信号接线与电源接线是否导通
55		堵塞	设备内部松动	监测数据无显示	较小风险	检查	监测装置各测点数据显示是否正常	7	更换	更换变送器	12	检查传感器是否正常，数据显示有无异常
56		断路	端子线氧化、接触不到位	监测数据无显示	较小风险	检查	监测装置各测点数据显示是否正常	7	检修	打磨、打扫卫生、紧固端子	12	检查传感器是否正常，信号接线与电源接线是否导通

续表

序号	部件	故障条件			风险等级	日常控制措施			定期检修维护			临时措施
		模式	原因	现象		措施	检查方法	周期（天）	措施	检修方法	周期（月）	
57	六氟化硫微水、泄漏监测装置	松动	端子线紧固不到位	监测数据跳动幅度大、显示不正确	较小风险	检查	监测装置各测点数据显示是否正常	7	紧固	紧固端子	12	检查传感器是否正常，信号接线与电源接线是否导通
58	切换开关	短路	绝缘老化	接地或缺相	中等风险	检查	测量切换开关绝缘	7	更换	更换切换开关	12	停机时断开控制电源，更换切换开关
59		断路	线路氧化、接触不到位	操作机构失效	较小风险	检查	测量切换开关绝缘	7	加固	紧固接线处	12	紧固接线处

5 高压开关柜

设备风险评估表

区域：输变电　　　　系统：升压站　　　　设备：高压开关柜

序号	部件	故障条件			故障影响			故障损失			风险值	风险等级
		模式	原因	现象	系统	设备	部件	经济损失	生产中断	设备损坏		
1	一次触头	松脱	未紧固	发热	不可运行	致使设备不可用	损坏	可能造成设备或财产损失1万元以上10万元以下	导致生产中断1～7天或生产工艺50%及以上	维修后恢复设备性能	6	中等风险
2	二次插头	松脱	未紧固	发热	运行，可靠性降低	信号不能传送	损坏	可能造成设备或财产损失1万元以下	主要备用设备退出备用24h以内	性能无影响	4	较小风险
3	灭弧室	烧蚀	电弧灼伤	放电	不可运行	放电	损坏	可能造成设备或财产损失1万元以上10万元以下	导致生产中断1～7天或生产工艺50%及以上	维修后恢复设备性能	6	中等风险
4	接地刀闸	卡涩	传动机构变形	分、合闸操作困难、不到位	无	传动机构损坏	在行业内发生过	可能造成设备或财产损失1万元以上10万元以下	导致生产中断1～7天或生产工艺50%及以上	维修后恢复设备性能	6	中等风险
5	接地刀闸	松动	触头螺栓松动	分合不到位	无	触头间隙过大	在行业内发生过	可能造成设备或财产损失1万元以下	主要备用设备退出备用24h以内	性能无影响	4	较小风险
6	避雷器	击穿	接地不良、绝缘老化	裂纹或破裂、接地短路	防雷失效	避雷器损坏	在行业内发生过	可能造成设备或财产损失1万元以上10万元以下	导致生产中断1～7天或生产工艺50%及以上	维修后恢复设备性能	12	较大风险
7	避雷器	绝缘老化	污垢、过热	污闪、绝缘性能降低	无	避雷器绝缘损坏	在行业内发生过	可能造成设备或财产损失1万元以上10万元以下	导致生产中断1～7天或生产工艺50%及以上	维修后恢复设备性能	6	中等风险
8	电压互感器	短路	过电压、过载、二次侧短路、绝缘老化、高温	电弧、放电声、电压表指示降低或为零	不能正常监测电压值	电压互感器损坏	在行业内发生过	可能造成设备或财产损失1万元以上10万元以下	导致生产中断1～7天或生产工艺50%及以上	维修后恢复设备性能	10	较大风险

续表

序号	部件	故障条件			故障影响			故障损失			风险值	风险等级
		模式	原因	现象	系统	设备	部件	经济损失	生产中断	设备损坏		
9	电压互感器	铁芯松动	铁芯夹件未夹紧	运行时有振动或噪声	机组提停运	电压互感器损坏	在行业内发生过	可能造成设备或财产损失1万元以上10万元以下	导致生产中断1～7天或生产工艺50%及以上	维修后恢复设备性能	6	中等风险
10		击穿	发热绝缘破坏、过电压	运行声音异常、温度升高	机组停运	线圈烧毁	在行业内发生过	可能造成设备或财产损失1万元以上10万元以下	导致生产中断1～7天或生产工艺50%及以上	维修后恢复设备性能	10	较大风险
11		绕组断线	焊接工艺不良、引出线不合格	发热、放电声	不能监测电压	功能失效	在行业内发生过	可能造成设备或财产损失1万元以上10万元以下	导致生产中断1～7天或生产工艺50%及以上	维修后恢复设备性能	10	较大风险
12	电流互感器	击穿	一次侧接线接触不良，二次侧接线板表面氧化严重，电流互感器内匝线间短路或一、二次侧绝缘击穿	电流互感器发生过热、冒烟、流胶等	机组停运	电流互感器损坏	在行业内发生过	可能造成设备或财产损失1万元以上10万元以下	导致生产中断1～7天或生产工艺50%及以上	维修后恢复设备性能	8	中等风险
13		开路	接触不良、断线	电流表突然无指示，电流互感器声音明显增大，在开路处附近可嗅到臭氧味和听到轻微的放电声	温度升高、本体发热	功能失效	在行业内发生过	可能造成设备或财产损失1万元以上10万元以下	导致生产中断1～7天或生产工艺50%及以上	维修后恢复设备性能	6	中等风险
14		松动	铁芯紧固螺丝松动、铁芯松动，硅钢片震动增大	发出不随一次负荷变化的异常声	温度升高、本体发热	功能失效	在行业内发生过	可能造成设备或财产损失1万元以下	主要备用设备退出备用24h以内	性能无影响	4	较小风险
15	高压熔断器	熔体熔断	短路故障或过载运行、氧化、温度高	高温、熔断器开路	缺相或断电	损坏	在行业内发生过	可能造成设备或财产损失1万元以上10万元以下	导致生产中断1～7天或生产工艺50%及以上	维修后恢复设备性能	8	中等风险

续表

序号	部件	故障条件			故障影响			故障损失			风险值	风险等级
		模式	原因	现象	系统	设备	部件	经济损失	生产中断	设备损坏		
16	高压熔断器	过热	熔断器运行年久导致接触表面氧化或灰尘厚接触不良，载熔件未旋到位接触不良	温升高	温度升高	性能下降	在行业内发生过	可能造成设备或财产损失1万元以下	主要备用设备退出备用24h以内	性能无影响	4	较小风险
17	智能指示装置	功能失效	电气元件损坏、控制回路断线	智能仪表无显示、位置信号异常	不能监测状态信号	元件受损	在行业内发生过	可能造成设备或财产损失1万元以下	主要备用设备退出备用24h以内	性能无影响	4	较小风险
18	智能指示装置	短路	积尘积灰、绝缘老化受损、电源电压异常	智能仪表无显示、位置信号异常	不能监测状态信号	装置损坏	在行业内发生过	可能造成设备或财产损失1万元以上10万元以下	导致生产中断1～7天或生产工艺50%及以上	维修后恢复设备性能	6	中等风险
19	闭锁装置	锈蚀	氧化	机械部分出现锈蚀现象	无	部件锈蚀	在行业内发生过	可能造成设备或财产损失1万元以下	主要备用设备退出备用24h以内	性能无影响	4	较小风险
20	闭锁装置	异常磨损	长时间使用导致闭锁装置磨损	闭锁装置部件变形	无	传动机构变形	在行业内发生过	可能造成设备或财产损失1万元以上10万元以下	导致生产中断1～7天或生产工艺50%及以上	维修后恢复设备性能	8	中等风险
21	母排	短路	绝缘损坏	母排击穿处冒火花、断路器跳闸	功能失效	母排功能下降、母排损坏	在行业内发生过	可能造成设备或财产损失1万元以上10万元以下	导致生产中断1～7天或生产工艺50%及以上	维修后恢复设备性能	14	较大风险
22	母排	过热	积灰积尘、散热不良、电压过高	母排温度升高	影响母排工作寿命	性能下降	在行业内发生过	可能造成设备或财产损失1万元以下	主要备用设备退出备用24h以内	性能无影响	4	较小风险
23	母排	松动	螺栓松动	母排温度升高	影响母排工作寿命	性能下降	在行业内发生过	可能造成设备或财产损失1万元以下	主要备用设备退出备用24h以内	性能无影响	4	较小风险
24	二次回路	短路	积尘积灰、绝缘老化受损、电源电压异常	测量数据异常、指示异常、自动控制失效	不能自动控制、监视	端子、元件损坏	在行业内发生过	可能造成设备或财产损失1万元以上10万元以下	导致生产中断1～7天或生产工艺50%及以上	维修后恢复设备性能	6	中等风险

续表

序号	部件	故障条件			故障影响			故障损失			风险值	风险等级
		模式	原因	现象	系统	设备	部件	经济损失	生产中断	设备损坏		
25	二次回路	松动	接线处连接不牢固	测量数据异常、指示异常、自动控制失效	不能自动控制、监视	功能失效	在行业内发生过	可能造成设备或财产损失1万元以下	主要备用设备退出备用24h以内	性能无影响	4	较小风险
26		断线	接线端子氧化、接线脱落	测量数据异常、指示异常、自动控制失效	不能自动控制、监视	功能失效	在行业内发生过	可能造成设备或财产损失1万元以下	主要备用设备退出备用24h以内	性能无影响	4	较小风险
27	储能器	短路	积尘积灰、绝缘老化受损、电源电压异常、电机损坏、控制回路故障	无法储能	不能正常自动储能	储能机构损坏	在行业内发生过	可能造成设备或财产损失1万元以上10万元以下	导致生产中断1～7天或生产工艺50%及以上	维修后恢复设备性能	6	中等风险
28		卡涩	异物卡阻、螺栓松动、传动机构变形	无法储能	不能正常自动储能	传动机构变形	在行业内发生过	可能造成设备或财产损失1万元以下	主要备用设备退出备用24h以内	性能无影响	4	较小风险
29		行程失调	行程开关损坏、弹簧性能下降	储能异常	不能正常自动储能	行程开关损坏	在行业内发生过	可能造成设备或财产损失1万元以下	主要备用设备退出备用24h以内	性能无影响	4	较小风险

设备风险控制卡

区域：输变电　　系统：升压站　　设备：高压开关柜

序号	部件	故障条件			风险等级	日常控制措施			定期检修维护			临时措施
		模式	原因	现象		措施	检查方法	周期（天）	措施	检修方法	周期（月）	
1	一次触头	中等风险	日常点检	测温	30	检查，必要时更换	利用设备停运时间检修	72	检修	无	无	检查更换
2	二次插头	较小风险	日常点检	看+听	30	检查，必要时更换	利用设备停运时间检修	72	检修	无	无	检查更换
3	灭弧室	中等风险	日常点检	看+听	30	检查，必要时更换	利用设备停运时间检修	72	检修	无	无	检查更换
4	接地刀闸	卡涩	传动机构变形	分合闸操作困难、不到位	中等风险	检查	测温检查、检查运行声音是否异常、检查紧固螺栓	30	检修	校正修复、打磨、紧固螺栓	12	加强观察运行，待停机后再校正修复、打磨、紧固螺栓

续表

序号	部件	故障条件			风险等级	日常控制措施			定期检修维护			临时措施
		模式	原因	现象		措施	检查方法	周期（天）	措施	检修方法	周期（月）	
5	接地刀闸	松动	触头螺栓松动	分合不到位	较小风险	检查	检查分合位置是否到位	30	检修	校正修复、打磨、紧固螺栓	12	校正修复、打磨、紧固螺栓，更换隔离开关
6	避雷器	击穿	接地不良、绝缘老化	裂纹或破裂、接地短路	较大风险	检查	查看避雷器是否存在裂纹或破裂、有无放电现象	30	更换	更换避雷器	12	拆除避雷器、更换备品备件
7		绝缘老化	污垢、过热	污闪、绝缘性能降低	中等风险	检查	测温检查、测量绝缘值	30	清扫	打扫卫生、烘烤	12	运行中加强监视，停运后，通电烘烤
8	电压互感器	短路	过电压、过载、二次侧短路、绝缘老化、高温	电弧、放电声、电压表指示降低或为零	较大风险	检查	看电压表指示、是否有电弧；听是否有放电声	30	更换	更换电压互感器	12	停运，更换电压互感器
9		铁芯松动	铁芯夹件未夹紧	运行时有振动或噪声	中等风险	检查	看电压表指示是否正确；听是否有振动声或噪声	30	加固	紧固夹件螺栓	12	检查是否影响设备运行，若影响则立即停机处理，若不影响则待停机后处理
10		击穿	发热绝缘破坏、过电压	运行声音异常、温度升高	较大风险	检查	看电压表指示是否正确；听是否有振动声或噪声	30	检修	修复线圈绕组或更换电压互感器	12	停运，更换电压互感器
11		绕组断线	焊接工艺不良、引出线不合格	发热、放电声	较大风险	检查	看电压表指示是否正确，引出线是否松动	30	检修	焊接或更换电压互感器、重新接线	12	检查是否影响设备运行，若影响则立即停机处理，若不影响则待停机后处理
12	电流互感器	击穿	一次侧接线接触不良，二次侧接线板表面氧化严重，电流互感器内匝线间短路或一、二次侧绝缘击穿	电流互感器发生过热、冒烟、流胶等	中等风险	检查	测量电流互感器温度，看是否冒烟	30	更换	更换电流互感器	12	转移负荷，立即进行停电处理

续表

序号	部件	故障条件			风险等级	日常控制措施			定期检修维护			临时措施
		模式	原因	现象		措施	检查方法	周期（天）	措施	检修方法	周期（月）	
13	电流互感器	开路	接触不良、断线	电流表突然无指示，电流互感器声音明显增大，在开路处附近可嗅到臭氧味和听到轻微的放电声	中等风险	检查	检查电流表有无显示、听是否有放电声、闻有无臭氧味	30	更换	更换电流互感器	12	转移负荷，立即进行停电处理
14		松动	铁芯紧固螺丝松动、铁芯松动，硅钢片震动增大	发出不随一次负荷变化的异常声	较小风险	检查	听声音是否存在异常	30	更换	更换电流互感器	12	转移负荷，立即进行停电处理
15	高压熔断器	熔体熔断	短路故障或过载运行、氧化、温度高	高温、熔断器开路	中等风险	检查	测量熔断器通断、电阻	30	更换	更换熔断器	12	转移负荷，立即进行停电处理
16		过热	熔断器运行年久接触表面氧化或灰尘厚接触不良、载熔件未旋到位接触不良	温升高	较小风险	检查	测量熔断器及触件温度	30	检修	用砂布擦除氧化物，清扫灰尘，检查接触件接触情况是否良好，或者更换全套熔断器；载熔件必须旋到位，旋紧、牢固	12	
17	智能指示装置	功能失效	电气元件损坏、控制回路断线	智能仪表无显示、位置信号异常	较小风险	检查	卫生清理、看智能仪表显示是否与实际相符	30	更换	检查二次回路线、更换智能指示装置	12	检查智能装置电源是否正常，接线有无松动，更换智能指示装置
18		短路	积尘积灰、绝缘老化受损、电源电压异常	智能仪表无显示、位置信号异常	中等风险	检查	卫生清洁、检查控制回路	30	清扫	测量绝缘、清扫积尘积灰	12	测量绝缘、清扫积尘积灰
19	闭锁装置	锈蚀	氧化	机械部分出现锈蚀现象	较小风险	检查	看闭锁装置部件是否生锈	30	检修	打磨除锈	12	
20		异常磨损	长时间使用导致闭锁装置磨损	闭锁装置部件变形	中等风险	检查	查看闭锁装置部件是否变形，操作时检查闭锁装置是否失灵	30	更换	更换闭锁装置	12	用临时围栏将设备隔离，悬挂标示牌

续表

序号	部件	故障条件			风险等级	日常控制措施			定期检修维护			临时措施
		模式	原因	现象		措施	检查方法	周期（天）	措施	检修方法	周期（月）	
21	母排	短路	绝缘损坏	母排击穿处冒火花、断路器跳闸	较大风险	检查	看母排有无闪络现象	30	更换	更换绝缘垫	12	停运做好安全措施后，对击穿母排进行更换
22		过热	积灰积尘、散热不良电压过高	母排温度升高	较小风险	检查	测温	30	清扫	卫生清扫	12	做好安全措施后，清理卫生
23		松动	螺栓松动	母排温度升高	较小风险	检查	测温	30	加固	紧固螺栓	12	做好安全措施后，紧固螺栓
24	二次回路	短路	积尘积灰、绝缘老化受损、电源电压异常	测量数据异常、指示异常、自动控制失效	中等风险	检查	看各测量数据是否正常，检查各接线端是否松动	30	更换	卫生清理、检查控制回路、更换元器件	12	做好安全措施后，检查控制回路、更换元器件
25		松动	接线处连接不牢固	测量数据异常、指示异常、自动控制失效	较小风险	检查	看各测量数据是否正常，检查各接线端是否松动	30	加固	紧固端子	12	紧固端子接线排
26		断线	接线端子氧化、接线脱落	测量数据异常、指示异常、自动控制失效	较小风险	检查	看各测量数据是否正常，检查各接线端是否松动	30	加固	紧固端子、接线	12	紧固端子接线排
27	储能器	短路	积尘积灰、绝缘老化受损、电源电压异常、电机损坏、控制回路故障	无法储能	中等风险	检查	检查储能器是否储能	30	更换	清扫卫生、更换电机、紧固二次回路线圈	12	检查储能装置是否正常，手动储能
28		卡涩	异物卡阻、螺栓松动、传动机构变形	无法储能	较小风险	检查	检查储能指示、位置是否正常，外表面无锈蚀及油垢；本体内部无异音	30	加固	校正修复、打磨、紧固螺栓	12	做好安全措施后，校正修复、打磨、紧固螺栓
29		行程失调	行程开关损坏、弹簧性能下降	储能异常	较小风险	检查	检查储能器位置是否正常	30	更换	更换行程开关、调整弹簧松紧度	12	检查储能装置是否正常，手动储能

6 母线间隔

设备风险评估表

区域：输变电　　系统：升压站　　设备：母线间隔

序号	部件	故障条件			故障影响			故障损失			风险值	风险等级
		模式	原因	现象	系统	设备	部件	经济损失	生产中断	设备损坏		
1	电压互感器	短路	过电压、过载、二次侧短路、绝缘老化、高温	电弧、放电声、电压表指示降低或为零	机组停运	不能正常监测电压值	电压互感器损坏	可能造成设备或财产损失1万元以下	主要备用设备退出备用24h以内	经维修后可恢复设备性能	10	较大风险
2		铁芯松动	铁芯夹件未夹紧	运行时有振动或噪声	机组停运	机组提停运	电压互感器损坏	可能造成设备或财产损失1万元以下	主要备用设备退出备用24h以内	经维修后可恢复设备性能	10	较大风险
3		击穿	发热绝缘破坏、过电压	运行声音异常、温度升高	机组停运	机组停运	线圈烧毁	可能造成设备或财产损失1万元以下	主要备用设备退出备用24h以内	经维修后可恢复设备性能	10	较大风险
4		绕组断线	焊接工艺不良、引出线不合格	发热、放电声	机组停运	不能监测电压	功能失效	可能造成设备或财产损失1万元以下	主要备用设备退出备用24h以内	经维修后可恢复设备性能	10	较大风险
5		漏气	焊接工艺不良、焊接处开裂	气室压力持续下降	无	停运	电压互感器损坏	无	没有造成生产中断及设备故障	经维修后可恢复设备性能	6	中等风险
6	2514隔离开关	短路	绝缘老化	起火、冒烟	设备停运	柜体起火	隔离刀闸损坏	可能造成设备或财产损失1万元以上10万元以下	没有造成生产中断及设备故障	经维修后可恢复设备性能	10	较大风险
7		烧灼	触头绝缘老化	电弧	设备停运	停运	性能降低	无	无	经维修后设备可以维持使用，性能影响50%及以下	6	中等风险
8		劣化	触头氧化	触头处过热	出力受限	隔刀发热	性能降低	无	没有造成生产中断及设备故障	经维修后可恢复设备性能	6	中等风险

续表

序号	部件	故障条件			故障影响			故障损失			风险值	风险等级
		模式	原因	现象	系统	设备	部件	经济损失	生产中断	设备损坏		
9	2514隔离开关	变形	操作机构磨损	拒动	设备停运	性能降低	性能降低	无	没有造成生产中断及设备故障	经维修后可恢复设备性能	6	中等风险
10		脱落	操作机构连接处脱落	操作机构失效	设备停运	功能失效	功能失效	无	没有造成生产中断及设备故障	经维修后可恢复设备性能	6	中等风险
11		漏气	焊接工艺不良、焊接处开裂	气室压力持续下降	设备停运	停运	性能降低	无	没有造成生产中断及设备故障	经维修后可恢复设备性能	6	中等风险
12	25149接地刀闸	劣化	接触面氧化	电弧	无	无	性能降低	无	无	经维修后可恢复设备性能	4	较小风险
13		过热	接触面接触不良	电弧	无	无	性能降低	无	无	经维修后可恢复设备性能	4	较小风险
14		变形	操作机构磨损	拒动	无	停运	性能降低	无	没有造成生产中断及设备故障	经维修后可恢复设备性能	6	中等风险
15		脱落	操作机构连接处脱落	操作机构失效	无	停运	功能失效	无	没有造成生产中断及设备故障	经维修后可恢复设备性能	6	中等风险
16		漏气	焊接工艺不良、焊接处开裂	气室压力持续下降	无	停运	功能失效	无	没有造成生产中断及设备故障	经维修后可恢复设备性能	6	中等风险
17	2519接地刀闸	劣化	接触面氧化	电弧	无	无	性能降低	无	无	经维修后可恢复设备性能	4	较小风险
18		过热	接触面接触不良	电弧	无	无	性能降低	无	无	经维修后可恢复设备性能	4	较小风险
19		变形	操作机构磨损	拒动	无	停运	性能降低	无	没有造成生产中断及设备故障	经维修后可恢复设备性能	6	中等风险
20		脱落	操作机构连接处脱落	操作机构失效	无	停运	功能失效	无	没有造成生产中断及设备故障	经维修后可恢复设备性能	6	中等风险
21		漏气	焊接工艺不良、焊接处开裂	气室压力持续下降	无	停运	功能失效	无	没有造成生产中断及设备故障	经维修后可恢复设备性能	6	中等风险
22	熔断器	熔断	短路故障或过载运行、氧化、温度高	高温、熔断器熔断开路	保护动作	缺相或断电	损坏	可能造成设备或财产损失1万元以下	无	经维修后可恢复设备性能	6	中等风险

续表

序号	部件	故障条件			故障影响			故障损失			风险值	风险等级
		模式	原因	现象	系统	设备	部件	经济损失	生产中断	设备损坏		
23	熔断器	劣化	熔断器运行年久，接触表面氧化或灰尘厚接触不良；载熔件未旋到位接触不良	温升高	无	接触面发热	性能下降	无	无	设备性能无影响	2	轻微风险
24	压力表	劣化	弹簧弯管失去弹性、游丝失去弹性	压力表不动作或动作值不正确	无	不能正常监测压力	压力表损坏	可能造成设备或财产损失1万元以下	无	经维修后可恢复设备性能	6	中等风险
25	压力表	脱落	表针振动脱落	压力表显示值不正确	无	不能正常监测压力	压力表损坏	可能造成设备或财产损失1万元以下	无	经维修后可恢复设备性能	6	中等风险
26	压力表	堵塞	三通旋塞的通道连管或弯管堵塞	压力表无数值显示	无	不能正常监测压力	功能失效	无	无	经维修后可恢复设备性能	4	较小风险
27	压力表	变形	指针弯曲变形	压力表显示值不正确	无	不能正常监测压力	压力表损坏	可能造成设备或财产损失1万元以下	无	经维修后可恢复设备性能	6	中等风险
28	避雷器	击穿	潮湿、污垢	裂纹或破裂	无	柜体不正常带电	避雷器损坏	可能造成设备或财产损失1万元以下	无	经维修后可恢复设备性能	6	中等风险
29	避雷器	劣化	老化、潮湿、污垢	绝缘值降低	无	柜体不正常带电	性能降低	无	无	经维修后可恢复设备性能	4	较小风险
30	避雷器	老化	氧化	金具锈蚀、磨损、变形	无	无	性能降低	无	无	设备性能无影响	2	轻微风险
31	六氟化硫微水、泄漏监测装置	短路	受潮	人员经过时不能正常语音报警	无	设备着火	监测装置损坏	无	无	经维修后可恢复设备性能	4	较小风险
32	六氟化硫微水、泄漏监测装置	堵塞	设备内部松动	监测数据无显示	无	监测功能失效	变送器损坏	无	无	经维修后可恢复设备性能	4	较小风险
33	六氟化硫微水、泄漏监测装置	断路	端子线氧化、接触不到位	监测数据无显示	无	监测功能失效	功能失效	无	无	经维修后可恢复设备性能	4	较小风险
34	六氟化硫微水、泄漏监测装置	松动	端子线紧固不到位	监测数据跳动幅度大、显示不正确	无	监测功能失效	功能失效	无	无	经维修后可恢复设备性能	4	较小风险

续表

序号	部件	故障条件			故障影响			故障损失			风险值	风险等级
		模式	原因	现象	系统	设备	部件	经济损失	生产中断	设备损坏		
35	切换开关	短路	绝缘老化	接地或缺项	无	缺失双切换功能	切换开关损坏	可能造成设备或财产损失1万元以下	无	经维修后可恢复设备性能	6	中等风险
36		断路	线路氧化、接触不到位	操作机构失效	无	缺失双切换功能	切换开关损坏	无	无	经维修后可恢复设备性能	4	较小风险

设备风险控制卡

区域：输变电　　系统：升压站　　设备：母线间隔

序号	部件	故障条件			风险等级	日常控制措施			定期检修维护			临时措施
		模式	原因	现象		措施	检查方法	周期（天）	措施	检修方法	周期（月）	
1	电压互感器	短路	过电压、过载、二次侧短路、绝缘老化、高温	电弧、放电声、电压表指示降低或为零	较大风险	检查	看电压表指示、是否有电弧；听是否有放电声	30	更换	更换电压互感器	12	停运，更换电压互感器
2		铁芯松动	铁芯夹件未夹紧	运行时有振动或噪声	较大风险	检查	看电压表指示是否正确；听是否有振动声或噪声	30	更换	紧固夹件螺栓	12	检查是否影响设备运行，若影响则立即停机处理，若不影响则待停机后处理
3		击穿	发热绝缘破坏、过电压	运行声音异常、温度升高	较大风险	检查	看电压表指示是否正确；听是否有振动声或噪声	30	更换	修复线圈绕组或更换电压互感器	12	停运，更换电压互感器
4		绕组断线	焊接工艺不良、引出线不合格	发热、放电声	较大风险	检查	看电压表指示是否正确；引出线是否松动	30	更换	焊接或更换电压互感器、重新接线	12	检查是否影响设备运行，若影响则立即停机处理，若不影响则待停机后处理
5		漏气	焊接工艺不良、焊接处开裂	气室压力持续下降	中等风险	检查	定期开展设备巡查、同时检查压力变化	7	检修	打磨、补焊	12	加强现场通风、同时禁止操作该设备
6	2514隔离开关	短路	绝缘老化	起火、冒烟	较大风险	检查	测量绝缘值	7	检修	维修、更换	12	停机处理
7		烧灼	触头绝缘老化	电弧	中等风险	检查	分合隔离开关时看有无电弧	7	检修	清扫卫生、打磨	12	加强观察运行，待停机后在触头处涂抹导电膏
8		劣化	触头氧化	触头处过热	中等风险	检查	测量温度	7	检修	维修、打磨	12	加强运行观察、降低出力运行

续表

序号	部件	故障条件			风险等级	日常控制措施			定期检修维护			临时措施
		模式	原因	现象		措施	检查方法	周期（天）	措施	检修方法	周期（月）	
9	2514隔离开关	变形	操作机构磨损	拒动	中等风险	检查	检查刀闸指示位置	7	更换	维修、更换操作机构	12	做好安全措施后，解除操作机构闭锁装置
10		脱落	操作机构连接处脱落	操作机构失效	中等风险	检查	检查刀闸指示位置	7	更换	维修、更换操作机构	12	做好安全措施后，将故障设备隔离
11		漏气	焊接工艺不良、焊接处开裂	气室压力持续下降	中等风险	检查	定期开展设备巡查、同时检查压力变化	7	检修	打磨、补焊	12	加强现场通风，同时禁止操作该设备
12	25149接地刀闸	劣化	接触面氧化	电弧	较小风险	检查	查看接地刀闸金属表面是否存在氧化现象	7	检修	打磨、图导电膏	12	手动增设一组接地线
13		过热	接触面接触不良	电弧	较小风险	检查	合闸时看有无电弧，测温	7	检修	打磨、图导电膏	12	手动增设一组接地线
14		变形	操作机构磨损	拒动	中等风险	检查	检查地刀指示位置	7	更换	维修、更换操作机构	12	做好安全措施后，解除操作机构闭锁装置
15		脱落	操作机构连接处脱落	操作机构失效	中等风险	检查	检查地刀指示位置	7	检修	维修、更换	12	做好安全措施后，将故障设备隔离
16		漏气	焊接工艺不良、焊接处开裂	气室压力持续下降	中等风险	检查	定期开展设备巡查、同时检查压力变化	7	检修	打磨、补焊	12	加强现场通风、同时禁止操作该设备
17	2519接地刀闸	劣化	接触面氧化	电弧	较小风险	检查	查看接地刀闸金属表面是否存在氧化现象	7	检修	打磨、图导电膏	12	手动增设一组接地线
18		过热	接触面接触不良	电弧	较小风险	检查	合闸时看有无电弧，测温	7	检修	打磨、图导电膏	12	手动增设一组接地线
19		变形	操作机构磨损	拒动	中等风险	检查	检查地刀指示位置	7	更换	维修、更换操作机构	12	做好安全措施后，解除操作机构闭锁装置
20		脱落	操作机构连接处脱落	操作机构失效	中等风险	检查	检查地刀指示位置	7	检修	维修、更换	12	做好安全措施后，将故障设备隔离
21		漏气	焊接工艺不良、焊接处开裂	气室压力持续下降	中等风险	检查	定期开展设备巡查、同时检查压力变化	7	检修	打磨、补焊	12	加强现场通风，同时禁止操作该设备

续表

序号	部件	故障条件			风险等级	日常控制措施			定期检修维护			临时措施
		模式	原因	现象		措施	检查方法	周期（天）	措施	检修方法	周期（月）	
22	熔断器	熔断	短路故障或过载运行、氧化、温度高	高温、熔断器熔断开路	中等风险	检查	测量熔断器通断、电阻	7	更换	更换熔断器	12	转移负荷，立即进行停电处理
23	熔断器	劣化	熔断器运行年久，接触表面氧化或灰尘厚接触不良；载熔件未旋到位接触不良	温升高	轻微风险	检查	测量熔断器及触件温度	7	检修	用砂布擦除氧化物，清扫灰尘，检查接触件接触情况是否良好，或者更换全套熔断器；载熔件必须旋到位，旋紧、牢固	12	做好安全措施后，将故障设备隔离
24	压力表	劣化	弹簧弯管失去弹性、游丝失去弹性	压力表不动作或动作值不正确	中等风险	检查	看压力表显示是否正确	7	更换	更换压力表	12	检查其他压力表是否显示正常，关闭检修阀后更换
25	压力表	脱落	表针振动脱落	压力表显示值不正确	中等风险	检查	看压力表显示是否正确	7	更换	更换压力表	12	检查其他压力表是否显示正常，关闭检修阀后更换
26	压力表	堵塞	三通旋塞的通道连管或弯管堵塞	压力表无数值显示	较小风险	检查	看压力表显示是否正确	7	检修	疏通堵塞处	12	检查其他压力表是否显示正常，停机后疏通堵塞处
27	压力表	变形	指针弯曲变形	压力表显示值不正确	中等风险	检查	看压力表显示是否正确	7	更换	更换压力表	12	检查其他压力表是否显示正常，关闭检修阀后更换
28	避雷器	击穿	潮湿、污垢	裂纹或破裂	中等风险	检查	查看避雷器是否存在裂纹或破裂	7	更换	更换避雷器	12	拆除避雷器、更换备品备件
29	避雷器	劣化	老化、潮湿、污垢	绝缘值降低	较小风险	检查	测量绝缘值	7	检修	打扫卫生、烘烤	12	通电烘烤
30	避雷器	老化	氧化	金具锈蚀、磨损、变形	轻微风险	检查	检查避雷器表面有无锈蚀及脱落现象	7	检修	打磨除锈、防腐	12	待设备停电后对氧化部分进行打磨除锈
31	六氟化硫微水、泄漏监测装置	短路	受潮	人员经过时不能正常语音报警	较小风险	检查	监测装置各测点数据显示是否正常、能否语音报警	7	检修	修复或更换监测装置	12	检查传感器是否正常，信号接线与电源接线是否导通

续表

序号	部件	故障条件			风险等级	日常控制措施			定期检修维护			临时措施
		模式	原因	现象		措施	检查方法	周期（天）	措施	检修方法	周期（月）	
32	六氟化硫微水、泄漏监测装置	堵塞	设备内部松动	监测数据无显示	较小风险	检查	监测装置各测点数据显示是否正常	7	更换	更换变送器	12	检查传感器是否正常，数据显示有无异常
33		断路	端子线氧化、接触不到位	监测数据无显示	较小风险	检查	监测装置各测点数据显示是否正常	7	检修	打磨、打扫卫生、紧固端子	12	检查传感器是否正常，信号接线与电源接线是否导通
34		松动	端子线紧固不到位	监测数据跳动幅度大、显示不正确	较小风险	检查	监测装置各测点数据显示是否正常	7	紧固	紧固端子	12	检查传感器是否正常，信号接线与电源接线是否导通
35	切换开关	短路	绝缘老化	接地或缺项	中等风险	检查	测量切换开关绝缘	7	更换	更换切换开关	12	停机时断开控制电源，更换切换开关
36		断路	线路氧化、接触不到位	操作机构失效	较小风险	检查	测量切换开关绝缘	7	加固	紧固接线处	12	紧固接线处

7 母线保护屏

设备风险评估表

区域：保护室　　　　系统：保护系统　　　　设备：母线保护屏

序号	部件	故障条件			故障影响			故障损失			风险值	风险等级
		模式	原因	现象	系统	设备	部件	经济损失	生产中断	设备损坏		
1	BP-2C保护装置	击穿	二次线路老化、绝缘降低	短路	机组停运	保护装置停运	短路烧坏	可能造成设备或财产损失1万元以下	导致生产中断1～7天或生产工艺50%及以上	经维修后可恢复设备性能	14	较大风险
2		松动	端子线路松动、脱落	保护装置拒动	无	异常运行	功能失效	无	主要备用设备退出备用24h以内	经维修后可恢复设备性能	8	中等风险
3		短路	长期运行高温，绝缘降低	线路短路，装置异常报警	无	异常运行	短路烧坏	可能造成设备或财产损失1万元以上10万元以下	主要备用设备退出备用24h以内	经维修后可恢复设备性能	12	较大风险
4		过热	积尘积灰	温度升高	无	温度升高	散热性能降低	无	无	经维修后可恢复设备性能	4	较小风险
5		功能失效	CPU故障	故障报警信号灯亮、死机	无	保护装置停运	CPU损坏	可能造成设备或财产损失1万元以下	无	经维修后可恢复设备性能	6	中等风险
6		功能失效	电源插件故障	故障报警信号灯亮	无	保护装置停运	电源消失	无	无	经维修后可恢复设备性能	4	较小风险
7		功能失效	装置运算错乱	保护装置误动	机组停运	保护装置停运	装置异常	可能造成设备或财产损失1万元以上10万元以下	主要备用设备退出备用24h以内	经维修后可恢复设备性能	12	较大风险
8		老化	二次线路时间过长，正常老化、绝缘降低	绝缘降低	机组停运	保护装置停运	短路烧坏	无	主要备用设备退出备用24h以内	经维修后可恢复设备性能	8	中等风险
9	RCS915-AB保护装置	击穿	二次线路老化、绝缘降低	短路	机组停运	保护装置停运	短路烧坏	可能造成设备或财产损失1万元以下	导致生产中断1～7天或生产工艺50%及以上	经维修后可恢复设备性能	14	较大风险

续表

序号	部件	故障条件			故障影响			故障损失			风险值	风险等级
		模式	原因	现象	系统	设备	部件	经济损失	生产中断	设备损坏		
10	RCS915-AB保护装置	松动	端子线路松动、脱落	保护装置拒动	无	异常运行	功能失效	无	主要备用设备退出备用 24h 以内	经维修后可恢复设备性能	8	中等风险
11		短路	长期运行高温，绝缘降低	线路短路，装置异常报警	无	异常运行	短路烧坏	可能造成设备或财产损失 1 万元以上 10 万元以下	主要备用设备退出备用 24h 以内	经维修后可恢复设备性能	12	较大风险
12		过热	积尘积灰	温度升高	无	温度升高	散热性能降低	无	无	经维修后可恢复设备性能	4	较小风险
13		功能失效	CPU 故障	故障报警信号灯亮、死机	无	保护装置停运	CPU 损坏	可能造成设备或财产损失 1 万元以下	无	经维修后可恢复设备性能	6	中等风险
14		功能失效	电源插件故障	故障报警信号灯亮	无	保护装置停运	电源消失	无	无	经维修后可恢复设备性能	4	较小风险
15		功能失效	装置运算错乱	保护装置误动	机组停运	保护装置停运	装置异常	可能造成设备或财产损失 1 万元以上 10 万元以下	主要备用设备退出备用 24h 以内	经维修后可恢复设备性能	12	较大风险
16		老化	二次线路时间过长，正常老化、绝缘降低	绝缘降低造成接地短路	机组停运	保护装置停运	短路烧坏	无	主要备用设备退出备用 24h 以内	经维修后可恢复设备性能	8	中等风险
17	加热器	老化	电源线路老化	绝缘降低造成接地短路	无	无	短路烧坏	可能造成设备或财产损失 1 万元以下	无	设备性能无影响	4	较小风险
18		松动	电源线路固定件疲劳松动	电源消失，装置失效	无	无	功能失效	无	无	经维修后可恢复设备性能	4	较小风险
19	压板	松动	压紧螺丝松动	接触不良引起发热	无	接触点发热	温度升高	无	无	经维修后可恢复设备性能	4	较小风险
20		脱落	端子线松动脱落	保护装置相应功能拒动	无	异常运行	功能失效	无	无	经维修后可恢复设备性能	4	较小风险
21		老化	压板线路运行时间过长，正常老化	绝缘降低造成接地短路	无	异常运行	功能失效	可能造成设备或财产损失 1 万元以下	无	经维修后可恢复设备性能	6	中等风险

续表

序号	部件	故障条件			故障影响			故障损失			风险值	风险等级
		模式	原因	现象	系统	设备	部件	经济损失	生产中断	设备损坏		
22	压板	氧化	连接触头长时间暴露空气中，产生氧化现象	接触不良，接触电阻增大，接触面发热，出现点斑	无	异常运行	异常运行	无	无	经维修后可恢复设备性能	4	较小风险
23	电源开关	功能失效	保险管烧坏或线路老化短路	电源开关有烧焦气味，发黑	无	装置失电	保险或线路烧坏	可能造成设备或财产损失1万元以下	无	经维修后可恢复设备性能	6	中等风险
24	电源开关	松动	电源线路固定件疲劳松动	线路松动、脱落	无	装置失电	线路脱落	无	无	经维修后可恢复设备性能	4	较小风险
25	温湿度控制器	老化	电源线路时间过长，正常老化	绝缘降低造成接地短路	无	装置失电	短路烧坏	可能造成设备或财产损失1万元以下	无	设备性能无影响	4	较小风险
26	温湿度控制器	功能失效	控制器故障	无法感温、感湿，不能启动加热器	无	功能失效	控制器损坏	可能造成设备或财产损失1万元以下	无	设备性能无影响	4	较小风险
27	显示屏	功能失效	电源中断、显示屏损坏、通信中断	显示屏无显示	无	无法查看信息	功能失效	无	无	经维修后可恢复设备性能	4	较小风险
28	显示屏	松动	电源插头松动、脱落	显示屏无显示	无	无法查看信息	功能失效	无	无	经维修后可恢复设备性能	4	较小风险

设备风险控制卡

区域：保护室　　　　系统：保护系统　　　　设备：母线保护屏

序号	部件	故障条件			风险等级	日常控制措施			定期检修维护			临时措施
		模式	原因	现象		措施	检查方法	周期（天）	措施	检修方法	周期（月）	
1	BP-2C保护装置	击穿	二次线路老化、绝缘降低	短路	较大风险	检查	在保护装置屏查看采样值，检查线路有无老化现象	7	检修	预防性试验定期检查绝缘情况	36	临时找到绝缘老化点进行绝缘包扎
2	BP-2C保护装置	松动	端子线路松动、脱落	保护装置拒动	中等风险	检查	检查二次线路是否有松动、脱落现象	7	紧固	紧固端子线路	36	紧固端子线路
3	BP-2C保护装置	短路	长期运行高温，绝缘降低	线路短路，装置异常报警	较大风险	检查	进行测温检查设备运行温度	7	检修	启动风机散热	36	启动风机散热
4	BP-2C保护装置	过热	积尘积灰	温度升高	较小风险	检查	检查模块是否积尘积灰	90	清扫	吹扫、清扫	36	吹扫、清扫

续表

序号	部件	故障条件			风险等级	日常控制措施			定期检修维护			临时措施
		模式	原因	现象		措施	检查方法	周期（天）	措施	检修方法	周期（月）	
5	BP-2C保护装置	功能失效	CPU 故障	故障报警信号灯亮、死机	中等风险	检查	检查保护装置是否故障灯亮，装置是否已死机	7	更换	更换 CPU	36	联系厂家更换损坏部件
6		功能失效	电源插件故障	故障报警信号灯亮	较小风险	检查	检查保护装置是否故障灯亮，装置是否已无电源	7	紧固	紧固线路	36	紧固线路，定期检查线路是否老化
7		功能失效	装置运算错乱	保护装置误动	较大风险	检查	检查定值输入是否正确	180	检修	检查定值输入是否正确，预防性试验定期检验装置精确性	36	退出该保护运行，预防性试验定期检验装置精确性
8		老化	二次线路时间过长，正常老化、绝缘降低	绝缘降低	中等风险	检查	外观检查	7	更换	更换老化线路	36	停机进行老化线路更换
9	RCS915-AB保护装置	击穿	二次线路老化、绝缘降低	短路	较大风险	检查	在保护装置屏查看采样值，检查线路有无老化现象	7	检修	预防性试验定期检查绝缘情况	36	临时找到绝缘老化点进行绝缘包扎
10		松动	端子线路松动、脱落	保护装置拒动	中等风险	检查	检查二次线路是否有松动、脱落现象	7	紧固	紧固端子线路	36	紧固端子线路
11		短路	长期运行高温，绝缘降低	线路短路，装置异常报警	较大风险	检查	进行测温，检查设备运行温度	7	检修	启动风机散热	36	启动风机散热
12		过热	积尘积灰	温度升高	较小风险	检查	检查模块是否积尘积灰	90	清扫	吹扫、清扫	36	吹扫、清扫
13		功能失效	CPU 故障	故障报警信号灯亮、死机	中等风险	检查	检查保护装置是否故障灯亮，装置是否已死机	7	更换	更换 CPU	36	联系厂家更换损坏部件
14		功能失效	电源插件故障	故障报警信号灯亮	较小风险	检查	检查保护装置是否故障灯亮，装置是否已无电源	7	紧固	紧固线路	36	紧固线路，定期检查线路是否老化
15		功能失效	装置运算错乱	保护装置误动	较大风险	检查	检查定值输入是否正确	180	检修	检查定值输入是否正确，预防性试验定期检验装置精确性	36	退出该保护运行，预防性试验定期检验装置精确性
16		老化	二次线路时间过长，正常老化、绝缘降低	绝缘降低造成接地短路	中等风险	检查	外观检查	7	更换	更换老化线路	36	停机进行老化线路更换

续表

序号	部件	故障条件			风险等级	日常控制措施			定期检修维护			临时措施
		模式	原因	现象		措施	检查方法	周期（天）	措施	检修方法	周期（月）	
17	加热器	老化	电源线路老化	绝缘降低造成接地短路	较小风险	检查	检查加热器是否有加热温度，是否有发黑、烧焦现象	7	更换	更换线路或加热器	3	更换加热器
18		松动	电源线路固定件疲劳松动	电源消失，装置失效	较小风险	检查	巡视检查线路是否松动，若是应进行紧固	7	紧固	定期进行线路紧固	3	进行线路紧固
19	压板	松动	压紧螺丝松动	接触不良引起发热	较小风险	检查	巡视检查压板压紧螺丝是否松动，若是应进行紧固	30	紧固	紧固压板	3	对压紧螺丝进行紧固
20		脱落	端子线松动脱落	保护装置相应功能拒动	较小风险	检查	对二次端子排线路进行拉扯，检查有无松动	30	紧固	逐一对端子排线路进行紧固	3	按照图纸进行回装端子线路
21		老化	压板线路运行时间过长，正常老化	绝缘降低造成接地短路	中等风险	检查	检查线路是否有老化现象	30	更换	定期检查线路是否老化，对不合格的进行更换	3	发现压板线路老化，立即更换
22		氧化	连接触头长时间暴露空气中，产生氧化现象	接触不良，接触电阻增大，接触面发热，出现点斑	较小风险	检查	检查连接触头是否有氧化现象	30	检修	定期检查，进行防氧化措施	3	对压板进行防氧化措施
23	电源开关	功能失效	保险管烧坏或线路老化短路	电源开关有烧焦气味，发黑	中等风险	检查	检查保护屏是否带电，是否有发黑、烧焦现象	7	检修	定期测量电压是否正常，线路是否老化	3	更换保险管或老化线路
24		松动	电源线路固定件疲劳松动	线路松动、脱落	较小风险	检查	巡视检查线路是否松动，若是应进行紧固	7	紧固	定期进行线路紧固	3	进行线路紧固
25	温湿度控制器	老化	电源线路时间过长正常老化	绝缘降低造成接地短路	较小风险	检查	检查线路是否有老化现象	7	更换	更换老化线路	3	更换老化线路
26		功能失效	控制器故障	无法感温、感湿，不能启动加热器	较小风险	检查	检查控制器是否故障，有无正常启动控制	7	检修	检查控制器是否故障，有无正常启动控制，设备绝缘是否合格	3	检查控制器是否故障，若是进行更换控制器
27	显示屏	功能失效	电源中断、显示屏损坏、通信中断	显示屏无显示	较小风险	检查	检查显示屏有无显示，插头是否紧固	7	更换	修复或更换	3	紧固松动线路或更换显示屏
28		松动	电源插头松动、脱落	显示屏无显示	较小风险	检查	检查电源插头有无松动	90	紧固	紧固电源插头	3	紧固电源插头

8 线路频率保护屏

设备风险评估表

区域：保护室　　系统：保护系统　　设备：线路频率保护屏

序号	部件	故障条件			故障影响			故障损失			风险值	风险等级
		模式	原因	现象	系统	设备	部件	经济损失	生产中断	设备损坏		
1	UFV-202A型频率电压紧急控制装置	击穿	二次线路老化、绝缘降低	短路	机组停运	保护装置停运	短路烧坏	可能造成设备或财产损失1万元以下	导致生产中断1～7天或生产工艺50%及以上	经维修后可恢复设备性能	14	较大风险
2		松动	端子线路松动、脱落	保护装置拒动	无	异常运行	功能失效	无	主要备用设备退出备用24h以内	经维修后可恢复设备性能	8	中等风险
3		短路	长期运行高温，绝缘降低	线路短路，装置异常报警	无	异常运行	短路烧坏	可能造成设备或财产损失1万元以上10万元以下	主要备用设备退出备用24h以内	经维修后可恢复设备性能	12	较大风险
4		过热	积尘积灰	温度升高	无	温度升高	散热性能降低	无	无	经维修后可恢复设备性能	4	较小风险
5		功能失效	CPU故障	故障报警信号灯亮、死机	无	保护装置停运	CPU损坏	可能造成设备或财产损失1万元以下	无	经维修后可恢复设备性能	6	中等风险
6			电源插件故障	故障报警信号灯亮	无	保护装置停运	电源消失	无	无	经维修后可恢复设备性能	4	较小风险
7			装置运算错乱	保护装置误动	机组停运	保护装置停运	装置异常	可能造成设备或财产损失1万元以上10万元以下	主要备用设备退出备用24h以内	经维修后可恢复设备性能	12	较大风险
8		老化	二次线路时间过长，正常老化、绝缘降低	绝缘降低	机组停运	保护装置停运	短路烧坏	无	主要备用设备退出备用24h以内	经维修后可恢复设备性能	8	中等风险
9	PSL-602GC数字式保护装置	击穿	二次线路老化、绝缘降低	短路	机组停运	保护装置停运	短路烧坏	可能造成设备或财产损失1万元以下	导致生产中断1～7天或生产工艺50%及以上	经维修后可恢复设备性能	14	较大风险

续表

序号	部件	故障条件			故障影响			故障损失			风险值	风险等级
		模式	原因	现象	系统	设备	部件	经济损失	生产中断	设备损坏		
10	PSL-602GC数字式保护装置	松动	端子线路松动、脱落	保护装置拒动	无	异常运行	功能失效	无	主要备用设备退出备用24h以内	经维修后可恢复设备性能	8	中等风险
11		短路	长期运行高温，绝缘降低	线路短路，装置异常报警	无	异常运行	短路烧坏	可能造成设备或财产损失1万元以上10万元以下	主要备用设备退出备用24h以内	经维修后可恢复设备性能	12	较大风险
12		过热	积尘积灰	温度升高	无	温度升高	散热性能降低	无	无	经维修后可恢复设备性能	4	较小风险
13		功能失效	CPU故障	故障报警信号灯亮、死机	无	保护装置停运	CPU损坏	可能造成设备或财产损失1万元以下	无	经维修后可恢复设备性能	6	中等风险
14		功能失效	电源插件故障	故障报警信号灯亮	无	保护装置停运	电源消失	无	无	经维修后可恢复设备性能	4	较小风险
15		功能失效	装置运算错乱	保护装置误动	机组停运	保护装置停运	装置异常	可能造成设备或财产损失1万元以上10万元以下	主要备用设备退出备用24h以内	经维修后可恢复设备性能	12	较大风险
16		老化	二次线路时间过长，正常老化、绝缘降低	绝缘降低造成接地短路	机组停运	保护装置停运	短路烧坏	无	主要备用设备退出备用24h以内	经维修后可恢复设备性能	8	中等风险
17	加热器	老化	电源线路老化	绝缘降低造成接地短路	无	无	短路烧坏	可能造成设备或财产损失1万元以下	无	设备性能无影响	4	较小风险
18		松动	电源线路固定件疲劳松动	电源消失，装置失效	无	无	功能失效	无	无	经维修后可恢复设备性能	4	较小风险
19	压板	松动	压紧螺丝松动	接触不良引起发热	无	接触点发热	温度升高	无	无	经维修后可恢复设备性能	4	较小风险
20		脱落	端子线松动脱落	保护装置相应功能拒动	无	异常运行	功能失效	无	无	经维修后可恢复设备性能	4	较小风险
21		老化	压板线路运行时间过长，正常老化	绝缘降低造成接地短路	无	异常运行	功能失效	可能造成设备或财产损失1万元以下	无	经维修后可恢复设备性能	6	中等风险

续表

序号	部件	故障条件			故障影响			故障损失			风险值	风险等级
		模式	原因	现象	系统	设备	部件	经济损失	生产中断	设备损坏		
22	压板	氧化	连接触头长时间暴露空气中，产生氧化现象	接触不良，接触电阻增大，接触面发热，出现点斑	无	异常运行	异常运行	无	无	经维修后可恢复设备性能	4	较小风险
23	电源开关	功能失效	保险管烧坏或线路老化短路	电源开关有烧焦气味，发黑	无	装置失电	保险或线路烧坏	可能造成设备或财产损失1万元以下	无	经维修后可恢复设备性能	6	中等风险
24		松动	电源线路固定件疲劳松动	线路松动、脱落	无	装置失电	线路脱落	无	无	经维修后可恢复设备性能	4	较小风险
25	温湿度控制器	老化	电源线路时间过长正常老化	绝缘降低造成接地短路	无	装置失电	短路烧坏	可能造成设备或财产损失1万元以下	无	设备性能无影响	4	较小风险
26		功能失效	控制器故障	无法感温、感湿，不能启动加热器	无	功能失效	控制器损坏	可能造成设备或财产损失1万元以下	无	设备性能无影响	4	较小风险
27	显示屏	功能失效	电源中断、显示屏损坏、通信中断	显示屏无显示	无	无法查看信息	功能失效	无	无	经维修后可恢复设备性能	4	较小风险
28		松动	电源插头松动、脱落	显示屏无显示	无	无法查看信息	功能失效	无	无	经维修后可恢复设备性能	4	较小风险

设备风险控制卡

区域：保护室　　系统：保护系统　　设备：线路频率保护屏

序号	部件	故障条件			风险等级	日常控制措施			定期检修维护			临时措施
		模式	原因	现象		措施	检查方法	周期（天）	措施	检修方法	周期（月）	
1	UFV-202A型频率电压紧急控制装置	击穿	二次线路老化、绝缘降低	短路	较大风险	检查	在保护装置屏查看采样值，检查线路有无老化现象	7	检修	预防性试验定期检查绝缘情况	36	临时找到绝缘老化点进行绝缘包扎
2		松动	端子线路松动、脱落	保护装置拒动	中等风险	检查	检查二次线路是否有松动、脱落现象	7	紧固	紧固端子线路	36	紧固端子线路
3		短路	长期运行高温，绝缘降低	线路短路，装置异常报警	较大风险	检查	进行测温，检查设备运行温度	7	检修	启动风机散热	36	启动风机散热
4		过热	积尘积灰	温度升高	较小风险	检查	检查模块是否积尘积灰	90	清扫	吹扫、清扫	36	吹扫、清扫

续表

序号	部件	故障条件			风险等级	日常控制措施			定期检修维护			临时措施
		模式	原因	现象		措施	检查方法	周期（天）	措施	检修方法	周期（月）	
5	UFV-202A型频率电压紧急控制装置	功能失效	CPU 故障	故障报警信号灯亮、死机	中等风险	检查	检查保护装置是否故障灯亮，装置是否已死机	7	更换	更换 CPU	36	联系厂家更换损坏部件
6			电源插件故障	故障报警信号灯亮	较小风险	检查	检查保护装置是否故障灯亮，装置是否已无电源	7	紧固	紧固线路	36	紧固线路，定期检查线路是否老化
7			装置运算错乱	保护装置误动	较大风险	检查	检查定值输入是否正确	180	检修	检查定值输入是否正确，预防性试验定期检验装置精确性	36	退出该保护运行，预防性试验定期检验装置精确性
8		老化	二次线路时间过长，正常老化、绝缘降低	绝缘降低	中等风险	检查	外观检查	7	更换	更换老化线路	36	停机进行老化线路更换
9	PSL-602GC数字式保护装置	击穿	二次线路老化、绝缘降低	短路	较大风险	检查	在保护装置屏查看采样值，检查线路有无老化现象	7	检修	预防性试验定期检查绝缘情况	36	临时找到绝缘老化点进行绝缘包扎
10		松动	端子线路松动、脱落	保护装置拒动	中等风险	检查	检查二次线路是否有松动、脱落现象	7	紧固	紧固端子线路	36	紧固端子线路
11		短路	长期运行高温，绝缘降低	线路短路，装置异常报警	较大风险	检查	进行测温，检查设备运行温度	7	检修	启动风机散热	36	启动风机散热
12		过热	积尘积灰	温度升高	较小风险	检查	检查模块是否积尘积灰	90	清扫	吹扫、清扫	36	吹扫、清扫
13		功能失效	CPU 故障	故障报警信号灯亮、死机	中等风险	检查	检查保护装置是否故障灯亮，装置是否已死机	7	更换	更换 CPU	36	联系厂家更换损坏部件
14		功能失效	电源插件故障	故障报警信号灯亮	较小风险	检查	检查保护装置是否故障灯亮，装置是否已无电源	7	紧固	紧固线路	36	紧固线路，定期检查线路是否老化
15		功能失效	装置运算错乱	保护装置误动	较大风险	检查	检查定值输入是否正确	180	检修	检查定值输入是否正确，预防性试验定期检验装置精确性	36	退出该保护运行，预防性试验定期检验装置精确性
16		老化	二次线路时间过长，正常老化、绝缘降低	绝缘降低造成接地短路	中等风险	检查	外观检查	7	更换	更换老化线路	36	停机进行老化线路更换

续表

序号	部件	故障条件			风险等级	日常控制措施			定期检修维护			临时措施
		模式	原因	现象		措施	检查方法	周期（天）	措施	检修方法	周期（月）	
17	加热器	老化	电源线路老化	绝缘降低造成接地短路	较小风险	检查	检查加热器是否有加热温度，是否有发黑、烧焦现象	7	更换	更换线路或加热器	3	更换加热器
18		松动	电源线路固定件疲劳松动	电源消失，装置失效	较小风险	检查	巡视检查线路是否松动，若是应进行紧固	7	紧固	定期进行线路紧固	3	进行线路紧固
19	压板	松动	压紧螺丝松动	接触不良引起发热	较小风险	检查	巡视检查压板压紧螺丝是否松动，若是应进行紧固	30	紧固	紧固压板	3	对压紧螺丝进行紧固
20		脱落	端子线松动脱落	保护装置相应功能拒动	较小风险	检查	对二次端子排线路进行拉扯检查有无松动	30	紧固	逐一对端子排线路进行紧固	3	按照图纸进行回装端子线路
21		老化	压板线路运行时间过长，正常老化	绝缘降低造成接地短路	中等风险	检查	外观检查线路是否有老化现象	30	更换	定期检查线路是否老化，对不合格的进行更换	3	发现压板线路老化，立即更换
22		氧化	连接触头长时间暴露空气中，产生氧化现象	接触不良，接触电阻增大，接触面发热，出现点斑	较小风险	检查	检查连接触头是否有氧化现象	30	检修	定期检查，进行防氧化措施	3	对压板进行防氧化措施
23	电源开关	功能失效	保险管烧坏或线路老化短路	电源开关有烧焦气味，发黑	中等风险	检查	检查保护屏是否带电，是否有发黑、烧焦现象	7	检修	定期测量电压是否正常，线路是否老化	3	更换保险管或老化线路
24		松动	电源线路固定件疲劳松动	线路松动、脱落	较小风险	检查	巡视检查线路是否松动，若是应进行紧固	7	紧固	定期进行线路紧固	3	进行线路紧固
25	温湿度控制器	老化	电源线路时间过长正常老化	绝缘降低造成接地短路	较小风险	检查	检查线路是否有老化现象	7	更换	更换老化线路	3	更换老化线路
26		功能失效	控制器故障	无法感温、感湿，不能启动加热器	较小风险	检查	检查控制器是否故障，有无正常启动控制	7	检修	检查控制器是否故障，有无正常启动控制，设备绝缘是否合格	3	检查控制器是否故障，若是进行更换控制器
27	显示屏	功能失效	电源中断、显示屏损坏、通信中断	显示屏无显示	较小风险	检查	检查显示屏有无显示，插头是否紧固	7	更换	修复或更换	3	紧固松动线路或更换显示屏
28		松动	电源插头松动、脱落	显示屏无显示	较小风险	检查	检查电源插头有无松动	90	紧固	紧固电源插头	3	紧固电源插头

9 行波测距保护柜

设备风险评估表

区域：保护室　　　　系统：保护系统　　　　设备：行波测距保护柜

序号	部件	故障条件			故障影响			故障损失			风险值	风险等级
		模式	原因	现象	系统	设备	部件	经济损失	生产中断	设备损坏		
1	sdl-7003行波测距保护装置	击穿	二次线路老化、绝缘降低	短路	机组停运	保护装置停运	短路烧坏	可能造成设备或财产损失1万元以下	导致生产中断1～7天或生产工艺50%及以上	经维修后可恢复设备性能	14	较大风险
2		松动	端子线路松动、脱落	保护装置拒动	无	异常运行	功能失效	无	主要备用设备退出备用24h以内	经维修后可恢复设备性能	8	中等风险
3		短路	长期运行高温，绝缘降低	线路短路，装置异常报警	无	异常运行	短路烧坏	可能造成设备或财产损失1万元以上10万元以下	主要备用设备退出备用24h以内	经维修后可恢复设备性能	12	较大风险
4		过热	积尘积灰	温度升高	无	温度升高	散热性能降低	无	无	经维修后可恢复设备性能	4	较小风险
5		功能失效	CPU故障	故障报警信号灯亮、死机	无	保护装置停运	CPU损坏	可能造成设备或财产损失1万元以下	无	经维修后可恢复设备性能	6	中等风险
6		功能失效	电源插件故障	故障报警信号灯亮	无	保护装置停运	电源消失	无	无	经维修后可恢复设备性能	4	较小风险
7		功能失效	装置运算错乱	保护装置误动	机组停运	保护装置停运	装置异常	可能造成设备或财产损失1万元以上10万元以下	主要备用设备退出备用24h以内	经维修后可恢复设备性能	12	较大风险
8		老化	二次线路时间过长，正常老化、绝缘降低	绝缘降低	机组停运	保护装置停运	短路烧坏	无	主要备用设备退出备用24h以内	经维修后可恢复设备性能	8	中等风险
9	加热器	老化	电源线路老化	绝缘降低造成接地短路	无	无	短路烧坏	可能造成设备或财产损失1万元以下	无	设备性能无影响	4	较小风险

续表

序号	部件	故障条件			故障影响			故障损失			风险值	风险等级
		模式	原因	现象	系统	设备	部件	经济损失	生产中断	设备损坏		
10	加热器	松动	电源线路固定件疲劳松动	电源消失，装置失效	无	无	功能失效	无	无	经维修后可恢复设备性能	4	较小风险
11	压板	松动	压紧螺丝松动	接触不良引起发热	无	接触点发热	温度升高	无	无	经维修后可恢复设备性能	4	较小风险
12	压板	脱落	端子线松动脱落	保护装置相应功能拒动	无	异常运行	功能失效	无	无	经维修后可恢复设备性能	4	较小风险
13	压板	老化	压板线路运行时间过长，正常老化	绝缘降低造成接地短路	无	异常运行	功能失效	可能造成设备或财产损失1万元以下	无	经维修后可恢复设备性能	6	中等风险
14	压板	氧化	连接触头长时间暴露空气中，产生氧化现象	接触不良，接触电阻增大，接触面发热，出现点斑	无	异常运行	异常运行	无	无	经维修后可恢复设备性能	4	较小风险
15	电源开关	功能失效	保险管烧坏或线路老化短路	电源开关有烧焦气味，发黑	无	装置失电	保险或线路烧坏	可能造成设备或财产损失1万元以下	无	经维修后可恢复设备性能	6	中等风险
16	电源开关	松动	电源线路固定件疲劳松动	线路松动、脱落	无	装置失电	线路脱落	无	无	经维修后可恢复设备性能	4	较小风险
17	温湿度控制器	老化	电源线路时间过长正常老化	绝缘降低造成接地短路	无	装置失电	短路烧坏	可能造成设备或财产损失1万元以下	无	设备性能无影响	4	较小风险
18	温湿度控制器	功能失效	控制器故障	无法感温、感湿，不能启动加热器	无	功能失效	控制器损坏	可能造成设备或财产损失1万元以下	无	设备性能无影响	4	较小风险
19	显示屏	功能失效	电源中断、显示屏损坏、通信中断	显示屏无显示	无	无法查看信息	功能失效	无	无	经维修后可恢复设备性能	4	较小风险
20	显示屏	松动	电源插头松动、脱落	显示屏无显示	无	无法查看信息	功能失效	无	无	经维修后可恢复设备性能	4	较小风险

设备风险控制卡

区域：保护室　　　　系统：保护系统　　　　设备：行波测距保护柜

序号	部件	故障条件			风险等级	日常控制措施			定期检修维护			临时措施
		模式	原因	现象		措施	检查方法	周期（天）	措施	检修方法	周期（月）	
1	sdl-7003行波测距保护装置	击穿	二次线路老化、绝缘降低	短路	较大风险	检查	在保护装置屏查看采样值，检查线路有无老化现象	7	检修	预防性试验定期检查绝缘情况	36	
2		松动	端子线路松动、脱落	保护装置拒动	中等风险	检查	检查二次线路是否有松动、脱落现象	7	紧固	紧固端子线路	36	
3		短路	长期运行高温，绝缘降低	线路短路，装置异常报警	较大风险	检查	进行测温检查设备运行温度	7	检修	启动风机散热	36	
4		过热	积尘积灰	温度升高	较小风险	检查	检查模块是否积尘积灰	90	清扫	吹扫、清扫	36	
5		功能失效	CPU 故障	故障报警信号灯亮、死机	中等风险	检查	检查保护装置是否故障灯亮，装置是否已死机	7	更换	更换 CPU	36	
6		功能失效	电源插件故障	故障报警信号灯亮	较小风险	检查	检查保护装置是否故障灯亮，装置是否已无电源	7	紧固	紧固线路	36	
7		功能失效	装置运算错乱	保护装置误动	较大风险	检查	检查定值输入是否正确	180	检修	检查定值输入是否正确，预防性试验定期检验装置精确性	36	
8		老化	二次线路时间过长，正常老化、绝缘降低	绝缘降低	中等风险	检查	外观检查	7	更换	更换老化线路	36	
9	加热器	老化	电源线路老化	绝缘降低造成接地短路	较小风险	检查	检查加热器是否有加热温度，是否有发黑、烧焦现象	7	更换	更换线路或加热器	3	临时找到绝缘老化点进行绝缘包扎
10		松动	电源线路固定件疲劳松动	电源消失，装置失效	较小风险	检查	巡视检查线路是否松动，若是应进行紧固	7	紧固	定期进行线路紧固	3	紧固端子线路
11		松动	压紧螺丝松动	接触不良引起发热	较小风险	检查	巡视检查压板压紧螺丝是否松动，若是应进行紧固	30	紧固	紧固压板	3	启动风机散热
12		脱落	端子线松动脱落	保护装置相应功能拒动	较小风险	检查	对二次端子排线路进行拉扯检查有无松动	30	紧固	逐一对端子排线路进行紧固	3	吹扫、清扫

续表

序号	部件	故障条件			风险等级	日常控制措施			定期检修维护			临时措施
		模式	原因	现象		措施	检查方法	周期（天）	措施	检修方法	周期（月）	
13	压板	老化	压板线路运行时间过长，正常老化	绝缘降低造成接地短路	中等风险	检查	外观检查线路是否有老化现象	30	更换	定期检查线路是否老化，对不合格的进行更换	3	联系厂家更换损坏部件
14		氧化	连接触头长时间暴露空气中，产生氧化现象	接触不良，接触电阻增大，接触面发热，出现点斑	较小风险	检查	检查连接触头是否有氧化现象	30	检修	定期检查，进行防氧化措施	3	紧固线路，定期检查线路是否老化
15	电源开关	功能失效	保险管烧坏或线路老化短路	电源开关有烧焦气味，发黑	中等风险	检查	检查保护屏是否带电，是否有发黑、烧焦现象	7	检修	定期测量电压是否正常，线路是否老化	3	退出该保护运行，预防性试验定期检验装置精确性
16		松动	电源线路固定件疲劳松动	线路松动、脱落	较小风险	检查	巡视检查线路是否松动，若是应进行紧固	7	紧固	定期进行线路紧固	3	停机进行老化线路更换
17	温湿度控制器	老化	电源线路时间过长正常老化	绝缘降低造成接地短路	较小风险	检查	检查线路是否有老化现象	7	更换	更换老化线路	3	更换加热器
18		功能失效	控制器故障	无法感温、感湿，不能启动加热器	较小风险	检查	检查控制器是否故障，有无正常启动控制	7	检修	检查控制器是否故障，有无正常启动控制，设备绝缘是否合格	3	进行线路紧固
19	显示屏	功能失效	电源中断、显示屏损坏、通信中断	显示屏无显示	较小风险	检查	检查显示屏有无显示，插头是否紧固	7	更换	修复或更换	3	对压紧螺丝进行紧固
20		松动	电源插头松动、脱落	显示屏无显示	较小风险	检查	检查电源插头有无松动	90	紧固	紧固电源插头	3	按照图纸进行回装端子线路

10 400V 系统

设备风险评估表

区域：输配电　　系统：厂用电系统　　设备：400V 系统

序号	部件	故障条件			故障影响			故障损失			风险值	风险等级
		模式	原因	现象	系统	设备	部件	经济损失	生产中断	设备损坏		
1	抽屉开关	短路	时间过长，线路正常老化，绝缘降低	受电端失电、抽屉开关内冒烟，电流表电流显示异常	无	无	短路烧坏	可能造成设备或财产损失1万元以下	无	经维修后可恢复设备性能	6	中等风险
2		变形	滑轮使用时间过长	抽屉开关无法拉出检修位置或推进工作位置	无	无	功能失效	无	无	经维修后可恢复设备性能	4	较小风险
3		过热	触头接触面积尘积灰	接触面温度升高	无	温度升高	接触面发热	无	无	经维修后可恢复设备性能	4	较小风险
4		松动	动触头处紧固螺栓疲劳	接触面温度升高	无	温度升高	接触面发热	无	无	经维修后可恢复设备性能	4	较小风险
5	断路器	松动	端子排线路松动	不能自动操作分合闸断路器、自动储能	无	运行可靠性降低	功能失效	无	无	经维修后可恢复设备性能	4	较小风险
6		老化	时间过长，设备正常老化	合闸电磁铁不能正常吸合	无	运行可靠性降低	功能失效	可能造成设备或财产损失1万元以下	无	经维修后可恢复设备性能	3	较小风险
7		卡涩	摇杆孔洞被异物堵塞	不能正常摇出至检修位置或摇进至连接位置	无	运行可靠性降低	功能失效	无	无	经维修后可恢复设备性能	4	较小风险
8			操作机构因时间过长疲软卡阻，异物卡涩	断路器拒动	无	拒绝动作	功能失效	无	无	经维修后可恢复设备性能	4	较小风险
9		断路	时间过长，控制回路线路正常老化	断路器误动	无	运行可靠性降低	功能失效	可能造成设备或财产损失1万元以上10万元以下	无	经维修后可恢复设备性能	8	中等风险

续表

序号	部件	故障条件			故障影响			故障损失			风险值	风险等级
		模式	原因	现象	系统	设备	部件	经济损失	生产中断	设备损坏		
10	电压互感器	短路	过电压、过载、绝缘老化、高温	电弧、放电声、电压表指示降低或为零	保护动作	不能正常监测电压值	电压互感器损坏	可能造成设备或财产损失1万元以下	主要备用设备退出备用24h以内	经维修后可恢复设备性能	10	较大风险
11		铁芯松动	铁芯夹件未夹紧	运行时有振动或噪声	无	监测电压值不正确	电压互感器损坏	可能造成设备或财产损失1万元以下	无	经维修后可恢复设备性能	6	中等风险
12		绕组断线	焊接工艺不良、引出线不合格	放电声	保护动作	不能监测电压	功能失效	无	主要备用设备退出备用24h以内	经维修后可恢复设备性能	8	中等风险
13	电流互感器	过热	一次侧接线接触不良，二次侧接线板表面氧化严重，电流互感器内匝间短路或一、二次侧绝缘击穿	电流互感器发生过热、冒烟、流胶等	保护动作	监测电流值不正确	电流互感器损坏	可能造成设备或财产损失1万元以下	无	经维修后可恢复设备性能	6	中等风险
14		松动	断线、二次侧开路	电流表突然无指示，电流互感器声音明显增大，在开路处附近可嗅到臭氧味和听到轻微的放电声	保护动作	不能监测电流	电流互感器损坏	可能造成设备或财产损失1万元以下	无	经维修后可恢复设备性能	6	中等风险
15		放电	表面过脏、绝缘降低	内部或表面放电	无	无	异常运行	无	无	经维修后可恢复设备性能	4	较小风险
16		异响	铁芯紧固螺丝松动、铁芯松动，硅钢片震动增大	发出不随一次负荷变化的异常声	无	监测电流值不正确	异常运行	无	无	经维修后可恢复设备性能	4	较小风险
17	电流表	功能失效	正常老化、线路短路	电流表不显示电流	无	无	功能失效	无	无	经维修后可恢复设备性能	4	较小风险
18		松动	二次回路线路松动	电流表不显示电流	无	无	功能失效	无	无	经维修后可恢复设备性能	4	较小风险

续表

序号	部件	故障条件			故障影响			故障损失			风险值	风险等级
		模式	原因	现象	系统	设备	部件	经济损失	生产中断	设备损坏		
19	电压表	功能失效	正常老化、线路短路	电压表不显示电压	无	无	功能失效	无	无	经维修后可恢复设备性能	4	较小风险
20		松动	二次回路线路松动	电流表不显示电流	无	无	功能失效	无	无	经维修后可恢复设备性能	4	较小风险
21	热继电器	功能失效	正常老化、线路短路	热元件烧毁不能正常动作	无	无	功能失效	可能造成设备或财产损失1万元以下	无	经维修后可恢复设备性能	6	中等风险
22		松动	二次回路线路松动、内部机构部件松动	不能正常动作或动作时快时慢	无	无	功能失效	无	无	经维修后可恢复设备性能	4	较小风险
23		卡涩	弹簧疲劳导致动作机构卡阻	不能正常动作	无	无	功能失效	无	无	经维修后可恢复设备性能	4	较小风险
24	母排	击穿	潮湿、短路	母排击穿处冒火花、断路器跳闸	运行可靠性降低	功能失效	母排损坏	可能造成设备或财产损失1万元以上10万元以下	无	经维修后可恢复设备性能	8	中等风险
25		过热	电压过高、散热不良	母排温度升高	无	温度升高	绝缘降低	无	无	无	0	轻微风险
26		松动	长时间振动造成接地扁铁螺栓松动	接地扁铁线路脱落	无	无	接地线松动、脱落	无	无	经维修后可恢复设备性能	4	较小风险
27	事故照明切换开关	功能失效	正常老化、短路烧毁	当主照明电源失电时，事故照明切换开关不能自动切换造成事故照明熄灭	无	无	功能失效	可能造成设备或财产损失1万元以下	无	经维修后可恢复设备性能	6	中等风险
28		松动	二次回路线路松动	当主照明电源失电时，事故照明切换开关不能自动切换造成事故照明熄灭	无	无	功能失效	无	无	经维修后可恢复设备性能	4	较小风险

设备风险控制卡

区域：输配电　　　　系统：厂用电系统　　　　设备：400V 系统

序号	部件	故障条件			风险等级	日常控制措施			定期检修维护			临时措施
		模式	原因	现象		措施	检查方法	周期（天）	措施	检修方法	周期（月）	
1	抽屉开关	短路	时间过长，线路正常老化，绝缘降低	受电端失电、抽屉开关内冒烟，电流表电流显示异常	中等风险	检查	检查抽屉开关指示灯是否正常、抽屉开关有无烧糊味，受电设备运行是否有电	30	检修	预防性试验定期检查绝缘情况	12	断开抽屉开关上端电源，对脱落的线重新安装紧固，对绝缘老化的线路进行更换
2	抽屉开关	变形	滑轮使用时间过长	抽屉开关无法拉出检修位置或推进工作位置	较小风险	检查	检查抽屉开关是否可正常推进、退出	30	检修	定期检查滑轮，涂抹润滑油	12	更换滑轮
3	抽屉开关	过热	触头接触面积尘积灰	接触面温度升高	较小风险	检查	测温	30	检修	对接头接触面打磨光滑，清理异物	12	短时退出运行，进行打磨光滑，清理异物后投入运行
4	抽屉开关	松动	动触头处紧固螺栓疲劳	接触面温度升高	较小风险	检查	测温；定期检查是否有松动现象	30	检修	紧固螺栓	12	短时退出运行，进行紧固处理
5	断路器	松动	端子排线路松动	不能自动操作分合闸断路器、自动储能	较小风险	检查	检查端子排线路有无松动	30	检修	定期紧固全部端子排线路	12	紧固已松动的端子排线路
6	断路器	老化	时间过长，设备正常老化	合闸电磁铁不能正常吸合	较小风险	检查	合闸时检查电气指示灯是否已亮	30	更换	更换合闸电磁铁	12	调整厂用电运行方式
7	断路器	卡涩	摇杆孔洞被异物堵塞	不能正常摇出至检修位置或摇进至连接位置	较小风险	检查	检查摇杆孔洞内是否有积尘积灰、异物	30	检修	清理、清扫异物	12	用气管进行吹扫
8	断路器		操作机构因时间过长疲软卡阻；异物卡涩	断路器拒动	较小风险	检查	分、合闸时现场检查机械指示、电气指示是否一致	30	检修	修复操作机构、清理异物	12	动作上一级断路器
9	断路器	断路	时间过长，控制回路线路正常老化	断路器误动	中等风险	检查	外观检查线路完好	30	更换	更换	12	退出运行并调整厂用电运行方式
10	电压互感器	短路	过电压、过载、绝缘老化、高温	电弧、放电声、电压表指示降低或为零	较大风险	检查	看电压表指示、是否有电弧；听是否有放电声	30	更换	更换电压互感器	12	检查是否影响设备运行，若影响则立即停机处理，若不影响则待停机后处理
11	电压互感器	铁芯松动	铁芯夹件未夹紧	运行时有振动或噪声	中等风险	检查	看电压表指示是否正确；听是否有振动声或噪声	30	更换	更换电压互感器	12	检查是否影响设备运行，若影响则立即停机处理，若不影响则待停机后处理

续表

序号	部件	故障条件			风险等级	日常控制措施			定期检修维护			临时措施
		模式	原因	现象		措施	检查方法	周期（天）	措施	检修方法	周期（月）	
12	电压互感器	绕组断线	焊接工艺不良、引出线不合格	放电声	中等风险	检查	看电压表指示是否正确、引出线是否松动	30	更换	焊接或更换电压互感器、重新接线	12	检查是否影响设备运行，若影响则立即停机处理，若不影响则待停机后处理
13	电流互感器	过热	一次侧接线接触不良，二次侧接线板表面氧化严重，电流互感器内匝间短路或一、二次侧绝缘击穿	电流互感器发生过热、冒烟、流胶等	中等风险	检查	测量电流互感器温度，看是否冒烟	30	检修	更换电流互感器	12	转移负荷，立即进行停电处理
14		松动	断线、二次侧开路	电流表突然无指示，电流互感器声音明显增大，在开路处附近可嗅到臭氧味和听到轻微的放电声	中等风险	检查	检查电流表有无显示，听是否有放电声，闻有无臭氧味	30	检修	更换电流互感器	12	转移负荷，立即进行停电处理
15		放电	表面过脏、绝缘降低	内部或表面放电	较小风险	检查	看电流表是否放电，测绝缘	30	检修	更换电流互感器	12	转移负荷，立即进行停电处理
16		异响	铁芯紧固螺丝松动、铁芯松动，硅钢片震动增大	发出不随一次负荷变化的异常声	较小风险	检查	听声音是否存在异常	30	检修	更换电流互感器	12	转移负荷，立即进行停电处理
17	电流表	功能失效	正常老化、线路短路	电流表不显示电流	较小风险	检查	查看电流表有无电流显示	7	更换	修复或更换电流表	12	临时更换电流表
18		松动	二次回路线路松动	电流表不显示电流	较小风险	检查	查看电流表有无电流显示	7	检修	紧固二次回路线路	12	紧固二次线路
19	电压表	功能失效	正常老化、线路短路	电压表不显示电压	较小风险	检查	查看电压表有无电压显示	7	更换	修复或更换电压表	12	临时更换电压表
20		松动	二次回路线路松动	电流表不显示电流	较小风险	检查	查看电流表有无电流显示	7	检修	紧固二次回路线路	12	紧固二次线路
21	热继电器	功能失效	正常老化、线路短路	热元件烧毁不能正常动作	中等风险	检查	外观检查线路、电气元件情况	30	更换	更换热继电器	12	测量继电器电压情况，若不通电更换继电器

续表

序号	部件	故障条件			风险等级	日常控制措施			定期检修维护			临时措施
		模式	原因	现象		措施	检查方法	周期（天）	措施	检修方法	周期（月）	
22	热继电器	松动	二次回路线路松动、内部机构部件松动	不能正常动作或动作时快时慢	较小风险	检查	查看二次线路、内部机构是否有松动、脱落现象	30	检修	紧固二次回路线路、内部机构	12	紧固二次线路或停机后紧固内部机构
23		卡涩	弹簧疲劳导致动作机构卡阻	不能正常动作	较小风险	检查	看热继电器内部机构是否有异物	30	检修	吹扫、清扫	12	临时进行吹扫
24	母排	击穿	潮湿、短路	母排击穿处冒火花、断路器跳闸	中等风险	检查	看母排有无闪络现象	365	检修	预防性试验定期检查绝缘情况	12	调整厂用电运行方式，对击穿母排进行更换
25		过热	电压过高、散热不良	母排温度升高	轻微风险	检查	测温	365				投入风机，降低环境温度或降低厂用电负荷运行
26		松动	长时间振动造成接地扁铁螺栓松动	接地扁铁线路脱落	较小风险	检查	查看母线接地扁铁线路有无松动、脱落	365	检修	定期进行紧固	12	采取临时安全措施进行紧固处理
27	事故照明切换开关	功能失效	正常老化、短路烧毁	当主照明电源失电时，事故照明切换开关不能自动切换，造成事故照明熄灭	中等风险	检查	定期切换	30	检修	预防性试验	12	检查线路接线是否有松动和短路，对切换开关进行更换
28		松动	二次回路线路松动	当主照明电源失电时，事故照明切换开关不能自动切换，造成事故照明熄灭	较小风险	检查	查看二次线路是否有松动、脱落现象	30	检修	紧固二次回路线路	12	紧固二次线路

11 直流系统

设备风险评估表

区域：输配电　　系统：直流系统　　设备：直流系统

序号	部件	故障条件			故障影响			故障损失			风险值	风险等级
		模式	原因	现象	系统	设备	部件	经济损失	生产中断	设备损坏		
1	充电模块	老化	电子元件老化	充电模块故障	无	无法对直流充电	充电模块损坏无法充电	可能造成设备或财产损失1万元以下	无	经维修后可恢复设备性能	6	中等风险
2	充电模块	功能失效	模块电子元件超使用年限、老化	无监测数据显示、死机、无法充电	无	无法自动充电	模块电子元件损坏	可能造成设备或财产损失1万元以下	无	经维修后可恢复设备性能	6	中等风险
3	蓄电池	性能衰退	蓄电池超使用年限、老化	蓄电池电压偏低	无	蓄电池电源供应不足	蓄电池损坏	可能造成设备或财产损失1万元以下	无	经维修后可恢复设备性能	6	中等风险
4	蓄电池	开裂	蓄电池过度充电、超使用年限	蓄电池外壳破裂	无	无	蓄电池损坏	可能造成设备或财产损失1万元以下	无	经维修后可恢复设备性能	6	中等风险
5	蓄电池	变形	蓄电池温度偏高、电压偏高	蓄电池外壳鼓包	无	无	蓄电池损坏	可能造成设备或财产损失1万元以下	无	经维修后可恢复设备性能	6	中等风险
6	绝缘监测装置	功能失效	绝缘监测模块电子元件老化、接线端松动	无绝缘监测数据显示或监测数据跳动异常	无	无法绝缘监测运行参数	电子元件及监测线路损坏	无	无	经维修后可恢复设备性能	4	较小风险
7	电池巡检仪	功能失效	巡检模块电子元件老化、接线端松动	无巡检监测数据显示或监测数据跳动异常	无	无法巡检监测运行参数	电子元件及监测线路损坏	无	无	经维修后可恢复设备性能	4	较小风险
8	空气开关	过热	过载、接触不良	开关发热、绝缘降低造成击穿、短路	无	无法投入输送电源	性能降低	无	无	经维修后可恢复设备性能	4	较小风险

续表

序号	部件	故障条件			故障影响			故障损失			风险值	风险等级
		模式	原因	现象	系统	设备	部件	经济损失	生产中断	设备损坏		
9	空气开关	短路	积尘积灰、绝缘性能下降	电气开关烧坏	无	无法投入输送电源	性能失效	无	无	经维修后可恢复设备性能	4	较小风险
10	熔断器	断裂	系统中出现短路、过流，过载后熔断器产生的热量断裂	熔断器断裂后机械指示跳出、对应线路失电	无	输出回路失电	熔断器熔断	可能造成设备或财产损失1万元以下	无	经维修后可恢复设备性能	6	中等风险
11	直流监测装置	功能失效	监测模块电子元件老化、接线端松动	无监测数据显示或监测数据跳动异常	无	无法监测直流运行参数	性能失效	无	无	经维修后可恢复设备性能	4	较小风险
12	直流馈线母线	过热	过载、接触不良	开关发热、绝缘降低造成击穿、短路	无	无法投入输送电源	母线损伤	无	主要备用设备退出备用24h以内	经维修后可恢复设备性能	8	中等风险
13	直流馈线母线	短路	绝缘降低、金属异物短接	温度升高、跳闸	无	无法投入输送电源	母线烧毁	可能造成设备或财产损失1万元以下	无	经维修后可恢复设备性能	6	中等风险
14	二次回路	松动	二次回路端子处连接不牢固	线路发热、参数上下跳跃或消失	无	无法监控直流运行	电缆损伤	无	无	经维修后可恢复设备性能	4	较小风险
15	二次回路	短路	线路老化、绝缘降低	线路发热、电缆有烧焦异味	无	无法监控直流运行	电缆烧坏	可能造成设备或财产损失1万元以下	无	经维修后可恢复设备性能	6	中等风险
16	自动切换开关	过热	过载、接触不良	开关发热、绝缘降低造成击穿、短路	无	无法投入输送电源	性能降低	无	无	经维修后可恢复设备性能	4	较小风险
17	自动切换开关	短路	积尘积灰、绝缘性能下降	电气开关烧坏	无	无法投入输送电源	性能失效	无	无	经维修后可恢复设备性能	4	较小风险
18	自动切换开关	松动	分离机构没有复位而导致双电源自动开关不转换	机械联锁装置松动、卡滞	无	电源无法正常切换	性能降低	无	无	经维修后可恢复设备性能	4	较小风险

设备风险控制卡

区域：输配电　　系统：直流系统　　设备：直流系统

序号	部件	故障条件			风险等级	日常控制措施			定期检修维护			临时措施
		模式	原因	现象		措施	检查方法	周期（天）	措施	检修方法	周期（月）	
1	充电模块	老化	电子元件老化	充电模块故障	中等风险	检查	检查充电模块	30	检修	更换电源模块	12	更换充电模块
2		功能失效	模块电子元件超使用年限、老化	无监测数据显示、死机、无法充电	中等风险	检查	检查充电模块	30	检修	检查调试、清扫更换充电模块	12	更换充电模块
3	蓄电池	性能衰退	蓄电池超使用年限、老化	蓄电池电压偏低	中等风险	检查	蓄电池充放电试验	30	更换	更蓄电池	12	更换蓄电池
4		开裂	蓄电池过度充电、超使用年限	蓄电池外壳破裂	中等风险	检查	蓄电池充放电试验、查看蓄电池有无破裂	30	更换	更蓄电池	12	更换蓄电池
5		变形	蓄电池温度偏高、电压偏高	蓄电池外壳鼓包	中等风险	检查	蓄电池充放电试验、查看蓄电池有无变形	30	更换	更蓄电池	12	更换蓄电池
6	绝缘监测装置	功能失效	绝缘监测模块电子元件老化、接线端松动	无绝缘监测数据显示或监测数据跳动异常	较小风险	检查	检查绝缘监测线连接牢固、监测量显示正常	30	检修	检查、调试、清扫、紧固	12	检查电源插头连接牢固，监测接线是否有松动或脱落
7	电池巡检仪	功能失效	巡检模块电子元老件化、接线端松动	无巡检监测数据显示或监测数据跳动异常	较小风险	检查	检查巡检线连接牢固、巡检量显示正常	30	检修	检查、调试、清扫、紧固	12	检查电源插头连接牢固，巡检接线是否有松动或脱落
8	空气开关	过热	过载、接触不良	开关发热、绝缘降低造成击穿、短路	较小风险	检查	检查空气开关温度、传输线连接牢固	30	检修	紧固接线端子、更换空气开关	12	检查线路接线是否有松动和短路
9		短路	积尘积灰、绝缘性能下降	电气开关烧坏	较小风险	检查	卫生清扫、绝缘测量	30	检修	紧固接线端子、更换空气开关	12	更换空气开关
10	熔断器	断裂	系统中出现短路、过流、过载后熔断器产生的热量断裂	熔断器断裂后机械指示跳出、对应线路失电	中等风险	检查	检查熔断器动作信号	30	检修	检测熔断器通断	12	更换熔断器
11	直流监测装置	功能失效	监测模块电子元件老化、接线端松动	无监测数据显示或监测数据跳动异常	较小风险	检查	检查监测线连接牢固、监测量显示正常	30	检修	检查调试、清扫	12	检查电源空气开关是否在合位，二次接线是否有松动、脱落、短路
12	直流馈线母线	过热	过载、接触不良	开关发热、绝缘降低造成击穿、短路	中等风险	检查	检查馈线负荷开关温度、输入输出线连接牢固	30	检修	紧固接线端子、更换开关	12	避免长时间过负荷、高温情况下运行

续表

序号	部件	故障条件			风险等级	日常控制措施			定期检修维护			临时措施
		模式	原因	现象		措施	检查方法	周期（天）	措施	检修方法	周期（月）	
13	直流馈线母线	短路	绝缘降低、金属异物短接	温度升高、跳闸	中等风险	检查	检查馈线负荷开关温度、输入输出线连接是否牢固	30	检修	绝缘检测、清理异物	12	避免长时间过负荷运行
14	二次回路	松动	二次回路端子处连接不牢固	线路发热、参数上下跳跃或消失	较小风险	检查	检二次回路连接是否牢固	30	紧固	紧固端子及连接处	12	检查二次回路，紧固端子及连接处
15		短路	线路老化、绝缘降低	线路发热、电缆有烧焦异味	中等风险	检查	检二次回路连接是否牢固	30	检修	紧固端子、二次回路检查	12	切断电源，更换损坏电缆线
16	自动切换开关	过热	过载、接触不良	开关发热、绝缘降低造成击穿、短路	较小风险	检查	检查开关温度、输入输出线连接是否牢固	30	检修	紧固接线端子、更换开关	12	输入输出线连接牢固，更换电气元器件
17		短路	积尘积灰、绝缘性能下降	电气开关烧坏	较小风险	清扫	卫生清扫、绝缘测量	30	检修	紧固接线端子、更换空气开关	12	更换开关
18		松动	分离机构没有复位而导致双电源自动开关不转换	机械联锁装置松动、卡滞	较小风险	检查	定期切换检查	30	检修	检查调试、更换	12	断开电源开关，更换切换开关

12 消防雨淋系统

设备风险评估表

区域：办公区　　　　系统：消防系统　　　　设备：消防雨淋系统

序号	部件	故障条件			故障影响			故障损失			风险值	风险等级
		模式	原因	现象	系统	设备	部件	经济损失	生产中断	设备损坏		
1	雨淋阀	漏水	隔膜片材质老化	雨淋阀不能正常开启	无	影响消防给水	功能失效	无	无	经维修后可恢复设备性能	4	较小风险
2	雨淋阀	变形	顶杆弹簧年久疲软、变形	雨淋阀不能正常开启	无	影响消防给水	功能失效	无	无	经维修后可恢复设备性能	4	较小风险
3	喷头	堵塞	水质较差异物卡涩	喷头不出水或出水量少	无	影响消防给水	喷头不畅通	无	无	经维修后可恢复设备性能	4	较小风险
4	管路	点蚀	管路锈蚀	锈斑、麻坑、起层的片状分离现象	无	影响消防给水	性能下降	无	无	经维修后可恢复设备性能	4	较小风险
5	管路	堵塞	异物卡阻	水压不足	无	影响消防给水	管路不畅通	无	无	经维修后可恢复设备性能	4	较小风险
6	电控装置	老化	潮湿情况下长时间运行，电气元器件正常老化	电气元器件损坏、电缆绝缘下降、控制失效	无	无法自动运行	无法控制	无	无	经维修后可恢复设备性能	4	较小风险
7	电控装置	短路	绝缘破损、电气元器件损坏	元器件损坏、控制失效	无	无法自动运行	装置元件及空气开关损坏	可能造成设备或财产损失1万元以下	无	经维修后可恢复设备性能	6	中等风险
8	电控装置	松动	时间过长线路固定螺栓松动	控制失效	无	无法自动运行	线路脱落	无	无	经维修后可恢复设备性能	4	较小风险
9	警铃	堵塞	进水口异物卡阻	水压不足、警铃不响	无	功能失效	无法报警	无	无	经维修后可恢复设备性能	4	较小风险
10	警铃	松动	长时间振动下电源线路、控制线路松动	警铃不响	无	功能失效	无法报警	无	无	经维修后可恢复设备性能	4	较小风险

设备风险控制卡

区域：办公区　　　　系统：消防系统　　　　设备：消防雨淋系统

序号	部件	故障条件			风险等级	日常控制措施			定期检修维护			临时措施
		模式	原因	现象		措施	检查方法	周期（天）	措施	检修方法	周期（月）	
1	雨淋阀	漏水	隔膜片材质老化	雨淋阀不能正常开启	较小风险	检查	检查消防水压是否正常	7	更换	更换隔膜	12	紧急情况下，立即开启雨淋手动阀使管道充水
2		变形	顶杆弹簧年久疲软、变形	雨淋阀不能正常开启	较小风险	检查	检查消防水压是否正常	7	更换	更换弹簧	12	紧急情况下，立即开启雨淋手动阀
3	喷头	堵塞	水质较差异物卡涩	喷头不出水或出水量少	较小风险	检查	外观检查	7	清扫	清洗滤网	12	更换喷头、检查过滤网
4	管路	点蚀	管路锈蚀	锈斑、麻坑、起层的片状分离现象	较小风险	检查	外观检查	7	检修	除锈、防腐	12	堵漏、补焊
5		堵塞	异物卡阻	水压不足	较小风险	检查	检查消防管水压	7	清理	疏通清理异物	12	清理疏通管道
6	电控装置	老化	潮湿情况下长时间运行，电气元器件正常老化	电气元器件损坏、电缆绝缘下降、控制失效	较小风险	检查	检查电气元器件是否有老化，定期绝缘测量	7	更换	更换老化的电气元器件	12	更换老化的电气元器件
7		短路	绝缘破损、电气元器件损坏	元器件损坏、控制失效	中等风险	检查	检查装置元件、电缆、空气开关有无短路	7	更换	更换装置元件、电缆、空气开关	12	立即断开故障电源空气开关
8		松动	时间过长线路固定螺栓松动	控制失效	较小风险	检查	外观检查线路有无松动、脱落	7	紧固	紧固线路	12	紧固线路
9	警铃	堵塞	进水口异物卡阻	水压不足、警铃不响	较小风险	检查	检查消防管水压	90	清扫	疏通清理异物	12	清理疏通管道
10		松动	长时间振动下电源线路、控制线路松动	警铃不响	较小风险	检查	外观检查线路有无松动、脱落	90	紧固	紧固线路	12	紧固线路

13 消防报警系统

设备风险评估表

区域：办公区　　系统：消防系统　　设备：消防报警系统

序号	部件	故障条件			故障影响			故障损失			风险值	风险等级
		模式	原因	现象	系统	设备	部件	经济损失	生产中断	设备损坏		
1	消防报警主机	短路	环境潮湿、过流、接线脱落、电气元器件受损	元器件损坏、起火、联动控制失效	无	影响消防报警	消防主机损坏	可能造成设备或财产损失1万元以下	无	经维修后可恢复设备性能	6	中等风险
2		功能失效	模块损坏、电源异常	联动控制失效	无	影响消防报警	消防主机损坏	可能造成设备或财产损失1万元以上10万元以下	无	经维修后可恢复设备性能	8	中等风险
3	自动报警器	功能失效	电源异常、元件损坏、外物撞击	报警器不响	无	消防报警异常、失效	报警器损坏	无	无	经维修后可恢复设备性能	4	较小风险
4		老化	时间过长，设备及线路正常老化	报警器不响、声音小或接触不良	无	消防报警异常、失效	性能下降	无	无	经维修后可恢复设备性能	4	较小风险
5	感烟器	功能失效	探头损坏、电池损坏、电量不足	异常情况下感烟器无告警蜂鸣	无	消防报警异常、失效	感烟器损坏	可能造成设备或财产损失1万元以下	无	经维修后可恢复设备性能	6	中等风险
6		老化	时间过长，设备及线路正常老化	无报警声、声音小或接触不良	无	消防报警异常、失效	性能下降	无	无	经维修后可恢复设备性能	4	较小风险
7	感温器	功能失效	探头损坏、电池损坏、电量不足	异常情况下感温器无告警蜂鸣	无	消防报警异常、失效	感温器损坏	可能造成设备或财产损失1万元以下	无	经维修后可恢复设备性能	6	中等风险
8		老化	时间过长，设备及线路正常老化	无报警声、声音小或接触不良	无	消防报警异常、失效	性能下降	无	无	经维修后可恢复设备性能	4	较小风险
9	感温电缆	功能失效	探头损坏、电源异常	异常情况下感温器无告警蜂鸣	无	消防报警异常、失效	感温器损坏	可能造成设备或财产损失1万元以下	无	经维修后可恢复设备性能	6	中等风险

续表

序号	部件	故障条件			故障影响			故障损失			风险值	风险等级
		模式	原因	现象	系统	设备	部件	经济损失	生产中断	设备损坏		
10	感温电缆	老化	时间过长，设备及线路正常老化	无报警声、声音小或接触不良	无	消防报警异常、失效	性能下降	无	无	经维修后可恢复设备性能	4	较小风险
11	手动报警器	功能失效	电源异常、元件损坏、外物撞击	报警器不响	无	消防报警异常、失效	报警器损坏	可能造成设备或财产损失1万元以下	无	经维修后可恢复设备性能	6	中等风险
12	手动报警器	老化	时间过长，设备及线路正常老化	报警器不响、声音小或接触不良	无	消防报警异常、失效	性能下降	无	无	经维修后可恢复设备性能	4	较小风险
13	警铃	松动	长时间振动下电源线路、控制线路松动	警铃不响	无	功能失效	无法报警	无	无	经维修后可恢复设备性能	4	较小风险

设备风险控制卡

区域：办公区　　　　系统：消防系统　　　　设备：消防报警系统

序号	部件	故障条件			风险等级	日常控制措施			定期检修维护			临时措施
		模式	原因	现象		措施	检查方法	周期（天）	措施	检修方法	周期（月）	
1	消防报警主机	短路	环境潮湿、过流、接线脱落、电气元器件受损	元器件损坏、起火、联动控制失效	中等风险	检查	外观检查、卫生清扫；接线端子紧固；联动试验	90	更换	更换电气元器件，联动调试	12	检查现场实际情况，如存在火灾隐患，立即手动启动控制器；检查控制回路、更换电气元器件
2	消防报警主机	功能失效	模块损坏、电源异常	联动控制失效	中等风险	检查	外观检查、启闭试验；门槽检查清理，铰链黄油维护	90	检修	门体校正、润滑保养	12	检查现场实际情况，如存在火灾隐患，立即手动启动控制器；检查控制回路、更换电气元器件
3	自动报警器	功能失效	电源异常、元件损坏、外物撞击	报警器不响	较小风险	检查	外观检查，试验	90	更换	更换元器件	12	检查现场实际情况，如存在火灾隐患，立即采取其他形式通知现场人员；检查控制回路、更换电气元器件

续表

序号	部件	故障条件			风险等级	日常控制措施			定期检修维护			临时措施
		模式	原因	现象		措施	检查方法	周期（天）	措施	检修方法	周期（月）	
4	自动报警器	老化	时间过长，设备及线路正常老化	报警器不响、声音小或接触不良	较小风险	检查	外观检查设备及线路有无老化	90	更换	更换老化部件及线路	12	更换老化部件及线路
5	感烟器	功能失效	探头损坏、电池损坏、电量不足	异常情况下感烟器无告警蜂鸣	中等风险	检查	外观检查，试验	365	更换	更换元器件	12	检查现场实际情况，如存在火灾隐患，立即采取其他形式通知现场人员；检查控制回路、更换电气元器件
6		老化	时间过长，设备及线路正常老化	无报警声、声音小或接触不良	较小风险	检查	外观检查设备及线路有无老化	365	更换	更换老化部件及线路	12	更换老化部件及线路
7	感温器	功能失效	探头损坏、电池损坏、电量不足	异常情况下感温器无告警蜂鸣	中等风险	检查	外观检查，试验	365	更换	更换元器件	12	检查现场实际情况，如存在火灾隐患，立即采取其他形式通知现场人员；检查控制回路、更换电气元器件
8		老化	时间过长，设备及线路正常老化	无报警声、声音小或接触不良	较小风险	检查	外观检查设备及线路有无老化	365	更换	更换老化部件及线路	12	更换老化部件及线路
9	感温电缆	功能失效	探头损坏、电源异常	异常情况下感温器无告警蜂鸣	中等风险	检查	外观检查，试验	365	更换	更换元器件	12	检查现场实际情况，如存在火灾隐患，立即采取其他形式通知现场人员；检查控制回路、更换电气元器件
10		老化	时间过长，设备及线路正常老化	无报警声、声音小或接触不良	较小风险	检查	外观检查设备及线路有无老化	365	更换	更换老化部件及线路	12	更换老化部件及线路
11	手动报警器	功能失效	电源异常、元件损坏、外物撞击	报警器不响	中等风险	检查	外观检查，试验	90	更换	更换元器件	12	检查现场实际情况，如存在火灾隐患，立即采取其他形式通知现场人员；检查控制回路、更换电气元器件

续表

序号	部件	故障条件			风险等级	日常控制措施			定期检修维护			临时措施
		模式	原因	现象		措施	检查方法	周期（天）	措施	检修方法	周期（月）	
12	手动报警器	老化	时间过长，设备及线路正常老化	报警器不响、声音小或接触不良	较小风险	检查	外观检查设备及线路有无老化	90	更换	更换老化部件及线路	12	更换老化部件及线路
13	警铃	松动	长时间振动下电源线路、控制线路松动	警铃不响	较小风险	检查	外观检查线路有无松动、脱落	90	紧固	紧固线路	12	紧固线路

14 消防给水系统

设备风险评估表

区域：办公区　　　　系统：消防系统　　　　设备：消防给水系统

序号	部件	故障条件			故障影响			故障损失			风险值	风险等级
		模式	原因	现象	系统	设备	部件	经济损失	生产中断	设备损坏		
1	消防水池	漏水	日晒、风霜雨雪侵蚀，外物撞击	消防水池漏水、水泵长时间运行、消防管道水压不足	影响消防系统运行	影响消防给水	消防水池损坏	可能造成设备或财产损失1万元以下	无	经维修后可恢复设备性能	6	中等风险
2	消防管路	点蚀	管路锈蚀	锈斑、麻坑、起层的片状分离现象	影响消防系统运行	影响消防给水	消防管道损坏	无	无	经维修后可恢复设备性能	4	较小风险
3		堵塞	异物卡阻	水压不足	影响消防系统运行	影响消防给水	消防管道损坏	无	无	经维修后可恢复设备性能	4	较小风险
4	阀门	漏水	阀门材质、密封件老化，撞击破坏，操作不当	消防管道漏水、水泵长时间运行、消防管道水压不足	影响消防系统运行	影响消防给水	消防给水阀门损坏	无	无	经维修后可恢复设备性能	4	较小风险
5	补水泵	断裂	轴承变形、叶片损坏	抽不上水、水压不足	无	影响消防给水	水泵损坏	无	无	经维修后可恢复设备性能	4	较小风险
6		发热	轴承装配不正确、润滑量不足	抽不上水、水压不足	无	影响消防给水	水泵损坏	无	无	经维修后可恢复设备性能	4	较小风险
7	压力开关	功能失效	接线端子松动，弹簧、阀杆变形	压力信号异常	无	影响消防给水	压力开关损坏	无	无	经维修后可恢复设备性能	4	较小风险
8	水泵控制装置	功能失效	水泵控制装置本体故障、回路故障	水泵不能正常启动	无	影响消防给水	水泵控制装置损坏	无	无	经维修后可恢复设备性能	4	较小风险
9	消防水泵	断裂	轴承变形、叶片损坏	抽不上水、水压不足	无	影响消防给水	水泵损坏	无	无	经维修后可恢复设备性能	4	较小风险
10		发热	轴承装配不正确、润滑量不足	抽不上水、水压不足	无	影响消防给水	水泵损坏	无	无	经维修后可恢复设备性能	4	较小风险

设备风险控制卡

区域：办公区　　　　系统：消防系统　　　　设备：消防给水系统

序号	部件	故障条件			风险等级	日常控制措施			定期检修维护			临时措施
		模式	原因	现象		措施	检查方法	周期（天）	措施	检修方法	周期（月）	
1	消防水池	漏水	日晒、风霜雨雪侵蚀，外物撞击	消防水池漏水、水泵长时间运行、消防管道水压不足	中等风险	检查	外观检查	7	检修	浇筑混凝土修复	12	渗漏点封堵，浇筑混凝土修复
2	消防管路	点蚀	管路锈蚀	锈斑、麻坑、起层的片状分离现象	较小风险	检查	水压检查、外观检查	30	检修	探伤、焊接修复	12	关闭渗漏点消防水管道阀门，焊接修复
3		堵塞	异物卡阻	水压不足	较小风险	检查	水压检查、外观检查、疏通管道、清理异物	30	清扫	疏通管道、清理异物	12	关闭渗漏点消防水管道阀门，疏通管道、清理异物
4	阀门	漏水	阀门材质、密封件老化，撞击破坏，操作不当	消防管道漏水、水泵长时间运行、消防管道水压不足	较小风险	检查	外观检查、阀杆黄油维护、螺栓紧固检查	7	更换	更换密封件、阀门	12	关闭渗漏点消防水管道阀门，更换阀门
5	补水泵	断裂	轴承变形、叶片损坏	抽不上水、水压不足	较小风险	检查	振动测量、检查运行声音是否正常	7	更换	更换密封件、转轮叶片修复	12	检查消防水压，投入备用水泵
6		发热	轴承装配不正确、润滑量不足	抽不上水、水压不足	较小风险	检查	振动测量、检查运行声音是否正常	7	检修	轴承检查修复	12	检查消防水压，投入备用水泵
7	压力开关	功能失效	接线端子松动，弹簧、阀杆变形	压力信号异常	较小风险	检查	检查压力信号、紧固接线端子	90	紧固	紧固端子、调整阀杆、弹簧行程	12	检查实际水压，短接压力信号
8	水泵控制装置	功能失效	水泵控制装置本体故障、回路故障	水泵不能正常启动	较小风险	检查	检查运行情况，本体有无故障信号，紧固端子	7	紧固	紧固端子、二次回路检查、装置本体检查	12	检查二次接线、电气元器件
9	消防水泵	断裂	轴承变形、叶片损坏	抽不上水、水压不足	较小风险	检查	振动测量、检查运行声音是否正常	7	更换	更换密封件、转轮叶片修复	12	检查消防水压，投入备用水泵
10		发热	轴承装配不正确、润滑量不足	抽不上水、水压不足	较小风险	检查	振动测量、检查运行声音是否正常	7	检修	轴承检查修复	12	检查消防水压，投入备用水泵

15 电动葫芦

设备风险评估表

区域：风机　　　　系统：起重机械　　　　设备：电动葫芦

序号	部件	故障条件			故障影响			故障损失			风险值	风险等级
		模式	原因	现象	系统	设备	部件	经济损失	生产中断	设备损坏		
1	吊钩	松动	荷载过重、零件脱落	吊物晃动、声音异常	无	影响起重性能	吊钩晃动	无	无	经维修后可恢复设备性能	4	较小风险
2		性能下降	与钢丝绳磨损	外形变形，行程启闭不到位	无	影响起重性能	充水阀变形损坏	可能造成设备或财产损失1万元以下	无	经维修后可恢复设备性能	6	中等风险
3	钢丝绳	断股	猛烈的冲击，使钢丝绳运行超载	钢丝绳断裂	无	闸门无法正常启闭	钢丝绳损坏	可能造成设备或财产损失1万元以下	无	设备报废，需要更换新设备或经维修后设备可以维持使用，性能影响50%及以上	10	较大风险
4		变形	从滑轮中拉出的位置和滚筒中的缠绕方式不正确	扭曲变形、折弯	无	闸门无法正常启闭	钢丝绳损伤	无	无	设备报废，需要更换新设备或经维修后设备可以维持使用，性能影响50%及以上	8	中等风险
5		断丝	磨损、受力不均	钢丝绳断丝	无	无	钢丝绳损伤	无	无	经维修后可恢复设备性能	4	较小风险
6		扭结	钢丝绳放量过长，过启闭或收放过快	钢丝绳打结、折弯，闸门不平衡	无	闸门无法正常启闭	钢丝绳损伤	无	无	经维修后可恢复设备性能	4	较小风险
7		挤压	钢丝绳放量过长，收放绳时归位不到位	受闸门、滑轮、卷筒挤压出现扁平现象	无	闸门无法正常启闭	钢丝绳损伤	无	无	经维修后可恢复设备性能	4	较小风险
8		锈蚀	日晒、风霜雨雪侵蚀	出现锈斑现象	无	无	钢丝绳锈蚀损伤	无	无	经维修后可恢复设备性能	4	较小风险

续表

序号	部件	故障条件			故障影响			故障损失			风险值	风险等级
		模式	原因	现象	系统	设备	部件	经济损失	生产中断	设备损坏		
9	卷筒	裂纹	启闭受力不均或冲击力过大	外形变形，行程启闭不到位	无	影响起重性能	充水阀变形损坏	可能造成设备或财产损失1万元以下	无	经维修后可恢复设备性能	6	中等风险
10	卷筒	变形	启闭受力不均或冲击力过大	外形变形，行程启闭不到位	无	影响起重性能	变形损伤	可能造成设备或财产损失1万元以下	无	经维修后可恢复设备性能	6	中等风险
11	卷筒	沟槽磨损	启闭受力不均，钢丝绳收放过程磨损沟槽	沟槽深度减小，有明显磨损痕迹	无	影响起重性能	沟槽磨损	无	无	经维修后可恢复设备性能	4	较小风险
12	受电器	松动	接触不良	碳刷打火、发热	无	电动葫芦性能下降	性能失效	无	无	经维修后可恢复设备性能	4	较小风险
13	减速箱	齿轮断裂	润滑油量不足、齿轮间隙过大、加工精度低	卡涩、振动、声音异常	无	不能正常工作	减速机损坏	可能造成设备或财产损失1万元以下	无	经维修后可恢复设备性能	6	中等风险
14	减速箱	渗漏	密封垫老化、螺栓松动	箱体渗油	无	减速箱油位下降	性能降低	无	无	经维修后可恢复设备性能	4	较小风险
15	制动装置	松动	螺栓松动、间隙调整不当	制动块受损、厚度减小，制动盘温度升高、制动失灵	无	影响刹车性能	制动块磨损	无	无	经维修后可恢复设备性能	4	较小风险
16	制动装置	制动块异常磨损	制动力矩过大或受力不均	制动块受损、厚度减小，制动盘温度升高、制动失灵	无	影响刹车性能	制动块磨损	无	无	经维修后可恢复设备性能	4	较小风险
17	操作手柄	断线	接触不良、电源异常、触点损坏	操作手柄失灵	无	影响操作性能	操作失灵	无	无	经维修后可恢复设备性能	4	较小风险
18	接线端子	松动	端子紧固螺栓松动	端子线接触不良	无	无	接触不良	无	无	经维修后可恢复设备性能	4	较小风险
19	电机	过热	启动力矩过大或受力不均	有异常的金属撞击和卡涩声音	无	闸门无法启闭	轴承损伤	无	无	经维修后可恢复设备性能	4	较小风险

续表

序号	部件	故障条件			故障影响			故障损失			风险值	风险等级
		模式	原因	现象	系统	设备	部件	经济损失	生产中断	设备损坏		
20	电机	短路	受潮或绝缘老化、短路	电机处有烧焦异味、电机温高	无	闸门无法启闭	绕组烧坏	可能造成设备或财产损失1万元以下	无	经维修后可恢复设备性能	6	中等风险
21		断裂	启动力矩过大或受力不均	轴弯曲、断裂	无	闸门无法启闭	制动异常	可能造成设备或财产损失1万元以下	无	经维修后可恢复设备性能	6	中等风险
22	导轨	卡涩	异物卡涩、变形	不能移动或运行抖动	无	影响设备工作性能	导轨损坏	无	无	经维修后可恢复设备性能	4	较小风险
23		变形	固定轨道螺栓松动	轨道平行度破坏	无	不能正常运行	磨损变形	无	无	经维修后可恢复设备性能	4	较小风险

设备风险控制卡

区域：风机　　　　系统：起重机械　　　　设备：电动葫芦

序号	部件	故障条件			风险等级	日常控制措施			定期检修维护			临时措施
		模式	原因	现象		措施	检查方法	周期（天）	措施	检修方法	周期（月）	
1	吊钩	松动	荷载过重、零件脱落	吊物晃动、声音异常	较小风险	检查	检查吊钩是否晃动、零部件是否齐全	30	加固、更换	紧固、调整松紧程度、更换零部件	24	对吊钩进行紧固
2		性能下降	与钢丝绳磨损	外形变形，行程启闭不到位	中等风险	检查	外观检查有无裂纹	30	检修	补焊、打磨、更换	24	补焊、打磨、更换
3	钢丝绳	断股	猛烈的冲击，使钢丝绳运行超载	钢丝绳断裂	较大风险	检查	外观检查有无断股	30	更换	更换	24	加强监视，至检修位锁锭，更换钢丝绳
4		变形	从滑轮中拉出的位置和滚筒中的缠绕方式不正确	扭曲变形、折弯	中等风险	检查	外观检查有无变形	30	更换	更换	24	加强监视，至检修位锁锭，更换钢丝绳
5		断丝	磨损、受力不均	钢丝绳断丝	较小风险	检查	外观检查有无断丝	30	更换	更换	24	加强监视，至检修位锁锭，更换钢丝绳
6		扭结	钢丝绳放量过长，过启闭或收放过快	钢丝绳打结、折弯，闸门不平衡	较小风险	检查	外观检查有无扭结	30	检修	校正、更换	24	加强监视，至检修位锁锭，校正、更换钢丝绳
7		挤压	钢丝绳放量过长，收放绳时归位不到位	受闸门、滑轮、卷筒挤压出现扁平现象	较小风险	检查	外观检查有无挤压	30	检修	校正、更换	24	加强监视，闸门启闭至检修平台固定，校正、更换钢丝绳

续表

序号	部件	故障条件			风险等级	日常控制措施			定期检修维护			临时措施
		模式	原因	现象		措施	检查方法	周期（天）	措施	检修方法	周期（月）	
8	钢丝绳	锈蚀	日晒、风霜雨雪侵蚀	出现锈斑现象	较小风险	检查	检查锈蚀范围变化	30	检修	除锈、润滑保养	24	加强监视，至检修位锁锭，松解钢丝绳，除锈、润滑保养
9	卷筒	裂纹	启闭受力不均或冲击力过大	外形变形，行程启闭不到位	中等风险	检查	外观检查有无裂纹	30	检修	补焊、打磨、更换	24	补焊、打磨、更换
10		变形	启闭受力不均或冲击力过大	外形变形，行程启闭不到位	中等风险	检查	外观检查有无变形	30	检修	变形校正、更换	24	变形校正、更换
11		沟槽磨损	启闭受力不均，钢丝绳收放过程磨损沟槽	沟槽深度减小，有明显磨损痕迹	较小风险	检查	外观检查沟槽是否有磨损	30	检修	补焊修复	24	焊接修复
12	受电器	松动	接触不良	碳刷打火、发热	较小风险	检查	检查碳刷磨损量、松紧程度	30	更换	更换碳刷、调整间隙	24	更换碳刷、调整间隙
13	减速箱	齿轮断裂	润滑油量不足、齿轮间隙过大、加工精度低	卡涩、振动、声音异常	中等风险	检查	检查油位、油质是否合格，运行声音有无异常	30	更换	更换齿轮	24	停止操作、做好安全措施后进行更换、调整
14		渗漏	密封垫老化、螺栓松动	箱体渗油	较小风险	检查	外观检查是否有渗漏，紧固螺栓	30	加固、更换	更换密封垫、紧固螺栓	24	更换密封垫、紧固螺栓
15	制动装置	松动	螺栓松动、间隙调整不当	制动块受损、厚度减小，制动盘温度升高、制动失灵	较小风险	检查	外观检查有无裂纹、厚度减小、紧固螺栓	30	加固、更换	调整螺杆松紧程度、更换制动块	24	调整螺杆松紧程度、更换制动块
16		制动块异常磨损	制动力矩过大或受力不均	制动块受损、厚度减小，制动盘温度升高、制动失灵	较小风险	检查	外观检查有无裂纹	30	加固、更换	调整螺杆松紧程度、更换制动块	24	调整螺杆松紧程度、更换制动块
17	操作手柄	断线	接触不良、电源异常、触点损坏	操作手柄失灵	较小风险	检查	检查电源电压、测量控制回路信号是否正常、紧固接线端子	30	检修	检查电源电压、测量控制回路信号是否正常、紧固接线端子、更换操作手柄	24	检查电源电压、测量控制回路信号是否正常、紧固接线端子
18	接线端子	松动	端子紧固螺栓松动	端子线接触不良	较小风险	检查	端子排各接线是否松动	30	检修	紧固端子、二次回路	24	紧固端子排端子
19	电机	过热	启动力矩过大或受力不均	有异常的金属撞击和卡涩声音	较小风险	检查	检查轴承有无有异常的金属撞击和卡涩	30	检修	更换轴承、螺栓紧固	24	停止电机运行，更换轴承

续表

序号	部件	故障条件			风险等级	日常控制措施			定期检修维护			临时措施
		模式	原因	现象		措施	检查方法	周期（天）	措施	检修方法	周期（月）	
20	电机	短路	受潮或绝缘老化、短路	电机处有烧焦异味、电机温高	中等风险	检查	检查电机绕组绝缘	30	更换	更换绕组	24	停止电机运行，更换绕组
21		断裂	启动力矩过大或受力不均	轴弯曲、断裂	中等风险	检查	检查电机轴有无弯曲断裂	30	更换	校正、更换电机轴	24	停止电机运行，校正、更换电机轴
22	导轨	卡涩	异物卡涩、变形	不能移动或运行抖动	较小风险	检查	卫生清扫、检查有无异物卡涩	30	检修	清理异物、校正轨道	24	清理异物、校正轨道
23		变形	固定轨道螺栓松动	轨道平行度破坏	较小风险	检查	固定轨道螺栓是否松动	30	加固、更换	紧固固定轨道螺栓或更换螺帽	24	紧固固定螺栓

16 电梯

设备风险评估表

区域：办公区　　　　系统：电梯　　　　设备：电梯

序号	部件	故障条件			故障影响			故障损失			风险值	风险等级
		模式	原因	现象	系统	设备	部件	经济损失	生产中断	设备损坏		
1	滑轮	卡涩	异物卡涩、润滑不足	电梯升降缓慢、抖动	无	电梯无法正常启闭	滑轮损伤	无	无	经维修后可恢复设备性能	4	较小风险
2		变形	受力不均	电梯升降缓慢、抖动	无	电梯无法正常启闭	滑轮损伤	无	无	经维修后可恢复设备性能	4	较小风险
3	钢丝绳	断股	钢丝绳运行超载	钢丝绳断裂	无	电梯无法正常启闭	钢丝绳损坏	可能造成设备或财产损失1万元以下	无	设备报废，需要更换新设备或经维修后设备可以维持使用，性能影响50%及以上	10	较大风险
4		变形	从滑轮中拉出的位置和滚筒中的缠绕方式不正确	扭曲变形、折弯	无	电梯无法正常启闭	钢丝绳损伤	无	无	设备报废，需要更换新设备或经维修后设备可以维持使用，性能影响50%及以上	8	中等风险
5		断丝	磨损、受力不均	钢丝绳断丝	无	电梯无法正常启闭	钢丝绳损伤	无	无	经维修后可恢复设备性能	4	较小风险
6		扭结	钢丝绳放量过长，过启闭或收放过快	钢丝绳打结、折弯，闸门不平衡	无	电梯无法正常启闭	钢丝绳损伤	无	无	经维修后可恢复设备性能	4	较小风险
7		挤压	钢丝绳放量过长，收放绳时归位不到位	受闸门、滑轮、卷筒挤压出现扁平现象	无	电梯无法正常启闭	钢丝绳损伤	无	无	经维修后可恢复设备性能	4	较小风险
8		锈蚀	日晒、风霜雨雪侵蚀	出现锈斑现象	无	无	钢丝绳锈蚀损伤	无	无	经维修后可恢复设备性能	4	较小风险

续表

序号	部件	故障条件			故障影响			故障损失			风险值	风险等级
		模式	原因	现象	系统	设备	部件	经济损失	生产中断	设备损坏		
9	缓冲器	锈蚀	潮湿的环境	表面氧化物	无	无	导轨损伤	无	无	经维修后可恢复设备性能	4	较小风险
10	限速器	龟裂	启闭受力不均或冲击力过大	行程升降不到位	无	无	损伤	无	无	经维修后可恢复设备性能	4	较小风险
11		变形	启闭受力不均或冲击力过大	行程升降不到位	无	无	损伤	无	无	经维修后可恢复设备性能	4	较小风险
12		磨损	启闭受力不均，钢丝绳收放过程磨损沟槽	行程升降不到位	无	无	损伤	无	无	设备性能无影响	2	轻微风险
13	制动器	龟裂	制动力矩过大或受力不均	制动轮表出现裂纹，制动块受损	无	无	制动轮损坏、制动块损坏、制动间隙变大	可能造成设备或财产损失1万元以下	无	经维修后可恢复设备性能	6	中等风险
14		损坏	制动间隔过小或受力不均	制动块磨损、制动间隙变大、制动失灵	无	无法制动	制动块损伤	无	无	经维修后可恢复设备性能	4	较小风险
15		疲软	弹簧年久疲软	制动块磨损、制动间隙变大、制动失灵	无	闸门有下滑现象	制动异常	无	无	经维修后可恢复设备性能	4	较小风险
16	电机	过热	启动力矩过大或受力不均	有异常的金属撞击和卡涩声音	无	闸门无法启闭	轴承损伤	无	无	经维修后可恢复设备性能	4	较小风险
17		短路	受潮或绝缘老化、短路	电机处有烧焦异味、电机温高	无	闸门无法启闭	绕组烧坏	可能造成设备或财产损失1万元以下	无	经维修后可恢复设备性能	6	中等风险
18		断裂	启动力矩过大或受力不均	轴弯曲、断裂	无	闸门无法启闭	制动异常	可能造成设备或财产损失1万元以下	无	经维修后可恢复设备性能	6	中等风险
19	电源模块	开路	锈蚀、过流	设备失电	无	不能正常运行	性能失效	无	无	经维修后可恢复设备性能	4	较小风险

续表

序号	部件	故障条件			故障影响			故障损失			风险值	风险等级
		模式	原因	现象	系统	设备	部件	经济损失	生产中断	设备损坏		
20	电源模块	短路	粉尘、高温、老化	设备失电	无	不能正常运行	电源模块损坏	可能造成设备或财产损失1万元以下	无	经维修后可恢复设备性能	6	中等风险
21	电源模块	漏电	静电击穿	设备失电	无	不能正常运行	性能失效	无	无	经维修后可恢复设备性能	4	较小风险
22	电源模块	烧灼	老化、短路	设备失电	无	不能正常运行	性能失效	无	无	经维修后可恢复设备性能	4	较小风险
23	输入模块	开路	锈蚀、过流	设备失电	无	不能正常运行	性能失效	无	无	经维修后可恢复设备性能	4	较小风险
24	输入模块	短路	粉尘、高温、老化	设备失电	无	不能正常运行	输入模块损坏	可能造成设备或财产损失1万元以下	无	经维修后可恢复设备性能	6	中等风险
25	输出模块	开路	锈蚀、过流	设备失电	无	不能正常运行	性能失效	无	无	经维修后可恢复设备性能	4	较小风险
26	输出模块	短路	粉尘、高温、老化	设备失电	无	不能正常运行	输出模块损坏	可能造成设备或财产损失1万元以下	无	经维修后可恢复设备性能	6	中等风险
27	接线端子	松动	端子紧固螺栓松动	装置无显示	无	无	无	无	无	经维修后可恢复设备性能	4	较小风险
28	变频装置	过压	输入缺相、电压电路板老化受潮	过电压报警	无	运行异常	性能失效	无	无	经维修后可恢复设备性能	4	较小风险
29	变频装置	欠压	输入缺相、电压电路板老化受潮	欠压报警	无	不能运行	性能失效	无	无	设备性能无影响	2	轻微风险
30	变频装置	过流	加速时间设置太短、电流上限设置太小、转矩增大	上电就跳闸	无	运行异常	性能失效	无	无	经维修后可恢复设备性能	4	较小风险
31	变频装置	短路	粉尘、高温	设备失电	无	不能正常运行	变频装置损坏	可能造成设备或财产损失1万元以下	无	经维修后可恢复设备性能	6	中等风险

续表

序号	部件	故障条件			故障影响			故障损失			风险值	风险等级
		模式	原因	现象	系统	设备	部件	经济损失	生产中断	设备损坏		
32	行程开关	行程失调	行程开关机械卡涩、线路松动	不动作、误动作、超限无法停止	无	闸门无法启闭	性能失效	无	无	经维修后可恢复设备性能	4	较小风险
33	行程开关	短路	潮湿、老化	设备失电	无	不能正常运行	损坏	可能造成设备或财产损失1万元以下	无	经维修后可恢复设备性能	6	中等风险
34	导轨	卡涩	异物卡涩、润滑不足、传动机构损坏	轿厢升降缓慢、抖动	无	电梯无法正常运行	导轨损伤	无	无	经维修后可恢复设备性能	4	较小风险
35	导轨	变形	受力不均、长时间满载	轿厢箱抖动	无	电梯无法正常运行	导轨损伤	可能造成设备或财产损失1万元以下	无	经维修后可恢复设备性能	6	中等风险
36	导轨	锈蚀	潮湿的环境	表面氧化物	无	无	导轨损伤	无	无	经维修后可恢复设备性能	4	较小风险
37	对重	松动	对重受力平衡	上电就跳闸	无	无	无	无	无	经维修后可恢复设备性能	4	较小风险
38	对重	变形	关闭时下降速度太快、钢丝绳受力不均	闸门启闭和钢丝绳收放速度太快	无	无	吊点弯曲	无	无	经维修后可恢复设备性能	4	较小风险

设备风险控制卡

区域：办公区　　　　系统：电梯　　　　设备：电梯

序号	部件	故障条件			风险等级	日常控制措施			定期检修维护			临时措施
		模式	原因	现象		措施	检查方法	周期（天）	措施	检修方法	周期（月）	
1	滑轮	卡涩	异物卡涩、润滑不足	电梯升降缓慢、抖动	较小风险	检查	检查有无异物和滑轮保养情况	15	检修	清理异物、除锈、润滑保养	12	清理异物、除锈、润滑保养
2	滑轮	变形	受力不均	电梯升降缓慢、抖动	较小风险	检查	外观检查有无变形	15	更换	校正、更换	12	加强监视，操作至检修平台固定，校正滑轮
3	钢丝绳	断股	钢丝绳运行超载	钢丝绳断裂	较大风险	检查	外观检查有无断股	15	更换	更换	12	加强监视，操作至检修平台固定，更换钢丝绳

续表

序号	部件	故障条件			风险等级	日常控制措施			定期检修维护			临时措施
		模式	原因	现象		措施	检查方法	周期（天）	措施	检修方法	周期（月）	
4	钢丝绳	变形	从滑轮中拉出的位置和滚筒中的缠绕方式不正确	扭曲变形、折弯	中等风险	检查	外观检查有无变形	5	更换	更换	12	加强监视，操作至检修平台处理
5		断丝	磨损、受力不均	钢丝绳断丝	较小风险	检查	外观检查有无断丝	15	更换	清理异物、校正轨道	12	加强监视，操作至检修平台固定，更换钢丝绳
6		扭结	钢丝绳放量过长，过启闭或收放过快	钢丝绳打结、折弯，闸门不平衡	较小风险	检查	外观检查有无扭结	15	检修	校正、更换	12	加强监视，操作至检修平台处理
7		挤压	钢丝绳放量过长，收放绳时归位不到位	受闸门、滑轮、卷筒挤压出现扁平现象	较小风险	检查	外观检查有无挤压	15	检修	校正、更换	12	加强监视，操作至检修平台处理
8		锈蚀	日晒、风霜雨雪侵蚀	出现锈斑现象	较小风险	检查	检查锈蚀范围变化	15	检修	除锈、润滑保养	12	加强监视，操作至检修平台处理
9	缓冲器	锈蚀	潮湿的环境	表面氧化物	较小风险	检查	定期防腐	365	检修	打磨、除锈、防腐	12	
10	限速器	龟裂	启闭受力不均或冲击力过大	行程升降不到位	较小风险	检查	外观检查有无裂纹	5	检修	补焊、打磨、更换	12	断电停止操作，补焊、打磨、更换
11		变形	启闭受力不均或冲击力过大	行程升降不到位	较小风险	检查	外观检查有无变形	15	检修	变形校正、更换	12	变形校正、更换
12		磨损	启闭受力不均，钢丝绳收放过程磨损沟槽	行程升降不到位	轻微风险	检查	外观检查沟槽磨损	15	检修	补焊修复	12	焊接修复
13	制动器	龟裂	制动力矩过大或受力不均	制动轮表出现裂纹，制动块受损	中等风险	检查	外观检查有无裂纹	15	检修	对制动轮补焊、打磨、更换，对制动块更换	12	对制动片补焊、打磨、更换，对制动块更换
14		损坏	制动间隔过小或受力不均	制动块磨损、制动间隙变大、制动失灵	较小风险	检查	外观检查有无磨损细微粉末	5	检修	更换制动块	12	停车更换制动块
15		疲软	弹簧年久疲软	制动块磨损、制动间隙变大、制动失灵	较小风险	检查	检查制动器位置无异常	15	检修	调整制动螺杆、收紧弹簧受力、更换弹簧	12	调整制动螺杆、收紧弹簧受力、停车后更换弹簧

续表

序号	部件	故障条件			风险等级	日常控制措施			定期检修维护			临时措施
		模式	原因	现象		措施	检查方法	周期（天）	措施	检修方法	周期（月）	
16	电机	过热	启动力矩过大或受力不均	有异常的金属撞击和卡涩声音	较小风险	检查	检查轴承有无有异常的金属撞击和卡涩	15	更换	更换轴承	12	停止电机运行，更换轴承
17		短路	受潮或绝缘老化、短路	电机处有烧焦异味、电机温高	中等风险	检查	检查电机绕组绝缘	15	更换	更换绕组	12	停止电机运行，更换绕组
18		断裂	启动力矩过大或受力不均	轴弯曲、断裂	中等风险	检查	检查电机轴有无弯曲断裂	15	检修	校正、更换电机轴	12	停止电机运行，校正、更换电机轴
19	电源模块	开路	锈蚀、过流	设备失电	较小风险	检查	测量电源模块是否有输出电压、电流，以及电压、电流值是否异常	15	检修	更换、维修电源模块	12	停运处理
20		短路	粉尘、高温、老化	设备失电	中等风险	检查	测量电源模块是否有输出电压、电流，以及电压、电流值是否异常	15	检修	更换、维修电源模块	12	停运处理
21		漏电	静电击穿	设备失电	较小风险	检查	测量电源模块是否有输出电压、电流，以及电压、电流值是否异常	15	检修	更换、维修电源模块	12	停运处理
22		烧灼	老化、短路	设备失电	较小风险	检查	测量电源模块是否有输出电压、电流，以及电压、电流值是否异常	15	检修	更换、维修电源模块	12	停运处理
23	输入模块	开路	锈蚀、过流	设备失电	较小风险	检查	测量输入模块是否有输出电压、电流，以及电压、电流值是否异常	15	检修	更换、维修模块	12	停运处理
24		短路	粉尘、高温、老化	设备失电	中等风险	检查	测量输入模块是否有输出电压、电流，以及电压、电流值是否异常	15	检修	更换、维修模块	12	停运处理
25	输出模块	开路	锈蚀、过流	设备失电	较小风险	检查	测量输出模块是否有输出电压、电流，以及电压、电流值是否异常	15	检修	更换、维修模块	12	停运处理
26		短路	粉尘、高温、老化	设备失电	中等风险	检查	测量输出模块是否有输出电压、电流，以及电压、电流值是否异常	15	检修	更换、维修模块	12	停运处理

续表

序号	部件	故障条件			风险等级	日常控制措施			定期检修维护			临时措施
		模式	原因	现象		措施	检查方法	周期（天）	措施	检修方法	周期（月）	
27	接线端子	松动	端子紧固螺栓松动	装置无显示	较小风险	检查	端子排各接线是否松动	15	加固	紧固端子、二次回路检查	12	紧固端子排端子
28	变频装置	过压	输入缺相、电压电路板老化受潮	过电压报警	较小风险	检查	检测输入三相电压是否正常	15	检修	测量三相电压	12	停止操作，处理过压故障
29	变频装置	欠压	输入缺相、电压电路板老化受潮	欠压报警	轻微风险	检查	检测输入三相电压是否正常	15	检修	测量三相电压	12	停止操作，处理过压故障
30	变频装置	过流	加速时间设置太短、电流上限设置太小、转矩增大	上电就跳闸	较小风险	检查	核对电流参数设置	15	检修	校正电流参数设置	12	停止操作，处理过流故障
31	变频装置	短路	粉尘、高温	设备失电	中等风险	检查	清扫卫生	15	加固	清扫卫生、紧固端子	12	停运处理
32	行程开关	行程失调	行程开关机械卡涩、线路松动	不动作、误动作、超限无法停止	较小风险	检查	检查机械行程有无卡阻、线路有无松动脱落	180	检修	检查机械行程、紧固线路	12	停止闸门启闭，检查行程开关
33	行程开关	短路	潮湿、老化	设备失电	中等风险	检查	定期试转	15	检修	更换	12	停运处理
34	导轨	卡涩	异物卡涩、润滑不足、传动机构损坏	轿厢升降缓慢、抖动	较小风险	检查	手动定期运行	15	检修	清理异物、润滑保养	12	清理异物、除锈、润滑保养
35	导轨	变形	受力不均、长时间满载	轿厢抖动	中等风险	检查	手动定期运行	15	检修	校正、更换	12	加强监视，校正导轨
36	导轨	锈蚀	潮湿的环境	表面氧化物	较小风险	检查	定期防腐	15	检修	打磨、除锈、防腐	12	打磨、除锈
37	对重	松动	对重受力平衡	上电就跳闸	较小风险	检查	紧固螺栓	15	检修	紧固螺栓	12	调整锁定梁平衡、锁紧固定螺栓
38	对重	变形	关闭时下降速度太快、钢丝绳受力不均	闸门启闭和钢丝绳收放速度太快	较小风险	检查	外观检查有无弯曲变形	15	检修	定期效验	12	检查是否超过荷载，停止闸门启闭

光伏部分

1 光伏发电

设备风险评估表

区域：输变电　　　　系统：光伏区　　　　设备：光伏发电

序号	部件	故障条件			故障影响			故障损失			风险值	风险等级
		模式	原因	现象	系统	设备	部件	经济损失	生产中断	设备损坏		
1	逆变器IGBT模块	IGBT模块故障	IGBT模块内部板件故障	报逆变器IGBT故障停机	无	IGBT故障	损坏	可能造成设备或财产损失1万元以上10万元以下	导致生产中断1～7天或生产工艺50%及以上	维修后恢复设备性能	5	中等风险
2	逆变器直流开关	直流开关故障	直流开关机构脱口，导致机构操作失灵	直流开关机构脱口，导致机构操作失灵；直流开关内部部件烧毁	无	机构故障	损坏	可能造成设备或财产损失1万元以下	主要备用设备退出备用24h以内	性能无影响	2	轻微风险
3	逆变器防雷接地系统	防雷接地系统故障	外部过电压或雷击引起防雷器失效	电缆连接松动，电缆损坏；螺栓磨损；防雷接地电阻阻值异常；雷电保护部件功能异常	无	模块失效	损坏	可能造成设备或财产损失1万元以下	主要备用设备退出备用24h以内	性能无影响	2	轻微风险
4	逆变器控制系统	主控系统故障	使用环境差导致元器件损坏或烧毁	导致逆变器报停机故障	无	板件损坏	损坏	可能造成设备或财产损失1万元以下	主要备用设备退出备用24h以内	性能无影响	2	轻微风险
5	逆变器防反二极管	防反二极管击穿	内部出现过压导致二极管击穿，产品质量	防反二极管击被烧，二极管电压为零或电阻异常	无	二极管击穿	损坏	可能造成设备或财产损失1万元以上10万元以下	导致生产中断1～7天或生产工艺50%及以上	维修后恢复设备性能	5	中等风险
6	逆变器滤波电容	滤波电容故障	过压或过流引起设备故障，产品质量不达标引起烧毁	滤波电容烧毁或是内部被击穿	无	电容烧毁	损坏	可能造成设备或财产损失1万元以下	主要备用设备退出备用24h以内	性能无影响	2	轻微风险

续表

序号	部件	故障条件			故障影响			故障损失			风险值	风险等级
		模式	原因	现象	系统	设备	部件	经济损失	生产中断	设备损坏		
7	逆变器交流开关	交流开关故障	交流开关机构脱口，导致机构操作失灵	交流开关机构脱口，导致机构操作失灵；交流开关内部部件烧毁	无	机构故障	损坏	可能造成设备或财产损失1万元以下	主要备用设备退出备用24h以内	性能无影响	2	轻微风险
8	箱式变压器本体	箱式变压器有异音	箱式变压器个别零件松动、过负荷、内部接触不良	箱式变压器内部声音异常	无	设备性能无影响	损坏	可能造成设备或财产损失1万元以下	主要备用设备退出备用24h以内	性能无影响	2	轻微风险
9		箱式变压器渗油	橡胶密封件失效、焊缝开裂	箱式变压器本体有油渍	无	设备性能无影响	损坏	可能造成设备或财产损失1万元以下	主要备用设备退出备用24h以内	性能无影响	2	轻微风险
10		温度异常	冷却器不正常运行、温度指示器有误差或指示失灵、内部故障	箱式变压器温度指示与实际温度不符	无	温度传感器故障	损坏	可能造成设备或财产损失1万元以下	主要备用设备退出备用24h以内	性能无影响	2	轻微风险
11		油位异常	油受热膨胀、变压器负荷过大	箱式变压器油位指示与实际油位不符	无	设备性能无影响	损坏	可能造成设备或财产损失1万元以下	主要备用设备退出备用24h以内	性能无影响	2	轻微风险
12		压力异常	压力释放阀失效；在滤油、加油过程中，空气进入变压器内部	箱式变压器内部压力异常	无	油化学成分超标	损坏	可能造成设备或财产损失1万元以下	主要备用设备退出备用24h以内	性能无影响	2	轻微风险
13	箱式变压器辅助部件	部件缺损、变形，部件老化	柜体变形、电缆穿线孔防火封堵未封堵完善、柜体接地线未可靠接地	部分器件失效	无	设备性能无影响	损坏	可能造成设备或财产损失1万元以下	主要备用设备退出备用24h以内	性能无影响	2	轻微风险
14		压力释放阀异常动作	压力释放阀失效	瓦斯告警	无	设备性能无影响	损坏	可能造成设备或财产损失1万元以下	主要备用设备退出备用24h以内	性能无影响	2	轻微风险
15		温控表故障	接线错误，温控表损坏	箱式变压器温控器损坏，可能导致跳闸	无	温控器损坏	损坏	可能造成设备或财产损失1万元以下	主要备用设备退出备用24h以内	性能无影响	2	轻微风险

续表

序号	部件	故障条件			故障影响			故障损失			风险值	风险等级
		模式	原因	现象	系统	设备	部件	经济损失	生产中断	设备损坏		
16	箱式变压器辅助部件	高压侧负荷开关故障	高压侧负荷开关损坏	高压符合开关无法分断	无	机构故障	损坏	可能造成设备或财产损失1万元以下	主要备用设备退出备用24h以内	性能无影响	2	轻微风险
17		测控装置故障	CPU插件故障	遥信信号采集异常	无	板件故障	损坏	可能造成设备或财产损失1万元以下	主要备用设备退出备用24h以内	性能无影响	2	轻微风险
18		低压断路器烧损	过负荷、接触不良、接线错误、低压线路发生短路、操作机构损坏、脱扣器损坏	低压断路器故障损坏	无	机构故障	损坏	可能造成设备或财产损失1万元以下	主要备用设备退出备用24h以内	性能无影响	2	轻微风险
19		隔离变压器故障	接线错误、绕组短路、机械故障造成触点不动或接触不良、PLC出现非正常工作的功能性故障	箱式变压器失电	无	设备性能无影响	损坏	可能造成设备或财产损失1万元以下	主要备用设备退出备用24h以内	性能无影响	2	轻微风险
20		电流互感器故障	接线错误、绝缘包绕松散，绝缘层间有皱折，连接夹板、螺栓、螺母松动，电流互感器二次侧开路	电流互感器烧损	无	内部烧毁	损坏	可能造成设备或财产损失1万元以下	主要备用设备退出备用24h以内	性能无影响	2	轻微风险
21		电压互感器故障	接线错误、保险损坏、接地不良、电压互感器二次侧短路	电压互感器烧损	无	内部烧毁	损坏	可能造成设备或财产损失1万元以下	主要备用设备退出备用24h以内	性能无影响	2	轻微风险

续表

序号	部件	故障条件			故障影响			故障损失			风险值	风险等级
		模式	原因	现象	系统	设备	部件	经济损失	生产中断	设备损坏		
22	箱式变压器电缆	电缆接地、短路故障	电缆保护套损坏、电缆头制作工艺不合格、电缆保护套老化、电缆受潮	电缆爆炸	无	电缆烧毁	损坏	可能造成设备或财产损失1万元以下	主要备用设备退出备用24h以内	性能无影响	4	较小风险
23		高压电缆绝缘试验不合格	电缆头制作工艺不合格、电缆受潮	单相接地、电气连接部位断线	无	设备性能无影响	损坏	可能造成设备或财产损失1万元以下	主要备用设备退出备用24h以内	性能无影响	4	较小风险
24	光伏板	接地故障	光伏板连接线接地	光伏板接地故障	无	设备性能无影响	损坏	可能造成设备或财产损失1万元以下	主要备用设备退出备用24h以内	性能无影响	3	较小风险
25	汇流箱保险	损坏	支路过流	支路无电压、电流	无	设备损害	损坏	可能造成设备或财产损失1万元以下	主要备用设备退出备用24h以内	性能无影响	4	较小风险
26	汇流箱端子排	支路断电	接线松动	支路电压、电流波动	无	设备性能无影响	损坏	可能造成设备或财产损失1万元以下	主要备用设备退出备用24h以内	性能无影响	2	轻微风险
27	汇流箱通信模块	通信中断	接线松动	支路无通信	无	设备性能无影响	损坏	可能造成设备或财产损失1万元以下	主要备用设备退出备用24h以内	性能无影响	2	轻微风险
28	光功率预测防火墙	损坏型故障模式	设备老化，电压突变，夏季高温	功能退化，不能达到规定的性能	无	设备损害，因使用年限需要更换	损坏	可能造成设备或财产损失1万元以下	主要备用设备退出备用24h以内	性能无影响	2	轻微风险
29	光功率预测正反向隔离网闸	损坏型故障模式	设备老化，电压突变，夏季高温	功能退化，不能达到规定的性能	无	设备损害，因使用年限需要更换	损坏	可能造成设备或财产损失1万元以下	主要备用设备退出备用24h以内	性能无影响	2	轻微风险
30	光功率预测气象数据服务器	损坏型故障模式	设备老化，电压突变，夏季高温	功能退化，不能达到规定的性能	无	设备损害，因使用年限需要更换	损坏	可能造成设备或财产损失1万元以下	主要备用设备退出备用24h以内	性能无影响	2	轻微风险

设备风险控制卡

区域：输变电　　　　系统：光伏区　　　　设备：光伏发电

序号	部件	故障条件			风险等级	日常控制措施			定期检修维护			临时措施
		模式	原因	现象		措施	检查方法	周期（天）	措施	检修方法	周期（月）	
1	逆变器IGBT模块	IGBT模块故障	IGBT模块内部板件故障	报逆变器IGBT故障停机	中等风险	更换备件	目测、耳听	7	更换新的备件	万用表测量	6	万用表测量
2	逆变器直流开关	直流开关故障	直流开关机构脱口，导致机构操作失灵	直流开关机构脱口，导致机构操作失灵；直流开关内部部件烧毁	较小风险	更换备件	目测、耳听	7	更换新的备件	万用表测量	6	万用表测量
3	逆变器防雷接地系统	防雷接地系统故障	外部过电压或雷击引起防雷器失效	电缆连接松动，电缆损坏；螺栓磨损；防雷接地电阻阻值异常；雷电保护部件功能异常	较小风险	更换备件	目测、耳听	7	更换新的备件	万用表测量	6	万用表测量
4	逆变器控制系统	主控系统故障	使用环境差导致元器件损坏或烧毁	导致逆变器报停机故障	较小风险	重启服务器	目测、耳听	7	更换新的备件	重启服务器	6	重启服务器
5	逆变器防反二极管	防反二极管击穿	内部出现过压导致二极管击穿，产品质量	防反二极管击被烧，二极管电压为零或电阻异常	中等风险	更换备件	目测、耳听		更换新的备件	万用表测量	6	万用表测量
6	逆变器滤波电容	滤波电容故障	过压或过流引起设备故障，产品质量不达标引起烧毁	滤波电容烧毁或是内部被击穿	较小风险	更换备件	目测、耳听	7	更换新的备件	万用表测量	6	万用表测量
7	逆变器交流开关	交流开关故障	交流开关机构脱口，导致机构操作失灵	交流开关机构脱口，导致机构操作失灵；交流开关内部部件烧毁	较小风险	更换备件	目测、耳听	7	更换新的备件	万用表测量	6	万用表测量
8	箱式变压器本体	箱式变压器有异音	箱式变压器个别零件松动、过负荷、内部接触不良	箱式变压器内部声音异常	较小风险	检查本体是否有漏油记录缺陷	目测、耳听	7	紧固螺栓，清理脏污等	目测、耳听	6	目测、耳听
9		箱式变压器渗油	橡胶密封件失效、焊缝开裂	箱式变压器本体有油渍	较小风险	检查本体是否有漏油记录缺陷	目测、耳听	7	紧固螺栓，清理脏污等	目测、耳听	6	目测、耳听

续表

序号	部件	故障条件			风险等级	日常控制措施			定期检修维护			临时措施
		模式	原因	现象		措施	检查方法	周期（天）	措施	检修方法	周期（月）	
10	箱式变压器本体	温度异常	冷却器不正常运行、温度指示器有误差或指示失灵、内部故障	箱式变压器温度指示与实际温度不符	较小风险	检查本体是否有漏油记录缺陷	目测、耳听	7	紧固螺栓,清理脏污等	目测、耳听	6	目测、耳听
11		油位异常	油受热膨胀、变压器负荷过大	箱式变压器油位指示与实际油位不符	较小风险	检查本体是否有漏油记录缺陷	目测、耳听	7	紧固螺栓,清理脏污等	目测、耳听	6	目测、耳听
12		压力异常	压力释放阀失效；在滤油、加油过程中，空气进入变压器内部	箱式变压器内部压力异常	较小风险	检查本体是否有漏油记录缺陷	目测、耳听	7	紧固螺栓,清理脏污等	目测、耳听	6	目测、耳听
13	箱式变压器辅助部件	部件缺损、变形，部件老化	柜体变形、电缆穿线孔防火封堵未封堵完善、柜体接地线未可靠接地	部分器件失效	较小风险	检查附件是否松动	目测、耳听	7	紧固螺栓,清理脏污等	目测、耳听	6	目测、耳听
14		压力释放阀异常动作	压力释放阀失效	瓦斯告警	较小风险	检查附件是否松动	目测、耳听	7	紧固螺栓,清理脏污等	目测、耳听	6	目测、耳听
15		温控表故障	接线错误，温控表损坏	箱式变压器温控器损坏，可能导致跳闸	较小风险	检查附件是否松动	目测、耳听	7	紧固螺栓,清理脏污等	目测、耳听	6	目测、耳听
16		高压侧负荷开关故障	高压侧负荷开关损坏	高压符合开关无法分断	较小风险	检查附件是否松动	目测、耳听	7	紧固螺栓,清理脏污等	目测、耳听	6	目测、耳听
17		测控装置故障	CPU 插件故障	遥信信号采集异常	较小风险	检查附件是否松动	目测、耳听	7	紧固螺栓,清理脏污等	目测、耳听	6	目测、耳听
18		低压断路器烧损	过负荷、接触不良、接线错误、低压线路发生短路、操作机构损坏、脱扣器损坏	低压断路器故障损坏	较小风险	检查附件是否松动	目测、耳听	7	紧固螺栓,清理脏污等	目测、耳听	6	目测、耳听

续表

序号	部件	故障条件			风险等级	日常控制措施			定期检修维护			临时措施
		模式	原因	现象		措施	检查方法	周期（天）	措施	检修方法	周期（月）	
19	箱式变压器辅助部件	隔离变压器故障	接线错误、线圈短路、机械故障造成触点不动或接触不良、PLC 出现非正常工作的功能性故障	箱式变压器失电	较小风险	检查附件是否松动	目测、耳听	7	紧固螺栓，清理脏污等	目测、耳听	6	目测、耳听
20		电流互感器故障	接线错误、绝缘包绕松散，绝缘层间有皱折，连接夹板、螺栓、螺母松动，电流互感器二次侧开路	电流互感器烧损	较小风险	检查附件是否松动	目测、耳听	7	紧固螺栓，清理脏污等	目测、耳听	6	目测、耳听
21		电压互感器故障	接线错误、保险损坏、接地不良、电压互感器二次侧短路	电压互感器烧损	较小风险	检查附件是否松动	目测、耳听	7	紧固螺栓，清理脏污等	目测、耳听	6	目测、耳听
22	箱式变压器电缆	电缆接地、短路故障	电缆保护套损坏、电缆头制作工艺不合格、电缆保护套老化、电缆受潮	电缆爆炸	较小风险	检查绝缘情况	目测、耳听	7	更换电缆	目测	6	目测
23		高压电缆绝缘试验不合格	电缆头制作工艺不合格、电缆受潮	单相接地、电气连接部位断线	较小风险	检查绝缘情况	目测、耳听	7	更换电缆	目测	6	目测
24	光伏板	接地故障	光伏板连接线接地	包光伏板接地故障	较小风险	更换备件	目测、耳听	7	维护时紧固接线	目测	6	目测
25	汇流箱保险	损坏	支路过流	支路无电压、电流	较小风险	更换备件	目测、耳听	7	更换保险	万用表测量	6	万用表测量
26	汇流箱端子排	支路断电	接线松动	支路电压、电流波动	较小风险	检查接线是否有松动	目测、耳听	7	紧固螺栓，清理脏污等	目测	6	目测
27	汇流箱通信模块	通信中断	接线松动	支路无通信	较小风险		目测、耳听	7	紧固螺栓，清理脏污等	万用表测量	6	万用表测量

续表

序号	部件	故障条件			风险等级	日常控制措施			定期检修维护			临时措施
		模式	原因	现象		措施	检查方法	周期（天）	措施	检修方法	周期（月）	
28	光功率预测防火墙	损坏型故障模式	设备老化，电压突变，夏季高温	功能退化，不能达到规定的性能	较小风险	检查设备是否有告警，网线有无松动，设备是否掉电	人员目测及数据查询	0.5	检查服务器能否在断电重启后恢复正常	断电测试	12	对损坏装置进行维修更换
29	光功率预测正反向隔离网闸	损坏型故障模式	设备老化，电压突变，夏季高温	功能退化，不能达到规定的性能	较小风险	检查设备是否有告警，网线有无松动，设备是否掉电	人员目测及数据查询	0.5	检查服务器能否在断电重启后恢复正常	断电测试	12	对损坏装置进行维修更换
30	光功率预测气象数据服务器	损坏型故障模式	设备老化，电压突变，夏季高温	功能退化，不能达到规定的性能	较小风险	检查设备是否有告警，网线有无松动，设备是否掉电	人员目测及数据查询	0.5	检查服务器能否在断电重启后恢复正常	断电测试	12	对损坏装置进行维修更换

2 主变压器

设备风险评估表

区域：输变电　　系统：升压站　　设备：主变压器

序号	部件	故障条件			故障影响			故障损失			风险值	风险等级
		模式	原因	现象	系统	设备	部件	经济损失	生产中断	设备损坏		
1	油枕	渗油	管路阀门、密封不良	有渗漏油滴落在本体或地面上	油位显示异常	密封破损	损坏	无	无	经维修后可恢复设备性能	4	较小风险
2		破裂	波纹管老化、裂纹	油位指示异常	空气进入加快油质劣化速度	波纹管损坏	损坏	可能造成设备或财产损失1万元以上10万元以下	无	经维修后可恢复设备性能	8	中等风险
3	油箱	渗油	密封不良	有渗漏油滴落在本体或地面上	油位异常	密封破损	损坏	无	无	经维修后可恢复设备性能	4	较小风险
4		锈蚀	环境潮湿、氧化	油箱表面脱漆锈蚀	无	油箱渗漏	损坏	无	无	经维修后可恢复设备性能	4	较小风险
5	呼吸器	变质	受潮	硅胶变色	油质劣化速度增大	硅胶失效	损坏	无	无	经维修后可恢复设备性能	4	较小风险
6		堵塞	油封老化、油杯油位过高	呼吸器不能正常排、进气，可能造成压力释放动作	主变压器停运	呼吸器密封受损	损坏	无	主要备用设备退出备用24h以内	经维修后可恢复设备性能	8	中等风险
7	绕组线圈	短路	缺油、发热绝缘击穿、过电压	温度升高、跳闸	主变压器停运	线圈烧毁	损坏	可能造成设备或财产损失1万元以上10万元以下	导致生产中断7天及以上	经维修后可恢复设备性能	18	重大风险
8		击穿	发热绝缘破坏、过电压	运行声音异常、温度升高、跳闸	主变压器停运	线圈烧毁	损坏	可能造成设备或财产损失1万元以上10万元以下	导致生产中断7天及以上	经维修后可恢复设备性能	18	重大风险
9		老化	长期过负荷、温度过高，加快绝缘性能下降	运行声音异常、温度升高、	出力降低	线圈损坏	损坏	可能造成设备或财产损失1万元以下	导致生产中断1～7天或生产工艺50%及以上	经维修后可恢复设备性能	14	较大风险

续表

序号	部件	故障条件			故障影响			故障损失			风险值	风险等级
		模式	原因	现象	系统	设备	部件	经济损失	生产中断	设备损坏		
10	铁芯	短路	多点接地或层间、匝间绝缘击穿	温度升高、跳闸	主变停运	铁芯烧毁	损坏	可能造成设备或财产损失10万元以上100万元以下	导致生产中断7天及以上	经维修后可恢复设备性能	20	重大风险
11	铁芯	过热	发生接地、局部温度升高	温度升高、跳闸	主变停运	铁芯受损	损坏	可能造成设备或财产损失1万元以上10万元以下	主要备用设备退出备用24h以内	经维修后可恢复设备性能	12	较大风险
12	铁芯	松动	铁芯夹件未夹紧	运行时有振动、温度升高、声音异常	主变停运	铁芯受损	损坏	可能造成设备或财产损失1万元以上10万元以下	导致生产中断1～7天或生产工艺50%及以上	经维修后可恢复设备性能	16	重大风险
13	压力释放阀	功能失效	压力值设定不当、回路断线	不动作、误动作	主变停运	压力释放阀损坏	损坏	可能造成设备或财产损失1万元以下	主要备用设备退出备用24h以内	经维修后可恢复设备性能	10	较大风险
14	压力释放阀	卡涩	弹簧疲软、阀芯变形	喷油、瓦斯继电器动作、防爆管爆裂	主变停运	破损	损坏	可能造成设备或财产损失1万元以上10万元以下	主要备用设备退出备用24h以内	经维修后可恢复设备性能	12	较大风险
15	瓦斯继电器	渗油	密封不良	连接处有渗漏油滴落在设备上	加快油质劣化速度	密封破损	损坏	无	无	经维修后可恢复设备性能	4	较小风险
16	瓦斯继电器	功能失效	内部元器件机构老化、卡涩、触点损坏、断线	拒动造成不能正常动作	主变停运	瓦斯继电器损坏	损坏	可能造成设备或财产损失1万元以下	主要备用设备退出备用24h以内	经维修后可恢复设备性能	10	较大风险
17	测温电阻	断线	接线脱落、接触不良	温度异常	无法采集温度数据	无	损坏	无	无	经维修后可恢复设备性能	4	较小风险
18	测温电阻	功能失效	测温探头劣化损坏	温度异常	无法采集温度数据	测温电阻损坏	损坏	可能造成设备或财产损失1万元以下	无	经维修后可恢复设备性能	6	中等风险
19	温度表计	功能失效	接线端子脱落、回路断线	无温度显示	无	表记损坏	损坏	可能造成设备或财产损失1万元以下	无	经维修后可恢复设备性能	6	中等风险

续表

序号	部件	故障条件			故障影响			故障损失			风险值	风险等级
		模式	原因	现象	系统	设备	部件	经济损失	生产中断	设备损坏		
20	温度表计	卡涩	转动机构老化、弹性元件疲软	温度显示异常或无变化	无法正确采集数据	转动机构卡涩损坏	损坏	可能造成设备或财产损失1万元以下	无	经维修后可恢复设备性能	6	中等风险
21	油位计	渗油	螺栓松动	有渗油现象	主变压器本体或地面有油污	密封破损	损坏	无	无	经维修后可恢复设备性能	4	较小风险
22		断线	转动机构老化、弹性元件疲软	上位机无油位数据显示	无	无	损坏	无	无	经维修后可恢复设备性能	4	较小风险
23	主变压器在线监测	功能失效	传感器损坏、松动	监测参数异常无显示	无法监测	装置、探头损坏	损坏	可能造成设备或财产损失1万元以上10万元以下	无	经维修后可恢复设备性能	8	中等风险
24		短路	电气元件老化、过热	监测参数异常无显示	无法监测	无法正确采集数据	损坏	可能造成设备或财产损失1万元以下	无	经维修后可恢复设备性能	6	中等风险
25	套管	击穿	受潮绝缘老化	主变压器断路器跳闸	主变压器停运	绝缘损坏	损坏	可能造成设备或财产损失1万元以上10万元以下	导致生产中断7天及以上	经维修后可恢复设备性能	18	重大风险
26		渗油	密封不良	套管处有渗漏油滴落在设备上	加快油质劣化速度	密封损坏	损坏	可能造成设备或财产损失1万元以下	无	经维修后可恢复设备性能	6	中等风险
27		污闪	瓷瓶积灰积尘	发热、放电	无	绝缘性能下降	损坏	无	无	经维修后可恢复设备性能	4	较小风险
28	中性点接地刀闸	短路	电气元件老化、过热	电动操作失灵	无法自动控制操作	控制线路断线	损坏	无	无	经维修后可恢复设备性能	4	较小风险
29		变形	操作机构卡涩、行程开关故障	操作不到位、过分、过合	无	操作机构损坏	损坏	可能造成设备或财产损失1万元以下	无	经维修后可恢复设备性能	6	中等风险
30	事故排油阀	渗油	密封不良、螺栓松动	阀门法兰盘处有渗油	油面下降	密封破损	损坏	无	无	经维修后可恢复设备性能	4	较小风险
31		卡涩	阀芯锈蚀、螺纹受损	操作困难	无	阀门性能降低	损坏	无	无	经维修后可恢复设备性能	4	较小风险

续表

序号	部件	故障条件			故障影响			故障损失			风险值	风险等级
		模式	原因	现象	系统	设备	部件	经济损失	生产中断	设备损坏		
32	分接头开关	变形	操作机构卡涩	操作把手切换困难	无	性能下降	损坏	无	无	经维修后可恢复设备性能	4	较小风险
33		渗油	密封老化	分接开关出有油污	加快油质劣化速度	密封损坏	损坏	可能造成设备或财产损失1万元以下	无	经维修后可恢复设备性能	6	中等风险
34		过热	分接开关操作触头连接不到位或弹簧压力不足	绕组温度升高	主变压器停运	触头过热、变形	损坏	无	无	经维修后可恢复设备性能	4	较小风险

设备风险控制卡

区域：输变电　　系统：升压站　　设备：主变压器

序号	部件	故障条件			风险等级	日常控制措施			定期检修维护			临时措施
		模式	原因	现象		措施	检查方法	周期（天）	措施	检修方法	周期（月）	
1	油枕	渗油	管路阀门、密封不良	有渗漏油滴落在本体或地面上	较小风险	检查	现场检查地面或本体上有无渗漏油的痕迹	30	检修	修复、更换密封件	12	加强监视油枕油位与温度曲线，待停机后处理
2		破裂	波纹管老化、裂纹	油位指示异常	中等风险	检查	检查变压器温度变化是否与油位曲线相符	30	检修	修复或更换波纹管	12	加强监视油枕油位与温度曲线，待停机后处理
3	油箱	渗油	密封不良	有渗漏油滴落在本体或地面上	较小风险	检查	现场检查地面或本体上有无渗漏油的痕迹	30	更换	修复、更换密封件	12	加强监视油箱油位与温度，待停机后处理
4		锈蚀	环境潮湿、氧化	油箱表面脱漆锈蚀	较小风险	检查	外观检查表面是否有锈蚀、脱漆现象	30	检修	除锈、打磨、防腐	12	除锈、防腐
5	呼吸器	变质	受潮	硅胶变色	较小风险	检查	检查硅胶是否变色	30	更换	更换硅胶	12	检查呼吸器内颜色变化情况，更换呼吸器吸潮物质
6		堵塞	油封老化、油杯油位过高	呼吸器不能正常排、进气，可能造成压力释放动作	中等风险	检查	加强监视油枕油位与温度曲线是否相符	30	检修	更换油封、清洗油杯、更换硅胶	12	加强监视油枕油位与温度曲线是否相符，停机后更换
7	绕组线圈	短路	缺油、发热绝缘击穿、过电压	温度升高、跳闸	重大风险	检查	检查主变压器绕组温度，上下层油温是否正常	30	更换	更换线圈	12	停运变压器，更换线圈

续表

序号	部件	故障条件			风险等级	日常控制措施			定期检修维护			临时措施
		模式	原因	现象		措施	检查方法	周期（天）	措施	检修方法	周期（月）	
8	绕组线圈	击穿	发热绝缘破坏、过电压	运行声音异常、温度升高、跳闸	重大风险	检查	检查主变压器绕组温度、上下层油温是否正常	30	检修	包扎修复、更换线圈	12	停运变压器，更换线圈
9		老化	长期过负荷、温度过高，加快绝缘性能下降	运行声音异常、温度升高	较大风险	检查	检查主变压器绕组温度、上下层油温是否正常	30	检修	预防性试验，定期检查绝缘情况	12	避免长时间过负荷、高温情况下运行
10	铁芯	短路	多点接地或层间、匝间绝缘击穿	温度升高、跳闸	重大风险	检查	检查主变压器绕组温度、上下层油温是否正常、运行声音是否正常	30	检修	预防性试验，定期检查绝缘情况	12	停运变压器，更换受损铁芯
11		过热	发生接地、局部温度升高	温度升高、跳闸	较大风险	检查	检查主变压器绕组温度、上下层油温是否正常	30	检修	预防性试验，定期检查绝缘情况	12	停运变压器，查找接地原因、消除接地故障
12		松动	铁芯夹件未夹紧	运行时有振动、温度升高、声音异常	重大风险	检查	检查电压、电流是否正常，是否有振动声或噪声	30	检修	紧固铁芯夹件	12	检查是否影响设备运行，若影响则立即停机处理，若不影响则待停机后处理
13	压力释放阀	功能失效	压力值设定不当、回路断线	不动作、误动作	较大风险	检查	定期检查外观完好	30	检修	预防性试验，定期检查动作可靠性、正确性	12	停运变压器、更换压力释放阀
14		卡涩	弹簧疲软、阀芯变形	喷油、瓦斯继电器动作、防爆管爆裂	较大风险	检查	检查油温、油温是否正常、压力释放阀是否存在喷油、渗油现象	30	更换	更换压力释放阀	12	停运变压器、更换压力释放阀
15	瓦斯继电器	渗油	密封不良	连接处有渗漏油滴落在设备上	较小风险	检查	检查本体外观上有无渗漏油痕迹	30	检修	修复、更换密封件	12	临时紧固、压紧螺丝
16		功能失效	内部元器件机构老化、卡涩、触点损坏、断线	拒动造成不能正常动作	较大风险	检查	检查瓦斯信号、保护是否正常投入	30	检修	预防性试验，定期检查动作可靠性、正确性	12	必要时退出重瓦斯保护、停机检查处理、更换瓦斯继电器
17	测温电阻	断线	接线脱落、接触不良	温度异常	较小风险	检查	检查温度表计有无温度显示	30	加固	紧固接线端子	12	选取多处外部温度进行测温对比
18		功能失效	测温探头劣化损坏	温度异常	中等风险	检查	检查温度表计有无温度显示	30	更换	更换测温电阻	12	选取多处外部温度进行测温对比
19	温度表计	功能失效	接线端子脱落、回路断线	无温度显示	中等风险	检查	检查温度显示是否正常	30	检修	更换电气元器件，联动调试	12	检查控制回路、更换电气元器件

续表

序号	部件	故障条件			风险等级	日常控制措施			定期检修维护			临时措施
		模式	原因	现象		措施	检查方法	周期（天）	措施	检修方法	周期（月）	
20	温度表计	卡涩	转动机构老化、弹性元件疲软	温度显示异常或无变化	中等风险	检查	检查温度表计是否正常显示、有无变化	30	更换	修复或更换	12	通过测温和对比本体油温或绕组温度，停机后修复更换温度表计
21	油位计	渗油	螺栓松动	有渗油现象	较小风险	检查	看油位计是否有渗油现象	30	更换	更换密封件	12	观察渗油情况，待停机后处理
22		断线	转动机构老化、弹性元件疲软	上位机无油位数据显示	较小风险	检查	检查油位数据是否正常	30	加固	紧固接线端子	12	停运变压器后，紧固接线端子
23	主变压器在线监测	功能失效	传感器损坏、松动	监测参数异常无显示	中等风险	检查	检查监测数据是否正常、有无告警信号	30	检修	更换监测装置、传感器、预防性试验检查	12	加强监视主变压器运行参数变化、加强巡视检查
24		短路	电气元件老化、过热	监测参数异常无显示	中等风险	检查	检查上传数据无显示、数据异常	30	检修	更换电气元器件；绝缘测量	12	检查控制回路、测量绝缘、更换电气元件
25	套管	击穿	受潮绝缘老化	主变压器断路器跳闸	重大风险	检查	检查有无明显放电声，测量套管外部温度	30	检修	预防性试验定期检查绝缘情况	12	若有明显放电声，温度异常升高，立即停机检查处理
26		渗油	密封不良	套管处有渗漏油滴落在设备上	中等风险	检查	检查有无渗油现象	30	检修	更换密封圈，注油、紧固螺帽	12	变压器停运后，更换密封件、注油
27		污闪	瓷瓶积灰积尘	发热、放电	较小风险	检查	熄灯检查、测温	30	清扫	卫生清洁	12	停运后清扫
28	中性点接地刀闸	短路	电气元件老化、过热	电动操作失灵	较小风险	检查	卫生清扫、紧固接线端子	30	检修	更换电气元件、紧固接线端子	12	手动进行操作
29		变形	操作机构卡涩、行程开关故障	操作不到位、过分、过合	中等风险	检查	操作到位后检查行程开关节点是否已到位	30	检修	修复调整操作机构、调整行程节点	12	手动进行操作
30	事故排油阀	渗油	密封不良、螺栓松动	阀门法兰盘处有渗油	较小风险	检查	检查阀门法兰盘处有无渗漏油痕迹	30	更换	更换密封件	12	检查油位与温度，对排油阀法兰盘连接螺栓进行紧固
31		卡涩	阀芯锈蚀、螺纹受损	操作困难	较小风险	检查	检查阀门位置、润滑量是否足够	30	检修	润滑保养、阀芯调整	12	润滑保养、阀芯调整
32	分接头开关	变形	操作机构卡涩	操作把手切换困难	较小风险	检查	检查挡位是否与实际相符	30	检修	调整松紧程度	12	转检修后对弹簧进行更换

续表

序号	部件	故障条件			风险等级	日常控制措施			定期检修维护			临时措施
		模式	原因	现象		措施	检查方法	周期（天）	措施	检修方法	周期（月）	
33	分接头开关	渗油	密封老化	分接开关处有油污	中等风险	检查	外观检查是否有渗油现象	30	检修	更换密封垫、紧固螺栓	12	加强监视运行情况、漏油量变化、停运后更换密封
34		过热	分接开关操作触头连接不到位或弹簧压力不足	绕组温度升高	较小风险	检查	检查运行中温度、声音是否正常	30	检修	收紧弹簧受力、触头打磨修复	12	停运变压器、收紧弹簧受力、触头打磨修复

3 主变压器冷却装置

设备风险评估表

区域：输变电　　系统：升压站　　设备：主变压器冷却装置

序号	部件	故障条件			故障影响			故障损失			风险值	风险等级
		模式	原因	现象	系统	设备	部件	经济损失	生产中断	设备损坏		
1	电机	卡涩	电机启动力矩过大或受力不均	轴承有异常的金属撞击和卡涩声音	主变压器油温循环不良、升高	轴承损坏	在行业内发生过	可能造成设备或财产损失1万元以下	无	经维修后可恢复设备性能	6	中等风险
2	电机	短路	受潮、绝缘老化、击穿	电机处有烧焦异味、电机温高	主变压器油温循环不良、升高	绕组烧坏	在行业内发生过	可能造成设备或财产损失1万元以下	无	经维修后可恢复设备性能	6	中等风险
3	水泵	渗水	螺栓松动、密封损坏	组合面及溢流管渗水、水泵启动频繁	无	密封受损	在行业内发生过	无	无	经维修后可恢复设备性能	4	较小风险
4	水泵	异常磨损	水泵端面轴承磨损或卡滞导致泵轴间隙太大	运行声音异常、温度升高	主变压器温度升高	性能下降	在行业内发生过	无	无	经维修后可恢复设备性能	4	较小风险
5	冷却器	堵塞	水垢、异物堵塞	温度升高	冷却性能下降	冷却器堵塞	在行业内发生过	无	无	经维修后可恢复设备性能	4	较小风险
6	冷却器	破裂	水压力过高、材质劣化	温度升高、渗漏报警器报警	主变压器停运	冷却器损坏	在行业内发生过	可能造成设备或财产损失1万元以上10万元以下	导致生产中断1～7天或生产工艺50%及以上	经维修后可恢复设备性能	16	重大风险
7	渗漏报警器	短路	积尘积灰、电气元件老化、过热	不能监测渗漏	不能监测技术供水渗漏情况	报警器损坏	在行业内发生过	可能造成设备或财产损失1万元以下	无	经维修后可恢复设备性能	6	中等风险
8	渗漏报警器	松动	接线端子连接不牢固	监视异常、告警	不能监测技术供水渗漏情况	无	在行业内发生过	无	无	经维修后可恢复设备性能	4	较小风险
9	渗漏报警器	功能失效	传感器失效、模件损坏	不能监测渗漏	不能监测技术供水渗漏情况	元件损坏	在行业内发生过	可能造成设备或财产损失1万元以下	无	经维修后可恢复设备性能	6	中等风险

续表

序号	部件	故障条件			故障影响			故障损失			风险值	风险等级
		模式	原因	现象	系统	设备	部件	经济损失	生产中断	设备损坏		
10	示流器	堵塞	钙化物	流量显示不正常	水量信号异常	示流器性能降低	在行业内发生过	无	无	经维修后可恢复设备性能	4	较小风险
11	示流器	短路	环境潮湿、绝缘老化受损、电源电压异常	不能监测流量	不能监测技术供水流量	示流器损坏	在行业内发生过	可能造成设备或财产损失1万元以下	无	经维修后可恢复设备性能	6	中等风险
12	压力变送器	短路	环境潮湿、绝缘老化受损、电源电压异常	不能监测压力	不能监测技术供水压力	压力变送器损坏	在行业内发生过	无	无	经维修后可恢复设备性能	4	较小风险
13	压力变送器	功能失效	传感器失效	不能监测压力信号	压力信号异常	元件损坏	在行业内发生过	无	无	经维修后可恢复设备性能	4	较小风险
14	管路	渗水	锈蚀、沙眼	油管路砂眼处存在渗油现象	无	管路受损	在行业内发生过	无	无	经维修后可恢复设备性能	4	较小风险
15	管路	松动	螺栓未拧紧、运行振动	油管路连接处连接螺栓松动、渗油	无	无	在行业内发生过	无	无	经维修后可恢复设备性能	4	较小风险
16	PLC控制装置	功能失效	电气元件模块损坏	死机	无法自动动作	无采集信号、输出、输入	在行业内发生过	可能造成设备或财产损失1万元以下	无	经维修后可恢复设备性能	6	中等风险
17	PLC控制装置	断线	插件松动、接线脱落	失电	无法自动动作	无	在行业内发生过	无	无	经维修后可恢复设备性能	4	较小风险
18	PLC控制装置	过热	积尘积灰、高温、风扇损坏	PLC温度升高	无	性能降低	在行业内发生过	无	无	经维修后可恢复设备性能	4	较小风险
19	双电源切换开关	短路	电缆绝缘老化、相间短路、接地	开关跳闸、电源消失	缺失双电源切换功能	双电源切换开关损坏	在行业内发生过	无	无	经维修后可恢复设备性能	4	较小风险
20	双电源切换开关	过热	接头虚接、发热	开关、电缆发热	无	性能降低	在行业内发生过	无	无	经维修后可恢复设备性能	4	较小风险
21	双电源切换开关	熔断器断裂	过载、过流	开关跳闸、电源消失	无	保险丝损坏	在行业内发生过	可能造成设备或财产损失1万元以下	无	经维修后可恢复设备性能	6	中等风险
22	阀门	渗水	密封不良、螺栓松动	阀门开关处渗水	无	密封破损	在行业内发生过	无	无	经维修后可恢复设备性能	4	较小风险
23	阀门	卡涩	阀芯锈蚀、螺纹受损	操作困难	无	性能降低	在行业内发生过	无	无	经维修后可恢复设备性能	4	较小风险

设备风险控制卡

区域：输变电　　系统：升压站　　设备：主变压器冷却装置

序号	部件	故障条件			风险等级	日常控制措施			定期检修维护			临时措施
		模式	原因	现象		措施	检查方法	周期（天）	措施	检修方法	周期（月）	
1	电机	卡涩	电机启动力矩过大或受力不均	轴承有异常的金属撞击和卡涩声音	中等风险	检查	运行中监视运行声音及温度	15	检修	研磨修复、更换轴承	12	轮换电机运行、研磨修复、更换轴承
2		短路	受潮、绝缘老化、击穿	电机处有烧焦异味、电机温高	中等风险	检查	卫生清扫、绝缘测量	15	更换	更换绕组、电机	12	轮换电机运行、更换电机绕组
3	水泵	渗水	螺栓松动、密封损坏	组合面及溢流管渗水、水泵启动频繁	较小风险	检查	水泵运行中监视运行声音、油温是否正常，检查是否有渗水现象	15	检修	螺栓紧固、更换密封	12	轮换水泵运行、螺栓紧固、更换密封
4		异常磨损	水泵端面轴承磨损或卡滞导致泵轴间隙太大	运行声音异常、温度升高	较小风险	检查	运行中监视运行声音及温度	15	检修	研磨修复、更换轴承	12	轮换水泵运行、研磨修复、更换轴承
5	冷却器	堵塞	水垢、异物堵塞	温度升高	较小风险	检查	检查主变压器温度、示流信号器	15	检修	疏通异物	12	提高水压或降低出力运行，待停机后处理
6		破裂	水压力过高、材质劣化	温度升高、渗漏报警器报警	重大风险	检查	检查主变压器温度、示流信号器、渗漏报警器	15	检修	修复补漏、更换	12	申请停机处理
7	渗漏报警器	短路	积尘积灰、电气元件老化、过热	不能监测渗漏	中等风险	检查	卫生清扫、测量渗漏报警器绝缘值	15	更换	更换渗漏报警器	12	检查渗漏报警器是否有输入输出信号，若无应更换报警器
8		松动	接线端子连接不牢固	监视异常、告警	较小风险	检查	运行中检查油声音是否正常，渗漏报警器是否有异常告警信号	15	加固	紧固接线端子	12	检查渗漏报警器是否有输入输出信号，检查控制回路，紧固端子
9		功能失效	传感器失效、模件损坏	不能监测渗漏	中等风险	检查	测量渗漏报警器绝缘值	15	更换	更换渗漏报警器	12	检查渗漏报警器是否有输入输出信号，若无应更换报警器
10	示流器	堵塞	钙化物	流量显示不正常	较小风险	检查	看示流器显示值是否正常	15	检修	清洗、回装	12	清洗示流器
11		短路	环境潮湿、绝缘老化受损、电源电压异常	不能监测流量	中等风险	检查	卫生清扫、接线紧固	15	更换	更换示流器	12	停运时，更换示流器

续表

序号	部件	故障条件			风险等级	日常控制措施			定期检修维护			临时措施
		模式	原因	现象		措施	检查方法	周期（天）	措施	检修方法	周期（月）	
12	压力变送器	短路	环境潮湿、绝缘老化受损、电源电压异常	不能监测压力	较小风险	检查	控制屏上查看压力值显示是否正常，测量压力变送器绝缘值	15	更换	更换压力变送器	12	检查示流器是否有输入输出信号，若无应更换示流器器
13		功能失效	传感器失效	不能监测压力信号	较小风险	检查	控制屏上查看压力值显示是否正常，测量压力变送器绝缘值	15	更换	更换传感器	12	更换电气元器件
14	管路	渗水	锈蚀、沙眼	油管路砂眼处存在渗油现象	较小风险	检查	看油管路是否存在渗油现象	15	检修	对沙眼处进行补焊	12	检查调速器油压、油位变化及油泵打油情况，是否影响机组运行，若不影响，则选择停机后处理
15		松动	螺栓未拧紧、运行振动	油管路连接处连接螺栓松动、渗油	较小风险	检查	看油管路连接螺栓处是否存在渗油现象	15	检修	紧固螺栓、更换密封	12	紧固连接处螺帽
16	PLC控制装置	功能失效	电气元件模块损坏	死机	中等风险	检查	查看 PLC 信号是否与时间相符	15	更换	更换模块或更换 PLC 装置	12	加强监视主变运行参数变化情况，手动操作油泵
17		断线	插件松动、接线脱落	失电	较小风险	检查	查看 PLC 信号是否与时间相符，紧固接线	15	检修	检查电源电压、测量控制回路信号是否正常、紧固接线端子	12	需要时手动进行操作
18		过热	积尘积灰、高温、风扇损坏	PLC 温度升高	较小风险	检查	卫生清扫，检查 PLC 装置温度是否正常、风扇运行时正常	15	检修	卫生清理、检查模块、风扇是否正常	12	检查过热原因、手动操作油泵
19	双电源切换开关	短路	电缆绝缘老化、相间短路、接地	开关跳闸、电源消失	较小风险	检查	测量双电源切换开关绝缘	15	检修	更换双电源切换开关	12	检查双电源切换开关是否有线路松动或脱落，用万用表测量电压
20		过热	接头虚接、发热	开关、电缆发热	较小风险	检查	检查电流、电压、温度是否正常	15	加固	紧固接线端子	12	紧固接线端子
21		熔断器断裂	过载、过流	开关跳闸、电源消失	中等风险	检查	检查电压、电流是否正常、更换熔断器	15	更换	更换熔断器	12	检查电压、电流是否正常，更换熔断器

续表

序号	部件	故障条件			风险等级	日常控制措施			定期检修维护			临时措施
		模式	原因	现象		措施	检查方法	周期（天）	措施	检修方法	周期（月）	
22	阀门	渗水	密封不良、螺栓松动	阀门开关处渗水	较小风险	检查	在阀门开关处看渗水情况	15	更换	更换密封件	12	加强巡视检查，待停机后更换密封件或阀门
23		卡涩	阀芯锈蚀、螺纹受损	操作困难	较小风险	检查	检查阀门位置、润滑量是否足够	15	检修	螺杆润滑保养、阀芯调整	12	润滑保养、阀芯调整

4 主变压器间隔

设备风险评估表

区域：输变电　　系统：升压站　　设备：主变压器间隔

序号	部件	故障条件			故障影响			故障损失			风险值	风险等级
		模式	原因	现象	系统	设备	部件	经济损失	生产中断	设备损坏		
1	211断路器	短路	绝缘老化、积灰、高温	起火、冒烟	设备停运	柜体起火	断路器损坏	可能造成设备或财产损失1万元以上10万元以下	没有造成生产中断及设备故障	经维修后可恢复设备性能	10	较大风险
2		烧灼	电弧	起火、冒烟	设备停运	控制回路受损	断路器受损	可能造成设备或财产损失1万元以上10万元以下	无	经维修后可恢复设备性能	8	中等风险
3		断路	控制回路脱落	拒动	保护动作	越级动作	无	无	没有造成生产中断及设备故障	经维修后可恢复设备性能	6	中等风险
4		功能失效	控制回路短路	误动	设备停运	停运	性能降低	无	没有造成生产中断及设备故障	经维修后可恢复设备性能	6	中等风险
5		击穿	断路器灭弧性能失效	气室压力降至下限	设备停运	停运	断路器损坏	可能造成设备或财产损失1万元以下	没有造成生产中断及设备故障	经维修后可恢复设备性能	8	中等风险
6		功能失效	气室压力降低	操作机构失效	设备停运	停运	性能降低	无	没有造成生产中断及设备故障	经维修后可恢复设备性能	6	中等风险
7		漏气	焊接工艺不良、焊接处开裂	气室压力持续下降	设备停运	停运	性能降低	可能造成设备或财产损失1万元以下	没有造成生产中断及设备故障	经维修后可恢复设备性能	8	中等风险
8	2113隔离开关	短路	绝缘老化	起火、冒烟	设备停运	柜体起火	隔离刀闸损坏	可能造成设备或财产损失1万元以上10万元以下	没有造成生产中断及设备故障	经维修后可恢复设备性能	10	较大风险

续表

序号	部件	故障条件			故障影响			故障损失			风险值	风险等级
		模式	原因	现象	系统	设备	部件	经济损失	生产中断	设备损坏		
9	2113隔离开关	烧灼	触头绝缘老化	电弧	设备停运	停运	性能降低	无	无	经维修后设备可以维持使用，性能影响50%及以下	6	中等风险
10		劣化	触头氧化	触头处过热	出力受限	隔刀发热	性能降低	无	没有造成生产中断及设备故障	经维修后可恢复设备性能	6	中等风险
11		变形	操作机构磨损	拒动	设备停运	性能降低	性能降低	无	没有造成生产中断及设备故障	经维修后可恢复设备性能	6	中等风险
12		脱落	操作机构连接处脱落	操作机构失效	设备停运	功能失效	功能失效	无	没有造成生产中断及设备故障	经维修后可恢复设备性能	6	中等风险
13		漏气	焊接工艺不良、焊接处开裂	气室压力持续下降	设备停运	停运	性能降低	无	没有造成生产中断及设备故障	经维修后可恢复设备性能	6	中等风险
14	2111隔离开关	短路	绝缘老化	起火、冒烟	设备停运	柜体起火	隔离刀闸损坏	可能造成设备或财产损失1万元以上10万元以下	没有造成生产中断及设备故障	经维修后可恢复设备性能	10	较大风险
15		烧灼	触头绝缘老化	电弧	设备停运	停运	性能降低	无	无	经维修后设备可以维持使用，性能影响50%及以下	6	中等风险
16		劣化	触头氧化	触头处过热	出力受限	隔刀发热	性能降低	无	没有造成生产中断及设备故障	经维修后可恢复设备性能	6	中等风险
17		变形	操作机构磨损	拒动	设备停运	性能降低	性能降低	无	没有造成生产中断及设备故障	经维修后可恢复设备性能	6	中等风险
18		脱落	操作机构连接处脱落	操作机构失效	设备停运	功能失效	功能失效	无	没有造成生产中断及设备故障	经维修后可恢复设备性能	6	中等风险
19		漏气	焊接工艺不良、焊接处开裂	气室压力持续下降	设备停运	停运	性能降低	无	没有造成生产中断及设备故障	经维修后可恢复设备性能	6	中等风险

续表

序号	部件	故障条件			故障影响			故障损失			风险值	风险等级
		模式	原因	现象	系统	设备	部件	经济损失	生产中断	设备损坏		
20	21139接地刀闸	劣化	接触面氧化	电弧	无	无	性能降低	无	无	经维修后可恢复设备性能	4	较小风险
21		过热	接触面接触不良	电弧	无	无	性能降低	无	无	经维修后可恢复设备性能	4	较小风险
22		变形	操作机构磨损	拒动	无	停运	性能降低	无	没有造成生产中断及设备故障	经维修后可恢复设备性能	6	中等风险
23		脱落	操作机构连接处脱落	操作机构失效	无	停运	功能失效	无	没有造成生产中断及设备故障	经维修后可恢复设备性能	6	中等风险
24		漏气	焊接工艺不良、焊接处开裂	气室压力持续下降	无	停运	接地刀闸损坏	无	没有造成生产中断及设备故障	经维修后可恢复设备性能	6	中等风险
25	21119接地刀闸	劣化	接触面氧化	电弧	无	无	性能降低	无	无	经维修后可恢复设备性能	4	较小风险
26		过热	接触面接触不良	电弧	无	无	性能降低	无	无	经维修后可恢复设备性能	4	较小风险
27		变形	操作机构磨损	拒动	无	停运	性能降低	无	没有造成生产中断及设备故障	经维修后可恢复设备性能	6	中等风险
28		脱落	操作机构连接处脱落	操作机构失效	无	停运	功能失效	无	没有造成生产中断及设备故障	经维修后可恢复设备性能	6	中等风险
29		漏气	焊接工艺不良、焊接处开裂	气室压力持续下降	无	停运	功能失效	无	没有造成生产中断及设备故障	经维修后可恢复设备性能	6	中等风险
30	2119接地刀闸	劣化	接触面氧化	电弧	无	无	性能降低	无	无	经维修后可恢复设备性能	4	较小风险
31		过热	接触面接触不良	电弧	无	无	性能降低	无	无	经维修后可恢复设备性能	4	较小风险
32		变形	操作机构磨损	拒动	无	停运	性能降低	无	没有造成生产中断及设备故障	经维修后可恢复设备性能	6	中等风险
33		脱落	操作机构连接处脱落	操作机构失效	无	停运	功能失效	无	没有造成生产中断及设备故障	经维修后可恢复设备性能	6	中等风险

续表

序号	部件	故障条件			故障影响			故障损失			风险值	风险等级
		模式	原因	现象	系统	设备	部件	经济损失	生产中断	设备损坏		
34	2119接地刀闸	漏气	焊接工艺不良、焊接处开裂	气室压力持续下降	无	停运	功能失效	无	没有造成生产中断及设备故障	经维修后可恢复设备性能	6	中等风险
35	套管	击穿	电压过高	断路器跳闸	功能失效	停运	绝缘损坏	可能造成设备或财产损失1万元以上10万元以下	没有造成生产中断及设备故障	经维修后可恢复设备性能	10	较大风险
36	套管	漏气	焊接工艺不良、焊接处开裂	气室压力持续下降	功能失效	停运	套环损坏	可能造成设备或财产损失1万元以上10万元以下	无	经维修后可恢复设备性能	8	中等风险
37	电压互感器	短路	过电压、过载、二次侧短路、绝缘老化、高温	电弧、放电声、电压表指示降低或为零	机组停运	不能正常监测电压值	电压互感器损坏	可能造成设备或财产损失1万元以下	主要备用设备退出备用24h以内	经维修后可恢复设备性能	10	较大风险
38	电压互感器	铁芯松动	铁芯夹件未夹紧	运行时有振动或噪声	机组停运	机组提停运	电压互感器损坏	可能造成设备或财产损失1万元以下	主要备用设备退出备用24h以内	经维修后可恢复设备性能	10	较大风险
39	电压互感器	击穿	发热绝缘破坏、过电压	运行声音异常、温度升高、	机组停运	机组停运	线圈烧毁	可能造成设备或财产损失1万元以下	主要备用设备退出备用24h以内	经维修后可恢复设备性能	10	较大风险
40	电压互感器	绕组断线	焊接工艺不良、引出线不合格	发热、放电声	机组停运	不能监测电压	功能失效	可能造成设备或财产损失1万元以下	主要备用设备退出备用24h以内	经维修后可恢复设备性能	10	较大风险
41	电压互感器	漏气	焊接工艺不良、焊接处开裂	气室压力持续下降	无	停运	电压互感器损坏	无	没有造成生产中断及设备故障	经维修后可恢复设备性能	6	中等风险
42	电流互感器	击穿	一次侧接线接触不良，二次侧接线板表面氧化严重，电流互感器内匝线间短路或一、二次侧绝缘击穿	电流互感器发生过热、冒烟、流胶等	机组停运	机组停运	电流互感器损坏	可能造成设备或财产损失1万元以下	主要备用设备退出备用24h以内	经维修后可恢复设备性能	10	较大风险

续表

序号	部件	故障条件			故障影响			故障损失			风险值	风险等级
		模式	原因	现象	系统	设备	部件	经济损失	生产中断	设备损坏		
43	电流互感器	开路	接触不良、断线	电流表突然无指示，电流互感器声音明显增大，在开路处附近可嗅到臭氧味和听到轻微的放电声	机组停运	温度升高、本体发热	功能失效	无	主要备用设备退出备用24h以内	设备性能无影响	6	中等风险
44	电流互感器	松动	铁芯紧固螺丝松动、铁芯松动，硅钢片震动增大	发出不随一次负荷变化的异常声	无	温度升高、本体发热	性能降低	无	无	经维修后可恢复设备性能	4	较小风险
45	电流互感器	放电	表面过脏、绝缘降低	内部或表面放电	保护动作	监测电流值不正确	性能降低	无	无	经维修后可恢复设备性能	4	较小风险
46	电流互感器	漏气	焊接工艺不良、焊接处开裂	气室压力持续下降	无	停运	电流互感器损坏	无	没有造成生产中断及设备故障	经维修后可恢复设备性能	6	中等风险
47	压力表	劣化	弹簧弯管失去弹性、游丝失去弹性	压力表不动作或动作值不正确	无	不能正常监测压力	压力表损坏	可能造成设备或财产损失1万元以下	无	经维修后可恢复设备性能	6	中等风险
48	压力表	脱落	表针振动脱落	压力表显示值不正确	无	不能正常监测压力	压力表损坏	可能造成设备或财产损失1万元以下	无	经维修后可恢复设备性能	6	中等风险
49	压力表	堵塞	三通旋塞的通道连管或弯管堵塞	压力表无数值显示	无	不能正常监测压力	功能失效	无	无	经维修后可恢复设备性能	4	较小风险
50	压力表	变形	指针弯曲变形	压力表显示值不正确	无	不能正常监测压力	压力表损坏	可能造成设备或财产损失1万元以下	无	经维修后可恢复设备性能	6	中等风险
51	避雷器	击穿	潮湿、污垢	裂纹或破裂	无	柜体不正常带电	避雷器损坏	可能造成设备或财产损失1万元以下	无	经维修后可恢复设备性能	6	中等风险
52	避雷器	劣化	老化、潮湿、污垢	绝缘值降低	无	柜体不正常带电	性能降低	无	无	经维修后可恢复设备性能	4	较小风险
53	避雷器	老化	氧化	金具锈蚀、磨损、变形	无	无	性能降低	无	无	设备性能无影响	2	轻微风险

续表

序号	部件	故障条件			故障影响			故障损失			风险值	风险等级
		模式	原因	现象	系统	设备	部件	经济损失	生产中断	设备损坏		
54	六氟化硫微水、泄漏监测装置	短路	受潮	人员经过时不能正常语音报警	无	设备着火	监测装置损坏	无	无	经维修后可恢复设备性能	4	较小风险
55	六氟化硫微水、泄漏监测装置	堵塞	设备内部松动	监测数据无显示	无	监测功能失效	变送器损坏	无	无	经维修后可恢复设备性能	4	较小风险
56	六氟化硫微水、泄漏监测装置	断路	端子线氧化、接触不到位	监测数据无显示	无	监测功能失效	功能失效	无	无	经维修后可恢复设备性能	4	较小风险
57	六氟化硫微水、泄漏监测装置	松动	端子线紧固不到位	监测数据跳动幅度大、显示不正确	无	监测功能失效	功能失效	无	无	经维修后可恢复设备性能	4	较小风险
58	切换开关	短路	绝缘老化	接地或缺相	无	缺失双切换功能	切换开关损坏	可能造成设备或财产损失1万元以下	无	经维修后可恢复设备性能	6	中等风险
59	切换开关	断路	线路氧化、接触不到位	操作机构失效	无	缺失双切换功能	切换开关损坏	无	无	经维修后可恢复设备性能	4	较小风险

设备风险控制卡

区域：输变电　　系统：升压站　　设备：主变压器间隔

序号	部件	故障条件			风险等级	日常控制措施			定期检修维护			临时措施
		模式	原因	现象		措施	检查方法	周期（天）	措施	检修方法	周期（月）	
1	211断路器	短路	绝缘老化、积灰、高温	起火、冒烟	较大风险	检查	检查设备是否冒烟、有异味	7	检修	维修、更换断路器	12	停机处理
2	211断路器	烧灼	电弧	起火、冒烟	中等风险	检查	分合闸时看有无电弧	7	清扫	清扫卫生、打磨	12	加强观察运行，待停机后在触头处涂抹导电膏
3	211断路器	断路	控制回路脱落	拒动	中等风险	检查	检查控制回路	7	加固	清扫卫生、紧固端子	12	检查控制回路绝缘
4	211断路器	功能失效	控制回路短路	误动	中等风险	检查	检查控制回路	7	紧固	清扫卫生、紧固端子	12	测量控制回路电源通断
5	211断路器	击穿	断路器灭弧性能失效	气室压力降至下限	中等风险	检查	检查气室压力表压力	7	更换	维修、更换断路器	12	停机处理
6	211断路器	功能失效	气室压力降低	操作机构失效	中等风险	检查	检查气室压力表压力	7	检修	添加 SF_6 气体	12	观察运行，必要时停机处理
7	211断路器	漏气	焊接工艺不良、焊接处开裂	气室压力持续下降	中等风险	检查	定期开展设备巡查、同时检查压力变化	7	检修	焊接	12	加强现场通风，同时禁止操作该设备

续表

序号	部件	故障条件			风险等级	日常控制措施			定期检修维护			临时措施
		模式	原因	现象		措施	检查方法	周期（天）	措施	检修方法	周期（月）	
8	2113隔离开关	短路	绝缘老化	起火、冒烟	较大风险	检查	测量绝缘值	7	检修	维修、更换	12	停机处理
9		烧灼	触头绝缘老化	电弧	中等风险	检查	分合隔离开关时看有无电弧	7	检修	清扫卫生、打磨	12	加强观察运行，待停机后在触头处涂抹导电膏
10		劣化	触头氧化	触头处过热	中等风险	检查	测量温度	7	检修	维修、打磨	12	加强运行观察、降低出力运行
11		变形	操作机构磨损	拒动	中等风险	检查	检查刀闸指示位置	7	更换	维修、更换操作机构	12	做好安全措施后，解除操作机构闭锁装置
12		脱落	操作机构连接处脱落	操作机构失效	中等风险	检查	检查刀闸指示位置	7	更换	维修、更换操作机构	12	做好安全措施后，将故障设备隔离
13		漏气	焊接工艺不良、焊接处开裂	气室压力持续下降	中等风险	检查	定期开展设备巡查、同时检查压力变化	7	检修	打磨、补焊	12	加强现场通风，同时禁止操作该设备
14	2111隔离开关	短路	绝缘老化	起火、冒烟	较大风险	检查	测量绝缘值	7	检修	维修、更换	12	停机处理
15		烧灼	触头绝缘老化	电弧	中等风险	检查	分合隔离开关时看有无电弧	7	检修	清扫卫生、打磨	12	加强观察运行，待停机后在触头处涂抹导电膏
16		劣化	触头氧化	触头处过热	中等风险	检查	测量温度	7	检修	维修、打磨	12	加强运行观察、降低出力运行
17		变形	操作机构磨损	拒动	中等风险	检查	检查刀闸指示位置	7	更换	维修、更换操作机构	12	做好安全措施后，解除操作机构闭锁装置
18		脱落	操作机构连接处脱落	操作机构失效	中等风险	检查	检查刀闸指示位置	7	更换	维修、更换操作机构	12	做好安全措施后，将故障设备隔离
19		漏气	焊接工艺不良、焊接处开裂	气室压力持续下降	中等风险	检查	定期开展设备巡查、同时检查压力变化	7	检修	打磨、补焊	12	加强现场通风，同时禁止操作该设备
20	21139接地刀闸	劣化	接触面氧化	电弧	较小风险	检查	查看接地刀闸金属表面是否存在氧化现象	7	检修	打磨、图导电膏	12	手动增设一组接地线
21		过热	接触面接触不良	电弧	较小风险	检查	合闸时看有无电弧、测温	7	检修	打磨、图导电膏	12	手动增设一组接地线

续表

序号	部件	故障条件			风险等级	日常控制措施			定期检修维护			临时措施
		模式	原因	现象		措施	检查方法	周期（天）	措施	检修方法	周期（月）	
22	21139接地刀闸	变形	操作机构磨损	拒动	中等风险	检查	检查地刀指示位置	7	更换	维修、更换操作机构	12	做好安全措施后，解除操作机构闭锁装置
23		脱落	操作机构连接处脱落	操作机构失效	中等风险	检查	检查地刀指示位置	7	检修	维修、更换	12	做好安全措施后，将故障设备隔离
24		漏气	焊接工艺不良、焊接处开裂	气室压力持续下降	中等风险	检查	定期开展设备巡查、同时检查压力变化	7	检修	打磨、补焊	12	加强现场通风，同时禁止操作该设备
25	21119接地刀闸	劣化	接触面氧化	电弧	较小风险	检查	查看接地刀闸金属表面是否存在氧化现象	7	检修	打磨、图导电膏	12	手动增设一组接地线
26		过热	接触面接触不良	电弧	较小风险	检查	合闸时看有无电弧、测温	7	检修	打磨、图导电膏	12	手动增设一组接地线
27		变形	操作机构磨损	拒动	中等风险	检查	检查地刀指示位置	7	更换	维修、更换操作机构	12	做好安全措施后，解除操作机构闭锁装置
28		脱落	操作机构连接处脱落	操作机构失效	中等风险	检查	检查地刀指示位置	7	检修	维修、更换	12	做好安全措施后，将故障设备隔离
29		漏气	焊接工艺不良、焊接处开裂	气室压力持续下降	中等风险	检查	定期开展设备巡查、同时检查压力变化	7	检修	打磨、补焊	12	加强现场通风，同时禁止操作该设备
30	2119接地刀闸	劣化	接触面氧化	电弧	较小风险	检查	查看接地刀闸金属表面是否存在氧化现象	7	检修	打磨、图导电膏	12	手动增设一组接地线
31		过热	接触面接触不良	电弧	较小风险	检查	合闸时看有无电弧、测温	7	检修	打磨、图导电膏	12	手动增设一组接地线
32		变形	操作机构磨损	拒动	中等风险	检查	检查地刀指示位置	7	更换	维修、更换操作机构	12	做好安全措施后，解除操作机构闭锁装置
33		脱落	操作机构连接处脱落	操作机构失效	中等风险	检查	检查地刀指示位置	7	检修	维修、更换	12	做好安全措施后，将故障设备隔离
34		漏气	焊接工艺不良、焊接处开裂	气室压力持续下降	中等风险	检查	定期开展设备巡查、同时检查压力变化	7	检修	打磨、补焊	12	加强现场通风，同时禁止操作该设备

续表

序号	部件	故障条件			风险等级	日常控制措施			定期检修维护			临时措施
		模式	原因	现象		措施	检查方法	周期（天）	措施	检修方法	周期（月）	
35	套管	击穿	电压过高	断路器跳闸	较大风险	检查	检查有无明显放电声，测量套管外部温度	7	更换	更换套管	12	若有明显放电声，温度异常升高，立即停机检查处理
36	套管	漏气	焊接工艺不良、焊接处开裂	气室压力持续下降	中等风险	检查	定期开展设备巡查、同时检查压力变化	7	检修	打磨、补焊	12	加强现场通风，同时禁止操作该设备
37	电压互感器	短路	过电压、过载、二次侧短路、绝缘老化、高温	电弧、放电声、电压表指示降低或为零	较大风险	检查	看电压表指示、是否有电弧，听是否有放电声	30	更换	更换电压互感器	12	停运，更换电压互感器
38	电压互感器	铁芯松动	铁芯夹件未夹紧	运行时有振动或噪声	较大风险	检查	看电压表指示是否正确，听是否有振动声或噪声	30	更换	紧固夹件螺栓	12	检查是否影响设备运行，若影响则立即停机处理，若不影响则待停机后处理
39	电压互感器	击穿	发热绝缘破坏、过电压	运行声音异常、温度升高	较大风险	检查	看电压表指示是否正确，听是否有振动声或噪声	30	更换	修复线圈绕组或更换电压互感器	12	停运，更换电压互感器
40	电压互感器	绕组断线	焊接工艺不良、引出线不合格	发热、放电声	较大风险	检查	检查电压表指示是否正确、引出线是否松动	30	更换	焊接或更换电压互感器、重新接线	12	检查是否影响设备运行，若影响则立即停机处理，若不影响则待停机后处理
41	电压互感器	漏气	焊接工艺不良、焊接处开裂	气室压力持续下降	中等风险	检查	定期开展设备巡查，同时检查压力变化	7	检修	打磨、补焊	12	加强现场通风，同时禁止操作该设备
42	电流互感器	击穿	一次侧接线接触不良，二次侧接线板表面氧化严重，电流互感器内匝线间短路或一、二次侧绝缘击穿	电流互感器发生过热、冒烟、流胶等	较大风险	检查	测量电流互感器温度，看是否冒烟	30	更换	更换电流互感器	12	转移负荷，立即进行停电处理
43	电流互感器	开路	接触不良、断线	电流表突然无指示，电流互感器声音明显增大，在开路处附近可嗅到臭氧味和听到轻微的放电声	中等风险	检查	检查电流表有无显示、听是否有放电声、闻有无臭氧味	30	更换	更换电流互感器	12	转移负荷，立即进行停电处理

续表

序号	部件	故障条件			风险等级	日常控制措施			定期检修维护			临时措施
		模式	原因	现象		措施	检查方法	周期（天）	措施	检修方法	周期（月）	
44	电流互感器	松动	铁芯紧固螺丝松动、铁芯松动，硅钢片震动增大	发出不随一次负荷变化的异常声	较小风险	检查	听声音是否存在异常	30	检修	修复电流互感器	12	转移负荷，立即进行停电处理
45		放电	表面过脏、绝缘降低	内部或表面放电	较小风险	检查	看电流表是否放电、测绝缘	7	清扫	清扫卫生	12	转移负荷，立即进行停电处理
46		漏气	焊接工艺不良、焊接处开裂	气室压力持续下降	中等风险	检查	定期开展设备巡查、同时检查压力变化	7	检修	打磨、补焊	12	加强现场通风、同时禁止操作该设备
47	压力表	劣化	弹簧弯管失去弹性，游丝失去弹性	压力表不动作或动作值不正确	中等风险	检查	看压力表显示是否正确	7	更换	更换压力表	12	检查其他压力表是否显示正常，关闭检修阀后更换
48		脱落	表针振动脱落	压力表显示值不正确	中等风险	检查	看压力表显示是否正确	7	更换	更换压力表	12	检查其他压力表是否显示正常，关闭检修阀后更换
49		堵塞	三通旋塞的通道连管或弯管堵塞	压力表无数值显示	较小风险	检查	看压力表显示是否正确	7	检修	疏通堵塞处	12	检查其他压力表是否显示正常，停机后疏通堵塞处
50		变形	指针弯曲变形	压力表显示值不正确	中等风险	检查	看压力表显示是否正确	7	更换	更换压力表	12	检查其他压力表是否显示正常，关闭检修阀后更换
51	避雷器	击穿	潮湿、污垢	裂纹或破裂	中等风险	检查	查看避雷器是否存在裂纹或破裂	7	更换	更换避雷器	12	拆除避雷器，更换备品备件
52		劣化	老化、潮湿、污垢	绝缘值降低	较小风险	检查	测量绝缘值	7	检修	打扫卫生、烘烤	12	通电烘烤
53		老化	氧化	金具锈蚀、磨损、变形	轻微风险	检查	检查避雷器表面有无锈蚀及脱落现象	7	检修	打磨除锈、防腐	12	待设备停电后对氧化部分进行打磨除锈
54	六氟化硫微水、泄漏监测装置	短路	受潮	人员经过时不能正常语音报警	较小风险	检查	监测装置各测点数据显示是否正常、能否语音报警	7	检修	修复或更换监测装置	12	检查传感器是否正常，信号接线与电源接线是否导通
55		堵塞	设备内部松动	监测数据无显示	较小风险	检查	监测装置各测点数据显示是否正常	7	更换	更换变送器	12	检查传感器是否正常，数据显示有无异常

续表

序号	部件	故障条件			风险等级	日常控制措施			定期检修维护			临时措施
		模式	原因	现象		措施	检查方法	周期（天）	措施	检修方法	周期（月）	
56	六氟化硫微水、泄漏监测装置	断路	端子线氧化、接触不到位	监测数据无显示	较小风险	检查	监测装置各测点数据显示是否正常	7	检修	打磨、打扫卫生、紧固端子	12	检查传感器是否正常，信号接线与电源接线是否导通
57		松动	端子线紧固不到位	监测数据跳动幅度大、显示不正确	较小风险	检查	监测装置各测点数据显示是否正常	7	紧固	紧固端子	12	检查传感器是否正常，信号接线与电源接线是否导通
58	切换开关	短路	绝缘老化	接地或缺相	中等风险	检查	测量切换开关绝缘	7	更换	更换切换开关	12	停机时断开控制电源，更换切换开关
59		断路	线路氧化、接触不到位	操作机构失效	较小风险	检查	测量切换开关绝缘	7	加固	紧固接线处	12	紧固接线处

5 高压开关柜

设备风险评估表

区域：输变电　　　　系统：升压站　　　　设备：高压开关柜

序号	部件	故障条件			故障影响			故障损失			风险值	风险等级
		模式	原因	现象	系统	设备	部件	经济损失	生产中断	设备损坏		
1	一次触头	松脱	未紧固	发热	不可运行	致使设备不可用	损坏	可能造成设备或财产损失1万元以下	无	经维修后可恢复设备性能	6	中等风险
2	二次插头	松脱	未紧固	发热	运行，可靠性降低	信号不能传送	损坏	无	无	经维修后可恢复设备性能	4	较小风险
3	灭弧室	烧蚀	电弧灼伤	放电	不可运行	放电	损坏	可能造成设备或财产损失1万元以下	无	经维修后可恢复设备性能	6	中等风险
4	接地刀闸	卡涩	传动机构变形	分、合闸操作困难、不到位	无	传动机构损坏	损坏	可能造成设备或财产损失1万元以下	无	经维修后可恢复设备性能	6	中等风险
5		松动	触头螺栓松动	分合不到位	无	触头间隙过大	损坏	无	无	经维修后可恢复设备性能	4	较小风险
6	避雷器	击穿	接地不良、绝缘老化	裂纹或破裂、接地短路	防雷失效	避雷器损坏	损坏	可能造成设备或财产损失1万元以上10万元以下	主要备用设备退出备用24h以内	经维修后可恢复设备性能	12	较大风险
7		绝缘老化	污垢、过热	污闪、绝缘性能降低	无	避雷器绝缘损坏	损坏	可能造成设备或财产损失1万元以下	无	经维修后可恢复设备性能	6	中等风险
8	电压互感器	短路	过电压、过载、二次侧短路、绝缘老化、高温	电弧、放电声、电压表指示降低或为零	不能正常监测电压值	电压互感器损坏	损坏	可能造成设备或财产损失1万元以下	主要备用设备退出备用24h以内	经维修后可恢复设备性能	10	较大风险
9		铁芯松动	铁芯夹件未夹紧	运行时有振动或噪音	机组提停运	电压互感器损坏	损坏	可能造成设备或财产损失1万元以下	无	经维修后可恢复设备性能	6	中等风险

续表

序号	部件	故障条件			故障影响			故障损失			风险值	风险等级
		模式	原因	现象	系统	设备	部件	经济损失	生产中断	设备损坏		
10	电压互感器	击穿	发热绝缘破坏、过电压	运行声音异常、温度升高	机组停运	线圈烧毁	损坏	可能造成设备或财产损失1万元以下	主要备用设备退出备用24h以内	经维修后可恢复设备性能	10	较大风险
11		绕组断线	焊接工艺不良、引出线不合格	发热、放电声	不能监测电压	功能失效	损坏	可能造成设备或财产损失1万元以下	主要备用设备退出备用24h以内	经维修后可恢复设备性能	10	较大风险
12	电流互感器	击穿	一次侧接线接触不良，二次侧接线板表面氧化严重，电流互感器内匝线间短路或一、二次侧绝缘击穿	电流互感器发生过热、冒烟、流胶等	机组停运	电流互感器损坏	损坏	无	主要备用设备退出备用24h以内	经维修后可恢复设备性能	8	中等风险
13		开路	接触不良、断线	电流表突然无指示，电流互感器声音明显增大，在开路处附近可嗅到臭氧味和听到轻微的放电声	温度升高、本体发热	功能失效	损坏	无	主要备用设备退出备用24h以内	设备性能无影响	6	中等风险
14		松动	铁芯紧固螺丝松动、铁芯松动，硅钢片震动增大	发出不随一次负荷变化的异常声	温度升高、本体发热	功能失效	损坏	无	无	经维修后可恢复设备性能	4	较小风险
15	高压熔断器	熔体熔断	短路故障或过载运行、氧化、温度高	高温、熔断器开路	缺项或断电	损坏	损坏	无	主要备用设备退出备用24h以内	经维修后可恢复设备性能	8	中等风险
16		过热	熔断器运行年久导致接触表面氧化或灰尘厚接触不良，载熔件未旋到位接触不良	温升高	温度升高	性能下降	损坏	无	无	设备性能无影响	2	轻微风险

续表

序号	部件	故障条件			故障影响			故障损失			风险值	风险等级
		模式	原因	现象	系统	设备	部件	经济损失	生产中断	设备损坏		
17	智能指示装置	功能失效	电气元件损坏、控制回路断线	智能仪表无显示、位置信号异常	不能监测状态信号	元件受损	损坏	无	无	经维修后可恢复设备性能	4	较小风险
18	智能指示装置	短路	积尘积灰、绝缘老化受损、电源电压异常	智能仪表无显示、位置信号异常	不能监测状态信号	装置损坏	损坏	可能造成设备或财产损失1万元以下	无	经维修后可恢复设备性能	6	中等风险
19	闭锁装置	锈蚀	氧化	机械部分出现锈蚀现象	无	部件锈蚀	损坏	无	无	设备性能无影响	2	轻微风险
20	闭锁装置	异常磨损	长时间使用导致闭锁装置磨损	闭锁装置部件变形	无	传动机构变形	损坏	无	主要备用设备退出备用24h以内	经维修后可恢复设备性能	8	中等风险
21	母排	短路	绝缘损坏	母排击穿处冒火花、断路器跳闸	功能失效	母排功能下降、母排损坏	损坏	可能造成设备或财产损失1万元以上10万元以下	生产工艺限制50%及以下或主要设备退出备用24h及以上	经维修后可恢复设备性能	14	较大风险
22	母排	过热	积灰积尘、散热不良、电压过高	母排温度升高	影响母排工作寿命	性能下降	损坏	无	无	经维修后可恢复设备性能	4	较小风险
23	母排	松动	螺栓松动	母排温度升高	影响母排工作寿命	性能下降	损坏	无	无	经维修后可恢复设备性能	4	较小风险
24	二次回路	短路	积尘积灰、绝缘老化受损、电源电压异常	测量数据异常、指示异常、自动控制失效	不能自动控制、监视	端子、元件损坏	损坏	可能造成设备或财产损失1万元以下	无	经维修后可恢复设备性能	6	中等风险
25	二次回路	松动	接线处连接不牢固	测量数据异常、指示异常、自动控制失效	不能自动控制、监视	功能失效	损坏	无	无	经维修后可恢复设备性能	4	较小风险
26	二次回路	断线	接线端子氧化、接线脱落	测量数据异常、指示异常、自动控制失效	不能自动控制、监视	功能失效	损坏	无	无	经维修后可恢复设备性能	4	较小风险
27	储能器	短路	积尘积灰、绝缘老化受损、电源电压异常、电机损坏、控制回路故障	无法储能	不能正常自动储能	储能机构损坏	损坏	可能造成设备或财产损失1万元以下	无	经维修后可恢复设备性能	6	中等风险

续表

序号	部件	故障条件			故障影响			故障损失			风险值	风险等级
		模式	原因	现象	系统	设备	部件	经济损失	生产中断	设备损坏		
28	储能器	卡涩	异物卡阻、螺栓松动、传动机构变形	无法储能	不能正常自动储能	传动机构变形	损坏	无	无	经维修后可恢复设备性能	4	较小风险
29		行程失调	行程开关损坏、弹簧性能下降	储能异常	不能正常自动储能	行程开关损坏	损坏	无	无	经维修后可恢复设备性能	4	较小风险

设备风险控制卡

区域：输变电　　系统：升压站　　设备：高压开关柜

序号	部件	故障条件			风险等级	日常控制措施			定期检修维护			临时措施
		模式	原因	现象		措施	检查方法	周期（天）	措施	检修方法	周期（月）	
1	一次触头	中等风险	日常点检	测温	30	检查，必要时更换	利用设备停运时间检修	72	检修	无	无	检查更换
2	二次插头	较小风险	日常点检	看+听	30	检查，必要时更换	利用设备停运时间检修	72	检修	无	无	检查更换
3	灭弧室	中等风险	日常点检	看+听	30	检查，必要时更换	利用设备停运时间检修	72	检修	无	无	检查更换
4	接地刀闸	卡涩	传动机构变形	分合闸操作困难、不到位	中等风险	检查	测温检查、检查运行声音是否异常、检查紧固螺栓	30	检修	校正修复、打磨、紧固螺栓	12	加强观察运行，待停机后再校正修复、打磨、紧固螺栓
5		松动	触头螺栓松动	分合不到位	较小风险	检查	检查分合位置是否到位	30	检修	校正修复、打磨、紧固螺栓	12	校正修复、打磨、紧固螺栓，更换隔离开关
6	避雷器	击穿	接地不良、绝缘老化	裂纹或破裂、接地短路	较大风险	检查	查看避雷器是否存在裂纹或破裂、有无放电现象	30	更换	更换避雷器	12	拆除避雷器、更换备品备件
7		绝缘老化	污垢、过热	污闪、绝缘性能降低	中等风险	检查	测温检查、测量绝缘值	30	清扫	打扫卫生、烘烤	12	运行中加强监视，停运后，通电烘烤
8	电压互感器	短路	过电压、过载、二次侧短路、绝缘老化、高温	电弧、放电声、电压表指示降低或为零	较大风险	检查	看电压表指示、是否有电弧；听是否有放电声	30	更换	更换电压互感器	12	停运，更换电压互感器

续表

序号	部件	故障条件			风险等级	日常控制措施			定期检修维护			临时措施
		模式	原因	现象		措施	检查方法	周期（天）	措施	检修方法	周期（月）	
9	电压互感器	铁芯松动	铁芯夹件未夹紧	运行时有振动或噪声	中等风险	检查	看电压表指示是否正确；听是否有振动声或噪声	30	加固	紧固夹件螺栓	12	检查是否影响设备运行，若影响则立即停机处理，若不影响则待停机后处理
10		击穿	发热绝缘破坏、过电压	运行声音异常、温度升高	较大风险	检查	看电压表指示是否正确；听是否有振动声或噪声	30	检修	修复线圈绕组或更换电压互感器	12	停运，更换电压互感器
11		绕组断线	焊接工艺不良、引出线不合格	发热、放电声	较大风险	检查	看电压表指示是否正确，引出线是否松动	30	检修	焊接或更换电压互感器、重新接线	12	检查是否影响设备运行，若影响则立即停机处理，若不影响则待停机后处理
12	电流互感器	击穿	一次侧接线接触不良，二次侧接线板表面氧化严重，电流互感器内匝线间短路或一、二次侧绝缘击穿	电流互感器发生过热、冒烟、流胶等	中等风险	检查	测量电流互感器温度，看是否冒烟	30	更换	更换电流互感器	12	转移负荷，立即进行停电处理
13		开路	接触不良、断线	电流表突然无指示，电流互感器声音明显增大，在开路处附近可嗅到臭氧味和听到轻微的放电声	中等风险	检查	检查电流表有无显示、听是否有放电声、闻有无臭氧味	30	更换	更换电流互感器	12	转移负荷，立即进行停电处理
14		松动	铁芯紧固螺丝松动、铁芯松动，硅钢片震动增大	发出不随一次负荷变化的异常声	较小风险	检查	听声音是否存在异常	30	更换	更换电流互感器	12	转移负荷，立即进行停电处理
15	高压熔断器	熔体熔断	短路故障或过载运行、氧化、温度高	高温、熔断器开路	中等风险	检查	测量熔断器通断、电阻	30	更换	更换熔断器	12	转移负荷，立即进行停电处理
16		过热	熔断器运行年久接触表面氧化或灰尘厚接触不良、载熔件未旋到位接触不良	温升高	轻微风险	检查	测量熔断器及触件温度	30	检修	用砂布擦除氧化物，清扫灰尘，检查接触件接触情况是否良好，或者更换全套熔断器；载熔件必须旋到位，旋紧、牢固	12	

续表

序号	部件	故障条件			风险等级	日常控制措施			定期检修维护			临时措施
		模式	原因	现象		措施	检查方法	周期（天）	措施	检修方法	周期（月）	
17	智能指示装置	功能失效	电气元件损坏、控制回路断线	智能仪表无显示、位置信号异常	较小风险	检查	卫生清理、看智能仪表显示是否与实际相符	30	更换	检查二次回路线、更换智能指示装置	12	检查智能装置电源是否正常，接线有无松动，更换智能指示装置
18		短路	积尘积灰、绝缘老化受损、电源电压异常	智能仪表无显示、位置信号异常	中等风险	检查	卫生清洁、检查控制回路	30	清扫	测量绝缘、清扫积尘积灰	12	测量绝缘、清扫积尘积灰
19	闭锁装置	锈蚀	氧化	机械部分出现锈蚀现象	轻微风险	检查	看闭锁装置部件是否生锈	30	检修	打磨除锈	12	
20		异常磨损	长时间使用导致闭锁装置磨损	闭锁装置部件变形	中等风险	检查	查看闭锁装置部件是否变形，操作时检查闭锁装置是否失灵	30	更换	更换闭锁装置	12	用临时围栏将设备隔离，悬挂标示牌
21	母排	短路	绝缘损坏	母排击穿处冒火花、断路器跳闸	较大风险	检查	看母排有无闪络现象	30	更换	更换绝缘垫	12	停运做好安全措施后，对击穿母排进行更换
22		过热	积灰积尘、散热不良电压过高	母排温度升高	较小风险	检查	测温	30	清扫	卫生清扫	12	做好安全措施后，清理卫生
23		松动	螺栓松动	母排温度升高	较小风险	检查	测温	30	加固	紧固螺栓	12	做好安全措施后，紧固螺栓
24	二次回路	短路	积尘积灰、绝缘老化受损、电源电压异常	测量数据异常、指示异常、自动控制失效	中等风险	检查	看各测量数据是否正常，检查各接线端是否松动	30	更换	卫生清理、检查控制回路、更换元器件	12	做好安全措施后，检查控制回路、更换元器件
25		松动	接线处连接不牢固	测量数据异常、指示异常、自动控制失效	较小风险	检查	看各测量数据是否正常，检查各接线端是否松动	30	加固	紧固端子	12	紧固端子接线排
26		断线	接线端子氧化、接线脱落	测量数据异常、指示异常、自动控制失效	较小风险	检查	看各测量数据是否正常，检查各接线端是否松动	30	加固	紧固端子、接线	12	紧固端子接线排
27	储能器	短路	积尘积灰、绝缘老化受损、电源电压异常、电机损坏、控制回路故障	无法储能	中等风险	检查	检查储能器是否储能	30	更换	清扫卫生、更换电机、紧固二次回路线圈	12	检查储能装置是否正常，手动储能

续表

序号	部件	故障条件			风险等级	日常控制措施			定期检修维护			临时措施
		模式	原因	现象		措施	检查方法	周期（天）	措施	检修方法	周期（月）	
28	储能器	卡涩	异物卡阻、螺栓松动、传动机构变形	无法储能	较小风险	检查	检查储能指示、位置是否正常，外表面无锈蚀及油垢；本体内部无异音	30	加固	校正修复、打磨、紧固螺栓	12	做好安全措施后，校正修复、打磨、紧固螺栓
29		行程失调	行程开关损坏、弹簧性能下降	储能异常	较小风险	检查	检查储能器位置是否正常	30	更换	更换行程开关、调整弹簧松紧度	12	检查储能装置是否正常，手动储能

6 母线间隔

设备风险评估表

区域：输变电　　系统：升压站　　设备：母线间隔

序号	部件	故障条件			故障影响			故障损失			风险值	风险等级
		模式	原因	现象	系统	设备	部件	经济损失	生产中断	设备损坏		
1	电压互感器	短路	过电压、过载、二次侧短路、绝缘老化、高温	电弧、放电声、电压表指示降低或为零	机组停运	不能正常监测电压值	电压互感器损坏	可能造成设备或财产损失1万元以下	主要备用设备退出备用24h以内	经维修后可恢复设备性能	10	较大风险
2	电压互感器	铁芯松动	铁芯夹件未夹紧	运行时有振动或噪声	机组停运	机组提停运	电压互感器损坏	可能造成设备或财产损失1万元以下	主要备用设备退出备用24h以内	经维修后可恢复设备性能	10	较大风险
3	电压互感器	击穿	发热绝缘破坏、过电压	运行声音异常、温度升高	机组停运	机组停运	线圈烧毁	可能造成设备或财产损失1万元以下	主要备用设备退出备用24h以内	经维修后可恢复设备性能	10	较大风险
4	电压互感器	绕组断线	焊接工艺不良、引出线不合格	发热、放电声	机组停运	不能监测电压	功能失效	可能造成设备或财产损失1万元以下	主要备用设备退出备用24h以内	经维修后可恢复设备性能	10	较大风险
5	电压互感器	漏气	焊接工艺不良、焊接处开裂	气室压力持续下降	无	停运	电压互感器损坏	无	没有造成生产中断及设备故障	经维修后可恢复设备性能	6	中等风险
6	2514隔离开关	短路	绝缘老化	起火、冒烟	设备停运	柜体起火	隔离刀闸损坏	可能造成设备或财产损失1万元以上10万元以下	没有造成生产中断及设备故障	经维修后可恢复设备性能	10	较大风险
7	2514隔离开关	烧灼	触头绝缘老化	电弧	设备停运	停运	性能降低	无	无	经维修后设备可以维持使用，性能影响50%及以下	6	中等风险
8	2514隔离开关	劣化	触头氧化	触头处过热	出力受限	隔刀发热	性能降低	无	没有造成生产中断及设备故障	经维修后可恢复设备性能	6	中等风险

续表

序号	部件	故障条件			故障影响			故障损失			风险值	风险等级
		模式	原因	现象	系统	设备	部件	经济损失	生产中断	设备损坏		
9	2514隔离开关	变形	操作机构磨损	拒动	设备停运	性能降低	性能降低	无	没有造成生产中断及设备故障	经维修后可恢复设备性能	6	中等风险
10		脱落	操作机构连接处脱落	操作机构失效	设备停运	功能失效	功能失效	无	没有造成生产中断及设备故障	经维修后可恢复设备性能	6	中等风险
11		漏气	焊接工艺不良、焊接处开裂	气室压力持续下降	设备停运	停运	性能降低	无	没有造成生产中断及设备故障	经维修后可恢复设备性能	6	中等风险
12	25149接地刀闸	劣化	接触面氧化	电弧	无	无	性能降低	无	无	经维修后可恢复设备性能	4	较小风险
13		过热	接触面接触不良	电弧	无	无	性能降低	无	无	经维修后可恢复设备性能	4	较小风险
14		变形	操作机构磨损	拒动	无	停运	性能降低	无	没有造成生产中断及设备故障	经维修后可恢复设备性能	6	中等风险
15		脱落	操作机构连接处脱落	操作机构失效	无	停运	功能失效	无	没有造成生产中断及设备故障	经维修后可恢复设备性能	6	中等风险
16		漏气	焊接工艺不良、焊接处开裂	气室压力持续下降	无	停运	功能失效	无	没有造成生产中断及设备故障	经维修后可恢复设备性能	6	中等风险
17	2519接地刀闸	劣化	接触面氧化	电弧	无	无	性能降低	无	无	经维修后可恢复设备性能	4	较小风险
18		过热	接触面接触不良	电弧	无	无	性能降低	无	无	经维修后可恢复设备性能	4	较小风险
19		变形	操作机构磨损	拒动	无	停运	性能降低	无	没有造成生产中断及设备故障	经维修后可恢复设备性能	6	中等风险
20		脱落	操作机构连接处脱落	操作机构失效	无	停运	功能失效	无	没有造成生产中断及设备故障	经维修后可恢复设备性能	6	中等风险
21		漏气	焊接工艺不良、焊接处开裂	气室压力持续下降	无	停运	功能失效	无	没有造成生产中断及设备故障	经维修后可恢复设备性能	6	中等风险

续表

序号	部件	故障条件			故障影响			故障损失			风险值	风险等级
		模式	原因	现象	系统	设备	部件	经济损失	生产中断	设备损坏		
22	熔断器	熔断	短路故障或过载运行、氧化、温度高	高温、熔断器熔断开路	保护动作	缺相或断电	损坏	可能造成设备或财产损失1万元以下	无	经维修后可恢复设备性能	6	中等风险
23	熔断器	劣化	熔断器运行年久，接触表面氧化或灰尘厚接触不良；载熔件未旋到位接触不良	温升高	无	接触面发热	性能下降	无	无	设备性能无影响	2	轻微风险
24	压力表	劣化	弹簧弯管失去弹性、游丝失去弹性	压力表不动作或动作值不正确	无	不能正常监测压力	压力表损坏	可能造成设备或财产损失1万元以下	无	经维修后可恢复设备性能	6	中等风险
25	压力表	脱落	表针振动脱落	压力表显示值不正确	无	不能正常监测压力	压力表损坏	可能造成设备或财产损失1万元以下	无	经维修后可恢复设备性能	6	中等风险
26	压力表	堵塞	三通旋塞的通道连管或弯管堵塞	压力表无数值显示	无	不能正常监测压力	功能失效	无	无	经维修后可恢复设备性能	4	较小风险
27	压力表	变形	指针弯曲变形	压力表显示值不正确	无	不能正常监测压力	压力表损坏	可能造成设备或财产损失1万元以下	无	经维修后可恢复设备性能	6	中等风险
28	避雷器	击穿	潮湿、污垢	裂纹或破裂	无	柜体不正常带电	避雷器损坏	可能造成设备或财产损失1万元以下	无	经维修后可恢复设备性能	6	中等风险
29	避雷器	劣化	老化、潮湿、污垢	绝缘值降低	无	柜体不正常带电	性能降低	无	无	经维修后可恢复设备性能	4	较小风险
30	避雷器	老化	氧化	金具锈蚀、磨损、变形	无	无	性能降低	无	无	设备性能无影响	2	轻微风险
31	六氟化硫微水、泄漏监测装置	短路	受潮	人员经过时不能正常语音报警	无	设备着火	监测装置损坏	无	无	经维修后可恢复设备性能	4	较小风险
32	六氟化硫微水、泄漏监测装置	堵塞	设备内部松动	监测数据无显示	无	监测功能失效	变送器损坏	无	无	经维修后可恢复设备性能	4	较小风险

续表

序号	部件	故障条件			故障影响			故障损失			风险值	风险等级
		模式	原因	现象	系统	设备	部件	经济损失	生产中断	设备损坏		
33	六氟化硫微水、泄漏监测装置	断路	端子线氧化、接触不到位	监测数据无显示	无	监测功能失效	功能失效	无	无	经维修后可恢复设备性能	4	较小风险
34		松动	端子线紧固不到位	监测数据跳动幅度大、显示不正确	无	监测功能失效	功能失效	无	无	经维修后可恢复设备性能	4	较小风险
35	切换开关	短路	绝缘老化	接地或缺项	无	缺失双切换功能	切换开关损坏	可能造成设备或财产损失1万元以下	无	经维修后可恢复设备性能	6	中等风险
36		断路	线路氧化、接触不到位	操作机构失效	无	缺失双切换功能	切换开关损坏	无	无	经维修后可恢复设备性能	4	较小风险

设备风险控制卡

区域：输变电　　系统：升压站　　设备：母线间隔

序号	部件	故障条件			风险等级	日常控制措施			定期检修维护			临时措施
		模式	原因	现象		措施	检查方法	周期（天）	措施	检修方法	周期（月）	
1	电压互感器	短路	过电压、过载、二次侧短路、绝缘老化、高温	电弧、放电声、电压表指示降低或为零	较大风险	检查	看电压表指示、是否有电弧；听是否有放电声	30	更换	更换电压互感器	12	停运，更换电压互感器
2		铁芯松动	铁芯夹件未夹紧	运行时有振动或噪声	较大风险	检查	看电压表指示是否正确；听是否有振动声或噪声	30	更换	紧固夹件螺栓	12	检查是否影响设备运行，若影响则立即停机处理，若不影响则待停机后处理
3		击穿	发热绝缘破坏、过电压	运行声音异常、温度升高	较大风险	检查	看电压表指示是否正确；听是否有振动声或噪声	30	更换	修复线圈绕组或更换电压互感器	12	停运，更换电压互感器
4		绕组断线	焊接工艺不良、引出线不合格	发热、放电声	较大风险	检查	看电压表指示是否正确；引出线是否松动	30	更换	焊接或更换电压互感器、重新接线	12	检查是否影响设备运行，若影响则立即停机处理，若不影响则待停机后处理
5		漏气	焊接工艺不良、焊接处开裂	气室压力持续下降	中等风险	检查	定期开展设备巡查、同时检查压力变化	7	检修	打磨、补焊	12	加强现场通风、同时禁止操作该设备
6	2514隔离开关	短路	绝缘老化	起火、冒烟	较大风险	检查	测量绝缘值	7	检修	维修、更换	12	停机处理

续表

序号	部件	故障条件			风险等级	日常控制措施			定期检修维护			临时措施
		模式	原因	现象		措施	检查方法	周期（天）	措施	检修方法	周期（月）	
7	2514隔离开关	烧灼	触头绝缘老化	电弧	中等风险	检查	分合隔离开关时看有无电弧	7	检修	清扫卫生、打磨	12	加强观察运行，待停机后在触头处涂抹导电膏
8		劣化	触头氧化	触头处过热	中等风险	检查	测量温度	7	检修	维修、打磨	12	加强运行观察、降低出力运行
9		变形	操作机构磨损	拒动	中等风险	检查	检查刀闸指示位置	7	更换	维修、更换操作机构	12	做好安全措施后，解除操作机构闭锁装置
10		脱落	操作机构连接处脱落	操作机构失效	中等风险	检查	检查刀闸指示位置	7	更换	维修、更换操作机构	12	做好安全措施后，将故障设备隔离
11		漏气	焊接工艺不良、焊接处开裂	气室压力持续下降	中等风险	检查	定期开展设备巡查、同时检查压力变化	7	检修	打磨、补焊	12	加强现场通风，同时禁止操作该设备
12	25149接地刀闸	劣化	接触面氧化	电弧	较小风险	检查	查看接地刀闸金属表面是否存在氧化现象	7	检修	打磨、图导电膏	12	手动增设一组接地线
13		过热	接触面接触不良	电弧	较小风险	检查	合闸时看有无电弧，测温	7	检修	打磨、图导电膏	12	手动增设一组接地线
14		变形	操作机构磨损	拒动	中等风险	检查	检查地刀指示位置	7	更换	维修、更换操作机构	12	做好安全措施后，解除操作机构闭锁装置
15		脱落	操作机构连接处脱落	操作机构失效	中等风险	检查	检查地刀指示位置	7	检修	维修、更换	12	做好安全措施后，将故障设备隔离
16		漏气	焊接工艺不良、焊接处开裂	气室压力持续下降	中等风险	检查	定期开展设备巡查、同时检查压力变化	7	检修	打磨、补焊	12	加强现场通风，同时禁止操作该设备
17	2519接地刀闸	劣化	接触面氧化	电弧	较小风险	检查	查看接地刀闸金属表面是否存在氧化现象	7	检修	打磨、图导电膏	12	手动增设一组接地线
18		过热	接触面接触不良	电弧	较小风险	检查	合闸时看有无电弧，测温	7	检修	打磨、图导电膏	12	手动增设一组接地线
19		变形	操作机构磨损	拒动	中等风险	检查	检查地刀指示位置	7	更换	维修、更换操作机构	12	做好安全措施后，解除操作机构闭锁装置

续表

序号	部件	故障条件			风险等级	日常控制措施			定期检修维护			临时措施
		模式	原因	现象		措施	检查方法	周期（天）	措施	检修方法	周期（月）	
20	2519接地刀闸	脱落	操作机构连接处脱落	操作机构失效	中等风险	检查	检查地刀指示位置	7	检修	维修、更换	12	做好安全措施后，将故障设备隔离
21		漏气	焊接工艺不良、焊接处开裂	气室压力持续下降	中等风险	检查	定期开展设备巡查、同时检查压力变化	7	检修	打磨、补焊	12	加强现场通风，同时禁止操作该设备
22	熔断器	熔断	短路故障或过载运行、氧化、温度高	高温、熔断器熔断开路	中等风险	检查	测量熔断器通断、电阻	7	更换	更换熔断器	12	转移负荷，立即进行停电处理
23		劣化	熔断器运行年久，接触表面氧化或灰尘厚接触不良；载熔件未旋到位接触不良	温升高	轻微风险	检查	测量熔断器及触件温度	7	检修	用砂布擦除氧化物，清扫灰尘，检查接触件接触情况是否良好，或者更换全套熔断器；载熔件必须旋到位，旋紧、牢固	12	做好安全措施后，将故障设备隔离
24	压力表	劣化	弹簧弯管失去弹性、游丝失去弹性	压力表不动作或动作值不正确	中等风险	检查	看压力表显示是否正确	7	更换	更换压力表	12	检查其他压力表是否显示正常，关闭检修阀后更换
25		脱落	表针振动脱落	压力表显示值不正确	中等风险	检查	看压力表显示是否正确	7	更换	更换压力表	12	检查其他压力表是否显示正常，关闭检修阀后更换
26		堵塞	三通旋塞的通道连管或弯管堵塞	压力表无数值显示	较小风险	检查	看压力表显示是否正确	7	检修	疏通堵塞处	12	检查其他压力表是否显示正常，停机后疏通堵塞处
27		变形	指针弯曲变形	压力表显示值不正确	中等风险	检查	看压力表显示是否正确	7	更换	更换压力表	12	检查其他压力表是否显示正常，关闭检修阀后更换
28	避雷器	击穿	潮湿、污垢	裂纹或破裂	中等风险	检查	查看避雷器是否存在裂纹或破裂	7	更换	更换避雷器	12	拆除避雷器、更换备品备件
29		劣化	老化、潮湿、污垢	绝缘值降低	较小风险	检查	测量绝缘值	7	检修	打扫卫生、烘烤	12	通电烘烤
30		老化	氧化	金具锈蚀、磨损、变形	轻微风险	检查	检查避雷器表面有无锈蚀及脱落现象	7	检修	打磨除锈、防腐	12	待设备停电后对氧化部分进行打磨除锈

续表

序号	部件	故障条件			风险等级	日常控制措施			定期检修维护			临时措施
		模式	原因	现象		措施	检查方法	周期（天）	措施	检修方法	周期（月）	
31	六氟化硫微水、泄漏监测装置	短路	受潮	人员经过时不能正常语音报警	较小风险	检查	监测装置各测点数据显示是否正常、能否语音报警	7	检修	修复或更换监测装置	12	检查传感器是否正常，信号接线与电源接线是否导通
32		堵塞	设备内部松动	监测数据无显示	较小风险	检查	监测装置各测点数据显示是否正常	7	更换	更换变送器	12	检查传感器是否正常，数据显示有无异常
33		断路	端子线氧化、接触不到位	监测数据无显示	较小风险	检查	监测装置各测点数据显示是否正常	7	检修	打磨、打扫卫生、紧固端子	12	检查传感器是否正常，信号接线与电源接线是否导通
34		松动	端子线紧固不到位	监测数据跳动幅度大、显示不正确	较小风险	检查	监测装置各测点数据显示是否正常	7	紧固	紧固端子	12	检查传感器是否正常，信号接线与电源接线是否导通
35	切换开关	短路	绝缘老化	接地或缺项	中等风险	检查	测量切换开关绝缘	7	更换	更换切换开关	12	停机时断开控制电源，更换切换开关
36		断路	线路氧化、接触不到位	操作机构失效	较小风险	检查	测量切换开关绝缘	7	加固	紧固接线处	12	紧固接线处

7 母线保护屏

设备风险评估表

区域：保护室　　　　系统：保护系统　　　　设备：母线保护屏

序号	部件	故障条件			故障影响			故障损失			风险值	风险等级
		模式	原因	现象	系统	设备	部件	经济损失	生产中断	设备损坏		
1	BP-2C保护装置	击穿	二次线路老化、绝缘降低	短路	机组停运	保护装置停运	短路烧坏	可能造成设备或财产损失1万元以下	导致生产中断1～7天或生产工艺50%及以上	经维修后可恢复设备性能	14	较大风险
2		松动	端子线路松动、脱落	保护装置拒动	无	异常运行	功能失效	无	主要备用设备退出备用24h以内	经维修后可恢复设备性能	8	中等风险
3		短路	长期运行高温，绝缘降低	线路短路，装置异常报警	无	异常运行	短路烧坏	可能造成设备或财产损失1万元以上10万元以下	主要备用设备退出备用24h以内	经维修后可恢复设备性能	12	较大风险
4		过热	积尘积灰	温度升高	无	温度升高	散热性能降低	无	无	经维修后可恢复设备性能	4	较小风险
5		功能失效	CPU故障	故障报警信号灯亮、死机	无	保护装置停运	CPU损坏	可能造成设备或财产损失1万元以下	无	经维修后可恢复设备性能	6	中等风险
6		功能失效	电源插件故障	故障报警信号灯亮	无	保护装置停运	电源消失	无	无	经维修后可恢复设备性能	4	较小风险
7		功能失效	装置运算错乱	保护装置误动	机组停运	保护装置停运	装置异常	可能造成设备或财产损失1万元以上10万元以下	主要备用设备退出备用24h以内	经维修后可恢复设备性能	12	较大风险
8		老化	二次线路时间过长，正常老化、绝缘降低	绝缘降低	机组停运	保护装置停运	短路烧坏	无	主要备用设备退出备用24h以内	经维修后可恢复设备性能	8	中等风险
9	RCS915-AB保护装置	击穿	二次线路老化、绝缘降低	短路	机组停运	保护装置停运	短路烧坏	可能造成设备或财产损失1万元以下	导致生产中断1～7天或生产工艺50%及以上	经维修后可恢复设备性能	14	较大风险

续表

序号	部件	故障条件			故障影响			故障损失			风险值	风险等级
		模式	原因	现象	系统	设备	部件	经济损失	生产中断	设备损坏		
10	RCS915-AB 保护装置	松动	端子线路松动、脱落	保护装置拒动	无	异常运行	功能失效	无	主要备用设备退出备用 24h 以内	经维修后可恢复设备性能	8	中等风险
11		短路	长期运行高温，绝缘降低	线路短路，装置异常报警	无	异常运行	短路烧坏	可能造成设备或财产损失 1 万元以上 10 万元以下	主要备用设备退出备用 24h 以内	经维修后可恢复设备性能	12	较大风险
12		过热	积尘积灰	温度升高	无	温度升高	散热性能降低	无	无	经维修后可恢复设备性能	4	较小风险
13		功能失效	CPU 故障	故障报警信号灯亮、死机	无	保护装置停运	CPU 损坏	可能造成设备或财产损失 1 万元以下	无	经维修后可恢复设备性能	6	中等风险
14		功能失效	电源插件故障	故障报警信号灯亮	无	保护装置停运	电源消失	无	无	经维修后可恢复设备性能	4	较小风险
15		功能失效	装置运算错乱	保护装置误动	机组停运	保护装置停运	装置异常	可能造成设备或财产损失 1 万元以上 10 万元以下	主要备用设备退出备用 24h 以内	经维修后可恢复设备性能	12	较大风险
16		老化	二次线路时间过长，正常老化、绝缘降低	绝缘降低造成接地短路	机组停运	保护装置停运	短路烧坏	无	主要备用设备退出备用 24h 以内	经维修后可恢复设备性能	8	中等风险
17	加热器	老化	电源线路老化	绝缘降低造成接地短路	无	无	短路烧坏	可能造成设备或财产损失 1 万元以下	无	设备性能无影响	4	较小风险
18		松动	电源线路固定件疲劳松动	电源消失，装置失效	无	无	功能失效	无	无	经维修后可恢复设备性能	4	较小风险
19	压板	松动	压紧螺丝松动	接触不良引起发热	无	接触点发热	温度升高	无	无	经维修后可恢复设备性能	4	较小风险
20		脱落	端子线松动脱落	保护装置相应功能拒动	无	异常运行	功能失效	无	无	经维修后可恢复设备性能	4	较小风险
21		老化	压板线路运行时间过长，正常老化	绝缘降低造成接地短路	无	异常运行	功能失效	可能造成设备或财产损失 1 万元以下	无	经维修后可恢复设备性能	6	中等风险

续表

序号	部件	故障条件			故障影响			故障损失			风险值	风险等级
		模式	原因	现象	系统	设备	部件	经济损失	生产中断	设备损坏		
22	压板	氧化	连接触头长时间暴露空气中，产生氧化现象	接触不良，接触电阻增大，接触面发热，出现点斑	无	异常运行	异常运行	无	无	经维修后可恢复设备性能	4	较小风险
23	电源开关	功能失效	保险管烧坏或线路老化短路	电源开关有烧焦气味，发黑	无	装置失电	保险或线路烧坏	可能造成设备或财产损失1万元以下	无	经维修后可恢复设备性能	6	中等风险
24		松动	电源线路固定件疲劳松动	线路松动、脱落	无	装置失电	线路脱落	无	无	经维修后可恢复设备性能	4	较小风险
25	温湿度控制器	老化	电源线路时间过长，正常老化	绝缘降低造成接地短路	无	装置失电	短路烧坏	可能造成设备或财产损失1万元以下	无	设备性能无影响	4	较小风险
26		功能失效	控制器故障	无法感温、感湿，不能启动加热器	无	功能失效	控制器损坏	可能造成设备或财产损失1万元以下	无	设备性能无影响	4	较小风险
27	显示屏	功能失效	电源中断、显示屏损坏、通信中断	显示屏无显示	无	无法查看信息	功能失效	无	无	经维修后可恢复设备性能	4	较小风险
28		松动	电源插头松动、脱落	显示屏无显示	无	无法查看信息	功能失效	无	无	经维修后可恢复设备性能	4	较小风险

设备风险控制卡

区域：厂房　　系统：保护系统　　设备：母线保护屏

序号	部件	故障条件			风险等级	日常控制措施			定期检修维护			临时措施
		模式	原因	现象		措施	检查方法	周期（天）	措施	检修方法	周期（月）	
1	BP-2C保护装置	击穿	二次线路老化、绝缘降低	短路	较大风险	检查	在保护装置屏看查采样值，检查线路有无老化现象	7	检修	预防性试验定期检查绝缘情况	36	临时找到绝缘老化点进行绝缘包扎
2		松动	端子线路松动、脱落	保护装置拒动	中等风险	检查	检查二次线路是否有松动、脱落现象	7	紧固	紧固端子线路	36	紧固端子线路
3		短路	长期运行高温，绝缘降低	线路短路，装置异常报警	较大风险	检查	进行测温检查设备运行温度	7	检修	启动风机散热	36	启动风机散热
4		过热	积尘积灰	温度升高	较小风险	检查	检查模块是否积尘积灰	90	清扫	吹扫、清扫	36	吹扫、清扫

续表

序号	部件	故障条件			风险等级	日常控制措施			定期检修维护			临时措施
		模式	原因	现象		措施	检查方法	周期（天）	措施	检修方法	周期（月）	
5	BP-2C保护装置	功能失效	CPU 故障	故障报警信号灯亮、死机	中等风险	检查	检查保护装置是否故障灯亮，装置是否已死机	7	更换	更换 CPU	36	联系厂家更换损坏部件
6	BP-2C保护装置	功能失效	电源插件故障	故障报警信号灯亮	较小风险	检查	检查保护装置是否故障灯亮，装置是否已无电源	7	紧固	紧固线路	36	紧固线路，定期检查线路是否老化
7	BP-2C保护装置	功能失效	装置运算错乱	保护装置误动	较大风险	检查	检查定值输入是否正确	180	检修	检查定值输入是否正确，预防性试验定期检验装置精确性	36	退出该保护运行，预防性试验定期检验装置精确性
8	BP-2C保护装置	老化	二次线路时间过长，正常老化、绝缘降低	绝缘降低	中等风险	检查	外观检查	7	更换	更换老化线路	36	停机进行老化线路更换
9	RCS915-AB保护装置	击穿	二次线路老化、绝缘降低	短路	较大风险	检查	在保护装置屏查看采样值，检查线路有无老化现象	7	检修	预防性试验定期检查绝缘情况	36	临时找到绝缘老化点进行绝缘包扎
10	RCS915-AB保护装置	松动	端子线路松动、脱落	保护装置拒动	中等风险	检查	检查二次线路是否有松动、脱落现象	7	紧固	紧固端子线路	36	紧固端子线路
11	RCS915-AB保护装置	短路	长期运行高温，绝缘降低	线路短路，装置异常报警	较大风险	检查	进行测温，检查设备运行温度	7	检修	启动风机散热	36	启动风机散热
12	RCS915-AB保护装置	过热	积尘积灰	温度升高	较小风险	检查	检查模块是否积尘积灰	90	清扫	吹扫、清扫	36	吹扫、清扫
13	RCS915-AB保护装置	功能失效	CPU 故障	故障报警信号灯亮、死机	中等风险	检查	检查保护装置是否故障灯亮，装置是否已死机	7	更换	更换 CPU	36	联系厂家更换损坏部件
14	RCS915-AB保护装置	功能失效	电源插件故障	故障报警信号灯亮	较小风险	检查	检查保护装置是否故障灯亮，装置是否已无电源	7	紧固	紧固线路	36	紧固线路，定期检查线路是否老化
15	RCS915-AB保护装置	功能失效	装置运算错乱	保护装置误动	较大风险	检查	检查定值输入是否正确	180	检修	检查定值输入是否正确，预防性试验定期检验装置精确性	36	退出该保护运行，预防性试验定期检验装置精确性
16	RCS915-AB保护装置	老化	二次线路时间过长，正常老化、绝缘降低	绝缘降低造成接地短路	中等风险	检查	外观检查	7	更换	更换老化线路	36	停机进行老化线路更换

续表

序号	部件	故障条件			风险等级	日常控制措施			定期检修维护			临时措施
		模式	原因	现象		措施	检查方法	周期（天）	措施	检修方法	周期（月）	
17	加热器	老化	电源线路老化	绝缘降低造成接地短路	较小风险	检查	检查加热器是否有加热温度，是否有发黑、烧焦现象	7	更换	更换线路或加热器	3	更换加热器
18		松动	电源线路固定件疲劳松动	电源消失，装置失效	较小风险	检查	巡视检查线路是否松动，若是应进行紧固	7	紧固	定期进行线路紧固	3	进行线路紧固
19	压板	松动	压紧螺丝松动	接触不良引起发热	较小风险	检查	巡视检查压板压紧螺丝是否松动，若是应进行紧固	30	紧固	紧固压板	3	对压紧螺丝进行紧固
20		脱落	端子线松动脱落	保护装置相应功能拒动	较小风险	检查	对二次端子排线路进行拉扯，检查有无松动	30	紧固	逐一对端子排线路进行紧固	3	按照图纸进行回装端子线路
21		老化	压板线路运行时间过长，正常老化	绝缘降低造成接地短路	中等风险	检查	检查线路是否有老化现象	30	更换	定期检查线路是否老化，对不合格的进行更换	3	发现压板线路老化，立即更换
22		氧化	连接触头长时间暴露空气中，产生氧化现象	接触不良，接触电阻增大，接触面发热，出现点斑	较小风险	检查	检查连接触头是否有氧化现象	30	检修	定期检查，进行防氧化措施	3	对压板进行防氧化措施
23	电源开关	功能失效	保险管烧坏或线路老化短路	电源开关有烧焦气味，发黑	中等风险	检查	检查保护屏是否带电，是否有发黑、烧焦现象	7	检修	定期测量电压是否正常，线路是否老化	3	更换保险管或老化线路
24		松动	电源线路固定件疲劳松动	线路松动、脱落	较小风险	检查	巡视检查线路是否松动，若是应进行紧固	7	紧固	定期进行线路紧固	3	进行线路紧固
25	温湿度控制器	老化	电源线路时间过长正常老化	绝缘降低造成接地短路	较小风险	检查	检查线路是否有老化现象	7	更换	更换老化线路	3	更换老化线路
26		功能失效	控制器故障	无法感温、感湿，不能启动加热器	较小风险	检查	检查控制器是否故障，有无正常启动控制	7	检修	检查控制器是否故障，有无正常启动控制，设备绝缘是否合格	3	检查控制器是否故障，若是进行更换控制器
27	显示屏	功能失效	电源中断、显示屏损坏、通信中断	显示屏无显示	较小风险	检查	检查显示屏有无显示，插头是否紧固	7	更换	修复或更换	3	紧固松动线路或更换显示屏
28		松动	电源插头松动、脱落	显示屏无显示	较小风险	检查	检查电源插头有无松动	90	紧固	紧固电源插头	3	紧固电源插头

8 线路频率保护屏

设备风险评估表

区域：保护室　　系统：保护系统　　设备：线路频率保护屏

序号	部件	故障条件			故障影响			故障损失			风险值	风险等级
		模式	原因	现象	系统	设备	部件	经济损失	生产中断	设备损坏		
1	UFV-202A型频率电压紧急控制装置	击穿	二次线路老化、绝缘降低	短路	机组停运	保护装置停运	短路烧坏	可能造成设备或财产损失1万元以下	导致生产中断1～7天或生产工艺50%及以上	经维修后可恢复设备性能	14	较大风险
2		松动	端子线路松动、脱落	保护装置拒动	无	异常运行	功能失效	无	主要备用设备退出备用24h以内	经维修后可恢复设备性能	8	中等风险
3		短路	长期运行高温，绝缘降低	线路短路，装置异常报警	无	异常运行	短路烧坏	可能造成设备或财产损失1万元以上10万元以下	主要备用设备退出备用24h以内	经维修后可恢复设备性能	12	较大风险
4		过热	积尘积灰	温度升高	无	温度升高	散热性能降低	无	无	经维修后可恢复设备性能	4	较小风险
5		功能失效	CPU 故障	故障报警信号灯亮、死机	无	保护装置停运	CPU 损坏	可能造成设备或财产损失1万元以下	无	经维修后可恢复设备性能	6	中等风险
6			电源插件故障	故障报警信号灯亮	无	保护装置停运	电源消失	无	无	经维修后可恢复设备性能	4	较小风险
7			装置运算错乱	保护装置误动	机组停运	保护装置停运	装置异常	可能造成设备或财产损失1万元以上10万元以下	主要备用设备退出备用24h以内	经维修后可恢复设备性能	12	较大风险
8		老化	二次线路时间过长，正常老化、绝缘降低	绝缘降低	机组停运	保护装置停运	短路烧坏	无	主要备用设备退出备用24h以内	经维修后可恢复设备性能	8	中等风险
9	PSL-602GC数字式保护装置	击穿	二次线路老化、绝缘降低	短路	机组停运	保护装置停运	短路烧坏	可能造成设备或财产损失1万元以下	导致生产中断1～7天或生产工艺50%及以上	经维修后可恢复设备性能	14	较大风险

续表

序号	部件	故障条件			故障影响			故障损失			风险值	风险等级
		模式	原因	现象	系统	设备	部件	经济损失	生产中断	设备损坏		
10	PSL-602GC数字式保护装置	松动	端子线路松动、脱落	保护装置拒动	无	异常运行	功能失效	无	主要备用设备退出备用24h以内	经维修后可恢复设备性能	8	中等风险
11		短路	长期运行高温，绝缘降低	线路短路，装置异常报警	无	异常运行	短路烧坏	可能造成设备或财产损失1万元以上10万元以下	主要备用设备退出备用24h以内	经维修后可恢复设备性能	12	较大风险
12		过热	积尘积灰	温度升高	无	温度升高	散热性能降低	无	无	经维修后可恢复设备性能	4	较小风险
13		功能失效	CPU故障	故障报警信号灯亮、死机	无	保护装置停运	CPU损坏	可能造成设备或财产损失1万元以下	无	经维修后可恢复设备性能	6	中等风险
14		功能失效	电源插件故障	故障报警信号灯亮	无	保护装置停运	电源消失	无	无	经维修后可恢复设备性能	4	较小风险
15		功能失效	装置运算错乱	保护装置误动	机组停运	保护装置停运	装置异常	可能造成设备或财产损失1万元以上10万元以下	主要备用设备退出备用24h以内	经维修后可恢复设备性能	12	较大风险
16		老化	二次线路时间过长，正常老化、绝缘降低	绝缘降低造成接地短路	机组停运	保护装置停运	短路烧坏	无	主要备用设备退出备用24h以内	经维修后可恢复设备性能	8	中等风险
17	加热器	老化	电源线路老化	绝缘降低造成接地短路	无	无	短路烧坏	可能造成设备或财产损失1万元以下	无	设备性能无影响	4	较小风险
18		松动	电源线路固定件疲劳松动	电源消失，装置失效	无	无	功能失效	无	无	经维修后可恢复设备性能	4	较小风险
19	压板	松动	压紧螺丝松动	接触不良引起发热	无	接触点发热	温度升高	无	无	经维修后可恢复设备性能	4	较小风险
20		脱落	端子线松动脱落	保护装置相应功能拒动	无	异常运行	功能失效	无	无	经维修后可恢复设备性能	4	较小风险
21		老化	压板线路运行时间过长，正常老化	绝缘降低造成接地短路	无	异常运行	功能失效	可能造成设备或财产损失1万元以下	无	经维修后可恢复设备性能	6	中等风险

续表

序号	部件	故障条件			故障影响			故障损失			风险值	风险等级
		模式	原因	现象	系统	设备	部件	经济损失	生产中断	设备损坏		
22	压板	氧化	连接触头长时间暴露空气中，产生氧化现象	接触不良，接触电阻增大，接触面发热，出现点斑	无	异常运行	异常运行	无	无	经维修后可恢复设备性能	4	较小风险
23	电源开关	功能失效	保险管烧坏或线路老化短路	电源开关有烧焦气味，发黑	无	装置失电	保险或线路烧坏	可能造成设备或财产损失1万元以下	无	经维修后可恢复设备性能	6	中等风险
24		松动	电源线路固定件疲劳松动	线路松动、脱落	无	装置失电	线路脱落	无	无	经维修后可恢复设备性能	4	较小风险
25	温湿度控制器	老化	电源线路时间过长正常老化	绝缘降低造成接地短路	无	装置失电	短路烧坏	可能造成设备或财产损失1万元以下	无	设备性能无影响	4	较小风险
26		功能失效	控制器故障	无法感温、感湿，不能启动加热器	无	功能失效	控制器损坏	可能造成设备或财产损失1万元以下	无	设备性能无影响	4	较小风险
27	显示屏	功能失效	电源中断、显示屏损坏、通信中断	显示屏无显示	无	无法查看信息	功能失效	无	无	经维修后可恢复设备性能	4	较小风险
28		松动	电源插头松动、脱落	显示屏无显示	无	无法查看信息	功能失效	无	无	经维修后可恢复设备性能	4	较小风险

设备风险控制卡

区域：保护室　　　　系统：保护系统　　　　设备：线路频率保护屏

序号	部件	故障条件			风险等级	日常控制措施			定期检修维护			临时措施
		模式	原因	现象		措施	检查方法	周期（天）	措施	检修方法	周期（月）	
1	UFV-202A型频率电压紧急控制装置	击穿	二次线路老化、绝缘降低	短路	较大风险	检查	在保护装置屏查看采样值，检查线路有无老化现象	7	检修	预防性试验定期检查绝缘情况	36	临时找到绝缘老化点进行绝缘包扎
2		松动	端子线路松动、脱落	保护装置拒动	中等风险	检查	检查二次线路是否有松动、脱落现象	7	紧固	紧固端子线路	36	紧固端子线路
3		短路	长期运行高温，绝缘降低	线路短路，装置异常报警	较大风险	检查	进行测温，检查设备运行温度	7	检修	启动风机散热	36	启动风机散热
4		过热	积尘积灰	温度升高	较小风险	检查	检查模块是否积尘积灰	90	清扫	吹扫、清扫	36	吹扫、清扫

续表

序号	部件	故障条件			风险等级	日常控制措施			定期检修维护			临时措施
		模式	原因	现象		措施	检查方法	周期（天）	措施	检修方法	周期（月）	
5	UFV-202A型频率电压紧急控制装置	功能失效	CPU 故障	故障报警信号灯亮、死机	中等风险	检查	检查保护装置是否故障灯亮，装置是否已死机	7	更换	更换 CPU	36	联系厂家更换损坏部件
6			电源插件故障	故障报警信号灯亮	较小风险	检查	检查保护装置是否故障灯亮，装置是否已无电源	7	紧固	紧固线路	36	紧固线路，定期检查线路是否老化
7			装置运算错乱	保护装置误动	较大风险	检查	检查定值输入是否正确	180	检修	检查定值输入是否正确，预防性试验定期检验装置精确性	36	退出该保护运行，预防性试验定期检验装置精确性
8		老化	二次线路时间过长，正常老化、绝缘降低	绝缘降低	中等风险	检查	外观检查	7	更换	更换老化线路	36	停机进行老化线路更换
9	PSL-602GC数字式保护装置	击穿	二次线路老化、绝缘降低	短路	较大风险	检查	在保护装置屏查看采样值，检查线路有无老化现象	7	检修	预防性试验定期检查绝缘情况	36	临时找到绝缘老化点进行绝缘包扎
10		松动	端子线路松动、脱落	保护装置拒动	中等风险	检查	检查二次线路是否有松动、脱落现象	7	紧固	紧固端子线路	36	紧固端子线路
11		短路	长期运行高温，绝缘降低	线路短路，装置异常报警	较大风险	检查	进行测温，检查设备运行温度	7	检修	启动风机散热	36	启动风机散热
12		过热	积尘积灰	温度升高	较小风险	检查	检查模块是否积尘积灰	90	清扫	吹扫、清扫	36	吹扫、清扫
13		功能失效	CPU 故障	故障报警信号灯亮、死机	中等风险	检查	检查保护装置是否故障灯亮，装置是否已死机	7	更换	更换 CPU	36	联系厂家更换损坏部件
14		功能失效	电源插件故障	故障报警信号灯亮	较小风险	检查	检查保护装置是否故障灯亮，装置是否已无电源	7	紧固	紧固线路	36	紧固线路，定期检查线路是否老化
15		功能失效	装置运算错乱	保护装置误动	较大风险	检查	检查定值输入是否正确	180	检修	检查定值输入是否正确，预防性试验定期检验装置精确性	36	退出该保护运行，预防性试验定期检验装置精确性
16		老化	二次线路时间过长，正常老化、绝缘降低	绝缘降低造成接地短路	中等风险	检查	外观检查	7	更换	更换老化线路	36	停机进行老化线路更换
17	加热器	老化	电源线路老化	绝缘降低造成接地短路	较小风险	检查	检查加热器是否有加热温度，是否有发黑、烧焦现象	7	更换	更换线路或加热器	3	更换加热器

续表

序号	部件	故障条件			风险等级	日常控制措施			定期检修维护			临时措施
		模式	原因	现象		措施	检查方法	周期（天）	措施	检修方法	周期（月）	
18	加热器	松动	电源线路固定件疲劳松动	电源消失，装置失效	较小风险	检查	巡视检查线路是否松动，若是应进行紧固	7	紧固	定期进行线路紧固	3	进行线路紧固
19	压板	松动	压紧螺丝松动	接触不良引起发热	较小风险	检查	巡视检查压板压紧螺丝是否松动，若是应进行紧固	30	紧固	紧固压板	3	对压紧螺丝进行紧固
20	压板	脱落	端子线松动脱落	保护装置相应功能拒动	较小风险	检查	对二次端子排线路进行拉扯检查有无松动	30	紧固	逐一对端子排线路进行紧固	3	按照图纸进行回装端子线路
21	压板	老化	压板线路运行时间过长，正常老化	绝缘降低造成接地短路	中等风险	检查	外观检查线路是否有老化现象	30	更换	定期检查线路是否老化，对不合格的进行更换	3	发现压板线路老化，立即更换
22	压板	氧化	连接触头长时间暴露空气中，产生氧化现象	接触不良，接触电阻增大，接触面发热，出现点斑	较小风险	检查	检查连接触头是否有氧化现象	30	检修	定期检查，进行防氧化措施	3	对压板进行防氧化措施
23	电源开关	功能失效	保险管烧坏或线路老化短路	电源开关有烧焦气味，发黑	中等风险	检查	检查保护屏是否带电，是否有发黑、烧焦现象	7	检修	定期测量电压是否正常，线路是否老化	3	更换保险管或老化线路
24	电源开关	松动	电源线路固定件疲劳松动	线路松动、脱落	较小风险	检查	巡视检查线路是否松动，若是应进行紧固	7	紧固	定期进行线路紧固	3	进行线路紧固
25	温湿度控制器	老化	电源线路时间过长正常老化	绝缘降低造成接地短路	较小风险	检查	检查线路是否有老化现象	7	更换	更换老化线路	3	更换老化线路
26	温湿度控制器	功能失效	控制器故障	无法感温、感湿，不能启动加热器	较小风险	检查	检查控制器是否故障，有无正常启动控制	7	检修	检查控制器是否故障，有无正常启动控制，设备绝缘是否合格	3	检查控制器是否故障，若是进行更换控制器
27	显示屏	功能失效	电源中断、显示屏损坏、通信中断	显示屏无显示	较小风险	检查	检查显示屏有无显示，插头是否紧固	7	更换	修复或更换	3	紧固松动线路或更换显示屏
28	显示屏	松动	电源插头松动、脱落	显示屏无显示	较小风险	检查	检查电源插头有无松动	90	紧固	紧固电源插头	3	紧固电源插头

9 行波测距保护柜

设备风险评估表

区域：保护室　　　　　　　　　　系统：保护系统　　　　　　　　　　设备：行波测距保护柜

序号	部件	故障条件			故障影响			故障损失			风险值	风险等级
		模式	原因	现象	系统	设备	部件	经济损失	生产中断	设备损坏		
1	sdl-7003行波测距保护装置	击穿	二次线路老化、绝缘降低	短路	机组停运	保护装置停运	短路烧坏	可能造成设备或财产损失1万元以下	导致生产中断1～7天或生产工艺50%及以上	经维修后可恢复设备性能	14	较大风险
2		松动	端子线路松动、脱落	保护装置拒动	无	异常运行	功能失效	无	主要备用设备退出备用24h以内	经维修后可恢复设备性能	8	中等风险
3		短路	长期运行高温，绝缘降低	线路短路，装置异常报警	无	异常运行	短路烧坏	可能造成设备或财产损失1万元以上10万元以下	主要备用设备退出备用24h以内	经维修后可恢复设备性能	12	较大风险
4		过热	积尘积灰	温度升高	无	温度升高	散热性能降低	无	无	经维修后可恢复设备性能	4	较小风险
5		功能失效	CPU故障	故障报警信号灯亮、死机	无	保护装置停运	CPU损坏	可能造成设备或财产损失1万元以下	无	经维修后可恢复设备性能	6	中等风险
6		功能失效	电源插件故障	故障报警信号灯亮	无	保护装置停运	电源消失	无	无	经维修后可恢复设备性能	4	较小风险
7		功能失效	装置运算错乱	保护装置误动	机组停运	保护装置停运	装置异常	可能造成设备或财产损失1万元以上10万元以下	主要备用设备退出备用24h以内	经维修后可恢复设备性能	12	较大风险
8		老化	二次线路时间过长，正常老化、绝缘降低	绝缘降低	机组停运	保护装置停运	短路烧坏	无	主要备用设备退出备用24h以内	经维修后可恢复设备性能	8	中等风险

续表

序号	部件	故障条件			故障影响			故障损失			风险值	风险等级
		模式	原因	现象	系统	设备	部件	经济损失	生产中断	设备损坏		
9	加热器	老化	电源线路老化	绝缘降低造成接地短路	无	无	短路烧坏	可能造成设备或财产损失1万元以下	无	设备性能无影响	4	较小风险
10		松动	电源线路固定件疲劳松动	电源消失，装置失效	无	无	功能失效	无	无	经维修后可恢复设备性能	4	较小风险
11	压板	松动	压紧螺丝松动	接触不良引起发热	无	接触点发热	温度升高	无	无	经维修后可恢复设备性能	4	较小风险
12		脱落	端子线松动脱落	保护装置相应功能拒动	无	异常运行	功能失效	无	无	经维修后可恢复设备性能	4	较小风险
13		老化	压板线路运行时间过长，正常老化	绝缘降低造成接地短路	无	异常运行	功能失效	可能造成设备或财产损失1万元以下	无	经维修后可恢复设备性能	6	中等风险
14		氧化	连接触头长时间暴露空气中，产生氧化现象	接触不良，接触电阻增大，接触面发热，出现点斑	无	异常运行	异常运行	无	无	经维修后可恢复设备性能	4	较小风险
15	电源开关	功能失效	保险管烧坏或线路老化短路	电源开关有烧焦气味，发黑	无	装置失电	保险或线路烧坏	可能造成设备或财产损失1万元以下	无	经维修后可恢复设备性能	6	中等风险
16		松动	电源线路固定件疲劳松动	线路松动、脱落	无	装置失电	线路脱落	无	无	经维修后可恢复设备性能	4	较小风险
17	温湿度控制器	老化	电源线路时间过长正常老化	绝缘降低造成接地短路	无	装置失电	短路烧坏	可能造成设备或财产损失1万元以下	无	设备性能无影响	4	较小风险
18		功能失效	控制器故障	无法感温、感湿，不能启动加热器	无	功能失效	控制器损坏	可能造成设备或财产损失1万元以下	无	设备性能无影响	4	较小风险
19	显示屏	功能失效	电源中断、显示屏损坏、通信中断	显示屏无显示	无	无法查看信息	功能失效	无	无	经维修后可恢复设备性能	4	较小风险
20		松动	电源插头松动、脱落	显示屏无显示	无	无法查看信息	功能失效	无	无	经维修后可恢复设备性能	4	较小风险

设备风险控制卡

区域：保护室　　　　系统：保护系统　　　　设备：行波测距保护柜

序号	部件	故障条件			风险等级	日常控制措施			定期检修维护			临时措施
		模式	原因	现象		措施	检查方法	周期（天）	措施	检修方法	周期（月）	
1	sdl-7003行波测距保护装置	击穿	二次线路老化、绝缘降低	短路	较大风险	检查	在保护装置屏查看采样值，检查线路有无老化现象	7	检修	预防性试验定期检查绝缘情况	36	
2		松动	端子线路松动、脱落	保护装置拒动	中等风险	检查	检查二次线路是否有松动、脱落现象	7	紧固	紧固端子线路	36	
3		短路	长期运行高温，绝缘降低	线路短路，装置异常报警	较大风险	检查	进行测温检查设备运行温度	7	检修	启动风机散热	36	
4		过热	积尘积灰	温度升高	较小风险	检查	检查模块是否积尘积灰	90	清扫	吹扫、清扫	36	
5		功能失效	CPU 故障	故障报警信号灯亮、死机	中等风险	检查	检查保护装置是否故障灯亮，装置是否已死机	7	更换	更换 CPU	36	
6		功能失效	电源插件故障	故障报警信号灯亮	较小风险	检查	检查保护装置是否故障灯亮，装置是否已无电源	7	紧固	紧固线路	36	
7		功能失效	装置运算错乱	保护装置误动	较大风险	检查	检查定值输入是否正确	180	检修	检查定值输入是否正确，预防性试验定期检验装置精确性	36	
8		老化	二次线路时间过长，正常老化、绝缘降低	绝缘降低	中等风险	检查	外观检查	7	更换	更换老化线路	36	
9	加热器	老化	电源线路老化	绝缘降低造成接地短路	较小风险	检查	检查加热器是否有加热温度，是否有发黑、烧焦现象	7	更换	更换线路或加热器	3	临时找到绝缘老化点进行绝缘包扎
10		松动	电源线路固定件疲劳松动	电源消失，装置失效	较小风险	检查	巡视检查线路是否松动，若是应进行紧固	7	紧固	定期进行线路紧固	3	紧固端子线路
11		松动	压紧螺丝松动	接触不良引起发热	较小风险	检查	巡视检查压板压紧螺丝是否松动，若是应进行紧固	30	紧固	紧固压板	3	启动风机散热
12		脱落	端子线松动脱落	保护装置相应功能拒动	较小风险	检查	对二次端子排线路进行拉扯检查有无松动	30	紧固	逐一对端子排线路进行紧固	3	吹扫、清扫
13	压板	老化	压板线路运行时间过长，正常老化	绝缘降低造成接地短路	中等风险	检查	外观检查线路是否有老化现象	30	更换	定期检查线路是否老化，对不合格的进行更换	3	联系厂家更换损坏部件

续表

序号	部件	故障条件			风险等级	日常控制措施			定期检修维护			临时措施
		模式	原因	现象		措施	检查方法	周期（天）	措施	检修方法	周期（月）	
14	压板	氧化	连接触头长时间暴露空气中，产生氧化现象	接触不良，接触电阻增大，接触面发热，出现点斑	较小风险	检查	检查连接触头是否有氧化现象	30	检修	定期检查，进行防氧化措施	3	紧固线路，定期检查线路是否老化
15	电源开关	功能失效	保险管烧坏或线路老化短路	电源开关有烧焦气味，发黑	中等风险	检查	检查保护屏是否带电，是否有发黑、烧焦现象	7	检修	定期测量电压是否正常，线路是否老化	3	退出该保护运行，预防性试验定期检验装置精确性
16		松动	电源线路固定件疲劳松动	线路松动、脱落	较小风险	检查	巡视检查线路是否松动，若是应进行紧固	7	紧固	定期进行线路紧固	3	停机进行老化线路更换
17	温湿度控制器	老化	电源线路时间过长正常老化	绝缘降低造成接地短路	较小风险	检查	检查线路是否有老化现象	7	更换	更换老化线路	3	更换加热器
18		功能失效	控制器故障	无法感温、感湿，不能启动加热器	较小风险	检查	检查控制器是否故障，有无正常启动控制	7	检修	检查控制器是否故障，有无正常启动控制，设备绝缘是否合格	3	进行线路紧固
19	显示屏	功能失效	电源中断、显示屏损坏、通信中断	显示屏无显示	较小风险	检查	检查显示屏有无显示，插头是否紧固	7	更换	修复或更换	3	对压紧螺丝进行紧固
20		松动	电源插头松动、脱落	显示屏无显示	较小风险	检查	检查电源插头有无松动	90	紧固	紧固电源插头	3	按照图纸进行回装端子线路

10 400V 系统

设备风险评估表

区域：输配电　　　　系统：厂用电系统　　　　设备：400V 系统

序号	部件	故障条件			故障影响			故障损失			风险值	风险等级
		模式	原因	现象	系统	设备	部件	经济损失	生产中断	设备损坏		
1	抽屉开关	短路	时间过长，线路正常老化，绝缘降低	受电端失电、抽屉开关内冒烟，电流表电流显示异常	无	无	短路烧坏	可能造成设备或财产损失1万元以下	无	经维修后可恢复设备性能	6	中等风险
2	抽屉开关	变形	滑轮使用时间过长	抽屉开关无法拉出检修位置或推进工作位置	无	无	功能失效	无	无	经维修后可恢复设备性能	4	较小风险
3	抽屉开关	过热	触头接触面积尘积灰	接触面温度升高	无	温度升高	接触面发热	无	无	经维修后可恢复设备性能	4	较小风险
4	抽屉开关	松动	动触头处紧固螺栓疲劳	接触面温度升高	无	温度升高	接触面发热	无	无	经维修后可恢复设备性能	4	较小风险
5	断路器	松动	端子排线路松动	不能自动操作分合闸断路器、自动储能	无	运行可靠性降低	功能失效	无	无	经维修后可恢复设备性能	4	较小风险
6	断路器	老化	时间过长，设备正常老化	合闸电磁铁不能正常吸合	无	运行可靠性降低	功能失效	可能造成设备或财产损失1万元以下	无	经维修后可恢复设备性能	3	较小风险
7	断路器	卡涩	摇杆孔洞被异物堵塞	不能正常摇出至检修位置或摇进至连接位置	无	运行可靠性降低	功能失效	无	无	经维修后可恢复设备性能	4	较小风险
8	断路器		操作机构因时间过长疲软卡阻，异物卡涩	断路器拒动	无	拒绝动作	功能失效	无	无	经维修后可恢复设备性能	4	较小风险
9	断路器	断路	时间过长，控制回路线路正常老化	断路器误动	无	运行可靠性降低	功能失效	可能造成设备或财产损失1万元以上10万元以下	无	经维修后可恢复设备性能	8	中等风险

续表

序号	部件	故障条件			故障影响			故障损失			风险值	风险等级
		模式	原因	现象	系统	设备	部件	经济损失	生产中断	设备损坏		
10	电压互感器	短路	过电压、过载、绝缘老化、高温	电弧、放电声、电压表指示降低或为零	保护动作	不能正常监测电压值	电压互感器损坏	可能造成设备或财产损失1万元以下	主要备用设备退出备用24h以内	经维修后可恢复设备性能	10	较大风险
11	电压互感器	铁芯松动	铁芯夹件未夹紧	运行时有振动或噪声	无	监测电压值不正确	电压互感器损坏	可能造成设备或财产损失1万元以下	无	经维修后可恢复设备性能	6	中等风险
12	电压互感器	绕组断线	焊接工艺不良、引出线不合格	放电声	保护动作	不能监测电压	功能失效	无	主要备用设备退出备用24h以内	经维修后可恢复设备性能	8	中等风险
13	电流互感器	过热	一次侧接线接触不良，二次侧接线板表面氧化严重，电流互感器内匝间短路或一、二次侧绝缘击穿	电流互感器发生过热、冒烟、流胶等	保护动作	监测电流值不正确	电流互感器损坏	可能造成设备或财产损失1万元以下	无	经维修后可恢复设备性能	6	中等风险
14	电流互感器	松动	断线、二次侧开路	电流表突然无指示，电流互感器声音明显增大，在开路处附近可嗅到臭氧味和听到轻微的放电声	保护动作	不能监测电流	电流互感器损坏	可能造成设备或财产损失1万元以下	无	经维修后可恢复设备性能	6	中等风险
15	电流互感器	放电	表面过脏、绝缘降低	内部或表面放电	无	无	异常运行	无	无	经维修后可恢复设备性能	4	较小风险
16	电流互感器	异响	铁芯紧固螺丝松动、铁芯松动，硅钢片震动增大	发出不随一次负荷变化的异常声	无	监测电流值不正确	异常运行	无	无	经维修后可恢复设备性能	4	较小风险
17	电流表	功能失效	正常老化、线路短路	电流表不显示电流	无	无	功能失效	无	无	经维修后可恢复设备性能	4	较小风险
18	电流表	松动	二次回路线路松动	电流表不显示电流	无	无	功能失效	无	无	经维修后可恢复设备性能	4	较小风险

续表

序号	部件	故障条件			故障影响			故障损失			风险值	风险等级
		模式	原因	现象	系统	设备	部件	经济损失	生产中断	设备损坏		
19	电压表	功能失效	正常老化、线路短路	电压表不显示电压	无	无	功能失效	无	无	经维修后可恢复设备性能	4	较小风险
20	电压表	松动	二次回路线路松动	电流表不显示电流	无	无	功能失效	无	无	经维修后可恢复设备性能	4	较小风险
21	热继电器	功能失效	正常老化、线路短路	热元件烧毁不能正常动作	无	无	功能失效	可能造成设备或财产损失1万元以下	无	经维修后可恢复设备性能	6	中等风险
22	热继电器	松动	二次回路线路松动、内部机构部件松动	不能正常动作或动作时快时慢	无	无	功能失效	无	无	经维修后可恢复设备性能	4	较小风险
23	热继电器	卡涩	弹簧疲劳导致动作机构卡阻	不能正常动作	无	无	功能失效	无	无	经维修后可恢复设备性能	4	较小风险
24	母排	击穿	潮湿、短路	母排击穿处冒火花、断路器跳闸	运行可靠性降低	功能失效	母排损坏	可能造成设备或财产损失1万元以上10万元以下	无	经维修后可恢复设备性能	8	中等风险
25	母排	过热	电压过高、散热不良	母排温度升高	无	温度升高	绝缘降低	无	无	无	0	轻微风险
26	母排	松动	长时间振动造成接地扁铁螺栓松动	接地扁铁线路脱落	无	无	接地线松动、脱落	无	无	经维修后可恢复设备性能	4	较小风险
27	事故照明切换开关	功能失效	正常老化、短路烧毁	当主照明电源失电时，事故照明切换开关不能自动切换造成事故照明熄灭	无	无	功能失效	可能造成设备或财产损失1万元以下	无	经维修后可恢复设备性能	6	中等风险
28	事故照明切换开关	松动	二次回路线路松动	当主照明电源失电时，事故照明切换开关不能自动切换造成事故照明熄灭	无	无	功能失效	无	无	经维修后可恢复设备性能	4	较小风险

设备风险控制卡

区域：输配电　　系统：厂用电系统　　设备：400V 系统

序号	部件	故障条件			风险等级	日常控制措施			定期检修维护			临时措施
		模式	原因	现象		措施	检查方法	周期（天）	措施	检修方法	周期（月）	
1	抽屉开关	短路	时间过长，线路正常老化，绝缘降低	受电端失电、抽屉开关内冒烟，电流表电流显示异常	中等风险	检查	检查抽屉开关指示灯是否正常、抽屉开关有无烧糊味，受电设备运行是否有电	30	检修	预防性试验定期检查绝缘情况	12	断开抽屉开关上端电源，对脱落的线重新安装紧固，对绝缘老化的线路进行更换
2		变形	滑轮使用时间过长	抽屉开关无法拉出检修位置或推进工作位置	较小风险	检查	检查抽屉开关是否可正常推进、退出	30	检修	定期检查滑轮，涂抹润滑油	12	更换滑轮
3		过热	触头接触面积尘积灰	接触面温度升高	较小风险	检查	测温	30	检修	对接头接触面打磨光滑，清理异物	12	短时退出运行，进行打磨光滑，清理异物后投入运行
4		松动	动触头处紧固螺栓疲劳	接触面温度升高	较小风险	检查	测温；定期检查是否有松动现象	30	检修	紧固螺栓	12	短时退出运行，进行紧固处理
5	断路器	松动	端子排线路松动	不能自动操作分合闸断路器、自动储能	较小风险	检查	检查端子排线路有无松动	30	检修	定期紧固全部端子排线路	12	紧固已松动的端子排线路
6		老化	时间过长，设备正常老化	合闸电磁铁不能正常吸合	较小风险	检查	合闸时检查电气指示灯是否已亮	30	更换	更换合闸电磁铁	12	调整厂用电运行方式
7		卡涩	摇杆孔洞被异物堵塞	不能正常摇出至检修位置或摇进至连接位置	较小风险	检查	检查摇杆孔洞内是否有积尘积灰、异物	30	检修	清理、清扫异物	12	用气管进行吹扫
8			操作机构因时间过长疲软卡阻；异物卡涩	断路器拒动	较小风险	检查	分、合闸时现场检查机械指示、电气指示是否一致	30	检修	修复操作机构、清理异物	12	动作上一级断路器
9		断路	时间过长，控制回路线路正常老化	断路器误动	中等风险	检查	外观检查线路完好	30	更换	更换	12	退出运行并调整厂用电运行方式
10	电压互感器	短路	过电压、过载、绝缘老化、高温	电弧、放电声、电压表指示降低或为零	较大风险	检查	看电压表指示、是否有电弧；听是否有放电声	30	更换	更换电压互感器	12	检查是否影响设备运行，若影响则立即停机处理，若不影响则待停机后处理

续表

序号	部件	故障条件			风险等级	日常控制措施			定期检修维护			临时措施
		模式	原因	现象		措施	检查方法	周期（天）	措施	检修方法	周期（月）	
11	电压互感器	铁芯松动	铁芯夹件未夹紧	运行时有振动或噪声	中等风险	检查	看电压表指示是否正确；听是否有振动声或噪声	30	更换	更换电压互感器	12	检查是否影响设备运行，若影响则立即停机处理，若不影响则待停机后处理
12		绕组断线	焊接工艺不良、引出线不合格	放电声	中等风险	检查	看电压表指示是否正确、引出线是否松动	30	更换	焊接或更换电压互感器、重新接线	12	检查是否影响设备运行，若影响则立即停机处理，若不影响则待停机后处理
13	电流互感器	过热	一次侧接线接触不良，二次侧接线板表面氧化严重，电流互感器内匝间短路或一、二次侧绝缘击穿	电流互感器发生过热、冒烟、流胶等	中等风险	检查	测量电流互感器温度，看是否冒烟	30	检修	更换电流互感器	12	转移负荷，立即进行停电处理
14		松动	断线、二次侧开路	电流表突然无指示，电流互感器声音明显增大，在开路处附近可嗅到臭氧味和听到轻微的放电声	中等风险	检查	检查电流表有无显示，听是否有放电声，闻有无臭氧味	30	检修	更换电流互感器	12	转移负荷，立即进行停电处理
15		放电	表面过脏、绝缘降低	内部或表面放电	较小风险	检查	看电流表是否放电，测绝缘	30	检修	更换电流互感器	12	转移负荷，立即进行停电处理
16		异响	铁芯紧固螺丝松动、铁芯松动，硅钢片震动增大	发出不随一次负荷变化的异常声	较小风险	检查	听声音是否存在异常	30	检修	更换电流互感器	12	转移负荷，立即进行停电处理
17	电流表	功能失效	正常老化、线路短路	电流表不显示电流	较小风险	检查	查看电流表有无电流显示	7	更换	修复或更换电流表	12	临时更换电流表
18		松动	二次回路线路松动	电流表不显示电流	较小风险	检查	查看电流表有无电流显示	7	检修	紧固二次回路线路	12	紧固二次线路
19	电压表	功能失效	正常老化、线路短路	电压表不显示电压	较小风险	检查	查看电压表有无电压显示	7	更换	修复或更换电压表	12	临时更换电压表
20		松动	二次回路线路松动	电流表不显示电流	较小风险	检查	查看电流表有无电流显示	7	检修	紧固二次回路线路	12	紧固二次线路

续表

序号	部件	故障条件			风险等级	日常控制措施			定期检修维护			临时措施
		模式	原因	现象		措施	检查方法	周期（天）	措施	检修方法	周期（月）	
21	热继电器	功能失效	正常老化、线路短路	热元件烧毁不能正常动作	中等风险	检查	外观检查线路、电气元件情况	30	更换	更换热继电器	12	测量继电器电压情况，若不通电更换继电器
22	热继电器	松动	二次回路线路松动、内部机构部件松动	不能正常动作或动作时快时慢	较小风险	检查	查看二次线路、内部机构是否有松动、脱落现象	30	检修	紧固二次回路线路、内部机构	12	紧固二次线路或停机后紧固内部机构
23	热继电器	卡涩	弹簧疲劳导致动作机构卡阻	不能正常动作	较小风险	检查	看热继电器内部机构是否有异物	30	检修	吹扫、清扫	12	临时进行吹扫
24	母排	击穿	潮湿、短路	母排击穿处冒火花、断路器跳闸	中等风险	检查	看母排有无闪络现象	365	检修	预防性试验定期检查绝缘情况	12	调整厂用电运行方式，对击穿母排进行更换
25	母排	过热	电压过高、散热不良	母排温度升高	轻微风险	检查	测温	365				投入风机，降低环境温度或降低厂用电负荷运行
26	母排	松动	长时间振动造成接地扁铁螺栓松动	接地扁铁线路脱落	较小风险	检查	查看母线接地扁铁线路有无松动、脱落	365	检修	定期进行紧固	12	采取临时安全措施进行紧固处理
27	事故照明切换开关	功能失效	正常老化、短路烧毁	当主照明电源失电时，事故照明切换开关不能自动切换，造成事故照明熄灭	中等风险	检查	定期切换	30	检修	预防性试验	12	检查线路接线是否有松动和短路，对切换开关进行更换
28	事故照明切换开关	松动	二次回路线路松动	当主照明电源失电时，事故照明切换开关不能自动切换，造成事故照明熄灭	较小风险	检查	查看二次线路是否有松动、脱落现象	30	检修	紧固二次回路线路	12	紧固二次线路

11 厂用直流系统

设备风险评估表

区域：输配电　　系统：直流系统　　设备：厂用直流系统

序号	部件	故障条件			故障影响			故障损失			风险值	风险等级
		模式	原因	现象	系统	设备	部件	经济损失	生产中断	设备损坏		
1	充电模块	老化	电子元件老化	充电模块故障	无	无法对直流充电	充电模块损坏无法充电	可能造成设备或财产损失1万元以下	无	经维修后可恢复设备性能	6	中等风险
2		功能失效	模块电子元件超使用年限、老化	无监测数据显示、死机、无法充电	无	无法自动充电	模块电子元件损坏	可能造成设备或财产损失1万元以下	无	经维修后可恢复设备性能	6	中等风险
3	蓄电池	性能衰退	蓄电池超使用年限、老化	蓄电池电压偏低	无	蓄电池电源供应不足	蓄电池损坏	可能造成设备或财产损失1万元以下	无	经维修后可恢复设备性能	6	中等风险
4		开裂	蓄电池过度充电、超使用年限	蓄电池外壳破裂	无	无	蓄电池损坏	可能造成设备或财产损失1万元以下	无	经维修后可恢复设备性能	6	中等风险
5		变形	蓄电池温度偏高、电压偏高	蓄电池外壳鼓包	无	无	蓄电池损坏	可能造成设备或财产损失1万元以下	无	经维修后可恢复设备性能	6	中等风险
6	绝缘监测装置	功能失效	绝缘监测模块电子元件老化、接线端松动	无绝缘监测数据显示或监测数据跳动异常	无	无法绝缘监测运行参数	电子元件及监测线路损坏	无	无	经维修后可恢复设备性能	4	较小风险
7	电池巡检仪	功能失效	巡检模块电子元件老化、接线端松动	无巡检监测数据显示或监测数据跳动异常	无	无法巡检监测运行参数	电子元件及监测线路损坏	无	无	经维修后可恢复设备性能	4	较小风险
8	空气开关	过热	过载、接触不良	开关发热、绝缘降低造成击穿、短路	无	无法投入输送电源	性能降低	无	无	经维修后可恢复设备性能	4	较小风险

续表

序号	部件	故障条件			故障影响			故障损失			风险值	风险等级
		模式	原因	现象	系统	设备	部件	经济损失	生产中断	设备损坏		
9	空气开关	短路	积尘积灰、绝缘性能下降	电气开关烧坏	无	无法投入输送电源	性能失效	无	无	经维修后可恢复设备性能	4	较小风险
10	熔断器	断裂	系统中出现短路、过流，过载后熔断器产生的热量断裂	熔断器断裂后机械指示跳出、对应线路失电	无	输出回路失电	熔断器熔断	可能造成设备或财产损失1万元以下	无	经维修后可恢复设备性能	6	中等风险
11	直流监测装置	功能失效	监测模块电子元件老化、接线端松动	无监测数据显示或监测数据跳动异常	无	无法监测直流运行参数	性能失效	无	无	经维修后可恢复设备性能	4	较小风险
12	直流馈线母线	过热	过载、接触不良	开关发热、绝缘降低造成击穿、短路	无	无法投入输送电源	母线损伤	无	主要备用设备退出备用24h以内	经维修后可恢复设备性能	8	中等风险
13	直流馈线母线	短路	绝缘降低、金属异物短接	温度升高、跳闸	无	无法投入输送电源	母线烧毁	可能造成设备或财产损失1万元以下	无	经维修后可恢复设备性能	6	中等风险
14	二次回路	松动	二次回路端子处连接不牢固	线路发热、参数上下跳跃或消失	无	无法监控直流运行	电缆损伤	无	无	经维修后可恢复设备性能	4	较小风险
15	二次回路	短路	线路老化、绝缘降低	线路发热、电缆有烧焦异味	无	无法监控直流运行	电缆烧坏	可能造成设备或财产损失1万元以下	无	经维修后可恢复设备性能	6	中等风险
16	自动切换开关	过热	过载、接触不良	开关发热、绝缘降低造成击穿、短路	无	无法投入输送电源	性能降低	无	无	经维修后可恢复设备性能	4	较小风险
17	自动切换开关	短路	积尘积灰、绝缘性能下降	电气开关烧坏	无	无法投入输送电源	性能失效	无	无	经维修后可恢复设备性能	4	较小风险
18	自动切换开关	松动	分离机构没有复位而导致双电源自动开关不转换	机械联锁装置松动、卡滞	无	电源无法正常切换	性能降低	无	无	经维修后可恢复设备性能	4	较小风险

设备风险控制卡

区域：输配电　　　　系统：直流系统　　　　设备：厂用直流系统

序号	部件	故障条件			风险等级	日常控制措施			定期检修维护			临时措施
		模式	原因	现象		措施	检查方法	周期（天）	措施	检修方法	周期（月）	
1	充电模块	老化	电子元件老化	充电模块故障	中等风险	检查	检查充电模块	30	检修	更换电源模块	12	更换充电模块
2	充电模块	功能失效	模块电子元件超使用年限、老化	无监测数据显示、死机、无法充电	中等风险	检查	检查充电模块	30	检修	检查调试、清扫更换充电模块	12	更换充电模块
3	蓄电池	性能衰退	蓄电池超使用年限、老化	蓄电池电压偏低	中等风险	检查	蓄电池充放电试验	30	更换	更蓄电池	12	更换蓄电池
4	蓄电池	开裂	蓄电池过度充电、超使用年限	蓄电池外壳破裂	中等风险	检查	蓄电池充放电试验、查看蓄电池有无破裂	30	更换	更蓄电池	12	更换蓄电池
5	蓄电池	变形	蓄电池温度偏高、电压偏高	蓄电池外壳鼓包	中等风险	检查	蓄电池充放电试验、查看蓄电池有无变形	30	更换	更蓄电池	12	更换蓄电池
6	绝缘监测装置	功能失效	绝缘监测模块电子元件老化、接线端松动	无绝缘监测数据显示或监测数据跳动异常	较小风险	检查	检查绝缘监测线连接牢固、监测量显示正常	30	检修	检查、调试、清扫、紧固	12	检查电源插头连接牢固，监测接线是否有松动或脱落
7	电池巡检仪	功能失效	巡检模块电子元件老化、接线端松动	无巡检监测数据显示或监测数据跳动异常	较小风险	检查	检查巡检线连接牢固、巡检量显示正常	30	检修	检查、调试、清扫、紧固	12	检查电源插头连接牢固，巡检接线是否有松动或脱落
8	空气开关	过热	过载、接触不良	开关发热、绝缘降低造成击穿、短路	较小风险	检查	检查空气开关温度、传输线连接牢固	30	检修	紧固接线端子、更换空气开关	12	检查线路接线是否有松动和短路
9	空气开关	短路	积尘积灰、绝缘性能下降	电气开关烧坏	较小风险	检查	卫生清扫、绝缘测量	30	检修	紧固接线端子、更换空气开关	12	更换空气开关
10	熔断器	断裂	系统中出现短路、过流、过载后熔断器产生的热量断裂	熔断器断裂后机械指示跳出、对应线路失电	中等风险	检查	检查熔断器动作信号	30	检修	检测熔断器通断	12	更换熔断器
11	直流监测装置	功能失效	监测模块电子元件老化、接线端松动	无监测数据显示或监测数据跳动异常	较小风险	检查	检查监测线连接牢固、监测量显示正常	30	检修	检查调试、清扫	12	检查电源空气开关是否在合位，二次接线是否有松动、脱落、短路
12	直流馈线母线	过热	过载、接触不良	开关发热、绝缘降低造成击穿、短路	中等风险	检查	检查馈线负荷开关温度、输入输出线连接牢固	30	检修	紧固接线端子、更换开关	12	避免长时间过负荷、高温情况下运行

续表

序号	部件	故障条件			风险等级	日常控制措施			定期检修维护			临时措施
		模式	原因	现象		措施	检查方法	周期（天）	措施	检修方法	周期（月）	
13	直流馈线母线	短路	绝缘降低、金属异物短接	温度升高、跳闸	中等风险	检查	检查馈线负荷开关温度、输入输出线连接是否牢固	30	检修	绝缘检测、清理异物	12	避免长时间过负荷运行
14	二次回路	松动	二次回路端子处连接不牢固	线路发热、参数上下跳跃或消失	较小风险	检查	检二次回路连接是否牢固	30	紧固	紧固端子及连接处	12	检查二次回路，紧固端子及连接处
15		短路	线路老化、绝缘降低	线路发热、电缆有烧焦异味	中等风险	检查	检二次回路连接是否牢固	30	检修	紧固端子、二次回路检查	12	切断电源，更换损坏电缆线
16	自动切换开关	过热	过载、接触不良	开关发热、绝缘降低造成击穿、短路	较小风险	检查	检查开关温度、输入输出线连接是否牢固	30	检修	紧固接线端子、更换开关	12	输入输出线连接牢固，更换电气元器件
17		短路	积尘积灰、绝缘性能下降	电气开关烧坏	较小风险	清扫	卫生清扫、绝缘测量	30	检修	紧固接线端子、更换空气开关	12	更换开关
18		松动	分离机构没有复位而导致双电源自动开关不转换	机械联锁装置松动、卡滞	较小风险	检查	定期切换检查	30	检修	检查调试、更换	12	断开电源开关，更换切换开关

12 消防雨淋系统

设备风险评估表

区域：办公区　　　　系统：消防系统　　　　设备：消防雨淋系统

序号	部件	故障条件			故障影响			故障损失			风险值	风险等级
		模式	原因	现象	系统	设备	部件	经济损失	生产中断	设备损坏		
1	雨淋阀	漏水	隔膜片材质老化	雨淋阀不能正常开启	无	影响消防给水	功能失效	无	无	经维修后可恢复设备性能	4	较小风险
2		变形	顶杆弹簧年久疲软、变形	雨淋阀不能正常开启	无	影响消防给水	功能失效	无	无	经维修后可恢复设备性能	4	较小风险
3	喷头	堵塞	水质较差异物卡涩	喷头不出水或出水量少	无	影响消防给水	喷头不畅通	无	无	经维修后可恢复设备性能	4	较小风险
4	管路	点蚀	管路锈蚀	锈斑、麻坑、起层的片状分离现象	无	影响消防给水	性能下降	无	无	经维修后可恢复设备性能	4	较小风险
5		堵塞	异物卡阻	水压不足	无	影响消防给水	管路不畅通	无	无	经维修后可恢复设备性能	4	较小风险
6	电控装置	老化	潮湿情况下长时间运行，电气元器件正常老化	电气元器件损坏、电缆绝缘下降、控制失效	无	无法自动运行	无法控制	无	无	经维修后可恢复设备性能	4	较小风险
7		短路	绝缘破损、电气元器件损坏	元器件损坏、控制失效	无	无法自动运行	装置元件及空气开关损坏	可能造成设备或财产损失1万元以下	无	经维修后可恢复设备性能	6	中等风险
8		松动	时间过长线路固定螺栓松动	控制失效	无	无法自动运行	线路脱落	无	无	经维修后可恢复设备性能	4	较小风险
9	警铃	堵塞	进水口异物卡阻	水压不足、警铃不响	无	功能失效	无法报警	无	无	经维修后可恢复设备性能	4	较小风险
10		松动	长时间振动下电源线路、控制线路松动	警铃不响	无	功能失效	无法报警	无	无	经维修后可恢复设备性能	4	较小风险

设备风险控制卡

区域：办公区　　系统：消防系统　　设备：消防雨淋系统

序号	部件	故障条件			风险等级	日常控制措施			定期检修维护			临时措施
		模式	原因	现象		措施	检查方法	周期（天）	措施	检修方法	周期（月）	
1	雨淋阀	漏水	隔膜片材质老化	雨淋阀不能正常开启	较小风险	检查	检查消防水压是否正常	7	更换	更换隔膜	12	紧急情况下，立即开启雨淋手动阀使管道充水
2		变形	顶杆弹簧年久疲软、变形	雨淋阀不能正常开启	较小风险	检查	检查消防水压是否正常	7	更换	更换弹簧	12	紧急情况下，立即开启雨淋手动阀
3	喷头	堵塞	水质较差异物卡涩	喷头不出水或出水量少	较小风险	检查	外观检查	7	清扫	清洗滤网	12	更换喷头、检查过滤网
4	管路	点蚀	管路锈蚀	锈斑、麻坑、起层的片状分离现象	较小风险	检查	外观检查	7	检修	除锈、防腐；	12	堵漏、补焊
5		堵塞	异物卡阻	水压不足	较小风险	检查	检查消防管水压	7	清理	疏通清理异物	12	清理疏通管道
6	电控装置	老化	潮湿情况下长时间运行，电气元器件正常老化	电气元器件损坏、电缆绝缘下降、控制失效	较小风险	检查	检查电气元器件是否有老化，定期绝缘测量	7	更换	更换老化的电气元器件	12	更换老化的电气元器件
7		短路	绝缘破损、电气元器件损坏	元器件损坏、控制失效	中等风险	检查	检查装置元件、电缆、空气开关有无短路	7	更换	更换装置元件、电缆、空气开关	12	立即断开故障电源空气开关
8		松动	时间过长线路固定螺栓松动	控制失效	较小风险	检查	外观检查线路有无松动、脱落	7	紧固	紧固线路	12	紧固线路
9	警铃	堵塞	进水口异物卡阻	水压不足、警铃不响	较小风险	检查	检查消防管水压	90	清扫	疏通清理异物	12	清理疏通管道
10		松动	长时间振动下电源线路、控制线路松动	警铃不响	较小风险	检查	外观检查线路有无松动、脱落	90	紧固	紧固线路	12	紧固线路

13 消防报警系统

设备风险评估表

区域：办公区　　　　系统：消防系统　　　　设备：消防报警系统

序号	部件	故障条件			故障影响			故障损失			风险值	风险等级
		模式	原因	现象	系统	设备	部件	经济损失	生产中断	设备损坏		
1	消防报警主机	短路	环境潮湿、过流、接线脱落、电气元器件受损	元器件损坏、起火、联动控制失效	无	影响消防报警	消防主机损坏	可能造成设备或财产损失1万元以下	无	经维修后可恢复设备性能	6	中等风险
2	消防报警主机	功能失效	模块损坏、电源异常	联动控制失效	无	影响消防报警	消防主机损坏	可能造成设备或财产损失1万元以上10万元以下	无	经维修后可恢复设备性能	8	中等风险
3	自动报警器	功能失效	电源异常、元件损坏、外物撞击	报警器不响	无	消防报警异常、失效	报警器损坏	无	无	经维修后可恢复设备性能	4	较小风险
4	自动报警器	老化	时间过长，设备及线路正常老化	报警器不响、声音小或接触不良	无	消防报警异常、失效	性能下降	无	无	经维修后可恢复设备性能	4	较小风险
5	感烟器	功能失效	探头损坏、电池损坏、电量不足	异常情况下感烟器无告警蜂鸣	无	消防报警异常、失效	感烟器损坏	可能造成设备或财产损失1万元以下	无	经维修后可恢复设备性能	6	中等风险
6	感烟器	老化	时间过长，设备及线路正常老化	无报警声、声音小或接触不良	无	消防报警异常、失效	性能下降	无	无	经维修后可恢复设备性能	4	较小风险
7	感温器	功能失效	探头损坏、电池损坏、电量不足	异常情况下感温器无告警蜂鸣	无	消防报警异常、失效	感温器损坏	可能造成设备或财产损失1万元以下	无	经维修后可恢复设备性能	6	中等风险
8	感温器	老化	时间过长，设备及线路正常老化	无报警声、声音小或接触不良	无	消防报警异常、失效	性能下降	无	无	经维修后可恢复设备性能	4	较小风险
9	感温电缆	功能失效	探头损坏、电源异常	异常情况下感温器无告警蜂鸣	无	消防报警异常、失效	感温器损坏	可能造成设备或财产损失1万元以下	无	经维修后可恢复设备性能	6	中等风险

续表

序号	部件	故障条件			故障影响			故障损失			风险值	风险等级
		模式	原因	现象	系统	设备	部件	经济损失	生产中断	设备损坏		
10	感温电缆	老化	时间过长，设备及线路正常老化	无报警声、声音小或接触不良	无	消防报警异常、失效	性能下降	无	无	经维修后可恢复设备性能	4	较小风险
11	手动报警器	功能失效	电源异常、元件损坏、外物撞击	报警器不响	无	消防报警异常、失效	报警器损坏	可能造成设备或财产损失1万元以下	无	经维修后可恢复设备性能	6	中等风险
12		老化	时间过长，设备及线路正常老化	报警器不响、声音小或接触不良	无	消防报警异常、失效	性能下降	无	无	经维修后可恢复设备性能	4	较小风险
13	警铃	松动	长时间振动下电源线路、控制线路松动	警铃不响	无	功能失效	无法报警	无	无	经维修后可恢复设备性能	4	较小风险

设备风险控制卡

区域：办公区　　　　系统：消防系统　　　　设备：消防报警系统

序号	部件	故障条件			风险等级	日常控制措施			定期检修维护			临时措施
		模式	原因	现象		措施	检查方法	周期（天）	措施	检修方法	周期（月）	
1	消防报警主机	短路	环境潮湿、过流、接线脱落、电气元器件受损	元器件损坏、起火、联动控制失效	中等风险	检查	外观检查、卫生清扫；接线端子紧固；联动试验	90	更换	更换电气元器件，联动调试	12	检查现场实际情况，如存在火灾隐患，立即手动启动控制器；检查控制回路、更换电气元器件
2		功能失效	模块损坏、电源异常	联动控制失效	中等风险	检查	外观检查、启闭试验；门槽检查清理，铰链黄油维护	90	检修	门体校正、润滑保养	12	检查现场实际情况，如存在火灾隐患，立即手动启动控制器；检查控制回路、更换电气元器件
3	自动报警器	功能失效	电源异常、元件损坏、外物撞击	报警器不响	较小风险	检查	外观检查，试验	90	更换	更换元器件	12	检查现场实际情况，如存在火灾隐患，立即采取其他形式通知现场人员；检查控制回路、更换电气元器件

续表

序号	部件	故障条件			风险等级	日常控制措施			定期检修维护			临时措施
		模式	原因	现象		措施	检查方法	周期（天）	措施	检修方法	周期（月）	
4	自动报警器	老化	时间过长，设备及线路正常老化	报警器不响、声音小或接触不良	较小风险	检查	外观检查设备及线路有无老化	90	更换	更换老化部件及线路	12	更换老化部件及线路
5	感烟器	功能失效	探头损坏、电池损坏、电量不足	异常情况下感烟器无告警蜂鸣	中等风险	检查	外观检查，试验	365	更换	更换元器件	12	检查现场实际情况，如存在火灾隐患，立即采取其他形式通知现场人员；检查控制回路、更换电气元器件
6		老化	时间过长，设备及线路正常老化	无报警声、声音小或接触不良	较小风险	检查	外观检查设备及线路有无老化	365	更换	更换老化部件及线路	12	更换老化部件及线路
7	感温器	功能失效	探头损坏、电池损坏、电量不足	异常情况下感温器无告警蜂鸣	中等风险	检查	外观检查，试验	365	更换	更换元器件	12	检查现场实际情况，如存在火灾隐患，立即采取其他形式通知现场人员；检查控制回路、更换电气元器件
8		老化	时间过长，设备及线路正常老化	无报警声、声音小或接触不良	较小风险	检查	外观检查设备及线路有无老化	365	更换	更换老化部件及线路	12	更换老化部件及线路
9	感温电缆	功能失效	探头损坏、电源异常	异常情况下感温器无告警蜂鸣	中等风险	检查	外观检查，试验	365	更换	更换元器件	12	检查现场实际情况，如存在火灾隐患，立即采取其他形式通知现场人员；检查控制回路、更换电气元器件
10		老化	时间过长，设备及线路正常老化	无报警声、声音小或接触不良	较小风险	检查	外观检查设备及线路有无老化	365	更换	更换老化部件及线路	12	更换老化部件及线路
11	手动报警器	功能失效	电源异常、元件损坏、外物撞击	报警器不响	中等风险	检查	外观检查，试验	90	更换	更换元器件	12	检查现场实际情况，如存在火灾隐患，立即采取其他形式通知现场人员；检查控制回路、更换电气元器件

续表

序号	部件	故障条件			风险等级	日常控制措施			定期检修维护			临时措施
		模式	原因	现象		措施	检查方法	周期（天）	措施	检修方法	周期（月）	
12	手动报警器	老化	时间过长，设备及线路正常老化	报警器不响、声音小或接触不良	较小风险	检查	外观检查设备及线路有无老化	90	更换	更换老化部件及线路	12	更换老化部件及线路
13	警铃	松动	长时间振动下电源线路、控制线路松动	警铃不响	较小风险	检查	外观检查线路有无松动、脱落	90	紧固	紧固线路	12	紧固线路

14 消防给水系统

设备风险评估表

区域：办公区　　系统：消防系统　　设备：消防给水系统

序号	部件	故障条件			故障影响			故障损失			风险值	风险等级
		模式	原因	现象	系统	设备	部件	经济损失	生产中断	设备损坏		
1	消防水池	漏水	日晒、风霜雨雪侵蚀，外物撞击	消防水池漏水、水泵长时间运行、消防管道水压不足	影响消防系统运行	影响消防给水	消防水池损坏	可能造成设备或财产损失1万元以下	无	经维修后可恢复设备性能	6	中等风险
2	消防管路	点蚀	管路锈蚀	锈斑、麻坑、起层的片状分离现象	影响消防系统运行	影响消防给水	消防管道损坏	无	无	经维修后可恢复设备性能	4	较小风险
3		堵塞	异物卡阻	水压不足	影响消防系统运行	影响消防给水	消防管道损坏	无	无	经维修后可恢复设备性能	4	较小风险
4	阀门	漏水	阀门材质、密封件老化，撞击破坏，操作不当	消防管道漏水、水泵长时间运行、消防管道水压不足	影响消防系统运行	影响消防给水	消防给水阀门损坏	无	无	经维修后可恢复设备性能	4	较小风险
5	补水泵	断裂	轴承变形、叶片损坏	抽不上水、水压不足	无	影响消防给水	水泵损坏	无	无	经维修后可恢复设备性能	4	较小风险
6		发热	轴承装配不正确、润滑量不足	抽不上水、水压不足	无	影响消防给水	水泵损坏	无	无	经维修后可恢复设备性能	4	较小风险
7	压力开关	功能失效	接线端子松动，弹簧、阀杆变形	压力信号异常	无	影响消防给水	压力开关损坏	无	无	经维修后可恢复设备性能	4	较小风险
8	水泵控制装置	功能失效	水泵控制装置本体故障、回路故障	水泵不能正常启动	无	影响消防给水	水泵控制装置损坏	无	无	经维修后可恢复设备性能	4	较小风险
9	消防水泵	断裂	轴承变形、叶片损坏	抽不上水、水压不足	无	影响消防给水	水泵损坏	无	无	经维修后可恢复设备性能	4	较小风险
10		发热	轴承装配不正确、润滑量不足	抽不上水、水压不足	无	影响消防给水	水泵损坏	无	无	经维修后可恢复设备性能	4	较小风险

设备风险控制卡

区域：办公区　　系统：消防系统　　设备：消防给水系统

序号	部件	故障条件			风险等级	日常控制措施			定期检修维护			临时措施
		模式	原因	现象		措施	检查方法	周期（天）	措施	检修方法	周期（月）	
1	消防水池	漏水	日晒、风霜雨雪侵蚀，外物撞击	消防水池漏水、水泵长时间运行、消防管道水压不足	中等风险	检查	外观检查	7	检修	浇筑混凝土修复	12	渗漏点封堵，浇筑混凝土修复
2	消防管路	点蚀	管路锈蚀	锈斑、麻坑、起层的片状分离现象	较小风险	检查	水压检查、外观检查	30	检修	探伤、焊接修复	12	关闭渗漏点消防水管道阀门，焊接修复
3		堵塞	异物卡阻	水压不足	较小风险	检查	水压检查、外观检查、疏通管道、清理异物	30	清扫	疏通管道、清理异物	12	关闭渗漏点消防水管道阀门，疏通管道、清理异物
4	阀门	漏水	阀门材质、密封件老化，撞击破坏，操作不当	消防管道漏水、水泵长时间运行、消防管道水压不足	较小风险	检查	外观检查、阀杆黄油维护、螺栓紧固检查	7	更换	更换密封件、阀门	12	关闭渗漏点消防水管道阀门，更换阀门
5	补水泵	断裂	轴承变形、叶片损坏	抽不上水、水压不足	较小风险	检查	振动测量、检查运行声音是否正常	7	更换	更换密封件、转轮叶片修复	12	检查消防水压，投入备用水泵
6		发热	轴承装配不正确、润滑量不足	抽不上水、水压不足	较小风险	检查	振动测量、检查运行声音是否正常	7	检修	轴承检查修复	12	检查消防水压，投入备用水泵
7	压力开关	功能失效	接线端子松动，弹簧、阀杆变形	压力信号异常	较小风险	检查	检查压力信号、紧固接线端子	90	紧固	紧固端子、调整阀杆、弹簧行程	12	检查实际水压，短接压力信号
8	水泵控制装置	功能失效	水泵控制装置本体故障、回路故障	水泵不能正常启动	较小风险	检查	检查运行情况，本体有无故障信号，紧固端子	7	紧固	紧固端子、二次回路检查、装置本体检查	12	检查二次接线、电气元器件
9	消防水泵	断裂	轴承变形、叶片损坏	抽不上水、水压不足	较小风险	检查	振动测量、检查运行声音是否正常	7	更换	更换密封件、转轮叶片修复	12	检查消防水压，投入备用水泵
10		发热	轴承装配不正确、润滑量不足	抽不上水、水压不足	较小风险	检查	振动测量、检查运行声音是否正常	7	检修	轴承检查修复	12	检查消防水压，投入备用水泵

15 电动葫芦

设备风险评估表

区域：风机　　　　系统：起重机械　　　　设备：电动葫芦

序号	部件	故障条件			故障影响			故障损失			风险值	风险等级
		模式	原因	现象	系统	设备	部件	经济损失	生产中断	设备损坏		
1	吊钩	松动	荷载过重、零件脱落	吊物晃动、声音异常	无	影响起重性能	吊钩晃动	无	无	经维修后可恢复设备性能	4	较小风险
2		性能下降	与钢丝绳磨损	外形变形，行程启闭不到位	无	影响起重性能	充水阀变形损坏	可能造成设备或财产损失1万元以下	无	经维修后可恢复设备性能	6	中等风险
3	钢丝绳	断股	猛烈的冲击，使钢丝绳运行超载	钢丝绳断裂	无	闸门无法正常启闭	钢丝绳损坏	可能造成设备或财产损失1万元以下	无	设备报废，需要更换新设备或经维修后设备可以维持使用，性能影响50%及以上	10	较大风险
4		变形	从滑轮中拉出的位置和滚筒中的缠绕方式不正确	扭曲变形、折弯	无	闸门无法正常启闭	钢丝绳损伤	无	无	设备报废，需要更换新设备或经维修后设备可以维持使用，性能影响50%及以上	8	中等风险
5		断丝	磨损、受力不均	钢丝绳断丝	无	无	钢丝绳损伤	无	无	经维修后可恢复设备性能	4	较小风险
6		扭结	钢丝绳放量过长，过启闭或收放过快	钢丝绳打结、折弯，闸门不平衡	无	闸门无法正常启闭	钢丝绳损伤	无	无	经维修后可恢复设备性能	4	较小风险
7		挤压	钢丝绳放量过长，收放绳时归位不到位	受闸门、滑轮、卷筒挤压出现扁平现象	无	闸门无法正常启闭	钢丝绳损伤	无	无	经维修后可恢复设备性能	4	较小风险
8		锈蚀	日晒、风霜雨雪侵蚀	出现锈斑现象	无	无	钢丝绳锈蚀损伤	无	无	经维修后可恢复设备性能	4	较小风险

续表

序号	部件	故障条件			故障影响			故障损失			风险值	风险等级
		模式	原因	现象	系统	设备	部件	经济损失	生产中断	设备损坏		
9	卷筒	裂纹	启闭受力不均或冲击力过大	外形变形，行程启闭不到位	无	影响起重性能	充水阀变形损坏	可能造成设备或财产损失1万元以下	无	经维修后可恢复设备性能	6	中等风险
10	卷筒	变形	启闭受力不均或冲击力过大	外形变形，行程启闭不到位	无	影响起重性能	变形损伤	可能造成设备或财产损失1万元以下	无	经维修后可恢复设备性能	6	中等风险
11	卷筒	沟槽磨损	启闭受力不均，钢丝绳收放过程磨损沟槽	沟槽深度减小，有明显磨损痕迹	无	影响起重性能	沟槽磨损	无	无	经维修后可恢复设备性能	4	较小风险
12	受电器	松动	接触不良	碳刷打火、发热	无	电动葫芦性能下降	性能失效	无	无	经维修后可恢复设备性能	4	较小风险
13	减速箱	齿轮断裂	润滑油量不足、齿轮间隙过大、加工精度低	卡涩、振动、声音异常	无	不能正常工作	减速机损坏	可能造成设备或财产损失1万元以下	无	经维修后可恢复设备性能	6	中等风险
14	减速箱	渗漏	密封垫老化、螺栓松动	箱体渗油	无	减速箱油位下降	性能降低	无	无	经维修后可恢复设备性能	4	较小风险
15	制动装置	松动	螺栓松动、间隙调整不当	制动块受损、厚度减小，制动盘温度升高、制动失灵	无	影响刹车性能	制动块磨损	无	无	经维修后可恢复设备性能	4	较小风险
16	制动装置	制动块异常磨损	制动力矩过大或受力不均	制动块受损、厚度减小，制动盘温度升高、制动失灵	无	影响刹车性能	制动块磨损	无	无	经维修后可恢复设备性能	4	较小风险
17	操作手柄	断线	接触不良、电源异常、触点损坏	操作手柄失灵	无	影响操作性能	操作失灵	无	无	经维修后可恢复设备性能	4	较小风险
18	接线端子	松动	端子紧固螺栓松动	端子线接触不良	无	无	接触不良	无	无	经维修后可恢复设备性能	4	较小风险
19	电机	过热	启动力矩过大或受力不均	有异常的金属撞击和卡涩声音	无	闸门无法启闭	轴承损伤	无	无	经维修后可恢复设备性能	4	较小风险

续表

序号	部件	故障条件			故障影响			故障损失			风险值	风险等级
		模式	原因	现象	系统	设备	部件	经济损失	生产中断	设备损坏		
20	电机	短路	受潮或绝缘老化、短路	电机处有烧焦异味、电机温高	无	闸门无法启闭	绕组烧坏	可能造成设备或财产损失1万元以下	无	经维修后可恢复设备性能	6	中等风险
21	电机	断裂	启动力矩过大或受力不均	轴弯曲、断裂	无	闸门无法启闭	制动异常	可能造成设备或财产损失1万元以下	无	经维修后可恢复设备性能	6	中等风险
22	导轨	卡涩	异物卡涩、变形	不能移动或运行抖动	无	影响设备工作性能	导轨损坏	无	无	经维修后可恢复设备性能	4	较小风险
23	导轨	变形	固定轨道螺栓松动	轨道平行度破坏	无	不能正常运行	磨损变形	无	无	经维修后可恢复设备性能	4	较小风险

设备风险控制卡

区域：风机　　　　系统：起重机械　　　　设备：电动葫芦

序号	部件	故障条件			风险等级	日常控制措施			定期检修维护			临时措施
		模式	原因	现象		措施	检查方法	周期（天）	措施	检修方法	周期（月）	
1	吊钩	松动	荷载过重、零件脱落	吊物晃动、声音异常	较小风险	检查	检查吊钩是否晃动、零部件是否齐全	30	加固、更换	紧固、调整松紧程度、更换零部件	24	对吊钩进行紧固
2	吊钩	性能下降	与钢丝绳磨损	外形变形，行程启闭不到位	中等风险	检查	外观检查有无裂纹	30	检修	补焊、打磨、更换	24	补焊、打磨、更换
3	钢丝绳	断股	猛烈的冲击，使钢丝绳运行超载	钢丝绳断裂	较大风险	检查	外观检查有无断股	30	更换	更换	24	加强监视，至检修位锁锭，更换钢丝绳
4	钢丝绳	变形	从滑轮中拉出的位置和滚筒中的缠绕方式不正确	扭曲变形、折弯	中等风险	检查	外观检查有无变形	30	更换	更换	24	加强监视，至检修位锁锭，更换钢丝绳
5	钢丝绳	断丝	磨损、受力不均	钢丝绳断丝	较小风险	检查	外观检查有无断丝	30	更换	更换	24	加强监视，至检修位锁锭，更换钢丝绳
6	钢丝绳	扭结	钢丝绳放量过长，过启闭或收放过快	钢丝绳打结、折弯，闸门不平衡	较小风险	检查	外观检查有无扭结	30	检修	校正、更换	24	加强监视，至检修位锁锭，校正、更换钢丝绳

续表

序号	部件	故障条件			风险等级	日常控制措施			定期检修维护			临时措施
		模式	原因	现象		措施	检查方法	周期（天）	措施	检修方法	周期（月）	
7	钢丝绳	挤压	钢丝绳放量过长，收放绳时归位不到位	受闸门、滑轮、卷筒挤压出现扁平现象	较小风险	检查	外观检查有无挤压	30	检修	校正、更换	24	加强监视，闸门启闭至检修平台固定，校正、更换钢丝绳
8		锈蚀	日晒、风霜雨雪侵蚀	出现锈斑现象	较小风险	检查	检查锈蚀范围变化	30	检修	除锈、润滑保养	24	加强监视，至检修位锁锭，松解钢丝绳，除锈、润滑保养
9	卷筒	裂纹	启闭受力不均或冲击力过大	外形变形，行程启闭不到位	中等风险	检查	外观检查有无裂纹	30	检修	补焊、打磨、更换	24	补焊、打磨、更换
10		变形	启闭受力不均或冲击力过大	外形变形，行程启闭不到位	中等风险	检查	外观检查有无变形	30	检修	变形校正、更换	24	变形校正、更换
11		沟槽磨损	启闭受力不均，钢丝绳收放过程磨损沟槽	沟槽深度减小，有明显磨损痕迹	较小风险	检查	外观检查沟槽是否有磨损	30	检修	补焊修复	24	焊接修复
12	受电器	松动	接触不良	碳刷打火、发热	较小风险	检查	检查碳刷磨损量、松紧程度	30	更换	更换碳刷、调整间隙	24	更换碳刷、调整间隙
13	减速箱	齿轮断裂	润滑油量不足、齿轮间隙过大、加工精度低	卡涩、振动、声音异常	中等风险	检查	检查油位、油质是否合格，运行声音有无异常	30	更换	更换齿轮	24	停止操作、做好安全措施后进行更换、调整
14		渗漏	密封垫老化、螺栓松动	箱体渗油	较小风险	检查	外观检查是否有渗漏，紧固螺栓	30	加固、更换	更换密封垫、紧固螺栓	24	更换密封垫、紧固螺栓
15	制动装置	松动	螺栓松动、间隙调整不当	制动块受损、厚度减小，制动盘温度升高、制动失灵	较小风险	检查	外观检查有无裂纹、厚度减小、紧固螺栓	30	加固、更换	调整螺杆松紧程度、更换制动块	24	调整螺杆松紧程度、更换制动块
16		制动块异常磨损	制动力矩过大或受力不均	制动块受损、厚度减小，制动盘温度升高、制动失灵	较小风险	检查	外观检查有无裂纹	30	加固、更换	调整螺杆松紧程度、更换制动块	24	调整螺杆松紧程度、更换制动块
17	操作手柄	断线	接触不良、电源异常、触点损坏	操作手柄失灵	较小风险	检查	检查电源电压、测量控制回路信号是否正常、紧固接线端子	30	检修	检查电源电压、测量控制回路信号是否正常、紧固接线端子、更换操作手柄	24	检查电源电压、测量控制回路信号是否正常、紧固接线端子

续表

序号	部件	故障条件			风险等级	日常控制措施			定期检修维护			临时措施
		模式	原因	现象		措施	检查方法	周期（天）	措施	检修方法	周期（月）	
18	接线端子	松动	端子紧固螺栓松动	端子线接触不良	较小风险	检查	端子排各接线是否松动	30	检修	紧固端子、二次回路	24	紧固端子排端子
19	电机	过热	启动力矩过大或受力不均	有异常的金属撞击和卡涩声音	较小风险	检查	检查轴承有无有异常的金属撞击和卡涩	30	检修	更换轴承、螺栓紧固	24	停止电机运行，更换轴承
20		短路	受潮或绝缘老化、短路	电机处有烧焦异味、电机温高	中等风险	检查	检查电机绕组绝缘	30	更换	更换绕组	24	停止电机运行，更换绕组
21		断裂	启动力矩过大或受力不均	轴弯曲、断裂	中等风险	检查	检查电机轴有无弯曲断裂	30	更换	校正、更换电机轴	24	停止电机运行，校正、更换电机轴
22	导轨	卡涩	异物卡涩、变形	不能移动或运行抖动	较小风险	检查	卫生清扫、检查有无异物卡涩	30	检修	清理异物、校正轨道	24	清理异物、校正轨道
23		变形	固定轨道螺栓松动	轨道平行度破坏	较小风险	检查	固定轨道螺栓是否松动	30	加固、更换	紧固固定轨道螺栓或更换螺帽	24	紧固固定螺栓

16 电梯

设备风险评估表

区域：办公区　　系统：电梯　　设备：电梯

序号	部件	故障条件			故障影响			故障损失			风险值	风险等级
		模式	原因	现象	系统	设备	部件	经济损失	生产中断	设备损坏		
1	滑轮	卡涩	异物卡涩、润滑不足	电梯升降缓慢、抖动	无	电梯无法正常启闭	滑轮损伤	无	无	经维修后可恢复设备性能	4	较小风险
2		变形	受力不均	电梯升降缓慢、抖动	无	电梯无法正常启闭	滑轮损伤	无	无	经维修后可恢复设备性能	4	较小风险
3	钢丝绳	断股	钢丝绳运行超载	钢丝绳断裂	无	电梯无法正常启闭	钢丝绳损坏	可能造成设备或财产损失1万元以下	无	设备报废，需要更换新设备或经维修后设备可以维持使用，性能影响50%及以上	10	较大风险
4		变形	从滑轮中拉出的位置和滚筒中的缠绕方式不正确	扭曲变形、折弯	无	电梯无法正常启闭	钢丝绳损伤	无	无	设备报废，需要更换新设备或经维修后设备可以维持使用，性能影响50%及以上	8	中等风险
5		断丝	磨损、受力不均	钢丝绳断丝	无	电梯无法正常启闭	钢丝绳损伤	无	无	经维修后可恢复设备性能	4	较小风险
6		扭结	钢丝绳放量过长，过启闭或收放过快	钢丝绳打结、折弯，闸门不平衡	无	电梯无法正常启闭	钢丝绳损伤	无	无	经维修后可恢复设备性能	4	较小风险
7		挤压	钢丝绳放量过长，收放绳时归位不到位	受闸门、滑轮、卷筒挤压出现扁平现象	无	电梯无法正常启闭	钢丝绳损伤	无	无	经维修后可恢复设备性能	4	较小风险
8		锈蚀	日晒、风霜雨雪侵蚀	出现锈斑现象	无	无	钢丝绳锈蚀损伤	无	无	经维修后可恢复设备性能	4	较小风险

续表

序号	部件	故障条件			故障影响			故障损失			风险值	风险等级
		模式	原因	现象	系统	设备	部件	经济损失	生产中断	设备损坏		
9	缓冲器	锈蚀	潮湿的环境	表面氧化物	无	无	导轨损伤	无	无	经维修后可恢复设备性能	4	较小风险
10	限速器	龟裂	启闭受力不均或冲击力过大	行程升降不到位	无	无	损伤	无	无	经维修后可恢复设备性能	4	较小风险
11		变形	启闭受力不均或冲击力过大	行程升降不到位	无	无	损伤	无	无	经维修后可恢复设备性能	4	较小风险
12		磨损	启闭受力不均，钢丝绳收放过程磨损沟槽	行程升降不到位	无	无	损伤	无	无	设备性能无影响	2	轻微风险
13	制动器	龟裂	制动力矩过大或受力不均	制动轮表出现裂纹，制动块受损	无	无	制动轮损坏、制动块损坏、制动间隙变大	可能造成设备或财产损失1万元以下	无	经维修后可恢复设备性能	6	中等风险
14		损坏	制动间隔过小或受力不均	制动块磨损、制动间隙变大、制动失灵	无	无法制动	制动块损伤	无	无	经维修后可恢复设备性能	4	较小风险
15		疲软	弹簧年久疲软	制动块磨损、制动间隙变大、制动失灵	无	闸门有下滑现象	制动异常	无	无	经维修后可恢复设备性能	4	较小风险
16	电机	过热	启动力矩过大或受力不均	有异常的金属撞击和卡涩声音	无	闸门无法启闭	轴承损伤	无	无	经维修后可恢复设备性能	4	较小风险
17		短路	受潮或绝缘老化、短路	电机处有烧焦异味、电机温高	无	闸门无法启闭	绕组烧坏	可能造成设备或财产损失1万元以下	无	经维修后可恢复设备性能	6	中等风险
18		断裂	启动力矩过大或受力不均	轴弯曲、断裂	无	闸门无法启闭	制动异常	可能造成设备或财产损失1万元以下	无	经维修后可恢复设备性能	6	中等风险
19	电源模块	开路	锈蚀、过流	设备失电	无	不能正常运行	性能失效	无	无	经维修后可恢复设备性能	4	较小风险

续表

序号	部件	故障条件			故障影响			故障损失			风险值	风险等级
		模式	原因	现象	系统	设备	部件	经济损失	生产中断	设备损坏		
20	电源模块	短路	粉尘、高温、老化	设备失电	无	不能正常运行	电源模块损坏	可能造成设备或财产损失1万元以下	无	经维修后可恢复设备性能	6	中等风险
21	电源模块	漏电	静电击穿	设备失电	无	不能正常运行	性能失效	无	无	经维修后可恢复设备性能	4	较小风险
22	电源模块	烧灼	老化、短路	设备失电	无	不能正常运行	性能失效	无	无	经维修后可恢复设备性能	4	较小风险
23	输入模块	开路	锈蚀、过流	设备失电	无	不能正常运行	性能失效	无	无	经维修后可恢复设备性能	4	较小风险
24	输入模块	短路	粉尘、高温、老化	设备失电	无	不能正常运行	输入模块损坏	可能造成设备或财产损失1万元以下	无	经维修后可恢复设备性能	6	中等风险
25	输出模块	开路	锈蚀、过流	设备失电	无	不能正常运行	性能失效	无	无	经维修后可恢复设备性能	4	较小风险
26	输出模块	短路	粉尘、高温、老化	设备失电	无	不能正常运行	输出模块损坏	可能造成设备或财产损失1万元以下	无	经维修后可恢复设备性能	6	中等风险
27	接线端子	松动	端子紧固螺栓松动	装置无显示	无	无	无	无	无	经维修后可恢复设备性能	4	较小风险
28	变频装置	过压	输入缺相、电压电路板老化受潮	过电压报警	无	运行异常	性能失效	无	无	经维修后可恢复设备性能	4	较小风险
29	变频装置	欠压	输入缺相、电压电路板老化受潮	欠压报警	无	不能运行	性能失效	无	无	设备性能无影响	2	轻微风险
30	变频装置	过流	加速时间设置太短、电流上限设置太小、转矩增大	上电就跳闸	无	运行异常	性能失效	无	无	经维修后可恢复设备性能	4	较小风险
31	变频装置	短路	粉尘、高温	设备失电	无	不能正常运行	变频装置损坏	可能造成设备或财产损失1万元以下	无	经维修后可恢复设备性能	6	中等风险

续表

序号	部件	故障条件			故障影响			故障损失			风险值	风险等级
		模式	原因	现象	系统	设备	部件	经济损失	生产中断	设备损坏		
32	行程开关	行程失调	行程开关机械卡涩、线路松动	不动作、误动作、超限无法停止	无	闸门无法启闭	性能失效	无	无	经维修后可恢复设备性能	4	较小风险
33		短路	潮湿、老化	设备失电	无	不能正常运行	损坏	可能造成设备或财产损失1万元以下	无	经维修后可恢复设备性能	6	中等风险
34	导轨	卡涩	异物卡涩、润滑不足、传动机构损坏	轿厢升降缓慢、抖动	无	电梯无法正常运行	导轨损伤	无	无	经维修后可恢复设备性能	4	较小风险
35		变形	受力不均、长时间满载	轿厢抖动	无	电梯无法正常运行	导轨损伤	可能造成设备或财产损失1万元以下	无	经维修后可恢复设备性能	6	中等风险
36		锈蚀	潮湿的环境	表面氧化物	无	无	导轨损伤	无	无	经维修后可恢复设备性能	4	较小风险
37	对重	松动	对重受力平衡	上电就跳闸	无	无	无	无	无	经维修后可恢复设备性能	4	较小风险
38		变形	关闭时下降速度太快、钢丝绳受力不均	闸门启闭和钢丝绳收放速度太快	无	无	吊点弯曲	无	无	经维修后可恢复设备性能	4	较小风险

设备风险控制卡

区域：办公区　　　　系统：电梯　　　　设备：电梯

序号	部件	故障条件			风险等级	日常控制措施			定期检修维护			临时措施
		模式	原因	现象		措施	检查方法	周期（天）	措施	检修方法	周期（月）	
1	滑轮	卡涩	异物卡涩、润滑不足	电梯升降缓慢、抖动、	较小风险	检查	检查有无异物和滑轮保养情况	15	检修	清理异物、除锈、润滑保养	12	清理异物、除锈、润滑保养
2		变形	受力不均	电梯升降缓慢、抖动、	较小风险	检查	外观检查有无变形	15	更换	校正、更换	12	加强监视，操作至检修平台固定，校正滑轮
3	钢丝绳	断股	钢丝绳运行超载	钢丝绳断裂	较大风险	检查	外观检查有无断股	15	更换	更换	12	加强监视，操作至检修平台固定，更换钢丝绳

续表

序号	部件	故障条件			风险等级	日常控制措施			定期检修维护			临时措施
		模式	原因	现象		措施	检查方法	周期（天）	措施	检修方法	周期（月）	
4	钢丝绳	变形	从滑轮中拉出的位置和滚筒中的缠绕方式不正确	扭曲变形、折弯	中等风险	检查	外观检查有无变形	5	更换	更换	12	加强监视，操作至检修平台处理
5	钢丝绳	断丝	磨损、受力不均	钢丝绳断丝	较小风险	检查	外观检查有无断丝	15	更换	清理异物、校正轨道	12	加强监视，操作至检修平台固定，更换钢丝绳
6	钢丝绳	扭结	钢丝绳放量过长，过启闭或收放过快	钢丝绳打结、折弯，闸门不平衡	较小风险	检查	外观检查有无扭结	15	检修	校正、更换	12	加强监视，操作至检修平台处理
7	钢丝绳	挤压	钢丝绳放量过长，收放绳时归位不到位	受闸门、滑轮、卷筒挤压出现扁平现象	较小风险	检查	外观检查有无挤压	15	检修	校正、更换	12	加强监视，操作至检修平台处理
8	钢丝绳	锈蚀	日晒、风霜雨雪侵蚀	出现锈斑现象	较小风险	检查	检查锈蚀范围变化	15	检修	除锈、润滑保养	12	加强监视，操作至检修平台处理
9	缓冲器	锈蚀	潮湿的环境	表面氧化物	较小风险	检查	定期防腐	365	检修	打磨、除锈、防腐	12	
10	限速器	龟裂	启闭受力不均或冲击力过大	行程升降不到位	较小风险	检查	外观检查有无裂纹	5	检修	补焊、打磨、更换	12	断电停止操作，补焊、打磨、更换
11	限速器	变形	启闭受力不均或冲击力过大	行程升降不到位	较小风险	检查	外观检查有无变形	15	检修	变形校正、更换	12	变形校正、更换
12	限速器	磨损	启闭受力不均，钢丝绳收放过程磨损沟槽	行程升降不到位	轻微风险	检查	外观检查沟槽磨损	15	检修	补焊修复	12	焊接修复
13	制动器	龟裂	制动力矩过大或受力不均	制动轮表出现裂纹，制动块受损	中等风险	检查	外观检查有无裂纹	15	检修	对制动轮补焊、打磨、更换，对制动块更换	12	对制动片补焊、打磨、更换，对制动块更换
14	制动器	损坏	制动间隔过小或受力不均	制动块磨损、制动间隙变大、制动失灵	较小风险	检查	外观检查有无磨损细微粉末	5	检修	更换制动块	12	停车更换制动块
15	制动器	疲软	弹簧年久疲软	制动块磨损、制动间隙变大、制动失灵	较小风险	检查	检查制动器位置无异常	15	检修	调整制动螺杆、收紧弹簧受力、更换弹簧	12	调整制动螺杆、收紧弹簧受力、停车后更换弹簧

续表

序号	部件	故障条件			风险等级	日常控制措施			定期检修维护			临时措施
		模式	原因	现象		措施	检查方法	周期（天）	措施	检修方法	周期（月）	
16	电机	过热	启动力矩过大或受力不均	有异常的金属撞击和卡涩声音	较小风险	检查	检查轴承有无有异常的金属撞击和卡涩	15	更换	更换轴承	12	停止电机运行，更换轴承
17		短路	受潮或绝缘老化、短路	电机处有烧焦异味、电机温高	中等风险	检查	检查电机绕组绝缘	15	更换	更换绕组	12	停止电机运行，更换绕组
18		断裂	启动力矩过大或受力不均	轴弯曲、断裂	中等风险	检查	检查电机轴有无弯曲断裂	15	检修	校正、更换电机轴	12	停止电机运行，校正、更换电机轴
19	电源模块	开路	锈蚀、过流	设备失电	较小风险	检查	测量电源模块是否有输出电压、电流，以及电压、电流值是否异常	15	检修	更换、维修电源模块	12	停运处理
20		短路	粉尘、高温、老化	设备失电	中等风险	检查	测量电源模块是否有输出电压、电流，以及电压、电流值是否异常	15	检修	更换、维修电源模块	12	停运处理
21		漏电	静电击穿	设备失电	较小风险	检查	测量电源模块是否有输出电压、电流，以及电压、电流值是否异常	15	检修	更换、维修电源模块	12	停运处理
22		烧灼	老化、短路	设备失电	较小风险	检查	测量电源模块是否有输出电压、电流，以及电压、电流值是否异常	15	检修	更换、维修电源模块	12	停运处理
23	输入模块	开路	锈蚀、过流	设备失电	较小风险	检查	测量输入模块是否有输出电压、电流，以及电压、电流值是否异常	15	检修	更换、维修模块	12	停运处理
24		短路	粉尘、高温、老化	设备失电	中等风险	检查	测量输入模块是否有输出电压、电流，以及电压、电流值是否异常	15	检修	更换、维修模块	12	停运处理
25	输出模块	开路	锈蚀、过流	设备失电	较小风险	检查	测量输出模块是否有输出电压、电流，以及电压、电流值是否异常	15	检修	更换、维修模块	12	停运处理
26		短路	粉尘、高温、老化	设备失电	中等风险	检查	测量输出模块是否有输出电压、电流，以及电压、电流值是否异常	15	检修	更换、维修模块	12	停运处理

续表

序号	部件	故障条件			风险等级	日常控制措施			定期检修维护			临时措施
		模式	原因	现象		措施	检查方法	周期（天）	措施	检修方法	周期（月）	
27	接线端子	松动	端子紧固螺栓松动	装置无显示	较小风险	检查	端子排各接线是否松动	15	加固	紧固端子、二次回路检查	12	紧固端子排端子
28	变频装置	过压	输入缺相、电压电路板老化受潮	过电压报警	较小风险	检查	检测输入三相电压是否正常	15	检修	测量三相电压	12	停止操作，处理过压故障
29		欠压	输入缺相、电压电路板老化受潮	欠压报警	轻微风险	检查	检测输入三相电压是否正常	15	检修	测量三相电压	12	停止操作，处理过压故障
30		过流	加速时间设置太短、电流上限设置太小、转矩增大	上电就跳闸	较小风险	检查	核对电流参数设置	15	检修	校正电流参数设置	12	停止操作，处理过流故障
31		短路	粉尘、高温	设备失电	中等风险	检查	清扫卫生	15	加固	清扫卫生、紧固端子	12	停运处理
32	行程开关	行程失调	行程开关机械卡涩、线路松动	不动作、误动作、超限无法停止	较小风险	检查	检查机械行程有无卡阻、线路有无松动脱落	180	检修	检查机械行程、紧固线路	12	停止闸门启闭，检查行程开关
33		短路	潮湿、老化	设备失电	中等风险	检查	定期试转	15	检修	更换	12	停运处理
34	导轨	卡涩	异物卡涩、润滑不足、传动机构损坏	轿厢升降缓慢、抖动	较小风险	检查	手动定期运行	15	检修	清理异物、润滑保养	12	清理异物、除锈、润滑保养
35		变形	受力不均、长时间满载	轿厢抖动	中等风险	检查	手动定期运行	15	检修	校正、更换	12	加强监视，校正导轨
36		锈蚀	潮湿的环境	表面氧化物	较小风险	检查	定期防腐	15	检修	打磨、除锈、防腐	12	打磨、除锈
37	对重	松动	对重受力平衡	上电就跳闸	较小风险	检查	紧固螺栓	15	检修	紧固螺栓	12	调整锁定梁平衡、锁紧固定螺栓
38		变形	关闭时下降速度太快、钢丝绳受力不均	闸门启闭和钢丝绳收放速度太快	较小风险	检查	外观检查有无弯曲变形	15	检修	定期效验	12	检查是否超过荷载，停止闸门启闭

附录

设备危害辨识与风险评估技术标准

前　言

本文件按照 GB/T 1.1—2020《标准化工作导则　第 1 部分：标准化文件的结构和起草规则》的规定起草。

本文件由国家电力投资集团有限公司安全质量环保部归口。

本文件起草单位：国家电投集团科学技术研究院有限公司、中国电力国际发展有限公司、国家电投集团铝电投资有限公司、国家电投集团上海电力股份有限公司。

本文件审核人：陶新建、岳乔、陈晓宇、卫东、陶建国、谢雷、陈宏、李群波、晋宏师、李宁、赵宏娟、李明泽、罗水云、李彬、陈宵、李璟涛、于伟、高建林、王晓峰、刘君、李耀奇、段红波、李光明、刘西鹏、马金海。

本文件主要起草人：王晨瑜、赵永权、刘志钢、修长开、俞兴桐、杨全卫、陈智、裴建军。

设备危害辨识与风险评估技术标准

1 范围

本文件规定了工作场所设备类危害识别、风险评估及风险控制的方法。

本文件适用于国家电力投资集团有限公司（以下简称国家电投）所属用人单位的设备单位危害辨识与风险评估工作。

2 规范性引用文件

下列文件中的内容通过文中的规范性引用而构成本文件必不可少的条款。其中注日期的引用文件，仅该日期对应的版本适用于本文件；不注日期的引用文件，其最新版本（包括所有的修改单）适用于本文件。

GB/T 7826—2012　系统可靠性分析技术　失效模式和影响分析（FMEA）程序

GB/T 22696.1—2008　电气设备的安全风险评估和风险降低　第 1 部分：总则

GB/T 22696.1—2008　电气设备的安全风险评估和风险降低　第 2 部分：风险分析和风险评价

GB/T 22696.3—2008　电气设备的安全风险评估和风险降低　第 3 部分：危险、危险处境和危险事件的示例

GB/T 22696.4—2011　电气设备的安全风险评估和风险降低　第 4 部分：风险降低

GB/T 22696.5—2011　电气设备的安全风险评估和风险降低　第 5 部分：风险评估和降低风险的方法示例

GB/T 23694—2013　风险管理　术语

GB/T 27921—2011　风险管理　风险评估技术

GB/T 34924—2017　低压电气设备安全风险评估和风险降低指南

GB/T 37079—2018　设备可靠性　可靠性评估方法

T/CSPSTC 17—2018　企业安全生产双重预防机制建设规范

3 术语和定义

下列术语和定义适用于本文件。

3.1

危害　harm

可能导致伤害或疾病、财产损失、工作环境破坏或这些情况组合的条件或行为。

3.2

伤害　hurt

对人、财产的物理损伤或损害。

3.3

危险　danger

潜在伤害的来源。

3.4

危险事件　dangerous event

危险情况造成了伤害的结果。

3.5

事故　accident

过去的危险事件。

3.6

设备　device

独立的物理实体。具有在特定环境中执行一个和多个规定功能的能力，并由其接口分隔开

[GB/T 19769.1—2015，定义 3.30]

3.7

设备风险　facilities risk

设备故障所产生伤害的一种综合衡量，包括设备故障发生的可能性和设备故障可能造成后果的严重程度。

3.8

故障　fault

由于各种原因，设备不能发挥预期功能。

3.9

故障模式　failure mode

故障的表现形式。

3.10

可靠性　reliability

在特定条件下和一段时间内应有的设计功能。

3.11

控制措施　control measure

降低风险的方法或手段。

3.12

残余风险　residual risk

指采取现有的风险措施后，主体所存在的风险。

3.13

风险　risk

不确定性对目标的影响。

注 1：影响是指对预期的偏离——正面的或负面的。

注 2：不确定性是指对事件及其后果或可能性缺乏甚至部分缺乏相关信息、理解或知识的状态。

注 3：通常，风险以潜在“事件”（见 GB/T 23694—2013，3.5.1.3）和“后果”（见 GB/T 23694—2013，3.6.1.3），或两者的组合来描述其特征。

注 4：通常，风险以某事件（包括情况的变化）的后果及其发生的“可能性”（见 GB/T 23694—2013，3.6.1.1）的组合来表述。

3.14

风险评估　risk assessment

包括风险识别、风险分析和风险评价的全过程。

3.15

风险矩阵　risk matrix

通过确定后果和可能性的范围来排列显示风险的工具。

4　设备风险评估

4.1　前期准备

4.1.1　设备清单梳理，统计本单位所有设备信息并形成设备清册，统计信息包括设备名称、型号、数量、生产厂家，建立系统、设备以及部件清单。

4.1.2　收集与设备故障风险评估相关的信息资料，包括：国家标准、行业标准、设计规范、档案、台账、技术资料、厂家说明书以及相关事故案例、统计分析资料等。

4.2　故障模式及影响辨识分析

对每个部件存在的故障模式及其产生的原因、现象、故障后果影响等进行辨识与分析。

4.3 故障模式风险等级的确定

4.3.1 采用定性或定量评估的方法确定故障模式的风险等级。故障模式风险等级分为“重大”、“较大”、“中等”、“较小”、“轻微”。“重大”对应颜色为“红色”、“较大”对应颜色为“橙色”、“中等”对应颜色为“黄色”、“较小”对应颜色为“蓝色”。故障模式风险等级宜采用风险矩阵法（*LS*）、故障类型及影响分析法（FMEA）两种方法进行评估分级。

4.3.2 设备故障风险值计算方法

a）设备故障风险值计算从两个因素考虑：即设备故障发生的可能性、设备故障可能造成后果的严重程度。

b）设备故障风险值按公式（1）进行计算。

$$风险值（R）=可能性（L）\times 后果（S） \tag{1}$$

式中：

R ——风险值；

L ——设备故障发生的可能性；

S ——设备故障可能造成后果的严重程度。

4.3.3 风险矩阵法

a）可能性（*L*）取值：设备故障发生的可能性分值，从本厂经常发生（5 分）到行业内从未听说（1 分）排序，分值越高，故障发生的可能性越高。设备故障发生的可能性分值见表 1。

表 1 设备故障发生的“可能性”（*L*）判定表

等级	频　　率	分值
5	在本厂经常发生	5
4	在分公司发生过	4
3	在集团公司发生过	3
2	在行业内发生过	2
1	行业内从未听说	1

b）后果（*S*）取值：由于设备故障可能造成后果的严重程度分值，严重程度越高，分值越高。设备故障的严重程度，从经济损失、生产中断、设备损坏三个维度进行判定，每个等级取其最高确定分值。设备故障后果的严重程度分值见表 2。

表 2 设备故障后果严重程度（*S*）判定表

等级	直接经济损失	生产中断	设备损坏	分值
5	可能造成设备或财产损失 1000 万元以上	导致生产中断 7 天及以上	设备报废，无替代备用设备	5
4	可能造成设备或财产损失 100 万元以上 1000 万元以下	导致生产中断 1 天～7 天或生产工艺 50%及以上	设备报废，需要更换新设备或经维修后设备可以维持使用，性能影响 50%及以上	4
3	可能造成设备或财产损失 10 万元以上 100 万元以下	生产工艺限制 50%及以下或主要设备退出备用 24h 及以上	经维修后设备可以维持使用，性能影响 50%及以下	3
2	可能造成设备或财产损失 1 万元以上 10 万元以下	主要备用设备退出备用 24h 以内	经维修后可恢复设备性能	2
1	可能造成设备或财产损失 1 万元以下	没有造成生产中断及设备故障	设备性能无影响	1

注：本表中“以上”包括本数、“以下”不包括本数。

c）编制设备风险矩阵表，表格横向第一行为故障发生的后果，纵向第一列为故障发生的可能性，表格数值中则为风险值（$L\times S$）。故障模式风险等级分为“重大”、“较大”、“中等”、“较小”、“轻微”，“重大”对应颜色为“红色”、“较大”对应颜色为“橙色”、“中等”对应颜色为“黄色”、“较小”对应颜色为“蓝色”，轻微风险不做颜色标记。设备风险矩阵见表3。

表3　设备风险矩阵表

L \ S	1	2	3	4	5
1	1	2	3	4	5
2	2	4	6	8	10
3	3	6	9	12	15
4	4	8	12	16	20
5	5	10	15	20	25

d）确定风险等级，根据计算得出的风险值 R，确认其风险等级和采取措施。风险等级划分见表4。

表4　风险等级划分表

序号	分　　值	风险等级	采取的主要控制措施
1	风险值≥15	重大风险	不可接受风险，检修、技改
2	9≤风险值＜15	较大风险	日常维护+定期检修
3	5≤风险值＜9	中等风险	日常维护+定期检修
4	3≤风险值＜5	较小风险	日常维护为主、定期检修为辅
5	风险值＜3	轻微风险	可接受风险，日常维护

4.3.4　故障类型及影响分析法（FMEA）：采用故障模式发生的概率（L）和故障模式可能造成的后果严重程度等级（S）矩阵组合（$L\times S$），确定故障模式的风险等级，故障模式风险等级分为重大、较大、中等、较小、轻微五个等级。

a）可能性（L）取值：设备故障发生的可能性分值，从经常发生（10分）到罕见的（0.1分）排序，分值越高，故障发生的可能性越高。设备故障发生的可能性分值见表5。

表5　设备故障发生的可能性分值

序号	设备故障导致后果的可能性	分值
1	经常发生：平均每6个月发生一次	10
2	持续的：平均每1年发生一次	6
3	可能的：平均每1年～2年发生一次	3
4	偶然的：3年～9年发生一次	1
5	很难的：10年～20年发生一次	0.5
6	罕见的：几乎从未发生过	0.1

b）后果（S）取值：由于设备故障可能造成后果的严重程度分值，严重程度越高，分值越高。设备故障可能造成后果的严重程度分值见表6。

表6　设备故障可能造成后果的严重程度分值

等级	严重程度水平	失效模式对系统、人员或环境的影响	分值
Ⅳ	灾难性的	可能潜在地导致系统基本功能丧失，致使系统和环境严重毁坏或人员伤害	10
Ⅲ	严重的	可能潜在地导致系统基本功能丧失，致使系统和环境有相当大的损坏，但不严重威胁生命安全或人身伤害	5

表 6（续）

等级	严重程度水平	失效模式对系统、人员或环境的影响	分值
II	临界的	可能潜在地导致系统基本功能退化，但对系统没有明显的损伤、对人身没有明显的威胁或伤害	3
I	轻微的	可能潜在地导致系统基本功能退化，但对系统不会有损伤，不构成人身威胁或伤害	1

c） 编制设备风险矩阵表：表格横向为故障发生的后果，纵向为故障发生的可能性，表格数值中则为风险值（$L\times S$）。故障模式风险等级分为“重大”、“较大”、“中等”、“较小”、“轻微”，“重大”对应颜色为“红色”、“较大”对应颜色为“橙色”、“中等”对应颜色为“黄色”、“较小”对应颜色为“蓝色”，轻微风险不做颜色标记。FMEA 设备风险矩阵表见表 7。

表 7 FMEA 设备风险矩阵表

设备故障发生的可能性（*L*）	设备故障发生的后果严重程度等级（*S*）			
	I	II	III	IV
	轻微的（1 分）	临界的（3 分）	严重的（5 分）	灾难性的（10 分）
经常发生（10 分）	10	30	50	100
持续发生（6 分）	6	18	30	60
可能的（3 分）	3	9	15	30
偶然的（1 分）	1	3	5	10
很难的（0.5 分）	0.5	1.5	2.5	5
罕见的（0.1 分）	0.1	0.3	0.5	1

d） 确定风险等级，根据计算得出的风险值，可以按下面关系式确认其风险等级和采取措施。FMEA 风险等级划分表见表 8。

表 8 FMEA 风险等级划分表

序号	分　值	风险等级	采取的主要控制措施
1	风险值≥30	重大风险	不可接受风险，检修、技改
2	10≤风险值＜30	较大风险	日常维护+定期检修
3	5≤风险值＜10	中等风险	日常维护+定期检修
4	2.5≤风险值＜5	较小风险	日常维护为主、定期检修为辅
5	风险值＜2.5	轻微风险	可接受风险，日常维护

4.4 设备风险评估表填写说明

4.4.1 系统：将主机与辅机及其相连的管道、线路等划分为若干系统。

4.4.2 设备：系统中包含的具体设备名称、编号，多台相同设备应分别填写。

4.4.3 部件：最小的功能性部件。如阀门类分解到阀杆、阀芯、阀体、弹簧组件、填料密封装置等对阀门正常运行起到关键作用的部件。

4.4.4 故障模式：部件所发生的、能被观察或测量到的故障形式。常见故障模式分为以下六类：

a） 损坏型故障模式，如断裂、碎裂、开裂、点蚀、烧蚀、短路、击穿、变形、弯曲、拉伤、龟裂、压痕等；

b） 退化型故障模式，如老化、劣化、变质、剥落、异常磨损、疲劳等；

c） 松脱型故障模式，如松动、脱落等；

d） 失调型故障模式，如压力过高或过低、温度过高或过低、行程失调、间隙过大或过小等；

e）堵塞与渗漏型故障模式，如堵塞、气阻、漏水、漏气、渗油、漏电等；

f）性能衰退或功能失效型故障模式，如功能失效、性能衰退、异响、过热等。

4.4.5　故障原因：分析故障产生的原因。

4.4.6　故障现象：部件发生故障引起的设备不正常现象：

a）功能的完全丧失；

b）功能退化，不能达到规定的性能；

c）需求时无法完成其功能；

d）不需求其功能时出现无意的作业情况。

4.4.7　故障后果影响，包括：

a）对设备的损害，如对部件本身影响，对设备影响、对系统影响；

b）对人员的伤害，如对人员的健康损害、人身伤害；

c）导致违反法律/法规；

d）事故事件，如火灾、泄漏、爆炸；

e）影响环境，水体影响、大气污染、土壤污染等。

4.5　制定风险控制措施计划

4.5.1　根据分析结果判定低、轻微风险可接受，纳入日常维护措施。

4.5.2　重大、较大、中等、较小风险根据故障原因及后果，制定针对性风险控制措施。

4.5.3　风险控制措施分为日常维护措施和定期检修措施，并在措施中规定相应的方法和周期。由于设计、制造、运行等原因产生的故障模式，通过维护和检修等手段无法有效控制的，根据风险等级，制定相应的技术改造计划。对于每一种故障模式，制定发生故障后的临时处置措施和故障处理方法，高风险等级的故障模式要制定应急预案。

4.6　故障模式风险评估结果的应用

故障模式风险评估后，针对重大、较大、中等、较小风险设备制定和完善控制措施，明确日常维护、定期检修以及故障处理的方法，并应用在以下几个方面。

4.6.1　日常维护：

a）措施：如检查、清扫、加油等；

b）检查方法：如看、听、摸、测温、测振等；

c）周期：执行日常维护措施的周期，如×h、×天等。

4.6.2　定期检修：

a）措施：如检修、更换、加固等；

b）方法：简述修理方法；

c）周期：执行定期检修措施的周期，如×天、×月等。

4.6.3　改造计划：设备技术改造计划。

4.6.4　临时措施及故障处理方法：临时的控制措施以及发生故障的处置方法或应急预案。

4.6.5　新设备的设计选型阶段，对该设备故障风险进行评估，合理进行设计选型，降低设备故障风险。

4.6.6　设备采购阶段，根据该设备故障风险评估，从价格、性能参数、质量等综合考虑，降低设备故障风险。

4.7　形成风险分级管控机制

4.7.1　各单位应明确分级管控责任（应根据行业特征及地方政府要求制定管控级别）。

4.7.2　通过风险分级管控体系建设，各单位应在以下方面得到改进：

a）每一轮的风险辨识和评价后，应使原有的控制措施得到改进，或者通过增加新的控制措施提高安全可靠性；

b）完善重大风险场所、部位的警示标志；

c）涉及重大风险设备应建立应急处置方案；

d）保证风险控制措施持续有效地得到改进和完善，风险管控能力得到加强；

e）根据改进的风险控制措施，完善隐患排查工作。

4.8 设备风险评估周期及更新

4.8.1 不定期、设备变化时的更新

当发生如下情况时，设备风险评估小组应按照上述条款及时辨识和评价并更新《设备风险评估表》、《设备重大、较大、中等、较小风险控制措施清单》（附表 1～附表 3）：

a）工艺、系统、设备发生变化；

b）法律、法规、标准及相关要求发生变化；

c）事故、事件、不符合项出现后的评价结果；

d）主要原辅材料发生较大变化；

e）相关方抱怨或要求；

f）对残余风险进行评价；

g）新增项目时其他情况需要时。

4.8.2 定期评价

每年至少组织一次设备风险评估工作，重新识别和评价所有设备风险，重新评价重大、较大、中等、较小风险，及时进行调整《设备重大、较大、中等、较小风险控制措施清单》。

5 附表及流程图

5.1 附图 1 风险降低原则示意图。

5.2 附表 1 设备风险评估表（采用风险矩阵法确定故障模式风险等级）。

5.3 附表 2 设备风险评估表（采用故障类型及影响分析法确定故障模式风险等级）。

5.4 附表 3 设备重大、较大、中等、较小风险控制措施清单。

5.5 附图 2 设备风险评估流程图。

附图 1　风险降低原则示意图

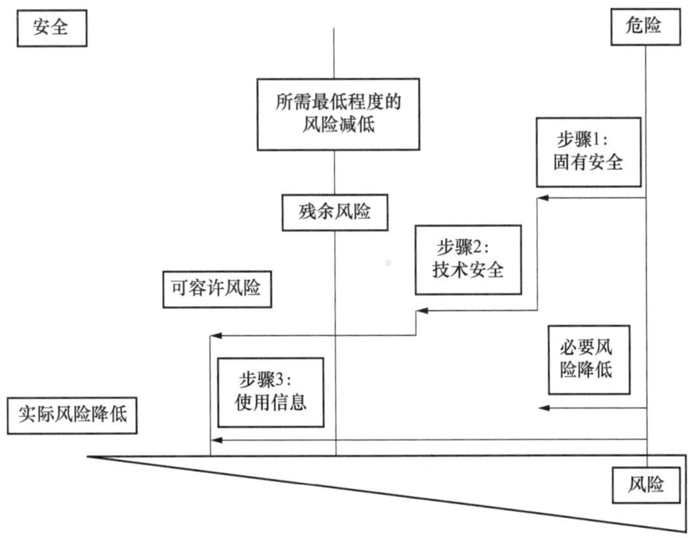

附表 1　设备风险评估表（采用风险矩阵法确定故障模式风险等级）

序号	区域	系统	设备	部件	故障			故障影响			故障可能性	故障损失			风险等级
					模式	原因	现象	系统	设备	部件		设备损坏	生产中断	环境污染	

附表 2　设备风险评估表（采用故障类型及影响分析法确定故障模式风险等级）

序号	区域	系统	设备	部件	故障			故障影响			风险等级
					模式	原因	现象	系统	设备	部件	

附表 3　设备重大、较大、中等、较小风险控制措施清单

序号	机组	系统	设备	部件	风险等级	控制措施									临时措施及故障处理方法
						日常维护			定期检修			改造计划			
						措施	检查方法	周期（天）	措施	检修方法	周期（月）	措施	改造方式	完成时间	

附图 2 设备风险评估流程图

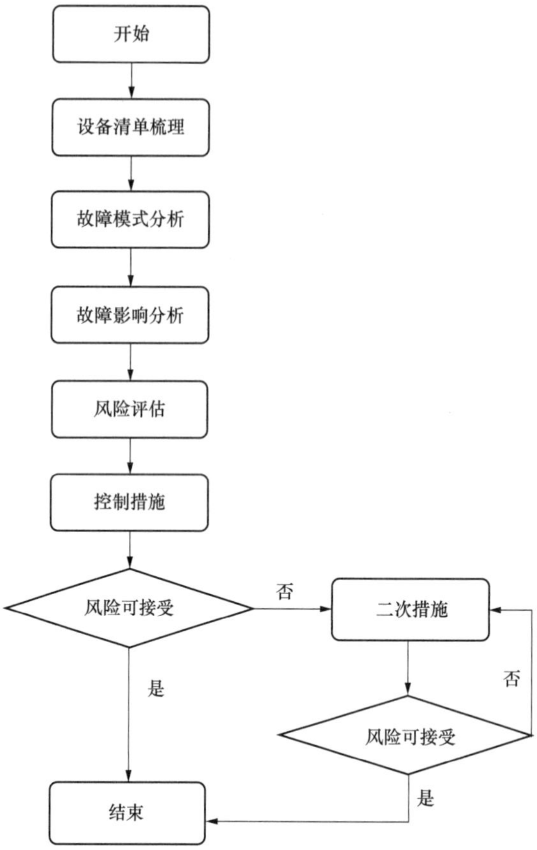

参 考 文 献

[1]《中央企业全面风险管理指引》(国资发改革〔2006〕108 号)

[2]《关于实施遏制重特大事故工作指南构建安全风险分级管控和隐患排查治理双重预防机制的意见》(国务院安委办 2016 年 10 月 9 日印发)

[3]《国家电力投资集团有限公司生产安全事故报告和调查规程》

[4]《国家电力投资集团有限公司安全风险管理指南》(2021 年)

[5]《国家电力投资集团有限公司安全生产工作规定》

[6]《国家电力投资集团有限公司安全生产监督规定》

[7]《HSE 管理工具实用手册》(国家电力投资集团有限公司 2019 年)